Studienbücher Chemie

Reihenherausgeber
Jürgen Heck
Burkhard König
Roland Winter

Die Studienbücher der Reihe Chemie sollen in Form einzelner Bausteine grundlegende und weiterführende Themen aus allen Gebieten der Chemie umfassen. Sie streben nicht die Breite eines Lehrbuchs oder einer umfangreichen Monographie an, sondern sollen den Studierenden der Chemie – durch ihren Praxisbezug aber auch den bereits im Berufsleben stehenden Chemiker – kompakt und dennoch kompetent in aktuelle und sich in rascher Entwicklung befindende Gebiete der Chemie einführen. Die Bücher sind zum Gebrauch neben der Vorlesung, aber auch anstelle von Vorlesungen geeignet. Es wird angestrebt, im Laufe der Zeit alle Bereiche der Chemie in derartigen Texten vorzustellen. Die Reihe richtet sich auch an Studierende anderer Naturwissenschaften, die an einer exemplarischen Darstellung der Chemie interessiert sind.

Dirk Steinborn

Grundlagen der metallorganischen Komplexkatalyse

3., überarbeitete und erweiterte Auflage

Springer

Prof. Dr. Dirk Steinborn
Institut für Chemie
Martin-Luther-Universität Halle-Wittenberg
Halle (Saale), Deutschland

Studienbücher Chemie
ISBN 978-3-662-56603-9 ISBN 978-3-662-56604-6 (eBook)
https://doi.org/10.1007/978-3-662-56604-6

Die Deutsche Nationalbibliothek verzeichnet diese Publikation in der Deutschen Nationalbibliografie; detaillierte bibliografische Daten sind im Internet über http://dnb.d-nb.de abrufbar.

Planung: Rainer Münz

Gedruckt auf säurefreiem und chlorfrei gebleichtem Papier

Springer Spektrum ist ein Imprint der eingetragenen Gesellschaft Springer-Verlag GmbH, DE und ist ein Teil von Springer Nature.
Die Anschrift der Gesellschaft ist: Heidelberger Platz 3, 14197 Berlin, Germany

Vorwort zur 1. Auflage

Die Katalyse ist als grundlegendes Prinzip zur Überwindung der kinetischen Hemmung chemischer Reaktionen von fundamentaler Bedeutung in der Chemie. Das trifft gleichermaßen für die Grundlagen- und angewandte Forschung wie für industrielle Anwendungen zu. Es wird geschätzt, dass heute 85–90 % aller Produkte der chemischen Industrie in katalytischen Prozessen erzeugt werden. Das Wesen der Katalyse und die Zusammenhänge zwischen Katalysatorstruktur und katalytischer Wirkung wissenschaftlich fundiert zu verstehen, ist nicht nur eine Herausforderung für die Grundlagenforschung, sondern auch unabdingbare Voraussetzung für eine zielgerichtete Entwicklung besserer und völlig neuartiger Katalysatoren.

Die metallorganische Komplexkatalyse, also homogene Katalysen durch Metallkomplexe – in den allermeisten Fällen Übergangsmetallkomplexe –, bei denen metallorganische Intermediate auftreten, ist ein vergleichsweise junges Teilgebiet der Katalyse. Für seine Entwicklung wirkte die Entdeckung der Niederdruckpolymerisation von Ethen durch metallorganische Mischkatalysatoren von Karl Ziegler am Max-Planck-Institut für Kohlenforschung in Mülheim/Ruhr Ende 1953 wie eine Initialzündung. In den darauf folgenden Jahrzehnten hat sich die metallorganische Komplexkatalyse zu einem der bedeutendsten und innovativsten Wissenschaftsgebiete in der Chemie entwickelt. Sie ist integraler Bestandteil der modernen organischen Chemie und hat die Entwicklung von völlig neuartigen Synthesemethoden sowie von Synthesen mit außergewöhnlicher Selektivität und Aktivität bei hoher Atomökonomie ermöglicht. Metallkomplexkatalysierte großtechnische Verfahren zur Synthese von organischen Industriechemikalien und von Hochpolymeren sowie Verfahren zur Synthese von bioaktiven Verbindungen sind Eckpfeiler einer modernen chemischen, pharmazeutischen und agrochemischen Industrie, die an hohen ökologischen Standards und den ökonomischen Erfordernissen orientiert ist.

Das unerschöpfliche Potential der metallorganischen Komplexkatalyse wird deutlich, wenn man sich die große Anzahl der katalytisch relevanten Übergangsmetalle in ihren vielfältigen Oxidationsstufen und die breite Palette an Coliganden vor Augen führt. Wesentliche wissenschaftliche Grundlage der metallorganischen Komplexkatalyse sind die Organometallchemie und die Koordinationschemie. Schlüssel zum Verständnis der metallorganischen Komplexkatalyse sind dabei in jedem Fall fundierte Kenntnisse zum Katalysemechanismus.

Dementsprechend liegt der Schwerpunkt in diesem Studienbuch, das die Grundlagen der metallorganischen Komplexkatalyse vermittelt, nicht auf dem Detail, sondern es wird ein Verständnis des Reaktionsablaufes von metallkomplexkatalysierten Reaktionen angestrebt. Somit werden zunächst die (wenigen) für die Katalyse relevanten metallorganischen Elementarschritte erläutert und davon ausgehend wichtige metallkomplexkatalysierte Reaktionen abgehandelt. Dabei stehen die mechanistischen Aspekte im Mittelpunkt. Das soll den Leser befähigen, das Wesen der Prozesse zu begreifen, und eine Grundlage für ihn sein, das Gelernte kreativ anzuwenden und gegebenenfalls auch weiterzuentwickeln.

Diese Diktion findet auch in der Stoffauswahl ihren Niederschlag. Ohne Vollständigkeit anzustreben, war es ein Anliegen des Autors, dass sich in den abgehandelten Reaktionen die ganze Breite des Wissenschaftsgebietes widerspiegelt. Schwerpunkte sind dabei technisch wichtige Prozesse und neuere Entwicklungen mit interessanten mechanistischen Aspekten.

Der Zugang zu weiterführenden Informationen ist durch ein Literaturverzeichnis gegeben, das schwerpunktmäßig Übersichtsartikel, aber auch neuere Originalarbeiten enthält. Aufgaben sollen nicht nur den abgehandelten Stoff hinterfragen, sondern auch vertiefende Kenntnisse vermitteln. Dementsprechend sind die am Schluss des Buches zusammengestellten Antworten sehr ausführlich gehalten. Wissenswertes aus dem Umfeld der Komplexkatalyse, das für das Verständnis wichtig ist, ist in Form von „Exkursen" in den Text eingefügt.

Herrn Prof. Dr. R. Taube (Halle) bin ich zu besonderem Dank für die kritische Durchsicht des Manuskriptes und für Diskussionen verpflichtet. Frau Dipl.-Chem. C. Vetter danke ich herzlich für die Anfertigung eines Teiles der Formelzeichnungen sowie Frau A. König und Herrn Dipl.-Chem. M. Werner für das sorgfältige Korrekturlesen des Manuskriptes. Mein Dank gilt auch dem Fachinformationszentrum Chemie (Berlin) für die Kooperation sowie Herrn U. Sandten und Frau K. Hoffmann vom Teubner-Verlag für die angenehme Zusammenarbeit.

Dirk Steinborn Halle, im November 2006

Vorwort zur 3. Auflage

Der 2. Auflage 2009 ist ein Kapitel zur Stickstofffixierung zugefügt worden, die herausragend geeignet ist, die Grundprinzipien der drei großen Gebiete der Katalyse – der homogenen, der heterogenen und der enzymatischen Katalyse – vergleichend darzustellen und ihre Gemeinsamkeiten und Unterschiede herauszuarbeiten. Die jetzt vorgelegte 3. Auflage ist um ein Kapitel zur Aktivierung von Kohlendioxid erweitert worden. Damit wird an einem weiteren Beispiel das Potential der homogenen Katalyse für die Verwendung von thermodynamisch und kinetisch sehr stabilen Molekülen als Synthesebausteine aufgezeigt, aber auch aus dem Blickwinkel der Katalyse ein Beitrag zur aktuellen Diskussion über CO_2 als wichtigstes Treibhausgas geleistet.

In allen Kapiteln wurden Korrekturen und Aktualisierungen vorgenommen sowie punktuell auch Erweiterungen, die insbesondere neuere interessante und mechanistische Aspekte betreffen. Stichworte, die das verdeutlichen, reichen vom Energetic-Span-Modell über die Prinzipien der Photo-/Halbleiterphotokatalyse und eines bioelektrochemischen Haber-Bosch-Prozesses bis hin zur metathetischen Spaltung von N≡N-Bindungen, zum Wasserstoff-Autotransfer sowie zu neuartigen Si–H-Aktivierungen und Hydroaminierungen mit elektrophilen Aminquellen.

Die Online-Ausgabe der 2. Auflage bietet die Möglichkeit, die Kapitel auch einzeln herunterzuladen, was sich zunehmender Beliebtheit erfreut hat. Um diesen Lesern entgegenzukommen, sind die Lösungen zu den Aufgaben und die betreffende Literatur jetzt nicht mehr am Ende des Buches, sondern am Ende eines jeden Kapitels zusammengestellt. Insbesondere ein leichter Zugriff auf die Lösungen erscheint mir wichtig, da ein nicht unbeträchtlicher Teil der Aufgaben primär nicht der Wissensüberprüfung dient, sondern ganz bewusst punktuell vertiefte und auch neue, zuvor nicht abgehandelte Aspekte in den Vordergrund stellt.

Kollegen, Mitarbeitern und Studenten, die mit Hinweisen, Diskussionen und Anregungen zur Verbesserung beigetragen haben, sei auch an dieser Stelle herzlich gedankt, insbesondere Herrn Prof. Rudolf Taube (Halle), der das Manuskript kritisch gelesen und kommentiert hat. Frau Heidrun Felgner (Halle) und Herrn Wolfgang Zettlmeier (Barbing) schulde ich Dank für sorgfältiges Korrekturlesen bzw. das Redigieren des Manusktripts. Dem Verlag bin ich verbunden, dass es möglich geworden ist, einen Teil der Abbildungen (insbesondere Strukturdarstellungen) farbig zu gestalten. Herrn Dr. Rainer Münz und Frau Bettina Saglio vom Springer-Verlag danke ich für die angenehme Zusammenarbeit.

Dirk Steinborn Halle, im August 2018

Inhalt

1 Einführung 1

1.1 Die Anfänge katalytischer Forschung 1

1.2 Die Katalysedefinitionen von Berzelius und Ostwald 4

1.3 Literatur 7

2 Grundlagen der Komplexkatalyse 9

2.1 Homogene *versus* heterogene Katalyse 9

2.2 Katalysezyklen 11

2.3 Aktivität und Produktivität von Katalysatoren 12

2.4 Selektivität und Spezifität von Katalysatoren 13

2.5 Ermittlung und Interpretation von Katalysemechanismen 15

2.6 Glossar der Katalyse 20

2.7 Die Entwicklung der metallorganischen Komplexkatalyse 24

2.8 Lösungen der Aufgaben und Literatur 28

2.8.1 Lösungen der Aufgaben 28

2.8.2 Literatur 29

3 Elementarschritte in der metallorganischen Komplexkatalyse 31

3.1 Abspaltung und Koordination von Liganden 31

3.2 Oxidative Additionen und reduktive Eliminierungen 37

3.3 Oxidative Kupplungen und reduktive Spaltungen 42

3.4 Insertion von Olefinen und β-Wasserstoffeliminierungen 44

3.5 α-Wasserstoffeliminierungen und Carbeninsertionsreaktionen 47

3.6 Addition von Nucleophilen und heterolytische Fragmentierungen 49

3.7 Insertion und Extrusion von CO 52

3.8 Einelektronenreduktion und -oxidation 53

3.9 Lösungen der Aufgaben und Literatur 54

3.9.1 Lösungen der Aufgaben 54

3.9.2 Literatur 56

4 Hydrierung von Olefinen 60

4.1 Einführung 60

4.2 Der Wilkinson-Katalysator 61

4.2.1 Grundlagen 61
4.2.2 Mechanismus der Olefinhydrierung 62
4.3 Enantioselektive Hydrierungen 65
4.3.1 Grundlagen 65
4.3.2 Anwendungen und Beispiele 69
4.3.3 Vertiefung – kinetisch kontrollierte Enantioselektivität 73
4.4 Diwasserstoffkomplexe und H_2-Aktivierung 78
4.4.1 Diwasserstoffkomplexe 78
4.4.2 Aktivierung von Diwasserstoff 81
4.5 Transferhydrierungen 85
4.6 Lösungen der Aufgaben und Literatur 90
4.6.1 Lösungen der Aufgaben 90
4.6.2 Literatur 95

5 Hydroformylierung von Olefinen und Fischer-Tropsch-Synthese 99
5.1 Cobaltkatalysatoren 99
5.2 Phosphanmodifizierte Rhodiumkatalysatoren 103
5.3 Enantioselektive Hydroformylierungen 109
5.4 Bedeutung der Hydroformylierung und Ausblick 113
5.5 Die Fischer-Tropsch-Synthese 120
5.6 Lösungen der Aufgaben und Literatur 125
5.6.1 Lösungen der Aufgaben 125
5.6.2 Literatur 127

6 Carbonylierung von Methanol und Kohlenmonoxid-Konvertierung 131
6.1 Grundlagen 131
6.2 Das Monsanto-Verfahren 133
6.3 Synthese von Acetanhydrid 137
6.4 Der Cativa-Prozess 139
6.5 Kohlenmonoxid-Konvertierung 143
6.6 Lösungen der Aufgaben und Literatur 147
6.6.1 Lösungen der Aufgaben 147
6.6.2 Literatur 149

7 Aktivierung von Kohlendioxid – Hydrierung und Carboxylierungen 151
7.1 Einführung 151
7.2 Kohlendioxid als Ligand 152

7.3 Hydrierung von Kohlendioxid 155
7.3.1 Reduktion von Kohlendioxid zu Methanol 155
7.3.2 CO_2-Konvertierung 159
7.3.3 Reduktion von Kohlendioxid zu Methan 162
7.4 Kohlendioxid in C–C-Bindungsknüpfungsreaktionen 165
7.4.1 Carboxylierungen von M–C- und C–H-Bindungen 165
7.4.2 Cycloadditionen von CO_2 mit Alkenen und Alkinen 168
7.4.3 Synthese von Acrylsäurederivaten aus CO_2 und Ethen 169
7.5 Lösungen der Aufgaben und Literatur 172
7.5.1 Lösungen der Aufgaben 172
7.5.2 Literatur 176

8 Metathese 180
8.1 Metathese von Olefinen 180
8.1.1 Einführung 180
8.1.2 Mechanismus 181
8.1.3 Mechanismus – Vertiefung 186
8.1.4 Spezielle Kreuzmetathesen 188
8.1.5 Metathese von Cycloalkenen 190
8.1.6 Metathese von acyclischen Dienen 194
8.1.7 Enantioselektive Metathese 195
8.2 Metathese von Alkinen 196
8.3 σ-Bindungsmetathese 202
8.4 Metathese von Alkanen 205
8.5 Lösungen der Aufgaben und Literatur 214
8.5.1 Lösungen der Aufgaben 214
8.5.2 Literatur 222

9 Oligomerisation von Olefinen 226
9.1 Die Zieglersche Aufbaureaktion 226
9.2 Nickeleffekt und nickelkatalysierte Dimerisation von Ethen 228
9.3 Trimerisation von Ethen 234
9.4 Der Shell Higher Olefin Process (SHOP) 238
9.5 Lösungen der Aufgaben und Literatur 241
9.5.1 Lösungen der Aufgaben 241
9.5.2 Literatur 245

10 Polymerisation von Olefinen 248

10.1 Einführung 248

10.2 Ethenpolymerisation 249

10.2.1 Ziegler-Katalysatoren 249

10.2.2 Mechanismus – Vertiefung 252

10.2.3 Phillips-Katalysatoren 254

10.2.4 Polymertypen und Verfahrensspezifikationen 256

10.3 Propenpolymerisation 258

10.3.1 Regio- und Stereoselektivität 258

10.3.2 Ziegler-Natta-Katalysatoren 262

10.4 Metallocenkatalysatoren 265

10.4.1 Cokatalysatoren und Anioneneinfluss 265

10.4.2 C_2- und C_s-symmetrische Metallocenkatalysatoren 268

10.4.3 Metallocenkatalysatoren mit diastereotopen Koordinationstaschen 274

10.5 Post-Metallocen-Katalysatoren 279

10.6 Copolymerisation von Olefinen und CO 289

10.7 Lösungen der Aufgaben und Literatur 293

10.7.1 Lösungen der Aufgaben 293

10.7.2 Literatur 300

11 C–C-Verknüpfungen von Dienen 305

11.1 Einführung 305

11.2 Allyl- und Butadienkomplexe 306

11.2.1 Allylkomplexe 306

11.2.2 Butadienkomplexe 309

11.3 Metallorganische Elementarschritte von Allylliganden 311

11.4 Oligo- und Telomerisation von Butadien 316

11.4.1 Cyclotrimerisation von Butadien 317

11.4.2 Cyclodimerisation von Butadien 322

11.4.3 Linearoligo- und Telomerisation von Butadien 327

11.5 Polymerisation von Butadien 332

11.5.1 Mechanismus 332

11.5.2 Allylnickel(II)-komplexkatalysierte Butadienpolymerisation 335

11.5.3 Synthese und Eigenschaften von Polybutadienen 339

11.6 Lösungen der Aufgaben und Literatur 341

11.6.1 Lösungen der Aufgaben 341
11.6.2 Literatur 345

12 C–C-Kupplungsreaktionen 348
12.1 Palladiumkatalysierte Kreuzkupplungen 348
12.1.1 Einführung 348
12.1.2 Mechanismus von Kreuzkupplungen 349
12.1.3 Ausgewählte Kreuzkupplungen 352
12.2 Die Heck-Reaktion 363
12.3 Palladiumkatalysierte allylische Alkylierungen 371
12.4 Lösungen der Aufgaben und Literatur 378
12.4.1 Lösungen der Aufgaben 378
12.4.2 Literatur 382

13 Hydrocyanierungen, -silylierungen und -aminierungen von Olefinen 387
13.1 Einführung 387
13.2 Hydrocyanierungen 388
13.2.1 Grundlagen 388
13.2.2 Der DuPont-Adiponitril-Prozess 390
13.2.3 Ausblick 392
13.3 Hydrosilylierungen 396
13.3.1 Grundlagen 396
13.3.2 Ausblick 401
13.4 Hydroaminierungen 405
13.4.1 Grundlagen 405
13.4.2 Katalysatortypen 407
13.5 Lösungen der Aufgaben und Literatur 414
13.5.1 Lösungen der Aufgaben 414
13.5.2 Literatur 418

14 Oxidation von Olefinen und Alkanen 423
14.1 Der Wacker-Prozess 423
14.1.1 Einführung 423
14.1.2 Mechanismus der Ethenoxidation 424
14.1.3 Oxypalladierungen von Olefinen 429
14.2 Epoxidierungen von Olefinen 433

14.2.1 Einführung 433
14.2.2 Epoxidierung von Ethen und Propen 436
14.2.3 Enantioselektive Oxidationen von Olefinen 440
14.2.4 Monooxygenasen 443
14.3 C–H-Funktionalisierungen von Alkanen 447
14.3.1 Einführung 447
14.3.2 C–H-Aktivierungen von Alkanen 447
14.3.3 C–H-Funktionalisierungen 452
14.4 Lösungen der Aufgaben und Literatur 456
14.4.1 Lösungen der Aufgaben 456
14.4.2 Literatur 459

15 Stickstofffixierung 464
15.1 Grundlagen 464
15.2 Die heterogen katalysierte Stickstofffixierung 469
15.3 Die enzymkatalysierte Stickstofffixierung 476
15.4 Die homogen katalysierte Stickstofffixierung 484
15.4.1 Stöchiometrische Reduktion von N_2-Komplexen 484
15.4.2 Katalytische Reduktion von Distickstoff 489
15.4.3 Funktionalisierung von Distickstoff 496
15.5 Lösungen der Aufgaben und Literatur 501
15.5.1 Lösungen der Aufgaben 501
15.5.2 Literatur 506

Anhang 511
A.1 Literatur (Lehrbücher/Monographien) und Quellennachweis 511
A.2 Sachverzeichnis 515

Verzeichnis der Exkurse

Donor- und Akzeptoreigenschaften von Lösungsmitteln 35
Klassifizierung von Liganden 36
Agostische C–H···M-Wechselwirkungen 40
Zur Oxidationsstufe von Metallen in Olefin- und Alkinkomplexen 41
Heterolytische Fragmentierungen (Grobsche Fragmentierungen) 51
Prostereogenität, prostereogene Seiten 65

Kombinatorische Katalyse und Hochdurchsatz-Screening 71
Das Curtin-Hammett-Prinzip 74
Kooperierende Liganden – kooperative Katalyse 83
Domino-/Tandemkatalyse 108
Der „Biss“ von P,P-Chelatliganden 115
Ionische Flüssigkeiten 117
Halbleiterphotokatalyse 161
Stabile Carbene als Liganden 185
Metallorganische Pincerkomplexe (Pinzettenkomplexe) 213
Hemilabile Liganden 231
Konfiguration von Polypropen 259
Analyse der Mikrostruktur von Polypropen 259
Topische Beziehungen von Molekülfragmenten 269
Fluktuierende Moleküle 308
Sterische und elektronische Effekte von Phosphorliganden 325
Telomerisation 328
Zur Oxidationsstufe von Metallen in Komplexen 446
Sabatiers Prinzip und Brønsted–Evans–Polanyi-Beziehung 476

Verzeichnis häufig benutzter Abkürzungen

Ac	Acetyl
Ad	Adamantyl
Ar	Aryl
9-BBN	9-Borabicyclo[3.3.1]nonan
BD	Buta-1,3-dien
BINAP	chiraler Bis(arylphosphan)-Ligand (S. 67)
BINAPHOS	chiraler Phosphan/Phosphit-Ligand (S. 110)
BISBI	Bis(phosphan)-Ligand (S. 115)
bpy	2,2'-Bipyridin
CDT	Cyclododeca-1,5,9-trien
COD	Cycloocta-1,5-dien
CODH	Kohlenmonoxiddehydrogenase
Cp	Cyclopentadienylligand (η^5-C_5H_5)
Cp*	Pentamethylcyclopentadienylligand (η^5-C_5Me_5)
Cy	Cyclohexyl
DACH	1,2-Diaminocyclohexan
DAT	Dialkyltartrat (ROOC–CH(OH)–CH(OH)–COOR)
dba	Dibenzylidenaceton (PhCH=CH–CO–CH=CHPh)
DBFphos	Bis(arylphosphan)-Ligand (S. 115)
DCPD	Dicyclopentadien
DIOP	chiraler Bis(phosphan)-Ligand (S. 67)
DIPAMP	chiraler Bis(phosphan)-Ligand (S. 67)
dmpe	1,2-Bis(dimethylphosphino)ethan ($Me_2P(CH_2)_2PMe_2$)
DPEphos	Bis(arylphosphan)-Ligand (S. 115)
dppe	1,2-Bis(diphenylphosphino)ethan ($Ph_2P(CH_2)_2PPh_2$)
DPPF	Bis(phosphan)-Ligand (S. 410)
dppm	Bis(diphenylphosphino)methan ($Ph_2PCH_2PPh_2$)
dppp	1,3-Bis(diphenylphosphino)propan ($Ph_2P(CH_2)_3PPh_2$)
DuPHOS	chiraler Bis(phospholan)-Ligand (S. 67)
DVCB	1,2-Divinylcyclobutan
GLUP	chiraler Bis(phosphinit)-Ligand (S. 67)
Hacac	Acetylaceton
HMPA	Hexamethylphosphorsäuretriamid
HOTf	Trifluormethansulfonsäure (F_3CSO_3H)
HOTs	*p*-Toluolsulfonsäure (*p*-$MeC_6H_4SO_3H$)
H_2pc	Phthalocyanin
H_2salen	*N*,*N'*-Bis(salicyliden)ethylendiamin
L	Ligand
LAO	lineare α-Olefine (*linear α-olefins*)
LM	Lösungsmittel
Ln	Seltenerd-Metall
[M]	Metallkomplex, vgl. S. 31

MAO	Methylaluminoxan
Mes	Mesityl
MOP	chiraler Monophosphanligand (S. 401)
NHC	N-heterocyclisches Carben (*N-heterocyclic carbene*), vgl. S. 185
NORPHOS	Bis(phosphan)-Ligand (S. 115)
Nu	Nucleophil
P	Polymerkette
PE	Polyethen (HDPE = high density PE, LDPE = low density PE, LLDPE = linear low-density PE)
PHOX	chiraler 2-(Phosphinophenyl)oxazolin-Ligand (S. 369)
PP	Polypropen (*a*-PP = ataktisch, *i*-PP = isotaktisch, *s*-PP = syndiotaktisch)
R	Alkyl, Aryl, H, ... (sofern nicht anders angegeben)
s	Solvensmolekül (als Ligand), vgl. S. 31
TBS	*tert*-Butyldimethylsilyl
tmeda	*N,N,N',N'*-Tetramethylethylendiamin ($Me_2N(CH_2)_2NMe_2$)
Tol	Tolyl
TRANSPHOS	Bis(phosphan)-Ligand (S. 115)
X	anionischer Ligand/Substituent
Xantphos	Bis(arylphosphan)-Ligand (S. 410)
VCH	4-Vinylcyclohex-1-en

ADIMET	acyclische Diinmetathese (*acyclic diyne metathesis*)
ADMET	acyclische Dienmetathese (*acyclic diene metathesis)*
ARCM	enantioselektive RCM (*asymmetric RCM*)
AROM	enantioselektive ROM (*asymmetric ROM*)
DFT	Dichtefunktionaltheorie (*density functional theory*)
K.Z.	Koordinationszahl
NLE	nichtlinearer Effekt
ON(M)	Oxidationsstufe von M
P	Polymerisationsgrad
QM/MM	quantenmechanische Methode/molekülmechanische Methode
RCAM	Ringschluss-Alkinmetathese (*ring-closing alkyne metathesis*)
RCEYM	Ringschluss-Enin-Metathese (*ring-closing enyne metathesis*)
RCM	Ringschlussmetathese (*ring-closing metathesis*)
ROAMP	Ringöffnungsalkinmetathese-Polym. (*ring-opening alkyne met. polym.*)
ROM	Ringöffnungsmetathese (*ring-opening metathesis*)
ROMP	Ringöffnungsmetathese-Polymerisation (*ring-opening metathesis polym.*)
T_g	Glas(übergangs)temperatur
TOF	Umsatzfrequenz (*turnover frequency*)
TON	Umsatzzahl (*turnover number*)
ve	Valenzelektron(en)
χ(E)	Elektronegativität von E
□	freie Koordinationsstelle, vgl. S. 31

1 Einführung

1.1 Die Anfänge katalytischer Forschung

In der zweiten Hälfte des 18. Jahrhunderts sind mit der Herausbildung einer chemischen Experimentierkunst, die neben qualitativen auch quantitative Aspekte berücksichtigt, die exakt misst und Massenbilanzen bei chemischen Umsetzungen erfasst, zunehmend Reaktionen beschrieben worden, die die Anfänge katalytischer Forschung in der Chemie markieren. Einen Überblick vermittelt Tabelle 1.1. Parallel dazu sind die Anfänge der katalytischen Forschung in der Biologie und Physiologie zu finden. Schon zu Beginn dieser Periode ist klar geworden, dass das Phänomen der Katalyse sowohl Bildungs- als auch Zerfallsreaktionen umfasst, wie die katalytische Bildung von Wasser aus den Elementen (Knallgasreaktion) und die katalytische Zersetzung von Wasserstoffperoxid belegen. Die Begründung der Stöchiometrie (J. B. Richter, 1792/93) und die Formulierung des Gesetzes der konstanten (J. L. Proust, 1799) und multiplen Proportionen (J. Dalton, 1803) waren wichtige Grundlagen, um zwei wesentliche Aspekte der Katalyse zu erkennen, nämlich dass Spuren eines Stoffes („substöchiometrische Mengen“) chemische Reaktionen bewirken können und dass diese Stoffe bei der Reaktion nicht verbraucht werden.

Homogen katalysierte Reaktionen

Die Erkenntnisse sind schrittweise erlangt worden: So hat es zum Beispiel 30 Jahre in Anspruch genommen, von der Beobachtung, dass beim Kochen von Kartoffelstärke mit Wein- und Essigsäure Zucker gebildet werden (1781), zur Erkenntnis zu gelangen, dass dabei die Säure nicht verbraucht wird. 1801 ist gefunden worden, dass auch andere Säuren Stärke abbauen können. Untersuchungen zum Konzentrationseinfluss der Säure haben dann zur Erkenntnis geführt, dass letztendlich Wasser die Spaltung der Stärke bewirkt und dass „... durch ‚lange genug fortgesetztes Kochen‘ mit Wasser alleine dasselbe Ziel zu erreichen sein müsse!“ (Döbereiner, 1808). 1811/12 (Kirchhoff, Vogel) ist schließlich festgestellt worden, dass die verwendete Schwefelsäure nicht verändert wird und ist – wie zuvor auch von Döbereiner – die Bedeutung der Säurekonzentration für die Reaktionsgeschwindigkeit betont worden (zusammengestellt und zitiert nach [1, S. 6]).

Die Herstellung von Schwefelsäure durch Verbrennung von Schwefel mit Salpeter, erst in Glasgefäßen und dann in Bleikammern, ist schon lange bekannt. Der Bleikammerprozess ist ab 1746 zunächst ohne Luftzufuhr (Roebuck) und ab 1793 mit Luftzufuhr (Desormes und Clément) betrieben worden. Letztere haben dann auch 1806 die Wirkung der Stickoxide im Bleikammerprozess als einen oszillierenden Wechsel zweier bekannter Reaktionen beschrieben, nämlich der Oxidation von SO_2 durch NO_2 und der Rückoxidation von NO durch O_2. Davy hat 1812 die Bleikammerkristalle $[(NO)HSO_4]$ als Zwischenstufe beschrieben. Mit diesen beiden Befunden von vor ca. 200 Jahren wird zum allerersten Mal ein zutreffendes Verständnis über den Ablauf einer homogen katalysierten Reaktion dahingehend erlangt, dass

D. Steinborn, *Grundlagen der metallorganischen Komplexkatalyse*, Studienbücher Chemie,
https://doi.org/10.1007/978-3-662-56604-6_1

der Katalysator direkt an der Reaktion beteiligt ist und einen Reaktionsweg eröffnet, der ohne ihn nicht beschritten werden kann.

Um 1800 war bei der Herstellung von Diethylether durch Destillation von Alkohol mit Schwefelsäure festgestellt worden, dass diese mehrmals wieder verwendet werden kann und kein Bestandteil der Schwefelsäure im Diethylether enthalten ist. Lehrmeinung seinerzeit

Tabelle 1.1. Anfänge katalytischer Forschung in der Chemie (adaptiert und gekürzt nach Mittasch [2]).

Jahr	Autor	Entdeckung
1781	A. A. Parmentier	Verzuckerung von Stärke beim Kochen in Säure
1782	C. W. Scheele	Veresterung von Säuren (Essigsäure, Benzoesäure, ...) mit Alkohol in Gegenwart von Mineralsäure; Verseifung
1783	J. Priestley	Umwandlung von Alkohol in Ethen und Wasser an erhitztem Ton (katalytische Dehydratisierung von Alkohol)
1796	M. van Marum	Umwandlung von Alkohol zu Aldehyd an glühenden Metallen (katalytische Dehydrierung von Alkohol)
1806	C. B. Desormes, N. Clément	Untersuchung des Bleikammerverfahrens; Stickoxide als Sauerstoffüberträger für schweflige Säure
1811	G. S. C. Kirchhoff	Eingehende Untersuchung der Stärkeverzuckerung durch Säuren und Erkenntnis, dass diese nicht verbraucht wird
1812	H. Davy	Erkenntnis, dass Bleikammerkristalle (Nitrosylschwefelsäure) im Bleikammerverfahren von wesentlicher Bedeutung sind
1813	L. J. Thénard	Zersetzung von Ammoniak an erhitzten Metallen, insbesondere an Eisen
1815	J. L. Gay-Lussac	Spaltung von Cyanwasserstoff an Eisen
1816	A. M. Ampère	Annahme abwechselnder Nitridbildung und -spaltung bei der Ammoniakzersetzung an Metallen
1817	H. Davy	Verbrennung von Methan und Alkohol an glühendem Platindraht
1818	L. J. Thénard	Zersetzung von Wasserstoffperoxid an Metallen, Oxiden und organischen Substanzen
1821	J. W. Döbereiner	Oxidation von Alkohol zu Essigsäure an Platinmohr bei gewöhnlicher Temperatur
1823	J. W. Döbereiner	Entflammung von Wasserstoff in Gegenwart von Platinschwamm bei gewöhnlicher Temperatur
1824	J. S. C. Schweigger	„Anlegepunkte“ (aktive Stellen) bei derartigen Grenzflächenvorgängen
1831	P. Phillips	Herstellung von Schwefelsäure durch Luftoxidation von SO_2 zu SO_3 an erhitztem Platin
1833	E. Mitscherlich	„Kontaktreaktionen“: Zerfall von H_2O_2 an Pt, Au, ... und von ClO_3^- an MnO_2; Etherbildung aus Alkohol in Gegenwart von Säure
1835	J. J. Berzelius	Katalyse: Namengebung und Definition

war, dass Schwefelsäure durch ihre wasserentziehende Wirkung die Etherbildung bewerkstelligt. Die ebenfalls beobachtete Bildung von Ethylsulfat ist auf eine Nebenreaktion zurückgeführt worden. 1828 hat Hennell dieses als Zwischenprodukt bei der Etherbildung in der Weise charakterisiert, dass eine abwechselnde Bildung und Zersetzung von Ethylsulfat die kontinuierliche Bildung von Ether hervorruft. Schließlich ist 1833/34 von Mitscherlich experimentell nachgewiesen worden, dass die wasserentziehende Wirkung der Schwefelsäure nicht maßgebend für die Etherbildung ist. Mitscherlich schlussfolgert, da die Schwefelsäure „... keinen ‚Vorteil' von dem Ergebnis [hat], so wirkt sie als selbstlos-williger Vermittler, also rein ‚durch Kontakt'" und verallgemeinert „... Zersetzungen und Verbindungen, welche auf diese Weise hervorgebracht werden, kommen sehr häufig vor; wir wollen sie *Zersetzung und Verbindung durch Kontakt* nennen" (zitiert nach [1, S. 30]).

Heterogen katalysierte Reaktionen

Bei heterogenen Reaktionen trat das Besondere von katalytischen Reaktionen augenscheinlicher zutage. So beschreibt Priestley 1783 zum ersten Mal eine katalytische Dehydratisierung von Alkohol, indem Alkoholdämpfe durch ein erhitztes Tabakpfeifenrohr geleitet werden. 1795 nahm Deimann dieses zum Ausgangspunkt, systematisch den Einfluss des Tabakpfeifenrohres – also nach heutiger Kenntnis des Katalysators – auf den Reaktionsablauf zu untersuchen und konstatierte, dass ein Glasrohr allein die Reaktion nicht bewerkstelligt, wohl aber ein mit Tonscherben gefülltes Glasrohr. Darüber hinaus sind auch die Einzelbestandteile des Tons und andere Substanzen auf ihre Fähigkeit untersucht worden, Alkohol zu dehydratisieren.

Die Wirkung von Platin bei Verbrennungen hat H. Davy studiert und 1816 gefunden, dass erhitzter Platindraht schon unterhalb der Glühtemperatur die (flammenlose!) Verbrennung von Methan (und anderen Stoffen wie Wasserstoff, Ether, Alkohol, ...) an der Luft herbeiführt, wobei die entstehende Wärme zum Erglühen des Drahts führt.[1] 1818 wies Erman nach, dass es für Knallgas genügt, den Platindraht auf 50 °C zu erhitzen. 1823 zeigte Döbereiner, dass Platinschwamm Knallgas bei gewöhnlicher Temperatur zur flammenlosen Reaktion bringt und wenige Tage später berichtete er, dass es zu einer fast augenblicklichen Entflammung kommt, wenn der Wasserstoff so auf Platinschwamm (hergestellt durch thermische Zersetzung von „Platinsalmiak" $[NH_4]_2[PtCl_6]$) geleitet wird, dass er sich zuvor mit Luft mischen kann. Dazu führte er aus, „... das schwammige Pulver verhält sich gegen Knallgas gewissermaßen wie funkende Elektrizität" (zitiert nach [3, S. 20]). Das ist die Grundlage für das Döbereinersche Feuerzeug (Abbildung 1.1), das rasche Verbreitung gefunden hat (1828

[1] Davy erfand auch (1815) die nach ihm benannte Sicherheitslampe für Kohlengruben, bei der die Flamme einer Öllampe durch einen engmaschigen Drahtzylinder von der Außenluft abgetrennt ist. Die oben genannte Entdeckung nutzte er, indem er eine Platinspirale in seine Grubenlampe einbauen ließ. Nach dem Erlöschen der Lampe wegen eines zu hohen Methangehalts in der Luft fing die Spirale an zu glühen und ermöglichte so dem Bergmann die Orientierung.

Abbildung 1.1. Döbereiner-Feuerzeug. Es entspricht im Prinzip einem Kippschen-Apparat, der mit Schwefelsäure (**a**) gefüllt ist, die beim Öffnen des Hahnes (**c**) mit dem Zinkstab (**b**) in Berührung kommt. Dabei entwickelt sich Wasserstoff, der aus der Düse (**d**) ausströmt und sich am Platinschwamm (**e**) entzündet.

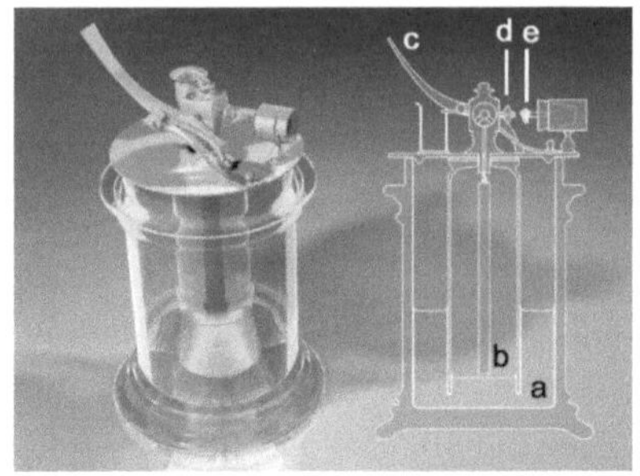

waren bereits ca. 20000 in Gebrauch), wobei Döbereiner darauf verzichtet hat, aus der Erfindung finanziellen Nutzen zu ziehen.[1]

1813 hat Thénard ausführlich die Zersetzung von Ammoniak an erhitzten Metallen untersucht und die stärkste Wirkung beim Eisen festgestellt, dass dabei seinen physikalischen Zustand verändert, es wurde brüchig und locker. Als Ursache ist später die Bildung eines Nitrids als Zwischenstufe angenommen worden, das 1829 auch experimentell nachgewiesen worden ist. Thénard hat mit Gay-Lussac 1811 Bariumperoxid hergestellt und daraus (1818) durch Einwirkung von Salzsäure Wasserstoffperoxid erhalten. Anschließend hat er die Zersetzung von H_2O_2 an zahlreichen Metallen und Metalloxiden untersucht, wobei sich Ag und Ag_2O, das zu Silber reduziert wird, am wirksamsten erwiesen. Auch organische Materialien wie Fibrin und verschiedene Gewebeteile bewirkten eine Zersetzung von H_2O_2. Zusammenfassend brachte er zum Ausdruck, dass die Stoffe wirken können, ohne selber verändert zu werden und dass es sich bei der Wirkung um ein und dieselbe „Kraft“ handelt und bezog darin auch die Wirkung der tierischen und pflanzlichen Materialien ein.

1.2 Die Katalysedefinitionen von Berzelius und Ostwald

Der Katalysebegriff von Berzelius

Von 1821 bis 1847 hat Jöns Jakob Berzelius (1779–1848) die neuen Ergebnisse in den physischen Wissenschaften (Physik, Chemie, Mineralogie, Geologie) jährlich in einem Bericht zusammengefasst. Die Berichte sind der Schwedischen Akademie der Wissenschaften vorgelegt und auch ins Deutsche übersetzt worden.[2] Im Bericht von 1835 über das Jahr 1834 (deutsche Übersetzung: 1836) führt Berzelius im Kapitel zur Pflanzenchemie einige der zuvor erwähnten Erscheinungen an und resümiert:

[1] Döbereiner war seit 1810 als Professor an der Universität Jena tätig. Er hat den zuständigen Staatsminister, J. W. von Goethe, über seine Forschungen auf dem Laufenden gehalten und ihm in vielfältiger Art als Berater in chemischen Fragen gedient. Er hat ihm auch eines seiner Feuerzeuge übereignet und Goethe schrieb daraufhin an Döbereiner „... immer dankbar zu erinnern, da Ihr so glücklich erfundenes Feuerzeug mir täglich zur Hand steht und ...“ (zitiert nach [3, S. 29]).

[2] J. Berzelius, *Jahres-Bericht über die Fortschritte der physischen Wissenschaften*, Tübingen (*Jber. Berz.*). Ab Bd. 21 (**1842**) *Jahres-Bericht über die Fortschritte der Chemie und Mineralogie*.

„Es ist also erwiesen, daß viele, sowohl einfache als zusammengesetzte Körper, sowohl in fester als in aufgelöster Form, die Eigenschaft besitzen, auf zusammengesetzte Körper einen, von der gewöhnlichen chemischen Verwandtschaft ganz verschiedenen Einfluß auszuüben, indem sie dabei in dem Körper eine Umsetzung der Bestandtheile in anderen Verhältnissen bewirken, ohne daß sie dabei mit ihren Bestandtheilen nothwendig selbst Theil nehmen, wenn dieß auch mitunter der Fall sein kann.

Es ist dieß eine eben sowohl der unorganischen, als der organischen Natur angehörige neue Kraft zur Hervorrufung chemischer Thätigkeit, die gewiß mehr, als man bis jetzt dachte, verbreitet sein dürfte, und deren Natur für uns noch verborgen ist. Wenn ich sie eine neue Kraft nenne, ist es dabei keinesweges meine Meinung, sie für eine von den electrochemischen Beziehungen der Materie unabhängiges Vermögen zu erklären; im Gegentheil, ich kann nur vermuthen, daß sie eine eigene Art der Aeußerung von jenen sei. So lange uns indessen ihr gegenseitiger Zusammenhang verborgen bleibt, erleichtert es unsere Forschungen, sie vorläufig noch als eine Kraft für sich zu betrachten, gleichwie es auch unsere Verhandlungen darüber erleichtert, wenn wir einen eigenen Namen dafür haben. Ich werde sie daher, um mich einer in der Chemie wohlbekannten Ableitung zu bedienen, die *katalytische Kraft* der Körper, und die Zersetzung durch dieselbe *Katalyse* nennen, gleichwie wir mit dem Wort Analyse die Trennung der Bestandtheile der Körper, vermöge der gewöhnlichen chemischen Verwandtschaft, verstehen. Die katalytische Kraft scheint eigentlich darin zu bestehen, daß Körper durch ihre bloße Gegenwart, und nicht durch ihre Verwandtschaft, die bei dieser Temperatur schlummernden Verwandtschaften zu erwecken vermögen, so daß ..."

Der damaligen Auffassung entsprechend, setzt eine Reaktion zwischen zwei „Körpern" ihre „chemische Verwandtschaft" voraus. *Katalysatoren* sind nunmehr als „Körper" angesehen worden, die vermöge ihrer *katalytischen Kraft* Reaktionen auslösen („schlummernde Verwandtschaften erwecken"), ohne dass sie selbst mit den reagierenden „Körpern verwandt" sind. Dabei bezieht sich Berzelius nicht nur auf homogen *und* heterogen katalysierte Reaktionen, sondern schließt auch (mit heutigen Worten) enzymkatalysierte Reaktionen mit ein.

Berzelius stellt den neuen Begriff „Katalyse" (griech.: κατάλυσις = Auflösung) den der „Analyse" gegenüber: Analyse bedeutet in diesem Zusammenhang eine durch „gewöhnliche chemische Verwandtschaft" hervorgerufene Reaktion, während Katalysatoren durch ihre bloße Anwesenheit eine Reaktion auslösen.

Mit dem Katalysebegriff fasst Berzelius eine Gruppe von Erscheinungen zusammen, die im Rahmen der Lehre über Reaktionen durch chemische Verwandtschaft nicht erklärt werden können. Somit ist der Begriff zunächst im Wesentlichen rein deskriptiv und Berzelius verzichtet bewusst auf Versuche, das Wesen der Katalyse zu erklären. Berzelius nennt die „katalytische Kraft" zwar eine neue Kraft, betont aber die Erwartung, ihre Wirkung im Rahmen seiner elektrochemischen Theorie erklären zu können. Liebig hat Berzelius wegen seiner Katalysedefinition mehrfach attackiert und in den Mittelpunkt seiner Kritik die „Schaffung einer neuen Kraft durch ein neues Wort gestellt, welches die Erscheinung ebenfalls nicht erklärt".

Die Katalysedefinition von Ostwald

1850 hat der Physiker Ludwig Wilhelmy (1812–1864) die säurekatalysierte Rohrzuckerinversion untersucht und das „Gesetz, nach welchem die Einwirkung der Säuren auf den Rohrzucker stattfindet" formuliert. Darin wird erstmals explizit die chemische Geschwindigkeit (Reaktionsgeschwindigkeit) definiert, die Grundlage der chemischen Kinetik ist. Eine exakte Definition der Geschwindigkeit einer chemischen Reaktion ist Voraussetzung dafür, die beschleunigende Wirkung eines Katalysators auf dieselbe zu erkennen, die im Mittelpunkt der „kinetischen Definition von Katalyse" von Wilhelm Ostwald (1853–1932) steht. Als Anerkennung für seine Arbeiten über Katalyse sowie für seine grundlegenden Untersuchungen über chemische Gleichgewichtsverhältnisse und Reaktionsgeschwindigkeiten ist ihm 1909 der Nobelpreis für Chemie zuerkannt worden.

Mit dem Ziel, die „Stärke" von Säuren zu messen, ist Ostwald von Untersuchungen zum Säureeinfluss auf die Esterhydrolyse (1883) zum engen Zusammenhang zwischen der Säurestärke und ihrer katalytischen Wirkung gestoßen. Mit der säurekatalysierten Oxidation von Iodwasserstoff durch Bromsäure (1887) hat er erstmals ein System untersucht, in dem die Reaktion auch ohne Katalysator bereits mit messbarer Geschwindigkeit ablief, sodass „das Wesen der Katalyse nicht in der *Hervorbringung* einer Reaktion zu suchen ist, sondern in ihrer *Beschleunigung*". In einem Referat zu einer Arbeit von F. Strohmann hat Ostwald in der Zeitschrift für physikalische Chemie (**1894**, *15*, 705) die seitdem maßgebend gebliebene Definition der Katalyse gegeben [4]:

> „... Wenn sich der Ref. vor die Aufgabe gestellt sähe, die Erscheinungen der Katalyse allgemein zu kennzeichnen, so würde er etwa den folgenden Ausdruck als den entsprechenden ansehen:
>
> Katalyse ist die Beschleunigung eines langsam verlaufenden chemischen Vorganges durch die Gegenwart eines fremden Stoffes.
>
> ... Es ist daher irreführend, die katalytische Wirkung wie eine Kraft anzusehen, welche etwas hervorbringt, was ohne den katalytisch wirkenden Stoff nicht stattfinden würde; noch weniger darf man eine Arbeitsleistung des letzteren annehmen. Zum Verständnis der Erscheinung wird es vielleicht beitragen, wenn ich noch besonders darauf hinweise, daß in dem Begriff der chemischen Energie der der Zeit nicht enthalten ist; wenn also die chemischen Energieverhältnisse so gegeben sind, daß ein bestimmter Vorgang eintreten muß, so ist dadurch nur Anfangs- und Endzustand, sowie die ganze Reihe von Zwischenzuständen gegeben, welche durchlaufen werden müssen, keineswegs aber die Zeit, binnen deren dies Durchlaufen erfolgen muß. Diese Zeit ist hier von Bedingungen abhängig, welche außerhalb der beiden Hauptsätze der Energetik liegen. ..."

Ausführlich fasst Ostwald den Wissensstand zur Katalyse in einem Vortrag 1901 zusammen. Mit Bezug auf ein homogenes System, das sich zu Produkten mit geringerer freier Energie umwandeln kann, konstatiert er [5]:

> „... Aber die sicherste Grundlage allgemeiner Schlüsse, die wir kennen, die Gesetze der Energetik, verlangen, daß tatsächlich die Umwandlung stattfindet. Sie diktieren keinen Zahlenwert der Geschwindigkeit, die dabei eingehalten werden muß; sie verlangen nur, daß diese Geschwindigkeit nicht streng Null ist, sondern einen endlichen Wert hat.
>
> Hierdurch gewinnen wir alsbald auch für diesen Fall die Definition eines Katalysators.
>
> Ein Katalysator ist jeder Stoff, der, ohne im Endprodukt einer chemischen Reaktion zu erscheinen, ihre Geschwindigkeit verändert. ..."

Bereits in diesem Vortrag (1901) und später in seinem Vortrag anlässlich der Verleihung des Nobelpreises (1909) hat Ostwald auch zur Theorie der Katalyse darauf verwiesen [6]:

> „...[, dass] keine sich lebensfähiger erwiesen [hat], als die bereits von CLEMENT und DESORMES aufgestellte der *Zwischenreaktionen*, welche gerade auf der Teilnahme des Katalysators an den wirklich stattfindenden Reaktionen beruht, deren *Summe* allerdings so beschaffen ist, dass sich der Katalysator aus ihr heraushebt, deren *Teilreaktionen* aber den Katalysator als wesentlichen chemischen Bestandteil des Vorganges enthalten. ..."

Zunächst ist ein derartiger Reaktionsablauf nur bei homogen katalysierten Reaktionen in Betracht gezogen worden. Anfang der 1920er-Jahre hat Irving Langmuir (1881–1957; Nobelpreis für Chemie 1932) mit seinen Arbeiten zur Chemisorption gezeigt, dass Zwischenreaktionen auch bei heterogen katalysierten Reaktionen von fundamentaler Bedeutung sind.

Am Schluss seines Vortrages anlässlich der Verleihung des Nobelpreises konstatiert Ostwald, „... dass, solange die Frage nach der allgemeinen Vorausberechnung einer chemischen Reaktionsgeschwindigkeit ... noch nicht gelöst ist, eine ausreichende Antwort auf die katalytische Frage nicht gegeben werden kann.“ Erst nach seinem Tod hat Henry Eyring (1901–1981) mit der Theorie des Übergangszustandes (1935) eine wichtige theoretische Grundlage dafür geschaffen.

Erst Ostwalds Erkenntnis über das Wesen der Katalyse, die er selbst als seine „selbständigste und folgenreichste chemische Leistung“ bezeichnete, hat eine zielgerichtete Forschung auf dem Gebiet der Katalyse und deren bewusste technische Anwendung ermöglicht. Ausgehend von der bekannten Tatsache (vgl. Tabelle 1.1, S. 2), dass Ammoniak beim Leiten über schwach glühendes Eisen fast vollständig in seine Elemente zerlegt wird und seiner Erkenntnis, dass ein Katalysator nur die Einstellung des Gleichgewichtes – also Hin- und Rückreaktion gleichermaßen – beschleunigt, hat Ostwald die eisenkatalysierte Synthese von Ammoniak untersucht. In seinen Memoiren schrieb Ostwald [7], dass in seinem 1900 angemeldeten Patentanspruch alle Grundgedanken des 1913 realisierten Haber-Bosch-Verfahrens enthalten seien. Mangelnde Reproduzierbarkeit der Ergebnisse hätten ihn jedoch veranlasst, das Patentgesuch verfallen zu lassen. 1901 schließlich diente ihm ein bekanntes Vorlesungsexperiment, dass eine glühende Spirale aus Platindraht in einem Gemisch aus NH_3 und Luft unter Bildung von Stickstoffdioxid fortfährt zu glühen, als Ausgangspunkt für das „Ostwald-Verfahren“ zur Synthese von Salpetersäure, nach dem gegenwärtig praktisch der gesamte Bedarf an HNO_3 gedeckt wird.

Wilhelm Ostwald hat die Katalyse als grundlegendes chemisches Prinzip zur Überwindung der kinetischen Hemmung chemischer Reaktionen etabliert und damit die Voraussetzungen für eine wissenschaftlich fundierte Katalyseforschung und zielgerichtete Katalysatorentwicklung geschaffen.

1.3 Literatur

[1] A. Mittasch, *Kurze Geschichte der Katalyse in Praxis und Theorie*, Springer, Berlin, **1939**

[2] A. Mittasch, *Über Katalyse und Katalysatoren in Chemie und Biologie*, Springer, Berlin, **1936**

[3] A. Mittasch, *Döbereiner, Goethe und die Katalyse*, Hippokrates-Verlag, Stuttgart, **1951**

[4] Zitiert nach W. Ostwald, *Über Katalyse* (G. Bredig, Hrsg.), Ostwald's Klassiker der exakten Wissenschaften, Akademische Verlagsgesellschaft, Leipzig, **1923**, S. 17

[5] W. Ostwald, *Über Katalyse* (Vortrag gehalten auf der 73. Naturforscherversammlung zu Hamburg am 26. September 1901), zitiert nach Ref. [4], S. 23

[6] W. Ostwald, *Les Prix Nobel en 1909*, Stockholm, **1910**, S. 1: „Über Katalyse“

[7] W. Ostwald, *Lebenslinien – Eine Selbstbiographie* (K. Hansel, Hrsg.), Hirzel, Stuttgart/Leipzig, **2003**

Weiterführende Literatur

J. Berzelius, *Jber. Berz.* **1836**, *15*, 242

G. Ertl, T. Gloyna, *Z. Phys. Chem.* **2003**, *217*, 1207: „Katalyse: Vom Stein der Weisen zu Wilhelm Ostwald“

G. Ertl, *Angew. Chem.* **2009**, *121*, 6724: „Wilhelm Ostwald: Begründer der physikalischen Chemie und Nobelpreisträger 1909“

L. B. Hunt, *Platinum Met. Rev.* **1958**, *2*, 129: „The Ammonia Oxidation Process for Nitric Acid Manufacture“

A. Mittasch, *Berzelius und die Katalyse*, Akademische Verlagsgesellschaft, Leipzig, **1935**

A. J. B. Robertson, *Platinum Met. Rev.* **1975**, *19*, 64: „The Early History of Catalysis“

R. Taube, *Jahrbuch 2003 der Deutschen Akademie der Naturforscher Leopoldina (Halle/Saale), LEOPOLDINA (R. 3)* **2004**, *49*, 369: „Wilhelm Ostwald und die Katalyse“

P. Walden, *Z. Angew. Chem.* **1930**, *43*, 325; **1930**, *43*, 351; **1930**, *43*, 366: „Berzelius und wir“

A. Zecchina, S. Califano, *The Development of Catalysis: A History of Key Processes and Personas in Catalytic Science and Technology*, Wiley, Hoboken NJ, **2017**

2 Grundlagen der Komplexkatalyse

2.1 Homogene *versus* heterogene Katalyse

Es wird zwischen homogener und heterogener Katalyse unterschieden, je nachdem ob Katalysator und Reaktanten in der gleichen Phase vorliegen oder nicht. Enzymkatalysierte Reaktionen nehmen wegen des komplexen Aufbaus von Enzymen und der besonderen Möglichkeiten zu einer Substrataktivierung durch Ausbildung von nichtkovalenten Wechselwirkungen mit einem Protein eine Sonderstellung ein. Heterogen und enzymatisch katalysierte Reaktionen werden hier nur in ausgewählten Fällen besprochen, um Unterschiede und Gemeinsamkeiten mit homogen katalysierten Reaktionen deutlich zu machen.

Homogene Katalysen klassifiziert man zweckmäßig nach der Natur der Katalysatoren, die eine spezifische Substrataktivierung bewirkt (Tabelle 2.1). Brønsted-Säure-Base- sowie elektrophile und nucleophile Katalysen [1] sind in der organischen Chemie Legion. Hochselektiv wirkende „rein" organische Katalysatoren bezeichnet man auch als „Organokatalysatoren". Darunter fallen insbesondere asymmetrische Organokatalysatoren [2, 3], die in ihrer Funktionsweise gewisse Analogien zu metallfreien Enzymen aufweisen. Als Beispiel für eine Redox- und Komplexkatalyse sei die Mn^{2+}-katalysierte Oxidation von Oxalat mit MnO_4^- bzw. die Mo^{VI}-katalysierte Epoxidbildung aus Olefinen und Hydroperoxiden angeführt. Abgesehen von einigen Ausnahmen sind derartige Katalysen nicht Gegenstand dieses Buches, sondern metallorganische Komplexkatalysen. Das sind homogen durch Metallkomplexe – in den

Tabelle 2.1. Zur Klassifizierung von homogen katalysierten Reaktionen.

Katalysator	Katalysator wirkt als ...[a)]	Substrataktivierung durch ...	Bezeichnung
Brønsted-Säure/-Base	PD/PA	Protonierung/Deprotonierung	Brønsted-Säure-Base-Katalyse
Lewis-Säure/-Base	EPA/EPD	Bildung eines Lewis-Säure-Base-Addukts	elektrophile/nucleophile Katalyse
Metallkomplex	ED/EA	Elektronenübertragung	Redoxkatalyse
Metallkomplex	EPA[b)]	koordinative Wechselwirkung	Komplexkatalyse
Metallkomplex	EPA[b)] (EPD)[c)]	koordinative Wechselwirkung; metallorganische Intermediate	metallorganische Komplexkatalyse

a) PD/PA = Protonendonor/-akzeptor; EPD/EPA = Elektronenpaardonor/-akzeptor; ED/EA = Elektronendonor/-akzeptor. b) Die Ausbildung einer Metall–Ligand-Bindung ist in der Regel als EPA–EPD-Wechselwirkung zu beschreiben. c) Bei der Bildung von π- und σ-Komplexen zur Substrataktivierung ist die Fähigkeit des Metalls zur Rückbindung (*back-donation*) von Bedeutung, es fungiert also zusätzlich als EPD.

D. Steinborn, *Grundlagen der metallorganischen Komplexkatalyse*, Studienbücher Chemie,
https://doi.org/10.1007/978-3-662-56604-6_2

allermeisten Fällen Übergangsmetallkomplexe – katalysierte Reaktionen, bei denen metallorganische Intermediate auftreten.

Typisch für heterogene Katalysen sind gasförmige Edukte und feste Katalysatoren, die – insbesondere in der Technik – auch als Kontakte bezeichnet werden. Die Katalyse findet an der (äußeren und/oder inneren) Oberfläche des Katalysators statt, woher auch die Bezeichnungen „Oberflächenkatalyse" und „Kontaktkatalyse" stammen. Von Bedeutung für den gesamten Reaktionsablauf sind Diffusionsprozesse sowie Adsorptions- und Desorptionsvorgänge der Reaktanten und Produkte. Typische Reaktionstemperaturen liegen bei 200–600 °C. Vielfach werden die Reaktionen unter hohem Druck ausgeführt.

Für metallorganische Komplexkatalysen ist charakteristisch, dass die Reaktanten und der Katalysator in Lösung vorliegen und die Reaktionstemperaturen relativ niedrig (20–150 °C) sind. Oftmals sind diese homogenen Katalysatoren ausgesprochen oxidations- und/oder hydrolyseempfindlich, sodass streng unter anaeroben Bedingungen gearbeitet werden muss. Die meisten metallorganischen Komplexkatalysatoren sind Übergangsmetallverbindungen mit definierter Struktur und Stöchiometrie. Bei gut untersuchten Prozessen lässt sich der Reaktionsablauf auf molekularer Basis (nahezu) vollständig verstehen, was Grundlage für eine gezielte Entwicklung von „Katalysatoren nach Maß" ist. Typischerweise ist das Reaktionszentrum ein Metallatom (-ion), an dem auch Liganden koordiniert sind, die nicht direkt an der Katalyse beteiligt sind („Zuschauerliganden"; engl.: *spectator* oder *control ligands*). Variationen dieser Liganden unter dem Gesichtspunkt, gezielt die elektronischen und/oder sterischen Verhältnisse am Reaktionszentrum zu beeinflussen („*ligand tuning*"), sind Grundlage für Katalysatoroptimierungen hinsichtlich Aktivität, Selektivität und Stabilität.

Es gibt Grenzfälle zwischen homogener und heterogener Katalyse. Einer der bekanntesten ist der klassische Ziegler-Katalysator ($TiCl_4/AlEt_3$), der Ethen in einem aliphatischen Kohlenwasserstoff bei Normaldruck und Raumtemperatur mit hoher Geschwindigkeit polymerisiert. Heute wissen wir, dass zunächst $TiCl_3$ gebildet wird, welches in aliphatischen Kohlenwasserstoffen unlöslich ist. Die Katalyse vollzieht sich an der durch den Cokatalysator ($AlEt_3$) chemisch modifizierten Oberfläche von $TiCl_3$. Die Reaktionsbedingungen sind typisch für homogen katalysierte Verfahren, die Elementarschritte können im Prinzip auf molekularer Basis verstanden werden und es gibt analoge Katalysatoren, die in homogener Lösung arbeiten. Das rechtfertigt, derartige Verfahren der homogenen Katalyse zuzurechnen.

Der wohl entscheidende Vorteil von homogen katalysierten Verfahren ist das prinzipielle mechanistische Verständnis auf molekularer Basis als Grundlage für eine gezielte Katalysatorentwicklung und -optimierung. Ein weiterer wesentlicher Vorteil der Komplexkatalyse ist die Variationsbreite, mit der Katalysatoren entwickelt werden können, die sich in einer großen Anzahl katalytisch relevanter Metalle und Liganden widerspiegelt. Dem steht als entscheidender Nachteil eine z. T. teure und aufwendige Katalysatorabtrennung gegenüber. Entwicklungen wie die Immobilisierung von homogenen Katalysatoren auf festen Trägern [4] und die Zweiphasenkatalyse tragen dem Bestreben Rechnung, in diesem Aspekt die Vorteile der homogenen Katalyse mit denen der heterogenen Katalyse zu kombinieren.

Sowohl homogene als auch heterogene Katalysatoren sind technisch wichtig und werden technisch wichtig bleiben.

2.2 Katalysezyklen

Zur Erläuterung des grundsätzlichen Ablaufes einer homogen katalysierten Reaktion legen wir als Modell eine Reaktion von zwei Substraten S_1 und S_2 zu einem Produkt P zugrunde. Unter der katalytischen Einwirkung von [M] gilt

$$S_1 + S_2 \xrightarrow{[M]} P$$

Mögliche Elementarschritte der katalysierten Reaktion sind in Abbildung 2.1 als Katalysezyklus dargestellt. Es sind zwei störende Nebenreaktionen eingetragen: Die reversible Bildung eines katalytisch nichtaktiven Zwischenprodukts führt zur Minderung der Aktivität des Katalysators, weil die Konzentration an katalytisch aktivem Komplex vermindert wird (**3** → **5**). Die irreversible Zersetzung eines Zwischenkomplexes führt zur Katalysatordesaktivierung (**4** → **6**), sodass insbesondere die Produktivität des Katalysators vermindert wird, je schneller derartige Reaktionen ablaufen.

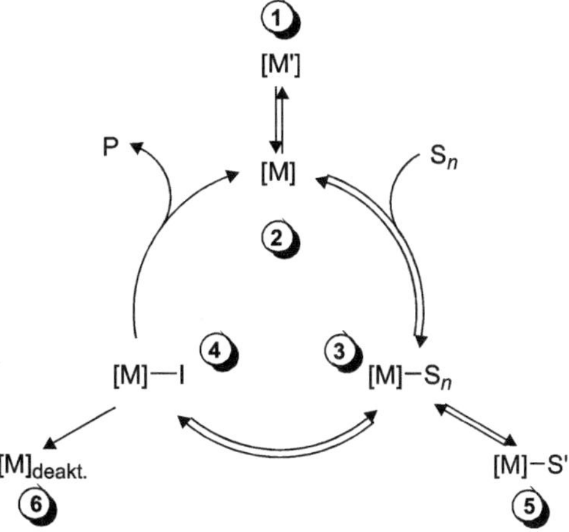

Abbildung 2.1. Typische Elementarschritte einer komplexkatalysierten Reaktion.

1 → **2**: Bildung des Katalysators [M] aus dem Präkatalysator [M'].
2 → **3**: Aktivierung der Substrate S_n durch Komplexbildung [M]–S_n.
3 → **4**: Umwandlung des Metall–Substrat-Komplexes [M]–S_n in einen Metall–Intermediat-Komplex [M]–I.
4 → **2**: Abspaltung des Produkts P aus [M]–I unter Rückbildung des Katalysators [M].
3 → **5**: Reversible Bildung eines katalytisch inaktiven Komplexes [M]–S' (*Off-Cycle-Intermediat*).
4 → **6**: Irreversible Zersetzung des Zwischenkomplexes [M]–I.

Für jede katalytische Reaktion lässt sich im Prinzip ein Zyklus analog Abbildung 2.1 formulieren. Ob das jeweils die übersichtlichste Form ist, um das Verständnis zu erlangen, sei dahingestellt. Wir werden jedenfalls bei der Beschreibung der einzelnen Verfahren nicht in jedem Falle so verfahren.

Zum Verständnis der Katalyse ist es wichtig, die Reversibilität der Elementarschritte zu analysieren. Sofern einer der Schritte irreversibel ist (im vorliegenden Beispiel ist das die Produktabspaltung **4** → **2**), ist es (hinreichend kleine Aktivierungsenergien vorausgesetzt) gewährleistet, dass der Zyklus durchlaufen wird und prinzipiell ein vollständiger Stoffumsatz erreicht werden kann. Wenn alle Schritte reversibel sind, ist nur ein Stoffumsatz zu erwarten, der den Lagen der einzelnen Gleichgewichte entspricht.

2.3 Aktivität und Produktivität von Katalysatoren

Katalytische Aktivität

Die Aktivität eines Katalysators bringt die auf die Katalysatorkonzentration bezogene Reaktionsgeschwindigkeit zum Ausdruck. Ein Maß für die Aktivität ist die Umsatzfrequenz *TOF* (engl.: *turnover frequency*). Sie ist als Bildungsgeschwindigkeit des Produkts P (r_P) bezogen auf die Katalysatorkonzentration c_{Kat} definiert:

$$TOF = \frac{r_P}{c_{Kat}} \quad \text{mit} \quad r_P = \frac{dc_P}{dt}$$

Vereinfacht kann die in einem Reaktionsansatz in einem Zeitintervall gebildete Stoffmenge an Produkt pro Stoffmenge Katalysator [mol Produkt/(mol Katalysator · Zeit)] angegeben werden. Umsatzfrequenzen haben die Dimension [1/Zeit]. Früher sind sie unzutreffend als Umsatzzahlen (engl.: *turnover number*; *TON*) bezeichnet worden, mit denen aber korrekterweise Produktivitäten angegeben werden.

Liegen detaillierte kinetische Messungen vor, kann alternativ die Geschwindigkeitskonstante k_{Kat} (Katalysekonstante) der katalysierten Reaktion angegeben werden. Wie aus der Eyring-Gleichung ersichtlich ist, hängt sie von der freien Aktivierungsenthalpie $\Delta G^{\ddagger}_{Kat}$ der katalysierten Reaktion ab (k_B = Boltzmann-Konstante, h = Plancksches Wirkungsquantum, R = Gaskonstante):

$$k_{Kat} = \frac{k_B \cdot T}{h} e^{-\frac{\Delta G^{\ddagger}_{Kat}}{RT}}$$

Katalytische Produktivität

Die Produktivität eines Katalysators gibt die Stoffmenge an Produkt P an, die mit einer bestimmten Stoffmenge an Katalysator (unter den gegebenen Reaktionsbedingungen) insgesamt zu erzeugen ist. Sie ist dimensionslos (z. B. [mol Produkt/mol Katalysator]) und wird als Umsatzzahl *TON* (*turnover number*) bezeichnet:

$$TON = \frac{n_P}{n_{Kat}}$$

Damit Angaben zur katalytischen Aktivität und Produktivität aussagekräftig sind, müssen auch die Reaktionsbedingungen angeführt werden.

Umsatz-Zeit-Kurven

Aktivität und Produktivität eines Katalysators lassen sich aus Umsatz-Zeit-Kurven ableiten (Abbildung 2.2). Der Anstieg zu Beginn der Reaktion ist ein Maß für die (Anfangs-) Aktivität des Katalysators. Sind die Umsatz-Zeit-Kurven nicht hyperbolisch wie die Kurven **1** und **2** in Abbildung 2.2, sondern sigmoid (S-förmig) (Kurve **4'**), spiegelt der Anstieg im Wendepunkt

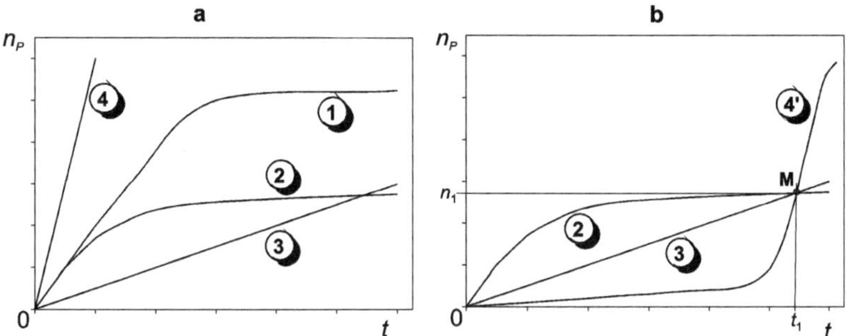

Abbildung 2.2. Umsatz-Zeit-Kurven zur Bewertung von Aktivität und Produktivität von Katalysatoren.

die (maximale) Aktivität wider. Die Produktivität ist aus der Stoffmenge Produkt n_P abzulesen, bei dem die Reaktion zum Stillstand kommt. (Vorausgesetzt, es steht über den gesamten Verlauf der Reaktion genügend Substrat zur Verfügung.) Solche Umsatz-Zeit-Kurven sind experimentell in einfacher Weise zu erhalten und wesentlich aussagekräftiger als die vielfach in Patenten übliche Angabe, welche Menge an Produkt zu einem bestimmten Zeitpunkt (z. B. 80 % Umsatz nach 5 h) gebildet worden ist.

Abbildung 2.2 (**a**) zeigt Umsatz-Zeit-Kurven, aus denen Aussagen zur Aktivität und Produktivität von Katalysatoren getroffen werden können. So sind die Katalysatoren **1** und **2** von vergleichbarer Aktivität, aber sehr unterschiedlicher Produktivität. Offensichtlich unterliegt der Katalysator **2** einer raschen Desaktivierung. Die Katalysatoren **3** und **4** sind von sehr geringer bzw. hoher Aktivität. Ihre Produktivität kann in dem zu schmalen Zeitfenster nicht angegeben werden, da beide Reaktionen noch nicht zu Ende gekommen sind. Die Produktivität von **4** ist aber definitiv höher als die der Katalysatoren **1** und **2**. In Abbildung 2.2 (**b**) ist demonstriert, dass aus einem einzigen experimentellen Wert M, der angibt, dass zum Zeitpunkt t_1 eine Stoffmenge Produkt n_1 gebildet worden ist, keine Aussagen zu Aktivität und Produktivität abgeleitet werden können. Dagegen würde aus Umsatz-Zeit-Kurven deutlich werden, ob ein Katalysator (**2**) mit mittlerer Aktivität, aber geringer Produktivität oder ein Katalysator (**3**) mit geringerer Aktivität, aber höherer Produktivität vorliegt. Es könnte sogar ein Katalysator (**4'**) mit hoher Aktivität und Produktivität vorliegen, der aber im Unterschied zu **4** in Abbildung 2.2 (**a**) eine Induktionsperiode aufweist.

2.4 Selektivität und Spezifität von Katalysatoren

Ein Katalysator heißt selektiv, wenn er eine von mehreren zwischen den Reaktanten möglichen Reaktionen bevorzugt oder ausschließlich katalysiert. Bezieht sich die Selektivität auf die stereochemische Beziehung von Edukten und Produkten spricht man von stereoselektiven Reaktionen bzw. Katalysatoren, die genauer als diastereo- oder enantioselektiv charakterisiert werden können. Wird bei einer Reaktion, die die Bildung von mehreren Regioisomeren zulässt, ein einziges bevorzugt oder ausschließlich gebildet, liegt eine regioselektive Reaktion vor. Weist ein Substrat verschiedene funktionelle Gruppen auf, wird aber in einer Reaktion nur eine davon umgesetzt, bezeichnet man die Reaktion als chemoselektiv [5].

In welchem Ausmaß eine Reaktion selektiv abläuft, lässt sich durch die Produktzusammensetzung quantitativ angeben. Für enantio- und diastereoselektive Reaktionen ist die Angabe des Enantiomerenüberschusses (% *ee* = % Überschuss-Enantiomer – % Unterschuss-Enantiomer; *ee* = *enantiomeric excess*) bzw. des Diastereomerenüberschusses (% *de* = % Überschuss-Diastereomer – % Unterschuss-Diastereomer; *de* = *diastereomeric excess*) üblich [6].

Als stereospezifisch bezeichnet man einen Katalysator, der stereoisomere Edukte in *unterschiedliche* stereoisomere Produkte umwandelt. Mit anderen Worten, stereochemisch differenzierte Edukte werden in stereochemisch differenzierte Produkte übergeführt, wie grafisch im Reaktionsdiagramm **a** veranschaulicht ist. Demgegenüber sind die beiden Reaktionen in **b** stereoselektiv, während in **c** nur noch S_1 stereoselektiv zu P_1 reagiert. Die Reaktion von S_2 in **c** sowie die beiden Reaktionen in **d** verlaufen stereochemisch nicht einheitlich.

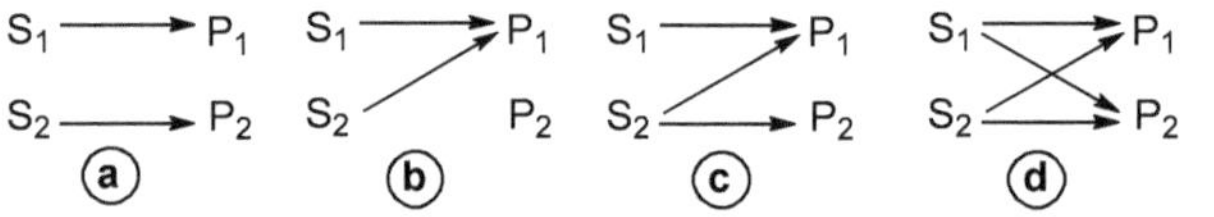

S_1/S_2, P_1/P_2 – stereoisomere Substrate bzw. Produkte. Die Pfeile geben die jeweils ablaufenden Reaktionen an.

Wie bei stereoselektiven Reaktionen kann auch bei stereospezifischen zwischen enantio- und diastereospezifischen Reaktionen unterschieden werden. Spezifische Reaktionen sind stets auch selektiv, aber selektive Reaktionen brauchen nicht spezifisch zu sein.

Abweichend vom Dargelegten werden gelegentlich – insbesondere in der Enzymkatalyse – selektive Reaktionen, die völlig einheitlich ablaufen, sodass ausschließlich ein Produkt gebildet wird, als „spezifisch" bezeichnet. Wir werden aber davon keinen Gebrauch machen und solche Reaktionen als „hochselektiv" charakterisieren [7].

Beispiele

- Bei der Hydrierung von prochiralen Olefinen **7** können zwei Enantiomere **8** (CIP-Priorität: R > R' > Me) gebildet werden. Bewirkt ein Katalysator, dass eines davon bevorzugt oder ausschließlich entsteht, verläuft die Reaktion selektiv (genauer: enantioselektiv).

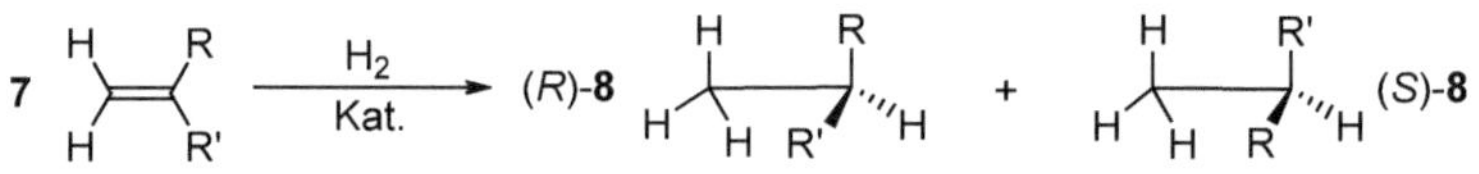

- Bei der Epoxidierung innerer Olefine **9** können zwei stereoisomere Epoxide **10** gebildet werden. Bewirkt ein Katalysator, dass aus dem (*E*)-Olefin das *trans*-Epoxid und aus dem (*Z*)-Olefin das *cis*-Epoxid gebildet wird, ist die Reaktion stereospezifisch (genauer: diastereospezifisch).

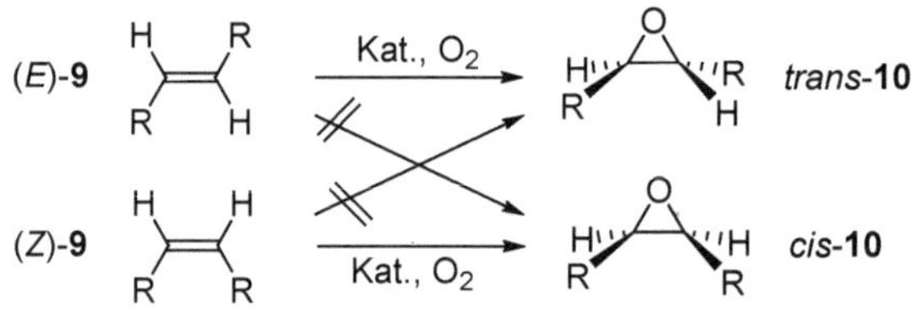

- Die Polymerisation von Butadien kann unter 1,2-Verknüpfung zu iso- (**11**) oder syndiotaktischem 1,2-Polybutadien (**12**) führen oder unter 1,4-Verknüpfung zu *trans-* (**13**) oder *cis*-1,4-Polybutadien (**14**). Die Polymerisation ist regioselektiv, wenn entweder 1,2-Polybutadien (**11**/**12**) oder 1,4-Polybutadien (**13**/**14**) gebildet wird. Sie ist darüber hinaus stereoselektiv, wenn bevorzugt ein einziges Stereoisomer (entweder **11** oder **12** bzw. **13** oder **14**) gebildet wird. Zuweilen werden diese Polymerisationen – nicht ganz korrekt – als stereospezifisch bezeichnet.

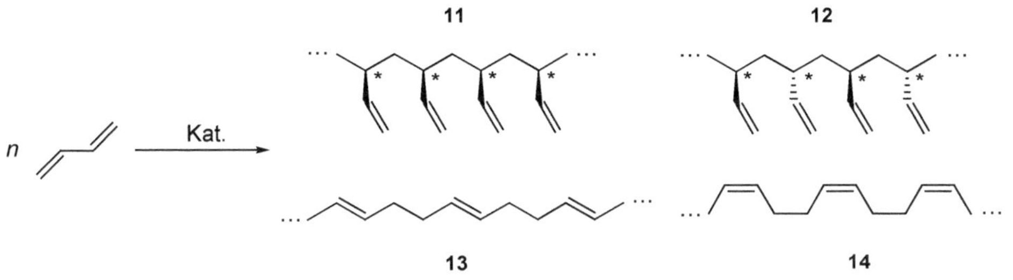

11 12

n Kat.

13 14

- Die regioselektive Bildung nur eines Isomers (meistens das *n*-Produkt) ist bei der Hydroformylierung von Olefinen von zentraler Bedeutung.

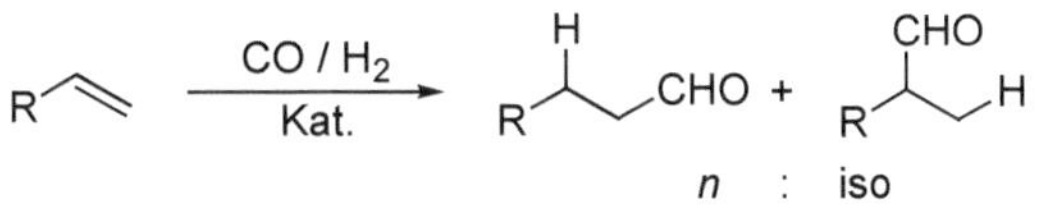

R CO / H_2 Kat. R H CHO + R CHO H

n : iso

- Wird bei der Hydrierung des Enins **15** entweder **16** oder **17** gebildet, liegt eine chemoselektive Reaktion vor. Handelt es sich bei **17** entweder um das *cis,trans-* (**17a**) oder *trans,trans*-Isomer (**17b**), ist die zu **17** führende Reaktion auch noch stereoselektiv.

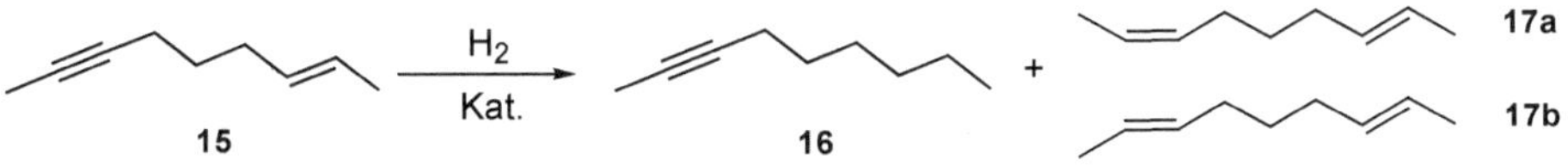

15 H_2 Kat. 16 + 17a 17b

2.5 Ermittlung und Interpretation von Katalysemechanismen

Der Reaktionsmechanismus einer homogen katalysierten Reaktion umfasst die detaillierte Beschreibung aller Teilreaktionen des Reaktionszyklus sowie von Bildungs-, Neben- und Zerfallsreaktionen der katalytisch aktiven Komplexe und Intermediate (vgl. Abbildung 2.1). Das schließt Kenntnisse zur Reversibilität, zur Lage von Gleichgewichten und von Umwandlungs- und Zerfallsgeschwindigkeiten bei diesen Reaktionen ein. Unverzichtbare Grundlage zum Verständnis von Reaktionsmechanismen in der metallorganischen Komplexkatalyse sind die Koordinationschemie und die metallorganische Chemie.

Aus dem Mechanismus von komplexkatalysierten Reaktionen lassen sich Zusammenhänge zwischen der Struktur von Katalysatoren bzw. Katalysatorzwischenstufen und ihrer katalytischen Aktivität und Produktivität sowie Spezifität und Selektivität ableiten (katalytische Struktur-Wirkungs-Beziehungen). Das ist eine unabdingbare Voraussetzung für eine gezielte Entwicklung von Katalysatoren und deren Optimierung. Es ist eine sehr komplexe Aufgabe, einen umfassenden Einblick in den Mechanismus einer metallkatalysierten Reaktion zu erlangen. Dazu müssen die verschiedensten experimentellen Untersuchungen und möglichst auch quantenchemische Rechnungen herangezogen werden. Nur breit angelegte Untersuchungen geben die Gewähr, dass keine der vorhandenen mechanistischen Möglichkeiten unzulässigerweise ausgeschlossen wird.

Experimentelle Untersuchungen

Es gibt eine breite Palette von Experimenten, die zur Aufklärung eines Reaktionsmechanismus herangezogen werden können. Wichtige Untersuchungsmethoden lassen sich wie folgt klassifizieren:

- *Katalytische Untersuchungen* zur Klärung von Struktur- und Milieueinflüssen. Das beinhaltet Untersuchungen zur katalytischen Aktivität/Produktivität und Selektivität/Spezifität in Abhängigkeit von den Reaktionsbedingungen (Konzentration von Edukten und Katalysator; Lösungsmittel, Temperatur, Druck, ...), in Abhängigkeit vom Substitutionsmuster der Edukte (bei Olefinen z. B. $H_2C{=}CHR$ *versus* $H_2C{=}CR_2$ *versus* *cis*-RHC=CHR *versus* *trans*-RHC=CHR, Variation von R, ...) und in Abhängigkeit von den elektronischen und sterischen Eigenschaften der Coliganden im Katalysatorkomplex (bei Phosphanen z. B. systematische Variation der elektronischen und sterischen Tolman-Parameter, vgl. S. 325).
- *Spektroskopische und chromatographische Untersuchungen* von Katalyselösungen, die gegebenenfalls modifiziert werden müssen (z. B. hinsichtlich der Konzentration, um der Nachweisgrenze der Untersuchungsmethode Rechnung zu tragen) sowie Studien zur Katalyse mit isotop markierten Verbindungen. Die Untersuchungen haben zum Ziel, Zwischenverbindungen, Nebenprodukte und Zersetzungsprodukte zu isolieren bzw. zu identifizieren. Es ist wesentlich, ihre Funktion im Katalysezyklus zu klären, um beispielsweise die aktiven Zwischenkomplexe im Zyklus von solchen zu unterscheiden, die außerhalb des Zyklus liegen (Abbildung 2.1, **2**–**4** *versus* **5**/**6**, S. 11).
- *Präparative Untersuchungen* zur Synthese von postulierten oder identifizierten Intermediaten bzw. von Modellkomplexen und das Studium ihrer Konstitution, Stabilität, Reaktivität und auch ihrer katalytischen Eigenschaften. Synthese strukturell definierter Präkatalysatoren und Untersuchungen zu ihrer Struktur im festen Zustand (Röntgeneinkristallstrukturuntersuchungen) und in Lösung (z. B. NMR-spektroskopisch).
- *Kinetische Untersuchungen* zum Ablauf der Katalyse, mit dem Ziel, ein quantitatives Reaktionsmodell zu erstellen. Von besonderem Interesse ist dabei, den geschwindigkeitsbestimmenden Reaktionsschritt zu identifizieren. Alternativ oder ergänzend dazu ermöglichen Rechnungen, die dem Energetic-Span-Modell (vide infra) folgen, die geschwindigkeitsbestimmenden Zustände (TDI, TDTS) zu ermitteln.

Anfänglich wird man bezüglich des Mechanismus sicherlich von einer plausiblen Hypothese ausgehen, die auf bekannten metallorganischen Elementarreaktionen basiert. Durch die komplexe Anwendung – und nicht durch eine zu sehr eingeschränkte Auswahl – der zuvor skizzierten Untersuchungsmethoden wird man ein experimentell begründetes Reaktionsschema erhalten. Dieses wird neue Fragestellungen aufwerfen, die dann im Sinne einer „Rückkopplung" experimentell geklärt werden, und so wird man iterativ zu einem zunehmend genaueren und detaillierteren Schema gelangen.

Theoretische Untersuchungen

Die Entwicklung von neuen quantenchemischen Rechenverfahren und eine enorme Steigerung der Rechenleistung von Computern haben es zunehmend ermöglicht, komplexe übergangsmetallhaltige Systeme mit einem vertretbaren Zeitaufwand mit hinreichender Genauigkeit zu berechnen. Dadurch ist es zunehmend möglich geworden, alle relevanten Zwischenprodukte *und* Übergangszustände eines Katalysezyklus zu berechnen und so den Zyklus vollständig theoretisch abzubilden. Im Zusammenspiel mit profunden experimentellen Untersuchungen zum Mechanismus ist eine derartige quantenchemische Analyse unverzichtbar, um die Komplexität der meisten übergangsmetallkatalysierten Reaktionen in vollem Umfang zu verstehen [8, 9, M16].

Für übergangsmetallkatalysierte Systeme hat sich die Dichtefunktionaltheorie (DFT = *D*ensity *F*unctional *T*heory) herausragend bewährt (Walter Kohn, Nobelpreis für Chemie 1998; gemeinsam mit J. A. Pople) [10]. In vielen Fällen wird zunächst der generische Katalysator zugrunde gelegt, indem z. B. komplexere Coliganden wie PAr_3 (Ar – mehrfach substituierter Arylrest) durch PH_3 ersetzt werden, und der komplexe Zyklus mit einer guten quantenmechanischen Methode und Genauigkeit modelliert. Dem folgt die Berechnung des real verwendeten Katalysators, entweder auch mit einem hochqualitativen quantenmechanischen Modell oder – wenn z. B. dafür der Rechenaufwand zu hoch ist – mit einer Hybridmethode (QM/MM) (Martin Karplus, Michael Levitt, Arieh Warshel, Nobelpreis für Chemie 2013 „Multiskalenmodellierung“) [11, 12]. Dabei wird das eigentliche Reaktionszentrum durch eine genaue quantenmechanische Methode (QM) beschrieben und die Peripherie der Liganden und/oder ein Lösungsmittel durch eine molekülmechanische Methode (MM) modelliert. Das erlaubt, z. B. sterische und elektrostatische Einflüsse, selbst von großen Coliganden und Lösungsmitteln, mit relativ wenig Rechenaufwand hinreichend zu erfassen [8, 13, M16].

Die Mehrzahl der Rechnungen bezieht sich auf die Gasphase. Lösungsmitteleinflüsse werden zumeist nur im Rahmen von vergleichsweise einfachen Modellen wie Tomasis polarisiertem Kontinuum-Modell (PCM = *P*olarized *C*ontinuum *M*odel) erfasst. Eine adäquate Berücksichtigung des Lösungsmittels in quantenchemischen Rechnungen von katalysierten Reaktionen ist für deren Aussagekraft von wesentlicher Bedeutung.

In jedem Fall sind quantenchemisch berechnete Energien nur dann zu vergleichen, wenn sie nach der gleichen Methode berechnet worden sind. Das trifft zwar für die Berechnung von Intermediaten und Übergangszuständen eines katalytischen Zyklus (durch ein und dieselben Autoren) selbstverständlich zu, in den allermeisten Fällen aber nicht für Rechnungen von verschiedenen Autoren und auch nicht für Rechnungen eines Autors an grundsätzlich verschiedenen Systemen. Aus diesem Grunde ist bei den Reaktionsprofildiagrammen, die in diesem Buch angeführt sind, sowohl auf die Angabe der Rechenmethode (das wäre eine Voraussetzung, um die Genauigkeit abzuschätzen) als auch auf eine genaue Skalierung der Energie verzichtet worden. Sie sollen nur den energetischen Ablauf in einem Zyklus halbquantitativ widerspiegeln und anschaulich illustrieren; der interessierte Leser sei auf die jeweils zitierte Literatur verwiesen.

Das Energetic-Span-Modell

Im Allgemeinen werden im Ergebnis von quantenchemischen Analysen von Katalysezyklen Reaktionsprofildiagramme erhalten. Sofern sie die freien Energien von allen relevanten Intermediaten und Übergangszuständen enthalten, kann daraus bei hinreichender Genauigkeit der Berechnungen die Kinetik einer katalysierten Reaktion abgeleitet werden. Sie ist eine wichtige Grundlage, um den Ablauf einer Katalyse in all ihren Teilschritten zu verstehen und ein wertvolles Hilfsmittel für die Katalysatoroptimierung.

Um aus einem Reaktionsprofildiagramm einen ersten Einblick in die Reaktionskinetik zu erhalten, ist es nützlich, die Frage zu stellen, welcher Übergangszustand und welches Intermediat bei einer differentiellen Änderung ihrer Gibbs-Energie die Gesamtgeschwindigkeit der Reaktion am meisten beeinflusst. Wir beschränken uns hier und im Folgenden auf Reaktionen, bei denen ein Intermediat und ein Übergangszustand überwiegend die TOF kontrolliert.[1] Dieser Übergangszustand und dieses Intermediat heißen geschwindigkeitsbestimmend oder – in der Sprache der Katalyse – TOF-limitierend (TDTS – *turnover determining transition state*; TDI – *turnover determining intermediate*). Da TDI und TDTS nicht notwendig zu *einem* Reaktionsschritt gehören, ist die Identifizierung der geschwindigkeitsbestimmenden *Zustände* TDI und TDTS eine grundsätzlich andere Fragestellung als die nach einem geschwindigkeitsbestimmenden Reaktions*schritt*.

Die Differenz der Gibbs-Energien von TDI und TDTS heißt „Energetic Span" δE.[2] Je kleiner δE, umso schneller die Reaktion oder – bildlich und etwas vereinfachend – je flacher ein Reaktionsprofildiagramm, umso höher die Umsatzfrequenz. TDI und TDTS sind wichtige „Stellschrauben", um eine katalytische Reaktion zu optimieren.

Bei der Anwendung des Energetic-Span-Modells auf katalytische Reaktionen ist zu beachten, dass es sich dabei um eine zyklische Abfolge einer Reaktionssequenz handelt (in Abbildung 2.3: $I_1 \rightarrow I_2 \rightarrow I_3 \rightarrow I_4$) und – aus der Sicht des Katalysators – sind Ausgangs- (I_1) und Endzustand (I_4) identisch, abgesehen davon, dass sich das Verhältnis von Substrat zu Produkt geändert hat. Um TDI und TDTS sowie δE zu ermitteln, fügen wir an das entsprechende Reaktionsprofildiagramm (1. Zyklus) den darauffolgenden 2. Zyklus an, vgl. Abbildung 2.3. Der Endzustand I_4 des 1. Zyklus liegt, da katalysierte Reaktionen exergonisch sind, um die freie Reaktionsenthalpie $\Delta_r G$ tiefer als sein Startpunkt I_1 und entspricht dem Ausgangszustand $I_{1'}$ ($I_4 \equiv I_{1'}$) des 2. Zyklus. Wenn dieser durchlaufen ist ($I_{4'} \equiv I_{1''}$), ist die Gibbs-Energie erneut um $\Delta_r G$ abgesunken usw.

- *Ermittlung von δE sowie von TDI und TDTS.* a) Suchen Sie ausgehend von jedem Intermediat den höchsten Übergangszustand in Vorwärtsrichtung. Die Energiedifferenz ist mit $\delta E(I_n)$ (n = 1–3) bezeichnet. b) $\delta E(I_n)$ mit dem größten Betrag ist die Energetic Span δE des Katalysezyklus. c) Die δE zugeordneten Zustände (TDI und TDTS) sind TOF-limitierend.

- *Alternative Methode.* Wenn Sie darauf verzichten wollen, zwei aufeinanderfolgende Katalysezyklen in das Reaktionsprofildiagramm einzutragen, verfahren Sie wie zuvor beschrieben, müssen aber bei a) in Vorwärts- *und* in Rückwärtsrichtung analysieren. Dabei müssen die Übergangszustände in der Rückwärtsrichtung um $\Delta_r G$ abgesenkt werden (beachte z. B.: TS_1 und $TS_{1'}$ unterscheiden sich um $\Delta_r G$).

---

[1] Das führt zu Näherungen. Eine exakte Analyse lässt Aussagen zu, in welchem Ausmaß ein beliebiges Intermediat und ein beliebiger Übergangszustand zur TOF-Kontrolle beitragen.

[2] Wir verzichten auf eine Übersetzung und übernehmen aus der Literatur auch das Formelzeichen δE, obwohl es sich um eine freie Enthalpie (Gibbs-Energie) handelt.

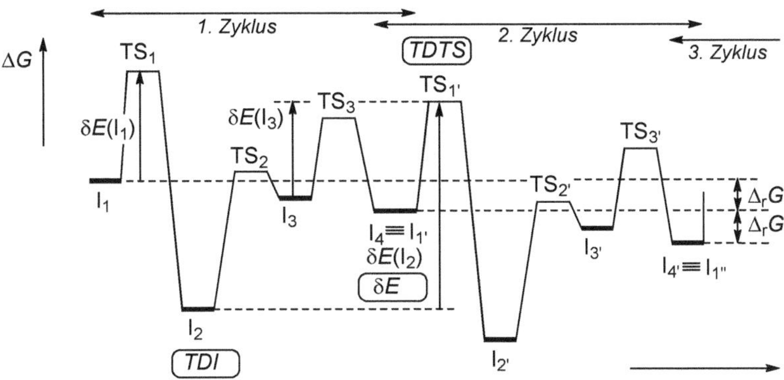

Abbildung 2.3. Reaktionsprofildiagramm einer katalysierten Reaktion zur Ermittlung der Energetic Span δE sowie der TOF-limitierenden Zustände TDI und TDTS (Erklärung im Text), adaptiert nach [14]. I_n – Intermediat im Katalysezyklus, TS_n – Übergangszustand, $\Delta_r G$ – freie Reaktionsenthalpie.

Für die Reaktionsgeschwindigkeit ist nicht ein geschwindigkeitsbestimmender Reaktions*schritt* entscheidend, sondern wie groß die Gibbs-Energie δE (Energetic Span) zwischen TDI und TDTS ist. Unter vereinfachenden Annahmen gilt $TOF \approx (k_B \cdot T)/h\ e^{-\delta E/RT}$. Der Vergleich mit der Eyring-Gleichung (S. 12) zeigt, dass δE als scheinbare freie Aktivierungsenthalpie interpretiert werden kann. δE wird auch als effektive Aktivierungsbarriere bezeichnet. Nachfolgend sind einige ergänzende Bemerkungen zusammengestellt, für Details wird auf die Literatur verwiesen [15, 16]:

- *Reaktionsprofildiagramm.* Die Extremzustände eines Reaktionsprofildiagramms (tiefstes Intermediat und höchster Übergangszustand) sind nicht notwendig die TOF-limitierenden Zustände. Ein Beispiel ist in Aufgabe 2.1 gezeigt. Beginnt man jedoch das Reaktionsprofildiagramm eines Katalysezyklus mit dem TDI, dann ist TDTS immer der höchste Punkt.
- *Resting State.* Wenn von allen Intermediaten eines Katalysezyklus das TOF-limitierende Intermediat (TDI) praktisch die alleinige TOF-Kontrolle ausübt, befindet sich nahezu die gesamte Menge an Katalysator im TDI. Es wird auch als Ruhezustand (engl.: *resting state*) des Katalysators bezeichnet.
- *Konzentrationseinfluss.* Der Einfluss der Konzentration von Substraten S und Produkten P bei einer katalysierten Reaktion ($S_1 + S_2 + \ldots \rightarrow P_1 + P_2 + \ldots$) auf die Reaktionsgeschwindigkeit ist vergleichsweise gering. Es gilt: Hohe Konzentrationen von S und geringe Konzentrationen von P, *die im Bereich zwischen TDI und TDTS* verbraucht bzw. gebildet werden, erhöhen die TOF.

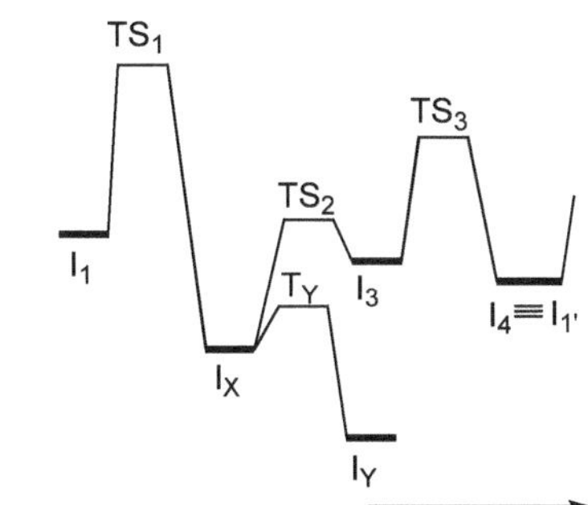

- *Off-Cycle-Intermediat.* Steht ein Off-Cycle-Intermediat I_Y mit einem Intermediat im Katalysezyklus I_X (I_Y sei stabiler als I_X) in einem sich schnell einstellenden Gleichgewicht (vgl. als Beispiel in Abbildung 2.1: [M]–S' $\rightleftharpoons$ [M]–S_n), dann liegt der Übergangszustand T_Y niedrig und ist definitiv nicht TOF-limitierend. Um δE zu ermitteln, ist nicht von I_X, sondern von I_Y auszugehen.

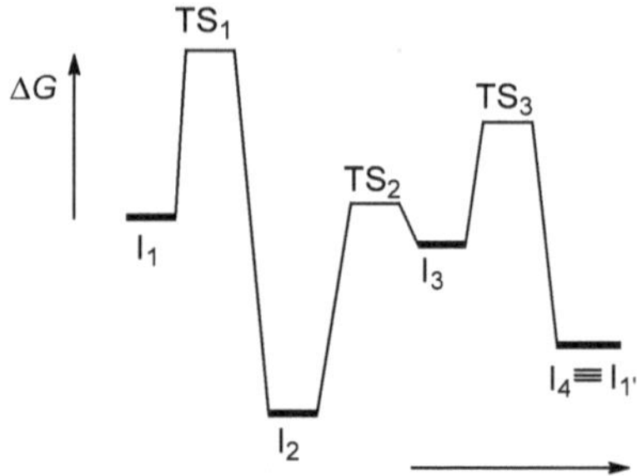

Aufgabe 2.1

a) Ermitteln Sie zu dem Reaktionsprofildiagramm (rechts) sowie b) zu dem mit einem Off-Cycle-Intermediat (vide supra) δE (Energetic Span) sowie die TOF-limitierenden Zustände TDI und TDTS.

2.6 Glossar der Katalyse

Katalysator

Ein Katalysator ist eine Substanz, die den Ablauf einer Reaktion beschleunigt, ohne dass sich die freie Enthalpie der (Brutto-)Reaktion ändert. Der Katalysator ist sowohl Reaktant als auch Produkt der Reaktion [17].

Katalysatoren werden in der Reaktion nicht verbraucht. Sie tauchen also in der Bruttoreaktion nicht auf, sind aber inhärente Bestandteile der Reaktionszyklen. Sie sind im Allgemeinen sehr reaktiv und können in vielen Fällen nicht isoliert und unter Umständen nicht einmal direkt spektroskopisch nachgewiesen werden.

Katalysatorkomplex

In der Komplexkatalyse werden katalytisch aktive Komplexe, also die eigentlichen Katalysatoren, häufig als Katalysatorkomplexe bezeichnet.

Katalysator, chiraler (asymmetrischer, enantioselektiver) ~

Ein Katalysatorkomplex mit einem chiralen Liganden (chiraler Katalysator) kann eine enantioselektive Reaktion katalysieren.

Anmerkung. Ein chirales Molekül (chiraler Körper) ist – per definitionem – nicht deckungsgleich mit seinem Spiegelbild. Somit besteht auch ein Racemat aus chiralen Molekülen. Folglich schließt in diesem Zusammenhang die übliche Formulierung „chiraler Ligand" ein, dass er enantiomerenrein ist. Mit anderen Worten: Alle Moleküle des Liganden müssen den gleichen Chiralitätssinn aufweisen.

Präkatalysator

Präkatalysatoren sind Verbindungen, aus denen die Katalysatoren generiert werden. Sie sind im Allgemeinen so stabil, dass sie in Substanz isoliert werden können.

Cokatalysator

Ist zur Katalysatorgenerierung aus dem Präkatalysator eine weitere Komponente erforderlich, so heißt diese Cokatalysator. Der Cokatalysator alleine ist nicht katalytisch aktiv.

Promotor (Aktivator)

Zusätze zum Katalysator, die seine Wirksamkeit (Aktivität, Produktivität, Selektivität, ...) steigern, heißen Promotoren (Aktivatoren). Promotoren sind selbst katalytisch nicht aktiv.

Initiator

Eine Reaktion kann auch durch Initiatoren ausgelöst bzw. beschleunigt werden. Im Unterschied zu Katalysatoren werden diese im Reaktionszyklus nicht zurückgebildet, sondern in der Startreaktion irreversibel verbraucht.

Inhibitor

Ein Inhibitor ist eine Substanz, die die Geschwindigkeit einer katalysierten (oder durch einen Initiator ausgelösten) Reaktion vermindert. Der Vorgang selbst wird gelegentlich – wenn auch nicht korrekt – als negative Katalyse bezeichnet.

Autokatalyse

In autokatalytischen Reaktionen wirkt ein Reaktionsprodukt katalytisch, sodass eine Reaktionsbeschleunigung mit steigendem Umsatz zu beobachten ist. In komplexen Systemen können autokatalytische Reaktionsschritte zu oszillierenden Reaktionen führen.

Eine asymmetrische Autokatalyse liegt vor, wenn ein chirales Produkt als chiraler Katalysator für seine eigene Synthese fungiert [18].

Induktionsperiode

Eine Induktionsperiode bezeichnet die Anfangsphase einer Reaktion, in der diese nur mit sehr geringer Geschwindigkeit abläuft. Der „normale“ Reaktionsablauf beginnt erst nach der Induktionsperiode. Eine Induktionsperiode bei katalytischen Reaktionen kann durch langsame Katalysatorformierung bedingt sein und ist auch für autokatalytische Reaktionen charakteristisch.

Reaktionsprofildiagramm

Diagramm, in dem auf der Ordinatenachse die freien Enthalpien (ΔG meistens $\Delta G^{\ominus}$; oder ersatzweise auch die Energien) der Edukte und Produkte einer Reaktion sowie der Intermediate und Übergangszustände dargestellt sind. Aus Gründen der Anschaulichkeit sind die einzelnen Zustände horizontal verschoben gezeichnet; die Abszisse ist *nicht* definiert. Zur Skalierung der Ordinatenachse vgl. S. 17 [19].

Es ist klar, dass ein Vergleich von ΔG-Werten nur möglich ist, wenn sie sich alle auf ein und dasselbe Reaktionsgemisch, d. h. auf die gleiche (elementare) Zusammensetzung beziehen. Das bedeutet, dass bei der Darstellung der einzelnen Reaktionsschritte einer katalysierten Reaktion neben allen Edukten und Produkten auch der Katalysatorkomplex in molarer Menge enthalten ist.

Geschwindigkeitsbestimmender(s) Reaktionsschritt, Übergangszustand bzw. Intermediat

Ein Reaktionsschritt in einem Reaktionszyklus, der die Geschwindigkeit der Gesamtreaktion maßgeblich bestimmt, heißt geschwindigkeitsbestimmend. Das ist in vielen Fällen der Reaktionsschritt, der im Reaktionsprofildiagramm mit dem am höchsten liegenden Übergangszustand verknüpft ist. Liegt eine komplexe Reaktionskinetik vor, gibt es nicht notwendigerweise einen einzelnen geschwindigkeitsbestimmenden Reaktionsschritt [20, 21].

Der *Übergangszustand* und das *Intermediat*, die bei einer differentiellen Änderung ihrer Gibbs-Energie die Gesamtgeschwindigkeit einer Reaktion am meisten beeinflussen, heißen geschwindigkeitsbestimmender (TOF-limitierender) Übergangszustand TDTS (*turnover determining transition state*) bzw. geschwindigkeitsbestimmendes (TOF-limitierendes) Intermediat TDI (*turnover determining intermediate*), vgl. dazu das Energetic-Span-Modell S. 17.

Vorratskomplex (engl.: resting state)

In vielen metallkomplexkatalysierten Reaktionen gibt es einen Komplex, der in deutlich höherer Konzentration als alle anderen Komplexe im Reaktionsgemisch vorliegt. Sofern er selbst katalytisch aktiv ist oder mit einem katalytisch aktiven Komplex im Gleichgewicht steht, wird er als „Ruhezustand" (Resting State) des Katalysators oder als Vorratskomplex bezeichnet, vgl. dazu das Energetic-Span-Modell S. 17.

Beispiele

- Homogene Hydrierung von Olefinen mit dem Wilkinson-Komplex $[RhCl(PPh_3)_3]$ (Rh^I; 16 *ve*; *ve* = Valenzelektronen) als Präkatalysator, aus dem durch Ligandenabspaltung (PPh_3) der Katalysator $[RhCl(PPh_3)_2]$ (Rh^I; 14 *ve*) gebildet wird.

$$\gt C{=}C\lt \; + \; H_2 \xrightarrow{[RhCl(PPh_3)_3]} -\overset{H}{\underset{|}{C}}-\overset{H}{\underset{|}{C}}-$$

- Polymerisation von Ethen mit Metallocenkatalysatoren wie $[ZrCl_2Cp_2]$/MAO (MAO = Methylaluminoxan): Präkatalysator ist $[ZrCl_2Cp_2]$. Durch methylierende und Lewis-acide Wirkung des Cokatalysators (MAO) wird der Katalysatorkomplex $[ZrMeCp_2]^+$ generiert.

$$n\, H_2C{=}CH_2 \xrightarrow{[ZrCl_2Cp_2]\,/\,MAO} {+\!\!\left(CH_2{-}CH_2 \right)\!\!+}_n$$

- Carbonylierung von Methanol zu Essigsäure mit $RhCl_3$/HI als Katalysatorsystem. Iodide wie LiI, $[PR_4]I$ und $[NR_4]I$ stabilisieren den Katalysatorkomplex und wirken als Promotoren.

$$\mathrm{MeOH + CO \xrightarrow[(H_2O)]{RhCl_3\,/\,HI} Me{-}COOH}$$

- Styrol kann radikalisch polymerisiert werden. Radikalbildner wie Dibenzoylperoxid wirken als Initiatoren.

$$\mathrm{1/2\ PhC(O){-}O{-}O{-}C(O)Ph \xrightarrow{\Delta} PhC(O)O^{\bullet} \xrightarrow{H_2C=CHPh} PhC(O)O{-}CH_2{-}\dot{C}H{-}Ph \xrightarrow{n\ H_2C=CHPh} Polystyrol}$$

- Radikalfänger wie aromatische Amine oder Phenole inhibieren Autoxidationsreaktionen von Kohlenwasserstoffen.

Autoxidation:

$$\mathrm{R{-}H \xrightarrow[+\,Ini^{\bullet},\ -\,IniH]{Startreaktion} R^{\bullet} \xrightarrow{+\,O_2} R{-}O{-}O^{\bullet} \xrightarrow[-\,R^{\bullet}]{+\,R{-}H} R{-}O{-}OH}$$

Inhibierung:

$$\mathrm{R{-}O{-}O^{\bullet} + HO{-}C_6H_4{-}OH \xrightarrow[-\,R{-}O{-}OH]{} {}^{\bullet}O{-}C_6H_4{-}OH \longrightarrow 1/2\ O{=}C_6H_4{=}O + 1/2\ HO{-}C_6H_4{-}OH}$$

- Die Reaktion **18** → **19** ist enantioselektiv. Sie wird durch **20**, gebildet durch Umsetzung von katalytischen Mengen an Produkt **19** mit $Zn(i\text{-}Pr)_2$, katalysiert. Die Reaktion ist also asymmetrisch autokatalytisch, was den Vorteil hat, dass keine andere chirale Verbindung als das Produkt selbst benötigt wird und auf eine Abtrennung des chiralen Katalysators vom Produkt verzichtet werden kann [22].

CHO; N; 1) $Zn(i\text{-}Pr)_2$; 2) H^+; *S*; OH; N; *S*; OZn*i*-Pr; N

18 **19** (94 % *ee*) **20**

- Bei der rhodiumkatalysierten Hydroformylierung von Olefinen stehen die beiden Acylrhodium(I)-Komplexe (**21**: 16 *ve*; **22**: 18 *ve*) im Gleichgewicht, das unter Katalysebedingungen auf der rechten Seite liegt. Komplex **22**, der selbst katalytisch nicht aktiv ist, dient als Reservoir für den katalytisch aktiven Komplex **21** und ist ein Beispiel für ein Off-Cycle-Intermediat und einen „Vorratskomplex".

$$\mathrm{OC{-}Rh(PPh_3)_2{-}C(=O)R \ (\mathbf{21}) \xrightleftharpoons{CO} (Ph_3P)_2Rh(CO)_2{-}C(=O)R \ (\mathbf{22})}$$

Aufgabe 2.2

Ein Katalysator möge die Geschwindigkeit einer Reaktion um den Faktor 10, 100 bzw. 1000 beschleunigen ($T = 298$ K). Berechnen Sie, welcher Abnahme der freien Aktivierungsenthalpie $\Delta G^{\ddagger}$ diese Reaktionsbeschleunigungen jeweils entsprechen.

2.7 Die Entwicklung der metallorganischen Komplexkatalyse

- *1916, Wacker-Chemie (Burghausen).* Auf der Grundlage eines Befundes von M. Kutscheroff (1881), dass sich Acetylen mit Wasser in Gegenwart von $HgBr_2$ zu Acetaldehyd umsetzt, ist 1916 eine technische Anlage zur quecksilberkatalysierten Hydratisierung von Acetylen in Betrieb genommen worden.

H_2O ; Hg^{II}/H^+ ; O ; H

- *ab 1937, Walter Reppe* entwickelt bei der BASF das synthetische Potential von C–C-Verknüpfungen und Funktionalisierungen (ab 1928) von Acetylen und schafft die Grundlagen, mit Acetylen unter Druck in der Technik gefahrlos umzugehen („Reppe-Chemie").

CO/ROH ; [Ni] ; COOR ; [Ni]

- *1938, Otto Roelen* entdeckt bei der Ruhrchemie die Umsetzung von Ethen mit Synthesegas (CO/H_2) zu Propionaldehyd in Gegenwart eines heterogenen Cobalt–Thorium-Katalysators und entwickelt das Verfahren (Hydroformylierung von Olefinen, „Oxo-Synthese") bis zur technischen Reife. Ende der 1940er-Jahre wird gezeigt, dass eine homogene Katalyse (Präkatalysator: $Co_2(CO)_8$) vorliegt.

CO/H_2 ; $Co_2(CO)_8$; O ; H

- *1953, Karl Ziegler* entdeckt am MPI für Kohlenforschung (Mülheim/Ruhr) die Niederdruckpolymerisation von Ethen mit metallorganischen Mischkatalysatoren. Diese Entdeckung wirkt wie eine „Initialzündung" für eine rasante Entwicklung der metallorganischen Chemie und der metallkomplexkatalysierten Katalyse.

$TiCl_4$; $AlEt_3$; n

- *1954/55, Giulio Natta* (Institute of Technology, Mailand) weist nach, dass mit den Zieglerschen Katalysatoren Propen, andere α-Olefine und Butadien (1955/59) stereoselektiv polymerisiert werden.

MX_n ; $AlEt_3$; m , m

- *1954/55, Goodrich Gulf Chemicals* und *Phillips Petroleum* (USA) melden die ersten Patente zur Herstellung von hoch *cis*-haltigem (>90 %) 1,4-Polyisopren und 1,4-Polybutadien mit Ziegler-Katalysatoren an.

TiI_4/AlR_3

- *1955, Günther Wilke* (MPI für Kohlenforschung) entwickelt nickelkatalysierte Cyclooligomerisations-, Linearoligomerisations- und Telomerisationsreaktionen von Butadien.

$[Ni^0]$ (PR_3) , ..., ...

- *1956–1959, Jürgen Smidt (Wacker-Prozess).* Ausgehend von der Beobachtung (F. C. Phillips, 1894), dass $PdCl_2$ in wässriger Lösung Ethen zu Acetaldehyd oxidiert, wird bei der Wacker-Chemie ein katalytisches Verfahren zur Herstellung von Acetaldehyd entwickelt. Diese Verfahrensentwicklung erlangt zusätzliche Bedeutung, weil sie in die Zeit der Umstellung der chemischen Industrien von Kohle auf Erdöl als Rohstoffbasis fällt (Carbochemie: Acetylene; Petrochemie: Olefine) und den carbochemisch-basierten Kutscheroff-Prozess (→ 1916) in den modernen chemischen Industrien ablöst.

H_2O/H^+, O_2 / $PdCl_2/Cu$ — O, H

- *1963, Karl Ziegler, Giulio Natta.* Nobelpreis für Chemie für ihre Entdeckungen auf dem Gebiet der Chemie und Technologie von Hochpolymeren.
- *1965, Geoffrey Wilkinson* (Imperial College London) findet ein rhodiumkatalysiertes Verfahren zur homogenen Hydrierung von Olefinen, die bislang nur heterogen katalysiert durch Metalle wie Ni (Paul Sabatier, Univ. Toulouse, Nobelpreis für Chemie 1912 gemeinsam mit Victor Grignard) möglich war.

R — H_2 / $[RhCl(PPh_3)_3]$ — R

- *1966, Nissim Calderon* (Goodyear, Ohio) berichtet über die homogen katalysierte Olefinmetathese, die zuvor (1957) an heterogenen Katalysatoren realisiert worden war. Der Mechanismus ist 1971 von Y. Chauvin und J.-L. Hérisson (IFP, Rueil-Malmaison, Frankreich) aufgeklärt worden.

R, R' + R, R' — [W] — R, R + R', R'

- *1966, Hitosi Nozaki* und *Ryoji Noyori* (Kyoto Univ., Japan) entdecken bei der Cyclopropanierung von Styrol das erste Beispiel für eine asymmetrische Katalyse durch einen strukturell wohldefinierten chiralen Übergangsmetallkomplex.

$N_2CHCOOEt$ / Kat. ([Cu], chiral) — Ph, COOEt, H, H (10 % *ee*) + H, COOEt, Ph, H (6 % *ee*)

- *1968, Monsanto-Verfahren.* Die Essigsäureherstellung durch Carbonylierung von Methanol ist ein bedeutendes Verfahren zur Veredlung preiswerter C_1-Verbindungen. Nach dem rhodiumkatalysierten Monsanto-Verfahren wird seit 1970 die überwiegende Menge an Essigsäure hergestellt. 1995/96 ist ein iridiumbasiertes Verfahren entwickelt worden (Cativa-Prozess, BP Chemicals).

$$—OH \xrightarrow[\text{[Rh]/HI}]{CO} —COOH$$

- *1968, William S. Knowles* (Monsanto Co., St. Louis) und *Leopold Horner* (Univ. Mainz) zeigen unabhängig voneinander, dass ein durch chirale Phosphane modifizierter Wilkinson-Komplex, prochirale Olefine enantioselektiv zu hydrieren vermag. DIOP (H. B. Kagan, 1971) ist der erste breit angewendete chirale Coligand. Die enantioselektive Hydrierung einer C–C-Doppelbindung steht im Mittelpunkt der Synthese von L-DOPA im industriellen Maßstab.

L-DOPA *(R,R)-DIOP*

- *1972, Heck-Reaktion.* Richard F. Heck (Univ. of Delaware, USA) berichtet über eine palladiumkatalysierte Kupplung von Aryl- und Vinylhalogeniden mit Olefinen, die sich zu einer der wichtigsten Methoden zur Knüpfung von C_{sp^2}–C_{sp^2}-Bindungen entwickelt hat.

$$>C=C<^{H} + R–X + B \xrightarrow{[Pd]} >C=C<^{R} + (BH)X$$

- *1972–1979, Metallkatalysierte C–C-Kreuzkupplungen* von Organylhalogeniden mit Organometallverbindungen werden als Standardmethoden in der organischen Synthese etabliert, darunter nickelkatalysiert unter Verwendung von Grignardreagenzien (M = Mg; M. Kumada, 1972) und palladiumkatalysiert mit Organozink- (M = Zn; E.-i. Negishi, 1976/77), Organobor- (M = B; A. Suzuki, 1979) und Organozinnverbindungen (M = Sn; J. K. Stille, 1979).

$$R–X + [M]–R' \xrightarrow{\text{[Ni] bzw. [Pd]}} R–R' + [M]–X$$

- *1973, Geoffrey Wilkinson und Ernst Otto Fischer (Imperial College London bzw. TU München).* Nobelpreis für Chemie für ihre unabhängig voneinander durchgeführten Pionierarbeiten zur Chemie von metallorganischen Sandwichverbindungen.
- *1977, Zweiphasenkatalyse (SHOP).* Wilhelm Keim (TU Aachen) schafft mit seinen Arbeiten zur nickelkatalysierten Ethenoligomerisation in einem flüssig-flüssig-Zweiphasensystem die Grundlagen für den Shell Higher Olefin Process (SHOP).

$$= \xrightarrow{[Ni]}$$

- *1980, K. Barry Sharpless* (Scripps Research Institute, La Jolla, USA) entwickelt eine Methode zur asymmetrischen Epoxidierung von Allylalkoholen.

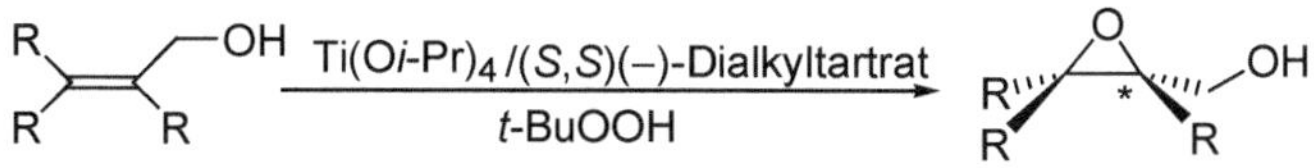

Ti(O*i*-Pr)$_4$/(*S*,*S*)(−)-Dialkyltartrat, *t*-BuOOH

- *1980, Hansjörg Sinn* und *Walter Kaminsky* (Univ. Hamburg) erreichen bei der Ethenpolymerisation mit Metallocenkatalysatoren und Methylaluminoxan (MAO) als Cokatalysator Aktivitäten, die denen hochaktiver Enzyme entsprechen.

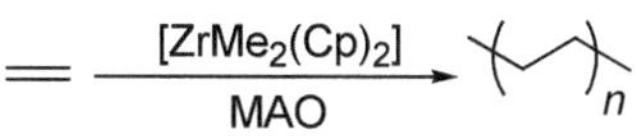

[ZrMe$_2$(Cp)$_2$], MAO

- *ab 1982, Walter Kaminsky* und *Hans-Herbert Brintzinger* (Univ. Hamburg bzw. Konstanz) stellen *ansa*-Metallocene her (H.-H. B.), die mit MAO als Cokatalysator hochaktive und produktive Polymerisationskatalysatoren für Olefine sind. An den Single-Site-Katalysatoren werden die Struktur-Wirkungs-Beziehungen bei der stereoselektiven Propenpolymerisation zu iso- bzw. syndiotaktischem Polypropen aufgeklärt.

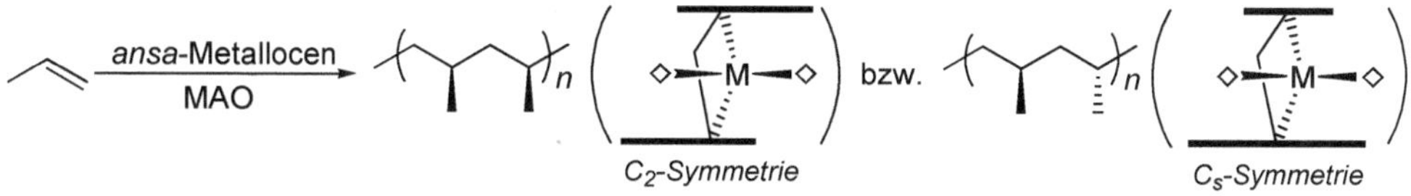

ansa-Metallocen, MAO ... bzw. ...

C_2-Symmetrie C_s-Symmetrie

- *ab 1988, Richard R. Schrock* und *Robert H. Grubbs* (MIT, Cambridge bzw. Caltech, Pasadena, USA) zeigen die breite Anwendbarkeit von Alkylidenmolybdän- und -wolfram- (**I**, 1988) bzw. -rutheniumkomplexen (**IIa**, 1993; **IIb**, 1999) als Einkomponentenkatalysatoren für die Olefinmetathese, die sich dadurch zu einer Standardmethode sowohl in der organischen Synthese als auch der Polymerchemie etabliert hat.

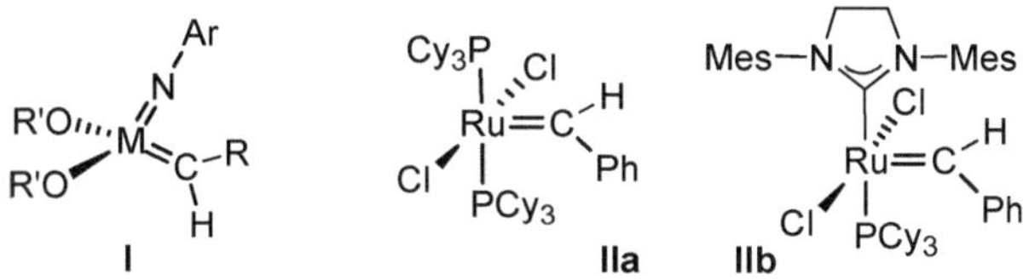

I **IIa** **IIb**

- *1997, Jean-Marie Basset* (CNRS Lyon) realisiert auf der Grundlage seiner Untersuchungen zur Oberflächen-Organometallchemie, einer Brücke zwischen der homogenen und der heterogenen Katalyse, mit einem auf einer Kieselgeloberfläche aufgebrachten Tantalhydrid die Metathese von Alkanen.

[Ta]$_s$–H

- *1998, Walter Kohn und John A. Pople (Univ. of California bzw. Northwestern Univ., USA).* Nobelpreis für Chemie für die Entwicklung der Dichtefunktionaltheorie (DFT) und von Computermethoden in der Quantenchemie. Die Entwicklung der Theorie (insbesondere der DFT-Methode, ab 1990) und der Computertechnik ermöglichen eine vollständige Analyse von Zwischenprodukten und Übergangszuständen in katalytischen Zyklen. Das ist ein außerordentlich wertvolles Hilfsmittel zum Verständnis von Aktivität und Selektivität von Katalysatoren sowie bei der Katalysatorentwicklung und -optimierung.

- *2001, William S. Knowles, Ryoji Noyori (Nagoya Univ., Japan), K. Barry Sharpless.* Nobelpreis für Chemie für ihre Arbeiten zu chiral katalysierten Hydrierungs- (W. K; R. N.) und Oxidationsreaktionen (B. S.).
- *2003, Dmitry V. Yandulov* und *Richard R. Schrock* (MIT, Cambridge, USA) beschreiben einen definierten mononuklearen Distickstoffmolybdän(III)-Komplex, der bei Raumtemperatur und Normaldruck – also unter physiologischen Bedingungen – die Stickstofffixierung katalysiert.

$$N_2 + 6\,H^+ + 6\,e^- \xrightarrow[\text{Heptan (24 °C, 1 bar)}]{\text{[Mo]—N≡N}} 2\,NH_3 \quad (64\,\%,\ 8\ \text{Äquiv. } NH_3/Mo)$$

- *2005, Yves Chauvin, Robert H. Grubbs, Richard R. Schrock.* Nobelpreis für Chemie für die Entwicklung der Metathese in der organischen Synthese.
- *2007, Gerhard Ertl (Fritz-Haber-Institut der MPG, Berlin).* Nobelpreis für Chemie für seine Untersuchungen chemischer Prozesse an festen Oberflächen. Damit ist eine wichtige Grundlage geschaffen, um heterogen katalysierte Reaktionen auf atomarer und molekularer Ebene zu verstehen.
- 2010, *Richrad F. Heck, Ei-ichi Negishi (Purdue University, West Lafayette, USA) und Akira Suzuki (Hokkaido University, Sapporo, Japan).* Nobelpreis für Chemie für ihre Arbeiten zu palladiumkatalysierten Kreuzkupplungsreaktionen in der organischen Synthese.
- *2013, Martin Karplus (Univ. Strasbourg, Frankreich/Harvard Univ., Cambridge, USA), Michael Levitt (Stanford Univ., USA), Arieh Warshel (Univ. Southern Calif., Los Angeles, USA).* Nobelpreis für Chemie für die Entwicklung von Multiskalenmodellen für komplexe chemische Systeme, die insbesondere eine effiziente Modellierung von enzymkatalysierten Prozessen erlauben.

2.8 Lösungen der Aufgaben und Literatur

2.8.1 Lösungen der Aufgaben

Aufgabe 2.1

a) Das Ergebnis ist im nebenstehenden Diagramm eingetragen, wobei auf die Zeichnung des 2. Zyklus verzichtet worden ist. Damit ist ein Beispiel gegeben, dass der höchste Übergangszustand (TS_1) nicht notwendig TOF-limitierend ist. *Kommentar:* Der höchste Übergangszustand von I_2 ausgehend ist TS_3 und nicht TS_1. TS_1 liegt in Rückwärtsrichtung, es ist also Δ_rG abzuziehen und $TS_{1'}$ liegt tiefer als TS_3 (siehe Skizze rechts).

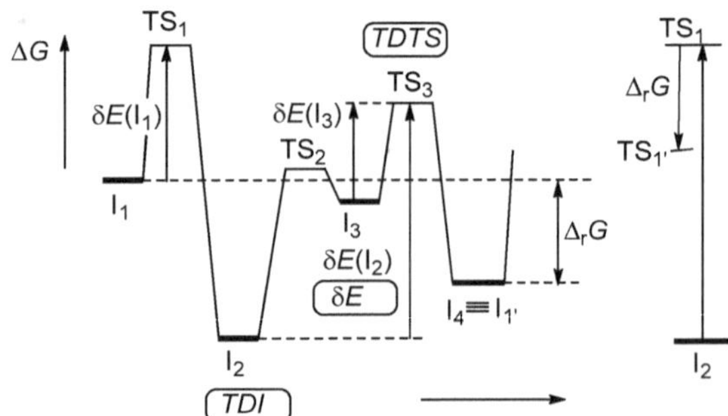

b) Da die Aktivierungsbarriere zwischen I_X und I_Y gering ist und beide Intermediate in einem sich schnell einstellenden Gleichgewicht stehen, ist für die Ermittlung des TOF-limitierenden Zustandes nicht I_X, sondern das Off-Cycle-Intermediat I_Y relevant. Damit entspricht das Reaktionsprofildiagramm dem in Abbildung 2.3, sodass die Ergebnisse von dort direkt zu übertragen sind (nach [15, 16]).

Aufgabe 2.2

Die Reaktionsgeschwindigkeit einer Reaktion ist proportional der Geschwindigkeitskonstante *k*, die in der Eyring-Gleichung mit der freien Aktivierungsenthalpie $\Delta G^\ddagger$ verknüpft ist. Für das Verhältnis der Geschwindigkeitskonstanten $k_{\text{unkat}}/k_{\text{kat}}$ gilt $\frac{k_{\text{unkat}}}{k_{\text{kat}}} = \frac{e^{-\Delta G^\ddagger_{\text{unkat}}/RT}}{e^{-\Delta G^\ddagger_{\text{kat}}/RT}}$ woraus $\Delta\Delta G^\ddagger = \Delta G^\ddagger_{\text{kat}} - \Delta G^\ddagger_{\text{unkat}} = RT \ln \frac{k_{\text{unkat}}}{k_{\text{kat}}}$ folgt.

Somit entspricht die Reaktionsbeschleunigung (T = 298 K; R = 8,31441 J/(mol · K) um den Faktor 10, 100 und 1000 einer Abnahme der freien Aktivierungsenthalpie um 5,7, 11,4 bzw. 17,1 kJ/mol. *Fazit*: Eine vergleichsweise geringe energetische Absenkung des Übergangszustandes (vergleiche mit der C–C-Rotationsbarriere in Ethan von ca. 11–13 kJ/mol) bewirkt bereits eine große Reaktionsbeschleunigung.

2.8.2 Literatur

[1] S. E. Denmark, G. L. Beutner, *Angew. Chem.* **2008**, *120*, 1584: „Lewis-Base-Katalyse in der organischen Synthese“; E. Vedejs, S. E. Denmark, Lewis Base Catalysis in Organic Synthesis, Vol. 1–3, Wiley-VCH, Weinheim 2016

[2] P. I. Dalko (ed.), *Comprehensive Enantioselective Organocatalysis: Catalysts, Reactions, and Applications, Vol. 1–3*, Wiley-VCH, Weinheim, **2013**

[3] A. Dondoni, A. Massi, *Angew. Chem.* **2008**, *120*, 4716: „Asymmetrische Organokatalyse: Eintritt in die Reifezeit“

[4] S. Hübner, J. G. de Vries, V. Farinab, *Adv. Synth. Catal.* **2016**, *358*, 3: „Why Does Industry Not Use Immobilized Transition Metal Complexes as Catalysts?“

[5] N. A. Afagh, A. K. Yudin, *Angew. Chem.* **2010**, *122*, 270: „Chemoselektivität und die eigentümlichen Reaktivitäten funktioneller Gruppen“

[6] M. Christmann, S. Bräse (eds.), *Asymmetric Synthesis - The Essentials*, 2nd ed., Wiley-VCH, Weinheim, **2008**

[7] F. A. Carey, R. J. Sundberg, *Advanced Organic Chemistry, Part A–B*, 5th ed., Springer, New York, **2007/2008** (dt. Übersetzung der 3. Aufl.: *Organische Chemie, ein weiterführendes Lehrbuch*, Wiley-VCH, Weinheim, **2004**)

[8] F. Maseras, A. Lledós (eds.), *Computational Modeling of Homogeneous Catalysis*, Kluwer, Dordrecht, **2002**

[9] G. Frenking (ed.), *Theoretical Aspects of Transition Metal Catalysis* (*Top. Organomet. Chem.* **2005**, *12*)

[10] W. Koch, M. C. Holthausen, *A Chemist's Guide to Density Functional Theory*, Wiley-VCH, Weinheim, **2000**

[11] H. M. Senn, W. Thiel, *Angew. Chem.* **2009**, *121*, 1220: „QM/MM-Methoden für biomolekulare Systeme“

[12] A. Warshel, *Angew. Chem.* **2014**, *126*, 10182: „Multiskalenmodellierung biologischer Funktionen: Von Enzymen zu molekularen Maschinen (Nobel-Aufsatz)“

[13] A. T. Bell, *Mol. Phys.* **2004**, *102*, 319: „Challenges for the Application of Quantum Chemical Calculations to Problems in Catalysis“

[14] S. Kozuch, J. M. L. Martin, *ChemPhysChem.* **2011**, *12*, 1413: „The Rate-Determining Step is Dead. Long Live the Rate-Determining State!“

[15] S. Kozuch, *WIREs Comput. Mol. Sci.* **2012**, *2*, 795: „A Refinement of Everyday Thinking: The Energetic Span Model for Kinetic Assessment of Catalytic Cycles“

[16] S. Kozuch in *Understanding Organometallic Reaction Mechanisms and Catalysis* (V. P. Ananikov, ed.), Wiley-VCH, Weinheim, **2015**, S. 217: „Is There Something New Under the Sun? Myth and Facts in the Analysis of Catalytic Cycles“

[17] K. J. Laidler, *Pure Appl. Chem.* **1996**, *68*, 149: „A Glossary of Terms Used in Chemical Kinetics, Including Reaction Dynamics“

[18] K. Mikami, M Yamanaka, *Chem. Rev.* **2003**, *103*, 3369: „Symmetry Breaking in Asymmetric Catalysis: Racemic Catalysis to Autocatalysis“

[19] F. R. Cruickshank, A. J. Hyde, D. Pugh, *J. Chem. Educ.* **1977**, *54*, 288: „Free Energy Surfaces and Transition State Theory“

[20] J. H. Espenson, *Chemical Kinetics and Reaction Mechanisms*, 2nd ed., McGraw-Hill, New York, **1995**

[21] J. R. Murdoch, *J. Chem. Educ.* **1981**, *58*, 32: „What is the Rate-Limiting Step of a Multistep Reaction?“

[22] K. Soai, T. Shibata, I. Sato, *Acc. Chem. Res.* **2000**, *33*, 382: „Enantioselective Automultiplication of Chiral Molecules by Asymmetric Autocatalysis“

Weiterführende Literatur

J. M. Brown, R. J. Deeth, *Angew. Chem.* **2009**, *121*, 4544: „Ist die Enantioselektivität bei der asymmetrischen Katalyse vorhersagbar?“

I. Chorkendorff, J. W. Niemantsverdriet, *Concepts of Modern Catalysis and Kinetics*, 3rd ed., Wiley-VCH, Weinheim, **2017**

J. H. Espenson in [M13], **2003**, Vol. 4, S. 490: „Kinetics of Catalyzed Reactions – Homogeneous“

A. Haim, *J. Chem. Educ.* **1989**, *66*, 935: „Catalysis: New Reaction Pathways, Not Just a Lowering of the Activation Energy“

S. Kozuch, S. Shaik, *Acc. Chem. Res.* **2011**, *44*, 101: „How to Conceptualize Catalytic Cycles? The Energetic Span Model“

K. J. Laidler, *J. Chem. Educ.* **1988**, *65*, 250: „Rate-Controlling Step: A Necessary or Useful Concept?“

S. J. Meek, C. L. Pitmanand, A. J. M. Miller, *J. Chem. Educ.* **2016**, *93*, 275: „Deducing Reaction Mechanism: A Guide for Students, Researchers, and Instructors“

S. Raugei, D. L. DuBois, R. Rousseau, S. Chen, M.-H. Ho, R. M. Bullock, M. Dupuis, *Acc. Chem. Res.* **2015**, *48*, 248: „Toward Molecular Catalysts by Computer“

B. M. Trost, *Angew. Chem.* **1995**, *107*, 285: „Atomökonomische Synthesen – eine Herausforderung in der Organischen Chemie: die Homogenkatalyse als wegweisende Methode“

3 Elementarschritte in der metallorganischen Komplexkatalyse

3.1 Abspaltung und Koordination von Liganden

Reaktionsprinzip[1]

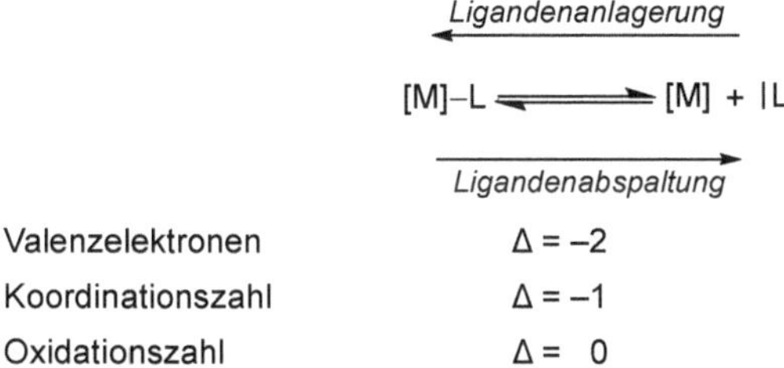

Durch Ligandenabspaltungen werden koordinativ ungesättigte Komplexe erzeugt. Die freie Koordinationsstelle mag in Lösung von einem Solvensmolekül besetzt werden. Wenn dieses in der Elektronenbilanz von M und bei der Ermittlung der Koordinationszahl nicht mitgezählt wird, vermindert sich bei diesen Reaktionen die Anzahl der Elektronen in der Valenzschale von M um zwei und sinkt die Koordinationszahl von M um eine Einheit.

Ligandensubstitutionsreaktionen beinhalten sowohl eine Ligandenabspaltung als auch eine -anlagerung. Sie können nach einem dissoziativen Mechanismus (Symbol: *D*; Ligandenabspaltung erfolgt vor der -anlagerung; Reaktion **a**, L_A, L_E = aus- bzw. eintretender Ligand) oder einem assoziativen Mechanismus (Symbol: *A*; Ligandenanlagerung erfolgt vor der -abspaltung; Reaktion **b**) ablaufen. Intermediate sind Komplexe mit einer geringeren (*D*) bzw. höheren (*A*) Koordinationszahl als die des Edukts. Weiterhin kann einer Ligandensubstitution ein Austauschmechanismus (Symbol: *I* von *interchange*) zugrunde liegen, bei dem kein Zwischenkomplex nachweisbar ist (Reaktion **c**).

[1] Diejenigen Liganden, die bei der eigentlichen Reaktion keine direkte Rolle spielen, werden hier und im Folgenden durch eckige Klammern angedeutet. Eine „freie" Koordinationsstelle wird gelegentlich durch ein kleines Quadrat wiedergegeben. In Lösung sind „freie" Koordinationsstellen zumeist durch Solvensmoleküle s besetzt. Sofern es zweckmäßig ist, dieses zu betonen, wird „s" als Ligand geschrieben. Hier und im Folgenden werden schwach koordinierende Solvensmoleküle bei der Ermittlung der Koordinationszahl und der Elektronenbilanz von M nicht berücksichtigt.

D. Steinborn, *Grundlagen der metallorganischen Komplexkatalyse*, Studienbücher Chemie,
https://doi.org/10.1007/978-3-662-56604-6_3

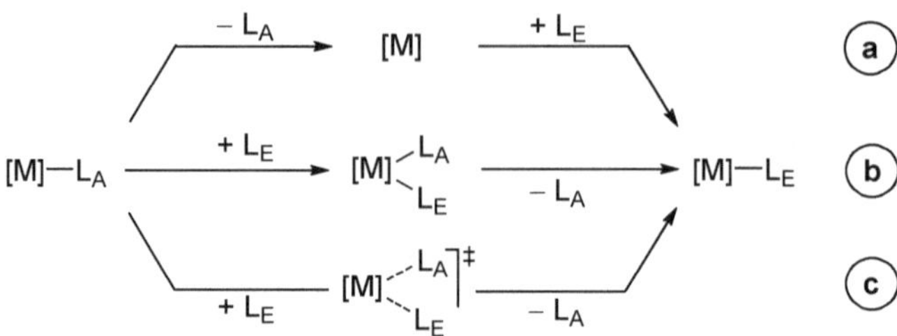

Ligandenabspaltungen, die in der homogenen Katalyse eine Rolle spielen, sind meistens reversibel. Die gebildeten koordinativ ungesättigten Komplexe sind häufig in der Lage, ein Substratmolekül zu koordinieren (Ligandenanlagerung). Das kann unabdingbare Voraussetzung für die Katalyse sein, weil damit eine Aktivierung des Substrats verbunden ist. Beispiele dafür sind die Bildung von π-Komplexen mit ungesättigten Kohlenwasserstoffen (Olefine, Alkine, Diene, ...) und von σ-Komplexen mit Diwasserstoff oder Kohlenwasserstoffen (H–H bzw. C–H als Ligand). In Lösung konkurriert die Koordination eines Substrats grundsätzlich mit der des Lösungsmittels. Da viele der genannten Substrate nur schwach koordinierend sind, ist es wichtig, die koordinativen Eigenschaften von Lösungsmitteln zu kennen (Exkurs, S. 35).

In der homogenen Katalyse mit Übergangsmetallen treten häufig Komplexe mit 16 und 14, aber auch solche mit 12 Valenzelektronen als Zwischenstufen auf. In vielen Fällen führt erst die Abspaltung eines Liganden aus dem Präkatalysator zur Bildung der eigentlichen Katalysatorkomplexe. Bei Präkatalysatoren mit 18 Valenzelektronen ist das sogar die Regel.

In den meisten Fällen werden Liganden L als Lewis-Base abgespalten, das Elektronenpaar der M–L-Bindung verbleibt also beim Liganden (Exkurs, S. 36). Es ist jedoch auch möglich, dass ein Ligand als Lewis-Säure abgespalten wird. Da dann das bindende Elektronenpaar beim Metall verbleibt, sind derartige Reaktionen mit einem Wechsel der Oxidationsstufe (*ON*) des Metalls verbunden ($\Delta ON = -2$; $\Delta ve = 0$). Die bekanntesten Beispiele sind Deprotonierungen von Hydridometallkomplexen. Rückreaktionen davon sind Protonierungen von Metallbasen:

$$[\mathrm{M}]\text{—H} \rightleftharpoons \overline{[\mathrm{M}]}^{\ominus} + \mathrm{H}^{\oplus}$$

Sieht man von nur schwach gebundenen Liganden ab, die im Katalysezyklus abgespalten werden und damit eine Koordinationsstelle freigeben, sind die meisten anderen Liganden in katalytisch aktiven Metallkomplexen Zuschauerliganden (*spectator ligands*). Sie gewährleisten mittels ihrer elektronischen und sterischen Eigenschaften die gewünschte Stabilität und Reaktivität des Katalysatorkomplexes bzw. des Reaktionszentrums und erfahren während des Katalysezyklus keine Änderungen. Das trifft für einige Liganden nicht zu, z. B. für kooperierende Liganden, die unmittelbar an einer Bindungsaktivierung beteiligt sind (vgl. Exkurs, S. 83), für hemilabile Liganden, die temporär eine Koordinationsstelle freigeben können (vgl. Exkurs, S. 231), und für redoxaktive (*non-innocent*) Liganden, die in der Katalyse aktiv an Redoxprozessen beteiligt sind (vgl. das Beispiel auf S. 54).

Schwach koordinierende Anionen

In katalytischen Reaktionen kann bei kationischen Katalysatorkomplexen die Wechselwirkung mit dem Anion die Koordination von schwächer koordinierenden Substraten erheblich behindern, was zu einer Verminderung der katalytischen Aktivität oder gar zur Desaktivierung des Katalysators führen kann. In derartigen Fällen ist es angezeigt, schwach koordinierende Anionen (*weakly coordinating anion, WCA*) einzusetzen.

In Lösung ist an der „freien" Koordinationsstelle eines koordinativ ungesättigten Komplexkations **1** entweder ein Lösungsmittelmolekül s (**1a**) oder das Anion X^- mehr oder minder stark koordiniert (**1b**). Welche der beiden Formen **1a**/**1b** dominiert, hängt in erster Linie von der Koordinationstendenz des Anions X^- und des Lösungsmittels s ab. Letztere kann durch die Donorzahl *DN abgeschätzt* werden. Darüber hinaus begünstigen ein hohes Akzeptorvermögen und eine große Dielektrizitätskonstante ε des Lösungsmittels die ionische Form **1a** (Exkurs, S. 35). Auf der anderen Seite behindert aber eine große Donorstärke des Lösungsmittels die oben angesprochene (für eine Katalyse erwünschte) Substratkoordination. Zum Schutz von „freien" Koordinationsstellen durch hemilabile Liganden vgl. den Exkurs auf S. 231.

$$[M]^{\oplus}\!-\!s\;\; X^{\ominus} \underset{}{\overset{s}{\rightleftharpoons}} [M]^{\oplus}\!\cdots X^{\ominus} \;/\; [M]\!-\!X$$

1a **1b**

$$[M]^{\oplus}\!\!-\!\diamond \;(\mathbf{1}) \xrightarrow{[BF_4]^-} [M]\!-\!F + BF_3 \;(\mathbf{2})$$

$$[M]^{\oplus}\!\!-\!\diamond \;(\mathbf{1}) \xrightarrow{[BPh_4]^-} [M] + BPh_3 + Ph\bullet \;(\mathbf{3})$$

Je kleiner die Totalladung eines Anions und je größer die Ladungsdelokalisation, umso geringer ist seine Tendenz zur Koordination an $[M]^+$, die über die nucleophilste Stelle erfolgen wird, die für die „freie" Koordinationsstelle des Komplexkations zugänglich ist. Somit sind einwertig negativ geladene, großvolumige Anionen mit schwach oder nicht basischen peripheren Atomen nur schwach koordinierend. Für Anwendungen ist eine hohe Stabilität der WCAs wichtig, insbesondere gegenüber elektrophilen Abstraktionsreaktionen und Oxidationsmitteln, denn ein koordinativ ungesättigtes Komplexkation ist grundsätzlich ein Elektrophil und kann auch oxidierend wirken, vgl. als Beispiele die Reaktionen **1** → **2**/**3**.

„Klassische" schwach koordinierende Anionen (Schema: **a** und $[BPh_4]^-$) weisen vergleichsweise starke M···F- bzw. M···O-Kontakte auf und/oder sind nicht hinreichend inert gegenüber F^--Abspaltung oder Oxidation. Beim $[BPh_4]^-$ treten π-Ph···M-Wechselwirkungen auf, die beim perfluorierten Derivat $[B(C_6F_5)_4]^-$, das zudem auch oxidationsstabiler ist, praktisch keine Rolle mehr spielen.

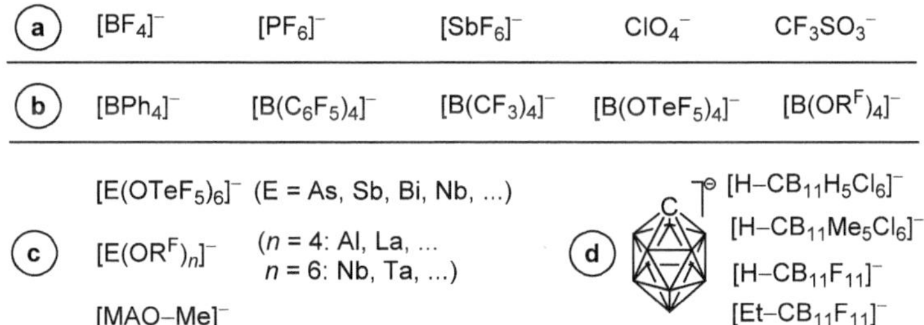

Unter **b** sind weitere einkernige Boratanionen aufgeführt, in denen das Boratom vier stark elektronegative Gruppen ($OTeF_5$ = Teflat; R^F = poly-/perfluorierte Alkyl-/Arylgruppe) trägt. Analoge WCAs sind auch mit anderen Zentralatomen hergestellt worden, die bis zu sechs elektronegative Gruppen tragen, sodass im Falle der Teflate die negative Ladung bereits über dreißig Fluoratome delokalisiert ist (**c**). Vom Monocarba-*closo*-dodecaborat $[H–CB_{11}H_{11}]^-$ (**d**, C_{5v}-Symmetrie; 11 Ecken des Ikosaeders sind mit Bor besetzt und eine mit C; *exo*-H-Atome sind nicht gezeichnet) leiten sich durch geeignete Substitution der Wasserstoffatome durch Cl, F oder Alkylgruppen schwach koordinierende Anionen ab. Schwach koordinierende methylierte Methylaluminoxananionen $[MAO–Me]^-$, deren Struktur auf S. 265 diskutiert wird, sind in der homogenen Katalyse von besonderer Bedeutung [1, 2].

Quantenchemische Rechnungen haben es ermöglicht, im Rahmen von Modellen das Koordinationsvermögen von ausgewählten schwach koordinierenden Anionen quantitativ zu erfassen [3]. Obwohl es nicht abzusehen ist, dass im wörtlichen Sinne ein *nicht*koordinierendes Anion synthetisiert werden kann, das in der Lage sein müsste, mit dem stärksten Elektrophil (H^+) eine salzartige Verbindung aufzubauen, ist $H[H–CB_{11}F_{11}]$ (vgl. die konjugierte Base unter **d**) die stärkste bislang bekannte Säure. Sie vermag sogar – im Unterschied zu den klassischen Supersäuren[1] – CO_2 zu protonieren [4].

Beispiele

- Bei der Hydroformylierung und Hydrierung von Olefinen werden die Katalysatoren aus Carbonylhydridotris(triphenylphosphan)rhodium bzw. dem Wilkinson-Komplex durch Abspaltung von PPh_3 generiert.

Präkatalysator *Katalysator*

$$[RhH(CO)(PPh_3)_3] \underset{+\ PPh_3}{\overset{-\ PPh_3}{\rightleftharpoons}} [RhH(CO)(PPh_3)_2]$$

Rh^I; 18 *ve* Rh^I; 16 *ve*

$$[RhCl(PPh_3)_3] \underset{+\ PPh_3}{\overset{-\ PPh_3}{\rightleftharpoons}} [RhCl(PPh_3)_2]$$

Rh^I; 16 *ve* Rh^I; 14 *ve*

- Carbonylhydridokomplexe sind in protischen Lösungsmitteln in vielen Fällen starke, teilweise sehr starke Säuren, z. B. $[CoH(CO)_4]$ in H_2O p$K_a < 2$ und in MeCN p$K_a = 8$. Zum Vergleich: HCl p$K_a = -8$ (H_2O), 10 (MeCN) [5].

$$(CO)_4Co{-}H + H_2O \rightleftharpoons (CO)_4Co|^{\ominus} + H_3O^{\oplus}$$

Co^I; 18 *ve* Co^{-I}; 18 *ve*

[1] Herkömmliche Supersäuren (z. B. HF/SbF_5) sind Gemische von Lewis- und Brønsted-Säuren, sodass die Protonierung einer Base bei hohen Konzentrationen an Lewis-Säure in diesen Gemischen mit der Bildung eines Lewis-Säure-Base-Addukts konkurriert.

Exkurs: Donor- und Akzeptoreigenschaften von Lösungsmitteln

Eine nützliche Klassifizierung der koordinativen Eigenschaften von Lösungsmitteln stammt von V. Gutmann, der mit der Donorzahl (*donor number, DN*) und der Akzeptorzahl (*acceptor number, AN*) ein Maß für das Donor- bzw. Akzeptorvermögen von Lösungsmitteln eingeführt hat. Die Donorzahl *DN* ist aus der Enthalpie der Reaktion des Lösungsmittels mit $SbCl_5$ als Referenzakzeptor abgeleitet und die Akzeptorzahl *AN* aus der phosphorchemischen Verschiebung $\delta(^{31}P)$, die $Et_3P{=}O$ als Referenzdonor im entsprechenden Lösungsmittel erfährt.

Lösungsmittel[a)]	*DN*	*AN*	$\varepsilon/\varepsilon_0$[b)]	Lösungsmittel	*DN*	*AN*	$\varepsilon/\varepsilon_0$[b)]
Et_3N	61	1	3	H_2O	18	55	82
HMPA	39	11	30	Me_2CO	17	13	21
py	33	14	12	MeCN	14	19	36
DMSO	30	19	45	$CHCl_3$	4	23	5
DMF	24	16	37	$MeNO_2$	3	21	39
THF	20	8	7	CH_2Cl_2	1	20	9
Et_2O	19	4	4	C_6H_6	<1	8	2
EtOH	19	37	24	*n*-Hexan	0	0	2

a) Zusammengestellt nach Angaben in [6, 7]. b) $\varepsilon/\varepsilon_0$ = Dielektrizitätskonstante des Lösungsmittels/Vakuums. Es ist der Quotient beider Größen angegeben, der dimensionslos ist.

Als *Faustregel* gilt, dass in einfachen Verbindungen R_nE (R = H, Alkyl; E = Donoratom) mit steigender Elektronegativität χ(E) *DN* kleiner wird (vgl.: Et_3N > THF ≈ Et_2O ≈ EtOH ≈ H_2O) und dass bei gleichem Donoratom E mit steigendem *s*-Gehalt des Donororbitals (also auch mit steigendem χ) *DN* kleiner wird (vgl.: Et_3N > py > MeCN). Lösungsmittel, die als H-Donoren in Wasserstoffbrücken fungieren können, verfügen über ein relativ hohes Akzeptorvermögen (vgl.: EtOH/H_2O mit THF/Et_2O). Als Folge der vergleichsweise aciden C–H-Bindungen und der hohen Elektronegativität von Cl sind Methylenchlorid und Chloroform Lösungsmittel mit einer niedrigen Donor-, aber hohen Akzeptorzahl.

In Lösung werden Ionen durch Solvatation stabilisiert, wobei die Stärke der Kationen- und Anionensolvatation von der *DN* bzw. *AN* des Lösungsmittels abhängt (koordinativer Effekt eines Lösungsmittels). Ob in einer Lösung solvatisierte Ionen aber auch frei beweglich sind, hängt vom dielektrischen Effekt des Lösungsmittels ab: Nach dem Coulomb-Gesetz ist der Energieaufwand zur Trennung von Ionen entgegengesetzter Ladung umgekehrt proportional zur Dielektrizitätskonstanten des Lösungsmittels ($E \sim 1/\varepsilon$), sodass Lösungsmittel mit hohem ε prädestiniert sind, „freie“ Ionen zu bilden. Das erklärt die Sonderstellung von Wasser, dessen ε um ein Mehrfaches höher als das der meisten organischen Lösungsmittel ist.

Die Grenzen des Konzepts liegen insbesondere darin, dass *DN* die Donoreigenschaften gegenüber $SbCl_5$ als Referenzakzeptor beschreibt und die Übertragbarkeit auf andere Akzeptoren nur eingeschränkt möglich ist. Entsprechendes gilt für *AN* und den Referenzdonor $Et_3P{=}O$ [6, 7, 8]. Zur prinzipiellen Unmöglichkeit, (einparametrige) universell gültige Skalen für die Lewis-Basizität und -Acidität aufzustellen und zu alternativen Verfahren Donor-/Akzeptoreigenschaften von Lösungsmitteln zu beschreiben vgl. [9].

Exkurs: Klassifizierung von Liganden

Komplexbildungsreaktionen können als Lewis-Säure-Base-Reaktionen aufgefasst werden:

$$[M] + |L \longrightarrow [M]\text{–}L$$

Je nach der Natur des Donororbitals von L unterscheidet man folgende Komplextypen:

Komplextyp	*n*-Komplex	π-Komplex	σ-Komplex
Donororbital von L	nichtbindend	π-MO	σ-MO
Valenzstrichformel	M–X		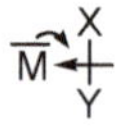
Orbitalüberlappung[a)] (schematisch)	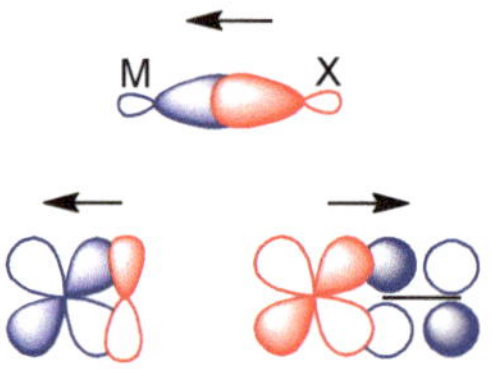	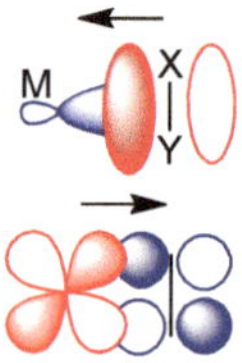	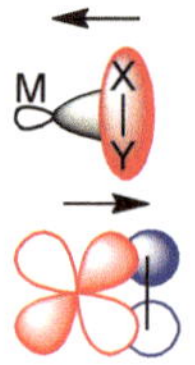

a) Die Pfeile weisen vom besetzten (rot) zum unbesetzten (blau) Orbital: ← = Hinbindung; → = Rückbindung.

Im Falle der π- und σ-Komplexe (z. B. Olefin- und Aromatenkomplexe bzw. η^2-H_2-Komplexe) ist die Metall–Ligand-Bindung durch π-Rückbindungen (π *back-donation*) verstärkt, wobei Elektronendichte von M in das π*- bzw. σ*-Orbital des Liganden übergeführt wird. *n*-Donorliganden können zusätzlich π-Donoren (z. B. O^{2-}, F^-) oder π-Akzeptoren (z. B. CO) sein [6, 10].

Anmerkung: σ-Komplexe (z. B. Diwasserstoffkomplexe wie $[W(\eta^2\text{-}H_2)(CO)_3\{P(i\text{-}Pr)_3\}_2]$) werden erst seit den 1980er-Jahren umfassend charakterisiert und untersucht. Zuvor brauchte nur zwischen *n*- und π-Komplexen unterschieden zu werden. *n*-Komplexe sind damals als σ-Komplexe bezeichnet worden. Das sollte bei Gebrauch der Bezeichnung „*n*-“ und „σ-Komplexe“ beachtet werden; gegebenenfalls ist eine Erläuterung anzufügen. Davon unberührt bleibt im vorliegenden Buch – in Übereinstimmung mit dem allgemeinen Sprachgebrauch – die Kennzeichnung von einfachen Liganden wie PR_3 und CO als σ-Donor- bzw. σ-Donor-π-Akzeptorliganden.

Bei Lewis-aciden Liganden LA erfolgen Komplexbildung und -zerfall umgekehrt wie zuvor beschrieben, das Metall stellt also das Elektronenpaar für die Komplexbildung zur Verfügung:

$$[M]| + LA \rightleftharpoons [M]\text{—}LA$$

Typische Lewis-acide Liganden LA sind neutrale Lewis-Säuren wie BR_3, $AlCl_3$, CO_2-κ*C*, vgl. S. 154. Ambiphile Liganden sind *n*-Liganden, die zusätzlich über ein Lewis-acides Zentrum verfügen, also auch als Lewis-acider Ligand wirken können, vgl. S. 83.

3.2 Oxidative Additionen und reduktive Eliminierungen

Reaktionsprinzip

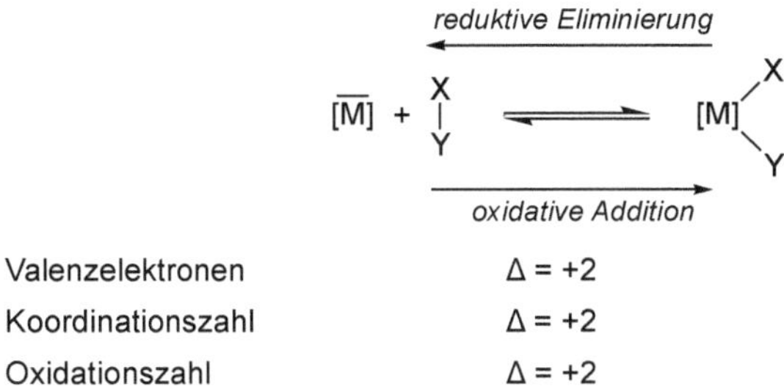

Bei oxidativen Additionsreaktionen lagert sich ein Substratmolekül X–Y unter Bindungsbruch an einen niedrigvalenten Metallkomplex an. Im Ergebnis werden die Koordinationszahl, die Oxidationsstufe sowie die Anzahl der Valenzelektronen von M um jeweils zwei Einheiten erhöht. Strukturelle und elektronische Voraussetzungen für oxidative Additionen sind, dass [M] koordinativ und elektronisch ungesättigt ist, über ein nichtbindendes Elektronenpaar verfügt sowie in eine um zwei Einheiten höhere Oxidationsstufe übergehen kann. Die umgekehrte Reaktion heißt reduktive Eliminierung.

Sehr häufig sind oxidative Additionsreaktionen bei d^8- und d^{10}-Komplexen anzutreffen, wobei ein Wechsel von einer quadratisch-planaren Koordinationsgeometrie in eine oktaedrische ($M^{II} \rightarrow M^{IV}$, M = Pd, Pt; $M^{I} \rightarrow M^{III}$, M = Rh, Ir) bzw. von einer linearen/gewinkelten in eine quadratisch-planare ($M^{0} \rightarrow M^{II}$, M = Pd, Pt; $M^{I} \rightarrow M^{III}$, M = Au) erfolgt. Typische Substrate sind Diwasserstoff H–H, Halogene X–X (X = Cl, Br, I), Halogenwasserstoffe H–X und Halogenkohlenwasserstoffe R–X (R = Alkyl, Aryl, Vinyl, Alkinyl, ...). Bei Kohlenwasserstoffen und Silanen führen oxidative Additionen zur Aktivierung von C–H- bzw. Si–H-Bindungen, gegebenenfalls auch von C–C- bzw. Si–Si-Bindungen.

Oxidative Additionsreaktionen weisen eine große mechanistische Vielfalt auf: Sie können nach einem radikalischen oder ionischen Mechanismus ablaufen. Bindungsbildung (M–X/M–Y) und -bruch (X–Y) können auch synchron erfolgen (konzertierter Mechanismus). Einleitender Schritt der Reaktion kann eine Koordination des Substrats als σ-Komplex sein oder eine agostische C–H···M-Wechselwirkung zwischen Substrat und [M], die eine spezielle Form der σ-Komplexbildung ist (Exkurs, S. 40).

Oxidative Additionsreaktionen von R–X (R = Alkyl) können auch im Sinne von S_N2-Reaktionen ablaufen. Es handelt sich dabei um Folgereaktionen (**4** → **5** → **6**).

$L_{x-1}M$ + C–X → $[L_{x-1}M–C]^+$ + X^- → $L_{x-1}M(C)(X)$
4 **5** **6**

L_xM + C–X → $[L_xM–C]^+$ + X^- —(– L)→ **6**
4' **5'**

Derartige Reaktionen sind prinzipiell auch bei 18-*ve*-Komplexen möglich (**4'** → **5'** → **6**), wobei die Addition von X^- dann im zweiten Schritt unter Ligandenabspaltung erfolgt. Die Reaktion kann auch auf der ersten Stufe bei **5'** stehen bleiben und X^- wird überhaupt nicht koordiniert. Auch solche Reaktionen können im erweiterten Sinne als oxidative Additionen bezeichnet werden, sind aber genauer als nucleophile Substitution von X^- durch M oder als elektrophiler Angriff von R–X an das Metall zu betrachten.

Setzt man anstelle von Substraten X–Y (siehe oben) solche mit einer Doppelbindung X=Y ein, bleiben nach erfolgter oxidativer Addition X und Y durch eine Einfachbindung verbunden:

[M] + X=Y ⇌ [M](X)(Y) (**a**) vs. [M]←‖(X=Y) (**b**) X=Y: CH_2=CH_2, O_2,...

Ob eine Formulierung als oxidative Addition gerechtfertigt ist (Bildung von Metallacyclopropankomplexen, Formel **a**), oder ob die Reaktion besser als π-Komplexbildung aufzufassen ist (Formel **b**), muss im Einzelfall aus spektroskopischen und/oder strukturellen Untersuchungen oder auch aus quantenchemischen Rechnungen entschieden werden. Analoges gilt für Reaktionen mit Alkinen, bei denen die Produkte entweder als Metallacyclopropenkomplexe oder als π-Alkinkomplexe zu klassifizieren sind (Exkurs, S. 41).

Typische reduktive Eliminierungen von H–H, X–X, H–X, R–X entsprechen der Umkehrung der zuvor beschriebenen oxidativen Additionsreaktionen. Sehr wichtig sind aber auch reduktive Eliminierungen unter Knüpfung von C–H- oder C–C-Bindungen. Die umgekehrten Reaktionen, oxidative Additionen von (nichtaktivierten) C–H- und C–C-Bindungen, verlaufen sehr viel schwieriger. Es ist eine der großen Herausforderungen der homogenen Katalyse, derartige C–H- und C–C-Aktivierungen in Katalyseprozesse einzubinden.

Die Geschwindigkeit von reduktiven Eliminierungs- und oxidativen Additionsreaktionen hängt ausgeprägt von der Elektronenstruktur des Zentralatoms und von der Ligandensphäre ab. Für reduktive Eliminierungen an quadratisch-planaren d^8-Komplexen (M = Ni, Pd, Pt) ist beispielsweise ein direkter (**a**), ein dissoziativer (**b**) oder auch – in selteneren Fällen – ein assoziativer (**c**) Reaktionsablauf nachgewiesen. Die Bezeichnung nimmt darauf Bezug, ob die eigentliche reduktive Eliminierung direkt (**a**) oder erst nach vorheriger Ligandenabspaltung (**b**) bzw. -anlagerung (**c**) erfolgt [11, 12, 13].

(a) L_2M + X–Y ← $L_2M(X)(Y)$; −L ⇌ L–M(X)(Y) → LM + X–Y (b); +L' ⇌ $L_2L'M(X)(Y)$ → L_2ML' + X–Y (c)

Beispiele

- Der Vaska-Komplex **7** ist zahlreichen oxidativen Additionsreaktionen zugänglich. H_2 wird über einen η^2-Diwasserstoffkomplex als Zwischenverbindung oxidativ addiert (konzertierter Mechanismus; **7** → **8** → **9**). Die oxidative Addition von Methylhalogeniden vollzieht sich in einer S_N2-Reaktion (**7** → **10** → **11**). In diesem Fall wird über **10** als Zwischenverbindung Komplex **11** gebildet, in dem die beiden neu hinzugetretenen Liganden in gegenseitiger *trans*-Anordnung koordiniert sind [L6].

$Ph_3P{-}Ir(CO)(Cl){-}PPh_3$ **7** (Ir^I; 16 *ve*) $\xrightarrow{+H_2}$ $(\eta^2\text{-}H_2)Ir(PPh_3)_2(Cl)(CO)$ **8** (Ir^I; 18 *ve*) $\longrightarrow$ $H_2Ir(PPh_3)_2(Cl)(CO)$ **9** (Ir^{III}; 18 *ve*)

$Ph_3P{-}Ir(CO)(Cl){-}PPh_3$ **7** (Ir^I; 16 *ve*) $\xrightarrow{+MeX}$ $[MeIr(PPh_3)_2(Cl)(CO)]^+ X^-$ **10** (Ir^{III}; 16 *ve*) $\longrightarrow$ $MeIr(PPh_3)_2(Cl)(CO)X$ **11** (Ir^{III}; 18 *ve*)

□ Oxidative Additionen von Alkylhalogeniden RX an $[Pt(PPh_3)_3]$ vollziehen sich nach einem Radikalmechanismus ($L = PPh_3$):

$$[Pt^0L_3] \underset{+L}{\overset{-L}{\rightleftharpoons}} [Pt^0L_2] \xrightarrow[\textit{(langsam)}]{+RX} [Pt^IXL_2] + R\cdot \longrightarrow [Pt^{II}R(X)L_2]$$

Die Umsetzungen werden durch homolytische Spaltung der R–X-Bindung, die eine Übertragung eines Elektrons (SET – *S*ingle *E*lectron *T*ransfer) von Pt^0 in das σ*-C–X-Orbital beinhaltet, und der Bildung einer Pt–X-Bindung eingeleitet, was mit einer Erhöhung der Oxidationsstufe und Koordinationszahl von M um je eine Einheit einhergeht. Das gebildete Radikalpaar rekombiniert sehr schnell, wobei sich *ON* und *K.Z.* von M um je eine weitere Einheit erhöhen. Insbesondere wenn der Startkomplex nur die Erhöhung der Oxidationsstufe und Koordinationszahl von M um eine einzige Einheit zulässt, resultiert eine bimolekulare oxidative Addition, wie durch das folgende Beispiel belegt ist:

$$[Co^{II}(CN)_5]^{3-} + RX \longrightarrow [Co^{III}X(CN)_5]^{3-} + R\cdot$$

$$[Co^{II}(CN)_5]^{3-} + R\cdot \longrightarrow [Co^{III}R(CN)_5]^{3-}$$

$$2\,[Co^{II}(CN)_5]^{3-} + RX \longrightarrow [Co^{III}X(CN)_5]^{3-} + [Co^{III}R(CN)_5]^{3-}$$

Derartige Reaktionen werden auch als oxidative Einelektronenadditionen bezeichnet.

□ Das dinukleare Platina-β-diketon[1] **12** reagiert mit Donoren L⌒L nach Spaltung der Pt–Cl–Pt-Brücken (**12** → **13**) unter oxidativer Addition zu Acetylhydridoplatin(IV)-Komplexen (**13** → **14**), die in einer reduktiven C–H-Eliminierung Acetaldehyd abspalten (**14** → **15**). Mit P⌒P-Donoren wie dppe verläuft die Reaktion **12** → ... → **15** schon bei Raumtemperatur, während mit N⌒N-Donoren wie bpy Acetylhydridokomplexe **14** gebildet werden, die im festen Zustand erst oberhalb 140 °C einer reduktiven Eliminierung zu **15** unterliegen [14].

[1] Ersetzt man in β-Diketonen in der Enolform die Methingruppe =CH– durch ein Metallkomplexfragment, werden Metalla-β-diketone erhalten. Sie sind als Hydroxycarbenkomplexe aufzufassen, die durch intramolekulare Wasserstoffbrückenbindungen zu einem Acylliganden stabilisiert sind.

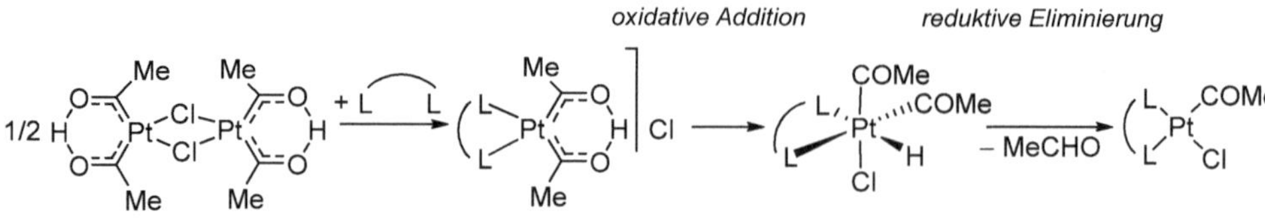

oxidative Addition reduktive Eliminierung

1/2 **12** + L⌒L → **13** → **14** (– MeCHO) → **15**

- Elektrophile Halogenierungen von Bis(aryl)platin(II)-Komplexen **16** (P⌒P – bidentater Phosphanligand; X_2 – Halogen) führen zu fünffach koordinerten kationischen Platin(IV)-Komplexen **17a**, die einer Isomerisierung zu den thermodynamisch stabileren Komplexen **17b** unterliegen. Halogenidaddition an **17a/b** schließt die oxidative Addition ab und ergibt die neutralen koordinativ und elektronisch gesättigten Platin(IV)-Komplexe **18a/b**, die gegenüber reduktiven Eliminierungen vergleichsweise stabil sind. Dagegen unterliegen **17a/b** unter relativ milden Reaktionsbedingungen reduktiven Eliminierungen, und zwar aus **17a** unter C–X- und aus **17b** unter C–C-Bindungsknüpfung. Es gilt allgemein, dass reduktive Eliminierungen bei oktaedrischen Komplexen dazu tendieren leichter abzulaufen, wenn zuvor ein Ligand abgespalten worden ist [15].

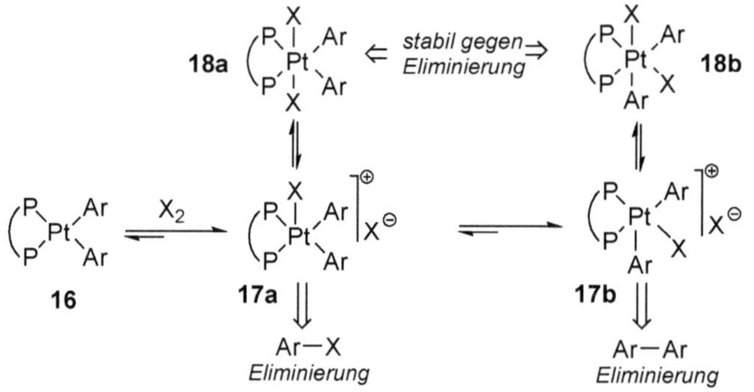

18a ⇐ stabil gegen Eliminierung ⇒ **18b**

16 —X_2→ **17a** ⇌ **17b**

17a ⇓ Ar—X Eliminierung; **17b** ⇓ Ar—Ar Eliminierung

Aufgabe 3.1

a) Oxidative Additionsreaktionen von Arylhalogeniden Ar–X an kationische $[Au^IL_2]^+$-Komplexe (**1a**, L = P-Ligand) zu Gold(III)-Komplexen $[Au^{III}Ar(X)L_2]^+$ (**2a**) verlaufen nach dem Synchronmechanismus. Die Aktivierungsbarriere hängt ausgeprägt von der Energie für die Reorganisation der Ligandensphäre ($[Au^I] \rightarrow [Au^{III}]$) ab. Schlagen Sie ein Ligandendesign vor, das oxidative Additionen maßgeblich befördert bzw. sogar erst ermöglicht.

b) Unter geeigneten strukturellen Voraussetzungen können selbst unpolare C–C-Bindungen an Gold(I)-Komplexe oxidativ addiert werden. Das belegt die Reaktion von **3** mit $Ag[SbF_6]$ zu **3'** (Formel?) und anschließend mit Biphenylen. Formulieren Sie die Reaktion und führen Sie Gründe an, warum die Edukte **3'** und Biphenylen dafür besonders geeignet sind.

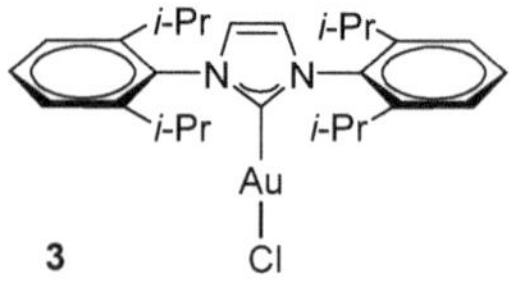

3

Exkurs: Agostische C–H···M-Wechselwirkungen

Organometallverbindungen mit einem elektrophilen Metallzentrum sind in der Lage, schwache Wechselwirkungen (im Bereich einer Stärke von ca. 4–40 kJ/mol) mit dem bindenden Elektronenpaar einer C–H-Bindung auszubilden, die als agostische C–H···M-Wechselwirkungen bezeichnet werden. Je nachdem, ob es sich um eine α- oder β-C–H-Bindung handelt, wird genauer von α- bzw. β-agostischen Wechselwirkungen gesprochen. Agostische C–H···M-Wechselwirkungen sind Dreizentren-Zweielektronen-Bindungen (3*z*–2*e*), die als σ-Komplexbildung (siehe Exkurs, S. 36) mit einer C–H-Bindung verstanden werden können. Übliche Formelschreibweisen sind:

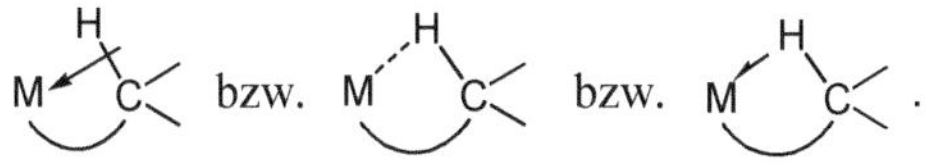

M–H–C bzw. M···H–C bzw. M–H–C .

Es ist zu beachten, dass ein grundsätzlicher Unterschied zu normalen Wasserstoffbrücken (X–H···Y wie O–H···O, F–H···F, ...) besteht, die Dreizentren-Vierelektronen-Bindungen (3*z*–4*e*) darstellen. Eine weitergehende Definition für agostische C–H···M-Wechselwirkungen schließt – ungeachtet der Bindungsbeschreibung – alle strukturellen Verzerrungen metallorganischer Einheiten ein, bei denen sich C–H-Bindungen des jeweiligen Organoliganden an das Metallzentrum annähern, also auch solche, die überwiegend elektrostatischer Natur sind, wie es bei C–H···Li-Wechselwirkungen der Fall sein kann [16, 17, 18, 19].

Exkurs: Zur Oxidationsstufe von Metallen in Olefin- und Alkinkomplexen

Die Oxidationsstufe ist eine Modellgröße. Sie gibt in einer Verbindung A–B die Ladungen von A und B nach heterolytischer Bindungsspaltung an, wobei die bindenden Elektronen der elektronegativere Partner erhält. Das setzt Kenntnisse zur Elektronenverteilung voraus. Wenn zum Beispiel die Elektronenstruktur von A–B durch drei mesomere Grenzformeln **1a**–**1c** zu beschreiben ist und für die Elektronegativität $\chi(B) > \chi(A)$ gilt, dann ist die Zuordnung der Elektronen so vorzunehmen, wie durch die Kreisbögen angedeutet ist. Dann sind A und B unterschiedliche Oxidationszahlen (*ON*) zuzuordnen, je nachdem ob die Grenzformel **1a** oder **1b**/**1c** dominiert.

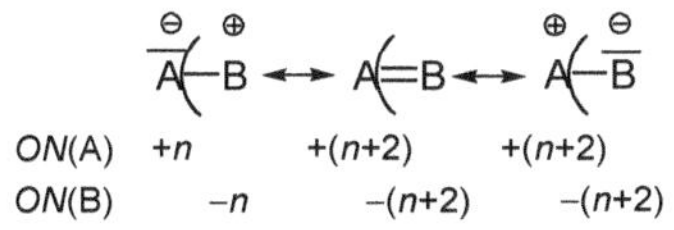

	1a	**1b**	**1c**
	$\overset{\ominus}{A}$–$\overset{\oplus}{B}$ ⟷	A=B ⟷	$\overset{\oplus}{A}$–$\overset{\ominus}{B}$
ON(A)	$+n$	$+(n+2)$	$+(n+2)$
ON(B)	$-n$	$-(n+2)$	$-(n+2)$

Zur Ermittlung der Oxidationsstufe von M in Metallkomplexen ist davon auszugehen, dass im Regelfall die Liganden als Nichtmetallderivate elektronegativer als die Zentralatome/-ionen M sind. Somit sind die Elektronen der M–L-Bindungen den Liganden zuzuordnen. Aus dem Gesagten folgt, dass eine zutreffende Zuordnung der Oxidationsstufe von M in einem Komplex nur vorgenommen werden kann, wenn die Elektronenstruktur bekannt ist, die aus magnetischen Messungen, spektroskopischen (z. B. ESR-, Mößbauerspektroskopie) und strukturellen Untersuchungen sowie aus quantenchemischen Rechnungen abzuleiten ist.

Olefinliganden sind π-Donoren und π*-Akzeptoren, sodass für Metall–Olefin-Bindungen zwei Bindungskomponenten von Bedeutung sind, die σ-Hinbindung (σ donation) und die π-Rückbindung (π back-donation) (Dewar-Chatt-Duncanson-Modell). Je stärker die π-Rückbindung, umso mehr ist die C=C-Bindung im Komplex verlängert (Δ*d*) und umso stärker sind die Substituenten an den Olefinkohlenstoffatomen abgewinkelt (gemessen am Winkel α). Bei sehr hoher Rückbindung ist der Komplex zutreffender als Metallacyclopropankomplex zu beschreiben.

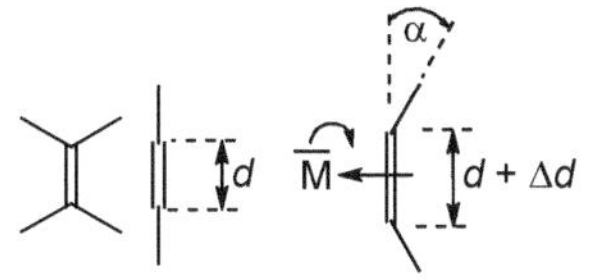

d α *d* + Δ*d* M

Olefin (nicht koordiniert) *Olefin (koordiniert)*

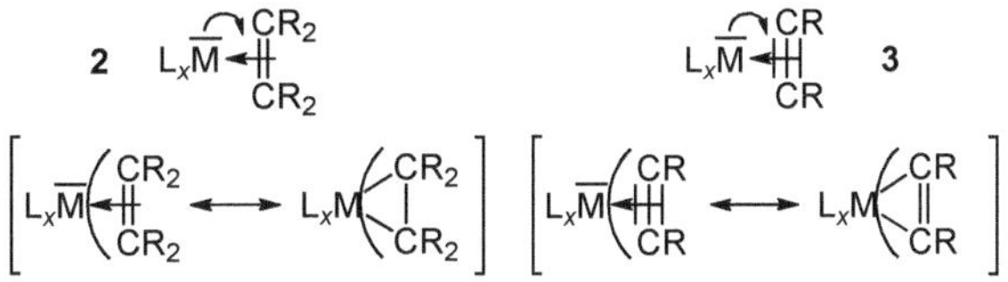

2 L_xM ← CR_2=CR_2 **3** L_xM ← CR≡CR

[L_xM ← CR_2=CR_2 ⟷ L_xM(CR_2–CR_2)] [L_xM ← CR≡CR ⟷ L_xM(CR=CR)]

2a **2b** **3a** **3b**

Im Rahmen des Mesomeriekonzepts sind für einen η^2-Olefinkomplex **2** die beiden Grenzformeln **2a** und **2b** zu formulieren, die einen Komplex mit einem neutralen π-Olefinliganden bzw. mit einem Olefindianion als Liganden repräsentieren. Dieser Sachverhalt ist bei der Ermittlung der Oxidationsstufe des Metalls zu berücksichtigen. So ist der Pt^{II}-Komplex $K[PtCl_3(\eta^2\text{-}H_2C{=}CH_2)]\cdot H_2O$ (Zeises Salz) das klassische Beispiel für einen π-Ethenkomplex (C–C 1,375 Å, $\alpha = 16°$; z. Vgl. C–C in nichtkoordiniertem Ethen 1,339 Å). Demgegenüber ist die C–C-Bindungslänge in $[Os(\eta^2\text{-}H_2C{=}CH_2)(CO)_4]$ mit 1,49 Å fast so lang wie die in Cyclopropan (1,512 Å), sodass er als Os^{II}-Komplex zu beschreiben ist.

Analog sind η^2-Alkinkomplexe **3** als π-Alkin- **3a** oder als Metallacyclopropenkomplexe **3b** mit einem neutralen bzw. (formal) dianionischen Alkinliganden zu beschreiben. Der Vergleich der C≡C-Bindungslängen in $[Pt(C_6F_5)_2(\eta^2\text{-}PhC{\equiv}CPh)_2]$ (C–C 1,20 Å) und in $[WCl_2(\eta^2\text{-}PhC{\equiv}CPh)(PMe_3)_3]$ (C–C 1,33 Å) mit denen in Diphenylacetylen (1,21 Å) und in 1,2-Diphenylcyclopropen (≈ 1,34 Å) zeigt, dass die Beschreibung als π-Diphenylacetylenplatin(II)- bzw. als Wolframa(IV)-cyclopropen-Komplex zutreffend ist [10]. Eine Diskussion der verschiedenen Konzepte zur Ermittlung von Oxidationsstufen mit dem Ziel, eine umfassende Definition zu geben, ist in [20] und der dort zitierten Literatur zu finden.

3.3 Oxidative Kupplungen und reduktive Spaltungen

Reaktionsprinzip

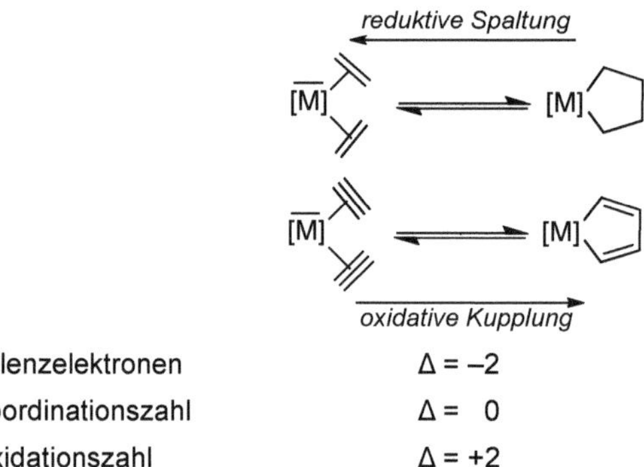

Valenzelektronen	$\Delta = -2$
Koordinationszahl	$\Delta = 0$
Oxidationszahl	$\Delta = +2$

In oxidativen Kupplungsreaktionen setzen sich Alkene oder Alkine nach π-Komplexbildung unter C–C-Bindungsknüpfung zu Metallacyclen um. Bei der Reaktion geht das Metall in eine um zwei Einheiten höhere Oxidationsstufe über. Die umgekehrte Reaktion wird als reduktive Spaltung (Entkupplung) oder reduktive Fragmentierung bezeichnet.

Alkine gehen leichter oxidative Kupplungsreaktionen als Alkene ein. Auch andere ungesättigte Substrate wie Heteroolefine und -alkine sind oxidativen Kupplungsreaktionen zugänglich.

Die hier beschriebenen oxidativen Kupplungen und reduktiven Spaltungen sind vom Prinzip her Cycloadditions- bzw. -reversionsreaktionen, bei denen Metallacyclen gebildet bzw. gespalten werden. Verwandt damit sind [2+2]-Cycloadditionen, bei denen ein Carbenolefinkomplex in einen Metallacyclobutankomplex übergeht.

Wenn der Carbenligand als neutraler 2*e*-Donor gezählt wird, erhöht sich bei diesen Reaktionen die Oxidationsstufe (*ON*) von M um zwei Einheiten ($\Delta ON = +2$; $\Delta ve = -2$). Analog vermögen Carbinkomplexe und Alkine unter Bildung von Metallacyclobutadienkomplexen zu reagieren.

Beispiele

- Gleichgewicht zwischen einem Bis(ethen)nickel(0)- und einem Nickela(II)-cyclopentankomplex, der nach Abspaltung von L unter reduktiver Eliminierung zerfällt (L = PPh_3) [21].

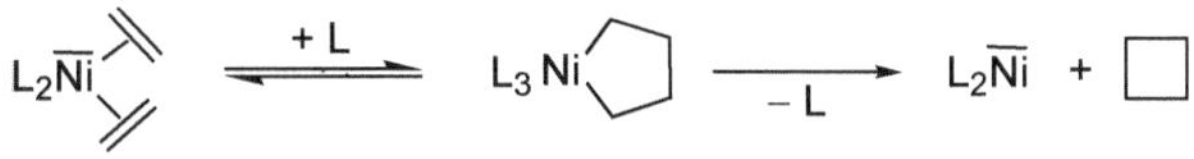

- Bildung eines Irida(III)-cyclopentenkomplexes aus einem Bis(ethen)iridium(I)-Komplex via Ligandensubstitution (**19** → **20**) und oxidative Kupplung (**20** → **21**). Die Reaktion zum Irida(III)-cyclopentadienkomplex (**21** → **22**) verläuft nur, wenn **21** Tetrahydrofuran als schwach bindenden Liganden enthält [22].

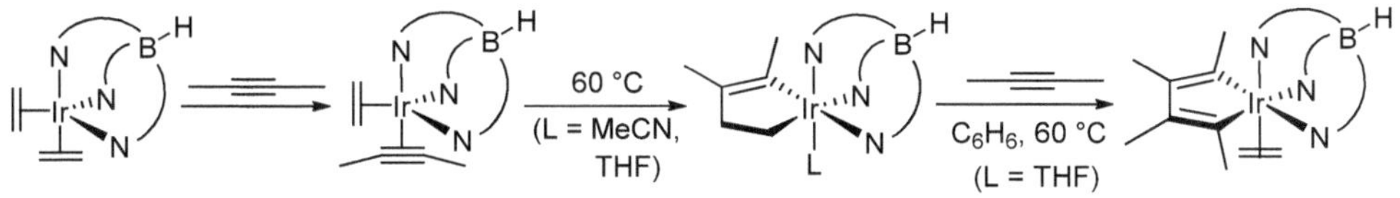

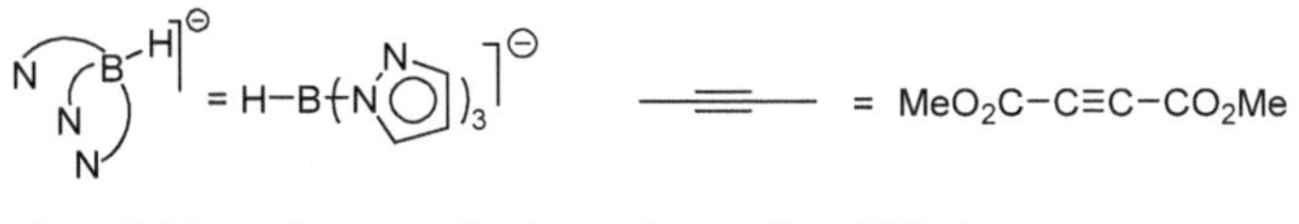

- Bildung eines Iridacyclopentadienkomplexes (L = PPh_3).

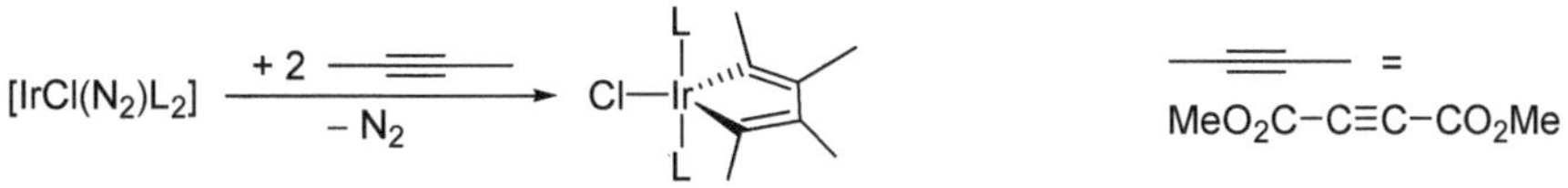

- Tebbe-Reagenz **23** [23] setzt sich mit Olefinen in Gegenwart von Pyridin über den (nicht isolierten) Carbenkomplex **24** zum stabilen Titanacyclobutankomplex **25** um [24].

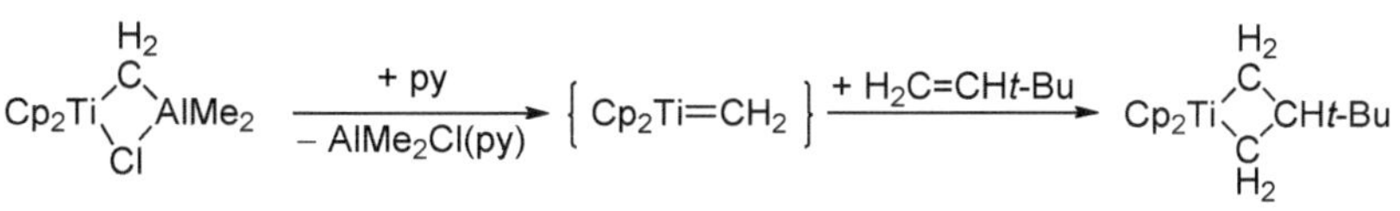

3.4 Insertion von Olefinen und β-Wasserstoffeliminierungen

Reaktionsprinzip

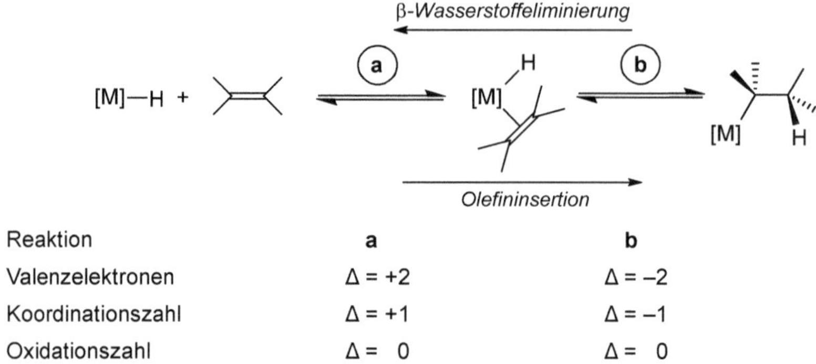

Reaktion	a	b
Valenzelektronen	Δ = +2	Δ = −2
Koordinationszahl	Δ = +1	Δ = −1
Oxidationszahl	Δ = 0	Δ = 0

Insertionen von Alkenen in M–H-Bindungen (1,2-Insertionen[1]) und die Rückreaktionen, die β-Wasserstoffeliminierungen (β-Hydrideliminierungen), sind Schlüsselschritte der metallorganischen Komplexkatalyse. Sie verlaufen besonders leicht bei Übergangsmetallen. Insertionen beinhalten eine Olefinkoordination unter Bildung eines intermediären Hydridoolefinkomplexes (Reaktion **a**) und die eigentliche Insertionsreaktion (Reaktion **b**). Im Insertionsschritt **b** vermindert sich die Zahl der Valenzelektronen am Metallatom um zwei Einheiten und sinkt die Koordinationszahl um eine Einheit. Die Oxidationsstufe von M ändert sich nicht. Für die Rückreaktionen, das sind β-Wasserstoffeliminierungen, gilt das Umgekehrte. Zumeist verlaufen die Reaktionen stereochemisch einheitlich als *cis*-Insertionen (d. h. *syn*-Additionen von [M] und H an Olefine) und *cis*-β-Wasserstoffeliminierungen (d. h. *syn*-Eliminierungen von [M] und H aus Metallalkylverbindungen).

β-Hydrideliminierungen sind im Allgemeinen erschwert, wenn der Komplex koordinativ gesättigt ist. Sie laufen dann besonders leicht ab, wenn das Metall über ein (unbesetztes) *d*-Akzeptororbital geeigneter Energie verfügt, welches die beiden Elektronen von der β-C–H-Bindung aufnimmt. Einleitender Schritt können agostische $C_β$–H···M-Wechselwirkungen sein. Der Übergangszustand ist cyclisch und weist eine komplanare M–C–C–H Anordnung auf. Kann diese nicht ohne Weiteres erreicht werden (wie das in cyclischen Systemen der Fall sein kann), sind sowohl Insertionen als auch β-Wasserstoffeliminierungen erschwert. Das kann Ursache für die Stabilität ausgewählter Hydridoolefinkomplexe und die von Alkylkomplexen mit β-ständigen Wasserstoffatomen sein. Neben diesen stereoelektronischen Faktoren ist der Reaktionsablauf aber auch von vielen anderen Faktoren abhängig. So kann die Stabilität eines Hydridoolefinkomplexes auch auf eine besonders stabile Metall–Olefin-Bindung zurückzuführen sein.

---

[1] Ausgehend von Verbindungen [M]–X (hier: X = H) bezieht sich die Bezeichnung „1,*n*-Insertion“ (*n* = Anzahl der Atome zwischen M und X) ohne jegliche mechanistische Implikation auf die Einschiebung eines Atoms oder einer Gruppe von Atomen in die M–X-Bindung. Analog werden Eliminierungsreaktionen bezeichnet, wobei anstelle der Zahlenangaben häufig die griechischen Buchstaben (1,1 = α; 1,2 = β; ...) treten.

Aufgabe 3.2

Obwohl es sich bei **1** und **2** um zwei isomere Komplexe mit *cis*-ständigen Hydrido- und Olefinliganden handelt (L = Phosphan), verläuft nur bei **1** bereitwillig eine Insertion des Olefins in die Ir–H-Bindung, was eine sehr unterschiedliche thermische Stabilität bedingt ($T_{Zers.} > -80$ °C, **1**; $T_{Zers.} > 20$ °C, **2**). Erklären Sie diesen Sachverhalt.

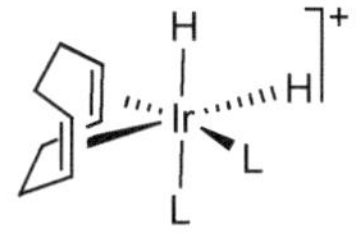

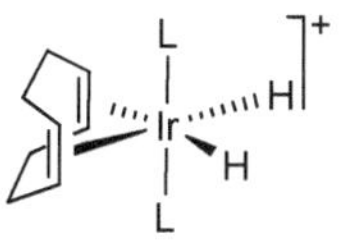

Olefine insertieren auch leicht in M–C-Bindungen (**26** → **27** → **28**). Die Rückreaktion (**28** → **27**), eine β-Alkyleliminierung, tritt nicht so häufig auf. Sofern das β-C-Atom ein Wasserstoffatom trägt, ist in den allermeisten Fällen eine β-Wasserstoffeliminierung bevorzugt (**28** → **29**). Wenn aber beispielsweise sterisch die Ausbildung des zur β-H-Eliminierung führenden Übergangszustandes erschwert ist, kann eine β-Alkyleliminierung dominieren [25].

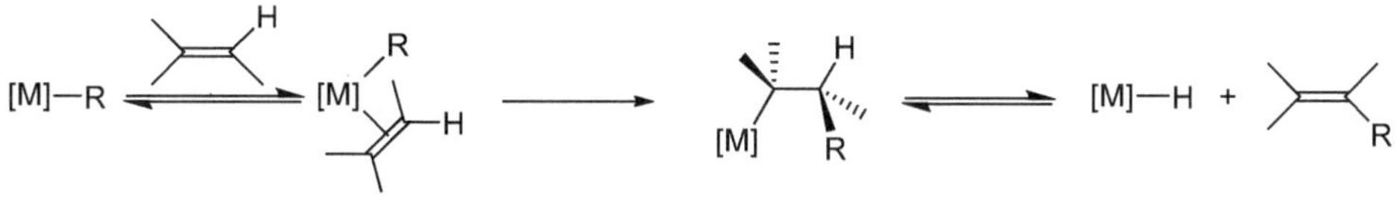

Insertionsreaktionen von Alkinen in M–H- und M–C-Bindungen verlaufen analog, im Allgemeinen im Sinne einer *syn*-Addition:

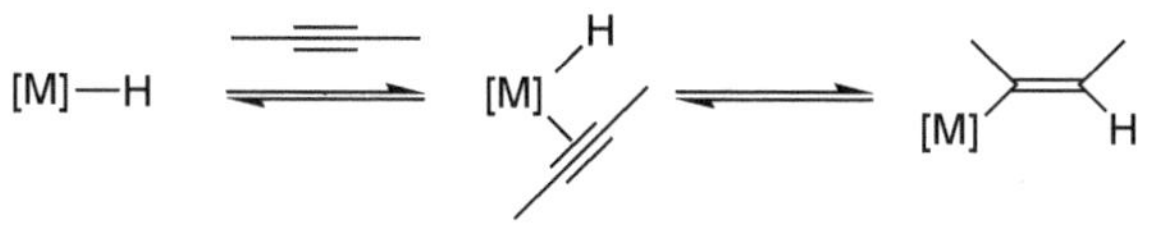

Mit Blick auf die Bruttoumsetzung (Addition von M–H bzw. M–C an eine Doppel- bzw. Dreifachbindung) werden derartige Insertionsreaktionen auch als Hydro- bzw. Carbometallierung von Olefinen bzw. Alkinen bezeichnet. Neben den hier besprochenen Insertions- und Eliminierungsreaktionen gibt es eine Reihe weiterer analoger Reaktionen, die in der homogenen Katalyse Bedeutung haben. Dazu gehören Insertionsreaktionen unter Beteiligung von Heteroolefinen (z. B. $R_2C{=}NR$) und in andere als in M–C- oder M–H-Bindungen (z. B. in M–OR-, M–NR_2- oder M–SiR_3-Bindungen) [26].

Beispiele

- Bildung eines kationischen Ethenplatinkomplexes via Olefinkoordination (**30** → **31**, s = Lösungsmittel) und Insertion eines Olefins in eine Pt–H-Bindung (**31** → **32**) [27]. Die Röntgeneinkristallstrukturanalyse von $[Pt(C_2H_5)\{(t\text{-Bu})_2P(CH_2)_3P(t\text{-Bu})_2\}][CB_{11}H_{12}]$, ein Komplex vom Typ **32** ohne koordiniertes Lösungsmittel s, weist eine β-agostische C_β–H···Pt-Wechselwirkung aus.

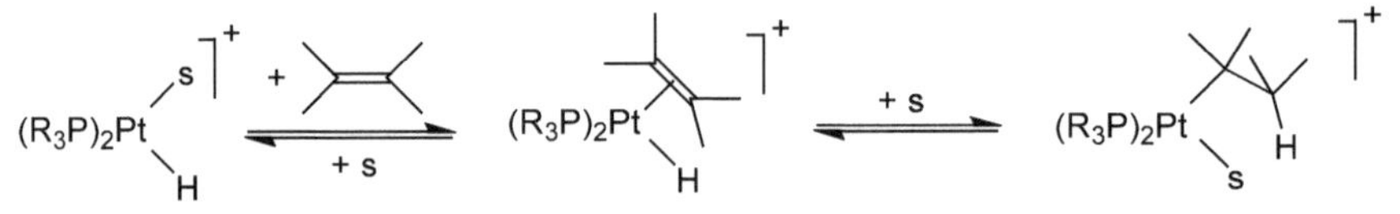

- Hydrozirconierungen von Alkinen mit Schwartz-Reagenz (**34** → **35**) sind *syn*-Additionen. Die nachfolgende Umsetzung mit Elektrophilen E ergibt (*E*)-Olefine (**35** → **36**) [28].

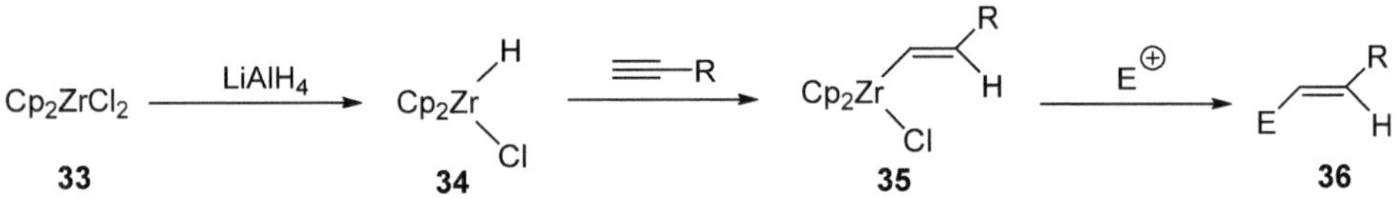

- Hydro- [29] (**37** → **38a**) und Carboaluminierungen (**38a** → **38b**), die effektiv Zr-katalysiert werden können [30], sind die Schlüsselschritte bei der Zieglerschen Aufbaureaktion. Im Allgemeinen – so auch hier – verlaufen Hydro- leichter als Carbometallierungen. β-H-Eliminierungen (**38b** → **39**) benötigen bei Hauptgruppenmetallalkylen im Allgemeinen vergleichsweise drastische Reaktionsbedingungen.

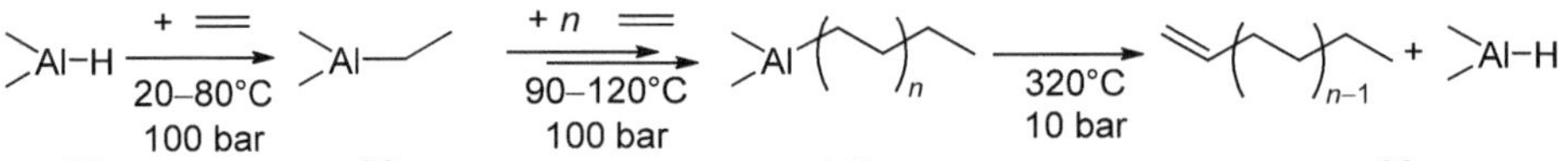

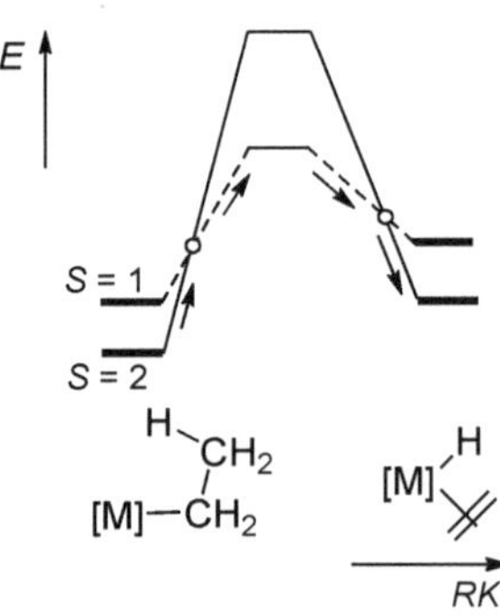

- High-spin-Komplexe mit fünf oder mehr *d*-Elektronen können eine überraschende Stabilität gegenüber β-H-Eliminierungen aufweisen, wie beispielsweise $[Li(tmeda)]_2[MnEt_4]$ ($T_{Zers.}$ = 110 °C). Als Ursache wird angenommen, dass, bedingt durch den Sextett-Grundzustand (S = 5/2),[1] kein (unbesetztes) *d*-Akzeptororbital zur Verfügung steht. Obwohl das auch für high-spin d^6-Komplexe (S = 2) wie beispielsweise Ethyl(β-diketiminato)eisen(II)-Komplexe $[Fe^{II}EtL]$ (L = (ArN⩦CR⩦CH⩦CR⩦NAr)$^-$; Ar = Aryl) zutrifft, zersetzen sich diese leicht unter β-H-Eliminierung. Es ist gezeigt worden, dass bei diesen Komplexen eine β-H-Eliminierung ausgehend vom Quintett-Grundzustand (S = 2) eine vergleichsweise hohe Aktivierungsbarriere (siehe Skizze; ausgezogene Kurve) hat. Diese ist beim energetisch höher liegenden Triplett-Zustand (S = 1), der über ein unbesetztes *d*-Akzeptororbital verfügt, wesentlich geringer (gestrichelte Kurve). Entlang der Reaktionskoordinate (markiert durch Pfeile) kreuzen sich beide Potentialhyperflächen und an diesen Stellen findet eine Spinumkehr (*Spin Crossover*) statt, sodass die eigentliche β-H-Eliminierung im elektronisch angeregten Triplett-Zustand erfolgt („Spin-Beschleunigung"). Spininversionen im geschwindigkeitsbestimmenden Schritt einer Reaktion sind zentraler Punkt im Konzept der Zweizustandsreaktivität (*two-state reactivity*) [31, 32, 33].

---

[1] S bezeichnet die Gesamtspinquantenzahl eines Terms und $2S+1$ seine Multiplizität.

Aufgabe 3.3

Bei Dialkylverbindungen ist eine β-Wasserstoffeliminierung häufig mit einer reduktiven Eliminierung gekoppelt. Formulieren Sie diese Reaktionsabfolge bei **1** (L = PR_3) und beachten Sie dabei, dass zunächst durch Abspaltung von L eine freie Koordinationsstelle geschaffen werden muss. Geben Sie das Produktverhältnis an. Welche Produkte würden Sie bei einer radikalischen Pt–C-Bindungsspaltung erwarten?

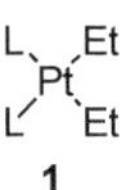

3.5 α-Wasserstoffeliminierungen und Carbeninsertionsreaktionen

Reaktionsprinzip

Carbeninsertion

α-Wasserstoffeliminierung

Valenzelektronen	Δ = +2
Koordinationszahl	Δ = +1
Oxidationszahl	Δ = 0

Die Übertragung eines α-ständigen Wasserstoffatoms eines Alkylliganden auf das Zentralatom führt zur Bildung eines Carbenhydridokomplexes. Zählt man den Carbenliganden als neutralen 2*e*-Donor, so bleibt dabei die Oxidationsstufe von M unverändert. Die Rückreaktion, eine H-Verschiebung vom Metall auf den Liganden, stellt formal eine Insertion eines Carbens in eine M–H-Bindung dar (1,1-Insertion).

Einleitender Schritt von α-Hydrideliminierungen sind agostische C_α–H···M-Wechselwirkungen. Somit bieten eine hohe Akzeptorfunktion am Metallatom *und* eine Donorfunktion, um den gebildeten Carbenliganden zu stabilisieren, gute Voraussetzungen für einen bereitwilligen Reaktionsablauf. Eine sterische Überfrachtung am Metall durch großvolumige Liganden kann die Hydrideliminierung begünstigen.

Besonders häufig werden α-Hydrideliminierungen bei Dialkylmetallkomplexen angetroffen und sind dann mit einer reduktiven C–H-Eliminierung gekoppelt (**40** → **41**).

[M]–C(H)–R → [M]=C + RH **40** → **41**; [M]=C(H)–R → [M]≡C– + RH **42** → **43**

Nicht notwendigerweise wird dabei ein Alkyl(carben)hydridokomplex als Intermediat durchlaufen. Das Hydrid kann direkt vom α-C-Atom des einen Alkylliganden auf das α-C-Atom des anderen (R) übertragen werden oder auch assistiert durch agostische C–H···M-Wechselwirkungen, ohne dass ein M–H-Bindung vollständig ausgebildet wird. Aus Alkyl(carben)-Komplexen können durch α-Hydrideliminierung gekoppelt mit einer reduktiven C–H-Eliminierung Carbinkomplexe generiert werden (**42** → **43**).

Beispiele

- Der kationische Hydrido(phosphorylid)wolfram(IV)-Komplex **44** isomerisiert thermisch unter Bildung von **47**. Quantenchemische Rechnungen legen einen Hydridomethyliden- (**45**) und einen Methylwolframkomplex (**46**) als Zwischenverbindungen nahe [34].

$$[Cp_2W(H)(CH_2PMe_2Ph)]^+\ (\mathbf{44}) \underset{}{\overset{-\,PMe_2Ph}{\rightleftharpoons}} [Cp_2W(H)(=CH_2)]^+\ (\mathbf{45}) \rightleftharpoons [Cp_2W{-}CH_3]^+\ (\mathbf{46}) \overset{+\,PMe_2Ph}{\rightleftharpoons} [Cp_2W(CH_3)(PMe_2Ph)]^+\ (\mathbf{47})$$

- Obwohl normalerweise α- langsamer als β-Hydrideliminierungen verlaufen, reagiert der Ethyl-bis(neopentyl)tantal(V)-Komplex **48** mit PMe_3 (L) sowohl unter α- als auch β-Hydrideliminierung, die mit einer reduktiven Eliminierung von Neopentan gekoppelt sind, zu einem Neopentylidentantalkomplex **49** bzw. zu einem η^2-Ethentantalkomplex **50**. Die beiden tautomeren Komplexe **49** und **50** stehen in Lösung im Gleichgewicht [35].

$$EtTaCl_2(CH_2CMe_3)_2\ (\mathbf{48}) \xrightarrow[-\,CMe_4]{L} EtTaCl_2L_2(=CHCMe_3)\ (\mathbf{49}) \rightleftharpoons (\eta^2\text{-}C_2H_4)TaCl_2L_2(CH_2CMe_3)\ (\mathbf{50})$$

- Tris(neopentyl)neopentylidinwolfram (**51**) reagiert mit dmpe ($Me_2PCH_2CH_2PMe_2$) via α-Hydrid- und reduktive C–H-Eliminierung zu einem Neopentyl(neopentyliden)neopentylidinwolfram(VI)-Komplex **52** [36].

$$W(OMe)_3Cl_3 \xrightarrow[-\,MgCl_2/Mg(OMe)Cl,\ -\,CMe_4]{Me_3CCH_2MgCl} (Me_3CCH_2)_3W{\equiv}CCMe_3\ (\mathbf{51}) \xrightarrow[-\,CMe_4]{dmpe} (dmpe)W({\equiv}CCMe_3)(=CHCMe_3)(CH_2CMe_3)\ (\mathbf{52})$$

Eine Röntgeneinkristallstrukturanalyse weist **52** als tetragonal-pyramidalen Komplex mit Bindungslängen (**a**) W–CH_2CMe_3 (2.258(9) Å) > (**b**) W=$CHCMe_3$ (1.942(9) Å) > (**c**) W≡$CCMe_3$ (1.785(8) Å) aus, die zweifelsfrei für **b** und **c** einen Metall-Mehrfachbindungscharakter belegen.

3.6 Addition von Nucleophilen und heterolytische Fragmentierungen

Reaktionsprinzip

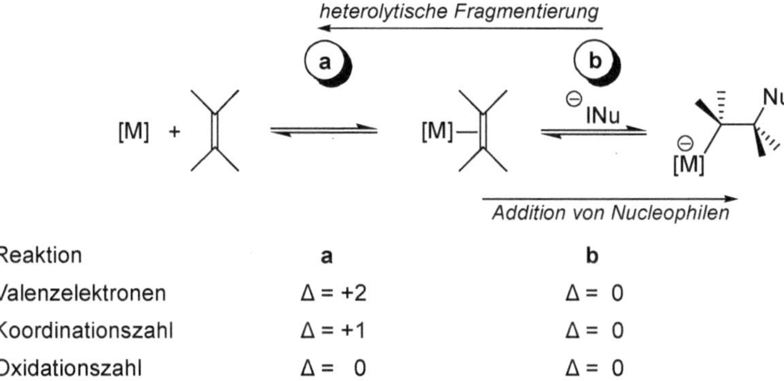

Reaktion	a	b
Valenzelektronen	Δ = +2	Δ = 0
Koordinationszahl	Δ = +1	Δ = 0
Oxidationszahl	Δ = 0	Δ = 0

Durch Koordination eines Olefins an ein Metall (Reaktion **a**) kann das Olefin derart aktiviert werden, dass es mit Nucleophilen Nu in einer intermolekularen Reaktion zu 2-funktionalisierten Alkylkomplexen reagiert (Reaktion **b**). Im eigentlichen Additionsschritt **b** ändert sich weder die Anzahl der Valenzelektronen von M noch seine Koordinations- und Oxidationszahl. Wird ein neutrales Nucleophil eingesetzt (Nu = NR_3, PR_3, SR_2, ...; NuH = NH_3, H_2O, R_2NH, RSH, ...), bildet sich ein kationisches Heteroatomzentrum aus, das – sofern von NuH ausgegangen wird – leicht deprotoniert werden kann. Gelegentlich werden die besprochenen Reaktionen auch als π–σ-Umlagerungen bezeichnet, weil der π-gebundene Olefinligand in einen σ-gebundenen Alkylliganden übergeht. Diese Bezeichnung ist aber missverständlich, weil es sich bei diesen Reaktionen nicht um Isomerisierungen handelt.

Die Rückreaktionen sind als heterolytische Fragmentierungen zu klassifizieren (vgl. Exkurs, S. 51). Wird die Abspaltung des Nucleophils durch ein Elektrophil (z. B. $E^+ = H^+$) induziert, spricht man auch von elektrophilen Abstraktionen (Reaktion **c**).

⊖[M]–C–C–Nu $\xrightarrow{+\,E^{\oplus}}$ [M]–(Olefin) + E–Nu **c**

Vergleicht man die Insertion eines Olefins in eine M–Nu-Bindung (**d**) mit der (hier behandelten intermolekularen) Addition von Nucleophilen an ein koordiniertes Olefin (Reaktion **e**), ergeben sich zwar die gleichen Produkte, aber die Stereochemie ist verschieden: Intermolekulare Additionen von Nucleophilen verlaufen als *anti*-Additionen und intramolekulare Insertionsreaktionen als *syn*-Additionen. In der Katalyse meistens unerwünscht ist die Substitution des Olefins durch das Nucleophil (**f**).

$$L_xM\text{–}\|\ \xrightarrow[-L^-]{+\ ^{\ominus}|Nu} L_{x-1}M(Nu)(\text{olefin}) \longrightarrow L_{x-1}M\text{–C–C–Nu} \quad (d)$$

$$-L^- \ \Updownarrow\ +L^-$$

$$L_xM\text{–}\|\ \xrightarrow{+\ ^{\ominus}|Nu} L_x\overset{\ominus}{M}\text{–C–C–Nu} \quad (e)$$

$$L_xM\text{–}\|\ \xrightarrow[-\ \text{olefin}]{+\ ^{\ominus}|Nu} L_x\overset{\ominus}{M}\text{–Nu} \quad (f)$$

In gleicher Weise wie an Olefine können Nucleophile an Alkine addiert werden. Dabei werden 2-funktionalisierte Vinylverbindungen gebildet, die – wie bei einer *anti*-Addition erwartet – meist eine *trans*-Anordnung von M und Nu aufweisen:

$$[M]\text{–}\|\!| \ +\ ^{\ominus}|Nu \rightleftharpoons \overset{\ominus}{[M]}\text{–C=C–Nu}$$

Beispiele

- Die Addition eines neutralen Nucleophils wie PPh_3 an ein koordiniertes Olefin führt zu einem 2-funktionalisierten Alkylkomplex mit einem kationischen Heteroatomzentrum:

$$\left[Cp(CO)_3W\text{–}\|\right]^+ \xrightarrow{+\ PPh_3} \left[Cp(CO)_3W\text{–}CH_2\text{–}CH_2\text{–}\overset{\oplus}{P}Ph_3\right]^+$$

- 2-Aminoethylgrignardverbindungen **53** zerfallen in Abhängigkeit von den sterischen und elektronischen Eigenschaften von R bereits zwischen –20 und –80 °C unter heterolytischer Fragmentierung (**53** → **54**) [37].

$$R_2N\text{–}CH_2\text{–}CH_2\text{–}Br \xrightarrow[-78\ \ldots\ -100\ °C]{+\ Mg} \underset{\mathbf{53}}{R_2N\text{–}CH_2\text{–}CH_2\text{–}MgBr} \xrightarrow[-20\ \ldots\ -80\ °C]{} \underset{\mathbf{54}}{Mg(NR_2)Br + H_2C{=}CH_2}$$

Der bewährten Aktivierung von Magnesium bei Grignardbildungsreaktionen mit 1,2-Dibromethan liegt ebenfalls eine heterolytische Fragmentierung von intermediär gebildetem $BrCH_2CH_2MgBr$ zugrunde.

- β-Halogenalkylester und -urethane haben als Schutzgruppen in der Peptidchemie Eingang gefunden, die sich nach Umsetzung mit Cobalt(I)-phthalocyanin via heterolytische Fragmentierung leicht spalten lassen [38]:

$$\text{(P)}-C(=O)-O-C-C-X \xrightarrow[-X^-]{+[Co^I(pc)]^-} \text{(P)}-C(=O)-O-C-C-Co^{III}(pc) \xrightarrow[-2\,[Co^{II}(pc)]]{+[Co^I(pc)]^-} \text{(P)}-C(=O)O^- + \;>C=C<$$

$$\text{(P)}-NH-C(=O)-O-C-C-X \xrightarrow[-X^-]{+[Co^I(pc)]^-} \text{(P)}-NH-C(=O)-O-C-C-Co^{III}(pc) \xrightarrow[-2\,[Co^{II}(pc)]]{+[Co^I(pc)]^-} \text{(P)}-NH-C(=O)O^- + \;>C=C<$$

$$\text{(P)}-NH-C(=O)O^- \xrightarrow{H_2O} \text{(P)}-NH_2 + HCO_3^-$$

(P) = Peptidkette, X = Halogen, H_2pc = Phthalocyanin

Aufgabe 3.4

Der kationische Etheneisen(II)-Komplex $[FeCp(CO)_2(\eta^2\text{-}H_2C{=}CH_2)]^+$ (**1**) werde mit überschüssigem Methylamin umgesetzt. Welche Reaktion erwarten Sie und wie wird der gebildete Komplex mit HCl reagieren?

Exkurs: Heterolytische Fragmentierungen (Grobsche Fragmentierungen)

Heterolytische Fragmentierungen sind 1,2-Eliminierungen, die nach folgendem allgemeinen Reaktionsschema ablaufen:

$$a-b-c-d-X \longrightarrow a-b^{\oplus} + c{=}d + |X^{\ominus}$$

a–b$^+$ und X$^-$ heißen elektrofuge bzw. nucleofuge Gruppe. Im Unterschied zu normalen 1,2-Eliminierungen (H–c–d–X → H^+ + c=d + X^-), bei denen H^+ das Elektrofug ist, ist hier das Elektrofug eine mehratomige Gruppe [39, 40, 41].

Beispiele

□ Fragmentierung von 3-Hydroxypropyltosylaten.

$$HO-C-C-C-OTs \longrightarrow HO-C^{\oplus} + \;>C{=}C<\; + {}^{\ominus}OTs$$

$$HO-C^{\oplus} \xrightarrow{-H^{\oplus}} O{=}C<$$

□ Fragmentierung von 2-Ammonioethylzinnverbindungen:

$$R_3Sn-CH_2-CH_2-\overline{N}R'_2 \xrightarrow{+H^{\oplus}} R_3Sn-CH_2-CH_2-\overset{\oplus}{N}HR'_2 \xrightarrow{T>100°C} R_3Sn^{\oplus} + H_2C{=}CH_2 + H\overline{N}R'_2$$

3.7 Insertion und Extrusion von CO

Reaktionsprinzip

Deinsertion von CO

[M](R)(C≡O) ⇌ [M]–C(=O)R

Insertion von CO

Valenzelektronen	Δ = –2
Koordinationszahl	Δ = –1
Oxidationszahl	Δ = 0

Die Insertion von CO in eine M–C-Bindung führt zu einem Acylkomplex. Derartige Reaktionen verlaufen im Sinne einer Wanderung des Alkylliganden an das Kohlenstoffatom eines *cis*-ständigen Carbonylliganden (migratorische Insertion; 1,1-Insertion). Die Rückreaktion wird als Extrusion (Deinsertion, Eliminierung) von CO bezeichnet. Die Oxidationsstufe von M bleibt bei der CO-Insertion unverändert. Der primär gebildete Acylkomplex ist elektronisch und koordinativ ungesättigt. Wird in Kohlenmonoxidatmosphäre gearbeitet, wird die frei werdende Koordinationsstelle durch CO besetzt.

Gut bekannt sind auch intermolekulare Additionen von R^- an Carbonylkomplexe (**55** → **56**). Protonierung der Zwischenverbindung führt zu Hydroxycarbenkomplexen (**56** → **57**) (E. O. Fischer, 1964).

[M]–C≡O| —LiR→ [[M]=C(R)–O]Li —$+ H^+$→ [M]=C(R)–O–H

55 **56** **57**

Obwohl dabei auch (anionische) Acylkomplexe (**56**) als Intermediate gebildet werden, sind diese Reaktionen nicht als migratorische Insertionsreaktionen zu klassifizieren. Es handelt sich um eine intermolekulare Addition eines Nucleophils an das (elektrophile) Carbonyl-C-Atom. In analoger Weise verläuft die Hiebersche Basenreaktion:

[M]–C≡O| —OH^-→ $[[M]–C(=O)OH]^-$ —$- CO_2$→ $[[M]–H]^-$

Beispiel

- Der Nachweis, dass die nachfolgende Reaktion tatsächlich als migratorische Insertion abläuft, ist durch Isotopenmarkierung geführt worden.

$$(CO)_4Mn(Me)(CO) \rightleftharpoons (CO)_4Mn{-}C(=O)Me \xrightleftharpoons{CO} (CO)_5Mn{-}C(=O)Me$$

18 *ve* — 16 *ve* *Zwischenprodukt* — 18 *ve*

Aufgabe 3.5

Beweisen Sie durch geeignete ^{13}C-Markierung, dass die zuvor gezeigte Reaktion a) intramolekular verläuft und b) eine Methylwanderung stattfindet.

3.8 Einelektronenreduktion und -oxidation

Reaktionsprinzip

$$[M] + e^- \underset{\text{Oxidation}}{\overset{\text{Reduktion}}{\rightleftharpoons}} [M]^{\ominus\bullet}$$

Valenzelektronen	$\Delta = +1$
Koordinationszahl	$\Delta = 0$
Oxidationszahl	$\Delta = -1$

Bei einer Einelektronenreduktion bzw. -oxidation unter Erhalt der Ligandensphäre unterscheiden sich reduzierter und oxidierter Komplex lediglich um ein Elektron. Unter der Voraussetzung, dass das beteiligte Orbital ein metallzentriertes Molekülorbital ist, wird die Oxidationsstufe des Metalls um eine Einheit verringert bzw. erhöht. Anderenfalls erfolgt Reduktion bzw. Oxidation des Liganden.

Beispiele

- *Elektronenvariable Komplexe.* Strukturell ähnliche Metallkomplexe, die sich *nur* in der Anzahl der Elektronen unterscheiden, heißen elektronenvariabel. Elektronenvariabilität tritt z. B. bei Phthalocyaninmetallkomplexen auf. Für Eisen als Zentralatom sind die Komplexe **58a–f** (H_2pc = Phthalocyanin) isoliert worden. Ausgehend von **58a** führt die stufenweise Elektronenaufnahme erst zur Reduktion des Zentralatoms (**58b–d**) und dann zur Reduktion des Liganden (**58e, 58f**). Im Bild der LCAO-MO-Theorie treten bei **58b–d** die zusätzlichen Elektronen jeweils in MOs ein, die überwiegend Metallcharakter haben (3*d*-Orbitale von Eisen). Bei **58e/58f** dagegen werden die Elektronen von einem MO aufgenommen, das sich maßgeblich über den Liganden erstreckt, das also „ligandenzentriert“ ist [42].

	[FeBr(pc)]	[Fe(pc)]	Li[Fe(pc)]	Li_2[Fe(pc)]	Li_3[Fe(pc)]	Li_4[Fe(pc)][a)]
ON(Fe)/Ligand:	$+3/pc^{2-}$	$+2/pc^{2-}$	$+1/pc^{2-}$	$0/pc^{2-}$	$0/pc^{3-}$	$0/pc^{4-}$
	58a	**58b**	**58c**	**58d**	**58e**	**58f**

a) Die anionischen Komplexe kristallisieren als THF-Solvate.

□ *ortho*-Chinonliganden (**59a**) sind redoxaktiv. Sie können zu Semichinonato- (**59b**) und Catecholatoliganden (**59c**) reversibel reduziert werden, ohne dass sich die Oxidationsstufe des Metalls ändert [43, 44].

59a (qui) **59b** (squi)$^{\bullet-}$ **59c** (cat)$^{2-}$ (qui) **60** (qui) **61'** (squi)$^{\bullet-}$ **61**

Redoxaktive Liganden werden auch als „*non-innocent ligands*" bezeichnet. So ermöglichen beispielsweise Chinonliganden die Delokalisierung einer negativen Ladung, die bei der Deprotonierung eines Hydroxidoliganden am O-Atom auftritt (**60** → **61**): Anstelle eines Oxidoliganden **61'** kann via intramolekularen Elektronentransfer unter Reduktion von qui zu (squi)$^{\bullet-}$ ein vergleichsweise stark elektrophiler Oxylligand gebildet werden (**61**). Insbesondere bei rutheniumkatalysierten Oxidationen von H_2O zu O_2 ist nachgewiesen, dass damit der entscheidende Reaktionsschritt – die O–O-Bindungsknüpfung – befördert wird, ohne dass sehr hohe Oxidationsstufen des Metalls erforderlich sind. Diese sind dagegen notwendig, um vergleichbar elektrophile O-Liganden zu generieren, wenn keine redoxaktiven Coliganden zugegen sind, vgl. S. 446 [45, 46].

□ Die Ligandensubstitution **62** + L → **66** + CO, die bei kinetisch inerten Metallcarbonylen nicht ohne Weiteres abläuft, kann durch Reduktion (**62** → **63**) induziert werden. Beim kinetisch labilen 19-*ve*-Intermediat **63** ist eine Ligandensubstitution leicht möglich (**63** → **64** → **65**). Wenn **65** Komplex **62** zu reduzieren vermag, genügen katalytische Mengen an Reduktionsmittel.

$$[M(CO)_6] \xrightarrow{+e^-} [M(CO)_6]^{\bullet-} \xrightarrow[-CO]{} [M(CO)_5]^{\bullet-} \xrightarrow{+L} [M(CO)_5L]^{\bullet-} \longrightarrow [M(CO)_5L] + e^-$$

62 (18 *ve*) **63** (19 *ve*) **64** (17 *ve*) **65** (19 *ve*) **66** (18 *ve*)

3.9 Lösungen der Aufgaben und Literatur

3.9.1 Lösungen der Aufgaben

Aufgabe 3.1

Zu a) Zweifach koordinierte Gold(I)- und vierfach koordinierte Gold(III)-Komplexe sind in der Regel linear bzw. quadratisch-planar. Bei linearen Komplexen $[Au^IL_2]^+$ (**1a**) mit zwei monodentaten Phosphanliganden L wurden bis zu Temperaturen von 120 °C keine oxidativen Additionen von Arylhalogeniden beobachtet. Setzt man dagegen Chelatliganden L_2 mit einem entsprechend kleinen Bisswinkel (ca. 90°; vgl. S. 115) ein, ist also die *cis*-Konfiguration im Edukt schon vorgeformt, verlaufen diese Reaktionen besonders leicht (**1b** ⟶ **2b**).

Ar–I
–10 ... 20 °C
1b **2b**
Carboran-bis(phosphan)-Ligand
α ≈ 90°
$(C_2B_{10}H_{10})$

Zu b) Im angeführten Beispiel liegt als Edukt für eine oxidative Addition ein koordinativ ungesättigter Gold(I)-Komplex **3'** vor, der im Unterschied zu den Komplexen **1a** nur *einen* stark koordinierenden monodentaten NHC-Liganden gebunden hat. Die oxidative Addition von Biphenylen (**3'** ⟶ **4**) läuft bereitwillig ab, weil zum einen ein hochgespannter Vierring aufgespalten wird und zum anderen die hohe Stabilität des gebildeten fünfgliedrigen Metallacyclus in **4** die Rückreaktion erschwert. Im Gegensatz dazu konnte der entsprechende Komplex mit zwei Phenylliganden nur als Zwischenprodukt postuliert werden, weil die reduktive Eliminierung von Ph–Ph besonders leicht abläuft. Aus dem sehr stabilen Komplex **4** kann der Chloridoligand abgespalten und so ein Au^{III}-Komplex **5** mit einem schwach gebundenen Liganden (z. B. H_2O aus dem Lösungsmittel) gebildet werden, der potentiell koordinativ ungesättigt ist und auch katalytisches Potential besitzt (nach C.-Y. Wu, T. Horibe, C. B. Jacobsen, F. D. Toste, *Nature* **2015**, *517*, 449; J. H. Teles, *Angew. Chem.* **2015**, *127*, 5648).

+ $Ag[SbF_6]$ / – AgCl
1) Biphenylen
2) Cl^-
+ $Ag[SbF_6]$ / – AgCl
+ Cl^-
3 **3'** **4** **5**

Aufgabe 3.2

Die Ursache für die unterschiedliche Reaktivität ist stereoelektronisch bedingt: Bei der Olefininsertion wird im Übergangszustand eine komplanare Anordnung des M–C–C–H-Fragments durchlaufen, die bei Komplex **2** nur nach (energieaufwendiger) Isomerisierung zu realisieren ist (nach R. Crabtree, *Acc. Chem. Res.* **1979**, *12*, 331).

Aufgabe 3.3

Abspaltung von L liefert einen 14-*ve*-Komplex (**1** ⟶ **2**), der erst einer β-Wasserstoff- und dann einer reduktiven C–H-Eliminierung unterliegt (**2** ⟶ **3** ⟶ **4**). Ethan und Ethen werden also genau im Verhältnis 1 : 1 gebildet. Bei einer radikalischen Zersetzung sollten sich aus Ethylradikalen durch H-Übertragung zwar auch Ethen und Ethan im Verhältnis 1 : 1 bilden, aber durch Rekombination auch Butan, was experimentell nicht gefunden wurde (nach T. J. McCarthy, R. G. Nuzzo, G. M. Whitesides, *J. Am. Chem. Soc.* **1981**, *103*, 1676).

L_2PtEt_2 (**1**) ⇌ (– L) L–$PtEt_2$ (**2**) ⇌ L(Et)Pt(H)(η²-C_2H_4) (**3**) ⟶ (– EtH) L–Pt(η²-C_2H_4) (**4**) ⇌ (+ L) L_2Pt(η²-C_2H_4)

Bei derartigen Reaktionen muss nicht zwingend ein Hydridometallkomplex als Intermediat auftreten, vgl. dazu die analogen Reaktionen bei gekoppelten α-Hydrid-/reduktiven C–H-Eliminierungen (S. 47).

Aufgabe 3.4

Wird an einen Olefinkomplex ein Nucleophil NuH mit einem hinreichend sauren H-Atom addiert, wird NuH sehr leicht deprotoniert, sodass im vorliegenden Fall ein 2-(*N*-Methylamino)ethyleisen-Komplex gebildet wird (**1** ⟶ **2**). Protonierung des Stickstoffatoms ergibt ein besseres Nucleofug (NH_2Me *vs.*

[NHMe]⁻), sodass sich **2** mit HCl im Sinne einer elektrophilen Abstraktion unter Rückbildung von **1** umsetzt. Ein Angriff eines Nucleophils auf ein koordiniertes Olefin wird durch eine geringe π-Rückbindung auf den Olefinliganden begünstigt, sodass im Allgemeinen eine positive Ladung des Komplexes für derartige Reaktionen förderlich ist (nach L. Busetto, A. Palazzi, R. Ros, U. Belluco, *J. Organomet. Chem.* **1970**, *25*, 207).

$$\underset{\mathbf{1}}{[\mathrm{Cp(CO)_2Fe}(\eta^2\text{-}\mathrm{C_2H_4})]^+} \underset{+\,2\,\mathrm{H^+},\;-\,[\mathrm{NH_3Me}]^+}{\overset{+\,2\,\mathrm{NH_2Me},\;-\,[\mathrm{NH_3Me}]^+}{\rightleftharpoons}} \underset{\mathbf{2}}{\mathrm{Cp(CO)_2Fe{-}CH_2{-}CH_2{-}\overline{N}HMe}}$$

Aufgabe 3.5

Zu a. Ausgehend vom ^{13}C-markierten Acetylkomplex (**1**, ^{13}C = *C) wird ein isotopenmarkierter Methylcarbonylkomplex **2** erhalten, während die Acetylkomplexbildung in Gegenwart von markiertem CO nicht zu einem markierten Acetylliganden (**3**) führt. In beiden Fällen belegt die *cis*-Konfiguration (**2**: *CO/Me bzw. **3**: *CO/COMe), dass CO-Insertion und -deinsertion stereochemisch einheitlich ablaufen.

$$\mathrm{Na[Mn(CO)_5]} + \mathrm{Me{-}\overset{*}{C}OCl} \xrightarrow[-\,\mathrm{NaCl}]{} \underset{\mathbf{1}}{[\mathrm{Mn(\overset{*}{C}OMe)(CO)_5}]} \xrightarrow[-\,\mathrm{CO}]{T} \mathit{cis}\text{-}[\mathrm{MnMe(\overset{*}{C}O)(CO)_4}]\;\;\mathbf{2}$$

$$[\mathrm{MnMe(CO)_5}] + \mathrm{\overset{*}{C}O} \longrightarrow \mathit{cis}\text{-}[\mathrm{Mn(COMe)(\overset{*}{C}O)(CO)_4}]\;\;\mathbf{3}$$

Zu b. Deinsertion von CO aus einer Acetylgruppe geht eine Abspaltung eines CO-Liganden voraus, der *cis*-ständig zum Acetylliganden ist. Da alle vier *cis*-ständigen CO-Liganden gleichwertig sind, müssen ausgehend von **3** bei Wanderung der Methylgruppe 50 % *cis*-, 25 % *trans*- und 25 % nicht ^{13}C-markierter Komplex gebildet werden. Das entspricht dem experimentellen Befund.

$$\underset{\mathbf{3}}{\mathit{cis}\text{-}[\mathrm{Mn(COMe)(\overset{*}{C}O)(CO)_4}]} \xrightarrow[-\,\mathrm{CO\ bzw.}\;-\,\mathrm{\overset{*}{C}O}]{T} \underset{50\,\%\;(\mathit{cis})}{\mathit{cis}\text{-}[\mathrm{MnMe(\overset{*}{C}O)(CO)_4}]} + \underset{25\,\%\;(\mathit{trans})}{\mathit{trans}\text{-}[\mathrm{MnMe(\overset{*}{C}O)(CO)_4}]} + \underset{25\,\%\;(\text{nicht }^{13}\text{C-markiert})}{[\mathrm{MnMe(CO)_5}]}$$

Anmerkung: Vergegenwärtigen Sie sich, dass nach Abspaltung eines *cis*-ständigen CO-Liganden, nun aber anstelle von einer Methyl- bei einer CO-Wanderung, 75 % *cis*- und 25 % nicht ^{13}C-markierter Komplex zu erwarten wären (nach F. Calderazzo, *Angew. Chem.* **1977**, *89*, 305; P. M. Maitlis, D. B. Dell'Amico, *Organometallics* **2014**, *33*, 6989).

3.9.2 Literatur

[1] S. H. Strauss, *Cem. Rev.* **1993**, *93*, 927: „The Search for Larger and More Weakly Coordinating Anions“

[2] T. A. Engesser, M. R. Lichtenthaler, M. Schleep, I. Krossing, *Chem. Soc. Rev.* **2016**, *45*, 789: „Reactive p-Block Cations Stabilized by Weakly Coordinating Anions“ (und dort zit. Literatur)

[3] I. Krossing, I. Raabe, *Angew. Chem.* **2004**, *116*, 2116: „Nichtkoordinierende Anionen – Traum oder Wirklichkeit? Eine Übersicht zu möglichen Kandidaten“

[4] S. Cummings, H. P. Hratchian, C. A. Reed, *Angew. Chem.* **2016**, *128*, 1404: „The Strongest Acid: Protonation of Carbon Dioxide“

[5] U. Koelle, *New J. Chem.* **1992**, *16*, 157: „Transition Metal Catalyzed Proton Reduction“; R. H. Morris, *Chem. Rev.* **2016**, *116*, 8588: „Brønsted–Lowry Acid Strength of Metal Hydride and Dihydrogen Complexes“

[6] J. E. Huheey, E. A. Keiter, R. L. Keiter (R. Steudel, Hrsg.), *Anorganische Chemie – Prinzipien von Struktur und Reaktivität*, 5. Aufl., de Gruuyter, Berlin, **2014**

[7] Y. Marcus, *Chem. Soc. Rev.* **1993**, *22*, 409: „The Properties of Organic Liquids that are Relevant to their Use as Solvating Solvents“

[8] V. Gutmann, *Coord. Chem. Rev.* **1976**, *18*, 225: „Solvent Effects on the Reactivities of Organometallic Compounds“

[9] C. Laurence, J. Graton, J.-F. Gal, *J. Chem. Educ.* **2011**, *88*, 1651: „An Overview of Lewis Basicity and Affinity Scales“

[10] D. Steinborn, *J. Chem. Educ.* **2004**, *81*, 1148: „The Concept of Oxidation States in Metal Complexes“

[11] K. L. Bartlett, K. I. Goldberg, W. T. Borden, *J. Am. Chem. Soc.* **2000**, *122*, 1456: „A Computational Study of Reductive Elimination Reactions to Form C–H Bonds from Pt(II) and Pt(IV) Centers. Why Does Ligand Loss Precede Reductive Elimination from Six-Coordinate but Not Four-Coordinate Platinum?“

[12] J. Procelewska, A. Zahl, G. Liehr, R. van Eldik, N. A., Smythe, B. S. Williams, K. I. Goldberg, *Inorg. Chem.* **2005**, *44*, 7732: „Mechanistic Information on the Reductive Elimination from Cationic Trimethylplatinum(IV) Complexes to Form Carbon–Carbon Bonds“ (und dort zit. Literatur)

[13] L. Xue, Z. Lin, *Chem. Soc. Rev.* **2010**, *39*, 1692: „Theoretical Aspects of Palladium-Catalysed Carbon–Carbon Cross-Coupling Reactions“

[14] D. Steinborn, *Dalton Trans.* **2005**, 2664: „The Unique Chemistry of Platina-β-diketones“

[15] A. Vigalok, *Acc. Chem Res.* **2015**, *48*, 238: „Electrophilic Halogenation–Reductive Elimination Chemistry of Organopalladium and -Platinum Complexes“

[16] W. Scherer, G. S. McGrady, *Angew. Chem.* **2004**, *116*, 1816: „Agostische Wechselwirkungen in d^0-Alkylmetallkomplexen“

[17] M. Brookhart, M. L. H. Green, G. Parkin, *Proc. Natl. Acad. Sci. USA* **2007**, *104*, 6908: „Agostic Interactions in Transition Metal Compounds“

[18] M. Lein, *Coord. Chem. Rev.* **2009**, *253*, 625: „Characterization of Agostic Interactions in Theory and Computation“

[19] M. Etienne, A. S. Weller, *Chem. Soc. Rev.* **2014**, *43*, 242: „Intramolecular C–C Agostic Complexes: C–C Sigma Interactions by Another Name“

[20] P. Karen, *Angew. Chem.* **2015**, *127*, 4798: „Die Oxidationsstufe, ein Dauerbrenner!“; V. Postils, C. Delgado-Alonso, J. M. Luis, P. Salvador, *Angew. Chem.* **2018**, *130*, 10685: „An Objective Alternative to IUPAC’s Approach To Assign Oxidation States”

[21] F. Zheng, A. Sivaramakrishna, J. R. Moss, *Coord. Chem. Rev.* **2007**, *251*, 2056: „Thermal Studies on Metallacycloalkanes“

[22] J. M. O'Connor, A. Closson, P. Gantzel, *J. Am. Chem. Soc.* **2002**, *124*, 2434: „Hydrotris(pyrazolyl)-borate Metallacycles: Conversion of a Late-Metal Metallacyclopentene to a Stable Metallacyclopentadiene–Alkene Complex"

[23] D. A. Straus, M. M. Morshed, M. E. Dudley, M. M. Hossain in *e-EROS Encyclopedia of Reagents for Organic Synthesis*, Wiley **2006**: „μ-Chlorobis(cyclopentadienyl)(dimethylaluminum)-μ-methylenetitanium"

[24] R. H. Grubbs, *Tetrahedron* **2004**, *60*, 7117: „Olefin Metathesis"

[25] M. E. O'Reilly, S. Dutta, A. S. Veige, *Chem. Rev.* **2016**, *116*, 8105: „β-Alkyl Elimination: Fundamental Principles and Some Applications"

[26] P. S. Hanley, J. F. Hartwig, *Angew. Chem.* **2013**, *125*, 8668: „Migratorische Insertion von Alkenen in Metall-Sauerstoff- und Metall-Stickstoff-Bindungen"

[27] R. Romeo, G. Alibrandi, L. M. Scolaro, *Inorg. Chem.* **1993**, *32*, 4688: „Kinetic Study of β-Hydride Elimination from Monoalkyl Solvento Complexes of Platinum(II)"

[28] P. Wipf, C. Kendall, *Top. Organomet. Chem.* **2004**, *8*, 1: „Hydrozirconation and Its Applications"

[29] H. W. Roesky, *Aldrichimica Acta* **2004**, *37*, 103: „Hydroalumination Reactions in Organic Chemistry"

[30] E.-i. Negishi, Z. Tan, *Top. Organomet. Chem.* **2004**, *8*, 139: „Diastereoselective, Enantioselective, and Regioselective Carboalumination Reactions Catalyzed by Zirconocene Derivatives"

[31] D. Schröder , S. Shaik , H. Schwarz, *Acc. Chem. Res.* **2000**, *33*, 139: „Two-State Reactivity as a New Concept in Organometallic Chemistry"

[32] H. Schwarz, *Angew. Chem.* **2011**, *123*, 10276: „Chemie mit Methan: Studieren geht über Probieren!"

[33] P. L. Holland, *Acc. Chem Res.* **2015**, *48*, 1696: „Distinctive Reaction Pathways at Base Metals in High-Spin Organometallic Catalysts"

[34] J. C. Green, C. N. Jardine, *J. Chem. Soc., Dalton Trans.* **2001**, 274: „Hydrogen Shifts in $[W(\eta\text{-}C_5H_5)_2(CH_3)]^+$; a Density Functional Study"

[35] J. D. Fellmann, R. R. Schrock, D. D. Traficante, *Organometallics* **1982**, *1*, 481: „α-Hydride vs. β-Hydride Elimination. An Example of an Equilibrium between Two Tautomers"

[36] R. R. Schrock, *Acc. Chem. Res.* **1986**, *19*, 342: „High-Oxidation-State Molybdenum and Tungsten Alkylidyne Complexes"

[37] D. Steinborn, *Angew. Chem.* **1992**, 104, 392: „Zum Heteroatomeinfluß in α- und β-funktionalisierten Alkylübergangsmetallkomplexen"

[38] H. Eckert, I. Ugi, *Liebigs Ann. Chem.* **1979**, 278: „Spaltung β-halogenierter Urethane mit Kobalt(I)-phthalocyanin: eine neue Schutzgruppentechnik für Peptid-Synthesen"

[39] C. A. Grob, P. W. Schiess, *Angew. Chem.* **1967**, *79*, 1: „Die heterolytische Fragmentierung als Reaktionstypus in der organischen Chemie"

[40] C. A. Grob, *Angew. Chem.* **1969**, *81*, 543: „Mechanismen und Stereochemie der heterolytischen Fragmentierung"

[41] F. A. Carey, R. J. Sundberg, *Organische Chemie, ein weiterführendes Lehrbuch*, siehe Ref. [7], Kap. 2

[42] R. Taube, *Pure Appl. Chem.* **1974**, *38*, 427: „New Aspects of the Chemistry of Transition Metal Phthalocyanines"

[43] O. R. Luca, R. H. Crabtree, *Chem. Soc. Rev.* **2013**, *42*, 1440: „Redox-Active Ligands in Catalysis“

[44] L. A. Berben, B. de Bruin, A. F. Heyduk, *Chem. Commun.* **2015**, *51*, 1553: „Non-Innocent Ligands“

[45] T. Wada, K. Tanaka, J. T. Muckerman, E. Fujita in *Molecular Water Oxidation Catalysis* (A. Llobet, ed.), Wiley, Chichester UK, **2014**, S. 77: „Water Oxidation by Ruthenium Catalysts with Non-Innocent Ligands“

[46] W. Kaim, *Proc. Natl. Acad. Sci., India, Sect. A* **2016**, *86*, 445: „Electron Transfer Reactivity of Organometallic Compounds Involving Radical-Forming Noninnocent Ligands“

Weiterführende Literatur

Zusätzlich zu den Lehrbüchern [L1]–[L14] sind zu empfehlen:

J. D. Atwood, *Inorganic and Organometallic Reaction Mechanisms*, 2nd ed.,Wiley-VCH, New York, **1997**

F. A. Cotton, G. Wilkinson, C. A. Murillo, M. Bochmann, *Advanced Inorganic Chemistry*, 6th ed., Wiley, New York, **1999**

R. B. Jordan, *Reaction Mechanisms of Inorganic and Organometallic Systems*, 3rd ed., Oxford Univ. Press, New York, **2007** (dt. Übersetzung der 1. Aufl.: *Mechanismen anorganischer und metallorganischer Reaktionen*, Teubner, Stuttgart, **1994**)

4 Hydrierung von Olefinen

4.1 Einführung

Die Addition von Diwasserstoff H_2 an Olefine (**1** → **3**) ist eine stark exergonische Reaktion (ΔG° = –101 kJ/mol für Ethen), jedoch ist die Synchronaddition über einen viergliedrigen, cyclischen Übergangszustand **2** symmetrieverboten.

$$\underset{\mathbf{1}}{\text{C=C}} + H_2 \longrightarrow \left[\underset{\mathbf{2}}{\text{H--H / C=C}}\right]^{\ddagger} \longrightarrow \underset{\mathbf{3}}{\text{H–C–C–H}}$$

In Abbildung 4.1 sind die reaktivitätsbestimmenden Orbitale von H_2 und C_2H_4 schematisch dargestellt. Weiterhin sind die beiden möglichen HOMO–LUMO-Wechselwirkungen bei Olefinhydrierungen mit einem cyclischen Übergangszustand ohne Katalysator wiedergegeben. In beiden Fällen resultiert aus Symmetriegründen ein Überlappungsintegral $S = 0$. Somit kann auf diesem Wege keine Bindungsbildung erfolgen.

Die Methode der Wahl ist eine katalytische Reaktionsführung. Heterogene Metallkatalysatoren (z. B. Ni) zur Olefinhydrierung sind schon lange bekannt (P. Sabatier, Univ. Toulouse; Nobelpreis 1912). Mitte der 1960er-Jahre ist von G. Wilkinson (Imperial College London;

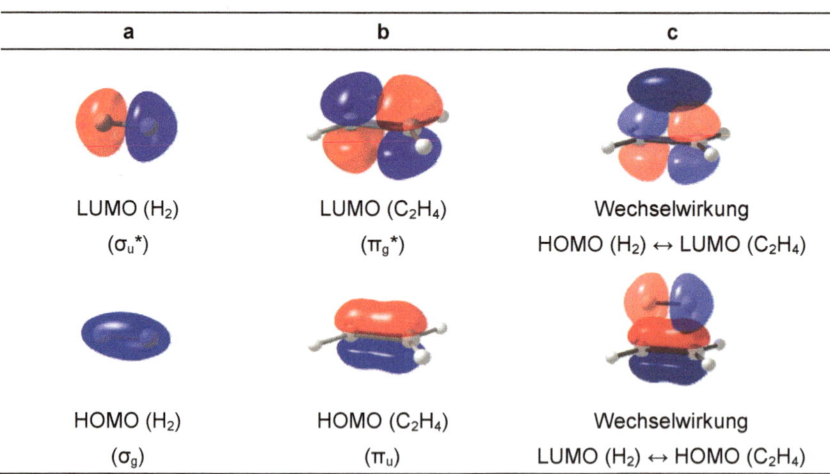

Abbildung 4.1. Schematische Darstellung der reaktivitätsbestimmenden Orbitale von (a) Diwasserstoff und von (b) Ethen sowie (c) der HOMO–LUMO-Wechselwirkungen bei der Synchronaddition von H_2 an C_2H_4. (Entgegengesetzte Vorzeichen der Wellenfunktionen sind durch die Farbgebung gekennzeichnet.)

D. Steinborn, *Grundlagen der metallorganischen Komplexkatalyse*, Studienbücher Chemie,
https://doi.org/10.1007/978-3-662-56604-6_4

Nobelpreis 1973) gefunden worden, dass $[RhCl(PPh_3)_3]$ bei Raumtemperatur und Normaldruck ein homogener Katalysator für die Olefinhydrierung ist. Er wird als „Wilkinson-Katalysator“ bezeichnet.

Aufgabe 4.1

Kann unter Standardbedingungen H_2 an ein Olefin im Sinne einer Radikalkettenreaktion addiert werden? Legen Sie Ihrer Analyse die folgenden mittleren Bindungsdissoziationsenthalpien (in kJ/mol) zugrunde: H–H 436, C–C 348, C=C 612, C–H 412.

4.2 Der Wilkinson-Katalysator

4.2.1 Grundlagen

Der Wilkinson-Komplex **4** ist aus $[RhCl_3(H_2O)_3]$ und Triphenylphosphan in Ethanol leicht zu synthetisieren.

$$[RhCl_3(H_2O)_3] + 4\,PPh_3 \xrightarrow{\text{EtOH}} \underset{\mathbf{4}}{[RhCl(PPh_3)_3]} + Ph_3PO + 2\,HCl + 2\,H_2O$$

Er ist bei Olefinhydrierungen Präkatalysator. Die katalytisch aktive Spezies ist der 14-*ve*-Komplex $[RhCl(PPh_3)_2]$ (**5**), der praktisch vollständig zu Komplex **6** dimerisiert.

$$\underset{\mathbf{4}}{[RhCl(PPh_3)_3]} \underset{+\,PPh_3}{\overset{-\,PPh_3}{\rightleftharpoons}} \underset{\mathbf{5}}{[RhCl(PPh_3)_2]} \rightleftharpoons \underset{\mathbf{6}}{1/2\,[(Ph_3P)_2Rh(\mu\text{-}Cl)_2Rh(PPh_3)_2]}$$

Hydrierungen mit dem Wilkinson-Katalysator werden gewöhnlich bei Raumtemperatur in Wasserstoffatmosphäre unter Normaldruck ausgeführt. Als Lösungsmittel können Aromaten, Alkohole, Aceton oder Ether verwendet werden. Die Hydriergeschwindigkeit hängt ausgeprägt vom Olefin ab (R = Alkyl):

Cyclohexen ≈ $RCH=CH_2$ > $R_2C=CH_2$ > cis-$RCH=CHR$ > trans-$RCH=CHR$ > 1-R-Cyclohexen

Terminale Olefine reagieren schneller als innere. Ethen selbst, Olefine mit sehr sperrigen Substituenten sowie drei- und vierfach substituierte Alkene lassen sich nur langsam oder nicht hydrieren, vermutlich weil sie zu fest bzw. zu schwach koordinieren (vide infra). Funktionelle Gruppen wie Ph, COOR, $CONR_2$, CN, OR werden toleriert, nicht aber CHO- oder COCl-Gruppen, die decarbonyliert werden.

Durch geeignete strukturelle Variation kann die Aktivität des Wilkinson-Katalysators erhöht werden. So steigt die Aktivität mit den stärker basischen Phosphanen $P(C_6H_4\text{-}p\text{-}X)_3$ (X = Me, OMe) als Coliganden auf über das Doppelte, während mit sehr stark basischen Alkylphosphanen die Hydrieraktivität ganz verloren geht. Offensichtlich erleichtert eine moderate Basizitätssteigerung (im Vergleich mit PPh_3) die Insertionsreaktion, während zu stark basische Phosphanliganden nicht mehr hinreichend leicht abgespalten werden (vide infra).

Kationische Komplexe $[RhL_2s_2]^+$ (**9**; L_2 = Chelatphosphanligand wie $Ph_2P(CH_2)_nPPh_2$, $n = 2$, 3; s = Lösungsmittel wie MeOH) besitzen eine bis zum Faktor 100 höhere Hydrieraktivität als der Wilkinson-Komplex. Sie sind aus kationischen Norbornadienkomplexen **8** (oder analogen COD-Komplexen) durch Hydrierung des Diens gemäß folgendem Schema leicht zugänglich.

1/2 [Rh(μ-Cl)(nbd)]₂ **7** —Ag[BF₄]/L⌒L, − AgCl→ [(L⌒L)Rh(nbd)][BF₄] **8** —2 H₂, MeOH→ [(L⌒L)Rh(s)₂][BF₄] **9** + Norbornan

Es gibt eine große Palette weiterer Hydrierkatalysatoren von späten Übergangsmetallen (z. B. $[RuH(Cl)(PPh_3)_3]$, $[CoH(CN)_5]^{3-}$) sowie von frühen Übergangsmetallen und Lanthanoiden (z. B. $[\{LnH(\eta^5\text{-}C_5Me_5)_2\}_2]$, Ln = La, Nd, Lu, ...). Ebenso wie Olefine können andere ungesättigte Verbindungen wie Alkine, Diene und Aromaten hydriert werden.

4.2.2 Mechanismus der Olefinhydrierung

Olefinhydrierungen mit dem Wilkinson-Komplex verlaufen nach dem „dissoziativen Hydridmechanismus", der in Abbildung 4.2 dargestellt ist. Diese Bezeichnung macht klar, dass zunächst ein Triphenylphosphanligand abgespalten und dann Wasserstoff angelagert wird. Im Einzelnen sind folgende Reaktionsschritte zu nennen:

4 → 5: *Ligandenabspaltung/-anlagerung.* Vom Präkatalysator $[RhCl(PPh_3)_3]$ (**4**) wird durch Abspaltung eines PPh_3-Liganden die katalytisch aktive Spezies $[RhCl(PPh_3)_2]$ (**5**) gebildet. In Benzol liegt das Gleichgewicht weit auf der Seite von **4** ($K < 10^{-4}$ mol/l).

5 → 10: *Oxidative Addition/reduktive Eliminierung.* Oxidative Addition von H_2 ergibt einen koordinativ ungesättigten *cis*-Dihydridorhodium(III)-Komplex **10**. Die Reaktion ist reversibel, die Rückreaktion ist eine reduktive Eliminierung von H_2.

10 → 11: *Ligandenanlagerung/-abspaltung.* Koordination des Olefins führt zum Dihydridoolefinrhodium(III)-Komplex **11**, der elektronisch (18 *ve*) und koordinativ (*K.Z.* = 6) gesättigt ist.

11 → 12: *Insertion/β-H-Eliminierung.* Insertion des koordinierten Olefins in eine Rh–H-Bindung und Isomerisierung ergeben einen *cis*-Alkylhydrido-Komplex **12** (zur Isomerisierung vgl. Aufgabe 4.2). Die Insertion ist im Falle der Hydrierung von Cyclohexen der geschwindigkeitsbestimmende Schritt. Die Reaktion ist prinzipiell reversibel. Die Rückreaktion, eine β-H-Eliminierung, spielt aber unter den üblichen Reaktionsbedingungen keine Rolle. Somit tritt auch keine Doppelbindungsisomerisierung als Nebenreaktion ein.

12 → 5: *Reduktive Eliminierung.* In einer reduktiven C–H-Eliminierung wird das Alkan abgespalten, wobei der Ausgangskomplex **5** zurückgebildet wird. Diese Reaktion ist irreversibel; die Rückreaktion – eine oxidative Addition einer nichtaktivierten C–H-Bindung – findet nicht statt.

Das Komplexfragment [Rh] = $[RhCl(PPh_3)_2]$ im Katalysezyklus kann in der *cis*- (*cis*-**5**) oder *trans*-Form (*trans*-**5**) vorliegen. Die *cis*-Form ist thermodynamisch stabiler (Aufgabe 4.2).

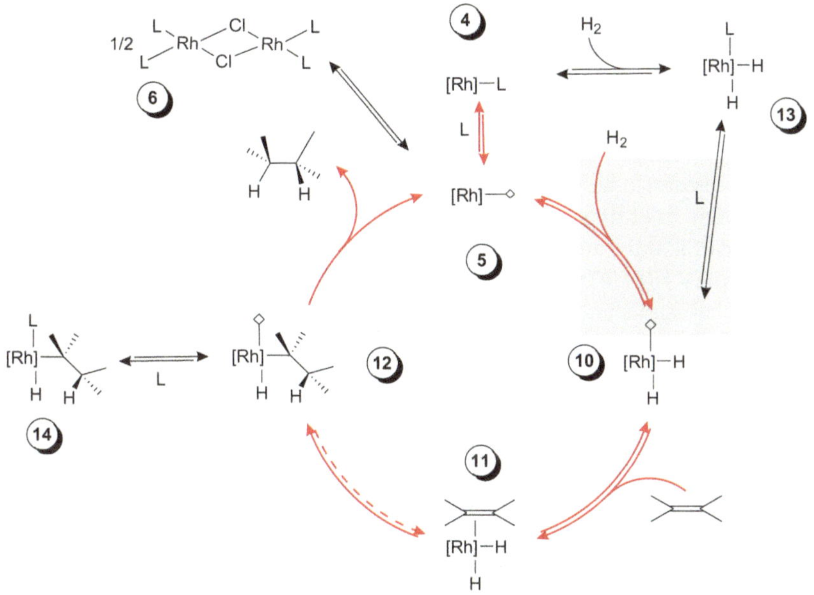

Abbildung 4.2. Hydridmechanismus der Olefinhydrierung mit dem Wilkinson-Komplex ([Rh] = $RhClL_2$; L = PPh_3). Der grundlegende dissoziative Mechanismus ist rot hervorgehoben. Die kleinen Quadrate deuten „freie" Koordinationsstellen an, die zumindest in polaren Lösungsmitteln durch Solvensmoleküle besetzt sind (vgl. S. 31).

Welche der beiden Formen für die Katalyse relevant ist, ist nicht sicher geklärt. Quantenchemische Rechnungen zur Ethenhydrierung zeigen, dass der Katalysezyklus mit *cis*-**5** energetisch etwas vorteilhafter ist als der mit *trans*-**5**, wobei infolge des nur geringen Unterschiedes aber nicht ausgeschlossen werden kann (zumal Lösungsmitteleinflüsse nicht berücksichtigt wurden), dass *trans*-**5** in der Katalyse auch eine Rolle spielt [1].

Aufgabe 4.2

a) Warum ist *cis*-$[RhCl(PPh_3)_2]$ (*cis*-**5**) thermodynamisch stabiler als *trans*-$[RhCl(PPh_3)_2]$ (*trans*-**5**)? b) Warum folgt aus der Irreversibilität der Insertion **11** → **12**, dass keine Doppelbindungsisomerisierung eintritt? c) Welche Isomerisierungen sind mit der Insertion **11** → **12** verknüpft? Gehen Sie von den beiden Diastereomeren **11a** und **11b** mit einer *trans*- bzw. *cis*-Anordnung der beiden Phosphanliganden L aus.

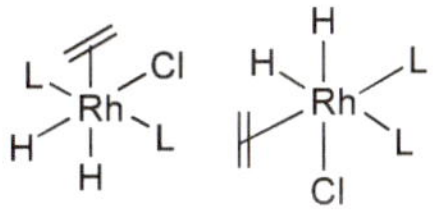

11a **11b**

Nunmehr sind einige Nebenreaktionen zu beachten. Grundsätzlich stehen die koordinativ ungesättigten Komplexe mit den entsprechenden koordinativ gesättigten, katalytisch inaktiven Komplexen im Gleichgewicht (**10** ⇌ **13**, **12** ⇌ **14**). Weiterhin befindet sich **5** mit dem chloridoverbrückten Dimer **6** im Gleichgewicht ($K \geq 10^6$ l/mol). Durch die Bildung der Komplexe **6**, **13** und **14** vermindert sich die Konzentration der katalytisch aktiven Komplexe, sodass die Aktivität des Katalysators herabgesetzt wird.

Die Gleichgewichtskonstante des koordinativ gesättigten Dihydridorhodium(III)-Komplexes **13** mit dem Dihydridoolefin-Komplex **11** (**13** $\rightleftharpoons$ **11**) ist zu ca. 10^{-4} bestimmt worden. Komplex **13** kann auch direkt aus dem Präkatalysator $[RhCl(PPh_3)_3]$ (**4**) durch oxidative Addition von H_2 gebildet werden („assoziativer Hydridmechanismus"). Kinetische Untersuchungen zeigen aber, dass der koordinativ ungesättigte Komplex **5** mindestens 10^4-mal schneller mit H_2 reagiert als der Präkatalysator **4** (**5** → **10** *versus* **4** → **13**). Somit bestimmt der koordinativ ungesättigte Komplex $[RhCl(PPh_3)_2]$ (**5**), obwohl er nur in geringer Konzentration vorliegt, den Reaktionsmechanismus und auch die Reaktionsgeschwindigkeit [2].

Die Aktivität des Wilkinson-Katalysators bei der Hydrierung von Olefinen und Alkinen lässt sich durch den Zusatz von katalytischen Mengen einer starken Base wie **15** (Bartons Base; [Rh]/Base = 1/5) erheblich steigern, ohne dass die innere Koordinationssphäre des Komplexes modifiziert wird. Im Wilkinson-Zyklus (Abbildung 4.2) gibt es verschiedene Off-Cycle-Spezies, darunter den koordinativ gesättigten Dihydridokomplex **13**, der mit dem katalytisch aktiven ungesättigten Dihydridokomplex **10** im Gleichgewicht steht. Spektroskopische Untersuchungen und DFT-Rechnungen legen nahe, dass die Base **15** eine reduktive HCl-Eliminierung aus **10**/**13** induziert und dass der dabei gebildete Monohydridokomplex **16** einen neuen Reaktionskanal öffnet, der eine höhere katalytische Aktivität als der klassische Wilkinson-Zyklus aufweist [3].

(L = PPh_3)

Es wird zwischen Hydrid- und Olefinmechanismus unterschieden (Abbildung 4.3). Wie zuvor ausgeführt, erfolgen beim Hydridmechanismus zuerst die oxidative Addition von H_2 und dann die Koordination des Olefins. Für den Olefinmechanismus trifft das Umgekehrte zu. Die

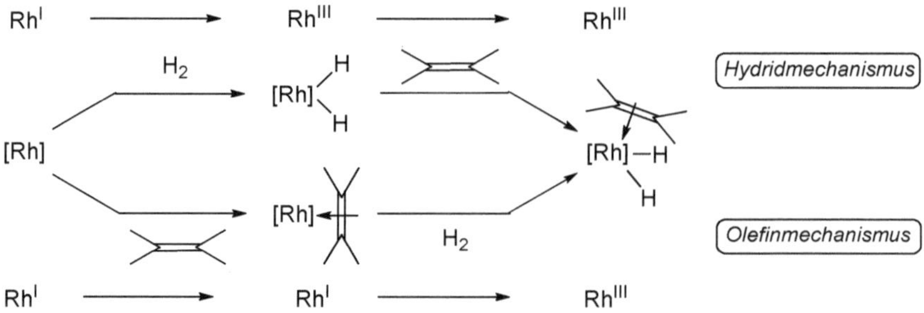

Abbildung 4.3. Hydrid- *versus* Olefinmechanismus.

kationischen Komplexe $[RhL_2s_2]^+$ katalysieren die Hydrierung von Olefinen nach dem Olefinmechanismus. Das heißt, zuerst erfolgt die Koordination des Olefins (unter Verdrängung des Lösungsmittels s) und danach die oxidative Addition von H_2, die geschwindigkeitsbestimmend ist.

4.3 Enantioselektive Hydrierungen

4.3.1 Grundlagen

Olefinhydrierungen mit dem Wilkinson-Katalysator verlaufen stereoselektiv im Sinne einer *syn*-Addition. Ist das zu hydrierende Olefin prochiral, so führt eine *syn*-Addition von H_2 zu gleichen Teilen zu beiden Enantiomeren. Das ist im folgenden Schema mit dem prochiralen (*Z*)-α-Acetamidozimtsäureester (**17**) als Beispiel dargestellt. *syn*-Addition von H_2 an der *Re*-Seite ergibt das (*S*)-Enantiomer (*S*)-**18** und an der *Si*-Seite das (*R*)-Enantiomer (*R*)-**18**.

a) Blick auf die *Re*-Seite. b) Angriff von vorn. c) Angriff von hinten.

Die Aminosäure L-DOPA **22** ist ein wirksames Medikament zur Behandlung der Parkinsonschen Krankheit, indem sie den Mangel an Dopamin im Gehirn beseitigt (**22** → **23**). Die L-DOPA-Synthese hat technische Bedeutung und ist zunächst in einem – nach heutigen Maßstäben aufwendigen – Prozess produziert worden (Hoffmann-LaRoche). Durch palladiumkatalysierte Hydrierung des Benzamidozimtsäurederivats **19** ist die Aminosäure **20** als Racemat hergestellt worden und daraus durch Racemattrennung und Entschützung schließlich L-DOPA **22**.

Exkurs: Prostereogenität, prostereogene Seiten

Eine Verbindung mit einem trigonal-planaren Kohlenstoffatom, das drei verschiedene Substituenten trägt, ist prochiral, denn die Addition eines vierten Substituenten (der sich von den bereits vorhandenen unterscheidet) an dieses C-Atom führt zu einem chiralen Molekül. Die beiden Seiten der prochiralen Verbindung sind spiegelsymmetrisch (enantiotop). Sie werden mit *Re* (von lat. *rectus*) und *Si* (von lat. *sinister*) bezeichnet. Zur Festlegung von *Re* und *Si* bestimmt man nach den CIP-Regeln (Cahn-Ingold-Prelog) die Priorität der Substituenten. Schaut man auf die *Re*-Seite des Moleküls, nimmt die Priorität der Substituenten im Uhrzeigersinn ab. Betrachtet man das Molekül von der *Si*-Seite, so nimmt die Priorität im Uhrzeigersinn zu [4, 5].

Beispiel: Bei **1** nimmt die Priorität in der Reihe NHAc > COOMe > $=CH_2$ ab, sodass man auf die *Re*-Seite schaut.

H_2, Pd/C; *Racemat-trennung*

19 — **20** (D,L-Form) — **21** (L-Form)

entschützen; *Decarboxylase*, $- CO_2$

22 (L-DOPA) — **23** (Dopamin)

Enantioselektive homogene Hydrierkatalysatoren haben in den 1970er-Jahren zu einer wesentlichen Vereinfachung des Verfahrens geführt. Rhodiumkatalysiert wird in einem Schritt aus **19'** direkt die gewünschte L-Form **21'** mit einem Enantiomerenüberschuss von ca. 95 % erhalten (Monsanto) [6].

H_2, $[Rh(DIPAMP)]^+$, *ee* = 95 %, *TON* = 20000, *TOF* = 1000 h^{-1}; H^+

19' — **21'** (L-Form) — **22** (L-DOPA)

Aufgabe 4.3

Wie wird bei Aminosäuren a) die D- und L-Konfiguration sowie alternativ b) die *R*- und *S*-Konfiguration festgelegt? Entspricht L-DOPA der *R*- oder der *S*-Konfiguration?

Die Möglichkeit zur enantioselektiven Hydrierung prochiraler Olefine ist gegeben, wenn ein Rhodiumkomplex mit einem chiralen P-Liganden als Katalysator eingesetzt wird. Die Koordination eines prochiralen Olefins mit der *Re*- bzw. *Si*-Seite an den chiralen Katalysator ergibt Diastereomere, die sich in Stabilität und Reaktivität unterscheiden.

Enantioselektive Hydrierungen von Styrolderivaten sind erstmals 1968 von L. Horner sowie von W. S. Knowles (Nobelpreis 2001 gemeinsam mit R. Noyori und K. B. Sharpless) mit $[RhCl(P^*PhMePr)_3]$ ($P^*PhMePr$ = (*S*)-(+)-Methylphenylpropylphosphan) als Katalysator durchgeführt worden, wobei aber nur *ee*-Werte bis zu 15 % erreicht wurden. *ee*-Werte von über 90 % (teilweise über 99 %) können mit kationischen Rhodiumkomplexen $[Rh(L_2^*)s_2]^+$ erzielt werden. Die Liganden L_2^* sind chirale Bis(phosphane), Bis(phosphinite) oder Bis-(phospholane). Beispiele dafür sind:

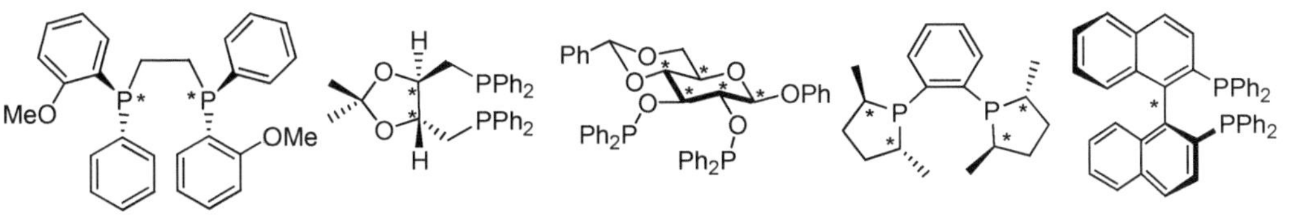

(*R*,*R*)-DIPAMP (*R*,*R*)-DIOP Ph-β-GLUP (*R*,*R*)-Me-DuPHOS (*S*)-BINAP

Der erste effizient wirkende P,P-Chelatligand (DIOP) ist 1971 von H. B. Kagan entwickelt worden. Damit ist auch klar geworden, dass die Chiralität des Liganden L_2* nicht am Phosphor (DIPAMP) zentriert zu sein braucht, sondern auch Kohlenstoffatome des „Rückgrats" (engl.: *backbone*) (DIOP, GLUP, DuPHOS) chiral sein können. In BINAP ist die Chiralität durch Atropisomerie bedingt (helicale Chiralität).

Es besteht kein erkennbarer genereller Zusammenhang zwischen Position und Natur der Chiralität im Liganden und den erreichbaren *ee*-Werten. Vielmehr sind Form und konformative Stabilität der „Koordinationstasche" für das prochirale Olefin entscheidend. Beides wird maßgeblich durch den 5- bzw. 7-gliedrigen Rhodadiphosphacyclus geprägt. Ein Beispiel ist die Hydrierung von **24**/**24'** zu (*R*)- bzw. (*S*)-**25**/**25'** mit $[Rh(L^\frown L)]^+$ als Katalysator [7]:

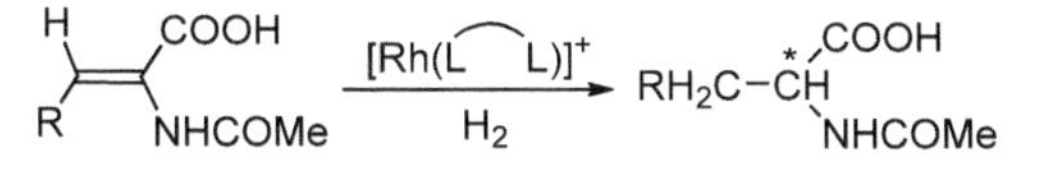

24 (R = Ph), **24'** (R = H) → $[Rh(L^\frown L)]^+$, H_2 → **25** (R = Ph), **25'** (R = H)

L⌒L	Produkt	*ee*	Produkt	*ee*
(*R*,*R*)-DIOP	(*R*)-**25**	85 %	(*R*)-**25'**	73 %
(*R*,*R*)-DIPAMP	(*S*)-**25**	96 %	(*S*)-**25'**	94 %
(*S*,*S*)-Et-DuPHOS	(*S*)-**25**	99 %	(*S*)-**25'**	99 %

Viele der chiralen P,P-Liganden enthalten PAr_2-Substituenten, sodass die durch den Rhodadiphosphacyclus aufgebaute Koordinationstasche für das Substrat durch vier Arylgruppen geformt wird (Abbildung 4.4). Blickt man von oben auf die Koordinationstasche, sind zwei mit der Kante und zwei mit der Fläche zu sehen („edge-face"-Anordnung). Die Koordinationstasche ist chiral, in vielen Fällen annähernd C_2-symmetrisch, und kann in vier Quadranten zerlegt werden, von denen zwei für das Substrat leichter und die anderen beiden schwerer zugänglich sind. Ein prochirales Olefin kann an der *Re*- oder an der *Si*-Seite koordiniert werden, sodass die Bildung von zwei Diastereomeren möglich ist. Eines davon ist thermodynamisch stabiler, und zwar dasjenige, bei dem die sperrigen Substituenten in die mehr frei zugänglichen Quadranten der Koordinationstasche ragen (Abbildung 4.4).

Die Katalyse verläuft nach dem „Olefinmechanismus": Zuerst erfolgt die Koordination des Olefins wie soeben beschrieben und dann die oxidative Addition von H_2, die geschwindigkeitsbestimmend und irreversibel ist. Es ist gezeigt worden (siehe unten), dass das thermodynamisch stabilere Diastereomer, das also in größerer Konzentration vorhanden ist, weniger reaktiv ist. Somit reagiert überwiegend das in geringerer Konzentration vorhandene, aber wesentlich reaktivere Diastereomer zum Produkt ab. Diese „kinetisch kontrollierte Enantioselektivität" ist – in Anlehnung an die die Reaktivität von Enzymen charakterisierende „Schlüssel-Schloss-Beziehung" (E. Fischer, 1894) – als „Anti-Schlüssel-Schloss-Beziehung"

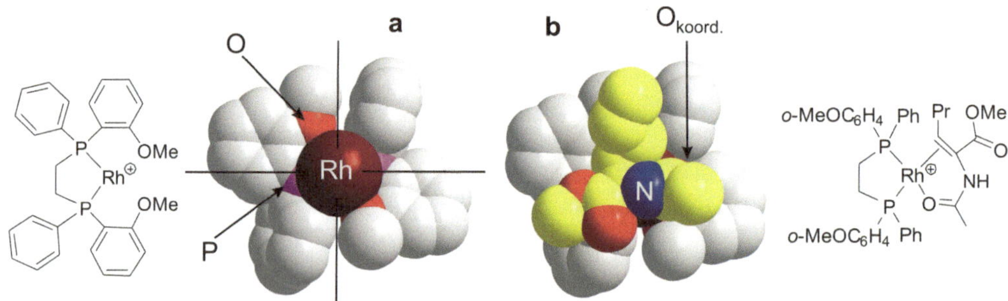

Abbildung 4.4. Zur Struktur des Katalysator–Substrat-Komplexes [Rh(DIPAMP){PrHC=C(COOMe)-NHAc}]$^+$. (**a**) Koordinationstasche ([Rh(DIPAMP)]$^+$; Blick auf die C_2-Achse) für das prochirale Olefin mit der typischen „edge-face"-Anordnung der vier Arylsubstituenten (Ph in Kanten- und *o*-$MeOC_6H_4$ in Flächenanordnung); die vier Quadranten sind durch Striche angedeutet. (**b**) Katalysator–Substrat-Komplex in gleicher Projektion. Es wird deutlich, dass der prochirale Olefinligand (C-Atome gelb eingefärbt) gut in die chirale Koordinationstasche „passt", sodass eine hohe Stabilität des Komplexes resultiert. Das wäre bei einer Koordination an der anderen Seite der prochiralen Doppelbindung nicht der Fall, sodass dieses Diastereomer reaktiver ist und die Enantioselektivität bestimmt (nach McCulloch, Halpern und Landis [8]).

bezeichnet worden. Obwohl die Stereoselektivität sehr komplex von der Stabilität und Reaktivität der an der Reaktion beteiligten Intermediate und Übergangszustände abhängt, können *ee*-Werte von >99 % erreicht werden. Das entspricht Energiedifferenzen der Übergangszustände in beiden Reaktionspfaden von nur wenigen kJ/mol.[1] Sie liegen in der Größenordnung der Barriere der Rotation um die C–C-Bindung im Ethan, was dokumentiert, wie subtil Stabilität und Reaktivität in derartigen Homogenkatalysatoren abgestimmt sind.

Enantioselektive rhodiumkatalysierte Hydrierungen sind nicht notwendig kinetisch kontrolliert. Werden anstelle der bislang betrachteten α-Acetamidoacrylate RCH=C(NHCOMe)–CO_2R' die (*Z*)-β-Acetamidoacrylate **26** mit [Rh{(*S*,*S*)-DIPAMP}$(MeOH)_2$][BF_4] (**27**) in Methanol hydriert, so folgt die Reaktion dem „Schlüssel-Schloss-Prinzip": Das in Lösung vorhandene Hauptdiastereomer des Katalysator–Substrat-Komplexes *Re*-**28** (Rh ist durch eine Kugel symbolisiert, der DIPAMP-Ligand ist nicht gezeichnet) führt zum Hauptenantiomer (*S*)-**29**. Aus den NMR-spektroskopisch bestimmten Produktverhältnissen der Katalysator–Substrat-Komplexe c_{maj}/c_{min} ca. 9/1 und den *ee*-Werten (38–60 %) lässt sich ermitteln, dass das *minor*-Diastereomer *Si*-**28** nur noch etwa dreimal schneller (und nicht 10^2–10^3-mal schneller wie bei den α-Acetamidoacrylaten) reagiert als das *major*-Diastereomer *Re*-**28**. Das reicht nicht, damit der Reaktionspfad **26** → *Si*-**28** → (*R*)-**29** die Oberhand gewinnt [9].

[1] Eine Berechnung wird in der Aufgabe 4.6 (S. 75) vorgenommen.

Ar	*Re*-**28** : *Si*-**28** (c_{maj} : c_{min})	(*S*)-**29**-Selektivität % *ee*	k_{maj}/k_{min}
Ph	90 : 10	50	0,33
p-ClC_6H_4	88 : 12	38	0,30
p-MeC_6H_4	91 : 9	60	0,39

BINAP-Rutheniumkatalysatoren (Noyori-Katalysatoren)

BINAP-Rutheniumkomplexe wie **30** (BINAP: Formel S. 67) sind ausgezeichnete Katalysatoren für asymmetrische Hydrierungen von funktionalisierten Olefinen. Sie verlaufen nach dem Monohydridmechanismus: Durch Hydrogenolyse wird aus **30** der eigentliche Katalysatorkomplex **31** gebildet. Nach Koordination insertiert das Olefin in die Ru–H-Bindung (**31** → **32**). Hydrogenolyse der Ru–C-Bindung (irreversibel) setzt das Produkt frei und schließt den Katalysezyklus (**32** → **33**). Im Unterschied zu Katalysatoren vom Wilkinson-Typ werden keine Dihydridozwischenstufen durchlaufen und findet kein Wechsel der Oxidationsstufe des Zentralatoms (Ru^{II}) statt. Die beiden H-Atome im hydrierten Produkt **33** stammen aus verschiedenen H_2-Molekülen. Bei Hydrierungen von Enamiden mit **30** ist gefunden worden, dass die Enantioselektivität *nicht* kinetisch kontrolliert ist, sodass mit Komplex **30** und mit $[Rh(BINAP)(MeOH)_2]^+$ entgegengesetzte Enantiomere erhalten werden [10].

[Ru] = $Ru(O_2CR)(BINAP)$

4.3.2 Anwendungen und Beispiele

Enantioselektive katalytische Hydrierungen spielen insbesondere bei der Synthese von Pharmaka und von Agrochemikalien eine große Rolle. Neben der einleitend erwähnten L-DOPA-Synthese seien weitere Beispiele angeführt [11].

- Der Arzneistoff *Naproxen* (S. 113) lässt sich durch Hydrierung von $ArC(COOH)=CH_2$ (Ar = 6-Methoxynaphth-2-yl) mit (*S*)-BINAP-Ru-Katalysatoren vom Typ **30** mit *ee*-Werten von bis zu 98 % und Ausbeuten von bis zu 100 % erhalten. Die β-Aminosäure (*S*)-**34** ist ein Intermediat für die Synthese eines in Entwicklung befindlichen Cancerostatikums (*Ipatasertib*). Es kann in Mengen >100 kg pro Ansatz durch Hydrierung des prochiralen Olefins (*E*)-(4-ClC_6H_4)C(COOH)=CHN(Boc)(*i*-Pr) hergestellt wer-

(*S*)-**34**

den. Mit $[RuCl\{(R)\text{-BINAP}\}(\eta^6\text{-}C_6H_6)]Cl/Li[BF_4]$ als Katalysator in EtOH (30–35 bar H_2; 50 °C) werden *ee*-Werte >99 % und Ausbeuten >90 % erreicht.

- *Metolachlor* (**37**) (Ciba-Geigy/Syngenta) ist eines der weltweit bedeutendsten Herbizide. Der Synthese liegt die enantioselektive Hydrierung des Imins **35** zugrunde. Es findet ein Iridiumkatalysator mit einem chiralen Ferrocenyldiphosphan-Liganden (R = Ph; R' = 3,5-Xylyl) Verwendung, der eine beeindruckende Produktivität (*TON* = 10^6) und Aktivität (*TOF* > 200000 h^{-1}) aufweist [12].

H_2 (80 bar, 50 °C); [Ir] / R_2P–Ferrocenyl–CH(Me)–PR'_2

35 → **36** (*S*-Enantiomer) *ee* = 89 % → (ClCH₂COCl) **37** (Metolachlor)

Kombinatorische Katalyse

Ein kombinatorischer Ansatz (siehe Exkurs) kann die Methode der Wahl sein, um für ein bestimmtes Problem sehr effizient einen geeigneten Katalysator zu finden. Um die Vorgehensweise zu demonstrieren, ist als Beispiel die automatisierte Parallelsynthese[1] einer chiralen Ligandenbibliothek angeführt: Die Umsetzung vom Chlorphosphit **38**, das sich vom (*R*)-2,2'-Binaphthol ableitet, mit primären oder sekundären Aminen **39** führt in Gegenwart von NEt_3 zu den Phosphoramiditen **40** [13, 14].[2] Der glatte Reaktionsverlauf ermöglicht nach dem Abfiltrieren von $[NEt_3H]Cl$ die direkte Weiterverarbeitung der Reaktionslösungen. Sie werden in einer Reaktoranlage, die die parallele Durchführung möglichst vieler Reaktionen gestattet, mit **41** zu den Katalysatoren umgesetzt, die die Hydrierung des prochiralen Olefins **42** zu den Produkten **43** katalysieren. Ausbeuten und *ee*-Werte werden mittels Kapillar-GC unter Verwendung einer chiralen Säule ermittelt. Die

38

38 ⇓ / RR'NH **39** ⇑ → Parallel-Synthesizer ⟹ **40** (Ligandenbibliothek) ⟹ Parallel-Reaktoranlage (H_2, 6 bar; 1 h, 25 °C) [$[Rh(COD)_2][BF_4]$ **41** ⇓; **42** ⇑] ⟹ **43**

Produktanalyse (Ausbeute und *ee*-Werte) via GC

---

[1] Bei der Parallelsynthese werden alle Reaktionen – automatisiert – in gesonderten Gefäßen durchgeführt, sodass jeder Ligand in einem separaten Gefäß verfügbar ist. Das ist der entscheidende Unterschied zur Pool/Split-Methode, bei der die Bestandteile der Bibliothek (siehe Exkurs, dort Peptide) im Gemisch vorliegen.

[2] Phosphoramidite haben sich als herausragende Klasse von chiralen Liganden in der asymmetrischen Katalyse erwiesen. Beachten Sie, dass es sich – im Gegensatz zu den vorangehend besprochenen bidentaten Liganden – hier um *monodentate* chirale Liganden handelt, deren Rhodiumkomplexe die Hydrierung von prochiralen Olefinen mit exzellenten *ee*-Werten katalysieren.

Apparaturen waren so ausgelegt, dass innerhalb von zwei Tagen 96 Phosphoramidite **40** hergestellt und nach Komplexierung mit Rh mit drei verschiedenen prochiralen Olefinen umgesetzt werden konnten.

Alternativ können die Ligandenbibliotheken aus der großen Palette verfügbarer chiraler Liganden zusammengestellt werden. Derartige Hochdurchsatz-Katalysatortestungen erlangen zunehmend an Bedeutung, insbesondere für industriell relevante Fragestellungen [15].

Exkurs: Kombinatorische Katalyse und Hochdurchsatz-Screening

Der Ursprung der kombinatorischen Chemie ist in der Festphasensynthese von Peptiden zu suchen (R. B. Merrifield, Nobelpreis für Chemie 1984). Die Pool/Split-Prozedur (Aufteilung des festen Trägers in mehrere gleich große Portionen, die nachfolgende Reaktion jeder dieser Portionen individuell mit einer einzigen Aminosäure und die Vereinigung der individuellen Portionen zu einem Ansatz sowie eine mehrfache Wiederholung des Prozesses) erlaubte den Aufbau einer kombinatorischen Bibliothek einer sehr großen Anzahl von Peptiden mit einer nur geringen Zahl von chemischen Schritten [16].

Kombinatorische Methoden beruhen auf dem Prinzip, große Bibliotheken chemischer Verbindungen oder Materialien zu erstellen und möglichst schnell mit speziellen Techniken auf bestimmte Eigenschaften zu untersuchen (Screening), anstatt diese Arbeitsschritte klassisch nacheinander auszuführen (zitiert nach [17]). Im Falle der kombinatorischen homogenen Katalyse bestehen die Bibliotheken aus Liganden oder aus (Prä-)Katalysatoren, die dann (ggf. nach Umsetzung mit einem Metallkomplex zu den Katalysatoren) in einem parallelisierten und miniaturisierten Screening der katalytischen Reaktion unterzogen werden, wobei in der Regel auch der Einfluss des Lösungsmittels, der Temperatur, des Druckes und anderer Parameter untersucht wird. Für die entsprechende Analytik kommen automatisierte Systeme für die Probenhandhabung in der GC und HPLC in Betracht, aber auch auf der Fluoreszenz beruhende Tests und IR-thermographische Assays, wobei „hot spots" eine exotherme Reaktion anzeigen. GC und HPLC mit chiralen Säulen oder auch in Kombination mit der Circulardichroismus(CD)-Spektroskopie können zur Bestimmung von *ee*-Werten zur Bewertung von enantioselektiven Katalysatoren herangezogen werden. Die große Anzahl anfallender Daten erfordert grundsätzlich eine leistungsfähige rechnergestützte Datenerfassung und -auswertung.

Der kombinatorische Ansatz ist *Ergänzung und nicht Konkurrenz* zur konventionellen Katalyseforschung, weshalb die eine Methode niemals die andere ersetzen wird. Die Konzipierung *sinnvoller* Bibliotheken ist ein entscheidender Schlüssel zum Erfolg [18, 19].

Nichtlineare Effekte

Es ist klar geworden, dass bei einer asymmetrischen Synthese ein chirales Auxiliar benötigt wird. Nun sei angenommen, dass dieses aus den verschiedensten Gründen nicht enantiomerenrein eingesetzt werden kann, z. B. weil seine enantiomerenreine Herstellung zu aufwendig oder zu kostspielig ist. Anstelle dessen findet nur ein enantiomerenangereichertes Produkt mit einem Enantiomerenüberschuss ee_{aux} Verwendung. Wenn die beiden Enantiomere des Auxiliars im Katalysator unabhängig voneinander agieren, kann man erwarten, dass der *ee*-Wert des Produkts (ee_{prod}) proportional dem des Auxiliars ist:

$$ee_{prod}\,(\%) = ee_{max} \cdot ee_{aux} \cdot 100.$$

Proportionalitätskonstante ist der *ee*-Wert (ee_{max}), der bei Einsatz des enantiomerenreinen Auxiliars erreicht wird. Trifft diese Proportionalität nicht zu, liegt ein nichtlinearer Effekt (NLE) vor, der positiv ((+)-NLE) oder negativ ((–)-NLE) sein kann (Abbildung 4.5). Die

Ursachen für nichtlineares Verhalten können vielfältig sein. Wenn beispielsweise der Katalysatorkomplex vom Typ [ML^*_2] ist (entsprechendes gilt, wenn der Katalysatorkomplex zu [{ML^*}$_2$] aggregiert), dann liegen drei verschiedene Katalysatoren vor, nämlich die beiden homochiralen Katalysatoren [ML^R_2] und [ML^S_2] sowie der heterochirale [ML^RL^S]. Die homochiralen Katalysatoren erzeugen die entsprechenden enantiomeren Produkte, während die heterochirale Spezies die Bildung des Racemats katalysiert. Seine Aktivität kann von der der homochiralen Katalysatoren abweichen. Das begründet ein nichtlineares Verhalten: Wenn sie größer ist, kann ein negativer NLE erwartet werden und anderenfalls ein positiver [20].

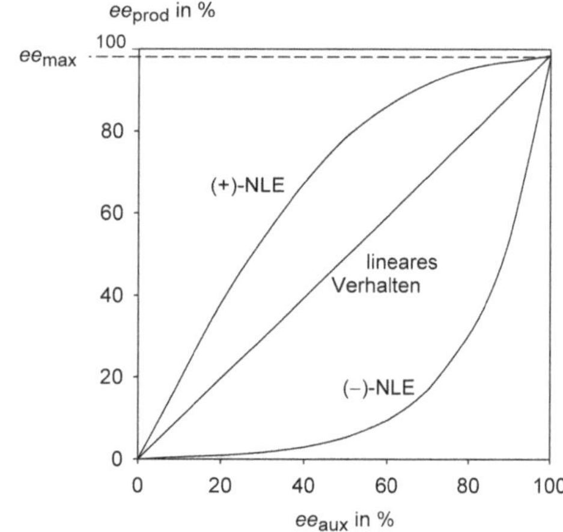

Abbildung 4.5. Nichtlineares Verhalten in der enantioselektiven Katalyse. Positive und negative nichtlineare Effekte werden auch als „asymmetrische Verstärkung" ((+)-NLE) bzw. „asymmetrische Abschwächung" ((–)-NLE) bezeichnet (nach Kagan in [21], S. 206).

Aufgabe 4.4

□ Bei der Hydrierung von Itaconsäuredimethylester (Prop-2-en-1,2-dicarbonsäuredimethylester) mit [$RhL_2(COD)$][BF_4] ist ein nichtlineares Verhalten nachgewiesen worden. Die Untersuchungen ergaben, dass die Katalysatorkomplexe [RhL^R_2]$^+$/[RhL^S_2]$^+$ und [RhL^RL^S]$^+$ thermodynamisch von gleicher Stabilität sind (zwischen ihnen besteht ein Gleichgewicht) und darüber hinaus die heterochirale Kombination katalytisch inaktiv ist. (Das ist ein Sonderfall!) Formulieren Sie die Reaktionsgleichung. Erwarten Sie einen positiven oder einen negativen NLE? Begründen Sie.

L = P–O*i*-Pr (*R*) oder (*S*)

□ Es ist gezeigt worden, dass effektive Katalysatoren aus Mischungen von zwei einzähnigen Liganden L^a und L^b und einem Übergangsmetall erhalten werden können. Wenn im Übergangszustand der Reaktion zwei Liganden L an M gebunden sind und ein schneller Ligandenaustausch stattfindet, liegen in Lösung drei strukturell verschiedene Katalysatoren vor, die beiden Homo-Kombinationen **1a** und **1b** sowie die Hetero-Kombination **2** [17]. Das ermöglicht, ohne neue Liganden herzustellen, eine hohe Katalysatordiversität zu erzeugen. Wie viele Hetero-Kombinationen lassen sich mit einer Bibliothek von 50 einzähnigen Liganden erzeugen?

$$\underset{\mathbf{1a}}{[M(L^a)_2]} + \underset{\mathbf{1b}}{[M(L^b)_2]} \rightleftharpoons \underset{\mathbf{2}}{2\,[ML^aL^b]}$$

Bei der asymmetrischen Hydrierung eines Olefins mit [Rh] + 2L^a bzw. mit [Rh] + 2L^b bzw. mit [Rh] + 1L^a + 1L^b ([Rh] = [$Rh(COD)_2$][BF_4]; L^a/L^b = monodentates chirales (enantiomerenreines) Phosphonit) sind mit den Homo-Kombinationen [$Rh(L^a)_2$]$^+$ und [$Rh(L^b)_2$]$^+$ *ee*-Werte von 76 % bzw. 13 % gefunden worden, während die Hetero-Kombination [RhL^aL^b]$^+$ 96 % *ee* ergab (Umsatz jeweils 100 %). Welche Aussagen sind zur Zusammensetzung der Katalysatormischung, zur Selektivität und zur Aktivität zu treffen?

4.3.3 Vertiefung – kinetisch kontrollierte Enantioselektivität

Vorangehend ist klargestellt, dass bei enantioselektiven Hydrierungen die Art der Koordination des prochiralen Olefins (via *Re*- oder via *Si*-Seite) maßgebend dafür ist, welches Enantiomer gebildet wird.

Aufgabe 4.5

Welche Koordination (*Re*- *versus* *Si*-Seite) von (*Z*)-α-Acetamidozimtsäureestern führt bei der Hydrierung zu L-DOPA?

(*Z*)-α-Acetamidozimtsäureester **44** reagieren mit kationischen Rh-Komplexen $[Rh(L_2^*)s_2]^+$ (**45**), die chirale P-Liganden L_2^* koordiniert haben, zu diastereomeren Acetamidozimtsäureester-rhodium-Komplexen **46a** bzw. **46b**. Koordination an der *Re*-Seite ergibt das „L-Diastereomer" **46a** und an der *Si*-Seite das „D-Diastereomer" **46b**. **46a** reagiert nach H_2-Addition via **47a** zu L-DOPA und **46b** via **47b** zu D-DOPA.

Für die Enantioselektivität der Hydrierung sind zwei Effekte ausschlaggebend:

- *Stabilität der Diastereomere (thermodynamische Analyse).* Bei der L-DOPA-Synthese ist das „D-Diastereomer" **46b** das thermodynamisch stabilere Produkt und wird folglich im Überschuss gebildet. Die Bevorzugung der Rh-Koordination an der *Si*-Seite ist durch die Form der Koordinationstasche bedingt.
- *Reaktivität der Diastereomere (kinetische Analyse).* Die oxidative Addition von H_2 ist der geschwindigkeitsbestimmende Schritt. Sie verläuft beim Diastereomer **46a** schneller als bei **46b**. Eine Ursache dafür ist, dass das Rhodiumzentralatom im Diastereomer **46b** sterisch stärker abgeschirmt ist und der koordinierte Ligand auf dem Weg zum Dihydridokomplex größere strukturelle Änderungen vollziehen muss als der in **46a**.

44
(Blick auf *Re*-Seite)
45
44
(Blick auf *Si*-Seite)
2 s
2 s
46a
46b
+ H_2
+ H_2
47a
47b
L-DOPA
D-DOPA

Die Kinetik bestimmt den Reaktionsablauf und es können Enantiomerenüberschüsse von bis zu 99 % an L-DOPA erzielt werden. Man spricht von einer kinetisch kontrollierten Enantioselektivität. In Abbildung 4.6 ist für beide Reaktionspfade das Reaktionsprofildiagramm dargestellt.

Die beiden Diastereomere [M_L] und [M_D] stehen im Gleichgewicht: [M_L] $\rightleftharpoons$ [M_D]. Der Unterschied in der thermodynamischen Stabilität der beiden Diastereomere spiegelt sich in der Differenz der freien Enthalpien $\Delta\Delta G_{MD/ML}$ wider. Die Gleichgewichtskonstante $K_{MD/ML} = c_{MD}/c_{ML}$ berechnet sich nach $\Delta\Delta G_{MD/ML} = -RT \ln K_{MD/ML}$. Schnelle Gleichgewichtseinstellung zwischen den beiden Diastereomeren vorausgesetzt, gibt die Differenz der freien Enthalpien der Übergangszustände $\Delta\Delta G_{MD\ddagger/ML\ddagger}$ das Verhältnis der Reaktionsgeschwindigkeiten der beiden Diastereomere wieder. Somit wird die Reaktionsgeschwindigkeit *nicht* (!) durch die Differenz der freien Aktivierungsenthalpien $\Delta G_{MD}^{\ddagger} - \Delta G_{ML}^{\ddagger}$ bestimmt. Theoretischer Ausdruck für den beschriebenen Sachverhalt ist das Curtin-Hammett-Prinzip.

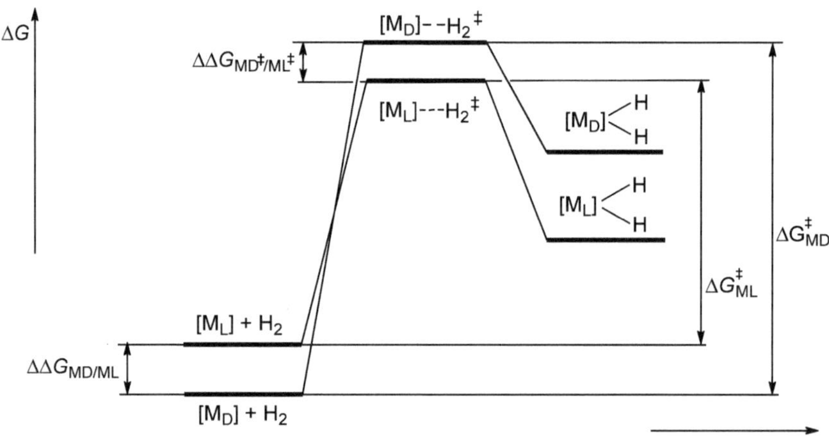

Abbildung 4.6. Reaktionsprofildiagramm für die Bildung von L- und D-DOPA (nicht maßstabsgetreu, Symbolerklärung im Text).

Exkurs: Das Curtin-Hammett-Prinzip

Zwei Konformere (oder allgemeiner: Isomere) **A** und **B** eines Edukts mögen im Gleichgewicht miteinander stehen und sich wesentlich schneller ineinander umwandeln, als dass sie zu den Produkten $\mathbf{P_A}$ bzw. $\mathbf{P_B}$ reagieren, sodass sich das abgebildete Reaktionsprofil ergibt.

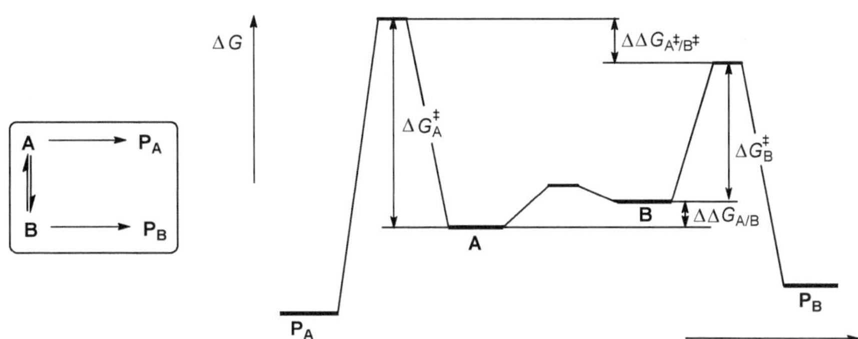

$\Delta\Delta G_{A/B}$	Differenz der freien Enthalpien der Konformere
$\Delta\Delta G_{A\ddagger/B\ddagger}$	Differenz der freien Enthalpien der Übergangszustände, die den Unterschied in der Reaktivität der beiden Konformere bestimmt
$\Delta G_A{}^{\ddagger}$, $\Delta G_B{}^{\ddagger}$	Freie Aktivierungsenthalpien der Reaktionen **A** → $\mathbf{P_A}$ bzw. **B** → $\mathbf{P_B}$

Das Curtin-Hammett-Prinzip besagt, dass nicht die Lage des Gleichgewichts zwischen den beiden Konformeren des Edukts c_A/c_B die Produktzusammensetzung c_{PA}/c_{PB} bestimmt. Entscheidend für die Produktzusammensetzung ist die Differenz der freien Enthalpien der beiden Übergangszustände der Reaktionen **A** → $\mathbf{P_A}$ und **B** → $\mathbf{P_B}$, vgl. dazu Aufgabe 4.6. Das darf nicht mit der Differenz der beiden freien Aktivierungsenthalpien ($\Delta G_A{}^{\ddagger} - \Delta G_B{}^{\ddagger}$) verwechselt werden!

Das Curtin-Hammett-Prinzip ist die Grundlage, um zu verstehen, dass ein Konformer, das nur in geringer Konzentration vorliegt (hier **B**), produktbestimmend sein kann, wenn es zum Übergangszustand mit der kleinsten freien Enthalpie führt [5, 22, 23, 24].

Aufgabe 4.6

a) Begründen Sie mit Bezug auf das Reaktionsprofildiagramm im Exkurs, dass das Verhältnis, in dem $\mathbf{P_A}$ und $\mathbf{P_B}$ gebildet werden, durch die Differenz der freien Enthalpien der beiden Übergangszustände $\Delta\Delta G_{A\ddagger/B\ddagger}$ und nicht durch die Differenz der freien Aktivierungsenthalpien $\Delta G_A{}^{\ddagger} - \Delta G_B{}^{\ddagger}$ bestimmt wird.

b) $\mathbf{P_A}$ und $\mathbf{P_B}$ seien Enantiomere. Berechnen Sie die Differenzen der freien Enthalpien der beiden Übergangszustände $\Delta\Delta G_{A\ddagger/B\ddagger}$, bei denen ein Enantiomerenüberschuss von 90, 99 bzw. 99,9 % *ee* erzielt wird (T = 298 K).

DFT-Rechnungen zur Hydrierung des Enamides **48** mit $[Rh(Me\text{-}DuPHOS)]^+$ (Me-DuPHOS: vgl. Formel auf S. 67) zeigen, dass das (*R*)-Enantiomer **49** gebildet wird (Abbildung 4.7). Der Katalysator–Substrat-Komplex ist diastereomer: Koordination von Rh an der *Re*-Seite von **48** (vor der Zeichenebene) ergibt das Hauptdiastereomer **50a** und an der *Si*-Seite (hinter der Zeichenebene) das in nur geringerer Konzentration vorhandene Diastereomer **50b**. Als Differenz der freien Enthalpien bei 298 K sind 15 kJ/mol berechnet worden. Das entspricht einem Konzentrationsverhältnis von ca. 500 : 1. Für die nachfolgende Reaktion von **50a**/**50b** mit H_2 ist als energetisch günstiger Weg die Annäherung parallel der C–Rh–P-Achse gefunden worden, und zwar in beiden Fällen von der Seite, auf der sich das terminale C-Atom (C_β) der koordinierten Doppelbindung befindet (vgl. Skizze **51a** bzw. **51b**). Die gesamte freie Aktivierungsenthalpie für das weniger reaktive Diastereomer (**50a** → **51a** → ...) ist zu 85 kJ/mol und

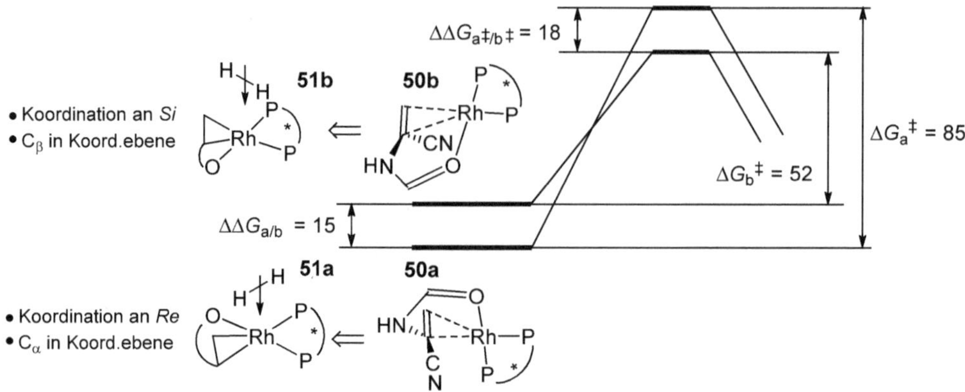

Abbildung 4.7. Zur quantenchemischen Berechnung der enantioselektiven Hydrierung von Enamiden (alle Werte in kJ/mol für 298 K, ohne Berücksichtigung von Lösungsmitteleinflüssen; stark gekürzt nach Feldgus und Landis [25]).

die für das reaktivere (**50b** → **51b** → ...) nur zu ca. 52 kJ/mol ermittelt worden. Das entspricht einer Differenz in den freien Enthalpien der Übergangszustände von 18 kJ/mol. Diese Größe bestimmt nach dem Curtin-Hammett-Prinzip den Reaktivitätsunterschied der beiden Diastereomere. Daraus berechnet sich ein Enantiomerenüberschuss *ee* = 99,9 % für das (*R*)-Enantiomer **49**.

In Abbildung 4.8 sind die Strukturen des weniger reaktiven (**50a**) und des reaktiveren (**50b**) Diastereomers gezeigt. Die Ansicht des Molekülfragments $[Rh(Me\text{-}DuPHOS)]^+$ senkrecht zur Koordinationsebene (Abbildung 4.8, **a**) macht deutlich, dass die beiden Methylgruppen der Phospholangruppen links oben und rechts unten in die Koordinationstasche für das Substrat hineinragen und dessen Koordination sterisch behindern können. Die Koordination des Substrats an der *Re*-Seite ist nicht behindert und in **50a** liegt das C_α-Atom der Doppelbindung in der Koordinationsebene $[RhP_2OC]$ (**50a'**). Demgegenüber wird bei Koordination an der *Si*-Seite das C_β-Atom der Doppelbindung durch Wechselwirkung mit einer Methylgruppe des Me-DuPHOS-Liganden (siehe Doppelpfeil in Abbildung 4.8) in die Koordinationsebene gezwungen, was Energie erfordert (**50b'**). In beiden Fällen wird H_2 von oben addiert. Bei **50b** – vgl. die Ansicht **50b'** in Abbildung 4.8 – sind dabei nur geringe Änderungen in der Konformation des Enamidliganden erforderlich. Bei **50a** dagegen muss dabei C_β der C=C-Doppelbindung erst in die Koordinationsebene gezwungen werden, wobei der CN-Substituent in den sterisch gehinderten Quadranten (rechts unten) zu liegen kommt. Dies bedingt insgesamt eine wesentlich höhere Aktivierungsbarriere für **50a** als für **50b** und begründet die geringere Reaktivität von **50a** gegenüber H_2.

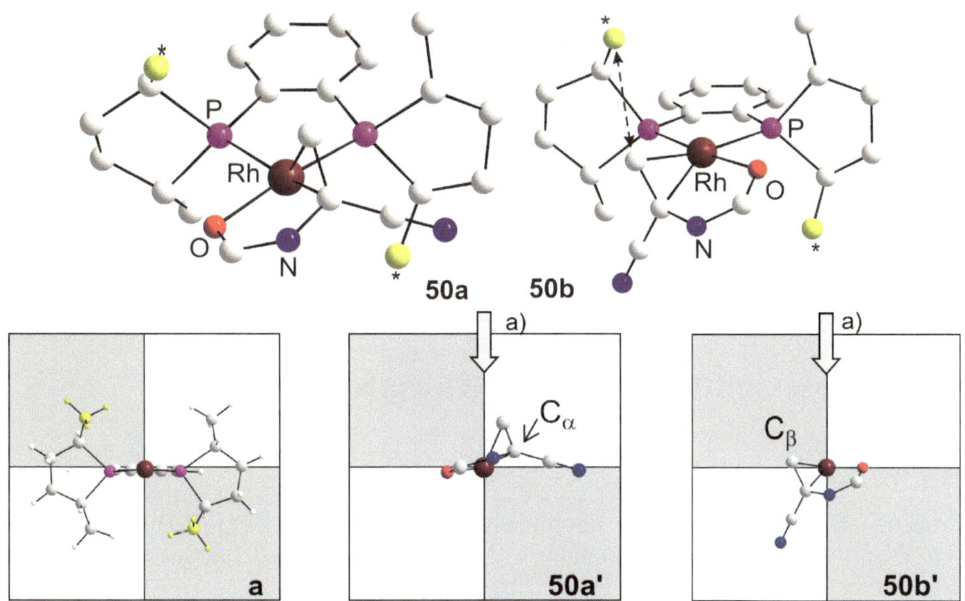

Abbildung 4.8. Molekülmodelle für die Katalysator–Substrat-Diastereomere **50a** und **50b** (H-Atome sind nicht gezeichnet, die beiden in die Koordinationstasche für das Enamid hineinragenden Methylgruppen des Me-DuPHOS-Liganden sind mit einem Stern markiert und gelb eingefärbt). (**a**) Molekülfragment $[Rh(Me\text{-}DuPHOS)]^+$. (**50a'/50b'**) Enamidliganden in **50a** bzw. **50b** (Blickrichtung senkrecht zur Koordinationsebene). Die sterisch gehinderten Quadranten sind grau unterlegt (nach Feldgus und Landis [25]). a) Der Pfeil kennzeichnet die Additionsrichtung von H_2.

Auf Grundlage eines detaillierten Verständnisses zum Mechanismus haben sich enantioselektive Hydrierungen von ungesättigten Substraten zu einem „Flaggschiff“ der asymmetrischen Katalyse entwickelt. Sie gehören inzwischen zum Standardrepertoire in der Synthesechemie sowohl in der akademischen als auch in der angewandten Forschung und haben auch breite industrielle Anwendungen gefunden [26, 27].

Aufgabe 4.7

Bei einer enantioselektiven Katalyse werden aus zwei diastereomeren Eduktkomplexen zwei diastereomere Produktkomplexe gebildet (**1** → **2** bzw. **1'** → **2'**), siehe Reaktionsdiagramme **a**–**c**. Dieser Reaktionsschritt möge für die Enantioselektivität bestimmend sein. Zwischen den beiden diastereomeren Edukten (**1**/**1'**) soll das Gleichgewicht eingestellt sein und in allen Fällen sei das Curtin-Hammett-Prinzip anzuwenden. Somit wird das Enantiomerenverhältnis in allen Fällen durch die Differenz der freien Enthalpien der Übergangszustände $\Delta\Delta G_{ts}$ bestimmt. Diskutieren Sie unter Anwendung des Hammond-Postulats für jedes Reaktionsdiagramm das erwartete Enantiomerenverhältnis der Produkte.

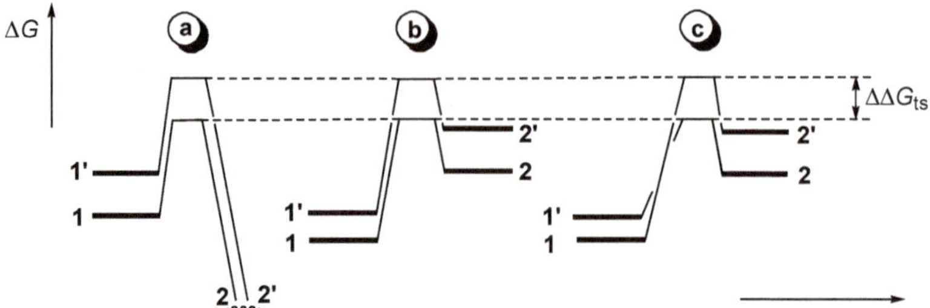

4.4 Diwasserstoffkomplexe und H_2-Aktivierung

4.4.1 Diwasserstoffkomplexe

Diwasserstoff kann an ein Metall koordinieren [28], ohne dass die H–H-Bindung gespalten wird. Derartige η^2-Diwasserstoffkomplexe $[M(\eta^2\text{-}H_2)L_x]$ (**52**) sind Intermediate bei konzertierten oxidativen Additionen von H_2 zu Dihydridokomplexen **53**:

$$[\overline{M}] + H\text{–}H \rightleftharpoons [\overline{M}] \leftarrow (H\text{–}H) \rightleftharpoons [M]\langle^{H}_{H}$$

52 **53**

Diwasserstoffkomplexe sind σ-Komplexe (Exkurs, S. 36). Wegen der ausnehmend schwachen Donorwirkung des σ-Molekülorbitals von H_2 bedarf es einer ausgeprägten π-Rückbindung, um stabile Komplexe zu erhalten. Somit sind für die Bindung – analog den π-Olefinkomplexen – zwei Bindungsanteile von Bedeutung (Abbildung 4.9):

σ-Hinbindung. Übertragung von Elektronendichte vom σ-bindenden Molekülorbital des H_2 in ein leeres Valenzorbital von σ-Symmetrie (s, p_z, d_{z^2}; z-Achse in Richtung zum H_2-Liganden) des Metalls. Abgebildet sind das d_{z^2}-Orbital des Metalls und das σ-Orbital des H_2-Moleküls.

π-Rückbindung. Übertragung von Elektronendichte von einem Metall-d-Valenzorbital von π-Symmetrie (d_{xz} oder d_{yz}) in das antibindende Molekülorbital σ* von H_2.

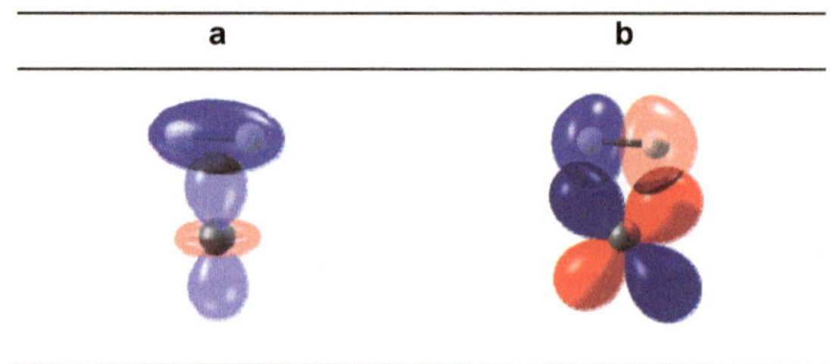

Abbildung 4.9. σ-Hinbindung (**a**) und π-Rückbindung (**b**) in η^2-Diwasserstoffkomplexen.

Beide Bindungskomponenten führen zu einer Schwächung der H–H-Bindung. Wenn die Rückbindung zu schwach ist, ist der η^2-H_2-Komplex nicht stabil. Gelangt zu viel Elektronendichte über die Rückbindung in das σ^*-H–H-Orbital, wird die H–H-Bindung gespalten. D. h., die oxidative Additionsreaktion von H_2 ist vollzogen und es bildet sich ein Dihydridometallkomplex mit zwei konventionellen 2*z*-2*e*-Bindungen.

Folgerichtig führt eine Koordination von H_2 an ein Metall zur Verlängerung der H–H-Bindung (typische Werte: 0.8–0.9 Å im Vergleich mit 0.75 Å im H_2-Molekül) und zu kleineren Wellenzahlen ν_{HH} (typische Werte: 2500–3100 cm^{-1} im Vergleich mit 4000 cm^{-1} im H_2-Molekül).

Die Synthese von η^2-H_2-Komplexen erfolgt durch Umsetzung eines geeigneten Precursorkomplexes mit molekularem Wasserstoff (**a**) oder durch Protonierung eines Hydridometallkomplexes (**b**). In beiden Fällen kann aber auch der klassische Dihydridokomplex erhalten werden (**a'**/**b'**). Zwischen beiden Komplexen kann in Lösung ein tautomeres Gleichgewicht bestehen (**c**).

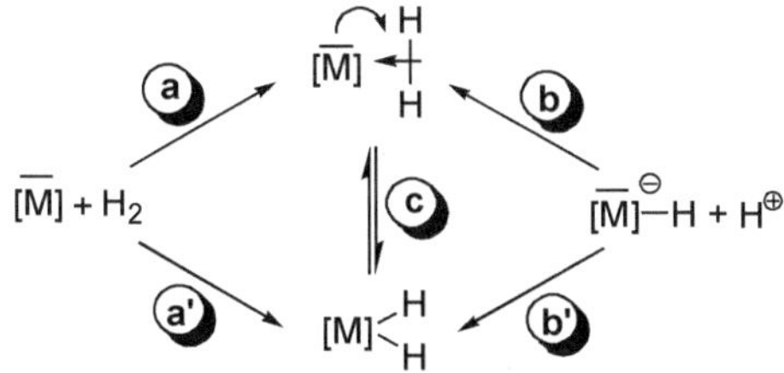

Die folgenden Reaktionsgleichungen demonstrieren die beiden Synthesewege für Diwasserstoffkomplexe [29]:

$$[W(CO)_3\{P(i\text{-}Pr)_3\}_2] + H_2 \rightleftharpoons [W(\eta^2\text{-}H_2)(CO)_3\{P(i\text{-}Pr)_3\}_2] \rightleftharpoons [W(H)_2(CO)_3\{P(i\text{-}Pr)_3\}_2]$$

54 — W^0 (d^6, 16 *ve*); **55** (85 %) — W^0 (d^6, 18 *ve*); **56** (15 %) — W^{II} (d^4, 18 *ve*)

$$[Ru(H)_2(dppm)_2] \xrightleftharpoons{+ ROH,\ - RO^-} [RuH(\eta^2\text{-}H_2)(dppm)_2]^+ \xrightarrow[- H_2]{+ RO^-} [RuH(OR)(dppm)_2]$$

Ru^{II} (d^6, 18 *ve*) — Ru^{II} (d^6, 18 *ve*)

Der Wolframkomplex **54** (16 *ve*) ist durch eine agostische C–H···W-Wechselwirkung stabilisiert. Im Diwasserstoffkomplex **55** ist diese zugunsten der Koordination von H_2 aufgebrochen (Abbildung 4.10). Insbesondere koordinativ ungesättigte d^6-Komplexe sind zur Ausbildung von η^2-H_2-Komplexen befähigt. Andererseits reagieren d^8-Komplexe mit H_2 bevorzugt unter oxidativer Addition zu klassischen d^6-Dihydridokomplexen. Beides hängt offenbar mit der besonders hohen Ligandenfeldstabilisierungsenergie von d^6-Komplexen zusammen. So ist $[Cr(\eta^2\text{-}H_2)(CO)_5]$ (Cr^0, d^6) ein Diwasserstoffkomplex und $[Fe(H)_2(CO)_4]$ (Fe^{II}, d^6) ein klassischer Dihydridokomplex.

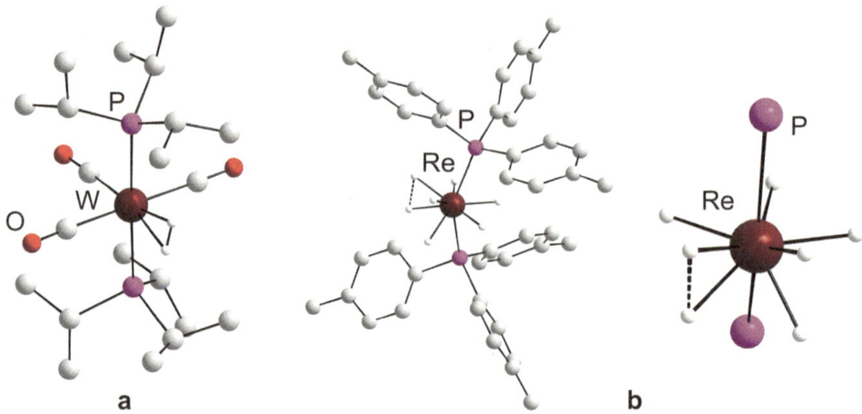

Abbildung 4.10. (**a**) Struktur von $[W(\eta^2\text{-}H_2)(CO)_3\{P(i\text{-}Pr)_3\}_2]$ (**55**). (**b**) Struktur von $[ReH_5(\eta^2\text{-}H_2)\text{-}\{P(p\text{-}Tol)_3\}_2]$ (**58**) und Re-Koordination; die verlängerte H–H-Bindung ist gestrichelt gezeichnet. Die H-Atome der Phosphanliganden sind aus Gründen der Übersichtlichkeit nicht dargestellt.

Eine Koordination von H_2 kann – in Umkehrung der Synthese durch Protonierung – mit einer starken Erhöhung der Acidität von H_2 einhergehen:

$$[\overline{M}] \leftarrow \begin{matrix} H \\ | \\ H \end{matrix} \rightleftharpoons [\overline{M}]^{\ominus}\text{–H} + H^{\oplus}$$

$$\underset{\substack{\textbf{57a} \\ Os^{II}\ (d^6,\ 18\ ve)}}{[Os(\eta^2\text{-}H_2)(dppe)_2(MeCN)]^{2+}} \rightleftharpoons \underset{\substack{\textbf{57b} \\ Os^{II}\ (d^6,\ 18\ ve)}}{[Os(H)(dppe)_2(MeCN)]^{+}} + H^{+}$$

So ist der Diwasserstoffosmiumkomplex **57a** mit $pK_a = -4$ eine sehr starke Säure [30]. Derartige Reaktionen entsprechen einer heterolytischen Bindungsspaltung von H_2. Das ist eine wichtige Aktivierungsreaktion bei einer Reihe von Hydrierungskatalysatoren. Sie ist auch bei H_2-bindenden Hydrogenasen nachgewiesen und wahrscheinlich spielen η^2-H_2-Komplexe bei diesen auch eine Rolle.

Es ist nicht immer einfach, zwischen „nichtklassischen" η^2-H_2-Komplexen und „klassischen" Dihydridokomplexen zu unterscheiden. Im Allgemeinen ist es schwierig, in Röntgeneinkristallstrukturuntersuchungen H-Atome in unmittelbarer Nachbarschaft von Schwermetallen hinreichend genau zu lokalisieren. Neutronenbeugungsexperimente erfordern andererseits sehr große Einkristalle. In η^2-HD-Komplexen können NMR-spektroskopisch H–D-Kopplungskonstanten gemessen werden, aus deren Größe auf die Bindungsverhältnisse geschlossen werden kann.

Neben den hier besprochenen η^2-H_2-Komplexen (H–H 0.8–0.9 Å) gibt es auch solche mit verlängerter H–H-Bindung (1.1–1.6 Å). H–H-Abstände >1.7 Å weisen auf klassische Dihydridokomplexe hin. Im Komplex $[ReH_7\{P(p\text{-}Tol)_3\}_2]$ (Abbildung 4.10) weisen zwei der sieben H-Liganden einen Abstand von lediglich 1.357(7) Å auf, sodass ein H_2-Komplex mit verlängerter H–H-Bindung vorliegt. Es sollte also $[ReH_5(\eta^2\text{-}H_2)\{P(p\text{-Tol})_3\}_2]$ (**58**; Re^V, d^2, 18 *ve*) geschrieben werden.

Der trigonal-bipyramidale ungesättigte $[Pt_3Re_2]$-Metallcluster **59** vermag mehrstufig H_2 oxidativ zu addieren. **59** nimmt schon bei Raumtemperatur – ohne dass dabei CO oder $P(t\text{-Bu})_3$ abgespalten wird – nacheinander drei Äquivalente H_2 auf (**59** → **59a** → **59b** → **59c**; von **59a–c** ist nur das Clustergerüst gezeichnet), wovon zwei unter UV-vis-Bestrahlung (**59c** → **59b** → **59a**) wieder durch reduktive Eliminierung abgespalten werden. Diese Reversibilität macht derartige Komplexe, abgesehen von ihren katalytischen Eigenschaften, auch als potentielle Wasserstoffspeicher interessant [31].

59 (L = P(*t*-Bu)$_3$) + H_2 (25 °C) → **59a**; **59a** + H_2 (25 °C) ⇌ – H_2 ($h\nu$) **59b**; **59b** + H_2 (25 °C) ⇌ – H_2 ($h\nu$) **59c**

4.4.2 Aktivierung von Diwasserstoff

In der Komplexkatalyse führt eine Aktivierung von H_2 zu Hydridometallkomplexen. M–H-Bindungen können heterolytisch (**60** → **61a**/**61c**) oder homolytisch (**60** → **61b**) gespalten werden.

$$[M]\text{–}H \ (\mathbf{60}) \longrightarrow [M]|^{\ominus} + H^{\oplus} \ (\mathbf{61a}); \quad [M]^{\bullet} + {}^{\bullet}H \ (\mathbf{61b}); \quad [M]^{\oplus} + {}^{\ominus}|H \ (\mathbf{61c})$$

Zur Abschätzung der Reaktivität von Hydridokomplexen ist es nützlich, die Thermodynamik dieser Reaktionen zu kennen, die sich für **60** → **61a** und **60** → **61b** bekanntermaßen in den pK_a-Werten bzw. den Bindungsdissoziationsenthalpien $\Delta_d H^{\ominus}$ widerspiegelt. Die Bereitschaft, ein Hydridion abzuspalten, wird durch die Hydrizität (*hydricity*) gemessen, die als $\Delta G^{\ominus}$ der Reaktion **60** → **61c** definiert ist [32]. Wie auch Aciditäten sind Hydrizitäten stark lösungsmittelabhängig und beziehen sich oft auf Acetonitril als Lösungsmittel.

Im Einzelnen gibt es in der Komplexkatalyse für H_2-Aktivierungen folgende Möglichkeiten:

Oxidative Addition von H_2

$$\overline{[M]} + H_2 \rightleftharpoons [M]<^{H}_{H}$$

Im Ergebnis wird ein Dihydridokomplex erhalten, wobei ein σ-H_2-Komplex als Intermediat auftreten kann. Charakteristisch für den Katalysezyklus ist ein Oxidationsstufenwechsel der Intermediate um zwei Einheiten. Beispiele sind Katalysatoren vom Wilkinson-Komplextyp sowie eine Reihe weiterer Komplexe später Übergangsmetalle.

σ-Bindungsmetathese von H_2

$$[M]{-}CH_2R + H{-}H \rightleftharpoons \left[\begin{array}{cc} [M]\cdots & CH_2R \\ \vdots & \vdots \\ H\cdots & H \end{array}\right]^{\ddagger} \rightleftharpoons [M]{-}H + H{-}CH_2R$$

Ein σ-Alkylmetallkomplex (gebildet durch Insertion eines Olefins in eine M–H-Bindung) reagiert mit H_2 über einen viergliedrigen, cyclischen Übergangszustand im Sinne einer σ-Bindungsmetathese unter Abspaltung des Alkans (vgl. S. 202). Der Zyklus schließt sich durch Insertion des Olefins in den gebildeten Hydridometallkomplex. Im Ablauf der Katalyse erfolgt kein Wechsel in der Oxidationsstufe des Metalls. Beispiele sind Cyclopentadienyllanthanoid-Komplexe wie $[\{LuH(\eta^5\text{-}C_5Me_5)_2\}_2]$ (Lu^{III}) und auch Komplexe insbesondere von frühen Übergangsmetallen.

Homolytische Spaltung von H_2

$$\rangle C{=}C\langle^{X} \xrightarrow[-\,[M]]{+\,[M]{-}H} {-}\overset{H}{\underset{|}{C}}{-}\dot{C}\langle^{X} \xrightarrow[-\,[M]]{+\,[M]{-}H} {-}\overset{H}{\underset{|}{C}}{-}\overset{H}{\underset{|}{C}}{-}X$$

Es liegt ein radikalischer Mechanismus vor: Ein Hydridometallkomplex überträgt schrittweise zwei Wasserstoffatome auf ein – zumeist funktionalisiertes – Olefin. Die Rückbildung des Hydridometallkomplexes erfolgt durch homolytische Bindungsspaltung von Diwasserstoff gemäß der Gleichung: $2\ [M] + H_2 \rightarrow 2\ [M]{-}H$. Charakteristisch ist ein Oxidationsstufenwechsel der Intermediate um eine Einheit. Ein bekanntes Beispiel ist $[M]{-}H = [CoH(CN)_5]^{3-}$ (Co^{III}, 18 *ve*) bzw. $[M] = [Co(CN)_5]^{3-}$ (Co^{II}, 17 *ve*).

Heterolytische Spaltung von H_2

$$\overline{[M]} + H_2 \rightleftharpoons \overline{[M]} \leftarrow \begin{array}{c} H \\ | \\ H \end{array} \rightleftharpoons \overline{[M]}^{\ominus}{-}H + H^{\oplus}$$

Eine heterolytische Bindungsspaltung von H_2, die über einen Diwasserstoffkomplex als Zwischenstufe verlaufen kann, liefert einen Hydridometallkomplex und ein Proton, das von einem geeigneten Protonenakzeptor aufgenommen werden muss. Ein Beispiel ist die heterolytische Spaltung von H_2 an einem Ruthenium(II)-Komplex (d^6) mit einem Amin als Protonenakzeptor ($P\frown P$ = dppe) [29]:

Derartige Komplexe sind besonders geeignet, polare Bindungen $^{\delta+}A{=}B^{\delta-}$ (z. B. C=O-Gruppen in Ketonen) zu hydrieren, wobei das hydridische Wasserstoffatom an A und das protische an B bindet. Im Ablauf der Katalyse erfolgt kein Wechsel in der Oxidationsstufe des Metalls. Der Ligand ist unmittelbar an der Aktivierung der H–H-Bindung beteiligt, sodass ein kooperierender Ligand bzw. eine kooperative Katalyse vorliegt (Exkurs).

Eine heterolytische Bindungsaktivierung von H_2 ist auch ohne Beteiligung von Übergangsmetallen möglich. Die Lewis-Säure **62** reagiert nicht mit Phosphanen wie **63**, die einen großen Raumanspruch haben. Es wird also kein Lewis-Säure-Base-Addukt gebildet, **62** und **63** bilden ein sogenanntes „frustriertes Lewis-Paar". Es reagiert aber bereits unter Normalbedingungen mit H_2 zu einem Phosphoniumhydridoborat **64**. Bei der intramolekularen Variante **65**/**65'** ist diese Reaktion sogar reversibel. **65'** vermag Imine und Nitrile katalytisch in Gegenwart von H_2 zu Aminen zu reduzieren [33, 34, 35].

$$\underset{\mathbf{63}}{(t\text{-Bu})_3P} + \underset{\mathbf{62}}{B(C_6F_5)_3} \xrightarrow[25\ ^\circ C]{H_2\ (1\ bar)} \underset{\mathbf{64}}{[(t\text{-Bu})_3PH][HB(C_6F_5)_3]}$$

$$\underset{\mathbf{65}}{(Mes)_2P{-}C_6F_4{-}B(C_6F_5)_2} \underset{-\,H_2}{\overset{+\,H_2\ (1\ bar)}{\rightleftharpoons}} \underset{\mathbf{65'}}{(Mes)_2P^{\oplus}H{-}C_6F_4{-}B^{\ominus}H(C_6F_5)_2}$$

Toluol (100 °C)

Auch in der heterogenen Katalyse spielt die Aktivierung von H_2 durch Heterolyse eine große Rolle. So wird bei höheren Temperaturen und Drücken H_2 an Zinkoxid aktiviert, indem H^- an die Zn^{2+}- und H^+ an die O^{2-}-Ionen des ZnO-Gitters gebunden werden. ZnO ist beispielsweise in der Lage, die Synthese von Methanol aus CO und H_2 zu katalysieren, obwohl industriell Zn/Cr- oder Zn/Cu-Mischkatalysatoren genutzt werden.

Exkurs: Kooperierende Liganden – kooperative Katalyse

Kooperierende Liganden sind solche Liganden, die in einem Katalysezyklus unmittelbar an einer Bindungsaktivierung beteiligt sind. Sie werden dabei reversibel chemisch verändert. Durch die Kooperation zwischen dem Metallzentrum und dem entsprechenden Liganden wird ein Elementarschritt in der Katalyse erleichtert oder sogar erst möglich gemacht [36].

In erster Linie kommen in der kooperativen Katalyse für Bindungsaktivierungen von E–H-Bindungen (E–H = H–H, Si–H, C–H, …) Liganden in Betracht, die mit dem Metall eine Mehrfachbindung ausbilden oder die direkt am Ligatoratom oder in einer Seitengruppe ein nichtbindendes Elektronenpaar aufweisen (*Typische Beispiele*: Amido-/Imidoliganden **1** und Liganden mit Aminoseitengruppen **2**, aber auch Aryloxo-/Alkoxo-, Oxido- und Sulfidoliganden).[1]

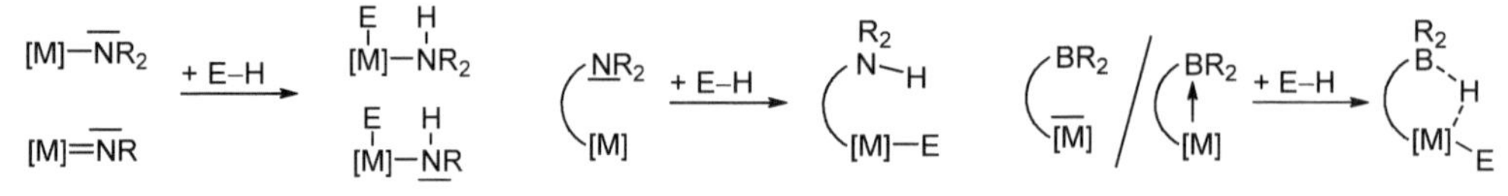

Ambiphile Liganden enthalten neben einer normalen Donorfunktion, mit der sie am Metall koordiniert sind, in einer Seitengruppe ein Lewis-acides Zentrum (*Typische Beispiele*: $-BR_2$ (**3**), $-AlR_2$, ...). Vielfach fungiert dieses als Lewis-acider Ligand (vgl. S. 154) und wird bei der Bindungsaktivierung von E–H eine M–H–B-Wasserstoffbrücke ausgebildet. Die Bindungsaktivierung bei Komplexen mit ambiphilen Liganden ähnelt der in frustrierten Lewis-Paaren [37, 38].

Schließlich können Metall–Ligand-Kooperationen auch durch Aromatisierung/Dearomatisierung von Ligandensystemen erreicht werden (*Typische Beispiele*: Pincerkomplexe, vgl. Exkurs S. 213, mit einer =CH–P-Gruppe **5**, erhalten durch Deprotonierung einer Methylengruppe der Precursorkomplexe **4**). E–H-Bindungsaktivierungen **5** → **6** (E–H = H–H, HO–H, R_2N–H, ...) erfolgen ohne Änderung der Oxidationsstufe von M [39].

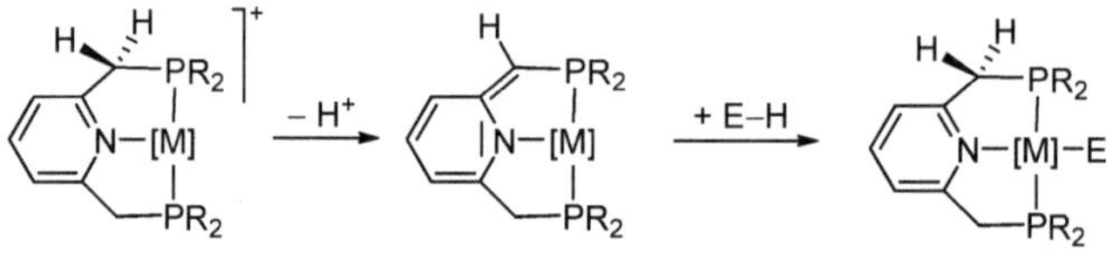

Aktivierung von H_2 in Hydrogenasen

Bei Hydrogenasen liegt im Allgemeinen eine heterolytische Spaltung von H_2 vor. Hydrogenasen sind Enzyme, die den Verbrauch oder die Bildung von Diwasserstoff gemäß folgender Gleichung katalysieren:

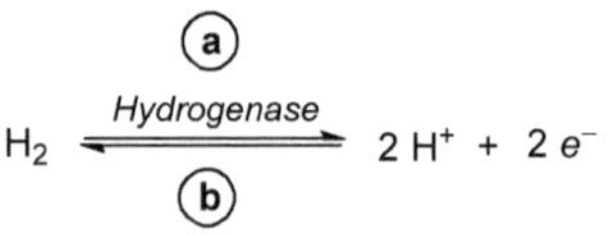

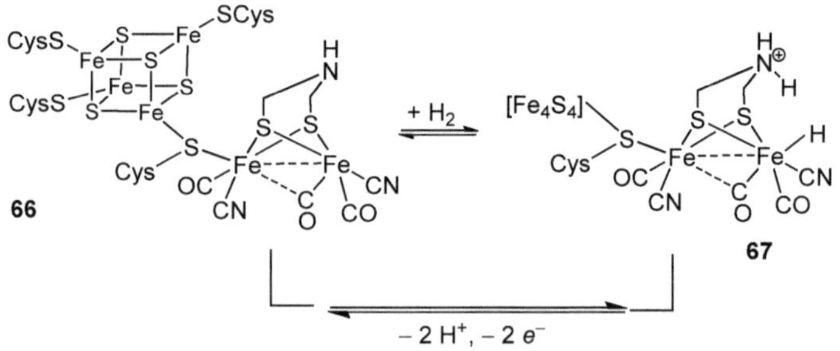

Reaktion **a** ist an eine Reduktion von physiologischen Elektronenakzeptoren und **b** an eine Oxidation physiologischer Elektronendonoren gekoppelt. Die meisten Hydrogenasen sind Metalloenzyme (Fe/Ni–S- oder Fe–S-Cluster). Das aktive Zentrum (H-Cluster) einer nur

[1] Die Addition von E–H kann auch umgekehrt erfolgen, sodass anstelle einer M–E- eine M–H-Bindung gebildet wird, z. B. [M]=O + R_3Si–H → H–[M]–$OSiR_3$.

Eisen enthaltenden Hydrogenase, ein Fe_4S_4-Cluster und eine Fe_2-Einheit, ist in **66** (SCys = Bindungsstellen an das Protein; ohne Berücksichtigung der Totalladung des Clusters) wiedergegeben. Das terminale (distale) Eisenatom der Fe_2-Einheit ist die Bindungsstelle für H_2 und heterolytische Spaltung der H–H-Bindung führt zu einem Hydridoeisenkomplex und einem protonierten Amin (**66** → **67**). Die Oxidation von H_2 wird durch Abspaltung des Hydridoliganden als Proton vollzogen, was gekoppelt mit einer Deprotonierung von $>NH_2^+$ und Oxidation des Clusters ($-2\ e^-$) zur Rückbildung von **66** führt. Soweit bislang bekannt, werden in der Fe_2-Einheit die Oxidationsstufen Fe^I und Fe^{II} durchlaufen [40, 41].

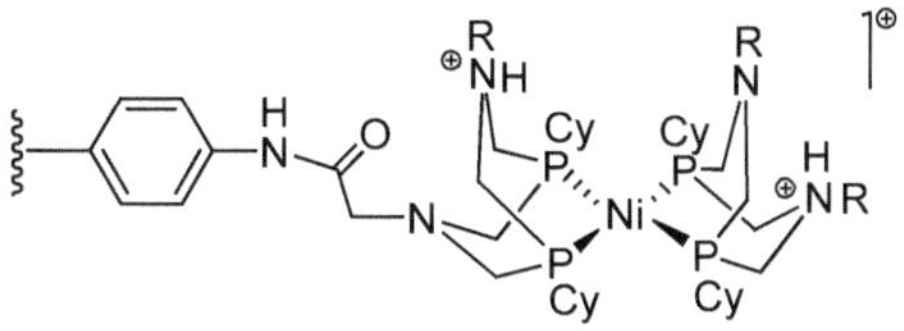

Von diesen Kenntnissen abgeleitet – also bioinspiriert – sind synthetische Katalysatoren mit Hydrogenaseaktivität entwickelt worden. So weist der an einer Kohlenstoffelektrode (gewellte Linie) immobilisierte Nickelkomplex **68** eine vergleichbare Aktivität bei der elektrokatalytischen Oxidation von H_2 auf wie eine in gleichartiger Weise immobilisierte [NiFe]-Hydrogenase. Das ist ein Schritt in Richtung der Entwicklung einer Brennstoffzelle,[1] in der die übliche Platinbeschichtung der Anode durch eine „synthetische Hydrogenase“ ersetzt ist [42].

68 ($R = CH_2COO^{\ominus}$)

4.5 Transferhydrierungen

Unter Transferhydrierungen werden Reaktionen verstanden, bei denen als Wasserstoffquelle nicht H_2 fungiert, sondern Wasserstoff unter der katalytischen Einwirkung von Metallkomplexen von einem organischen Substrat DH_2 („Wasserstoffdonor“) auf ein anderes organisches Substrat A („Wasserstoffakzeptor“) übertragen wird:

$$DH_2 + A \xrightleftharpoons{[M]} AH_2 + D$$

Bevorzugte Wasserstoffdonoren, die teilweise direkt als Lösungsmittel eingesetzt werden, sind Isopropanol und Ameisensäure/Formiate (HCOONa; $HCOOH/NEt_3$), aber auch Alkohole wie EtOH und Glycerin, Kohlenwasserstoffe (Cyclohexa-1,4-dien, …) sowie Hydrosilane und Borane. Wasserstoffakzeptoren sind insbesondere Ketone, Aldehyde, Imine und aktivierte Olefine, aber auch einfache Olefine, Alkine und Nitrile. Lange bekannte Transferhydrierungen sind Reduktionen von Aldehyden und Ketonen zu primären bzw. sekundären Alkoholen in Isopropanol als Lösungsmittel unter der Einwirkung katalytischer Mengen an $Al(O\textit{i}\text{-}Pr)_3$ (Meerwein-Ponndorf-Verley-Reduktion, 1925).

Für die Wasserstoffübertragung in der Reaktion

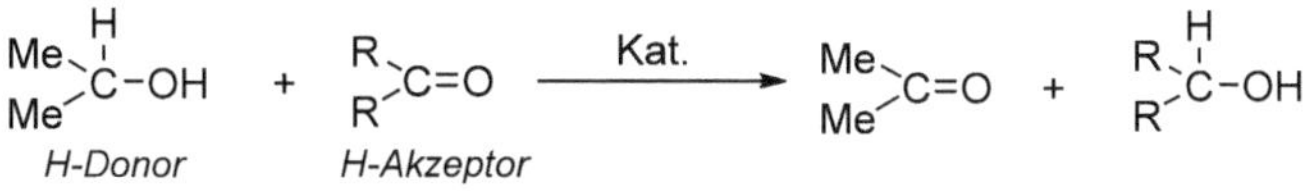

$$Me_2CH\text{-}OH + R_2C{=}O \xrightarrow{\text{Kat.}} Me_2C{=}O + R_2CH\text{-}OH$$

H-Donor *H-Akzeptor*

als Beispiel kommen zwei generelle Wege in Betracht:

[1] In einer Brennstoffzelle wird chemische Energie direkt in elektrische Energie umgewandelt. Der Brennstoff (zumeist H_2), der an der Anode oxidiert wird, und das Oxidationsmittel (O_2), das an der Kathode reduziert wird, werden kontinuierlich zugeführt.

Direkte Wasserstoffübertragung. Das α-C–H-Wasserstoffatom wird in einer konzertierten Reaktion über einen sechsgliedrigen, cyclischen Übergangszustand (**69**) übertragen, in dem sowohl der H-Donor als auch der H-Akzeptor am Metall koordiniert sind. Metallhydride treten nicht als Intermediate auf, Katalysatoren sind typischerweise Hauptgruppenmetallverbindungen. Ein Beispiel ist die Meerwein-Ponndorf-Verley-Reduktion.

[M] ‡ O O Me Me H R R **69**

Metallhydridmechanismen. In H-Transfer-Reaktionen können Mono- oder Dihydridometallkomplexe als Intermediate auftreten. Mit beispielsweise Isopropanol als H-Donor (DH_2) können sie durch oxidative O–H-Addition (**70** → **71**) oder – ausgehend von einem Isopropoxokomplex – durch Übertragung des α-C–H-Wasserstoffatoms im Sinne einer β-Hydrideliminierung[1] auf das Metall gebildet werden (**71'** → **72**). Laufen beide Reaktionen nacheinander ab, entsteht ein Dihydridokomplex.

O–H-Aktivierung: [M] (**70**, ON(M) *n*) ⇌ (Me_2HCOH) [M](OCHMe₂)(H) (**71**, *n*+2)

α-C–H-Aktivierung: [M]–OCHMe₂ (**71'**, *n*+2) ⇌ [M](O=CMe₂)(H) (**72**, *n*+2)

Liegt ein Metallmonohydrid als Zwischenstufe vor, dann erfolgt in der Regel eine Insertion des Substrats (hier ein Keton $R_2C{=}O$) in die M–H-Bindung, wobei ein Aryloxo/Alkoxo-Komplex gebildet wird (**73** → **74** → **75**). Die Umsetzung mit Isopropanol als H-Donor verläuft unter Alkoholyse der M–O-Bindung und liefert das Produkt $R_2HC{-}OH$ sowie einen Isopropoxokomplex (**75** → **75'**). Aus **75'** wird durch β-Hydrideliminierung (vgl. **71'** → **72**) der Monohydridokomplex **73** zurückgebildet.

[M]–H (**73**) ⇌ ($R_2C{=}O$) [M](O=CR₂)(H) (**74**) ⇌ [M]–OCHR₂ (**75**) ⇌ (Me_2HCOH / R_2HCOH) [M]–OCHMe₂ (**75'**) ⇌ [M]–H + $Me_2C{=}O$ (**73**)

Liegt ein Metalldihydrid als Zwischenstufe vor, kann wie zuvor mit dem Substrat ein Aryloxo/Alkoxo-Komplex generiert werden (**76** → **77** → **78**) und die Produktbildung durch reduktive O–H-Eliminierung erfolgen (**78** → **79**). Der Dihydridokomplex wird dann aus [M] und Isopropanol zurückgebildet (vgl. mit **70** → **71**/**71'** → **72**).

[M](H)(H) (**76**) ⇌ ($R_2C{=}O$) [M](H)(H)(O=CR₂) (**77**) ⇌ [M](OCHR₂)(H) (**78**) ⇌ [M] + R_2HCOH (**79**)

Die voranstehend formulierte Koordination des Ketons ($R_2C{=}O$, $Me_2C{=}O$) an [M] ist keine notwendige Voraussetzung für Transferhydrierungen, vgl. das nachfolgende Beispiel (**80** → **81**).

Als Katalysatoren für Transferhydrierungen kommen Komplexe der späten Übergangsmetalle, insbesondere solche vom Ir, Ru und Rh in Betracht. Z. B. ist der Wilkinson-Komplex ein Präkatalysator, der bei Transferhydrierungen eine Monohydridzwischenstufe bildet [43].

---

[1] Das C1-Atom (α-C-Atom) in Alkoholen ist in Alkoholatkomplexen [M]–O–CH< in β-Position.

Von besonderer Bedeutung sind asymmetrische H-Transfer-Reaktionen mit prochiralen Ketonen und Iminen zu chiralen Alkoholen bzw. Aminen. Im folgenden Reaktionsschema ist die enantioselektive Reduktion von aromatischen Ketonen mittels Isopropanol gezeigt. Präkatalysatoren sind Aromatenrutheniumkomplexe [RuCl{(*S*,*S*)-(YCHPh–CHPhNH$_2$)}(η^6-aren)] (Y = O, NTs), die mit Alkalien und Isopropanol zu **80** reagieren. Komplex **80** ist bifunktionell und verfügt über einen kooperierenden Liganden. Die beiden Wasserstoffe werden simultan auf den Wasserstoffakzeptor (hier ein Keton) übertragen, wie im Übergangszustand **TS** angedeutet ist. Der Zyklus schließt sich durch Reaktion des koordinativ ungesättigten Komplexes **81** mit Isopropanol zu **80**. Damit ist ein Beispiel dafür gegeben, dass eine Substrat–Metall-Koordination nicht notwendige Voraussetzung für eine homogen katalysierte Hydrierung ist [44].

80 (Ru^{II}, 18 *ve*) **81** (Ru^{II}, 16 *ve*) **TS**

Aufgabe 4.8

Warum führt eine Semihydrierung von inneren Alkinen in der Regel zu (*Z*)-Alkenen? Bei der Transferhydrierung von Alkinen mit Amminboran $H_3N–BH_3$ in Methanol und den Pincer-Cobaltkomplexen **1** als Katalysator werden wahlweise aber (*Z*)- oder (*E*)-Alkene erhalten. Schlagen Sie einen Mechanismus vor.

1a (*Z*)-selektiv **1b** (*E*)-selektiv **1c** (*E*)-selektiv

Hinweis: Es liegt eine konsekutive Reaktion vor. Die Komplexe **1** katalysieren sowohl eine Semihydrierung von Alkinen und unter bestimmten Voraussetzungen auch eine (*Z*)–(*E*)-Isomerisierung von Alkenen.

Dynamische kinetische Racematspaltungen

Liegt ein Substrat als Racemat vor und wird dieses mit einem Enzym zur Reaktion gebracht, das mit einem der beiden Enantiomere mit hoher Enantioselektivität zu einem Produkt reagiert, und das sehr viel schneller als mit dem anderen Enantiomer, erfolgt eine enzymatische kinetische Racemattrennung (*enzymatic kinetic resolution*). Im Idealfall wird ein Gemisch erhalten, das zu je 50 mol-% aus dem enantiomerenreinen Produkt und dem nicht umgesetzten Enantiomer besteht (Reaktionsschema **a**).

(*R*)-Substrat —k_R, Enzym→ (*R*)-Produkt [50 mol-%]
(*S*)-Substrat —k_S ↛ (*S*)-Produkt
[50 mol-%]
$k_R >> k_S$
(a)

(*R*)-Substrat —k_R, Enzym→ (*R*)-Produkt [100 %]
Racem.-Kat. ⇅
(*S*)-Substrat —Enzym, k_S ↛ (*S*)-Produkt
$k_R >> k_S$
(b)

Der prinzipielle Nachteil, dass die Ausbeute am gewünschten Produkt maximal 50 % beträgt, kann überwunden werden, wenn ein Katalysator zugesetzt wird, der in situ die Racemisierung[1] des Substrats katalysiert (dynamische kinetische Racematspaltung, DKR; *dynamic kinetic resolution*), vgl. Reaktionsschema **b**.[2] Dieser Katalysator muss die Aktivierungsbarriere des Racemisierung soweit senken, dass eine Curtin-Hammett-Situation vorliegt, also das Gleichgewicht zwischen den beiden Enantiomeren zu jedem Zeitpunkt der Reaktion eingestellt ist. Er muss darüber hinaus mit dem Enzym kompatibel sein und darf nicht die Racemisierung des Produkts katalysieren. Erfolgt die Umsetzung des Substrats zum Produkt – wie bislang vorausgesetzt – mit einem Enzym, die Racemisierung aber nichtenzymatisch, dann spricht man von chemoenzymatischen dynamischen kinetischen Racematspaltungen (*chemoenzymatic dynamic kinetic resolution*).

Bei sekundären Alkoholen als Substrate haben sich als Racemisierungskatalysatoren solche bewährt, denen Transferhydrierungen zugrunde liegen: Dehydrierung des racemischen Alkohols **82**/**82'** durch den Katalysatorkomplex führt zu einem prochiralen Keton **83** und dessen nachfolgende Hydrierung bildet den racemischen Alkohol **82**/**82'** zurück.

82 ⇌ ([M]; $[M]H^-/H^+$ oder $[M]H_2$) **83** ⇌ ([M]; $[M]H^-/H^+$ oder $[M]H_2$) **82'**

Als Beispiel ist eine mit CALB, einer Lipase, katalysierte Acetylierung (unter Verwendung von Isopropenylacetat als Acetylquelle) angeführt, und zwar die von (racemischen) α-Arylethylalkoholen zu (*R*)-α-Arylethylacetaten. Als Racemisierungskatalysator diente ein Cyclopentadienylruthenium(II)-Komplex **84**:

$[Ru(\eta^5\text{-}C_5Ph_5)Cl(CO)_2]$/KO*t*-Bu (**84**); Lipase (CALB), (Na_2CO_3), Toluol, 25 °C, 3 h → 95–99 % (>99 % *ee*)

Die entsprechenden Reaktionen mit racemischen primären und sekundären Aminen als Substrate stellen eine größere Herausforderung dar, insbesondere weil sie als starke Liganden die Aktivität des Metallkatalysators reduzieren oder ihn sogar desaktivieren können. Darüber

---

[1] Racemisierung bezeichnet die Bildung eines Racemats aus einem enantiomerenangereicherten Substrat. Hier wird von vornherein von einem Racemat ausgegangen und der Racemisierungskatalysator bewirkt nur eine schnelle Umwandlung der beiden Enantiomere ineinander.

[2] Eine DKR kann auch – anders als in **b** dargestellt – nichtenzymatisch katalysiert werden.

hinaus sind die Intermediate des Racemisierungsprozesses vergleichsweise reaktive Imine, deren Reaktion mit Wasser oder auch Aminen zu Nebenprodukten führt [45, 46].

Borrowing-Hydrogen-Strategie

Alkohole besitzen eher eine nucleophile Reaktivität. In Alkylierungen von Aminen **85** → **86** oder α-Alkylierungen von Ketonen **85** → **87** scheinen sie eine elektrophile Reaktivität aufzuweisen. Derartige Reaktionen stellen wegen ihrer Atomökonomie und ihrer Umweltfreundlichkeit (H_2O ist das einzige Begleitprodukt) attraktive Methoden zur Knüpfung von C–N- bzw. C–C-Bindungen dar.

R'NH_2
R OH **85** → R NHR' + H_2O **86**
R OH **85** → (O, R') → R (O) R' + H_2O **87**

Sie gelingen nach der Borrowing-Hydrogen-Strategie, die auch als Wasserstoff-Autotransfer bezeichnet wird (Abbildung 4.11): Einleitend erfolgt unter Wasserstofftransfer auf ein Übergangsmetall eine Oxidation eines primären Alkohols zu einem Aldehyd (oder eines sekundären Alkohols zu einem Keton), womit der Wechsel von einem nucleophilen zu einem elektrophilen Reagenz vollzogen ist. Dann findet – gegebenenfalls basenkatalysiert – eine Kondensationsreaktion mit einem Amin zu einem Imin oder mit einem Keton zu einem α,β-ungesättigten Keton statt. Im letzten Reaktionsschritt erfolgt die Reduktion der Zwischenstufe durch Rückübertragung der beiden H-Atome vom Übergangsmetall. Aus Abbildung 4.11 wird deutlich, dass der Borrowing-Hydrogen-Zyklus Transferhydrierungen und -dehydrierungen beinhaltet.

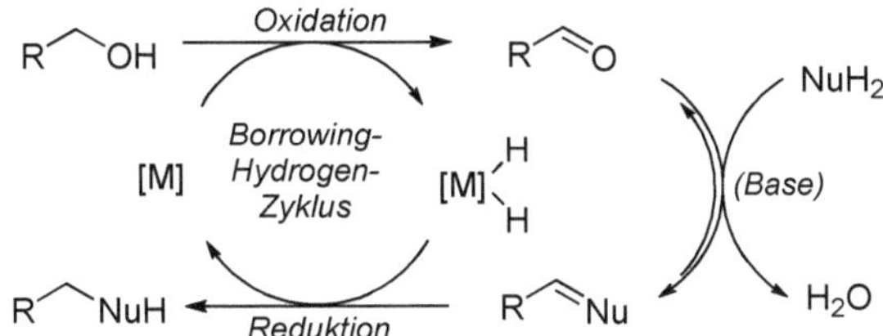

Abbildung 4.11. Borrowing-Hydrogen-Strategie am Beispiel der Umsetzung von Alkoholen mit Nucleophilen NuH_2 (NuH_2 = R'NH_2, R'C(O)–CH_3, R'$_2$N–C(O)–CH_3, R'O–C(O)–CH_3, …). Es ist eine Metalldihydridzwischenstufe gezeichnet, ohne darauf einzuschränken (adaptiert von [47]).

Als Katalysatoren für den Borrowing-Hydrogen-Zyklus kommen vorzugsweise Ruthenium- und Iridiumkomplexe in Betracht. Insbesondere α-Alkylierungen von Ketonen werden in Gegenwart von Basen durchgeführt. Gegebenenfalls werden auch zusätzliche Wasserstoffakzeptoren wie Dodec-1-en zugesetzt, um eine Reduktion der gebildeten Ketone zu sekundären

Alkoholen zu verhindern. Als Beispiele sind eine Alkylierung von Aminen **88** und Arylketonen **89** angeführt [47, 48, 49].

R'NH2 + R⁀OH —[{RuCl2(p-Cymen)}2]/DPPF (2,5/5,0 mol-%), (– H2O) Toluol, 110 °C, 24 h→ R⁀NHR' 60–100 %
88

[{IrCl(COD)}2] (2 mol-%), PPh3 (6 mol-%)/LiOH (40 mol-%), (– H2O) Toluol, 110 °C, 17 h
89 >80 %

4.6 Lösungen der Aufgaben und Literatur

4.6.1 Lösungen der Aufgaben

Aufgabe 4.1

Eine Radikalkettenreaktion würde nach folgendem Reaktionsschema ablaufen:

H• —+ >C=C<→ H–C–C• —+ H2→ H–C–C–H + H•

Das H-Radikal ist reaktiv genug, um die π-Bindung zu spalten (ΔH° = –148 kJ/mol). Demgegenüber erfordert aber die homolytische Bindungsspaltung von H_2 eine sehr hohe Energie (Bindungsenthalpie H–H > C–H!), wodurch der zweite Schritt endotherm wird (ΔH° = 24 kJ/mol). Daraus ist ersichtlich, dass die Olefinhydrierung eines Katalysators bedarf.

Anmerkung: Eine Radikalkettenreaktion mit hinreichend langen Ketten besteht aus einer Abfolge von Reaktionsschritten mit niedriger Aktivierungsenthalpie. Nun ist aber bei einer endothermen Teilreaktion ΔH° die untere Grenze für die Aktivierungsenthalpie dieses Reaktionsschritts. Das bedeutet, dass höchstens schwach endotherme Teilschritte (die durch exotherme Kettenschritte kompensiert werden!) mit einer Radikalkettenreaktion mit langen Ketten verträglich sind. Mittlere Bindungsdissoziationsenthalpien sind nützlich, um *abzuschätzen*, ob alle Reaktionsschritte der Kettenfortpflanzung schnell genug für eine solche Kettenreaktion sind (nach [5], S. 661).

Aufgabe 4.2

Zu a. Es ist energetisch ungünstig, wenn sich zwei Liganden für ihre Bindung am Zentralatom die gleichen Metallatomorbitale teilen müssen, sodass die *trans*-Anordnung von zwei stark bindenden Liganden wie PPh_3 energetisch unvorteilhaft ist (vgl. dazu S. 209). Andererseits ist in der *cis*-Form wegen der engen Nachbarschaft der beiden raumfüllenden PPh_3-Liganden eine sterische Abstoßung zu verzeichnen. Insgesamt ist die *cis*-Form aber stabiler als die *trans*-Form.

Zu b. Ausgehend von einem Hydridoolefinkomplex **1** verlaufen Doppelbindungsisomerisierungen in der Abfolge Insertion

[M], H, R, H' **1** ⇌ [M], H, H', R **2** ⇌ [M], H', R, H **3**

(**1** → **2**) und β-Hydrideliminierung von H' (**2** → **3**), setzen also eine β-Hydrideliminierung voraus (in Abbildung 4.2, vgl. S. 63, wäre das die Reaktion **12** → **11**).

Zu c. Es handelt sich um eine Insertion (**11** → **12**), bei der ein *cis*-ständiger Hydridoligand an einen Olefinliganden wandert. *trans*-Komplex **11a**: Geht man davon aus, dass die Elementarschritte nur die unmittelbar beteiligten Liganden betreffen, sollte bei der Insertion ein *trans*-Alkylhydrido-Komplex **12a'** gebildet werden, der vor der reduktiven C–H-Eliminierung einer Isomerisierung zum entsprechenden *cis*-Alkylhydrido-Komplex **12a** unterliegen muss. DFT-Rechnungen zeigen aber, dass die Insertion in einem Schritt zum Komplex **12a** führt, also gleichzeitig der *cis*-H-Ligand zum Olefin und der *trans*-H-Ligand in die *cis*-Position wandern. *cis*-Komplex **11b**: Nach DFT-Rechnungen liefert die Insertionsreaktion einen tetragonal-pyramidalen *cis*-Alkylhydrido-Komplex **12b'** mit dem Chloridoliganden in der apicalen Position. Nach Isomerisierung, die den Ethylliganden in die apicale Position bringt (**12b**), erfolgt die reduktive Eliminierung (vereinfacht nach [1]; Substanznummerierungen beziehen sich auf Abbildung 4.2).

11a → **12a'** → **12a** —*red. Elimin.*, − Et–H→ *trans*-**5**

11b → **12b'** → **12b** —*red. Elimin.*, − Et–H→ *cis*-**5**

(L = PPh_3)

Aufgabe 4.3

Zu a. Das α-C-Atom der Aminosäure ist maßgebend für die Konfigurationsbezeichnung. Bezugssubstanz ist Serin:

Fischer-Projektion: L-Serin: COOH / H_2N—C—H / CH_2OH; D-Serin: COOH / H—C—NH_2 / CH_2OH

Anleitung für L-*DOPA:* Schreibe die Keilstrichformel der Aminosäure derart (**a**), dass daraus die Fischer-Projektion (**b**) abgeleitet werden kann:

a: COOH / H_2N—C—H / R ⟹ **b**: COOH / H_2N—C—H / R (R = $CH_2C_6H_3(OH)_2$)

Der Vergleich mit Serin zeigt, dass es sich um L-DOPA handelt.

Zu b. Bestimme die Prioritäten der Substituenten am asymmetrischen C-Atom nach dem CIP-System

Beispiel								
	allgemein	a	>	b	>	c	>	d
	Serin	NH_2	>	COOH	>	CH_2OH	>	H
	DOPA	NH_2	>	COOH	>	$CH_2C_6H_3(OH)_2$	>	H

→ *fallende Priorität*

und betrachte das Molekül von der Seite aus, die dem Substituenten niedrigster Priorität (d) abgewandt ist. Entspricht die Reihenfolge a → b → c einer Rechtsdrehung, erhält das Chiralitätszentrum das Symbol *R* und bei einer Linksdrehung das Symbol *S*. Die perspektivisch gezeichnete Formel **c** macht klar, dass es sich bei L-DOPA um die *S*-Konfiguration handelt. *Merke*: Mit Ausnahme von Cystein/Cystin sind bei α-Aminocarbonsäuren die α-C-Atome der L-Form *S*-konfiguriert und die der D-Form *R*-konfiguriert.

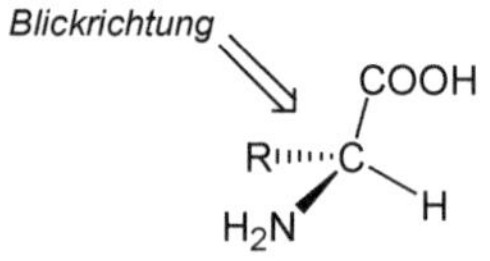

Aufgabe 4.4

- Es handelt sich hierbei um eine hochenantioselektive Hydrierung (ee_{max} = 97,6 %), bei der als Coligand ein *monodentater* Phosphitligand eingesetzt wird, der sich vom BINOL ableitet. Interessanterweise folgt die Hydrierung dem „Schlüssel-Schloss-Prinzip", es liegt also keine kinetisch kontrollierte Enantioselektivität vor.

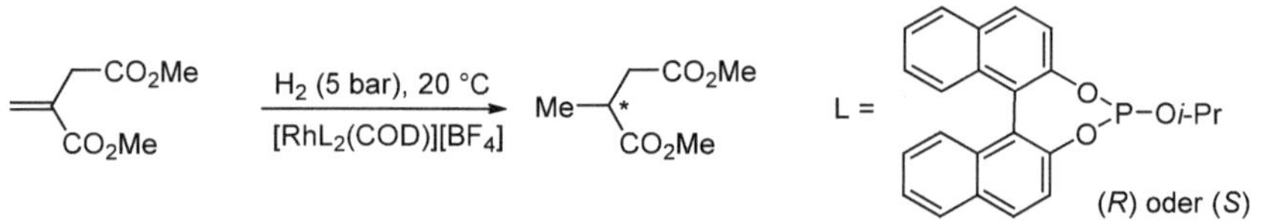

Da alle drei Katalysatorkomplexe die gleiche thermodynamische Stabilität haben, sind sie statistisch verteilt. Die beiden homochiralen Katalysatorkomplexe $[RhL^R{}_2]^+$ und $[RhL^S{}_2]^+$ sind enantiomer und weisen demzufolge eine identische katalytische Aktivität auf. Sie katalysieren die Bildung von Produkten entgegengesetzter Konfiguration. Da der Komplex $[RhL^RL^S]^+$, der die Bildung des Racemats katalysieren würde, katalytisch inaktiv ist, resultiert ein (+)-NLE. (Die Kurve für den (+)-NLE in Abbildung 4.5 entspricht dem hier vorgestellten Beispiel.) Zur allgemeinen Herleitung des Zusammenhangs vgl. [20], wir berechnen zum Beleg der Aussage ein Beispiel (vereinfacht sei ee_{max} = 100,0 %): Es liege L^R im Überschuss vor (ee_{aux} = 50,0 %), woraus sich für L^R ein Molenbruch x = 3/4 und für L^S x = 1/4 ergibt. Daraus errechnen sich für die Katalysatorkomplexe folgende Molenbrüche (vgl. dazu Aufgabe 9.6): $x([RhL^R{}_2]^+) = 3/4 \cdot 3/4 = 9/16$; $x([RhL^S{}_2]^+) = 1/4 \cdot 1/4 = 1/16$; $x([RhL^RL^S]^+) = 2 \cdot 3/4 \cdot 1/4 = 6/16$. Aus dem Konzentrationsverhältnis 9 : 1 der beiden aktiven Komplexe folgt ee_{prod} = 80,0 %, also ein (+)-NLE (nach M. T. Reetz, A. Meiswinkel, G. Mehler, K. Angermund, M. Graf, W. Thiel, R. Mynott, D. G. Blackmond, *J. Am. Chem. Soc.* **2005**, *127*, 10305).

- Es sind $n(n-1)/2$ Hetero-Kombinationen möglich, für $n = 50$ also 1225. *Hinweis:* Gehen Sie schrittweise vor: Aus 3 Elementen *a*, *b*, *c* können Sie 6 Heteropaare bilden (*ab*, *ac*; *ba*, *bc*; *ca*, *cb*). Da es aber nicht auf die Reihenfolge der Elemente in einem Paar ankommt, ist durch 2 zu dividieren. Aus 4 Elementen ergeben sich 12/2 = 6 Heteropaare (ohne Berücksichtigung der Reihenfolge) usw.

  Da die drei Katalysatoren eine unterschiedliche thermodynamische Stabilität haben können, kann die Zusammensetzung der Katalysatormischung von der statistischen Zusammensetzung (**1a** : **1b** : **2** = 1 : 1 : 2) erheblich abweichen. Die Enantioselektivität der Hetero-Kombination **2** ist definitiv größer als die der beiden Homo-Kombinationen **1a**/**1b**. Die relative Aktivität der drei Katalysatoren kann aus den vorgelegten Daten nicht beurteilt werden. Dazu müssten die Aktivität der beiden Homo-Kombinationen und die Zusammensetzung der Katalysatormischung bekannt sein sowie entsprechende Umsatz-Zeit-Kurven vorliegen. Weitergehende Aussagen sind durch Variation des Verhältnisses L^a/L^b von 5/1 bis 1/5 erhalten worden (nach [17]).

Aufgabe 4.5

1. Schritt: Zeichnen Sie das Olefin und bestimmen Sie die *Re*- und *Si*-Seite. (In der Darstellung von **1** blicken Sie auf die *Re*-Seite.)

2. Schritt: Zeichnen Sie die beiden H_2-Additionsprodukte. Aus dem Mechanismus wird klar, dass H_2 an der Seite addiert wird, an der das Olefin koordiniert ist (siehe Formelskizze **2**, in der **1** an der *Re*-Seite koordiniert ist).

3. Schritt: Bestimmen Sie die Konfiguration des hydrierten Produkts.

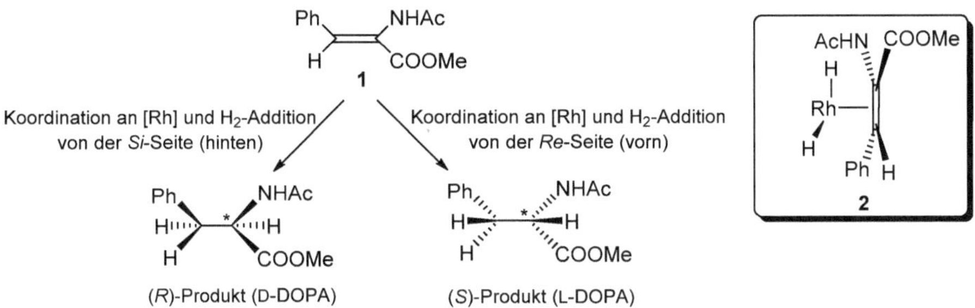

Aufgabe 4.6

a) Die Reaktionsgeschwindigkeit, mit der $\mathbf{P_A}$ und $\mathbf{P_B}$ gebildet werden, ist durch $r_{PA} = dc_{\mathbf{PA}}/dt = k_A\, c_{\mathbf{A}}$ bzw. $r_{PB} = dc_{\mathbf{PB}}/dt = k_B\, c_{\mathbf{B}}$ gegeben. Weiterhin gilt $K_{A/B} = c_{\mathbf{A}}/c_{\mathbf{B}}$, woraus $r_{PA}/r_{PB} = (k_A/k_B)\, K_{A/B}$ folgt. Führt man in diese Gleichung mit Hilfe der Eyring-Gleichung (S. 12) $\Delta G_A{}^{\ddagger}$ und $\Delta G_B{}^{\ddagger}$ sowie $\Delta\Delta G_{A/B} = \Delta G_A - \Delta G_B = -RT\ln K_{A/B}$ ein, wird $\frac{r_{PA}}{r_{PB}} = \frac{e^{-\Delta G_A^{\ddagger}/RT}}{e^{-\Delta G_B^{\ddagger}/RT}} e^{-\Delta\Delta G_{A/B}/RT} = e^{(-\Delta G_A^{\ddagger}+\Delta G_B^{\ddagger}-\Delta\Delta G_{A/B})/RT} = e^{-\Delta\Delta G_{A\ddagger/B\ddagger}/RT}$ erhalten. Somit ist die Tatsache, dass das Verhältnis der Reaktionsgeschwindigkeiten durch die Differenz der freien Enthalpien der Übergangszustände ($\Delta\Delta G_{A\ddagger/B\ddagger}$) bestimmt wird, auf die Differenz der freien Aktivierungsenthalpien ($\Delta G_A{}^{\ddagger} - \Delta G_B{}^{\ddagger}$) *und* auf das Konzentrationsverhältnis der Edukte ($K_{A/B}$) zurückzuführen. Die nicht zutreffende Behauptung, dass das Verhältnis der Reaktionsgeschwindigkeiten durch die Differenz der freien Aktivierungsenthalpien bestimmt wird, lässt unberücksichtigt, dass das thermodynamisch weniger stabile Edukt (hier: **B**) in geringerer Konzentration als das thermodynamisch stabilere Edukt (hier: **A**) vorliegt.

Beispiel: Gegeben sei $\Delta G_A{}^{\ddagger} = 100{,}0$ kJ/mol, $\Delta G_B{}^{\ddagger} = 75{,}0$ kJ/mol, $K_{A/B} = c_{\mathbf{A}}/c_{\mathbf{B}} = 99/1$ ($T = 298$ K, $R = 8{,}31441$ J/(mol · K)). Mit diesen Werten berechnen wir $\Delta\Delta G_{A/B} = -8{,}31441 \cdot 298 \cdot 10^{-3}$ kJ/mol · ln 99 = $-11{,}4$ kJ/mol sowie $-\Delta\Delta G_{A\ddagger/B\ddagger} = (-100{,}0 + 75{,}0 + 11{,}4)$ kJ/mol = $-13{,}6$ kJ/mol. Daraus ergibt sich $r_{PA}/r_{PB} = e^{-13{,}6 \cdot 1000/(8{,}31441 \cdot 298)} = 4{,}1 \cdot 10^{-3}$. *Fazit:* Die Unterschuss-Komponente **B** dominiert die Reaktivität: Obwohl sie nur zu 1 % in der Lösung vorliegt, verläuft die Reaktion **B** → $\mathbf{P_B}$ ca. 242-mal schneller als die Reaktion **A** → $\mathbf{P_A}$. Wenn $\mathbf{P_A}/\mathbf{P_B}$ Enantiomere sind, dann berechnet sich aus der reaktivitätsbestimmenden Größe ($|\Delta\Delta G_{A\ddagger/B\ddagger}| = 13{,}6$ kJ/mol) ein *ee*-Wert von circa 99 % (vgl. Teil b der Aufgabe).

b) Die Produkte $\mathbf{P_A}$ und $\mathbf{P_B}$ bilden sich im Verhältnis der Reaktionsgeschwindigkeiten r_{PA}/r_{PB}, das durch die Differenz der freien Enthalpien der Übergangszustände bestimmt wird. Unter Beachtung, dass $c_{\mathbf{PB}} >> c_{\mathbf{PA}}$ ist, stellen wir die Gleichung oben nach $\Delta\Delta G_{A\ddagger/B\ddagger}$ um, $|\Delta\Delta G_{A\ddagger/B\ddagger}| = RT\ln(r_{PB}/r_{PA})$, und setzen die entsprechenden Werte ein:

% *ee*	Produktverhältnis $c_{\mathbf{PB}}/c_{\mathbf{PA}}$	$\lvert\Delta\Delta G_{A\ddagger/B\ddagger}\rvert$ (in kJ/mol)
90	95/5	7,3
99	99,5/0,5	13,1
99,9	99,95/0,05	18,8

Eine Differenz der freien Enthalpien der Übergangszustände von nur 13,1 kJ/mol ergibt bereits einen Enantiomerenüberschuss von 99 % (z. Vgl. C–C-Rotationsbarriere in Ethan: 11−13 kJ/mol, Aufgabe 2.2).

Aufgabe 4.7

Das Hammond-Postulat besagt, dass die Umwandlung von zwei Zuständen ähnlichen Energieinhalts, die nacheinander auf der Reaktionskoordinate durchlaufen werden (beispielsweise in einer Reaktion E → TS → P die Zustände E und TS oder TS und P; TS = Übergangszustand), nur mit geringen strukturellen Änderungen verbunden ist. Wir diskutieren vereinfachend für die Energie:

Zu a. Der Reaktionsschritt ist exotherm, die Aktivierungsbarriere ist niedrig. Nach dem Hammond-Postulat sind die Übergangszustände den Edukten strukturell ähnlich, sodass die Energiedifferenz der Übergangszustände etwa der der Edukte entspricht. Das thermodynamisch stabilere Diastereomer bestimmt die Enantioselektivität. Das Enantiomerenverhältnis der Produkte entspricht etwa dem von **1** und **1'**.

Zu b/c. Der Reaktionsschritt ist endotherm, die Aktivierungsbarriere für die Rückreaktion ist niedrig. Nach dem Hammond-Postulat sind die Übergangszustände den Produkten **2/2'** strukturell ähnlich. Die Energiedifferenz der Übergangszustände entspricht etwa der der diastereomeren Produktkomplexe **2/2'**. In **b** korrespondiert der thermodynamisch stabilere Eduktkomplex **1** mit dem thermodynamisch stabileren Produktkomplex **2**, während in **c** das Umgekehrte gilt. Während in **b** zumindest noch aus dem thermodynamisch stabileren Eduktkomplex **1** das im Überschuss gebildete Enantiomer hervorgeht (wenn auch nicht mit der Erwartung, dass das Enantiomerenverhältnis der Produkte der Stabilitätsdifferenz der Edukte entspricht), wird bei **c** – gemäß einer kinetisch kontrollierten Enantioselektivität – das hauptsächlich gebildete Enantiomer aus dem Diastereomer generiert, das im Unterschuss vorliegt (vgl. B. Bosnich, *Acc. Chem. Res.* **1998**, *31*, 667).

Aufgabe 4.8

Eine Semihydrierung von Alkinen verläuft analog der Hydrierung von Alkenen als *cis*-Insertion und damit als *syn*-Addition von [M] und H an das Alkin, woraus eine (*Z*)-Konfiguration des gebildeten Alkens folgt. *Semihydrierung* (**2** → **3**): Nach Koordination des Alkins erfolgt seine Insertion in die Co−H-Bindung. Aus dem gebildeten Vinylkomplex wird durch Methanolyse das (*Z*)-Alken abgespalten. Der gebildete Methoxokomplex reagiert mit Amminboran unter Rückbildung des Hydridokomplexes. *Isomerisierung* (**4** → **5**): Koordination des (*Z*)-Alkens und Insertion in die Co–H-Bindung ergibt einen Alkylkomplex und nach Rotation um die C–C-Bindung wird das thermodynamisch stabilere (*E*)-Alken durch β-Hydrideliminierung abgespalten. Ein großer Raumanspruch der peripheren Gruppen des Pincerliganden behindert eine Koordination des (*Z*)-Alkens an Co und unterbindet damit seine Isomerisierung, vgl. **6** (nach S. Fu, N.-Y. Chen,X. Liu, Z. Shao, S.-P. Luo, Q. Liu, *J. Am. Chem. Soc.* **2016**, *138*, 8588; vgl. auch I. N. Michaelides, D. J. Dixon, *Angew. Chem.* **2013**, *125*, 836).

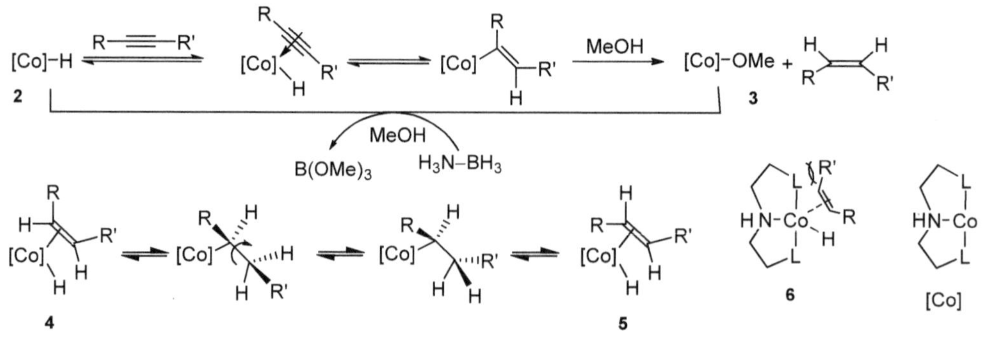

[Co]-H (2) ⇌ (R−≡−R') ... MeOH → [Co]-OMe + (Z)-Alken (3); MeOH, $H_3N{-}BH_3$ → $B(OMe)_3$

4 ⇌ ... ⇌ 5; 6; [Co]

4.6.2 Literatur

[1] T. Matsubara, R. Takahashi, S. Asai, *Bull. Chem. Soc. Jpn.* **2013**, *86*, 243: „ONIOM Study of the Mechanism of Olefin Hydrogenation by the Wilkinson Catalyst's: Reaction Paths and Energy Surfaces of *trans-* and *cis*-Forms“

[2] J. Halpern, *Inorg. Chim. Acta* **1981**, *50*, 11: „Mechanistic Aspects of Homogeneous Catalytic Hydrogenation and Related Processes“

[3] J. E. Perea-Buceta, I. Fernández, S. Heikkinen, K. Axenov, A. W. T. King, T. Niemi, M. Nieger, M. Leskelä, T. Repo, *Angew. Chem.* **2015**, *127*, 14529: „Diverting Hydrogenations with Wilkinson's Catalyst towards Highly Reactive Rhodium(I) Species“

[4] E. L. Eliel, *J. Chem. Educ.* **1980**, *57*, 52: „Stereochemical Non-Equivalence of Ligands and Faces (Heterotopicity)“

[5] F. A. Carey, R. J. Sundberg, *Organische Chemie, ein weiterführendes Lehrbuch*, siehe Ref. [7], Kap. 2

[6] H.-U. Blaser, C. Malan, B. Pugin, F. Spindler, H. Steiner, M. Studer, *Adv. Synth. Catal.* **2003**, *345*, 103: „Selective Hydrogenation for Fine Chemicals: Recent Trends and New Developments“

[7] R. Noyori, *Asymmetric Catalysis in Organic Synthesis*, Wiley-Interscience, New York, **1994**

[8] B. McCulloch, J. Halpern, M. R. Thompson, C. R. Landis, *Organometallics* **1990**, *9*, 1392: „Catalyst–Substrate Adducts in Asymmetric Catalytic Hydrogenation. Crystal and Molecular Structure of [((*R*,*R*)-1,2-Bis{phenyl-*o*-anisoylphosphino}ethane)(methyl (*Z*)-β-propyl-α-acetamidoacrylate)]rhodium Tetrafluoroborate, [Rh(DIPAMP)(MPAA)]BF_4“

[9] H.-J. Drexler, W. Baumann, T. Schmidt, S. Zhang, A. Sun, A. Spannenberg, C. Fischer, H. Buschmann, D. Heller, *Angew. Chem.* **2005**, *117*, 1208: „Werden β-Acylaminoacrylate in gleicher Weise wie α-Acylaminoacrylate hydriert?“

[10] R. Noyori, *Angew. Chem.* **2002**, *114*, 2108: „Asymmetrische Katalyse: Kenntnisstand und Perspektiven“ (Nobel-Vortrag)

[11] H. U. Blaser, B. Pugin, F. Spindler in [M7], **2018**, 621: „Industrial Application of Asymmetric Hydrogenation“

[12] R. Hofer, *Chimia* **2005**, *59*, 10: „In Kaisten, Syngenta Operates the World's Largest Plant in which an Enantioselective Catalytic Hydrogenation is Performed. How Did This Come About?“

[13] L. Eberhardt, D. Armspach, J. Harrowfield, D. Matt, *Chem. Soc. Rev.* **2008**, *37*, 839: „BINOL-Derived Phosphoramidites in Asymmetric Hydrogenation: Can the Presence of a Functionality in the Amino Group Influence the Catalytic Outcome?“

[14] J. F. Teichert, B. L. Feringa, *Angew. Chem.* **2010**, *122*, 2538: „Phosphoramidite: privilegierte Liganden in der asymmetrischen Katalyse“

[15] C. Jäkel, R. Paciello, *Chem. Rev.* **2006**, *106*, 2912: „High-Throughput and Parallel Screening Methods in Asymmetric Hydrogenation“

[16] N. K. Terrett, *Kombinatorische Chemie*, Springer, Berlin, **2000**

[17] M. T. Reetz, *Angew. Chem.* **2008**, *120*, 2592: „Kombinatorische Übergangsmetallkatalyse: Mischungen einzähniger Liganden zur Kontrolle der Enantio-, Diastereo- und Regioselektivität“

[18] W. F. Maier, *Angew. Chem.* **1999**, *111*, 1294: „Kombinatorische Chemie – Herausforderung und Chance für die Entwicklung neuer Katalysatoren und Materialien“

[19] M. T. Reetz, *Angew. Chem.* **2001**, *113*, 292: „Kombinatorische und evolutionsgesteuerte Methoden zur Bildung enantioselektiver Katalysatoren“

[20] T. Satyanarayana, S. Abraham, H. B. Kagan, *Angew. Chem.* **2009**, *121*, 464: „Nichtlineare Effekte in der asymmetrischen Katalyse“

[21] H. B. Kagan in M. Christmann, S. Bräse (eds.), *Asymmetric Synthesis - The Essentials*, 2nd ed., Wiley-VCH, Weinheim, **2008**, S. 206: „Non-linear Effects in Asymmetric Catalysis“

[22] J. I. Seeman, *Chem. Rev.* **1983**, 83, *83*: „Effect of Conformational Change on Reactivity in Organic Chemistry. Evaluations, Applications, and Extensions of Curtin–Hammett/Winstein–Holness Kinetics“

[23] S. Caddick, K. Jenkins, *Chem. Soc. Rev.* **1996**, *25*, 447: „Dynamic Resolutions in Asymmetric Synthesis“

[24] S. Chakraborty, C. Saha, *Resonance* **2016**, *21*, 151: „The Curtin–Hammett Principle – A Qualitative Understanding“

[25] S. Feldgus, C. R. Landis. *J. Am. Chem. Soc.* **2000**, *122*. 12714: „Large-Scale Computational Modeling of $[Rh(DuPHOS)]^+$-Catalyzed Hydrogenation of Prochiral Enamides: Reaction Pathways and the Origin of Enantioselection“

[26] J. G. de Vries, C. J. Elsevier (eds.), *The Handbook of Homogeneous Hydrogenation, Vol. 1–3*, Wiley-VCH, Weinheim, **2007**

[27] M. J. Krische, Y. Sun (eds.), *Acc. Chem. Res.* **2007**, *40 (12)*, 1237: Special Issue on Hydrogenation and Transfer Hydrogenation

[28] G. J. Kubas, *J. Organomet. Chem.* **2014**, *751*, 33: „Activation of Dihydrogen and Coordination of Molecular H_2 on Transition Metals“

[29] M. Peruzzini, R. Poli (eds.), *Recent Advances in Hydride Chemistry*, Elsevier, Amsterdam, **2001**

[30] R. H. Morris, *Chem. Rev.* **2016**, *116*, 8588: „Brønsted–Lowry Acid Strength of Metal Hydride and Dihydrogen Complexes“

[31] R. D. Adams, B. Captain, *Angew. Chem.* **2008**, *120*, 258: „Aktivierung von Wasserstoff durch ungesättigte gemischte Metallcluster und -komplexe“

[32] E. S. Wiedner, M. B. Chambers, C. L. Pitman, R. M. Bullock, A. J. M. Miller, A. M. Appel, *Chem. Rev.* **2016**, *116*, 8655: „Thermodynamic Hydricity of Transition Metal Hydrides“

[33] D. W. Stephan, G. Erker, *Angew. Chem.* **2010**, *122*, 50: „Frustrierte Lewis-Paare: metallfreie Wasserstoffaktivierung und mehr“

[34] D. W. Stephan, G. Erker, *Angew. Chem.* **2015**, *127*, 6498: „Chemie frustrierter Lewis-Paare: Entwicklung und Perspektiven“

[35] D. W. Stephan, *Acc. Chem. Res.* **2015**, *48*, 306: „Frustrated Lewis Pairs: From Concept to Catalysis“

[36] H. Grützmacher, *Angew. Chem.* **2008**, *120*, 1838: „Kooperierende Liganden in der Katalyse“

[37] M. Devillard, G. Bouhadir, D. Bourissou, *Angew. Chem.* **2015**, *127*, 740: „Kooperation von Übergangsmetallen und Lewis-Säuren – ein Weg zur Aktivierung von H_2 und H–E-Bindungen“

[38] G. Bouhadirab, D. Bourissou, *Chem. Soc. Rev.* **2016**, *45*, 1065: „Complexes of Ambiphilic Ligands: Reactivity and Catalytic Applications“

[39] C. Gunanathanm D. Milstein, *Acc. Chem Res.* **2011**, *44*, 588: „Metal–Ligand Cooperation by Aromatization–Dearomatization: A New Paradigm in Bond Activation and 'Green' Catalysis“

[40] W. Lubitz,H. Ogata, O. Rüdiger, E. Reijerse, *Chem. Rev.* **2014**, *114*, 4081: „Hydrogenases“

[41] T. B. Rauchfuss, *Acc. Chem. Res.* **2015**, *48*, 2107: „Diiron Azadithiolates as Models for the [FeFe]-Hydrogenase Active Site and Paradigm for the Role of the Second Coordination Sphere"

[42] P. Rodriguez-Maciá, A. Dutta, W. Lubitz, W. J. Shaw, O. Rüdiger, *Angew. Chem.* **2015**, *127*, 12478: „Direkter Leistungsvergleich eines bioinspirierten synthetischen Ni-Katalysators und einer [NiFe]-Hydrogenase, beide kovalent an eine Elektrode gebunden"

[43] D. Wang, D. Astruc, *Chem Rev.* **2015**, *115*, 6621: „The Golden Age of Transfer Hydrogenation"

[44] R. Noyori, M. Yamakawa, S. Hashiguchi, *J. Org. Chem.* **2001**, *66*, 7931: „Metal–Ligand Bifunctional Catalysis: A Nonclassical Mechanism for Asymmetric Hydrogen Transfer between Alcohols and Carbonyl Compounds"

[45] M. C. Warner, J.-E. Bäckvall, *Acc. Chem. Res.* **2013**, *46*, 2545: „Mechanistic Aspects on Cyclopentadienylruthenium Complexes in Catalytic Racemization of Alcohols"

[46] O. Verho, J.-E. Bäckvall, *J. Am. Chem. Soc.* **2015**, *137*, 3996: „Chemoenzymatic Dynamic Kinetic Resolution: A Powerful Tool for the Preparation of Enantiomerically Pure Alcohols and Amines"

[47] Y. Obora, *ACS Catal.* **2014**, *4*, 3972: „Recent Advances in α-Alkylation Reactions using Alcohols with Hydrogen Borrowing Methodologies"

[48] J. Leonard, A. J. Blacker, S. P. Marsden, M. F. Jones, K. R. Mulholland, R. Newton, *Org. Process Res. Dev.* **2015**, *19*, 1400: „A Survey of the Borrowing Hydrogen Approach to the Synthesis of some Pharmaceutically Relevant Intermediates"

[49] F. Huang, Z. Liu, Z. Yu, *Angew. Chem.* **2016**, *128*, 872: „C-Alkylierung von Ketonen und verwandten Verbindungen durch Alkohole: übergangsmetallkatalysierte Dehydrierung"

Weiterführende Literatur

V. I. Bakhmutov, *Eur. J. Inorg. Chem.* **2005**, 245: „Proton Transfer to Hydride Ligands with Formation of Dihydrogen Complexes: A Physicochemical View"

A. Börner, *Eur. J. Inorg. Chem.* **2001**, 327: „The Effect of Internal Hydroxy Groups in Chiral Diphosphane Rhodium(I) Catalysts on the Asymmetric Hydrogenation of Functionalized Olefins"

J. M. Brown, R. Giernoth, *Curr. Opin. Drug Discovery Dev.* **2000**, *3*, 825: „New Mechanistic Aspects of the Asymmetric Homogeneous Hydrogenation of Alkenes"

R. M. Bullock, M. L. Helm, *Acc. Chem. Res.* **2015**, *48*, 2017: „Molecular Electrocatalysts for Oxidation of Hydrogen Using Earth-Abundant Metals: Shoving Protons Around with Proton Relays"

P. J. Chirik, *Acc. Chem. Res.* **2015**, *48*, 1687: „Iron- and Cobalt-Catalyzed Alkene Hydrogenation: Catalysis with Both Redox-Active and Strong Field Ligands"

R. H. Crabtree, D. G. Hamilton, *Adv. Organomet. Chem.* **1988**, *28*, 299: „H–H, C–H, and Related Sigma-Bonded Groups as Ligands"

R. H. Crabtree, *Chem. Rev.* **2016**, *116*, 8750: „Dihydrogen Complexation"

X. Cui, K. Burgess, *Chem. Rev.* **2005**, *105*, 3272: „Catalytic Homogeneous Asymmetric Hydrogenations of Largely Unfunctionalized Alkenes"

B. R. James, *Adv. Organomet. Chem.* **1979**, *17*, 319: „Hydrogenation Reactions Catalyzed by Transition Metal Complexes"

J. R. Khusnutdinova, D. Milstein, *Angew. Chem.* **2015**, *127*, 12406: „Metall-Ligand-Kooperation"

M. Kitamura, H. Nakatsuka, *Chem. Commun.* **2011**, *47*, 842: „Mechanistic Insight into NOYORI Asymmetric Hydrogenations“

P. Kleman, A. Pizzano, *Tetrahedron Lett.* **2015**, *56*, 6944: „Rh Catalyzed Asymmetric Olefin Hydrogenation: Enamides, Enol Esters and Beyond“

W. S. Knowles, *Angew. Chem.* **2002**, *114*, 2096: „Asymmetrische Hydrierungen“ (Nobel-Vortrag)

I. V. Komarov, A. Börner, *Angew. Chem.* **2001**, *113*, 1237: „Hochenantioselektiv oder nicht? – Chirale einzähnige Monophosphorliganden in der asymmetrischen Hydrierung“

G. J. Kubas, *Adv. Inorg. Chem.* **2004**, *56*, 127: „Heterolytic Splitting of H–H, Si–H, and other σ Bonds on Electrophilic Metal Centers“

G. J. Kubas, *Proc. Natl. Acad. Sci. USA* **2007**, *104*, 6901: „Dihydrogen Complexes as Prototypes for the Coordination Chemistry of Saturated Molecules“

R. Noyori, S. Hashiguchi, *Acc. Chem. Res.* **1997**, *30*, 97: „Asymmetric Transfer Hydrogenation Catalyzed by Chiral Ruthenium Complexes“

R. Noyori, T. Ohkuma, *Angew. Chem.* **2001**, *113*, 40: „Asymmetrische Katalyse mit hinsichtlich Struktur und Funktion gezielt entworfenen Molekülen: die chemo- und stereoselektive Hydrierung von Ketonen“

R. Peters (ed.), *Cooperative Catalysis*, Wiley-VCH, Weinheim, **2015**

A. Pfaltz, J. Blankenstein, R. Hilgraf, E. Hörmann, S. McIntyre, F. Menges, M. Schönleber, S. P. Smidt, B. Wüstenberg, N. Zimmermann, *Adv. Synth. Catal.* **2003**, *345*, 33: „Iridium-Catalyzed Enantioselective Hydrogenation of Olefins“

R. A. Sánchez-Delgado, M. Rosales, *Coord. Chem. Rev.* **2000**, *196*, 249: „Kinetic Studies as a Tool for the Elucidation of the Mechanisms of Metal Complex-Catalyzed Homogeneous Hydrogenation Reactions“

S. Shastri, H. Narang, *PharmaTutor* **2017**, *5*, 37: „Combinatorial Chemistry - Modern Synthesis Approach“

T. R. Simmons, V. Artero, *Angew. Chem.* **2013**, *125*, 62596: „Katalytische Wasserstoffoxidation: Beginn einer neuen Eisenzeit“

J. J. Verendel, O. Pàmies, M. Diéguez, P. G. Andersson, *Chem. Rev.* **2014**, *114*, 2130: „Asymmetric Hydrogenation of Olefins Using Chiral Crabtree-type Catalysts: Scope and Limitations“

D. H. Woodmansee, A. Pfaltz, *Chem. Commun.* **2011**, *47*, 7912: „Asymmetric Hydrogenation of Alkenes Lacking Coordinating Groups“

T. Zell, D. Milstein, *Acc. Chem. Res.* **2015**, *48*, 1979: „Hydrogenation and Dehydrogenation Iron Pincer Catalysts Capable of Metal–Ligand Cooperation by Aromatization/Dearomatization“

5 Hydroformylierung von Olefinen und Fischer-Tropsch-Synthese

5.1 Cobaltkatalysatoren

Im Zusammenhang mit Untersuchungen, unter den Bedingungen der Fischer-Tropsch-Synthese (Synthese von Kohlenwasserstoffen aus CO/H_2) sauerstoffhaltige Verbindungen als Hauptprodukte zu erhalten, wurde 1938 von Otto Roelen bei der Ruhrchemie die Umsetzung von Ethen mit Synthesegas (CO/H_2) zu Propionaldehyd in Gegenwart eines heterogenen Cobalt–Thorium-Katalysators entdeckt und bis zur technischen Reife entwickelt. Beim Einsatz terminaler Olefine als Substrat werden *n*-Aldehyde und/oder – die zumeist unerwünschten – Isoaldehyde gebildet:

$$\mathrm{R{-}CH{=}CH_2} \xrightarrow[\text{Kat.}]{\mathrm{CO\,/\,H_2}} \mathrm{R{-}CH(H){-}CH_2{-}CHO} + \mathrm{R{-}CH(CHO){-}CH_2{-}H}$$

Dieser Prozess wird als Hydroformylierung von Olefinen bezeichnet, weil die Reaktion formal der Addition eines H-Atoms und einer Formylgruppe (–CHO) an eine olefinische Doppelbindung entspricht. Die Bezeichnung Oxo-Synthese ist – obwohl nicht ganz zutreffend – ebenfalls gebräuchlich [1].[1] Hydroformylierungen von Olefinen sind exergonisch ($\Delta G^{\ominus}$ = −65 kJ/mol für Propen). Sie verlaufen im Sinne einer *syn*-Addition an die Doppelbindung.

Ende der 1940er-Jahre wurde gezeigt, dass aus dem oben erwähnten heterogenen Katalysator zunächst das im Reaktionsgemisch lösliche Dicobaltoctacarbonyl gebildet wird, also eine homogen katalysierte Reaktion vorliegt. Grundlegende Untersuchungen zum Mechanismus gehen auf R. F. Heck und D. S. Breslow Anfang der 1960er-Jahre zurück. Ausgehend von $[Co_2(CO)_8]$ wird unter Einwirkung von H_2 zunächst der Präkatalysator $[CoH(CO)_4]$ gebildet. Abspaltung von CO führt zur Bildung des katalytisch aktiven Komplexes $[CoH(CO)_3]$. Der Mechanismus der Katalyse ist in Abbildung 5.1 wiedergegeben.

[1] Unmittelbar nach der Entdeckung der Hydroformylierung von Ethen wurde „... zunächst angenommen, daß es nur eine Frage der Weiterentwicklung der Arbeitsmethoden sein müßte, bis es eines Tages gelingen würde, beliebige Olefine wahlweise in Aldehyde oder Ketone zu überführen – also generell in *Oxo-Verbindungen*. Unter Vorwegnahme dieser erwarteten späteren Entwicklung führte seinerzeit die *Patentabteilung der Ruhrchemie* für die neue Reaktion die Kurzbezeichnung ‚*Oxo-Synthese*‘ ein. Die urspüngliche Annahme hat sich jedoch nicht bestätigen lassen: ... Die Bezeichnung ‚*Oxo-Synthese*‘ hat sich jedoch wegen ihrer Kürze und Prägnanz schlagwortartig verbreitet und ließ sich trotz des entgegenstehenden Sachverhaltes und trotz entsprechender Bemühungen nicht mehr aus dem Sprachgebrauch entfernen.“ (zitiert nach [1])

D. Steinborn, *Grundlagen der metallorganischen Komplexkatalyse*, Studienbücher Chemie,
https://doi.org/10.1007/978-3-662-56604-6_5

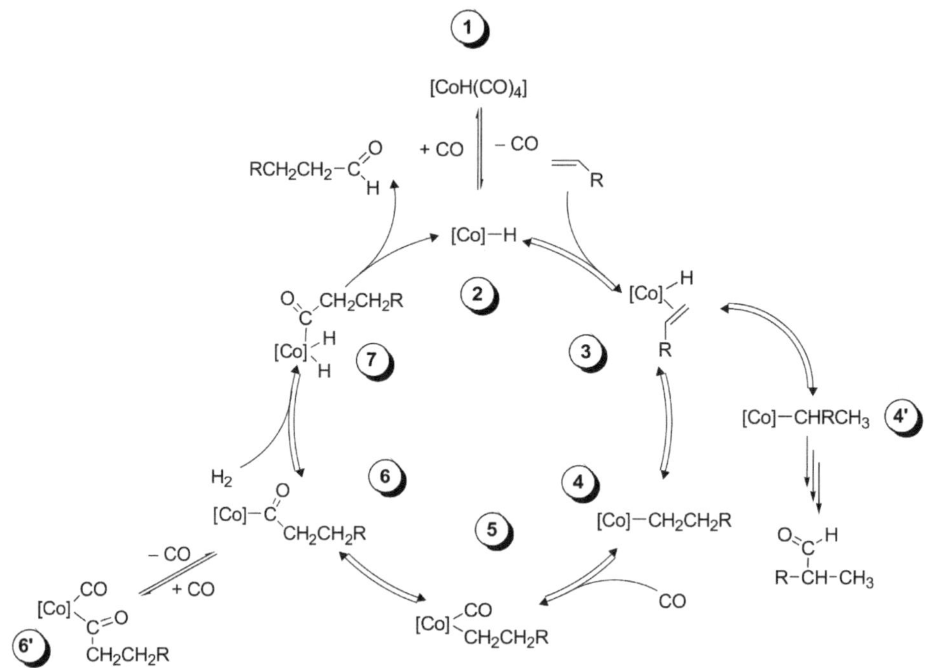

Abbildung 5.1. Mechanismus (vereinfacht) der Hydroformylierung von Olefinen mit $[CoH(CO)_4]$ als Präkatalysator ($[Co] = Co(CO)_3$).

Im Einzelnen sind folgende Reaktionsschritte zu nennen:

1 → **2**: *Ligandenabspaltung/-anlagerung.* Bildung des katalytisch aktiven Komplexes (Co^I, 16 *ve*) aus dem Präkatalysator (Co^I, 18 *ve*).

2 → **3**: *Ligandenanlagerung/-abspaltung.* Olefinaktivierung durch Bildung eines koordinativ gesättigten π-Olefinkomplexes (Co^I, 18 *ve*).

3 → **4**: *Insertion/β-H-Eliminierung.* Bildung eines *n*-Alkylcobalt(I)-Komplexes (16 *ve*) durch Co–C1-Bindungsknüpfung.

4 → **5**: *Ligandenanlagerung/-abspaltung.* Koordination von CO führt zu einem Alkyltetracarbonylcobalt(I)-Komplex (18 *ve*).

5 → **6**: *CO-Insertion/-Deinsertion.* Via migratorische CO-Insertion entsteht ein Acylcobalt(I)-Komplex (16 *ve*).

6 → **7**: *Oxidative Addition/reduktive Eliminierung.* H_2 wird zunächst an **6** unter Bildung eines η^2-Diwasserstoffkomplexes koordiniert und dann erfolgt oxidative Addition zu einen Acyldihydridocobalt(III)-Komplex (18 *ve*).

7 → **2**: *Reduktive C–H-Eliminierung* unter Abspaltung des Aldehyds führt zur Rückbildung des Katalysatorkomplexes **2**. Dieser Reaktionsschritt ist unter den Reaktionsbedingungen irreversibel (zur oxidativen Addition von Aldehyd-C–H-Bindungen vgl. Aufgabe 5.2).

6 → 6': *Ligandenanlagerung/-abspaltung.* Anlagerung von CO an den koordinativ ungesättigten Komplex **6** ergibt den 18-*ve*-Komplex **6'** als Off-Cycle-Produkt.

3 → 4/4': *Regioselektivität (n/iso-Selektivität).* Sie wird über die Olefininsertion gesteuert: Bildung einer Co–C1-Bindung (**3** → **4**) führt zu *n*-Aldehyden, während die Knüpfung einer Co–C2-Bindung (**3** → **4'**) einen Reaktionskanal zur Bildung der Isoaldehyde öffnet.

Mechanismus – Vertiefung: ein Modellbeispiel

Der auf hohem quantenchemischen Niveau berechnete Verlauf der freien Enthalpie ΔG für die Hydroformylierung von Propen zu *n*-Butyraldehyd (Abbildung 5.2) spiegelt den Katalysezyklus in Abbildung 5.1 (R = Me) wider. Die Rechnungen sind geeignet, beispielhaft den Mechanismus einer Reaktion anhand eines Reaktionsprofildiagramms und ihrer Kinetik zu analysieren. Die ΔG-Werte in Abbildung 5.2 sind für eine typische Temperatur (150 °C) angegeben, bei der die Katalyse durchgeführt wird.

Der Reaktionszyklus **2** + $H_2C{=}CHMe$ + 2 CO + H_2 → … → **2** + *n*-PrCHO + CO ist stark exotherm (ΔH = –98 kJ/mol), aber entropisch bedingt schwach endergonisch (ΔG = +4 kJ/mol). Von den drei koordinativ ungesättigten Komplexen **2**, **4** und **6** sind die letzten beiden durch eine β-agostische C–H···Co- bzw. eine Co···O-Wechselwirkung stabilisiert. Alle drei Komplexe setzten sich mit dem stark koordinierenden CO zu den stabileren, koordinativ gesättigten Komplexen **1**, **5** bzw. **6'** um. **1** und **6'** sind aber Off-Cycle-Produkte, sodass in diesen beiden Fällen eine Koordination des schwächer bindenden Olefins (**2** → **3**) bzw. von H_2 (**6** → **7'**) mit einer (unerwünschten) CO-Koordination konkurrieren muss.

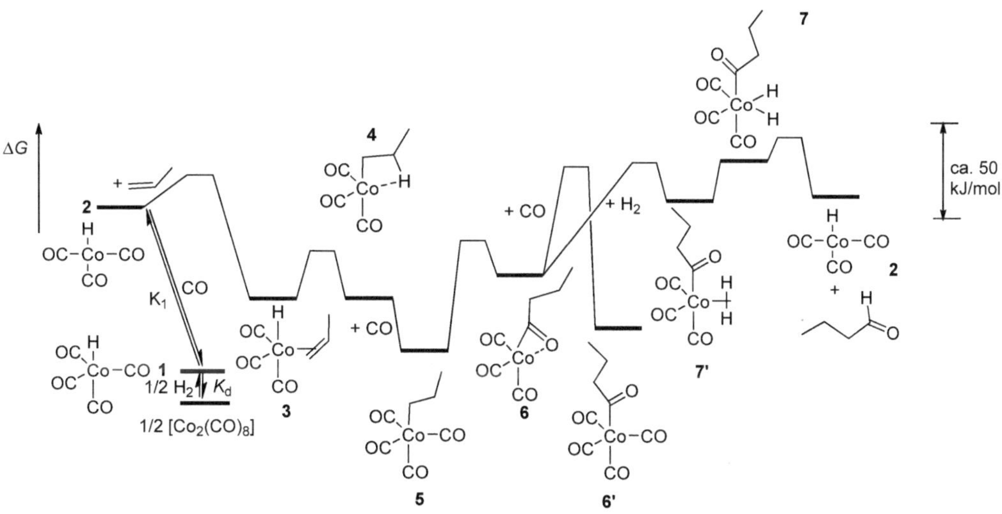

Abbildung 5.2. Quantenchemisch berechneter Verlauf der freien Enthalpie ΔG (T = 423 K) für die Hydroformylierung von Propen zu *n*-Butyraldehyd mit $[CoH(CO)_3]$ (**2**) als Katalysator. Alle ΔG-Werte sind auf die elementare Zusammensetzung $[CoH(CO)_3]$ (**2**) + $H_2C{=}CHMe$ + 2 CO + H_2 bezogen, wobei Lösungsmitteleinflüsse (Toluol) so gering sind, dass sie nicht berücksichtigt wurden (vereinfacht nach Rush, Pringle und Harvey [2]).

Im Falle von **2** hat eine CO-Koordination erhebliche Konsequenzen: **2** und **1** stehen im Gleichgewicht. Die hohe Stabilität von **1** (im Vergleich mit **2**) und das nachgelagerte Gleichgewicht von **1** mit $[Co_2(CO)_8]/H_2$ führen dazu, dass **2** unter typischen Katalysebedingungen nur in verschwindend kleiner Menge (ca. 10^{-14} mol/l) vorhanden ist. Eine andere Sichtweise auf den genannten Sachverhalt ist: Der katalytisch aktive Komplex **2** wird aus dem Präkatalysator $[Co_2(CO)_8]$ nur in kleinsten Mengen gebildet.

Aus den quantenchemischen Rechnungen (ΔG-Werte aller relevanten Spezies und Übergangszustände unter Katalysebedingungen) wurde die Kinetik der Reaktion (150 °C) bei verschiedenen Drücken von H_2 und CO ermittelt, die die experimentellen Befunde gut widerspiegelt. Unter einigen vereinfachenden Annahmen ist die folgende Geschwindigkeitsgleichung abgeleitet worden:

$$r \approx \frac{K_1 k_2}{\sqrt{2K_\mathrm{d}}} \cdot \frac{\sqrt{p_{\mathrm{H2}}}\sqrt{c_{\mathrm{Co}}}\,c_{\mathrm{olefin}}}{p_{\mathrm{CO}}}$$

r – Bildungsgeschwindigkeit von *n*-PrCHO; K_1, K_d – Gleichgewichtskonstante **1** $\rightleftharpoons$ **2** + CO bzw. **1** $\rightleftharpoons$ ½ $[Co_2(CO)_8]$ + ½ H_2; k_2 = Geschwindigkeitskonstante **2** → **3**; c_Co = Totalkonzentration an [Co].

Unerwartet hat sich also ergeben, dass der geschwindigkeitsbestimmende Schritt die Addition von Propen an **2** ist (**2** → **3**), obwohl diese Reaktion auf der Potentialhyperfläche barrierelos ist, aber bedingt durch die Diffusionskontrolle im ΔG-Diagramm eine Aktivierungsbarriere von ca. 19 kJ/mol aufweist. Das ist in erster Linie eine direkte Folge der äußerst geringen Konzentration von **2** im Reaktionsgemisch und nicht der Aktivierungsbarriere der Reaktion **2** → **3** [2].

Im Reaktionsprofildiagramm ist der stabilste (TOF-limitierende) Zustand $[Co_2(CO)_8]/H_2$. Ein energetisches „Anheben" der Niveaus der Off-Cycle-Produkte $[Co_2(CO)_8]/H_2$ (ggf. zusammen mit **1**) würde zu einem „flacheren" Reaktionsprofil, also zu einer schnelleren Gesamtreaktion führen. Aus einem anderen Blickwinkel betrachtet: Die Konzentration an **2** würde steigen, weil K_d kleiner und/oder K_1 größer wird. Der energetisch höchste (TOF-limitierende) Übergangszustand ist mit der reduktiven C–H-Eliminierung (**7** → **2**) verknüpft, also der Reaktion, die bislang (neben anderen Vorschlägen) als geschwindigkeitsbestimmend angesehen worden war. Bei der hier vorgenommenen qualitativen Analyse bleibt offen, inwieweit noch andere Zustände zur TOF-Kontrolle beitragen.

Sowohl aus der kinetischen Analyse als auch aus dem Reaktionsprofildiagramm folgt, dass eine Erhöhung von p_{H2} zu einer schnelleren Reaktion führt, allerdings tritt dann auch zunehmend eine unerwünschte Hydrierung des Olefins zum Alkan ein.

Phosphanmodifizierte Cobaltkatalysatoren

Werden dem Cobaltkatalysator $[Co_2(CO)_8]$ Phosphane zugesetzt, führt das zu einer beträchtlichen Erhöhung des *n*/iso-Verhältnisses. Das ist – zumindest zum Teil – durch den sterischen Anspruch des Phosphanliganden bedingt, wodurch die Bildung von Cobaltkomplexen mit sekundären Alkyl-/Acylliganden gegenüber denen mit primären Alkyl-/Acylliganden erschwert wird. Der Reaktionsmechanismus bei Verwendung von phosphanmodifizierten Cobaltkatalysatoren, z. B. von $[CoH(CO)_3\{P(n\text{-}Bu)_3\}]$ als Präkatalysator, ist im Prinzip dem phosphanfreien System analog.

Die wichtigsten Katalysatoren für Hydroformylierungen sind nichtmodifizierte Cobaltcarbonylkatalysatoren sowie phosphanmodifizierte Cobalt- und Rhodiumkatalysatoren. Typische Prozessparameter sind in Tabelle 5.1 zusammengestellt.

Tabelle 5.1. Katalysatorsysteme und Prozessparameter in technisch genutzten Hydroformylierungsprozessen (nach [L8]).

Präkatalysator	$[CoH(CO)_4]$	$[CoH(CO)_3\{P(n\text{-}Bu)_3\}]$	$[RhH(CO)(PPh_3)_3]$[a)]
Katalysator	$[CoH(CO)_3]$	$[CoH(CO)_2\{P(n\text{-}Bu)_3\}]$	$[RhH(CO)(PPh_3)_2]$
p (in bar)	200–300	50–100	7–25
T (in °C)	140–180	180–200	90–125
C_4-Selektivität (in %)	82–85	>85	>90
n/iso-Verhältnis	4/1	bis zu 9/1	bis zu 19/1

a) In Gegenwart eines bis zu 500fachen Überschusses an PPh_3.

Generell erfordern die cobalthaltigen Systeme hohe Drücke an Kohlenmonoxid, um eine Zersetzung des Katalysators in Co und Kohlenmonoxid zu unterdrücken. Die höhere thermische Stabilität der phosphanmodifizierten Cobaltkatalysatoren, die etwas geringere Drücke zulässt, wird mit einer geringeren katalytischen Aktivität erkauft, was wiederum höhere Reaktionstemperaturen erfordert. Diese Katalysatoren besitzen auch eine beträchtliche Hydrieraktivität und die Prozesse können so geführt werden, dass anstelle der Aldehyde direkt die Alkohole erhalten werden. Das bietet einen Vorteil bei Hydroformylierungen von höheren Olefinen: Die thermisch empfindlichen, aber höher siedenden Aldehyde können nicht mehr destillativ vom Katalysatorsystem abgetrennt werden, wohl aber die weniger empfindlichen Alkohole. Insbesondere bei kürzerkettigen Olefinen wird aber zur Alkoholsynthese einem Zweistufenprozess, einer Rh-katalysierten Aldehydsynthese gefolgt von einem separaten Hydrierungsschritt, der Vorzug gegeben.

Aufgabe 5.1

Führen Sie Gründe für die höhere thermische Stabilität der phosphanmodifizierten gegenüber den nichtphosphanmodifizierten Cobaltkatalysatoren an. Wie ändert sich die Acidität von $[CoH(CO)_4]$ bei Phosphansubstitution?

5.2 Phosphanmodifizierte Rhodiumkatalysatoren

Die Entdeckung der Hydroformylierungsaktivität von phosphanmodifizierten Rhodiumkatalysatoren Mitte der 1960er-Jahre, die heutzutage die breiteste Anwendung finden, geht auf G. Wilkinson zurück. Rhodiumkatalysatoren besitzen eine etwa um den Faktor 1000 höhere katalytische Aktivität als Cobaltkatalysatoren [3]. Darüber hinaus zeichnen sich phosphanmodifizierte Rhodiumkatalysatoren durch ein hohes *n*/iso-Verhältnis der gebildeten Aldehyde aus (Tabelle 5.1). Es werden Selektivitäten bezüglich der Aldehydbildung >90 % erreicht. Als Nebenreaktionen treten Hydrierungen der Aldehyde zu den Alkoholen und der Olefine zu gesättigten Kohlenwasserstoffen sowie Kondensationsreaktionen (z. B. Aldolreaktionen) der Aldehyde auf. Rhodiumkatalysatoren führen im Allgemeinen zu weniger Nebenprodukten als Cobaltkatalysatoren, erfordern aber eine sorgfältige Reinigung der Edukte. Die höhere Stabilität der Rhodiumkomplexe und die niedrigeren Reaktionstemperaturen ergeben längere Standzeiten der Katalysatoren. Somit wird trotz des höheren Edelmetallpreises bei Neuanlagen zur Hydroformylierung von niederen Olefinen den Rhodiumkatalysatoren der Vorzug gegeben.

Der grundlegende Mechanismus ausgehend von $[RhH(CO)(PPh_3)_3]$ (**8**) als Präkatalysator ist in Abbildung 5.3 dargestellt. Es handelt sich dabei um den „dissoziativen Mechanismus", denn vor der Olefinkoordination erfolgt Abspaltung eines PPh_3-Liganden. Im Einzelnen sind folgende Reaktionsschritte zu nennen, die denen der cobaltkatalysierten Reaktion ähnlich sind:

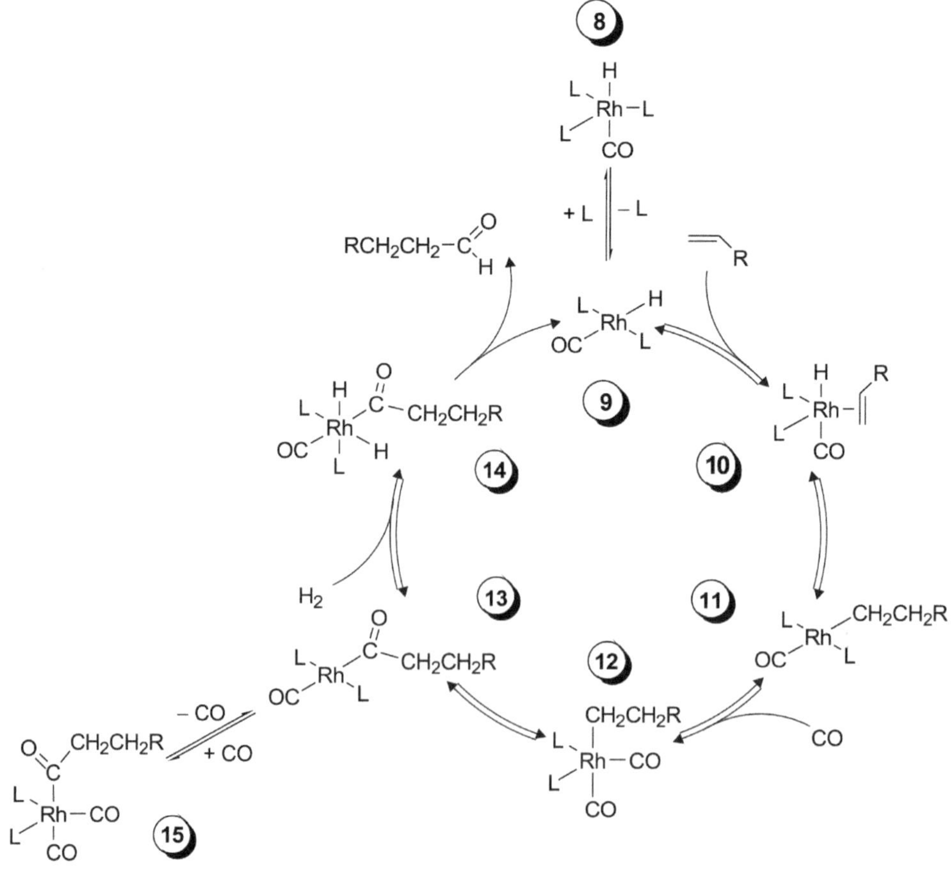

Abbildung 5.3. Mechanismus (vereinfacht) der Hydroformylierung von Olefinen mit Komplex **8**, $[RhH(CO)(PPh_3)_3]$, als Präkatalysator (L = PPh_3).

8 → 9: *Ligandenabspaltung/-anlagerung.* Der koordinativ und elektronisch gesättigte trigonal-bipyramidale Präkatalysator geht durch Phosphanabspaltung in den katalytisch aktiven quadratisch-planaren Rhodium(I)-Komplex (16 *ve*) über.

9 → 10: *Ligandenanlagerung/-abspaltung.* Olefinaktivierung durch π-Komplexbildung unter Bildung eines koordinativ und elektronisch gesättigten Komplexes (Rh^{I}, 18 *ve*).

10 → 11: *Insertion/β-H-Eliminierung.* Bildung eines *n*-Alkylrhodium(I)-Komplexes (16 *ve*) durch Rh–C1-Bindungsknüpfung.

11 → 12: *Ligandenanlagerung/-abspaltung.* Koordination von CO führt zu einem Alkyldicarbonyl-bis(phosphan)rhodium(I)-Komplex (18 *ve*).

12 → 13: *CO-Insertion/-Deinsertion.* Via migratorische CO-Insertion entsteht ein Acylrhodium(I)-Komplex (16 *ve*).

13 → 14: *Oxidative Addition/reduktive Eliminierung.* Oxidative Addition von H_2 führt zu einem elektronisch und koordinativ gesättigten Rhodium(III)-Komplex. Wahrscheinlich ist dieser Schritt geschwindigkeitsbestimmend.

14 → 9: *Reduktive Eliminierung.* Der Aldehyd wird in einer reduktiven C–H-Eliminierungsreaktion abgespalten, wobei sich der Katalysator **9** zurückbildet. Diese Reaktion ist irreversibel (zur oxidativen Addition von Aldehyd-C–H-Bindungen vgl. Aufgabe 5.2).

13 → 15: *Ligandenanlagerung/-abspaltung.* CO-Anlagerung ergibt einen elektronisch gesättigten Rh^{I}-Komplex, der erst nach Abspaltung von CO zur oxidativen Addition von H_2 befähigt ist. Somit ist **15** Reservoir (Resting State) für einen katalytisch aktiven Komplex und seine Bildung mindert die katalytische Aktivität.

Der phosphanmodifizierte Rhodiumkatalysator $[RhH(CO)(PPh_3)_3]$ (**8**), der auch in der Industrie angewendet wird, ist mechanistisch gut untersucht. Er steht unter Hydroformylierungsbedingungen, also in Gegenwart von CO und PPh_3, mit einer Reihe anderer Komplexe im Gleichgewicht:

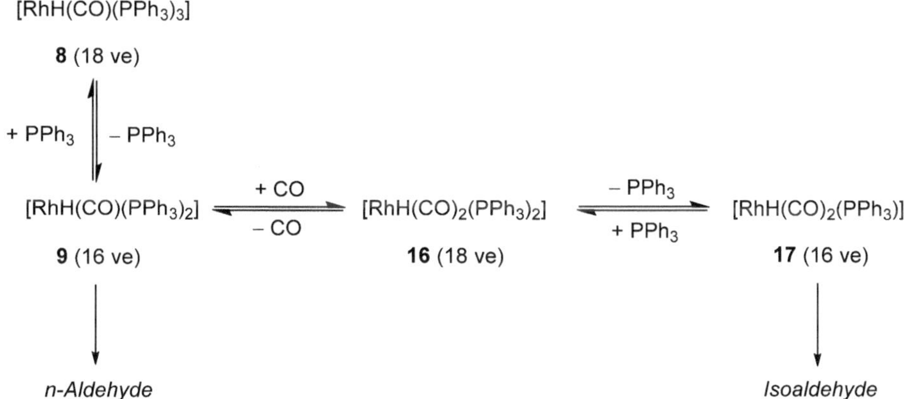

Die beiden 16-*ve*-Komplexe **9** und **17** katalysieren die Oxo-Synthese. Der Mechanismus mit dem Bis(triphenylphosphan)-Katalysatorkomplex **9** ist zuvor beschrieben worden. Der Dicarbonylrhodiumkomplex **17** katalysiert die Hydroformylierung in analoger Weise. Während

Komplex **9** mit hoher Selektivität die unverzweigten Aldehyde bildet, katalysiert Komplex **17** bevorzugt die Bildung von Isoaldehyden. Wesentliche Ursache dafür ist, dass im Bis(triphenylphosphan)-Komplex **9** durch den hohen Raumanspruch der beiden PPh_3-Liganden die Insertion des Olefins in die Rh–H-Bindung zu einem primären Alkylliganden (Rh–C1-Bindungsknüpfung) gegenüber der Insertion zu einem sekundären Alkylliganden (Rh–C2-Bindungsknüpfung) sehr stark bevorzugt ist. Demgegenüber scheint beim Dicarbonylrhodiumkomplex **17** die Insertion mit Rh–C2-Bindungsbildung zu dominieren, sodass verzweigte Aldehyde entstehen.

Die Lage des Gleichgewichts **9** $\rightleftharpoons$ **17** hängt ausgeprägt vom CO-Druck und der Phosphankonzentration ab. Die Bildung von **9** wird durch niedrigen CO-Druck und hohe Phosphankonzentration begünstigt, letzteres mindert aber die Katalysatoraktivität. Unter den technischen Bedingungen der Butyraldehydsynthese dominiert bei einem 100–200fachen Überschuss an PPh_3 die Bildung der *n*-Aldehyde.

Quantenchemische Rechnungen geben einen Einblick in den Ablauf der Hydroformylierung von Ethen mit $[RhH(CO)_2(PH_3)_2]$ (**18**) als Modellkatalysator (Abbildung 5.4). Die Gesamtreaktion ist exergonisch, kein Zwischenprodukt ist thermodynamisch zu stabil und keine Teilreaktion weist eine ausnehmend hohe Aktivierungsbarriere auf. Um Lösungsmitteleinflüsse zumindest partiell zu erfassen, ist Ethen als Modelllösungsmittel gewählt worden. Insbesondere die koordinativ ungesättigten (quadratisch-planaren) Komplexe (**19**, **21**, **23**, **25**) werden durch Lösungsmittelsolvatation (hier: $H_2C{=}CH_2$-Koordination) maßgeblich stabilisiert, wäh-

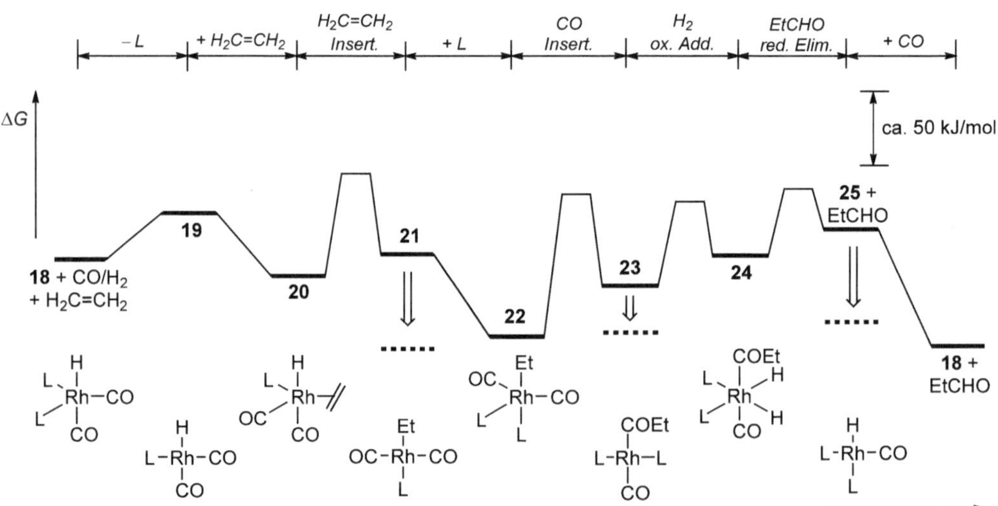

Abbildung 5.4. Quantenchemisch berechneter Verlauf der freien Enthalpie ΔG (T = 298 K) für die Hydroformylierung von Ethen mit $[RhH(CO)_2(PH_3)_2]$ (**20**) als Modellkatalysator (L = PH_3). Die gestrichelten Linien berücksichtigen Lösungsmitteleffekte ($H_2C{=}CH_2$) (vereinfacht nach Matsubara und Morokuma [4]).

rend sich die freien Enthalpien der Übergangszustände nur wenig ändern. Das führt zu erheblichen Änderungen in den Aktivierungsbarrieren der einzelnen Reaktionsschritte. Damit ist an einem Beispiel belegt, dass aus quantenchemischen Rechnungen von Reaktionsabläufen in der Gasphase nur bedingt auf den Ablauf in Lösung geschlossen werden darf.

Aufgabe 5.2

Formulieren Sie für die rhodiumkatalysierte intramolekulare Hydroacylierung einer olefinischen Doppelbindung **1** → **2** einen möglichen Mechanismus. Wie kann das Nebenprodukt **3** gebildet werden?

$[Rh(dppe)]^+$; $MeNO_2$, 20 °C; **1**; **2** (95 %); **3**

$[Rh(acac)(CO)_2]/PEt_3$ katalysiert in Ethanol als Lösungsmittel eine Hydrohydroxymethylierung[1] von Olefinen, die direkt zu Alkoholen führt, ohne dass Aldehyde als Zwischenprodukte auftreten:

$$R\text{-}CH{=}CH_2 + CO + 2\,H_2 \xrightarrow[125\ °C]{[Rh]} R\text{-}CH_2CH_2CH_2OH$$

Zum Verständnis der Reaktion gehen wir vom Intermediat **13** (vgl. Abbildung 5.3) aus. Mit L = PPh_3 findet – wie besprochen – eine Hydroformylierung unter Bildung von Aldehyden statt (Reaktionsweg **a**). Mit L = PEt_3 als Coliganden könnte es zu einer Protonierung des Acylsauerstoffatoms kommen, wobei ein kationischer Hydroxycarbenkomplex **13'** gebildet würde, der den Reaktionspfad **b** zur Alkoholbildung öffnet. Als Protonenquelle wird das Lösungsmittel (z. B. Ethanol) angenommen.

(a) R–CH₂CH₂–CHO ⇐ (H_2, L = PPh_3) OC–Rh(L)₂–C(=O)CH₂CH₂R (**13**) ⇌ (+ H^+ / – H^+) $[OC\text{–}Rh(L)_2{=}C(OH)CH_2CH_2R]^+$ (**13'**) ⇒ (H_2, L = PEt_3) R–CH₂CH₂–CH₂OH (b)

Aufgabe 5.3

- Formulieren Sie einen möglichen Mechanismus der Hydrohydroxymethylierung von Alkenen $RCH{=}CH_2$, der ausgehend von **13'** mit einer oxidativen Addition von H_2 gefolgt von einer H-Verschiebung vom Rh auf den Carbenliganden beginnt und schließlich zu **9** (Abbildung 5.3) führt.
- Worauf führen Sie die unterschiedliche Reaktion der Katalysatoren mit PPh_3- und PEt_3-Liganden zurück? Mit $P(i\text{-}Pr)_3$ als Liganden gewinnt wieder die Aldehydbildung die Oberhand. Geben Sie eine Erklärung.

---

[1] Die durch Eisencarbonyle katalysierte Alkoholsynthese nach W. Reppe, $RCH{=}CH_2 + 3\,CO + 2\,H_2O \rightarrow RCH_2\text{–}CH_2\text{–}CH_2OH + 2\,CO_2$ (R = H, Alkyl), führt zum gleichen Ergebnis (vgl. S. 143). Beide Reaktionen werden – neben anderen Reaktionen – auch als Hydrocarbonylierungsreaktionen bezeichnet.

Abgesehen von einer direkten Hydrohydroxymethylierung von Olefinen können Alkohole auch in einer Hydroformylierung–Hydrierung Auto-Tandemkatalyse (siehe Exkurs) erhalten werden. Als Beispiel ist die Reaktion **26** → **27** mit Ausbeuten an Alkoholen von ca. 90 % angeführt. Es wird angenommen, dass die intermediär gebildeten Aldehyde über N–H···O-Wasserstoffbrücken des protonierten Guanidins im Liganden L fixiert werden (siehe Modellvorstellung in **28**), was ihre nachfolgende Hydrierung ermöglicht. Das führt auch zu einer hohen Chemoselektivität, denn Ketogruppen in R werden nicht hydriert [5].

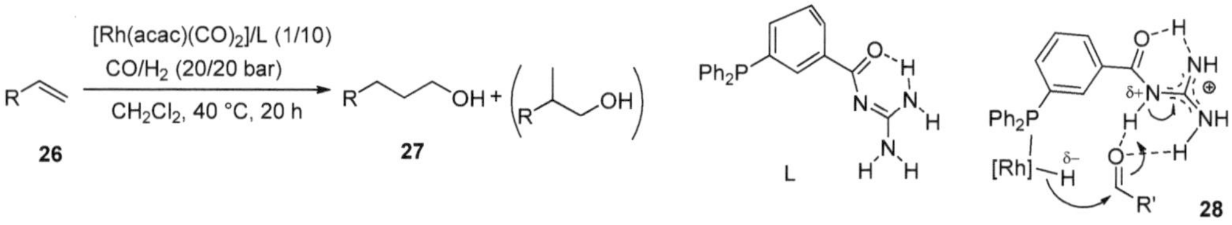

[Rh(acac)(CO)$_2$]/L (1/10)
CO/H_2 (20/20 bar)
CH_2Cl_2, 40 °C, 20 h
26 → **27**   L   **28**

Exkurs: Domino-/Tandemkatalyse

Eintopfreaktionen, in denen mehrere katalytische Transformationen nacheinander ablaufen (sequentielle katalytische Reaktionen), sind aus vielerlei Gründen gegenüber einer konventionellen Reaktionsführung in mehreren separaten Reaktionsgefäßen/Reaktoren attraktiv (einfachere Prozessführung, nur *ein* Aufarbeitungs-/Reinigungsprozess usw.). Zu diesen gehören Domino- und Tandemkatalysen, die aus einer Abfolge von zwei oder mehr katalytischen Bindungsknüpfungsreaktionen bestehen, die *nacheinander* ablaufen. Die nachfolgende Reaktion in der Kaskade ist eine Konsequenz aus einer Funktionalität, die im vorangehenden Schritt gebildet worden ist. Da Zwischenprodukte/Intermediate unmittelbar weiter umgesetzt werden, brauchen sie nicht so stabil zu sein, dass sie isoliert werden können. Ist das der Fall, könnte im Prinzip jede der Teilreaktionen auch separat realisiert werden. Im strengen Sinne müssen bei Domino-/Tandemreaktionen alle Reagenzien und Katalysatoren von Anfang an im Reaktionsgefäß zugegen sein und dürfen die Reaktionsbedingungen während des Prozesses nicht geändert werden. Gelegentlich schließt man auch Prozesse ein, bei denen die Reaktionsbedingungen (z. B. T oder p) geändert werden oder gar eine zeitlich verzögerte Zugabe eines Reagenzes oder Katalysators erfolgt.

Das Fließschema (adaptiert von [6, 7]) macht den Unterschied zwischen Domino- und Tandemkatalysen deutlich, obwohl beide Begriffe in der Literatur auch synonym gebraucht wurden und werden. Bei einer Dominokatalyse (vgl. **a**) sind alle Reaktionen von ein und demselben Reaktionstyp und werden durch *einen einzigen* Katalysator nacheinander katalysiert (z. B. eine Abfolge von Metathesereaktionen). Liegen mehr als zwei Dominosequenzen vor, spricht man auch von einer Kaskadenkatalyse. Bei einer Tandemkatalyse[1] (**b**/**c**) liegt den Reaktionen, die nacheinander katalysiert werden,

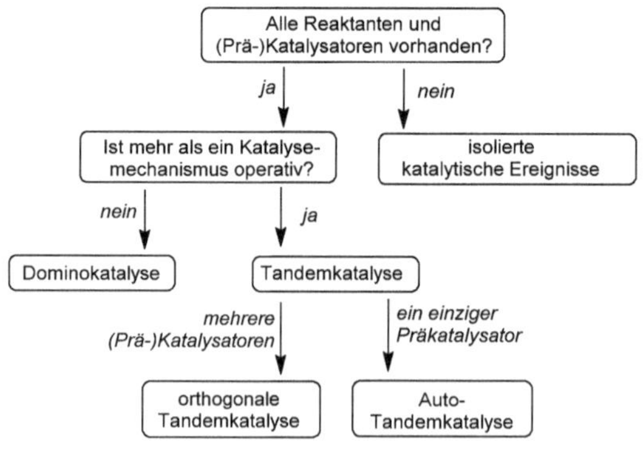

---

[1] Im herkömmlichen Sprachgebrauch hat der Wortteil „Tandem" oft eine andere Bedeutung und weist auf zwei miteinander wirkende Personen/Prozesse bei einem gleichzeitig stattfindenden Ereignis hin (z. B. Tandemfallschirmsprung). Das ist somit keine zutreffende Analogie für Tandemrekationen.

mehr als ein Reaktionstyp zugrunde (z. B. eine Hydroformylierung gefolgt von einer Hydrierung). Von einer Auto-Tandemkatalyse (**b**) wird gesprochen, wenn alle Reaktionen ein und denselben Präkatalysator haben. Bei einer orthogonalen Tandemkatalyse (**c**) gibt es zwei (oder mehr) unterschiedliche Katalysatoren, die in der Regel nicht miteinander interagieren. Sie müssen also untereinander kompatibel sein, unter gleichen Reaktionsbedingungen arbeiten und jeder der Katalysatoren muss alle Reaktanten, Intermediate und Produkte tolerieren.

(a) R – *C1*/*Rt1* – ZP – *C1*/*Rt1* – P (b) R – *C1*/*Rt1* – ZP – *C1*/*Rt2* – P (c) R – *C1*/*Rt1* – ZP – *C2*/*Rt2* – P

(*C*1, *C*2, … – (Prä-)Katalysator; *Rt*1, *Rt*2, … – Reaktionstyp/-mechanismus; R – Reaktant; ZP – Zwischenprodukt/Intermediat; P – Produkt. Vereinfachte Schemata, z. B. kann ZP mit einem weiteren Reaktanten R' zu P reagieren.)

Zu weiteren Begriffen – und auch im Detail abweichenden Definitionen – vgl. die angegebene Literatur [6, 7, 8].

Retro-Hydroformylierung

Die Umkehrung der Hydroformylierung (*retro/reverse hydroformylation*) mit wohldefinierten Metallkomplexen wie **29** als Katalysatoren ist mit aliphatischen und cycloaliphatischen Aldehyden erst kürzlich gelungen:

29 (2 mol-%), 160 °C, 20 h, Mesitylen; + CO + H_2 +

29 (Ar = Mes, 2,6-*i*-$Pr_2C_6H_3$)

Die Olefine sind mit Ausbeuten bis zu 90 % erhalten worden. Hydrierungen der Olefine zu den entsprechenden Alkanen und teilweise auch der Aldehyde zu Alkoholen sind Nebenreaktionen. Unter Standardbedingungen sind die Reaktionen endergonisch und auch endotherm, sodass höhere Temperaturen wie auch das Entfernen der gasförmigen Reaktionsprodukte aus dem Reaktionsraum die Reaktion begünstigen. Untersuchungen zum Mechanismus legen nahe, dass der einleitende Schritt der Reaktion eine oxidative Addition der Aldehyd-C–H-Bindung ist, gefolgt von einer CO-Extrusion, β-H- und reduktiven H–H-Eliminierung. Die Reaktion ist also im wörtlichen Sinne eine Retro-Hydroformylierung. Eine sequentielle Reaktion, nämlich eine Decarbonylierung des Aldehyds zu einem Alkan/Cycloalkan (vgl. Aufgabe 5.2) und dessen nachfolgende Dehydrierung zu einem Olefin/Cycloalken, konnte ebenso ausgeschlossen werden wie die umgekehrte Abfolge der beiden Teilschritte (Dehydrierung zu einem α,β-ungesättigten Aldehyd und nachfolgende Decarbonylierung zum Olefin) [9, 10].

5.3 Enantioselektive Hydroformylierungen

Die Verwendung von Rhodiumkatalysatoren mit optisch aktiven Phosphanliganden ermöglicht enantioselektive Hydroformylierungen prochiraler Olefine. Handelt es sich dabei um terminale Olefine wie Styrol, liefert nur die Markovnikov-Addition einen chiralen Aldehyd

30, während der unverzweigte Aldehyd **31** achiral ist. Enolisierbare optisch aktive Aldehyde können einer relativ schnellen Racemisierung unterliegen, was bei der Reaktionsführung berücksichtigt werden muss.

CO / H_2, Kat.

(*S*)-**30** (*R*)-**30** **31**

Die Stereochemie des in der Reaktion gebildeten Aldehyds ist durch die Olefinkoordination (*Re versus Si*) festgelegt, denn die nachfolgenden Schritte verlaufen stereochemisch einheitlich, und zwar im Sinne einer *cis*-Olefininsertion und einer migratorischen CO-Insertion (**10** → … → **13**, Abbildung 5.3), sodass *syn*-Addition von H/CHO an das Olefin erfolgt.

Ein effizienter Präkatalysator für asymmetrische Hydroformylierungen von Olefinen wie Styrol ist der Komplex [Rh(acac){(*R*,*S*)-BINAPHOS}] (**32**), der einen Phosphan–Phosphit-Chelatliganden (**35**) zur chiralen Induktion enthält. In Gegenwart von CO/H_2 bei Normaldruck und Raumtemperatur bildet sich daraus ein Dicarbonylhydridokomplex **33**, der nach Abspaltung eines CO-Liganden das Olefin koordinieren kann (**33** → **34**) [11].

CO/H_2, – Hacac; Ph–CH=CH$_2$, – CO

32 **33** **34**

PPh$_2$ ≡ P⌒OP

35

Wie in **34** gezeichnet, koordiniert das C_1-symmetrische (*R*,*S*)-BINAPHOS (**35**) mit dem Phosphit-*P*-Atom in einer apicalen Position (*trans* zum Hydridoliganden) und mit dem Phosphan-*P*-Atom in einer äquatorialen Position (*ae*-Koordination). Die umgekehrte Koordination sowie eine *ee*-Koordination spielen keine Rolle. Der Hydridoligand ist ebenfalls apical koordiniert. Insgesamt resultiert eine sehr stabile Konfiguration, die *eine* Voraussetzung für die erzielten sehr hohen Enantiomerenüberschüsse ist. Trotzdem sind – bedingt durch die trigonal-bipyramidale Komplexstruktur – die Ursachen für die Stereodifferenzierung komplexer als bei quadratisch-planaren Komplexen, die wir bei der enantioselektiven Hydrierung an kationischen Rh^{I}-Komplexen kennengelernt haben (vgl. S. 67/73).

Zur Erläuterung gehen wir der Einfachheit halber von einem C_2-symmetrischen chiralen P⌒P-Liganden aus, der ausschließlich apical-äquatorial (*ae*) koordiniert. Der Hydridoligand besetzt die andere apicale Position. Der Präkatalysator ist in Abbildung 5.5 gezeigt. Die beiden CO-Liganden (CO^1 und CO^2) sind diastereotop. Es gibt zwei verschiedene Koordinationstaschen für das Olefin, eine entsteht durch Abspaltung von CO^1 (Reaktionsweg **a**/**b**) und die andere durch Abspaltung von CO^2 (Reaktionsweg **c**/**d**). Somit führt Substitution von CO

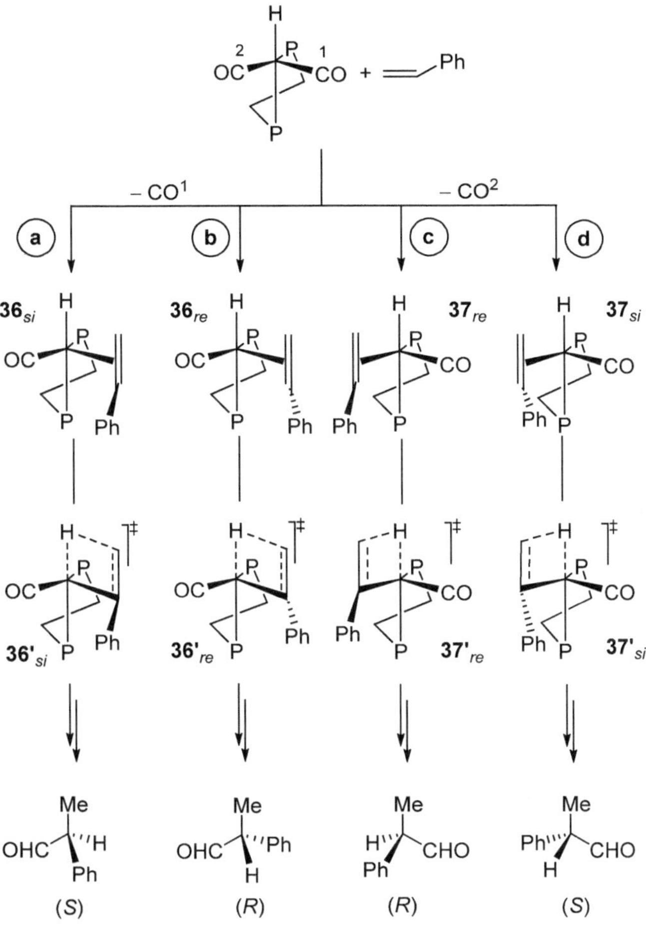

Abbildung 5.5. Stereodifferenzierung an trigonal-bipyramidalen Rhodiumkomplexen mit einem *ae*-koordinierten C_2-symmetrischen P⌒P-Liganden (schematisch angedeutet) und apical koordiniertem Hydridoliganden (in Anlehnung an Gleich und Herrmann [12]).

durch ein prochirales Olefin (hier: $PhHC{=}CH_2$) zu vier verschiedenen Katalysator–Substrat-Komplexen, da das Olefin jeweils mit der *Re-* oder der *Si*-Seite an Rhodium koordinieren kann (**36**$_{re}$/**36**$_{si}$ und **37**$_{re}$/**37**$_{si}$). Weitere vier Katalysator–Substrat-Komplexe, in denen die Phenylgruppe nach oben zeigt, brauchen hier nicht in Betracht gezogen zu werden, da sie in der nachfolgenden Insertionsreaktion einen [Rh]–CH_2CH_2Ph-Komplex ergeben und damit den Reaktionskanal zum unverzweigten (achiralen) Aldehyd öffnen. Nunmehr insertiert die C–C-Doppelbindung in die Rh–H-Bindung. Dabei wird einer der vier Übergangszustände **36'**$_{re}$/**36'**$_{si}$ und **37'**$_{re}$/**37'**$_{si}$ durchlaufen und ein [Rh]–CHPh–CH_3-Komplex gebildet. Die nachfolgenden Reaktionsschritte verlaufen stereochemisch einheitlich: Aus einem an der *Si*-Seite koordinierten Olefin resultiert der *S*-konfigurierte Aldehyd und vice versa (*Re*-Koordination ↔ (*R*)-Aldehyd).

Das ermöglicht Voraussetzungen zu formulieren, die für hohe *ee*-Werte notwendig sind [12]:

- *Forderung nach synchroner asymmetrischer Induktion (requirement of synchronous asymmetric induction).* Wenn beide Reaktionswege (Abspaltung von CO^1 *und* Abspaltung von CO^2) eine Rolle spielen, müssen sie zum gleichen Reaktionsprodukt ((*R*)- oder (*S*)-Aldehyd) führen. Es müssen also die Reaktionen **a** und **d** *oder* die Reaktionen **b** und **c** ablaufen. Wären die Reaktionen **a** und **c** oder die Reaktionen **b** und **d** bevorzugt, würden sich die Stereoselektivitäten zumindest teilweise kompensieren.
- *Forderung nach bevorzugter asymmetrischer Induktion (requirement of preferred asymmetric induction).* Die Bildung einer einzigen bevorzugten stabilen Ligandenanordnung, sodass nur ein Reaktionskanal (**a**/**b** *oder* **c**/**d**) geöffnet wird, fördert hohe *ee*-Werte. Dabei ist auch noch – eine hier nicht berücksichtigte – äquatorial-äquatorial (*ee*) Koordination des P⁀P-Liganden in Betracht zu ziehen. In gewissen Grenzen kann die Präferenz für eine Koordination (*ae versus ee*) durch die „Bisswinkel" des Chelatliganden vorhergesagt und gesteuert werden. Bei großen Bisswinkeln wird eine *ee*-Koordination favorisiert (vgl. Exkurs, S. 115).
- Jeder der beiden Reaktionskanäle (Abspaltung von CO^1 (**a**/**b**) *versus* CO^2 (**c**/**d**)) muss mit hinreichender Selektivität eine Reaktion bevorzugen (entweder **a** *oder* **b** bzw. **c** *oder* **d**). Dieser Reaktionssteuerung liegen analoge thermodynamische und kinetische Gesetzmäßigkeiten zugrunde, wie sie bei der enantioselektiven Olefinhydrierung an quadratisch-planaren Rh-Komplexen besprochen worden sind.

Damit wird in den Grundzügen verstanden, warum viele C_2-symmetrische P⁀P-Liganden, die bei der homogenen Hydrierung an quadratisch-planaren Komplexen hohe *ee*-Werte liefern, bei der asymmetrischen Hydroformylierung nur zu einer deutlich schlechteren oder auch zu überhaupt keiner Stereodifferenzierung führen. Darauf ist auch zurückzuführen, dass bei der asymmetrischen Hydroformylierung zunächst mit (quadratisch-planaren) Platinkomplexen höhere *ee*-Werte erzielt wurden, obwohl Platinkatalysatoren bei Hydroformylierungen hinsichtlich Aktivität und Regioselektivität (*n*/iso) den Rhodiumkatalysatoren in vielen Fällen deutlich unterlegen sind. Ein Beispiel für eine platinkatalysierte Hydroformylierung mit (*R*,*R*)-DBD-DIOP (**38**) als Coliganden ist nachfolgend angeführt (Chemoselektivität: 80 % Aldehyde; Regioselektivität verzweigt/unverzweigt: 77/23). DIOP selbst, die „Stammverbindung" unter den C_2-symmetrischen Bis(phosphan)-Liganden mit der Chiralität im Kohlenstoffgerüst („backbone"), gibt zum einen nur *ee*-Werte von 26 % und darüber hinaus ist der verzweigte Aldehyd nur das Unterschussprodukt (verzweigt/unverzweigt: 23/77) [13].

CO (90 bar) / H_2 (90 bar); 60 °C

[$PtCl_2${(*R*,*R*)-DBD-DIOP}]/$SnCl_2$

CHO

ee = 64 % (*S*)

38

Sowohl für Platin- als auch für Rhodiumsysteme gibt es heute eine Reihe von chiralen Liganden, mit denen bei asymmetrischen Hydroformylierungen *ee*-Werte von über 90 % erreicht werden. Bei Rhodiumkomplexen sind neben dem bereits erwähnten Phosphan–Phosphit-Chelatliganden (*R*,*S*)-BINAPHOS (**35**) Bis(phosphit)-Liganden vom Typ **39** zu nennen [14]. Asymmetrische Hydroformylierungen erfordern eine effektive sterische Wechselwirkung zwischen Substrat und dem chiralen Liganden, um hohe Enantioselektivitäten zu erreichen. Das steht andererseits aber einer hohen Isoselektivität im Wege, die durch weniger raumgreifende Liganden befördert wird. Diese entgegengesetzten sterischen Anforderungen scheinen ein Grund dafür zu sein, dass enantioselektive Hydroformylierungen schwieriger zu bewerkstelligen sind als z. B. enantioselektive Hydrierungen. Terminal disubstituierte Alkene **40** bieten die Möglichkeit, sowohl bei *n*- als auch bei Isoselektivität ein stereogenes tertiäres (**40** → **41a**) bzw. quartäres C-Atom (**40** → **41b**) zu generieren. Ein Beispiel ist nachfolgend angeführt, wobei die Regioselektivität wesentlich von den elektronischen Eigenschaften der beiden 1,1-Substituenten des Olefins abhängt [15, 16].

R' = Me, Ph
n = 0, 1, 2
R = Biphenyl-2,2'-diyl, Binaphthyl-2,2'-diyl
39

40 — CO/H_2 (1/5; 10 bar), Dodecan, 100°C, [Rh(acac)(CO)$_2$]/L → **41a** (*ee* > 80 %)

40 — [Rh(acac)(CO)$_2$]/L, Toluol, 85 °C, CO/H_2 (1/1; 10 bar) → **41b** (*ee* > 90 %)

L = (*t*-Bu, Me-substituierte Bisphosphan-Liganden)

Optisch aktive Aldehyde und damit enantioselektive Hydroformylierungsreaktionen haben ein breites Anwendungspotential. Das wird beispielhaft belegt durch ihre Verwendung als Ausgangsstoff für die Synthese von Aminosäuren nach Strecker. Darüber hinaus können über die Reaktionssequenz ArHC=CH_2 + CO/H_2 → (*S*)-ArC*HMe–CHO → (*S*)-ArC*HMe–CO_2H 2-Arylpropionsäuren hergestellt werden, die wichtige Arzneistoffe (Ibuprofen: Ar = 4-Isobutylphenyl; Naproxen: Ar = 6-Methoxynaphth-2-yl) mit entzündungshemmenden, schmerzlindernden und fiebersenkenden Eigenschaften sind.

5.4 Bedeutung der Hydroformylierung und Ausblick

Die Hydroformylierung ist neben den Polymerisationsreaktionen von Olefinen und Dienen die mengen- und wertmäßig bedeutendste Komplexkatalyse in der chemischen Industrie. Oxo-Aldehyde sind wichtige Intermediate, aus denen Alkohole und Carbonsäuren durch Reduktion bzw. Oxidation, Amine durch reduktive Aminierung sowie verzweigte funktionalisierte Aldehyde mit verdoppelter C-Zahl durch Aldolreaktion erhalten werden können. 2012 sind mehr als 12 Mill. Tonnen an Hydroformylierungsprodukten hergestellt worden, überwiegend ausgehend von Propen. *n*- und Isobutyraldehyd haben einen Anteil von mehr als 50 % bzw. ca. 15 % an allen Oxo-Aldehyden. *n*-Butyraldehyd wird zum großen Teil einer Aldolkondensation unterworfen und dann hydriert. Das dabei gebildete 2-Ethylhexan-1-ol wird zu Dioctylphthalat (Bis(2-ethylhexyl)phthalat) weiterverarbeitet, das als Weichmacher für PVC verwendet wird.

Als Faustregel für nichtfunktionalisierte Olefine (R = Alkyl) gilt, dass terminale unverzweigte Olefine (**42a**) leichter als innere unverzweigte (**42b**) hydroformyliert werden. Die gleiche Abstufung gilt für verzweigte Olefine (**42c**/**d**). Da die Anlagerung der Formylgruppe unter Ausbildung eines quartären C-Atoms wenig wahrscheinlich ist, sind Hydroformylierungen der Olefine **42c**/**d** ausgeprägt regioselektiv und die von Olefinen des Typs **42e** im Allgemeinen nicht möglich.

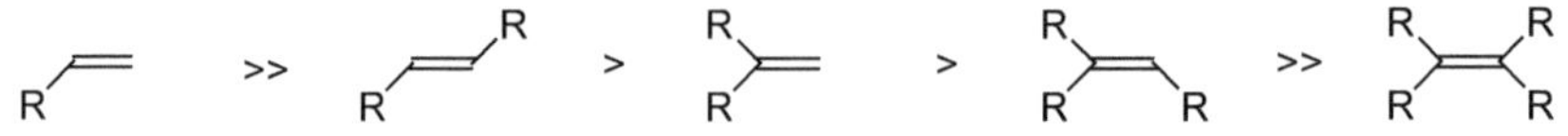

42 **a** >> **b** > **c** > **d** >> **e**

Hydroformylierungskatalysatoren können auch Doppelbindungsisomerisierungen katalysieren. Das wird genutzt, um aus Gemischen von linearen inneren Olefinen, wie sie aus dem Shell Higher Olefin Process (SHOP) erhalten werden, selektiv *n*-Aldehyde herzustellen.

Aufgabe 5.4

Welche Eigenschaften muss ein Hydroformylierungskatalysator haben, der aus einem Gemisch von linearen Olefinen mit innenständigen und terminalen Doppelbindungen bevorzugt *n*-Aldehyde liefert? Legen Sie Ihrer Diskussion das nebenstehende Reaktionsschema zugrunde.

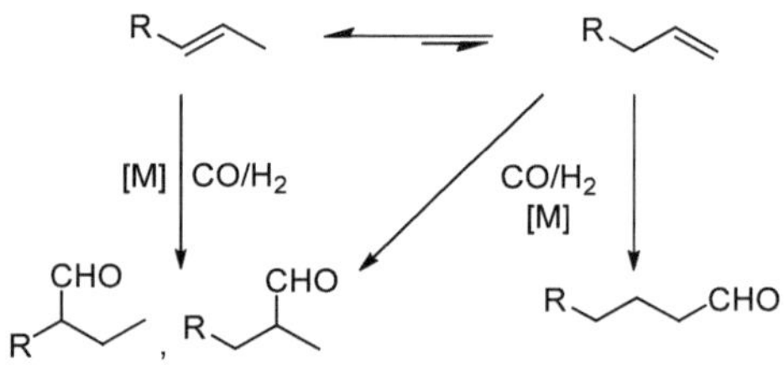

[M] | CO/H_2 — CO/H_2 [M] — CHO, CHO — R CHO

Die folgenden Beispiele demonstrieren weitere Anwendungen von Hydroformylierungen in der chemischen Industrie und der organischen Synthesechemie:

Diphosphite als Liganden

Werden bei Rh-katalysierten Hydroformylierungen anstelle von Triphenylphosphan sterisch anspruchsvolle Diphosphite vom Typ **43** (es ist die unsubstituierte Stammverbindung gezeigt) oder ähnlich aufgebaute Verbindungen als Coliganden eingesetzt, lässt sich eine bedeutende Verbesserung des Verfahrens erreichen. Bei sorgfältiger Reinigung von Propen und des Synthesegases (CO/H_2) wird mit hoher Selektivität (99 %) *n*-Butyraldehyd (*n*/iso-Verhältnis 30/1) erhalten. Die Aktivität des Katalysators ist so hoch, dass auf eine Kreislauffahrweise verzichtet werden kann, was eine wesentliche technologische Vereinfachung darstellt [3].

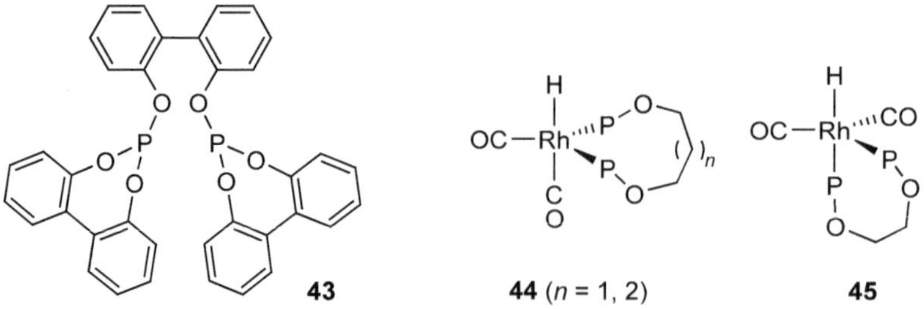

43 **44** (n = 1, 2) **45**

Für diese Katalysatoreigenschaften scheint eine bis-äquatoriale (*ee*) Koordination (Komplextyp **44**; Ligandenstruktur symbolisiert nur schematisch die Größe des Rhodacyclus) eine notwendige (aber keine hinreichende) Voraussetzung zu sein. Demgegenüber geben Komplexe vom Typ **45** mit einer apical-äquatorialen (*ae*) Koordination eines Chelatliganden schlechtere *n*/iso-Verhältnisse. Chelatliganden mit großen „Bisswinkeln" tendieren zur bis-äquatorialen Koordination (**44**) und solche mit kleinerem Biss zur *ae*-Koordination (**45**). Dieser Sachverhalt ermöglicht eine zielgerichtete Katalysatorentwicklung [17,18].

Exkurs: Der „Biss" von P,P-Chelatliganden

Komplexe mit P,P-Chelatliganden lassen weniger Isomere zu und sind sterisch weniger flexibel als solche mit zwei einzähnigen P-Liganden. Darüber hinaus werden Koordinationsstellen durch den Chelatliganden zuverlässiger blockiert als durch Monophosphane. All das eröffnet die Möglichkeit zur besseren Kontrolle über die Regio- und Stereoselektivität bei homogen katalysierten Reaktionen. Die Wirkung des Chelatliganden auf die Katalysatoreigenschaften kann über den „Biss" des Liganden beeinflusst werden, wobei sterische (Ligand–Ligand-/Ligand–Substrat-Wechselwirkungen; Fixierung von Konformationen oder Konfigurationen) und/oder elektronische Effekte (Beeinflussung der Orbitalenergien) ausschlaggebend sein können.

Bis(phosphan)-Liganden können bei breiter Variation der „Bisswinkel" P–M–P (β_n) synthetisiert werden. Da die Bisswinkel maßgeblich von der M–P-Bindungslänge abhängen, sind sie auf einen Standardabstand von 2,315 Å bezogen. Sie werden entweder aus quantenchemischen Rechnungen erhalten oder aus Einkristallstrukturdaten entnommen. Beispiele sind in der folgenden Tabelle angeführt [17, 19, 20].

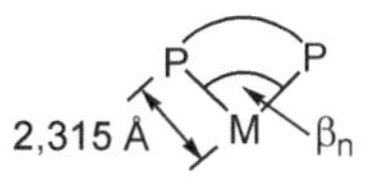

Ligand	β_n[a)] (in °)	Ligand	β_n[a)] (in °)
1, *n* = 1 (dppm)	72	**5** (BISBI)	113 (92–155)
1, *n* = 2 (dppe)	84 (70–95)	**6** (TRANSPHOS)	111
1, *n* = 3 (dppp)	91	**7**	123 (110–145)
1, *n* = 4 (dppb)	98	**8** (DPEphos)	102 (86–120)
2 (DIOP)[b)]	102 (90–120)	**9** (DBFphos)	131 (117–147)
3 (BINAP)[b)]	92	**10** (Xantphos)[c)]	112 (97-135)
4 (Me-DuPHOS)[b)]	83	**11** (DPPF)[c)]	96

a) In Klammern aus molekülmechanischen Rechnungen abgeleiteter Flexibilitätsbereich, der den Bereich des Bisswinkels angibt, der ausgehend von β_n mit weniger als 12,6 kJ/mol Spannungsenergie zu erreichen ist. b) Formel siehe S. 67. c) Formel siehe S. 410.

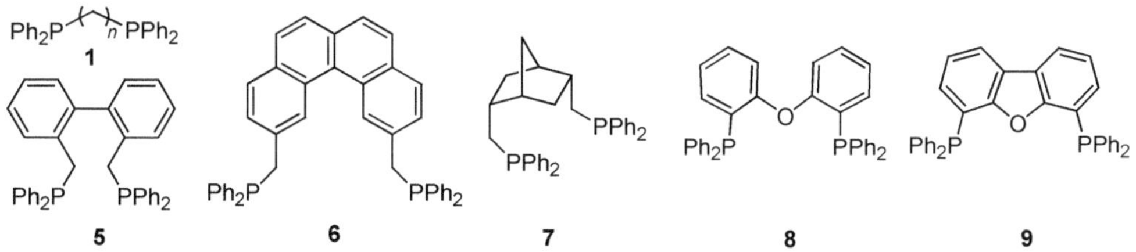

Zum sterischen und elektronischen Einfluss von monodentaten P-Liganden vgl. Exkurs auf S. 325.

Zweiphasenkatalyse

Rhodiumkomplexe, die im Unterschied zum konventionellen Präkatalysator **8** für die Hydroformylierung sulfonierte Arylphosphanliganden (z. B. $[RhH(CO)\{P(C_6H_4\text{-}m\text{-}SO_3Na)_3\}_3]$) aufweisen, sind wasserlöslich. Das ermöglicht einen kontinuierlich geführten Zweiphasenprozess. Der Katalysator verbleibt in der wässrigen Phase. Der nicht mit Wasser mischbare Aldehyd bildet die organische Phase und wird einfach durch Phasenseparation abgetrennt. Dieses Verfahren (Ruhrchemie/Rhône-Poulenc) wird seit 1984 in großem Umfang zur Synthese von Butyraldehyd und zur Hydroformylierung von anderen kürzerkettigen linearen α-Olefinen angewendet.

Dieses Verfahren ist eine herausragende Anwendung der Zweiphasenkatalyse. Bei vergleichsweise niedrigem Druck (ca. 40–60 bar) und niedriger Temperatur (110–130 °C) wird Propen mit hoher Selektivität in C_4-Aldehyde (99 %) und mit hoher Regioselektivität in *n*-Butyraldehyd (*n*/iso ca. 20/1) übergeführt. Weitere Vorteile sind nur sehr geringe Rhodiumverluste ($<10^{-9}$ g Rh/kg PrCHO) und eine hohen ökologischen Standards genügende, sehr einfache Technologie mit einer Kostenersparnis von ca. 10 % gegenüber dem konventionellen Prozess. Nachteilig ist, dass der Prozess nicht für höhere Olefine geeignet ist, weil diese sich nur noch schlecht in Wasser lösen. Gegenwärtig (2017) werden mehr als 0,7 Millionen Tonnen an Oxo-Aldehyden nach dem Ruhrchemie/Rhône-Poulenc-Verfahren hergestellt.

Aufgabe 5.5

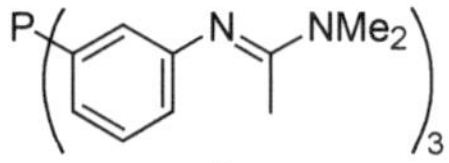

Rhodiumkomplexe mit Triphenylphosphanliganden **1**, die mit schwach basischen Amidingruppen funktionalisiert sind ($[Rh(acac)(CO)_2]$/**1** = 1/50), katalysieren Hydroformylierungen. Die Katalysatoren sind sowohl in Toluol als auch in CO_2-gesättigtem Wasser löslich (warum?). Entwickeln Sie auf dieser Grundlage ein Verfahren zur Hydroformylierung eines hydrophoben und eines hydrophilen Olefins (Oct-1-en, Allylalkohol), das die pH-abhängige Löslichkeit des Katalysators zu dessen Abtrennung ausnutzt.

Ionische Flüssigkeiten (siehe Exkurs) bieten sich als alternative Lösungsmittel an. Insbesondere ionische Katalysatorkomplexe sind in ihnen gut löslich, während die organischen Produkte (hier: Aldehyde) eine zweite Phase bilden, sodass eine Flüssig-Flüssig-Zweiphasenreaktion vorliegt. Eine schnelle katalytische Reaktion, eine geringe Löslichkeit der Edukte in der ionischen Flüssigkeit und ein langsamer Stofftransport können dazu führen, dass die ionische Flüssigkeit an Edukt verarmt und die Reaktion vorrangig an der Phasengrenzfläche oder in der Diffusionsgrenzschicht stattfindet. Das macht eine heterogenisierte Variante der Reaktionsführung attraktiv. Dabei wird die ionische Flüssigkeit, in der der Katalysator gelöst ist, in einem dünnen Film auf einen porösen Träger mit großer Oberfläche aufgebracht (*s*upported *i*onic *l*iquid-*p*hase (SILP) catalysis [21]). Nunmehr sind die Voraussetzungen für eine kontinuierliche Gasphasenreaktion geschaffen, die als Gas-Flüssig-Zweiphasenreaktion abläuft. Ein Beispiel ist die Umsetzung von Propen und Buten mit einem Rhodiumkatalysator, der sulfoniertes Xantphos (L) koordiniert hat [22]:

R	Me	Et
TOF (in h^{-1})	308	647
n/*iso*	18/1	41/1

Exkurs: Ionische Flüssigkeiten

Nichtwässrige ionische Flüssigkeiten sind Salze, die unterhalb von 100 °C schmelzen, typischerweise aber bei Raumtemperatur bereits flüssig sind. Sie bestehen aus großvolumigen organischen Kationen (vgl. die Beispiele **1**–**5**; R, ..., R''' = Alkyl) und meist schwächer koordinierenden Anionen wie $[BF_4]^-$, $[PF_6]^-$, $[SbF_6]^-$, $[AlCl_4]^-$, $CF_3CO_2^-$, $CF_3SO_3^-$, RSO_3^-, $ROSO_3^-$.

Durch unterschiedliche Kation–Anion-Kombinationen ist eine breite Variation ihrer physikalischen und chemischen Eigenschaften möglich. Sie weisen eine hohe Ionenleitfähigkeit auf und haben als Salze keinen messbaren Dampfdruck unterhalb ihrer Zersetzungstemperatur. Bei ionischen Flüssigkeiten kann eine hohe Polarität mit einer geringen Nucleophilie einhergehen und sie können – z. B. mit Tetrafluoroborat- oder Triflatanionen – hydrolysestabil sein. Durch ihre Lösungseigenschaften für organische und anorganische Verbindungen sowie einer definierten Mischbarkeit bzw. Nichtmischbarkeit mit anderen Flüssigkeiten verknüpft mit einer im Allgemeinen hohen Umweltverträglichkeit und Nichtbrennbarkeit sind ionische Flüssigkeiten eine attraktive Alternative zu konventionellen organischen Lösungsmitteln.

Ionische Flüssigkeiten haben als neuartige Lösungsmittel in der metallorganischen Komplexkatalyse Eingang gefunden. Sie weisen in Abhängigkeit von der Struktur des Kations und Anions ganz unterschiedliche Lewis-Basizitäten bzw. -Aciditäten auf. Das lässt eine gezielte Beeinflussung von Katalysator–Lösungsmittel-Wechselwirkungen zu, die eine Optimierung katalytischer Prozesse hinsichtlich Selektivität, Aktivität und Stabilität ermöglicht. Kationen oder Anionen von ionischen Flüssigkeiten können gezielt so funktionalisiert werden, dass spezifische Wechselwirkungen (z. B. mit dem Katalysator oder einem Edukt) für katalytische Reaktionen genutzt werden können, wofür der Begriff „anwendungsorientierte (*task-specific*) ionische Flüssigkeiten" geprägt wurde. Oftmals ist bei ionischen Flüssigkeiten eine mehrphasige Reaktionsführung möglich, sodass sie geeignete Lösungsmittel für Zweiphasenkatalysen darstellen. Nachteilig für technische Anwendungen kann aber der Bedarf an großen Mengen an ionischer Flüssigkeit sein [23, 24, 25, 26].

Synthese von Vitamin A

Vitamin A (**52**) wird in einer Menge von einigen tausend Tonnen pro Jahr produziert. Die Synthesen aus 1,2-Diacetoxybut-3-en (**46**) (BASF) bzw. aus 1,4-Diacetoxybut-2-en (**47**) (Hoffmann-La Roche) beinhalten eine Hydroformylierung. Spezielle Reaktionsbedingungen und Verwendung eines nichtmodifizierten Rhodiumkatalysators gewährleisten bei der BASF-Synthese die (normalerweise unerwünschte) Bildung des verzweigten Aldehyds (**46** → **48**), während die Hydroformylierung **47** → **49** kein regioselektives Problem beinhaltet. Umsetzung von **48** bzw. **49** zu **50** und anschließende Wittig-Reaktion liefert schließlich das veresterte Vitamin A **51**, wobei der Pfeil auf die neu geknüpfte C–C-Bindung weist [3].

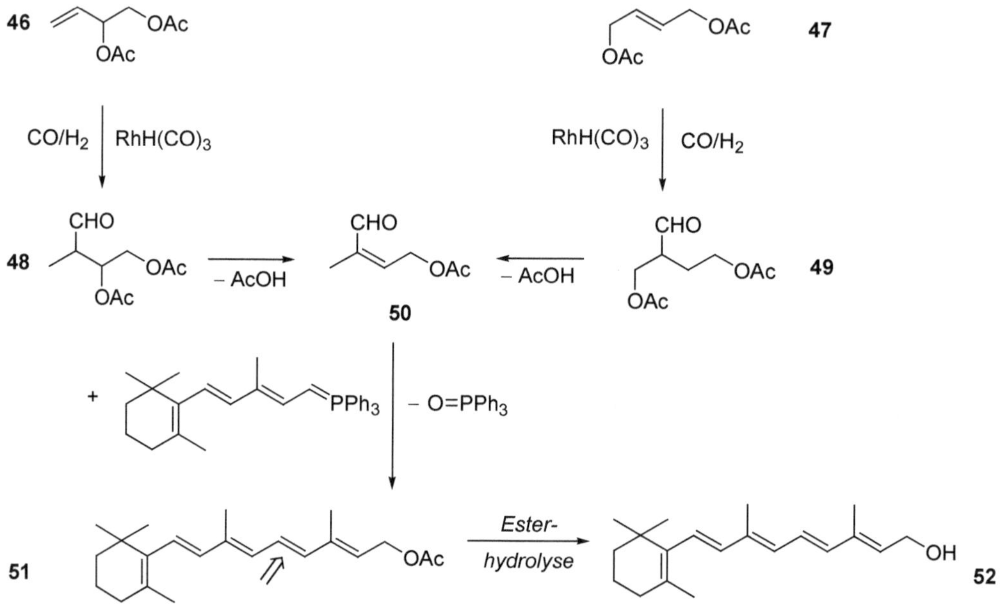

Kohlendioxid als Alternative zu CO

Die Substitution von giftigen durch weniger giftige Edukte ist eine der ständigen Herausforderungen in der Chemie und der chemischen Industrie. Bei Hydroformylierungen eröffnet sich die Möglichkeit, das hochgiftige Kohlenmonoxid durch nichtgiftiges und zudem noch preiswert verfügbares Kohlendioxid zu ersetzen, wenn die Hydroformylierungsreaktion mit einer Reduktion von CO_2 durch H_2 gekoppelt wird [22].

Derartige Reaktionen verlaufen in zwei Schritten: Zunächst setzt sich CO_2/H_2 im Sinne der Rückreaktion zur Kohlenmonoxid-Konvertierung (S. 143/159; CO_2-Konvertierung, *reverse water-gas shift reaction*) zu CO/H_2O um. Dem folgt die eigentliche Olefinhydroformylierung, die aber meistens zu den Alkoholen als Hauptprodukte führt. Als Beispiel ist die Umsetzung von Hex-1-en zu Heptanol mit einem Rutheniumcarbonyl als Katalysator in einer ionischen Flüssigkeit als Lösungsmittel genannt. Dabei ist von Vorteil, dass ionische Flüssigkeiten im Allgemeinen eine gute Löslichkeit für CO_2 besitzen. Die Hydrieraktivität des verwendeten Katalysators führt zur Bildung von Hexan als Nebenprodukt.

n-Bu–CH=CH$_2$ → (CO_2/H_2 (1/1, 80 bar); 160 °C; $[Ru_3(CO)_{12}]$; in: 1-Methyl-3-butylimidazolium $Cl^{\ominus}$ / $[(CF_3SO_2)_2N]^{\ominus}$) → *n*-Bu–CH$_2CH_2CH_2$OH + *n*-Bu–CH(CH$_3$)CH$_2$OH (82 %) + *n*-Bu–CH$_2CH_3$ (8 %) + H_2O; *TOF* = 16 h^{-1}

Kombinatorische und supramolekulare Katalyse

Die Hydroformylierung von terminalen Olefinen wie Oct-1-en wird durch $[Rh(acac)(CO)_2]$ in Gegenwart eines zweizähnigen P,P-Liganden (L⌒L') katalysiert. Die beiden Hälften des Chelatliganden L⌒L' können nun anstelle von kovalenten Bindungen bei konventionellen Chelatliganden auch durch Wasserstoffbrücken verknüpft sein. Ein Beispiel ist der Katalysatorkomplex **53** (D–H/D'–H – Protonendonor; A/A' – Protonenakzeptor), in dem eine Verknüpfung analog der Watson–Crick-Basenpaarung zwischen Adenin (D–H = N–H, A = N) und Thymin (D'–H = N–H, A' = O) vorliegt.

n-Hex–CH=CH$_2$ → (CO/H_2 (1/1, 10 bar); Toluol, 80 °C; $[Rh(acac)(CO)_2]$ + L / L') → *n*-Hex–CH$_2$CH$_2$–CHO + *n*-Hex–CH(CH$_3$)–CHO

53: L (D–H--A' … A---H–D') L'; Ph_2P–[Rh]–PPh_2

53': L ($F_3C(O)C$–N–H---O; N---H–N) L'; Ph_2P–[Rh]–PPh_2

Insgesamt sind fünf Liganden L und zwei Liganden L' aufgeführt, aus denen sich insgesamt 10 verschiedene Kombinationen für L⌒L' ergeben. Es ist gezeigt, dass L und L' ein sich selbstorganisierendes Ligandensystem ist, mit dem exzellente Regioselektivitäten (bis zu *n*/iso >99/1 in der Kombination **53'**, *TOF* = 3900 h^{-1}) erreicht werden. Damit ist exemplarisch eine Bibliothek von monodentaten Liganden entworfen, die sich zu Chelatliganden selbst organisiert. Das ist ein neuartiger – synthetisch einfacher – kombinatorischer Ansatz für den Aufbau von Bibliotheken von Chelatliganden [27].

Die Leistungsfähigkeit der Enzymkatalyse, eines der großen Vorbilder der homogenen Katalyse, beruht unter anderem auf einer im Allgemeinen sehr hohen Substratselektivität, für die die Proteinkomponente verantwortlich zeichnet. Sie kann in der homogenen Katalyse mit Liganden L modelliert werden, die neben dem Ligatoratom über zusätzliche Bindungsstellen für ein Substrat verfügen. Ein Beispiel ist der Ligand **54**, der in der Peripherie eine Acylguanidin-Gruppe gebunden hat. Das befähigt ihn via Wasserstoffbrückenbindung zur molekularen Erkennung von Carbonsäuregruppen, vgl. die schematische Darstellung des mutmaßlichen Übergangszustandes (**55**).

Im 1/1-Gemisch von **56a**/**57a** setzt sich **56a** mit hoher Substratselektivität (10 : 1) um, wobei mit hoher Regioselektivität (50 : 1) **56b** als Hauptprodukt gebildet wird. Die Hydroformylierung der zweifach ungesättigten Carbonsäure **58a** liefert als Hauptprodukt **58b**, was ein weiterer Beleg für die dirigierende Wirkung der Acylguanidin-Gruppe in L (**54**) ist. Damit liegt ein Beispiel vor, wie die Bildung eines supramolekularen Katalysatorkomplexes ([Rh(acac)-$(CO)_2$] + **54**) die Selektivität homogen katalysierter Reaktionen erheblich steigern kann [28].

Hydroformylierung von Alkinen

Die Hydroformylierung von Alkinen R–C≡C–R' führt zu α,β-ungesättigten Aldehyden (**59** → **60**), die wertvolle Zwischenprodukte in der organischen Synthese sind. Bei diesen Reaktionen bereiten aber die Kontrolle über die Regio- und Stereoselektivität sowie die Bildung von hydrierten Nebenprodukten (RH_2C–CHR'–CHO; RCH=CHR') Schwierigkeiten. Neben Katalysatoren vom Typ **53** mit selbstorganisierenden Ligandensystemen haben sich insbesondere Rhodiumkomplexe mit den stark elektronenziehenden Tetraphosphoramidit-Liganden wie **61** bewährt. Letztere zeigen herausragende Umsatzzahlen und sehr hohe Ausbeuten (bis zu 97 %) [29, 30].

5.5 Die Fischer-Tropsch-Synthese

Im Jahre 1913 gelang es A. Mittasch und C. Schneider (BASF), Synthesegas (CO/H_2) in Gegenwart von Eisenoxid-Katalysatoren bei erhöhtem Druck und erhöhter Temperatur zu einem Gemisch von höheren Kohlenwasserstoffen und sauerstoffhaltigen Verbindungen (Alkoholen, Säuren, Estern, ...) umzusetzen. Daran anknüpfend haben F. Fischer und H. Tropsch (KWI – heute MPI – für Kohlenforschung in Mülheim/Ruhr) 1922 eine Hochdrucksynthese (10–15 MPa, 400 °C) unter Verwendung von alkalisierten Eisenkontakten und 1925 eine Normaldrucksynthese entwickelt, bei der als Hauptprodukte Kohlenwasserstoffe auftraten.

1936 ist die erste großtechnische Anlage bei der Ruhrchemie mit einem Co–ThO_2–MgO–Kieselgur-Katalysator in Betrieb gegangen. Diese indirekte Kohleverflüssigung (Kohle → Synthesegas (CO/H_2) → Kohlenwasserstoffe/Oxygenate) hat große technische Bedeutung erlangt, die aber durch den Aufschwung der Petrochemie zurückgegangen ist. Knapper werdende Ressourcen an Erdöl und die Notwendigkeit, CO_2-schonende Kraftstoffe zu entwickeln, haben zu einem steigenden Interesse an der Fischer-Tropsch-Synthese geführt. In Kopplung mit einer Herstellung von Synthesegas durch Vergasung von Biomasse werden BtL-Kraftstoffe (*biomass-to-liquid*) erhalten [31].

Obwohl die Fischer-Tropsch-Synthese eine Domäne der heterogenen Katalyse ist, wollen wir sie hier abhandeln, weil die Organometallchemie maßgeblich zum mechanistischen Verständnis beigetragen hat. Sie ist auch ein instruktives Beispiel für die mechanistische Komplexität heterogen katalysierter Reaktionen. Wir beschränken uns dabei auf die „Hydrogenolyse" von CO zu Kohlenwasserstoffen gemäß der folgenden Gleichung:

$$n\,CO + 2n\,H_2 \xrightarrow{\text{Kat.}} -\!\!\left(CH_2\right)\!\!-_n + n\,H_2O$$

$$\left[\ \text{(n-Alken)},\ CH_4,\ \text{(n-Alkan)}\ \right]$$

Fischer-Tropsch-Reaktionen sind nicht sehr selektiv und es wird eine große Palette an Kohlenwasserstoffen erhalten. Typisch sind C-Zahlen n = 1–35. Produkte der Fischer-Tropsch-Synthese sind in erster Linie *n*-Alkane und als Nebenprodukte werden „Oxygenate" (Aldehyde, Alkohole, ...) gefunden. Darüber hinaus sind Methan und *n*-Alkene inhärente Produkte der Fischer-Tropsch-Synthese. Als weitere Reaktionen, die je nach Katalysator und Reaktionsbedingungen in unterschiedlichem Ausmaß auftreten, sind die Kohlenmonoxid-Konvertierung (S. 143), Hydrierungen von Olefinen sowie Isomerisierungen und Cyclisierungen zu nennen.

Obwohl die Kohlenwasserstoffbildung aus Kohlenmonoxid und Wasserstoff stark exergonisch ist (z. B.: $\Delta G^{\ominus}$ = –151 kJ/mol für Methan; $\Delta G^{\ominus}$ = –793 kJ/mol für Octan), bedarf sie wegen der kinetisch inerten Reaktanten eines Katalysators. Katalytisch aktive Metalle sind Co, Fe, Ni und Ru. Typischerweise werden sie auf oxidische Träger (Al_2O_3, SiO_2, TiO_2, ZrO_2, ...) aufgebracht und finden Promotoren wie Alkalimetalle, Übergangsmetalloxide oder Edelmetalle Anwendung.

Die Substrataktivierung erfolgt durch dissoziative Chemisorption an der Metalloberfläche des Katalysators, die eine Adsorption des Substratmoleküls und nachfolgende Bindungsspaltung umfasst. Im Falle von H_2 werden also oberflächengebundene H-Atome (Metallhydride) $\{H_{(s)}\}$[1] gebildet. Koordination von CO an den Metallatomen der Katalysatoroberfläche aktiviert die C–O-Bindung und führt zu ihrer Spaltung sowie zur Reaktion von Sauerstoff mit $\{H_{(s)}\}$ zu Wasser. Es verbleibt an den Metallatomen der Oberfläche gebundenes Carbid $\{C_{(s)}\}$ (**62**). Hydrierung des Carbids **62** führt nacheinander zu Methylidin-/Methin- $\{CH_{(s)}\}$ (**63**), Methyliden-/Methylen- $\{CH_{2(s)}\}$ (**64**) und Methylteilchen $\{CH_{3(s)}\}$ (**65**), die an Oberflächenmetallatomen gebunden sind. Es kann auch zur Ablösung des C_1-Teilchens kommen, wobei Methan – ein inhärentes Produkt der Fischer-Tropsch-Synthese – entsteht.

[1] Der Index „(*s*)" (engl.: *surface*) weist auf eine Bindung an Metalloberflächenatomen hin.

$$\underset{\text{Oberfläche}}{\mathrm{C{\equiv}O}} \longrightarrow \mathrm{C}\;\;\mathrm{O} \xrightarrow[-\,H_2O]{2\,H} \underset{\mathbf{62}}{\mathrm{C}} \xrightarrow{H} \underset{\mathbf{63}}{\mathrm{HC}} \xrightarrow{H} \underset{\mathbf{64}}{\mathrm{H_2C}} \xrightarrow{H} \underset{\mathbf{65}}{\mathrm{CH_3}} \xrightarrow[-\,CH_4]{H}$$

Häufig gilt bezüglich der Stabilität **63** > **64** und der Aktivierungsbarriere **62**→**63** < **63**→**64**, sodass Methylidinteilchen **63** bei der Katalyse eine besondere Rolle spielen.

Alle diese obenflächengebundenen Organogruppen sind als Liganden in Metallkomplexen gut bekannt. Methyliden- und Methylidinliganden, die mit einer Doppel- ([M]=CH_2, **64'**) bzw. Dreifachbindung ([M]≡CH, **63'**) an ein Metall gebunden sind, sind in Alkyliden- bzw. Alkylidinkomplexen vom Schrock-Typ vielfach zu finden, insbesondere bei elektronenärmeren Übergangsmetallen in hohen Oxidationsstufen. In zahlreichen weiteren Komplexen treten sie als Brückenliganden μ_2-CH_2 (**64''**) bzw. μ_3-CH (**63''**) auf. Bei den terminalen Liganden ist das C-Atom als sp^2- (**64'**) bzw. *sp*-hybridisiert (**63'**) zu beschreiben, während in den Brückenliganden (**64''**/**63''**) von sp^3-hybridisierten C-Atomen auszugehen ist. Die Beispiele in Abbildung 5.6 (**a**/**b**) können als Modellkomplexe für die Bindungen von Liganden der Typen **64''** und **63''** angesehen werden.

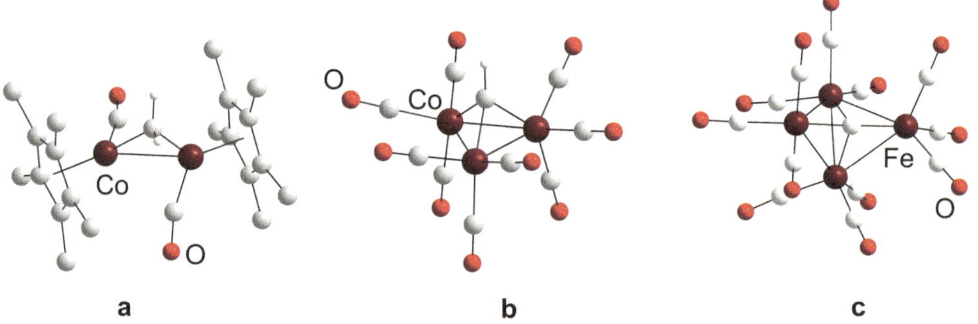

Abbildung 5.6. Strukturen von [{Co(η^5-C_5Me_5)(CO)}$_2$(μ-CH_2)] (H-Atome der C_5Me_5-Liganden sind nicht gezeichnet) (**a**), [{Co(CO)$_3$}$_3$(μ_3-CH)] (**b**) und vom Anion in [$NMe_3(CH_2Ph)$]$_2$[{Fe(CO)$_3$}$_4$(μ_4-C)] (**c**).

Abgesehen von lange bekannten Clustern mit interstitiellen Kohlenstoffatomen (Beispiel: $[Rh_6(\mu_6\text{-}C)(CO)_{13}]^{2-}$), die aber nicht als Modellkomplexe für oberflächengebundene C-Atome herangezogen werden können, sind auch solche mit terminalen Carbidoliganden [M]≡C| (Beispiel: [Ru(≡C)Cl_2(PCy_3)$_2$], Ru≡C 1,632(6) Å [32]) beschrieben. Komplexe mit verbrückenden Carbidoliganden der Typen [M]=C=[M] (Beispiel: [LFe=C=FeL], H_2L = 5,10,15,20-Tetraphenylporphyrin) und [M]≡C–[M] (Beispiel: [(PCy_3)$_2Cl_2$Ru≡C–PdCl_2(SMe_2)]) sind bekannt. Die Struktur eines Komplexes mit einem μ_4-C-Liganden in der Abbildung 5.6 (**c**) zeigt ein Koordinationsmuster, das prinzipiell auch an Metalloberflächen denkbar ist.

Bei der Fischer-Tropsch-Synthese vollzieht sich die Bildung der Kohlenwasserstoffe durch Oligomerisation der oberflächengebundenen CH_x-Teilchen. Die Reaktion umfasst als Teilschritte den Kettenstart, das Kettenwachstum und den Kettenabbruch:

Kettenstart / Kettenwachstum / Kettenabbruch

$CO + H_2 \xrightarrow[-H_2O]{H} CH_x \xrightarrow{CH_x} C_2H_x \xrightarrow{CH_x(H)} C_nH_x \rightarrow$ Olefine (H), Alkane (H), Aldehyde, ... (CO)

$CH_x \xrightarrow{H} CH_4$

Kettenstart. Der Kettenstart, d. h. die Knüpfung der ersten C–C-Bindung, erfolgt durch Rekombination von zwei CH_x-Teilchen (x = 0–3; **62**–**65**). Dabei sind zunächst alle Kombinationen in Betracht zu ziehen, abgesehen von der Rekombination zweier oberflächengebundener Methylgruppen $\{CH_{3(s)}\}$ + $\{CH_{3(s)}\}$, weil deren Wechselwirkung durch die räumliche Ausdehnung der C–H-Gruppen repulsiv ist und auf diese Weise eine C–C-Bindungsbildung verhindert wird. Das trifft wahrscheinlich auch auf die Rekombination $\{CH_{3(s)}\}$ + $\{CH_{2(s)}\}$ zu.

Abbildung 5.7 zeigt die aus DFT-Rechnungen ermittelte Stabilität aller denkbaren an einer β-Co(111)-Fläche gebundenen C_2-Spezies, wobei insbesondere sehr stabile Teilchen katalytisch relevant sein sollten. So könnte das stabilste Teilchen, die acetylenartige Spezies **66**, im Kettenstart durch Rekombination zweier Methylidine **63** gebildet werden, die exotherm und mit einer vergleichsweise geringen Aktivierungsbarriere verbunden ist.

Kettenwachstum. Zunächst sind alle Verknüpfungen von C_2H_x- (bzw. C_nH_x-) mit CH_x-Teilchen in Betracht zu ziehen. Beachtet man die Einschränkungen, die für CH_x/CH_x-Rekombinationen gelten, sind C–C-Bindungsbildungen durch Rekombination von Alkylteilchen wie **69** mit CH_3 und CH_2 ausgeschlossen bzw. wenig wahrscheinlich. Mechanistische Vorschläge

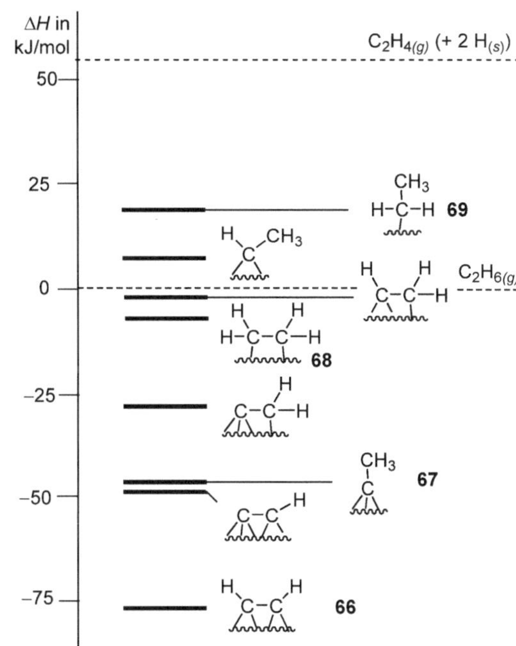

Abbildung 5.7. Berechnete Stabilität (ΔH-Werte bei 0 K) von C_2H_x-Teilchen gebunden an einer β-Co(111)-Fläche relativ zu $C_2H_{6(g)}$. ΔH bezieht sich auf die Gleichung $C_2H_{6(g)} \rightarrow \{C_2H_{x(s)}\} + y\,\{H_{(s)}\}$ ($x + y = 6$); oberflächengebundene H-Atome sind nicht gezeichnet (adaptiert von Weststrate et al. [33]).

zum Kettenwachstum basieren hauptsächlich auf der Insertion von CH- und CH_2-Teilchen in oberflächengebundene Alkenyl-, Alkyliden- und Alkylidinteilchen und beinhalten H-Transferschritte.

Experimentelle Untersuchungen und DFT-Rechnungen legen nahe, dass sich das Kettenwachstum an einer β-Co(111)-Fläche durch Rekombination von Alkylidinen und Methylidin vollzieht. Das im Kettenstart gebildete acetylenartige Teilchen **66** reagiert mit $\{H_{(s)}\}$ zum Ethylidin **67**, das mit $\{CH_{(s)}\}$ unter C–C-Knüpfung zum oberflächengebundenen Propin **66'** reagiert usw. Die Endothermie bei der Bildung der Alkylidine (**66**/**66'** → **67**/**67'**) und die Exothermie der C–C-Knüpfung (**67** → **66'**) sind gering und halten sich ungefähr die Waage.

Kettenabbruch. Hydrogenolytische Abspaltung (reduktive C–H-Eliminierung) oder Desorption von oberflächengebundenen Oligomerteilchen C_nH_x führt zur Bildung von Alkanen oder Olefinen. Letztere können auch durch β-Hydrideliminierung von oberflächengebundenen Alkylgruppen CH_2CH_2R gebildet werden.

Abbildung 5.7 zeigt am Beispiel von C_2-Teilchen, dass oberflächengebundene Alkylteilchen **69** am energiereichsten sind, der letzte Schritt der Alkanbildung – eine reduktive C–H-Eliminierung (**70** → **71**) – aber exotherm ist. Aus Abbildung 5.7 ist auch zu entnehmen, dass die Desorption von Ethen aus **68** etwa 60 kJ/mol kostet; ähnliche Werte sind auch für höhere Olefine zu erwarten. Demgegenüber kostet die Desorption von Acetylen (**66** → $C_2H_{2(g)}$) mehr als 200 kJ/mol. Alle diese Befunde sprechen – in Übereinstimmung mit den experimentellen Ergebnissen – dafür, dass Primärprodukte der Fischer-Tropsch-Synthese Olefine sind: *i*) Alkane als Primärprodukte würden in einer exothermen (schnellen!) Kettenabbruchreaktion (**70** – **71**) gebildet werden, sodass nur kurze Kettenlängen zu erwarten wären (ganz abgesehen davon, dass **69** im Kettenwachstum nicht gebildet wird). *ii*) Die hohe Desorptionsenergie von Acetylen aus **66** schließt die Bildung von Alkinen als Primärprodukte praktisch aus.

Oxygenate. Sauerstoffhaltige Produkte können durch Insertion von CO in die wachsende Oligomerkette gebildet werden (**72** → **73**). Nachfolgende Reaktion der oberflächengebundenen Acylspezies mit $\{H_{(s)}\}$ führt zu Aldehyden oder Alkoholen. Ein Kettenwachstum auf dieser Grundlage, d. h. eine Reduktion der Acylgruppe gefolgt von einer CO-Insertion (**73** → **67'** → **72** mit R ≡ CH_2R), scheint für die meisten Katalysatorsysteme kein gangbarer Weg zu sein [33, 34, 35].

Die Kettenlängenverteilung der Produkte und das Verhältnis Alkane/Olefine kann durch den Katalysator und die Prozessbedingungen beeinflusst werden. Der Fischer-Tropsch-Prozess kann so optimiert werden, dass beispielsweise ca. 70 % an Benzinkohlenwasserstoffen (C_5–C_{12}) erhalten werden, wobei ein Zusatz eines Zeoliths zum konventionellen Fischer-Tropsch-Katalysator (Fe/Co) sowohl die C_5–C_{12}-Selektivität als auch die Octanzahl der Benzinfraktion erhöht. Eine Synthese der technisch wichtigen leichten Olefine (C_2–C_4) gelingt mit einer Selektivität von bis zu 60 %. Allerdings lassen sich in zwei technisch gut etablierten getrennten Verfahren via Methanol als Zwischenprodukt, Synthesegas → MeOH und MeOH → Olefine (MTO – *methanol-to-olefin*) [36], Ausbeuten von 90 % erzielen. Mit einem Mischkatalysator aus Cr-Zn-Oxid für die Methanolsynthese und einem speziellen Molekularsieb für den MTO-Prozess sind in einem einzigen Reaktor bis zu 80 % C_2–C_4-Olefine (bei einem CO-Umsatz von 17 %) erhalten worden [31, 37].

5.6 Lösungen der Aufgaben und Literatur

5.6.1 Lösungen der Aufgaben

Aufgabe 5.1

In Komplexen $[CoH(CO)_{4-n}(PR_3)_n]$ gilt für $PR_3 = P(n\text{-}Bu)_3$:

n	0	1	2	3
$T_{Zers.}$ (in °C)	–20	20	160	80
ν_{CO} (in cm^{-1})	2043–2121	1933–2050	1902–1978	1883
pK_a	1	7 ($PR_3 = PPh_3$)		

(Angaben aus [M19a], *Vol. 5*, S. 10 ff und dort zit. Lit.). Substitution von CO, ein schwach σ-basischer, aber stark π-acider Ligand, in $[CoH(CO)_4]$ durch PR_3, ein starker σ-Donor, aber schwacher π-Akzeptor, führt zu einer Stärkung der π-Rückbindung zu den verbliebenen CO-Liganden (vgl. die oben angegebenen Werte für ν_{CO}), also zu einer Stärkung der Co–CO-Bindungen. Substitution von CO durch PR_3 erhöht die Basizität des Anions, die Acidität der Co–H-Verbindung wird folglich geringer.

Aufgabe 5.2

Oxidative Addition einer Aldehyd-C–H-Bindung an einen Rhodium(I)-Komplex $[Rh^I]^+$ (**4**), wobei bevorzugt kationische Komplexe Anwendung finden, liefert einen Acylhydridokomplex **5**, der via Olefinkoordination und -insertion zu einem Rhodacyclohexanon **6** reagiert. Reduktive C–C-Eliminierung ergibt unter Rückbildung des Katalysatorkomplexes das Produkt **2**. Aldehyddecarbonylierungen sind Nebenreaktionen, die besonders bei intermolekularen Hydroacylierungen zutage treten: Extrusion von CO aus dem Acylliganden in **5** und nachfolgende reduktive C–H-Eliminierung (**5** → **7** → **3**) führt zur Butenbildung. Zu weiteren Nebenreaktionen (Doppelbindungsisomerisierung, Bildung von Cyclopropanen) vgl. die angegebene Literatur; M. C. Willis, *Chem. Rev.* **2010**, *110*, 725; S. K. Murphy, A. Brucha, V. M. Dong, *Chem. Sci.* **2015**, *6*, 174.

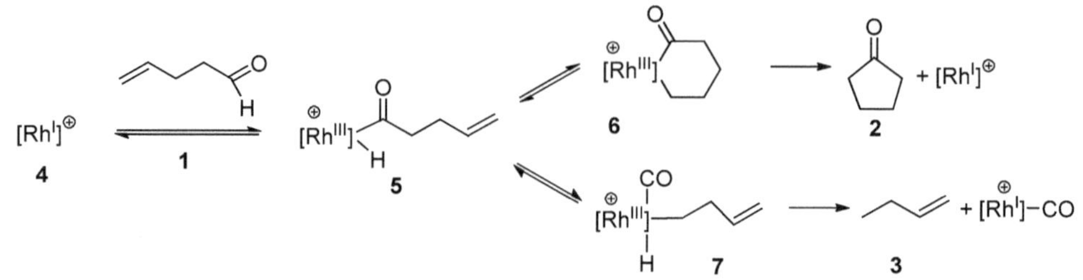

Beachten Sie, dass aus einer Irreversibilität der reduktiven C–H-Eliminierung ([M](H){C(O)R} → [M] + H–C(O)R; M = Co, Rh) bei Hydroformylierungen unter Katalysebedingungen nicht geschlossen werden darf, dass oxidative Additionen von Aldehyd-C–H-Bindungen prinzipiell nicht möglich sind, zumal diese eine vergleichsweise geringe Bindungsdissoziationsenthalpie (ca. 370 kJ/mol; zum Vergleich C_{sp^3}–H: 400–440 kJ/mol) aufweisen. So werden Decarbonylierungen von Aldehyden RCHO, die durch eine C–H-Aktivierung eingeleitet werden (Reaktionsabfolge analog **4** → **5** → **7** → **3**), häufig beobachtet, insbesondere auch weil die Bildung von RH (reduktive C_{sp^3}–H-Eliminierung **7** → **3**) irreversibel ist. Unter welchen Voraussetzungen *cis*-Acylhydrido-Komplexe stabil sind vgl. M. A. Garralda, *Dalton Trans.* **2009**, 3635.

Aufgabe 5.3

- Ein möglicher Reaktionsmechanismus geht von einer oxidativen Addition von H_2 an den Carbenkomplex **13'** aus (**13'** → **1**). Der Alkohol könnte sich dann durch H-Verschiebung vom Metall auf den Carbenliganden gefolgt von einer reduktiven C–H-Eliminierung bilden (**1** → **2** → **3**). Erneute oxidative H_2-Addition und Deprotonierung führen zu Komplex **9**, der dann wie in Abbildung 5.3 zu **13** reagiert. Protonierung von **13** liefert schließlich **13'**.

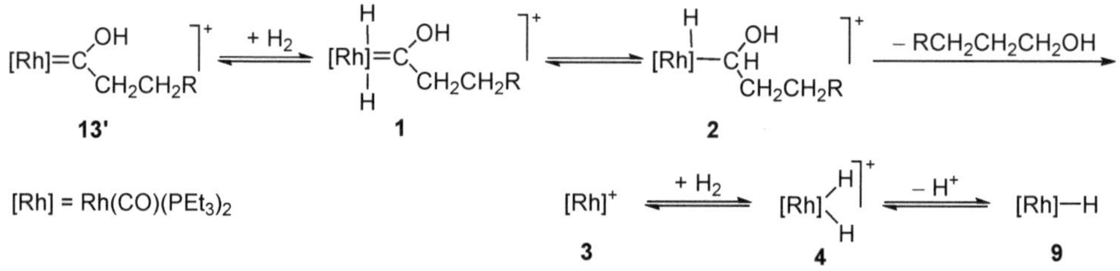

[Rh] = Rh(CO)(PEt₃)₂

- Die beiden konkurrierenden Reaktionen sind die oxidative Addition von H_2 an **13** und die Protonierung von **13** zu **13'**, die den Reaktionskanal zur Bildung der Aldehyde bzw. der Alkohole öffnet. Die Protonierung des Acylsauerstoffatoms in EtOH wird durch eine hohe Elektronendichte am O-Atom, also durch basische Phosphane (PEt_3) begünstigt. Mit L = PEt_3 liegen Bis(phosphan)-Komplexe [Rh{C(O)CH_2CH_2R}(CO)L_2] (**13**) vor. Der sterische Anspruch von P(*i*-Pr)$_3$ begünstigt die Bildung von Monophosphankomplexen [Rh{C(O)CH_2CH_2R)(CO)$_2$L], in denen das Acylsauerstoffatom eine geringere Basizität aufweist, sodass die Bildung von **13'** nicht mehr die bevorzugte Reaktion ist.

Weitergehende Erklärungen sowie eine Diskussion zur *n*/iso-Selektivität finden sich in P. Cheliatsidou, D. F. S. White, A. M. Z. Slawin, D. J. Cole-Hamilton, *Dalton Trans.* **2008**, 2389.

Aufgabe 5.4

Wegen der geringeren thermodynamischen Stabilität liegen die terminalen Olefine nur in geringen Konzentrationen vor. Der Katalysator muss also neben einer hohen Doppelbindungsisomerisierungsaktivität auch terminale Doppelbindungen deutlich schneller als innere hydroformylieren und ein gutes *n*/iso-Verhältnis liefern.

Aufgabe 5.5

In einem Toluol–Wasser-Gemisch ist **1** in der Toluolphase gelöst. Einleiten von CO_2 überführt durch Protonierung den Katalysator in die wässrige Phase (**1** → **1'**). Die Reaktion ist reversibel: Beim Spülen mit N_2 (60 °C) wird das CO_2 ausgetrieben und der Katalysator geht wieder in die organische Phase. Der Katalysator eignet sich für Reaktionen in beiden Phasen. Oct-1-en wird in der organischen und Allylalkohol in der wässrigen CO_2-gesättigten Phase hydroformyliert. Zur Abtrennung vom Produkt wird die pH-abhängige Löslichkeit des Katalysators ausgenutzt. Sie erfolgt bei einem hydrophoben Produkt (Octen → Nonanal) mit CO_2/H_2O und bei einem hydrophilen Produkt (Allylalkohol → 2-Hydroxytetrahydrofuran) mit Toluol/N_2 (spülen bei 60 °C). Damit liegt eine Prinziplösung vor, wie Stofftransportprobleme umgangen werden können, die beim klassischen Zweiphasenprozess (Ruhrchemie/Rhône-Poulenc) die Hydroformylierung höherer Olefine mit nur geringer Wasserlöslichkeit erschweren (nach S. L. Desset, D. J. Cole-Hamilton, *Angew. Chem.* **2009**, *121*, 1500).

CO/H_2 (R = *n*-Hexyl)

Rh/P(...N=C(Me)NMe$_2$)$_3$ **1**

N_2 (− CO_2) ; CO_2/H_2O

Rh/P(...NH$^{\oplus}$=C(Me)NMe$_2$ $HCO_3^{\ominus}$)$_3$ **1'**

5.6.2 Literatur

[1] O. Roelen, *Chem. Exp. Didakt.* **1977**, *3*, 119: „Die Entdeckung der Synthese von Aldehyden aus Olefinen, Kohlenoxid und Wasserstoff – ein Beitrag zur Psychologie der naturwissenschaftlichen Forschung"

[2] L. E. Rush, P. G. Pringle, J. N. Harvey, *Angew. Chem.* **2014**, *126*, 8816: „Computational Kinetics of Cobalt-Catalyzed Alkene Hydroformylation"

[3] A. Börner, R. Franke, *Hydroformylation: Fundamentals, Processes, and Applications in Organic Synthesis, Vol. 1–2*, Wiley-VCH, Weinheim, **2016**

[4] T. Matsubara, N. Koga, Y. Ding, D. G. Musaev, K. Morokuma, *Organometallics* **1997**, *16*, 1065: „Ab Initio MO Study of the Full Cycle of Olefin Hydroformylation Catalyzed by a Rhodium Complex, $RhH(CO)_2(PH_3)_2$"

[5] G. M. Torres, R. Frauenlob, R. Franke, A. Börner, *Catal. Sci. Technol.* **2015**, *5*, 34: „Production of Alcohols via Hydroformylation"

[6] D. E. Fogg, E. N. dos Santos, *Coord. Chem. Rev.* **2004**, *248*, 2365: „Tandem Catalysis: a Taxonomy and Illustrative Review"

[7] T. L. Lohr, T. J. Marks, *Nature Chem.* **2015**, *7*, 477: „Orthogonal Tandem Catalysis"

[8] J.-C. Wasilke, S. J. Obrey, R. T. Baker, G. C. Bazan, *Chem. Rev.* **2005**, *105*, 1001: „Concurrent Tandem Catalysis"

[9] S. Kusumoto, T. Tatsuki, K. Nozaki, *Angew. Chem.* **2015**, *127*, 8578: „The Retro-Hydroformylation Reaction“

[10] A. Nandakumar, M K. Sahoo, E. Balaraman, *Org. Chem. Front.* **2015**, *2*, 1422: „Reverse-Hydroformylation: A Missing Reaction Explored“

[11] K. Nozaki, *Chem. Rec.* **2005**, *5*, 376: „Unsymmetric Bidentate Ligands in Metal-Catalyzed Carbonylation of Alkenes“

[12] D. Gleich, W. A. Herrmann, *Organometallics* **1999**, *18*, 4354: „Why Do Many C_2-Symmetric Bisphosphine Ligands Fail in Asymmetric Hydroformylation? Theory in Front of Experiment“

[13] F. Agbossou, J.-F. Carpentier, A. Mortreux, *Chem. Rev.* **1995**, *95*, 2485: „Asymmetric Hydroformylation“

[14] M. Diéguez, O. Pàmies, C. Claver, *Tetrahedron: Asymmetry* **2004**, *15*, 2113: „Recent Advances in Rh-Catalyzed Asymmetric Hydroformylation Using Phosphite Ligands“

[15] R. Franke, D. Selent, A. Börner, *Chem. Rev.* **2012**, *112*, 5675: „Applied Hydroformylation“

[16] Y. Deng, H. Wang, Y. Sun, X. Wang, *ACS Catal.* **2015**, *5*, 6828: „Principles and Applications of Enantioselective Hydroformylation of Terminal Disubstituted Alkenes“

[17] Z. Freixa, P. W. N. M. van Leeuwen, *Dalton Trans.* **2003**, 1890: „Bite Angle Effects in Diphosphine Metal Catalysts: Steric or Electronic?“

[18] J. J. Carbó, F. Maseras, C. Bo, P. W. N. M. van Leeuwen, *J. Am. Chem. Soc.* **2001**, *123*, 7630: „Unraveling the Origin of Regioselectivity in Rhodium Diphosphine Catalyzed Hydroformylation. A DFT QM/MM Study“

[19] P. W. N. M. van Leeuwen, P. C. J. Kamer, J. N. H. Reek, P. Dierkes, *Chem. Rev.* **2000**, *100*, 2741: „Ligand Bite Angle Effects in Metal-catalyzed C–C Bond Formation“

[20] P. C. J. Kamer, P. W. N. M. van Leeuwen, J. N. H. Reek, *Acc. Chem. Res.* **2001**, *34*, 895: „Wide Bite Angle Diphosphines: Xantphos Ligands in Transition Metal Complexes and Catalysis“

[21] C. P. Mehnert, *Chem. Eur. J.* **2005**, *11*, 50: „Supported Ionic Liquid Catalysis“

[22] M. Haumann, A. Riisager, *Chem. Rev.* **2008**, *108*, 1474: „Hydroformylation in Room Temperature Ionic Liquids (RTILs): Catalyst and Process Developments“

[23] P. Wasserscheid, *Chem. Uns. Zeit* **2003**, *37*, 57: „Ionische Flüssigkeiten“

[24] H. Weingärtner, *Angew. Chem.* **2008**, *120*, 664: „Zum Verständnis ionischer Flüssigkeiten auf molekularer Ebene: Fakten, Probleme und Kontroversen“

[25] R. Giernoth, *Angew. Chem.* **2010**, *122*, 2896: „Ionische Flüssigkeiten für Spezialaufgaben – von der Katalyse bis zur Analytik“

[26] H.-P. Steinrück, P. Wasserscheid, *Catal. Lett.* **2015**, *145*, 380: „Ionic Liquids in Catalysis“

[27] C. Waloch, J. Wieland, M. Keller, B. Breit, *Angew. Chem.* **2007**, *119*, 3097: „Self-Assembly of Bidentate Ligands for Combinatorial Homogeneous Catalysis: Methanol-Stable Platforms Analogous to the Adenine–Thymine Base Pair“

[28] T. Šmejkal, B. Breit, *Angew. Chem.* **2008**, *120*, 317: „A Supramolecular Catalyst for Regioselective Hydroformylation of Unsaturated Carboxylic Acids“

[29] V. Agabekov, W. Seiche, B. Breit, *Chem. Sci.* **2013**, *4*, 2418: „Rhodium-Catalyzed Hydroformylation of Alkynes Employing a Self-Assembling Ligand System“

[30] Z. Zhang, Q. Wang, C. Chen, Z. Han, X.-Q. Dong, X. Zhang, *Org. Lett.* **2016**, *18*, 3290: „Selective Rhodium-Catalyzed Hydroformylation of Alkynes to α,β-Unsaturated Aldehydes with a Tetraphosphoramidite Ligand"

[31] A. W. Bhutto, K. Qureshi, R. Abro, K. Harijan, Z. Zhao, A. A. Bazmi, T. Abbase, G. Yu, *RSC Adv.* **2016**, *6*, 32140: "Progress in the Production of Biomass-to-Liquid Biofuels to Decarbonize the Transport Sector – Prospects and Challenges"

[32] S. Takemoto, H. Matsuzaka, *Coord. Chem. Rev.* **2012**, *256*, 574: „Recent Advances in the Chemistry of Ruthenium Carbido Complexes"

[33] C. J. Weststrate, I. M. Ciobîcă, A. M. Saib, D. J. Moodley, J. W. Niemantsverdriet, *Catal. Today* **2014**, *228*, 106: „Fundamental Issues on Practical Fischer–Tropsch Catalysts: How Surface Science Can Help"

[34] R. A. van Santen, A. J. Markvoort, I. A. W. Filot, M. M. Ghouriab, E. J. M. Hensen, *Phys. Chem. Chem. Phys.* **2013**, *15*, 17038: „Mechanism and Microkinetics of the Fischer–Tropsch Reaction"

[35] R. A. van Santen, M. Ghouriab, E. M. J. Hensen, *Phys. Chem. Chem. Phys.* **2014**, *16*, 10041: „Microkinetics of Oxygenate Formation in the Fischer–Tropsch Reaction"

[36] P. Tian, Y. Wei, M. Ye, Z. Liu, *ACS Catal.* **2015**, *5*, 1922: „Methanol to Olefins (MTO): From Fundamentals to Commercialization"

[37] U. Olsbye, *Angew. Chem.* **2016**, *128*, 7412: „Katalytische Umwandlung von Synthesegas in Olefine über Methanol in einem Arbeitsgang"

Weiterführende Literatur

M.-N. Birkholz, Z. Freixa, P. W. N. M. van Leeuwen, *Chem. Soc. Rev.* **2009**, *38*, 1099: „Bite Angle Effects of Diphosphines in C-C and C-X Bond Forming Cross Coupling Reactions"

H.-W. Bohnen, B. Cornils, *Adv. Catal.* **2002,** *47*, 1: „Hydroformylation of Alkenes: An Industrial View of the Status and Importance"

M. L. Clarke, *Curr. Org. Chem.* **2005**, *9*, 701: „Branched Selective Hydroformylation: A Useful Tool for Organic Synthesis"

M. E. Dry, *Catal. Today* **2002**, *71*, 227: „The Fischer–Tropsch Process: 1950–2000"

J. Dupont, L. Kollar, Laszlo (eds.), *Ionic Liquids (ILs) in Organometallic Catalysis* (*Top. Organomet. Chem.* **2015**, *51*)

G. D. Frey, *J. Organomet. Chem.* **2014**, *754*, 5: „75 Years of Oxo Synthesis – The Success Story of a Discovery at the OXEA Site Ruhrchemie"

W. A. Herrmann, C. W. Kohlpaintner, *Angew. Chem.* **1993**, *105*, 1588: „Wasserlösliche Liganden, Metallkomplexe und Komplexkatalysatoren: Synergismen aus Homogen- und Heterogenkatalyse"

J. Jacquemin, M. Bendova (eds.), *J. Solut. Chem.* **2015**, *44 (3–4)*, 379: Special Issue on Ionic Liquids

H. Jahangiri, J. Bennett, P. Mahjoubi, K. Wilson, S. Gua, *Catal. Sci. Technol.* **2014**, *4*, 2210: „A Review of Advanced Catalyst Development for Fischer–Tropsch Synthesis of Hydrocarbons from Biomass Derived Syn-Gas"

H.-Y. Jang, M. J. Krische, *Acc. Chem. Res.* **2004**, *37*, 653: „Catalytic C–C Bond Formation via Capture of Hydrogenation Intermediates"

P. C. J. Kamer, P. W. N. M. van Leeuwen (eds.), Phosphorus(III) Ligands in Homogeneous Catalysis: Design and Synthesis, Wiley, Chichester 2012

T. Kégl, *RSC Adv.* **2015**, *5*, 4304: „Computational Aspects of Hydroformylation“

C. W. Kohlpaintner, R. W. Fischer, B. Cornils, *Appl. Catal., A* **2001**, *221*, 219: „Aqueous Biphasic Catalysis: Ruhrchemie/Rhône-Poulenc Oxo Process“

P. Laurent, N. Le Bris, H. des Abbayes, *Trends Organomet. Chem.* **2002**, *4*, 131: „Rhodium Complexes of Bidentate and Potentially Hemilabile Phosphorus Ligands for Hydroformylation of Styrene at Low Temperature“

J. van de Loosdrecht, I. M. Ciobîcă, P. Gibson, N. S. Govender, D. J. Moodley, A. M. Saib, C. J. Weststrate, J. W. Niemantsverdriet, *ACS Catal.* **2016**, *6*, 3840: „Providing Fundamental and Applied Insights into Fischer–Tropsch Catalysis: Sasol–Eindhoven University of Technology Collaboration“

J. H. Lunsford, *Catal. Today* **2000**, *63*, 165: „Catalytic Conversion of Methane to More Useful Chemicals and Fuels: a Challenge for the 21st Century“

P. M. Maitlis, *J. Organomet. Chem.* **2004**, *689*, 4366: „Fischer–Tropsch, Organometallics, and Other Friends“

P. M. Maitlis, A. de Klerk (eds.), Greener Fischer-Tropsch Processes for Fuels and Feedstocks, Wiley-VCH, Weinheim 2013

C. Masters, *Adv. Organomet. Chem.* **1979**, *17*, 61: „The Fischer–Tropsch Reaction“

M. J. Overett, R. O. Hill, J. R. Moss, *Coord. Chem. Rev.* **2000**, *206–207*, 581: „Organometallic Chemistry and Surface Science: Mechanistic Models for the Fischer–Tropsch Synthesis“

J. Pospech, I. Fleischer, R. Franke, S. Buchholz, M. Beller, *Angew. Chem.* **2013**, *125*, 2922: „Alternative Metalle für die homogen katalysierte Hydroformylierung“

R. D. Rogers, G. A. Voth (eds.), *Acc. Chem. Res.* **2007**, *40 (11)*, 1077: Special Issue on Ionic Liquids

M. Schmeisser, R. van Eldik, *Dalton Trans.* **2014**, *43*, 15675: „Elucidation of Inorganic Reaction Mechanisms in Ionic Liquids: The Important Role of Solvent Donor and Acceptor Properties“

H. Schulz, *Appl. Catal., A* **1999**, *186*, 3. „Short History and Present Trends of Fischer–Tropsch Synthesis“

H. Schulz, *Top. Catal.* **2003**, *26*, 73: „Major and Minor Reactions in Fischer–Tropsch Synthesis on Cobalt Catalysts“

G. Ujaque, F. Maseras, *Struct. Bond.* **2004**, *112*, 117: „Applications of Hybrid DFT/Molecular Mechanics to Homogeneous Catalysis“

J. S. Wilke, *J. Mol. Catal. A: Chem.* **2004**, *214*, 11: „Properties of Ionic Liquid Solvents for Catalysis“

Z.-J. Zhao, C.-c. Chiu, J. Gong, *Chem. Sci.* **2015**, *6*, 4403: „Molecular Understandings on the Activation of Light Hydrocarbons over Heterogeneous Catalysts“

6 Carbonylierung von Methanol und Kohlenmonoxid-Konvertierung

6.1 Grundlagen

Essigsäure ist eines der wichtigsten Zwischenprodukte der chemischen Industrie (Weltjahresproduktion: ca. 13 Mill. Tonnen, 2015). Sie findet hauptsächlich bei der Synthese von Vinylacetat (→ Polyvinylacetat) und Celluloseacetat sowie in der Produktion von Terephthalsäure (→ Poly(ethylenterephthalat), PET) Verwendung.

Die Carbonylierung von Methanol

$$\text{MeOH} + \text{CO} \xrightarrow{\text{Kat.}} \text{MeCOOH}$$

ist unter Standardbedingungen thermodynamisch erlaubt ($\Delta G^{\circ} = -86$ kJ/mol), erfordert aber einen Katalysator. Sie ist der weitaus bedeutendste technische Prozess zur Herstellung von Essigsäure (Anteil an der Gesamtproduktion: ca. 65 %), der darüber hinaus auch einen wichtigen Platz bei der Veredlung von breit verfügbaren C_1-Grundstoffen einnimmt.

Essigsäure wird auch durch direkte Oxidation von gesättigten Kohlenwasserstoffen (insbesondere von Butan) hergestellt:

$$\text{MeCH}_2\text{CH}_2\text{Me} \xrightarrow[\text{Kat.}]{+\,5/2\ \text{O}_2} 2\ \text{MeCOOH} + \text{H}_2\text{O}$$

Die Reaktion verläuft nach einem radikalischen Mechanismus und kann durch Mn-, Co-, Ni- oder Cr-Verbindungen katalysiert werden (150–200 °C, 5–6 MPa). Ebenfalls radikalisch und durch Übergangsmetallverbindungen (Mn, Co, Cu) katalysiert wird Acetaldehyd durch Sauerstoff zu Essigsäure oxidiert (60–80 °C, 0,3–1 MPa).

$$\text{MeCHO} \xrightarrow[\text{Kat.}]{+\,1/2\ \text{O}_2} \text{MeCOOH}$$

Nach einem neuen Verfahren (SaaBre-Prozess von British Petroleum, BP plc), das 2018/19 im Oman zur industriellen Anwendung kommen soll, erfolgt die Synthese von Essigsäure in einem mehrstufigen Gasphasenprozess mit heterogenen Katalysatoren aus Synthesegas [1]:

$$2\ \text{CO} + 4\ \text{H}_2 \longrightarrow 2\ \text{MeOH} \xrightarrow[-\,\text{H}_2\text{O}]{} \text{Me–O–Me} \xrightarrow{+\,\text{CO}} \text{MeCOOMe} \xrightarrow[-\,\text{MeOH}]{+\,\text{H}_2\text{O}} \text{MeCOOH}$$

Die biotechnologische Herstellung von 4–12 %iger Essigsäure durch bakterielle Fermentation ist schon über 5000 Jahre bekannt. Der Anteil der auf diese Weise hergestellten Essigsäure an der weltweiten Gesamtproduktion liegt um die fünf Prozent.

$$\text{EtOH} \xrightarrow[\textit{acetobacter}]{+\,\text{O}_2\,/\,-\,\text{H}_2\text{O}} \text{MeCOOH}$$

D. Steinborn, *Grundlagen der metallorganischen Komplexkatalyse*, Studienbücher Chemie,
https://doi.org/10.1007/978-3-662-56604-6_6

Das erste technische Verfahren zur Carbonylierung von Methanol ist bei der BASF (Ludwigshafen) Ende der 1950er-Jahre entwickelt worden. 1960 ist eine Anlage nach dem BASF-Essigsäure-Hochdruckverfahren (250 °C, 70 MPa) in Betrieb gegangen, wobei ein besonders korrosionsbeständiger Werkstoff, eine Ni–Mo/Cr-Legierung („Hastelloy"), für den Reaktorbau verwendet werden musste. Beim BASF-Verfahren wurde CoI_2 für die In-situ-Erzeugung von $[Co_2(CO)_8]$ (**1**) und HI genutzt. Unter den Reaktionsbedingungen reagiert **1** im Sinne einer Kohlenmonoxid-Konvertierung zu $[CoH(CO)_4]$ (**2**), das nach Deprotonierung katalytisch ist.

$$2\,CoI_2 + 2\,H_2O + 10\,CO \longrightarrow \underset{\mathbf{1}}{[Co_2(CO)_8]} + 4\,HI + 2\,CO_2$$

$$\underset{\mathbf{1}}{[Co_2(CO)_8]} + H_2O + CO \longrightarrow \underset{\mathbf{2}}{2\,[CoH(CO)_4]} + CO_2$$

Die Selektivität bezüglich MeOH beträgt ca. 90 % und bezüglich CO ca. 70–85 %. 1968 ist bei der Monsanto Company (St. Louis, USA) ein rhodiumkatalysiertes Verfahren ausgearbeitet worden, das bei wesentlich milderen Reaktionsbedingungen (150–200 °C, 3–6 MPa) arbeitet und zudem eine deutlich höhere Selektivität aufweist (ca. 99 % bezogen auf MeOH und 90 % bezogen auf CO). Damit war das BASF-Verfahren nicht konkurrenzfähig und ist heute nur noch von chemiehistorischem Interesse. Eine wesentliche Verbesserung des Monsanto-Verfahrens ist 1995/96 von BP Chemicals (Hull, England) durch Verwendung eines Iridiumkomplexes als Katalysator im Cativa-Prozess erreicht worden. Wichtige Parameter von Verfahren zur Essigsäureherstellung durch Carbonylierung von Methanol sind in Tabelle 6.1 zusammengestellt.

Tabelle 6.1. Wichtige Prozessparameter der Co-, Rh- und Ir-katalysierten Carbonylierung von Methanol zu Essigsäure (zusammengestellt nach [2, 3, M7, M18]).

	Co	Rh	Ir
Technische Einführung	1960 (BASF)	1970 (Monsanto)	1995 (BP Chemicals)
T (in °C)	250	150–200	180
p (in bar)	500–700	30–60	30–40
Selektivität bez. auf MeOH (in %)	90	99	99,5
Selektivität bez. auf CO (in %)	70–85	90	>94
Wichtige Nebenprodukte	CH_4, CO_2, EtOH, MeCHO, EtCOOH	CH_4, CO_2, H_2, EtCOOH	sehr wenig

Die geringe Selektivität im BASF- und Monsanto-Prozess bezüglich CO ist auf die Co- bzw. Rh-katalysierte Kohlenmonoxid-Konvertierung ($CO + H_2O \rightleftharpoons CO_2 + H_2$, vgl. Abbildung 6.3, S. 135) zurückzuführen. Es wird Synthesegas (CO/H_2) gebildet, das unter der Einwirkung von Übergangsmetallkatalysatoren als Methylen-Äquivalent reagieren kann ($CO + 2\,H_2 \rightarrow$ „$–CH_2–$" $+ H_2O$) und so zur Bildung von sauerstoffhaltigen C_2- und C_3-Verbindungen (**4**–**6**) als Nebenprodukte führt:

$$\underset{\mathbf{3}}{\text{MeOH}} + CO + H_2 \xrightarrow[-H_2O]{[M]} \underset{\mathbf{4}}{\text{MeCHO}} \xrightarrow[{[M]}]{+H_2} \underset{\mathbf{5}}{\text{MeCH}_2\text{OH}} \xrightarrow[{[M]}]{+CO} \underset{\mathbf{6}}{\text{MeCH}_2\text{COOH}}$$

Eine Verlängerung der Kohlenstoffkette bei sauerstoffhaltigen Verbindungen um eine Methylengruppe heißt Homologisierung und kann übergangsmetallkatalysiert auch gezielt zur Synthese eingesetzt werden (z. B. **3** → **5**).

6.2 Das Monsanto-Verfahren

Beim Monsanto-Verfahren besteht das Katalysatorsystem aus einem Rhodium(III)-halogenid und einem iodhaltigen Cokatalysator (z. B. HI/H_2O). Unter den Reaktionsbedingungen wird als Präkatalysator ein quadratisch-planarer Diiodidodicarbonylrhodat(I)-Komplex **7** und aus MeOH/HI Methyliodid gebildet:

$$RhI_3 + 3\,CO + H_2O \longrightarrow \underset{\mathbf{7}}{[RhI_2(CO)_2]^-} + I^- + 2\,H^+ + CO_2$$

$$MeOH + HI \rightleftharpoons MeI + H_2O$$

Der Mechanismus der Katalyse ist in Abbildung 6.1 dargestellt. Es sind zwei Zyklen zu unterscheiden, nämlich der „Rhodiumkreislauf", die eigentlich metallkomplexkatalysierte Reaktion, und der „Iodidkreislauf", dem keine metallkatalysierten Reaktionen zugrunde liegen.

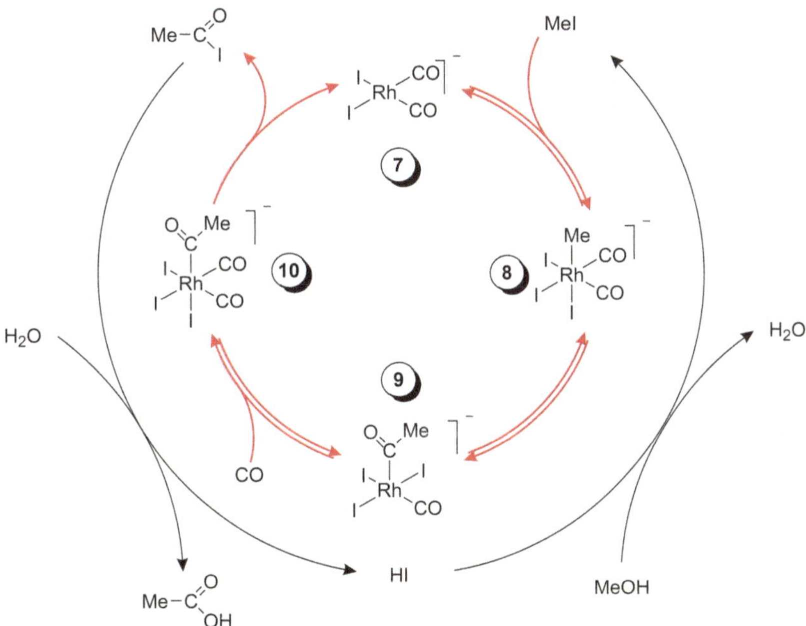

Abbildung 6.1. Reaktionsmechanismus der rhodiumkatalysierten Methanolcarbonylierung bestehend aus dem Rhodiumkreislauf (rot hervorgehoben) und dem Iodidkreislauf.

Die rhodiumkatalysierte Bildung von Acetyliodid aus Methyliodid und CO vollzieht sich in folgenden Schritten:

7 → **8**: *Oxidative Addition/reduktive Eliminierung.* Oxidative Addition von Methyliodid an den Rh[I]-Komplex **7** (16 *ve*) ergibt einen koordinativ und elektronisch gesättigten Methylrhodium(III)-Komplex (18 *ve*). Unter den üblichen Reaktionsbedingungen (bei höheren Wassergehalten) ist diese Reaktion geschwindigkeitsbestimmend. Die Rückreaktion, obwohl prinzipiell möglich, spielt keine Rolle.

8 → **9**: *CO-Insertion/-Deinsertion.* Wanderung des Methylliganden zu einem *cis*-ständigen CO-Liganden (Insertion von CO in die Rh–C-Bindung) ergibt einen koordinativ ungesättigten (16 *ve*) Acetylrhodium(III)-Komplex **9**, der im festen Zustand dimer ist. Die Reaktion ist reversibel.

9 → **10**: *Ligandenanlagerung/-abspaltung.* Addition von CO liefert einen elektronisch (18 *ve*) und koordinativ gesättigten Rhodium(III)-Komplex.

10 → 7: *Reduktive Eliminierung.* In einer reduktiven Eliminierung wird Acetyliodid abgespalten, wobei der Katalysatorkomplex $[RhI_2(CO)_2]^-$ (**7**) zurückerhalten wird. Obwohl diese Reaktion prinzipiell reversibel ist, liegt das Gleichgewicht praktisch vollständig auf der rechten Seite. Das abgespaltene Acetyliodid wird rasch (und irreversibel) zu HOAc und HI umgesetzt [4].

Das aus kinetischen Daten erhaltene Reaktionsprofil für die oxidative Addition von MeI (**7** → **8**) und die sich anschließende migratorische CO-Insertion (**8** → **9**) ist in Abbildung 6.2 gezeigt. Daraus geht hervor, dass die oxidative Addition in diesen Modellstudien geschwin-

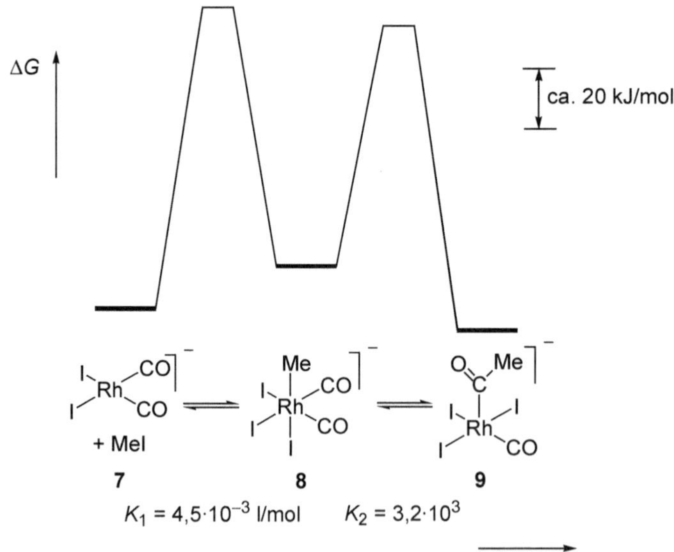

Abbildung 6.2. Profil der freien Enthalpie für die oxidative Addition und CO-Insertion (**7** → **8** → **9**) bei der Methanolcarbonylierung (35 °C, in CH_2Cl_2/MeI) (nach Maitlis [4]).

digkeitsbestimmend ist und der Methylrhodat(III)-Komplex **8** sowohl hinsichtlich der reduktiven Eliminierung (**8** → 7) als auch der migratorischen CO-Insertion (**8** → **9**) instabil ist. Das hat zur Folge, dass die Gleichgewichtskonzentration von **8** sehr klein ist, aber **8** konnte sowohl IR- als auch NMR-spektroskopisch in Reaktionsgemischen $[RhI_2(CO)_2]^-$ (7)/MeI nachgewiesen werden.

Aufgabe 6.1

Schlagen Sie einen Weg vor, die geschwindigkeitsbestimmende oxidative Addition (**7** → **8**) bei der rhodiumkatalysierten Methanolcarbonylierung zu beschleunigen [5].

Der Monsanto-Prozess wird in polaren Lösungsmitteln (Essigsäure/Wasser) durchgeführt. An die Reaktormaterialien werden wegen der stark korrodierend wirkenden sauren iodidhaltigen Reaktionslösungen besondere Anforderungen gestellt. Essigsäure wird mit einer Selektivität bezogen auf Methanol von ca. 99 % gebildet. Ein Nachteil des Verfahrens besteht darin, dass Rhodiumkomplexe – darunter der in der Methanolcarbonylierung katalytisch aktive Komplex $[RhI_2(CO)_2]^-$ (7) – auch die Kohlenmonoxid-Konvertierung (Wassergas-Shift-Reaktion, WGSR), d. h. die Einstellung des Wassergas-Gleichgewichts, katalysieren. Das führt zu einer Erniedrigung der Selektivität in Bezug auf CO. Der CO-Konvertierung liegen zwei (komplexe) Reaktionen zugrunde (Abbildung 6.3):

- Reduktion von H^+ zu H_2 und Bildung eines Dicarbonyltetraiodidorhodat(III)-Komplexes (**a**).
- Oxidation von CO zu CO_2, wobei **7** zurückgebildet wird (**b**).

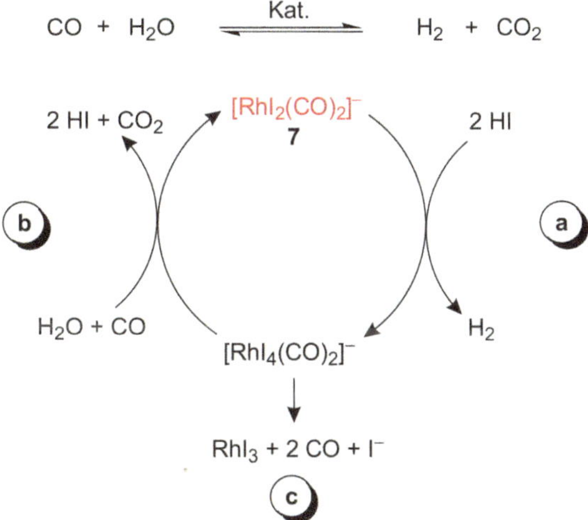

Abbildung 6.3. Reaktionsgleichung der Kohlenmonoxid-Konvertierung und deren Mechanismus (schematisch) mit $[RhI_2(CO)_2]^-$ (**7**) als Katalysator. Komplex **7**, der sowohl die CO-Konvertierung als auch die Methanolcarbonylierung katalysiert, ist rot hervorgehoben.

Darüber hinaus neigt der Rh^{III}-Komplex $[RhI_4(CO)_2]^-$ auch zur Zersetzung unter Abscheidung von RhI_3 (**c**).

Der Iodidkreislauf im Monsanto-Prozess ist in Abbildung 6.4 in den Mittelpunkt gestellt. Die rhodiumkatalysierte Bildung von MeCOI aus MeI und CO ist in einer Gleichung summarisch angegeben (**a**). Im klassischen Prozess läuft der Zyklus **I** ab: Es wird Methyliodid durch Umsetzung von MeOH mit HI gebildet (**b**) sowie Acetyliodid zur Essigsäure hydrolysiert (**c**). Im Reaktionsgemisch ist hinreichend Wasser zugegen, sodass der Zyklus **II**, die Bildung von Methylacetat aus Acetyliodid und Methanol gemäß **d** sowie die Umsetzung von Methylacetat mit HI zu MeI und Essigsäure (**e**), nur eine untergeordnete Rolle spielt.

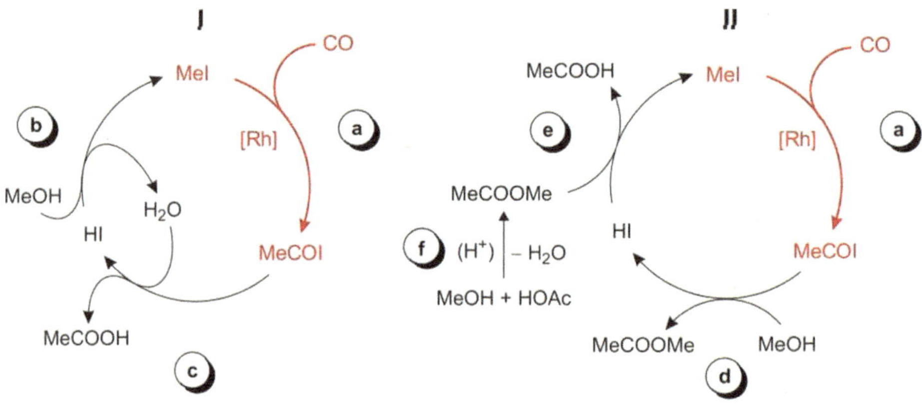

Abbildung 6.4. Iodidkreislauf im klassischen Monsanto-Prozess (Zyklus **I**) und im Hoechst-Celanese-Prozess (Zyklus **II**). Der rhodiumkatalysierte Zyklus ist jeweils rot hervorgehoben.

Eine Verminderung des Wassergehalts wie im Hoechst-Celanese-Prozess führt dazu, dass zunehmend Zyklus **II** abläuft: Dabei wird Acetyliodid mit Methanol (anstelle mit Wasser) umgesetzt (**d**, Abbildung 6.4). Der dabei gebildete Essigsäureester steht dann zur Reaktion mit HI zur Verfügung, die zu Essigsäure und MeI führt (**e**). Bei einer hohen Konzentration an Methylacetat, das unter den Reaktionsbedingungen auch durch sauer katalysierte Veresterung von HOAc gebildet wird (Reaktion **f**), ist die Konzentration an HI niedrig. Das setzt die Geschwindigkeit von Reaktion **a** (Abbildung 6.3) bei der CO-Konvertierung herab. Damit wird die CO-Konvertierung insgesamt reduziert und die Selektivität von CO bei der Methanolcarbonylierung maßgeblich gesteigert. Die niedrige Konzentration an HI würde aber dazu führen, dass die Bildung von unlöslichem RhI_3 (vgl. Reaktion **c**, Abbildung 6.3) begünstigt wird. Daher werden dem Katalysatorsystem Iodide wie LiI, $[NR_4]I$ oder $[PR_4]I$ zugesetzt. Eine weitere Wirkung von Iodiden, nämlich die als Promotoren zu fungieren, wird nachfolgend bei der Acetanhydridsynthese diskutiert.

Aufgabe 6.2

- Führen Sie Gründe an, warum eine effektive Herstellung von Carbonsäuren nach dem Monsanto-Prozess auf HOAc beschränkt ist.

□ *Radikalische Carbonylierungen.* Oxidative Additionen an Phosphanplatin(0)- und -palladium(0)-Komplexe verlaufen nach einem radikalischen Mechanismus (S. 39). Überlegen Sie, wie unter Bestrahlung (*hν*) Reaktionen von Alkyliodiden mit CO und NuH (NuH = ROH, R_2NH, …) palladiumkatalysiert ablaufen könnten. Warum sind diese Reaktionen nicht – wie der Monsanto-Prozess – auf die Synthese von Essigsäure beschränkt?

CO_2 versus CO bei der Essigsäuresynthese

Die Synthese von Essigsäure unter Verwendung von Kohlendioxid als Ausgangsstoff ist eine Herausforderung, die gleichermaßen von wissenschaftlichem wie industriellem Interesse ist. Eine Prinziplösung ist in der Umsetzung von Methanol mit CO_2/H_2 bei Temperaturen um 200 °C gefunden worden. Als Katalysator dient ein bimetallisches Rh/Ru-System und als Lösungsmittel ein cyclisches Harnstoffderivat (DMI):

$$\underset{5\,/\,5\text{ MPa}}{\text{MeOH} + CO_2 + H_2} \xrightarrow[\substack{(1\,/\,1\,/\,19)\\ \text{LiI}}]{[Ru_3(CO)_{12}]/[Rh_2(OAc)_4]/\text{Imidazol}} \underset{(12\text{ h},\ TOF = 33\text{ h}^{-1})}{\text{MeCOOH} + H_2O}$$

(DMI)

Soweit bislang bekannt, erfolgt im Rh/Ru-Zyklus (**a**) analog dem Monsanto-Prozess eine oxidative Addition von MeI an einen Rhodiumkomplex (**11** → **12**), dem sich eine Insertion von Kohlendioxid in die gebildete Rh–C-Bindung anschließt (**12** → **13**). Dabei ist der Imidazolligand entscheidend: Er erhöht die Elektronendichte am Rh-Atom und erleichtert damit die Insertion von CO_2. Es ist nachgewiesen, dass CO_2 insertiert wird und nicht durch Reduktion gebildetes CO. Eine rutheniumkatalysierte hydrogenolytische Spaltung der Rh–O- und Rh–I-Bindungen führt zur Bildung von HOAc und HI (**13** → **11**). Schließlich wird im Iodidzyklus (**b**) HI mit MeOH zu Methyliodid umgesetzt, wobei LiI als Promotor fungiert [6].

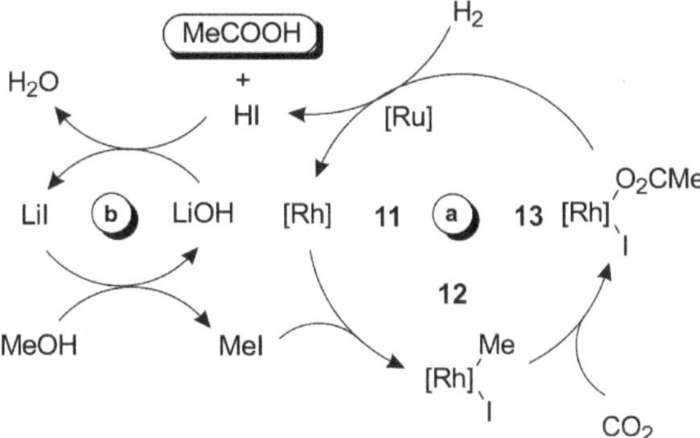

6.3 Synthese von Acetanhydrid

Die rhodiumkatalysierte Carbonylierung von Methylacetat liefert Acetanhydrid:

$$\text{MeCOOMe} + \text{CO} \xrightarrow[\text{(HI)}]{[Rh]} (\text{MeCO})_2\text{O}$$

Das dazu benötigte Methylacetat wird zuvor durch säurekatalysierte Veresterung aus Essigsäure und Methanol hergestellt. Bei der Acetanhydridsynthese findet ein Monsanto-Katalysator ([Rh]/MeI/CO) Anwendung, dem als Promotor ein Iodid zugesetzt ist (Abbildung 6.5). Die rhodiumkatalysierte Reaktion (**a**) entspricht der Essigsäuresynthese. Ohne Zusatz von Iodiden verläuft die Reaktion gemäß Zyklus **III**: Methyliodid wird in einer Reaktion von MeCOOMe mit HI generiert (**b**). Acetyliodid und Essigsäure reagieren in einer Gleichgewichtsreaktion zu Acetanhydrid und Iodwasserstoff (**c**).

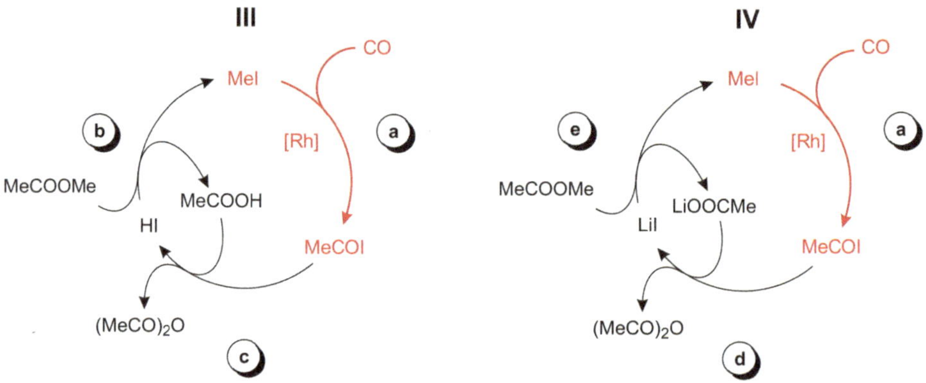

Abbildung 6.5. Iodidkreislauf bei der Acetanhydridsynthese ohne Promotoren („Säurezyklus" **III**) und mit LiI als Promotor („Salzzyklus" **IV**). Der rhodiumkatalysierte Zyklus ist jeweils rot hervorgehoben.

Im Unterschied zur Essigsäuresynthese nach dem Monsanto-Verfahren ist das Reaktionssystem hier wasserfrei. Das führt zu einer relativ langen Induktionsperiode. Darüber hinaus verläuft die Reaktion auch noch vergleichsweise langsam und führt zu keinem vollständigen Umsatz. Verbesserungen, die unabdingbar für eine effiziente Acetanhydridsynthese sind, wurden wie folgt erreicht:

- Die Induktionsperiode ist darauf zurückzuführen, dass bei der Katalysatorformierung kein geeignetes Reduktionsmittel ($Rh^{III} \rightarrow Rh^{I}$) zugegen ist. Beimischung von Wasserstoff zum Reaktionssystem verkürzt die Induktionsperiode. H_2 vermag auch im Verlauf der Reaktion gebildete inaktive Rh^{III}-Komplexe zu reduzieren.
- Bei Zusatz von Iodiden als Promotoren (LiI, $[NR_4]I$, $[PR_4]I$, ...) verläuft die Reaktion gemäß Zyklus **IV** (Abbildung 6.5): Nunmehr wird Methyliodid in der Reaktion von LiI (und analog von einem anderen der zuvor genannten Iodide) mit MeCOOMe gebildet (**e**). Dabei entsteht Lithiumacetat, das mit Acetyliodid zu Acetanhydrid reagiert (**d**). Letzteres bringt einen entscheidenden Vorteil: Das Gleichgewicht der Reaktion **d** – im Unterschied zur analogen Reaktion **c** im „Säurezyklus" **III** – liegt auf der rechten Seite.

Aufgabe 6.3

Trotz eines gleichartigen Katalysatorsystems tritt die Induktionsperiode beim Monsanto-Essigsäureprozess nicht auf. Welche Reaktion bewirkt dabei die Reduktion von Rh^{III} zu Rh^{I}?

Summa summarum wird Acetanhydrid gemäß dem folgenden Schema aus CO und Methanol erhalten. Beide C_1-Bausteine können preiswert aus Kohle, Erdgas oder Erdöl hergestellt werden.

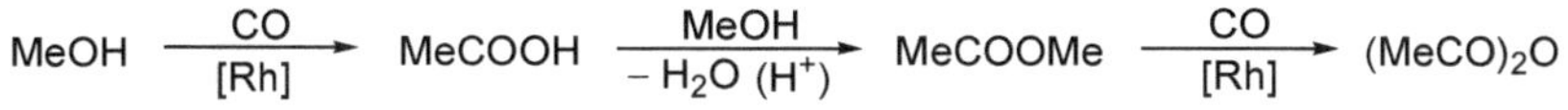

$$\text{MeOH} \xrightarrow[\text{[Rh]}]{\text{CO}} \text{MeCOOH} \xrightarrow[-\,H_2O\ (H^+)]{\text{MeOH}} \text{MeCOOMe} \xrightarrow[\text{[Rh]}]{\text{CO}} (\text{MeCO})_2\text{O}$$

Eine Verfahrensvariante bedient sich der Cocarbonylierung von Methanol und Methylacetat, wobei ein Gemisch von Acetanhydrid und Essigsäure gebildet wird.

Aufgabe 6.4

Welcher Reaktionsablauf liegt der Cocarbonylierung eines (wasserfreien) Gemisches von Methanol und Methylacetat zugrunde?

Aufgabe 6.5

Oxidative Carbonylierung von Methanol. Dimethylcarbonat hat sich wegen seiner Umweltverträglichkeit und seiner sehr geringen Toxizität zunehmend als Substitut von hochgiftigen Carbonylierungs- und Methylierungsreagenzien wie Phosgen und Dimethylsulfat etabliert. Es wird in einem Umfang von mehr als 100000 t pro Jahr hergestellt und unter anderem zur Synthese von Polycarbonaten verwendet. Ein Weg zur Synthese ist eine durch CuCl katalysierte oxidative Carbonylierung von Methanol, d. h. die Umsetzung von Methanol mit CO in Gegenwart von O_2. Welches sind die Nachteile einer „konventionellen“ (nicht katalytischen) technischen Synthese von Dimethylcarbonat? Formulieren Sie die Reaktionsgleichung der oxidativen Carbonylierung von MeOH und einen möglichen Reaktionsmechanismus. Obwohl nicht detalliert bewiesen, scheinen gemischtvalente Kupferkomplexe vom Typ **1** als Zwischenverbindungen eine Rolle zu spielen.

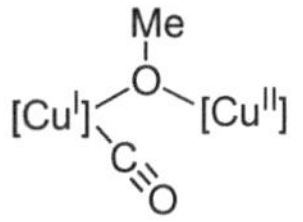

Me
O
$[Cu^I]$ $[Cu^{II}]$
C
O
1

6.4 Der Cativa-Prozess

Eine wesentliche Verbesserung des Monsanto-Verfahrens ist 1996 von BP Chemicals (Hull, England) durch Einführung des entsprechenden Iridiumkomplexes als Katalysator erreicht worden (Cativa-Prozess). Die Elementarschritte der rhodium- und iridiumkatalysierten Reaktion sind ähnlich, unterscheiden sich aber in ihren relativen Geschwindigkeiten. Das hat entscheidende Konsequenzen auf den gesamten Ablauf der Katalyse. Eine Schlüsselstellung nimmt dabei die oxidative Addition von MeI an $[MI_2(CO)_2]^-$ (M = Rh, Ir) ein.

Kinetische Untersuchungen und quantenchemische Rechnungen belegen, dass die oxidative Addition von Methyliodid an $[MI_2(CO)_2]^-$ (M = Rh, **7**; Ir, **7'**; 16 *ve*, d^8) unter Bildung eines Methylmetall(III)-Komplexes (M = Rh, **8**; Ir, **8'**; 18 *ve*, low-spin d^6) nach dem S_N2-Mechanismus verläuft (Abbildung 6.6). Der quadratisch-planare M^I-Komplex **7**/**7'** reagiert als Nucleophil; nucleophiles Zentrum ist das doppelt besetzte d_{z^2}-Orbital. Im Übergangszustand **ts** ist die M–C-Bindung ausgebildet und die C–I-Bindung gebrochen. Somit wird die Energie, die notwendig ist, um die C–I-Bindung zu spalten, teilweise durch die Bildung der M–C-Bindung aufgebracht. Da nun aber die Bindungsdissoziationsenthalpie der Ir–C-Bindung größer als die der Rh–C-Bindung ist, ist die Aktivierungsbarriere für den Ir-Komplex kleiner als für den Rh-Komplex (Abbildung 6.6). Auf die gleiche Ursache ist zurückzuführen, dass die Bil-

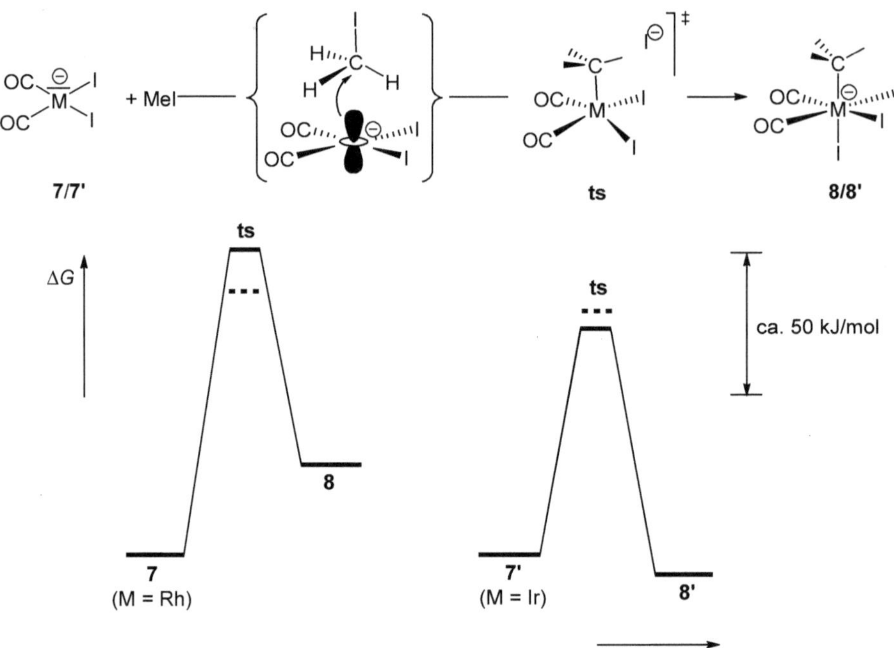

Abbildung 6.6. Zum Mechanismus der nucleophilen Addition von MeI an $[MI_2(CO)_2]^-$ (M = Rh, **7**; Ir, **7'**). ΔG ist für 298 K in MeOH als Lösungsmittel berechnet worden. Die gestrichelten Linien geben experimentell ermittelte Werte (für M = Rh in MeOH und für M = Ir in CH_2Cl_2) wieder (vereinfacht nach Cheong und Ziegler [7]).

dung des Rhodiumkomplexes ein endergonischer Prozess ist, während die des Iridiumkomplexes exergonisch ist.

In Tabelle 6.2 sind die Ergebnisse von kinetischen Messungen für die Addition von Alkyliodiden RI an $[MI_2(CO)_2]^-$ (**7**/**7'**) wiedergegeben. Wie für organische S_N2-Reaktionen typisch, reagiert MeI sehr viel schneller als die anderen Alkyliodide. Der letzten Zeile in Tabelle 6.2

Tabelle 6.2. Relative Geschwindigkeiten für die Reaktionen von $[MI_2(CO)_2]^-$ (M = Rh, **7**; Ir, **7'**) mit Alkyliodiden RI. Die Geschwindigkeit ist für MeI jeweils gleich 1000 als Standard gesetzt (nach Ellis und Maitlis [8]).

M	LM / T (in °C)	MeI	EtI	n-PrI	i-PrI
Rh	RI / 80	1000	3	1,7	4
Ir	CH_2Cl_2 / 30	1000	2,3	0,75	
a)		1000	33	13	0,8
k_{Ir}/k_{Rh} b)		150	220	140	

a) Typische relative Geschwindigkeiten für organische S_N2-Reaktionen. b) Ungefähres Verhältnis der Reaktionsgeschwindigkeiten (extrapoliert auf 80 °C).

ist zu entnehmen, dass der Iridiumkomplex $[IrI_2(CO)_2]^-$ Alkyliodide generell um mehr als zwei Zehnerpotenzen schneller oxidativ addiert als der analoge Rhodiumkomplex.

So verläuft die oxidative Addition von Methyliodid an $[IrI_2(CO)_2]^-$ etwa 150-mal schneller als an $[RhI_2(CO)_2]^-$ und ist bei der iridiumkatalysierten Methanolcarbonylierung nicht mehr geschwindigkeitsbestimmend. Andererseits ist aber der nächste Reaktionsschritt, die migratorische CO-Insertion (**8/8'** → **10/10'**) bei den konstitutionsgleichen Komplexen **8/8'** in aprotischen Lösungsmitteln für M = Ir um mehrere Zehnerpotenzen langsamer als für M = Rh.

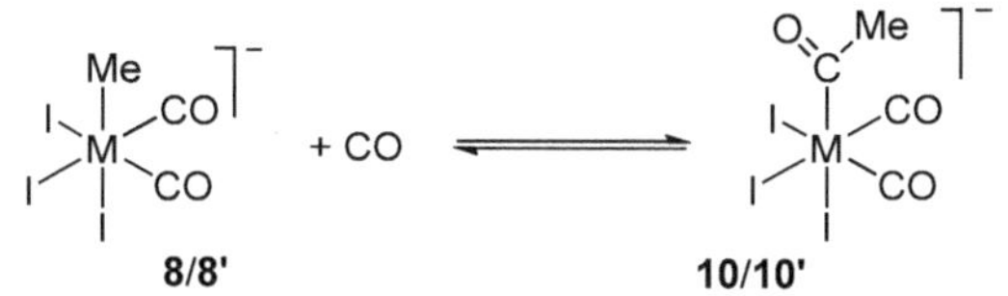

8/8' + CO ⇌ **10/10'**

Eine Reaktionsbeschleunigung ergibt sich durch folgende Punkte [9]:

- In Gegenwart von protischen Lösungsmitteln wie Methanol wird eine dissoziative Substitution von I^- durch CO (**8'** → **14'** → **15'**) erheblich beschleunigt.
- Komplex **15'** unterliegt einer wesentlich schnelleren CO-Insertion (**15'** → **16'**) als Komplex **8'**.

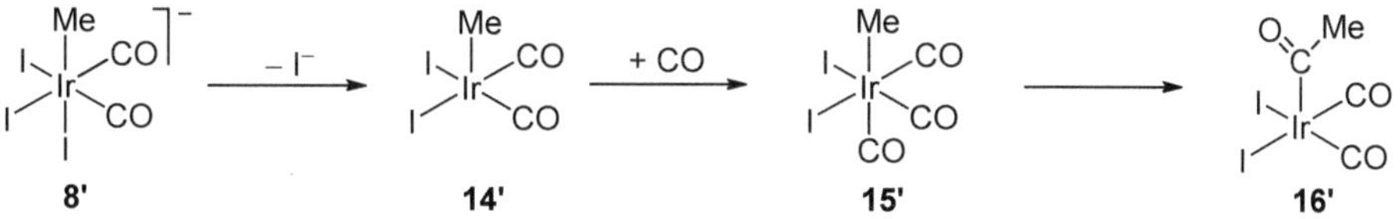

8' —(− I^-)→ **14'** —(+ CO)→ **15'** → **16'**

Aufgabe 6.6

Erklären Sie a) den reaktionsbeschleunigenden Effekt von MeOH und b) den Reaktivitätsunterschied der Komplexe **15'** und **8'** bei der CO-Insertion.

Auf dieser Grundlage ist ein vereinfachter Mechanismus des Cativa-Prozesses in Abbildung 6.7. wiedergegeben. Im Einzelnen sind folgende Reaktionsschritte zu nennen:

7' → **14'** → **8'**: *Oxidative Addition/reduktive Eliminierung.* Oxidative Addition von Methyliodid an den Ir^{I}-Komplex (16 *ve*) ergibt in einer raschen Reaktion nach dem S_N2-Mechanismus über einen koordinativ ungesättigten Ir^{III}-Komplex (**14'**, 16 *ve*) einen koordinativ und elektronisch gesättigten Methyliridat(III)-Komplex (**8'**, 18 *ve*). Wahrscheinlich liegt aber **8'** nicht direkt im katalytischen Zyklus und ist Vorratskomplex (Resting State) [9].

14' → **15'**: *Ligandenaddition.* Addition von CO an den Zwischenkomplex **14'** ergibt einen neutralen Iridium(III)-Komplex.

15' → **16'**: *CO-Insertion.* CO-Insertion liefert einen koordinativ ungesättigten (16 *ve*) Iridium(III)-Komplex.

16' → **7'**: *Reduktive Eliminierung.* In einer reduktiven Eliminierung wird Acetyliodid abgespalten, wobei der Katalysatorkomplex $[IrI_2(CO)_2]^-$ (**7'**) durch I^--Addition zurückerhalten wird. Wie im Monsanto-Prozess wird das abgespaltene Acetyliodid durch Wasser rasch und irreversibel zu HOAc und HI umgesetzt.

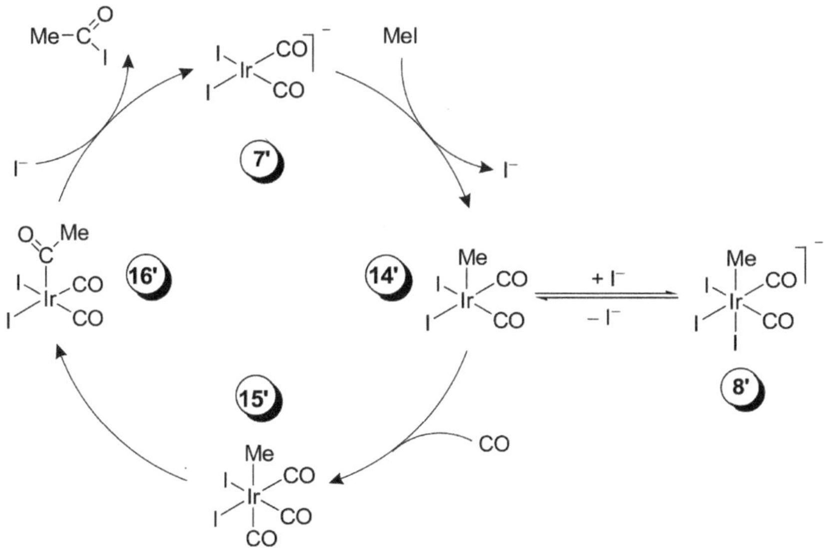

Abbildung 6.7. Mechanismus des Cativa-Prozesses. Der „Iodidkreislauf" (Bildung von MeI aus MeOH und Hydrolyse von MeCOI zu MeCOOH) entspricht dem in Abbildung 6.1 und ist nicht gezeigt.

Obwohl alle Reaktionen prinzipiell reversibel sind, spielen die Rückreaktionen unter den Bedingungen der technischen Reaktionsführung keine Rolle. In Übereinstimmung mit einer sehr schnellen oxidativen Addition von MeI gilt für die Reaktionsgeschwindigkeit $r \sim c_{\mathrm{Ir}} \cdot p_{\mathrm{CO}} \cdot c_{\mathrm{I^-}}^{-1}$. Die inverse erste Ordnung bezüglich I^- belegt die inhibierende Wirkung von Iodidionen, die auf das Gleichgewicht **14'** $\rightleftharpoons$ **8'** zurückzuführen ist. Ohne Promotoren ist die Carbonylierung des anionischen Komplexes **8'** geschwindigkeitsbestimmend (**8'** → **10'**) [2].

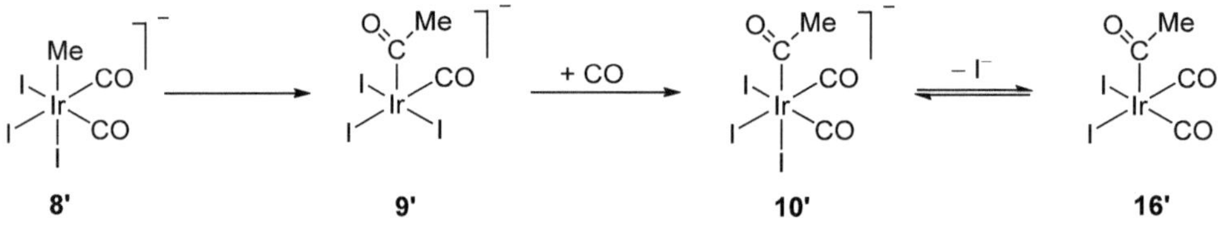

Obwohl aus dem Iridatkomplex **10'** durch Iodidabspaltung der katalytisch aktive Komplex **16'** hervorgeht, spielt die Carbonylierung **8'** → **10'** bei der Reaktionsführung im technischen Prozess – wenn überhaupt – nur eine untergeordnete Rolle. In Übereinstimmung mit dem aufgezeigten Mechanismus wirken Iodidakzeptoren als Promotoren. So beschleunigen Metalliodide MI_2 (M = Zn, Cd, Hg) oder MI_3 (M = Ga, In) durch Bildung von Iodidokomplexen und auch Carbonyliodidokomplexe von W, Re, Ru, Os und Pt die Reaktion. Darüber hinaus scheinen die Promotoren auch die Bildung von inaktiven iodidreicheren Komplexen wie $[IrI_4(CO)_2]^-$ und $[IrI_3(CO)_3]$ zu unterbinden. Im Cativa-Prozess wird als Promotor ein Carbonyliodidoruthenium-Komplex eingesetzt.

6.5 Kohlenmonoxid-Konvertierung

Kohlenmonoxid und Wasser setzen sich in einer schwach exothermen ($\Delta H^{\circ} = -41$ kJ/mol), aber exergonischen ($\Delta G^{\circ} = -29$ kJ/mol) Reaktion zu Kohlendioxid und Wasserstoff um:

$$CO + H_2O_{(g)} \xrightleftharpoons{\text{Kat.}} H_2 + CO_2$$

Diese Reaktion wird als Kohlenmonoxid-Konvertierung oder Wassergas-Shift-Reaktion (WGSR; engl.: *water-gas shift reaction*) bezeichnet. Das Gleichgewicht heißt Konvertierungs- oder Wassergas-Gleichgewicht. Die Gleichgewichtskonstante K besitzt bei 830 °C den Wert 1,0. Da es sich um eine exotherme Reaktion handelt, muss bei möglichst tiefen Temperaturen gearbeitet werden, um das Gleichgewicht nach rechts zu verschieben. Die Einstellung des Gleichgewichts erfolgt unter diesen Bedingungen sehr langsam und kann durch heterogene Katalysatoren beschleunigt werden. Dabei wird zwischen einer Hochtemperaturkonvertierung (HT-WGSR; $T = 300–450$ °C, Restgehalt an CO 2–4 Vol-%) an Fe/Cr-Oxid-Katalysatoren und einer Niedertemperaturkonvertierung (NT-WGSR; $T = 200–250$ °C, Restgehalt an CO 0,1–0,3 Vol-%) an Cu/Zn-Oxid-Katalysatoren unterschieden. Neben zahlreichen weiteren heterogenen Katalysatoren gibt es auch homogene Katalysatoren, die aber trotz aller Fortschritte mit den industriell angewendeten heterogenen Katalysatoren hinsichtlich Aktivität *und* Stabilität noch nicht konkurrieren können.

Zahlreiche ein- und mehrkernige Metallcarbonyle katalysieren die WGSR, wobei es sich aber häufig um eine unerwünschte Nebenreaktion handelt. Das betrifft Reaktionen, in denen Wasser zugegen ist und CO als Substrat verwendet wird. Beispiele sind der Monsanto-Prozess (**a**), die Hydrocarboxylierung (Hydroxycarbonylierung; vgl. S. 168) von Olefinen und Alkinen (**b**) sowie Fischer-Tropsch-Synthesen (**c**).

$$MeOH + CO \xrightarrow[HI / H_2O]{[Rh]} MeCOOH \qquad (a)$$

$$RCH{=}CH_2 + CO + H_2O \xrightarrow{[M]} RCH_2{-}CH_2COOH$$
$$CH{\equiv}CH + CO + H_2O \xrightarrow{[M]} H_2C{=}CHCOOH \qquad (b)$$

$$CO + 2\,H_2 \xrightarrow{[M]} 1/n\ \text{—}(CH_2)_n\text{—} + H_2O \qquad (c)$$

Darüber hinaus kann die WGSR aber auch gezielt in der organischen Synthese eingesetzt werden, indem das reduktive Potential der Reaktion nicht zur Bildung von H_2 genutzt wird, sondern zur Reduktion eines Substrats/Intermediats. Bei vielen dieser Reaktionen wird dabei (analog zu einer Hydrierung) H in das Produkt eingebaut, ohne dass aber (im Unterschied zu einer Hydrierung) freies H_2 direkt beteiligt ist. Ein Beispiel dafür ist eine Modifizierung der Hydroformylierung von W. Reppe (1943), bei der Olefine nicht mit CO/H_2 zu Aldehyden, sondern mit CO/H_2O zu Alkoholen umgesetzt werden. In der durch $[Fe(CO)_5]$ katalysierten Reaktion dient CO sowohl als Kohlenstoffquelle als auch als Reduktionsmittel [10]:

$$R\text{–CH=CH}_2 + CO \xrightarrow[\text{"4 H"}]{[Fe(CO)_5],\ NMe_3\ (100–150\ °C)} R\text{–CH}_2\text{CH}_2\text{CH}_2\text{OH}$$

$$2\,CO + 2\,H_2O \xrightarrow{WGSR} 2\,CO_2 + \text{"4 H"}$$

Der klassische Mechanismus der metallkatalysierten Kohlenmonoxid-Konvertierung ist in Abbildung 6.8 dargestellt. Im Einzelnen laufen folgende Reaktionsschritte ab:

17 → **18**: *Hiebersche Basenreaktion.* Nucleophiler Angriff von OH^- bzw. von Wasser unter Deprotonierung an ein Carbonylkohlenstoffatom. Es wird ein instabiler Hydroxycarbonylkomplex gebildet. Durch Isotopenmarkierung ($[M]–CO + {}^{18}OH^- \rightleftharpoons [M]–C^{18}O + OH^-$) ist die Reversibilität der Reaktion belegt.

18 → **19**: *β-Wasserstoffeliminierung.* Decarboxylierung des Hydroxycarbonylkomplexes unter Abspaltung von CO_2 und Bildung eines Hydridometallkomplexes. Die Rückreaktion, eine Insertion von CO_2 in eine M–H-Bindung, ist auch beschrieben. Sie führt aber überwiegend zu Formiatokomplexen [M]–OC(O)H und nicht zu Komplexen vom Typ **18**.

19 → **20**: *Protonierung/Deprotonierung.* Protonierung der Metallbase unter Bildung eines Dihydridometallkomplexes. Die Rückreaktion entspricht der Deprotonierung eines Dihydridokomplexes.

20 → **21**: *Reduktive Eliminierung/oxidative Addition.* Reduktive Eliminierung von H_2. Dieser Reaktionsschritt ist reversibel.

21 → **17**: *Ligandenaddition/-abspaltung.* Durch Anlagerung von CO wird der katalytische Zyklus geschlossen.

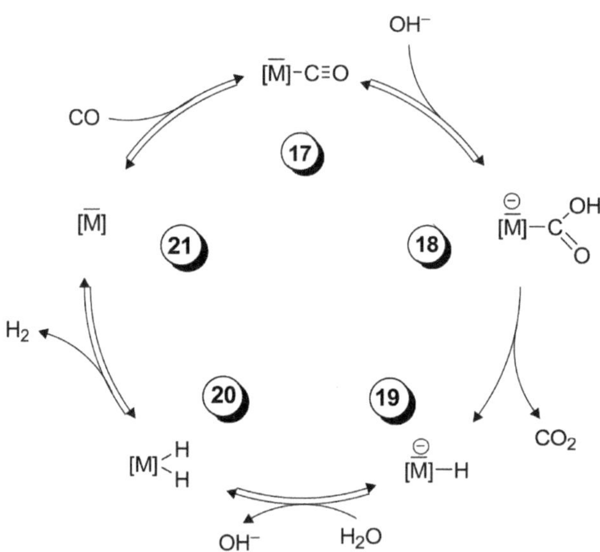

Abbildung 6.8. Prinzipieller Mechanismus der durch Übergangsmetallkomplexe katalysierten Kohlenmonoxid-Konvertierung.

Meistens wird in einem basischen Medium gearbeitet, sodass für die Reaktion **17** → **18** eine hinreichend hohe Hydroxidionenkonzentration vorhanden ist. Einzelne Teilschritte des Katalysezyklus sind für $[Fe(CO)_5]$ (**17'**) in Lösung experimentell belegt. Die katalytische Aktivität von **17'** ist aber im Alkalischen vergleichsweise gering, im sauren Medium ist **17'** sogar katalytisch inaktiv. Das hängt mit den unterschiedlichen pH-Anforderungen an die beiden Teilreaktionen **17** → **18** und **19** → **20** zusammen. Zum einen ist die Reaktivität von Eisenpentacarbonyl (**17'**) gegenüber OH^- gering, sie nimmt bei einkernigen Metallcarbonylen in der Reihe $[Os(CO)_5] > [Ru(CO)_5] >> [Fe(CO)_5]$ ab. Zum anderen ist die Säurestärke von $[FeH_2(CO)_4]$ (**20'**, $pK_a = 4{,}4$ in Wasser) mit der von Essigsäure vergleichbar und folglich ist die Konzentration von **20'** im Alkalischen nur gering. Rutheniumcarbonyle besitzen eine deutlich höhere katalytische Aktivität als Eisenpentacarbonyl und $[Ru_3(CO)_{12}]$ ist auch im sauren Medium katalytisch aktiv [11].

Weitergehende experimentelle Untersuchungen und quantenchemische Berechnungen der CO-Konvertierung haben zu anderen Vorschlägen zum Reaktionsmechanismus geführt. Danach sind die elektronisch gesättigten 18-*ve*-Komplexe $[M(CO)_n]$ (**17**) nur noch Präkatalysatoren und die eigentlich katalytisch aktiven Spezis werden durch die Reaktion **17** → **18** generiert. Anschließende β-Hydrideliminierung setzt CO_2 frei (**18** → **19**). Die Regenerierung der Hydroxycarbonylspezies **18** im Katalysezyklus kann beispielsweise durch nucleophilen Angriff von Wasser an ein Carbonyl-C-Atom bei gleichzeitiger Protonierung des Metalls erfolgen (**19** → **22**). Reduktive H_2-Eliminierung gegebenenfalls via **23** und CO-Koordination bilden den Katalysatorkomplex **18** zurück. Es ist auch denkbar, dass der *cis*-ständige Hydridoligand in **19** die Protonenübertragung vom Wasser auf das Metall so assistiert (vgl. den Übergangszustand **ts**), dass nicht notwendig ein Dihydridokomplex, sondern unmittelbar ein Diwasserstoffkomplex **23** gebildet wird [12, 13].

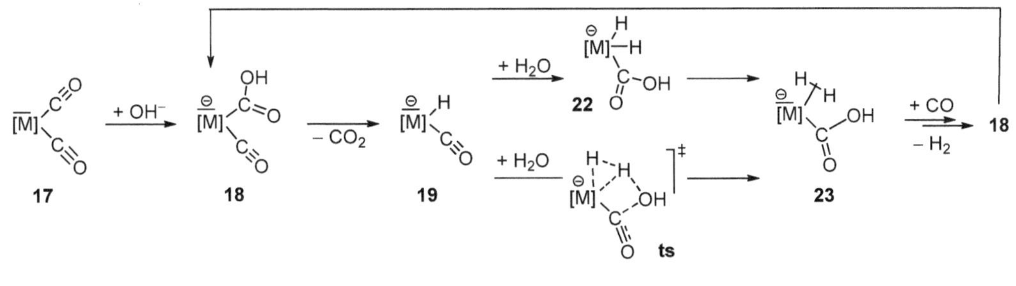

Kohlenmonoxiddehydrogenasen

Enzyme, die die reversible Oxidation von Kohlenmonoxid zu Kohlendioxid gemäß folgender Gleichung katalysieren, werden als Kohlenmonoxiddehydrogenasen (CODH)[1] bezeichnet.

$$CO + H_2O \xrightleftharpoons{CODH} CO_2 + 2\,H^+ + 2\,e^-$$

[1] Obwohl CO keinen Wasserstoff enthält, werden im biochemischen Sprachgebrauch Enzyme, die die Oxidation von CO gemäß der angeführten Gleichung katalysieren, als „Dehydrogenasen" bezeichnet.

In anaeroben Organismen sind Kohlenmonoxiddehydrogenasen ($CODH_{Ni}$) gefunden worden, die Eisen–Schwefel-Cluster [Fe_4S_4] (B- und D-Cluster) und Nickel–Eisen–Schwefel-Cluster [$NiFe_4S_4$] (C-Cluster) enthalten, an denen sich die Oxidation von CO vollzieht. Fe_4S_4-Clusterverbindungen werden unter „abiotischen" Bedingungen überraschend einfach gebildet, wie das folgende Beispiel zeigt:

$$4\,Fe^{3+} + 14\,RS^- + 4\,S \longrightarrow [Fe_4S_4(SR)_4]^{2-} + 5\,RSSR$$

Die gebildeten Komplexe sind elektronenvariabel, sie lassen sich unter Erhalt der Clusterstruktur mehrstufig oxidieren bzw. reduzieren:

$$\underset{(4\,Fe^{II})}{[Fe_4S_4(SR)_4]^{4-}} \underset{}{\overset{-e^-}{\rightleftharpoons}} \underset{(3\,Fe^{II} + Fe^{III})^{a)}}{[Fe_4S_4(SR)_4]^{3-}} \overset{-e^-}{\rightleftharpoons} \underset{(2\,Fe^{II} + 2\,Fe^{III})}{[Fe_4S_4(SR)_4]^{2-}} \overset{-e^-}{\rightleftharpoons} \underset{(Fe^{II} + 3\,Fe^{III})}{[Fe_4S_4(SR)_4]^{-}}$$

a) In den gemischtvalenten Clustern ist keine Zuordnung der Oxidationsstufen auf einzelne Fe-Atome möglich.

Die Komplexe weisen eine Heterocubanstruktur auf, vgl. als Beispiel die Struktur in Abbildung 6.9. Das Clustergerüst wird erhalten, indem man die Ecken eines verzerrten Würfels alternierend durch Eisen- und Schwefelatome besetzt oder indem man einen Fe_4- und einen S_4-Tetraeder derart ineinander stellt, dass sich ein (verzerrter) Würfel ergibt.

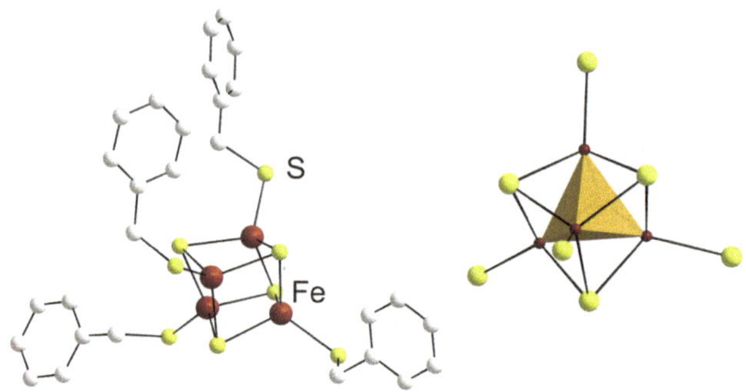

Abbildung 6.9. Struktur des Anions in Kristallen von $[NEt_4]_3[Fe_4(\mu_3\text{-}S)_4(SCH_2Ph)_4]\cdot DMF$ (links) und des Fe_4S_4-Clusterkerns mit den vier S-Atomen der terminalen Benzylthiolatoliganden (rechts). Der Fe_4-Tetraeder ist hellbraun unterlegt.

Die Struktur eines Ni–Fe–S-Clusters (C-Cluster) in einer Kohlenmonoxiddehydrogenase in seiner aktiven Form und seine Einbindung in die Proteinmatrix (Cys = Cystein, His = Histidin) sind in **24** schematisch dargestellt. Die enzymatische Kohlenmonoxid-Konvertierung vollzieht sich an der fett hervorgehobenen Ni/Fe-Einheit. Die Elementarschritte scheinen analog der abiotischen Reaktion zu sein: OH^- ist an Eisen gebunden (**24**, Ladungen sind nicht berücksichtigt) und CO wird an Nickel koordiniert, sodass eine Carbonylnickel- und eine Hydroxidoeisenspezies in enger Nachbarschaft angeordnet sind (**25**). Der Hydroxidoligand greift das Carbonyl-C-Atom nucleophil an (Hiebersche Basenreaktion) und unter Deprotonierung wird Komplex **26** gebildet. Die Abspaltung von Kohlendioxid und Anlagerung von Wasser an Eisen unter Deprotonierung hinterlässt einen reduzierten Cluster **27**. Schließlich wird der C-Cluster oxidiert (**27** → **24**), wobei am Elektronentransport die zuvor genannten $[Fe_4S_4]$-Cluster beteiligt sind. Damit ist der Katalysezyklus geschlossen und die eingangs erwähnte CODH-Reaktion ist vollzogen [14, 15, 16].

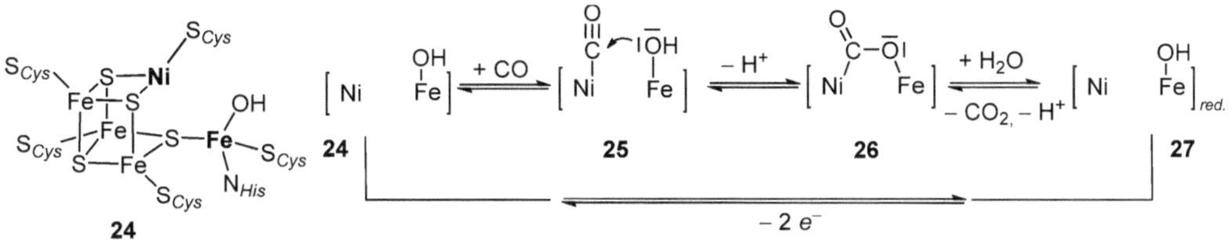

Eine Kristallstrukturanalyse in atomarer Auflösung von einer $CODH_{Ni}$, die CO_2 gebunden hat (**26**), zeigt eine μ-1κ*O*:2κ*C*)-Koordination mit einer Struktur (O–C–O 117(3)°), die für einen CO_2^{2-}-Liganden spricht (vgl. S. 154), der durch O···H–N-Wasserstoffbrücken zur Proteinmatrix zusätzlich stabilisiert wird. Die relativ kurze Ni–C-Bindung (1,80(3) Å) weist auf eine erhebliche π-Rückbindung hin [17, 18].

6.6 Lösungen der Aufgaben und Literatur

6.6.1 Lösungen der Aufgaben

Aufgabe 6.1

Die oxidative Addition verläuft im Sinne einer S_N2-Reaktion: Der anionische, quadratisch-planare Komplex $[RhI_2(CO)_2]^-$ (Rh^I; d^8) verfügt über ein doppelt besetztes d_{z^2}-Valenzorbital und reagiert als Nucleophil. Das lässt erwarten, dass eine Erhöhung der Elektronendichte am Rh-Atom (z. B. durch Einführung von P- oder S-Liganden) zu einer Steigerung der Reaktionsgeschwindigkeit der oxidativen Addition führt. Allerdings resultiert aus der höheren Elektronendichte auch eine stärkere Rh–CO-Bindung, sodass der nachfolgende Insertionsschritt langsamer wird. Das erfordert ein spezielles Ligandendesign, bei dem auch die Langzeitstabilität berücksichtigt werden muss, um zu einem für industrielle Anwendungen geeigneten Katalysatorsystem zu kommen [5].

Aufgabe 6.2

- Geschwindigkeitsbestimmend im Rhodiumzyklus (Abbildung 6.1) ist die oxidative Addition des Alkyliodids R–I (R = Me) an **7**. Für R = Et, *n*-Pr, … verlaufen diese Reaktionen wesentlich langsamer, vgl. die Angaben in Tabelle 6.2 (S. 140). Darüber hinaus können sich Alkylrhodium-Intermediate $[Rh^{III}]–C_nH_{2n+1}$ (analog **8**) mit $n \geq 2$ durch β-Hydrideliminierung zersetzen. Bei Intermediaten mit $n \geq 3$ kann es zu einer Isomerisierung der Alkylliganden kommen, sodass ein Gemisch von isomeren Carbonsäuren gebildet wird.
- Oxidative Additionen von R–I an Phosphanpalladium(0)-Komplexe werden durch Bestrahlung maßgeblich beschleunigt. In Analogie zur Bildung von Grignardverbindungen wird via Single Electron Transfer (SET) vom $[Pd^0]$ in das LUMO von RI ein Radikalpaar erzeugt (**1** → **2**). Das Alkylradikal reagiert mit CO zu einem Acylradikal, das mit $\cdot[Pd^II]$ eine Acylpalladium(II)-Verbindung bildet (**2** → **3**), die sich mit den verschiedensten Nucleophilen NuH (Alkohole, Amine, …) zu Carbon-

säurederivaten umsetzen kann (**3** → **4**, zum Mechanismus vgl. I. del Río, C. Claver, P. W. N. M. van Leeuwen, *Eur. J. Inorg. Chem.* **2001**, 2719).

$$\begin{matrix} R{-}I \\ + \\ [Pd^0] \\ \mathbf{1} \end{matrix} \xrightarrow[SET]{h\nu} [R{-}I]^{\bar{\cdot}}\ ^{+}[Pd^I] \longrightarrow \underset{\mathbf{2}}{R\cdot\cdot[Pd^I I]} \xrightarrow{CO} RC(=O)\cdot\cdot[Pd^I I] \longrightarrow \underset{\mathbf{3}}{RC(=O){-}[Pd^{II} I]} \xrightarrow[-\,HI]{Nu{-}H} \underset{\mathbf{4}}{RC(=O){-}Nu} + [Pd^0]$$

Unter den Reaktionsbedingungen isomerisieren Alkylradikale nicht und Alkylübergangsmetallverbindungen, die ursächlich für die Probleme bei der „Erweiterung" des Monsanto-Prozesses waren, treten als Intermediate nicht auf.

Nach S. Sumino, A. Fusano, T. Fukuyama, I. Ryu, *Acc. Chem. Res.* **2014**, 47, 1563.

Aufgabe 6.3

Zum einen bildet sich im Monsanto-Verfahren der Katalysatorkomplex $[RhI_2(CO)_2]^-$ durch Umsetzung von RhI_3 mit H_2O/CO. Es ist aber auch nicht auszuschließen, dass via CO-Konvertierung H_2 gebildet wird, das dann als Reduktionsmittel fungiert.

Aufgabe 6.4

Bei der Cocarbonylierung von Methanol und Methylacetat sind drei Reaktionsphasen zu unterscheiden:

a) *Umsetzung von MeOH.* Methanol ist die reaktivere Komponente, sodass zunächst aus MeOH gemäß Reaktion **b** (Zyklus **I**, Abbildung 6.4) MeI und H_2O gebildet werden und gemäß **d** (Zyklus **II**, Abbildung 6.4) MeCOI mit Methanol zu MeCOOMe umgesetzt wird. *In summa*: 2 MeOH + CO → MeCOOMe + H_2O. (Ohne Berücksichtigung, dass sich restliches MeOH in Gegenwart von Wasser gemäß Zyklus **I** zu MeCOOH umsetzen kann.)

b) *Umsetzung von H_2O.* MeI wird aus MeCOOMe nach Reaktion **e** (Zyklus **II**, Abbildung 6.4) generiert und MeCOI wird durch Wasser, gebildet in a), gemäß **c** (Zyklus **I**, Abbildung 6.4) zu Essigsäure umgesetzt. Bei beiden Reaktionen entsteht Essigsäure. *In summa*: MeCOOMe + CO + H_2O → 2 MeCOOH.

c) *Umsetzung von MeCOOMe.* Wenn das Reaktionsgemisch kein H_2O und kein MeOH mehr enthält, dann erfolgt Carbonylierung von Methylacetat unter Bildung von Acetanhydrid (Zyklus **III**/**IV**, Abbildung 6.5). *In summa*: MeCOOMe + CO → $(MeCO)_2O$. Die Konzentration an Essigsäure ändert sich dabei nicht, sodass letztlich ein Gemisch von MeCOOH und $(MeCO)_2O$ gebildet wird.

Nach P. Torrence in [M7], 2nd ed., S. 104; vgl. J. R. Zoeller, *Org. Process Res. Dev.* **2016**, *20*, 1016.

Aufgabe 6.5

Die Umsetzung von Phosgen mit MeOH liefert in glatter Reaktion Dimethylcarbonat, allerdings stellt die hohe Giftigkeit von Phosgen einen prinzipiellen Nachteil dar. Die oxidative Carbonylierung von Methanol verläuft nach folgender Gleichung:

$$2\ MeOH + CO + {}^1\!/_2\ O_2 \xrightarrow[120\text{–}160\ °C,\ 25\text{–}35\ bar]{CuCl} MeO{-}C(=O){-}OMe + H_2O$$

Wichtigstes Nebenprodukt ist CO_2, das sich durch Hydrolyse von Dimethylcarbonat bildet, sodass letztlich eine kupferkatalysierte Oxidation von CO zu CO_2 erfolgt ist. Der Mechanismus der Reaktion ist nicht detailliert bekannt und bewiesen. Plausibel erscheint eine Aktivierung von CO durch Bildung eines Carbonylkupfer(I)-Komplexes **2** sowie eine Reaktion von MeOH mit Cu^I in Gegenwart von O_2 zu einem Methoxokupfer(II)-Komplex **3**. **2** und **3** könnten zu einem dinuklearen, gemischtvalenten Kupferkomplex mit einem μ-OMe-Liganden vom Typ **1** reagieren. Die Reaktion **1** → **4** entspricht einem oxidativen Transfer eines OMe-Radikals auf das Carbonylkohlenstoffatom. Dabei wird einerseits Cu^{II} zu Cu^{I} reduziert und andererseits unter Oxidation von Cu^{I} ein Methoxycarbonylkupfer(II)-Komplex **4** gebildet. Die Reaktion von **4** mit **3** zum Dimethylcarbonat ist als (bimolekulare) reduktive Eliminierung aufzufassen, wobei ein dinuklearer Kupferkomplex als Intermediat auftreten könnte (nach V. Raab, M. Merz, J. Sundermeyer, *J. Mol. Catal. A: Chem.* **2001**, *175*, 51). Zu anderen mechanistischen Vorschlägen und Synthesemethoden vgl. A. A. Rybakov, I. A. Bryukhanov, A. V. Larin, G. M. Zhidomirov, *Pet. Chem.* **2016**, *56*, 209 und N. Keller, G. Rebmann, V. Keller, *J. Mol. Catal. A: Chem.* **2010**, *317*, 1.

2 $[Cu^{I}]$ —(+ 2 MeOH, + $^{1}/_{2}$ O_2, − H_2O)→ 2 $[Cu^{II}]$–OMe (**3**)

$[Cu^{I}]$ —(+ CO)→ $[Cu^{I}]$–CO (**2**)

3 + **2** → $[Cu^{I}](\mu\text{-OMe})(\mu\text{-CO})[Cu^{II}]$ (**1**) —(− $[Cu^{I}]$)→ $[Cu^{II}]$–C(=O)OMe (**4**) —(+ $[Cu^{II}]$–OMe, − 2 $[Cu^{I}]$)→ MeO–C(=O)–OMe

Aufgabe 6.6

a) Solvatation des Iodidanions via Wasserstoffbrückenbindungen befördert seine Abspaltung.

b) Der starke *trans*-Einfluss und *trans*-Effekt von CO in **15'** labilisiert die Ir–Me-Bindung bzw. stabilisiert den Übergangszustand der Reaktion **15'** → **16'**, was deren Aktivierungsenergie herabsetzt.

6.6.2 Literatur

[1] A. W. Budiman, J. S. Nam, J. H. Park, R. I. Mukti, T. S. Chang, J. W. Bae, M. J. Choi, *Catal. Surv. Asia* **2016**, *20*, 173: „Review of Acetic Acid Synthesis from Various Feedstocks Through Different Catalytic Processes“

[2] R. Whyman, A. P. Wright, J. A. Iggo, B. T. Heaton, *J. Chem. Soc., Dalton Trans.* **2002**, 771: „Carbon Monoxide Activation in Homogeneously Catalysed Reactions: The Nature and Roles of Catalytic Promoters“

[3] J. H. Jones, *Platinum Met. Rev.* **2000**, *44*, 94: „The Cativa™ Process for the Manufacture of Acetic Acid“

[4] P. M. Maitlis, A. Haynes, G. J. Sunley, M. J. Howard, *J. Chem. Soc., Dalton Trans.* **1996**, 2187: „Methanol Carbonylation Revisited: Thirty Years on“

[5] C. M. Thomas, G. Süss-Fink, *Coord. Chem. Rev.* **2003**, *243*, 125: „Ligand Effects in the Rhodium-Catalyzed Carbonylation of Methanol“

[6] Q. Qian, J. Zhang, M. Cui, B. Han, *Nat. Commun.* **2016**, 7:11481, DOI 10.1038/ncomms11481: „Synthesis of Acetic Acid via Methanol Hydrocarboxylation with CO_2 and H_2“

[7] M. Cheong, T. Ziegler, *Organometallics* **2005**, *24*, 3053: „Density Functional Study of the Oxidative Addition Step in the Carbonylation of Methanol Catalyzed by $[M(CO)_2I_2]^-$ (M = Rh, Ir)“

[8] P. R. Ellis, J. M. Pearson, A. Haynes, H. Adams, N. A. Bailey, P. M. Maitlis, *Organometallics* **1994**, *13*, 3215: „Oxidative Addition of Alkyl Halides to Rhodium(I) and Iridium(I) Dicarbonyl Diiodides: Key Reactions in the Catalytic Carbonylation of Alcohols“

[9] A. Haynes, P. M. Maitlis, G. E. Morris, G. J. Sunley, H. Adams, P. W. Badger, C. M. Bowers, D. B. Cook, P. I. P. Elliott, T. Ghaffar, H. Green, T. R. Griffin, M. Payne, J. M. Pearson, M. J. Taylor, P. W.

Vickers, R. J. Watt, *J. Am. Chem. Soc.* **2004**, *126*, 2847: „Promotion of Iridium-Catalyzed Methanol Carbonylation: Mechanistic Studies of the Cativa Process“

[10] A. Ambrosi, S. E. Denmark, *Angew. Chem.* **2016**, *128*, 12348: „Die Wassergas-Shift-Reaktion in der organischen Synthese“

[11] G. Jacobs, B. H. Davis, *Catalysis* **2007**, *20*, 122: „Low Temperature Water-Gas Shift Catalysts“

[12] Y. Chen, F. Zhang, C. Xu, J. Gao, D. Zhai, Z. Zhao, *J. Phys. Chem. A* **2012**, *116*, 2529: „Theoretical Investigation of Water Gas Shift Reaction Catalyzed by Iron Group Carbonyl Complexes M(CO)5 (M = Fe, Ru, Os)“

[13] N. Liu, L. Guo, Z. Cao, W. Li, X. Zheng, Y. Shi, J. Guo, Y. Xi, *J. Phys. Chem. A* **2016**, *120*, 2408: „Mechanisms of the Water–Gas Shift Reaction Catalyzed by Ruthenium Carbonyl Complexes“

[14] D. J. Evans, *Coord. Chem. Rev.* **2005**, *249*, 1582: „Chemistry Relating to the Nickel Enzymes CODH and ACS“

[15] P. A. Lindahl, *Angew. Chem.* **2008**, *120*, 4118. „Kohlenmonoxid-Dehydrogenasen: Implikationen einer C-Clusterstruktur mit gebundenem Carboxylat“

[16] M. Can, F. A. Armstrong, S. W. Ragsdale, *Chem. Rev.* **2014**, **114**, 4149: „Structure, Function, and Mechanism of the Nickel Metalloenzymes, CO Dehydrogenase, and Acetyl-CoA Synthase“

[17] J. Fesseler, J.-H. Jeoung, H. Dobbek, *Angew. Chem.* **2015**, *127*, 8680: „Wie der [$NiFe_4S_4$]-Cluster der CO-Dehydrogenase CO_2 und NCO^- aktiviert“

[18] M. W. Ribbe, *Angew. Chem.* **2015**, *127*, 8455: „Atomare Einblicke in den Mechanismus der Kohlenmonoxid-Dehydrogenase“

Weiterführende Literatur

C. L. Drennan, T. I. Doukov, S. W. Ragsdale, *J. Biol. Inorg. Chem.* **2004**, *9*, 511: „The Metalloclusters of Carbon Monoxide Dehydrogenase/Acetyl-CoA Synthase: A Story in Pictures“

P. C. Ford, *Acc. Chem. Res.* **1981**, *14*, 31: „The Water Gas Shift Reaction: Homogeneous Catalysis by Ruthenium and Other Metal Carbonyls“

D. Forster, *Adv. Organomet. Chem.* **1979**, *17*, 255: „Mechanistic Pathways in the Catalytic Carbonylation of Methanol by Rhodium and Iridium Complexes“

N. Hallinan, J. Hinnenkamp, *Chem. Ind. (Dekker)* **2001**, *82*, 545: „Rhodium Catalyzed Methanol Carbonylation: New Low Water Technology“

A. F. Hill, *Angew. Chem.* **2000**, *112*, 134: „’Einfache‘ Rutheniumcarbonyle: Neue Anwendungsmöglichkeiten der Hieber-Basenreaktion“

T. Kinnunen, K. Laasonen, *J. Organomet. Chem.* **2001**, *628*, 222: „Reaction Mechanism of the Reductive Elimination in the Catalytic Carbonylation of Methanol. A Density Functional Study“

G. J. Sunley, D. J. Watson, *Catal. Today* **2000**, *58*, 293: „High Productivity Methanol Carbonylation Catalysis Using Iridium. The Cativa™ Process for the Manufacture of Acetic Acid“

M. Torrent, M. Solà, G. Frenking, *Chem. Rev.* **2000**, *100*, 439. „Theoretical Studies of Some Transition-Metal-Mediated Reactions of Industrial and Synthetic Importance“

A. Volbeda, J. C. Fontecilla-Camps, *Dalton Trans.* **2005**, 3443: „Structural Bases for the Catalytic Mechanism of Ni-Containing Carbon Monoxide Dehydrogenases“

7 Aktivierung von Kohlendioxid – Hydrierung und Carboxylierungen

7.1 Einführung

Die Masse an Kohlendioxid in der Erdatmosphäre beläuft sich auf circa 3000 Gt. Die Konzentration von CO_2 in der Atmosphäre lag vor Beginn der Industrialisierung (um 1750) bei 278 ppm und beträgt heute (2011) 390 ppm. Die in diesem Zeitraum vom Menschen verursachten (anthropogenen) CO_2-Emissionen sind zu etwa 2/3 auf die Verbrennung von fossilen Brennstoffen (Kohle, Erdöl, Erdgas) und zu ca. 1/3 auf die Umwandlung von Waldflächen zu anderen Landnutzungsformen zurückzuführen. Im Zeitraum von 2002–2011 betrug die durchschnittliche jährliche CO_2-Emission 34 Gt (davon ca. 90 % durch Verbrennung fossiler Brennstoffe verursacht), was einen jährlichen Anstieg der CO_2-Konzentration in der Atmosphäre um 2 ppm zur Folge hatte. An den CO_2-Emissionen sind die einzelnen Regionen und Staaten in der Welt in sehr unterschiedlichem Ausmaß beteiligt (Tabelle 7.1).

Obwohl das atmosphärische Kohlenstoffreservoir weniger als 2 % des Kohlenstoffs auf der Erde[1] ausmacht, kann der globale biogeochemische Kohlenstoffkreislauf die anthropogenen CO_2-Emissionen – die Hauptursache für die Klimaerwärmung – nicht hinreichend abpuffern. Bezogen auf den Zeitraum 1750–2011 hat Kohlendioxid den größten Anteil (64 %) am anthropogen verursachten Treibhauseffekt, während auf die Treibhausgase CH_4, N_2O und halo-

Tabelle 7.1. Zusammenstellung der größten Kohlendioxidemittenten der Welt (alle Angaben beziehen sich auf das Jahr 2015) [1].

	CO_2-Emission in Gt (in Klammern in %)	CO_2-Emission in t pro Einwohner	CO_2-Emission in kg pro 1000 US-$ BIP
Welt	36,24 (100)	4,9	339
China	10,64 (29,4)	7,7	579
USA	5,17 (14,3)	16,1	306
Europäische Union	3,47 (9,6)	6,9	192
darunter Deutschland	0,78 (2,1)	9,6	217
Indien	2,45 (6,8)	1,9	327
Russland	1,76 (4,9)	12,3	503
Japan	1,25 (3,5)	9,9	276
Internat. Schiffs-/Flugverkehr	1,14 (3,2)		

[1] Ohne Berücksichtigung der Lithosphäre, die mehr als 99,9 % des Kohlenstoffs überwiegend in Form von Carbonatgesteinen enthält.

D. Steinborn, *Grundlagen der metallorganischen Komplexkatalyse*, Studienbücher Chemie,
https://doi.org/10.1007/978-3-662-56604-6_7

genierte Kohlenwasserstoffe 17, 6 bzw. 13 % entfallen. Der Anstieg des Treibhauseffekts in den letzten Jahren ist sogar auf über 80 % auf CO_2 zurückzuführen [2].

Technologien, die zum Ziel haben, auf großtechnischer Basis CO_2 direkt aus der Atmosphäre zu entfernen, werden unter dem Begriff *Carbon Dioxide Removal* (*CDR*) zusammengefasst. Dazu gehören beispielsweise die Aufforstung von Landflächen und Untersuchungen, ob eine gezielte Eisendüngung ausgewählter Meeresflächen nachhaltig das Algenwachstum und damit die globale Photosyntheseausbeute befördern kann. Liegen „Punktquellen“ vor, an denen CO_2 in hinreichend hoher Konzentration anfällt (beispielsweise in Kraftwerken, die mit fossilen Brennstoffen betrieben werden), kann CO_2 abgetrennt und in geeignete tiefe geologisch stabile Formationen eingepresst werden. Es gelangt somit gar nicht erst in die Atmosphäre (*Carbon Dioxide Capture and Storage, CCS*). Eine Alternative dazu ist die Carbonatisierung von Mineralen. Dabei wird CO_2 beispielsweise mit Calcium- oder Magnesiumsilicaten zur Umsetzung gebracht, wobei die entsprechenden Carbonate und SiO_2 gebildet werden. Diese Reaktionen entsprechen der Verwitterung von natürlich vorkommenden Silicatgesteinen. Sie wird in dem beschriebenen Verfahren lediglich maßgeblich beschleunigt, sowohl Edukte als auch Produkte sind toxikologisch und ökologisch unbedenklich [3].

Aus dem Blickwinkel der Chemie ist die Frage zu stellen, inwieweit Verfahren entwickelt werden können, die eine CO_2-Reduktion in der Atmosphäre mit einer stofflichen Nutzung von Kohlendioxid verbinden (*Carbon Capture and Utilization, CCU*). Gegenwärtig (2013) werden etwa 200 Mt CO_2/a stofflich genutzt, das sind nur etwa 0,6 % der jährlichen Emissionen. Um einen signifikanten Effekt zu erzielen, müsste dieser Anteil mindestens um den Faktor 10–20 steigen. Bei der Bewertung eines Verfahrens in Bezug auf seine CO_2-Bilanz ist nicht nur die Menge an CO_2 zu berücksichtigen, die sich im Produkt wiederfindet („verbrauchtes CO_2“), sondern der *Carbon Footprint*, der die Bilanz der Treibhausgasemission entlang des gesamten Lebenszyklus eines Produkts von der Rohstoffgewinnung über die Herstellung und Nutzung bis hin zur Entsorgung berücksichtigt [4]. Eine weitergehende „Ökobilanz“ erhält man, wenn über die CO_2-Bilanz hinaus eine ganzheitliche Bewertung aller Umweltwirkungen eines Produkts über seinen gesamten Lebenszyklus vorgenommen wird (Lebenszyklusanalyse; *Life Cycle Assessment, LCA*) [5].

7.2 Kohlendioxid als Ligand

Kohlendioxid ist ein lineares Molekül ($D_{\infty h}$-Symmetrie) mit polaren C=O-Bindungen. Die Ionisation[1] zum linearen Radikalkation erfordert nur wenig mehr Energie als die eines Wasserstoffatoms (1312 kJ/mol). Das Radikalanion ist isoelektronisch zu NO_2 und wie dieses gewinkelt (C_{2v}-Symmetrie):

$$CO_2^{\cdot +} \xleftarrow[E_i\,=\,13{,}8\text{ eV}(1331\text{ kJ/mol})]{-\,e^-} CO_2 \xrightarrow[EA\,=\,-0{,}66\text{ eV}(-64\text{ kJ/mol})]{+\,e^-} CO_2^{\cdot -}$$

Kohlendioxid verfügt mit den Lewis-basischen Sauerstoffatomen, dem elektrophilen C-Atom sowie den π-C=O-Bindungen über vielfältige Koordinationsmöglichkeiten an Übergangsmetallzentren, die für einkernige Komplexe in **1**–**4** gezeigt sind. Beispiele für Koordinations-

[1] E_i = Ionisierungsenergie, EA = Elektronenaffinität. Bei Elektronenaffinitäten kennzeichnen negative Werte endotherme Vorgänge.

modi von μ-CO_2-Liganden sind in **5** und **6** angeführt. CO_2 ist also ein Ligand, der sowohl metallorganische Verbindungen bildet (**1**, **2**, **5** ,**6**) als auch solche (**3**, **4**), die dieser Substanzklasse nicht zuzurechnen sind.

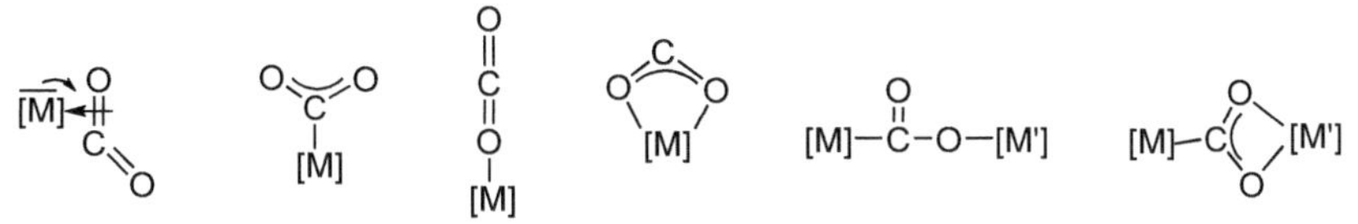

1 (η^2) **2** (κC) **3** (κO) **4** ($\kappa^2 O,O'$) **5** (μ-κC:κO) **6** (μ-κC:$\kappa^2 O,O'$)

Bei den einkernigen Komplexen sind die vom Typ **1** (η^2) am häufigsten anzutreffen, in denen CO_2 – analog den Olefinliganden – als π-Donor–π*-Akzeptorligand fungiert. Komplexe vom Typ **2** (κ*C*) werden oft vereinfachend als Metallocarboxylate[1] bezeichnet. Zur Bindungsbildung mit CO_2 stellt [M] ein energetisch hochliegendes, doppelt besetztes *d*-Orbital von σ-Symmetrie zur Verfügung (z. B. das d_{z^2}-Orbital in quadratisch-planaren d^8-Komplexen), das mit dem LUMO des CO_2 überlappt. In beiden Fällen (**1**/**2**) geht mit der Übertragung von Elektronendichte in das LUMO eine starke Abwinklung des CO_2-Liganden einher, die zu einem O–C–O-Winkel von bis zu 120° führen kann. Das steht in voller Überstimmung mit dem Walsh-Diagramm von CO_2, vgl. Aufgabe 7.1.

Aufgabe 7.1

Der Ausschnitt aus dem Walsh-Diagramm von Kohlendioxid (in Anlehnung an [6]) zeigt, mit welchen Molekülorbitalen des gewinkelten CO_2 (C_{2v}-Symmetrie; rechts) die π-Molekülorbitale von CO_2 ($D_{\infty h}$-Symmetrie; links) korreliert sind und wie sich die Orbitalenergien *E* bei Abwinklung (O–C–O 180° → 120°) ändern. Skizzieren Sie die Form der Molekülorbitale, die im Diagramm angegeben sind und tragen Sie die Elektronenbesetzung (HOMO/LUMO) ein. Leiten Sie aus dem Diagramm ab, warum eine Elektronenpopulation des LUMO von CO_2 zu einer gewinkelten Struktur führt.

Anleitung: a) Stellen Sie das qualitative Molekülorbitaldiagramm für das π-Bindungssystem vom linearem CO_2 auf. Skizzieren Sie die Form der MOs, ermitteln Sie deren Symmetrie und übertragen Sie die Ergebnisse in das Walsh-Diagramm. b) Leiten Sie (vereinfachend) durch „Abwinkeln" der π-MOs des linearen CO_2 die entsprechenden MOs von gewinkeltem CO_2 ab. Ermitteln Sie deren Symmetrie aus der Charaktertafel von C_{2v} und tragen Sie die Ergebnisse in das Walsh-Diagramm ein.

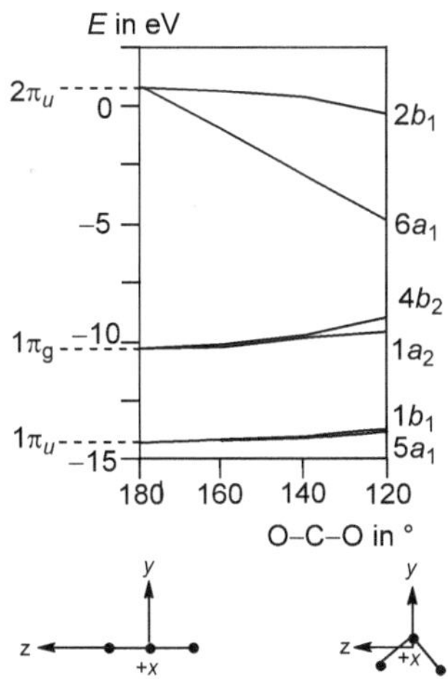

Kohlendioxidkomplexe werden in den meisten Fällen direkt aus CO_2 erhalten, entweder durch Addition an koordinativ ungesättigte Komplexe oder via Ligandensubstitution unter Abspaltung eines leicht verdrängbaren Liganden. η^2-Koordination (**1**) ist wegen der π-Rückbindung bei Komplexen in tieferen Oxidationsstufen anzutreffen, wie in Arestas Komplex

[1] Ein Metall*o*carboxylat darf keinesfalls mit einem Metallcarboxylat, also einem Carboxylatometallkomplex [M]–OC(O)R verwechselt werden.

$[Ni(PCy_3)_2(\eta^2\text{-}CO_2)]$ (**7**; hergestellt via Ligandensubstitution aus $[\{Ni(PCy_3)_2\}_2(\mu\text{-}N_2)]$ (**8**) und CO_2), dem ersten strukturell charakterisierten CO_2-Übergangsmetallkomplex überhaupt (1975). Das Ausmaß der π-Rückbindung kann sehr unterschiedlich sein und analog den η^2-Olefinkomplexen (vgl. S. 41) sind Komplexe mit starker π-Rückbindung als Oxametallacyclopropane zu beschreiben. Die starke Abwinklung des CO_2-Liganden (O–C–O 133°) in **7**, die Aufweitung der C–O-Bindung bei Koordination (1,22 Å *versus* 1,17 Å) sowie die quadratisch-planare Komplexgeometrie sprechen für einen Ni^{II}-Komplex (d^8).

Die Direktsynthese von Komplexen vom Typ **2** kann von d^8-Rh^I/Ir^I-Komplexen und Kohlendioxid ausgehen, wie beispielhaft die Synthese von $[RhCl(CO_2\text{-}\kappa C)(diars)_2]$ (**9**; O–C–O 126(2)°, C–O 1,20(2)/1,25(2) Å; diars = 1,2-Bis(dimethylarsino)benzol) belegt. Es können auch stark nucleophile Carbonylmetallate als Precursorkomplexe eingesetzt werden (z. B.: $K[FeCp^*(CO)_2] + CO_2 \rightarrow K[FeCp^*(CO)_2(CO_2\text{-}\kappa C)]$), die mit Metallkomplexen [M']–X zu Komplexen vom Typ **5** oder **6** reagieren können. Einen alternativen Zugang zu Komplexen diesen Typs bietet die Hiebersche Basenreaktion: Sind die primär gebildeteren Hydroxycarbonylkomplexe (vgl. S. 52) hinreichend stabil gegenüber Abspaltung von CO_2, dann werden bei Deprotonierung ($[M]\text{–}C(O)OH + OH^- \rightarrow [M]\text{–}CO_2^- + H_2O$) Komplexe mit CO_2-κC-Liganden (**2**) oder auch dinukleare Komplexe mit μ-CO_2-Liganden (**5**/**6**) erhalten.

Lewis-acide Liganden. Typische Lewis-acide Liganden LA (BH_3, BR_3, $AlCl_3$, CO_2-κ*C*, …) sind neutrale Lewis-Säuren, die durch eine (2*z*–2*e*) σ-Bindung an [M] gebunden werden:

$$[M]| + LA \rightleftharpoons [M]\text{—}LA$$

Komplexbildung und -zerfall erfolgen also umgekehrt zum Reaktionsprinzip auf S. 31, was deutlich wird, wenn dative Bindungen geschrieben werden, [M]←L (S. 36) *versus* [M]→LA, denn das Metall stellt für die Komplexbildung ein Elektronenpaar zur Verfügung. Im Allgemeinen handelt sich dabei um ein *d*-Elektronenpaar mittlerer und später Übergangsmetalle in tieferen Oxidationsstufen, sodass bei Komplexbildung die Anzahl der Valenzelektronen von M in nicht- und antibindenden Orbitalen um zwei abnimmt ($d^n \rightarrow d^{n-2}$), was einer Erhöhung der Oxidationsstufe von M um zwei Einheiten entspricht.[1] Das Ausmaß der Übertragung von Elektronendichte auf LA ([M]→LA) kann sehr unterschiedlich sein, und bei nur schwach gebundenen Liganden kann es schwierig sein zu entscheiden, ob es zweckmäßig ist von einem d^n- oder einem d^{n-2}-Metallkomplex zu sprechen.[2] In vielen Fällen stehen für die Beurteilung der Elektronenstruktur nur die Struktur des Komplexes und sein Magnetismus zur Verfügung, weitergehende Aussagen können aus spektroskopischen Untersuchungen und quantenchemischen Rechnungen erhalten werden [7].

Für Komplexe vom Typ **2** mit CO_2-κ*C*-Liganden (entsprechendes gilt für Komplexe vom Typ **5**/**6**) folgt aus dem Gesagten, dass das Vorliegen von $(CO_2)^{2-}$-Liganden in Betracht zu ziehen ist [8]. Das Ausmaß der Elektronenübertragung ($[M]\rightarrow CO_2$) ist aus dem O–C–O-Winkel und den C–O-Bindungslängen

---

[1] Wir beschränken die Diskussion auf Lewis-Säuren mit Ligatoratomen, die elektronegativer als M sind, zu Details vgl. Ref. [7]. Ein instruktives Beispiel ist die Bindung der Lewis-Säure H^+ an ein Carbonylmetallat $(CO)_nM|^-$ (*ON*(M) = –1) zu einem Hydridocarbonylkomplex $(CO)_nM\text{–}H$ (*ON*(M) = +1). Ungeachtet der Bildungsreaktion (vermittels H^+) liegt ein Hydridoligand (H^-) vor. Die Anzahl der *d*-Valenzelektronen von M nimmt um zwei ab und seine Oxidationsstufe steigt um zwei Einheiten (vgl. S. 32). Insbesondere in diesem Zusammenhang wird $L_xM|$ (hier: $(CO)_nM|^-$) als Metallbase bezeichnet.

[2] Mit anderen Worten: Wird ein Lewis-acider Ligand nur schwach an M gebunden, ist die Frage zu klärem, ob man die beiden Elektronen in einem nur schwach bindenden *d*-Orbital zu den *d*-Valenzelektronen von M zählt (d^n) oder nicht (d^{n-2}).

abzuschätzen (O–C–O/C–O: CO_2 180°/1,159 Å; $(CO_2)^{2-}$ 116°/1,329 Å). Die oben angegebenen Strukturdaten für **9** sprechen dafür, dass eine Beschreibung als oktaedrischer (d^6) Rh^{III}-Komplex mit einem $(CO_2\text{-}\kappa C)^{2-}$-Liganden gerechtfertigt ist.

7.3 Hydrierung von Kohlendioxid

7.3.1 Reduktion von Kohlendioxid zu Methanol

CO_2 ist thermodynamisch sehr stabil ($\Delta_f G^{\circ}$ = –394 kJ/mol) und neben Wasser ein Endprodukt der vollständigen Oxidation aller organischen Verbindungen. Demzufolge bedarf es zur Reduktion starker Reduktionsmittel. So ist Wasserstoff in der Lage, CO_2 zu Methanol zu reduzieren, das als Brennstoff und Energiespeichermedium genutzt werden kann und eine wichtige Grundchemikalie zur Synthese von Formaldehyd, Methyl-*tert*-butylether, Essigsäure, Methylmethacrylat und anderen Produkten ist [9, 10]:

$$CO_2 + 3\,H_2 \longrightarrow MeOH + H_2O \qquad \Delta G^{\circ} = -9{,}5\ \text{kJ/mol}$$

Wird aus CO_2 gewonnenes Methanol als Brennstoff oder gar als Hauptenergieträger genutzt („Methanolwirtschaft"), wird man dem Aspekt des Recyclings von CO_2 nur gerecht, wenn der gesamte Prozess CO_2-neutral ist: Der Wasserstoff darf nicht auf konventionellem Weg aus Erdgas (CH_4) hergestellt werden und die Energie für den gesamten Prozess – einschließlich der Synthese der Edukte – nicht aus fossilen Energieträgern stammen. Eine großtechnische Anlage, die diese Anforderungen erfüllt, wird seit 2011 von Carbon Recycling International in Island betrieben (Kapazität 2015: 4000 t MeOH/a). Wasserstoff wird durch Elektrolyse von Wasser gewonnen und CO_2 aus Geothermiedampf abgetrennt. Dieser dient neben Wasserkraft auch als Energiequelle [10, 11].

Für die heterogen katalysierte Methanolsynthese aus CO_2/H_2 werden die gleichen Katalysatoren wie bei der Herstellung aus Synthesegas eingesetzt, nämlich überwiegend Cu/ZnO-Katalysatoren, die Al_2O_3 (<10 %) als strukturellen Promotor enthalten (200–300 °C, 10–100 bar). Die aktive Form des Katalysators besteht aus Cu- und ZnO-Nanopartikeln, wobei die Katalyse an den Kupferteilchen stattfindet. Die ZnO-Nanopartikel helfen, eine große Cu-Oberfläche aufrechtzuerhalten, fungieren aber zu einem gewissen Teil auch als elektronischer Promotor und erhöhen so die Katalysatoraktivität [12].

Es ist schwierig, Kohlendioxid homogenkatalytisch direkt zu Methanol zu reduzieren. Dagegen ist die Reduktion zu Ameisensäure bereits in den 1970er-Jahren beschrieben worden. Die Hydrierung von CO_2 zu flüssiger HCOOH (**10**) ist unter Standardbedingungen wegen der ungünstigen Entropieverhältnisse (zwei Gase reagieren zu einer durch Wasserstoffbrücken hochgeordneten Flüssigkeit **10**) endergonisch. Dissoziation der Ameisensäure und Salzbildung begünstigen thermodynamisch die Reaktion, was ihre ausgesprochene Lösungsmittel- und pH-Abhängigkeit erklärt.

$$CO_{2(g)} + H_{2(g)} \longrightarrow \underset{\mathbf{10}}{HCOOH_{(l)}} \qquad \Delta G^{\circ} = +33\ \text{kJ/mol},\ \Delta H^{\circ} = -32\ \text{kJ/mol}$$

Als Katalysatoren finden bevorzugt Ru^{II}- und Ir^{III}-Komplexe Anwendung, aber auch edelmetallfreie Katalysatoren (Fe, Co) sind beschrieben. Typischerweise wird die Reaktion in protischen Lösungsmitteln wie Wasser in Gegenwart von Alkalimetallhydroxiden oder tertiären

Aminen durchgeführt, sodass primär Formiate gebildet werden. Der Trihydridoiridium(III)-Pincerkomplex **11** ist sowohl ein besonders produktiver als auch ein sehr aktiver Katalysator [13].

$$\underset{1\ :\ 1\quad 5\ \text{mmol}}{CO_2 + H_2 + KOH} \xrightarrow[\substack{H_2O\ (5\ \text{ml}),\ \text{THF}\ (0{,}1\ \text{ml})\\ (120\ °C,\ 80\ \text{bar})}]{\mathbf{11}\ (0{,}001\ \mu\text{mol})} HCOO^- + K^+$$

$TON = 3{,}5 \cdot 10^6$; $TOF = 73 \cdot 10^3\ h^{-1}$

(*i*-Pr)₂P–Ir(H)₃–P(*i*-Pr)₂ Pincerkomplex **11**

Zum Mechanismus gibt es sowohl experimentelle Untersuchungen als auch DFT-Rechnungen. Im Einzelnen sind folgende Reaktionsschritte zu nennen (Abbildung 7.1):

11 → … → 14: *Insertion von CO_2* in eine Ir–H-Bindung wird durch elektrophile Addition von CO_2 an einen der beiden nucleophileren Hydridoliganden (**11 → 12**) eingeleitet. Nachfolgend wird ein Formiatoligand über einen viergliedrigen Übergangszustand gebildet (**12 → TS → 13**) und abgespalten (**13 → 14**).

TS

14 → 15 → 11: *Koordination von H_2 und heterolytische Bindungsspaltung.* Reaktion mit H_2 ergibt einen η^2-Diwasserstoffkomplex und heterolytische Spaltung der H–H-Bindung führt zur Protonierung von OH^- und Rückbildung des Katalysators.

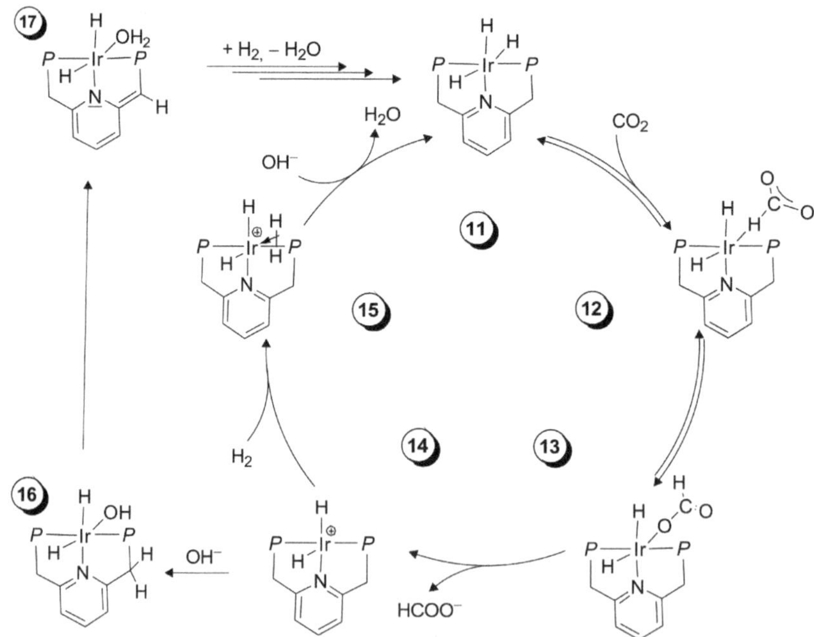

Abbildung 7.1. Mechanismus (vereinfacht) der Hydrierung von CO_2 zu $HCOO^-$ mit einem Trihydrido-iridium(III)-Pincerkomplex **11** als Katalysator (*P* = P(*i*-Pr)₂; adaptiert nach Tanaka, Morokuma und Nozaki [13]).

14 → 16 → 17: *Koordination von OH^- und Deprotonierung/Dearomatisierung.* Alternativ kann anstelle H_2 an den koordinativ ungesättigten Komplex **14** ein Hydroxidion koordiniert werden (**14** → **16**). Deprotonierung einer Methylengruppe des Pincerliganden führt dann unter Dearomatisierung des Pyridinrings zu einem Dihydrido–Amido–Aqua-Komplex (**16** → **17**).

17 → 11: *Addition von H_2 und Protonierung/Aromatisierung.* Nach Abspaltung von H_2O wird H_2 addiert und die H–H-Bindung heterolytisch gespalten. Dabei wird ein Hydridoligand gebildet und das am Pyridinring gebundene C-Atom protoniert, sodass das aromatische π-Pyridinringsystem zurückgebildet wird.

Im zuletzt beschriebenen Reaktionsweg **14** → **16** → **17** → **11** fungiert der Pincerligand als kooperierender Ligand (vgl. Exkurs, S. 83). Es bleibt aber offen, ob beide Reaktionswege oder nur einer von beiden beschritten werden.

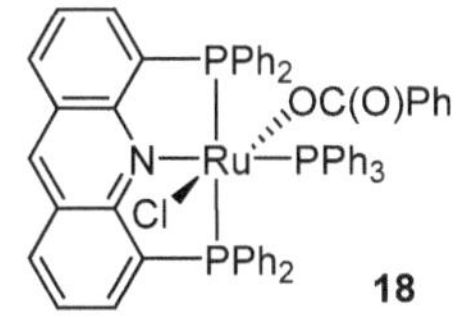

Die Hydrierung von CO_2 zu Ameisensäure gelingt auch ohne Zusatz von Aminen oder anderen Basen, und zwar mit **18** als Katalysator (60 °C; H_2/CO_2 = 80/40 bar) in DMSO/H_2O (95/5). Die Produktbildung (HCOOH) wird thermodynamisch durch die Ausbildung von Wasserstoffbrückenbindungen mit DMSO, das als H-Akzeptor fungiert, begünstigt. Allerdings wird der Katalysator bei fortschreitender Reaktion durch das zunehmend saurer werdende Reaktionsmedium desaktiviert, sodass nur Konzentrationen an HCOOH von ca. 0,3 mol/l (*TON* = 4200) zu erreichen sind. In acetatgepufferter Lösung dagegen werden höhere Konzentrationen an HCOOH (1,3 mol/l) und Umsatzzahlen (16300) erhalten.

PPh2, OC(O)Ph, N–Ru–PPh3, Cl, PPh2 **18**

Anstatt die Hydrierung von CO_2 zu Methanol direkt zu vollziehen, kann diese in drei aufeinanderfolgenden Reaktionen **a** → **b** → **c** realisiert werden, für die es jeweils separate Katalysatoren gibt. Die drei Katalysatoren **A**, **B** und **C** zeichnen sich dadurch aus, dass sie sowohl die jeweilige Teilreaktion katalysieren als auch eine Tandemkatalyse, also ein Eintopfverfahren ermöglichen. Die Kopplung der beiden Reaktionen **a** und **b** hat zudem den Vorteil, dass die Esterbildung **b** die thermodynamische Triebkraft für die Ameisensäuresynthese **a** liefert.

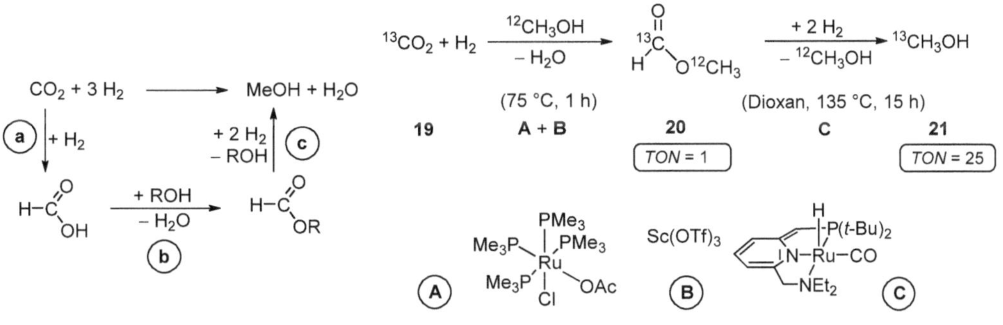

$CO_2 + 3\,H_2 \longrightarrow MeOH + H_2O$

(a) $+ H_2$: CO_2 → H–C(=O)OH; (b) $+ ROH$, $- H_2O$: H–C(=O)OH → H–C(=O)OR; (c) $+ 2\,H_2$, $- ROH$: H–C(=O)OR → $MeOH + H_2O$

$^{13}CO_2 + H_2 \xrightarrow[-\,H_2O]{^{12}CH_3OH}$ H–^{13}C(=O)–O$^{12}CH_3$ $\xrightarrow[-\,^{12}CH_3OH]{+\,2\,H_2}$ $^{13}CH_3OH$

19 — (75 °C, 1 h) **A + B** — **20** (*TON* = 1) — (Dioxan, 135 °C, 15 h) **C** — **21** (*TON* = 25)

(A) $Ru(PMe_3)_4(Cl)(OAc)$ (B) $Sc(OTf)_3$ (C) H–Ru(CO) mit Pincerligand ($P(t\text{-}Bu)_2$, N, NEt_2)

A alleine katalysiert die Bildung der Ameisensäure nur in Gegenwart eines Amins gut. Werden aber **A** und der Veresterungskatalysator **B** zusammen eingesetzt, kann auf den Aminzusatz verzichtet werden. Allerdings ist der Katalysator **C** für die Esterreduktion nicht stabil gegenüber CO_2 und wird wahrscheinlich auch durch **B** inhibiert, sodass die Tandemreaktion (ROH = MeOH; T = 135 °C, 16 h; CO_2/H_2 10/30 bar) nur geringere Mengen an MeOH (*TON* = 2,6) neben größeren Mengen an HC(O)OMe (*TON* = 33) liefert. Ein besseres Ergebnis (MeOH/HC(O)OMe: *TON* = 25/1) wird erzielt, wenn nur **a** und **b** als Tandemreaktion und die Esterhydrierung **c** separat ausgeführt werden (**19** → **20** → **21**). Isotopenmarkierung der Edukte ($^{13}CO_2/^{12}CH_3OH$) hat es ermöglicht, zwischen dem eingesetzten Methanol und dem Methanol ($^{13}CH_3OH$) zu unterscheiden, das durch Reduktion des Esters gebildet wurde [14].

Schließlich konnte auch eine direkte katalytische Reduktion von CO_2 zu MeOH realisiert werden, und zwar mit dem Triphos–Trimethylenmethan–Ruthenium-Komplex **22** in Gegenwart von Säuren. Es werden hohe Umsatzzahlen erreicht, ohne dass Alkohole als Cosubstrat zugegen sind. Damit ist es zum ersten Mal gelungen, mit einem einzigen wohldefinierten Katalysatorkomplex CO_2 mit H_2 zu MeOH zu reduzieren, wobei mit [Ru(OAc)(triphos)(s)]-[NTf_2] (s – Lösungsmittel) sogar ein Einkomponentenkatalysator vorliegt.

$$CO_2 + 3\,H_2 \xrightarrow[\text{THF}]{\mathbf{22}/HNTf_2\ (1/1)} MeOH + H_2O$$

(20 bar) (60 bar) (140 °C, 24 h) (*TON* = 440)

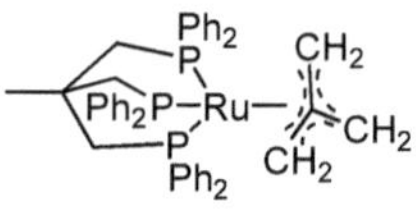

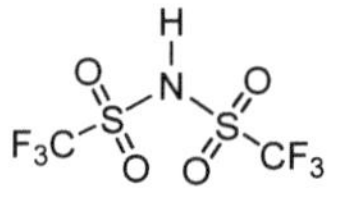

Der Mechanismus ist detailliert untersucht; die Reaktion verläuft – wie erwartet – nicht über Ameisensäureester als Zwischenstufe. Im Einzelnen sind folgende Reaktionsschritte zu nennen (Abbildung 7.2):

22 → **23** → **24**: *Insertion von* CO_2 in eine Ru–H-Bindung. Der Präkatalysator **22** setzt sich in Gegenwart von $HNTf_2$ mit CO_2 über einen kationischen Hydrido- zu einem kationischen Formiatoruthenium(II)-Komplex um, der – wie experimentell belegt ist – der Vorratskomplex (Resting State) ist. Die Insertion ist reversibel. DFT-Rechnungen zeigen, dass zunächst eine κ*O*-Koordination von CO_2 an **23** erfolgt und die Insertion über einen viergliedrigen Übergangszustand **TS** verläuft.

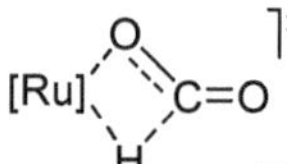

In den folgenden Reaktionsschritten wird zunächst jeweils H_2 an Ru koordiniert. Dem folgt die heterolytische Spaltung der H–H-Bindung, wobei H^+ auf ein O-Atom des Liganden und H^- via [Ru]–H auf das C-Atom des Liganden übertragen werden. Nach DFT-Rechnungen können bei den Protonentransferschritten Carboxylate/Carbonsäuren als Protonenshuttle fungieren.

24 → **25**: Addition von H^+ und H^- an O bzw. C des Formiatoliganden führt zu einem deprotonierten Formaldehydhydrat-Liganden.

25 → **26**: Addition von H^+ an O führt unter Spaltung der C–O-Bindung zur Bildung von Wasser. Addition von H^- an C ergibt einen Methoxoliganden.

26 → **23**: Wie vorangehend beschrieben wird H_2 heterolytisch gespalten, wobei die Übertragung von H^+ auf O und von H^- auf Ru zur protolytischen Spaltung der Ru–O-Bindung und zur Rückbildung des Katalysatorkomplexes **23** führt.

Die Reduktion von CO_2 zu MeOH via Formiat- (**24**) und Formaldehydzwischenstufen (**25**) erfordert insgesamt sechs Reduktionsäquivalente. Formal wird CO_2 in drei Reduktionsschrit-

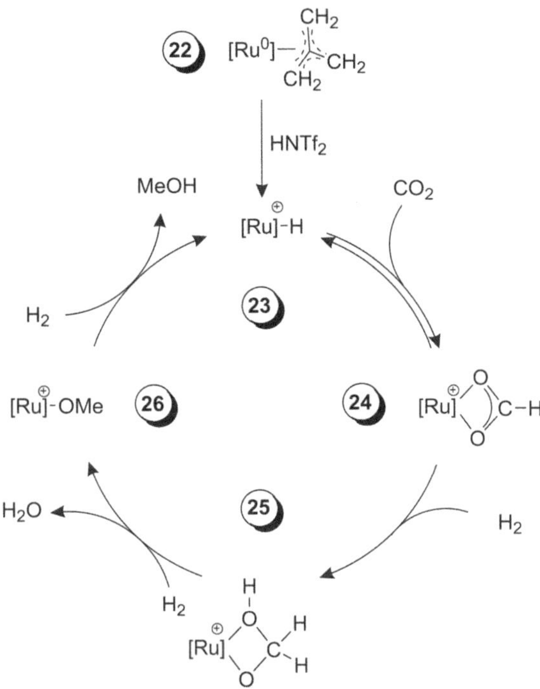

Abbildung 7.2. Mechanismus (vereinfacht) der Hydrierung von CO_2 zu Methanol mit dem Triphos–Ruthenium-Komplex **22** als Präkatalysator. [Ru] = Ru(triphos); Lösungsmittelmoleküle, die die Koordinationssphäre auffüllen, sind nicht berücksichtigt (adaptiert nach Wesselbaum, Klankermayer und Leitner [15]).

ten ($3 \times 2\ e^-$) durch Hydridübertragung (Ru–H zu C–H) reduziert: **23** → **24** → **25** → **26**. Der jeweilige Hydridorutheniumkomplex wird seinerseits durch Heterolyse von H_2 in den Reaktionen **24** → **25** → **26** → **23** generiert.

7.3.2 CO_2-Konvertierung

Die Reduktion von CO_2 mit Wasserstoff zu CO und Wasser stellt die Umkehrung der Kohlenmonoxid-Konvertierung (S. 143) dar und wird als CO_2-Konvertierung (engl.: *reverse water-gas shift reaction, rWGSR*) bezeichnet:

$$CO_2 + H_2 \underset{WGS}{\overset{rWGS}{\rightleftharpoons}} CO + H_2O_{(g)}$$

Die rWGS-Reaktion ist ein vielversprechender Prozess für die CO_2-Konversion und mit CO steht auch ein attraktiver Energieträger zur Verfügung, vorausgesetzt, H_2 und die Prozessenergien werden CO_2-neutral gewonnen [16].

Dem Grundprinzip der Katalyse folgend werden CO_2- und CO-Konvertierung durch die gleichen Katalysatoren beschleunigt. Da die CO_2-Konvertierung unter Standardbedingungen endergonisch und endotherm ist (S. 143), muss bei genügend hohen Temperaturen gearbeitet werden, um hinreichende Gleichgewichtskonzentrationen an CO zu erhalten. Wegen der mangelnden thermischen Stabilität der bei der CO-Konvertierung eingesetzten Kupfer-Katalysatorsysteme müssen diese für die CO_2-Konvertierung modifiziert werden. So erwiesen sich Cu/Fe-Katalysatoren bei 600 °C als stabiler, aber auch Ni/CeO_2-Katalysatoren mit einem Gehalt an Nickel $\leq$2 % zeigen eine hohe CO-Selektivität und thermische Stabilität [17].

Bereits bei Raumtemperatur vermag der Pincer-Iridiumkomplex **27a** CO_2 zu CO zu reduzieren (**27a** → **30**), allerdings nur stöchiometrisch. Experimentelle Untersuchungen und DFT-Rechnungen legen als Reaktionsverlauf nahe, dass zunächst CO_2 koordiniert wird (**27a** → **28**). Dadurch gelangt ein Methylenwasserstoffatom des Pincerliganden in unmittelbare Nähe des nucleophilen O-Atoms des CO_2-Liganden und kann als Proton auf diesen übertragen werden, was mit einer Dearomatisierung des Pyridinrings verbunden ist (**28** → **29**). Ein weiterer Protonentransfer (Ir–H zu O–H assistiert durch Wasser, vgl. **TS**) führt unter Wasserabspaltung zum Carbonylkomplex (**29** → **TS** → **30**).

27b ⇌ **27a** ⇌ (CO_2) **28** ⇌ **29** → (**TS**, $-H_2O$) **30** $P = P(t\text{-}Bu)_2$

Die Metall–Ligand-Kooperation (Deprotonierung einer CH_2-Gruppe unter Dearomatisierung des Pyridinrings) ist für derartige Pincerkomplexe nicht ungewöhnlich, denn bereits in Lösung (Toluol, THF, …) liegt der Iridium(I)-Komplex **27a** im Gleichgewicht mit dem Iridium(III)-Komplex **27b** vor [18].

In homogener Phase gelingt die Katalyse der CO_2-Konvertierung mit dem einkernigen Carbonylrutheniumkomplex [PPN][$RuCl_3(CO)_3$] (**31**; $[PPN]^+ = [Ph_3P{=}N{=}PPh_3]^+$; X = Cl, Br, I; NMP = *N*-Methyl-2-pyrrolidon) als Katalysator mit Umsatzzahlen von bis zu 100.

$$\underset{(20\ \text{bar})}{CO_2} + \underset{(60\ \text{bar})}{H_2} \xrightleftharpoons[\text{NMP } (160\text{–}180\ °C,\ 5\ h)]{[PPN][RuCl_3(CO)_3]\ (\mathbf{31})/[PPN]X\ (1/5)} CO + H_2O \qquad \rightleftharpoons \underset{\mathbf{32a}}{[Ru](H)(CO_2)^-} \xrightarrow[-H_2O]{+H^+} \underset{\mathbf{32b}}{[Ru]{-}CO} \rightleftharpoons$$

Der Reaktionsmechanismus ist nicht vollständig bewiesen. Es wird angenommen, dass CO_2 koordiniert wird und durch heterolytische Spaltung von H_2 ein Proton und ein anionischer Hydrido–CO_2-Komplex **32a** als zentrales Intermediat gebildet werden. Die Übertragung der beiden Wasserstoffe auf ein O-Atom des CO_2-Liganden (*formal* eine Umkehrung der Hieberschen Basenreaktion, S. 52 und eine Protonierung) leitet die Spaltung der C–O-Bindung ein. Als Produkte werden Wasser und ein Carbonylkomplex **32b** gebildet, womit die rWGS-Reaktion vollzogen ist [19].

[NiFe]-Kohlenmonoxiddehydrogenasen ($CODH_{Ni}$) können auch die CO_2-Reduktion katalysieren, aber sehr viel langsamer als die CO-Oxidation. In Umkehrung der CO-Oxidation (S. 145/147) führt eine Zweielektronenreduktion von CO_2 ($CO_2 + 2\,e^- + 2\,H^+ \rightarrow CO + H_2O$), das an $CODH_{Ni}$ koordiniert ist, zur Spaltung einer C–O-Bindung und zur Bildung einer Carbonylnickel- und einer Hydroxidoeisenspezies. Damit wird beim enzymatischen Prozess nicht die Stufe des Anionenradikals $CO_2^{\cdot-}$ durchlaufen, die für die Bildung von Nebenprodukten wie Methan und Methanol verantwortlich ist. Darüber hinaus hat der Einelektronentransfer $CO_2 + e^- \rightarrow CO_2^{\cdot-}$ auch ein wesentlich negativeres Potential (E = –1,9 V) als der direkte Zweielektronentransfer unter Bildung von CO (E = –0,5 V).

Bei konventionellen Halbleiterphotokatalysen (siehe Exkurs) zur Reduktion von CO_2 erfolgen lediglich Einelektronentransfers. Erzwingt man jedoch einen Zweielektronentransfer, wird eine hochselektive Reduktion von CO_2 zu CO erreicht: CdS-Nanokristalle (**33**), an deren Oberfläche $CODH_{Ni}$ (**34**) adsorbiert ist, sind in einem wässrigen Medium in Gegenwart von CO_2 mit Licht >420 nm bestrahlt worden. Die angeregten Elektronen im Leitungsband des Halbleiters werden dann auf $CODH_{Ni}$ übertragen und führen dort zur Reduktion von CO_2, wobei Umsatzfrequenzen um 1 mmol CO/(mmol Enzym · s) erreicht wurden. Als Elektronendonor zum Quenchen der photoerzeugten Löcher diente 2-(*N*-Morpholino)ethansulfonsäure (**35**; MES).[1] Damit liegt eine Prinziplösung für ein Hybridmaterial aus einem Halbleiter und einem Enzym für die Reduktion von CO_2 zu CO vor [20].

Aufgabe 7.2

In einer ähnlichen Anordnung wie zuvor beschrieben, sind zur Reduktion von CO_2 zu CO auch TiO_2-Nanopartikel verwendet worden, wobei die breite Bandlücke eine indirekte Anregung des Halbleiters über einen Metallkomplex [M^{II}] als Photosensibilisator erforderlich macht. Tragen Sie in die Skizze die Anregung mit $h\nu$ ein und verfolgen Sie den Weg, den die angeregten Elektronen und der angeregte Komplex [M^{II}]* nehmen. Welche Rolle spielt das Valenzband des Halbleiters?

Exkurs: Halbleiterphotokatalyse

Photokatalyse. Eine Substanz, die unter Einwirkung von UV-, sichtbarer oder IR-Strahlung in einen angeregten Zustand übergeht, der in einer chemischen Reaktion eine katalytisch aktive Spezies darstellt, heißt Photokatalysator. Somit beschreibt Photokatalyse eine chemische Reaktion, die in Gegenwart eines Photokatalysators unter Strahlungseinwirkung beschleunigt oder initiiert wird. In keinem Fall darf der Begriff Photokatalyse so verstanden werden, dass Photonen ($h\nu$) als Katalysator wirken. Sie werden in der Reaktion verbraucht (genauer: vom Photokatalysator absorbiert), sind also „Reaktionspartner“.

---

[1] MES wird als Opferreagenz (genauer: Opferdonor; engl.: *sacrificial agent/donor*) bezeichnet, da es im Verlaufe der Reaktion irreversibel zerstört wird.

Halbleiterphotokatalyse. Bei Anregung mit Licht im sichtbaren und/oder UV-Bereich kann bei einem Halbleiter ein Elektron aus dem Valenz- in das Leitungsband (VB/CB, *valence/conduction band*) übergeführt werden. Dabei verbleibt im VB ein Loch (h^+), sodass ein Elektron–Loch-Paar erzeugt wird. Voraussetzung für die Photoanregung ist, dass die Energie der zugeführten Strahlung mindestens der der Bandlücke des Halbleiters entspricht. Ist sie größer, fällt das Elektron sehr schnell auf die Leitungsbandkante zurück. Nunmehr sollen e^- und h^+ an die Oberfläche des Halbleiters wandern und dort mit einem Elektronenakzeptor A bzw. -donor D reagieren. Damit diese Reaktionen thermodynamisch überhaupt möglich sind (kinetische Aspekte werden hier nicht berücksichtigt), müssen die Potentiale der Reduktions- und Oxidationshalbreaktion zwischen denen der VB- und CB-Kante liegen (siehe Schema, Werte für TiO_2. *Merke*: Elektronen und Löcher gewinnen an Stabilität, wenn sie nach unten bzw. oben wandern; adaptiert von [21]). Unerwünscht – weil unproduktiv – ist eine Rekombination der erzeugten Elektron–Loch-Paare.

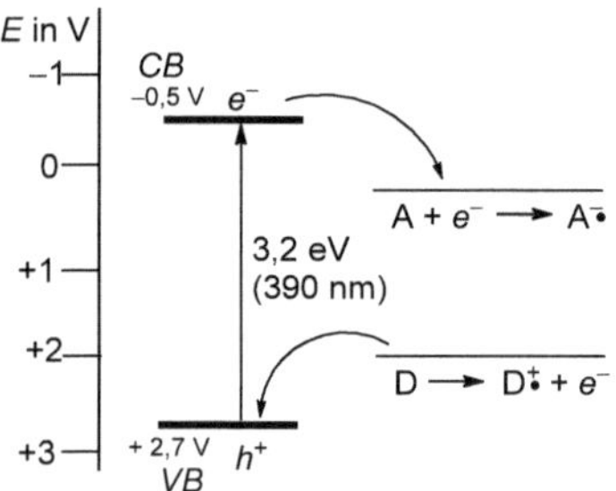

Für Anwendungen spielt die Energie der Bandlücke eine wichtige Rolle. Bei direkter Absorption der Strahlung durch den Halbleiter ist eine möglichst schmale Bandlücke wünschenswert, damit ein entsprechend großer Frequenzbereich des sichtbaren Lichts ausgenutzt werden kann. Allerdings sind dann die möglichen Reduktions- und Oxidationshalbreaktionen eingeschränkt, da diese durch die Potentiale der VB- und CB-Kante vorgegeben sind. Die Absorptionseigenschaften von Halbleitern können durch Sensitivierung mit Farbstoffen oder Metallkomplexen, die sichtbares Licht absorbieren, verändert werden. Voraussetzung dafür ist, dass das LUMO des Farbstoffes/Metallkomplexes energetisch oberhalb der CB-Kante liegt.

Titandioxid ist ein für viele Zwecke geeignetes Halbleitermaterial. Es ist ungiftig und vergleichsweise stabil gegenüber Reaktionen mit Elektron–Loch-Paaren (Photokorrosion). Von Nachteil ist seine breite Bandlücke (siehe Schema), sodass nur UV-Strahlung (<390 nm) absorbiert wird. Der wichtigste sulfidische Photokatalysator ist CdS. Er hat eine schmalere Bandlücke (–0,9 … +1,5 V = 2,4 eV) als TiO_2, sodass auch Licht im sichtbaren Bereich (<520 nm) absorbiert werden kann, aber er ist weniger beständig gegenüber Photokorrosion [21, 22, 23].

7.3.3 Reduktion von Kohlendioxid zu Methan

Die Reduktion von Kohlendioxid mit Wasserstoff zu Methan (Methanisierung von CO_2),

$$CO_{2\,(g)} + 4\,H_{2\,(g)} \longrightarrow CH_{4\,(g)} + 2\,H_2O_{(l)} \qquad \Delta G^{\ominus} = -131\ \text{kJ/mol},$$

ist in der Natur weit verbreitet und wird von methanbildenden Mikroorganismen (Methanogenen) vollzogen. Sie decken mit dieser Reaktion ihren Energiebedarf, sind strikte Anaerobier und tolerieren teilweise Temperaturen über 90 °C. Die größten natürlichen Methanemittenten sind Feuchtbiotope (Sümpfe, Moore, …). Die anthropogen bedingten Emissionen sind etwas größer (50 65 % der Gesamtmenge) als die natürlichen und werden hauptsächlich durch die Agrarwirtschaft (Wiederkäuer, Reisanbau) sowie bei der Gewinnung und Verarbeitung von fossilen Brennstoffen verursacht.

Die Katalyse der Methanisierung von CO_2 gelang erstmals P. Sabatier (1902, „Sabatier-Reaktion") an frisch reduziertem Nickel bei etwa 300 °C. Auch Edelmetalle auf oxidischen Trägern wie Ru auf Al_2O_3 erwiesen sich als geeignete Katalysatoren. Eine homogene photokatalytische Reduktion von CO_2 zu Methan mit sichtbarem Licht ($\lambda > 420$ nm) ist in einer zweistufigen Reaktion realisiert: Zunächst erfolgt eine protonengekoppelte Reduktion (2 e^-/2 H^+)

von CO_2, in der CO als Zwischenprodukt gebildet wird, welches dann weiter zu Methan reduziert wird (**36a** → **36b** → **36c**). Beide Reaktionen werden durch ein- und denselben Katalysator, einen Porphyrinatoeisenkomplex [Fe] (**37**; Präkatalysator: $[Fe^{III}Cl(por)]^{4+}$, H_2por = Porphyrin), katalysiert. Ein Iridiumkomplex $[Ir^{III}]$ (Komplex **106**, S. 288) fungiert als Photosensibilisator und Opferreagenz ist Triethylamin. Es ist Elektronendonor und Et_3NH^+ (gebildet beim Zerfall von $Et_3N^{+\cdot}$) ist Protonenquelle. In MeCN als Lösungsmittel (Raumtemperatur, 1 bar CO_2) sind Umsatzzahlen von ca. 80 erreicht worden.

$$\underset{\mathbf{36a}}{CO_2} \xrightarrow[-\,H_2O]{[Fe]/[Ir^{III}]/h\nu,\ +2\,e^-,\ +2\,H^+} \underset{\mathbf{36b}}{CO} \xrightarrow[-\,H_2O]{[Fe]/[Ir^{III}]/h\nu,\ +6\,e^-,\ +6\,H^+} \underset{\mathbf{36c}}{CH_4}$$

Zyklus ⓐ: $h\nu$; (**106**) $[Ir^{III}]$ → $[Ir^{III}]^*$; Et_3N → $Et_3N^{+\cdot}$; $[Ir^{IV}]^{\oplus}$; e^-
Zyklus ⓑ: (**37**) [Fe]; $[Fe]_{red}$; $CO_2 + 2\,H^+$ (**36a**) → $CO + H_2O$ (**36b**); $CO + 6\,H^+$ (**36b**) → $CH_4 + H_2O$ (**36c**)

[Fe] (**37**): Porphyrinatoeisen mit vier $\overset{\oplus}{N}Me_3$-Arylgruppen

Als relevante Oxidationsstufen von Fe in $[Fe]/[Fe]_{red}$ werden 0 bis +2 angegeben. Der Zyklus **a** entspricht dem des Photosensibilisators in Aufgabe 7.2. Zyklus **b** muss zwei- bzw. sechsmal durchlaufen werden, um ein Molekül CO_2 in CO und dieses in CH_4 zu überführen. Die Bruttoreaktion **36a** → **36b** entspricht der von CO-Dehydrogenasen (S. 160). Die Reaktion **36b** → **36c** wird durch Koordination von CO an **37** eingeleitet. Der kritische Reaktionsschritt scheint die Zweielektronenreduktion zu einem Formyleisenintermediat ([Fe]–CO → [Fe]–CHO) zu sein, die durch das hinreichend negative Redoxpotential des photoangeregten Komplexes $[Ir^{III}]^*$ möglich wird, vgl. dazu die Erläuterungen auf S. 288/299 (Aufgabe 10.12) [24].

Des Weiteren ist eine homogen katalysierte Reduktion von Kohlendioxid zu Methan mit Hydrosilanen als Reduktionsmittel möglich, wie das nachfolgende Beispiel mit einem kationischen Pincer-Iridium(III)-Katalysatorkomplexes **38** (vgl. Exkurs, S. 213) zeigt.

$$\underset{(1\ bar)}{CO_2} + 4\,R_3SiH \xrightarrow[(C_6D_5Cl,\ 23\ °C)]{\mathbf{38}\ (0{,}3\ mol\text{-}\%)} CH_4 + 2\,R_3SiOSiR_3$$

R_3SiH = Me_2EtSiH, Me_2PhSiH, $Me_2(i\text{-}Pr)SiH$, ...

38: $[Ir(H)(O{=}CMe_2)\{C_6H_3(OP(t\text{-}Bu)_2)_2\}][B(C_6F_5)_4]$ ≡ $[Ir]^{\oplus}(H)(OCMe_2)$

Der Katalysator arbeitet schon bei Raumtemperatur und ist sowohl sehr produktiv als auch aktiv (R_3SiH = Me_2PhSiH; 23 °C: *TON* > 8000, 72 h; 60 °C: *TOF* = 660 h^{-1}). Aus dem Präkatalysator **38** wird via Hydrosilylierung der Acetonligand als $R_3SiOCHMe_2$ abgespalten (**38** → **39**). η^1-Koordination des Silans (vgl. S. 405) führt zu Komplex **40**, der mit CO_2 unter Hydrosilylierung einer C=O-Doppelbindung reagiert, sodass der Silylester $HC(O)OSiR_3$ gebildet wird (Reaktion **a**). Die folgenden Reaktionsschritte **b** → **c** → **d** verlaufen analog (Hydrosilylierung von C=O bzw. reduktive C–O-Spaltung durch das Silan), bis schließlich Methan und das entsprechende Disiloxan entstanden sind [25].

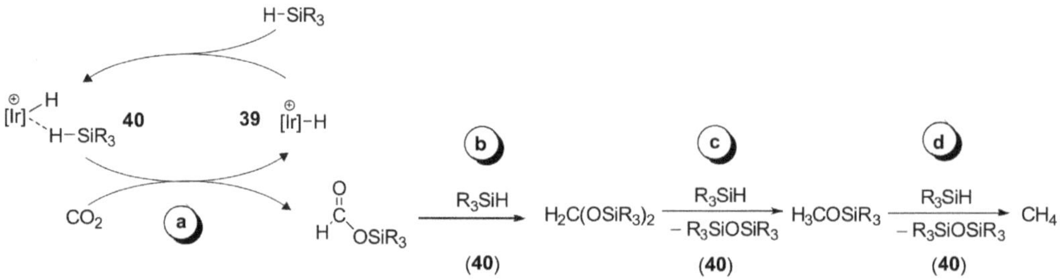

Gänzlich ohne Übergangsmetalle kommt die Hydrosilylierung von CO_2 zu CH_4 aus, wenn ein Gemisch der beiden Lewis-Säuren $B(C_6F_5)_3$ und $Al(C_6F_5)_3$ als Katalysator verwendet wird. Unter den angegebenen Bedingungen werden in 5 h ein vollständiger Umsatz an Et_3SiH und eine Ausbeute an Methan von über 80 % erzielt [26]:

$$\underset{(1{,}5\ \text{bar})}{CO_2} + 4\,Et_3SiH \xrightarrow[(C_6D_5Br,\ 80\ °C)]{B(C_6F_5)_3\ (5\ \text{mol-\%})/Al(C_6F_5)_3\ (5\ \text{mol-\%})} CH_4 + 2\,Et_3SiOSiEt_3$$

Der Mechanismus dieser Tandemreaktion ist sowohl experimentell als auch durch DFT-Rechnungen verifiziert. Im ersten Schritt erfolgt die Aktivierung von CO_2 durch Bildung eines Lewis-Säure-Base-Addukts mit $Al(C_6F_5)_3$ (**41**), gefolgt von der Hydrosilylierung einer C=O-Doppelbindung (**41** → **42**), die über einen viergliedrigen Übergangszustand vom Typ **a** verläuft. $Al(C_6F_5)_3$ ist eine stärkere Lewis-Säure als $B(C_6F_5)_3$, das diesen Reaktionsschritt nicht zu katalysieren vermag.

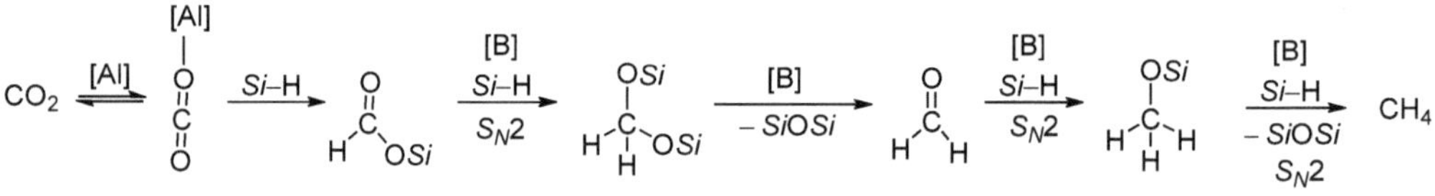

Si = $SiEt_3$; [Al] = $Al(C_6F_5)_3$; [B] = $B(C_6F_5)_3$

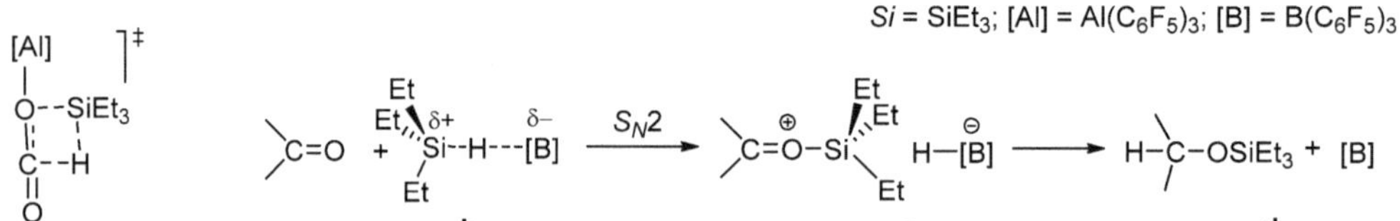

Die folgenden Schritte (**42** → … → **46**) werden durch $B(C_6F_5)_3$ katalysiert, wobei (abgesehen von **43** → **44**) eine Si–H-Bindungsaktivierung erfolgt, ähnlich wie das bei H–H-Bindungen durch frustrierte Lewis-Paare der Fall ist (S. 83). Das eigentlich silylierende Agens wird durch η^1-Koordination von $Et_3Si–H$ an $B(C_6F_5)_3$ gebildet (**b**). Die erhöhte Lewis-Acidität am Si-Atom in **b** ermöglicht in der Umsetzung mit Carbonylverbindungen (**42**, **44**; analog auch mit Silylethern **45**) über einen S_N2-(Si)-Übergangszustand die Knüpfung von Si–O-Bindungen, wobei H^- vollständig auf $B(C_6F_5)_3$ übertragen wird (**b** → **c**). Die erhöhte Elektrophilie des Carbonyl-C-Atoms in **c** lässt dann abschließend eine Hydridübertragung vom Bor auf das C-Atom zu (**c** → **d**). Es ist davon auszugehen, dass alle Intermediate – sofern sie nicht unmittelbar [B]-katalysiert weiterreagieren – als Addukt mit $Al(C_6F_5)_3$ (nicht gezeichnet) vorliegen [26, 27].

7.4 Kohlendioxid in C–C-Bindungsknüpfungsreaktionen

Kohlendioxid wird seit langem als Synthesebaustein in der Chemie und der chemischen Industrie verwendet, wie die Kolbe–Schmitt-Synthese zur Herstellung von Salicylsäure aus NaOPh und CO_2 (1860/1884), das Solvay-Verfahren zur Sodaherstellung aus NH_3, CO_2 und NaCl (1863) und die Harnstoff-Synthese aus NH_3 und CO_2 (1868/1922) belegen. Neueren Datums sind technische Verfahren zur Synthese von cyclischen Carbonaten aus Kohlendioxid und Epoxiden. Übergangsmetallkatalysierte C–C-Bindungsknüpfungen mit CO_2 als Synthesebaustein sind erst seit den 1970er-Jahren bekannt.

In Polymersynthesen (Polycarbonate, Polyurethane, ...) kann CO_2 als Comonomer Verwendung finden, wobei aber C–C-Bindungen weder gebrochen noch gebildet werden. Copolymerisationen von CO_2 und Butadien, bei denen neben C–O- auch C–C-Bindungen geknüpft werden, werden auf S. 331 besprochen.

7.4.1 Carboxylierungen von M–C- und C–H-Bindungen

Schon vor über 100 Jahren wurde gefunden, dass Grignardverbindungen mit CO_2 zu Carboxylaten reagieren. Das trifft auch für Alkalimetallorganyle mit ihren stark polaren M–C-Bindungen zu, nicht aber für die weniger stark nucleophilen Zinkorganyle. Sie sind bei Normaldruck und Raumtemperatur gegenüber CO_2 stabil und reagieren erst oberhalb von 100 °C unter Druck. Diese Reaktionen können aber durch $[\{Ni(PCy_3)_2\}_2(\mu\text{-}N_2)]$ (**8**) katalysiert werden:

$$\text{R–ZnX} + CO_2 \ (1\ \text{bar}) \xrightarrow[\text{Toluol, 0 °C}]{\text{[Ni] (\textbf{8}, 5 mol-\%)}} \text{R–}CO_2\text{ZnX} \xrightarrow[H_2O]{2)\ H^+} \text{R–}CO_2H$$

R = Alkyl, Aryl; X = Br, I

Für R = Alkyl ist ein Zusatz von LiCl erforderlich. $[Ni(acac)_2]/PCy_3$ und $Pd(OAc)_2/PCy_3$ können auch als Präkatalysatoren eingesetzt werden.

Der eigentliche Katalysator **7** wird durch Ligandensubstitution aus dem Präkatalysator **8** erhalten (vgl. S. 154). Die Übertragung von R^- von Zink auf Nickel (**7** → **47**; Transmetallierung, zur Definition vgl. S. 349) geht mit einer Koordination von XZn^+ an den CO_2-Liganden einher. Reduktive C–C-Eliminierung führt zur Abspaltung des Produkts und CO_2-Koordination an $[Ni^0]$ (**47** → **48** → **7**) schließt den Katalysezyklus. In gewisser Weise ähneln diese Reaktionen Negishi-Kreuzkupplungen (vgl. S. 349) mit CO_2 als elektrophilem Reagenz [28].

$$\tfrac{1}{2}\,[Ni^0]\text{–N≡N–}[Ni^0]\ (\textbf{8}) \xrightarrow[-\ 1/2\ N_2]{+\ CO_2} [Ni^{II}](\eta^2\text{-}CO_2)\ (\textbf{7}) \xrightarrow{+\ \text{R–ZnX}} [Ni^{II}](R)(C(=O)OZnX)\ (\textbf{47}) \longrightarrow \text{R–C(=O)OZnX}\ (\textbf{48}) + [Ni^0] \xrightarrow{+\ CO_2} \textbf{7}$$

[Ni] = $Ni(PCy_3)_2$

In übergangsmetallkatalysierten Carboxylierungsreaktionen spielen neben der voranstehend beschriebenen reduktiven C–C-Eliminierung C–C-Bindungsknüpfungen durch Insertion von CO_2 in M–C-Bindungen über viergliedrige Übergangszustände (**a**) und durch elektrophilen Angriff von CO_2 an Alkylliganden gemäß **b** eine wichtige Rolle [29].

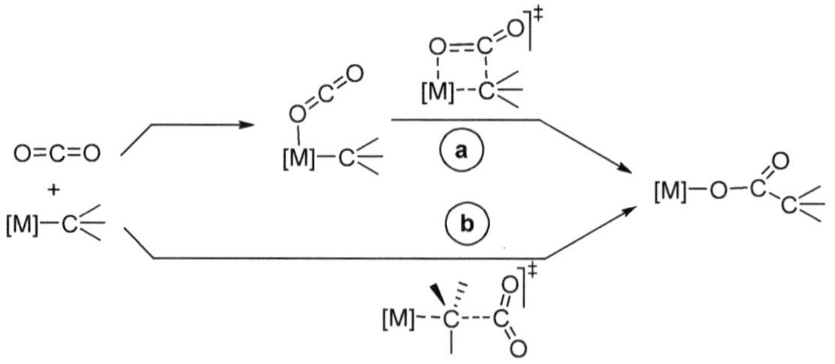

Auf dieser Grundlage können Hydrocarboxylierungen von Olefinen realisiert werden, wobei Carboxylatoübergangsmetallkomplexe als Zwischenstufen auftreten. Das entscheidende katalytische Intermediat ist ein Hydridoübergangsmetallkomplex [M]–H (**49**). Insertion eines Olefins in die M–H-Bindung ergibt eine Organylübergangsmetallverbindung, die mit CO_2 zu einem Carboxylatokomplex reagiert (**49** → **50** → **51**). Dieser setzt sich mit einer Alkylmetallverbindung als „Hydridquelle", z. B. mit $ZnEt_2$, unter Transmetallierung um (**51** → **52**/**53**). Nachfolgende Hydrolyse des Zinkcarboxylats liefert schließlich die gewünschte Carbonsäure (**52** → **54**).

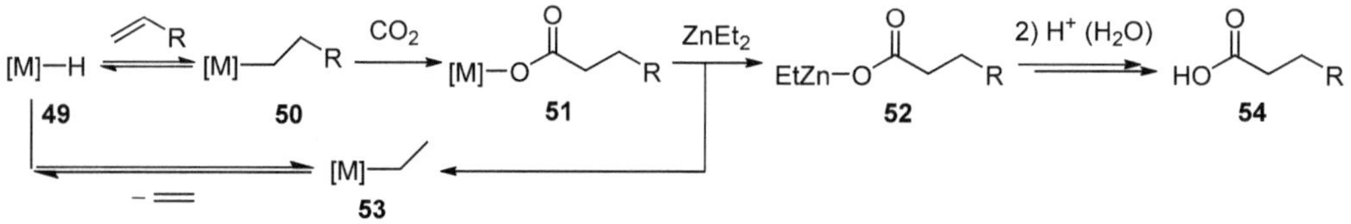

Die „Hydridquelle" (hier: $ZnEt_2$) muss in (mindestens) stöchiometrischer Menge zugesetzt werden. Sie dient einerseits dazu, aus dem Präkatalysator [M]–X den katalytisch aktiven Hydridokomplex **49** zu generieren ([M]–X + $ZnEt_2$ → [M]–Et → [M]–H + $H_2C{=}CH_2$) als auch diesen im Katalysezyklus zurückzubilden (**51** → **53** → **49**). Z. B. katalysiert [{RhCl(COD)}$_2$] (DMF, 0 °C, 3h) in Gegenwart von $ZnEt_2$ (1,2 Äquiv.) die Reaktion von Styrol und seinen Derivaten $ArCH{=}CH_2$ mit CO_2 (1 bar) zu ArCH(COOH)–Me. Sind chirale Liganden zugegen, sind enantioselektive Reaktionen möglich.

Aufgabe 7.3

Schlagen Sie einen Reaktionsablauf für die skizzierte Reaktion vor, die unter folgenden Bedingungen realisiert worden ist: *i*) *i*-PrMgCl (1,1 Äquiv.), [$TiCl_2Cp_2$] (5 mol-%), Ether. *ii*) CO_2, THF. *iii*) H_2O/H^+. Im Reaktionsschema fehlen auf der linken Seite 2 H. Von welchen Reagenzien stammen sie?

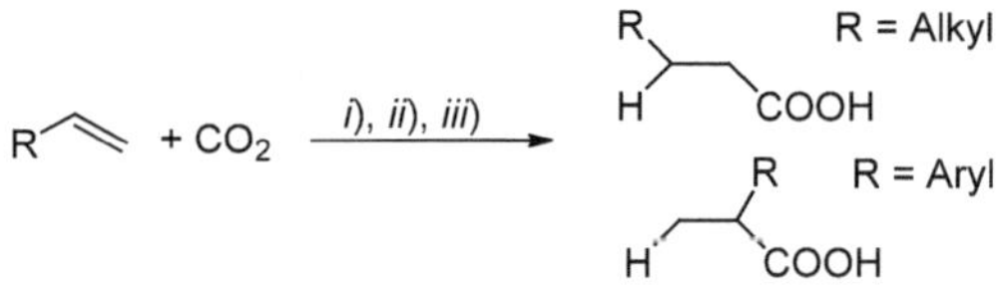

Eine attraktive Alternative zur Carboxylierung von M–C-Bindungen sind direkte metallkatalysierte Carboxylierungen von C–H-Bindungen. Sie können kupfer- und silberkatalysiert in Gegenwart von Basen vorgenommen werden und wegen der vergleichsweise hohen Acidität von C_{sp}–H-Bindungen sind terminale Alkine dafür prädestiniert:

R−C≡C−H + CO_2 (1–5 bar) —1) [Cu^I]−X (2–5 mol-%), Cs_2CO_3 oder K_2CO_3 (1,2 mol) (DMF, 20–50 °C)→ —2) H^+, H_2O→ R−C≡C−CO_2H

R = Alkyl, Aryl

Als Präkatalysatoren können [Cu(4,7-Ph_2phen)(PR_3)](NO_3) oder CuCl/TMEDA (1/0,75) eingesetzt werden. Als Basen werden Alkalimetallcarbonate verwendet und nach saurer Aufarbeitung erhält man die Carbonsäuren in hohen Ausbeuten (bis zu 99 %). Die katalytisch aktiven Spezies sind Alkinylkupferkomplexe **55**. Insertion von CO_2 in die Cu–C-Bindung ergibt ein Kupfercarboxylat **56**. Durch Reaktion mit dem Alkin in Gegenwart der in stöchiometrischen Mengen zugesetzten Base wird der Katalysator **55** zurückgebildet. Saure Aufarbeitung des Reaktionsgemisches liefert die Carbonsäure **57**. Limitierend wirkt sich aus, dass die Insertion von CO_2 reversibel ist und bei höheren Temperaturen leicht eine Decarboxylierung eintritt (**56** → **55** + CO_2). Des Weiteren neigen Alkinylkupferverbindungen dazu, sich unter Abspaltung von Diinen **58** zu zersetzen.

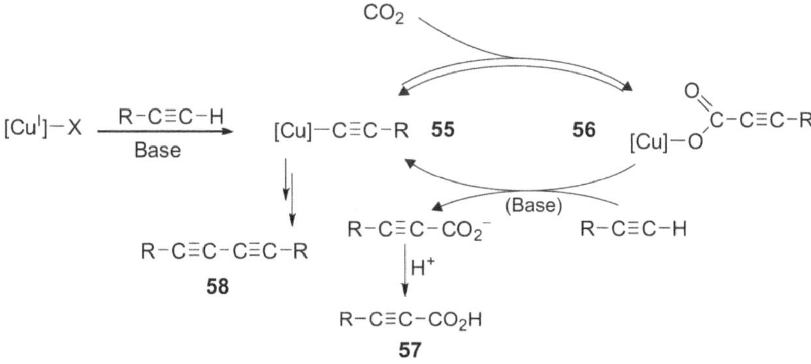

Ein besonders aktiver Katalysator ist CuCl/poly-NHC-Ligand **59** (gezeichnet ist der aktive Katalysatorkomplex). Im polydentaten NHC-Liganden sind die Carbeneinheiten über CH_2-Gruppen mit Arylgruppen (symbolisiert durch Wellenlinien) so verknüpft, dass sich Nanopartikel mit einer dreidimensionalen Netzwerkstruktur ergeben. Diese werden mit Cu^I beladen, wobei der Beladungsgrad so gewählt wird, dass in Nachbarschaft zu NHC-Gruppen, die an Kupfer koordiniert sind, freie NHC-Gruppen verbleiben. Diese aktivieren CO_2 – ähnlich wie in Organokatalysatoren – durch Bildung eines Lewis-Saure-Base-Addukts (**59**), was die nachfolgende Insertion in die Cu–C-Bindung erleichtert. Dabei leitet eine Cu–O-Koordination den nucleophilen Angriff des Alkinylanions auf das Carboxylat-C-Atom ein.

59

Für Carboxylierungen von Aryl- und Heteroaryl-C–H-Bindungen haben sich neben NHC-Kupferkomplexen Gold(I)-Komplexe **60** mit stark basischen NHC-Liganden (THF, 20 °C, 1,5 bar CO_2) bewährt, wobei in stöchiometrischen Mengen eine Base (KOH) zugesetzt wird.

60

Hydrocarboxylierungen von Olefinen mit CO_2/H_2

Katalytische Hydrocarboxylierungen von Olefinen mit Wasserstoff und CO_2 als C_1-Quelle gemäß **a** sind schwierig zu realisieren. Das klassische Verfahren **b**, das auch als Hydroxycarbonylierung von Olefinen bezeichnet wird, nutzt CO und geht auf W. Reppe zurück. Es hat technische Bedeutung erlangt und in vielen Fällen werden Palladiumkomplexe als Katalysatoren eingesetzt.

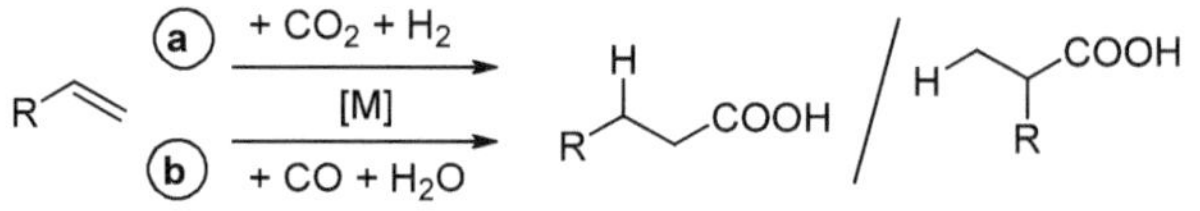

Aufgabe 7.4

Schlagen Sie einen Mechanismus für eine konventionelle Hydrocarboxylierung von Olefinen vor (Route **b**). *Hinweis:* Gehen Sie als Katalysator von einem kationischen Hydridopalladiumkomplex $[Pd^{II}]^+$–H aus und orientieren Sie sich am Mechanismus einer Hydroformylierung.

$[\{RhCl(CO)_2\}_2]$ (**61**) in Gegenwart von PPh_3 sowie mit *p*-Toluolsulfonsäure und Methyliodid als Additive vermag – sofern man die Bruttoreaktion **62** → **63** zugrunde legt – Hydrocarboxylierungen von Olefinen (hier gezeigt am Beispiel von Cyclohexen) unter recht harschen Reaktionsbedingungen zu katalysieren.

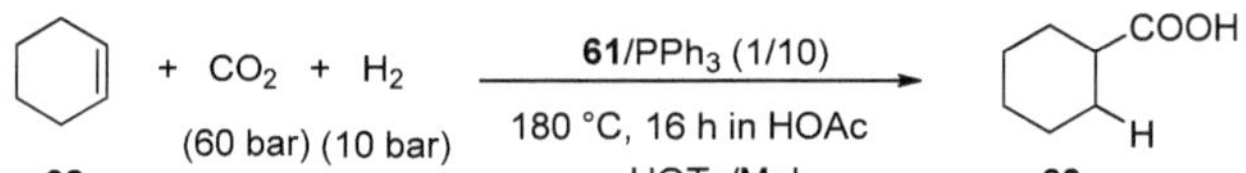

62 **63**

Der Mechanismus ist nicht im Detail bekannt, wohl aber ist gesichert, dass zwei Katalysezyklen ineinandergreifen: *i*) *Rhodiumkatalysierte CO_2-Konvertierung*, bei der zwischen den Edukten CO_2/H_2 und den Produkten CO/H_2O ein Gleichgewicht eingestellt wird (vgl. S. 159). *ii*) *Konventionelle rhodiumkatalysierte Hydroxycarbonylierung*, bei der die in *i*) gebildeten Produkte (CO/H_2O) mit dem Olefin zu einer Carbonsäure umgesetzt werden. Die Reaktion entspricht also dem klassischen Verfahren **b**. Es ist davon auszugehen, dass ähnlich wie bei einer Hydroformylierung ein Acylrhodiumkomplex gebildet wird, der im Unterschied zur Hydroformylierung nicht hydrogenolytisch, sondern hydrolytisch gespalten wird (vgl. Aufgabe 7.4). Damit liegt eine Hydrocarboxylierung von Olefinen mit CO_2 als C_1-Quelle vor, ohne dass Carboxylatokomplexe als Zwischenstufen auftreten [30, 31].

7.4.2 Cycloadditionen von CO_2 mit Alkenen und Alkinen

Wie Isocyanate (RN=C=O) und Ketene (R_2C=C=O) ist Kohlendioxid ein Heterocumulen mit zwei Doppelbindungen und kann wie Alkene und Alkine durch η^2-Komplexbildung an Übergangsmetalle aktiviert werden. Das kann Grundlage für C–C-Bindungsknüpfungen durch oxidative Kupplung sein, wie die Bildung von Oxanickelacyclopentanonen (Nickelalactone; **64** → **65**) bzw. -cyclopentenonen (**64** → **66**; [Ni] = NiL_2, L = N-, P-Donor) gezeigt hat (H. Hoberg, 1982).

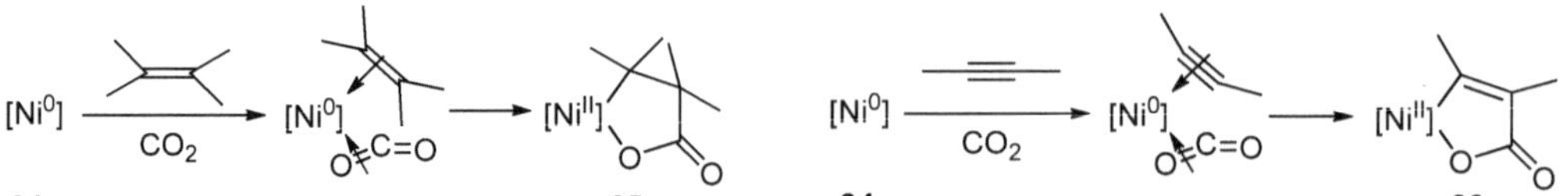

64 **65** **64** **66**

Aufbauend auf diesen stöchiometrischen Umsetzungen sind katalytische Cycloadditionsreaktionen entwickelt worden, die zu O-Heterocyclen führen, wie am Beispiel der Reaktion von Hex-3-in zum 2-Pyron **67** gezeigt ist. Die Katalyse läuft über Oxanickelacyclopentenone als Zwischenstufen ab, die wie zuvor beschrieben (**64** → **66'**) gebildet werden. Sie reagieren mit dem Alkin unter Ringerweiterung (**66'** → **68**) und anschließende reduktive C–O-Eliminierung führt zum Produkt (**68** → **67** + **64**).

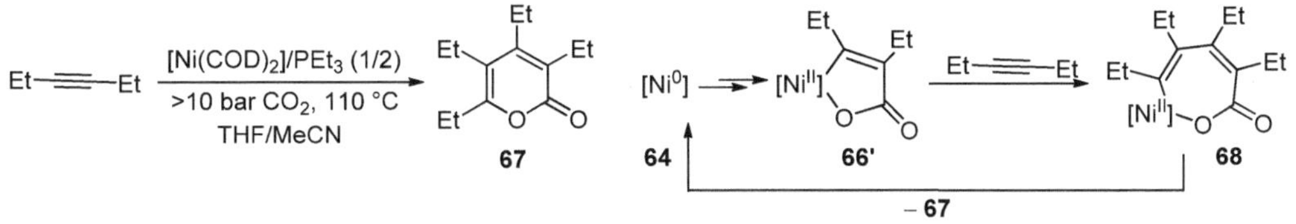

Diine werden mit $[Ni(COD)_2]/PR_3$ als Katalysatoren entweder zu bicyclischen Verbindungen (**69** → **70**) oder zu Polymeren (**69** → **71**) umgesetzt. Für die Synthese der bicyclischen Verbindungen hat sich die Kombination von $[Ni(COD)_2]$ mit dem stark basischen NHC-Liganden **72** als deutlich aktiver und selektiver erwiesen. Beide Reaktionen **69** → **70**/**71** werden durch die oxidative Kupplung einer Alkingruppe mit CO_2 zu einem Oxanickelacyclopentenon eingeleitet. Nachfolgend führt eine intramolekulare Insertion der zweiten Alkingruppe in die Ni–C-Bindung zu einer bicyclischen Verbindung **70** und eine intermolekulare zu einem Polymer **71** [32].

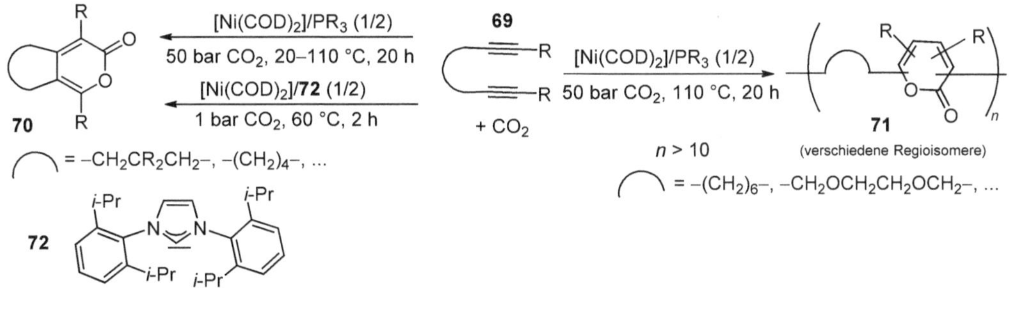

7.4.3 Synthese von Acrylsäurederivaten aus CO_2 und Ethen

Katalytische Reaktionen mit Nickelalactonen **65** als Intermediate werden durch ihre hohe Stabilität erschwert. Insbesondere wären leicht ablaufende β-H-Eliminierungen und Insertionsreaktionen von Olefinen wünschenswert. Unter bestimmten strukturellen Voraussetzungen und entsprechenden Reaktionsbedingungen konnten derartige Reaktionen in stöchiometrischen Umsetzungen realisiert werden. Mit Säuren werden aus den Nickelalactonen **65'** (R = H, Ph) Propan- bzw. 3-Phenylpropansäure **73** abgespalten. Reaktion von **65'** (R = H) mit Ethen bei 60 °C führt nach saurer Hydrolyse zu Pentencarbonsäuren **76**, wobei zunächst Ringexpansion und dann β-H-Eliminierung eintritt (**65'** → **74** → **75**). **75** unterliegt *keiner* reduktiven O–H-Eliminierung, die zur Säure **76a** und zu einem Ni^0-Komplex führen würde. Diese Reaktion würde nach Rückbildung von **65'** durch oxidative Kupplung (vgl. mit **64** → **65**) eine katalytische Bildung von **76a** ermöglichen. Es wird angenommen, dass der Hydridoligand aus der vermuteten Zwischenstufe **75** an die C=N-Doppelbindung des dbu-Liganden addiert (Insertion von >C=N– in Ni–H) und so der Nickelkomplex desaktiviert wird. Die phenylsubstituierte Verbindung **65'** (R = Ph) unterliegt bei 85 °C einer β-H-Eliminierung und durch Säuren kann aus dem gebildeten Carboxylatokomplex Zimtsäure freigesetzt werden (**65'** → **77** → **78**). Auch hier erfolgt aus der angenommenen Zwischenverbindung **77** keine reduktive O–H-Eliminierung unter Bildung von Ni^0 und Zimtsäure.

Die Spaltung der Ni–O-Bindung in Nickelalactonen ist der kritische Schritt für katalytische Reaktionen. Experimentelle Untersuchungen und DFT-Rechnungen haben gezeigt, dass eine Addition von Elektrophilen (R^+, M^+, Lewis-Säuren; R = Alkyl, M = Alkalimetall) an das Carbonylsauerstoffatom eine Schwächung der Ni–O-Bindungen zur Folge hat. So wird in **65''** die Ni–O-Bindung durch Methylierung (**65''** → **79**) soweit geschwächt (vgl. die Resonanzstruktur **79b**), dass sie bereits bei Raumtemperatur durch I^- gespalten und nachfolgend durch β-H-Eliminierung Acrylsäuremethylester gebildet wird (**79** → **80** → **81**). Das dabei freigesetzte HI führt zur Bildung von Propionsäuremethylester, z. B. durch protolytische Spaltung der Ni–C-Bindung in **80**. Mit starken Alkalimetallbasen wie NaO*t*-Bu reagiert **65''** (25 °C; 15 min) zu einem Ni^0-Komplex mit einem η^2-gebundenen Natriumacrylatliganden (**65''** → **82** → **83**). Für diese Reaktion ist nicht allein die Stärke der Base entscheidend, sondern auch eine Aktivierung von **65''** durch Koordination von Na^+ an das Carbonylsauerstoffatom (**82**). Damit wird die Deprotonierung der benachbarten Methylengruppe eingeleitet, sodass letztlich – basenassistiert – der Acrylatnickel(0)-Komplex gebildet wird (**82** → **83**).

Aufgabe 7.5

a) Führen Sie Gründe an, warum Nickelalactone **65** nicht bereitwillig einer β-Hydrideliminierung unterliegen. b) Analysieren Sie den Ablauf der Reaktion **65''** → **83** und diskutieren Sie einen alternativen Reaktionsweg über einen Hydridonickel(II)-Komplex als Zwischenstufe, der im vorliegenden Fall aber offenbar nicht beschritten wird.

Reaktionen von Nickelalactonen mit neutralen Lewis-Säuren wie $B(C_6F_5)_3$ haben auch gezeigt, dass β-H-Eliminierungen durch schwächere Ni–O-Bindungen erleichtert werden. Das Nickelalacton–$B(C_6F_5)_3$-Addukt **84** steht mit dem ringkontrahierten, thermodynamisch stabileren Addukt **86** im Gleichgewicht. Die Umwandlung verläuft vermutlich via β-H-Eliminierung und 2,1-Insertion mit **85** als Zwischenprodukt.

β-H-Elim. / 1,2-Insert. / 2,1-Insert. / β-H-Elim. / + BTPP / – BTPPH⁺

84 **85** **86** **87**

[Ni] = (Ferrocenyl-PPh_2)$_2$Ni

BTPP = (Pyrrolidino)$_3$P=N–*t*-Bu

Im Unterschied zu Nickelalactonen lässt sich **86** leicht deprotonieren und setzt sich mit neutralen organischen Basen wie BTPP zu einem η^2-Acrylatnickel(0)-Komplex um (**86** → {**85**} → **87**). Die Reaktion findet bereits bei Raumtemperatur statt. Obwohl experimentell nicht bewiesen, kann man annehmen, dass eine β-H-Eliminierung zu einem Hydridoacrylatkomplex als Zwischenverbindung führt (**86** → **85**), der dann durch BTPP deprotoniert wird (**85** → **87**).

Basierend auf all diesen Ergebnissen ist schließlich eine katalytische Reaktionsführung für eine Synthese von Acrylaten aus Ethen und Kohlendioxid gelungen. Mit $[Ni(COD)_2]$/**88** als Präkatalysator und einem großen Überschuss (bezogen auf [Ni]) an Natrium-2-fluorphenolat als Base werden Umsatzzahlen von >100 erreicht. Das Phenolat ist „Opferbase" und muss, bezogen auf das eingesetzte Olefin, in mindestens stöchiometrischer Menge zur Verfügung stehen. Darüber hinaus wird Zinkstaub zugesetzt, dessen Funktion noch nicht zuverlässig geklärt ist. Nichtaktivierte terminale und innere Alkene konnten nicht umgesetzt werden, wohl aber aktivierte Olefine wie Styrol (*TON* = 12) und Butadien (*TON* = 116). Als Präkatalysator kann auch $[PdCl_2(COD)]/Cy_2PCH_2CH_2PCy_2$ eingesetzt werden, allerdings werden unter ähnlichen Reaktionsbedingungen niedrigere Umsatzzahlen erreicht.

CO_2 (20 bar) + Ethen (10 bar) → [$[Ni(COD)_2]$/**88** (1/1,1); $NaOC_6H_4F$ (300 Äquiv.)/Zn (100 Äquiv.); THF (100 °C, 20 h)] → Natriumacrylat, *TON* = 107

88: 1,2-Bis(P(*t*-Bu)Me)benzol

Der Mechanismus ist vereinfacht in Abbildung 7.3 dargestellt. Der Katalysatorkomplex **89** wird durch Reaktion von $[Ni(COD)_2]$/**88** mit Ethen gebildet. Zentrales Zwischenprodukt ist ein Nickelalacton **90**. Koordination des Carbonylsauerstoffatoms an Na^+ erhöht die Acidität der benachbarten Methylengruppe soweit, dass sie durch die Phenolatbase deprotoniert werden kann (**91**), womit die Bildung des Natriumacrylatnickel(0)-Komplexes **92** eingeleitet wird (vgl. Aufgabe 7.5). Der Katalysezyklus wird dann durch Ligandensubstitution geschlossen (**92** → **89**).

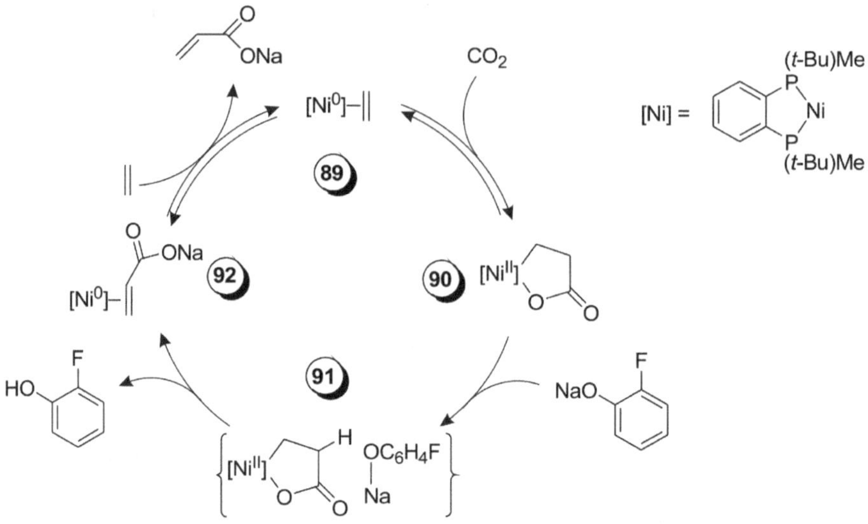

Abbildung 7.3. Katalysemechanismus (vereinfacht) der Synthese von Acrylaten aus CO_2 und Ethen (adaptiert nach Huguet, Hofmann und Limbach [33]) mit den Reaktionsschritten: **89** → **90**: *CO_2-Koordination und oxidative Kupplung* führen zu einem Nickelalacton. **90** → **92**: *Deprotonierung* durch die Phenolatbase ergibt einen Acrylatnickel(0)-Komplex. **92** → **89**: *Ligandensubstitution* unter Rückbildung des Katalysatorkomplexes **89**.

Acrylsäure und deren Derivate (Ester, Alkalimetallsalze) sind wichtige Zwischenprodukte der chemischen Industrie, die zu Polymeren und Copolymeren mit herausragenden Eigenschaften und vielfältigen Anwendungen (Superabsorber, Klebstoffe, Lacke, Ionenaustauscher, Beschichtungsmaterialien, Gelbildner/Dispergiermittel in Pharmaka und Kosmetika, ...) verarbeitet werden. Jährlich werden etwa 5,8 Mill. Tonnen (2014) Acrylsäure hergestellt. Die wichtigste Synthese ist eine selektive Partialoxidation von Propen via Acrolein als Zwischenprodukt an Mischoxidkatalysatoren [34, 35].

7.5 Lösungen der Aufgaben und Literatur

7.5.1 Lösungen der Aufgaben

Aufgabe 7.1

a) *π-MOs vom linearen CO_2.* Es sind nur die p_x- und p_y-Valenzorbitale zu berücksichtigen, da die *s*- und p_z-Orbitale σ-Symmetrie aufweisen (aus 6 AOs resultieren 6 π-MOs). 1) Erstellen Sie – wie üblich – mit den relevanten AOs ein Energieniveaudiagramm. 2) Bilden Sie von den AOs der peripheren Atome (O) symmetrieangepasste Linearkombinationen, die wir abkürzend als ++- und +–-Kombination bezeichnen. 3) Durch Kombination von ihnen mit den AOs vom C werden die Molekülorbitale erhalten. Ihre Einordnung in das Walsh-Diagramm ist anhand der Symmetrie (*g*, *u* = gerade bzw. ungerade bezüglich

Inversion) leicht möglich. *Beispiel* (p_y-Orbitale): Schritt 1) **a**/**a'**. Schritt 2) **a** → **b**. Schritt 3) **b**/**a'** → **c**. Die Wechselwirkung von p_y(C) mit ++(p_y) ergibt ein bindendes und ein antibindendes MO, während die mit +–(p_y) nichtbindend ist. Überzeugen Sie sich davon, dass alle weiteren Wechselwirkungen von ++(p_y) und +–(p_y) mit den AOs von C nichtbindend sind.

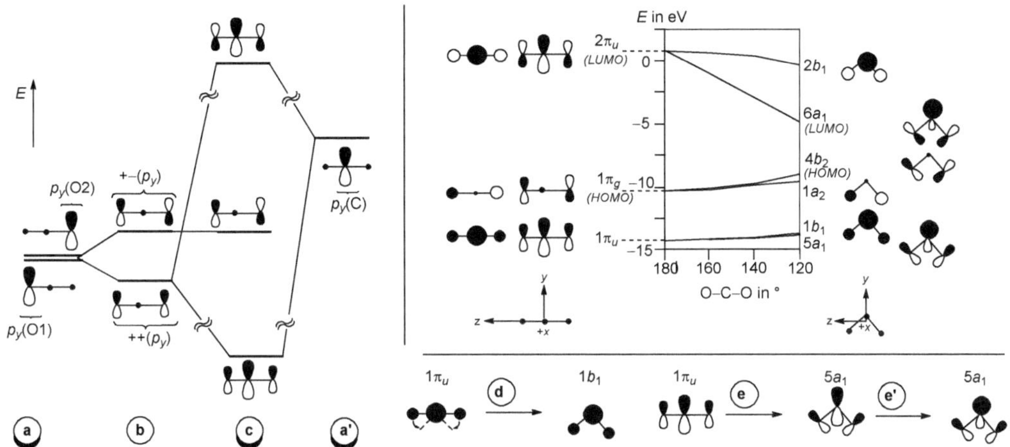

b) *Übergang vom linearen zum gewinkelten CO_2.* Wir vereinfachen, indem wir gedanklich die MOs des linearen CO_2 „abwinkeln", vgl. als Beispiel **d** und **e**. Die Symmetriebezeichnungen leiten sich aus der Charaktertafel von C_{2v} ab. *Beachten Sie:* Wir haben in der *y*-*z*-Ebene abgewinkelt, sodass für das gewinkelte CO_2 eine nichtkonventionelle Orientierung des Achsenkreuzes resultiert.

Jedes entartete π-MO vom linearen CO_2 spaltet im gewinkelten CO_2 in ein out-of-plane- und ein in-plane-MO auf, wobei nur die zuerst genannten „reine" π-MOs ($1b_1$, $1a_2$, $2b_1$) sind. Die in-plane-MOs „mischen" mit symmetriegleichen σ-AOs vom Kohlenstoff, z. B. $5a_1$ mit dem 2*s*-Orbital von C (**e'**). Sie sind am Aufbau des σ-Molekülgerüsts beteiligt oder sind weitgehend nichtbindend. Eine exakte Ableitung und detaillierte Analyse der σ-π-Separation in AB_n-Molekülen findet man in W. Kutzelnigg, *Einführung in die Theoretische Chemie*, Wiley-VCH, Weinheim, **2002**.

c) Ist das LUMO ($2\pi_u$ → $6a_1$) mit Elektronen besetzt, ist eine gewinkelte Struktur stabiler: Mit kleiner werdendem O–C–O-Winkel gewinnt das $6a_1$-Orbital sehr stark an Stabilität. Die Energieänderungen der anderen Orbitale (einschließlich der hier nicht gezeichneten σ-MOs, vgl. das vollständige Walsh-Diagramm in Ref. [36]) fallen dabei nicht ins Gewicht. *Achtung:* Bei *allen* derartigen Analysen muss einschränkend angemerkt werden, dass ihnen die implizite Annahme zugrunde liegt, dass die Summe der Orbitalenergien der Totalenergie des Systems entspricht. Das ist aber nicht zutreffend, weil in den Molekülorbitaldiagrammen Elektron–Elektron-Wechselwirkungen nicht adäquat berücksichtigt sind (vgl. C. S. Miller, M. Ellison, *J. Chem. Educ.* **2015**, *92*, 1040).

Aufgabe 7.2

Bestrahlung mit *hν* führt zu einem photoangeregten Zustand des Metallkomplexes [M^{II}]*, dessen Elektronenstruktur in der Skizze gezeigt ist. Da das LUMO des Komplexes [M^{II}] energetisch höher liegt als die CB-Kante des Halbleiters, werden die angeregten Elektronen über das Leitungsband des Halbleiters auf das $CODH_{Ni}$ übertragen. Das Valenzband des Halbleiters ist an diesem Vorgang nicht beteiligt, der Halbleiter fungiert nur als „Elektronenrelais". Die Übertragung eines Elektrons von [M^{II}]* auf den Halbleiter ist mit einer Oxidation des Metallkomplexes verbunden, der durch einen Elektronendonor D zum Ausgangskomplex reduziert wird.

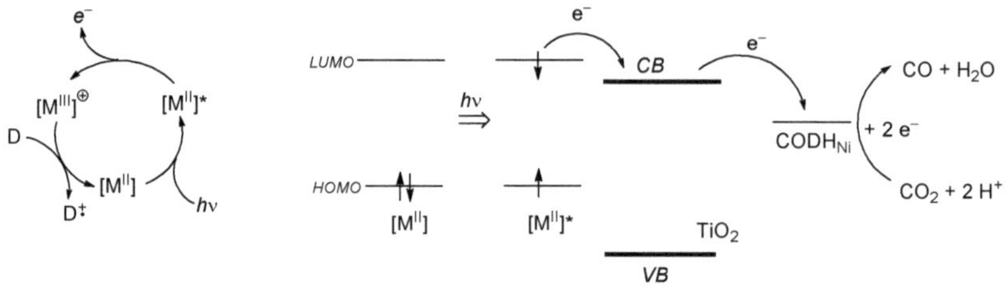

Als Photosensibilisator ist der Rutheniumkomplex $[Ru(bpy)_2\{4,4'\text{-}(H_2O_3P)_2bpy\}]^{2+}$ ($[M^{II}]$) und als Opferreagenz (Opferdonor) MES verwendet worden [20].

Aufgabe 7.3

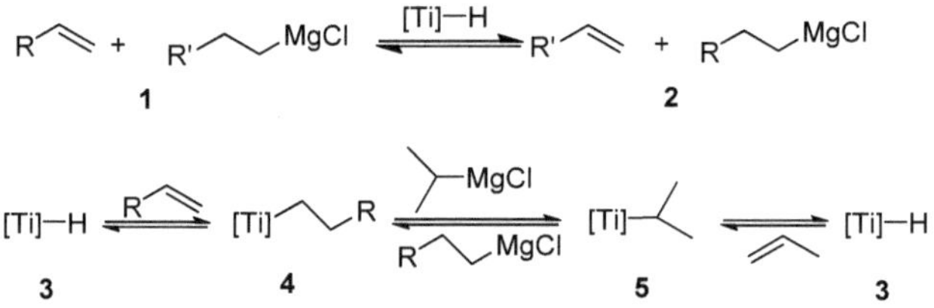

i) *i*-PrMgCl (1,1 Äquiv.), $[TiCl_2Cp_2]$ (5 mol-%), Ether, 30 °C, 8–24 h: Titankatalysierte Reaktionen **1** → **2** sind seit längerem bekannt. Im angeführten Beispiel wird der katalytisch aktive Hydridotitankomplex **3** durch β-Hydrideliminierung aus einem Isopropyltitankomplex ($[TiCl_2Cp_2]$ + *i*-PrMgCl) erhalten. Die Grignardverbindung RCH_2CH_2MgCl (R = Alkyl) wird durch Transmetallierung gebildet (**4** → **5**). Der weitere Reaktionsverlauf ist aus den angegebenen Gleichungen **3** → **4** bzw. **5** → **3** klar. Analoges gilt, wenn die Olefininsertion **3** → **4** zu [Ti]–CHRMe führt. *ii*) CO_2, THF, 20 °C, 0,5 h. *iii*) H_2O/H^+: Die weitere Reaktion entspricht der schon beschriebenen Carboxylierung von Grignardverbindungen. *Fehlende H im Reaktionsschema:* Formal fungiert *i*-PrMgCl (*i*) als Hydriddonor und H_2O/H^+ (*iii*) als Protonendonor.

Der Vorteil des Verfahrens besteht darin, dass die Synthese von leicht zugänglichen Substraten (Olefin + *i*-PrMgCl) ausgeht und nicht von den Grignardverbindungen RCH_2CH_2MgX bzw. R(Me)CH–MgX, deren Synthese anspruchsvoller sein kann. Zur Regioselektivität der Reaktion vgl. die angegebene Literatur (P. Shao, S. Wang, C. Chen, C. Xi, *Org. Lett.* **2016**, *18*, 2050).

Aufgabe 7.4

Die Reaktion (hier gezeigt für die Bildung des linearen Produkts) verläuft im Wesentlichen analog zur Hydroformylierung (**1** → … → **2**), abgesehen davon, dass der Acylkomplex nicht hydrogenolytisch, sondern hydrolytisch gespalten wird (**2** → **3**).

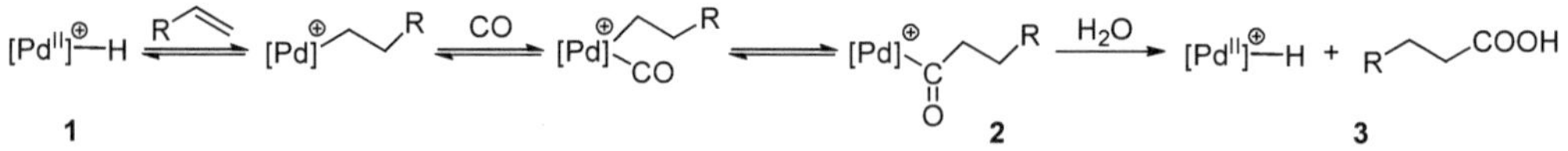

Für die Reaktion **2** → **3** sind mehrere Mechanismen denkbar: **a**) nucleophile Substitution, **b**) oxidative O–H-Addition/reduktive C–O-Eliminierung und **c**) σ-Bindungsmetathese.

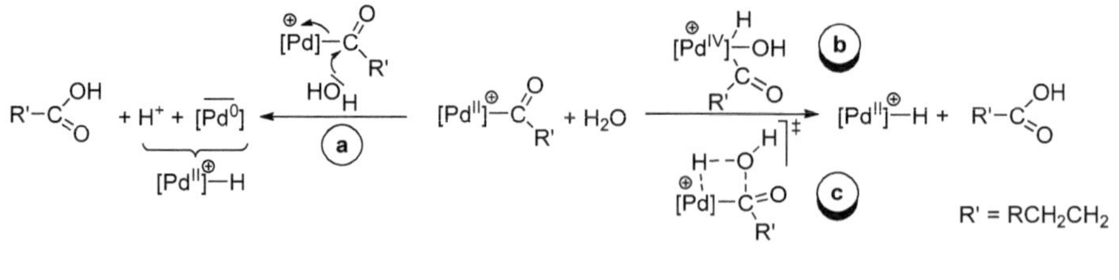

R' = RCH_2CH_2

Reaktionen dieses Typs werden mit Blick auf den Reaktionsablauf als Hydroxycarbonylierungen von Olefinen und mit Blick auf die Transformation $RCH{=}CH_2 \rightarrow RCH\mathit{H}{-}CH_2\mathit{COOH}$ als Hydrocarboxylierungen bezeichnet. Eine vertiefende Diskussion und andere mechanistische Vorschläge findet man in [31] und I. del Río, C. Claver, P. W. N. M. van Leeuwen, *Eur. J. Inorg. Chem.* **2001**, 2719.

Aufgabe 7.5

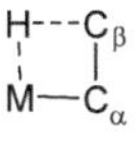

a) Maßgeblich sind stereoelektronische Gründe: Eine leicht ablaufende β-Hydrideliminierung erfordert eine komplanare Anordnung der beteiligten Atome (**1**) sowie die Ausbildung einer agostischen C_β–H···M-Wechselwirkung, wofür M ein Akzeptororbital geeigneter Energie und räumlicher Ausrichtung benötigt (vgl. S. 44). Die fünfgliedrigen Nickelacyclen **2** sind wegen des sp^2-hybridisierten Carboxylat-C-Atoms relativ starr und die Ni–O–C(O)–C_β-Atome liegen nahezu in einer Ebene. Das bedingt eine relativ große β-H···Ni-Distanz und es erfordert Energie, die in **1** skizzierte Atomanordnung zu erreichen.

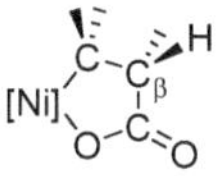

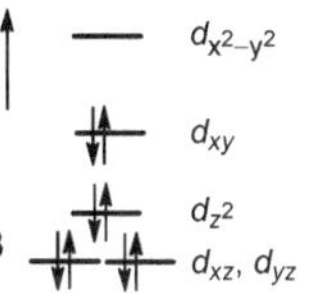

Für schnelle β-Hydrideliminierungen in quadratisch-planaren Komplexen ist eine freie Koordinationsstelle in der Komplexebene in Nachbarschaft zum Alkylliganden erforderlich. Zwar liegt in quadratisch-planaren d^8-Komplexen das Akzeptororbital niedrigster Energie ($d_{x^2-y^2}$) in der Komplexebene, ist aber bei Nickelalactonen **2** für das β-H-Atom wegen der κ*C*,κ*O*-Koordination des Liganden nicht ohne Weiteres zugänglich (M. L. Lejkowski, R. Lindner, T. Kageyama, G. É. Bódizs, P. N. Plessow, I. B. Müller, A. Schäfer, F. Rominger, P. Hofmann, C. Futter, S. A. Schunk, M. Limbach, *Chem. Eur. J.* **2012**, *18*, 14017).

Anmerkung zum Akzeptororbital: Vergegenwärtigen Sie sich die Aufspaltung der *d*-Valenzorbitale von M in einem quadratisch-planaren Kristallfeld (vereinfachend [ML_4], D_{4h}-Symmetrie), vgl. **3** (*z*-Achse senkrecht zur Komplexebene). Im Rahmen einer MO-Beschreibung bleibt diese Aussage im Prinzip bestehen: Das LUMO des Komplexes ist ein antibindendes MO mit einem hohen Anteil an $d_{x^2-y^2}$.

b) Mechanistisch sind (mindestens) zwei Wege in Betracht zu ziehen, wie ein Nickelalacton (**65''**, Ni^{II}) mit stöchiometrischen Mengen einer anionischen Base NaOR zu einem Ni^0-Acrylatkomplex **83** reagieren kann. Entsprechendes gilt für die Reaktion **90** → **92** (vide infra).

i) Deprotonierung. Methylengruppen α-ständig zur Carbonylgruppe in Lactonen sind vergleichsweise acid, da eine Deprotonierung zu stabilisierten Enolationen führt. Darüber hinaus sind sie um mehrere pK_a-Einheiten acider als die von Estern (vgl. die Diskussion in R. Bruckner, Organic Mechanisms: Reactions, Stereochemistry and Synthesis, Springer, Berlin 2010). Koordination von Na^+ an das Carbonylsauerstoffatom von **65''/90** erhöht die C–H-Acidität der benachbarten Methylengruppe, was ihre Deprotonierung mit Alkoholat-/Phenolatbasen zulässt, die unter Spaltung der σ-Ni–C- und Ni–O-Bindung zu einem Acrylatnickel(0)-Komplex führt (**65''/90** → **4** → **83/92**). Hydridonickelkomplexe treten als Intermediate nicht auf. Die Reaktion kann als β-Eliminierung (vgl. die durch gebogene Pfeile symbolisierte Elektronenverschiebung in **4**), nicht aber als β-Hydrideliminierung beschrieben werden.

ii) β-Hydrideliminierung – Deprotonierung. Koordination von Na^+ an das Carbonyl-O-Atom des Nickelalactons **65''/90** schwächt die Ni–O-Bindung. Das so aktivierte Nickelalacton **5** könnte einer β-Hydrideliminierung zu einem Hydridoacrylatnickel(II)-Komplex **6** unterliegen. Deprotonierung von **6** durch eine Alkoholat-/Phenolatbase würde einen Acrylatnickel(0)-Komplex **83/92** ergeben. Dieser Reaktionsweg wird im vorliegenden Fall offenbar nicht beschritten.

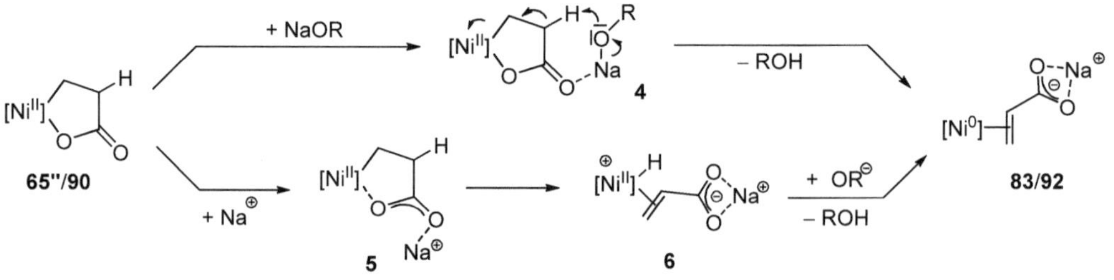

Es ist experimentell gezeigt worden, dass eine Koordination der Lewis-Säure Na^+ an das Carbonyl-O-Atom im Nickelalacton **90** notwendig ist, um eine Deprotonierung (**90** → **92**) zu erreichen: Mit $[N(n\text{-}Bu)_4]OR$ alleine läuft diese Reaktion nicht ab, wohl aber nach Zugabe von $Na[B\{3,5\text{-}(CF_3)_2C_6H_3\}_4]$. Für eine katalytische Reaktion müssen Basizität und Nucleophilie von RO^- aufeinander abgestimmt sein: $NaO(o\text{-}FC_6H_4)$ ist eine hinreichend starke Base, um die Deprotonierung von **90** zu bewerkstelligen und hat eine so niedrige Nucleophilie, dass die Bildung des Kohlensäurehalbesters **7** eine katalytische Reaktion nicht unterbindet. Dagegen wird mit dem stärker nucleophilen NaO*t*-Bu unter den Reaktionsbedingungen ($p(CO_2)$ = 40 bar) irreversibel NaOC(O)O*t*-Bu (**7'**) gebildet (M. L. Lejkowski, R. Lindner, T. Kageyama, G. É. Bódizs, P. N. Plessow, I. B. Müller, A. Schäfer, F. Rominger, P. Hofmann, C. Futter, S. A. Schunk, M. Limbach, *Chem. Eur. J.* **2012**, *18*, 14017, [33]).

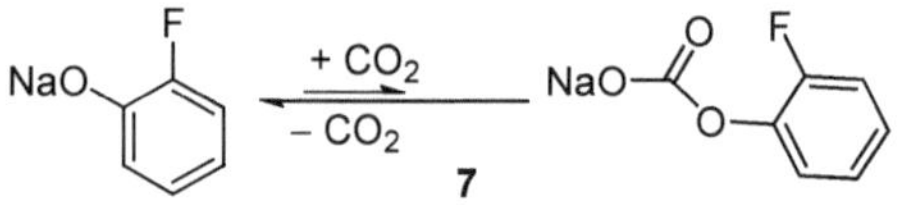

7.5.2 Literatur

[1] J. G. J. Olivier et al., *Trends in Global CO_2 Emissions (2016 Report)*, PBL Netherlands Environmental Assessment Agency/European Commission, Joint Research Centre; The Hague/Ispra, **2016** (http://edgar.jrc.ec.europa.eu)

[2] P. Ciais, C. Sabine et al., *Carbon and Other Biogeochemical Cycles*; G. Myhre, D. Shindell et al., *Anthropogenic and Natural Radiative Forcing* in *Climate Change 2013: The Physical Science Basis. Contribution of Working Group I to the Fifth Assessment Report of the Intergovernmental Panel on Climate Change* (T. F. Stocker, D. Qin et al., eds.), Cambridge University Press, Cambridge, UK and New York, USA (http://www.ipcc.ch)

[3] A. Sanna, M. Uibu, G. Caramanna, R. Kuusikb, M. M. Maroto-Valerac, *Chem. Soc. Rev.* **2014**, *43*, 8049: „A Review of Mineral Carbonation Technologies to Sequester CO_2"

[4] Bundesministerium für Umwelt, Naturschutz und Reaktorsicherheit (BMU), Bundesverband der Deutschen Industrie e. V. (BDI), Berlin, **2010**: „Produktbezogene Klimaschutzstrategien – Product Carbon Footprint verstehen und nutzen"

[5] N. von der Assen, P. Voll, M. Peters, A. Bardow, *Chem Soc Rev.* **2014**, *43*, 7982: „Life Cycle Assessment of CO_2 Capture and Utilization: A Tutorial Review"

[6] S. Sakaki, *Bull. Soc. Chem. Jpn.* **2015**, *88*, 889: „Theoretical and Computational Study of a Complex System Consisting of Transition Metal Element(s): How to Understand and Predict Its Geometry, Bonding Nature, Molecular Property, and Reaction Behavior"

[7] P. Karen, *Angew. Chem.* **2015**, *127*, 4798: „Die Oxidationsstufe, ein Dauerbrenner!" (und dort zit. Literatur)

[8] A. Paparo, J. Okuda, *J. Organomet. Chem.* **2018**, *869*, 270: „Carbonite, the Dianion of Carbon Dioxide and its Metal Complexes“

[9] G. A. Olah, *Angew. Chem.* **2005**, *117*, 2692: „Jenseits von Öl und Gas: die Methanolwirtschaft“

[10] A. Goeppert, M. Czaun, J.-P. Jones, G. K. S. Prakash, G. A. Olah, *Chem. Soc. Rev.* **2014**, *43*, 7995: „Recycling of Carbon Dioxide to Methanol and Derived Products – Closing the Loop“

[11] G. A. Olah, *Angew. Chem.* **2013**, *125*, 112: „Der Weg in die Unabhängigkeit vom Öl mithilfe einer Chemie auf der Basis von erneuerbarem Methanol“

[12] M. Behrens, *Angew. Chem.* **2014**, *126*, 12216: „CO_2-Umsetzung zu Methanol über Kupferkatalysatoren“; M. M.-J. Li, S. C. E. Tsang, *Catal. Sci. Technol.* **2018**, *8*, 3450: „Bimetallic Catalysts for Green Methanol Production *via* CO_2 and Renewable Hydrogen: A Mini-Review and Prospects”

[13] R. Tanaka, M. Yamashita, L. W. Chung, K. Morokuma, K. Nozaki, *Organometallics* **2011**, *30*, 6742: „Mechanistic Studies on the Reversible Hydrogenation of Carbon Dioxide Catalyzed by an Ir-PNP Complex“

[14] C. A. Huff, M. S. Sanford, *J. Am. Chem. Soc.* **2011**, *133*, 18122: „Cascade Catalysis for the Homogeneous Hydrogenation of CO_2 to Methanol“

[15] S. Wesselbaum, V. Moha,M. Meuresch, S. Brosinski, K. M. Thenert, J. Kothe, T. vom Stein, U. Englert, M. Hölscher, J. Klankermayer, W. Leitner, *Chem. Sci.* **2015**, *6*, 693: „Hydrogenation of Carbon Dioxide to Methanol Using a Homogeneous Ruthenium–Triphos Catalyst: From Mechanistic Investigations to Multiphase Catalysis“

[16] M. Aresta, A. Dibenedetto, A. Angelini, *Chem. Rev.* **2014**, *114*, 1709: „Catalysis for the Valorization of Exhaust Carbon: from CO_2 to Chemicals, Materials, and Fuels. Technological Use of CO_2“

[17] W. Wang, S. Wang, X. Ma, J. Gong, *Chem. Soc. Rev.* **2011**, *40*, 3703: „Recent Advances in Catalytic Hydrogenation of Carbon Dioxide“

[18] M. Feller, U. Gellrich, A. Anaby, Y. Diskin-Posner, D. Milstein, *J. Am. Chem. Soc.* **2016**, *138*, 6445: „Reductive Cleavage of CO_2 by Metal–Ligand-Cooperation Mediated by an Iridium Pincer Complex“

[19] K. Tsuchiya, J.-D. Huang, K.-i. Tominaga, *ACS Catal.* **2013**, *3*, 2865: „Reverse Water-Gas Shift Reaction Catalyzed by Mononuclear Ru Complexes“

[20] A. Bachmeier, F. Armstrong, *Curr. Opin. Chem. Biol.* **2015**, *25*, 141: „Solar-Driven Proton and Carbon Dioxide Reduction to Fuels – Lessons From Metalloenzymes“

[21] H. Kisch, *Angew. Chem.* **2013**, *125*, 842: „Halbleiterphotokatalyse – mechanistische und präparative Aspekte“

[22] S. N. Habisreutinger, L. Schmidt-Mende, J. K. Stolarczyk, *Angew. Chem.* **2013**, *125*, 7516: „Photokatalytische Reduktion von CO_2 an TiO_2 und anderen Halbleitern“

[23] J. Schneider, M. Matsuoka, M. Takeuchi, J. Zhang, Y. Horiuchi, M. Anpo, D. W. Bahnemann, *Chem. Rev.* **2014**, *114*, 9919: „Understanding TiO_2 Photocatalysis: Mechanisms and Materials“

[24] H. Rao, L. C. Schmidt, J. Bonin, M. Robert, *Nature* **2017**, *548*, 74: „Visible-Light-Driven Methane Formation from CO_2 with a Molecular Iron Catalyst“; C. Steinlechner, H. Junge, *Angew. Chem.* **2018**, *130*, 44: „Nachhaltige Produktion von Methan aus CO_2 mithilfe von Sonnenlicht“

[25] S. Park, D. Bézier, M. Brookhart, *J. Am. Chem. Soc.* **2012**, *134*, 11404: „An Efficient Iridium Catalyst for Reduction of Carbon Dioxide to Methane with Trialkylsilanes“

[26] J. Chen, L. Falivene, L. Caporaso, L. Cavallo, E. Y.-X. Chen, *J. Am. Chem. Soc.* **2016**, *138*, 5321: „Selective Reduction of CO_2 to CH_4 by Tandem Hydrosilylation with Mixed Al/B Catalysts“

[27] M. Oestreich, J. Hermeke, J. Mohr, *Chem. Soc. Rev.* **2015**, *44*, 2202: „A Unified Survey of Si–H and H–H Bond Activation Catalysed by Electron-deficient Boranes"

[28] C. S. Yeung, V. M. Dong, *Top Catal.* **2014**, *57*, 1342: „Transition Making C–C Bonds from Carbon Dioxide via Transition-Metal Catalysis"

[29] T. Fan, X. Chen, Z. Lin, *Chem. Commun.* **2012**, *48*, 10808: „Theoretical Studies of Reactions of Carbon Dioxide Mediated and Catalysed by Transition Metal Complexes"

[30] T. G. Ostapowicz, M. Schmitz, M. Krystof, J. Klankermayer, W. Leitner, *Angew. Chem.* **2013**, *125*, 12341: „Carbon Dioxide as a C_1 Building Block for the Formation of Carboxylic Acids by Formal Catalytic Hydrocarboxylation"

[31] E. Kirillov, J.-F. Carpentier, E. Bunel, *Dalton Trans.* **2015**, *44*, 16212: „Carboxylic Acid Derivatives via Catalytic Carboxylation of Unsaturated Hydrocarbons: Whether the Nature of a Reductant May Determine the Mechanism of CO_2 Incorporation?"

[32] A. Thakur, J. Louie, *Acc. Chem. Res.* **2015**, *48*, 235: „Advances in Nickel-Catalyzed Cycloaddition Reactions to Construct Carbocycles and Heterocycles"

[33] N. Huguet, I. Jevtovikj, A. Gordillo, M. L. Lejkowski, R. Lindner, M. Bru, A. Y. Khalimon, F. Rominger, S. A. Schunk, P. Hofmann, M. Limbach, *Chem. Eur. J.* **2014**, *20*, 16858: „Nickel-Catalyzed Direct Carboxylation of Olefins with CO_2: One-Pot Synthesis of α,β-Unsaturated Carboxylic Acid Salts" (und dort zit. Literatur)

[34] M. Hollering, B. Dutta, F. E. Kühn, *Coord. Chem. Rev.* **2016**, *309*, 51: „Transition Metal Mediated Coupling of Carbon Dioxide and Ethene to Acrylic Acid/Acrylates"

[35] S. Kraus, B. Rieger, *Top. Organomet. Chem.* **2016**, *53*, 199: „Ni-Catalyzed Synthesis of Acrylic Acid Derivatives from CO_2 and Ethylene"

[36] M. Aresta, A. Angelini, *Top. Organomet. Chem.* **2016**, *53*, 1: „The Carbon Dioxide Molecule and the Effects of Its Interaction with Electrophiles and Nucleophiles"

Weiterführende Literatur

U.-P. Apfel, W. Weigand, *Angew. Chem.* **2011**, *123*, 4350: „Effiziente Aktivierung des Treibhausgases CO_2"

A. M. Appel, J. E. Bercaw, A. B. Bocarsly, H. Dobbek, D. L. DuBois, M. Dupuis, J. G. Ferry, E. Fujita, R. Hille, P. J. A. Kenis, C. A. Kerfeld, R. H. Morris, C. H. F. Peden, A. R. Portis, S. W. Ragsdale, T. B. Rauchfuss, J. N. H. Reek, L. C. Seefeldt, R. K. Thauer, G. L. Waldrop, *Chem. Rev.* **2013**, *113*, 6621: „Frontiers, Opportunities, and Challenges in Biochemical and Chemical Catalysis of CO_2 Fixation"

V. Balzani, G. Bergamini, P. Ceroni, *Angew. Chem.* **2015**, *127*, 11474: „Licht: außergewöhnlicher Reaktionspartner und außergewöhnliches Produkt"

M. Brill, F. Lazreg, C. S. J. Cazin, S. P. Nolan, *Top. Organomet. Chem.* **2016**, *53*, 225: „Transition Metal-Catalyzed Carboxylation of Organic Substrates with Carbon Dioxide"

Y. A. Daza, J. N. Kuhn, *RSC Adv.* **2016**, *6*, 49675: „CO_2 Conversion by Reverse Water Gas Shift Catalysis: Comparison of Catalysts, Mechanisms and their Consequences for CO_2 Conversion to Liquid Fuels"

T. Fan, Z. Lin in *From Understanding Organometallic Reaction Mechanisms and Catalysis* (V. P. Ananikov, ed.), Wiley-VCH, Weinheim, **2015**, S. 121: „Theoretical Insights into Transition Metal-Catalyzed Reactions of Carbon Dioxide"

D. Jin, T. J. Schmeier, P. G. Williard, N. Hazari, W. H. Bernskoetter, *Organometallics* **2013**, *32*, 2152: „Lewis Acid Induced β-Elimination from a Nickelalactone: Efforts toward Acrylate Production from CO_2 and Ethylene"

J. Klankermayer, S. Wesselbaum, K. Beydoun, W. Leitner, *Angew. Chem.* **2016**, *128*, 7416: „Selektive katalytische Synthesen mit Kohlendioxid und Wasserstoff: Katalyse-Schach an der Nahtstelle zwischen Energie und Chemie"

X.-B. Lu (ed.), *Carbon Dioxide and Organometallics* (*Top. Organomet. Chem.* **2016**, *53*)

E. A. Quadrelli, G. Centi, J.-L. Duplan, S. Perathoner, *ChemSusChem* **2011**. *4*, 1194: „Carbon Dioxide Recycling: Emerging Large-ScaleTechnologies with Industrial Potential"

H. Schwarz, *Coord. Chem. Rev.* **2017**, *334*, 112: „Metal-Mediated Activation of Carbon Dioxide in the Gas Phase: Mechanistic Insight Derived from a Combined Experimental/Computational Approach"

J. L. White, M. F. Baruch, J. E. Pander III, Y. Hu, I. C. Fortmeyer, J. E. Park, T. Zhang, K. Liao, J. Gu, Y. Yan, T. W. Shaw, E. Abelev, A. B. Bocarsly, *Chem. Rev.* **2015**, *115*, 12888: „Light-Driven Heterogeneous Reduction of Carbon Dioxide: Photocatalysts and Photoelectrodes"

T. W. Woolerton, S. Sheard, Y. S. Chaudhary, F. A. Armstrong, *Energy Environ. Sci.* **2012**, *5*, 7470: „Enzymes and Bio-Inspired Electrocatalysts in Solar Fuel Devices"

L. Wu, Q. Liu, R. Jackstell, M. Beller, *Top. Organomet. Chem.* **2016**, *53*, 279: „Recent Progress in Carbon Dioxide Reduction Using Homogeneous Catalysts"

D. Yu, S. P. Teong, Y. Zhang, *Coord. Chem Rev.* **2015**, *293–294*, 279: „Transition Metal Complex Catalyzed Carboxylation Reactions with CO_2"

8 Metathese

8.1 Metathese von Olefinen

8.1.1 Einführung

Die Metathese (griech.: μετάθεσις = Versetzung, Umstellung, Platzwechsel) von Olefinen ist eine katalytische Reaktion, in der unter Spaltung und Neubildung von Doppelbindungen eine Umverteilung der Alkylidengruppen gemäß der folgenden Gleichung stattfindet:

R, R', +, R, R', 1, Kat., R, R, 2, +, R', R', 3

Unterwirft man zwei identische Olefine einer Metathese, spricht man auch von Homometathese und bei zwei verschiedenen Olefinen von Kreuzmetathese. Führt eine Metathese zu neuen Produkten heißt sie produktiv und anderenfalls nichtproduktiv.

Aufgabe 8.1

Zu welchen Produkten führt die Homometathese von symmetrisch substituierten Olefinen RHC=CHR und $R_2C{=}CR_2$? Welche Produkte entstehen bei der Kreuzmetathese von zwei verschiedenen unsymmetrisch substituierten Olefinen RHC=CHR' und R''HC=CHR'''?

Die Metathese von acyclischen Olefinen (**1**, R = Me, R' = H) ist Ende der 1950er-Jahre an heterogenen Katalysatoren wie MoO_3 (reduziert mit $Al(i\text{-}Bu)_3$) auf Al_2O_3 in mehreren Patenten beschrieben worden, erstmals 1957 von E. F. Peters und B. L. Evering (Standard Oil Co. of Indiana). Ein technisches Verfahren zur Metathese von damals im Überschuss verfügbaren Propen in Ethen und Buten ist bereits 1966 realisiert worden (R. L. Banks, G. C. Bailey; „Phillips-Triolefin-Prozess“). 1966 hat N. Calderon über das erste homogene Katalysatorsystem ($WCl_6/AlEtCl_2/EtOH$) berichtet (**1**: R = Et, R' = Me), das sich als hochaktiv erwies und bei Raumtemperatur innerhalb von wenigen Sekunden zur Gleichgewichtseinstellung führt.[1] Für ihre Beiträge zur Entwicklung der Metathese als nützliche Methode in der organischen Synthese sind Y. Chauvin, R. H. Grubbs und R. R. Schrock 2005 mit der Verleihung des Nobelpreises für Chemie geehrt worden.

Bei einer Metathese werden zwei olefinische Doppelbindungen gespalten und zwei neu geknüpft. Da diese sich im Allgemeinen in ihrer Stärke nur unwesentlich unterscheiden ($\Delta H \approx 0$), ist die Reaktion entropisch getrieben: Aus $\Delta G = \Delta H - T\,\Delta S$ folgt für $\Delta H = 0$ die Bezie-

[1] Dabei findet auch eine *cis-trans*-Doppelbindungsisomerisierung statt, die zur Einstellung der thermodynamisch bevorzugten *cis-trans*-Zusammensetzung der Olefine führt.

D. Steinborn, *Grundlagen der metallorganischen Komplexkatalyse*, Studienbücher Chemie,
https://doi.org/10.1007/978-3-662-56604-6_8

hung $\Delta G = -T\,\Delta S$. Unterwirft man das Olefin **1** der Metathese, so liegen folglich im Gleichgewicht 50 mol-% des unsymmetrisch substituierten Olefins **1** und zu je 25 mol-% die beiden symmetrisch substituierten Olefine **2** und **3** vor. Der Umsatz beträgt demnach maximal 50 %.

Aufgabe 8.2

Begründen Sie, warum die Olefinmetathese nicht ohne Katalysator in einer konzertierten Reaktion gemäß folgender Gleichung ablaufen kann?

R–CH=CH–R' + R–CH=CH–R' ⇌ (Cyclobutan mit R, R', R, R') ⇌ R–CH=CH–R + R'–CH=CH–R'

8.1.2 Mechanismus

Die Katalyse der Olefinmetathese vollzieht sich nach dem sogenannten Carben-Mechanismus (Y. Chauvin, J.-L. Hérisson, 1971). Danach erfolgt die Alkylidengruppenumverteilung über einen Metallacyclobutankomplex **5**. Dieser steht im Gleichgewicht mit zwei Carbenübergangsmetallkomplexen **4** und **6**, die in *cis*-Position ein Olefin koordiniert haben, sodass alternierend [2+2]-Cycloaddition und -reversion stattfindet. Abspaltung des Olefinliganden (**4** → **4'**; **6** → **6'**) und Addition eines anderen Olefins an **4'**/**6'** gewährleistet nunmehr den Stoffumsatz. Alle Teilreaktionen sind reversibel, sodass im Ergebnis der Katalyse eine dem thermodynamischen Gleichgewicht entsprechende Zusammensetzung erhalten wird.

[M]=CHR (**4'**) ⇌ (+ R'HC=CHR) [M]=CHR / R'HC=CHR (**4**) ⇌ [M]–CHR / R'HC–CHR (**5**) ⇌ [M]=CHR' / CHR=CHR (**6**) ⇌ (– RHC=CHR) [M]=CHR' (**6'**)

Durch Zersetzung der Intermediate kann der Katalysator desaktiviert werden, z. B. durch reduktive Eliminierung von Cyclopropan aus dem Metallacyclobutankomplex **5**, was letztlich einer Übertragung eines Carbens auf ein Olefin entspricht (**5** → **7**). Die Reaktion von zwei Carbenkomplexen kann zur Olefinbildung führen (**4'** → **8**).

5 ⇌ $\overline{[M]}$ + **7** (Cyclopropan mit H, R; H; R', R, H)

2 [M]=CHR (**4'**) ⟶ 2 $\overline{[M]}$ + RHC=CHR (**8**)

Hinweis. Um sich einen ersten (!) Überblick über eine Metathesereaktion zu verschaffen, kann man *produktorientiert* (**a**) die beiden reagierenden Olefine (hier am Beispiel von zwei terminalen Olefinen) oder *mechanistisch orientiert* (**b**) den Alkylidenmetallkomplex und ein reagierendes Olefin untereinander schreiben und dann die Doppelbindungen umverteilen.

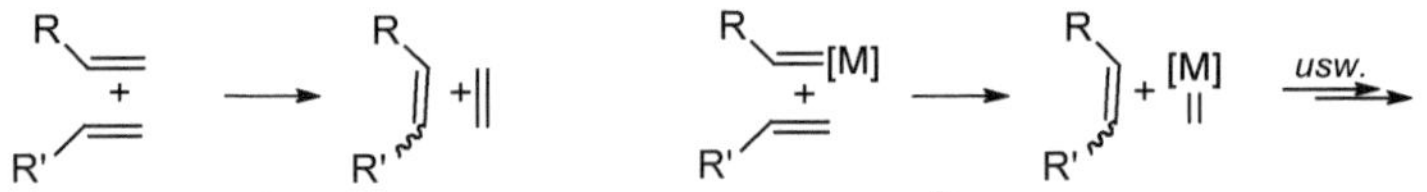

In Weiteren müssen insbesondere thermodynamische Gesichtspunkte (Entropie, Enthalpie) sowie Gleichgewichtsverschiebungen durch Entfernen eines Produkts aus dem Reaktionsraum in die Analyse einbezogen werden.

Aufgabe 8.3

Ursprünglich war noch ein anderer Mechanismus für die Olefinmetathese postuliert worden, nach dem die Olefine „paarweise" an das Metall koordinieren und sich dann – vielleicht über einen cyclobutadienähnlichen Übergangszustand – die Umlagerung der Alkylidengruppen vollzieht.

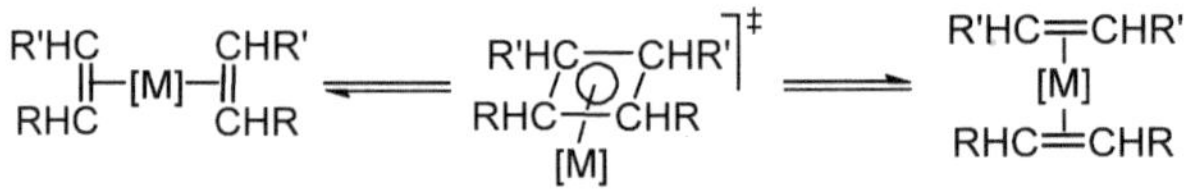

Ein Experiment, das einen derartigen paarweisen Mechanismus zugunsten des „nicht-paarweisen" Chauvin-Mechanismus ausgeschlossen hat, war die Kreuzmetathese eines Cycloolefins (Cycloocten) mit zwei symmetrischen, acyclischen Olefinen (But-2-en, Oct-3-en), die zu *C12*-, *C14*-, *C16*- und *C6*-Produkten führt:

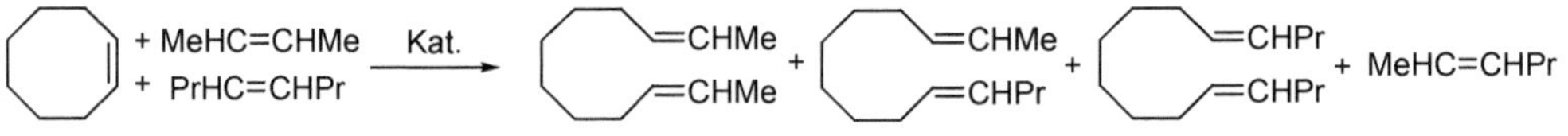

Die Produktverhältnisse *C14*/*C12* und *C14*/*C16* sind in Abhängigkeit von der Zeit bestimmt worden. Welche Verhältnisse erwarten Sie bei Extrapolation auf die Zeit $t = 0$ beim „paarweisen" und beim „nicht-paarweisen" (Chauvin-) Mechanismus?

Katalysatoren

Geht man von Präkatalysatoren aus, die keinen Carbenliganden enthalten, wird dieser im Verlauf der Katalysatorformierung generiert. In typischen homogenen Metathesekatalysatoren der ersten Generation ($WCl_6/AlEtCl_2/EtOH$; MCl_n/SnR_4 mit M = W, $n = 6$ oder M = Re, Mo, $n = 5$; $WOCl_4/AlEtCl_2$) wird die Carbenfunktion durch zweifache Alkylierung und nachfolgende α-Hydrideliminierung/reduktive C–H-Eliminierung gebildet, wie an der Umsetzung eines Metallchlorids mit $SnMe_4$ demonstriert ist (**9** → **10** → **11**).

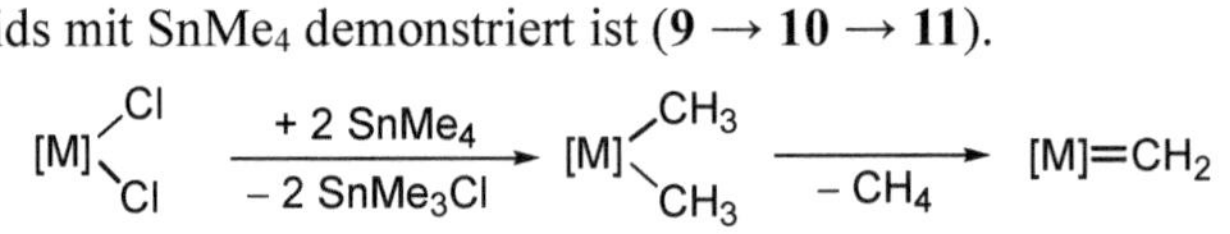

Tebbe-Reagenz **12**, hergestellt durch Umsetzung von Titanocendichlorid mit Aluminiumtrimethyl, setzt sich mit Basen wie Pyridin zu einem Methylidentitankomplex um (**12** → **13**). Alternativ kann $[TiCl_2Cp_2]$ mit Methyllithium doppelt methyliert werden. Die gebildete Dimethylverbindung **14** zersetzt sich thermisch durch α-H-Eliminierung, die mit einer reduktiven Eliminierung von Methan gekoppelt ist (**14** → **13**) [1]. Der in freier Form nicht beständige Methylidentitankomplex **13**, ein typischer Schrock-Carbenkomplex, ist metatheseaktiv.

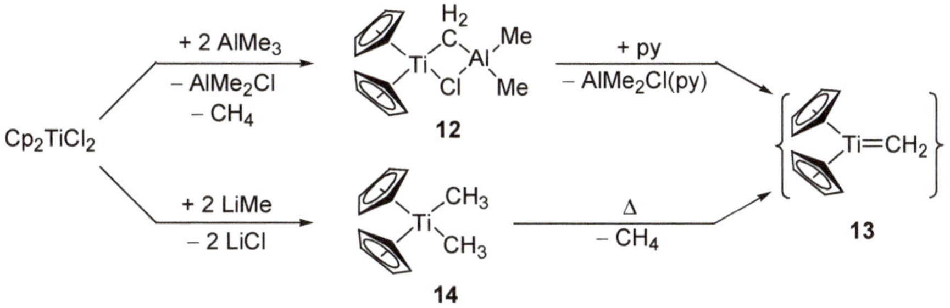

Setzt man als Präkatalysatoren für die Olefinmetathese Carbenkomplexe wie $[W(=CHt\text{-}Bu)Br_2(OR)_2]$ ein, ist eine Aktivierung durch Lewis-Säuren ($AlBr_3$, $GaBr_3$, ...) notwendig. Nunmehr gibt es aber auch Carbenkomplexe, die ohne Cokatalysator katalytisch aktiv sind (Einkomponentenkatalysatoren). Beispiele dafür sind die Schrock-Katalysatoren sowie die Grubbs-Katalysatoren der ersten und zweiten Generation in Abbildung 8.1. Diese wohldefinierten Einkomponentenkatalysatoren haben über eine gezielte Variation der Coliganden ein „fine-tuning" von Aktivität und Selektivität bei der Metathese zugelassen und so zu einem vertieften Verständnis der Katalyse geführt [2, 3].

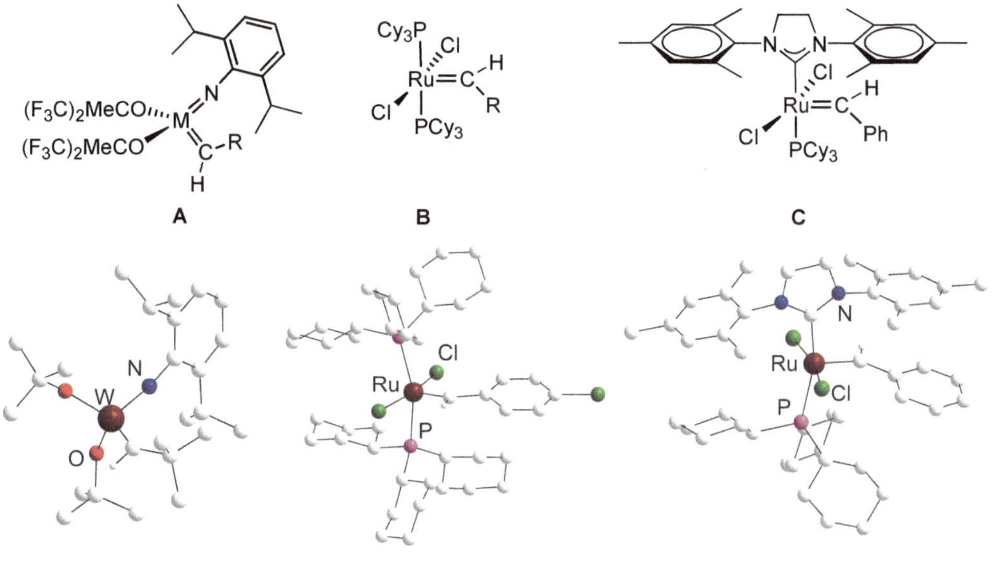

Abbildung 8.1. Einkomponenten-Homogenkatalysatoren für die Metathese von Olefinen. **A**) Schrock-Katalysatoren (M = Mo, R = CMe_2Ph, „Schrocks-Katalysator"; M = W, R = *t*-Bu) und Struktur von $[W(=CHt\text{-}Bu)\{N(2,6\text{-}(i\text{-}Pr)_2C_6H_3\}(Ot\text{-}Bu)_2]$. **B**) Grubbs-Katalysatoren der ersten Generation (R = Ph, $CH{=}CPh_2$) und Struktur von $[Ru\{=CH(C_6H_4\text{-}p\text{-}Cl)\}Cl_2(PCy_3)_2]$. **C**) Grubbs-Katalysatoren der zweiten Generation und Struktur von $[Ru(=CHPh)Cl_2(PCy_3)(Mes_2Imidin)]$ ($Mes_2Imidin$ = 1,3-Dimesitylimidazolidin-2-yliden). (Es sind jeweils prototypische Katalysatoren dargestellt; zahlreiche weitere katalytisch aktive Komplexe leiten sich durch Variation der Ligandensphäre ab. Bei den Molekülstrukturen sind H-Atome nur an den Carbenkohlenstoffatomen gezeichnet.)

Bei den Schrockschen Katalysatoren **A** erhöhen die beiden *ortho*-Substituenten des Arylimidoliganden die Stabilität, indem sie bimolekulare Zersetzungsreaktionen und die Ausbildung von katalytisch inaktiven μ-Imidokomplexen erschweren. Elektronenziehende Alkoxoliganden destabilisieren die Metallacyclobutan-Zwischenstufe und führen so zu einer höheren katalytischen Aktivität. Grubbs-Katalysatoren **B** und **C** sind quadratisch-pyramidale 16-*ve*-Ru^{II}-Komplexe mit dem Carbenliganden in apicaler Position. Sie gehen durch Abspaltung eines PCy_3-Liganden in die katalytisch aktive Form $[Ru(=CHPh)Cl_2L]$ (L = PCy_3, NHC; NHC = *N-heterocylic carbene*) über. Die Abspaltung des Phosphanliganden wird durch seinen hohen Raumanspruch begünstigt. Der gebildete 14-*ve*-Komplex wird durch die ausgeprägte σ-Donorwirkung des PCy_3- (**B**) bzw. NHC-Liganden (**C**) stabilisiert.

Heterogene Metathesekatalysatoren (wie MoO_x, WO_x oder ReO_x auf oxidischen Trägern Al_2O_3/SiO_2) werden vor allem bei der Weiterverarbeitung von petrochemischen Grundchemikalien angewendet. Beispiele sind die *O*lefin *C*onversion *T*echnology (OCT), die Umkehrung des Phillips-Triolefin-Prozesses (S. 180), um den gestiegenen Bedarf an Propen zu decken, und der *S*hell *H*igher *O*lefin *P*rocess (SHOP; S. 240). Demgegenüber sind die Schrock- und Grubbs-Komplexe die Katalysatoren der Wahl in der organischen Synthese sind. Die Schrockschen Alkylidenmolybdän- und -wolframkomplexe (**A**) sind wegen der ausgeprägten Oxophilie von Mo und W luft- und feuchtigkeitsempfindlich. Infolge ihrer hohen Reaktivität besitzen sie eine geringe Toleranz gegenüber funktionellen Gruppen, sind aber hochaktive Katalysatoren. 1:1-Komplexbildung mit Phenanthrolin oder Bipyridin (N⌒N) ergibt sehr stabile, gut handhabbare Präkatalysatoren (z. B. $[Mo(=CHR)(NAr)\{OCMe(CF_3)_2\}_2(N^\frown N)]$), aus denen mit $ZnCl_2$ der N⌒N-Ligand abgespalten werden kann und der hochaktive Schrock-Komplex zurückerhalten wird. Auch auf oxidischen Trägern fixierte Schrock-Komplexe mit voluminösen Aryloxoliganden (z. B. $[W(=CHR)O(OAr)_2]$ auf SiO_2; Ar = 2,6-Ad_2-4-MeC_6H_2, Ad = Adamantyl) sind hochaktive, robuste Metathesekatalysatoren.

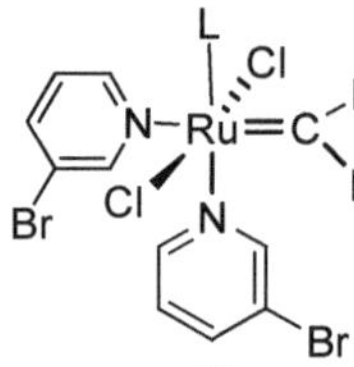

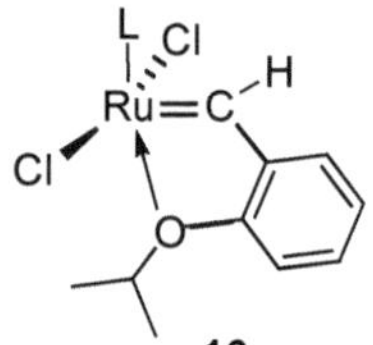

Im Unterschied dazu sind die Grubbs-Katalysatoren der ersten Generation (**B**) weniger aktiv, zeichnen sich aber durch eine hohe Toleranz gegenüber funktionellen Gruppen (–COOH, –OH, –CHO, –COR, $-NH_2$, ...) aus. Die Grubbs-Katalysatoren der zweiten Generation (**C**) besitzen sowohl eine hohe katalytische Aktivität und Produktivität[1] [4] als auch eine ausgeprägte Toleranz gegenüber funktionellen Gruppen. Weiterentwicklungen sind 18-*ve*-Ru^{II}-Präkatalysatoren **15** (L = NHC-Ligand; Grubbs-Katalysatoren der dritten Generation) und Grubbs-Hoveyda-Katalysatoren **16** (L = PCy_3, NHC-Ligand), bei denen die Koordinationsstelle für die Bindung des Olefins durch Koordination eines O-Donors im Carbenliganden geschützt ist. Die hohe Stabilität von Grubbs-Katalysatoren ermöglicht es sogar, Metathesen in Wasser zu realisieren. Dabei mussten verschiedene Strategien (z. B. das Einbringen polarer Ankergruppen in den Katalysatorkomplex) entwickelt werden, um die Rutheniumkomplexe mit wässrigen Medien kompatibel zu machen [5].

[1] Aktivität und Produktivität können um 1–2 Zehnerpotenzen höher als bei Grubbs-Katalysatoren der ersten Generation sein. So sind bei der Metathese von Oct-1-en mit $[Ru(=CHPh)Cl_2(PCy_3)(Ar_2Imidin)]$ (Ar_2Imidin = 1,3-Bis(2,6-diisopropylphenyl)imidazolidin-2-yliden) effektive Umsatzzahlen von $6{,}4 \cdot 10^5$ mol Octen/mol Ru (22 °C) und -frequenzen von $2{,}3 \cdot 10^5$ min^{-1} (60 °C) ermittelt worden.

Bei der Katalysatoroptimierung für ein gegebenes Syntheseproblem können neben der Toleranz gegenüber funktionellen Gruppen auch Fragen der Selektivität (z. B. Homo- *versus* Heterokupplung bei Kreuzmetathesen, *E*/*Z*-Verhältnis der gebildeten Olefine) in den Vordergrund rücken, um das gewünschte Produkt in hoher Ausbeute zu erhalten. Darüber hinaus sind Doppelbindungsisomerisierungen potentielle (meistens störende) Nebenreaktionen bei Olefinmetathesen. Untersuchungen zur Desaktivierung und zur Stabilität von Grubbs-Katalysatoren haben gezeigt, dass in Alkoholen in Gegenwart von Basen Hydridocarbonylrutheniumkomplexe gebildet werden (z. B. **17** aus **C** in Abbildung 8.1), die Olefinisomerisierungen und Hydrierungen katalysieren. Ein Sonderfall liegt bei **18** vor, der in MeOH/NEt_3 zu einem Halbsandwich-Komplex **19** mit einer typischen „Klavierstuhl“-Struktur reagiert, der sich als ein vielfach hochaktiver Katalysator in mehr als 20 verschiedenen Reaktionen (Transferhydrierungen, Doppelbindungsisomerisierungen, Oxidationsreaktionen, …) erwies [6].

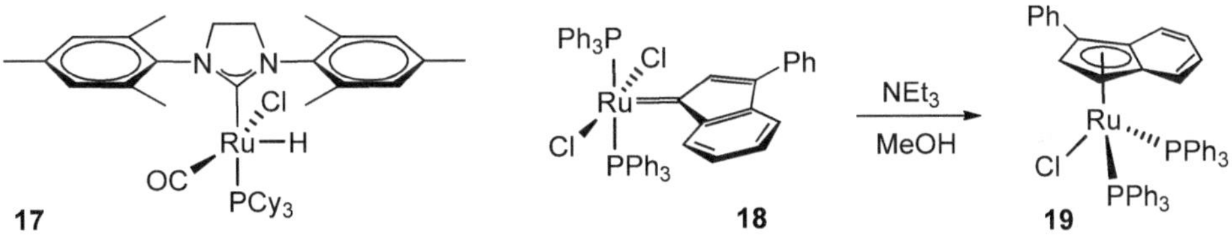

17 **18** $\xrightarrow[\text{MeOH}]{NEt_3}$ **19**

Aufgabe 8.4

Ein aufwendig hergestelltes Olefin $RCH{=}CH_2$ (**1**) soll mit $R'CH{=}CH_2$ (**2**) in einer Kreuzmetathese mit einem nichtselektiven Katalysator zu RCH=CHR' (**3**) umgesetzt werden. (Der Umsatz sei vollständig, Ethen werde aus dem Gleichgewicht entfernt.) Welche Ausbeute an RCH=CHR' (**3**) wird erreicht, wenn 1 mol **1** mit 1 mol bzw. mit 10 mol **2** umgesetzt wird? Welche Mengen an unerwünschten Homokupplungsprodukten werden produziert?

Exkurs: Stabile Carbene als Liganden

Carbene, das sind neutrale Derivate des zweiwertigen Kohlenstoffs, vermögen eine Vielzahl von Metallkomplexen zu bilden, wobei die folgenden drei Typen zu unterscheiden sind:

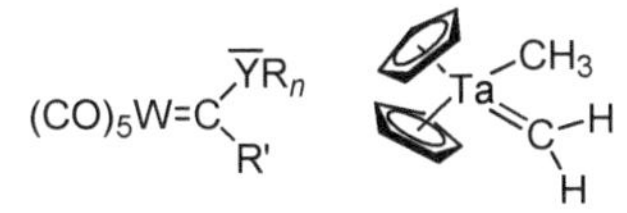

1 (YR_n = OR, NR_2) **2**

- *Fischer-Carbenkomplexe* wie **1**, für die Übergangsmetalle in niedrigen Oxidationsstufen und O- oder N-funktionalisierte elektrophile Carbenliganden charakteristisch sind.
- *Schrock-Carbenkomplexe* wie **2**, für die Übergangsmetalle in hohen Oxidationsstufen und nichtfunktionalisierte nucleophile Carbenliganden charakteristisch sind.
- *Haupt- und Übergangsmetallkomplexe mit stabilen N-heterocyclischen Carbenliganden* (NHC = *N-heterocyclic carbene*), deren Reaktivität sich grundlegend von den Fischer- und Schrock-Carbenkomplexen unterscheidet.

Die Stabilität von Carbenen hängt ausgeprägt von den Substituenten am Carbenkohlenstoffatom ab. Besonders stabile Carbene leiten sich von Imidazolderivaten (NHCs) ab. Die Stabilität von NHCs (**3**–**6**) beruht auf der π-Donor- und σ-Akzeptorwirkung der beiden vicinalen Substituenten des Carbenkohlenstoffatoms, die sowohl eine Verminderung seiner Elektrophilie durch p_π–p_π-Wechselwirkung als auch seiner Nucleophilie durch den –I-Effekt zur Folge hat.

NHCs sind ausnehmend starke σ-Donorliganden (σ-Donorwirkung: NHCs > P(Alkyl)$_3$!) mit einer sehr geringen – im Allgemeinen zu vernachlässigenden – π-Akzeptorwirkung. Sie bilden folglich starke σ-M–C-Einfachbindungen. NHC-Liganden verhalten sich gegenüber Nucleophilen und Elektrophilen relativ inert und üben einen vergleichsweise hohen *trans*-Einfluss aus. Im Hinblick auf ihre Verwendung als Coliganden in Homogenkatalysatoren ist wichtig, dass über den Raumanspruch der Substituenten R an den Stickstoffatomen die Zugänglichkeit der dem Carbenliganden benachbarten Koordinationsstellen gesteuert werden kann.

Beispiele: Elektronenreiche, gesättigte 1,3-R$_2$-Imidazolidin-2-ylidene (**3**) mit den Resonanzstrukturen (**3a**–**3c**), 6π-aromatische 1,3-R$_2$-Imidazolin-2-ylidene (**4**), ein bidentater (zweizähniger) NHC-Ligand (**5**) sowie ein heterocyclisches N,S-Carben (**6**). In allen Fällen sind die Grundkörper gezeigt, die durch Substitution an C4 und C5 weiter funktionalisiert werden können.

Ähnliche Ligandeneigenschaften wie NHCs können zweifach heteroatomfunktionalisierte, nicht cyclische Carbenliganden wie **7** haben (non-NHC = *non-N-heterocyclic carbene*). Cyclische Alkyl(amino)-carben-Liganden (cAACs) **8** (R = 2,6-(*i*-Pr)$_2$C$_6$H$_3$), in denen ein N-Atom in **3** durch ein quartäres C-Atom ersetzt ist, sind im Allgemeinen stärkere σ-Donoren und π-Akzeptoren als NHCs. N-heterocyclische Silylene wie **9** sind NHC-Homologe und können mit einer zusätzlichen Donorgruppe am divalenten Siliciumatom stärkere σ-Donoren als NHCs sein [7, 8, 9, 10, 11, 12].

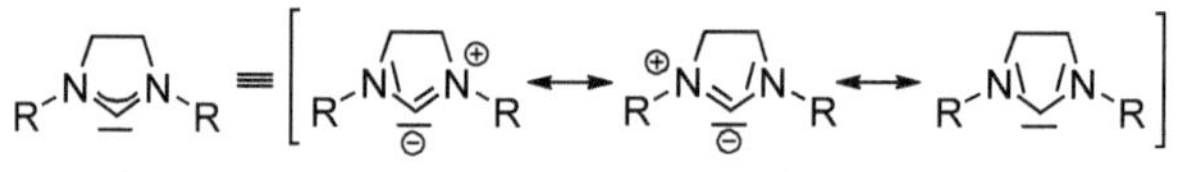

3 **3a** **3b** **3c**

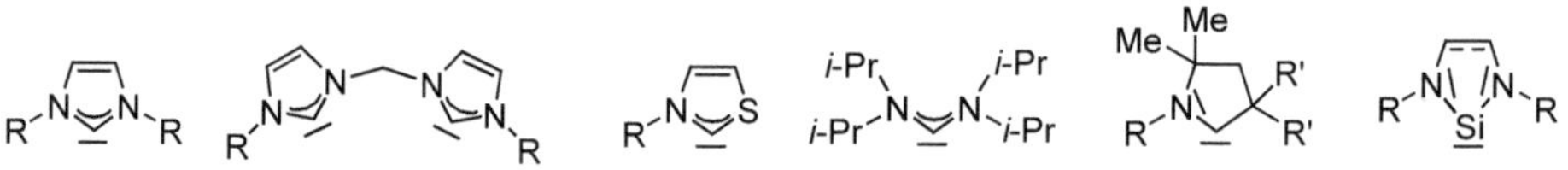

4 **5** **6** **7** **8** **9**

Zur Nomenklatur: Da Carbene vom Typ **3** formal durch Abspaltung von zwei H-Atomen vom selben Gerüstatom aus 1,3-R$_2$-Imidazolidinen (**3'**) entstehen, sind sie als 1,3-R$_2$-Imidazolidin-2-ylidene zu benennen. In analoger Weise führt die formale Abspaltung von zwei H-Atomen aus 1,3-R$_2$-Imidazolinen (**4'**) zu 1,3-R$_2$-Imidazolin-2-ylidenen (**4**).

3' – 2 "H" → **3**   **4'** – 2 "H" → **4**

Ebenfalls gebräuchlich ist die Bezeichnung als 1,3-R$_2$-Imidazol-2-ylidene (**4**) und 1,3-R$_2$-4,5-Dihydroimidazol-2-ylidene (**3**), die wir aber hier nicht verwenden.

8.1.3 Mechanismus – Vertiefung

Bei den Grubbs-Katalysatoren **B** (L = PCy$_3$) und **C** (L = NHC-Ligand) ist sowohl durch kinetische Untersuchungen als auch durch quantenchemische Rechnungen gezeigt, dass zunächst ein Phosphanligand abgespalten wird und dann an den gebildeten 14-*ve*-Komplex das Olefin koordiniert (**20** → **21** → **22**; „dissoziativer Mechanismus“) [13]. Eine direkte Addition des Olefins unter Ausbildung eines 18-*ve*-Komplexes (**20** → **24**; „assoziativer Mechanismus“) kann ausgeschlossen werden. Aus dem *cis*-Carben(olefin)ruthenium(II)-Komplex **22** bildet sich durch [2+2]-Cycloaddition ein Ruthenacyclobutankomplex (**22** → **23**). Dabei erhöht sich die Oxidationsstufe des Rutheniumatoms um zwei Einheiten (Ru^{II} → Ru^{IV}).

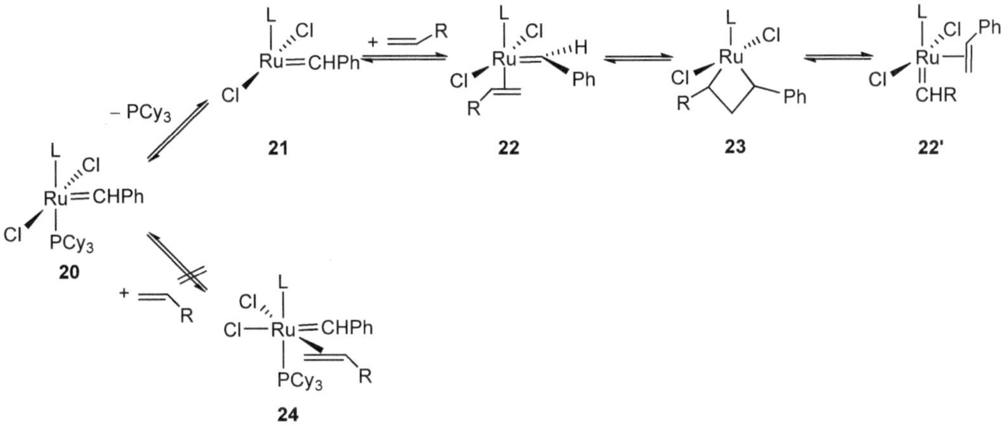

Nun läuft die Reaktionskaskade in umgekehrter Reihenfolge ab, nur dass die Cycloreversion unter Bildung von **22'** erfolgt (**23** → **22'**). Der Aktivitätsunterschied zwischen beiden Typen von Grubbs-Katalysatoren (**B** *versus* **C**) weist darauf hin, dass die Cycloaddition unter Ruthenacyclobutanbildung durch den starken σ-Donor-NHC-Liganden erleichtert wird.

Für eine quantenchemische Analyse von Grubbs-Katalysatoren der ersten und zweiten Generation gehen wir von den Modellkomplexen **25** jeweils mit L = PMe_3 und L = 1,3-Dimethylimidazolidin-2-yliden (Me_2Imidin) aus (Abbildung 8.2). Bei der nichtproduktiven Homometathese von Ethen wird die Reaktionsabfolge **25** → ... → **28** durchlaufen. In den Komplexen **27** sind vier Konformationen mit unterschiedlicher Anordnung des Carben- und Olefinliganden möglich (**27a**–**27d**). Zunächst werden die thermodynamisch stabilsten Konformationen **27a** ausgebildet. Für eine leicht ablaufende Cycloaddition sind zwei Forderungen zu erfüllen, nämlich eine komplanare Anordnung der vier beteiligten Atome (Ru=C, C=C) und eine parallele Ausrichtung der beiden π-Systeme. Das ist nur in den Konformationen **27b** gegeben, die aber nicht als Minimumstruktur lokalisiert werden konnten. Die Übergangszustände **27b'** haben dieselbe Alken- und Carbenkonformation wie die hypothetischen Strukturen **27b**.

Der entscheidende Unterschied zwischen den Katalysatoren der ersten und zweiten Generation ist die geringere Energie von **27b'** und **28** mit L = Me_2Imidin gegenüber den analogen Komplexen mit L = PMe_3. Beides ist auf die stärkere Donorwirkung des NHC-Liganden im Vergleich mit PMe_3 zurückzuführen. Das führt sowohl zu einer Stabilisierung des Ru^{IV}-Komplexes **28** (L = Me_2Imidin) als auch des Ru^{II}-Übergangszustandes **27b'** (L = Me_2Imidin) durch eine stärkere Rückbindung von Ru^{II} zum Methylidenliganden. Darüber hinaus treten im realen Katalysator (L = 1,3-*Dimesityl*imidazolidin-2-yliden) bei den „inaktiven" Carbenkonformationen **27a**/**27d** sterische Wechselwirkungen zwischen einem Wasserstoffatom des Carbenliganden und einem Mesitylsubstituenten auf, sodass eine „aktive" Carbenorientierung wie in **27b**/**27c** erzwungen wird. Das scheinen die wesentlichen Ursachen für den Aktivitätsunterschied zwischen beiden Typen von Katalysatoren zu sein.

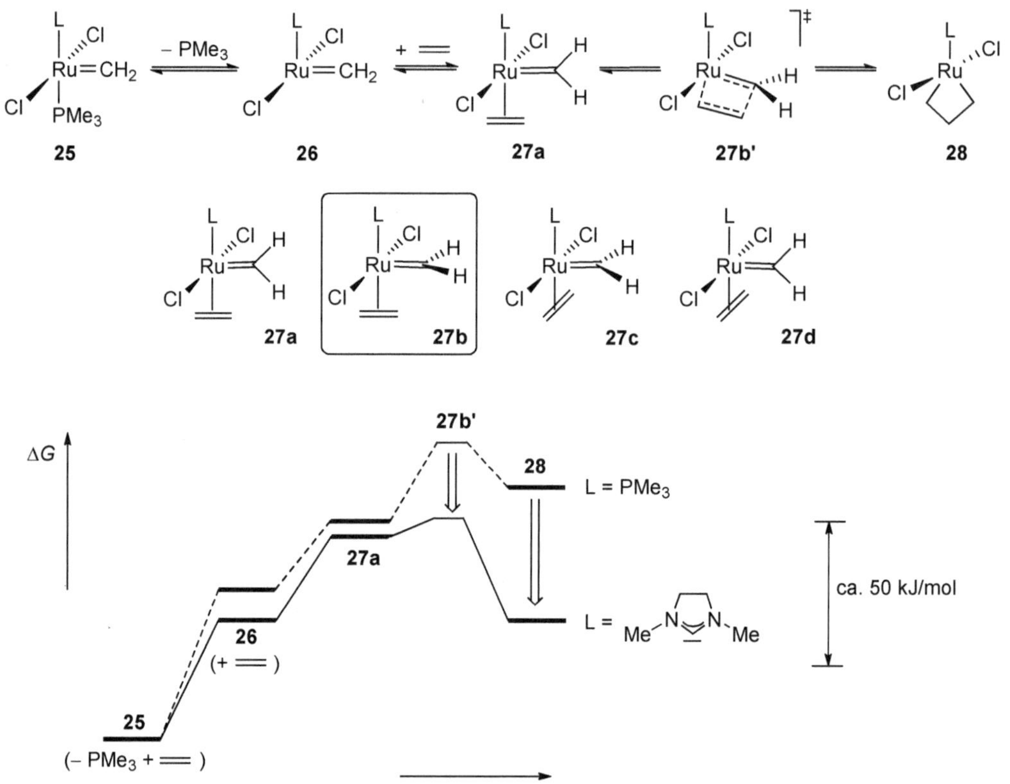

Abbildung 8.2. Reaktionsablauf und Verlauf der freien Enthalpie der nichtproduktiven Homometathese von Ethen mit Grubbs-Modellkatalysatoren der ersten Generation **25** ... **28** (L = PMe_3) und der zweiten Generation **25** ... **28** (L = 1,3-Dimethylimidazolidin-2-yliden). Die vier möglichen Konformationen des Olefin- und Carbenliganden in Komplexen **27** sind in der Mitte skizziert (gekürzt nach Straub [14]).

8.1.4 Spezielle Kreuzmetathesen

Kreuzmetathesen **29** → **30**, die es gestatten, gezielt (*Z*)-Olefine (und nicht die thermodynamisch stabileren *E*-Isomere) zu synthetisieren, sind von zunehmendem Interesse. Eine Reihe von cyclometallierten Rutheniumkomplexen wie **31** hat sich als *Z*-selektiv erwiesen. So wurden bei der Homokupplung von terminalen Olefinen *Z*-Selektivitäten von 90 bis >95 % erreicht.

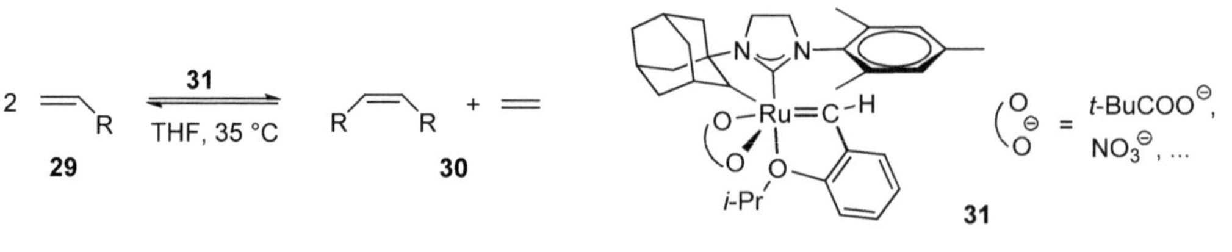

Die *Z*-Selektivität ist kinetisch kontrolliert und darauf zurückzuführen, dass das Olefin nicht – wie bei den konventionellen Grubbs-Katalysatoren – trans zum NHC-, sondern trans zum Adamantylliganden koordiniert (**32**). Dafür sind sowohl sterische als auch elektronische Gründe ausschlaggebend. Diese Koordination führt dazu, dass der RuC_3-Ring im Intermediat **33** und in dem dazu führenden Übergangszustand **TS** parallel zum Mesitylsubstituenten des NHC-Liganden angeordnet ist. Bildet sich (*Z*)-RHC=CHR (in **33** und **TS** durch fett gezeichnete Bindungen hervorgehoben), sind beide Substituenten R nach unten gerichtet. Im Übergangszustand **TS** erfolgt keine sterische Hinderung mit der Mesitylgruppe. Im Übergangszustand **TS'**, der zum *E*-Isomer (**32'** → **33'**) führt, zeigt aber einer der beiden Substituenten R in Richtung der Mesitylgruppe. Das verursacht eine sterische Hinderung, die **TS'** destabilisiert und die *Z*-Selektivität der Katalysatoren bedingt.

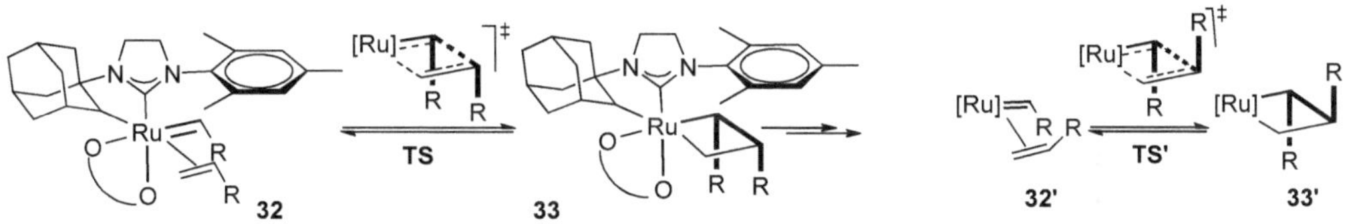

32 TS 33 32' TS' 33'

Die Umkehrung der o. g. Reaktion, die Ethenolyse von inneren Olefinen (**30** → **29**), verläuft über die gleichen Übergangszustände wie die Hinreaktion. Folgerichtig wird bei der Ethenolyse eines *E*/*Z*-Gemisches von inneren Olefinen das *E*-Isomer angereichert, da es sich nicht oder zumindest sehr viel langsamer als das *Z*-Isomer umsetzt.

Des Weiteren hat sich gezeigt, dass Kreuzmetathesen von zwei inneren Olefinen (RHC=CHR/R'HC=CHR') mit Katalysatoren vom Typ **31** nicht möglich sind. Das ist darauf zurückgeführt worden, dass die Ruthenacyclobutanzwischenstufen/-übergangszustände trisubstituiert sind (**34**) und energetisch zu hoch liegen. In Gegenwart von Ethen gelingt jedoch eine Metathese, aber nur, wenn (*Z*)-Olefine eingesetzt werden: Dann wird nämlich ein Rutheniummethyliden ($[Ru]=CH_2$) als Zwischenstufe generiert und die gesamte Reaktion kann (wie zuvor, vgl. **33**) über zweifach substituierte Ruthenacyclobutanzwischenstufen/-übergangszustände (**35**) ablaufen [15].

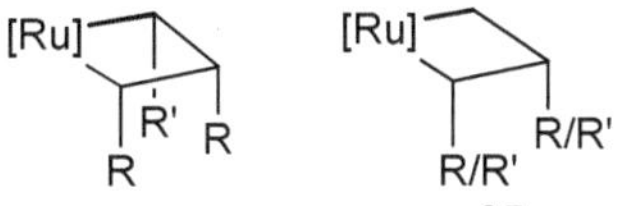

34 35

Auf einem ähnlichen Konzept – nämlich die Ausrichtung der Substituenten am Metallacyclobutan-Intermediat zielgerichtet zu steuern – beruhen Metathesen unter Erhalt der stereochemischen Konfiguration der Ausgangsolefine (stereoretentive Metathesen). Diese Methode kann zur selektiven Erzeugung von sowohl (*E*)- als auch (*Z*)-Olefinen herangezogen werden und gewinnt zunehmend an Bedeutung [16].

Halogensubstituierte Olefingruppen –CH=CHX (X = F, Cl, Br) sind in einer Reihe von Pharmaka und Agrochemikalien enthalten, und darüber hinaus spielen Moleküle mit dieser Funktionalität in C–C-Kreuzkupplungen eine große Rolle. Kreuzmetathesen gemäß **36** → **37** (X = Cl, Br, F) wären ein eleganter Weg, in einem einzigen Reaktionsschritt ein Olefin in ein Alkenylhalogenid zu überführen. Sie sind aber eine Herausforderung wegen der im Allgemeinen geringen Stabilität und/oder zu geringen Aktivität von halogensubstituierten Carbenmetallkomplexen [M]=CHX (M = Ru, Mo, W), die inhärente Intermediate derartiger Metathesereaktionen sind.

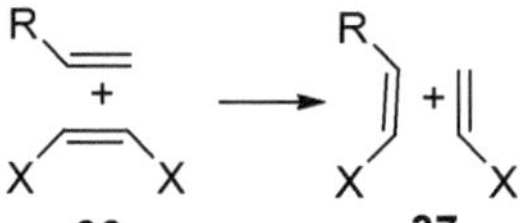

Ausgehend von Schrock-Komplexen haben Optimierungen im Hinblick auf Katalysatorstabilität und -aktivität sowie der Stereokontrolle ((*Z*)-Olefin) zu **38** als am besten geeigneten Katalysator geführt. Bei der Kreuzmetathese von verschieden substituierten terminalen Olefinen (R = Alkyl, Cycloalkyl, ω-funktionalisiertes Alkyl, ...) und (*Z*)-1,2-Dichlorethen (**39** → **40**) sind hohe Umsätze (bis 98 %) und sehr gute *Z*-Selektivitäten (bis 98 %) erreicht worden. In ähnlicher Weise gelingt mit BrCH=CHBr und BrCH=CHF als Reaktionspartner die Synthese von Alkenylbromiden bzw. -fluoriden [17].

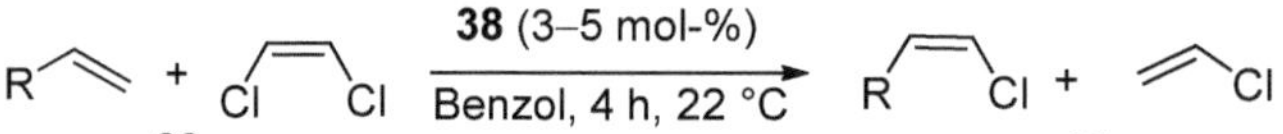

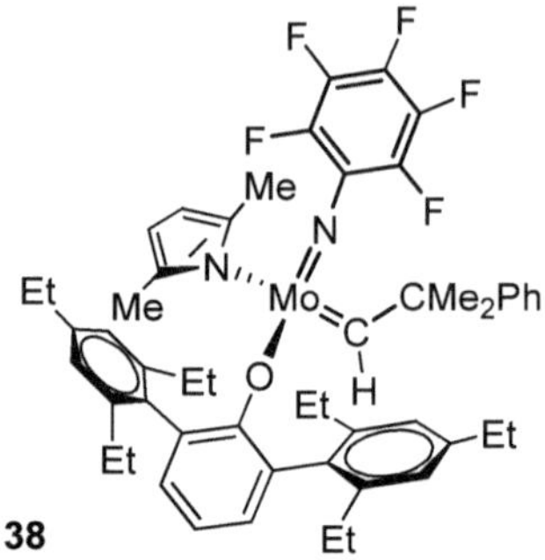

Aufgabe 8.5

Ungesättigte Pflanzenöle mit einer Weltjahresproduktion von 137 Millionen Tonnen (2014) bieten ein großes Potential, mittels Metathese wertvolle Spezialchemikalien herzustellen. Skizzieren Sie die Produkte, die aus einem Triglycerid **1** (vereinfachend ist nur ein Oleatrest gezeichnet, die beiden anderen Fettsäurereste RC(O)O– können hier unberücksichtigt bleiben) durch Kreuzmetathese mit But-1-en sowie durch Selbstmetathese und anschließender Umesterung mit MeOH zu erhalten sind.

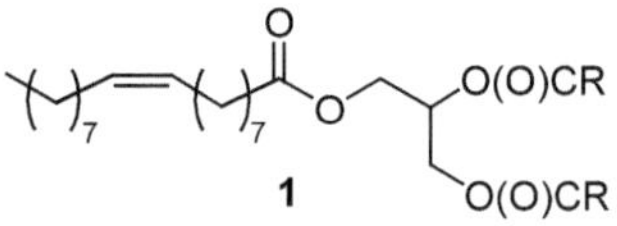

8.1.5 Metathese von Cycloalkenen

Die Metathese von Cycloalkenen liefert ungesättigte Polymere, die Polyalkenamere genannt werden (**41** → **42**). In gleichartiger Weise setzen sich bicyclische Olefine und Cycloalkadiene um.

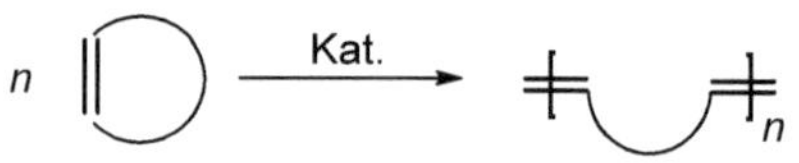

Auf den Ablauf dieser Reaktion weist die Bezeichnung Ringöffnungsmetathese-Polymerisation und das Akronym ROMP (*R*ing-*O*pening *M*etathesis *P*olymerization) hin. Aus dem Reaktionsablauf (Spaltung und Neuknüpfung von Doppelbindungen) ergibt sich auch, dass die Polymerisation unter Erhalt aller Doppelbindungen des Monomers abläuft. Ringöffnungsmetathese-Polymerisationen von Cycloalkenen sind „enthalpiegetrieben“: Triebkraft ist der Verlust an Ringspannung im Monomer. Somit sind ROM-Polymerisationen von hochgespannten Cycloalkenen wie z. B. von Norbornen irreversible Reaktionen und prinzipiell ist vollständiger Umsatz der Monomere zu erreichen. Das ist ein bemerkenswerter Unterschied zur reversiblen Metathese acyclischer Olefine.

Aufgabe 8.6

Besonders bei weniger gespannten Ringsystemen kann es zur Einstellung des thermodynamischen Gleichgewichts zwischen dem offenkettigen Polymer, dem Monomer und cyclischen Oligomeren kommen, indem innere Doppelbindungen der wachsenden Polymerkette in die Metathese einbezogen werden (*Back-Biting*). Formulieren Sie eine derartige Reaktion. Welche Konsequenzen haben entsprechende intermolekulare Reaktionen?

Andererseits lassen sich ungespannte Cycloolefine wie Cyclohexen nicht unter ROMP-Bedingungen polymerisieren: Durch das Fehlen von Ringspannung ($\Delta H = 0$) und der negativen Reaktionsentropie ($\Delta S < 0$) ergibt sich $\Delta G > 0$. Das hat nun aber zur Konsequenz, dass Polymere mit Tetramethyleneinheiten ($–(CH_2)_4–$) zwischen zwei Doppelbindungen unter Metathesebedingungen Cyclohexen abspalten. Ein Beispiel dafür ist die Metathese von Cyclodeca-1,5-dien nach der Reaktionssequenz **43** → **44** → **45**.

n **43** $\xrightarrow{\text{Kat.}}$ $-[CH-(CH_2)_4-CH{=}CH-(CH_2)_2-CH]_n-$ **44** $\xrightarrow{\text{Kat.}}$ n Cyclohexen + $-[CH-(CH_2)_2-CH]_n-$ **45**

Die Kreuzmetathese von Cycloolefinen mit Ethen liefert acyclische, terminale Diene (**46** → **47**).

46 $\rightleftharpoons$ (Kat.) **47**

Derartige Reaktionen werden als Ringöffnungsmetathesen (ROM: *R*ing-*O*pening *M*etathesis) bezeichnet. Triebkraft ist wie bei ROMP die frei werdende Ringspannung in den Cycloolefinen. Die Rückreaktion (RCM: *R*ing-*C*losing *M*etathesis, Ringschlussmetathese) lässt sich verifizieren, wenn das gebildete Ethen aus dem Gleichgewicht entfernt wird. Die Reaktion **46** → **47** zeigt auch, dass bei ROM-Polymerisationen der Zusatz kleiner Mengen eines acyclischen Olefins Kettenübertragung bewirkt und so die Kettenlänge kontrolliert werden kann.

ROMP-Reaktionen können prinzipiell so gestaltet werden, dass sie als lebende Polymerisationen verlaufen.[1] Damit sind Polymere mit genau kontrolliertem Molekulargewicht und einer engen Molmassenverteilung zugänglich. Als Abbruchreaktion kommt bei Schrock-Katalysatoren die Umsetzung mit Aldehyden oder Ketonen in Betracht, die im Sinne einer Wittig-Re-

[1] Wesentliche Kriterien dafür sind, dass Kettenübertragungs- und -abbruchreaktionen praktisch keine Rolle spielen und die Zahl aktiver Zentren für die Dauer der Polymerisation konstant bleibt. Das Monomer wird vollständig umgesetzt und bei weiterer Zugabe wird das Kettenwachstum fortgesetzt. In diesen Fällen wird je Katalysatormolekül nur eine Polymerkette gebildet, sodass es genauer als Initiatormolekül zu bezeichnen wäre. Wir sprechen aber weiterhin von Katalysatoren und nehmen damit Bezug auf die Monomerverknüpfung und nicht auf die Bildung von Polymerketten.

aktion abläuft (**48** → **49**; M = Mo, W). Bei Grubbs-Katalysatoren führt eine Reaktion mit Vinylethern zu stabilen Carbenrutheniumkomplexen, die keine weitere Kette starten (**50** → **51**).

[M]=C(P) + RR'C=O → (− [M]=O) RR'C=C(P)   [Ru]=C(P) + H_2C=CHOR → (− [Ru]=CHOR) H_2C=C(P)

48 **49** **50** **51**

Derartige Reaktionen können auch genutzt werden, um Polymere mit einer gewünschten Endgruppenfunktionalität zu erzeugen, z. B. könnte R in **49** ein lumineszierender Substituent sein. Lebende Polymerisationen ermöglichen auch die gezielte Synthese von Blockcopolymeren.

Aufgabe 8.7

Stellen Sie aus den Tricyclodecatrienen **1** (R = H, CF_3, CO_2Me) bzw. aus Benzvalen **2**, ein (nichtebenes) Valenzisomer des Benzols, Polyacetylen her. Welche Selektivität der Doppelbindungen erwarten Sie bei der ROM-Polymerisation von **1**?

R R

1 **2**

Cycloolefine (Norbornen) sind erstmalig mit einem Ziegler-Katalysatorsystem 1954 ringöffnend polymerisiert worden. 1967/68 ist der Zusammenhang zwischen ringöffnender Polymerisation und Metathesereaktion klar geworden. Heute finden Ringöffnungsmetathese-Polymerisationen vielfach technische Anwendung. Das erste kommerziell hergestellte Polymer war Polynorbornen mit überwiegender *trans*-Struktur der Doppelbindungen (Norsorex®; CdF-Chimie, 1976), das durch rutheniumkatalysierte ($RuCl_3$/HCl in Butanol) ROM-Polymerisation von Norbornen erhalten wurde (**52** → **53**). Wegen seiner sehr hohen Molmasse ($>3\cdot10^6$ g/mol; $P > 31000$) ist es nicht zu schmelzen ($T_{Zers.} > 200$ °C; $T_g = 37$ °C). Mit Weichmachern werden nützliche Elastomere erhalten. Hydrierung führt zu einem amorphen, farblosen, transparenten Polymer (**53** → **54**) mit sehr hoher Glasübergangstemperatur ($T_g = 140$ °C), das zur Klasse der cyclischen Olefinpolymere gehört und für optische Anwendungen (Linsen, Prismen, ...) geeignet ist (Zeonex®) [18].

n [Norbornen] —Kat.→ [Polymer]$_n$ —H_2→ [Polymer]$_n$

52 **53** **54**

Cycloocten wird in Hexan mit einem Katalysatorsystem, das sich von $WCl_6/AlEtCl_2/EtOH$ ableitet, zu einem Polyoctenamer hoher Reinheit (>99,5 %) umgesetzt (Vestenamer®, Degussa). Das Polymer besteht aus linearen (75 %, $M > 10^5$ g/mol) und cyclischen (25 %) Makromolekülen (vgl. Aufgabe 8.6). Die Kristallinität hängt stark von der Mikrostruktur (*cis*/*trans*-Verhältnis der Doppelbindungen) ab und kann durch die Polymerisationsbedingungen gesteuert werden. Polyoctenamere haben kautschukelastische Eigenschaften und werden anderen Kautschuken zur Eigenschaftsverbesserung zugesetzt. ROM-Polymerisationen von *endo*-Dicyclopentadien (DCPD), einem Überschussprodukt in Naphtha-Crackgemischen, können so geführt werden, dass nur die gespanntere der beiden Doppelbindungen reagiert, oder derart, dass auch Vernetzung über die andere Doppelbindung erfolgt (siehe Aufgabe 8.8). Es wird ein Duroplast hoher mechanischer Festigkeit erhalten. Die ROM-Polymerisation verläuft so schnell, dass im Spritzguss-Verfahren Formstücke (für den Fahrzeugbau, Sportgeräte, ...) nach der RIM-Technologie (RIM: *R*eaction *I*njection *M*olding) hergestellt werden können. Dabei handelt es sich um eine In-situ-Polymerisation des Monomers (DCPD) direkt in einer Gussform.

Aufgabe 8.8

Welche der beiden Doppelbindungen in DCPD ist reaktiver? Geben Sie eine Begründung. Formulieren Sie die Gleichung für die ROM-Polymerisation von DCPD unter der Voraussetzung, dass nur die reaktivere Doppelbindung reagiert. Welche Strukturelemente können sich bilden, wenn beide Doppelbindungen reagieren?

Alternierende ROM-Copolymerisationen

Alternierende Copolymerisationen vermittels ROMP (AROMP = *A*lternating *ROMP*) sind möglich, wie als Beispiel die Umsetzung **55a**/**55b** → **56** zeigt. Für die Reaktion kommt ein Grubbs-Katalysator der dritten Generation **57** zum Einsatz. Intramolekulare Kettenübertragungen (*Back-Biting*) führen zu einem cyclischen Copolymer als Nebenprodukt.

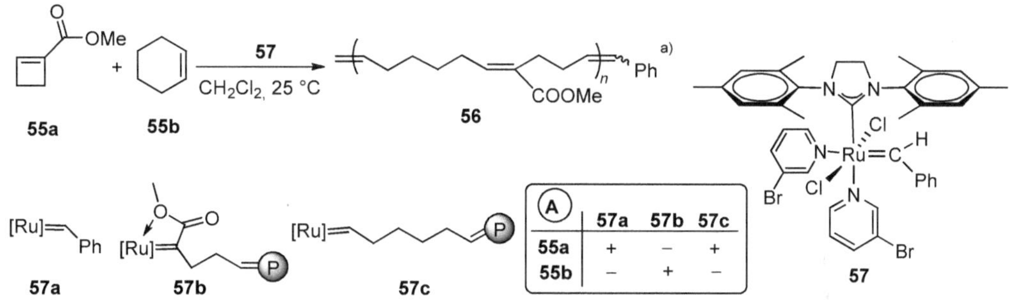

(A)	57a	57b	57c
55a	+	–	+
55b	–	+	–

a) Nach dem Quenchen mit $H_2C{=}CHOEt$.

Neben dem Katalysatorkomplex mit einem Benzylidenliganden **57a** treten nach erfolgter Ringöffnung von Cyclobuten und Cyclohexen Katalysatorkomplexe vom Typ **57b** bzw. **57c** auf. Die phenyl- und alkylsubstituierten Carbenkomplexe **57a**/**57c** reagieren nicht mit Cyclohexen unter Ringöffnung (zu den Gründen vgl. S. 191), wohl aber mit dem hochgespannten Cyclobutenring (siehe Kasten **A**). Die Ringöffnung erfolgt regioselektiv zu Carbenkomplexen vom Typ **57b**, die nach DFT-Rechnungen durch Koordination des Estersauerstoffatoms an Ruthenium stabilisiert sind. Mit dem relativ elektronenreichen Cyclohexen erfolgt Weiterreaktion zu **57c**, nicht aber mit dem Cyclobutencarbonsäureester, wofür sterische Gründe maßgeblich zu sein scheinen. Somit ergibt sich aus der Reaktivität der drei relevanten Katalysatorkomplexe (Kasten **A**), dass **57** nur eine alternierende Copolymerisation von **55a**/**55b** katalysiert, aber keine Homopolymerisation, weder die von **55a** noch die von **55b**. Funktionalisierung des Cyclohexens **55b** und/oder die Verwendung anderer Estergruppen in **55a** lassen die Synthese einer breiten Palette von neuartigen polymeren Materialien mit vielfältigen Anwendungsmöglichkeiten zu [19].

8.1.6 Metathese von acyclischen Dienen

Acyclische, terminale Diene können in einer intramolekularen Metathesereaktion unter Bildung von Cycloolefinen und Ethen (**58** → **59**; RCM: *R*ing-*C*losing *M*etathesis, Ringschlussmetathese; ROM: *R*ing-*O*pening *M*etathesis, Ringöffnungsmetathese) oder in einer intermolekularen Metathesereaktion unter Abspaltung von Ethen zu Polymeren reagieren (**58** → **60**; ADMET: *A*cyclic *D*iene *Met*athesis; Acyclische Dienmetathese).

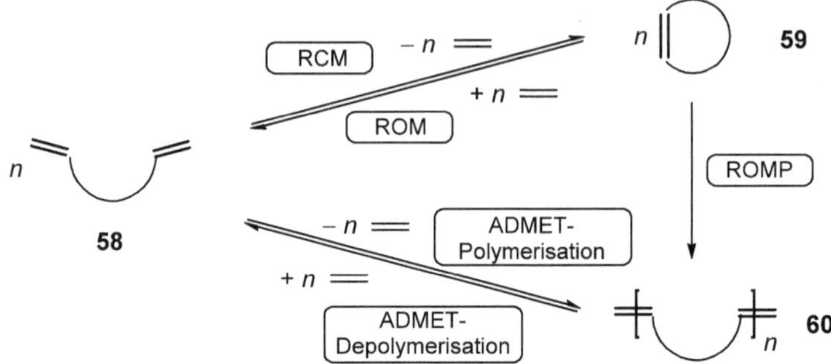

RCM- und ADMET-Reaktionen sind im Prinzip in allen Teilschritten reversibel, sodass sich in der Reaktion nur die Zusammensetzung einstellt, die dem thermodynamischen Gleichgewicht entspricht. Da sich aber das gebildete Ethen leicht aus dem Reaktionsgemisch entfernen lässt, sind in einfacher Weise vollständige Umsätze zu realisieren. Intramolekulare und intermolekulare Metathesereaktionen von Dienen sind Parallelreaktionen, die durch die gleichen Katalysatoren katalysiert werden. Das Verhältnis, in dem beide Reaktionen (RCM *versus* ADMET) ablaufen, kann in einem gewissen Maß beeinflusst werden. So sind z. B. in verdünnten Lösungen und bei Bildung von nichtgespannten fünf- und sechsgliedrigen Ringen intramolekulare RCM-Reaktionen bevorzugt.

Diene mit innenständigen Doppelbindungen setzen sich analog, aber mit geringerer Geschwindigkeit um. Es bleibt aber schwierig, durch Ringschlussmetathese (RCM) tetrasubstituierte Olefine herzustellen (**61** → **62**; R, R' ≠ H).

Kat. − =

61 **62**

Dieses Problem kann durch eine Staffel-Ringschlussmetathese (engl.: *relay RCM*) umgangen werden [20]. Dahinter steht die Beobachtung, dass Diene **61** mit R = H in einer RCM-Reaktion mit Grubbs-Katalysatoren umgesetzt werden können. Das heißt, *intra*molekular ist eine Doppelbindung –CR'=CH_2 für den Katalysator zugänglich. Verbindet man nun eine der beiden (nicht reaktiven) Doppelbindungen in **61** über einen Spacer mit einer terminalen Doppelbindung und führt dann zwei RCM-Reaktionen durch, erhält man die gewünschten Produkte **62**. Als Beispiel ist die Reaktion (**63** → **64** → **65**) angegeben, die durch Grubbs-Katalysatoren **B** (vgl. S. 183) nicht katalysiert wird. Geht man jedoch von **63'** aus, entsteht im ersten Schritt der Alkylidenkomplex **63''** und zwei nacheinander ablaufende RCM-Reaktionen (**63''** → **64** → **65**) führen unter Abspaltung von Cyclopenten zum gewünschten Produkt.

63 E E [Ru] (B) 63' [Ru] (B) =[Ru] 63" – [Ru] E E 64 – [Ru] E E 65 (E = CO_2Me)

Die Rückreaktion von acyclischen Dienmetathese- (ADMET-) Polymerisationen führt zu acyclischen Dienen und wird als ADMET-Depolymerisation bezeichnet. ADMET-Depolymerisationen sind interessant, wenn das ungesättigte Polymer auf einfachem Wege (und nicht über eine ADMET-Polymerisation) erhalten wird. Das ist bei *cis*- und *trans*-1,4-Polybutadienen der Fall, die in Gegenwart von Ethen über oligomere Zwischenprodukte (**66** → **67**) zu Hexa-1,5-dien abgebaut werden (**67** → **68**).

66 Kat. 67 ($m << n$) Kat. 68

Nitril–Butadien-Kautschuke (**69**, NBR – *N*itrile *B*utadiene *R*ubber) sind Copolymerisate aus Acrylnitril und Butadien und enthalten demzufolge olefinische Doppelbindungen. Durch Kreuzmetathese mit Hex-1-en wird eine partielle Depolymerisation erreicht (vgl. die schematische Darstellung **71**), womit eine verringerte Viskosität des Produkts einhergeht, die für Anwendungen von Vorteil ist. Nachfolgende Hydrierung liefert HNBR (**70**, *H*ydrogenated NBR), einen Spezialwerkstoff mit einer höheren Temperaturbeständigkeit und Stabilität gegenüber Oxidation und aggressiven Chemikalien als Standard-NBR-Typen. Die Metathese wird mit Grubbs-Katalysatoren und die nachfolgende Hydrierung mit dem Wilkinson-Katalysator durchgeführt, ohne dass dazwischen aufgearbeitet wird.

N 1) [Ru] 2) H_2 [Rh] N 69 (NBR) 70 (HNBR) $n' << n$ P P' [Ru] P P' 71

Bei der industriellen Herstellung von Pharmazeutika sowie von Spezialchemikalien und -werkstoffen werden zunehmend RCM-Reaktionen bzw. Kreuzmetathesen (einschließlich von ADMET-Depolymerisationen) in Betracht gezogen und angewendet [21].

8.1.7 Enantioselektive Metathese

Im Verlauf der Metathese werden vom Schrock-Katalysator (Abbildung 8.1, **A**; vgl. S. 183) die Coliganden, der Imidoligand und die beiden Alkoxoliganden, nicht abgespalten. Somit bietet die Substitution der beiden achiralen Alkoxoliganden durch einen chiralen Bis(aryloxo/alkoxo)-Liganden oder auch durch zwei monodentate Liganden (einen chiralen Aryloxo- und einen Pyrrolidliganden) eine gute Möglichkeit zum Design von Katalysatoren für asymmetrische Metathesen. Beispiele dafür sind die Molybdänkomplexe **72a–d** (Hoveyda-Schrock-Katalysatoren) [22, 23, 24].

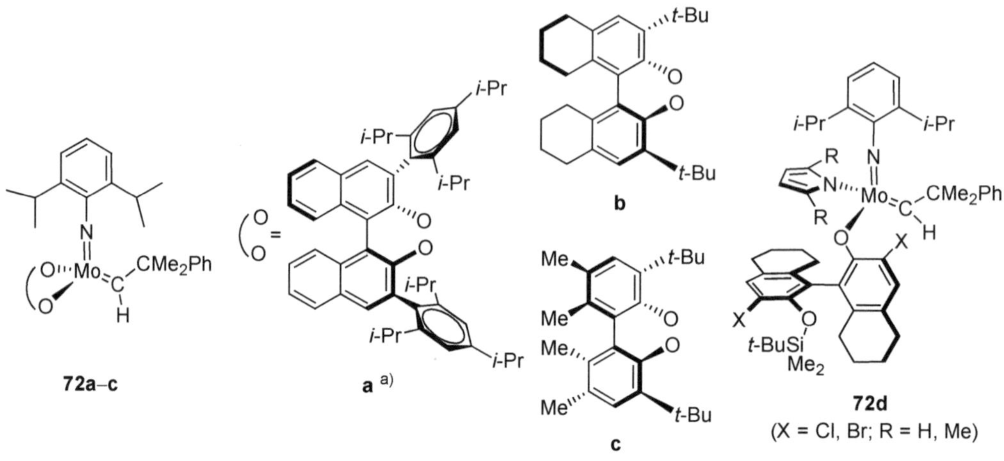

72a–c

a [a)]

b

c

72d
(X = Cl, Br; R = H, Me)

a) Der Komplex **72a** enthält einen zusätzlichen THF-Liganden.

Sie haben sich bei asymmetrischen Ringschluss- und Ringöffnungsmetathesen (ARCM/AROM = *A*symmetric *R*ing-*C*losing/*O*pening *M*etathesis) bewährt. Das ist anhand der Bildung der Dihydrofuranverbindung **74** aus **73** und der Ringöffnung der *meso*-Norbornenverbindung **75** mit Styrol zu **76** dokumentiert (TBS = *tert*-Butyldimethylsilyl). Enantioselektive Olefinmetathesen haben sich in der Naturstoffsynthese etabliert [25].

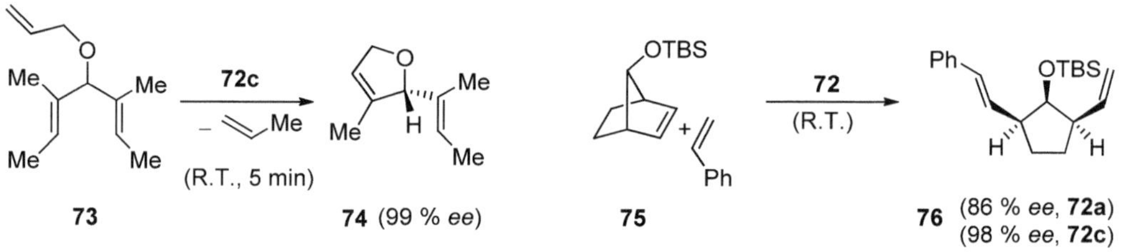

73 —**72c**, – Propen (R.T., 5 min)→ **74** (99 % *ee*)

75 + Styrol —**72** (R.T.)→ **76** (86 % *ee*, **72a**) (98 % *ee*, **72c**)

8.2 Metathese von Alkinen

In prinzipiell gleicher Weise wie bei Alkenen ist eine Metathese von Alkinen möglich. Ihr liegt ein Austausch von Alkylidingruppen zugrunde:

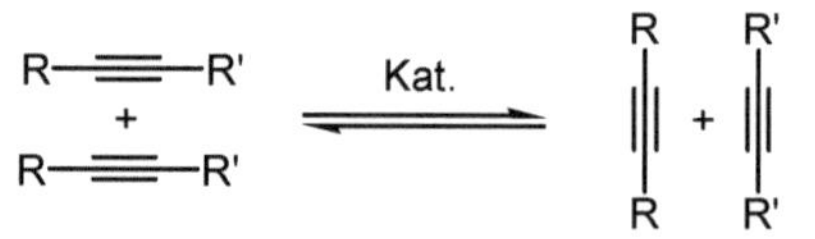

$$\mathrm{R{-}C{\equiv}C{-}R'} + \mathrm{R{-}C{\equiv}C{-}R'} \overset{\text{Kat.}}{\rightleftharpoons} \mathrm{R{-}C{\equiv}C{-}R} + \mathrm{R'{-}C{\equiv}C{-}R'}$$

Über die erste Alkinmetathese (R = p-MeC_6H_4, R' = Ph) wurde 1974 von A. Mortreux und M. Blanchard (Katalysator: $[Mo(CO)_6]$/Resorcin (**77**); 160 °C) berichtet. Der Alkylidinwolframkomplex $[W(\equiv Ct\text{-}Bu)(Ot\text{-}Bu)_3]$ (**78**) katalysiert diese Reaktion schon bei Raumtemperatur (R. R. Schrock, 1981). Insbesondere bei der Metathese von terminalen Alkinen treten Polymerisations- und Cyclotrimerisationsreaktionen als Nebenreaktionen auf. Der Mechanismus der Alkinmetathese ist dem der Olefinmetathese analog: Katalytisch aktive Zwischenstufen sind Alkin-carbinkomplexe (**79**/**81**), die sich über einen Metallacyclobutadienkomplex **80** wechselseitig ineinander umwandeln können. Substitution des Alkinliganden in **79** und **81** durch ein anderes Alkin gewährleistet den Stoffumsatz.

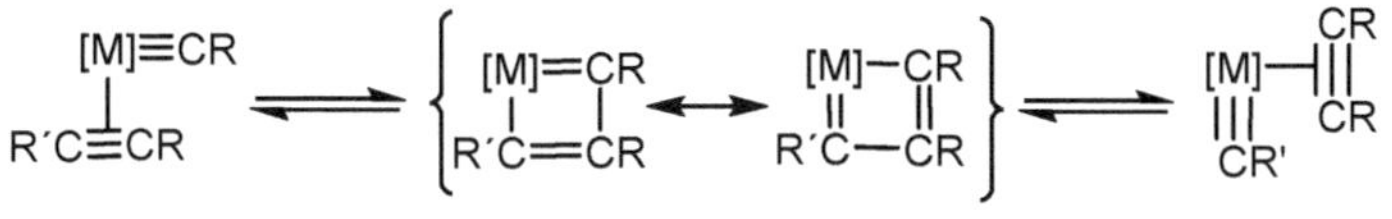

79 **80** **81**

Wolframacyclobutadienkomplexe vom Typ **80** ([M] = $W(OAr)_3$) sind in Substanz isoliert und auch strukturell charakterisiert worden (Ar = 2,6-Di(isopropyl)phenyl, R = R' = Et). Sie erwiesen sich auch selbst als metatheseaktiv.

Beim Mortreux-Katalysator **77** sind später auch andere Phenole als Cokatalysator verwendet worden, wodurch eine Optimierung hinsichtlich Selektivität und/oder Aktivität auf das jeweilige Problem ermöglicht worden ist. So katalysiert beispielsweise $Mo(CO)_6$/4-Chlorphenol bei 130−150 °C mit hohen Ausbeuten unter Abspaltung von Butin die Dimerisierung von ArC≡CMe. Mortreux-Katalysatoren sind sehr „robust“, es braucht nicht unter Inertbedingungen mit aufwendig gereinigten Lösungsmitteln gearbeitet zu werden. Allerdings ist infolge der drastischen Reaktionsbedingungen ihre Anwendung im Wesentlichen auf nichtfunktionalisierte Alkine beschränkt. Der Alkylidinkomplex **78** sowie metatheseaktive Amido(alkylidin)molybdän-Komplexe [Mo(≡CR){N(*t*-Bu)(3,5-$Me_2C_6H_3$)}$_3$] (R = H, Me, Et, ...) weisen eine hohe Toleranz gegenüber funktionellen Gruppen (Ketone, Acetale, Ester, Ether, Sulfone, Urethane, ...) auf. Sie verhalten sich auch streng chemoselektiv gegenüber π-Systemen: Olefinische Doppelbindungen werden nicht angegriffen! Dadurch wird das synthetische Potential von Olefin- und Alkinmetathese wesentlich erweitert. Weitere sehr hochaktive Einkomponentenkatalysatoren sind die Alkylidinwolfram- (**82**) und -molybdänkomplexe (**83**), die bereits bei Raumtemperatur sehr effektiv die Alkinmetathese katalysieren. Das Phenanthrolinaddukt von **83**, [Mo(≡CAr)($OSiPh_3$)$_3$(phen)], ist ein hochaktiver luftstabiler Präkatalysator [26, 27].

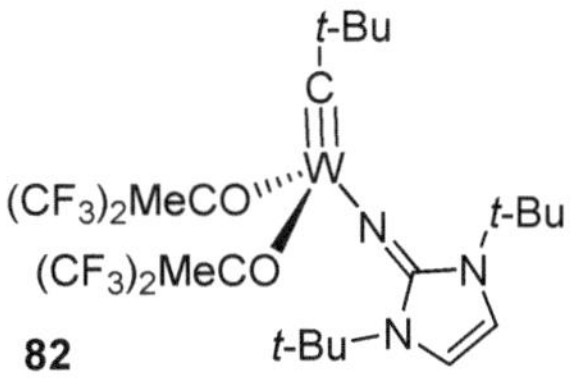

82 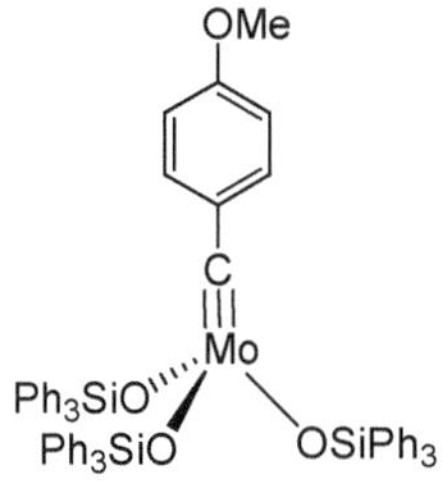 **83**

Aufgabe 8.9

- (t-BuO)$_3$W≡W(Ot-Bu)$_3$ reagiert mit symmetrischen Alkinen RC≡CR (R = Me, Et, Pr, ...) zu Alkylidinkomplexen (t-BuO)$_3$W≡CR (**78'**), aber offenbar aus sterischen Gründen nicht mit t-BuC≡Ct-Bu zu **78**. Die entsprechende Umsetzung mit einem Überschuss an t-BuC≡CMe liefert aber ausschließlich (t-BuO)$_3$W≡Ct-Bu (**78**), sofern im Vakuum gearbeitet wird. Welchen Reaktionsablauf nehmen Sie an?
- Analysieren Sie Komplex **82** vergleichend zu den Schrock-Katalysatoren **A** in Abbildung 8.1 (S. 183) bezüglich der Oxidationsstufe und der Gesamtvalenzelektronenzahl des Zentralatoms und der elektronischen Eigenschaften der Liganden. Beschreiben Sie die Natur des N-gebundenen Coliganden in **82** und begründen Sie, warum es sich um einen starken σ-Donor handelt.

Cycloalkine mittlerer Ringgröße (12- bis 28-gliedrige Ringe) sind durch Ringschlussmetathese von acyclischen Diinen (**84** → **85**; RCAM: *R*ing-*C*losing *A*lkyne *M*etathesis) unter Verdünnungsbedingungen zu erhalten, wobei in vielen Fällen der Alkylidinwolframkomplex **78** als Katalysator verwendet wird. Bevorzugt werden Dialkine **84** mit R = Me, Et eingesetzt, sodass das gebildete Butin bzw. Hexin im Vakuum leicht aus dem Reaktionsgemisch entfernt werden kann. Eine anschließende partielle Hydrierung der Dreifachbindung mit dem Lindlar-Katalysator (ein mit Blei modifizierter $Pd/CaCO_3$-Katalysator) ergibt selektiv das (*Z*)-Cycloolefin (**85** → (*Z*)-**86**). Katalytische Hydrosilylierung von **85** und Abspaltung der Silylgruppe mit Fluoriden ergibt einen Zugang zum (*E*)-Cycloolefin (**85** → (*E*)-**86**). Diese Zweistufenreaktionen (**84** → **85** → **86**) sind in vielen Fällen der direkten Synthese von **86** durch Olefinmetathese eines Diolefins vorzuziehen, da dabei die Diastereoselektivität ((*Z*)- *versus* (*E*)-Cycloolefin) überhaupt nicht oder nur eingeschränkt gesteuert werden kann [28].

Aufgabe 8.10

Das C_3-symmetrische Triin **1** (R = *n*-Pr) ist mit dem Ziel hergestellt worden, durch Alkinmetathese ein T_d-symmetrisches Tetramer **2** zu erhalten. Die Erwartung war begründet, da der Winkel, den die drei Prop-1-inyl-Gruppen in **1** einschließen (gestrichelte Linien), ziemlich genau dem in einem Tetraeder entspricht. Als Katalysator ist **3** verwendet worden, der es zulässt, in Gegenwart eines Molekularsiebes 5Å in einem geschlossenen System zu arbeiten. Worin besteht die Funktion des Molekularsiebes? Allerdings ist anstelle **2** ein anderes Tetramer erhalten worden. Welche Struktur könnte es haben? Geben Sie seine Symmetrie an und zeigen Sie einen möglichen Reaktionsweg auf.

Die Metathese von Cycloalkinen führt in einer ROMP-Reaktion, für die auch das Akronym ROAMP (*R*ing-*O*pening *A*lkyne *M*etathesis *P*olymerization) verwendet wird, zu Polyalkinameren. Als Beispiel ist die Polymerisation des gespannten Cyclooctins zum Polyoctinamer gezeigt (**87** → **88**). Dieses ist auch aus einem acyclischen Diin, dem Dodeca-2,10-diin, in einer acyclischen Diinmetathese-Polymerisation (**89** → **88**; ADIMET: *A*cyclic *Di*yne *Meta*-

thesis) zugänglich. Unter dem Gesichtspunkt der Atomökonomie sind ROAMP- den ADIMET-Reaktionen überlegen [29].

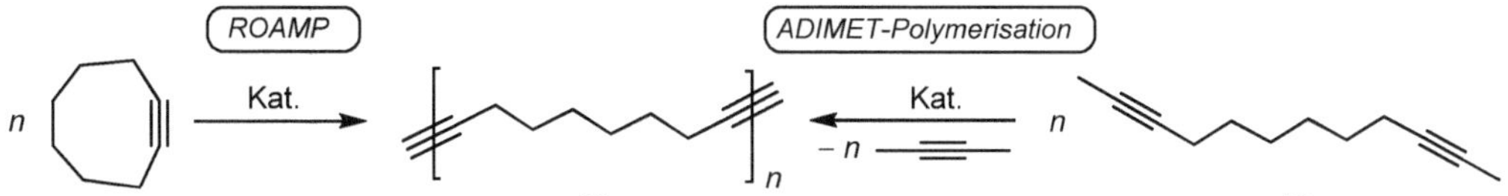

ROAMP — Kat. — ADIMET-Polymerisation — Kat., − n

87 88 89

ADIMET-Reaktionen gewinnen zunehmend an Interesse für die Synthese von Alkin-verbrückten Polymeren mit speziellen optischen und elektrischen Eigenschaften. Dazu gehören die Polymere **90** und **91**, die als Poly(*p*-phenylen-ethinylen)e (PPEs) (**90**) oder allgemein als Poly(arylen-ethinylen)e (PAEs) bezeichnet werden. **92** ist ein Beispiel für ein Hybridpolymer (PPE + PPV; PPV = Poly(*p*-phenylen-vinylen)) [30].

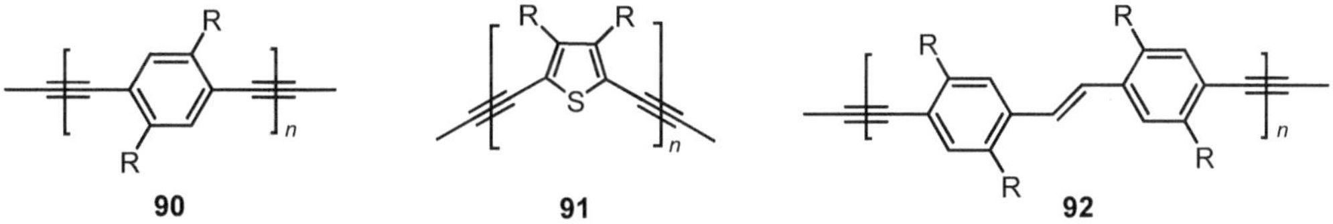

90 91 92

ROAMP-Reaktionen können als lebende Polymerisation gestaltet werden, wenn beispielsweise der *ONO*-Pincer-Molybdänkomplex **93a** als Präkatalysator und das Dibenzocyclooctin **94** als Substrat eingesetzt werden. **93a** unterliegt in Lösung (Toluol) einer Abspaltung von $KOC(CF_3)_2Me$ zu **93b**, dem katalytisch aktiven Komplex. Da diese Abspaltung reversibel ist, wird der Molybdänkomplex mit der wachsenden Polymerkette **95** durch Rekoordination des Kaliumalkoholats stabilisiert, sodass unerwünschte irreversible Abbruch- und Kettenübertragungsreaktionen unterbunden werden. Das hat die Möglichkeit eröffnet, via ROAMP amphiphile Blockcopolymere zu erzeugen, indem als Monomere nacheinander **94** mit R = *n*-C_6H_{13} (hydrophob) und R = $(CH_2CH_2O)_3Me$ (hydrophil) eingesetzt wurden [31].

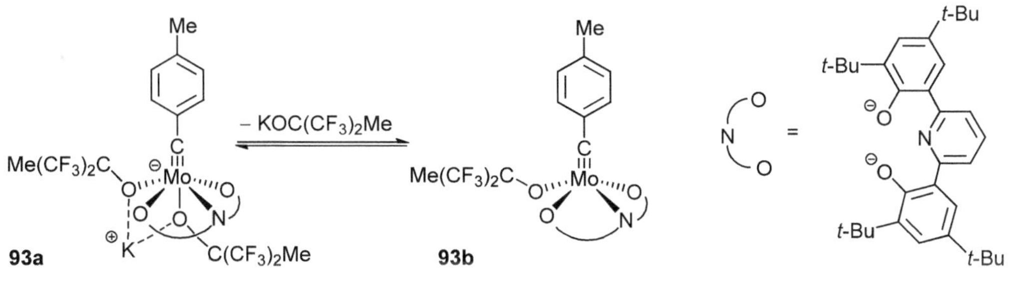

− $KOC(CF_3)_2Me$

93a 93b

93 (Toluol, 90°C)

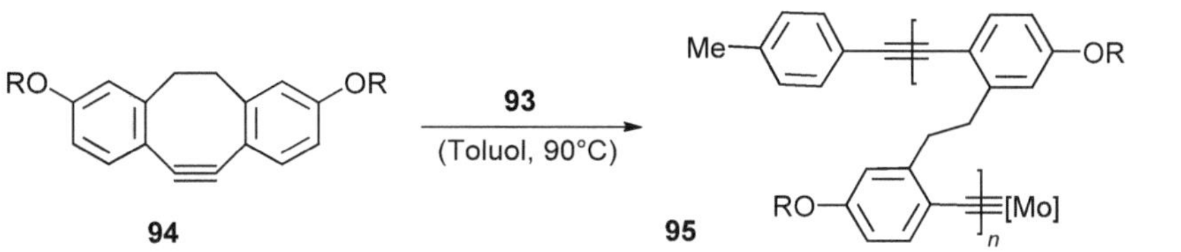

94 95

Aufgabe 8.11

Ebenfalls lebend verläuft die ROAMP-Reaktion (Toluol, 24 °C) des Dibenzocycloocta-1,5-diins **1** mit **2a** zu einem Polymer. Dagegen wird bei Verwendung von **2b** als Katalysatorkomplex ein Cyclooligomer gebildet. Geben Sie die Strukturen der beiden Produkte an und überlegen Sie, worauf die unterschiedliche Reaktivität der beiden Katalysatoren zurückzuführen sein könnte.

OR = $OC(CF_3)_2Me$

Metathetische Spaltung der RC≡N- und N≡N-Bindung

Nitrido- (**96**) und Alkylidinwolframkomplexe (**97**) können wechselseitig ineinander umgewandelt werden. Wenn X ein Alkoholatligand mit einer relativ geringen Donorstärke ist (X = $OCMe(CF_3)_2$, $OCMe_2CF_3$), dann wird eine Alkin–Nitril-Kreuzmetathese **98** → **99** katalysiert, die – zunächst überraschend – zu einem symmetrischen Alkin Ar–C≡C–Ar (neben nur geringen Mengen an Ar–C≡C–Et) führt:

$$\mathbf{96}\quad X_3W{\equiv}N \underset{+\,RC{\equiv}N}{\overset{+\,RC{\equiv}CR}{\rightleftharpoons}} X_3W{\equiv}CR\quad \mathbf{97}$$

$$\underset{\mathbf{98}}{2\,Ar{-}C{\equiv}N + Et{-}C{\equiv}C{-}Et} \xrightarrow[\text{Toluol (95 °C)}]{\mathbf{96}\text{ (5 mol-\%)}} \underset{\mathbf{99}}{Ar{-}C{\equiv}C{-}Ar + 2\,Et{-}C{\equiv}N}$$

Es ist gezeigt worden, dass die Reaktion analog einer Alkinmetathese abläuft (Aufgabe 8.12).

Kreuzmetathesen zwischen Alkinen und Distickstoff wären eine attraktive Möglichkeit, N_2 direkt in organische Stickstoffverbindungen umzuwandeln, konnten aber bislang nicht realisiert werden. Ein Schritt in diese Richtung ist die bereits bei Raumtemperatur stöchiometrisch verlaufende metathetische Spaltung der N≡N-Bindung **100** → **101**.

100 (M = Mo, W) — $[M] = M(OSiPh_3)_4$ — − K[BF₄] — py — H_2O — **101** — **102a** — **102b** — **103** — **104**

$$\underset{\mathbf{103}}{[M]{\equiv}C{-}Ar + N{\equiv}N^{+}{-}Ar'} \longrightarrow \underset{\mathbf{104}}{Ar{-}C{\equiv}N + [M]{=}N{-}Ar'}$$

Die Produktbildung (**100** → **101** → **102a**/**102b**) kann *formal* (zum Mechanismus vgl. Aufgabe 8.12) durch Spaltung und Neubildung der Dreifachbindungen gemäß **103** → **104** nachvollzogen werden. Pyridin und Wasser setzen aus **101** das Nitril frei, wobei mit Wasser auch eine hydrolytische Abspaltung des Imidoliganden erfolgt. Die Spaltung der N≡N-Bindung in Aryldiazoniumsalzen ist eine bemerkenswerte Reaktion, weil aus diesen besonders leicht N_2 abgespalten wird.

Aufgabe 8.12

- Formulieren Sie für die Alkin–Nitril-Kreuzmetathese (**98** → **99**) die relevanten Katalysezyklen. Welche Zwischenprodukte treten auf?
- Skizzieren Sie für die metathetische Spaltung der N≡N-Bindung **100** → **101** einen möglichen Mechanismus und diskutieren Sie, warum es von Vorteil ist, für diese Reaktion einen anionischen Komplex mit dem Metall in der höchstmöglichen Oxidationsstufe einzusetzen.

Enin-Metathesen

Mit Grubbs-Katalysatoren sind auch Enin-Metathesen zu realisieren, wobei konjugierte Diene gebildet werden. Formal addieren sich dabei die beiden Alkylidengruppen des Olefins so an die Dreifachbindung des Alkins, dass diese zur C_{sp^2}–C_{sp^2}-Einfachbindung des konjugierten Diens wird. Enin-Metathesen können intramolekular als Ringschlussmetathesen (**105** → **106**; RCEYM: *R*ing-*C*losing *Eny*ne *M*etathesis), intermolekular als Kreuzmetathese (**107** → **108**) oder auch als Domino-Metathese (**109** → **111**) ausgeführt werden. Bei letzterer laufen zwei Ringschlussmetathesen (**109** → **110**: RCEYM; **110** → **111**: RCM) hintereinander ab.

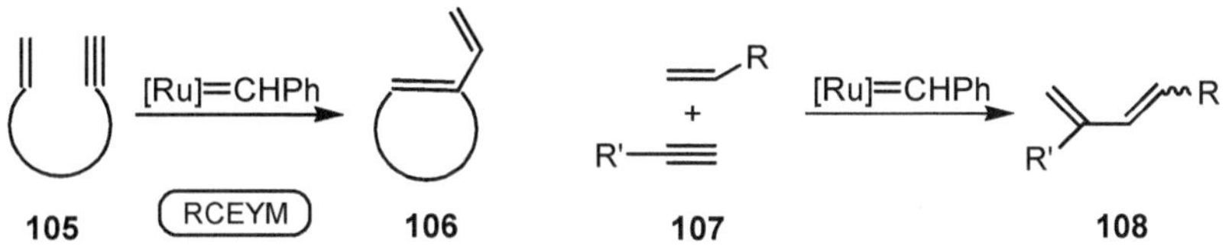

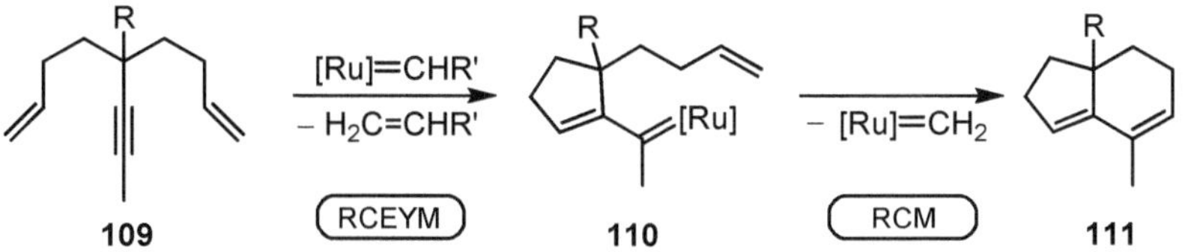

Der mögliche Mechanismus einer Enin-Metathese mit einem Grubbs-Katalysator ist am Beispiel einer intermolekularen Enin-Metathese vereinfacht in Abbildung 8.3 wiedergegeben. Es werden folgende Reaktionsschritte durchlaufen:

112 → **113**: Analog der Olefinmetathese ist der 14-*ve*-Alkylidenkomplex **112** Ausgangspunkt. Koordination des Alkins führt zum Alkin-Alkylidenkomplex **113**.

113 → **114**: Insertion des Alkins in die Ru=C-Bindung ergibt einen Vinylcarbenkomplex **114**. Dabei tritt ein Ruthenacyclobutenkomplex als Zwischenstufe offenbar nicht auf. Im Falle der Metathese von HC≡CH/ H_2C=CH_2 zeigen quantenchemische Rechnungen, dass aber ein Ruthenacyclobuten-ähnlicher Übergangszustand **113**‡ durchlaufen wird.

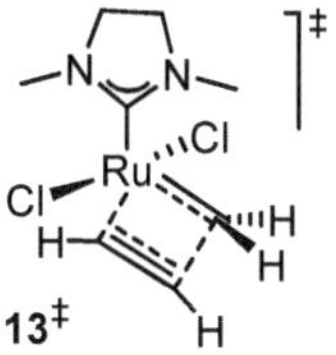

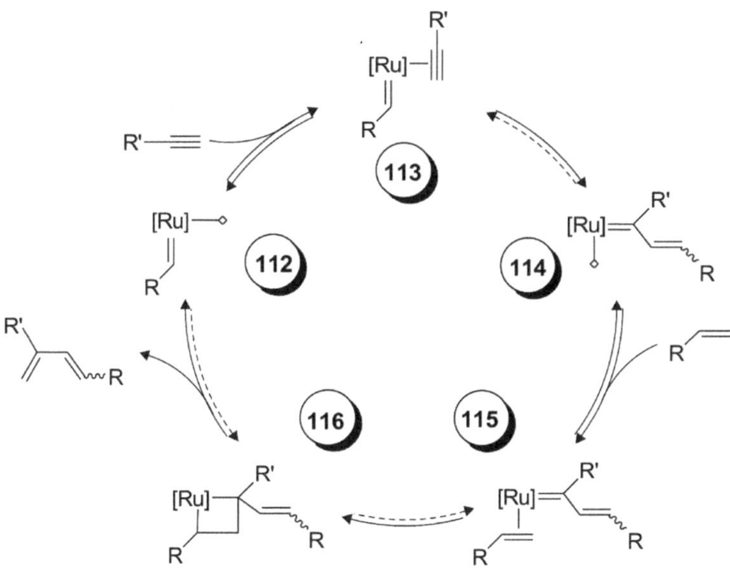

Abbildung 8.3. Zum Mechanismus der intermolekularen Enin-Metathese mit Grubbs-Katalysatoren ([Ru] = $RuCl_2(R_2Imidin)$), vereinfacht nach Diver [32] sowie Lippstreu und Straub [33].

114 → **115** → **116** → **112**: Die Weiterreaktion (Olefinkoordination, Cycloaddition, Cycloreversion) entspricht dem „normalen" Verlauf einer Olefinmetathese, nur ausgehend von einem Vinylcarbenkomplex. Welcher Reaktionsschritt geschwindigkeitsbestimmend ist, ist nicht sicher geklärt und scheint auch ausgeprägt von der Natur des Olefins und Alkins abzuhängen.

8.3 σ-Bindungsmetathese

Unter σ-Bindungsmetathesen werden konzertierte Reaktionen vom Typ **117** → **119** verstanden, die über Vierzentren-Übergangszustände **118** verlaufen.

$$\underset{\mathbf{117}}{\begin{matrix}\text{A–B}\\+\\\text{C–D}\end{matrix}} \;\underset{\mathbf{118}}{\overset{\left[\begin{matrix}\text{A}\cdots\text{B}\\\vdots\quad\vdots\\\text{C}\cdots\text{D}\end{matrix}\right]^{\ddagger}}{\rightleftharpoons}}\; \underset{\mathbf{119}}{\begin{matrix}\text{A}\\|\\\text{C}\end{matrix} + \begin{matrix}\text{B}\\|\\\text{D}\end{matrix}}$$

Hier interessieren solche Reaktionen, die unter Beteiligung von Metallen ablaufen. Sie treten bei Aktivierungen von H–H- (**a**), C–H- (**b**) und C–C-Bindungen (**c**) auf und entsprechen einer Hydrogenolyse (**a**) bzw. Alkanolyse (**b**/**c**) von M–C-Bindungen.

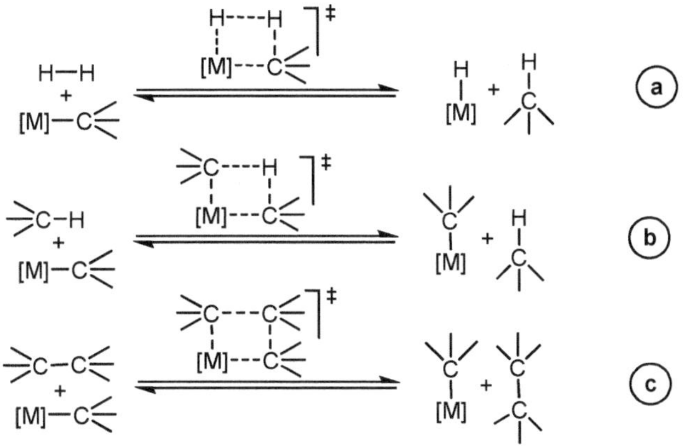

Bei frühen Übergangsmetallen mit einer d^0-Elektronenkonfiguration gilt für die Bildungstendenz der viergliedrigen Übergangszustände **a** > **b** >> **c** und Reaktionen vom Typ **c** scheinen – zumindest in katalytischen Reaktionen – überhaupt keine Rolle zu spielen [34]. Geht der σ-Bindungsmetathese eine σ-Komplexbildung voran, wie das bei späten Übergangsmetallen nachgewiesen ist, spricht man von einer durch σ-Komplexe vermittelten Metathese (**d**; σ-CAM: σ-*C*omplex *A*ssisted *M*etathesis). Als Beispiel sei eine Ligandenmetathese angeführt, die über diskrete σ-Komplexe als Zwischenstufen verläuft, die befähigt sind, dynamische Umlagerungen einzugehen:

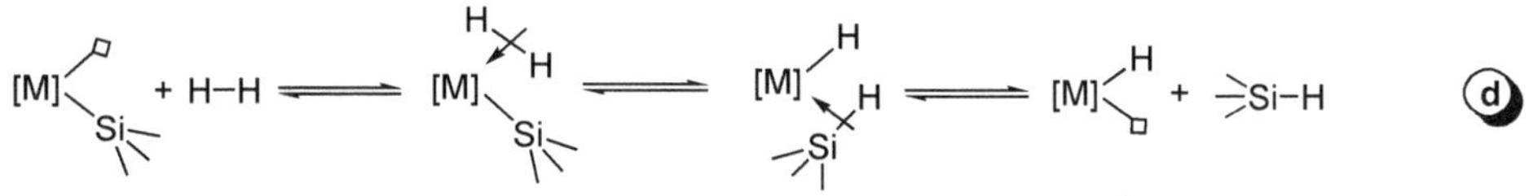

Sowohl σ-H_2- (vgl. S. 78) als auch σ-H–SiR_3-Komplexe (vgl. S. 403) sind in Substanz isoliert und charakterisiert. Ein Wechsel in der Oxidationsstufe des Metalls tritt beim σ-CAM-Mechanismus nicht auf [35].

Ein zu einer σ-Bindungsmetathese **a** (entsprechendes gilt für **b**) alternativer Mechanismus (**a'**) ist möglich, wenn der Metallkomplex zur oxidativen Addition von H_2 befähigt ist:

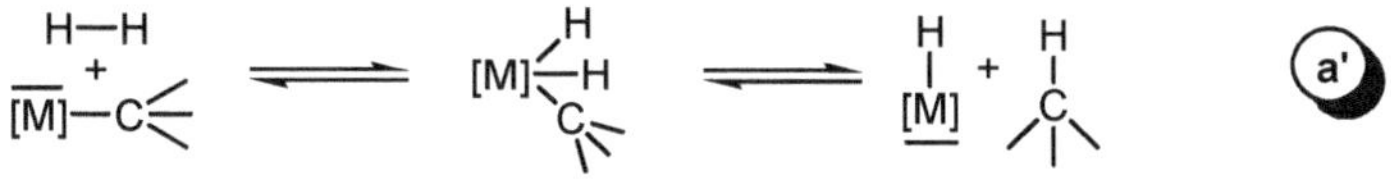

Die Reaktionsfolge in **a'**, oxidative Addition (gegebenenfalls mit vorangehender σ-H_2-Komplexbildung) und reduktive C–H-Eliminierung, liefert die gleichen Produkte wie bei **a**. Dabei erfolgt ein Wechsel in der Oxidationsstufe von M. Das ist der entscheidende Unterschied zu **a** und zum σ-CAM-Mechanismus.

Aufgabe 8.13

Begründen Sie die Aussage, dass ein alternativer Mechanismus zu einer σ-Bindungsmetathese, dem eine oxidative Addition von X–Y (X–Y z. B. H_2) zugrunde liegt, bei d^0-Komplexen ausscheidet.

In ähnlicher Weise wie bei Alkanen laufen σ-Bindungsmetathesen bei Silanen ab (**d**/**d'**).

Darauf aufbauend sind katalytische Dehydrokupplungen von Silanen (**120** → **121**) möglich. Dihydrosilane R_2SiH_2 werden dabei zu Polysilanen **122** umgesetzt, die wegen ihrer besonderen elektrischen und optischen Eigenschaften sowie der Pyrolyse (R = Me) zu Siliciumcarbidfasern von Interesse sind. Zwischenstufen können Silylmetall- und Hydridometallverbindungen sein.

120 **121** **122**

σ-Bindungsmetathesen unter Beteiligung von Heteroelement–Wasserstoff-Bindungen (E–H) und M–C- bzw. M–N-Bindungen sind ebenfalls weit verbreitet, wobei in Abhängigkeit von der Polarität der E–H-Bindung ($H^{\delta+}$ *versus* $H^{\delta-}$) M–E- (**e**) bzw. M–H-Bindungen (**f**) geknüpft werden (X = CR_3, $N(SiMe_3)_2$, ….).

protisches H:
H–E = H–NR_2, H–OR, H–PR_2, H–SR, ...

hydridisches H:
H–E = H–BR_2, H–AlR_2, ...

σ-Bindungsmetathesen können Grundlage für eine Hydrogenolyse von Polyethen zu Oligomeren oder kurzkettigen Alkanen sein. So können auf der Oberfläche von dehydoxyliertem Alumokieselgel Zirconiumhydride aufgebracht werden, die eine Struktur wie in **123** (die Wellenlinie deutet die Festkörperoberfläche an; Struktur vereinfacht) aufweisen. Der oberflächengebundene Hydridozirconiumkomplex **123** (Symbol: $[Zr]_s$–H) katalysiert schon bei Raumtemperatur die Polymerisation von Ethen zu Polyethen (**124** → **125**). Bei 150 °C erfolgt in Gegenwart von H_2 Depolymerisation bis hin zu kurzkettigen Alkanen (**125** → **126**). Auch wenn **123** in Gegenwart von H_2 direkt mit Polyethen umgesetzt wird, tritt ein hydrogenolytischer Polymerabbau ein.

kurzkettige Alkane

124 **125** **126** **123**

Einleitender Schritt der Hydrogenolyse des Polymers (**123** → **127**, **P** und **P'** symbolisieren die Polymerkette) ist wahrscheinlich eine σ-Bindungsmetathese unter C–H-Aktivierung gemäß Reaktion **a** (S. 203). Dabei bildet sich ein oberflächengebundener sekundärer Alkylkomplex **127** und Wasserstoff.

H H H—H
[Zr]s + P P' ⇌ + [Zr]s P P'
123 **127**

Aufgabe 8.14

Schlagen Sie ausgehend von Komplex **127** einen Reaktionsmechanismus für den hydrogenolytischen Polymerabbau **125** → **126** vor. Ziehen Sie dabei eine β-Alkyleliminierung (S. 45), die mikroskopische Umkehr der Insertion eines Olefins in eine σ-M–C_{Alkyl}-Bindung, in Betracht. Überlegen Sie, was die Triebkraft des für sich allein thermodynamisch ungünstigen β-Alkyltransfers sein könnte.

Generell spielen in der Katalyse bei Aktivierungen von Element–Wasserstoff- und anderen Element–Element-Einfachbindungen σ-Bindungsmetathesen eine große Rolle, insbesondere bei d^0-Übergangsmetall- sowie bei redoxstabilen Lanthanoid- und Erdalkalimetallkatalysatoren [36].

8.4 Metathese von Alkanen

Die formale Analogie zur Olefin- und Alkinmetathese ist die Katalyse einer Reaktion, die ein Alkan mittlerer Kettenlänge (**128**) zu gleichen Teilen in ein Alkan mit niedrigerer und höherer C-Zahl (**129**/**130**) umwandelt (Alkanmetathese).

$$\begin{matrix} Me(CH_2)_n\text{—}(CH_2)_mMe \\ + \\ Me(CH_2)_n\text{—}(CH_2)_mMe \end{matrix} \xrightleftharpoons{\text{Kat.}} \left[\begin{matrix} Me(CH_2)_n \\ | \\ Me(CH_2)_n \end{matrix}\right] + \left[\begin{matrix} (CH_2)_mMe \\ | \\ (CH_2)_mMe \end{matrix}\right]$$

128 **129** **130**

Sie ist grundsätzlich weniger selektiv als Olefin- und Alkinmetathesen und liefert, da zumindest in gewissem Umfang alle C–C-Bindungen in die Reaktion einbezogen werden, eine Reihe von Alkanen mit niedrigerer und höherer C-Zahl als das Ausgangsalkan. Die Alkanmetathese wurde erstmals 1997 von J.-M. Basset realisiert. Als Präkatalysatoren sind auf Silicagel fixierte Hydridometallkomplexe eingesetzt worden, insbesondere ein Hydridotantal(III)-Komplex **131**,[1] der wohldefiniert durch Aufbringen von [Ta(=CH*t*-Bu)(CH_2*t*-Bu)$_3$] auf partiell dehydroxyliertes Kieselgel und anschließende Hydrogenolyse zugänglich ist. Bei 700 °C behandeltes Kieselgel ($SiO_{2\text{-}(700)}$) hat isolierte Oberflächensilanolgruppen und es entsteht

[1] Die Silanolgruppen in Bis(siloxy)-Komplexen brauchen nicht notwendig – wie hier vereinfachend gezeichnet – von benachbarten Si–O–Si-verbrückten Siliciumatomen zu stammen. Wir lassen weiterhin außer Betracht, dass bei der Hydrogenolyse der Organoliganden außer **131** auch Oberflächen-Si–H-Einheiten gebildet werden. In Abhängigkeit vom Trägermaterial und den Reaktionsbedingungen entstehen bei der Hydrierung auch höhere Hydride ($[Ta]_sH_3$).

zunächst ein einfach fixierter Oberflächenkomplex, der bei der Wasserstoffbehandlung in den Bis(siloxy)hydridotantal-Komplex **131** übergeht. Wird von einem bei tieferen Temperaturen behandeltem Silicagel ($SiO_{2\text{-}(200)}$) ausgegangen, entsteht unmittelbar ein zweifach fixierter Oberflächenkomplex, der bei der Hydrogenolyse ebenfalls **131** ergibt. Eine Oberflächenfixierung wie in **131** wird nachfolgend mit „$[Ta]_s$" abgekürzt (**131**: $[Ta]_s$–H) [37].

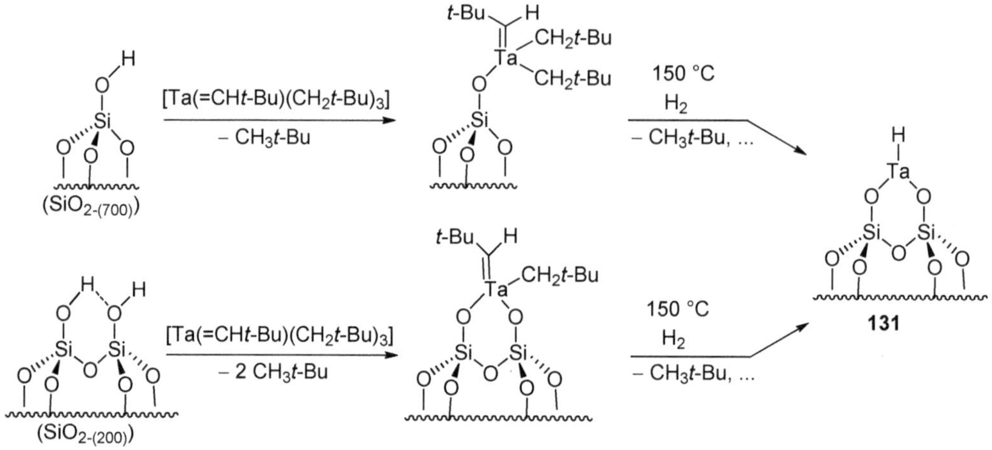

Bei Alkanmetathesen treten Alkylübergangsmetallverbindungen als Intermediate auf. Die Katalysatoren sind thermisch hinreichend stabil, weil ihre Fixierung auf einer Festkörperoberfläche mit einer erheblichen Steigerung der Stabilität verbunden ist. Das zeigt sich eindrucksvoll beim Vergleich der Stabilität von homoleptischen Methylmetallverbindungen wie $[TaMe_5]$ mit den auf SiO_2 fixierten Verbindungen wie $[Ta]_sMe_4$ (**132** → **133**).[1] **133** katalysiert die Alkanmetathese, wobei der Mechanismus sich von dem unten angegebenen in einigen Details unterscheidet.

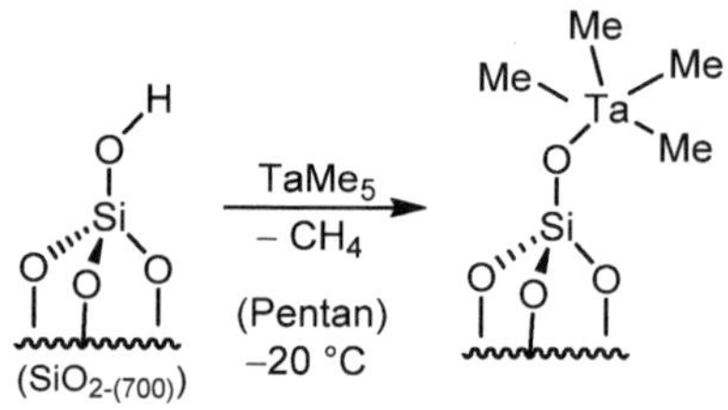

Komplexe wie **131** sind extrem elektrophile (8 *ve*!) Hydridotantal(III)-Komplexe (d^2-Elektronenkonfiguration). Die Selektivitäten, die mit solchen Katalysatoren ($[Ta]_s$–H, 150 °C) bei der Ethan-, Propan- und *n*-Butanmetathese erreicht worden sind, sind in Abbildung 8.4 gezeigt. Insbesondere das Diagramm der Butanmetathese zeigt, dass die Hauptprodukte zwar die benachbarten homologen Alkane (Propan, Pentane) sind, aber auch andere Homologe in großem Umfang gebildet werden. Bei der Propanmetathese erwies sich ein Hydridowolframkomplex auf Al_2O_3 aufgebracht als etwa doppelt so aktiv im Vergleich mit **131** [38].

[1] $[TaMe_5]$ ist bei Raumtemperatur wenig stabil und kann sogar explodieren. Im Gegensatz dazu ist **133** für mindestens eine Woche bei Raumtemperatur stabil. Ähnliches gilt für $[WMe_6]$ und den oberflächenfixierten Komplex $[W]_sMe_5$ und auch für andere homoleptische Übergangsmetallkomplexe $[MMe_x]$.

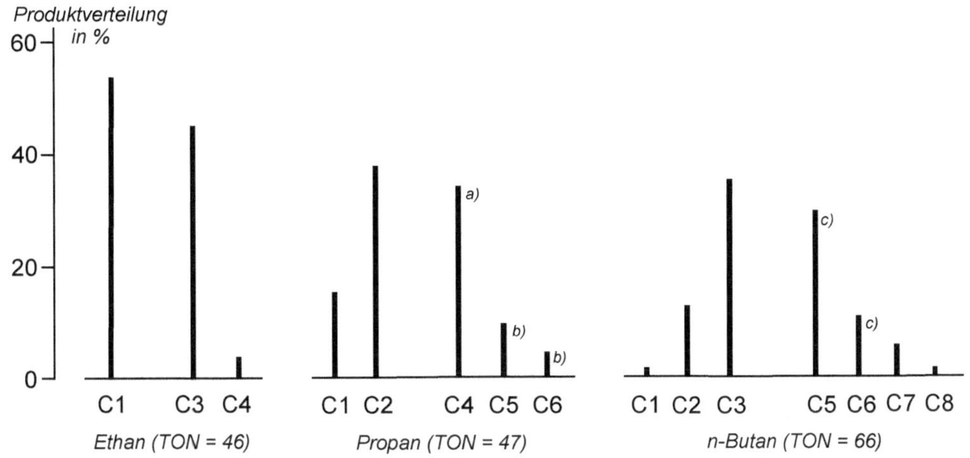

Abbildung 8.4. Selektivität (bei 3 % Umsatz) der Ethan-, Propan- und *n*-Butanmetathese mit $[Ta]_s$–H (**131**) als Präkatalysator (150 °C; 50–80 h). Das überschüssige Ausgangsalkan ist nicht aufgeführt. Die Umsatzzahlen (*TON*) sind in mol Alkan pro mol Tantal angegeben (nach Vidal und Basset [39]). a) *n*/iso-Verhältnis ca. 4. b) *n*/iso-Verhältnis ca. 2. c) *n*/iso-Verhältnis ca. 9.

Zum Mechanismus der Alkanmetathese

Für die Klärung des Mechanismus der Alkanmetathese war die Umsetzung des katalytisch aktiven Hydridokomplexes **131** mit CH_4 von Bedeutung, die gezeigt hat, dass Methan via σ-Bindungsmetathese aktiviert wird (**131** → **134**) und nachfolgende α-Hydrideliminierungen (im letzten Schritt gekoppelt mit einer reduktiven H–H-Eliminierung) zu Methyliden- und Methylidinkomplexen führen (**134** → **135** → **136**).

$$\underset{\mathbf{131}}{[Ta]_s{-}H} \underset{(150\,°C)}{\overset{+\,CH_4}{\rightleftharpoons}} \left[\begin{matrix} H_3C\text{---}H \\ \vdots \quad \vdots \\ [Ta]_s\text{--}H \end{matrix}\right]^{\ddagger} \underset{-\,H_2}{\rightleftharpoons} \underset{\mathbf{134}}{[Ta]_s{-}CH_3} \rightleftharpoons \underset{\mathbf{135}}{[Ta]_s(=CH_2)(H)} \underset{-\,H_2}{\rightleftharpoons} \underset{\mathbf{136}}{[Ta]_s{\equiv}CH}$$

Darüber hinaus ist nachgewiesen, dass Primärprodukte von Alkanmetathesen Olefine und Wasserstoff sind. Aus diesen Befunden und weiteren experimentellen Untersuchungen ist der folgende Mechanismus für die Alkanmetathese abgeleitet worden [40, 41]:

131 → **137**: *σ-Bindungsmetathese.* Der oberflächenfixierte Hydridotantalkomplex **131** reagiert mit dem Alkan[1] – analog zur Reaktion mit Methan (**131** → **134**) zu einem Ethyltantalkomplex **137**:

$$\underset{\mathbf{131}}{[Ta]_s{-}H} + H{-}CH_2{-}CH_3 \;\xrightleftharpoons{\left[\begin{matrix} H\text{---}H \\ \vdots \quad \vdots \\ [Ta]_s\text{--}CH_2{-}CH_3 \end{matrix}\right]^{\ddagger}}\; H{-}H + \underset{\mathbf{137}}{[Ta]_s{-}CH_2{-}CH_3}$$

[1] Wir formulieren nachfolgend vereinfachend für Ethan, weil dabei keine Regioisomere auftreten.

137 → **138** bzw. **137** → **139** → **131**: *α-/β-Wasserstoffeliminierung.* Oberflächengebundene Alkylkomplexe wie **137** unterliegen einer α- und β-H-Eliminierung, wobei Hydridocarben- (**138**; vgl. mit **134** → **135**) bzw. Hydridotantalkomplexe **131** und Olefine gebildet werden.

$[Ta]_s{-}CH_2CH_3$ (**137**) ⇌ $[Ta]_s(=CHCH_3)(H)$ (**138**)

$[Ta]_s{-}CH_2CH_3$ (**137**) ⇌ $[Ta]_s(H)(CH_2{=}CH_2)$ (**139**) ⇌ $[Ta]_s{-}H + H_2C{=}CH_2$ (**131**)

138 → **140** → **141** → **140'** → **135**: *π-Bindungsmetathese.* Via π-Bindungsmetathese werden in der üblichen Weise Olefine verschiedener Kettenlänge gebildet, nur handelt es sich bei den katalytisch aktiven Komplexen nicht nur um Alkyliden-, sondern um Hydridoalkylidenkomplexe **138**/**135**.

138 $[Ta]_s(=CHCH_3)(H)$ ⇌ ($H_2C{=}CH_2$) **140** $(CH_2{=}CH_2)[Ta]_s(H){=}CHCH_3$ ⇌ **141** $[Ta]_s(H)$-Metallacyclobutan ($H_2C{-}CH_2$, $[Ta]_s{-}CHCH_3$) ⇌ **140'** $(CH_2{=}CH_2{=}CHCH_3)[Ta]_s(H){=}CH_2$ ⇌ ($H_2C{=}CHCH_3$) **135** $[Ta]_s(=CH_2)(H)$

135 → **134** → **131**: *Carbeninsertion und σ-Bindungsmetathese.* Durch Wasserstoffverschiebung vom Metall auf den Carbenliganden wird ein Methyltantalkomplex gebildet, aus dem durch Hydrogenolyse Methan abgespalten wird.

135 $[Ta]_s(=CH_2)(H)$ ⇌ **134** $[Ta]_s{-}CH_3$ ⇌ (H_2) $[H{\cdots}H{\cdots}[Ta]_s{\cdots}CH_3]^{\ddagger}$ ⇌ **131** $[Ta]_s{-}H + CH_4$

131 → **139'** → **137'** → **131**: *Olefininsertion und σ-Bindungsmetathese.* Durch Insertion des Olefins in die Ta–H-Bindung wird ein Alkyltantalkomplex **137'** generiert, aus dem durch Hydrogenolyse unter Rückbildung von **131** Propan abgespalten wird.

$$\underset{\mathbf{131}}{[\mathrm{Ta}]_s\text{–H}} \xrightleftharpoons{\mathrm{H_2C{=}CHCH_3}} \underset{\mathbf{139'}}{\mathrm{H_2C{=}CHCH_3}\cdots[\mathrm{Ta}]_s\text{–H}} \rightleftharpoons \underset{\mathbf{137'}}{[\mathrm{Ta}]_s\text{–CH_2CH_2CH_3}}$$

$$\xrightleftharpoons{\mathrm{H_2}} \left[\begin{matrix}\mathrm{H}\text{- - -}\mathrm{H} \\ [\mathrm{Ta}]_s\text{- -}\mathrm{CH_2CH_2CH_3}\end{matrix}\right]^{\ddagger} \rightleftharpoons \underset{\mathbf{131}}{\mathrm{H}\text{–}[\mathrm{Ta}]_s} + \mathrm{CH_3CH_2CH_3}$$

Aufgabe 8.15

Im Falle der Ethanmetathese erfolgen Spaltung und Neubildung von C–C-Bindungen über einen methylsubstituierten Tantalacyclobutan-Komplex **141** als Intermediat. Formulieren Sie die analogen Intermediate für die Metathese von Propan und die sich daraus ergebenden Produkte. Der Einfachheit halber berücksichtigen Sie nur die Aktivierung von primären C–H–Bindungen, sodass nur *n*-Alkane gebildet werden.

Es ist hervorzuheben, dass nach diesem Mechanismus die entscheidenden Schritte der Alkanmetathese – nämlich C–C-Bindungsspaltungen und -knüpfungen – der Olefinmetathese analog sind und sich durch π-Bindungsmetathese vollziehen. Ursprünglich war ein Mechanismus postuliert worden, dem ausschließlich σ-Bindungsmetathesen zugrunde lagen. Er musste verworfen werden, weil der Übergangszustand für eine σ-Bindungsmetathese, die zu einer Umverteilung von Alkylgruppen in Alkanen führt ($[\mathrm{Ta}]_s\text{–CH_2CH_3} + \mathrm{H_3C\text{–}CH_3} \rightleftharpoons [\mathrm{Ta}]_s\text{–CH_3} + \mathrm{H_3C\text{–}CH_2CH_3}$; vgl. **c**, S. 203), energetisch zu hoch liegt. Darüber hinaus steht er auch mit (heute bekannten) experimentellen Fakten wie die Bildung von Olefinen und H_2 als Primärprodukte nicht im Einklang.

Allerdings zeigen DFT-Rechnungen an Modellkomplexen, dass in Olefinkomplexen **140**/**140'** der Carbenligand nicht trans zum Hydridoliganden angeordnet sein kann.[1] Im tetraedrischen Ausgangskomplex **135m** ist die bidentate Bindung des Tantals an eine SiO_2-Oberfläche durch einen bidentaten Bis(siloxy)-Liganden modelliert, der durch doppelte Deprotonierung von Dikieselsäure ($H_6Si_2O_7$) gebildet wird. Das „Verbiegen" der Ligandensphäre zu *cis*-**135m** kostet nur ca. 6 kJ/mol, aber zu *trans*-**135m** über 300 kJ/mol, sodass der Ethenkomplex *trans*-**140m** als Intermediat ausscheidet.

[1] Es ist energetisch ungünstig, wenn sich zwei Liganden für ihre Bindungen zum Metall die gleichen Metallatomorbitale teilen müssen. Dieses generelle Prinzip manifestiert sich nicht nur im *trans*-Einfluss von Liganden, sondern findet seinen Ausdruck auch darin, dass bei zwei stark bindenden σ-Liganden (wie H^- und CH_2^{2-}) eine *cis*- gegenüber der *trans*-Anordnung in der Regel energetisch begünstigt ist. Das gleiche trifft für zwei starke π-Akzeptorliganden zu.

135m

+ $H_2C{=}CH_2$

cis-**135m** **140m**

trans-**135m** *trans*-**140m**

Das bedingt nun seinerseits einen etwas komplexeren Verlauf der π-Bindungsmetathese ausgehend von einem Hydridoalkylidenkomplex (Abbildung 8.5). Die [2+2]-Cycloaddition **140m** → **141m** führt zu einem Hydridotantalacyclobutankomplex, in dem der Hydridoligand (angenähert) *trans*-ständig zu einem CH_2R-Liganden angeordnet ist. Beides sind starke σ-Donoren, sodass eine vergleichsweise hohe Energie des Komplexes resultiert. Durch Reorganisation der Ligandensphäre (**141m** → **142m**) wird ein wesentlich stabileres Isomer erhalten, in dem das Tantal eine stark verzerrte trigonal-bipyramidale Struktur aufweist, sodass der H-Ligand nicht mehr *trans*-ständig zu einem Organylliganden angeordnet ist. **142m** ist auch der

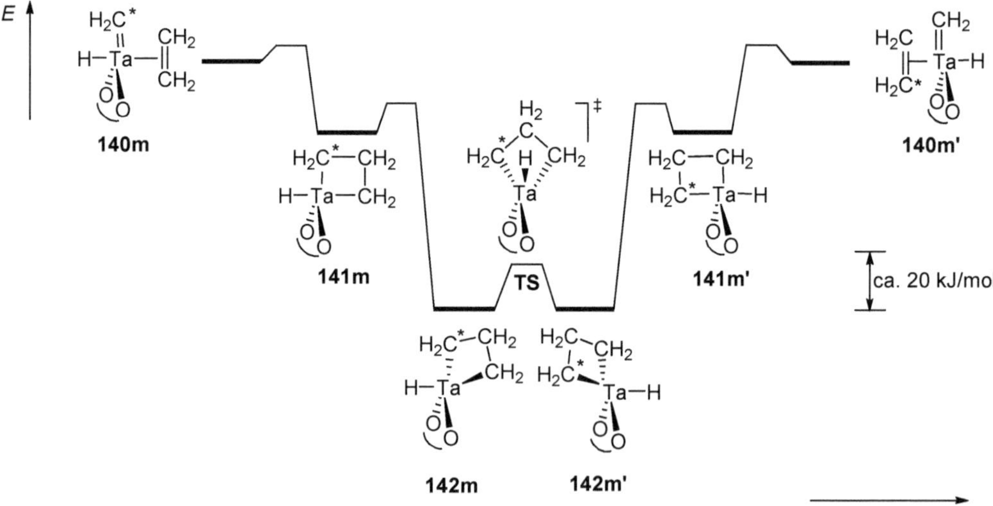

Abbildung 8.5. Energieprofildiagramm für eine π-Bindungsmetathese bei der Alkanmetathese am Beispiel der Umsetzung eines Hydrido(methyliden)(η^2-ethen)tantalkomplexes **140m** (O⌒O = Bis(siloxy)-Ligand). Um den Reaktionsablauf bei der nichtproduktiven Metathese besser verfolgen zu können, ist ein C-Atom durch einen Stern markiert (vereinfacht nach Schinzel und Chermette [42]).

energetisch stabilste Zustand. Nunmehr erfolgt – wahrscheinlich im Sinne eines Turnstile-Mechanismus – eine Ligandenumordnung (**142m** → **142m'**), die die Cycloreversion **142m'** → **141m'** → **140m'** einleitet.

Während der Katalyse vollzieht sich ein Wechsel in der Oxidationsstufe des oberflächengebundenen Tantals zwischen Ta^{III} (**131**, **134**, **137**, **139**) und Ta^{V} (**135**, **138**, **140**, **141**). Die Reaktivität der oberflächenfixierten Hydrido- (**131**) und Alkyltantal(III)-Komplexe (**134**, **137**) ist einzigartig und es gibt keine molekularen Komplexe mit vergleichbarer Reaktivität. Das ist wahrscheinlich darauf zurückzuführen, dass die Komplexe elektronisch extrem ungesättigt sind (8 *ve*!) und dass das ausnehmend elektrophile Ta-Atom auch nicht durch großvolumige Liganden abgeschirmt wird. Trotzdem unterbindet die Oberflächenfixierung offenbar hinreichend Dimerisierungsreaktionen, die wahrscheinlich zur Inaktivierung und auch zur Zersetzung führen würden.

Alkanmetathese via Tandemreaktionen

Eine weitere Prinziplösung zur Alkanmetathese ist in einer Tandemreaktion von katalytischer Alkandehydrierung und Olefinmetathese an zwei unabhängig wirkenden Katalysatoren gefunden worden: Einer Transferdehydrierung eines Alkans RCH_2CH_3 zu einem terminalen Alken katalysiert durch $[M]/[M]H_2$ (**143** → **144**) folgt die Olefinmetathese katalysiert durch [M'] (**144** → **145**). Anschließend erfolgt die durch $[M]H_2/[M]$ katalysierte Transferhydrierung der Olefinmetatheseprodukte zu RCH_2CH_2R und H_3CCH_3 (**145** → **146**).

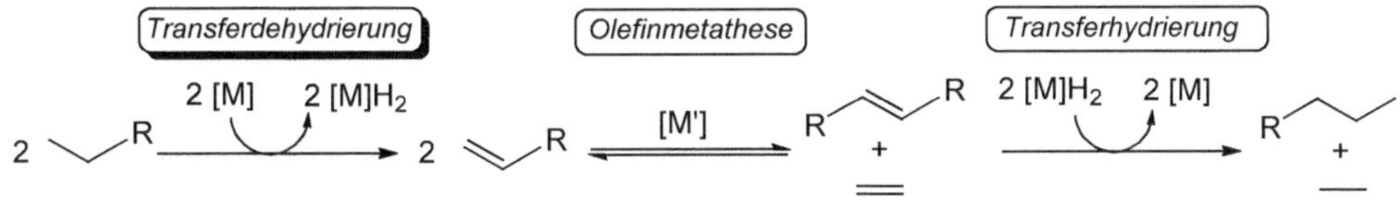

143 **144** **145** **146**

Pincer-Iridiumkomplexe vom Typ **147** (R = *t*-Bu, *i*-Pr; X = CH_2, O; vgl. Exkurs, S. 213) haben sich als Katalysatoren für Transferdehydrierungen von *n*-Alkanen zu α-Olefinen erwiesen (**148** → **148'**), wobei als H-Akzeptoren Olefine **149'** wie *tert*-Butylethen, Dec-1-en und Norbornen Verwendung fanden (**149'** → **149**). Das gebildete terminale Olefin **148'** wird durch **147** partiell auch zu inneren Olefinen isomerisiert.

$$\underset{\mathbf{148}}{RH_2C{-}CH_3} + \underset{\mathbf{149'}}{R'HC{=}CH_2} \xrightarrow[150\ °C]{\mathbf{147}} \underset{\mathbf{148'}}{RHC{=}CH_2} + \underset{\mathbf{149}}{R'H_2C{-}CH_3}$$

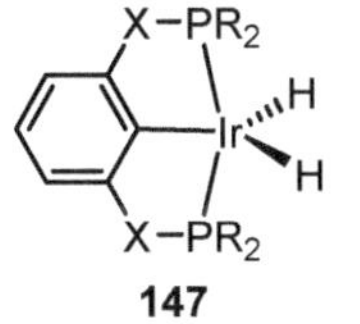

147

Wird ein Alkan (Modellsubstrat: *n*-Octan, **143** mit R = *n*-Hex) in Gegenwart eines Transfer(de)hydrierungskatalysators **147**, der die Reaktionen **143** → **144** und **145** → **146** katalysiert, und eines Schrock-Metathesekatalysators zur Reaktion gebracht, erfolgt Umsetzung im oben angegebenen Sinne zu Alkanen **146** (125 °C, 4 d). Da **147** auch eine Doppelbindungsisomerisierung katalysiert, entsteht eine breite Palette von C_2–C_7- und C_9–C_{15}-*n*-Alkanen mit Umsatzzahlen bis zu 330. Damit ist eine homogen katalysierte Tandem-Alkanmetathese vollzogen [43].

Aufgabe 8.16

□ Schlagen Sie einen Mechanismus für die iridiumkatalysierte Reaktion **148** + **149'** → **148'** + **149** vor.

□ Der Dihydridokomplex $[Ir^{III}]H_2$ (**147**) katalysiert auch Doppelbindungsisomerisierungen von terminalen Olefinen, aber nicht auf dem üblichen Weg mit Alkylmetallverbindungen als Intermediate ([M]–H + RCH_2–CH=CH_2 → [M]–CHMe–CH_2R → …, vgl. S. 230), sondern über Allylmetallzwischenstufen, die nach Olefinkoordination an M durch C–H-Aktivierung gebildet werden. Wie entsteht aus dem Präkatalysator **147** der eigentliche Katalysator $[Ir^{I}]$ (**147'**)? Formulieren Sie einen Vorschlag für den Mechanismus der Isomerisierung.

Während es sich bei dem soeben beschriebenen System um eine Kombination aus zwei unabhängig wirkenden Katalysatoren – einem Dehydrierungs-/Hydrierungskatalysator (Ir) und einem Metathesekatalysator (Mo/W) – handelt, vereinigt der oberflächengebundene Imidomolybdänkomplex **150** vom Schrock-Typ diese beiden Funktionalitäten in einem einzigen Komplex. Die Propanmetathese liefert mit guter Selektivität (>90 %) *n*-Butan und Ethan [44]:

2 (Propan) —**150**, 150 °C, 120 h→ Ethan (56 %) + *n*-Butan (35 %) + *i*-C_4, C_5, C_6 (<10 %)

(Umsatz: 10 %, *TON* = 55)

i-Pr, *t*-BuH$_2$C, N, Mo, *i*-Pr, CH*t*-Bu, O, Si, O, O, O **150**

Die Untersuchungen belegen, dass im Sinne einer Transferdehydrierung/-hydrierung Alkane in Olefine und vice versa umgewandelt werden und dass sich die C-Zahl-Umverteilung via Olefinmetathese vollzieht. Ähnliche Ergebnisse sind bei der *n*-Butanmetathese gefunden worden, wohingegen **150** nicht die Ethanmetathese katalysiert. Das ist ein wesentlicher Unterschied zum zuvor beschriebenen oberflächengebundenen Hydridotantalkomplex, obwohl sich auch dort C–C-Spaltungen und -knüpfungen via π-Bindungsmetathese vollziehen.

Hydrometathese

In Übereinstimmung damit, dass Primärprodukte von Alkanmetathesen Olefine und Wasserstoff sind, können diese – anstelle von Alkanen – als Substrate eingesetzt werden. Derartige Reaktionen führen zu einer direkten Umwandlung von Olefinen in Alkane mit höherer und niedrigerer C-Zahl und werden als Hydrometathesen von Olefinen bezeichnet, vgl. **151** → **152** mit Propen als Beispiel. Hinsichtlich der Selektivität treten analoge Probleme wie bei konventionellen Alkanmetathesen auf. Die wichtigste unerwünschte Nebenreaktion ist eine Hydrierung des Ausgangsolefins, ohne dass sich seine C-Zahl geändert hat. Mit $[Ta]_{s'}$–H auf faserförmigen SiO_2-Nanokügelchen (**131**) als Katalysator werden mit Propen/H_2 als Substrat Umsatzzahlen von 750 erreicht und mit But-1-en/H_2 sogar über 1000.

Es wird angenommen, dass Hydrometathesen – abgesehen von der Startreaktion – nach einem gleichartigen Mechanismus ablaufen wie Alkanmetathesen. Hydrometathesen starten mit einer Insertion des Olefins in die M–H-Bindung des Katalysators (**131** → **139'** → **137'**; vereinfachend ist nur die Bildung des *n*-Propylkomplexes angeführt). Bei einer Alkanmetathese wäre der einleitende Schritt eine C–H-Aktivierung der Alkane (**131** → **TS** → **137'**), der bei Hydrometathesen entfällt. Da das der kritische Reaktionsschritt von Alkanmetathesen ist, verlaufen Hydrometathesen schneller als diese. Darüber hinaus sind Hydrometathesen durch den Olefinhydrierungsschritt auch thermodynamisch mehr begünstigt als Alkanmetathesen [41].

Die katalytische Aktivierung und Funktionalisierung von C–H- und C–C-Bindungen einfacher Alkane ist eine der großen Herausforderungen der homogenen Katalyse.

Exkurs: Metallorganische Pincerkomplexe (Pinzettenkomplexe)

Metallorganische Pinzettenliganden (engl.: *pincer ligands*) sind ein spezieller Typ von Chelatliganden. Sie binden typischerweise mit zwei neutralen 2*e*-Ligatoratomen an zwei gegenüberliegenden Seiten eines Metalls und weisen eine dazwischenliegende σ-M–C-Bindung auf, sodass eine meridionale κ*Y*,κ*C*,κ*Y*-Koordination (kurz: *YCY*-Pincerkomplex/-ligand) vorliegt.

Die allgemeine Formel **1** zeigt, dass es sich bei metallorganischen Pincerkomplexen um spezielle metallorganische Innerkomplexe handelt, typischerweise mit zwei fünfgliedrigen Metallacyclen. Sehr häufig ist die zentrale Baueinheit eine 2,6-disubstituierte Arylgruppe, sodass eine M–C_{sp2}-Bindung resultiert (**2**). Entsprechende Komplexe mit einem Alkylgerüst sind auch beschrieben (**3**); die M–C-Bindung erfährt durch die Einbindung in ein metallacyclisches System eine zusätzliche Stabilisierung. Als Donorgruppen kommen insbesondere P-, N- und S-Donoren (YR_n = PR_2, NR_2, SR; R = Alkyl, Aryl) in Betracht.

Metallorganische Pincerliganden haben sich in der Komplexkatalyse als Coliganden (Steuerliganden) bewährt. Die elektronischen Eigenschaften von M können durch die Ligandenstruktur (Wahl des Grundgerüsts *und* Variation von YR_n, R') gezielt beeinflusst werden, ebenso wie die Koordinationstasche für das Substrat und weitere Liganden (siehe Pfeil in **1**) zielgerichtet variiert werden kann. Komplexe mit chiralen Pincerliganden lassen asymmetrische Katalysen zu. Die Liganden sind meistens

C_2-symmetrisch und weisen stereogene C-Atome (Ar–CHR'–YR_n) oder P-Atome (YR_n = PRR') in **2** oder chirale Substituenten in der Peripherie auf.

Des Weiteren spielen in der Katalyse auch nicht-metallorganische Pincerliganden mit einer zentralen M–N-Bindung eine Rolle. Häufig handelt es sich dabei um kooperierende Liganden mit einer *PNP*-Koordination (vgl. S. 83) [45, 46, 47, 48].

8.5 Lösungen der Aufgaben und Literatur

8.5.1 Lösungen der Aufgaben

Aufgabe 8.1

Die Homometathese symmetrisch substituierter Olefine ist nichtproduktiv. Bei $R_2C{=}CR_2$ erfolgt keinerlei stoffliche Veränderung, während bei der Metathese von RHC=CHR eine *cis-trans*-Isomerisierung zu erwarten ist. Bei der Kreuzmetathese von RHC=CHR' mit R''HC=CHR''' können prinzipiell die vier verschiedenen Alkylidengruppen in jeder denkbaren Weise verknüpft werden:

	=CHR	=CHR'	=CHR''	=CHR'''
RHC=	x	x	x	x
R'HC=		x	x	x
R''HC=			x	x
R'''HC=				x

Es ergeben sich demnach 10 verschiedene Olefine, die jeweils als *cis*- und *trans*-Isomere auftreten können.

Aufgabe 8.2

Die Bildung eines Cyclobutans aus zwei Olefinen (hier am Beispiel von Ethen) in einer konzertierten Reaktion entspricht einer [2π+2π]-Cycloaddition. Aus dem Orbitalkorrelationsdiagramm geht hervor, dass ein bindendes Niveau der Reaktanten (SA) mit einem antibindenden Niveau des Produkts (SA) und vice versa (AS ↔ AS) korrelieren. Demzufolge gibt es aus dem Grundzustand der beiden Ethenmoleküle unter Erhalt der Orbitalsymmetrie in einer konzertierten Reaktion keinen direkten Weg in den Grundzustand des Cyclobutans. Bei einer thermischen Reaktionsführung muss eine durch die Symmetrieverhältnisse bedingte sehr hohe Barriere überwunden werden, die Reaktion ist symmetrieverboten (nach R. B. Woodward, R. Hoffmann, *Angew. Chem.* **1969**, *81*, 797).

a) Anordnung zweier Olefinmoleküle vor der Cyclisierung; die beiden Moleküle bewegen sich so aufeinander zu, dass σ_v und σ_h Symmetrieebenen sind. Die Symmetrie der beteiligten Orbitale wird gegenüber den Spiegelebenen σ_v und σ_h klassifiziert (A = antisymmetrisch, S = symmetrisch).

b) Orbitalkorrelationsdiagramm. In den Zweibuchstabensymbolen ist die Symmetrie bezüglich der Spiegelebene σ_v (erster Buchstabe) und σ_h (zweiter Buchstabe) angegeben.

c) Dass die konzertierte Cyclobutanbildung symmetrieverboten ist, folgt auch aus einer Analyse der beiden möglichen HOMO–LUMO-Wechselwirkungen, für die aus Symmetriegründen für das Überlappungsintegral $S = 0$ gilt, sodass auf diesem Wege keine Bindungsbildung erfolgen kann.

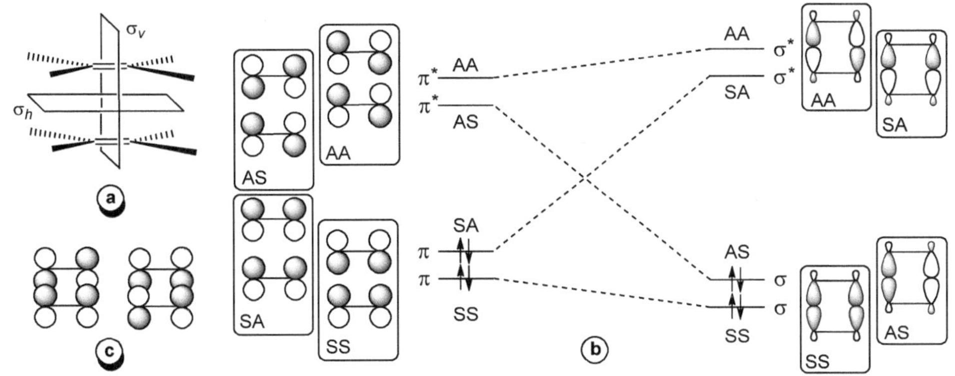

Aufgabe 8.3

Zum Zeitpunkt $t = 0$ liegt noch kein *C6*-Olefin vor ($c_{C6} = 0$), sodass nach dem „paarweisen" Mechanismus $c_{C14} = 0$ sein sollte. Folglich müsste eine Extrapolation der zu verschiedenen Zeitpunkten ermittelten Produktverhältnisse $c_{C14} : c_{C12}$ und $c_{C14} : c_{C16}$ auf $t = 0$ den Wert null ergeben. Experimentell sind Werte *ungleich* null gefunden worden, sodass ein paarweiser Mechanismus ausgeschlossen werden kann.

Nach dem Chauvin-Mechanismus liegen zu allen Zeitpunkten die Produkte *C12*, *C14* und *C16* in statistischer Verteilung vor (bei $c_{\text{Buten}} = c_{\text{Octen}}$ gilt: $c_{C12} : c_{C14} : c_{C16} = 1 : 2 : 1$). Genau das Produkt, das nach dem „paarweisen" Mechanismus zu Anfang der Reaktion überhaupt nicht gebildet wird (*C14*), ist Hauptprodukt. Somit muss – in Übereinstimmung mit dem experimentellen Ergebnis – für das Produkt $c_{C14}/c_{C12} \cdot c_{C14}/c_{C16} = 4$ gelten.

Die Diskussion ist vereinfacht geführt. Ein detailliertes kinetisches Modell ist in T. J. Katz, J. McGinnis, *J. Am. Chem. Soc.* **1977**, *99*, 1903 zu finden.

Aufgabe 8.4

Die drei Metatheseprodukte RCH=CHR' (**3**), RCH=CHR (**4**) und R'CH=CHR' (**5**) werden im statistischen Verhältnis gebildet. Bei einem äquimolaren Verhältnis von **1** und **2** beträgt die Ausbeute an Zielprodukt **3** 50 mol-%, die gleiche Menge wird an Homokupplungsprodukten **4**/**5** (ohne Ethen) produziert. Im zweiten Fall (1 mol **1**/10 mol **2**) bilden sich 5,5 mol Produkte **3**–**5**. Aus den Molenbrüchen der Alkylidenfragmente (x(RCH=) = 1/11, x(R'CH=) = 10/11) berechnet man die Molenbrüche der Produkte (vgl. dazu Aufgabe 9.6):

$$x(\mathbf{3}) = 2 \cdot 1/11 \cdot 10/11 = 20/121;\; x(\mathbf{4}) = 1/11 \cdot 1/11 = 1/121;\; x(\mathbf{5}) = 10/11 \cdot 10/11 = 100/121.$$

Es werden also 5,5 · 20/121 = 0.91 mol an **3** sowie 4,59 mol an Homokupplungsprodukten **4**/**5** gebildet. *Fazit*: Bei einer akzeptablen Ausbeute von 91 mol-% an Zielprodukt **3** entsteht die fünffache Menge an Nebenprodukten (zuzüglich Ethen), wenn der Katalysator nicht zwischen Hetero- und Homokupplung differenzieren kann!

Aufgabe 8.5

Kreuzmetathese von **1** mit But-1-en ergibt zwei lineare Olefine **2** und Glycerin-Triester, aus denen durch Umesterung mit MeOH die beiden ungesättigten Carbonsäuremethylester **3** erhalten werden. Selbstmetathese von **1** führt zum C_{18}-Olefin **4** und nach Umesterung mit MeOH zum ungesättigten C_{18}-Dicarbonsäuredimethylester **5**. Doppelbindungsisomerisierungen sind nicht berücksichtigt. Auf diese Weise sind aus nachwachsenden Rohstoffen (deren Anbau nur bei Einhaltung bestimmter Rahmenbedingungen ökologisch nachhaltig ist) wertvolle Zwischenprodukte mit vielfältigen Anwendungsmöglichkeiten zugänglich. Z. B. bieten die Doppelbindungen in den linearen ungesättigten Mono- und Diestern **3**/**5** weitere Möglichkeiten zur Funktionalisierung. Hydrierung der Doppelbindung in **5** führt zu gesättigten Diestern, die Monomervorstufen für Polykondensationsreaktionen sind und schließlich zu Polyestern, -amiden oder -urethanen umgesetzt werden können ([21]; S. Chikkali, S. Mecking, *Angew. Chem.* **2012**, *124*, 5902; D. Garbe, S. Reiße, T. B. Brück, *Chem. Uns. Zeit* **2014**, 48, 284).

COOMe COOMe COOMe COOMe

2 **3** **4** **5**

Aufgabe 8.6

„Back-Biting" führt zur Bildung von cyclischen Oligomeren und einem kürzeren Polymer, das als Carben am Metall gebunden ist (**1** → **2**; **O** = Oligomereinheit, **P** = wachsende Polymerkette). Bei der entsprechenden intermolekularen Reaktion (**3** → **4**) werden Polymere mit sehr unterschiedlichen Molmassen gebildet (nach A. J. Amass in [M1], *Vol. 4*, S. 109).

[M] P O **1** → [M]= P + O **2**

[M] P' P P' **3** → [M]= P' + P P' **4**

Aufgabe 8.7

Die Doppelbindung im Cyclobutenring von **1** ist hochgespannt und unterliegt selektiv einer ROM-Polymerisation zu **1'**, das in einer Retro-Diels-Alder-Reaktion Polyacetylen **1''** liefert. Das Produkt heißt „Durham-Polyacetylen" nach den Entdeckern Feast et al. (1980) an der Durham University (U.K.). Benzvalen **2** liefert bei der ROM-Polymerisation ein hochgespanntes Polymer **2'**, das mit Metallsalzen wie $HgCl_2$ zu Polyacetylen **2''** isomerisiert (Grubbs et al., 1988) (nach W. J. Feast in [M1], Vol. 4, S. 135; T. M. Swager, R. H. Grubbs, *J. Am. Chem. Soc.* **1989**, *111*, 4413).

R R **1** —ROMP→ R R **1'** n —Δ, *Retro-Diels-Alder- Reaktion*→ **1''** n + n R R

2 —ROMP→ **2'** n —$HgCl_2$, *Isomerisierung*→ **2''** n

Aufgabe 8.8

Die Norbornen-Doppelbindung (*8/9*) von DCPD ist hochgespannt und damit reaktiver als die im Cyclopentenring (*3/4*) (**1** → **2**). Die Doppelbindungen im Polymer **2** können *cis*- oder *trans*-konfiguriert sein. Zur Taktizität, die sich aus der Orientierung des Bicyclus in Bezug auf die Hauptkette ergibt, vgl. Aufgabe 10.10. Wenn auch die andere Doppelbindung von DCPD in die ROM-Polymerisation einbezogen wird, können drei Strukturelemente gebildet werden (ohne Berücksichtigung von *cis*/*trans*-Isomerie), nämlich die Strukturelemente **3** und **4** durch ausschließliche Öffnung des Norbornenrings bzw. des Cyclopentenrings sowie Strukturelement **5** durch Öffnung beider Ringe (nach [18]).

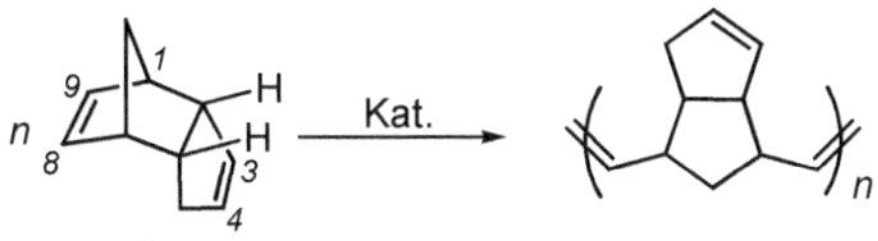

1 **2**

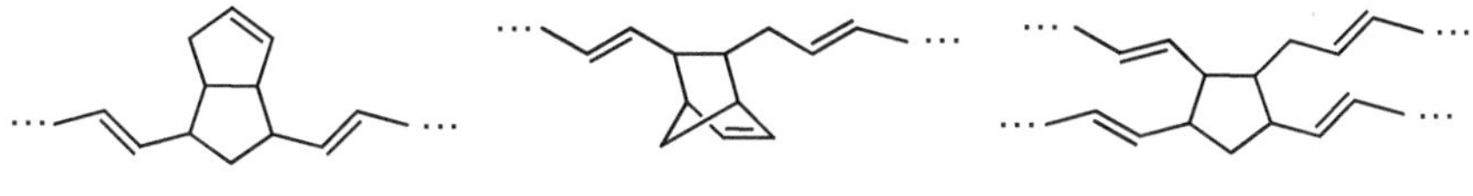

3 **4** **5**

Aufgabe 8.9

□ Wird die Reaktion im Verhältnis **S1** : **S2** = 1 : 1 durchgeführt, bilden sich die beiden erwarteten Alkylidinkomplexe **78** und **78'** im Verhältnis 1 : 1. Bei einem 10-fachen Überschuss an **S2** entsteht nur **78**. In diesem Fall ist die Reaktion von einer Metathese begleitet, wahrscheinlich reagiert unter diesen Bedingungen gebildetes **78'** sehr schnell mit **S2** zu **78** und Butin, das im Vakuum aus dem Gleichgewicht entfernt wird (nach M. L. Listermann, R. R. Schrock, *Organometallics* **1985**, *4*, 74).

(*t*-BuO)$_3$W≡W(O*t*-Bu)$_3$ + *t*-BuC≡CMe (**S1**, **S2**)

→ (**S1** : **S2** = 1 : 1): (*t*-BuO)$_3$W≡C*t*-Bu (**78**) + (*t*-BuO)$_3$W≡CMe (**78'**)

→ (**S1** : **S2** = 1 : 10): 2 (*t*-BuO)$_3$W≡C*t*-Bu (**78**) + MeC≡CMe

□ In beiden Fällen handelt es sich um W^{VI}-Komplexe mit 14 Valenzelektronen. *Ligandensphäre von* **A** (Abbildung 8.1, S. 183): 2 × RO$^-$ [2] + CHR^{2-} [4] + RN^{2-} [6]. *Ligandensphäre von* **82**: 2 × RO$^-$ [2] + CR^{3-} [6] + R$_2$C=N$^-$ [4]. Die Zahlen in eckigen Klammern geben die Anzahl der Elektronen wieder, die der jeweilige Ligand in die Valenzschale des Zentralatoms einbringt. Da ein W^{VI}-Komplex (d^0) vorliegt, ergibt deren Summe die Gesamtvalenzelektronenzahl. So wird klar, dass bei (formaler) Substitution (**A** ⇒ **82**) eines zweifach negativ geladenen Arylimidoliganden durch einen einfach negativ geladenen Iminatoliganden bei gleichzeitigem Übergang einer M–C-Doppel- in eine M–C-Dreifachbindung die prinzipielle Struktur und elektronischen Eigenschaften erhalten bleiben.

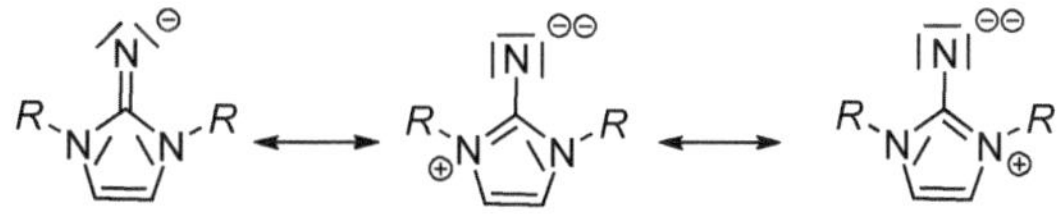

82'a **82'b** **82'c**

Beim N-gebundenen Coliganden in **82** handelt es sich – im Prinzip – um ein deprotoniertes Imin. Die elektronische Struktur kann durch die Resonanzstrukturen **82'a**–**c** beschrieben werden. Die „ylidischen" Resonanzstrukturen **82'b**/**c** offenbaren die Fähigkeit des Imidazolium-Rings zur effektiven Stabilisierung einer positiven Ladung, was zu sehr basischen Liganden **82'** mit einer starken Elektronendonorwirkung führt. Interessanterweise besitzen beide Komplextypen **A** und **82** sowohl einen starken Stickstoffdonorliganden als auch zwei Alkoxoliganden (CF$_3$)$_2$MeCO$^-$, die einen Elektronenzug ausüben, wodurch eine „Push-Pull-Situation" gegeben ist (nach S. Beer, C. G. Hrib, P. G. Jones, K. Brandhorst, J. Grunenberg, M. Tamm, *Angew. Chem.* **2007**, *119*, 9047).

Aufgabe 8.10

Das bei der Metathese gebildete But-2-in wird vom Molekularsieb adsorbiert und so aus dem Reaktionsgemisch entfernt, womit die Voraussetzung für einen vollständigen Umsatz gegeben ist. Die Reaktionssequenz **1** → **4** → **5** (R = *n*-Pr) ist nachgewiesen. Zentrales Zwischenprodukt ist das Dimer **4** mit einem Makrocyclus ohne signifikante Winkelspannungen, dessen Bildung thermodynamisch kontrolliert ist. **4** dimerisiert in einem dynamischen und reversiblen Prozess zum Tetramer **5** (D_{2h}-Symmetrie), in dem die beiden leicht gebogenen Makrocyclen durch zwei Diphenylacetylen-Seitenarme verbunden sind. **5** ist ein rein organischer Polyeder ($C_{144}H_{132}$) mit einem großen inneren Hohlraum, in den selektiv das Fulleren C_{70} gegenüber C_{60} eingelagert werden kann (Wirt-Gast-Chemie), nach Q. Wang, C. Zhang, B. C. Noll, H. Long, Y. Jin, W. Zhang, *Angew. Chem.* **2014**, *126*, 10839.

1 —3, Molsieb 5Å, 55 °C, CCl_4→ **4** ⇌ (3, Molsieb 5Å, 55 °C, CCl_4) **5**

Aufgabe 8.11

*Katalysator **2a**.* In Übereinstimmung mit einer lebenden Polymerisation folgt dem Initiierungsschritt (Bildung von **3a**, *n* = 1) das Kettenwachstum, bei dem Komplexe **3a** (*n* > 1) solange gebildet werden, bis das Monomer verbraucht ist. Bei Polymerisationsgraden *n* > 10 fällt **3a** aus dem Reaktionsgemisch aus.

*Katalysator **2b**.* (Im Präkatalysator ist zusätzlich ein 1,2-Dimethoxyethan-Ligand koordiniert.) Im Initiierungsschritt wird Komplex **3b** (*n* = 1) gebildet und nach mehreren Wachstumsschritten (5 ≤ *n* ≤ 20) entstehen durch intramolekulare Kettenübertragung (*Back-Biting*) cyclische Oligomere (**3b** → **4**).

1 —**2a**→ **3a** ([Mo], *n*)

1 —**2b**→ **3b** (Et, [Mo], *n*) —(– Et—≡[Mo], **2b**)→ **4** (*n*)

Der Reaktivitätsunterschied der beiden Katalysatoren ist sterisch bedingt. Offenbar verhindert der große Raumanspruch der Mesitylendgruppe in **3a** eine intramolekulare Kettenübertragung, die zu Cyclooligomeren führen würde. In Übereinstimmung damit erfolgt im Falle von **3b** das Back-Biting regioselektiv nur mit der sterisch am leichtesten zugänglichen Dreifachbindung am Kettenende (Et–C≡C–Ar') und nicht stochastisch mit den sterisch stärker abgeschirmten Dreifachbindungen Ar'–C≡C–Ar' in der wachsenden Polymerkette. *Beachte:* **3a** ist im Reaktionsgemisch über Stunden bei Raumtemperatur stabil (lebende Polymerisation!), nicht aber **3b**, das zu **2b** und **4** weiterreagiert (vereinfacht nach S. von Kugelgen, D. E. Bellone, R. R. Cloke, W. S. Perkins, F. R. Fischer, *J. Am. Chem. Soc.* **2016**, *138*, 6234).

Aufgabe 8.12

 Alkin–Nitril-Kreuzmetathese

Für den Reaktionsablauf sind die beiden Alkin–Nitril–Kreuzmetathesezyklen **a** und **b** sowie die Alkinkreuzmetathese **c** relevant. (Alle Reaktionen sind reversibel, obwohl nicht explizit gezeichnet.) Reaktion der beiden Katalysatorkomplexe **96** und **97** im Zyklus **a** mit den Edukten Et–C≡C–Et und Ar–C≡N führen zur Bildung von Ar–C≡C–Et und Et–C≡N. Die Einbeziehung des primär gebildeten unsymmetrisch substituierten Alkins Ar–C≡C–Et in die Alkin–Nitril–Kreuzmetathese führt zur Bildung des symmetrischen Alkins Ar–C≡C–Ar (Zyklus **b**). Schließlich ist noch die „normale“ Alkinkreuzmetathese gemäß **c** in Betracht zu ziehen. Sie verläuft – wie üblich – über Metallacyclobutadienzwischenstufen **2**, während quantenchemische Rechnungen bei den Alkin–Nitril–Kreuzmetathesen Azametallacyclobutadien-Intermediate **1** wahrscheinlich machen. (Die Substituenten R, R', R'' sind jeweils unter den Reaktionspfeilen spezifiziert.).

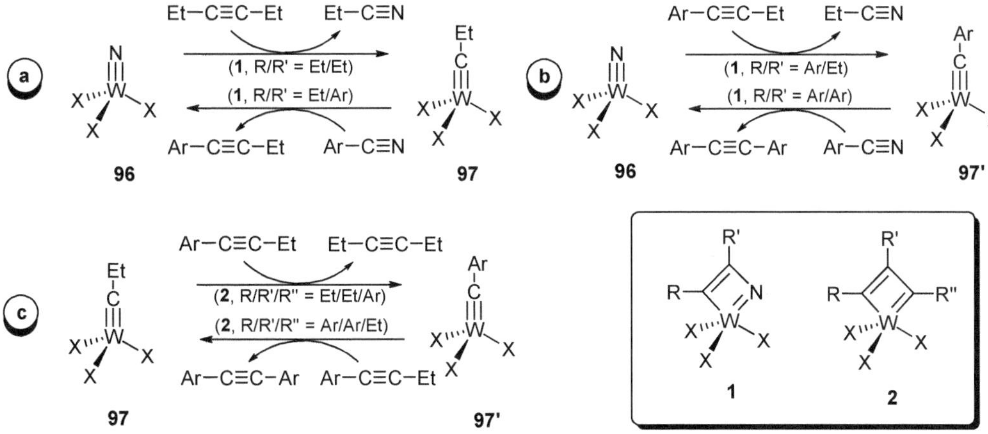

Würden Alkoholatliganden X mit stärkerer Donorwirkung eingesetzt, wäre der Nitridokomplex **96** thermodynamisch stabiler als die Alkylidinkomplexe **97**/**97'**, sodass die Reversibilität der Reaktionen in den Zyklen **a** und **b** nicht gewährleistet wäre. Die Verwendung von Alkoholatliganden mit schwächerer Donorwirkung (X = $OCMe(CF_3)_2$, $OCMe_2CF_3$) stabilisiert die Alkylidinkomplexe, sodass **96** und **97**/**97'** ungefähr gleich stabil sind. Die bevorzugte Bildung des symmetrischen Alkins Ar–C≡C–Ar hängt u. a. damit zusammen, dass die Bildung von Ar–C≡C–Ar/Et–C≡N gegenüber der von Ar–C≡C–Et/Et–C≡N thermodynamisch mehr begünstigt ist und dass Et–C≡C–Et durch eine Alkinpolymerisation als Nebenreaktion aus dem Gleichgewicht (2 Ar–C≡C–Et $\rightleftharpoons$ Ar–C≡C–Ar + Et–C≡C–Et) entfernt wird (nach A. M. Geyer, E. S. Wiedner, J. B. Gary, R. L. Gdula, N. C. Kuhlmann, M. J. A. Johnson, B. D. Dunietz, J. W. Kampf, *J. Am. Chem. Soc.* **2008**, *130*, 8984).

 Metathetische Spaltung der N≡N-Bindung

100 ist ein Alkylidin-Schrock-Komplex mit dem Metall in der höchsten Oxidationsstufe (hier: Mo^{VI}/W^{VI}) und einem nucleophilen Alkylidin-C-Atom. Die Nucleophilie wird durch die negative Komplexladung noch verstärkt. Das könnte einen Mechanismus möglich machen, der von dem einer klassischen [2+2]-Cycloaddition bei einer Metathese abweicht: a) Nucleophile Addition des Alkylidin-C-Atoms im Metallatkomplex **100** an das Diazoniumkation, die durch Coulomb-Anziehung und Salzbildung

(K[BF_4]) befördert wird (**100** → **1**). b) *s-trans-cis*-Isomerisierung (**1** → **2**; *s* = *single* bezieht sich auf die C–N-Bindung). c) Bildung eines Diazametallacyclobutens und Cycloreversion unter Bildung eines Nitrils und eines Imidometallkomplexes (**2** → **3** → **101**). Da M in **100** in der höchsten Oxidationsstufe vorliegt, ist ein SET (Single Electron Transfer) zum Diazoniumkation und damit eine reduktive Abspaltung von N_2 aus diesem ausgeschlossen (nach A. D. Lackner, A. Fürstner, *Angew. Chem.* **2015**, *127*, 13005).

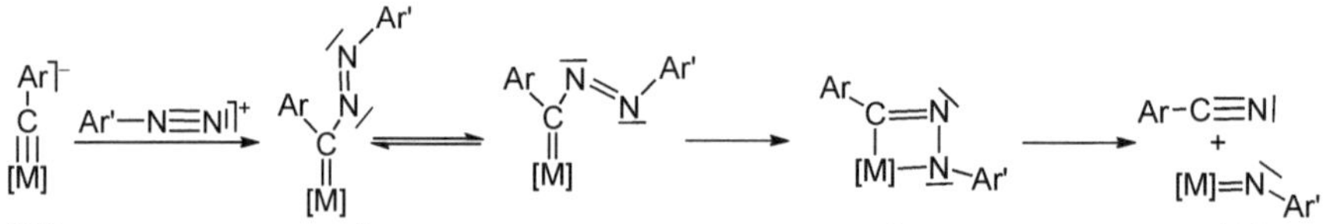

M = Mo, W [M] = $M(OSiPh_3)_4$

Aufgabe 8.13

Bei oxidativen Additionsreaktionen steuert das Metall zwei *d*-Elektronen (siehe Pfeil) für die M–X- und M–Y-Bindungsbildung bei, was zur Erhöhung der Oxidationsstufe des Zentralmetalls um zwei Einheiten führt. Da d^0-Komplexe über keine *d*-Elektronen verfügen, sind oxidative Additionsreaktionen an diesen Metallen prinzipiell nicht möglich.

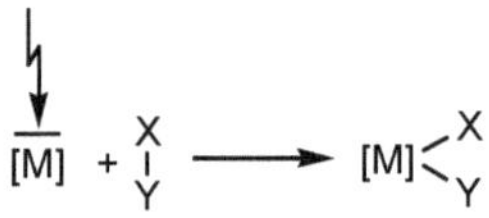

Aufgabe 8.14

Der vorgeschlagene Reaktionsmechanismus geht von einem β-Alkyltransfer aus, der in Umkehrung der Insertion eines Olefins in eine M–C-Bindung einen Alkylolefinkomplex liefert (**127** → **127'**). Hydrogenolyse ergibt im Sinne einer σ-Bindungsmetathese (Reaktion **a**, S. 203) einen Hydridoolefinkomplex und einen gesättigten Kohlenwasserstoff **P'**–H (**P**, **P'** = Polymer-/Oligomerkette) (**127'** → **127''**). Durch Olefininsertion wird ein Alkylkomplex gebildet (**127''**→ **127'''**), dessen Hydrogenolyse unter Rückbildung des Katalysatorkomplexes **123** zu einem gesättigten Kohlenwasserstoff **P**–CH_2CH_3 führt.

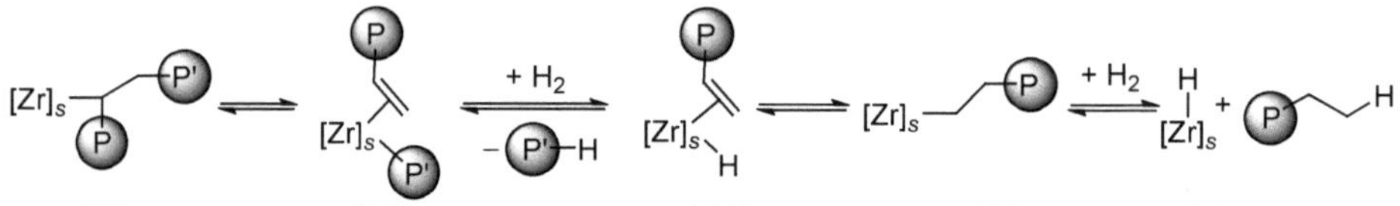

Die Produktverteilung beim hydrogenolytischen Polymerabbau zeigt, dass die C–H-Aktivierung (**123** → **127**) unselektiv verläuft, sodass eine statistische Spaltung der C–C-Bindungen der Polymerkette erfolgt. Die Thermodynamik wird durch die Gesamtbilanz der Reaktion bestimmt, in deren Verlauf durch Hydrierung der intermediär gebildeten Olefine sehr stabile Alkane entstehen, die Gesamtreaktion also exotherm wird. Damit ist aus thermodynamischer Sicht eine β-Alkyleliminierung als endotherme Teilreaktion prinzipiell möglich (nach V. Dufaud, J.-M. Basset, *Angew. Chem.* **1998**, *110*, 848 und D. V. Besedin, L. Y. Ustynyuk, Y. A. Ustynyuk, V. V. Lunin, *Top. Catal.* **2005**, *32*, 47).

Aufgabe 8.15

Analog der Ethanmetathese wird bei der Propanmetathese (PM) der Hydrido–Olefin–Alkyliden-Komplex **140**$_{PM}$ gebildet. [2+2]-Cycloaddition führt zu den beiden regioisomeren Hydridotantalacyclobutankomplexen **141**$_{PM}$**a**/**141**$_{PM}$**b**. Cycloreversion und Weiterreaktion, wie bei der Ethanmetathese beschrieben, ergeben Ethan/*n*-Butan bzw. Methan/*n*-Pentan. Der experimentelle Befund (C_2/C_4-Produkte > C_1/C_5-Produkte) zeigt, dass die Bildung von **141**$_{PM}$**a** gegenüber **141**$_{PM}$**b** bevorzugt ist. Zieht man auch eine Aktivierung von sekundären C–H-Bindungen in Betracht, dann sind zwei weitere Tantalacyclobutankomplexe **141**$_{PM}$**c**/**141**$_{PM}$**d** zu berücksichtigen, die zur Bildung von Ethan/Isobutan und Methan/Isopentan führen.

141$_{PM}$a, 141$_{PM}$b, 140$_{PM}$, 141$_{PM}$c, 141$_{PM}$d; C_2H_6 + n-C_4H_{10}; CH_4 + n-C_5H_{12}

Aufgabe 8.16

- Plausibel ist eine Reaktion von **147** mit dem H-Akzeptorolefin **149'** unter Insertion und reduktiver C–H-Eliminierung zu **149**, sodass der 14-*ve*-Komplex **147'** gebildet wird. Eine oxidative Addition des Substrats **148** an **147'** (die augenscheinlich sehr selektiv an den primären C–H-Bindungen der Methylgruppe erfolgt) würde erneut einen Alkylhydridoiridium(III)-Komplex bilden, aus dem durch β-H-Eliminierung unter Rückbildung des Katalysators **147** das Produkt **148'** abgespalten wird (nach F. Liu, E. B. Pak, B. Singh, C. M. Jensen, A. S. Goldman, *J. Am. Chem. Soc.* **1999**, *121*, 4086).

[Ir]H₂ (147) + R'HC=CH$_2$ (149') → – R'H$_2$C–CH$_3$ (149) → [Ir] (147') + RH$_2$C–CH$_3$ (148) → – RHC=CH$_2$ (148') → [Ir]H₂ (147)

- Wie bei der Alkanmetathese kann durch Transferhydrierung der koordinativ ungesättigte Ir^{I}-Komplex [Ir^{I}] (**147'**) gebildet werden, an den das Olefin koordiniert wird (**1**). Oxidative Addition einer allylischen C–H-Bindung (das entsprechende H-Atom ist in **1** hervorgehoben), die nicht besonders stark ist (Bindungsdissoziationsenthalpie $\Delta_d H^{\ominus}$ in kJ/mol: CH_2=CH**CH_3** 369; z. Vgl.: CH_3CH_2**CH_3** 422; CH_3**CH_2**CH_3 411), ergibt einen Hydrido(η^1-allyl)-Komplex **2**. η^1–η^3–η^1- (σ-π-σ-) Umlagerung (**2** → **3** → **4**, S. 307) und nachfolgende reduktive C–H-Eliminierung (**4** → **1'**) schließt die Doppelbindungsisomerisierung ab (ohne Berücksichtigung von *cis*/*trans*- sowie *syn*/*anti*-Isomerisierungen).

1 ⇌ 2 ⇌ 3 ⇌ 4 ⇌ 1'

Auch innenständige Doppelbindungen können isomerisiert werden, sodass eine Reihe von inneren Olefinen gebildet wird. Andere mechanistische Varianten, aber ebenfalls mit Allylzwischenstufen, sind auch in Betracht zu ziehen (vereinfacht nach S. Biswas, Z. Huang, Y. Choliy, D. Y. Wang, M. Brookhart, K. Krogh-Jespersen, A. S. Goldman, *J. Am. Chem. Soc.* **2012**, *134*, 13276; E. Larionov, H. Li, C. Mazet, *Chem. Commun.* **2014**, *50*, 9816).

8.5.2 Literatur

[1] H. Siebeneicher, S. Doye, *J. Prakt. Chem.* **2000**, *342*, 102: „Dimethyltitanocene Cp_2TiMe_2: A Useful Reagent for C–C and C–N Bond Formation“

[2] R. H. Grubbs, *Angew. Chem.* **2006**, *118*, 3845: „Olefinmetathesekatalysatoren zur Synthese von Molekülen und Materialien“ (Nobel-Vortrag)

[3] R. R. Schrock, *Angew. Chem.* **2006**, *118*, 3832: „Metall-Kohlenstoff-Mehrfachbindungen in katalytischen Metathesereaktionen“ (Nobel-Vortrag)

[4] M. B. Dinger, J. C. Mol, *Adv. Synth. Catal.* **2002**, *344*, 671: „High Turnover Numbers with Ruthenium-Based Metathesis Catalysts“

[5] D. Burtscher, K. Grela, *Angew. Chem.* **2009**, *121*, 450: „Wässrige Olefinmetathese“

[6] S. Manzini, J. A. Fernández-Salas, S. P. Nolan, *Acc. Chem. Res.* **2014**, *47*, 3089: „From a Decomposition Product to an Efficient and Versatile Catalyst: The $[Ru(\eta^5\text{-indenyl})(PPh_3)_2Cl]$ Story“

[7] S. Díez-González, N. Marion, S. P. Nolan, *Chem. Rev.* **2009**, *109*, 3612: „N-Heterocyclic Carbenes in Late Transition Metal Catalysis“

[8] M. Melaimi, M. le Soleilhavoup, G. Bertrand, *Angew. Chem.* **2010**, *122*, 8992: „Stabile cyclische Carbene und verwandte Spezies jenseits der Diaminocarbene“

[9] M. N. Hopkinson, C. Richter, M. Schedler, F. Glorius, *Nature* **2014**, *510*, 485: „An Overview of N-Heterocyclic Carbenes“

[10] E. Peris, *Chem. Rev.* **2018**, *118*, 9988: „Smart N-Heterocyclic Carbene Ligands in Catalysis“

[11] S. Roy, K. C. Mondal, H. W. Roesky, *Acc. Chem. Res.* **2016**, *49*, 357: „Cyclic Alkyl(amino) Carbene Stabilized Complexes with Low Coordinate Metals of Enduring Nature“

[12] S. Raoufmoghaddam, Y.-P. Zhou, Y. Wang, M. Driess, *J. Organomet. Chem.* **2017**, *829*, 2: „N-Heterocyclic Silylenes as Powerful Steering Ligands in Catalysis“

[13] D. J. Nelson, S. Manzini, C. A. Urbina-Blanco, S. P. Nolan, *Chem. Commun.* **2014**, *50*, 10355: „Key Processes in Ruthenium-Catalysed Olefin Metathesis“

[14] B. F. Straub, *Angew. Chem.* **2005**, *117*, 6129: „Ursache der hohen Aktivität von Grubbs-Katalysatoren der zweiten Generation“

[15] M. B. Herbert, R. H. Grubbs, *Angew. Chem.* **2015**, *127*, 5104: „Z-Selektive Kreuzmetathese mit Ruthenium-Katalysatoren: Anwendung in der Synthese und mechanistische Aspekte“

[16] T. P. Montgomery, T. S. Ahmed, R. H. Grubbs, *Angew. Chem.* **2017**, *129*, 11168: „Stereoretentive Olefinmetathese: ein Weg zur kinetischen Selektivität“

[17] M. J. Koh, T. T. Nguyen, H. Zhang, R. R. Schrock, A. H. Hoveyda, *Nature* **2016**, *531*, 459: „Direct Synthesis of Z-Alkenyl Halides Through Catalytic Cross-Metathesis“

[18] J. C. Mol, *J. Mol. Catal. A: Chem.* **2004**, *213*, 39: „Industrial Applications of Olefin Metathesis“

[19] K. A. Parker, N. S. Sampson, *Acc. Chem. Res.* **2016**, *49*, 408: „Precision Synthesis of Alternating Copolymers via Ring-Opening Polymerization of 1-Substituted Cyclobutenes“

[20] D. J. Wallace, *Angew. Chem.* **2005**, *117*, 1946: „Staffel-Ringschlussmetathese – eine Strategie für reaktivere und selektivere Metathesereaktionen“

[21] C. S. Higman, J. A. M. Lummiss, D. E. Fogg, *Angew. Chem.* **2016**, *128*, 3612: „Olefinmetathese als aufstrebende Methode zur Herstellung von Pharmazeutika und Spezialchemikalien“

[22] A. H. Hoveyda, R. R. Schrock, *Chem. Eur. J.* **2001**, *7*, 945: „Catalytic Asymmetric Olefin Metathesis“

[23] T. P. M. Goumans, A. W. Ehlers, K. Lammertsma, *Organometallics* **2005**, *24*, 3200: „The Asymmetric Schrock Olefin Metathesis Catalyst. A. Computational Study“

[24] H. F. T. Klare, M. Oestreich, *Angew. Chem.* **2009**, *121*, 2119: „Asymmetrische Ringschlussmetathese mit Pfiff“

[25] A. H. Hoveyda, S. J. Malcolmson, S. J. Meek, A. R. Zhugralin, *Angew. Chem.* **2010**, *122*, 38: „Katalytische enantioselektive Olefinmetathese in der Naturstoffsynthese: chirale Metallkomplexe für hohe Enantioselektivitäten und vieles mehr“

[26] R. R. Schrock, C. Czekelius, *Adv. Synth. Catal.* **2007**, *349*, 55: „Recent Advances in the Syntheses and Applications of Molybdenum und Tungsten Alkylidene and Alkylidyne Catalysts for the Metathesis of Alkenes and Alkynes“

[27] A. Fürstner, *Angew. Chem.* **2013**, *125*, 2860: „Alkinmetathese im Aufwind“

[28] A. Fürstner, P. W. Davies, *Chem. Commun.* **2005**, 2307: „Alkyne Metathesis“

[29] U. H. F. Bunz, L. Kloppenburg, *Angew. Chem.* **1999**, *111*, 503: „Alkinmetathese als neues Synthesewerkzeug: ringschließend, ringöffnend und acyclisch“

[30] U. H. F. Bunz, *Acc. Chem. Res.* **2001**, *34*, 998: „Poly(*p*-phenyleneethynylene)s by Alkyne Metathesis“

[31] D. E. Bellone, J. Bours, E. H. Menke, F. R. Fischer, *J. Am. Chem. Soc.* **2015**, *137*, 850: „Living Ring-Opening Metathesis Polymerization of Strained Alkynes with Exceptionally Low Polydispersity Indices“

[32] S. T. Diver, *Coord. Chem. Rev.* **2007**, *251*, 671: „Ruthenium Vinyl Carbene Intermediates in Enyne Metathesis“

[33] J. J. Lippstreu, B. F. Straub, *J. Am. Chem. Soc.* **2005**, *127*, 7444: „Mechanism of Enyne Metathesis Catalyzed by Grubbs Ruthenium–Carbene Complexes: A DFT Study“

[34] Z. Lin, *Coord. Chem. Rev.* **2007**, *251*, 2280: „Current Understanding of the σ-Bond Metathesis Reactions of $L_nMR + R'{-}H \rightarrow L_nMR' + R{-}H$“

[35] R. N. Perutz, S. Sabo-Etienne, *Angew. Chem.* **2007**, *119*, 2630: „Der σ-CAM-Mechanismus: σ-Komplexe als Schlüssel der σ-Bindungsmetathese bei späten Übergangsmetallen“

[36] M. S. Hill, D. J. Liptrot, C. Weetman, *Chem. Soc. Rev.* **2016**, *45*, 972: „Alkaline Earths as Main Group Reagents in Molecular Catalysis“

[37] C. Copéret, M. Chabanas, R. P. Saint-Arroman, J.-M. Basset, *Angew. Chem.* **2003**, *115*, 164: „Homogene und heterogene Katalyse – Brückenschlag durch Oberflächen-Organometallchemie“

[38] N. Popoff, E. Mazoyer, J. Pelletier, R. M. Gauvin, M. Taoufik, *Chem. Soc. Rev.* **2013**, *42*, 9035: „Expanding the Scope of Metathesis: A Survey of Polyfunctional, Single-Site Supported Tungsten Systems for Hydrocarbon Valorization“

[39] V. Vidal, A. Théolier, J. Thivolle-Cazat, J.-M. Basset, *Science* **1997**, *276*, 99: „Metathesis of Alkanes Catalyzed by Silica-Supported Transition Metal Hydrides“

[40] J.-M. Basset, C. Copéret, D. Soulivong, M. Taoufik, J. T. Cazat, *Acc. Chem. Res.* **2010**, *43*, 323: „Metathesis of Alkanes and Related Reactions“

[41] M. K. Samantaray, R. Dey, S. Kavitake, J.-M. Basset, *Top. Organomet. Chem.* **2016**, *56*, 155: „New Concept of C–H and C–C Bond Activation via Surface Organometallic Chemistry“

[42] S. Schinzel, H. Chermette, C. Copéret, J.-M. Basset, *J. Am. Chem. Soc.* **2008**, *130*, 7984: „Evaluation of the Carbene Hydride Mechanism in the Carbon–Carbon Bond Formation Process of Alkane Metathesis through a DFT Study“

[43] M. C. Haibach, S. Kundu, M. Brookhart, A. S. Goldman, *Acc. Chem. Res.* **2012**, *45*, 947: „Alkane Metathesis by Tandem Alkane-Dehydrogenation–Olefin-Metathesis Catalysis and Related Chemistry“

[44] F. Blanc, C. Copéret, J. Thivolle-Cazat, J.-M. Basset, *Angew. Chem.* **2006**, *118*, 6347: „Alkane Metathesis Catalyzed by a Well-Defined Silica-Supported Mo Imido Alkylidene Complex: [(≡SiO)Mo(=NAr)(=CH*t*Bu)(CH_2*t*Bu)]“

[45] M. Albrecht, G. van Koten, *Angew. Chem.* **2001**, *113*, 3866: „Metallorganische Pinzetten-Komplexe von Elementen der Platingruppe: Sensoren, Schalter und Katalysatoren“

[46] M. E. van der Boom, D. Milstein, *Chem. Rev.* **2003**, *103*, 1759: „Cyclometalated Phosphine-Based Pincer Complexes: Mechanistic Insight in Catalysis, Coordination, and Bond Activation“

[47] G. van Koten, *Top. Organomet. Chem.* **2013**, *40*, 1: „The Monoanionic ECE-Pincer Ligand: A Versatile Privileged Ligand Platform – General Considerations“

[48] P. A. Chase, R. A. Gossage, G. van Koten, *Top. Organomet. Chem.* **2016**, *54*, 1: „Modern Organometallic Multidentate Ligand Design Strategies: The Birth of the Privileged ‚Pincer‘ Ligand Platform“

Weiterführende Literatur

J.-M. Basset, C. Copéret, D. Soulivong, M. Taoufik, J. Thivolle-Cazat, *Angew. Chem.* **2006**, *118*, 6228: „Von der Olefin- zur Alkanmetathese: eine Betrachtung aus historischer Sicht“

D. Bézier, M. Brookhart, *Top. Organomet. Chem.* **2016**, *56*, 189: „Transfer Dehydrogenations of Alkanes and Related Reactions Using Iridium Pincer Complexes“

M. R. Buchmeiser, *Chem. Rev.* **2000**, *100*, 1565: „Homogeneous Metathesis Polymerization by Well-Defined Group VI and Group VIII Transition-Metal Alkylidenes: Fundamentals and Applications in the Preparation of Advanced Materials“

Y. Chauvin, *Angew. Chem.* **2006**, *118*, 3825: „Olefinmetathese: die frühen Tage“ (Nobel-Vortrag)

C. Copéret, A. Comas-Vives, M. P. Conley, D. P. Estes, A. Fedorov, V. Mougel, H. Nagae, F. Núñez-Zarur, P. A. Zhizhko, *Chem. Rev.* **2016**, *116*, 323: „Surface Organometallic and Coordination Chemistry toward Single-Site Heterogeneous Catalysts: Strategies, Methods, Structures, and Activities“

S. Fomine, S. M. Vargas, M. A. Tlenkopatchev, *Organometallics* **2003**, *22*, 93: „Molecular Modeling of Ruthenium Alkylidene Mediated Olefin Metathesis Reactions. DFT Study of Reaction Pathways“

K. Grela (ed.), *Olefin Metathesis: Theory and Practice*, Wiley, Hoboken NJ, **2014**

R. H. Grubbs, A. G. Wenzel, D. J. O’Leary, E. Khosravi (eds.), *Handbook of Metathesis*, *Vol. 1–3*, 2nd ed., Wiley-VCH, Weinheim, **2015**

K. Khanbabaee, *Nachr. Chem.* **2003**, *51*, 823: „C-H- und C-C-Aktivierung zur regioselektiven C-C-Bindungsknüpfung“

G. van Koten, D. Milstein (eds.), *Organometallic Pincer Chemistry* (*Top. Organomet. Chem.* **2013**, *40*)

G. van Koten, R. A. Gossage (eds.), *The Privileged Pincer-Metal Platform: Coordination Chemistry & Applications* (*Top. Organomet. Chem.* **2016**, *54*)

A. Kumar, A. S. Goldman, *Top. Organomet. Chem.* **2016**, *54*, 307: „Recent Advances in Alkane Dehydrogenation Catalyzed by Pincer Complexes“

W. H. Lam, G. Jia, Z. Lin, C. P. Lau, O. Eisenstein, *Chem. Eur. J.* **2003**, *9*, 2775: „Theoretical Studies on the Metathesis Processes, $[Tp(PH_3)MR(\eta^2\text{-H–CH}_3)] \rightarrow [Tp(PH_3)M(CH_3)(\eta^2\text{-H–R})]$ (M = Fe, Ru, and Os; R = H and CH_3)"

T. Lindel, *Nachr. Chem.* **2000**, *48*, 1242: „Alkin-Metathese"

S. P. Nolan (ed.), *N-Heterocyclic Carbenes: Effective Tools for Organometallic Synthesis*, Wiley-VCH, Weinheim, **2014**

J. D. A. Pelletier, J.-M. Basset, *Acc. Chem. Res.* **2016**, *49*, 664: „Catalysis by Design: Well-Defined Single-Site Heterogeneous Catalysts"

E. Le Roux, M. Chabanas, A. Baudouin, A. de Mallmann, C. Copéret, E. A. Quadrelli, J. Thivolle-Cazat, J.-M. Basset, W. Lukens, A. Lesage, L. Emsley, G. J. Sunley, *J. Am. Chem. Soc.* **2004**, 126, 13391: „Detailed Structural Investigation of the Grafting of $[Ta(=CHt\text{Bu})(CH_2t\text{Bu})_3]$ and $[Cp^*TaMe_4]$ on Silica Partially Dehydroxylated at 700 °C and the Activity of the Grafted Complexes toward Alkane Metathesis"

E. S. Sattely, G. A. Cortez, D. C. Moebius, R. R. Schrock, A. H. Hoveyda, *J. Am. Chem. Soc.* **2005**, *127*, 8526: „Enantioselective Synthesis of Cyclic Amides and Amines through Mo-Catalyzed Asymmetric Ring-Closing Metathesis"

L.-A. Schaper, S. J. Hock, W. A. Herrmann, F. E. Kühn, *Angew. Chem.* **2013**, *125*, 284: „Synthese und Anwendung wasserlöslicher NHC-Übergangsmetall-Komplexe"

R. R. Schrock, *Acc. Chem. Res.* **1990**, *23*, 158: „Living Ring-Opening Metathesis Polymerization Catalyzed by Well-Characterized Transition-Metal Alkylidene Complexes"

R. R. Schrock, *Top. Organomet. Chem.* **1998**, *1*, 1: „Olefin Metathesis by Well-Defined Complexes of Molybdenum and Tungsten"

R. R. Schrock, *Chem. Commun.* **2005**, 2773: „High Oxidation State Alkylidene and Alkylidyne Complexes"

X. Solans-Monfort, E. Clot, C. Copéret, O. Eisenstein, *Organometallics* **2005**, *24*, 1586: „Understanding Structural and Dynamic Properties of Well-Defined Rhenium-Based Olefin Metathesis Catalysts, Re(≡CR)(=CHR)(X)(Y), from DFT and QM/MM Calculations"

K. J. Szabó, O. F. Wendt (eds.), *Pincer and Pincer-Type Complexes: Applications in Organic Synthesis and Catalysis*, Wiley-VCH, Weinheim, **2014**

T. M. Trnka, R. H. Grubbs, *Acc. Chem. Res.* **2001**, *34*, 18: „The Development of $L_2X_2Ru{=}CHR$ Olefin Metathesis Catalysts: An Organometallic Success Story"

J. J. Van Veldhuizen, D. G. Gillingham, S. B. Garber, O. Kataoka, A. H. Hoveyda, *J. Am. Chem. Soc.* **2003,** *125*, 12502: „Chiral Ru-Based Complexes for Asymmetric Olefin Metathesis: Enhancement of Catalyst Activity through Steric and Electronic Modifications"

H. Yang, Y. Jin, Y. Du, W. Zhang, *J. Mater. Chem. A* **2014**, *2*, 5986: „Application of Alkyne Metathesis in Polymer Synthesis"

J. Zhu, G. Jia, Z. Lin, *Organometallics* **2006**, *25*, 1812: „Theoretical Investigation of Alkyne Metathesis Catalyzed by W/Mo Alkylidyne Complexes"

9 Oligomerisation von Olefinen

9.1 Die Zieglersche Aufbaureaktion

Nach Untersuchungen von Karl Ziegler und Mitarbeitern (Max-Planck-Institut für Kohlenforschung, Mülheim/Ruhr) ab Mitte 1949 reagiert Aluminiumtriethyl mit Ethen (90–120 °C, 100 bar) unter Insertion in die Al–C-Bindungen zu längerkettigen Aluminiumalkylen (**1** → **2**). Bei höheren Temperaturen (320 °C) erfolgt β-Wasserstoffeliminierung unter Bildung von α-Olefinen und Aluminiumhydrid (**2** → **3**). Dieses setzt sich bereits bei 20–80 °C mit Ethen unter Insertion in die Al–H-Bindungen zu Aluminiumtriethyl um (**3** → **1**).

$$\text{>Al–H} \xrightleftharpoons[\text{20–80°C, 100 bar}]{+\,H_2C{=}CH_2} \underset{\mathbf{1}}{\text{>Al–Et}} \xrightarrow[\text{90–120°C, 100 bar}]{+\,n\,H_2C{=}CH_2} \underset{\mathbf{2}}{\text{>Al–}(CH_2–CH_2)_n\text{–Et}} \xrightleftharpoons[\text{320°C, 10 bar}]{} H_2C{=}CH\text{–}(CH_2–CH_2)_{n-1}\text{–Et} + \underset{\mathbf{3}}{\text{>Al–H}}$$

Zwischen Trialkyl- und Dialkylhydridoaluminiumverbindungen wie **2** und **3** besteht ein Gleichgewicht ($AlR_3 \rightleftharpoons R_2Al–H$ + Olefin). Das bedingt, dass die Aufbaureaktion (**1** → **2**) von einer „Verdrängungsreaktion“

$$\underset{\mathbf{2}}{\text{>Al–}(CH_2–CH_2)_n\text{–Et}} + H_2C{=}CH_2 \rightleftharpoons \underset{\mathbf{1}}{\text{>Al–Et}} + H_2C{=}CH\text{–}(CH_2–CH_2)_{n-1}\text{–Et}$$

begleitet ist, die über Hydridoaluminiumzwischenstufen verläuft. Die auf diesem Wege gebildeten α-Olefine können nun (anstelle von Ethen) in eine Al–H-Bindung insertieren. Das führt zu verzweigten Olefinen, die auch als Nebenprodukte beobachtet werden. Aus den Gleichgewichtslagen von Verdrängungsreaktionen lässt sich ableiten, dass die Affinität der Olefine zur Insertion in eine Al–H-Bindung in der Reihenfolge $H_2C{=}CH_2 > H_2C{=}CHR > H_2C{=}CR_2$ abnimmt. Die „Aufbaureaktion“ ist Grundlage für eine katalytische Synthese von α-Olefinen der Kettenlängen C_{10}–C_{18} aus Ethen, die ihrerseits als Ausgangsverbindungen zur Synthese von Fettalkoholen Verwendung finden.

Seinerzeit ist die Aufbaureaktion mit einer Oxidation zu Aluminiumalkoholaten (**2** → **4**) und deren Hydrolyse (**4** → **5**) gekoppelt worden. Dabei werden direkt Fettalkohole erhalten (ALFOL-Prozess), wobei allerdings stöchiometrische Mengen an $AlEt_3$ verbraucht werden. Dieser Prozess ist nur noch aus chemiehistorischer Sicht von Interesse.

$$\underset{\mathbf{2}}{\text{>Al–}(CH_2–CH_2)_n\text{–Et}} \xrightarrow{+\,1/2\,O_2} \underset{\mathbf{4}}{\text{>Al–O–}(CH_2–CH_2)_n\text{–Et}} \xrightarrow[-\,\text{>Al–OH}]{+\,H_2O} \underset{\mathbf{5}}{HO\text{–}(CH_2–CH_2)_n\text{–Et}} \qquad n = 4–8$$

D. Steinborn, *Grundlagen der metallorganischen Komplexkatalyse*, Studienbücher Chemie,
https://doi.org/10.1007/978-3-662-56604-6_9

Aus wissenschaftlicher Sicht ist es interessant, dass die Aufbaureaktion so gesteuert werden kann, dass die Abbruchreaktion **2** → **3** praktisch keine Rolle spielt: Bei Raumtemperatur und einem Ethendruck von 20–100 bar wird ein ausgesprochen hochmolekulares (Molmasse bis zu $9 \cdot 10^6$ g/mol), vollständig lineares Polyethen (Schmelzpunkt 140–143 °C) erhalten. Allerdings verläuft die Reaktion extrem langsam [1].

Gulf- und Ethyl-Prozess

In den 1960er-Jahren sind in den USA von der Gulf Oil Company und wenige Jahre später von der Ethyl Corporation auf der Aufbaureaktion basierende technische Prozesse zur Synthese von α-Olefinen entwickelt worden, die noch heute betrieben werden (Chevron Phillips Chemical bzw. INEOS). Der Gulf-Prozess ist ein Einstufenverfahren: Die Oligomerisation von Ethen wird mit katalytischen Mengen an $AlEt_3$ in Hexan als Lösungsmittel bei ca. 200 °C und 250 bar durchgeführt. Aufbau- *und* Verdrängungsreaktion laufen simultan in einem Reaktor ab. Es werden C_4–C_{30}-α-Olefine (Gulftene®) produziert, die nur ca. 1 % an Paraffinkohlenwasserstoffen und wenige Prozent an verzweigten Olefinen als Nebenprodukte enthalten.

Eine bessere Kontrolle über die Kettenlängenverteilung der Olefine erlaubt der Ethyl-Prozess. Dabei handelt es sich um ein Zweistufenverfahren. In der ersten Prozessstufe wird, ähnlich wie beim Gulf-Prozess, Ethen mit katalytischen Mengen an $AlEt_3$ oligomerisiert (160–175 °C, 130–270 bar). Nach hydrolytischer Zersetzung des Katalysators wird das Produkt fraktioniert destilliert und die gewünschte Fraktion an α-Olefinen ($RCH{=}CH_2$, R = C_{10}–C_{16}) der Verwendung zugeführt. Die kürzerkettigen Olefine ($R'CH{=}CH_2$, R' = C_2–C_8) werden in einer zweiten Prozessstufe im „Transalkylierungsreaktor“ mit einer stöchiometrischen Menge an Aluminiumalkylen mit langkettigen Alkylgruppen CH_2CH_2R (**6**) umgesetzt (300 °C, 100 bar). Dabei findet eine Verdrängungsreaktion statt (**6** → **7**), bei der unter Bildung von Aluminiumalkylen mit kurzkettigen Alkylgruppen CH_2CH_2R' (**7**) α-Olefine der gewünschten Kettenlänge abgespalten werden.

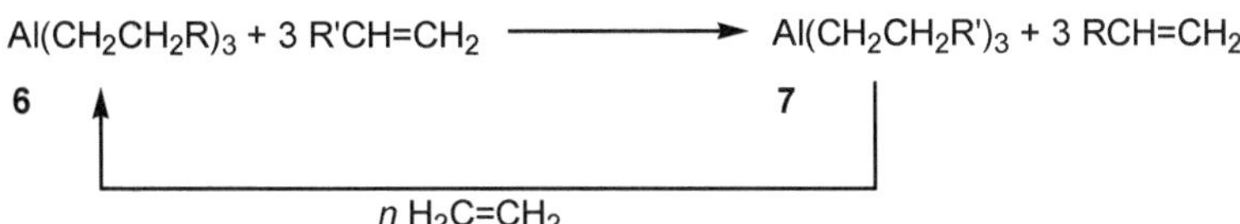

Nach destillativer Abtrennung dieser Olefine werden die Aluminiumalkyle **7** einer Aufbaureaktion mit Ethen unterzogen (**7** → **6**, 100 °C, 200 bar) und die gebildeten Aluminiumalkyle **6** erneut dem Transalkylierungsreaktor zugeführt. Der Ethyl-Prozess hat den Vorteil, dass Ethen mit 95 % Selektivität zu Olefinen der gewünschten Kettenlänge umgewandelt werden kann. Dem steht aber der Nachteil gegenüber, dass erhebliche Mengen an verzweigten α-Olefinen und inneren Olefinen gebildet werden. So enthalten beispielsweise die C_{14}/C_{16}- und die C_{16}/C_{18}-Fraktionen nur noch ca. 76 bzw. 63 % lineare α-Olefine.

9.2 Nickeleffekt und nickelkatalysierte Dimerisation von Ethen

Bei Untersuchungen zur Aufbaureaktion (1953) mit Aluminiumtriethyl im Rahmen einer Promotionsarbeit im Zieglerschen Institut hatten sich anstelle langkettiger Alkylaluminiumverbindungen nur Butene gebildet. Als Ursache stellte sich heraus, dass Nickelverbindungen beim Reinigen des verwendeten V2A-Autoklaven entstanden und zurückgeblieben waren. Weitere Untersuchungen zeigten dann, dass auch Spuren von Acetylen, die das verwendete technische Ethen enthielt, zur Stabilisierung des Katalysators notwendig waren. Dieser Einfluss von Nickel auf die Aufbaureaktion wird als „Nickeleffekt" bezeichnet [2, 3].

Die Katalyse der Ethendimerisation vollzieht sich dabei durch Insertion von Ethen in eine Al–C-Bindung (Aufbaureaktion: $R_2AlEt + H_2C{=}CH_2 \rightarrow R_2AlBu$), gefolgt von einer nickelkatalysierten Butenabspaltung. Diese erfolgt im Sinne einer „Umalkylierung" an einem Nickel(0)-Komplex **8**, der sowohl Ethen koordiniert hat als auch – wahrscheinlich über eine Mehrzentrenbindung – das α-C-Atom der Butylgruppe von Aluminiumbutyl. Dann findet die Umordnung der Bindungen möglicherweise im Sinne einer elektrocyclischen Reaktion (**9**) statt, wobei ein Butennickel(0)-Komplex mit koordiniertem Aluminiumethyl (**10**) gebildet wird. Durch Ligandensubstitution (Buten/Ethen) und Insertion von Ethen in die Al–C-Bindung (**10** → **8**) wird der katalytische Zyklus geschlossen.

8 → **9** → **10**

$+ H_2C{=}CH_2,\ - H_2C{=}CHEt$

$R_2AlBu \leftarrow R_2AlEt + H_2C{=}CH_2$

Als Modellkomplexe für die Intermediate **8**/**10** können bimetallische Komplexe herangezogen werden, die durch Umsetzung von $[Ni(\eta^2\text{-}H_2C{=}CH_2)_3]$ mit MgR_2 erhalten worden sind. Wie bei **8**/**10** handelt es sich um Olefinnickel(0)-Komplexe, die einen μ-Alkylliganden gebunden haben (Abbildung 9.1).

Die Dimerisation von Ethen wird auch durch Nickel(II)-Verbindungen katalysiert, ohne dass eine Reduktion zu Nickel(0) erfolgt. Aluminiumalkyle werden dabei als Cokatalysatoren ein-

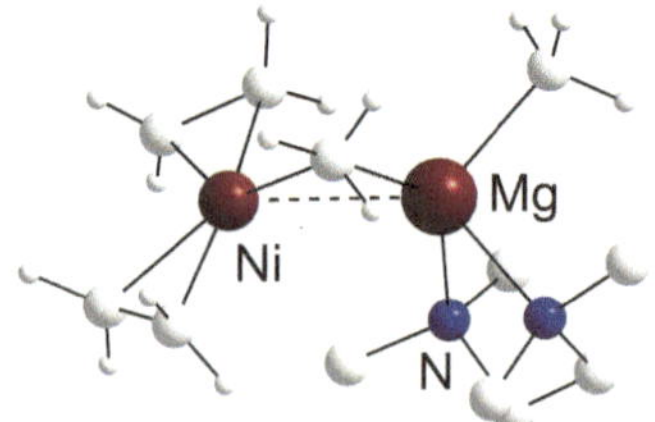

Abbildung 9.1. Molekülstruktur von $[Ni(\eta^2\text{-}C_2H_4)_2(\mu\text{-}Me)MgMe(tmeda)]$ (tmeda = *N,N,N′,N′*-Tetramethylethylendiamin). Aus Gründen der Übersichtlichkeit sind die H-Atome von tmeda nicht dargestellt.

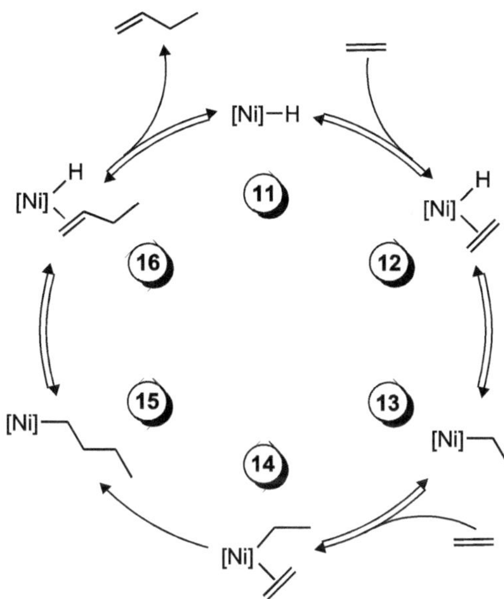

Abbildung 9.2. Reaktionsschema der Nickel(II)-katalysierten Ethendimerisation via Olefininsertion in M–H-Bindungen (Insertionsmechanismus).

gesetzt. Der Mechanismus ist in Abbildung 9.2 dargestellt. Ausgehend von einer Nickel(II)-hydridspezies erfolgen Koordination und Insertion des Ethens in die Ni–H-Bindung (**11** → **12** → **13**) sowie erneute Ethenkoordination (**13** → **14**). Insertion von Ethen in die Ni–C-Bindung führt zu einem Butylnickelkomplex (**14** → **15**), der einer β-Hydrideliminierung unterliegt, wobei sich But-1-en abspaltet (**15** → **16** → **11**). Somit entfällt eine β-H-Eliminierungsreaktion auf zwei Insertionsschritte. Im Prinzip sind alle Reaktionsschritte reversibel bis auf die Insertion in die Ni–C-Bindung (**14** → **15**), denn **15** unterliegt einer sehr raschen β-H-Eliminierung (**15** → **16** → **11**).

Einer komplexkatalysierten Polymerisation von Olefinen (vgl. S. 250) liegen die gleichen Elementarschritte wie der Dimerisation von Ethen gemäß Abbildung 9.2 zugrunde, nur ist bei beiden Reaktionen das Verhältnis der Geschwindigkeiten der Kettenwachstumsreaktion (k_p, **14** → **15**) und der β-H-Eliminierung, einer Kettenabbruchreaktion ohne Katalysatordesaktivierung (k_{tr}, **15** → **16**), grundsätzlich verschieden. Bei sehr schneller Olefininsertion (k_p ↑) und langsamer β-H-Eliminierung (k_{tr} ↓) laufen viele Insertionsschritte ab, bevor Kettenabbruch erfolgt, sodass eine Polymerisation stattfindet. Das Umgekehrte trifft für eine Oligomerisation zu. Somit besteht ein grundsätzlicher Zusammenhang zwischen Oligomerisations- und Polymerisationskatalysatoren, die gegebenenfalls durch strukturelle Variation und/oder Änderung der Reaktionsbedingungen wechselseitig ineinander umgewandelt werden können. So vermögen beispielsweise auch typische Metallocenkatalysatoren für die Polymerisation von Olefinen wie $[ZrCl_2(Cp')_2]$/MAO (MAO – Methylaluminoxan, S. 265) diese – unter veränderten Reaktionsbedingungen wie einer höheren Temperatur und einem geringeren Überschuss an Cokatalysator – zu oligomerisieren [4].

Bei der nickelkatalysierten Ethendimerisation wird auch eine Doppelbindungsisomerisierung zu But-2-en beobachtet: Der *n*-Butylnickelkomplex **15** kann via β-Hydrideliminierung (**15** → **16**) und Reinsertion zum *sec*-Butylnickelkomplex (But-2-ylnickelkomplex) **17** isomerisieren, der dann einer β-Hydrideliminierung unter Bildung von But-2-en unterliegen kann (**17** → **18**).

Nach diesem Mechanismus, also mit Alkylmetallkomplexen als Intermediate, laufen die weitaus meisten Doppelbindungsisomerisierungen von einfachen Olefinen ab. Weniger häufig werden Isomerisierungen durch C–H-Aktivierung eingeleitet, die zur Bildung von Allylmetallkomplexen als Zwischenstufen führt (vgl. Aufgabe. 8.16) [5].

Bei der Katalysatorgenerierung, d. h. der Bildung eines koordinativ ungesättigten Hydrido- oder Alkylnickel(II)-Komplexes, kommen dem Aluminiumalkyl als Cokatalysator (im Allgemeinen eine Ethylaluminiumverbindung) zwei Funktionen zu:

- *Alkylierende Funktion* (**a**). Unterstellt man, dass als Präkatalysator ein Nickelhalogenid vorliegt, erfolgt in einer doppelten Umsetzung Bildung einer Ethylnickel-Spezies.
- *Lewis-acide Funktion* (**b**). Eine Lewis-Säure-Base-Wechselwirkung zwischen der Lewis-aciden Aluminiumverbindung ($AlEt_3$, $AlEt_2Cl$, …) und einem Chloridoliganden kann Voraussetzung dafür sein, dass ein koordinativ ungesättigter Nickelkomplex gebildet wird, der zur Koordination von Ethen befähigt ist.

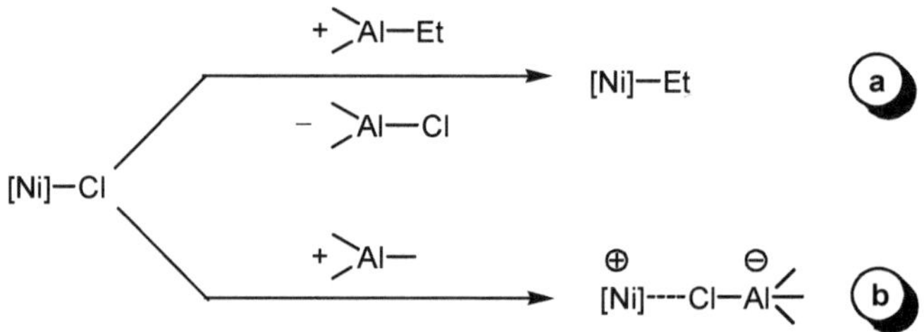

Der Mechanismus der Olefindimerisation ist mit dem dimeren Allylnickelbromid-Komplex **19** als Präkatalysator in Gegenwart eines Phosphans PR_3 und von $AlEtCl_2$ als Cokatalysator („Wilke-Katalysator"; G. Wilke, B. Bogdanović, MPI für Kohlenforschung, Mülheim/Ruhr) genauer untersucht worden. Zunächst erfolgt Reaktion zum einkernigen Allyl(phosphan)nickelkomplex **20**. Koordination von Ethen und Insertion in die η^3-Allylnickelbindung ergibt einen Pent-4-enyl-Komplex **21**, der in einer β-H-Eliminierung Penta-1,4-dien abspaltet und den Katalysatorkomplex **11** generiert (vgl. Abbildung 9.2: [Ni]–H = $NiH(PR_3)(AlEtCl_2Br)$). Alternativ gelangt man zu Komplexen vom Typ **20**, $[Ni(\eta^3\text{-}C_3H_5)(PR_3)Y]$, indem man die gut zugänglichen Komplexverbindungen $[Ni(\eta^3\text{-}C_3H_5)(PR_3)X]$ (X = Cl, Br) mit Lewis-Säuren wie AlR'_nX_{3-n} (Y^- = $[AlR'_nX_{4-n}]^-$) oder mit Silbersalzen AgY (Y^- = $[BF_4]^-$, $[PF_6]^-$, ClO_4^-, …) umsetzt.

$$\frac{1}{2}\,[\text{Ni}(\mu\text{-Br})_2\text{Ni}]\ \textbf{19}\ \xrightarrow[+\ \text{AlEtCl}_2]{+\ \text{PR}_3}\ \text{Ni}(\text{PR}_3)(\text{BrAlEtCl}_2)\ \textbf{20}\ \xrightarrow{+\ \text{H}_2\text{C=CH}_2}\ \textbf{21}\ \xrightarrow{-\ \text{C}_4\text{H}_8}\ \text{NiH}(\text{PR}_3)(\mu\text{-Cl})(\mu\text{-Br})\text{AlClEt}\ \textbf{11}$$

Der Katalysezyklus entspricht dem in Abbildung 9.2, wobei zu konkretisieren ist: [Ni]–H = $NiH(PR_3)(AlEtCl_2Br)$. Die Koordination des Anions verdient Beachtung, weil $[AlEtCl_2Br]^-$ wahrscheinlich als hemilabiler Ligand (siehe Exkurs) fungiert, der einzähnig (**I**, in den Zwischenstufen **12**, **14** und **16** in Abbildung 9.2) oder zweizähnig (**II**, in den Zwischenstufen **11**, **13** und **15** in Abbildung 9.2) koordiniert ist. Die zweizähnige Koordination trägt zur Stabilisierung der koordinativ ungesättigten Zwischenstufen bei.

I   **II**   (X = Cl, Br)

Mit PR_3 = PMe_3 wird die höchste Selektivität erzielt (C_4 > 98 %). Verwendet man sterisch anspruchsvollere Phosphanliganden, werden zunehmend auch höhere Oligomere gebildet. Mit $P(t\text{-Bu})_3$ als Ligand ($c_{Ni}/c_{P(t\text{-Bu})3}$ = 1/4) wird sogar Polyethen erhalten. Raumfüllende Gruppen erschweren also zunehmend die β-H-Eliminierung [6].

Exkurs: Hemilabile Liganden

Hemilabile Liganden sind flexidentate Chelatliganden, die im Verlauf eines Katalysezyklus mit unterschiedlicher Zähnigkeit am Zentralatom gebunden sind. Dieser Vorgang ist reversibel:

$$[\text{M}](\text{X}\frown\text{Y}) \rightleftharpoons [\text{M}]\text{--X}\frown\text{Y}$$

Hemilabile Liganden können genau dann – also *temporär* – Koordinationsstellen freigeben, wenn sie im Katalysezyklus benötigt werden, z. B. für die Koordination eines Substratmoleküls oder eine β-H-Eliminierung. Die Alternative, dass diese Koordinationsstellen *permanent* zur Verfügung stehen, führt zu koordinativ ungesättigten, weniger stabilen Komplexen. Darüber hinaus wird durch den Wechsel der Koordination des hemilabilen Liganden das Reaktionszentrum elektronisch beeinflusst, was die Reaktion hinsichtlich Aktivität und/oder Selektivität befördern kann.

Hemilabile Liganden verfügen im Allgemeinen über eine substitutionsinerte und eine -labile Donorgruppe. Als substitutionslabile Gruppen kommen *n*- und π-Donorliganden in Betracht, wie die Beispiele **1**–**3** bzw. **4** belegen. Eine wichtige Rolle spielen auch σ-Donorliganden, und zwar CH-Gruppen, die über agostische C–H···M-Wechselwirkungen koordiniert sind (**5**). In speziellen Fällen kann auch das am Metall gebundene Produkt hemilabiler Ligand sein. So kann z. B. bei Polymerisationen/Copolymerisationen ein *n*-Donoratom (**6**) oder eine β-CH-Gruppe (**7**) der wachsenden Polymerkette **P** als substitutionslabile Gruppe auftreten.

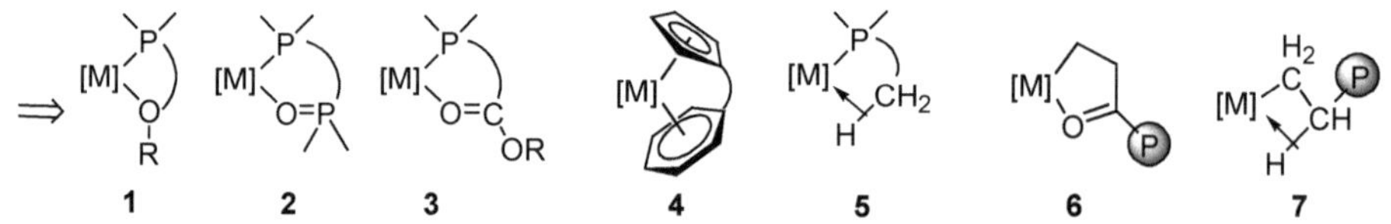

(Die substitutionslabilen Gruppen sind nach unten gezeichnet, siehe Pfeil.) Hemilabile Liganden sind auch in der Koordinationschemie und der Chemosensorik von Bedeutung [7, 8, 9].

Eine nickelkatalysierte Butenbildung aus Ethen kann auch nach einem anderen Reaktionsmechanismus ablaufen als in Abbildung 9.2 beschrieben, nämlich via oxidative Kupplung (Metallacycloalkanmechanismus). Aus präparativen und kinetischen Untersuchungen war bekannt, dass der Bis(ethen)nickel(0)-Komplex **22** (L = PPh_3) in Gegenwart von PPh_3 im Gleichgewicht mit dem oxidativen Kupplungsprodukt **23** steht (**22** → **23**), das durch sukzessive Abspaltung von PPh_3 in die Nickelacyclopentankomplexe **24** und **25** übergeht. Diese zersetzen sich unter reduktiver C–C-Eliminierung zu Cyclobutan (**24** → **26**) bzw. via gekoppelte β-H- und reduktive C–H-Eliminierung zu Buten (**25** → **26**). Folgerichtig katalysiert der in Substanz isolierte Komplex **23**, ohne dass ein Cokatalysator erforderlich ist, die Dimerisation von Ethen zu Buten und zu Cyclobutan, allerdings nur mit geringer Aktivität [10].

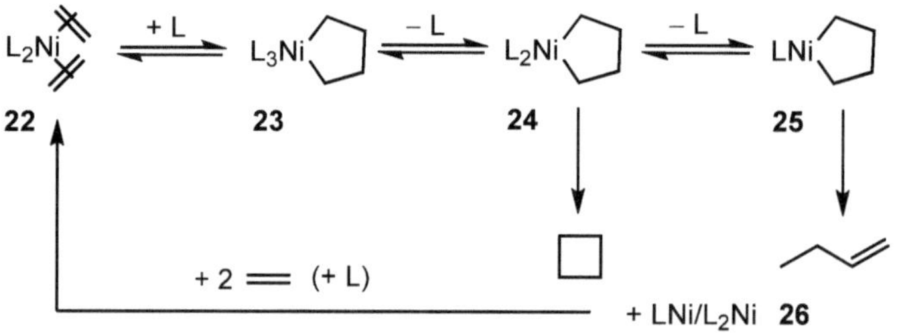

Der Wilke-Katalysator eignet sich auch zur Dimerisation von Propen, wobei die Struktur der Dimere in hohem Maße durch die Phosphane gesteuert werden kann. PMe_3 liefert ca. 80 % Methylpentene (Kopf-Schwanz-Verknüpfung)[1] und zu je ca. 10 % *n*-Hexene (Schwanz-Schwanz-Verknüpfung) und 2,3-Dimethylbutene (Kopf-Kopf-Verknüpfung). Mit sterisch anspruchsvolleren Phosphanen werden zunehmend die hochverzweigten Dimere (2,3-Dimethylbutene) gebildet, z. B. mit $P(i\text{-}Pr)_2(t\text{-}Bu)$ zu ca. 80 %. Die Katalysatoren weisen eine herausragende Aktivität auf: Mit $[Ni(\eta^3\text{-}C_3H_5)Br(PCy_3)]/AlEtCl_2$ in Chlorbenzol werden Umsatzfrequenzen (*TOF*) von ca. $2{,}1 \cdot 10^8$ mol Propen/(mol Ni · h) bei Raumtemperatur (experimentelle Werte von –55 bis –75 °C auf 25 °C extrapoliert) erreicht, sodass ca. 150 t Produkt/(g Ni · h) gebildet werden. Das entspricht der Aktivität von hochaktiven Enzymen[2] [11].

[1] Bei Vinyl- und Vinylidenmonomeren $H_2C{=}CHR$ bzw. $H_2C{=}CRR'$ wird das höher substituierte Ende als „Kopf" (*head*, H) und die CH_2-Gruppe als „Schwanz" (*tail*, T) bezeichnet.

[2] Die Aktivität von Enzymen wird durch die Wechselzahl charakterisiert, die angibt, wie viele Substratmoleküle von einem Enzymmolekül pro Sekunde unter optimierten Bedingungen umgesetzt werden. Die Wechselzahlen vieler Enzyme liegen zwischen 15 und 150 s^{-1} (20–38 °C), extrem hohe Wechselzahlen weisen Carboanhydrase ($6 \cdot 10^5$ s^{-1}) und Katalase ($8 \cdot 10^4$ s^{-1}) auf. Die Wechselzahl des oben angegebenen Katalysators beträgt $6 \cdot 10^4$ s^{-1}.

Die sogenannte nicht-regioselektive Dimerisation ohne Phosphanzusatz liefert circa 20 % *n*-Hexene, 75 % Methylpentene und 5 % Dimethylbutene. Die Aktivität des phosphanfreien Katalysators beträgt etwa 1/15 des oben angegebenen Werts. Die Reaktion ist von technischer Bedeutung (Dimersol-Prozess vom IFP, Institut Français du Pétrole; ab 2010: IFP Energies nouvelles) [M7]. Die gebildeten Hexene werden Benzin zur Erhöhung der Octanzahl zugesetzt. In analoger Weise werden *n*-Butene zu Octenen dimerisiert.

Aufgabe 9.1

Formulieren Sie die Reaktionsprodukte der (nicht-regioselektiven) Propendimerisation. Vernachlässigen Sie dabei nachfolgende Doppelbindungsisomerisierungsreaktionen.

Ionische Flüssigkeiten, die aus 1,3-Dialkylimidazoliumkationen (**3**, vgl. Exkurs, S. 117) und Chloroaluminatanionen bestehen, erwiesen sich als erstklassiges Lösungsmittel für die Nickel-Dimerisationskatalysatoren des Dimersol-Prozesses. Dabei fungiert die latent Lewis-acide ionische Flüssigkeit auch als Cokatalysator, denn in Mischungen eines Imidazoliumchlorids [**3**]Cl mit überschüssigem $AlCl_3$ ([**3**]Cl : $AlCl_3$ < 1) kommt es zunehmend zur Bildung von höher aggregierten Chloroaluminaten ($[AlCl_4]^- \rightarrow [Al_2Cl_7]^- \rightarrow [Al_3Cl_{10}]^-$), die Lewis-acid sind. Bei der Dimerisation von C_3- und C_4-Olefinen liegt, wegen der fast vollständigen Nichtmischbarkeit der Hexene bzw. Octene mit der ionischen Flüssigkeit, eine Zweiphasenkatalyse vor. Die Produktabtrennung kann einfach durch Phasenseparation erfolgen (Difasol-Prozess vom IFP). Im Vergleich mit dem Dimersol-Prozess werden höhere Dimer-Selektivitäten erreicht; eine wesentlich höhere Reaktionsgeschwindigkeit und ein geringerer Katalysatorverbrauch hat deutlich höhere Raum-Zeit-Ausbeuten zur Folge [M8].

Für die Dimerisation von Ethen zu But-1-en findet auch ein lösliches titanhaltiges Katalysatorsystem ($Ti(OR)_4/AlR'_3$; R, R' = Alkyl; 50 °C, 25 bar) Verwendung (Alphabutol-Prozess vom IFP). Es wird sehr reines But-1-en erhalten, da praktisch keine Isomerisierung zu But-2-en (<0,01 %) erfolgt. Trimere (C_6 ca. 7 %) und höhere (C_{8+} < 1 %) Kohlenwasserstoffe werden durch einfache Destillation abgetrennt [12].

Aufgabe 9.2

Ein auf einer Aluminiumoxidoberfläche fixierter Trihydridowolframkomplex **1** (Struktur vereinfacht) katalysiert mit hoher Selektivität (>95 %) die direkte Umwandlung von Ethen in Propen:

3 = —**1**, 150 °C, 1 bar→ 2 (Propen)

1 (H–W(H)(H) an O, O der Oberfläche) + 3 = → s[W](Et)₃ **2** —(– EtH)→ s[W] **3**

Detailliertere Untersuchungen sprechen dafür, dass **1** ein trifunktioneller Single-Site-Katalysator ist, der die Ethendimerisierung zu But-1-en, die Doppelbindungsisomerisierung von But-1-en sowie die Ethen/But-2-en-Metathese katalysiert. Der eigentliche Katalysator wird aus dem Triethylkomplex **2** durch α-Hydrideliminierung, die mit einer reduktiven C–H-Eliminierung gekoppelt ist, gebildet (**2** → **3**). Formulieren Sie einen wahrscheinlichen Reaktionsmechanismus für alle drei Teilreaktionen.

9.3 Trimerisation von Ethen

Durch den gestiegenen Bedarf von Hex-1-en als Comonomer bei der Ethenpolymerisation zu LLDPE (vgl. S. 256) hat eine selektive Trimerisation von Ethen zunehmend an Bedeutung erlangt. Sie ist insbesondere mit chrom- und titanhaltigen Katalysatorsystemen möglich, der Mechanismus ist in Abbildung 9.3 angegeben. Im Einzelnen werden folgende Reaktionsschritte durchlaufen:

27 → **28**: *Ligandenanlagerung/-abspaltung.* Koordination von Ethen an einen Metallkomplex mit niedriger Oxidationsstufe führt zu einem Bis(η^2-ethen)-Komplex.

28 → **29**: *Oxidative Kupplung/reduktive Spaltung.* Oxidative Kupplung ergibt unter Erhöhung der Oxidationsstufe von M um zwei Einheiten einen Metallacyclopentankomplex. In vielen Fällen handelt es sich um kationische Katalysatorkomplexe [M].

29 → **30** → **31**: *Ligandenanlagerung/Insertion.* Koordination von Ethen, gefolgt von der Insertion von Ethen in eine M–C-Bindung, führt zu einem Metallacycloheptankomplex.

31 → **32** → **27**: *β-H-Eliminierung/reduktive Eliminierung.* Hex-1-en wird durch Übertragung eines β-Wasserstoffatoms auf das Metall, gefolgt von einer reduktiven C–H-Eliminierung, gebildet. Nicht notwendigerweise wird dabei eine Alkylhydrido-Zwischenstufe **32** durchlaufen. Der β-Hydridtransfer kann auch in einer konzertierten Reaktion – assistiert durch eine agostische C–H···M-Wechselwirkung – direkt auf das C-Atom erfolgen.

29 → **27**: *β-H-Eliminierung/reduktive Eliminierung.* Auf analoge Weise, wie die zuvor beschriebene Trimerisation, ist auch eine Ethendimerisierung möglich, wobei der Metallacyclo-

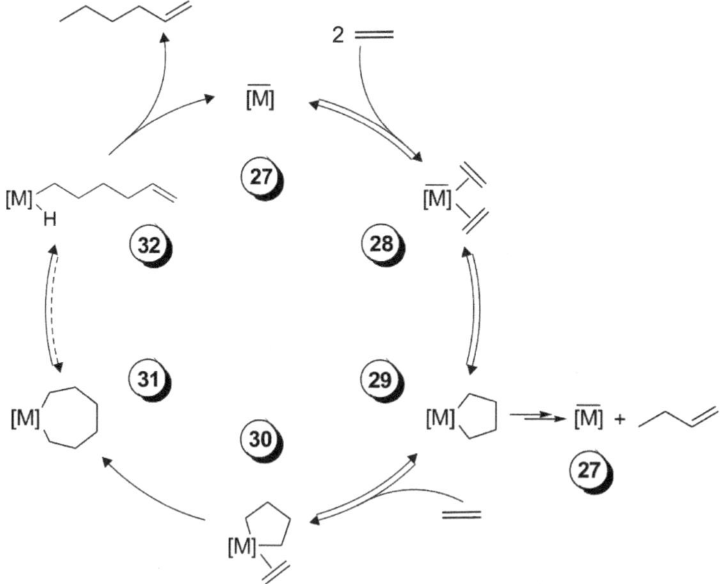

Abbildung 9.3. Reaktionsschema der selektiven Trimerisation von Ethen mit Metallacyclen als Intermediate (Metallacycloalkanmechanismus).

pentankomplex **29** durch β-H- und reduktive C–H-Eliminierung in Buten und den Katalysatorkomplex **27** zerfällt.

Aufgabe 9.3

Bei der Trimerisation von Ethen werde ein Gemisch von gleichen Teilen an C_2H_4 und C_2D_4 eingesetzt. Welche Isotopomere von Hex-1-en erwarten Sie beim Metallacycloalkan- und beim Insertionsmechanismus? In welcher Verteilung treten diese auf?

Aufgabe 9.4

Es ist nicht sicher geklärt, ob der Alphabutol-Prozesses (S. 233) nach einem Metallacycloalkan- oder einem Insertionsmechanismus abläuft. Formulieren Sie diese beiden Mechanismen. Hauptbestandteile der C_6-Fraktion sind 2-Ethylbut-1-en und 3-Methylpent-1-en. Wie erklären Sie ihre Bildung?

Setzt man als Präkatalysator Trichloridotitan(IV)-Verbindungen mit einem funktionalisierten Cyclopentadienylliganden wie **33** und Methylaluminoxan (MAO, vgl. S. 265) als Cokatalysator ein, werden bezüglich der Trimerisation hohe Selektivitäten (97 %, davon 86 % Hex-1-en und 14 % C_{10}-Olefine durch Einbeziehung von Hexen in Trimerisation) und hohe Aktivitäten (>12000 mol C_6/(mol Ti · h)) erreicht [13].

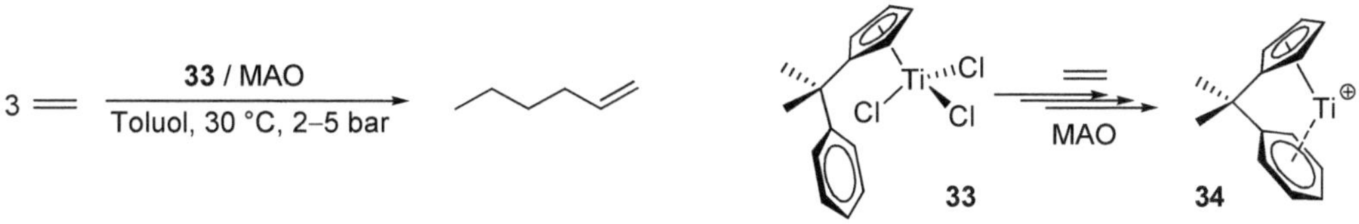

Der Mechanismus dieser Reaktion ist gut untersucht. Der Präkatalysator **33** reagiert mit MAO in Gegenwart von Ethen unter Abspaltung von oligomeren Olefinen und Alkanen zum eigentlichen Katalysator, einem kationischen Titan(II)-Komplex **34** (entspricht **27** mit [M] = $[Ti(\eta^5\text{-}C_5H_4CMe_2Ph)]^+$ in Abbildung 9.3). Dabei handelt es sich um einen Komplex mit einem hemilabilen 2-Phenylprop-2-yl-substituierten Cyclopentadienylliganden. Die η^5-Cyclopentadienylgruppe ist fest am Titan koordiniert. Quantenchemische Rechnungen zeigen, dass in den koordinativ ungesättigten Zwischenstufen – gemäß **27**, **28**, **29** und **31** in Abbildung 9.3 – zusätzlich π-Wechselwirkungen zwischen dem Aromaten (Ph) und dem Titan bestehen. Im hochungesättigten Komplex **27** ist der Phenylring des Liganden vergleichsweise stark η^6-koordiniert. Erwartungsgemäß sind die π-Wechselwirkungen im Titan(II)-Komplex **28** stärker als im Titan(IV)-Komplex **29**. Das entspricht genau den Erfordernissen, weil damit nach erfolgter oxidativer Kupplung (**28** → **29**) die Koordinationsstelle für den neuen Ethenliganden (**29** → **30**) leichter zugänglich wird [14].

Weiterhin zeigen die Rechnungen, dass die Zwischenstufe **32** ([M] = $[Ti(\eta^5\text{-}C_5H_4CMe_2Ph)]^+$) nicht durchlaufen wird, sondern eine konzertierte H-Übertragung und reduktive Eliminierung stattfindet. Dagegen zersetzt sich der konformativ weniger flexible Titanacyclopentankomplex **29** deutlich langsamer unter Butenbildung (**29** → **27**) durch konsekutive β-H- und reduktive C–H-Eliminierung. Das ist eine wesentliche Ursache für die hohe Selektivität bezüglich der Trimerisation.

Komplexe [$Ti^{IV}Cl_3$(L-κ*N*,κ*O*,κ*O'*)] (L = dreizähniger funktionalisierter Salicylaldiminatoligand, vgl. als Beispiel den Liganden im entsprechenden Dimethylkomplex **35**) mit MAO als Cokatalysator gehören zu den sogenannten FI-Katalysatoren (S. 281) und sind hochaktiv bei der Trimerisation von Ethen. Durch die methylierende und Lewis-acide Wirkung von MAO werden daraus kationische Dimethylkomplexe **35** gebildet. Untersuchungen an dem gut charakterisierten Komplex [**35**][$MeB(C_6F_5)_3$] haben gezeigt, dass die katalytisch aktive Spezies [Ti^{II}(L-κ*N*,κ*O*,κ*O'*)]$^+$ ist. Sie wird aus **35** durch Insertion von Ethen in eine Ti–CH_3-Bindung, gefolgt von einer β-H- und reduktiven C–H-Eliminierung unter Bildung eines Olefins und von Methan, generiert. Die Katalyse vollzieht sich nach dem Metallacycloalkanmechanismus gemäß Abbildung 9.3.

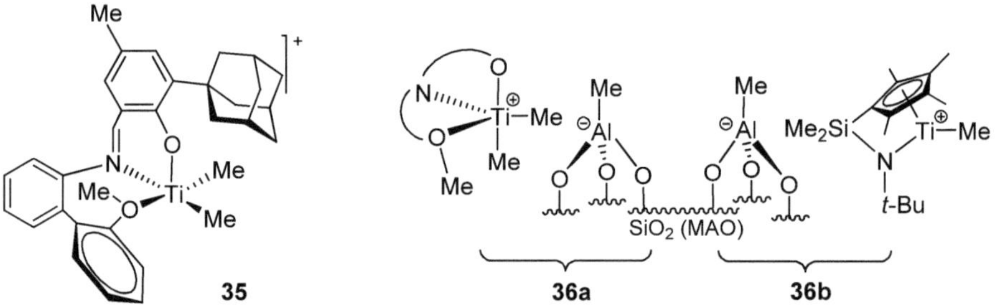

Immobilisiert man den Katalysator auf SiO_2, das zuvor mit MAO behandelt worden ist (**36a**; es ist symbolisch eine Monomethylaluminatgruppe gezeichnet), ist er um mehr als eine Größenordnung produktiver als der homogene Katalysator. Einen Tandemkatalysator für die Synthese von LLDPE (S. 282) erhält man, wenn zusätzlich ein typischer Polymerisationskatalysator für Ethen (**36b**) auf SiO_2/MAO aufgebracht wird: An **36b** wird Ethen polymerisiert, wobei das an **36a** erzeugte Comonomer (Hex-1-en) in das Polymer eingebaut wird. Damit ist im Prinzip nachgewiesen, dass LLDPE an zwei unabhängig arbeitenden Katalysatoren, immobilisiert auf ein und denselben Träger, direkt aus Ethen erhalten werden kann und nicht wie üblich aus einem Ethen/Hex-1-en-Gemisch. Das ist von großem Interesse, da der überwiegende Teil des in der chemischen Industrie erzeugten Hexens zur Herstellung von LLDPE verwendet wird [15].

Eine Reihe chromhaltiger Katalysatorsysteme ist beschrieben, die sich durch hohe Aktivität, Selektivität und thermische Stabilität auszeichnen. Dabei gibt es sowohl Belege für einen Oxidationsstufenwechsel zwischen Cr^{I} und Cr^{III} als auch zwischen Cr^{II} und Cr^{IV} [16]. Untersuchungen an Modellsystemen einschließlich der Synthese und strukturellen Charakterisierung von Chromacycloheptankomplexen wie **37** als Beispiel und deren thermische Zersetzung zu Hex-1-en (im Falle von **37** neben Buten/Ethen als Hauptprodukt) zeigen, dass der Mechanismus in Abbildung 9.3 zutreffend ist. Dafür spricht auch, dass z. B. bei dem nachfolgend erwähnten Phillips-Katalysatorsystem Decene (bedingt durch den Einbau eines Hexens in den Chromacycloheptankomplex **29** → **30** → **31**) bei Weitem die wichtigsten Nebenprodukte sind, während nur relativ wenig Octene gebildet werden.

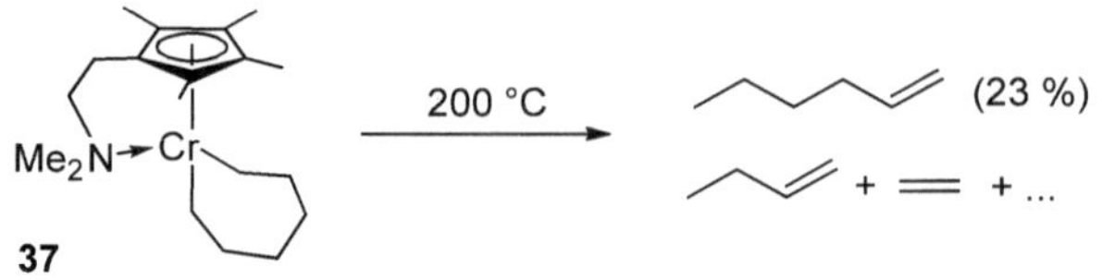

Technische Anwendungen finden überwiegend chrombasierte Katalysatorsysteme. Phillips Petroleum hat ein Katalysatorsystem entwickelt ($Cr[O_2CCH(Et)Bu]_3$, 2,5-Dimethylpyrrol, $AlEt_2Cl/AlEt_3$ in Toluol), das mit hoher Aktivität (ca. 10^5 mol Hex-1-en/(mol Cr · h); 115 °C, 100 bar) und Selektivität Hex-1-en (93 % Hex-1-en, <1 % andere Hexene, 5 % Decene) liefert. In Hexachlorethan kann mit $AlEt_3$ als Cokatalysator eine Aktivität von $2{,}3 \cdot 10^6$ mol Hex-1-en/(mol Cr · h) (105 °C, 50 bar) erreicht werden. Chevron-Phillips hat 2003 in Katar die erste technische Anlage zur selektiven Trimerisation von Ethen (50000 t Hex-1-en/a) in Betrieb genommen. 2012 betrug die Gesamtkapazität aller installierten Anlagen zur Ethentrimerisation ca. 0,5 Mill. t/a. Es gibt eine Reihe weiterer hochaktiver und sehr selektiver Katalysatorsysteme für die Ethentrimerisation von industrieller Relevanz, darunter $[CrCl_3(THF)_3]$, Ph_2P–N(*i*-Pr)–P(Ph)–N(*i*-Pr)H und $AlEt_3$ in Toluol (65 °C, 30 bar; >90 % C_6 mit >99 % Hex-1-en). Untersuchungen legen nahe, dass der katalytisch aktive Komplex ein bimetallischer Bis(ethen)chrom(I)-Komplex **38** ist und sich die Katalyse nach dem Metallacycloalkanmechanismus vollzieht [17].

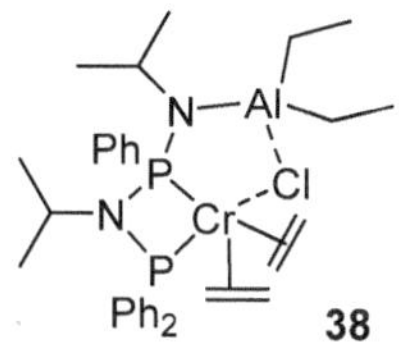

Eine selektive Tetramerisation von Ethen zu Oct-1-en ist schwieriger als eine Trimerisation zu Hex-1-en. Katalysatoren der Wahl sind Chromverbindungen, aber in vielen Fällen sind nur Selektivitäten bis zu 70 % erreicht worden, z. B. mit $[CrCl_3(THF)_3]/Ar_2P$–NR–PAr_2 (**39a**, Ar = Ph, R = *i*-Pr) und MAO als Cokatalysator. In einem singulären Fall ($[CrCl_2(THF)_2]$/ Ph_2P–NMe–$(CH_2)_3$–NMe–PPh_2 + MAO, speziell vorbehandelt) wurden 91 % Oct-1-en erhalten.

Der Mechanismus von Tetramerisationen ist nicht sicher geklärt. Möglicherweise wird wie bei einer Trimerisation (Abbildung 9.3) ein Metallacycloheptan **31a** gebildet, das aber nicht zu Hex-1-en weiterreagiert, sondern nach Ethenkoordination und Ringerweiterung zu einem Metallacyclononan (**31a** → **40** → **41**), das sich dann durch β-Hydrideliminierung gekoppelt mit einer reduktiven C–H-Eliminierung zu Oct-1-en umsetzt. Eine geringe Bildungstendenz von neungliedrigen Metallacyclen sowie eine bereitwillige Weiterreaktion mit Ethen zu noch größeren Ringen könnten ursächlich für die Selektivitätsprobleme sein. Mechanistische Alternativen, die insbesondere zweikernige Katalysatorkomplexe in Betracht ziehen, sind vorgeschlagen [17, 18].

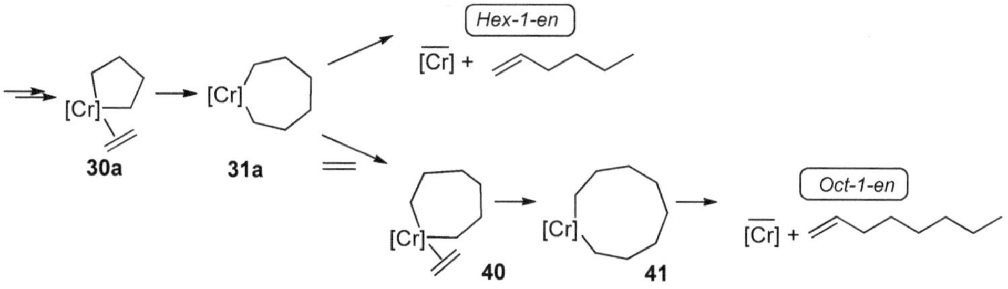

Aufgabe 9.5

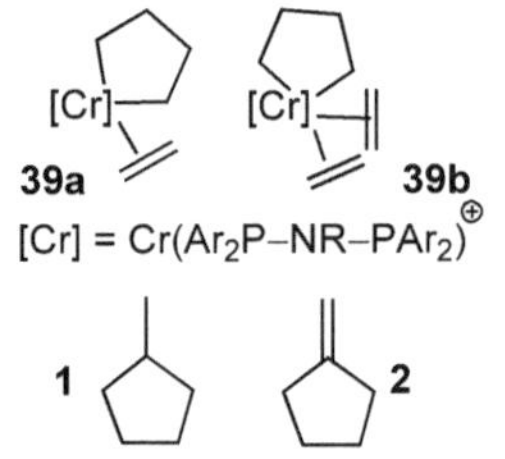

□ Wird im Katalysatorsystem **39a** (vide supra) ein Bis(diarylphosphino)-amin-Ligand mit *ortho*-substituierten Arylgruppen (**39b**, R = Me, Ar = *o*-MeOC$_6$H$_4$) verwendet, dann erhält man einen hochaktiven und sehr selektiven Trimerisationskatalysator für Ethen (90 % C$_6$ mit 99,9 % Hex-1-en; 80 °C, 20 bar). Untersuchungen dieser Katalysatorsysteme legen nahe, dass je nach der Anzahl der koordinierten Ethenliganden am Chromacyclopentan Hex-1-en (aus **39a**) oder Oct-1-en (aus **39b**) gebildet wird. Formulieren Sie die Reaktion zum Octen und geben Sie eine Erklärung für den gravierenden Substituenteneinfluss (*o*-MeOC$_6$H$_4$ *vs.* Ph) im Bis(diarylphosphino)amin-Liganden.

[Cr] [Cr] **39a** **39b**
[Cr] = Cr(Ar$_2$P–NR–PAr$_2$)$^{\oplus}$
1 **2**

□ Als wichtigste Nebenprodukte im Tetramerisationskatalysator treten Hex-1-en sowie **1** und **2** im Verhältnis 1 : 1 auf. Des Weiteren wird auch Ethan gebildet. Formulieren Sie einen möglichen Bildungsmechanismus.

9.4 Der Shell Higher Olefin Process (SHOP)

Olefinmetathese und Ethenoligomerisation erfahren im Shell Higher Olefin Process (SHOP) [19] eine bedeutende technische Anwendung. Es handelt sich um ein Verfahren zur Herstellung von linearen α-Olefinen (C$_{12}$–C$_{18}$) aus Ethen. Dieses kann mit einer Hydroformylierung gekoppelt werden, sodass die entsprechenden Aldehyde bzw. Alkohole erhalten werden. Aus dem Fließschema in Abbildung 9.4 geht hervor, dass der Shell Higher Olefin Process eine Kombination von Oligomerisation, Isomerisierung und Olefinmetathese ist. Im Einzelnen besteht die Anlage aus folgenden Apparaten:

*Oligomerisationsreaktor (**a**).* Ethen wird nickelkatalysiert zu linearen α-Olefinen oligomerisiert (Lösungsmittel: Butan-1,4-diol).

*Phasenabscheider (**b**).* Das Oligomerengemisch ist mit dem Lösungsmittel, in dem der Katalysator gelöst ist, nicht mischbar und wird durch einfache Phasenseparation abgetrennt.

*Destillationskolonne (**c**).* Das Oligomerengemisch wird in die gewünschten Olefinfraktionen aufgetrennt.

*Isomerisierungsreaktor (**d**).* Die α-Olefine mit zu hoher C–Zahl werden einer Doppelbindungsisomerisierung unterworfen, wobei Olefine mit innenständigen Doppelbindungen gebildet werden. Soweit sie keine anderweitige Verwendung finden (z. B. bei der Herstellung von LLDPE), werden auch α-Olefine mit geringerer C–Zahl zugesetzt.

*Metathesereaktor (**e**).* Die Metathese des Gemisches innerer Olefine führt zu einem Olefingemisch, das der gewünschten C-Zahlverteilung näher kommt.

*Destillationskolonne (**f**).* Destillative Auftrennung des Olefingemisches und Rückführung der Olefine mit zu kleiner und zu großer Kettenlänge in den Metathese- (**e**) bzw. Isomerisierungsreaktor (**d**).

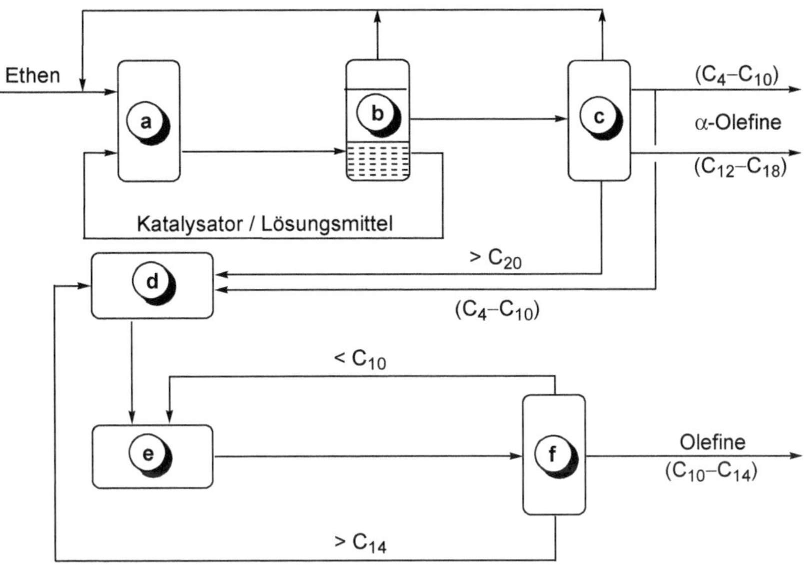

Abbildung 9.4. Fließschema des Shell Higher Olefin Process (SHOP) (nach Behr „Hydrocarbons" in [M18]).

Oligomerisation

Die Oligomerisation von Ethen wird in flüssiger Phase an Nickelkatalysatoren in polaren Lösungsmitteln wie Butan-1,4-diol bei 80–120 °C und 7–14 MPa durchgeführt. Die gebildeten Olefine sind mit dem Lösungsmittel nicht mischbar, sodass der in Butandiol gelöste Katalysator vom Produkt durch einfache Phasenseparation abgetrennt wird (Zweiphasenkatalyse). Es werden lineare Olefine von C_4 bis C_{30+} mit einer ungewöhnlich hohen Linearität (circa 99 %) und nur einem geringen Anteil an inneren Olefinen (1–2 %) erhalten. Als Präkatalysatoren werden Nickelkomplexe vom Typ [NiR(P⁀O)(PR'$_3$)] (P⁀O = anionischer P,O-Chelatligand) eingesetzt. Der Mechanismus der Oligomerisationsreaktion ist im folgenden Schema mit [NiPh(Ph_2PCH_2COO-κ*O*,κ*P*)(PPh_3)] (**42**) als Präkatalysator wiedergegeben.

42 ⇌ (– PPh_3 / + PPh_3) **43** → (+ C_2H_4 / – PhHC=CH_2) **44** ⇌ (*n* C_2H_4 / α-Olefine) **45**

Durch Abspaltung von Triphenylphosphan wird ein koordinativ ungesättigter (14 *ve*) Phenylnickel(II)-Komplex erzeugt (**42** → **43**). Das schafft die Voraussetzung, dass Ethen an Nickel koordinieren und in die Ni–C-Bindung insertieren kann. Aus dem gebildeten 2-Phenylethylkomplex wird durch β-Hydrideliminierung der eigentliche Katalysator, ein Hydridonickel(II)-Komplex, generiert (**43** → **44**). Mehrfache Insertion von Ethen in die Ni–H- bzw. Ni–C-Bindung ergibt einen Nickelkomplex mit einem oligomeren Alkylliganden (**44** → **45**). Durch β-Hydrideliminierung wird das α-Olefin abgespalten, wobei der Hydridokomplex zurückgebildet wird (**45** → **44**) [20].

Isomerisierung

Der linearen Oligomerisation von Ethen folgt eine Destillation. Olefine mit der gewünschten C-Zahl (z. B. C_{12}–C_{18}) werden abgetrennt. Solche mit zu niedriger und zu hoher C-Zahl werden einer Doppelbindungsisomerisierung unterzogen. Sie erfolgt in flüssiger Phase an Magnesiumoxid-Katalysatoren (80–140 °C, 0,3–2 MPa). Im Ergebnis werden ca. 90 % Olefine mit innerer Doppelbindung erhalten.

Olefinmetathese

Der Isomerisierung schließt sich eine Olefinmetathese an, die gewöhnlich an heterogenen Rhenium- oder Molybdänkatalysatoren (z. B. MoO_x auf Al_2O_3) durchgeführt wird. Es wird eine Mischung von (gerad- und ungeradzahligen) inneren Olefinen mit einer völlig neuen Kettenlängenverteilung erhalten. Durch Destillation wird die gewünschte Fraktion (z. B. C_{10}–C_{14}) abgetrennt. Die längerkettigen Olefine (C_{14+}) werden der Isomerisierung zugeführt. Die kurzkettigen Olefine werden in den Metathesereaktor eingespeist. Ein hoher Anteil an kürzerkettigen Olefinen (C_4, C_6) in der Metathesereaktion bedingt eine Verschiebung der Doppelbindung in Richtung Kettenende. Isomerisierung und Metathese liefern lineare innere Olefine der gewünschten Kettenlänge, die durch Hydroformylierung direkt in *n*-Aldehyde übergeführt werden können (S. 114).

Die Metathesereaktion gewährleistet eine vollständige stoffliche Verwertung: Olefine mit zu geringer und zu hoher C-Zahl werden im Kreislauf immer wieder dem Metathesereaktor zugeführt. Zuvor müssen α-Olefine einer Doppelbindungsisomerisierung unterzogen werden. Das Gleiche trifft für langkettige Olefine mit Doppelbindungen nahe dem Kettenende zu. Eine interessante Variante im Shell Higher Olefin Process ist die Metathese des hochsiedenden Anteils (C_{20+} mit inneren Doppelbindungen) mit Ethen, die direkt zu α-Olefinen der gewünschten Kettenlängen führt.

Aufgabe 9.6

Vergegenwärtigen Sie sich, dass bei der Olefinmetathese das Konzentrationsverhältnis der Ausgangsolefine und die Lage der Doppelbindungen entscheidenden Einfluss auf die C-Zahlverteilung des Produktgemisches haben. (Zur Vereinfachung bezeichnen wir hier Alkylidengruppen einfach mit der Anzahl der C-Atome.)

□ Es liegen die isomeren unverzweigten Olefine $C_{20}H_{40}$ vor: a) C_9H_{19}–CH=CH–C_9H_{19} (Abkürzung: C10=C10), b) $C_{14}H_{29}$–CH=CH–C_4H_9 (Abkürzung: C15=C5) und c) $C_{18}H_{37}$–CH=CH_2 (Abkürzung:

C19=C1). Sie werden jeweils einer Metathese mit einer gleichmolaren Menge an But-2-en (Abkürzung: C2=C2) unterworfen. Geben Sie die jeweilige Gleichgewichtszusammensetzung an.

□ Wie ist die Produktverteilung, wenn C_9H_{19}–CH=CH–C_9H_{19} (Abkürzung: C10=C10) mit But-2-en (Abkürzung: C2=C2) im Molverhältnis 1 : 9 einer Metathese unterworfen wird?

Alpha-SABLIN-Verfahren

Zur Herstellung von Ethenoligomeren ist von SABIC (Saudi-Arabien) und Linde das Alpha-SABLIN-Verfahren entwickelt worden [21]. Das Verfahren basiert darauf, dass sich Zirconium(IV)-carboxylate $Zr(O_2CR)_4$ (R = C_3–C_7-Alkyl) mit Aluminiumalkylen als Cokatalysator als sehr gute Katalysatoren für die Ethenoligomerisation erwiesen haben. Es handelt sich also um ein Ziegler-Katalysatorsystem, bei dem – im Unterschied zu typischen Polymerisationskatalysatoren – die β-H-Eliminierung eine vergleichsweise geringe Aktivierungsbarriere aufweist, sodass Ethenoligomere erhalten werden (vgl. S. 229).

Die Oligomerisation wird in Toluol als Lösungsmittel bei 20–35 bar und 50–100 °C durchgeführt. Das Produktverhältnis kann in einfacher Weise durch das Zr/Al-Verhältnis gesteuert werden, denn mit steigendem Gehalt an Cokatalysator nimmt der Anteil an C_4–C_{10}-Olefinen zu. Es werden sehr selektiv α-Olefine C_4–C_{20+} gebildet, sodass nach Zerstörung des Katalysators durch Zugabe von H_2O oder ROH eine fraktionierte Destillation zur Produkttrennung genügt. 2006 ist die erste kommerzielle Anlage (150000 t/a) in Saudi-Arabien in Betrieb genommen worden.

Verwendung von linearen α-Olefinen

Lineare α-Olefine (LAO = *linear α-olefin*) finden vielfältige Verwendung, die kürzerkettigen (C_4–C_8) hauptsächlich als Comonomer bei der Herstellung von Polyethen (LLDPE) und von anderen Polymeren. C_6–C_{10}-Olefine setzt man zu Oxo-Alkoholen für Weichmacher um. LAOs der Kettenlängen C_8–C_{18} sind Intermediate bei der Herstellung von Schmiermitteln (→ Oligo-/Polymerisation zu Poly-α-olefinen (PAO), Polyolefinöle) und Detergenzien (→ lineare Alkohole, lineare Alkylbenzole/Alkylbenzolsulfonate). Weltweit belaufen sich die Produktionskapazitäten an α-Olefinen auf ca. 4,3 Mill. Tonnen pro Jahr (2012), wovon jeweils mehr als 1 Mill. Tonnen auf SHOP-Anlagen sowie eine selektive Ethenoligomerisation (Di-, Tri-, Tetramerisierung) entfallen. Der weitaus überwiegende Teil der α-Olefine wird als Comonomer in der Polymerherstellung verwendet.

9.5 Lösungen der Aufgaben und Literatur

9.5.1 Lösungen der Aufgaben

Aufgabe 9.1

Es können sechs isomere Hexene gebildet werden:

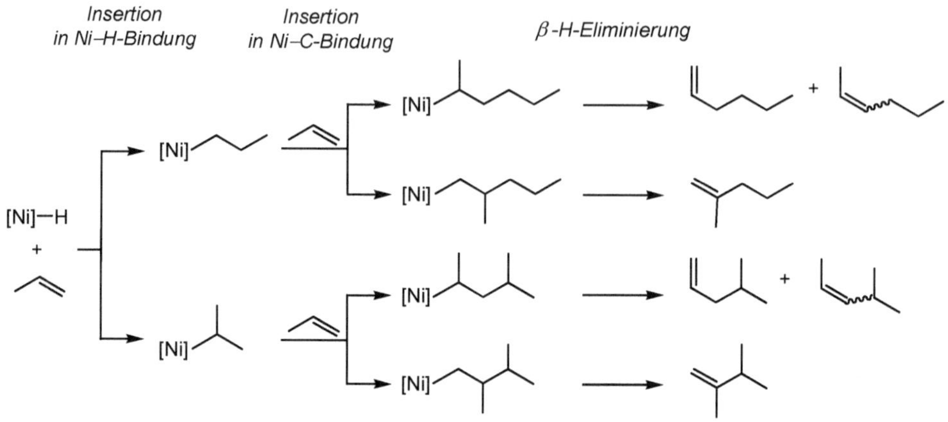

Aufgabe 9.2

Die Ethendimerisation verläuft via Insertion von Ethen in die W–C-Einfachbindung und Bildung von But-1-en durch β-Hydrideliminierung (**3** → **3a** → **3b**). Durch Insertion von Ethen in die W–H-Bindung wird der Katalysator zurückgebildet (**3b** → **3**). Der Doppelbindungsisomerisierung liegt eine Insertion von But-1-en in die W–H-Bindung von **3b** unter Bildung eines *sec*-Butylwolframkomplexes zugrunde, aus dem durch β-Hydrideliminierung But-2-en abgespalten wird (**3b** → **3c** → **3b**). Die Olefinmetathese vollzieht sich nach dem üblichen Mechanismus: Reaktion von Ethen mit dem Ethylidenkomplex **3** liefert Propen und einen Methylidenkomplex **3d**, der mit But-2-en unter Freisetzung von Propen zum Ethylidenkomplex **3** reagiert (nach M. Taoufik, E. Le Roux, J. Thivolle-Cazat, J.-M. Basset, *Angew. Chem.* **2007**, *119*, 7340; zur Struktur von **1** und weiteren Details vgl. N. Popoff, E. Mazoyer, J. Pelletier, R. M. Gauvin, M. Taoufik, *Chem. Soc. Rev.* **2013**, *42*, 9035).

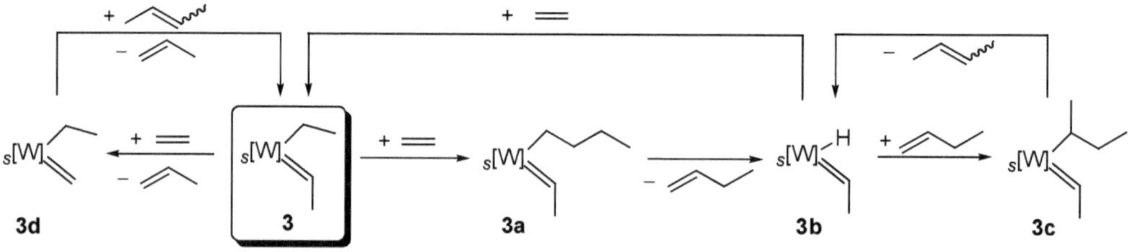

Aufgabe 9.3

Metallacycloalkanmechanismus (Abbildung 9.3). Die β-H/β-D-Eliminierung ist an eine reduktive C–H/C–D-Eliminierung gekoppelt, sodass kein Isotopenscrambling eintritt. Somit sind nur Moleküle C_6H_{12}, $C_6H_8D_4$, $C_6H_4D_8$ und C_6D_{12} zu erwarten, und zwar im Verhältnis 1 : 3 : 3 : 1. Um die Häufigkeitsverteilung der Isotopomere zu verstehen, folgen Sie den Überlegungen in Aufgabe 9.6.

Insertionsmechanismus (analog Abbildung 9.2, aber mit einem zusätzlichen Insertionsschritt). Die Wahrscheinlichkeit, dass die letzte (dritte) Insertion mit nichtdeuteriertem oder perdeuteriertem Ethen stattfindet, ist gleich groß, sodass von diesem entweder –CH=CH₂ oder –CD=CD₂ in das Hexenmolekül eingebaut werden. Daraus folgt auch, dass als aktive Katalysatorkomplexe [M]–H und [M]–D mit gleicher Wahrscheinlichkeit auftreten. Somit ergibt sich für die elementare Zusammensetzung von Hex-1-en: H/D (*aus Kat.kompl.*) + C_2H_4/C_2D_4 (*aus 1. Ins.*) + C_2H_4/C_2D_4 (*aus 2. Ins.*) + C_2H_3/C_2D_3 (*aus 3. Ins.*). Es sind also die Isotopomere C_6H_{12} (1), $C_6H_{11}D$ (1), $C_6H_9D_3$ (1) $C_6H_8D_4$ (3), $C_6H_7D_5$ (2) und *vice versa* C_6D_{12} (1), $C_6D_{11}H$ (1), $C_6D_9H_3$ (1) $C_6D_8H_4$ (3), $C_6D_7H_5$ (2) mit der in Klammern angegebenen Häufigkeit zu erwarten. Es tritt Isotopenscrambling ein (nach [22]).

Aufgabe 9.4

Metallacycloalkanmechanismus. Katalysatorkomplex ist eine koordinativ ungesättigte Ti^{II}-Verbindung **1**, die durch Umsetzung von $Ti(OR)_4$ mit AlR'_3 gebildet wird. Reaktion mit Ethen ergibt einen Bis-(η^2-ethen)-Komplex **2**, der via oxidative Kupplung (**2** → **3**) und β-H-/reduktive C–H-Eliminierung (**3** → **4**) das Produkt (But-1-en) liefert. Ligandensubstitution von Ethen durch Buten in **2** ergibt einen Buten(ethen)-Komplex **5**, der ebenfalls einer oxidativen Kupplung unterliegt (**5** → **6**). β-Wasserstoffeliminierung/reduktive Eliminierung von C–H führt zu 2-Ethylbut-1-en (**6** → **7**) und von C–H' zu 3-Methylpent-1-en (**6** → **7'**).

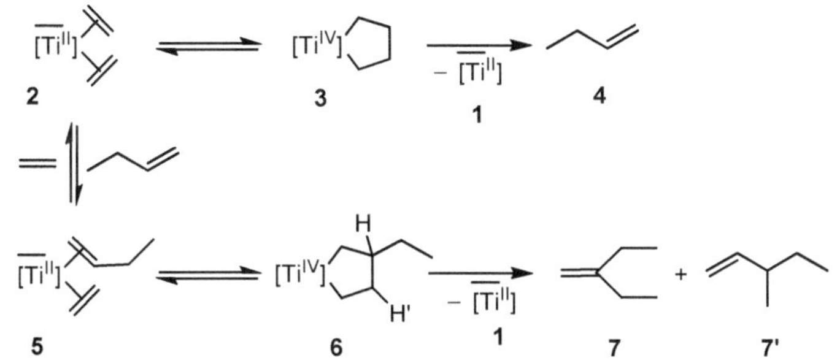

Insertionsmechanismus. Katalysatorkomplex (durch Umsetzung von $Ti(OR)_4$ mit AlR'_3 gebildet) ist ein Hydridotitankomplex, sehr wahrscheinlich nach Reduktion Ti^{IV} → Ti^{III}. Der Mechanismus ist analog dem in Abbildung 9.2. Codimerisation von Ethen mit Buten liefert C_6-Proukte: *i*) Insertion von But-1-en in eine Ti–Et-Bindung und β-Hydrideliminierung ergeben 2-Ethylbut-1-en (**8** → **9**). *ii*) Insertion von But-1-en in eine Ti–H-Bindung ergibt einen *sec*-Butyltitankomplex und nachfolgende Insertion von Ethen in die gebildete Ti–C-Bindung führt nach β-Hydrideliminierung zu 3-Methylpent-1-en (**10** → **11**).

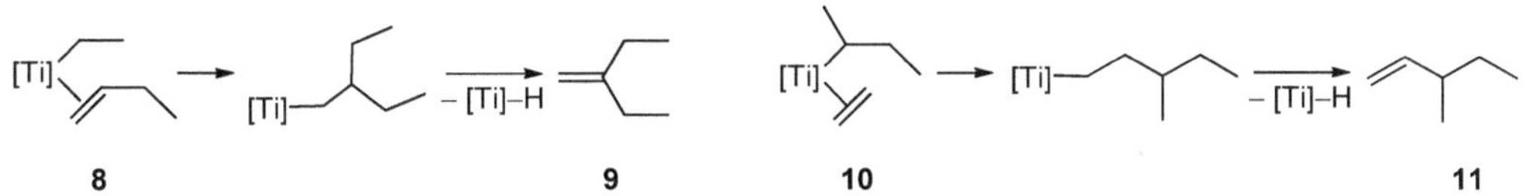

Reaktionswege, die zu linearen Hexanen führen, sind nicht aufgeführt. Neuere experimentelle Untersuchungen, wie eine Analyse der Isotopomere bei Einsatz eines Gemisches von C_2H_4/C_2D_4 und DFT-Rechnungen, geben dem Insertionsmechanismus den Vorzug, ohne den Metallacycloalkanmechanismus sicher ausschließen zu können (nach J. A. Suttil, D. S. McGuinness, *Organometallics* **2012**, *31*, 7004; R. Robinson, Jr., D. S. McGuinness, B. F. Yates, *ACS Catal.* **2013**, *3*, 3006; [12]).

Aufgabe 9.5

- Im Unterschied zur zuvor skizzierten Reaktionsabfolge **30a** → **31a** → **40** → **41** → Oct-1-en werden hier zwei Ethenmoleküle am Chromacyclopentan-Komplex koordiniert (**30a** → **30b** → ...; alle Komplexe kationisch), was nach DFT-Rechnungen einen Reaktionskanal für die Octenbildung mit einer vergleichsweise geringen Aktivierungsbarriere öffnet. Damit ist die Lage des Gleichgewichts **30a** ⇌ **30b** entscheidend für das Verhältnis, in dem C_8- und C_6-Olefine gebildet werden. Ein großer Raumanspruch der Arylsubstituenten im Bis(diarylphosphino)amin-Liganden behindert die Koordination des zweiten Ethenmoleküls in **30b**, sodass bevorzugt Hexen gebildet wird.

Hex-1-en ← [Cr] 30a ⇌ 30b → 40 → 41 → Oct-1-en
[Cr] = Cr(Ar$_2$P–NR–PAr$_2$)$^{\oplus}$

 *Ausgangspunkt **31a***. β-Hydrideliminierung und Insertion der olefinischen Doppelbindung in die Cr–C-Bindung führen zur Cyclisierung **31a** → **3** → **4** (vgl. mit der Polymerisation von Hexa-1,5-dien, Aufgabe 10.9). **4** könnte unter reduktiver C–H-Eliminierung zu **1** oder unter erneuter β-H-Eliminierung zu **2** reagieren. Das Produktverhältnis 1 : 1 kann auf dieser Grundlage nicht erklärt werden. Möglicherweise ist der Katalysatorkomplex dinuklear.

31a → 3 → 4 → 1 + 2
[Cr] = Cr(Ar$_2$P–NR–PAr$_2$)$^{\oplus}$

*Ausgangspunkt **40***. β-Hydrideliminierung gekoppelt mit einer Insertion von Ethen in die Cr–H-Bindung[1] liefert einen kationischen Ethyl(hex-5-enyl)chromkomplex (**40** → **5**), aus dem via Insertion der Doppelbindung in die Cr–C-Bindung Komplex **6** mit einem Cyclopentylmethylliganden gebildet wird. Nunmehr führt jeweils eine β-Hydrideliminierung (nur das jeweils relevante β-H-Atom ist explizit gezeichnet) gekoppelt mit einer reduktiven C–H-Eliminierung zur Produktbildung: *i*) Hydridübertragung vom Ethyl- auf den Cyclopentylmethylliganden (**6** → **1**). *ii*) Hydridübertragung vom Cyclopentylmethyl- auf den Ethylliganden (**6** → **2**). DFT-Rechnungen zufolge sind die freien Aktivierungsenthalpien der beiden Reaktionen ungefähr gleich, was im Einklang mit dem beobachteten Produktverhältnis (1 : 1) steht. Darüber hinaus findet auch der Fakt eine Erklärung, dass die beiden C_6-Produkte **1**/**2** in deutlichen Mengen nur bei Tetramerisationskatalysatoren, nicht aber bei Trimerisationskatalysatoren auftreten. Die Diskussion ist verkürzt und vereinfacht nach G. J. P. Britovsek, D. S. McGuinness, T. S. Wierenga, C. T. Young, *ACS Catal.* **2015**, *5*, 4152; G. J. P. Britovsek, D. S. McGuinness, *Chem. Eur. J.* **2016**, *22*, 16891; [22].

40 → 5 → 6 → (– [Cr]) 1 + Ethen; (– [Cr]) 2 + Ethan
[Cr] = Cr(Ar$_2$P–NR–PAr$_2$)$^{\oplus}$

Aufgabe 9.6

Die Metathese ist entropisch getrieben, sodass sich die Gleichgewichtszusammensetzung aus einer statistischen Umverteilung der Akylidengruppen ermitteln lässt.

a) Aus den Molenbrüchen (x) der Ausgangsstoffe (x(C10=C10) = 1/2, x(C2=C2) = 1/2) werden die der Alkylidenfragmente (x(C10=) = 1/2, x(C2=) = 1/2) ermittelt und die Gleichgewichtskonzentrationen berechnet:

[1] Hier und im Folgenden treten dabei nicht notwendig Hydridometallkomplexe als Zwischenstufen auf. Die Hydridübertragung kann auch in einer konzertierten Reaktion (assistiert durch eine agostische C–H···M-Wechselwirkung) direkt auf das C-Atom erfolgen, vgl. S. 253.

Olefin	C-Zahl	Molenbruch	c (in mol-%)
C10=C10	20	1/2 · 1/2 = 1/4	25,0
C10=C2	12	2 · 1/2 · 1/2 = 1/2	50,0
C2=C2	4	1/2 · 1/2 = 1/4	25,0

b) Molenbruch der Ausgangsstoffe: x(C15=C5) = 1/2, x(C2=C2) = 1/2. Molenbruch der Alkylidenfragmente: x(C15=) = 1/4, x(C5=) = 1/4, x(C2=) = 1/2. Gleichgewichtskonzentrationen:

Olefin	C-Zahl	Molenbruch	c (in mol-%)
C15=C15	30	1/4 · 1/4 = 1/16	6,25
C15=C5	20	2 · 1/4 · 1/4 = 2/16	12,5
C15=C2	17	2 · 1/4 · 1/2 = 2/8	25,0
C5=C5	10	1/4 · 1/4 = 1/16	6,25
C5=C2	7	2 · 1/4 · 1/2 = 2/8	25,0
C2=C2	4	1/2 · 1/2 = 1/4	25,0

Die Produktverteilung für die Metathese von C19=C1 (c) sowie von C10=C10 (zweite Teilaufgabe) wird analog berechnet:

Olefin	C-Zahl	c (in mol-%)
C19=C19	38	6,25
C19=C2	21	25,0
C19=C1	20	12,5
C2=C2	4	25,0
C2=C1	3	25,0
C1=C1	2	6,25

Olefin	C-Zahl	c (in mol-%)
C10=C10	20	1,0
C10=C2	12	18,0
C2=C2	4	81,0

Hinweis. Wenn Ihnen die Wahrscheinlichkeitsrechnung schwerfällt, dann vergegenwärtigen Sie sich, dass die Wahrscheinlichkeit, mit zwei Würfeln die Kombination 6 + 6 zu werfen, 1/6 · 1/6 = 1/36 beträgt. Die Wahrscheinlichkeit, die Kombination 5 + 1 zu werfen, beträgt dahingegen 2 · 1/6 · 1/6 = 2/36.

9.5.2 Literatur

[1] H. Martin, H. Bretinger, *Makromol. Chem.* **1992**, *193*, 1283: „High-Molecular-Weight Polyethylene: Growth Reactions at Bis(dichloroaluminium)ethane and Trialkylaluminium"

[2] K. Fischer, K. Jonas, P. Misbach, R. Stabba, G. Wilke, *Angew. Chem.* **1973**, *85*, 1002: „Zum 'Nickel-Effekt'"

[3] G. Wilke, *Angew. Chem.* **2003**, *115*, 5150: „50 Jahre Ziegler-Katalysatoren: Werdegang und Folgen einer Erfindung"

[4] C. Janiak, *Coord. Chem. Rev.* **2006**, *250*, 66: „Metallocene and Related Catalysts for Olefin, Alkyne and Silane Dimerization and Oligomerization“

[5] E. Larionov, H. Li, C. Mazet, *Chem. Commun.* **2014**, *50*, 9816: „Well-Defined Transition Metal Hydrides in Catalytic Isomerizations“

[6] B. Bogdanović, *Adv. Organomet. Chem.* **1979**, *17*, 105: „Selectivity Control in Nickel-Catalyzed Olefin Oligomerization“

[7] J. J. Schneider, *Nachr. Chem.* **2000**, *48*, 612: „Hemilabile Liganden in Katalyse und Komplexchemie“

[8] M. Bassetti, *Eur. J. Inorg. Chem.* **2006**, 4473: „Kinetic Evaluation of Ligand Hemilability in Transition Metal Complexes“

[9] V. T. Annibale, D. Song, *RSC Adv.* **2013**, *3*, 11432: „Multidentate Actor Ligands as Versatile Platforms for Small Molecule Activation and Catalysis“

[10] F. Zheng, A. Sivaramakrishna, J. R. Moss, *Coord. Chem. Rev.* **2007**, *251*, 2056: „Thermal Studies on Metallacycloalkanes“

[11] B. Bogdanović, B. Spliethoff, G. Wilke, *Angew. Chem.* **1980**, *92*, 633: „Dimerisation von Propylen mit Katalysatoren, die Aktivitäten wie hochwirksame Enzyme entfalten“

[12] D. Commereuc, A. Forestière, J. F. Gaillard, F. Hugues in DGMK Tagungsbericht 9705, *C_4 Chemistry – Manufacture and Use of C_4 Hydrocarbons*, Aachen, **1997**, S. 141: „Highly Selective 1-Butene Production from Ethylene: The IFP-Sabic Alphabutol™ Process“

[13] J. T. Dixon, M. J. Green, F. M. Hess, D. H. Morgan, *J. Organomet. Chem.* **2004**, *689*, 3641: „Advances in Selective Ethylene Trimerisation – A Critical Overview“

[14] S. Tobisch, T. Ziegler, *Organometallics* **2003**, *22*, 5392: „Catalytic Linear Oligomerization of Ethylene to Higher α-Olefins: Insight into the Origin of the Selective Generation of 1-Hexene Promoted by a Cationic Cyclopentadienyl-Arene Titanium Active Catalyst“

[15] D. C. Aluthge, A. Sattler, M. A. Al-Harthi, J. A. Labinger, J. E. Bercaw, ACS *Catal.* **2016**, *6*, 6581: „Cosupported Tandem Catalysts for Production of Linear Low-Density Polyethylene from an Ethylene-Only Feed“

[16] D. S. McGuinness, *Chem. Rev.* **2011**, *111*, 2321: „Olefin Oligomerization via Metallacycles: Dimerization, Trimerization, Tetramerization, and Beyond“

[17] K. A. Alferov, I. A. Babenko, G. P. Belov, *Pet. Chem.* **2017**, *57*, 1: „New Catalytic Systems on the Basis of Chromium Compounds for Selective Synthesis of 1-Hexene and 1-Octene“

[18] K. P. Bryliakov, E. P. Talsi, *Coord. Chem. Rev.* **2012**, *256*, 2994: „Frontiers of Mechanistic Studies of Coordination Polymerization and Oligomerization of α-Olefins“

[19] W. Keim, *Angew. Chem.* **2013**, *125*, 12722: „Oligomerisierung von Ethen zu α-Olefinen: Erfindung und Entwicklung des Shell-Higher-Olefin-Prozesses (SHOP)“

[20] P. Kuhn, D. Sémeril, D. Matt, M. J. Chetcuti, P. Lutz, *Dalton Trans.* **2007**, 515: „Structure–Reactivity Relationships in SHOP-Type Complexes: Tunable Catalysts for the Oligomerisation and Polymerisation of Ethylene“

[21] A. Meiswinkel, A. Wöhl, W. Müller, H. V. Bölt, F. M. Mosa, M. H. Al-Hazmi, *Oil, Gas (Hamburg, Germany)* **2012**, *38*, 103: „Developing Linear-alpha-Olefins Technology – From Laboratory to a Commercial Plant“

[22] T. Agapie, *Coord. Chem. Rev.* **2011**, *255*, 861: „Selective Ethylene Oligomerization: Recent Advances in Chromium Catalysis and Mechanistic Investigations“

Weiterführende Literatur

S. E. Angell, C. W. Rogers, Y. Zhang, M. O. Wolf, W. E. Jones Jr., *Coord. Chem. Rev.* **2006**, *250*, 1829: „Hemilabile Coordination Complexes for Sensing Applications"

G. P. Belov, *Pet. Chem.* **2012**, *52*, 139: „Tetramerization of Ethylene to Octene-1 (A Review)"

P. Braunstein, F. Naud, *Angew. Chem.* **2001**, *113*, 702: „Hemilabilität von Hybridliganden und die Koordinationschemie von Oxazolinliganden"

P.-A. R. Breuil, L. Magna, H. Olivier-Bourbigou, *Catal. Lett.* **2015**, *145*, 173: „Role of Homogeneous Catalysis in Oligomerization of Olefins: Focus on Selected Examples Based on Group 4 to Group 10 Transition Metal Complexes"

P. J. W. Deckers, B. Hessen, J. H. Teuben, *Organometallics* **2002**, *21*, 5122: „Catalytic Trimerization of Ethene with Highly Active Cyclopentadienyl–Arene Titanium Catalysts"

B. Hessen, *J. Mol. Catal. A: Chem.* **2004**, *213*, 129: „Monocyclopentadienyl Titanium Catalysts: Ethene Polymerisation versus Ethene Trimerisation"

H. Olivier-Bourbigou, A. Forestière, L. Saussine, L. Magna, F. Favre, F. Hugues, *Oil, Gas (Hamburg, Germany)* **2010**, *36*, 97: „Olefin Oligomerization for the Production of Fuels and Petrochemicals"

S. Peitz, N. Peulecke, B. R. Aluri, S. Hansen, B. H. Müller, A. Spannenberg, U. Rosenthal, M. H. Al-Hazmi, F. M. Mosa, A. Wöhl, W. Müller, *Eur. J. Inorg. Chem.* **2010**, 1167: „A Selective Chromium Catalyst System for the Trimerization of Ethene and Its Coordination Chemistry"

F. Speiser, P. Braunstein, L. Saussine, *Acc. Chem. Res.* **2005**, *38*, 784: „Catalytic Ethylene Dimerization and Oligomerization: Recent Developments with Nickel Complexes Containing P,N-Chelating Ligands"

G. Wilke, *Angew. Chem.* **1988**, *100*, 190: „Beiträge zur nickelorganischen Chemie"

10 Polymerisation von Olefinen

10.1 Einführung

Polyolefine gehören zu den wichtigsten synthetischen Polymeren. In den 1920er-Jahren hat Hermann Staudinger (Univ. Freiburg; Nobelpreis 1953) grundlegende Vorstellungen zur Struktur von Makromolekülen entwickelt. Untersuchungen zur Natrium- und zur radikalisch initiierten Polymerisation von Dienen ab 1910 haben in den 1930er-Jahren zur großtechnischen Produktion von Synthesekautschuk geführt. Bereits um 1930 sind die ersten industriellen Verfahren zur radikalischen Polymerisation von Vinylchlorid, -acetat und Styrol entwickelt worden.

Es gibt vier grundlegende Mechanismen, nach denen sich die Polymerisation von Olefinen vollziehen kann. Die Namensgebung leitet sich von der Natur der reaktiven Zwischenverbindung – des Kettenträgers – ab, wie aus den nachfolgend wiedergegebenen Wachstumsschritten (**P** = wachsende Polymerkette) zu erkennen ist.

- *Radikalische Polymerisation.* Radikalische Polymerisationen werden durch Radikalinitiatoren (z. B. Dibenzoylperoxid) gestartet.

H R H R
H H H R H R
H H H
P H P H H H

- *Kationische Polymerisation.* Initiatoren für kationische Polymerisationen sind Brønsted-Säuren (z. B. H_2SO_4) oder Lewis-Säuren (z. B. BF_3) in Gegenwart von Wasser- oder Alkoholspuren.

H R H R
H H H R H R
H ⊕ H ⊕
P H P H H H

- *Anionische Polymerisation.* Initiatoren für anionische Polymerisationen von Dienen und Vinylverbindungen mit Akzeptorsubstituenten sind Basen (z. B. Natriumamid, Lithiumalkyle).

H R H R
H H H R H R
H ⊖ H ⊖
P H P H H H

D. Steinborn, *Grundlagen der metallorganischen Komplexkatalyse*, Studienbücher Chemie,
https://doi.org/10.1007/978-3-662-56604-6_10

- *Koordinative (metallkomplexkatalysierte) Polymerisation.* Als Katalysatoren fungieren Organoübergangsmetallkomplexe, die aus einer Übergangsmetallverbindung und einem Cokatalysator (z. B. $TiCl_4/AlEt_3$) generiert werden.

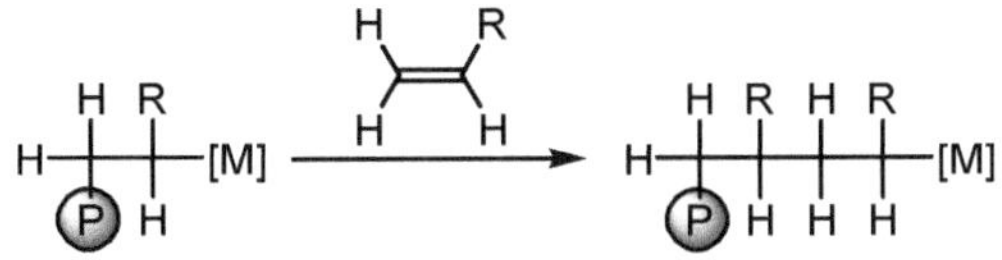

Wir werden uns im Folgenden mit der metallkomplexkatalysierten Polymerisation von Ethen und Propen befassen.[1] Die radikalische Polymerisation von Ethen ist erst in der zweiten Hälfte der 1930er-Jahre bei der ICI (Imperial Chemical Industries, Großbritannien) entwickelt worden (1939: erste kleintechnische Anlage), also nachdem die Polymerisation von Vinylverbindungen mit elektronenziehenden Substituenten im industriellen Maßstab etabliert war. Eine radikalische Polymerisation von Propen zu technisch brauchbaren Polymeren erwies sich als nicht möglich.

10.2 Ethenpolymerisation

10.2.1 Ziegler-Katalysatoren

Der Nickeleffekt (vgl. S. 228) war für Karl Ziegler Veranlassung, die katalytische Wirkung von Übergangsmetallverbindungen mit Aluminiumalkylen zu untersuchen. So wurde im Herbst 1953 entdeckt, dass die Kombination von $TiCl_4$ mit $AlEt_3$ in Benzin Ethen bei Raumtemperatur und Normaldruck zu Polyethen hoher Kristallinität (HDPE: *high density polyethene*) polymerisiert. Die Bedeutung dieser Entdeckung wird offensichtlich, wenn man bedenkt, dass Polyethen bislang nur durch radikalische Polymerisation bei 200 °C und einem Druck von ca. 1000–2000 bar zu erhalten war [1]. Wenig später (1954) hatte Giulio Natta (Institute of Technology, Mailand) gefunden, dass sich Propen mit Ziegler-Katalysatoren zu völlig neuartigen Polymeren umsetzt, denen eine stereoreguläre Polymerisation zugrunde liegt. Die Entdeckung der metallorganischen Mischkatalysatoren[2] und der Nachweis der stereoselektiven Polymerisation mit diesen Katalysatoren markiert den Beginn der modernen Kunststoffproduktion. 1963 sind diese für die Chemie bahnbrechenden Entdeckungen mit der Verleihung des Nobelpreises für Chemie an K. Ziegler und G. Natta gewürdigt worden.

---

[1] Wir bezeichnen hier Polymere mit den allgemein bekannten halbsystematischen Namen, die sich vom Monomer ableiten und die z. T. auch Handelsnamen sind. Von den systematischen Namen, die auf der Benennung einer strukturellen Wiederholungseinheit (engl.: *constitutional repeating unit*) basieren, machen wir bei einfachen Polymeren keinen Gebrauch. Beispiel: $-(CH_2-CH_2)_n-$ wird als „Polyethen" oder „Polyethylen", nicht aber als „Poly(methylen)" bezeichnet.

[2] Ziegler selbst hat die Katalysatoren „metallorganische Mischkatalysatoren" oder „Mülheimer Katalysatoren" genannt. Sie werden in der Literatur als Ziegler- oder Ziegler-Natta-Katalysatoren bezeichnet. Im weitesten Sinne versteht man darunter eine Kombination aus einer Übergangsmetallverbindung (vorzugsweise ein Halogenid) mit einem Hauptgruppenmetallalkyl, -aryl oder -hydrid, die Ethen oder α-Olefine zu polymerisieren vermag.

Die Polymerisation findet am Übergangsmetall (Titan) statt. Die wachsende Polymerkette ist am Titan σ-koordiniert (**1**, **P** = wachsende Polymerkette). Das Kettenwachstum erfolgt durch eine – im Vergleich mit Abbruchreaktionen – schnelle Abfolge von Olefinkoordination (**1** → **2**) und Insertion des koordinierten Olefins in die Ti–C-Bindung (**2** → **1'**).

[Ti] + = [Ti] [Ti] H_2 C CH_2 CH_2 ‡ [Ti] P

1 2 3 1'

Bei der Insertion (**2** → **1'**) handelt es sich um eine *syn*-Addition. Nach P. Cossee und E. J. Arlman (1964) findet eine *cis*-Wanderung (migratorische Insertion) der σ-gebundenen Polymerkette an das koordinierte Olefin über einen Vierzentren-Übergangszustand **3** statt. Das ist grundlegend: Die Polymerisation vollzieht sich an zwei Koordinationsstellen, an denen abwechselnd das Monomer und die Polymerkette gebunden sind.

Die wichtigsten Kettenabbruchreaktionen sind β-Hydridübertragungen, bei der ein Hydrid von der Polymerkette auf das Titan (**1** → **4**) bzw. auf das koordinierte Olefin übertragen wird (**2** → **5**). In beiden Fällen wird das Katalysatorzentrum nicht desaktiviert, denn durch Insertion von Ethen in die Ti–H- bzw. Ti–C-Bindung kann eine neue Kette gestartet werden.[1] Demgegenüber führt eine homolytische Spaltung der Metall–Kohlenstoff-Bindung (**1** → **6**) zur Katalysatordesaktivierung. Die ersten beiden Abbruchreaktionen liefern Polymere mit olefinischen Endgruppen. Erfolgt bei der homolytischen Spaltung eine Stabilisierung des Kohlenstoffradikals durch Disproportionierung (H-Übertragung), werden Polymere mit gesättigten und ungesättigten Endgruppen im Verhältnis 1 : 1 gebildet.

[Ti] H P 1 → [Ti] H 4 → *Kettenneustart*

[Ti] H P 2 → [Ti] 5 → *Kettenneustart*

[Ti] P 1 → [Ti] • + $H_2\dot{C}$ P 6

1/2 (P + P)

Bei der Katalysatorgenerierung wird eine koordinativ ungesättigte σ-Organotitanverbindung gebildet. Dabei kommt – vergleichbar der nickelkatalysierten Dimerisation von Ethen – dem Cokatalysator, einer Alkylaluminiumverbindung, eine alkylierende und eine Lewis-acide

[1] Kettenabbruchreaktionen ohne Desaktivierung, bei denen also ein Polymermolekül vom aktiven Katalysator freigesetzt wird, dabei aber ein neues aktives Katalysatormolekül generiert wird, werden auch als Kettenübertragungen bezeichnet.

Funktion zu. Titanhaltige Katalysatorsysteme können in ihrer katalytisch aktiven Form Ti^{III} oder Ti^{IV} enthalten. Beim klassischen Ziegler-Katalysatorsystem ($TiCl_4/AlEt_3$ in Benzin) erfolgt zunächst über $TiEtCl_3$ (**8**) als Zwischenverbindung Reduktion von $TiCl_4$ (**7**). Es bildet sich $TiCl_3$ (**9**), das als faseriger Feststoff ausfällt.

$$\underset{\mathbf{7}}{TiCl_4} \xrightarrow[-\,AlEt_2Cl]{+\,AlEt_3} \underset{\mathbf{8}}{TiEtCl_3} \longrightarrow \underset{\mathbf{9}}{\{TiCl_3\}_s} + 1/2\ (C_2H_4 + C_2H_6)$$

Der Cokatalysator $AlEt_3$ (oder auch $AlEt_{3-x}Cl_x$, $x = 0, 1, 2$) ethyliert $TiCl_3$ zum einen an der Oberfläche (alkylierende Funktion) und ermöglicht zum anderen durch Bildung von Chloroethylaluminaten $[AlEt_{3-x}Cl_{x+1}]^-$ die Koordination von Ethen (Lewis-acide Funktion). Somit handelt es sich um eine heterogene Katalyse mit typischen metallorganischen Spezies an der Oberfläche. Da der Prozess aber die charakteristischen Merkmale einer homogenen Katalyse aufweist (siehe S. 10) und es analoge homogene Katalysatorsysteme gibt, ist die Behandlung an dieser Stelle sinnvoll. Bereits Ende der 1950er-Jahre ist von zwei Arbeitsgruppen (D. S. Breslow und N. R. Newburg sowie G. Natta und P. Pino) ein homogenes System beschrieben worden ($[TiCl_2Cp_2]/AlEt_2Cl$). Es war von vergleichsweise geringer Aktivität, hat aber wertvolle Dienste bei der Klärung des Mechanismus geleistet. In diesem Fall ist das vierwertige Titan katalytisch aktiv; Reduktion zu Ti^{III} führt zur Katalysatordesaktivierung. Die Katalysatorgenerierung beinhaltet eine Alkylierung von Titanocendichlorid durch den Cokatalysator (**10** → **11**) und die Bildung eines 1:1-Komplexes vermittels der Lewis-aciden Wirkung der Aluminiumverbindung (**11** → **12**).

$$\underset{\mathbf{10}}{Cp_2TiCl_2} \xrightarrow[-\,AlEtCl_2]{+\,AlEt_2Cl} \underset{\mathbf{11}}{Cp_2Ti(Et)Cl} \xrightarrow{+\,AlEtCl_2} \underset{\mathbf{12}}{Cp_2Ti(Et)ClAlEtCl_2}$$

Unter der Einwirkung von weiterem Cokatalysator kann das Chloroethylaluminatanion $[AlEtCl_3]^-$ aus **12** durch Ethen verdrängt werden und die Polymerisation verläuft wie oben beschrieben. Später ist an analogen Zirconocensystemen gezeigt worden, dass die eigentlich polymerisationsaktiven Spezies kationische Komplexe vom Typ $[ZrCp_2\mathbf{P}]^+$ (**P** = wachsende Polymerkette) sind. Hochaktive Katalysatorsysteme werden dann erhalten, wenn das Anion so schwach Lewis-basisch ist, dass es nicht die Koordination des Olefins an das Metallzentrum behindert. Geeignete Anionen sind das perfluorierte Tetraphenylboratanion $[B(C_6F_5)_4]^-$ und methylierte Methylaluminoxane $[MAO–Me]^-$, die bei „Metallocenkatalysatoren" auch technische Bedeutung erlangt haben.

Im Gegensatz zur radikalischen Ethenpolymerisation liefert die koordinative Polymerisation streng lineare Polymere. Langkettige Verzweigungen, die durch Insertion eines Polymers/Oligomers mit ungesättigter Endgruppe in die wachsende Polymerkette (anstelle Ethen) gebildet werden, treten praktisch nicht auf. Klassische Ziegler-Katalysatoren liefern etwa 1,2 Methylverzweigungen pro 1000 C-Atome. Die Kettenlänge der Polymere lässt sich durch das Geschwindigkeitsverhältnis von Einschubreaktion und β-H-Eliminierung (Kettenabbruch ohne Desaktivierung) steuern. Niedrige Temperaturen und hoher Ethendruck begünstigen das Kettenwachstum, während höhere Temperaturen und geringer Ethendruck zu verstärkten

Kettenabbrüchen führen. Zur Molmassensteuerung können auch Kettenüberträger wie Wasserstoff zugesetzt werden. Das sind Reagenzien, die das Kettenwachstum stoppen, ohne den Katalysator zu desaktivieren und so in der Lage sind, die Molmasse der Polymere effizient zu steuern. H_2 führt durch Hydrogenolyse der M–C-Bindung im Katalysatorkomplex (**13** → **14**) zum Kettenabbruch, dem ein Neustart einer Polymerkette am Hydridometallkomplex **14** folgt.

[M]–CH₂CH₂–(P) (**13**) —(+ H_2)→ [M]–H (**14**) + CH₃CH₂–(P)

10.2.2 Mechanismus – Vertiefung

Der Mechanismus der metallkomplexkatalysierten Polymerisation von Ethen (und anderen α-Olefinen) ist facetten- und detailreicher als zuvor dargestellt, sodass zum tieferen Verständnis einige Ergänzungen notwendig sind.

Agostische Wechselwirkungen

Die Koordination der wachsenden Polymerkette kann durch eine β-agostische C–H···M-Wechselwirkung stabilisiert sein (**15**, **16**), die bei der Insertion (**16** → **17** → **18** → **15'**) aufgebrochen werden muss. Bei der Insertionsreaktion selbst kann eine α-agostische C–H···M-Wechselwirkung im Grundzustand (**17**) und/oder im Übergangszustand (**18**) von Bedeutung sein. Eine derartige zusätzliche Fixierung der Konformation der wachsenden Polymerkette kann bei der Polymerisation von α-Olefinen eine Erhöhung der Selektivität zur Folge haben und durch Stabilisierung des Übergangszustandes die Aktivierungsbarriere herabsetzen [2].

15 —(+ =)→ **16** → **17** → [**18**]‡ → **15'**; **17** → **19** → **20** → **15'**

Würde das α-H-Atom vollständig auf das Metall übertragen werden, entstünde ein Carbenhydridokomplex **19** (M. L. H. Green, J. J. Rooney, 1978). Ausgehend von **19** verläuft die Insertion über einen Metallacyclobutankomplex **20** als Zwischenstufe. Das ist ein entscheidender Unterschied zum „klassischen" Mechanismus (ohne oder mit α-agostischer Wechselwirkung), bei dem die Metallacyclobutan-ähnlichen Strukturen **3** (S. 250) und **18** Übergangszustände sind [3]. Welche Bedeutung die hier beschriebenen agostischen Wechselwirkungen im Einzelfall haben, hängt von der Natur des Katalysators ab und ist zum Teil auch nur ansatzweise bekannt.

Kettenabbruchreaktionen (ohne Katalysatordesaktivierung)

β-Agostische Wechselwirkungen in den Komplexen **15** und **16** können eine Kettenübertragung via β-Hydridtransfer auf das Metall (**15** → **21**) bzw. auf das koordinierte Olefin (**16** → **23** mit **22** als Übergangszustand) einleiten, wobei Komplexe gebildet werden, in denen die Polymerkette über eine olefinische Endgruppe an das Metall gebunden ist. Durch dissoziativen oder assoziativen Austausch des Polymers gegen das Monomer wird das Wachstum einer neuen Polymerkette gestartet (**21**/**23** → **24**). Die wachsende Polymerkette kann in einer Metall–Metall-Austauschreaktion („Transalkylierung") auf den Cokatalysator übertragen werden. Handelt es sich dabei um eine Ethylaluminiumverbindung, wird [M]–Et gebildet, an dem nach Olefinkoordination eine erneute Polymerkette wächst (**15** → **24**).

Kettenverzweigungen

Die reversible Bildung von Hydridoolefinkomplexen **21** aus **15** eröffnet den Weg zu methylverzweigten Polymeren, wenn nämlich anstelle der Reinsertion unter M–C1-Bindungsknüpfung (**21** → **15**) eine Insertion unter mit M–C2-Bindungsknüpfung (**21** → **25**) abläuft. Mehrfache Wiederholung dieser Reaktion (**25** → **21'** → **25'** → ...) liefert höhere Verzweigungen (engl.: *chain-running*, *chain-walking*).

Insertionslose Migration

Die Polymerisation vollzieht sich an zwei Koordinationsstellen, von denen eine mit dem Monomer und die andere mit der wachsenden Polymerkette $\mathbf{P}_n$ besetzt ist. Der „normale" Reaktionsablauf bei einer migratorischen Insertion (**26** → **27** → **28** → **29** → **26''** → …; in **26''** gilt $n = n + 2$) schließt eine Wanderung der Polymerkette von einer Koordinationsstelle zur anderen ein. Erfolgt eine Wanderung der Polymerkette bevor das Olefin koordiniert ist (**28** → **26'**; in **26'** gilt $n = n + 1$), wird also der Zyklus **26** → **27** → **28** → **26'** → … durchlaufen, spricht man von „insertionsloser Migration" (engl.: *back-skip*) der Polymerkette.

[M] P_n + = → [M] P_n → [M] P_n + = → [M] P_n

26 **27** **28** **29**

$n = n + 1$ $n = n + 2$

Das kann dann der Fall sein, wenn die freien Koordinationsstellen in **26** und **28** strukturell verschieden sind. Triebkraft könnte z. B. sein, dass die Koordination der raumbeanspruchenden Polymerkette in **28** energetisch ungünstiger als in **26** ist [4].

10.2.3 Phillips-Katalysatoren

Mitte der 1950er-Jahre ist bei der Phillips Petroleum Company gefunden worden, dass Chromoxide auf oxidischen Trägern Polymerisationskatalysatoren für Ethen sind. Dazu wird CrO_3 (oder eine andere Chromverbindung wie Chrom(III)-acetat) auf einen silicatischen Träger **30** aufgebracht und nachfolgendes Calcinieren ($T > 400$ °C) an der Luft ergibt den Präkatalysator, der Cr^{VI} enthält (**31**; Strukturen vereinfacht). Die Aktivierung des Katalysators erfolgt durch Reduktion mit Ethen oder CO (**31** → **32**).

OH OH Si Si (SiO_2) — 1) CrO_3 2) Δ, O_2 → O O Cr O O Si Si — $H_2C{=}CH_2$ → Cr O O Si Si — n $H_2C{=}CH_2$ → $[\!-\!C(H_2)\!-\!C(H_2)\!-\!]_n$ PE

30 **31** **32** **33**

Bei den Phillips-Katalysatoren liegt in der reduzierten Form **32** der Hauptteil des Chroms in der zweiwertigen Form vor, und zwar als rein „anorganisches Chrom", an das kein organischer Ligand koordiniert ist. Insbesondere weil die Reduktion **31** → **32** mit Ethen bei der Polymerisation **32** → **33** eine vergleichsweise lange Induktionsperiode bedingt und nur ein geringer Teil des auf den Träger aufgebrachten Chroms auch katalytisch aktiv ist, kann daraus nicht geschlossen werden, dass das Kettenwachstum auch an einem Cr^{II}-Zentrum erfolgt. Die Katalysatoren sind ohne Zusatz von Cokatalysatoren oder Aktivatoren aktiv und es ist nicht zuverlässig geklärt, durch welche Reaktion von **32** mit Ethen eine zum Kettenstart erforderliche Cr–H- oder Cr–C-Bindung gebildet wird.

Ein heterogener Modellkatalysator ist beispielsweise durch Aufbringen von [Cr(CH$_2$*t*-Bu)$_4$] auf SiO$_2$ erhalten worden, wobei der oberflächenfixierte Bis(neopentyl)chrom(IV)-Komplex **34** gebildet wird, der bei 70 °C Neopentan abspaltet (**34** → **35**). Der Neopentylidenchrom(IV)-Komplex **35** ist ein bereits bei Raumtemperatur aktiver Einkomponentenkatalysator für die Ethenpolymerisation. Die Thermolyse des an SiO$_2$ gebundenen Silanolatochrom(III)-Komplexes (**36**; erhalten durch Aufbringen von [Cr{OSi(O*t*-Bu)$_3$}$_3$(THF)$_2$] auf SiO$_2$) führt zu einem rein „anorganischen Chrom(III)“ auf SiO$_2$ (**37**). **37** ist ebenfalls – ohne jeden weiteren Zusatz – ein sehr aktiver Katalysator für die Polymerisation von Ethen. Ähnlich hergestelltes Cr^{II} auf SiO$_2$ erwies sich als nur wenig oder überhaupt nicht aktiv.

Weiterführende Untersuchungen weisen darauf hin, dass sich das Kettenwachstum bei **35** an einem Cr^{IV}- und bei **37** an einem Cr^{III}-Zentrum vollzieht. Bei **37** wird DFT-Rechnungen zufolge die erste Cr–C-Bindung nach Koordination von Ethen via C–H-Aktivierung an einer Cr–O-Bindung gebildet, also unter Protonierung eines Silicatoliganden (**37** → **38** → **39**). Die Polymerisation verläuft nach dem üblichen Insertionsmechanismus (**39** → **40**) und der Kettenabbruch erfolgt durch Umkehrung der Initiierungsreaktion (Rückübertragung des Protons vom Silanol auf das α-C-Atom der Polymerkette: **40** → **37**). Darüber hinaus scheint es auch möglich zu sein, dass die Polymerisation durch Insertion von Ethen in eine Cr–O-Bindung initiiert wird (**37** → **41**).

Obwohl Untersuchungen an diesen und anderen Modellkomplexen nur bedingt Rückschlüsse auf die klassischen Phillips-Katalysatoren zulassen, haben sie doch zum Verständnis des Katalysemechanismus bei diesen beigetragen [5].

Homogen katalysierte Ethenpolymerisationen sind an Chrom(III)-Komplexen beschrieben. So sind die Chrom(III)-Komplexe **42** (E = N, P; R = Alkyl, Aryl; X = Cl, Me) in Gegenwart von Methylaluminoxan (MAO) als Cokatalysator sehr aktive Katalysatoren für die Ethenpolymerisation. Katalytisch aktive Zwischenstufe ist ein kationischer Chrom(III)-Komplex **43**, der als Liganden die wachsende Polymerkette und ein Monomermolekül gebunden hat [6, 7].

n $H_2C{=}CH_2$ (MAO)

42 **43**

10.2.4 Polymertypen und Verfahrensspezifikationen

Polymertypen

Der Polymerisationsmechanismus bestimmt maßgeblich die Eigenschaften des Polymers. Eine radikalische Polymerisation von Ethen führt zu stark verzweigten Polymeren, die amorph sind und eine geringe Dichte (LDPE: *low density polyethene*; Grenzwert für 100 % amorphes PE: 0,85 g/cm^3) aufweisen. Koordinative Polymerisation ergibt lineare Polymere hoher Kristallinität und Dichte (HDPE: *high density polyethene*; Grenzwert für 100 %ig kristallines PE: 1,00 g/cm^3). Die Copolymerisation von Ethen mit α-Olefinen wie Buten, Hexen oder Octen (typischerweise bis zu 10 % Comonomer) ergibt ein lineares Polymer mit kurzen Verzweigungen, das wegen seiner geringen Dichte als LLDPE (*linear low-density polyethene*) bezeichnet wird. Charakteristische Eigenschaften der verschiedenen Polymertypen sind in der Tabelle 10.1 zusammengestellt.

Tabelle 10.1. Charakteristische Eigenschaften der wichtigsten Polyethentypen[a)] (zusammengestellt nach Whiteley „Polyethylene" in [M18]).

PE-Typ	LDPE	HDPE	LLDPE
Struktur (Prinzipskizze)			
Dichte (in g/cm^3)[b)]	0,924 (0,91–0,94)	0,961 (0,94–0,97)	0,922 (0,91–0,94)
Kristallinität (in %)	40	67	40
Schmelzpunkt (in °C)	110	131	122
Molmasse M_w (in g/mol)	200000	136300	158100
Kurzverzweigungen[c)]	23	1,2	26
Elastizitätsmodul (in MPa)	240 (hohe Elastizität)	885 (hohe Steifheit)	199 (hohe Elastizität)

a) LDPE: Repsol PE077/A; HDPE: Hoechst GD-4755; LLDPE: BP LL 0209. b) In Klammern: typischer Bereich. c) Anzahl der Methylgruppen pro 1000 C-Atome.

Verfahrensspezifikationen

Polyethen ist der am meisten gebrauchte Kunststoff. Weltweit sind 2016 ca. 335 Mill. Tonnen Kunststoffe produziert worden, darunter ca. 90 Mill. Tonnen Polyethen. Das Verhältnis von LDPE : HDPE : LLDPE betrug ca. 1 : 2 : 1. Ziegler- und Phillips-Katalysatoren sind etwa im Verhältnis 2 : 1 eingesetzt worden. Die Bedeutung der radikalischen Polymerisation hat stetig abgenommen, 1983 hatte der Anteil an LDPE noch etwa 60 % betragen.

In der Tabelle 10.2 sind für die technische Synthese von HDPE und LDPE typische Verfahrensparameter angegeben. Das Niederdruckverfahren mit Ziegler-Natta-Katalysatoren ist erstmals 1957 (Montecatini, Italien) technisch realisiert worden. Ursprünglich ist in Suspension unter Verwendung von niedrigsiedenden Kohlenwasserstoffen wie Hexan als Lösungsmittel gearbeitet worden. Das Polymer ist unter den Verfahrensbedingungen unlöslich und wird zusammen mit dem (unlöslichen) Katalysator durch Filtration abgetrennt. Da Katalysatorreste die Alterung von Polyethen beeinflussen, müssen sie entfernt werden.

Tabelle 10.2. Vergleich von charakteristischen Verfahrensparametern bei der koordinativen und radikalischen Polymerisation von Ethen (zusammengestellt nach Elias [8], Bd. 3 und Whiteley, „Polyethylene“ in [M18]).

		koordinative Polymerisation (Niederdruckprozess)			radikal. Polymerisation (Hochdruckprozess)
Verfahren	Suspension	Suspension	Lösung[a)]	Gasphase[b)]	Lösung[c)]
Katalysator	Ziegler (z. B. $TiCl_4/AlEt_3$)	Phillips (z. B. CrO_3/SiO_2)	Ziegler oder Phillips		0,05–0,1 % O_2[d)]
p (in bar)	<15	30–50	50–150	10–20	1500–3000
T (in °C)	75–85	<110	100–300	90–120	200–300
Struktur	hohe Kristallinität, linear (unverzweigt)				hochverzweigt[e)]
Polymertyp	HDPE (high-density PE)				LDPE (low-density PE)

a) Das Polymer kann in einem Lösungsmittel gelöst sein oder im geschmolzenen Zustand vorliegen. b) Wirbelschichtverfahren unter Verwendung von geträgerten (SiO_2, $MgCl_2$) Katalysatoren. c) Unter Prozessbedingungen ist das Polymer in Ethen gelöst, das im überkritischen Zustand vorliegt. d) Initiator. e) Statistisch langkettig verzweigt mit weiteren kurzen Seitenketten.

1968 ist gefunden worden, dass das Fixieren von klassischen Ziegler-Natta-Katalysatoren auf einem Magnesiumchlorid-Träger zu hochaktiven Katalysatorsystemen führt. Dabei werden zunächst $TiCl_4$ und $MgCl_2$ innig vermengt und dann wird das vierwertige Titan reduziert. Wesentlich für die Katalysatoraktivität ist die Morphologie des Trägers ($MgCl_2$), die so beschaffen sein soll, dass die Katalysatorkörner schon im Anfangsstadium der Polymerisation fragmentieren, sodass möglichst viele aktive Zentren für das Monomer leicht zugänglich sind. Aktivität und Produktivität derartiger Katalysatoren sind so hoch, dass auf eine aufwendige Abtrennung des Katalysators vom Polymer verzichtet werden kann. Weiterhin ermöglichen trägerfixierte Ziegler-Natta-Systeme die Polymerisation von Ethen in der Wirbelschicht, also lösungsmittelfrei.

Das Verfahren von der Phillips Petroleum Company hat den Vorteil, dass kein Cokatalysator erforderlich ist und entsprechend den Marktbedürfnissen verschiedene Polyethentypen hergestellt werden können. Wird der Prozess in einem Cycloparaffin als Lösungsmittel durchgeführt, in dem Monomer und Polymer löslich sind, kann der unlösliche Katalysator am Ende der Polymerisation in einfacher Weise durch Filtration abgetrennt werden. In einer anderen Variante wird der Katalysator in einem Paraffinkohlenwasserstoff dispergiert und das Polymer wächst um das Katalysatorkorn herum. Wegen der hohen Aktivität (250 kg PE/(mol Cr · bar C_2H_4 · h)) braucht dann vom Katalysator nicht abgetrennt zu werden. Analog den $MgCl_2$-geträgerten Katalysatoren kann auch mit den Phillips-Katalysatoren lösungsmittelfrei in der Wirbelschicht gearbeitet werden.

10.3 Propenpolymerisation

10.3.1 Regio- und Stereoselektivität

Metallorganische Mischkatalysatoren vermögen auch Propen zu polymerisieren (G. Natta, 1954). Das ist insofern bedeutungsvoll, weil es bedingt durch die hohe Stabilität des Allylradikals nicht gelingt, Polypropen mit technisch interessanten Molmassen durch radikalische Polymerisation herzustellen.

Propen weist wie alle anderen α-Olefine eine unsymmetrisch substituierte Doppelbindung (=CH_2 *versus* =CHMe) auf, ist also prochiral. Damit können bei der Polymerisation verschiedene Regio- und Stereoisomere gebildet werden:

- *Regioselektivität.* Die Polymerisation ist regioselektiv, wenn Kopf-Schwanz-Verknüpfung[1] (C2–C1-Bindungsbildung) zu **44** erfolgt. Eine ebenfalls regioselektive alternierende Kopf-Kopf- (C2–C2) und Schwanz-Schwanz-Verknüpfung (C1–C1) zu **45** ist durch direkte Synthese aus Propen nicht möglich.

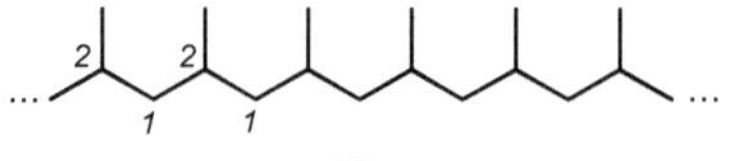

2 2 1 1 **44**   2 1 2 1 **45**

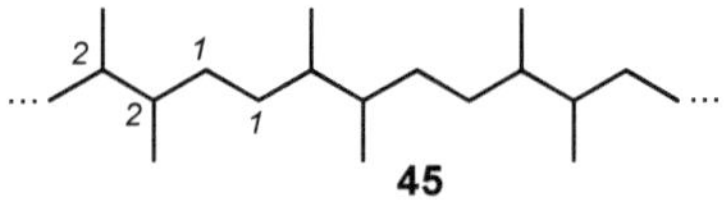

- *Stereoselektivität.* Die Polymerisation ist stereoselektiv, wenn in einem Polymerstrang alle Stereozentren gleiche (relative) Konfiguration (...*RRR*... oder ...*SSS*...; vgl. Exkurs) aufweisen („isotaktisches Polypropen", Abk.: *i*-PP, **46**) oder alternierend *R*- und *S*-konfiguriert sind („syndiotaktisches Polypropen", Abk.: *s*-PP, **47**). Bei einer nicht-stereoselektiven Polymerisation wird ataktisches Polypropen (Abk.: *a*-PP, **48**) gebildet.

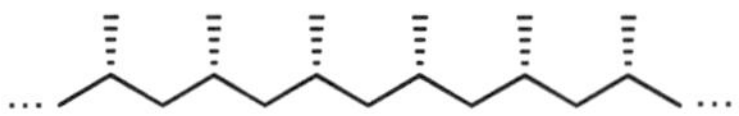

46 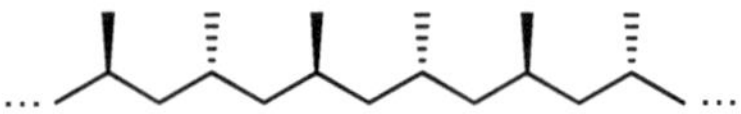   **47**

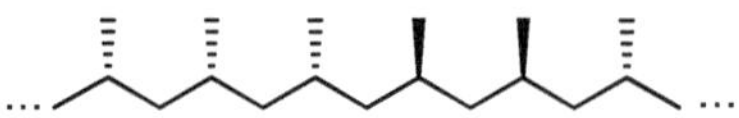

48

---

[1] Zur Definition von „Kopf" (C2) und „Schwanz" (C1) bei Vinylmonomeren vgl. Fußnote auf S. 232 und die angedeutete Nummerierung der C-Atome in **44** und **45**.

Aufgabe 10.1

Schlagen Sie einen Weg zur Synthese von H–H-Polypropen (engl.: *head-to-head polypropene*) **45** vor.

Exkurs: Konfiguration von Polypropen

Stereozentren in Polymeren werden *relative* Konfigurationen zugeordnet. Man bestimmt die Konfiguration des Stereozentrums an einem Ende der Polymerkette und gibt die Konfiguration des benachbarten Stereozentrums relativ zu dieser an usw. Haben alle Stereozentren gleiche Konfiguration, also entweder $(...RRRR...)_{rel.}$ oder $(...SSSS...)_{rel.}$, heißt das Polymer isotaktisch, besteht Alternanz $(...RSRSRS...)_{rel.}$, heißt es syndiotaktisch. Um deutlich zu machen, dass es sich dabei *nicht* um die absolute Konfiguration handelt, die ja die Priorität der Substituenten berücksichtigen müsste, fügen wir hier als Index „*rel.*" an. Der Unterschied zwischen relativer und absoluter Konfiguration ist nachfolgend am Beispiel eines isotaktischen Pentamers von Propen mit einer zusätzlichen Ethyl- bzw. Methylgruppe an den Kettenenden gezeigt (**1**):

absolute Konfiguration **1** R R S S

R R R R R relative Konfiguration

(Im Beispiel ist die relative Konfiguration angegeben, wenn man das erste chirale C-Atom am linken Kettenende zugrunde legt. Beginnt man am rechten Kettenende des Oligomers mit der Bestimmung der relativen Konfiguration, wäre $(...SSSS...)_{rel.}$ zu schreiben.) Haben zwei benachbarte Stereozentren gleiche relative Konfiguration, dann liegt die Mesoform vor und man spricht von einer *m*-Diade (**2**), anderenfalls spricht man von einer racemischen Diade (**3**, *r*-Diade).

m r

2 **3**

Somit gibt es in *i*-PP nur *m*-Diaden (...*mmmmm*...) und in *s*-PP nur *r*-Diaden (...*rrrrr*...) [8, 9, 10].

Exkurs: Analyse der Mikrostruktur von Polypropen

Die Mikrostruktur von Polypropen kann zuverlässig NMR-spektroskopisch ermittelt werden, weil die ^{1}H- und ^{13}C-chemischen Verschiebungen der Methylgruppen empfindlich von der relativen Stereochemie der benachbarten Monomereinheiten abhängt. So können ^{13}C-NMR-spektroskopisch Unterschiede von bis zu fünf Monomereinheiten auf jeder Seite detektiert werden.

Es gibt drei verschiedene Triaden, die durch ihre Stereoformeln und modifizierten Fischer-Projektionen dargestellt sind (*mm* = isotaktische, *rr* = syndiotaktische, *mr* = heterotaktische Triade):

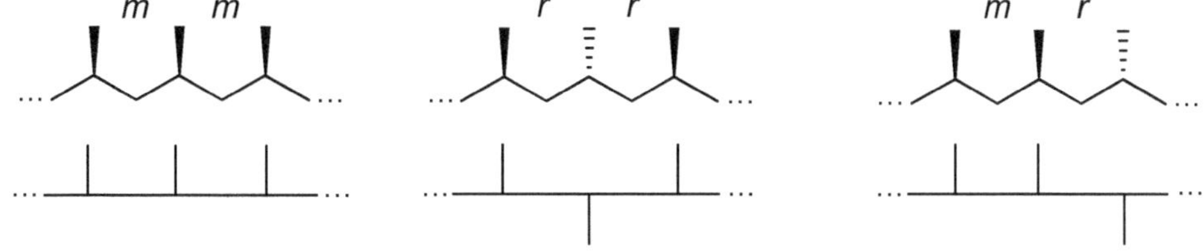

Meistens werden die Pentaden, von denen es zehn verschiedene gibt, zur Analyse herangezogen (in Klammern ist die chemische Verschiebung des markierten C-Atoms in ppm angegeben; Details zu den Messbedingungen siehe [11]):

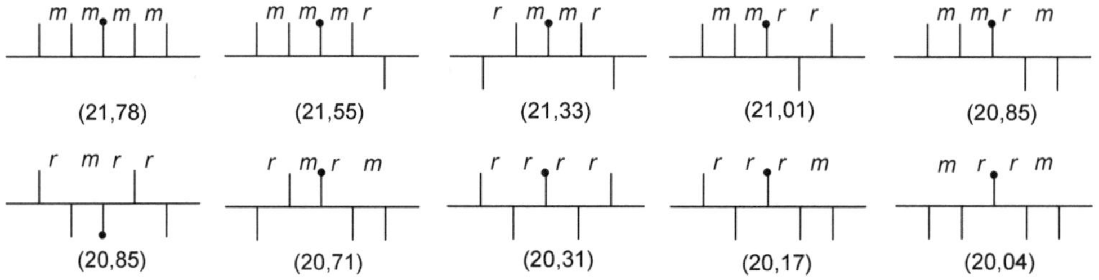

m m m m (21,78) m m m r (21,55) r m m r (21,33) m m r r (21,01) m m r m (20,85)

r m r r (20,85) r m r m (20,71) r r r r (20,31) r r r m (20,17) m r r m (20,04)

Eine quantitative Analyse der NMR-Spektren von Polypropen erlaubt genaue Aussagen zur Mikrostruktur, aus der Rückschlüsse auf den Polymerisationsmechanismus zu ziehen sind [8, 12].

Die koordinative Polymerisation von Propen mit Ziegler-Natta-Katalysatoren erwies sich grundsätzlich als regioselektiv. Das ist dadurch bedingt, dass entweder ausschließlich eine M–C1- (**a**, „primäre" oder „1,2-Insertion") oder ausschließlich eine M–C2-Bindungsknüpfung (**b**, „sekundäre" oder „2,1-Insertion") im Insertionsschritt stattfindet.

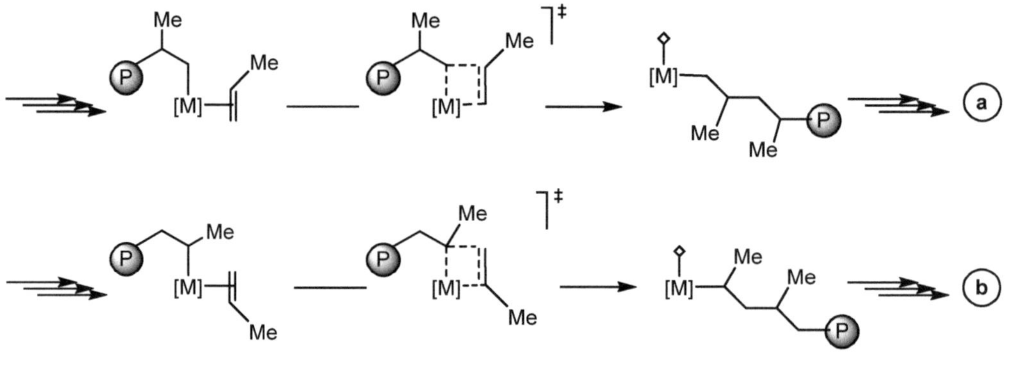

Aufgabe 10.2

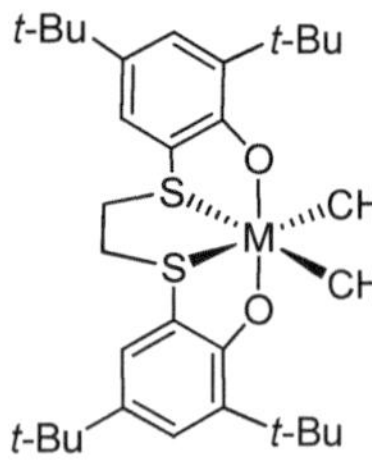

Bis(phenolato)-Komplexe vom Typ **1** vermögen bei Raumtemperatur in Gegenwart von $B(C_6F_5)_3$ (1/1) Hex-1-en zu oligomerisieren. Die Oligomerisation verläuft regioselektiv. Mit M = Ti werden Oligomere mit Vinylenendgruppen (**O**–CH=CHR, **O** = Oligomerkette) erhalten und mit M = Zr, Hf solche mit Vinylidenendgruppen (**O**–CR=CH_2). Geben Sie die (vermutliche) Zusammensetzung des Katalysatorkomplexes und die Struktur der Oligomere an. Schließen Sie aus den Endgruppen auf den Insertionstyp.

Eine stereoselektive Propenpolymerisation hat zur Voraussetzung, dass die Koordination des prochiralen Propens und der Insertionsschritt stereochemisch einheitlich ablaufen. Letzteres ist grundsätzlich gewährleistet, da die Insertion im Sinne einer *syn*-Addition abläuft. Die Koordination des Olefins an das Metall kann mit der *Re*- oder der *Si*-Seite erfolgen (vgl. Exkurs „Prostereogenität, prostereogene Seiten", S. 65). Bindung des Metalls an der *Re*-Seite und nachfolgende primäre Insertion (*cis*!) erzeugt ein *S*-konfiguriertes asymmetrisches C-Atom. Wird das Metall an der *Si*-Seite gebunden, resultiert bei primärer Insertion ein asymmetrisches C-Atom mit *R*-Konfiguration (Abbildung 10.1). Bei sekundärer Insertion (M–C2-Bindungsknüpfung) gilt das Umgekehrte.

Isotaktisches Polypropen wird erhalten, wenn das prochirale Propen immer mit der gleichen (prostereogenen) Seite (*Re*- oder *Si*-Seite) an das Übergangsmetall koordiniert. Syndiotaktisches Polypropen resultiert, wenn die Koordination alternierend an der *Re*- und *Si*-Seite erfolgt. Es ist klar, dass eine stereoselektive Polymerisation eine chirale Induktion erfordert. Stereoregulierend kann das zuletzt gebildete asymmetrische C-Atom der wachsenden Polymerkette (stereochemische Kettenendkontrolle; *chain end control*) und/oder ein chiraler Katalysatorkomplex (chirale Koordinationstasche; *enantiomorphic site control*) sein.

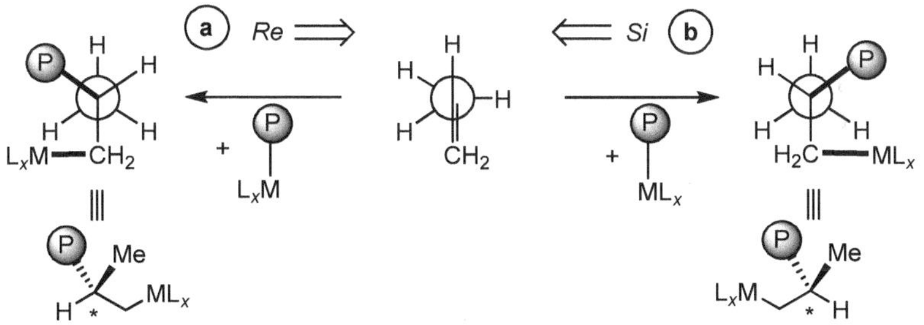

Abbildung 10.1. Newman-Projektion von Propen entlang der C2–C3-Bindung. Addition von L_xM an der *Re*-Seite von Propen und nachfolgende primäre Insertion führt zu einem C2-Atom mit *S*-Konfiguration (**a**). Entsprechend wird bei Koordination an der *Si*-Seite ein (*R*)-C2-Atom erhalten (**b**). Die neu gebildeten Bindungen M–C1 und C2–**P** (**P** = wachsende Polymerkette) sind fett gezeichnet.

Aufgabe 10.3

Bei der Polymerisation von Propen zu isotaktischem Polypropen mögen Polymere mit der Mikrostruktur **1** bzw. **2** gebildet werden. Überlegen Sie, wie aus der Art der Korrektur eines Baufehlers auf die Natur der Stereoregulierung geschlossen werden kann.

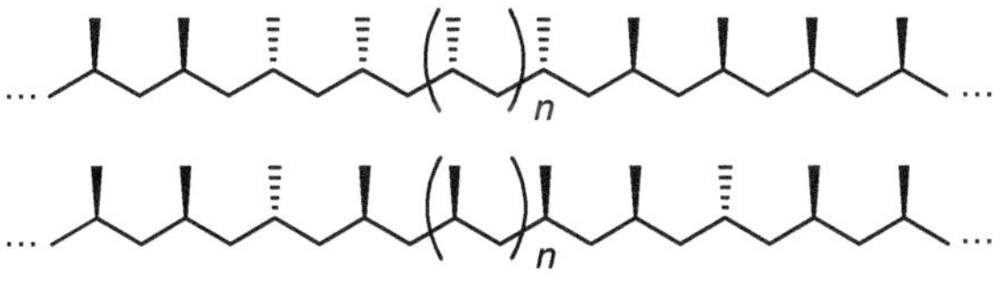

Stereoblock-Polypropen (**1**)

Isoblock-Polypropen (**2**)

Aufgabe 10.4

Zeichnen Sie die Struktur von iso- und syndiotaktischem Polypropen mit jeweils einem Baufehler bei Stereokontrolle durch das Kettenende und durch das Katalysatorzentrum. Geben Sie die Triaden und Pentaden an, die durch die Fehlstelle zusätzlich auftreten und so eine NMR-spektroskopische Identifizierung des Baufehlers ermöglichen.

10.3.2 Ziegler-Natta-Katalysatoren

Der klassische Ziegler-Katalysator, $TiCl_4/AlEt_3$, liefert bei der Polymerisation von Propen das isotaktische Polymer, allerdings mit geringer Ausbeute. Der isotaktische Index[1] weist aus, dass der Hauptteil des gebildeten Polymers amorph (ataktisch) ist. Wird aber zunächst kristallines $TiCl_3$ erzeugt (z. B. durch Reaktion von $TiCl_4$ mit Wasserstoff oder mit Aluminium zu $TiCl_3 \cdot 1/3AlCl_3$), das dann mit einem Aluminiumalkyl zum eigentlichen Katalysator umgesetzt wird, geht der Anteil an ataktischem Polymer auf etwa 15 % zurück. Ein Zusatz von Lewis-Basen wie Ethern, Estern oder Aminen führt zu einer Steigerung von Aktivität und Selektivität, sodass nur noch 2–5 % amorphes Polypropen anfallen. Die bei der Ethenpolymerisation eingesetzten trägerfixierten ($MgCl_2$) Katalysatoren brachten zunächst nicht den gewünschten Erfolg. Erst der Zusatz von Lewis-Basen führte zu einer deutlichen Steigerung in Aktivität und Produktivität bei guten Stereoselektivitäten.

Kristallines violettes α-$TiCl_3$ ist eine Modifikation, die als Präkatalysator eingesetzt wird. In den Kristallen liegen kantenverknüpfte $TiCl_6$-Oktaeder vor, die Schichten bilden (BiI_3-Typ, Abbildung 10.2). Alle Cl-Liganden sind brückengebunden (μ-Cl) und gehören zu zwei Oktaedern. Das entspricht der geforderten Stöchiometrie: $TiCl_3 = TiCl_{6/2}$. Da sich die Katalyse an der Kristalloberfläche vollzieht, muss die Oberflächenstruktur gesondert analysiert werden: Werden Kristalle längs einer solchen Schicht (001) gespalten, sind alle Ti-Oberflächenatome nach wie vor in der beschriebenen Weise von sechs μ-Cl-Liganden umgeben. Ein Schnitt quer zu solch einer Schicht, sodass eine (110)-Fläche gebildet wird (Abbildung 10.3, a), führt nun aber – aus Gründen der Elektroneutralität – zu koordinativ ungesättigten Ti-Oberflächenatomen (*K.Z.* = 5) mit vier μ-Cl- und einem terminalen Cl-Liganden. Diese Ti-Atome sind katalytisch aktive Zentren: Nach Alkylierung (Substitution $[Ti]–Cl_{terminal} \rightarrow [Ti]–Et$ vermittels des Cokatalysators $AlEt_3$ oder $AlEt_2Cl$) und Koordination von Propen an die freie Koordinationsstelle kann sich in der bekannten Weise die Polymerkette aufbauen.

Die beiden Koordinationsstellen, an denen die Katalyse abläuft, sind nicht äquivalent. Eine ist parallel zur Oberfläche (blau in Abbildung 10.3, a) ausgerichtet und die andere (rot) steht senkrecht auf ihr. Die Koordinationsstellen sind chiral, sodass die prinzipielle Voraussetzung für eine stereoselektive Polymerisation gegeben ist [13]. Der genaue Mechanismus ist aber nicht bekannt.

$MgCl_2$ kristallisiert im $CdCl_2$-Typ mit einer kubisch-dichtesten Packung der Chloridanionen. Die Oktaederlücken sind zur Hälfte mit Mg^{2+} besetzt, sodass sich eine Schichtstruktur ergibt. Die $MgCl_2$- ist mit der $TiCl_3$-Struktur eng verwandt und leitet sich von dieser ab, indem die Hohlräume ebenfalls mit Mg^{2+} belegt sind (Abbildung 10.2). Somit sind die $MgCl_6$-Oktaeder über sechs Kanten miteinander verknüpft (μ_3-Cl). Das entspricht der Stöchiometrie: $MgCl_2 = MgCl_{6/3}$. Wird der Kristall längs einer solchen Schicht (001) gespalten, so ist jedes Mg-Oberflächenatom von 6 Chloridionen umgeben. Mg-Oberflächenatome an (110)-Kristallflächen betätigen nur die Koordinationszahl vier und solche an (100)-Flächen die Koordinationszahl fünf (Abbildung 10.3, b).

---

[1] Isotaktisches Polypropen ist unlöslich in Kohlenwasserstoffen, während das ebenfalls gebildete (vergleichsweise niedermolekulare) ataktische Polymer darin löslich ist. Der „isotaktische Index“ gibt an, wieviel Prozent des Polymers in siedendem Heptan unlöslich sind. Er ist damit ein Maß für das Verhältnis, in dem die beiden Polymertypen gebildet worden sind, und nicht für die Stereoregularität des isotaktischen Polymers.

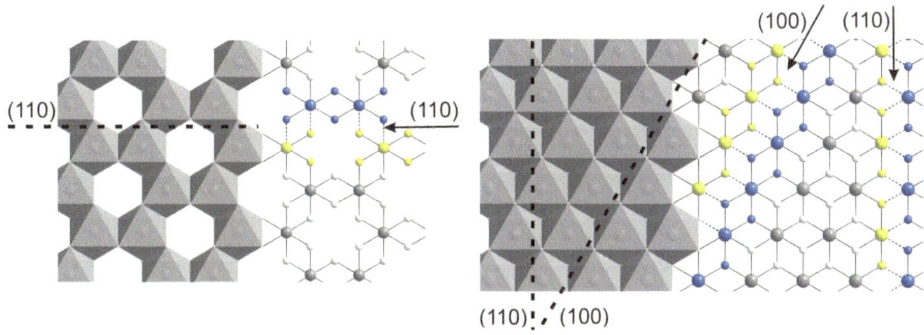

Abbildung 10.2. Kantenverknüpfte $TiCl_6$- und $MgCl_6$-Oktaeder in den Schichtstrukturen von α-$TiCl_3$ (links) bzw. $MgCl_2$ (rechts). Blickrichtung: senkrecht auf die Schicht (001), aus denen die Kristalle aufgebaut sind. Die gestrichelten Linien zeigen die Lage der durch die Millerschen Indizes gegebenen Kristallflächen an. Ihre Oberflächenstruktur ist farbig markiert (gelb/blau), die beim Spalten eines Kristalls gebrochenen Bindungen sind gestrichelt gezeichnet (Strukturbilder mit freundlicher Genehmigung nach U. Müller, Anorganische Strukturchemie, Teubner, Stuttgart 2004). Um die Anschaulichkeit zu gewährleisten und die Aussagen nachvollziehen zu können, wird empfohlen, die Strukturen in einem üblichen Programm zur Darstellung von Kristallstrukturen zu visualisieren. Die notwendigen Strukturdaten sind bei der Lösung von Aufgabe 10.5 angegeben.

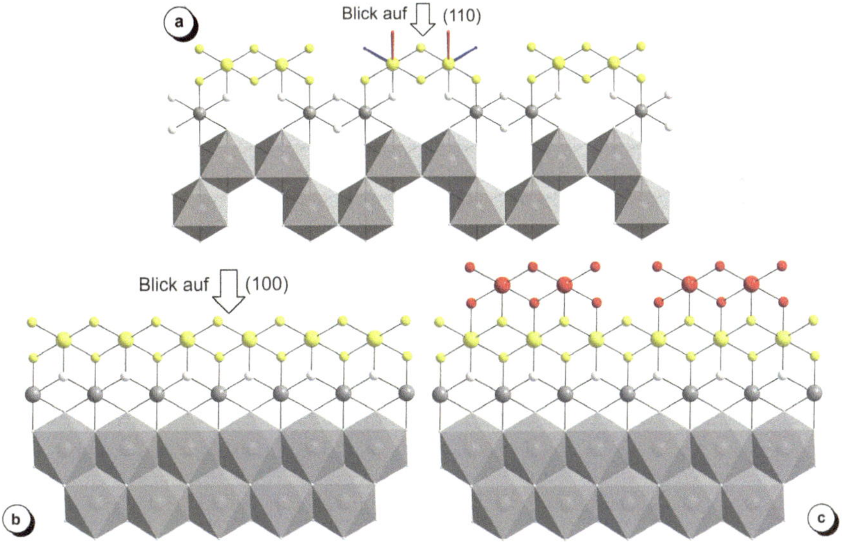

Abbildung 10.3. a) α-$TiCl_3$-Struktur mit Blick (von oben) auf die (110)-Fläche mit fünffach koordinierten Oberflächenatomen (Ti^{3+}). Für zwei dieser Atome sind die Koordinationsstellen, an denen im Katalysatorkomplex nach Abspaltung eines Chloridoliganden die wachsende Polymerkette und das Propen koordiniert sind, durch dicke Striche (rot/blau) angedeutet. **b**) $MgCl_2$-Struktur mit Blick (von oben) auf die (100)-Fläche (*K.Z.*($Mg_{Oberfl.}$) = 5). **c**) $MgCl_2$-Struktur (gleiche Blickrichtung wie **b**) beladen mit Ti_2Cl_6 (*K.Z.*(Ti) = 5). *Farbcodierung:* Die Atome der obersten Schicht sind gelb und die Ti_2Cl_6-Einheiten bei **c**) rot eingefärbt.

Aufgabe 10.5

Machen Sie sich klar, dass bei den diskutierten Strukturen der Kristallflächen die Elektroneutralität der Kristalle in allen drei Fällen gewährleistet ist.

Beim Beladen von $MgCl_2$ mit $TiCl_4$ wird mononukleares $TiCl_4$ und dinukleares Ti_2Cl_8 sowohl auf den (100)- als auch den (110)-$MgCl_2$-Flächen abgeschieden. Die anschließende Reduktion ergibt eine Oberflächenbeladung mit $TiCl_3$ bzw. Ti_2Cl_6. Abscheidung von Ti_2Cl_6 auf der (100)-Fläche führt zu einer sehr ähnlichen Oberflächenstruktur wie sie die (110)-Fläche von $TiCl_3$ aufweist (Abbildung 10.3, c). Anscheinend führt diese Oberflächenstruktur bei den geträgerten Katalysatoren zur stereoselektiven Polymerisation, während die Katalyse an anderen Oberflächentitanzentren entweder nicht oder nur weniger stereoselektiv ist.

Bei der Vorbehandlung von $MgCl_2$ mit Lewis-Basen, die in diesem Zusammenhang als „interne Donoren“ bezeichnet werden, werden diese an alle Lewis-sauren Zentren der $MgCl_2$-Oberfläche koordiniert. Die anschließende Behandlung mit $TiCl_4$ führt nun – unter partieller Verdrängung der Lewis-Basen – zu einer selektiven Beladung der (100)-Flächen mit Ti_2Cl_8-Einheiten. Ursache für diese Selektivität ist wahrscheinlich, dass die internen Donoren an den stärker Lewis-aciden Mg-Oberflächenatomen der (110)-Flächen (*K.Z.* = 4!) stärker gebunden sind und durch $TiCl_4$ schwerer verdrängt werden, als das bei den schwächer Lewis-sauren Zentren der (100)-Flächen (*K.Z.* = 5!) der Fall ist. Die Aktivierung des Katalysators mit Aluminiumalkylen führt nun aber neben der Reduktion $Ti^{IV} \rightarrow Ti^{III}$ zu einer teilweisen Verdrängung der Lewis-Basen und auch der Titanhalogenide. Diese können sich an einer anderen Stelle wieder auf der Oberfläche ablagern, sodass die Selektivität herabgesetzt würde. Um das zu unterbinden, wird entweder bei sehr niedrigen Konzentrationen von AlR_3 während der Polymerisation gearbeitet oder es wird während des Polymerisationsprozesses weitere Lewis-Base, der sogenannte externe Donor, zugegeben. Auf diese Weise ist es gelungen, hochaktive und hochselektive Katalysatoren zu erhalten, bei denen weder eine Abtrennung des Katalysators noch die von *a*-PP aus dem isotaktischen Polypropen erforderlich ist. So liefert $MgCl_2/TiCl_4–AlEt_3$ mit Diisobutylphthalat als internem und Alkoxysilanen als externem Donor 15000 kg PP/(mol Ti · MPa · h) bei einer Isotaktizität von 97–98 % [14].

Polymertypen und Verfahrensspezifikation

2016 wurden weltweit über 60 Millionen Tonnen Polypropene hergestellt. Damit gehört Polypropen zu den drei am meisten verwendeten Kunststoffen (Anteil an den Thermoplasten: PE ca. 34 %; PP ca. 24 %; PVC ca. 17 %). Technisch weitaus am wichtigsten sind isotaktisches Polypropen und seine Modifikationen durch Copolymerisation. Im Vergleich mit HDPE weist *i*-PP eine niedrigere Dichte und einen höheren Schmelzbereich, aber auch eine wesentlich höhere Glasübergangstemperatur auf (Tabelle 10.3). Das ataktische Polymer war zu Beginn der industriellen Produktion von isotaktischem Polypropen nur ein unerwünschtes Nebenprodukt. Bedingt durch die Verbesserung der Polymerisationsprozesse gibt es keinen Zwangsanfall an *a*-PP mehr und es wird heutzutage in geringem Umfang direkt hergestellt. Kristallines *s*-PP ist erstmals von G. Natta an löslichen Katalysatorsystemen wie $V(acac)_3$/ $AlEt_2Cl$ oder $VCl_4/AlEt_2Cl/PhOMe$ erhalten worden.

Die anwendungstechnisch relevanten Eigenschaften der reinen Polymere können in breitem Umfang durch die Polymerisationsbedingungen (Mikrostruktur) und die Verarbeitungsbedingungen (Makrostruktur) gesteuert werden. Ein breites Spektrum zur gezielten Beeinflussung von Eigenschaften hat auch die Copolymerisation von Olefinen eröffnet, da Copolymere Eigenschaften aufweisen können, die sich von denen der Homopolymere grundsätzlich unterscheiden. So sind Ethen–Propen-Copolymere kautschukelastisch (EPR – *ethylene propylene rubber*).

Tabelle 10.3. Physikalisch-chemische Eigenschaften von Polypropenen (zusammengestellt nach Elias [8], Bd. 3 und Heggs, „Polypropylene" in [M18]).

	i-PP	*s*-PP	*a*-PP
Dichte (in g/cm^3)	0,91–0,94	0,88–0.93	0,85–0.89
Schmelztemperatur (in °C)[a]	ca. 176 (160–165)	ca. 217 (140–150)	–
Glasübergangstemperatur (in °C)[b]	–13...–35	–8	–5...–10
Löslichkeit in KW (20 °C)	–	mittel	hoch

a) Extrapoliert auf 100 % Iso- (α-Form) bzw. Syndiotaktizität. In Klammern: typischer Bereich. b) Zum Vergleich: PE < –100 °C.

10.4 Metallocenkatalysatoren

10.4.1 Cokatalysatoren und Anioneneinfluss

Unmittelbar nach der Entdeckung der heterogenen Ziegler-Katalysatoren hat die Suche nach löslichen Katalysatorsystemen begonnen. So sind bereits Ende der 1950er-Jahre (D. S. Breslow; G. Natta) mit Titanocendichlorid $[TiCl_2Cp_2]$ und $AlEt_{3-x}Cl_x$ ($x = 0, 1$) als Cokatalysator homogene Katalysatorsysteme für die Ethenpolymerisation gefunden worden, die wertvolle Dienste bei der Aufklärung des Polymerisationsmechanismus geleistet haben. Sie waren aber wegen der geringen Aktivität für technische Anwendungen ungeeignet. Erst die Entdeckung, dass Metallocene mit Methylaluminoxanen (MAO) als Cokatalysatoren eine herausragende Aktivität aufweisen (H. Sinn, W. Kaminsky, 1980), war Ausgangspunkt für die Entwicklung der (modernen) Metallocen-Polymerisationskatalysatoren, die technische Anwendung finden. Vorausgegangen waren Beobachtungen, dass Wasser – das lange Zeit als „Gift" für Ziegler-Natta-Katalysatoren galt – in wohldosierter Menge die Polymerisationsgeschwindigkeit von Ethen bei einigen Systemen (z. B. $[TiEt(Cl)Cp_2]/AlEtCl_2$) erhöht und bei inaktiven Systemen wie $[ZrMe_2Cp_2]/AlMe_3$ zu überraschend hochaktiven Katalysatoren führt [15].

In Metallocenkatalysatoren sind die Katalysatorzentren strukturell einheitlich („*single-site catalyst*") und wurden detailliert charakterisiert, sodass genaue Kenntnisse zum Polymerisationsmechanismus vorliegen. Das wiederum war Voraussetzung für die Synthese „maßgeschneiderter" Polymerisationskatalysatoren für die chemische Industrie.

Methylaluminoxane (MAO), die auch als Methylalumoxane bezeichnet werden können, entstehen bei der kontrollierten partiellen Hydrolyse von Aluminiumtrimethyl. Sie sind strukturell nicht einheitlich. Es handelt sich um komplex gebaute Oligomere, die typischerweise zwischen 5 und 25 –O–Al(Me)– -Einheiten als Bausteine aufweisen. Zuzüglich ist im Allgemeinen $AlMe_3$ enthalten. Die Oligomere können linear (**49**) oder cyclisch (**50**) sein oder eine Käfigstruktur aufweisen (**51**). Drei idealisierte Basisstrukturen sind nachfolgend dargestellt.

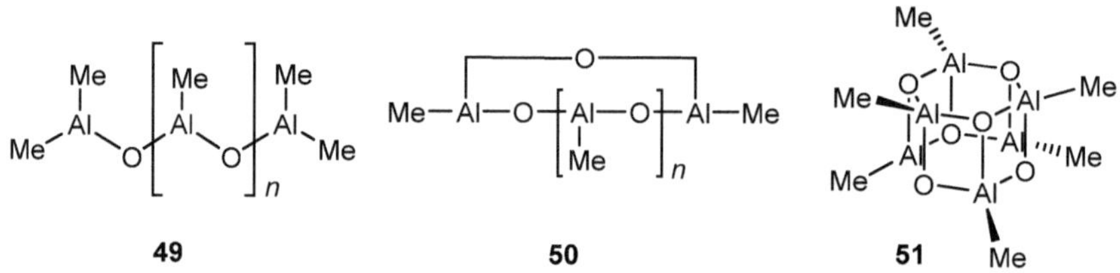

49 **50** **51**

49 und **50** haben ausschließlich dreifach koordiniertes Al und μ_2-O-Liganden, während **51** vierfach koordiniertes Al und μ_3-O-Liganden hat. Durch Kombination dieser Strukturelemente werden komplexere zwei- und dreidimensionale Strukturen gebildet.

Im Allgemeinen wird MAO im großen Überschuss (Al/M ca. 10^3–10^4) eingesetzt. Das bedingt eine „Pufferfunktion", indem MAO mit Verunreinigungen reagiert und so den Katalysatorkomplex vor Zersetzung schützt und unter Umständen auch desaktivierte Katalysatoren wieder regeneriert. Die beiden Hauptfunktionen des Cokatalysators sind aber:

- *Methylierende Funktion.* Methylierung des Metallocendichlorids (**52**, M = Metall der Gruppe 4; zumeist $[ZrCl_2Cp_2]$ oder ein Derivat) zur entsprechenden Dimethylverbindung **53**:

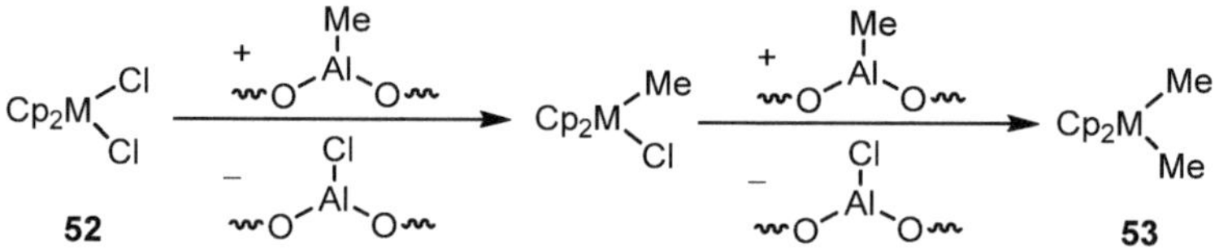

52 **53**

- *Lewis-acide Funktion.* Abstraktion eines Methylanions aus **53** unter Bildung der eigentlich polymerisationsaktiven Verbindung, einem Kation $[MMeCp_2]^+$ (**54**). Das gebildete Anion $[MAO–Me]^-$ koordiniert nicht oder nur so schwach an das $[MMeCp_2]^+$-Kation, dass es eine Koordination des Olefins nicht behindert.

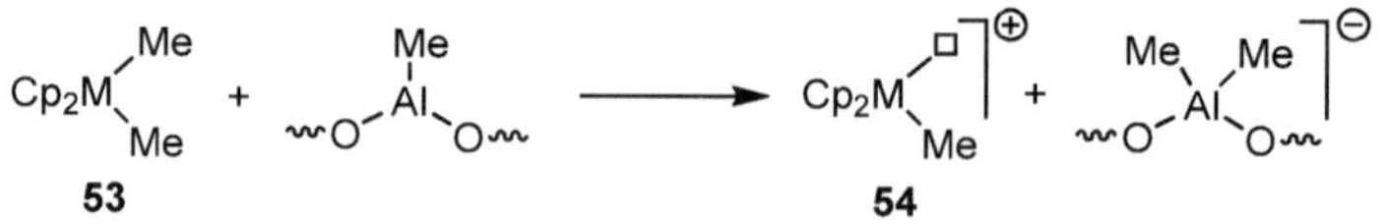

53 **54**

Damit ist die eigentlich katalytisch aktive Verbindung (**54**) gebildet, ein kationischer 14-*ve*-Alkylmetallocenkomplex mit einem schwach koordinierenden Gegenion. Dafür gibt es auch andere Bildungswege [16]:

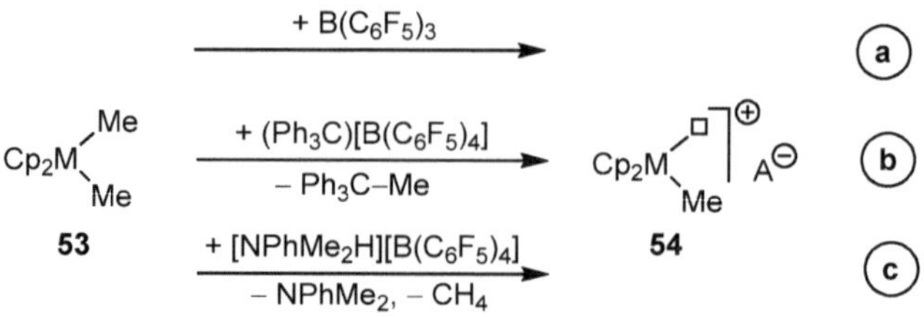

$$Cp_2MMe_2\ (\mathbf{53}) \xrightarrow{+\,B(C_6F_5)_3} [Cp_2MMe]^{\oplus} A^{\ominus}\ (\mathbf{54}) \quad (a)$$

$$Cp_2MMe_2\ (\mathbf{53}) \xrightarrow[-\,Ph_3C\text{–}Me]{+\,(Ph_3C)[B(C_6F_5)_4]} [Cp_2MMe]^{\oplus} A^{\ominus}\ (\mathbf{54}) \quad (b)$$

$$Cp_2MMe_2\ (\mathbf{53}) \xrightarrow[-\,NPhMe_2,\,-\,CH_4]{+\,[NPhMe_2H][B(C_6F_5)_4]} [Cp_2MMe]^{\oplus} A^{\ominus}\ (\mathbf{54}) \quad (c)$$

Analog der Reaktion mit MAO führt die Umsetzung von **53** mit neutralen Lewis-Säuren wie $B(C_6F_5)_3$ zur Abstraktion eines Methylanions (**a**, $A^- = [BMe(C_6F_5)_3]^-$). Das Tritylkation eignet sich zur Demethylierung von **53**, sodass bei Reaktion eines Tritylsalzes mit schwach koordinierendem Anion Komplexe vom Typ **54** erhalten werden (**b**, $A^- = [B(C_6F_5)_4]^-$). Weiterhin kann eine protolytische Spaltung der M–C-Bindung zur Bildung von **54** herangezogen werden (**c**, $A^- = [B(C_6F_5)_4]^-$). Die Struktur eines derartigen Komplexes, der ohne weitere Zusätze ein hochaktiver, homogener Katalysator für die Ethenpolymerisation ist, ist in Abbildung 10.4 als Beispiel gezeigt.

In Toluol, ein bei Olefinpolymerisationen häufig verwendetes Lösungsmittel, scheinen keine koordinativ ungesättigten Kationen $[MMeCp_2]^+$ (M = Ti, Zr) zu existieren (Abbildung 10.5). Quantenchemische Rechnungen mit dem $[BMe(C_6F_5)_3]^-$-Anion weisen darauf hin, dass in Toluol Kontaktionenpaare **54a** mit μ-Me-Brücken zwischen Kationen und Anionen energetisch am stabilsten sind. Die Einschiebung eines Ethenmoleküls zwischen Kation und Anion zu Olefin-separierten Ionenpaaren **54b** ist energetisch wenig aufwendig. Deutlich mehr Ener-

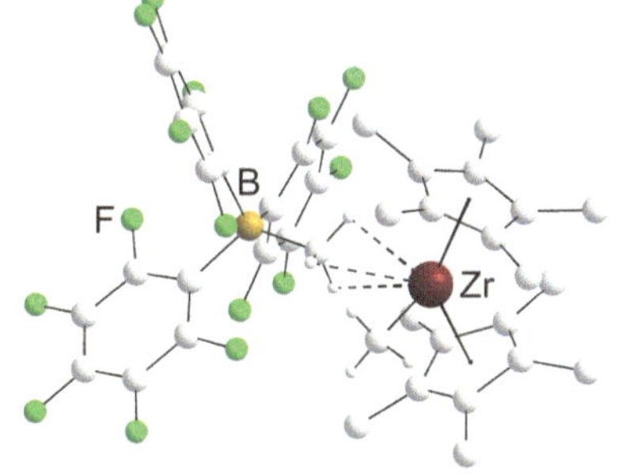

Abbildung 10.4. Molekülstruktur von $[ZrMe(\eta^5\text{-}C_5Me_5)_2][BMe(C_6F_5)_3]$. Die H-Atome der C_5Me_5-Liganden sind nicht gezeigt. Im Kristall liegen Kontaktionenpaare vor, in denen die Me-Gruppe am Boratom den Kontakt zum Kation herstellt. Der Zr···C-Abstand zum μ-Methylliganden ist aber deutlich länger als der zum terminalen Methylliganden (2.640(7) Å *versus* 2.223(6) Å).

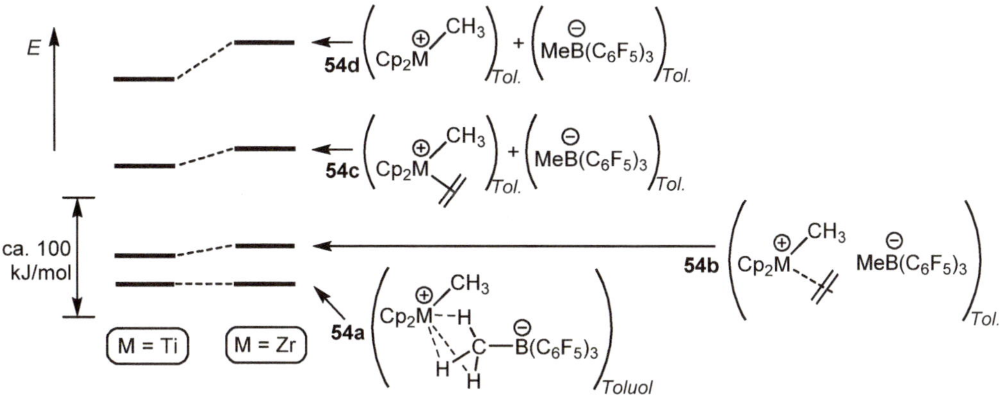

E

ca. 100 kJ/mol

M = Ti | M = Zr

54d $(Cp_2M^{\oplus}\text{–}CH_3)_{Tol.} + (MeB^{\ominus}(C_6F_5)_3)_{Tol.}$

54c $(Cp_2M^{\oplus}(CH_3)(C_2H_4))_{Tol.} + (MeB^{\ominus}(C_6F_5)_3)_{Tol.}$

54b $(Cp_2M^{\oplus}(CH_3)(C_2H_4)\ \ MeB^{\ominus}(C_6F_5)_3)_{Tol.}$

54a $(Cp_2M^{\oplus}(CH_3)\cdots H_3C\text{–}B^{\ominus}(C_6F_5)_3)_{Toluol}$

Abbildung 10.5. Metallocenkatalysatoren $[MMeCp_2][BMe(C_6F_5)_3]$ (M = Ti, Zr): Aktivierung und Kation–Anion-Wechselwirkungen in Toluol (gekürzt nach Chan und Ziegler [17]).

gie erfordert die Bildung der Ethenkomplexe in Form von separierten solvatisierten Ionen (**54c**) und noch wesentlich mehr, die der koordinativ ungesättigten Kationen (**54d**) [17,18].

Somit sind die Bindung des Olefins und des Anions konkurrierende Vorgänge und es ist wahrscheinlich, dass Olefin-separierte Ionenpaare vom Typ **54b** wichtige Intermediate bei der Olefinpolymerisation mit Metallocenkatalysatoren sind. Die Aktivierungsbarrieren für den Insertionsschritt sind bei d^0-Metallen (einschließlich Seltenerd-Metalle mit d^0f^n-Elektronenkonfiguration) in der Regel sehr klein, vorausgesetzt, dass damit keine größere Reorganisation der Konformation des koordinierten Olefins und der wachsenden Polymerkette verbunden ist [19, 20].

10.4.2 C_2- und C_s-symmetrische Metallocenkatalysatoren

Wenn der Katalysator bei der Propenpolymerisation eine stereoregulierende Wirkung ausüben soll, muss er chiral sein. Metallocendichloride $[MCl_2Cp_2]$ (M = Ti, Zr) sind achiral. Selbst wenn anstelle von Cyclopentadienylliganden unsymmetrisch substituierte Cyclopentadienyle eingesetzt werden, ist bedingt durch eine geringe Rotationsbarriere der Cyclopentadienylliganden keine oder keine effektive chirale Induktion möglich. Erst die Synthese von *ansa*-Metallocenen (H. H. Brintzinger, 1982) bot die Grundlage für die Entwicklung von Metallocenkatalysatoren, die für die stereoselektive Propenpolymerisation geeignet waren. Die Brücke (lat.: *ansa* = der Henkel), die die beiden Cyclopentadienylliganden verbindet, fixiert die Konformation des Komplexes, sodass das Katalysatorzentrum eine stereoregulierende Funktion ausüben kann.

Aufgabe 10.6

Beschreiben Sie die Struktur von Metallocendichloriden $[MCl_2Cp_2]$ (M = Ti, Zr) und ermitteln Sie die Symmetriegruppe. Legen Sie dabei eine ungehinderte Rotation der Cyclopentadienylliganden um die M–Cp_{cg}-Achse (Cp_{cg} = Schwerpunkt des Cp-Liganden) zugrunde.

In der Abbildung 10.6 sind die Strukturen von drei *ansa*-Zirconocendichloriden dargestellt. In allen drei Komplexen sind die beiden π-Liganden durch Dimethylsilylbrücken verbunden. Von der Stammverbindung **55**, die C_{2v}-Symmetrie aufweist, leiten sich die beiden für die Katalyse wichtigen Systeme ab:

- *C_2-symmetrische Katalysatoren (56).* An jeden der beiden Cyclopentadienylliganden der Stammverbindung wird ein Benzolring derart anneliert, dass ein C_2-symmetrischer Bis-(η^5-indenyl)-Komplex gebildet wird.
- *C_s-symmetrische Katalysatoren (57).* An einen der beiden Cyclopentadienylliganden der Stammverbindung werden zwei Benzolringe anneliert, sodass ein C_s-symmetrischer η^5-Fluorenyl-η^5-cyclopentadienyl-Komplex gebildet wird.

Die Ausdrucksweise „C_2-“ und „C_s-symmetrischer Katalysator“ kann missverständlich sein: Der eigentliche Katalysatorkomplex, der neben den η^5-gebundenen Liganden das koordinierte Propen und die wachsende Polymerkette enthält, ist in allen Fällen nur C_1-symmetrisch. Die Bezeichnungen C_2 und C_s beziehen sich darauf, in welcher Symmetriebeziehung die beiden „Koordinationsstellen“ für das Propen zueinander stehen. In „C_2-symmetrischen Katalysatoren“ sind sie identisch (homotop; siehe Exkurs). Sie werden durch eine C_2-Symmetrieoperation ineinander übergeführt, sodass das prochirale Propen immer mit der gleichen Seite (*Re* oder *Si*) koordiniert und isotaktisches Polypropen gebildet wird. In „C_s-symmetrischen Katalysatoren“ sind die beiden Koordinationsstellen spiegelbildsymmetrisch (enantiotop). Sie werden durch eine σ-Symmetrieoperation (σ = Ebenenspiegelung) ineinander übergeführt, sodass das prochirale Propen an der einen Koordinationsstelle mit der *Re*- und an der anderen mit der *Si*-Seite koordiniert und somit syndiotaktisches Polypropen gebildet wird.

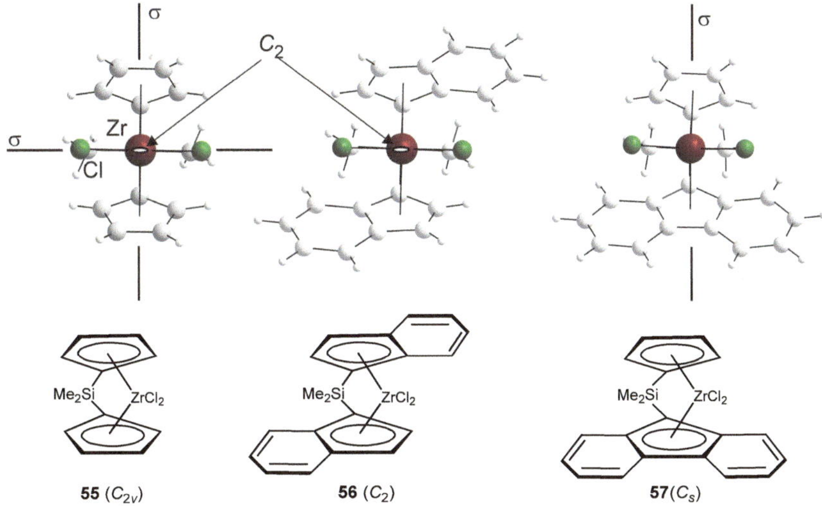

Abbildung 10.6. Strukturen von *ansa*-Zirconocendichloriden verschiedener Symmetrie. Komplex **56** ist chiral, gezeichnet ist eines der beiden Enantiomere. Die Blickrichtung bei den Molekülstrukturen ist längs der Zr–Si-Achse, sodass die Si-Atome verdeckt sind. Die Symmetrieelemente (Symmetrieebene σ: ▬; Symmetrieachse C_2: ⬬) sind in den Molekülstrukturen eingezeichnet.

Exkurs: Topische Beziehungen von Molekülfragmenten

Um topische Beziehungen zwischen Molekülfragmenten gleicher atomarer Zusammensetzung herzustellen, können Symmetriekriterien herangezogen werden. Zur Ermittlung von topischen Beziehungen kann der folgende Algorithmus (nach K. Mislow) abgearbeitet werden.

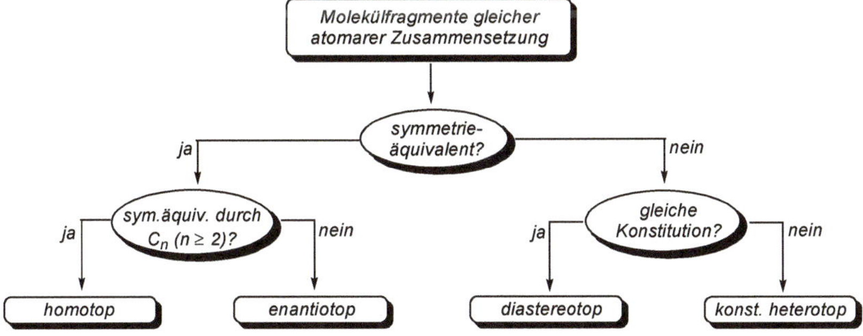

Homotope und enantiotope Fragmente sind symmetrieäquivalent, diastereotope Fragmente sind nicht symmetrieäquivalent. Homotope Fragmente werden durch eine Drehsymmetrieoperation (C_n mit $n \geq 2$) aufeinander abgebildet und enantiotope *nur* durch eine Spiegelungs- (σ), Inversions- (i) oder Drehspiegelungssymmetrie (S_n mit $n > 2$) [21, 22, 23].

Hinweis. Um topische Beziehungen zwischen Atomen/Atomgruppen in einem Molekül zu ermitteln, kann man sie nacheinander durch ein Atom (das nicht im Molekül enthalten ist) substituieren. Die erhaltenen Moleküle sind entweder identisch oder es liegen Enantiomere, Diastereomere oder Konstitutionsisomere vor, woraus folgt, dass die betrachteten Atome/Atomgruppen homotop, enantiotop, diastereotop bzw. konstitutionell heterotop sind. *Beispiel:* Im Propionaldehyd werden die Atome H^1 bis H^3 nacheinander durch D substituiert (**a** → **b–d**). **b**/**c** sind Enantiomere, **b**/**d** und **c**/**d** sind Konstitutionsisomere, also sind H^1/H^2 enantiotop, während H^1/H^3 und H^2/H^3 konstitutionell heterotop sind.

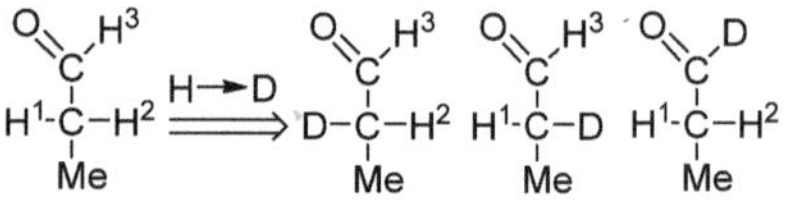

Der Mechanismus der Katalyse der Propenpolymerisation mit dem C_2-symmetrischen Präkatalysator **56** ist dem mit $[TiCl_2Cp_2]/AlEt_2Cl$ analog: Der katalytisch aktive Komplex ist ein *ansa*-Bis(η^5-indenyl)zirconium(IV)-Kation (**58**, Me_2Si-Brücke nicht gezeichnet), an das die wachsende Polymerkette sowie ein Monomermolekül (Propen) koordiniert sind. Die Kettenverlängerung erfolgt im Sinne einer primären *cis*-Insertion durch Wanderung der Polymerkette. Der Katalysatorkomplex wird durch Koordination von Propen an die freie Koordinationsstelle zurückgebildet (**58** → **58'**) und es erfolgt eine weitere Insertion und Propenkoordination (**58'** → **58''**).

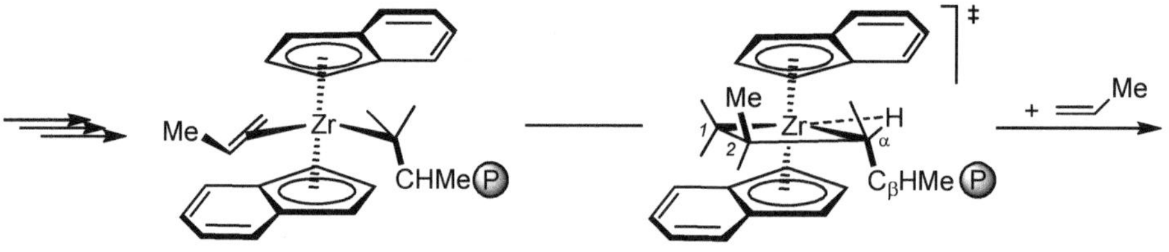

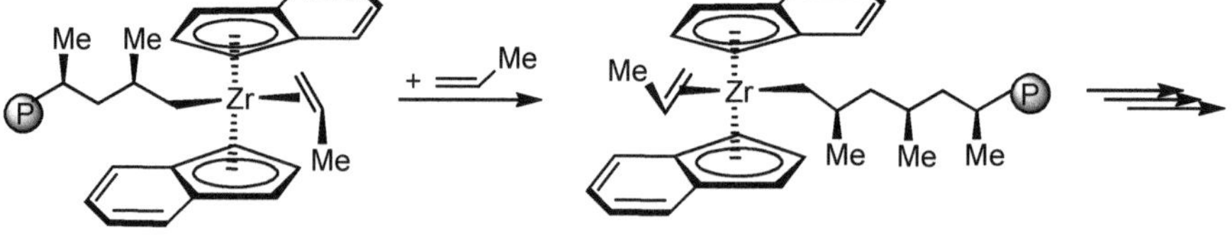

Um die Natur der Stereokontrolle zu verstehen, betrachten wir den Übergangszustand **58ts** der Insertionsreaktion, der durch einen nahezu planaren Metallacyclus ZrC_3 charakterisiert ist. Abstoßende Wechselwirkungen erzwingen folgende Orientierung:

- Die wachsende Polymerkette $-C_\beta HMe$**P** weist in den sterisch am wenigsten gehinderten Sektor des Metallocen–Ligandengerüsts.

- Die wachsende Polymerkette $–C_βHMe$**P** zwingt das eintretende Propen in eine Orientierung derart, dass die beiden Alkylgruppen (Me und CHMe**P**) an der neu entstehenden $C_2–C_α$-Bindung *anti*-ständig sind, also auf verschiedenen Seiten der ZrC_3-Ebene liegen.

Modellrechnungen zeigen, dass Übergangszustände mit anderen Orientierungen eine höhere Energie aufweisen und für den Ablauf der Katalyse irrelevant sind. Der Übergangszustand **58ts** wird durch eine α-agostische $C_α–H\cdots Zr$-Wechselwirkung stabilisiert. Dafür steht aber nur eines der beiden H-Atome der $C_αH_2$-Gruppe zur Verfügung. Würde das andere H-Atom eine derartige Wechselwirkung ausbilden, so müsste sich die $C_βHMe$**P**-Gruppe in einen sterisch gehinderten Sektor des Metallocen-Ligandengerüsts drehen [24].

Der Übergangszustand **58ts** entwickelt sich aus einer Koordination von Propen an der *Si*-Seite, sodass ein *R*-konfiguriertes asymmetrisches C-Atom gebildet wird (**58** → **58ts** → **58'**). Nunmehr wird ein weiteres Propenmolekül koordiniert, aber an der anderen Koordinationsstelle des Katalysatorkomplexes. Der nachfolgende Insertionsschritt führt wiederum zu einem asymmetrischen C-Atom mit *R*-Konfiguration. Das ist leicht einzusehen, denn beide Katalysatorkomplexe werden durch eine C_2-Symmetrieoperation ineinander übergeführt. Mit anderen Worten ausgedrückt, der Katalysatorkomplex kann zwischen den beiden prochiralen Seiten des Propens unterscheiden und die Koordination erfolgt immer an der *Si*-Seite. Somit resultiert isotaktisches Polypropen, in dem alle asymmetrischen C-Atome ein und dieselbe (relative) Konfiguration aufweisen. Das bedingt eine helicale Struktur, denn nur eine Helix gestattet eine Wiederholung von Monomereinheiten mit gleich konfigurierten asymmetrischen C-Atomen.

Fehlerhafte Insertionen führen zu Baufehlern im Polymer. Sie treten dann auf, wenn eine der beiden oben genannten Bedingungen nicht erfüllt ist: *i*) Die Polymerkette ist falsch orientiert und Propen insertiert mit korrekter *anti*-Stellung der beiden Alkylgruppen im ZrC_3-Ring oder aber *ii*) die Polymerkette ist richtig orientiert und Propen insertiert derart, dass die beiden Alkylgruppen fälschlicherweise *syn*-ständig sind. In beiden Fällen koordiniert das Propen mit der „falschen" Seite an das Metall.

Im Regelfall wird als Präkatalysator das Racemat des chiralen C_2-symmetrischen $[ZrCl_2\{(\eta^5\text{-Ind})_2SiMe_2\}]$-Komplexes eingesetzt. Wir haben hier die Diskussion für das in Abbildung 10.6 gezeichnete Enantiomer geführt, für das andere Enantiomer trifft Entsprechendes zu. Jedes der beiden Enantiomere erzeugt *pseudo*chirale Polymermoleküle.[1]

Aufgabe 10.7

- Zeichnen Sie das andere Enantiomer von **58** und geben Sie an, an welcher Seite Propen koordiniert wird.
- Welches Ergebnis erwarten Sie, wenn ein enantiomerenreiner Katalysatorkomplex **58** eingesetzt wird und die Reaktionsbedingungen so gewählt werden (insbesondere kleines Propen-Metallocen-Verhältnis), dass eine Oligomerisation von Propen erfolgt.

---

[1] Ein Beispiel für eine pseudochirale Verbindung ist **1** auf S. 259. Sie existiert in (mindestens) einer Konformation, die eine Symmetrieebene aufweist, ist also achiral. Das mittlere C-Atom in **1** ist pseudoasymmetrisch: Es hat vier verschiedene Substituenten, zwei davon (C_8H_{17}) sind chiral und enantiotop.

Der katalytisch aktive Komplex **59** (Me_2Si-Brücke zwischen Cp- und Fluorenylligand ist nicht gezeichnet) wird generiert, wenn von einem C_s-symmetrischen Präkatalysatorkomplex **57** ausgegangen wird. Der Ablauf der Polymerisation ist im folgenden Schema dargestellt:

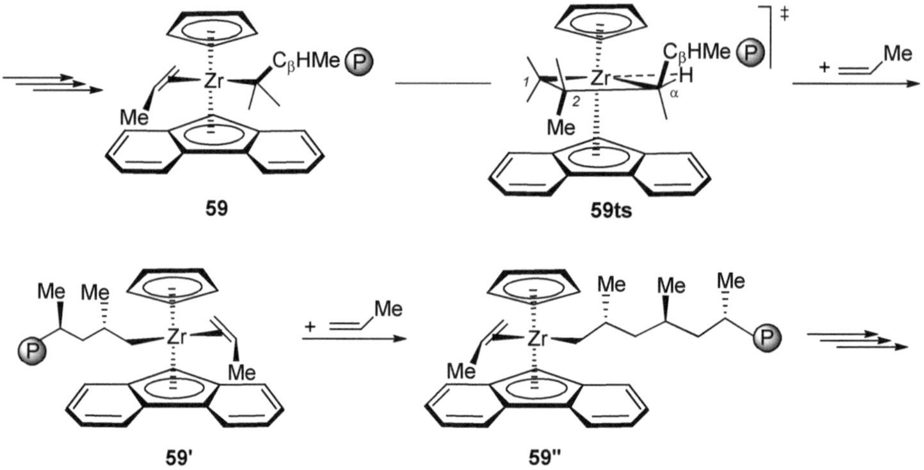

Maßgeblich für die Stereoregulierung ist wiederum die Fähigkeit des Katalysatorkomplexes zur Propenkoordination in genau einer Orientierung. Im Übergangszustand **59ts** ragt die wachsende Polymerkette –CHMe**P** in den sterisch am wenigsten gehinderten Sektor des Metallocens (hier: nach oben) und die Methylgruppe des reagierenden Propens ist dazu *anti*-ständig. Das war aus qualitativen Überlegungen zunächst so nicht erwartet worden, denn sie weist in Richtung des Fluorenylliganden. Die umgekehrte Anordnung – die Methylgruppe zeigt in Richtung des Cp-Liganden, steht dann aber cis zur –CHMe**P**-Gruppe – ist energetisch weniger günstig. Somit sind die schwachen direkten Wechselwirkungen zwischen dem Substituenten des koordinierten Olefins und dem Ligandengerüst für die Stereodifferenzierung von geringerer Bedeutung.

Dem zu betrachtenden Übergangszustand **59ts** liegt eine Koordination von Propen an seiner *Re*-Seite zugrunde und es bildet sich ein *S*-konfiguriertes asymmetrisches C-Atom (**59** → **59ts** → **59'**). Bedingt durch die C_s-Symmetrie des Präkatalysators sind aber die beiden Koordinationstaschen für Propen enantiotop, d. h., sie gehen durch eine Spiegelung ineinander über. Das bedeutet, dass im Katalysatorkomplex **59**/**59''** das prochirale Propen an der *Re*-Seite und im Katalysatorkomplex **59'** an der *Si*-Seite koordiniert. Somit resultieren asymmetrische C-Atome alternierend mit *S*- und mit *R*-Konfiguration. Es wird also syndiotaktisches Polypropen gebildet.

In Tabelle 10.4 ist eine Zusammenfassung gegeben: Metallocenkatalysatoren verfügen – bedingt durch die *migratorische* Insertion – über zwei Koordinationstaschen für das Olefin. Der Katalysatorkomplex (mit zwei freien Koordinationsstellen oder im zeitlichen Mittel gleichartig besetzten Koordinationsstellen) ist C_{2v}-, C_2- bzw. C_s-symmetrisch. In C_{2v}-symmetrischen Komplexen haben die Koordinationsstellen eine Eigensymmetrie (C_s), woraus folgt,

Tabelle 10.4. Symmetrie und Symmetriebeziehungen in Metallocenkatalysatoren.

Katalysatorkomplex (stilisiert)			
Symmetrie des Katalysatorkomplexes	C_{2v}	C_2	C_s
Symmetrie der Koordinationsstellen	C_s (nichtselektiv)	C_1 (enantioselekt.)	C_1 (enantioselekt.)
Symmetriebeziehung zwischen den Koordinationsstellen	C_2, σ (homotop)	C_2 (homotop)	σ (enantiotop)
Mikrostruktur des Polymers[a)]	ataktisch	isotaktisch	syndiotaktisch

a) Vorausgesetzt, es erfolgt keine stereochemische Kettenendkontrolle.

dass sie nichtselektiv sind. In allen angeführten Komplexen sind die beiden Koordinationsstellen jeweils symmetrieäquivalent, also homotop oder enantiotop. Damit ist ein Zusammenhang zwischen der Mikrostruktur eines Polymers und der Katalysatorstruktur gegeben.

Metallocenkatalysatoren sind extrem aktiv, wobei der Cokatalysator MAO eine entscheidende Rolle spielt. Sie übertreffen die Aktivität von klassischen Ziegler-Natta-Katalysatoren um etwa zwei Zehnerpotenzen. Die „Stammverbindung" [$ZrCl_2Cp_2$] mit MAO als Cokatalysator erreicht bei der Ethenpolymerisation eine Aktivität von 3600 kg PE/(mmol Zr · h) (95 °C, 8 bar). Pro Zirconiumatom werden 13 Polymerketten in der Sekunde erzeugt. Alle 0,03 ms insertiert ein Ethenmolekül in die wachsende Polymerkette. Das entspricht der Aktivität von sehr aktiven Enzymen.[1] *ansa*-Metallocene mit substituierten Cyclopentadienylliganden können noch höhere Aktivitäten erreichen. Die Produktivität von Metallocenkatalysatoren ist ebenfalls ausnehmend hoch, selbst nach 100 h Polymerisationszeit sind sie noch sehr aktiv. Die Propenpolymerisation verläuft auch mit hoher Aktivität, aber oft ist diese um 1–2 Zehnerpotenzen geringer als bei der Ethenpolymerisation. Es werden Stereoregularitäten von >99 % und Regioirregularitäten <1 % erreicht [15, 25].

Aufgabe 10.8

Metallocenkatalysatoren mit sterisch überfrachteten Reaktionszentren wie **1**/MAO und [$ZrCl_2(Cp^*)_2$]/MAO erzeugen bei der Propenpolymerisation in hohem Maße Polymere mit Endgruppen vom Typ **2a**. Setzen Sie eine primäre Insertion von Propen voraus und berücksichtigen Sie nur Kettenabbruchreaktionen ohne Desaktivierung (Kettenübertragungen). Welche Endgruppen werden üblicherweise erhalten? Beschreiben Sie für beide Fälle ihre Bildung. Ein Hinweis auf die Reaktion zu **2a** gibt auch die Oligomerisation von Propen mit [$HfCl_2(\eta^5\text{-}C_5Me_4i\text{-}Bu)_2$]/MAO, die zu 75 % zum Di- und Trimeren **3a**/**3b** führt.

[1] Die Wechselzahl, ein Maß für die Aktivität von Enzymen (siehe Fußnote auf S. 232), beträgt für [$ZrCl_2Cp_2$]/MAO $3 \cdot 10^4\ s^{-1}$.

10.4.3 Metallocenkatalysatoren mit diastereotopen Koordinationstaschen

Bislang sind Metallocenkatalysatoren betrachtet worden, die über zwei symmetrieäquivalente Olefinkoordinationsstellen verfügen. Nun heben wir diese Beschränkung auf und lassen diastereotope Koordinationsstellen zu.[1] Es ergeben sich Metallocene von C_1-Symmetrie. Die Struktur einer entsprechenden Katalysatorvorstufe ist in Abbildung 10.7 dargestellt. Da eine Koordinationsstelle für ein prochirales Olefin zur enantiofacialen Differenzierung befähigt sein kann oder auch nicht, sind bei den hier zu besprechenden Katalysatorkomplexen für die beiden Koordinationsstellen folgende drei Kombinationen möglich: nichtselektiv–nichtselektiv, enantioselektiv–enantioselektiv und nichtselektiv–enantioselektiv.

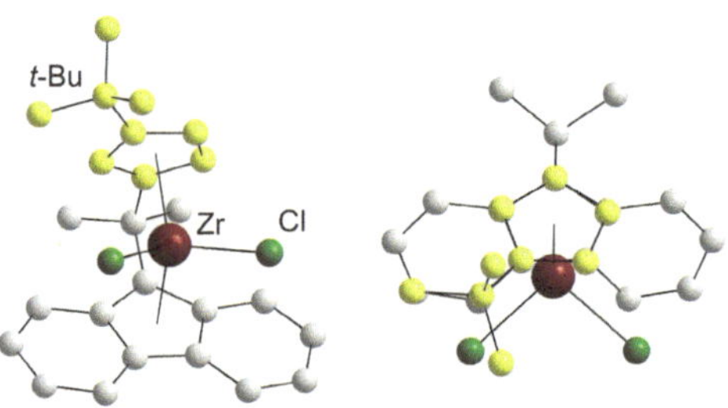

Abbildung 10.7. Struktur des *ansa*-Zirconocendichlorids $[ZrCl_2\{\eta^5\text{-}3\text{-}(t\text{-}Bu)C_5H_3\text{–}CMe_2\text{–}\eta^5\text{-}C_{13}H_8\}]$ (ohne H-Atome; der *tert*-Butylcyclopentadienylligand ist gelb eingefärbt). Im Katalysatorkomplex sind anstelle der beiden Chloridoliganden das Monomer bzw. die wachsende Polymerkette gebunden. In der Draufsicht (rechts) wird der unterschiedliche Grad der sterischen Abschirmung der beiden diastereotopen Koordinationsstellen deutlich.

In der stilisierten Darstellung **a**/**a'** ist eine nichtselektive Koordinationsstelle mit Eigensymmetrie (σ)[2] gezeigt. In **b**/**b'** ist eine enantioselektive Koordinationsstelle schematisch dargestellt, die eine Vorzugsorientierung für die wachsende Polymerkette und damit auch für das koordinierte Olefin aufweist. Beispiele für Katalysatoren mit zwei symmetrieäquivalenten enantioselektiven Koordinationsstellen sind im vorigen Kapitel umfassend besprochen worden. Als Beispiel für einen Katalysatorkomplex mit zwei nichtselektiven Koordinationsstellen sei der genannt, der sich von der „Stammverbindung" bei den *ansa*-Zirconocenen (**55** in Abbildung 10.6, S. 269) ableitet. Metallocene mit einer nichtselektiven und einer enantioselektiven Koordinationsstelle werden nachfolgend kurz behandelt.

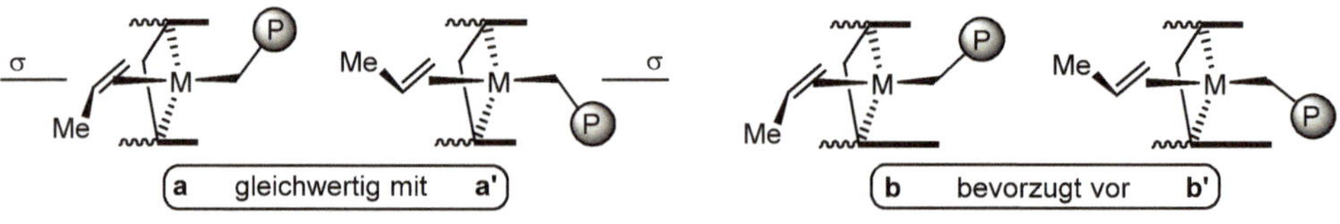

[1] Die Bezeichnung „diastereotop" bezieht sich auf die Liganden und wird auf die Koordinationsstellen/-taschen übertragen. *Beispiel*: Aus dem Exkurs (S. 269) geht hervor, dass die beiden Chloridoliganden in Abbildung 10.7 diastereotop sind. Analog gilt, dass die beiden Katalysatorkomplexe (Cl_{links} durch das Olefin und Cl_{rechts} durch die Polymerkette ersetzt und vice versa) Diastereomere sind, also sind die Koordinationsstellen diastereotop.

[2] Die „Eigensymmetrie" einer Koordinationsstelle eines Metallocenkatalysators ist eine hinreichende, aber keine notwendige Voraussetzung für Nichtselektivität. Die Eigensymmetrie einer Koordinationsstelle darf nicht mit der Symmetrierelation verwechselt werden, die zwischen den beiden Koordinationsstellen eines Metallocens bestehen.

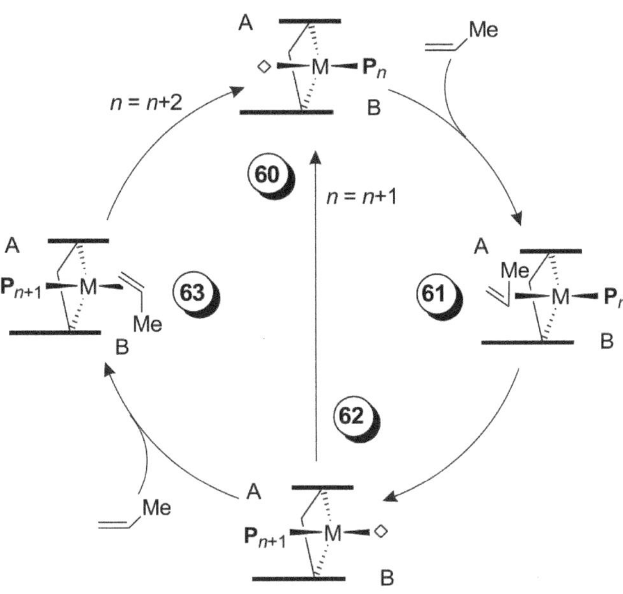

Abbildung 10.8. Propenpolymerisation und „insertionslose“ Wanderung der Polymerkette. $\mathbf{P}_n$ bezeichnet die wachsende Polymerkette. Im stilisierten Metallocenkomplex ist eine enantio- (A) und eine nichtselektive (B) Koordinationsstelle angedeutet, ohne dass damit auf diese Kombination eingeschränkt werden soll.

Die Polymerisation an einem Katalysator mit zwei diastereotopen Koordinationsstellen A und B ist in Abbildung 10.8 dargestellt. Der „normale“ Ablauf entspricht der Reaktionsabfolge **60** → **61** → **62** → **63** → **60''** → ....[1] Nunmehr ist aber zu berücksichtigen, dass nach einem erfolgten Insertionsschritt **60** → **61** → **62** die Polymerkette von A nach B wandern kann (**62** → **60'**) (engl.: *back-skip*). Da dabei an B kein Olefin koordiniert ist, findet keine Insertion statt („insertionslose Wanderung“). Triebkraft für diese Reaktion kann die Energiedifferenz von **62** und **60'** sein [4]. Die relativen Geschwindigkeiten der Olefinkoordination/-insertion **62** → **63** → **60''** und der „insertionslosen“ Wanderung der wachsenden Polymerkette (**62** → **60'**) bestimmen das „Insertionsschema“ bei der Polymerisation.

Unter Berücksichtigung, dass die Selektivität der Koordinationsstellen A und B (*Re versus Si versus* nichtselektiv) unterschiedlich ausgeprägt sein kann, sind die in Tabelle 10.5 aufgeführten Fälle zu unterscheiden. Metallocene mit zwei nichtselektiven Koordinationstaschen ergeben – stereochemische Kettenendkontrolle ausgeschlossen – ataktische Polymere (Eintrag 1 in Tabelle 10.5). Die Einträge 2 und 3 entsprechen der Situation von C_2- und C_s-symmetrischen Katalysatoren, nur dass die Koordinationsstellen für das Olefin diastereotop und nicht homo- bzw. enantiotop sind. Bei Eintrag 4 erfolgt die insertionslose Wanderung der Polymer-

[1] Das Wachstum der Polymerkette $\mathbf{P}_n$ wird durch Striche angedeutet: Für **60** ist $n = n$, für **60’** ist $n = n + 1$ und für **60”** ist $n = n + 2$.

Tabelle 10.5. Metallocenkatalysatoren mit diastereotopen Koordinationstaschen und Polymerstruktur (in Anlehnung an [26]).

lfd. Nr.	Selektivität der Koordinationsstelle[a)] A	B	Insertionsschema[b)]	Mikrostruktur des Polymers
1	nichtselektiv	nichtselektiv	beliebig[c)]	ataktisch
2	*Re*	*Re*	beliebig[c)]	isotaktisch
3	*Re*	*Si*	...ABABAB...	syndiotaktisch
4	*Re*	beliebig	...AAAAA...	isotaktisch
5	bevorzugt *Re*	bevorzugt *Si*	statistisch	ataktisch
6	*Re*	nichtselektiv	...ABABAB...	hemiisotaktisch
7	*Re*	nichtselektiv	...$(A)_n(B)_m(A)_n(B)_m$...	Stereoblock

a) In jedem Eintrag kann *Re* mit *Si und Si* mit *Re* vertauscht werden. b) Das Insertionsschema gibt an, in welcher Abfolge die Koordinationsstellen in die migratorische Insertion einbezogen werden. c) Die Mikrostruktur des Polymers hängt nicht vom Insertionsschema ab.

kette **62** → **60'** so schnell, dass die Reaktionsabfolge (**60** → **61** → **62** →)$_x$ erreicht und die „normale“ Reaktionsabfolge (**60** → **61** → **62** → **63** →)$_x$ vollständig unterdrückt wird. Es wird ein isotaktisches Polymer erhalten, die Stereoselektivität der Koordinationsstelle B ist ohne Belang. Eine insertionslose Wanderung der Polymerkette, die nicht synchron mit der Olefinkoordination/-insertion abläuft, hat dann keinen Einfluss auf die Mikrostruktur des Polymers, wenn beide Koordinationsstellen eine *Re*-Koordination bevorzugen (Eintrag 2). Ist hingegen die Selektivität beider Koordinationsstellen verschieden, wird nur ein ataktisches Polymer erhalten (Eintrag 5). Katalysatorsysteme, die den Einträgen 6 und 7 entsprechen, werden nachfolgend behandelt.

Hemitaktische Polymere

In hemitaktischen Polymeren ist nur jedes zweite Stereozentrum (1, 3, 5, 7, ...) in seiner Konfiguration exakt definiert, während die Konfigurationen der dazwischenliegenden Stereozentren (2, 4, 6, 8, ...) statistisch verteilt (ataktisch) sind. Demzufolge gibt es zwei hemitaktische Polypropene, das hemi-isotaktische (**64**) und das hemi-syndiotaktische Polypropen (**65**).

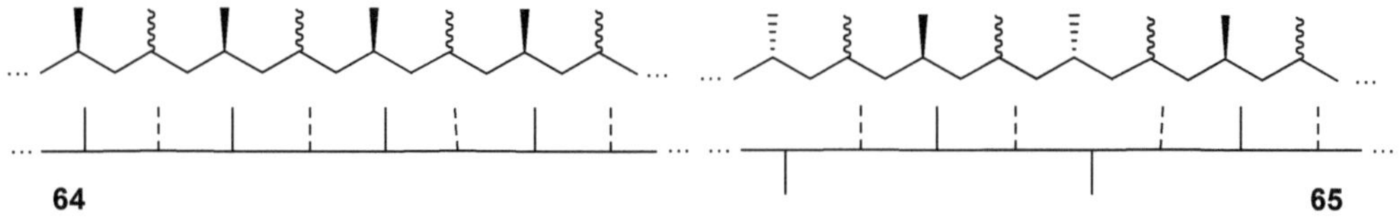

Aufgabe 10.9

Geben Sie die Mikrostrukturen der Polymere an, die sich aus den hemitaktischen Polymeren ergeben, wenn die Konfigurationen der Stereozentren 2, 4, 6, 8, ... entweder iso- oder syndiotaktisch festgelegt werden.

Ein hemi-isotaktisches Polypropen (*hi*-PP) liefert der Zirconocenkomplex **67** (aktiviert mit MAO). Der unsubstituierte Komplex **66** ist ein typischer C_s-symmetrischer Präkatalysator, der ein syndiotaktisches Polymer ergibt. Der Methylsubstituent in **67** macht aus den beiden enantiotopen Koordinationstaschen in **66** diastereotope, wovon eine (A) enantioselektiv und die andere (B) nichtselektiv ist. Die sterische Hinderung für die wachsende Polymerkette **P** an B ist in beiden Ausrichtungen (**P** zeigt zum Fluorenyl- oder zum Methylcyclopentadienyl-Liganden) vergleichbar. Damit im Übergangszustand der Propeninsertion eine *anti*-Stellung von Me/**P** erreicht wird, koordiniert Propen an A in einem Fall mit der *Si*- und im anderen mit der *Re*-Seite, sodass keine Selektivität resultiert. Es liegt eine Situation gemäß Eintrag 6 (Tabelle 10.5) vor [27].

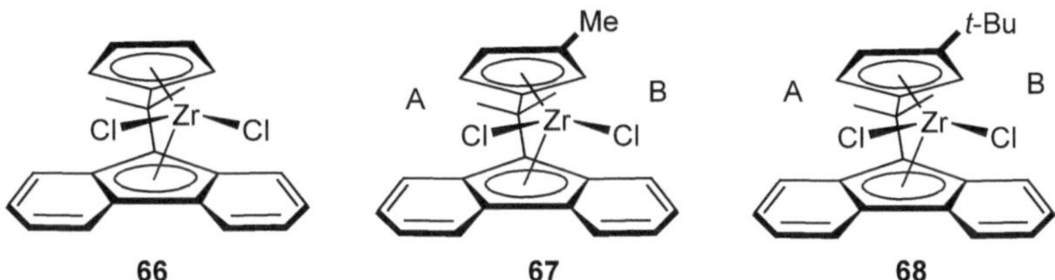

Die *tert*-Butylsubstitution in Komplex **68** (vgl. Strukturbild in Abbildung 10.7) kehrt die Syndioselektivität von **66** in eine Isoselektivität um. Es ist klar, dass die wachsende Polymerkette an A in Richtung des sterisch wenig gehinderten Sektors zeigt (vgl. Formel **68**, nach oben), sodass Propen an B an der *Si*-Seite (Me-Gruppe nach unten) koordiniert wird. Der Katalysatorkomplex mit der Polymerkette an B und Propen an A ist weniger stabil. In diesem Fall ist aber auch eine Anordnung bevorzugt, bei der Propen an der *Si*-Seite koordiniert, sodass ein isotaktisches Polymer resultieren würde (analog Eintrag 2 in Tabelle 10.5). Es gibt aber auch die Möglichkeit, dass das Olefin immer an der Position B koordiniert und die Polymerkette nach dem Insertionsschritt „insertionslos" (in die stabilere Position) nach A wandert, weil eine Bindung der voluminösen Polymerkette an B (bedingt durch den *t*-Bu-*S*ubstituenten und den Fluorenylliganden) energetisch zu unvorteilhaft ist. Damit würde ein Mechanismus analog Eintrag 4 in Tabelle 10.5 bzw. ein Reaktionszyklus (**60** → **61** → **62** →)$_x$ analog Abbildung 10.8 vorliegen.

Stereoblockpolymere

Stereoblockpolymere bestehen aus Blöcken unterschiedlichen sterischen Aufbaus, die aber alle aus einem einzigen Monomer erzeugt werden. Stereoblockpolypropene, bei denen sich isotaktische mit ataktischen Blöcken abwechseln, können erhalten werden, wenn das eine Katalysatorzentrum (A in Abbildung 10.8) enantioselektiv und das andere (B) nichtselektiv ist (Tabelle 10.5, Eintrag 7).

Stereoblockpolypropene werden auch mit nichtverbrückten Metallocenen erhalten, bei denen eine hinreichende konformative Stabilität (Einschränkung der freien Drehbarkeit der Cp'-Liganden um die M–Cp-Achse) durch geeignete Substitution an den Cp-Ringen gewährleistet wird. So treten bei Bis(2-arylindenyl)zirconium-Komplexen **69** drei Konformationsisomere auf: **69a** ist (angenähert) eine *meso*-Form mit nichtselektiven Koordinationsstellen, **69b**/**69b'** (*rac*-Form) sind enantiomer und C_2-symmetrisch. **69b** und **69b'** liefern isotaktische Sequenzen mit unterschiedlich konfigurierten C-Atomen und stehen unter Polymerisationsbedingungen miteinander in einem mobilen Gleichgewicht („oszillierende Katalysatoren“). Neuere Untersuchungen zeigen, dass die *meso*-Form, die einen ataktischen Block liefern würde, keine Rolle spielt. Die Mikrostruktur der Polymere hängt ausgeprägt vom Substitutionsmuster der Arylgruppen, das maßgeblich die Isomerisierungsgeschwindigkeit **69b** ⇌ **69b'** beeinflusst, sowie von Kation–Anion-Wechselwirkungen und den Reaktionsbedingungen ab. So sind z. B. Stereoblockpolymere der Zusammensetzung **70** zugänglich, deren Mikrostruktur eine vergleichsweise hohe Konzentration an isolierten *r*-Diaden aufweist, die Stereoblöcke von entgegengesetzter relativer Konfiguration verbinden. Die spezielle Mikrostruktur von Stereoblockpolymeren gibt Zugang zu thermoplastischen Elastomeren (TPEs = *thermoplastic elastomers*) [28, 29].

Zur Bedeutung von Metallocenkatalysatoren

Mit Metallocenkatalysatoren ist es zum ersten Mal möglich geworden, die Polymerisation von Olefinen derart gezielt zu steuern, dass die Mikrostruktur der Polymere präzise kontrolliert und in weiten Grenzen variiert werden kann. Das ermöglicht die Synthese von Polymeren mit „maßgeschneiderten“ Eigenschaften und deren zielgerichtete Variation. All das ist ursächlich dadurch bedingt, dass Metallocene lösliche Single-Site-Katalysatoren mit exakt definierter Struktur sind und darüber hinaus die Beziehungen zwischen Katalysatorstruktur und Polymerarchitektur gut verstanden werden.

Im Falle von Ethen führt die Polymerisation mit Metallocenkatalysatoren zu Polymeren mit einer engen Molmassenverteilung $M_w/M_n = 2$ (zum Vergleich: $M_w/M_n = 5–10$ bei Ziegler-Katalysatoren) bei 0,9–1,2 Methylgruppen pro 1000 C-Atome. Die Molmasse selbst hängt ausgeprägt von der Katalysatorstruktur und den Reaktionsbedingungen ab. Metallocenkatalysatoren haben sich auch für Copolymerisationen von Ethen mit α-Olefinen (Propen, ..., Oct-1-en) zu LLDPE bewährt. Der Hauptteil der Comonomere ist statistisch in der Polymerkette verteilt und es können hohe Gehalte (bis zu 30 %) an Comonomeren realisiert werden [30].

Im Falle von Propen sind metallocenkatalysiert alle stereoisomeren Polymere in hoher Reinheit einschließlich von Stereoblockpolymeren zugänglich. Sie zeichnen sich durch eine enge Molmassenverteilung aus und enthalten nur sehr geringe Mengen (<0,1 %) an niedermolekularen Produkten (zum Vergleich: 2–4 % bei Ziegler-Natta-Katalysatoren). Die Copolymerisation von Ethen mit Propen im Molverhältnis 1 : 2 bis 2 : 1 in Gegenwart geringer Mengen eines nichtkonjugierten Diens (z. B. Hexa-1,4-dien) führt zu Elastomeren (EPDM-Elastomere; *E*then–*P*ropen–(nichtkonjugiertes)*D*ien-Kautschuk) mit enger Molmassenverteilung. Metallocenkatalysiert sind optisch aktive Propenoligomere zugänglich.

Metallocenkatalysatoren werden auch zur Polymerisation von anderen Monomeren eingesetzt. Beispiele dafür sind die Polymerisation von Styrol zu syndiotaktischem Polystyrol (Schmelzpunkt: 275 °C, Glasübergangstemperatur: 100 °C), die Polymerisation von Cycloolefinen (Cyclopenten, Cyclobuten, Norbornen) ohne Ringöffnung zu kristallinen Polymeren mit hohen Schmelzpunkten (Fp. $\geq$ 400 °C) sowie die Cyclopolymerisation von α,ω-Dienen (vgl. Aufgabe 10.10). Copolymerisationen von Ethen oder α-Olefinen mit cyclischen Olefinen (Cyclopenten, Norbornen), die ohne deren Ringöffnung verlaufen, führen zu thermoplastischen, amorphen Materialien, die Cycloolefin-Copolymere (COC) genannt werden. Hohe Glasübergangstemperaturen sowie eine sehr hohe Transparenz und teilweise sehr hohe Brechungsindizes machen diese Materialien für optische Anwendungen interessant.

Darüber hinaus können polyolefinbasierte Nanokomposite hergestellt werden. Dazu bringt man zunächst MAO beispielsweise auf Kohlenstoffnanoröhren oder einen silicatischen Nanofüllstoff auf und fügt ein Metallocen zu, sodass ein Single-Site-Katalysator auf der Nanooberfläche vorliegt. Anschließende Polymerisation von Ethen oder Propen ergibt die gewünschten Kompositmaterialien, die sich beispielsweise durch eine besondere Festigkeit oder auch eine schwere Entflammbarkeit auszeichnen können.

Metallocenkatalysatoren haben in der Polymerchemie sowohl aus wissenschaftlicher als auch industrieller Sicht eine große Bedeutung erlangt, die in der Zukunft weiter steigen wird. Bereits 2013 sind mehr als 10 Mill. Tonnen Plaste mit Metallocenkatalysatoren hergestellt worden.

Aufgabe 10.10

- α,ω-Diene sind bifunktionelle Monomere, die mit Metallocenkatalysatoren cyclopolymerisiert werden können. Geben Sie den Reaktionsablauf für die Cyclopolymerisation von Hexa-1,5-dien an. Legen Sie eine Alternanz von inter- und intramolekularer Insertion (jeweils primäre Insertion) zugrunde. Eine stereoreguläre Polymerisation kann zu vier verschiedenen Stereoisomeren führen. Geben Sie die Polymerstrukturen an.
- Kettenübertragungen (vgl. S. 250/252) können zur In-situ-Funktionalisierung von Polyolefinen genutzt werden. Welche Polymere werden erhalten, wenn als Kettenüberträger $H\text{–}SiR_3$, $H\text{–}BR_2$ oder $H\text{–}PR_2$ eingesetzt werden, vorausgesetzt, dass die Kettenübertragung die dominante Abbruchreaktion ist? Wie könnte der Mechanismus bei einem d^0-Metallkomplex als Katalysator aussehen?
- Metallocenkationen wie $[Zr(Me)Cp_2]^+$ oder $[AlCp_2]^+$ sowie andere hinreichend Lewis-acide Metallzentren $[M]^+$ sind in der Lage, Isobuten zu polymerisieren, aber nicht in einer koordinativen Polymerisation. Welcher Mechanismus kommt in Betracht? Beschreiben Sie die Start- und Wachstumsreaktion.

10.5 Post-Metallocen-Katalysatoren

Aus den umfangreichen Untersuchungen zur Aktivität und Selektivität von Metallocenen bei der Olefinpolymerisation ist ein gutes Verständnis erwachsen, von welchen Faktoren Selektivität und Aktivität bei der Olefinpolymerisation abhängen. Daraus sind Strukturmodelle abgeleitet worden, die eine gezielte Suche nach Post-Metallocen-Katalysatoren (Nicht-Metallocen-Katalysatoren) ermöglicht haben. Es kann davon ausgegangen werden, dass katalytisch aktive Komplexe bei der Olefinpolymerisation bevorzugt koordinativ ungesättigte kationische Übergangsmetallkomplexe **71** sind, die aus den Precursorkomplexen **72**–**74** wie folgt gebildet werden können [31, 32]:

$$\mathbf{72}\ L_nM(R)(X) \xrightarrow{-X^{\ominus}} \mathbf{71};\quad \mathbf{73}\ L_nM(R)(R) \xrightarrow{-R^{\ominus}} \mathbf{71};\quad L_nM(X)(X)\ \mathbf{74} \xrightarrow{+R^{\ominus},\ -2X^{\ominus}} \mathbf{71}\ [L_nM(R)(\square)]^{\oplus}$$

72 → 71. Precursor ist ein Alkylhalogenidokomplex **72** (X = Halogenid), der mit Verbindungen M'X' (X' = schwach koordinierendes Anion wie $[PF_6]^-$, $[BF_4]^-$, TfO^-, $[BPh_4]^-$, $[B\{3,5\text{-}(CF_3)_2C_6H_3\}_4]^-$, ...; M' = Ag, Tl, Alkalimetall, ...) im Sinne einer doppelten Umsetzung unter Abspaltung von M'X zu [**71**]X' reagiert.

73 → 71. Precursor ist ein Dialkylkomplex **73**, der bei Reaktion mit [YH]X' ($[YH]^+$ = $[PhMe_2NH]^+$, $[R_2OH]^+$, ...) via protolytische Spaltung einer $M–C_{Alkyl}$-Bindung einen Alkylliganden R^- als RH verliert. Alternativ dazu kann R^- mit einer Lewis-Säure wie $B(C_6F_5)_3$ oder mit dem Tritylkation ($[Ph_3C][B(C_6F_5)_4]$) abgespalten werden, wobei dann die alkylierte Lewis-Säure bzw. $[B(C_6F_5)_4]^-$ als schwach koordinierendes Gegenion X'^- für **71** fungiert.

74 → 71. Precursor ist ein Dihalogenidokomplex **74**, der mit einem Cokatalysator umgesetzt wird, der sowohl alkylierend als auch Lewis-acid wirkt. Das können wie in den klassischen Ziegler-Systemen Aluminiumalkyle (mit dem Nachteil, dass Anionen $[AlR_nX_{4-n}]^-$ noch relativ stark koordinieren) oder MAO sein.

Die Coliganden L_n im Katalysator **71** haben wichtige Funktionen. Ihr Raumanspruch und ihre elektronischen Eigenschaften sind entscheidend für die Selektivität und Aktivität sowie generell für die Stabilität des Katalysators beispielsweise gegenüber unerwünschten Redoxreaktionen. Sie erzeugen eine stabile Koordinationsgeometrie, was bevorzugt durch Chelatliganden zu realisieren ist. Das mag wesentlich sein, um eine *cis*-Anordnung von koordiniertem Monomer und wachsender Polymerkette als entscheidende Voraussetzung für eine schnelle Insertionsreaktion zu gewährleisten.

Katalysatorsysteme der frühen Übergangsmetalle

Sie sind vielfach mit den klassischen Metallocenkatalysatoren der Gruppe 4 (**75**) dahingehend verwandt, dass es sich um d^0-Metallkomplexe handelt. Dazu gehören die sogenannten „*constrained geometry catalysts*" (CGCs). Das sind Halbsandwich-Amidokomplexe der Gruppe 4 (**76**) oder auch Halbsandwich-Phenolatokomplexe vom Typ **77**. **78** und **79** sind Halbsandwichkomplexe ohne Verbrückung des verbleibenden Cp-Liganden mit einem anderen Liganden. Ausgehend von den prototypischen Metallocenkomplexen **75** ist in den Komplexen der Gruppe 4 **76**–**78** formal jeweils ein Cp-Ligand durch einen monoanionischen anderen Liganden substituiert worden, sodass in allen Fällen neutrale d^0-Präkatalysatoren vorliegen. Beim Übergang zur Gruppe 5 erfordert das jedoch formal eine Substitution eines Cp-Liganden durch einen dianionischen Liganden. Ein Beispiel dafür sind Imidokomplexe vom Typ **79**. Es kann erwartet werden, dass daraus – analog den Metallocenen **75** – kationische 14-*ve*-Katalysatorkomplexe generiert werden. Zum Vergleich seien auch Metallocene der Seltenerd-Metalle **80** angeführt, die sich auch als Präkatalysatoren für die Olefinpolymerisation erwiesen, wobei sich aber neutrale 14-*ve*-Katalysatorkomplexe ergeben [33, 34].

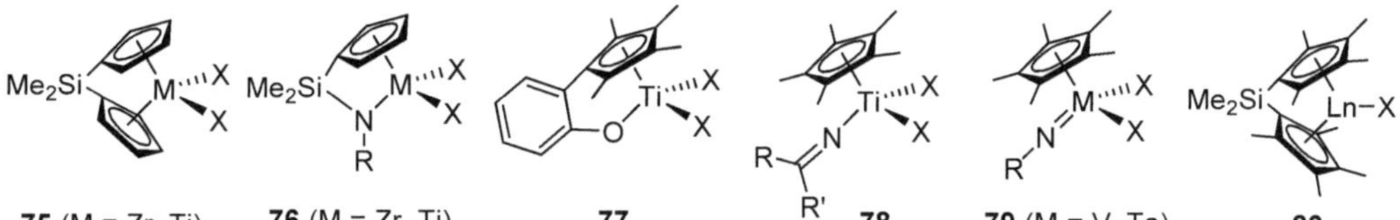

75 (M = Zr, Ti) **76** (M = Zr, Ti) **77** **78** **79** (M = V, Ta) **80**

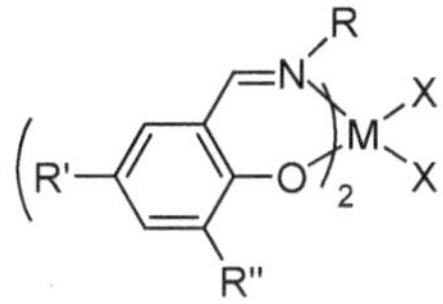

Polymerisationskatalysatoren gänzlich ohne Cyclopentadienylliganden wurden mit Phosphinimido-Liganden (t-Bu$_3$P=N-κ*N*) erhalten, die etwa den gleichen Raumanspruch wie η^5-C_5H_5-Liganden aufweisen. Als sehr aktiv für die Ethenpolymerisation und darüber hinaus auch noch als sehr temperaturstabil erwies sich die Dimethyltitanverbindung [TiMe$_2$(t-Bu$_3$P=N)$_2$] aktiviert mit [Ph$_3$C][B(C$_6$F$_5$)$_4$]. In der japanischen Arbeitsgruppe von T. Fujita wurde eine Reihe von Polymerisationskatalysatoren des Typs **81** mit Salicylaldiminatoliganden entwickelt. Diese Phenoxyimin-Katalysatoren werden, abgeleitet von ihrer japanischen Aussprache, als FI-Katalysatoren bezeichnet. Die Zirconiumkomplexe (R = Cy, R' = Me, OMe, R" = CMe$_2$Ph) mit MAO als Cokatalysator gehören zu den aktivsten Polymerisationskatalysatoren für Ethen.

81 (M = Ti, Zr)

Zur Aktivierung der hier beschriebenen Übergangsmetallkomplexe kommen neben MAO auch borbasierte Cokatalysatoren in Betracht. Einige der Katalysatorsysteme liefern Polymere mit neuartigen Produkteigenschaften und werden auch technisch angewendet. So sind beispielsweise CGCs hochaktiv, sehr temperaturbeständig und können teilweise bei Temperaturen oberhalb von 150 °C eingesetzt werden. Bei Copolymerisationen von Ethen mit α-Olefinen können hochmolekulare Polymere mit einem sehr hohen Anteil (bis zu 60 %) an α-Olefin erhalten werden. Komplexe des Typs **78** (R/R' = Ar/NR"$_2$, NR"$_2$/NR"$_2$, ...) werden zur Herstellung von EPDM-Elastomeren eingesetzt.

Katalysatorsysteme der späten Übergangsmetalle

In Tabelle 10.6 ist eine Auswahl von Präkatalysatoren später Übergangsmetalle für die Ethenpolymerisation zusammengestellt. Schon in den 1960er-Jahren war gefunden worden, dass [Ni(η^3-C$_3$H$_5$)Br(PR$_3$)]/Al$_2$Et$_3$Cl$_3$ (**82**) mit PR$_3$ = PMe$_3$ die Dimerisation von Ethen katalysiert, während mit dem wesentlich sterisch anspruchsvolleren Phosphan P(t-Bu)$_3$ Polyethen gebildet wird, insbesondere dann, wenn das Phosphan im Überschuss vorliegt. In analoger Weise kann der SHOP-Katalysator **83** in einen Polymerisationskatalysator umgewandelt werden, wenn das stark bindende PPh$_3$ durch einen Phosphanfänger wie [Ni(COD)$_2$] oder [Rh(acac)(H$_2$C=CH$_2$)$_2$] aus dem Reaktionsgemisch entfernt wird oder von vornherein Komplexe mit einem schwächer bindenden Liganden L (Ph$_3$PO, py, ...) eingesetzt werden (**84**). Komplexe vom Typ **85** mit Salicylaldiminatoliganden (R, R' = sperrige Substituenten) sind denen vom SHOP-Typ **83**/**84** ähnlich.

Eisen(II)- und Cobalt(II)-Komplexe mit tridentaten Bis(imino)pyridin-Liganden **87** sind nach Zugabe von MAO teilweise hochaktive Katalysatorsysteme (M. Brookhart, 1998; V. Gibson, 1998). Durch den Raumanspruch der *ortho*-Arylsubstituenten R kann die Molmasse des Polymers gesteuert werden, wobei bei kleineren *ortho*-Substituenten sehr aktive Oligomerisationskatalysatoren (M = Fe) erhalten werden. Derartige Oligomerisationskatalysatoren in Kombination mit einem typischen Polymerisationskatalysator ermöglichen in einer Tandemkatalyse die Synthese von LLDPE aus Ethen als einzigem Ausgangsstoff (vgl. dazu auch S. 236) [35, 36, 37, 38].

Auch bei kationischen Ni^{II}- und Pd^{II}-Komplexen mit α-Diiminliganden (**86**), die mit MAO hochaktive Katalysatorsysteme bilden (M. Brookhart, 1995), erschweren *ortho*-Arylsubstituenten wie R = *i*-Pr Kettenübertragungen und sind somit Voraussetzung für die Polymerisation. Mit R = H (M = Ni) werden Oligomere erhalten. Die Polymere weisen eine interessante Mikrostruktur auf, sie sind hochverzweigt (bis zu 100 Verzweigungen pro 1000 CH_2-Gruppen), ohne dass Comonomere zugegeben worden sind. Lineares Polyethen wird erhalten, wenn der Insertion von Ethen in die wachsende Polymerkette (**88** → **89**) erneute Ethenkoordination (**89** → **88'**; **88'** = **88** mit verlängerter Polymerkette) folgt. Tritt jedoch anstelle dessen eine β-H-Eliminierung (**89** → **90**) ein, der – nach Rotation des Olefinliganden – Reinsertion unter M–C2-Bindungsbildung (**90** → **91**) und Ethenkoordination (**91** → **88'**) folgt, ist ein methylverzweigtes lineares Polyethen gebildet worden. „Chain-Running“, d. h. aufeinan-

Tabelle 10.6. Beispiele für die Polymerisation von Ethen durch Komplexe später Übergangsmetalle (adaptiert aus [39]).

Präkatalysator	*TOF*[a] (in h^{-1})	typische Molmasse (in g/mol)[a] M_w	M_w/M_n	Verzweigungsstruktur des Polyethens
82' [b]	sehr langsam	Polymere		
83	$6\cdot10^3$	α-Olefinoligomere	Schulz-Flory	lineare Oligomere
84	$2\cdot10^5$	10^6 (M_v)	25	linear
85	$2\cdot10^5$	$5\cdot10^5$	1,5–3	moderat verzweigt bis linear
86 (M = Ni)	$4\cdot10^6$	$>8\cdot10^5$	1,5–3	hochverzweigt bis linear
87 (M = Fe)	10^7	$6\cdot10^5$	9	hochlinear

a) Die Zahlenwerte sind unter sehr verschiedenen Bedingungen ermittelt worden und somit nur bedingt vergleichbar. b) $[Ni(\eta^3\text{-}C_3H_5)Br\{P(t\text{-}Bu)_3\}]/Al_2Et_3Cl_3$ + 3 Äquiv. $P(t\text{-}Bu)_3$ (**82'**).

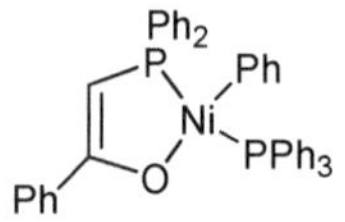

83 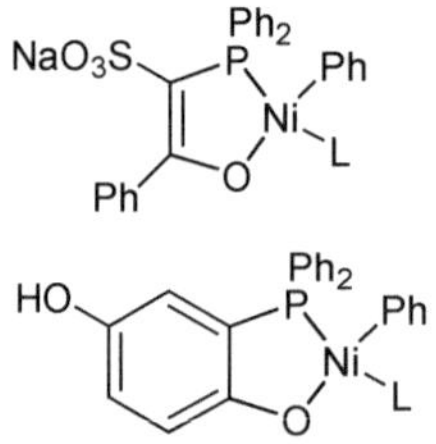 **84** 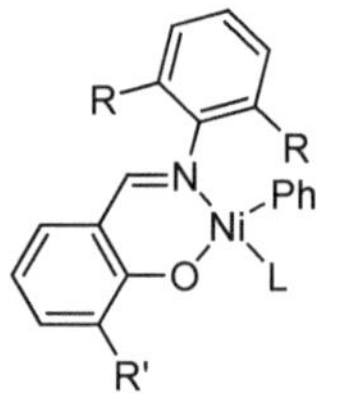 **85** 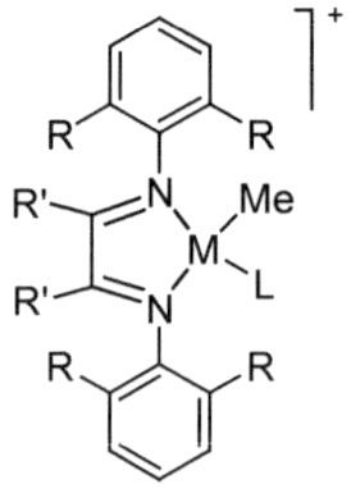 **86** 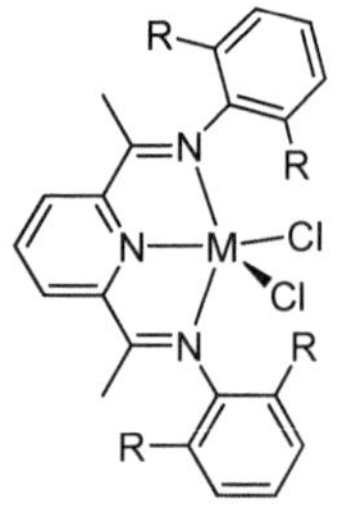 **87**

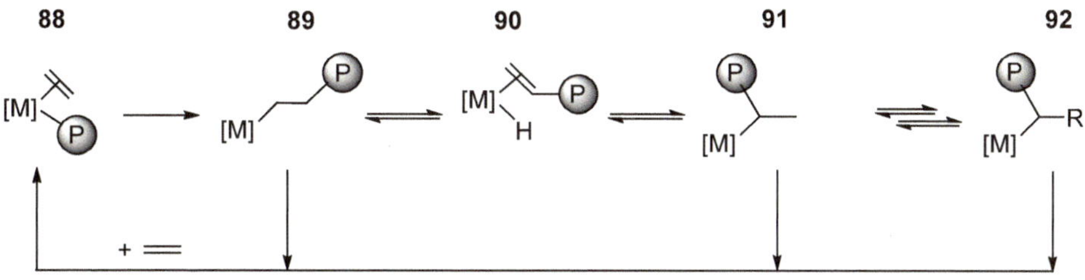

derfolgende β-H-Eliminierungen und Reinsertionen (**91** → **92**), die durch Ethenkoordination abgeschlossen werden (**92** → **88'**), führen zu höheren Verzweigungen.

Insbesondere quantenchemische Rechnungen haben geholfen zu verstehen, wie der Raumanspruch von großvolumigen Substituenten auf der einen Seite die Katalysatoraktivität erhöhen und auf der anderen Seite den Kettenabbruch erschweren kann. Das wird exemplarisch am kationischen α-Diiminnickelkatalysator (**86**, M = Ni, R = *i*-Pr, R' = Me) gezeigt, vgl. Abbildung 10.9. Die Arylsubstituenten sind senkrecht zur Komplexebene angeordnet, sodass die Isopropylgruppen die Koordination von Liganden an den axialen, nicht aber an den äquatorialen Positionen behindern. Katalysator ist ein kationischer Nickelkomplex $[Ni\mathbf{P}(N\frown N)]^+$ (**93**, Abbildung 10.10), der die wachsende Polymerkette **P** koordiniert hat und unter Addition von Ethen in den Resting State $[Ni\mathbf{P}(\eta^2\text{-}H_2C{=}CH_2)(N\frown N)]^+$ übergeht (**93** → **94**). Etheninsertion führt zur Kettenverlängerung $[Ni(CH_2CH_2\mathbf{P})(N\frown N)]^+$ (**94** → **95**). Kettenabbruch erfolgt durch β-H-Transfer von **P** auf das koordinierte Ethen, wobei ein Ethylolefinkomplex $[Ni(CH_2CH_3)(\eta^2\text{-}H_2C{=}CH\mathbf{P})(N\frown N)]^+$ gebildet wird (**94** → **96**). Weiterhin ist eine Kettenverzweigung via β-Hydrideliminierung und M–C2-Reinsertion in Betracht zu ziehen (**93** → **97**). Diese Reaktionen sind für zwei Katalysatormodelle berechnet worden (ohne Berücksichtigung von Lösungsmitteleinflüssen), wobei die wachsende Polymerkette **P** durch eine Propylgruppe modelliert wurde (Abbildung 10.10). In Modell **I** ist der α-Diiminligand vollständig unsubstituiert, während Modell **II** den tatsächlichen Liganden enthält.

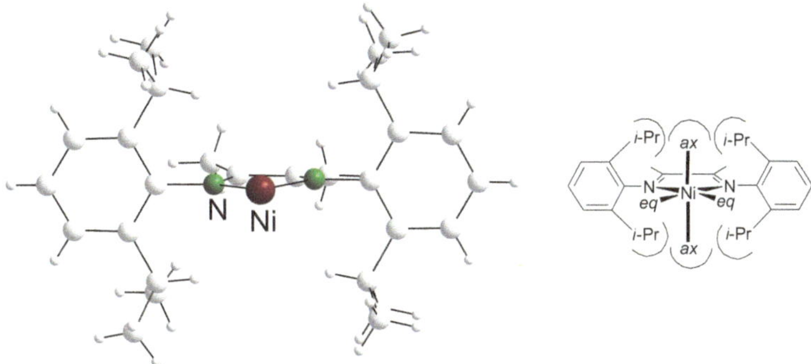

Abbildung 10.9. Struktur des Komplexfragments $[Ni(ArN{=}CMe{-}CMe{=}NAr)]^{2+}$ (Ar = 2,5-(*i*-Pr)$_2C_6H_3$) im Komplex $[Ni(CH_2SiMe_3)_2(ArN{=}CMe{-}CMe{=}NAr)]$. Damit liegt ein Strukturmodell für die Koordinationstasche von Ethen und der wachsenden Polymerkette in einem kationischen α-Diiminnickel(II)-Komplex vor.

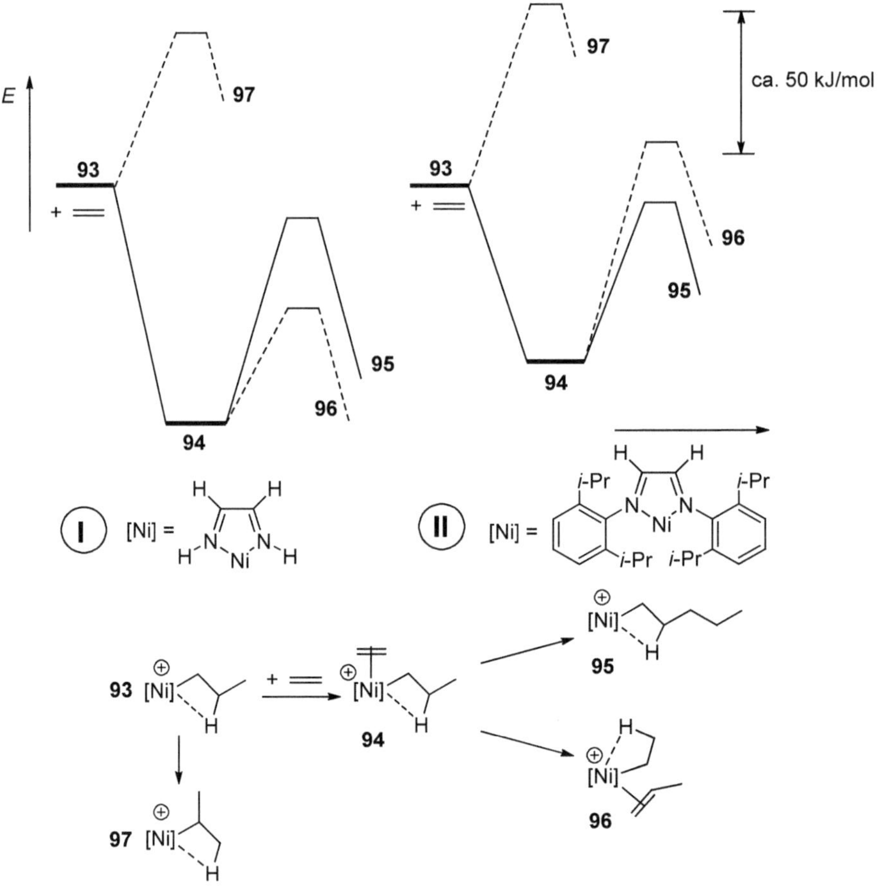

Abbildung 10.10. Energieprofil für Ethenkoordination (**93** → **94**), Insertion (**94** → **95**), Kettenabbruch (**94** → **96**) und -verzweigung (**93** → **97**) bei der α-Diiminnickel-katalysierten Ethenpolymerisation mit dem generischen und dem realen Katalysatormodell (**I** bzw. **II**) (Grundzustände sind durch fette und Übergangszustände durch dünne Striche dargestellt) (gekürzt nach Michalak und Ziegler [40]).

Ethenkoordination (**93** → **94**): Der Startkomplex **93** ist durch eine β-agostische C–H···Ni-Wechselwirkung stabilisiert. Ethen wird an der axialen Position koordiniert. Damit erklärt sich zwanglos, dass im unsubstituierten Modell **I** die Wechselwirkungsenergie (**93** + C_2H_4) größer und der gebildete Komplex **94** stabiler ist.

Kettenwachstum (Insertion) (**94** → **95**): Die Aktivierungsenergie beim realen Katalysatormodell **II** ist kleiner als im Modell **I**. Im Übergangszustand liegen das koordinierte Monomer und die wachsende Alkylkette in der Komplexebene. Die geringere Aktivierungsenergie im realen Modell **II** ist also nicht primär auf sterische Wechselwirkungen mit den raumbeanspruchenden Arylsubstituenten zurückzuführen, sondern auf die geringere Stabilität des Ausgangskomplexes **94** im Realmodell **II**. Der gebildete Pentylkomplex **95** ist wie **93** durch eine β-agostische C–H···Ni-Wechselwirkung stabilisiert.

Kettenabbruch (**94** → **96**): Die Aktivierungsbarriere im realen Katalysatormodell **II** ist ungefähr doppelt so hoch wie die im unsubstituierten Modellkomplex **I.** Der Übergangszustand ähnelt einem Ethen(hydrido)propyl-Komplex mit Ethen in einer axialen Position und dem α-C-Atom des Propylliganden in der anderen. Damit wird der „sterische Druck" der Isopropylsubstituenten in **II** unmittelbar verständlich.

Kettenverzweigung (**93** → **97**): Die Aktivierungsbarriere für Modell **II** ist etwas größer als für **I**. Der Übergangszustand ähnelt einem Hydridoolefinkomplex mit dem Hydridoliganden und dem C1-Atom des Olefinliganden in der Komplexebene. Die etwas größere Aktivierungsbarriere für Modell **II** ist sicherlich auf eine Behinderung der Rotation des Olefins vor der Reinsertion zurückzuführen.

Damit ergibt sich im Modell **II**, das die reale Katalysatorstruktur widerspiegelt, für die Aktivierungsbarrieren die Abstufung

Kettenwachstum < *Kettenverzweigung* < *Kettenabbruch*,

während im Modell **I** (ohne sterische Wechselwirkungen) die Abstufung

Kettenabbruch < *Kettenverzweigung* < *Kettenwachstum*

gefunden wird.

Im Vergleich mit den Katalysatoren der frühen Übergangsmetalle weisen die der späten Übergangsmetalle eine höhere Toleranz gegenüber funktionellen Gruppen auf. Das ermöglicht in einigen Fällen den Einbau von polaren Comonomeren und Polymerisationen in polar-protischen Lösungsmitteln. Das steht mit der geringeren Bindungspolarität der M–C-Bindungen später Übergangsmetalle und ihrer höheren kinetischen Stabilität im Zusammenhang [41].

Lebende Polymerisation von Olefinen und Blockcopolymere

Bei herkömmlichen komplexkatalysierten Polymerisationen von Olefinen werden – bedingt durch Kettenabbruch und -übertragung – pro Katalysatorzentrum viele Polymerketten erzeugt. Bei lebenden Polymerisationen wird pro Katalysatorzentrum nur eine einzige Kette gebildet [42].[1] Lebende Polymerisationen lassen eine zielgerichtete Synthese von definierten neuartigen polymeren Materialien zu, wie z. B. eine gezielte Synthese von Blockcopolymeren oder von Polymeren mit funktionalisierten Endgruppen. Nachteilig ist, dass an jedem aktiven Metallzentrum nur eine einzige Polymerkette gebildet wird. Lebende Polymerisationen werden erhalten, wenn (im Idealfall) keine Kettenabbruch- und Kettenübertragungen auftreten. $[V(acac)_3]$ (Hacac = Acetylaceton) mit $AlEt_2Cl$ als Cokatalysator (Anisol kann als Aktivator zugesetzt werden.) führt bei –78 °C zu einer lebenden Polymerisation von Propen. Es wird partiell syndiotaktisches hochmolekulares Polypropen erhalten. Bei höheren Temperaturen geht das lebende Verhalten zunehmend zurück. Polymerisationen von α-Olefinen katalysiert

[1] Obwohl die Knüpfung von C–C-Bindungen katalysiert wird, handelt es sich dabei im strengen Sinne nicht mehr um einen Katalysator, sondern um einen Initiator (vgl. S. 191). Wir werden aber diese Unterscheidung hier nicht treffen.

durch α-Diiminnickelkomplexe/MAO (Tabelle 10.6, Komplextyp **86**) können auch so gestaltet werden, dass sie lebend verlaufen.

Blockcopolymere lassen sich in lebenden Polymerisationen durch sequentielle Zugabe von Monomeren aufbauen. Ein Beispiel ist die Synthese eines Blockcopolymers, das aus Blöcken von *s*-PP, EPR (Ethen–Propen-Kautschuk) und wiederum *s*-PP besteht (**98** → **99**). Abbruch einer lebenden Polymerisation mit Iod führt zu einem Polypropen mit einer Iodendgruppe (**98** → **100**), an das z. B. kationisch Tetrahydrofuran polymerisiert werden kann (**100** → **101**).

s-PP EPR s-PP

1) 2) += 3)

[V] P

98 **99**

I_2 Ag[ClO$_4$]

100 poly-THF s-PP **101**

Wir kommen zu Zieglers Aufbaureaktion zurück. Selbst bei einer Temperatur von 100 °C, bei der sie mit hinreichender Geschwindigkeit abläuft, spielen β-H-Übertragungen und -Eliminierungen eine Rolle, sodass keine lebende Reaktion vorliegt. Eine Katalyse der Aufbaureaktion (wir verallgemeinern hier auf eine Polymerisationskatalyse durch Hauptgruppenmetalle M_{mg} einschließlich Zn) durch ein Übergangs- oder Seltenerdmetall (M_{tr}) eröffnet nun aber den Weg zu einer lebenden Polymerisation von Ethen. Dafür ist Voraussetzung, dass ein schneller reversibler Kettentransfer gemäß Reaktion **a** vorliegt. Das Kettenwachstum findet am Übergangsmetall statt (Reaktion **b**). Der schnelle Kettentransfer ($k_a > k_b$; typischerweise $k_a \approx 100\ k_b$) gewährleistet, dass alle Ketten wachsen. Die Reaktionsbedingungen müssen so gewählt werden, dass Abbruchreaktionen ausgehend von $[M_{tr}]$–**P** gemäß **c** keine Rolle spielen. Das muss auch für $[M_{mg}]$–**P** gelten, wo derartige Reaktionen ohnehin von geringerer Bedeutung sind. Somit „ruhen" die wachsenden Ketten am Hauptgruppenmetall (bzw. Zn). Es liegt eine koordinative Kettentransfer-Polymerisation (*coordinative chain transfer polymerization*) vor.

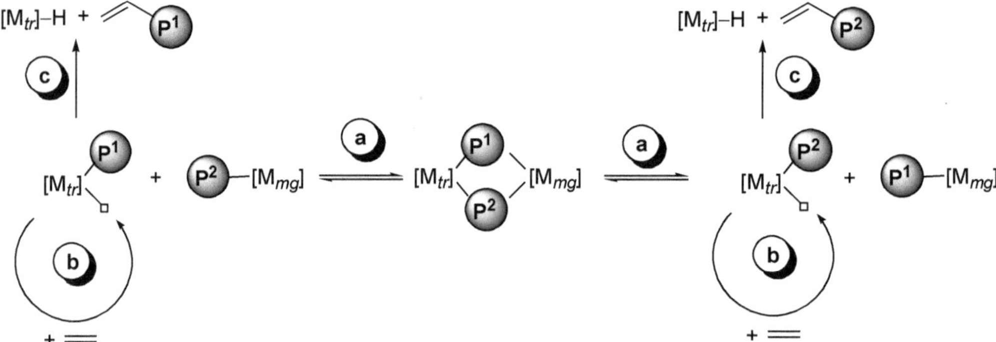

Beispiele für Katalysatorsysteme sind $[Li(OEt_2)_2][SmCl_2(Cp^*)_2]/Mg(Et)(n\text{-}Bu)$ und ein Bis-(imino)pyridin-Eisenkomplex vom Typ **87** aktiviert mit MAO in Gegenwart von $ZnEt_2$ als Kettentransferreagenz [43, 44].

Über den Austausch von Polymerketten (engl.: *chain shuttling polymerization*) lassen sich neuartige Olefin-Blockcopolymere herstellen. Dabei wird mit zwei unterschiedlichen Katalysatoren (K1 und K2) und zwei Olefinmonomeren (z. B. Ethen und Oct-1-en) gearbeitet. Jeder der beiden Katalysatoren bildet in den Kettenwachstumsphasen (**102** → **103** und **104** → **105**) ein Copolymer mit unterschiedlicher Mikrostruktur: Für K1 sei die Einbaurate Ethen >> Octen (Symbol: ▬) und für K2 gelte das Umgekehrte (Symbol: ∿∿). Das Kettenwachstum wird durch eine Kettenübertragung (**103** → **104**) unterbrochen. Dazu sind effektive reversible Kettenüberträger (KÜ) erforderlich, das können Alkyle vom Al, Zn oder Mg sein. So entsteht ein einheitliches Blockcopolymer, das aus Segmenten mit unterschiedlicher Mikrostruktur besteht [45].

K1 → K1▬ → K1∿∿ → K1▬∿∿ ⇉
KÜ∿∿ KÜ▬
102 **103** **104** **105**
KÜ▬ KÜ∿∿
K2 → K2∿∿ → K2▬ → K2∿∿▬ ⇉

Aufgabe 10.11

Radikalische Olefinpolymerisationen mit lebendem Charakter können prinzipiell erhalten werden, wenn sie durch ein Primärradikal R· (z. B. R = Alkyl, Aryl) gestartet werden und ein anderes Radikal T· („reversibler Spinfänger", z. B. $Ph_3C·$) zugegen ist, das reversibel mit der wachsenden Polymerkette reagiert (**1** ⇌ **2**):

R• + n+1 (CH₂=CHY) → **1** ⇌ (+ T•/ − T•) **2** ⇌ T• + **1'** (+ CH₂=CHY)

Die Reversibilität der Bindung von T· an die Polymerkette gewährleistet, dass die Kette weiterwachsen kann, wenn ein Monomer zugegen ist (**2** → **1'**). Handelt es sich bei T· um einen Metallkomplex, liegt eine radikalische metallorganische Polymerisation (OMRP: *O*rgano*m*etallic *R*adical *P*olymerization) vor. Beschreiben Sie die Struktur von $[Mo^{III}Cl_2CpL_2]$ (**3**, L_2 = $(PMe_3)_2$, dppe) und seine Reaktion gegenüber Alkylhalogeniden. Welche Reaktion (T = 80–100 °C) erwarten Sie bei der Umsetzung von **3** mit äquimolaren Mengen an 1-Bromethylbenzol in Gegenwart von Styrol und bei Zugabe von **3** zu einer mit AIBN gestarteten radikalischen Polymerisation von Styrol? *Hinweis*: Vergegenwärtigen Sie sich bimolekulare oxidative Additionsreaktionen (vgl. S. 39) und beachten Sie die Bindungsdissoziationsenthalpien Mo–X (in kJ/mol) in Komplexen $[Mo^{IV}XCl_2CpL_2]$: X = Me, ca. 100; Br, ca. 130; Cl, ca. 180.

Schaltbare Polymerisationskatalysatoren

Katalysatoren, deren Aktivität durch externe Stimuli physikalischer oder chemischer Natur reversibel an- und wieder ausgeschaltet werden können, heißen schaltbare Katalysatoren. So kann beispielsweise Licht ($h\nu$) oder die Zugabe eines Reagenzes eine Änderung der Ligandensphäre oder des Redoxzustands/-potentials eines Katalysators bewirken, die einen Wechsel zwischen einem inaktiven und einen aktiven Zustand zur Folge hat.

Schaltbare Katalysatoren ermöglichen einen gezielten Aufbau von Polymeren mit komplexen Strukturen und Funktionalitäten wie beispielhaft eine photochemisch schaltbare lebende radikalische Polymerisation (ATRP, vgl. Aufgabe 10.11) zeigt: Der cyclometallierte Iridium(III)-

Komplex [Ir^{III}] **106** reagiert nicht mit Alkylbromiden. Erst der photochemisch angeregte Komplex **106*** ist ein so starkes Reduktionsmittel (vgl. Aufgabe 10.12), das Alkylbromide reduktiv spalten kann, wobei unter Oxidation des Ir^{III}-Komplexes ein Alkylradikal gebildet wird (**106** → **106*** → **107**). Demzufolge katalysiert **106** auch nicht die radikalische Polymerisation von Methylmethacrylat (MMA), wohl aber der photochemisch angeregte Komplex **106***: Die Polymerisation wird via **106** → **106*** → **107** mit RBr = $PhCHBrCO_2Et$ gestartet. Das Polymerradikal **P·** wird von **107** abgefangen (vgl. Aufgabe 10.11), wobei eine Polymerkette mit einer Bromendgruppe und der katalytisch *inaktive* Komplex **106** gebildet werden. Nur unter Bestrahlung erfolgt Aktivierung desselben und kommt die Polymerisation nicht zum Erliegen (**106** → **106*** → **107**; Zyklus **a**). Durch Ein- und Ausschalten der Strahlungsquelle kann die Polymerisation kontrolliert in Gang gesetzt und gestoppt werden.

$$\underset{\mathbf{106}}{[Ir^{III}]} \xrightarrow[\text{sichtb. Licht}]{h\nu\ (\lambda = 435\ nm)} \underset{\mathbf{106^*}}{[Ir^{III}]^*} \xrightarrow{RBr} \underset{\mathbf{107}}{[Ir^{IV}]Br} + R\cdot$$

106* [Ir^{III}]* + P–Br → [Ir^{IV}]Br + P• (**107**) → (+ $CH_2{=}C(CH_3)CO_2Me$) → P• ; [Ir^{IV}]Br + P• → **106** [Ir^{III}] + P–Br ; **106** →(hν) **106*** (Zyklus **a**)

[Ir^{III}] (**106**)

Es ist deutlich geworden, dass **106** als Photokatalysator fungiert oder genauer als Photoredoxkatalysator, wie insbesondere im Zusammenhang mit Übergangsmetallkomplexen Photokatalysatoren heißen, die nach Anregung durch Licht eine Elektronentransferreaktion auslösen: Der photochemisch angeregte Zustand **106*** wird in einem ersten Elektronentransferschritt oxidativ gequencht (**106*** → **107**). In einem nachfolgenden Elektronentransfer wird der Photoredoxkatalysator regeneriert, wobei Br^- als Elektronendonor dient (**107** → **106**).

Die beschriebene Polymerisation ist lebend. Somit kann nach Verbrauch des Monomers ein anderes Monomer (z. B. ein anderes Methacrylat) zugegeben werden, sodass Blockcopolymere mit einer komplexen Architektur/Morphologie zielgerichtet hergestellt werden können [46].

Aufgabe 10.12

Im nebenstehenden Diagramm sind die Einelektronenenergien vom HOMO und LUMO eines Singulett-Moleküls **S** gegeben, das bei Bestrahlung mit $h\nu$ in den photoangeregten Zustand **S*** übergeht. Tragen Sie die Elektronenbesetzung sowie die Ionisierungsenergie (E_i) und Elektronenaffinität (EA) von **S*** ein und erläutern Sie, warum **S*** sowohl ein stärkeres Reduktionsmittel als auch ein stärkeres Oxidationsmittel als **S** ist.

Veranschaulichen Sie sich die Änderungen der Redoxeigenschaften bei Photoanregung beim Metallkomplex $[Ru(bpy)_3]^{2+}$ ($[Ru]^{2+}$), einem klassischen Photoredoxkatalysator (Standardreduktionspotentiale: $[Ru]^{2+} + e^- \rightarrow [Ru]^+$, $E^{\ominus} = -1{,}28$ V; $[Ru]^{3+} + e^- \rightarrow [Ru]^{2+}$, $E^{\ominus} = +1{,}26$ V). Sind die Potentialänderungen bei Photoanregung von $[Ru]^{2+}$, die jeweils ca. 2 V betragen, eher groß oder klein?

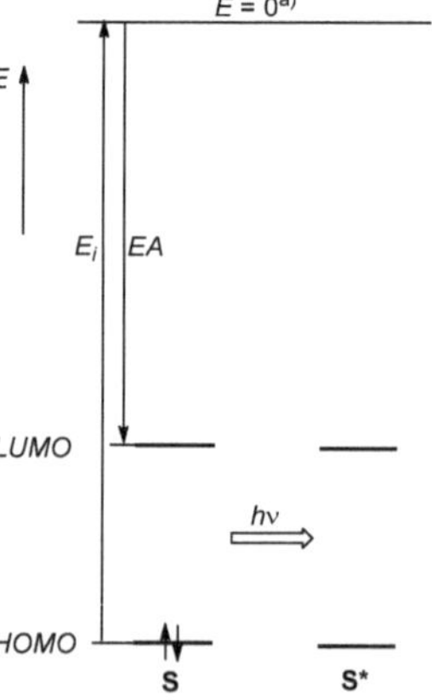

a) Elektron im Vakuum.

10.6 Copolymerisation von Olefinen und CO

Die alternierende Copolymerisation von Ethen und Kohlenmonoxid führt zu einem Polyketon [Poly(1-oxotrimethylen)]:

$$n\ H_2C{=}CH_2 + n\,CO \xrightarrow{\text{Kat.}} \left[\!-CH_2CH_2C(=O)-\right]_n$$

Übergangsmetallkatalysiert ist die Copolymerisation zum ersten Mal von W. Reppe und A. Magin (1948) mit $K_2[Ni(CN)_4]$ als Katalysator durchgeführt worden. Heute werden vor allem Palladiumkomplexe als Katalysatoren eingesetzt, mit denen eine streng alternierende Copolymerisation realisiert werden kann. Aufeinanderfolgende Carbonylgruppen –C(O)–C(O)– werden überhaupt nicht gefunden, während lediglich ein einziger fehlerhafter Einbau von Ethen zu Tetramethyleneinheiten ($–CH_2–CH_2–CH_2–CH_2–$) auf ca. 10^5–10^6 reguläre Strukturelemente beobachtet worden ist.

Thermodynamisch ist die Homopolymerisation von Ethen gegenüber der alternierenden Copolymerisation von Ethen und CO bevorzugt. Wenn man bedenkt, dass Katalysatoren für die alternierende Copolymerisation in Abwesenheit von CO in der Regel die Dimerisation von Ethen zu Buten oder sogar seine Polymerisation katalysieren, ist die (perfekt) alternierende CO–Ethen-Copolymerisation ein überzeugendes Beispiel dafür, wie selektiv durch Katalysatoren Reaktionen gesteuert werden können.

Als Präkatalysatoren werden Palladium(II)-Komplexe $[Pd(OAc)_2(L\frown L)]$ mit zweizähnigen $P\frown P$- ($Ph_2P(CH_2)_nPPh_2$, $n = 2$–4; ...), aber auch $N\frown N$-Chelatliganden (Phenanthrolin, ...) eingesetzt. Es wird in Gegenwart von Brønsted-Säuren HX mit schwach koordinierenden Anionen X^- wie TsO^-, $[BF_4]^-$, ClO_4^- gearbeitet. Mitunter wird noch ein Oxidationsmittel wie 1,4-Benzochinon zugesetzt, um reduzierte Palladiumspezies in die aktive zweiwertige Form zu oxidieren. Typischerweise wird die Polymerisation bei 80–90 °C und 30–60 bar in Methanol ausgeführt. Die Katalysatoren sind hochaktiv (10^4 mol Ethen/(mol Pd · h)) und produktiv ($>10^6$ mol Ethen/mol Pd). Die erhaltenen Polymere bilden hochschmelzende Thermoplaste, die aus preiswerten Ausgangsstoffen (CO/Ethen) zu erhalten sind. Sie verfügen wegen der vielfältigen Möglichkeiten zur Funktionalisierung der reaktiven Carbonylgruppen über ein innovatives Potential, zumal sie – da Kohlenmonoxid selbst nicht homopolymerisiert werden kann – die höchstmögliche Konzentration an Ketogruppen in einer Polymerkette enthalten [47, 48,].

Bei der katalytisch aktiven Verbindung handelt es sich um einen quadratisch-planaren kationischen Palladium(II)-Komplex mit einem zweizähnigen Chelatliganden L_2 und der wachsenden Polymerkette als Liganden. Das kann eine Alkyl- (**108**) oder eine Acylpalladiumverbindung (**110**) sein. In beiden Fällen ist durch strukturelle Untersuchungen von Modellkomplexen und durch quantenchemische Rechnungen nachgewiesen worden, dass unter Bildung eines fünf- bzw. sechsgliedrigen Rings eine zusätzliche C=O-Koordination erfolgen kann.

Ausgehend von **108** folgt der Koordination von CO (**108** → **109**) ein Insertionsschritt unter Bildung eines Acylkomplexes (**109** → **110**). Nunmehr wird Ethen koordiniert (**110** → **111**) und dessen Insertion in die Palladium–Acyl-Bindung schließt den Zyklus (**111** → **108'**). Beide Insertionsreaktionen verlaufen im Sinne einer Alkyl- bzw. Acylwanderung.

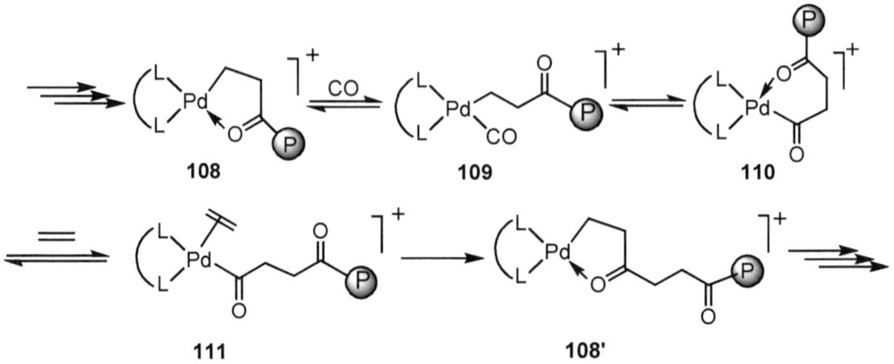

Die Copolymerisation verläuft strikt alternierend. Eine zweifache CO-Insertion (**111** → **112** → **113** anstelle **111** → **108'**) kommt aus thermodynamischen Gründen nicht in Betracht. Die Reaktion **112** → **113** ist endergonisch; das ist eine Folge der sehr schwachen C(O)–C(O)-Bindung ($\Delta_d H^{\ominus}$ in kJ/mol: 307 (MeC(O)–C(O)Me) < 352 (Me–C(O)Me) < 377 (Me–Me)) und der sehr stabilen C≡O-Bindung in Kohlenmonoxid (1077 kJ/mol) [49].

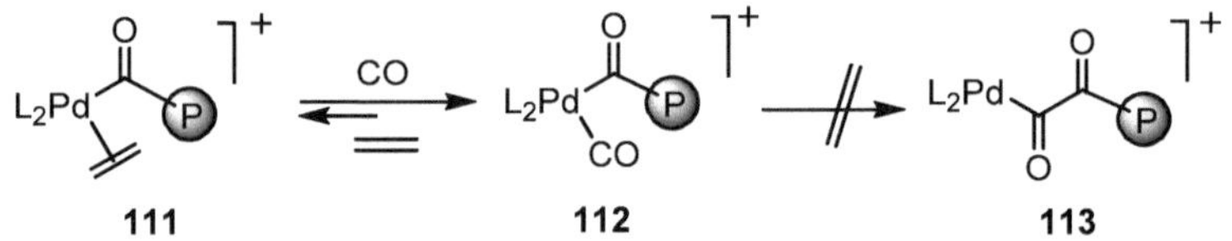

Eine zweifache Etheninsertion (**108** → **114** → **115** anstelle **108** → **109** → **110**) ist zwar thermodynamisch möglich, tritt aber nur in sehr untergeordnetem Maß auf. Der 3-Oxoalkylpalladium-Komplex **108** ist durch eine intramolekulare C=O-Koordination zusätzlich stabilisiert. Er kann zwar mit dem stärker koordinierenden CO weiterreagieren (**108** → **109**), nicht aber mit dem schwächer koordinierenden Ethen (**108** → **114**), sodass die Gleichgewichtskonzentration von **114** sehr klein ist (25 °C: *K* ca. 10^4 für **114** + CO ⇌ **109** + C_2H_4; L_2 = dppp). Darüber hinaus ist die Insertionsreaktion, die zur doppelten Etheninsertion führt (Ethen in Pd–C_{Alkyl}: **114** → **115**), um etwa zwei Zehnerpotenzen langsamer als die zur alternierenden Copolymerisation führende CO-Insertion (CO in Pd–C_{Alkyl}: **109** → **110**) [50].

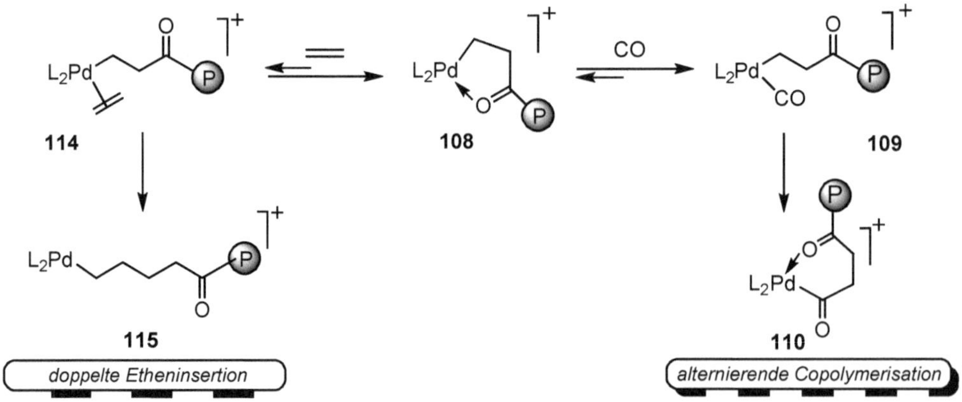

doppelte Etheninsertion

alternierende Copolymerisation

Aufgabe 10.13

Berechnen Sie mit den Angaben im Text unter der Annahme, dass das Curtin-Hammett-Prinzip auf das obige Reaktionsschema anzuwenden ist, das Verhältnis doppelte Etheninsertion/alternierende Copolymerisation. Für eine 1:1-Mischung von Kohlenmonoxid/Ethen gilt für die Konzentrationen in Lösung $c_{CO} = 7{,}3 \cdot 10^{-3}$ mol/l und $c_{C_2H_4} = 0{,}11$ mol/l.

Reaktionen mit dem Lösungsmittel Methanol führen zum Kettenabbruch. Dabei werden Polymere mit Ketoendgruppen und Methoxopalladiumkomplexe (**108'** → **116**) oder Polymere mit Esterendgruppen und Hydridopalladiumkomplexe (**110'** → **118**) gebildet. Die Reaktion **108'** → **116** entspricht in summa einer protolytischen Spaltung einer Pd–C_{Alkyl}-Bindung. Bei der Methanolyse der Pd–C_{Acyl}-Bindung **110'** → **118** scheint eine intramolekulare Reaktion bevorzugt zu sein, die eine Koordination von Methanol voraussetzt. Sie kann dann als reduktive C–O-Eliminierung unter Protonierung von Pd^0 verstanden werden.

Beide Abbruchreaktionen desaktivieren nicht den Katalysator. Ein neuer Kettenstart ist durch CO- (**116** → **117**) bzw. Ethen-Insertion (**118** → **119**) möglich. Damit wird deutlich, dass ein Abbruch unter Bildung einer Ketoendgruppe einen Neustart ermöglicht, bei dem die wachsende Polymerkette eine Esterendgruppe aufweist (**108'** → **116** → **117**) und vice versa (**110'** → **118** → **119**).

Als Präkatalysatoren werden Verbindungen $[Pd(OAc)_2L_2]$ (**120**) eingesetzt, die bei der Reaktion mit Brønsted-Säuren HX (X – schwach koordinierendes Anion wie TsO^-, $[BF_4]^-$, ClO_4^-) zu Verbindungen $[PdL_2(MeOH)_2]X_2$ (**121**) reagieren. Deprotonierung des koordinierten Methanols, die wegen der hohen Elektrophilie des zweifach positiv geladenen Pd^{II}-Zentrums leicht möglich ist, führt zu einem Methoxokomplex (**121** → **116**), der unter CO-Insertion zu einem Methoxycarbonyl-Komplex reagiert (**116** → **117**). (Alternativ kann ein CO-Komplex gebildet werden, aus dem durch Addition von Methanol der Methoxycarbonyl-Komplex **117** entsteht.) Insertion von Ethen in die Pd–C-Bindung führt zum Katalysatorkomplex, der ein Polyketon mit mindestens einer Esterendgruppe bildet.

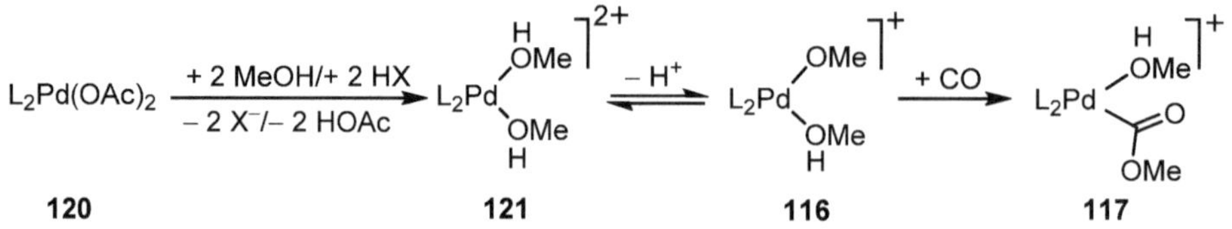

$$L_2Pd(OAc)_2 \xrightarrow[-2\,X^-/-2\,HOAc]{+2\,MeOH/+2\,HX} [L_2Pd(HOMe)_2]^{2+} \underset{}{\overset{-H^+}{\rightleftharpoons}} [L_2Pd(OMe)(HOMe)]^{+} \xrightarrow{+CO} [L_2Pd(HOMe)(C(O)OMe)]^{+}$$

120 **121** **116** **117**

Bei der alternierenden Copolymerisation von CO und α-Olefinen können wie bei der Homopolymerisation von α-Olefinen unterschiedliche Stereoisomere gebildet werden. Die Struktur eines isotaktischen (**122**) und eines syndiotaktischen (**123**) Polymers ist nachfolgend dargestellt.

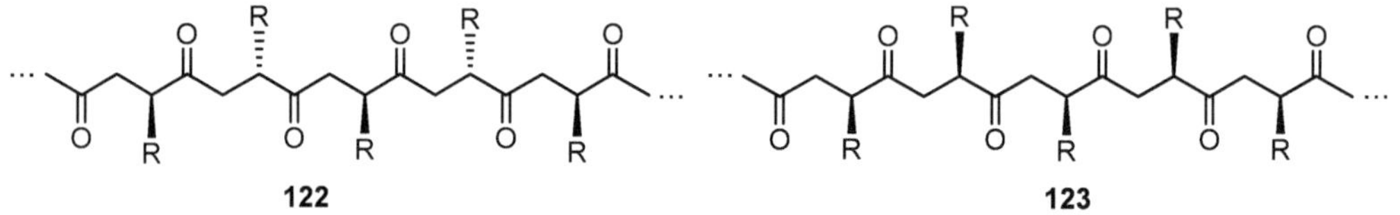

122 **123**

Die Stereoselektivität (isotaktisch *versus* syndiotaktisch *versus* ataktisch) kann durch die Natur des Katalysators gesteuert werden.

Aufgabe 10.14

Im isotaktischen Polymer **122** zeigen die Substituenten R = Alkyl abwechselnd nach vorn und hinten. Im syndiotaktischen Polymer **123** zeigen sie alle in die gleiche Richtung. Für iso- und syndiotaktisches Polypropen trifft genau das Umgekehrte zu. Warum sind die Bezeichnungen dennoch korrekt?

Nicht perfekt alternierende Copolymerisation von Ethen mit CO

Die Copolymerisation von Ethen mit CO, katalysiert durch **124** und davon abgeleitete Komplexe, verläuft nicht streng alternierend. Zwischen ca. 10 und 30 % des Ethens (mit **124** selbst bis zu 15 %) werden nicht regulär eingebaut, sodass in Polymeren **125** außer dem regulären Einbau ($x = 1$) auch Sequenzen mit $x = 2$–4 zu finden sind. Doppelte CO-Insertion tritt nicht auf [51].

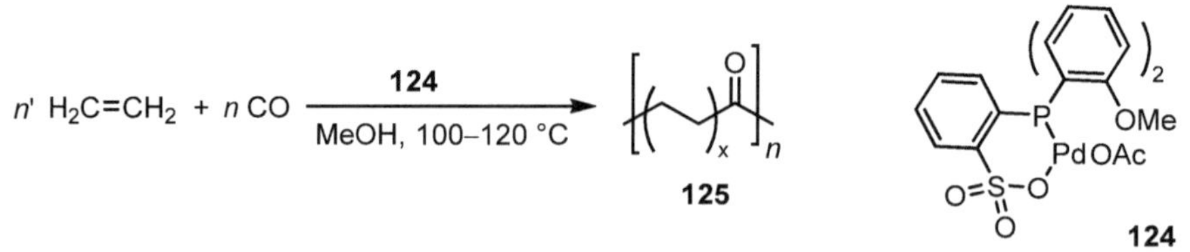

$$n'\ H_2C{=}CH_2 + n\ CO \xrightarrow[MeOH,\ 100\text{–}120\ °C]{\mathbf{124}} \mathbf{125}$$

125 **124**

Ausgehend vom Alkylkomplex **126** ([Pd]–OAc ≡ **124**) ist **a** der Reaktionskanal zur alternierenden Copolymerisation und **b** der zur nichtalternierenden. Quantenchemische Rechnungen weisen auf die Ursache, warum der Reaktionsweg **b** beschritten werden kann [52]: Der Acylkomplex **128** liegt in der offenkettigen Form vor und ist nicht durch eine Pd–O-Bindung stabilisiert (**128** *versus* **128'**). Das hat zwei Gründe: Zum einen wird eine Pd–O-Koordination sterisch durch den *ortho*-Substituenten OMe in **124** behindert und zum anderen ist der Katalysatorkomplex **128** ein Neutralkomplex, sodass die Elektrophilie des Palladiums ohnehin geringer als in den konventionellen kationischen Komplexen ist. Die fehlende Stabilisierung durch die Pd–O-Koordination in **128** hat zur Folge, dass die Deinsertion von CO relativ leicht abläuft (**128** $\rightleftharpoons$ **127**) und so der Reaktionskanal **b** zur doppelten Etheninsertion geöffnet wird. Auf der anderen Seite verläuft aber auch die Ethenaddition leichter (**128** → **129**), da keine Pd–O-Bindung gebrochen werden muss. Der zuerst genannte Aspekt überwiegt, sodass in diesem Fall die irreguläre nichtalternierende Copolymerisation mit der alternierenden konkurriert [53, 54].

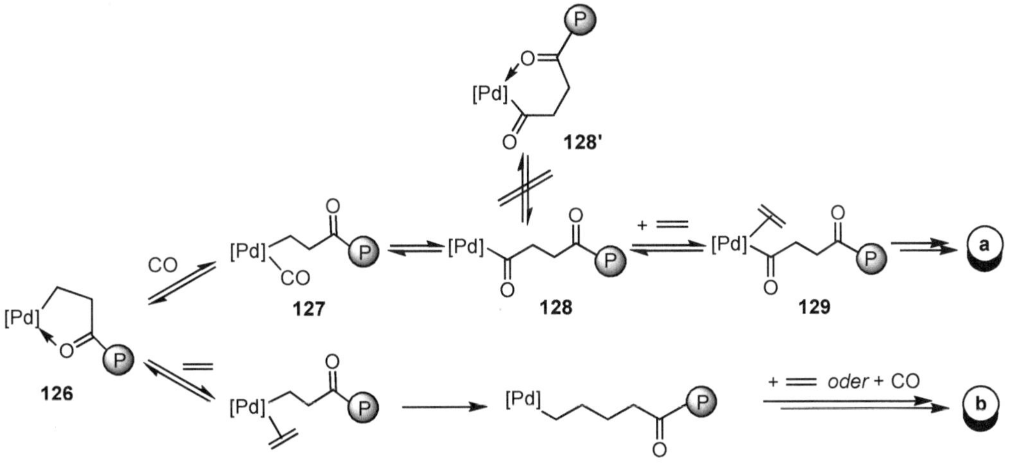

10.7 Lösungen der Aufgaben und Literatur

10.7.1 Lösungen der Aufgaben

Aufgabe 10.1

1,4-Polymerisation von 2,3-Dimethylbutadien und nachfolgende Hydrierung liefert H–H-Polypropen.

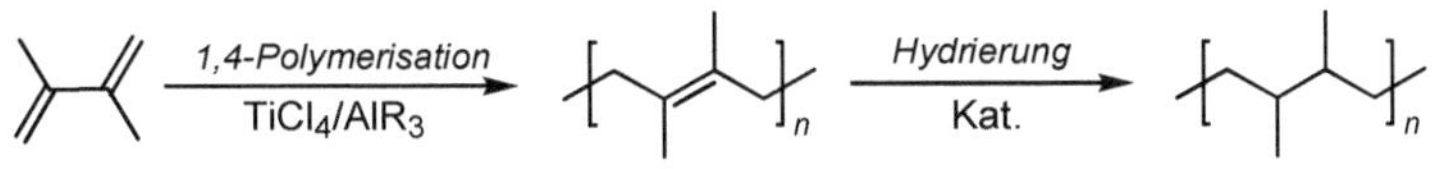

Es ist auch durch alternierende Copolymerisation von *cis*-But-2-en und Ethen mit $VCl_4/Al(C_8H_{17})_3$ zugänglich (O. Vogl, M. F. Qin, A. Zilkha, *Prog. Polym. Sci.* **1999**, *24*, 1481).

Aufgabe 10.2

Die Lewis-Säure $B(C_6F_5)_3$ abstrahiert einen Benzylliganden, folglich fungiert **1'** ($R = CH_2Ph$) mit einer freien bzw. durch ein Lösungsmittelmolekül besetzten Koordinationsstelle als Katalysatorkomplex. Die Oligomerisation wird durch β-Hydrideliminierung abgebrochen, sodass im aktiven Komplex für R ein Wasserstoffatom bzw. die wachsende Oligormerkette zu setzen ist.

Oligomere mit Vinylenendgruppen (**2**, M = Ti) weisen auf eine sekundäre Insertion (2,1-Insertion) und die mit Vinylidenendgruppen (**3**, M = Zr, Hf) auf eine primäre Insertion (1,2-Insertion). Die Struktur der gesättigten Kettenenden von **2** macht klar, dass interessanterweise auch beim Titankomplex **1'** (M = Ti, R = H) die *erste* Insertion als primäre Insertion erfolgt, was die Folge eines geringen sterischen Einflusses von R = H sein könnte. In Übereinstimmung damit steht die Struktur der Dimere bei Verwendung von [1-^{13}C]-markiertem Hex-1-en: Für M = Ti und M = Zr, Hf sind als Hauptprodukte **4** (^{13}C-Markierungen sind durch einen Stern gekennzeichnet) bzw. **5** erhalten worden (nach B. Lian, K. Beckerle, T. P. Spaniol, J. Okuda, *Angew. Chem.* **2007**, *119*, 8660 sowie J. Okuda, persönliche Mitteilung)..

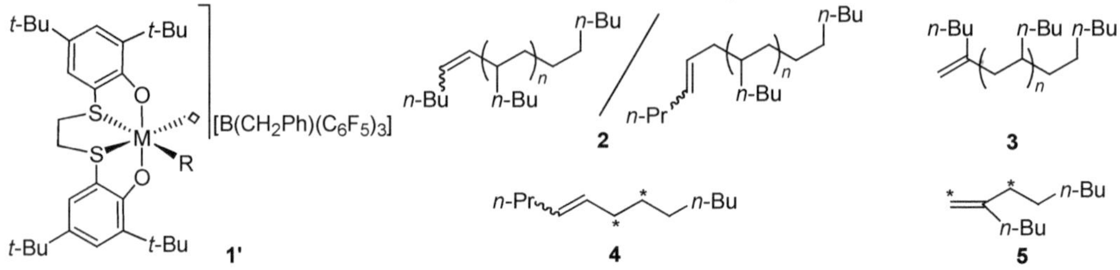

Aufgabe 10.3

Polymere vom Typ **1** sind typisch für eine stereochemische Kettenendkontrolle. Tritt bei einer wachsenden Kette der Konfiguration (...*RRRR*)$_{rel.}$ ein Baufehler auf (...*RRRRS*)$_{rel.}$, wächst die Kette bis zum nächsten Baufehler mit *S*-Konfiguration der Stereozentren (...*RRRRSSS*...)$_{rel.}$ usw. Polymere vom Typ **2** sind typisch für eine Stereokontrolle durch das Katalysatorzentrum. Ein Baufehler wird beim nächsten Insertionsschritt sofort korrigiert, sodass Polymere mit statistisch verteilten einzelnen Fehlstellen gebildet werden. Somit pflanzen sich Baufehler im ersten Fall fort, nicht aber im zweiten Fall.

Aufgabe 10.4

Die Polymerstrukturen mit Baufehler (durch Pfeile gekennzeichnet) sowie die darauf zurückzuführenden Triaden/Pentaden sind nachfolgend angeführt (nach [27]).

- Stereokontrolle durch das Katalysatorzentrum:

  1 – isotaktisch: Triaden: *mr* + *rr* + *mr*. Pentaden: *mmmr* + *mmrr* + *mrrm* + *mmrr* + *mmmr*.

  2 – syndiotaktisch: Triaden: *mr* + *mm* + *mr*. Pentaden: *rrrm* + *mmrr* + *rmmr* + *mmrr* + *rrrm*.

- Stereokontrolle durch das Kettenende:

  3 – isotaktisch: Triaden: *mr* + *mr*. Pentaden: *mmmr* + *mmrm* + *mmrm* + *mmmr*.

  4 – syndiotaktisch: Triaden: *mr* + *mr*. Pentaden: *rrrm* + *rrmr* + *rrmr* + *rrrm*.

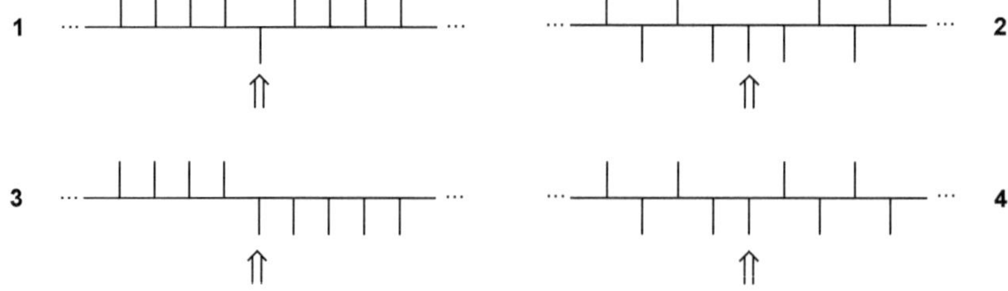

Aufgabe 10.5

Die Stöchiometrie im Innern der Kristalle ist durch die Verknüpfung der MCl_6-Oktaeder (M = Ti, Mg) gegeben. Für die angeführten Kristallflächen gilt Folgendes:

Fläche	*K.Z.*	Koordination		Stöchiometrie
(110) an $TiCl_3$	5	$Ti(\mu\text{-}Cl)_4Cl$	$TiCl_{4/2}Cl_1$	$TiCl_3$
(100) an $MgCl_2$	5	$Mg(\mu_3\text{-}Cl)_3(\mu\text{-}Cl)_2$	$MgCl_{3/3}Cl_{2/2}$	$MgCl_2$
(110) an $MgCl_2$ a)	4	$Mg(\mu_3\text{-}Cl)_2(\mu\text{-}Cl)_2$	$MgCl_{2/3}Cl_{2/2}$	$Mg_2Cl_4 = MgCl_2$
b)	6	$Mg(\mu_3\text{-}Cl)_4(\mu\text{-}Cl)_2$	$MgCl_{4/3}Cl_{2/2}$	

a) Oberflächenatom. b) Darunterliegende Schicht, die in die Betrachtung einzubeziehen ist, da die Koordination der Mg-Ionen sich noch von denen im Kristallinneren ($Mg(\mu_3\text{-}Cl)_6 = MgCl_{6/3}$) unterscheidet.

Hinweis: Fertigen Sie sich virtuelle 3D-Modelle der Strukturen mittels eines üblichen Kristallstrukturvisualisierungsprogramms wie DIAMOND an (Daten aus: Inorganic Crystal Structure Database, ICSD, FIZ Karlsruhe, Karlsruhe 2004).

$MgCl_2$: Kristallsystem: trigonal/rhomboedrisch; Raumgruppe: $P\overline{3}m1$ (Nr. 164); Zellparameter: $a = b = 3.641$ Å, $c = 5.927$ Å; Koordinaten: Mg (0, 0, 0) [1*a*], Cl (1/3, 2/3, 0,23) [2*d*] (in eckigen Klammern: Multiplizität/Wyckoff-Buchstabe); ICSD-Code: #17063.

α-$TiCl_3$: Kristallsystem: trigonal/rhomboedrisch; Raumgruppe: $P\overline{3}1m$ (Nr. 162); Zellparameter: $a = b = 6,14$ Å, $c = 5,85$ Å; Koordinaten: Ti (1/3, 2/3, 0) [2*c*], Cl (1/3, 0, –0,25) [6*k*]; ICSD-Code: #29035.

Aufgabe 10.6

Metallocendichloride weisen eine verzerrt tetraedrische Koordination von zwei Chloridoliganden und zwei η^5-gebundenen Cyclopentadienylliganden auf. Bei ungehinderter Rotation der Cyclopentadienylliganden um die M–Cp_{cg}-Achse liegt im Mittel C_{2v}-Symmetrie vor.

Aufgabe 10.7

- Aus **58** geht durch Spiegelung an σ das andere Enantiomer **58**$_{ent}$ hervor. Bei **58** erfolgt die Koordination von Propen an der *Si*-Seite und bei **58**$_{ent}$ an der *Re*-Seite.
- Während *i*-PP nur pseudochiral ist, sind Oligomere chiral, sodass die Möglichkeit zur asymmetrischen Synthese von Propenoligomeren gegeben ist. Z. B. enthalten das Trimer **1** und das Tetramer **1'** (gebildet durch primäre Insertion, Kettenabbruch via β-H-Eliminierung) nur ein bzw. zwei chirale C-Atome. Isotaktische Oligostyrole mit messbarer optischer Aktivität sind bis zu einem Polymerisationsgrad von 45 erhalten worden (nach [30] und K. Beckerle, R. Manivannan, B. Lian, G.-J. M. Meppelder, G. Raabe, T. P. Spaniol, H. Ebeling, F. Pelascini, R. Mülhaupt, J. Okuda, *Angew. Chem.* **2007**, *119*, 4874).

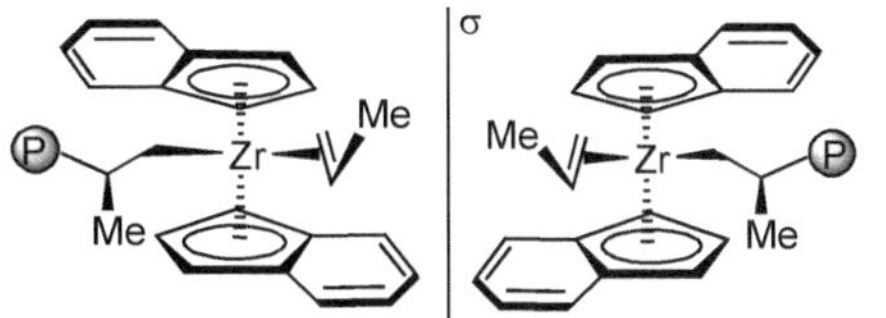

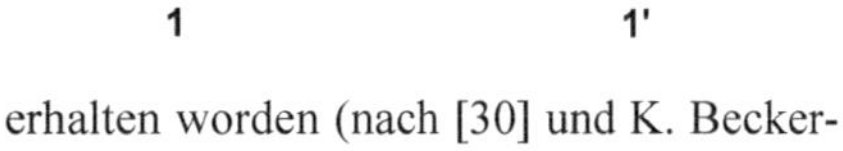

σ
P Zr Me Me
58$_{ent}$
Me Zr P Me
58
1
1'

Aufgabe 10.8

In aller Regel werden Polymere mit Endgruppen vom Typ **2b** erhalten. Sie werden durch β-Hydridübertragung von der wachsenden Polymerkette entweder auf das Metall oder auf ein koordiniertes Propenmolekül gebildet (vgl. S. 250). In beiden Fällen verbleibt ein polymerisationsaktiver Katalysatorkomplex mit einer M–H- bzw. M–C-Bindung.

P
2b

Eine β-Methyleliminierung (vgl. S. 45) führt zu Polymeren **2a** und einem ebenfalls polymerisationsaktiven Methylmetallkomplex [M]–CH_3. Es ist leicht nachzuvollziehen, dass die Di- und Trimere **3a**/**3b** ebenfalls durch β-Me-Eliminierung gebildet worden sind: Dem Reaktionszyklus für die Dimerisation liegen Insertionen von Propen in Hf–C-Bindungen (**4a** → **4b** → **4c**) sowie eine β-Methyleliminierung (**4c** → **4d**) zugrunde. Nur Methylgruppen, die aus einer β-Me-Eliminierung stammen oder an ihr beteiligt sind, sind explizit mit „Me“ gekennzeichnet.

⊕ [Hf] Me **4a** → ⊕ [Hf] Me **4b** → ⊕ [Hf] Me Me **4c** → ⊕ [Hf] Me Me **4d**

Dass eine β-Me- mit einer β-H-Eliminierung konkurrieren kann, wird auf sterische Gründe zurückgeführt: Die Übergangszustände in Katalysatorkomplexen $[M(Cp')_2\mathbf{P}]^+$ (**P** = wachsende Polymerkette; Cp'-Liganden sind durch dicke Striche symbolisiert) für eine β-H- (**5a**) und β-Me-Eliminierung (**5b**) sind dadurch gekennzeichnet, dass die beteiligten Atome (MC_2H bzw. MC_3) planar angeordnet sind. In beiden Fällen erfahren bei sterisch anspruchsvollen Cyclopentadienylliganden Cp' die wachsenden Polymerketten **P** eine sterische Hinderung (siehe Bogen), in **5a** aber zusätzlich auch die β-Methylgruppe, was energetisch unvorteilhaft ist. So wird bei $[ZrCl_2(Cp')_2]$/MAO mit Cp' = Cp zu 100 % β-H- und mit Cp' = Cp* zu >90 % β-Me-Eliminierung beobachtet. Weitere Beispiele und eine vertiefende Analyse findet man in M. E. O'Reilly, S. Dutta, A. S. Veige, *Chem. Rev.* **2016**, *116*, 8105.

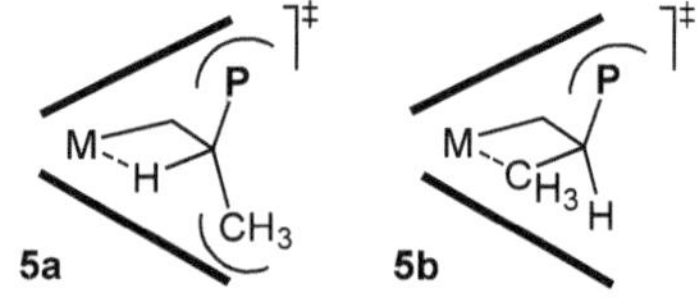

Aufgabe 10.9

Es ergeben sich vier Polymere mit exakt definierter Mikrostruktur:

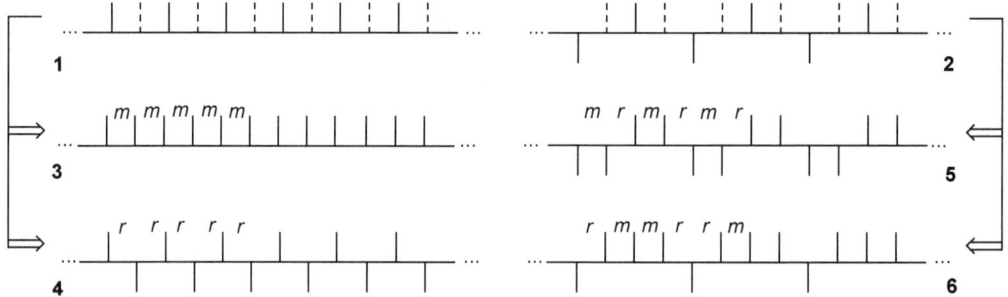

Ausgehend vom hemi-isotaktischen Polymer **1** führt eine isotaktische Anordnung der Stereozentren 2, 4, 6, ... („iso–iso“-Kombination) entweder zum isotaktischen Polymer **3** oder zum syndiotaktischen Polymer **4**. Ausgehend vom hemi-syndiotaktischen Polymer **2** führt eine syndiotaktische Anordnung der Stereozentren 2, 4, 6, ... („syndio–syndio“-Kombination) zum heterotaktischen Polymer **5**, das durch eine Alternanz von *m*- und *r*-Diaden gekennzeichnet ist. Schließlich führt die „syndio–iso“-Kombination (**2** → **6**) bzw. „iso–syndio“-Kombination (**1** → **6**) zum biheterotaktischen Polymer **6** (nach [8], *Bd. 1*).

Aufgabe 10.10

 *Inter*molekulare primäre Insertion führt zu einem Polymerstrang mit einem But-3-enylsubstituenten an C2 (**1** → **2**). Nachfolgende *intra*molekulare primäre Insertion ergibt im Sinne einer Cyclopolymerisation einen Cyclopentanring in der Hauptkette des Polymers (**2** → **3**).

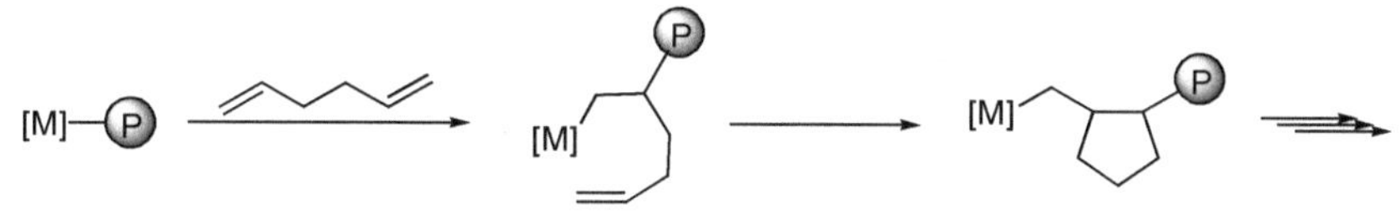

1 **2** **3**

Das Polymer **4** besitzt zwei Stereozentren pro konstitutivem Grundbaustein (Cyclopentan-1,2-diylmethylen), ist also ditaktisch. Die beiden Stereozentren eines Cyclopentanrings können eine *r*- oder eine *m*-Diade bilden. Die Polymere werden als *threo*- (**4a**/**b**) bzw. *erythro*-Polymere (**4c**/**d**) bezeichnet (vgl. Fußnote, S. 428; anstelle der Bezeichnung *threo*/*erythro* ist auch *trans*/*cis* gebräuchlich). Gleichartige Stereozentren ($*^{1}$,$*^{1'}$ bzw. $*^{2}$,$*^{2'}$) in aufeinanderfolgenden Bausteinen sind entweder beide isotaktisch (**4a**/**d**) oder beide syndiotaktisch (**4b**/**c**). Es gibt also ein *threo*-diisotaktisches (**4a**) und -disyndiotaktisches (**4b**) sowie ein *erythro*-disyndio- (**4c**) und -diisotaktisches Polymer (**4d**) (nach [26]).

4a **4b** **4c** **4d**

 Die Reaktion des Katalysatorkomplexes **5** mit der wachsenden Polymerkette mit Silanen und Boranen sollte über einen viergliedrigen, cyclischen Übergangszustand zur Abspaltung eines Polymers mit einer R_3Si- bzw. R_2B-Endgruppe führen, ohne dass der Katalysator desaktiviert wird.

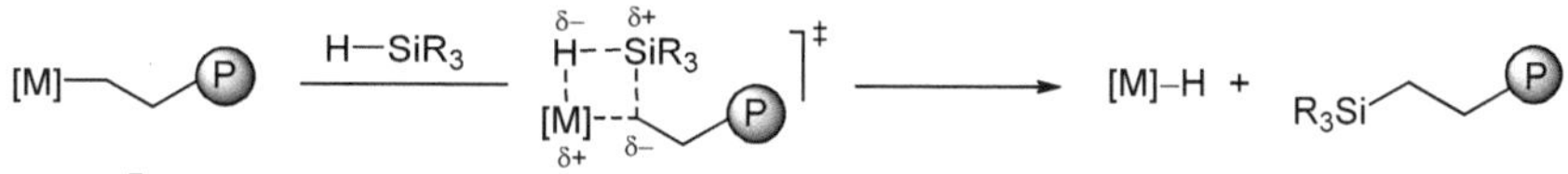

5

Mit elektronenreichen Kettenüberträgern wie H–PR_2 muss die Reaktion wegen der anderen Polarität der Element-Wasserstoffbindung (H–P *versus* H–Si/H–B) einen grundsätzlich anderen Verlauf nehmen. Ausgehend von einem Phosphidometallkatalysatorkomplex **6** ist denkbar, dass das Kettenwachstum nach Olefininsertion in die M–P-Bindung erfolgt (**6** → **7**) und beim Kettenabbruch über einen viergliedrigen, cyclischen Übergangszustand die M–C-Bindung durch das Phosphan protolytisch gespalten wird. Dabei wird der Katalysatorkomplex zurückgebildet (**7** → **8** → **6**).

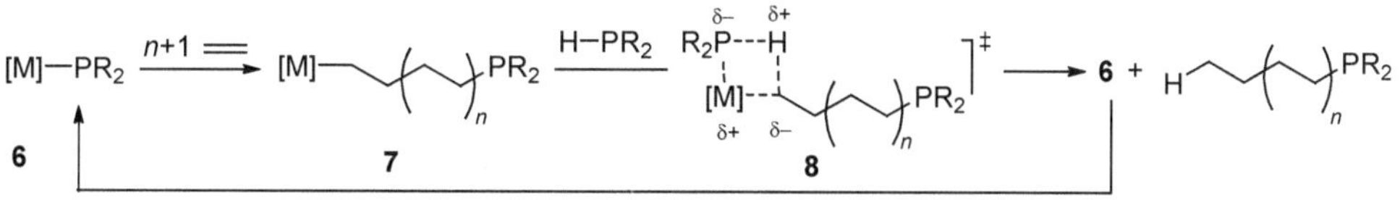

6 **7** **8**

Damit liegt eine Methode vor, bereits während der Polymerisation effizient und selektiv funktionelle Gruppen einzuführen, die zu Polyolefinen mit nützlichen Anwendungseigenschaften führen können (nach S. B. Amin, T. J. Marks, *Angew. Chem.* **2008**, *120*, 2034).

 Es findet eine kationische Polymerisation statt. Ein wachstumsfähiges *tert*-Carbokation kann durch Reaktion von Isobuten entweder direkt mit $[M]^+$ (**9** → **10a**) oder indirekt mit H^+ (**9** → **10b**) gebildet werden. Die zuletzt genannte Reaktion setzt die Gegenwart von Spuren von Wasser (oder ROH, ...) voraus und entspricht im Prinzip der klassischen kationischen Polymerisation von Isobuten. Es kann schwierig sein, zwischen beiden Fällen zu differenzieren, zumal sich die Wachstumsreaktionen – Anlagerung von weiterem Monomer an das *tert*-Carbokation (**10** → **11**) – nicht unterscheiden.

10a
[M]
n
$[M]^{\oplus}$ +
Polyisobuten
9
11
(H^+)
+ H–X, – [M]–X
H
9'
10b

Bei der kationischen Polymerisation ist $[M]^+$ nur an der Startreaktion (**9** → **10a**) bzw. an der Generierung von Protonen (**9** → **9'**) beteiligt. Das ist ein wesentlicher Unterschied zur koordinativen Polymerisation nach dem Insertionsmechanismus, bei der [M] integraler Bestandteil jedes einzelnen Wachstumsschritts ist (nach M. Bochmann, *Acc. Chem. Res.* **2010**, *43*, 1267).

Aufgabe 10.11

Komplexe vom Typ $[Mo^{III}Cl_2CpL_2]$ (**3**, L_2 = $(PMe_3)_2$, dppe) sind 17-*ve*-Halbsandwichkomplexe, die prinzipiell mit Alkylbromiden RBr unter bimolekularer oxidativer Addition (oxidativer Einelektronenaddition, vgl. S. 39) zu 18-*ve*-Elektronenkomplexen **4** und **5** reagieren können.

$$\text{R–Br} \xrightarrow[-\,[\text{Mo}^{IV}\text{BrCl}_2\text{CpL}_2]\,(\mathbf{4})]{+\,[\text{Mo}^{III}\text{Cl}_2\text{CpL}_2]\,(\mathbf{3})} \text{R}\cdot \xrightarrow{+\,[\text{Mo}^{III}\text{Cl}_2\text{CpL}_2]\,(\mathbf{3})} [\text{Mo}^{IV}\text{RCl}_2\text{CpL}_2]\,(\mathbf{5})$$

Die vergleichsweise schwache Mo–Br-Bindung in **4** ermöglicht eine sogenannte radikalische Atomtransferpolymerisation (ATRP: *A*tom *T*ransfer *R*adicalic *P*olymerization) von Styrol, die durch Reaktion von 1-Bromethylbenzol mit **3** gestartet wird (**3** → **4**, R = PhMeCH). Wenn keine Radikalrekombination (2 R· → R–R; R = wachsende Polymerkette **P**) erfolgt, führt die Reaktion **4** → **3** (R = **P**) und der mögliche Neustart **3** → **4** (R = **P**) zu einem kontrollierten Verlauf der radikalischen Polymerisation.

$$\underset{\mathbf{3}}{[\text{Mo}^{III}\text{Cl}_2\text{CpL}_2]} + \text{R–Br} \xrightleftharpoons{\text{ATRP}} \underset{\mathbf{4}}{[\text{Mo}^{IV}\text{BrCl}_2\text{CpL}_2]} + \text{R}\cdot$$

$$\underset{\mathbf{5}}{[\text{Mo}^{IV}\text{RCl}_2\text{CpL}_2]} \xrightleftharpoons{\text{OMRP}} \underset{\mathbf{3}}{[\text{Mo}^{III}\text{Cl}_2\text{CpL}_2]} + \text{R}\cdot$$

Ph
R• =
Ph Ph n Ph

Der Mo^{III}-Komplex **3** fungiert bei der radikalischen Styrolpolymerisation (konventionell mit AIBN gestartet) als Spinfänger für das wachsende Polymerradikal (**3** → **5**, R = **P**). Bedingt durch die sehr schwache Mo–C-Bindung in **5** ist diese Reaktion unter den angegebenen Bedingungen reversibel, sodass eine radikalische metallorganische Polymerisation (OMRP) vorliegt. Ein ebenfalls noch beobachteter katalytischer Kettentransfer ist hier nicht diskutiert (nach R. Poli, *Angew. Chem.* **2006**, *118*, 5180; zur Bezeichnung von lebenden Radikalpolymerisationen vgl. G. Moad, E. Rizzardo, S. H. Thang, *Acc. Chem. Res.* **2008**, *41*, 1133).

Aufgabe 10.12

Bei einer Photoanregung findet primär *keine* Spinumkehr statt (Diagramm links), sodass es sich bei **S*** um einen angeregten Singulett-Zustand handelt. E_i und *EA* für **S*** sind im Diagramm eingetragen. Eine

Oxidation/Reduktion ist umso leichter, je kleiner E_i/größer EA ist oder – mit anderen Worten – je weniger stabil/stabiler das Orbital ist, welches das Elektron abgibt/aufnimmt.

Im Diagramm (rechts) sind die Verhältnisse anhand der Standardreduktionspotentiale veranschaulicht. Oben links und unten rechts stehen die stärksten Oxidations- bzw. Reduktionsmittel (als Beispiel sind F_2 und Li eingetragen), sodass unter Standardbedingungen gilt (eventuelle kinetische Hemmungen bleiben unberücksichtigt): Ein weiter oben stehendes System vermag ein tiefer stehendes zu oxidieren (vgl. **a**). Für $[Ru(bpy)_3]^{2+}$ ($[Ru]^{2+}$) ist ersichtlich, dass es weder ein nennenswertes Oxidations- (Eintrag **b**) noch Reduktionsmittel (Eintrag **c**) ist. Im klaren Gegensatz dazu ist der photoangeregte Komplex $*[Ru]^{2+}$ [1] sowohl ein starkes Oxidations- (Eintrag **b***) als auch ein starkes Reduktionsmittel (Eintrag **c***). Die Änderungen der Standardpotentiale betragen jeweils ca. 2 V, was in Anbetracht des gesamten Werteumfangs von gebräuchlichen Oxidations-/Reduktionsmitteln von ca. 6 V (+3…–3 V) ausnehmend viel ist! *Hinweis:* Suchen Sie sich aus einem Lehrbuch der Anorganischen Chemie Standardpotentiale von bekannten Redoxsystemen heraus, die etwa denen von **b**/**b*** und **c**/**c*** entsprechen, um ermessen zu können, welchen gewaltigen Einfluss auf die Redoxeigenschaften Photoanregung haben kann (vgl. V. Balzani, G. Bergamini, P. Ceroni, *Angew. Chem.* **2015**, *127*, 11474).

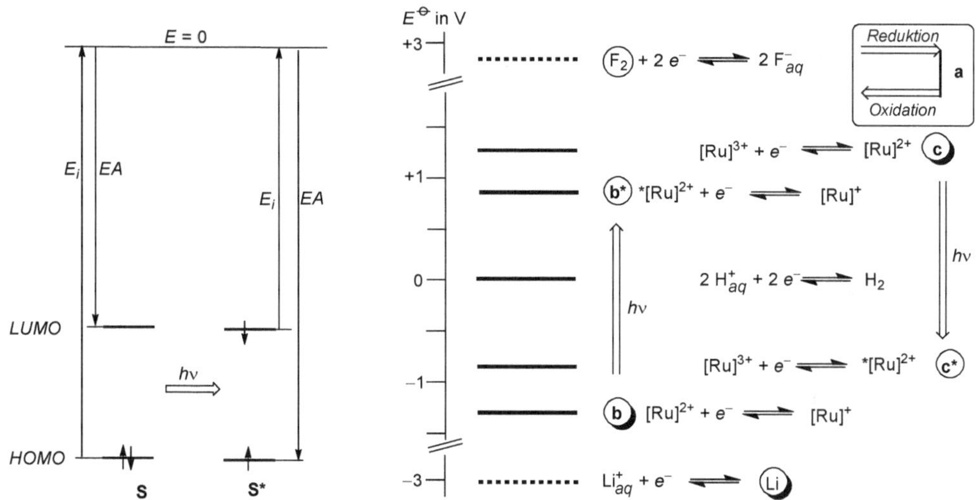

Aufgabe 10.13

Die Reaktionsgeschwindigkeit der alternierenden Copolymerisation CO/C_2H_4 berechnet sich nach $r_1 = k_{109\to110} \cdot c_{109}$ und die der doppelten Etheninsertion nach $r_2 = k_{114\to115} \cdot c_{114}$. Somit ergibt sich:

$$\frac{r_1}{r_2} = \frac{c_{109} \cdot k_{109\to110}}{c_{114} \cdot k_{114\to115}} = K \cdot \frac{c_{CO}}{c_{C2H4}} \cdot \frac{k_{109\to110}}{k_{114\to115}} \approx 10^4 \frac{7{,}3 \cdot 10^{-3}}{0{,}11} 10^2 = 6{,}6 \cdot 10^4 \approx 10^5$$

Auf ca. 10^5 reguläre Insertionen kommt eine doppelte Etheninsertion. Bei einer Molmasse des Polymers M_n = 20000 g/mol tritt ein Baufehler nur in jeder zweihundertsten Kette auf (nach [50]).

---

[1] Bei Photoanregung (λ_{max} = 452 nm) von $[Ru]^{2+}$ wird ohne Spinumkehr ein *d*-Elektron vom Metall in ein Ligandenorbital übertragen, sodass primär ein angeregter Singulett-Zustand (^{1}MLCT; *Metal-to-Ligand Charge-Transfer*) erzeugt wird, der sehr schnell unter Spinumkehr (*Intersystem Crossing*) in den niedrigsten angeregten Triplett-Zustand (^{3}MLCT) übergeht, auf den sich die Potentiale beziehen.

Aufgabe 10.14

Die Bezeichnung leitet sich von der relativen Konfiguration der asymmetrischen C-Atome ab (vgl. Exkurs „Konfiguration von Polypropen", S. 259). Bei den isotaktischen Polymeren haben alle diese C-Atome entweder *R*- oder *S*-Konfiguration. (In **113** ist ein ...*SSS*...-Polymer gezeichnet.) In den syndiotaktischen Polymeren **114** weisen die asymmetrischen C-Atome alternierend *R*- und *S*-Konfiguration auf.

10.7.2 Literatur

[1] K. Ziegler, E. Holzkamp, H. Breil, H. Martin, *Angew. Chem.* **1955**, *67*, 541: „Das Mülheimer Normaldruck-Polyäthylen-Verfahren"

[2] R. H. Grubbs, G. W. Coates, *Acc. Chem. Res.* **1996**, *29*, 85: „α-Agostic Interactions and Olefin Insertion in Metallocene Polymerization Catalysts"

[3] M. J. Szabo, H. Berke, T. Weiss, T. Ziegler, *Organometallics* **2003**, *22*, 3671: „Is the Polymerization of Linear α-Olefins by Transition-Metal Carbene Complexes a Viable Process? A Theoretical Study Based on Density Functional Theory"

[4] G. Guerra, L. Cavallo, G. Moscardi, M. Vacatello, P. Corradini, *Macromolecules* **1996**, *29*, 4834: „Back-Skip of the Growing Chain at Model Complexes for the Metallocene Polymerization Catalysis"

[5] M. F. Delley, F. Núñez-Zarur, M. P. Conley, A. Comas-Vives, G. Siddiqi, S. Norsic, V. Monteil, O. V. Safonova, C. Copéret, *Proc. Natl. Acad. Sci. USA* **2014**, *111*, 11624: „Proton Transfers are Key Elementary Steps in Ethylene Polymerization on Isolated Chromium(III) Silicates"

[6] K. H. Theopold, *Eur. J. Inorg. Chem.* **1998**, 15: „Homogeneous Chromium Catalysts for Olefin Polymerization"

[7] R. Cheng, Z. Liu, L. Zhong, X. He, P. Qiu, M. Terano, M. S. Eisen, S. L. Scott, B. Liu, *Adv. Polym. Sci.* **2013**, *257*, 135: „Phillips Cr/Silica Catalyst for Ethylene Polymerization"

[8] H.-G. Elias, *Makromoleküle, Bd. 1–4*, Wiley-VCH, Weinheim, **1999–2003**

[9] R. G. Jones, J. Kahovec, R. Stepto, E. S. Wilks, M. Hess, T. Kitayama, W. V. Metanomski (eds.), *Compendium of Polymer Terminology and Nomenclature: IUPAC Recommendations 2008*, RSC Publishing, Cambridge UK, **2009** (Chapter 2)

[10] W. L. Mattice, C. A. Helfer in *Encyclopedia of Polymer Science and Technology* (J. I. Kroschwitz, ed.), *Vol. 2*, Wiley-Interscience, Hoboken NJ, **2003**, S. 97: „Conformation and Configuration"

[11] M. Bochmann in [M12], **2005**, S. 311

[12] J. C. Randall in *Encyclopedia of Polymer Science and Engineering* (J. I. Kroschwitz, ed.), *Vol. 9*, WileyInterscience, New York, **1987**, S. 795: „Microstructure"

[13] P. Corradini, G. Guerra, L. Cavallo, *Acc. Chem. Res.* **2004**, *37*, 231: „Do New Century Catalysts Unravel the Mechanism of Stereocontrol of Old Ziegler–Natta Catalysts?"

[14] W. Kaminsky (ed.), *Polyolefins: 50 Years After Ziegler and Natta I/II* (*Adv. Polym. Sci.* **2013**, *257/258*)

[15] W. Kaminsky, *Macromolecules* **2012**, *45*, 3289: „Discovery of Methylaluminoxane as Cocatalyst for Olefin Polymerization"

[16] E. Y.-X. Chen, T. J. Marks, *Chem. Rev.* **2000**, *100*, 1391: „Cocatalysts for Metal-Catalyzed Olefin Polymerization: Activators, Activation Processes, and Structure–Activity Relationships"

[17] M. S. W. Chan, K. Vanka, C. C. Pye, T. Ziegler, *Organometallics* **1999**, *18*, 4624: „Density Functional Study on Activation and Ion-Pair Formation in Group IV Metallocene and Related Olefin Polymerization Catalysts"

[18] Z. Xu, K. Vanka, T. Firman, A. Michalak, E. Zurek, C. Zhu, T. Ziegler, *Organometallics*, **2002**, *21*, 2444: „Theoretical Study of the Interactions between Cations and Anions in Group IV Transititon-Metal Catalysts for Single-Site Homogeneous Olefin Polymerization"

[19] P. Margl, L. Deng, T. Ziegler, *J. Am. Chem. Soc.* **1998**, *120*, 5517: „A Unified View of Ethylene Polymerization by d^0 and d^0f^n Transition Metals. Part 2: Chain Propagation"

[20] M. S. W. Chan, T. Ziegler, *Organometallics* **2000,** *19*, 5182: „A Combined Density Functional and Molecular Dynamics Study on Ethylene Insertion into the $Cp_2ZrEt–MeB(C_6F_5)_3$ Ion-Pair"

[21] S. A. Kaloustian, M. K. Kaloustian, *J. Chem. Educ.* **1975**, *52*, 56: „Determining Homotopic, Enantiotopic, and Diastereotopic Faces in Organic Molecules"; E. L. Eliel, *J. Chem. Educ.* **1980**, *57*, 52: „Stereochemical Non-Equivalence of Ligands and Faces (Heterotopicity)"

[22] B. Testa, *Helv. Chim. Acta* **2013**, *96*, 1409: „Organic Stereochemistry (Part 8): Prostereoisomerism and the Concept of Product Stereoselectivity in Biochemistry and Xenobiotic Metabolism"

[23] D. Steinborn, *Symmetrie und Struktur in der Chemie*, VCH, Weinheim, **1993**

[24] G. Talarico, P. H. M. Budzelaar, *Organometallics* **2016**, *35*, 47: „α-Agostic Interactions and Growing Chain Orientation for Olefin Polymerization Catalysts" (und dort zit. Literatur)

[25] W. Kaminsky, *Macromol. Symp.* **2016**, *360*, 10: „Production of Polyolefins by Metallocene Catalysts and Their Recycling by Pyrolysis"

[26] G. W. Coates, *Chem. Rev.* **2000**, *100*, 1223: „Precise Control of Polyolefin Stereochemistry Using Single-Site Metal Catalysts"

[27] L. Resconi, L. Cavallo, A. Fait, F. Piemontesi, *Chem. Rev.* **2000**, *100*, 1253: „Selectivity in Propene Polymerization with Metallocene Catalysts"

[28] S. Lin, R. M. Waymouth, *Acc. Chem. Res.* **2002**, *35*, 765: „2-Arylindene Metallocenes: Conformationally Dynamic Catalysts To Control the Structure and Properties of Polypropylenes"

[29] V. Busico, V. Van Axel Castelli, P. Aprea, R. Cipullo, A. Segre, G. Talarico, M. Vacatello, *J. Am. Chem. Soc.* **2003**, *125*, 5451: „'Oscillating' Metallocene Catalysts: What Stops the Oscillation?"

[30] W. Kaminsky, *Adv. Catal.* **2001**, *46*, 89: „Olefin Polymerization Catalyzed by Metallocenes"

[31] G. J. P. Britovsek, V. C. Gibson, D. F. Wass, *Angew. Chem.* **1999**, *111*, 448: „Auf der Suche nach einer neuen Generation von Katalysatoren zur Olefinpolymerisation: 'Leben' jenseits der Metallocene"

[32] W.-H. Sun, *Adv. Polym. Sci.* **2013**, *258*, 163: „Novel Polyethylenes via Late Transition Metal Complex Pre-catalysts"

[33] J. Gromada, J.-F. Carpentier, A. Mortreux, *Coord. Chem. Rev.* **2004**, *248*, 397: „Group 3 Metal Catalysts for Ethylene and α-Olefin Polymerization"

[34] H. Li, T. J. Marks, *Proc. Natl. Acad. Sci. USA* **2006**, *103*, 15295: „Nuclearity and Cooperativity Effects in Binuclear Catalysts and Cocatalysts for Olefin Polymerization"

[35] V. C. Gibson, S. K. Spitzmesser, *Chem. Rev.* **2003**, *103*, 283: „Advances in Non-Metallocene Olefin Polymerization Catalysis"

[36] C. Bianchini, G. Giambastiani, I. Guerrero Rios, G. Mantovani, A. Meli, A. M. Segarra, *Coord. Chem. Rev.* **2006**, *250*, 1391: „Ethylene Oligomerization, Homopolymerization and Copolymerization by Iron and Cobalt Catalysts with 2,6-(Bis-organylimino)pyridyl Ligands“

[37] V. C. Gibson, C. Redshaw, G. A. Solan, *Chem. Rev.* **2007**, *107*, 1745: „Bis(imino)pyridines: Surprisingly Reactive Ligands and a Gateway to New Families of Catalysts“

[38] B. Burcher, P.-A. R. Breuil, L. Magna, H. Olivier-Bourbigou, *Top. Organomet. Chem.* **2015**, *50*, 217: „Iron-Catalyzed Oligomerization and Polymerization Reactions“

[39] S. Mecking, *Angew. Chem.* **2001**, *113*, 550: „Olefin-Polymerisation durch Komplexe später Übergangsmetalle – ein Wegbereiter der Ziegler-Katalysatoren erscheint in neuem Gewand“

[40] A. Michalak, T. Ziegler in *Computational Modeling of Homogeneous Catalysis* (F. Maseras, A. Lledós, eds.), Kluwer, Dordrecht, **2002**, S. 57: „The Key Steps in Olefin Polymerization Catalyzed by Late Transition Metals“

[41] B. Rieger, L. S. Baugh, S. Kacker, S. Striegler (eds.), *Late Transition Metal Polymerization Catalysis*, Wiley-VCH, Weinheim, **2003**

[42] G. W. Coates, P. D. Hustad, S. Reinartz, *Angew. Chem.* **2002**, *114*, 2340: „Katalysatoren für die lebende Insertionspolymerisation von Alkenen: mit Ziegler-Natta-Chemie zu neuartigen Polyolefin-Architekturen“

[43] R. Kempe, *Chem. Eur. J.* **2007**, *13*, 2764: „How to Polymerize Ethylene in a Highly Controlled Fashion?“

[44] L. R. Sita, *Angew. Chem.* **2009**, *121*, 2500: „Ex uno plures (‘aus einem Vieles’): Konzepte zur Erweiterung des Polyolefin-Repertoires durch reversiblen Gruppentransfer“

[45] M. Zintl, B. Rieger, *Angew. Chem.* **2007**, *119*, 337: „Neuartige Olefin-Blockcopolymere durch ‚Chain-Shuttling‘-Polymerisation“

[46] A. J. Teator, D. N. Lastovickova, C. W. Bielawski, *Chem. Rev.* **2016**, *116*, 1969: „Switchable Polymerization Catalysts“

[47] C. Bianchini, A. Meli, *Coord. Chem. Rev.* **2002**, *225*, 35: „Alternating Copolymerization of Carbon Monoxide and Olefins by Single-Site Metal Catalysis“

[48] G. Cavinato, L. Toniolo, *Molecules* **2014**, 19, 15116: „Carbonylation of Ethene Catalysed by Pd(II)-Phosphine Complexes“

[49] A. Sen, *Acc. Chem. Res.* **1993**, *26*, 303: „Mechanistic Aspects of Metal-Catalyzed Alternating Copolymerization of Olefins with Carbon Monoxide“

[50] C. S. Shultz, J. Ledford, J. M. DeSimone, M. Brookhart, *J. Am. Chem. Soc.* **2000**, *122*, 6351: „Kinetic Studies of Migratory Insertion Reactions at the (1,3-Bis(diphenylphosphino)propane)Pd(II) Center and Their Relationship to the Alternating Copolymerization of Ethylene and Carbon Monoxide“

[51] A. K. Hearly, R. J. Nowack, B. Rieger, *Organometallics* **2005**, *24*, 2755: „New Single-Site Palladium Catalysts for the Nonalternating Copolymerization of Ethylene and Carbon Monoxide“

[52] A. Haras, A. Michalak, B. Rieger, T. Ziegler, *J. Am. Chem. Soc.* **2005**, *127*, 8765: „Theoretical Analysis of Factors Controlling the Nonalternating CO/C_2H_4 Copolymerization“

[53] L. Bettucci, C. Bianchini, C. Claver, E. J. Garcia Suarez, A. Ruiz, A. Meli, W. Oberhauser, *Dalton Trans.* **2007**, 5590: „Ligand Effects in the Non-Alternating CO–Ethylene Copolymerization by Palladium(II) Catalysis“

[54] A. Nakamura, T. M. J. Anselment, J. Claverie, B. Goodall, R. F. Jordan, S. Mecking, B. Rieger, A. Sen, P. W. N. M. van Leeuwen, K. Nozaki, *Acc. Chem. Res.* **2013**, *46*, 1438: „*Ortho*-Phosphinobenzenesulfonate: A Superb Ligand for Palladium-Catalyzed Coordination–Insertion Copolymerization of Polar Vinyl Monomers“

Weiterführende Literatur

H. G. Alt, A. Köppl, *Chem. Rev.* **2000**, *100*, 1205: „Effect of the Nature of Metallocene Complexes of Group IV Metals on Their Performance in Catalytic Ethylene and Propylene Polymerization“

H. G. Alt (Ed.), *Coord. Chem. Rev.* **2006**, *250*, 1–272: „Metallocene Complexes as Catalysts for Olefin Polymerization“

K. Angermund, G. Fink, V. R. Jensen, R. Kleinschmidt, *Chem. Rev.* **2000**, *100*, 1457: „Toward Quantitative Prediction of Stereospecificity of Metallocene-Based Catalysts for α-Olefin Polymerization“

M. C. Baier, M. A. Zuideveld, S. Mecking, *Angew. Chem.* **2014**, *126*, 9878: „Post-Metallocene in der industriellen Polyolefinproduktion“

H. Butenschön, *Chem. Rev.* **2000**, *100*, 1527: „Cyclopentadienylmetal Complexes Bearing Pendant Phosphorus, Arsenic, and Sulfur Ligands“

M. Chen, M. Zhong, J. A. Johnson, *Chem. Rev.* **2016**, *116*, 10167: „Light-Controlled Radical Polymerization: Mechanisms, Methods, and Applications“

G. W. Coates, *J. Chem. Soc., Dalton Trans.* **2002**, 467: „Polymerization Catalysis at the Millennium: Frontiers in Stereoselective, Metal-Catalyzed Polymerization“

M. P. Conley, M. F. Delley, F. Núñez-Zarur, A. Comas-Vives, C. Copéret, *Inorg. Chem.* **2015**, *54*, 5065: „Heterolytic Activation of C–H Bonds on CrIII–O Surface Sites Is a Key Step in Catalytic Polymerization of Ethylene and Dehydrogenation of Propane“

V. C. Gibson, G. A. Solan, *Top. Organomet. Chem.* **2009**, *26*, 107: „Iron-Based and Cobalt-Based Olefin Polymerisation Catalysts“

Z. Guan (ed.), *Metal Catalysts in Olefin Polymerization* (*Top. Organomet. Chem.* **2009**, *26*)

G. G. Hlatky, *Chem. Rev.* **2000**, *100*, 1347: „Heterogeneous Single-Site Catalysts for Olefin Polymerization“

J. Klosin, P. P. Fontaine, R. Figueroa, *Acc. Chem. Res.* **2015**, *48*, 2004: „Development of Group IV Molecular Catalysts for High Temperature Ethylene-α-Olefin Copolymerization Reactions“

E. Larionov, H. Li, C. Mazet, *Chem. Commun.* **2014**, *50*, 9816: „Well-Defined Transition Metal Hydrides in Catalytic Isomerizations“

F. A. Leibfarth, K. M. Mattson, B. P. Fors, H. A. Collins, C. J. Hawker, *Angew. Chem.* **2013**, *125*, 210: „Externe Regulation kontrollierter Polymerisationen“

J. P. McInnis, M. Delferro, T. J. Marks, *Acc. Chem. Res.* **2014**, *47*, 2545: „Multinuclear Group 4 Catalysis: Olefin Polymerization Pathways Modified by Strong Metal–Metal Cooperative Effects“

S. Mecking, A. Held, F. M. Bauers, *Angew. Chem.* **2002**, *114*, 564: „Katalytische Olefinpolymerisation in wässerigen Systemen“

H. Mu, L. Pan, D. Song, Y. Li, *Chem. Rev.* **2015**, *115*,12091: „Neutral Nickel Catalysts for Olefin Homo- and Copolymerization: Relationships between Catalyst Structures and Catalytic Properties“

G. Natta, *Angew. Chem.* **1964**, *76*, 553: „Von der stereospezifischen Polymerisation zur asymmetrischen autokatalytischen Synthese von Makromolekülen“ (Nobel-Vortrag)

A. K. Rappe, W. M. Skiff, C. J. Casewit, *Chem. Rev.* **2000**, *100*, 1435: „Modeling Metal-Catalyzed Olefin Polymerization“

U. Siemeling, *Chem. Rev.* **2000**, *100*, 1495: „Chelate Complexes of Cyclopentadienyl Ligands Bearing Pendant *O*-Donors“

B. L. Small, *Acc. Chem. Res.* **2015**, *48*, 2599: „Discovery and Development of Pyridine-bis(imine) and Related Catalysts for Olefin Polymerization and Oligomerization“

D. W. Stephan, *Organometallics* **2005**, *24,* 2548: „The Road to Early-Transition-Metal Phosphinimide Olefin Polymerization Catalysts“

Y. Yoshida, S. Matsui, T. Fujita, *J. Organomet. Chem.* **2005**, *690*, 4382: „Bis(pyrrolide-imine) Ti Complexes with MAO: A New Family of High Performance Catalysts for Olefin Polymerization“

K. Ziegler, *Angew. Chem.* **1964**, *76*, 545: „Folgen und Werdegang einer Erfindung“ (Nobel-Vortrag)

11 C–C-Verknüpfungen von Dienen

11.1 Einführung

Buta-1,3-dien **1** ist das einfachste konjugierte Diolefin. Von der methylsubstituierten Verbindung, 2-Methylbuta-1,3-dien (**2**, Isopren), leiten sich die Terpene ab. Sie haben die Summenformel $(C_5H_8)_n$ und sind formal als Oligo- oder Polymerisationsprodukte von Isopren aufzufassen (Abbildung 11.1). Terpene sind in der Natur weit verbreitet. Sie sind in etherischen Ölen und Carotinoiden enthalten und besitzen häufig eine ausgeprägte biologische Aktivität. *cis*-1,4-Polyisopren (Naturkautschuk) ist wegen seiner kautschukelastischen Eigenschaften von besonderer Bedeutung.

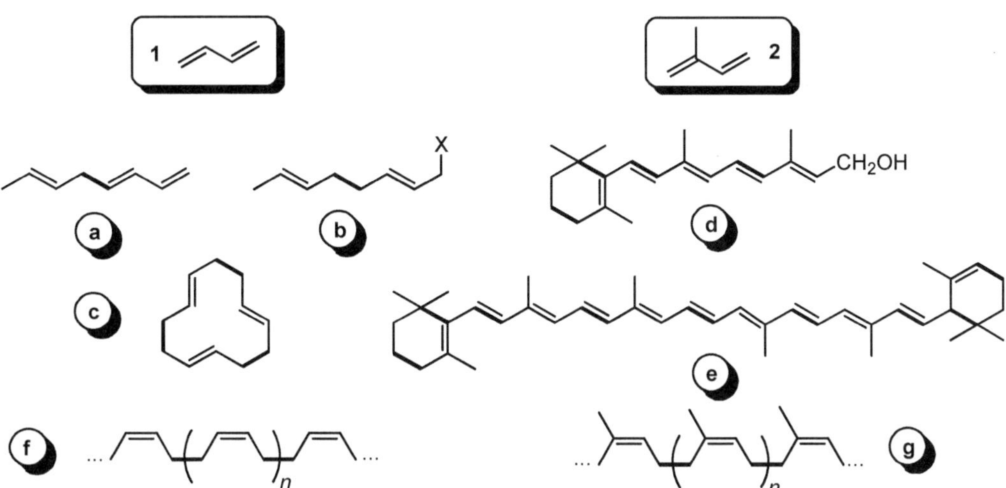

Abbildung 11.1. Oligomere und Polymere, die sich von Butadien **1** bzw. Isopren **2** ableiten. Beispiele für ein Butadienoligomer (**a**), -telomer (X = OR, NR_2, ...) (**b**) -cyclooligomer (**c**), einen Terpenalkohol (Vitamin A_1, **d**) und ein Carotinoid (α-Carotin, **e**) sowie synthetischer (**f**) und natürlicher Kautschuk (**g**). Die Verknüpfungsstellen der Monomereinheiten sind durch fette Striche angedeutet.

So ist es nur folgerichtig, dass der Katalyse von Oligo- und Polymerisationsreaktionen von Butadien und Isopren eine besondere Bedeutung zukommt. Wesentliche Triebfeder war das Ziel, synthetischen Kautschuk herzustellen. Ein Meilenstein dabei war 1937/38 die erste technische Synthese von Polybutadien im Bunawerk Schkopau (Sachsen-Anhalt) durch anionische Polymerisation mit Natrium als Initiator (Buna = *Bu*tadien-*Na*trium-Polymerisat). Der

D. Steinborn, *Grundlagen der metallorganischen Komplexkatalyse*, Studienbücher Chemie,
https://doi.org/10.1007/978-3-662-56604-6_11

Gehalt an *cis*-1,4-Einheiten hat aber nur circa 10 % betragen. Ein strukturell dem Naturkautschuk (*cis*-1,4-Polyisopren) analoges Polybutadien (*cis*-1,4-Polybutadien) ist erst mit Ziegler-Natta-Katalysatoren zugänglich geworden. Mit modernen Katalysatoren, insbesondere auf der Basis von Seltenerd-Metallen (Nd), wird ein Gehalt von >99 % an *cis*-1,4-Einheiten erreicht. Mit metallorganischen Mischkatalysatoren lässt sich aber nicht nur die Polymerisation von Butadien katalysieren (G. Natta, 1955–59). Insbesondere mit Nickelkatalysatoren sind aus Butadien auch Cyclooligomere, lineare Oligomere und Telomere zugänglich (G. Wilke, 1955).

Bei diesen katalytischen Reaktionen der 1,3-Diene treten Allylkomplexe als Zwischenstufen auf. Daraus resultieren mechanistische Besonderheiten, die durch die verschiedenartigen Bindungsmöglichkeiten von Allylliganden[1] bedingt sind. Demzufolge ist es zweckmäßig, der Beschreibung ausgewählter katalytischer Transformationen von Dienen, die relevanten metallorganischen Elementarschritte voranzustellen. Sie entsprechen im Prinzip denen, die bei katalytischen Reaktionen von Monoolefinen anzutreffen sind (siehe Kapitel 3, S. 31), tragen aber den Besonderheiten der Chemie von Allylkomplexen Rechnung.

11.2 Allyl- und Butadienkomplexe

11.2.1 Allylkomplexe

Der Allylligand kann an ein Metallzentrum η^1- (σ-) (**3**) oder η^3- (π-) gebunden (**4**) sein, wie die Strukturen der beiden Komplexe in Abbildung 11.2 beispielhaft belegen.

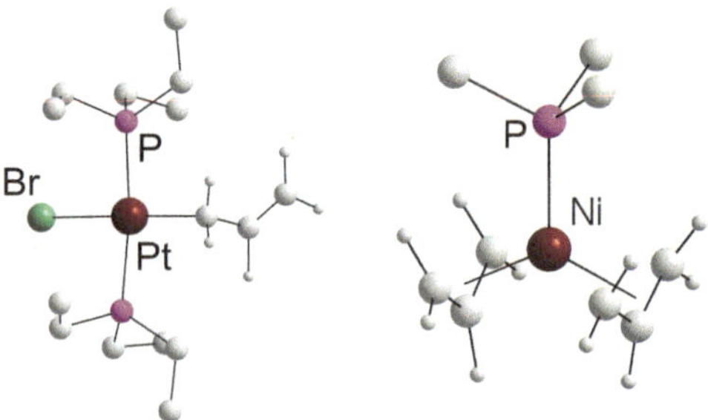

Abbildung 11.2. Strukturen von *trans*-$[Pt(\eta^1\text{-}C_3H_5)Br(PEt_3)_2]$ (links) und von $[Ni(\eta^3\text{-}C_3H_5)_2(PMe_3)]$ (rechts) (H-Atome sind nur an den Allylliganden gezeichnet).

[1] Allyl bezeichnet im engeren Sinne die Gruppe $H_2C{=}CH{-}CH_2{-}$. Im weiteren Sinne werden auch substituierte Verbindungen wie $RHC{=}CH{-}CH_2{-}$ und $H_2C{=}CR{-}CH_2{-}$ einbezogen. Mit R = Me heißen diese Reste auch Crotyl bzw. Methallyl.

Oft ist es zweckmäßig, sich die Reaktionen von η^3-Allylkomplexen **4** anhand von zwei Resonanzstrukturen (**4a**/**b**) zu veranschaulichen.

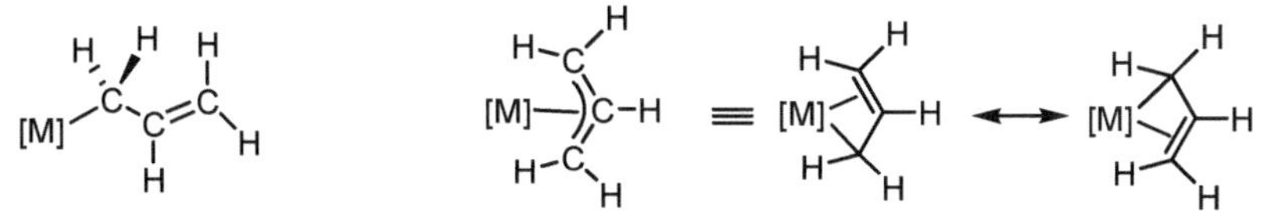

3 **4** **a** **b**

In Abhängigkeit von der Art und der Struktur der Komplexe können beide Formen von Allylliganden **3** und **4**, die sich in der Koordinationszahl um eine Einheit unterscheiden, mehr oder weniger leicht ineinander umgewandelt werden (η^1–η^3-/η^3–η^1- bzw. σ–π-/π–σ-Umlagerungen). Gleichgewichte zwischen beiden Formen, die sich hinreichend schnell einstellen, führen zu fluktuierenden Molekülen:

- *η^1–η^3- (σ–π-) Umlagerungen.* Die Umwandlung von η^1-Allylkomplexen, in denen das Metall am Kohlenstoffatom C1 bzw. C3 gebunden ist, erfolgt über einen η^3-Allylkomplex als Zwischenverbindung.

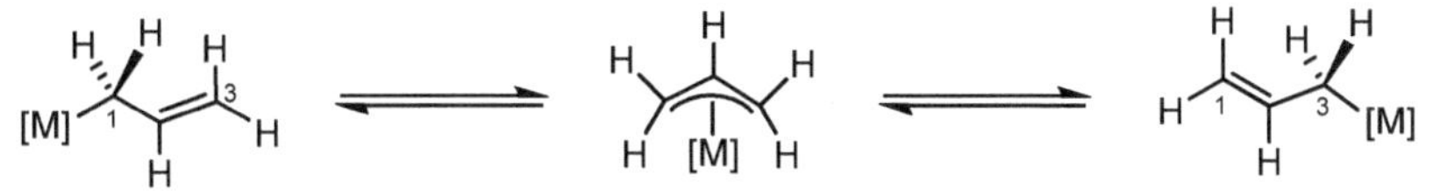

η^1 (M–C1) η^3 η^1 (M–C3)

- *syn-anti-Isomerisierungen.* Der Platzwechsel von *syn*- und *anti*-Wasserstoffatomen[1] in η^3-Allylkomplexen erfolgt über einen η^1-Allylkomplex als Zwischenverbindung, in der eine ungehinderte Rotation um die C–C- und M–C-Bindung möglich ist.

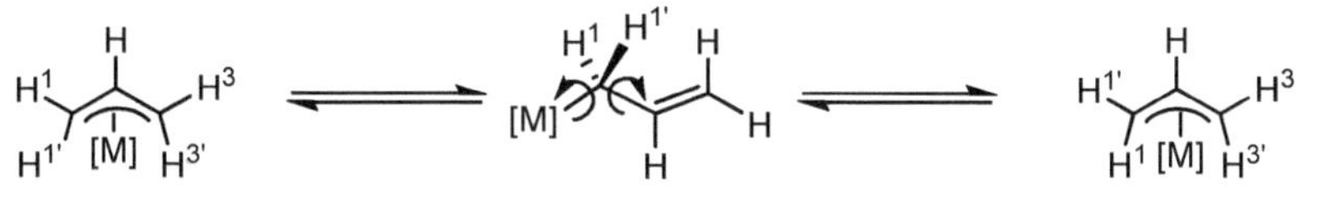

η^3 (H^1, H^3: *syn;* H$^{1'}$, H$^{3'}$: *anti*) η^1 η^3 (H$^{1'}$, H^3: *syn;* H^1, H$^{3'}$: *anti*)

Die Aktivierungsbarriere für *anti-syn*-Isomerisierungen ist stark strukturabhängig. Im Nickelkomplex $[Ni(\eta^3\text{-}C_3H_5)_2(PMe_3)]$ (vgl. Abbildung 11.2) ist aus ^{1}H-NMR-spektroskopischen Untersuchungen eine freie Aktivierungsenthalpie von 40 kJ/mol ermittelt worden.

---

[1] In η^3-Allylkomplexen bezieht sich die *syn*/*anti*-Notation auf die Stellung der Methylenwasserstoffatome zum Methinwasserstoffatom:

Referenzposition *syn* *anti*

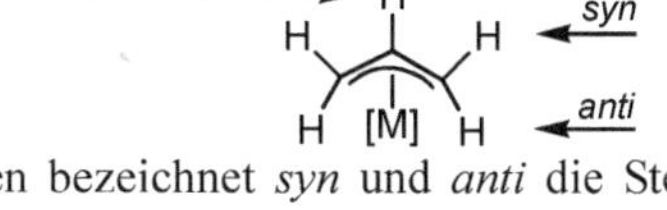

In substituierten η^3-Allylkomplexen bezeichnet *syn* und *anti* die Stellung eines Substituenten R zum Methinwasserstoffatom.

Exkurs: Fluktuierende Moleküle

Moleküle heißen fluktuierend, wenn eine Umlagerung zwischen zwei (oder mehreren) chemisch vollkommen äquivalenten Kernkonfigurationen stattfindet. Jede Konfiguration weist auf der Energiehyperfläche ein Minimum auf. Die Energieminima sind identisch. Sind die Konfigurationen jedoch chemisch unterscheidbar, spricht man von Isomerisierung. Die Definition schließt Strukturumwandlungen ein, die durch Bindungsbruch und -neuknüpfung erfolgen, aber auch stereochemisch nichtstarre Moleküle, die sich beispielsweise durch eine Berry-Pseudorotation (Beispiel: PF_5) ineinander umwandeln [1].

Der gegenseitige Austausch von identischen Substituenten/Liganden in unterscheidbaren chemischen und/oder magnetischen Umgebungen heißt Topomerisierung, die ununterscheidbaren Spezies heißen Topomere. Ein η^3-Allylligand lässt vier Topomere zu (Aufgabe 11.1).

Beispiel. ^{1}H-NMR-spektroskopisch [2] ist ein fluktuierender η^3-Allylligand leicht zu identifizieren, da er 4 chemisch äquivalente H-Atome (2 $H_a \equiv$ 2 H_s) aufweist, die mit dem zentralen H-Atom (H_c) koppeln (Spektrum **a**). Dagegen zeigt das ^{1}H-NMR-Spektrum eines nicht fluktuierenden η^3-Allylkomplexes (**b**) 3 chemisch nichtäquivalente Protonen (2 H_a, 2 H_s, 1 H_c), während ein η^1-gebundener Allylligand (**c**) sogar 4 chemisch nichtäquivalente Protonen aufweist. Idealisierte Strichspektren (ohne geminale H–H-Kopplungen; in Klammern ist die relative Intensität angegeben; für **b** gilt $^3J_{H_c,H_a} \approx 2\ ^3J_{H_c,H_s}$ und für **c** $^3J_{H1,H3} \approx 2\ ^3J_{H1,H2} \approx 2\ ^3J_{H1,H4}$) für alle drei Typen von Allylliganden sind nachfolgend gezeigt.

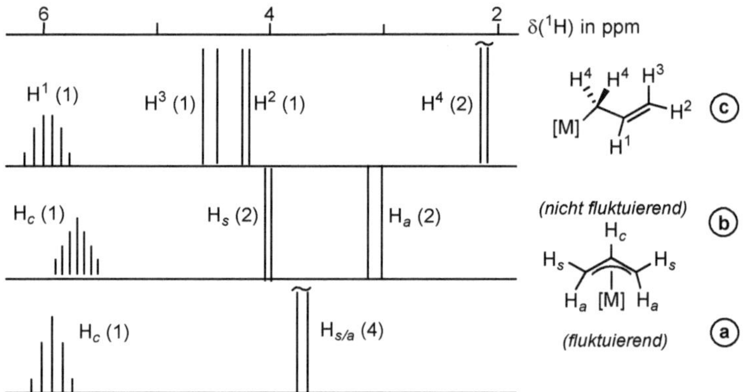

Analog den unsubstituierten Allylkomplexen können auch substituierte Allylkomplexe einer *anti-syn*-Isomerisierung unterliegen. Nur handelt es sich dann nicht um fluktuierende, sondern um isomere Moleküle:

η^3 (*anti*) ⇌ η^1 ⇌ η^3 (*syn*)

Aufgabe 11.1

- Resultiert eine *anti-syn*-Isomerisierung, wenn im voranstehenden Beispiel die η^1-Komplexbildung über das andere terminale C-Atom, also über den Komplex [M]–CH_2–CH=CHR erfolgt?
- Geben Sie die Formeln aller Topomere eines η^3-Allylliganden an.

11.2.2 Butadienkomplexe

Es gibt zwei stabile Konformationen von Butadien, das *s-trans*- und das *s-cis*-Konformer:[1]

s-trans *s-cis*

Das *s-trans*-Isomer ist planar und thermodynamisch um etwa 15 kJ/mol stabiler als das *s-cis*-Isomer (Abbildung 11.3). Abstoßung zwischen den Wasserstoffatomen an den terminalen C-Atomen führt dazu, dass das planare *s-cis*-Konformer kein Minimum auf der Energiehyperfläche darstellt, sondern eine um ca. 35° verdrillte Form. Sie wird als nichtplanare *s-cis*-Konformation bezeichnet. Diese Unterscheidung ist für das Nachfolgende aber nicht relevant, sodass wir vereinfachend nur von der „*s-cis*-Konformation" sprechen.

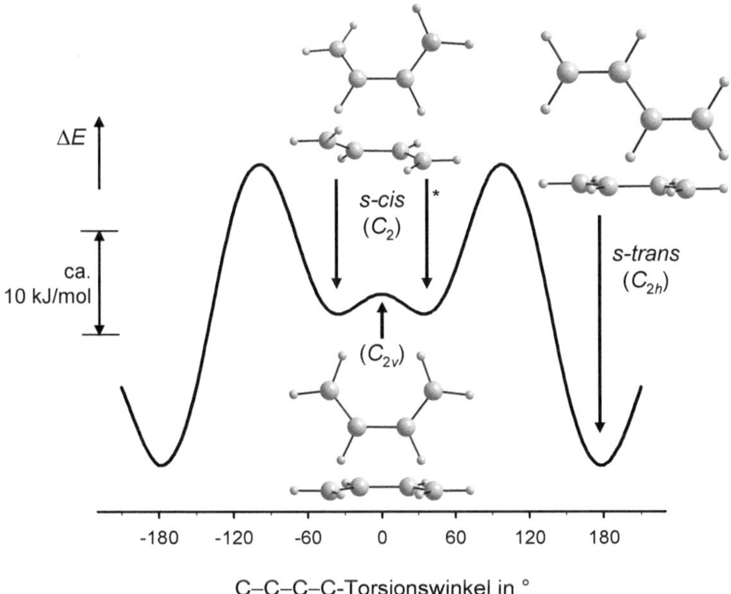

Abbildung 11.3. Potentialkurve des Butadiens für die Drehung um die C2–C3-Bindung und Strukturmodelle für die beiden Gleichgewichtsstrukturen (der Pfeil mit dem Stern weist auf das dargestellte *s-cis*-Isomer) sowie für den planaren *s-cis*-Übergangszustand.

[1] Um deutlich zu machen, dass sich die *cis*/*trans*-Notation hier auf die zentrale C2–C3-Bindung bezieht – und nicht wie üblich auf eine C=C-Doppelbindung – stellt man der Bezeichnung ein „*s*" (für *single*) voran.

Die Butadienaktivierung in katalytischen Reaktionen erfolgt über π-Komplexbildung. Beide Konformere bilden Metallkomplexe, in denen entweder nur eine oder beide Doppelbindungen koordiniert sind (η^2- bzw. η^4-Koordination). Somit ergeben sich vier Grundtypen von Butadienkomplexen:

s-trans *s-cis*

η^2 η^4 η^2 η^4

Beispiele für strukturell charakterisierte Butadienkomplexe sind in der Abbildung 11.4 gezeigt. Die Koordinationschemie von Butadien ist entsprechend vielfältig. So steht der *s-trans*-η^4-Butadienzirconocen-Komplex **5** mit dem *s-cis*-Komplex **6** im Gleichgewicht, der als Zirconacyclopentenkomplex mit einer zusätzlichen π-C=C–Zr-Wechselwirkung vorliegt. **6** unterliegt einer schnellen Ringinversion (**6a** ⇌ **6b**), es handelt sich also um ein fluktuierendes Molekül [3, 4].

5 ⇌ ($\Delta G^{\ddagger}$ = 95 kJ/mol) **6a** ⇌ ($\Delta G^{\ddagger}$ = 53 kJ/mol) **6b**

Derartige σ-π-Koordinationen von Butadien treten insbesondere bei Dienkomplexen der frühen Übergangsmetalle auf.

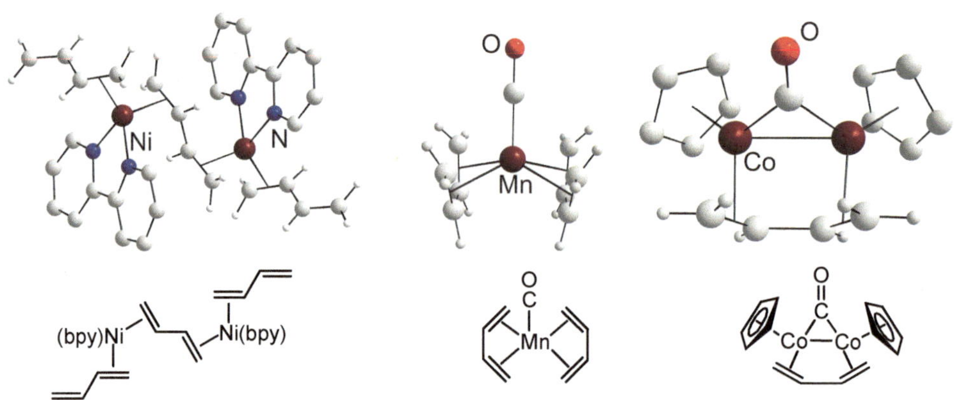

Abbildung 11.4. Molekülstrukturen von Komplexen mit η^2- und η^4-gebundenen *s-cis*- und *s-trans*-Butadienliganden. In den Strukturbildern sind aus Gründen der Übersichtlichkeit nur die H-Atome der Butadienliganden gezeichnet.

Re/Si- und supine/prone-Koordination von Allyl- und Butadienliganden

Substituierte η^3-Allylliganden wie in **7** (R z. B. Alkyl) sind prochiral, denn bei der Addition eines Nucleophils kann ein chirales C3-Atom gebildet werden. Somit ist zwischen einer *Re*- (**7a**) und einer *Si*-Koordination (**7b**) des Allylliganden an das Metall zu unterscheiden. Das gleiche trifft für η^2-koordinierte *s-cis*- und *s-trans*-Butadienliganden zu, die aus koordinationschemischer Sicht als vinylsubstituierte Ethenliganden aufzufassen sind. Bei einer 1,2-Addition wird ein chirales C2-Atom erzeugt, dessen Konfiguration davon abhängt, ob Butadien an der *Re*- (**8a**) oder der *Si*-Seite (**8b**) koordiniert. *s-trans*-η^4-Butadien lässt ebenfalls zwei Koordinationsmöglichkeiten zu (**9a**/**9b**), während *s-cis*-η^4-Butadien eine *Re*/*Si*-Koordination aufweist (**10a**).

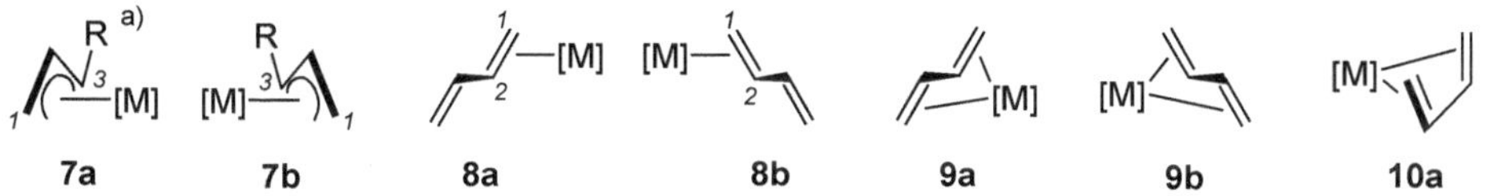

7a (*Re*) **7b** (*Si*) **8a** (*Re*) **8b** (*Si*) **9a** (*Re*/*Re*) **9b** (*Si*/*Si*) **10a** (*Re*/*Si*)

a) *Re/Si*-Zuordnung für R = primäres Alkyl.

Weiterhin ist bei η^3-Allyl- und *s-cis*-η^4-Butadienkomplexen mit Bezug auf einen Referenzliganden L zwischen einer „*supine*-" (**11a**/**12a**) und „*prone*-Orientierung" (**11b**/**12b**)[1] zu unterscheiden, je nachdem ob der π-gebundene Ligand in „Rücken-" oder „Bauchlage" vorliegt [5].

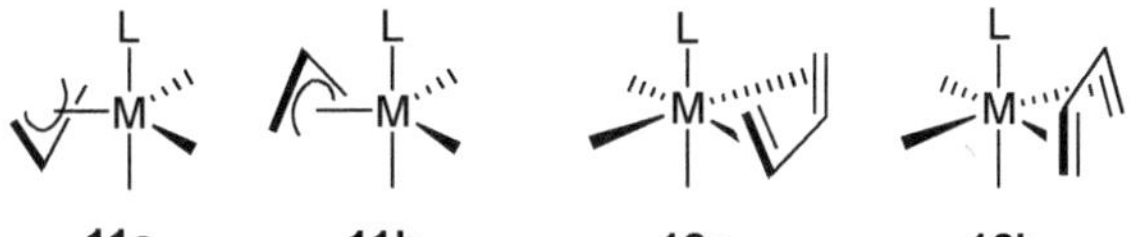

11a (*supine*) **11b** (*prone*) **12a** (*supine*) **12b** (*prone*)

11.3 Metallorganische Elementarschritte von Allylliganden

Oxidative Kupplung, reduktive Spaltung

Bis(butadien)-Metallkomplexe **13** können unter oxidativer Kupplung zu C_8H_{12}-Komplexen mit einer η^1–η^3- (**14**) bzw. η^3–η^3-Allylstruktur (**15**) reagieren. Ausgehend von einem Bis(η^2-butadien)-Komplex findet die Kupplung so statt, dass die C–C-Bindung zwischen den terminalen C-Atomen der nicht koordinierten Doppelbindungen (C4/C4') gebildet wird. Die Rückreaktion heißt reduktive Spaltung (reduktive Entkupplung).

[1] Wir verwenden hier die englischen Bezeichnungen. Im deutschen Schrifttum wird gelegentlich „*supin*" bzw. „*pron*" geschrieben. Die herkömmlichen Bezeichnungen *exo* (*supine*) und *endo* (*prone*) für die relative Position von L zum π-Liganden sind nur bedingt geeignet.

1 4 [M] 1′ 4′
13

[M]
14
(η^1–η^3)

[M]
15
(η^3–η^3)

Quantenchemische Rechnungen geben einen genaueren Einblick in die oxidative Kupplung von Bis(butadien)nickel(0)-Komplexen mit PH_3 als Modellligand. Ausgangskomplexe sind die Bis(η^2)-Komplexe [Ni(η^2-C_4H_6)$_2$(PH_3)] (**16**) und nicht die entsprechenden η^2,η^4- oder Bis-(η^4)-Komplexe. Bedingt durch die *s-cis*/*s-trans*-Isomerie und aufgrund der Möglichkeit, dass beide (prochirale!) Butadienliganden an derselben (*Re*/*Re* bzw. *Si*/*Si*) oder an unterschiedlichen Seiten (*Re*/*Si*) koordiniert sein können, ergeben sich sechs verschiedene Ausgangskomplexe **16**. Jeder dieser Komplexe führt nun zu einem anderen η^1,η^3-Octadiendiyl-Komplex [Ni(η^3,η^1-C_8H_{12})(PH_3)] (**17**). In Abbildung 11.5 ist das Reaktionsprofil für den energetisch günstigsten Weg (**16b** → **17b**) aufgezeigt, der vom η^2-(*s-cis*),η^2-(*s-trans*)-Komplex ausgeht, in dem beide Butadienliganden an verschiedenen Seiten (*Re*/*Si*) koordiniert sind. Zum Vergleich ist der Reaktionspfad ausgehend vom analogen Komplex mit *Re*/*Re*-Butadienkoordination eingetragen (**16a** → **17a**), der eine fast doppelt so hohe Aktivierungsbarriere aufweist. Das zeigt eindrucksvoll, dass stereoelektronische Effekte den Verlauf derartiger Reaktionen determinieren können. Die beiden Komplexe **17a** und **17b** gehen durch eine Ringinversion ineinander über. Kupplungen von zwei η^2-*s-trans*- bzw. zwei η^2-*s-cis*-gebundenen Butadienliganden haben alle eine größere Aktivierungsbarriere als die der Reaktion **16b** → **17b**.

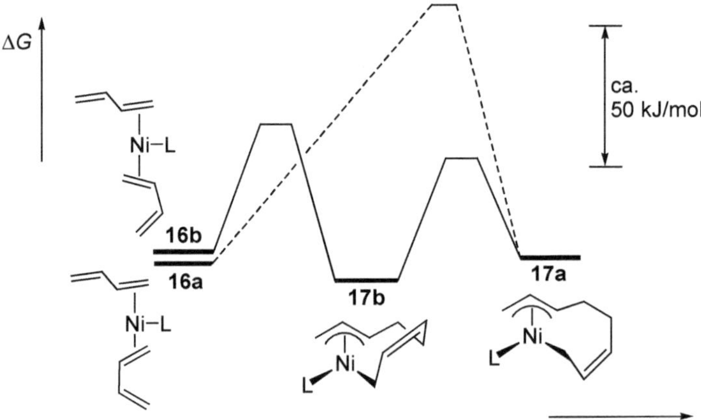

Abbildung 11.5. Reaktionsprofildiagramm für die oxidative Kupplung von Butadien ausgehend von [Ni(η^2-C_4H_6)$_2$L] (**16**, L = PH_3) (adaptiert und gekürzt nach Tobisch und Ziegler [6]).

Insertion von Butadien, β-Wasserstoffeliminierung

Bei der Insertion von Butadien in eine M–H- oder M–C-Bindung ist prinzipiell eine 1,2- oder 1,4-Addition zu η^1-Allyl- (**18a**, **19**) bzw. But-2-enylkomplexen (**18b**) und die Bildung von η^3-Allylkomplexen mit einer *syn*- (**20**) oder *anti*-Struktur (**21**) in Betracht zu ziehen. Bei koordinativ ungesättigten Übergangsmetallverbindungen werden wegen ihrer besonderen Stabilität bevorzugt η^3-Allylkomplexe gebildet. Bei 1,2-Additionen verhält sich Butadien wie ein terminales Olefin $H_2C{=}CHR'$ (R' = Vinyl), es ist prochiral.

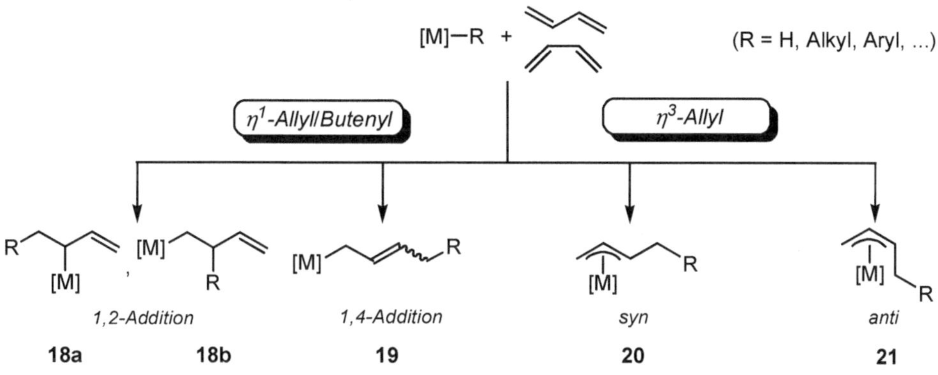

Für R = H (**18**, **20**, **21**) sind die Rückreaktionen β-Wasserstoffeliminierungen. Sie spielen bei Allylkomplexen eine geringere Rolle als bei Alkylkomplexen und treten bei Allylpalladium- häufiger als bei Allylnickelkomplexen auf.

Allylinsertion

Die Insertion von Butadien in eine M–C-Bindung eines Allylkomplexes wird als Allylinsertion bezeichnet. Zwei prinzipielle Mechanismen sind nachgewiesen worden:

- *σ-Allylinsertionsmechanismus (22 → 23)*. Ausgehend von einem Komplex mit einem η^1-gebundenen Allylliganden und einem η^2- oder η^4-koordinierten Butadienliganden (**22**) erfolgt die Insertion von Butadien in die M–C-Bindung des Allylliganden, wobei eine C1–C1'-Bindung geknüpft und eine η^3-Allylstruktur mit den C2'–C4'-Atomen des Butadiens generiert wird.
- *π-Allylinsertionsmechanismus (24 → 23)*. Der Mechanismus ist analog, geht aber von einem Komplex mit einem η^3-gebundenen Allylliganden (**24**) und einem η^2- oder η^4-koordinierten Butadienliganden aus.

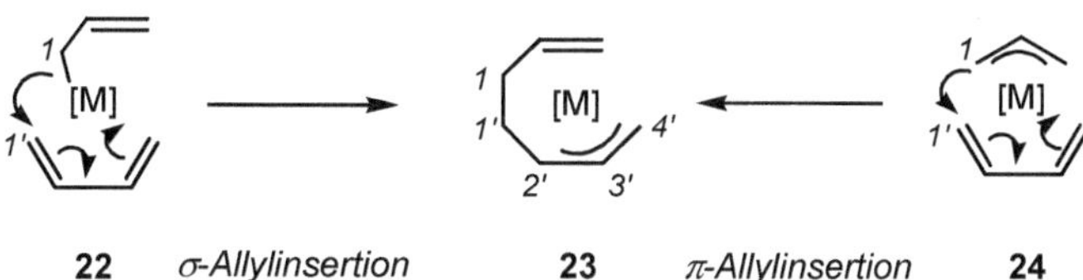

Hinweis. Es mag Ihnen leichter fallen, Allylinsertionen zu überblicken, wenn Sie diese *formal* (!) in Teilschritte zerlegen, die denen von einfachen Olefinen entsprechen. Das sind die „Umwandlung" von π- in σ-Allylkomplexe (**24'** → **22'**) und vice versa (**25'** → **23'**) sowie die Insertion von Butadien im Sinne einer 1,2-Addition (Butadien verhält sich wie ein vinylsubstituiertes Ethen) derart, dass eine M–C2'-Bindung geknüpft wird (**22'** → **25'**).

[M] [M] [M] [M]

24' **22'** **25'** **23'**

Allerdings muss man sich dabei bewusst sein, dass damit weder der tatsächliche Reaktionsablauf einer σ- (**22'** → **25'** → **23'**) noch einer π-Allylinsertion (**24'** → **22'** → **25'**→ **23'**) beschrieben wird!

Oxidative Addition und reduktive Eliminierung

Oxidative Additionen von Allylverbindungen XCH_2–CH=CHR (X = Cl, Br, I, OAc, CN, ...; R = H, Alkyl, Aryl, ...) an niederwertige Metallkomplexe und die entsprechenden reduktiven Eliminierungen als Rückreaktionen haben die Besonderheit, dass η^1- und η^3-Allylmetallkomplexe involviert sein können:

[M] + X R — oxidative Addition / reduktive Eliminierung — [M] X R , [M] X R

Unterliegen Bis(allyl)-Komplexe einer reduktiven Eliminierung, wird Hexa-1,5-dien (Diallyl) gebildet, das an das entstandene niederwertige Metallkomplexfragment koordiniert sein kann (hier am Beispiel $[M^{II}]$ → $[M^0]$):

$[M^{II}]$, $[M^{II}]$, $[M^{II}]$ → $[M^0]$

Ausgangspunkt dabei können sowohl π- als auch σ-gebundene Allylgruppen sein. So setzt sich Bis(η^3-allyl)palladium **26** mit Diphosphanen zum Bis(η^1-allyl)-Komplex **27** um, der oberhalb von –30 °C einer reduktiven Eliminierung unter Bildung von **28** unterliegt.

Pd — R_2P⌒PR_2 (R = *i*-Pr, *t*-Bu) → R_2P–Pd–PR_2 (Bis-allyl) — > –30 °C → R_2P–Pd–PR_2 (Hexadien)

26 **27** **28**

In Übereinstimmung damit weisen quantenchemische Rechnungen aus, dass im Gleichgewicht von $[Pd(\eta^3\text{-}C_3H_5)_2]$ (**26**), $[Pd(\eta^3\text{-}C_3H_5)(\eta^1\text{-}C_3H_5)(PH_3)]$ (**29**) und $[Pd(\eta^1\text{-}C_3H_5)_2(PH_3)_2]$ (**30**) Komplex **26** zwar die Hauptkomponente ist (Abbildung 11.6), aber die Aktivierungsbarriere für die reduktive Eliminierung von Hexadien in der Reihe **26** > **29** >> **30** sinkt.

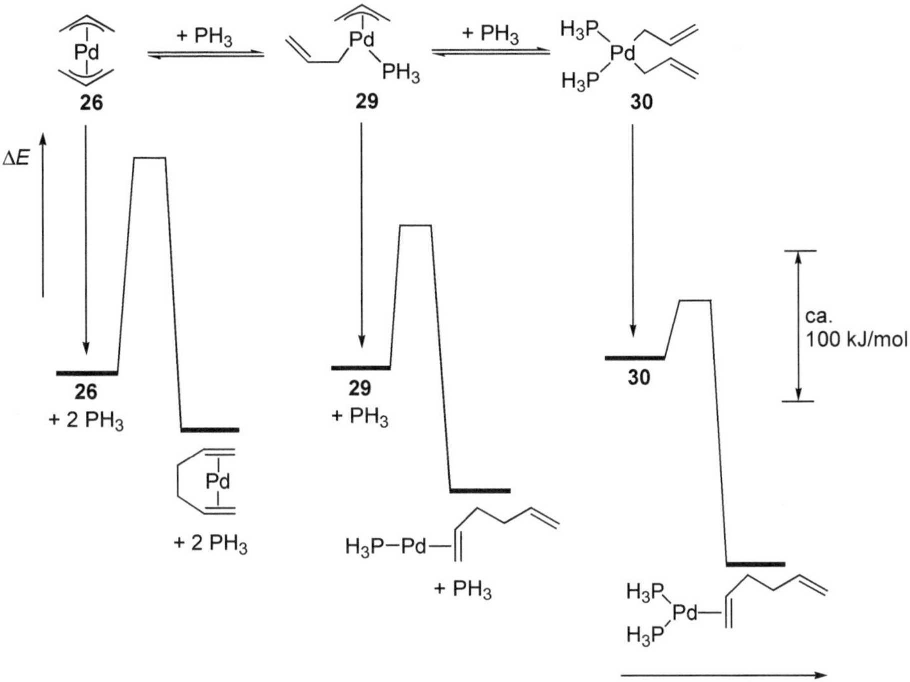

Abbildung 11.6. Zur PH_3-induzierten reduktiven Eliminierung von Diallyl aus Bis(allyl)palladium(II)-Komplexen. In Gegenwart von PH_3 stehen die Komplexe **26**, **29** und **30** in einem mobilen Gleichgewicht. Da die PH_3-Koordination an **26** (**26** → **29**) und an **29** (**29** → **30**) nur schwach endotherm ist (ΔE = 2 bzw. 10 kJ/mol), wird die reduktive Eliminierung von Diallyl in Gegenwart von PH_3 bevorzugt aus dem Bis(η^1-allyl)palladiumkomplex **30** stattfinden, obwohl **30** im Gleichgewicht nur in geringerer Konzentration vorliegt (adaptiert und gekürzt nach Méndez und Echavarren [7]).

anti-cis- und syn-trans-Korrelationen

Die Stereochemie von Insertionen und reduktiven Eliminierungen unter Beteiligung von Allylliganden wird durch die folgenden Korrelationen determiniert:

- **a)** η^3-Allylliganden mit einer *anti*-Struktur ergeben bei der reduktiven Eliminierung ein *cis*-Olefin und solche mit *syn*-Struktur ein *trans*-Olefin.

R [M] R′ → R R′ + [M]

R [M] R′ → R R′ + [M]

anti → *cis*

syn → *trans*

□ **b**) Die Insertion von *s-cis*-Butadien ergibt eine *anti*-Allylstruktur und die von *s-trans*-Butadien einen Komplex mit *syn*-Allylstruktur. Beachten Sie, dass gemäß a) aus der ursprünglichen *syn*-Allylgruppe eine *trans*-Doppelbindung gebildet wird.

Theoretischer Hintergrund für die *anti-cis*- und *syn-trans*-Korrelationen ist das Prinzip der kleinsten strukturellen Variation: In der *anti*- und *syn*-Allylstruktur ist die *cis*- bzw. *trans*-Olefinstruktur schon „vorgebildet", ebenso wie *s-cis*- und *s-trans*-Butadien strukturell mit einer *anti*- bzw. *syn*-Allylstruktur in direkter Beziehung stehen.

11.4 Oligo- und Telomerisation von Butadien

Für die Katalyse von Oligo- und Telomerisationsreaktionen von Butadien haben sich Nickel(0)-Komplexe als besonders geeignet erwiesen. Einen Überblick gibt Abbildung 11.7 [8, 9]. Cyclocooligomerisationen von Butadien mit Olefinen und Alkinen werden in diesem Rahmen nicht besprochen.

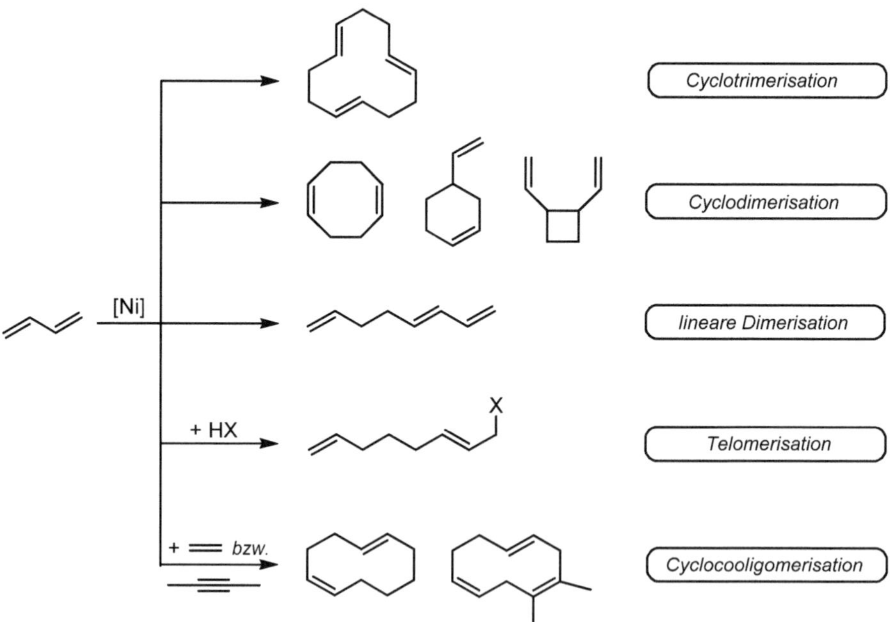

Abbildung 11.7. Überblick über nickelkatalysierte Oligomerisations- und Telomerisationsreaktionen von Butadien.

11.4.1 Cyclotrimerisation von Butadien

Bei der nickelkomplexkatalysierten Cyclotrimerisation von Butadien fungieren Butadiennickel(0)-Komplexe **31/32** als eigentliche Katalysatoren. Sie werden durch Reduktion von zweiwertigen Nickelverbindungen (bevorzugt [Ni(acac)$_2$]) mit $AlEt_2(OEt)$ in Gegenwart von Butadien (**a**), durch reduktive Eliminierung von Diallyl aus [Ni(η^3-C_3H_5)$_2$] in Gegenwart von Butadien (**b**) oder aus Nickel(0)-Komplexen wie [Ni(COD)$_2$] (COD = Cycloocta-1,5-dien) oder [Ni(CDT)] (CDT = Cyclododeca-1,5,9-trien) durch Ligandenverdrängung mit Butadien erhalten (**c**). Nickel in Nickel(0)-Komplexen mit leicht (insbesondere durch Butadien) verdrängbaren Liganden wird auch als „nacktes" Nickel[1] bezeichnet; ein Beispiel dafür ist Nickel in [Ni(COD)$_2$].

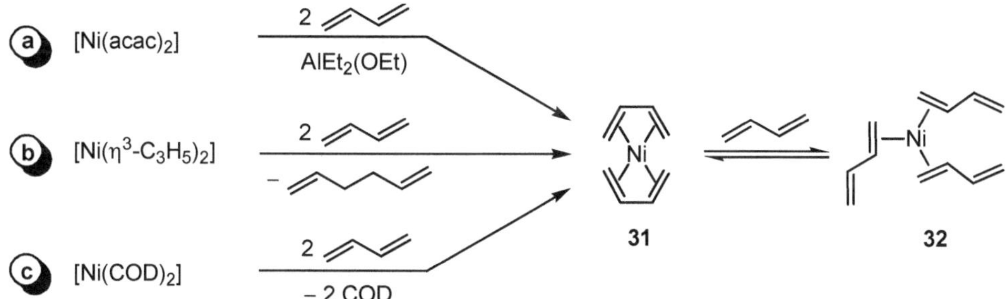

In Butadien liegt ein Gleichgewicht zwischen verschiedenen Butadienkomplexen [Ni(C_4H_6)$_x$] (x = 2, 3) vor, die Energieunterschiede sind gering. Rechnungen zeigen, dass bei einer zweizähnigen Koordination die η^4-*s-cis*-Form und bei einer einzähnigen die η^2-*s-trans*-Form bevorzugt ist. Bei den tetraedrischen 18-*ve*-Komplexen (x = 2) ist der mit zwei η^4-*s-cis*-Butadienliganden (**31**) am stabilsten und bei den trigonal-planaren 16-*ve*-Komplexen (x = 3) der mit drei η^2-*s-trans*-Butadienliganden (**32**) [10].

Bei der Cyclotrimerisation von Butadien werden drei der vier isomeren Cyclododeca-1,5,9-triene erhalten:

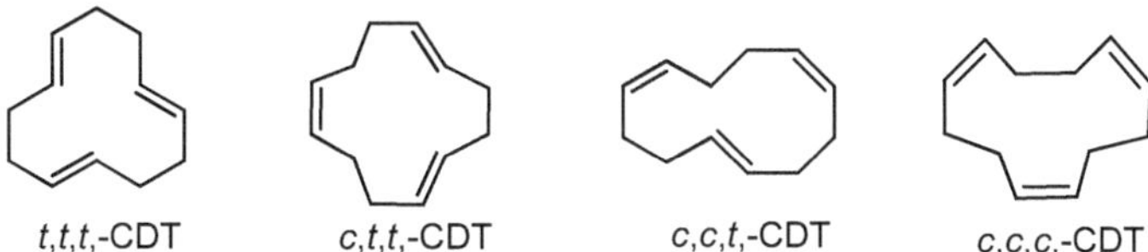

Hauptprodukt – mit einer Selektivität >85 % (T = 0–40 °C in flüssigem Butadien) – ist das *all-trans*-Isomer (*t,t,t*-CDT) neben geringeren Mengen an *c,t,t*-CDT und *c,c,t*-CDT. Die Bildung des *all-cis*-Isomers (*c,c,c*-CDT) wird nicht beobachtet. Als Nebenprodukte treten Cyclodimere und höhere Oligomere auf. Der prinzipielle Mechanismus der Cyclotrimerisation ist in Abbildung 11.8 dargestellt. Im Einzelnen werden folgende Reaktionsschritte durchlaufen:

31 → 32: *Ligandenanlagerung/-abspaltung.* Der Katalysatorkomplex liegt in verschiedenen Formen vor, zwischen denen ein sich schnell einstellendes Gleichgewicht besteht.

---

[1] Mit Ag^+ ist es gelungen [Ni(COD)$_2$] zu oxidieren und als [Ni(COD)$_2$][Al{OC(CF_3)$_3$}$_4$] zu isolieren und zu charakterisieren. Es verhält sich wie „nacktes" Nickel(I). Wir beziehen hier und im Folgenden aber den Begriff „nacktes" Nickel ausschließlich auf Nickel(0).

32 → 33: *Oxidative Kupplung/reduktive Spaltung.* Bei der oxidativen Kupplung werden die beiden terminalen C-Atome der nicht koordinierten Doppelbindungen verknüpft, wobei ein η^3,η^1-Octadiendiylnickel(II)-Komplex (16 *ve*) mit einem zusätzlichen Butadienliganden gebildet wird. Die Reaktion ist reversibel.

33 → 34: *Allylinsertion.* Insertion von Butadien in die η^3-Allylgruppe von **33** führt zu einem η^3,η^3-Dodecatriendiylnickel(II)-Komplex, der bei zusätzlicher Koordination der innenständigen Doppelbindung über 18 *ve* verfügt. Das Bis(η^3-*anti*)-Isomer ist in Substanz isoliert und NMR-spektroskopisch vollständig charakterisiert worden.

34 → 35: *Reduktive Eliminierung.* Reduktive Eliminierung unter Bildung einer C–C-Bindung zwischen den beiden endständigen C-Atomen ergibt einen Cyclododecatrien-nickel(0)-Komplex (16 *ve*).

35 → 31: *Ligandensubstitution.* Via Substitution des CDT-Liganden durch Butadien wird der Katalysatorkomplex **31** zurückgebildet.

33 ⇌ 36; 34 ⇌ 37: *Allylisomerisierungen.* Die Allylzwischenstufen **33** und **34** unterliegen *syn-anti*-Isomerisierungen, die sich über Komplexe mit $\eta^1(C^3)$-gebundenen Allylliganden **36** bzw. **37** vollziehen.

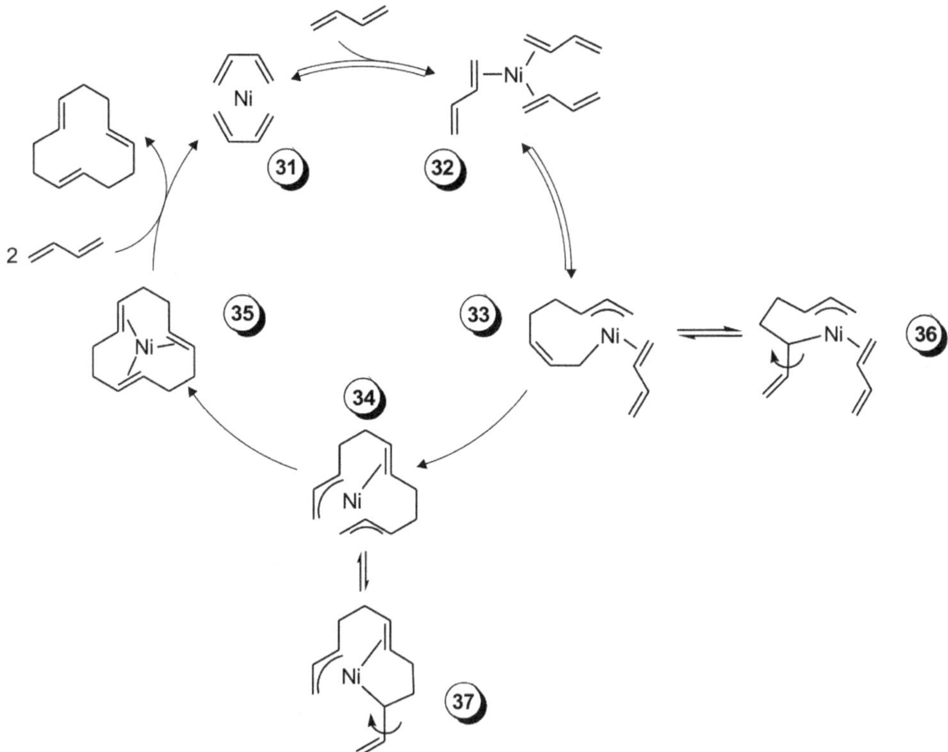

Abbildung 11.8. Prinzipielles Reaktionsschema zur nickelkatalysierten Cyclotrimerisation von Butadien (ohne explizite Berücksichtigung der Stereochemie).

Vertiefung – cis-trans-Selektivität

Zum Verständnis der *cis-trans*-Selektivität der Doppelbindungen in CDT ist eine genauere Betrachtung erforderlich, die *anti-cis-* und *syn-trans*-Korrelationen (vgl. S. 315) berücksichtigt:

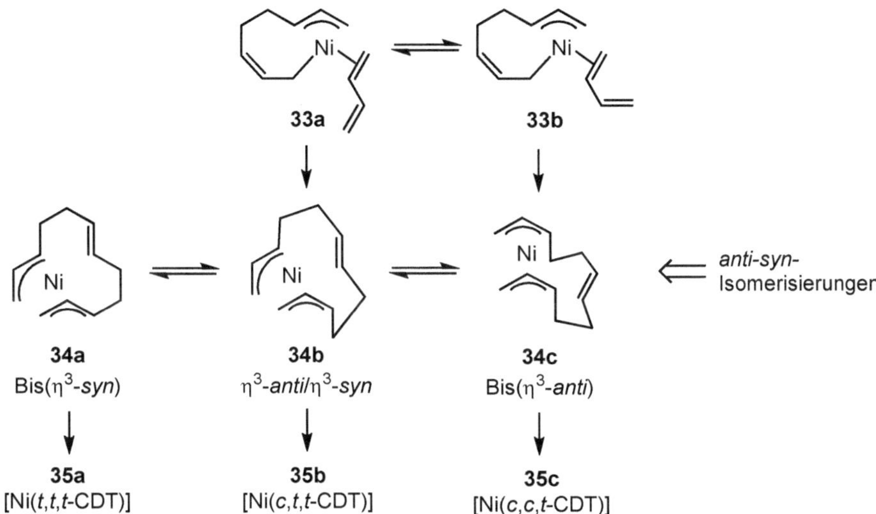

33a → **34b** → **35b**: Komplex **33a** (in Abbildung 11.8 als **33** bezeichnet) ist das η^3-*syn*,-η^1(C^1),Δ-*cis*-Isomer[1] mit einem *s-trans*-Butadienliganden. Das *s-trans*-Butadien wird in die η^3-*syn*-Allylgruppe insertiert, wobei eine neue η^3-*syn*-Allylgruppe und eine Δ-*trans*-Doppelbindung gebildet werden. Gleichzeitig geht die η^1(C^1),Δ-*cis*-Allylgruppe in eine η^3-*anti*-Allylgruppe über, sodass ein Dodecatriendiylnickel-Komplex (η^3-*anti*/η^3-*syn*,Δ-*trans*-Isomer) (**34b**) resultiert. Bei der reduktiven Eliminierung werden aus der *anti-* und *syn*-Allylstruktur eine *cis-* bzw. *trans*-Doppelbindung gebildet, sodass daraus der [Ni(*c,t,t*-CDT)]-Komplex **35b** entsteht.

33b → **34c** → **35c**: Der Octadiendiyl-Komplex mit einem *s-cis*-Butadienliganden (**33b**) ergibt durch Butadieneinschub in die η^3-*syn*-Allylgruppe den Bis(η^3-*anti*)-Komplex **34c**, der bei der reduktiven Eliminierung [Ni(*c,c,t*-CDT)] (**35c**) bildet.

34a → **35a**: Das Hauptisomer (*t,t,t*-CDT) wird via **34a** und **35a** (in Abbildung 11.8 als **34** bzw. **35** bezeichnet) gebildet. Es gibt aber aus **33** keinen direkten Zugang zum Bis(η^3-*syn*)-Komplex **34a**, der folglich durch *anti-syn*-Isomerisierung aus dem η^3-*anti*/η^3-*syn*-Komplex **34b** gebildet werden muss.

Einen detaillierten Einblick in den Reaktionsablauf haben quantenchemische Rechnungen auf DFT-Niveau ermöglicht, bei denen umfassend alle denkbaren Isomere berücksichtigt worden sind. Das vereinfachte Reaktionsprofil ist in Abbildung 11.9 dargestellt:

[1] Die Bezeichnung Δ-*cis* bzw. Δ-*trans* bezieht sich auf die Konfiguration der Doppelbindung.

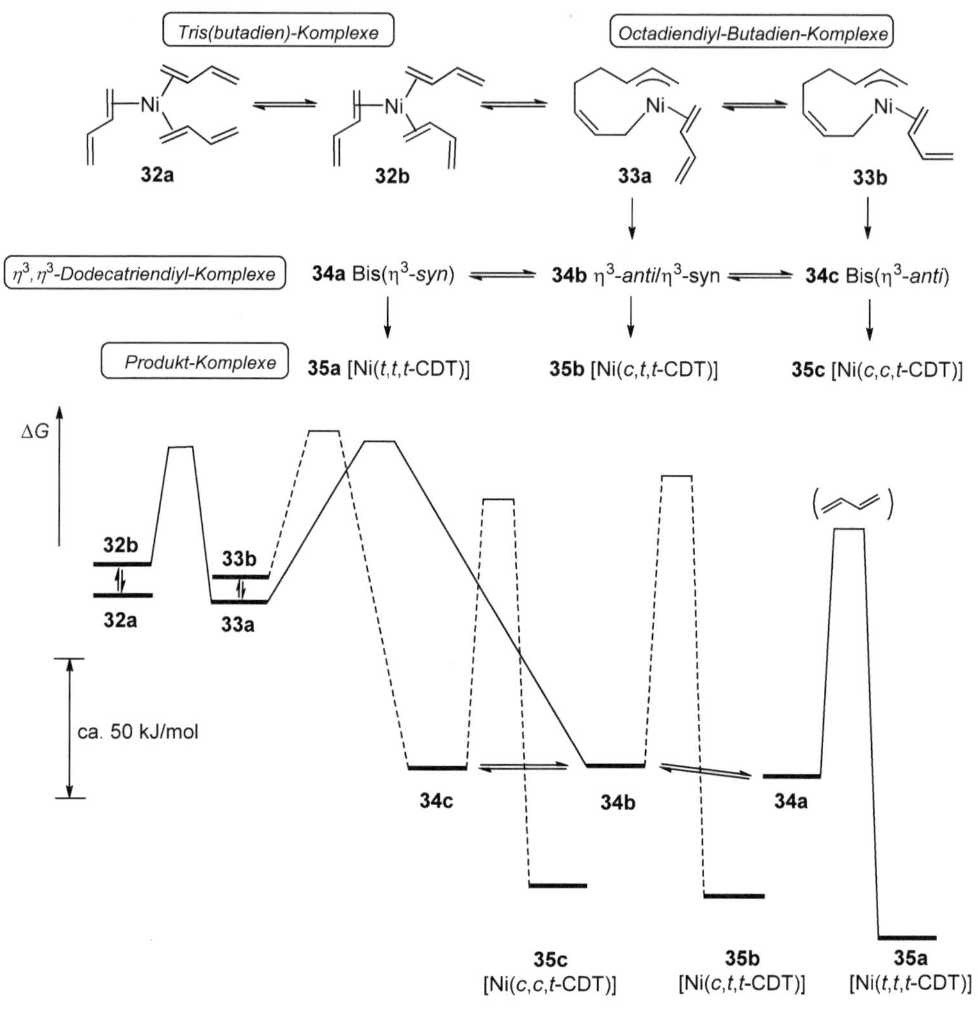

Abbildung 11.9. Reaktionsprofil für die nickelkatalysierte Cyclotrimerisation von Butadien. Isomere Komplexe, zwischen denen mobile Gleichgewichte bestehen (**32a**/**32b**, **33a**/**33b**, **34a**–**34c**), sind durch Gleichgewichtspfeile verbunden, ohne die Aktivierungsbarrieren kenntlich zu machen. Der bevorzugte Reaktionspfad ist ausgezogen gezeichnet (adaptiert und gekürzt nach Tobisch [10, 11]).

Oxidative Kupplung (32 → 33). Der thermodynamisch stabilere Tris(η^2-*s*-*trans*-butadien)-Komplex **32a** wandelt sich zunächst in einen Bis(η^2-*s*-*trans*-butadien)(η^2-*s*-*cis*-butadien)-Komplex **32b** um, denn die oxidative Kupplung (**32** → **33**) zwischen einem η^2-*s*-*trans*- und einem η^2-*s*-*cis*-Butadienliganden hat eine deutlich kleinere Aktivierungsbarriere als die zwischen zwei η^2-*s*-*trans*- oder zwei η^2-*s*-*cis*-Butadienliganden. Die oxidative Kupplung (**32b** → **33a**) ist annähernd thermoneutral, also reversibel.

Butadieninsertion (33 → 34). Sie ist stark exergonisch und führt bevorzugt zu **34b**, aber auch zu **34c**. Alle drei isomeren Dodecatriendiyl-Komplexe **34** sind thermodynamisch etwa gleich stabil. Die Aktivierungsbarrieren für die *anti-syn*-Isomerisierungen (**34a** ⇌ **34b** ⇌ **34c**) liegen zwischen 55 und 85 kJ/mol. Sie sind aber um mehr als 25 kJ/mol kleiner als die für die nachfolgenden reduktiven Eliminierungen. Somit stehen *syn*- und *anti*-Allylkomplexe im mobilen Gleichgewicht.

Reduktive Eliminierung (34 → 35). Die Dodecatriendiyl-Komplexe **34** stellen – in Anbetracht der stark exergonischen Bildung aus **33** und der hohen Aktivierungsbarriere für die reduktive Eliminierung zu **35** – die „thermodynamische Senke" dar. Somit ist die reduktive Eliminierung **34** → **35** geschwindigkeitsbestimmend und es bestehen vorgelagerte mobile Gleichgewichte zwischen den Dodecatriendiyl-Komplexen **34**. Daraus folgt, dass für die Selektivität das Curtin-Hammett-Prinzip (siehe Exkurs, S. 74) maßgebend ist. Der Übergangszustand **34a** → **TS** → **35a** weist die kleinste freie Enthalpie auf. Folglich überwiegt die Bildung von [Ni(*t,t,t*-CDT)] (**35a**) gegenüber der von [Ni(*c,c,t*-CDT)] (**35c**) und [Ni(*c,t,t*-CDT)] (**35b**). Das ist wesentlich darauf zurückzuführen, dass der Übergangszustand **34a** → **TS** → **35a** durch eine zusätzliche η^2-Koordination von Butadien stabilisiert wird, was bei den anderen beiden Reaktionen zu **35b** und **35c** aus sterischen Gründen nicht der Fall ist.

Aufgabe 11.2

- Schreiben Sie einen hypothetischen Reaktionsweg zur nickelkatalysierten Bildung von *c,c,c*-CDT auf und geben Sie Gründe an, warum dieses nicht gebildet wird.
- Quantenchemische Rechnungen zeigen, dass gemessen an den freien Standardbildungsenthalpien sowohl das *all-trans*-Isomer von CDT als auch sein Nickel(0)-Komplex thermodynamisch am stabilsten sind. Im Vergleich mit dem *all-cis*-Isomer gilt: [Ni(*t,t,t*-CDT)] (**35a**)/[Ni(*c,c,c*-CDT)] (**35d**), $\Delta\Delta G = -28$ kJ/mol; *t,t,t*-CDT (**38a**)/*c,c,c*-CDT (**38d**), $\Delta\Delta G = -48$ kJ/mol. Welcher Komplex ist der stabilere und welche Reaktion erwarten Sie zwischen **35a** und **38d**?

Technische Synthese von CDT

Titanhaltige Katalysatorsysteme reagieren mit Butadien zu *c,t,t*-CDT (**39**). So eignet sich das Ziegler-System $TiCl_4/Al_2Et_3Cl_3$ zur technischen Synthese von **39** [12]. Im Unterschied zur Ethenpolymerisation bleibt es homogen und liefert bei einem praktisch vollständigen Umsatz (30–75 °C) mit >90 % Ausbeute das Cyclotrimer, das hydriert, zum Keton oxidiert und schließlich zum Oxim umgesetzt wird (**39** → **40**). Beckmann-Umlagerung ergibt ein Lactam (**40** → **41**), das dann zu Nylon (**41** → **42**, Nylon-12-Hüls, Vestamid®) weiterverarbeitet wird.

NOH
H
N
O
O
N
H
11
n

39 (*c,t,t*-CDT) **40** **41** **42**

11.4.2 Cyclodimerisation von Butadien

In Gegenwart eines P-Donors L wird die zuvor beschriebene Cyclotrimerisation in eine Cyclodimerisation von Butadien umgelenkt. An Cyclodimeren werden hauptsächlich 4-Vinylcyclohexen (VCH) und *cis,cis*-Cycloocta-1,5-dien (COD), aber auch *cis*-1,2-Divinylcyclobutan (DVCB) gebildet. Die Selektivität wird durch die sterischen und elektronischen Eigenschaften von L gesteuert. Das Verhältnis Cyclotrimere/Cyclodimere wird wesentlich durch die sterischen Eigenschaften von L bestimmt, während das Verhältnis COD/VCH maßgeblich von den elektronischen Eigenschaften von L abhängt. Ein vereinfachtes Reaktionsschema ist in der Abbildung 11.10 gezeigt.

Der katalytisch aktive Komplex **43**, ein ligandenhaltiger Bis(butadien)nickel(0)-Komplex, wird durch Zugabe eines P-Donors zum Cyclotrimerisationskatalysator erhalten. Durch oxidative Kupplung und Allylisomerisierung werden ligandenhaltige η^3,η^1- (**44**) und η^3,η^3-Octadiendiylnickel(II)-Komplexe (**45a**/**45b**) gebildet. Komplexe **44** und **45** treten in zahlreichen Isomeren auf (η^3-*syn*/*anti*; Δ*cis*/*trans*), die miteinander im Gleichgewicht stehen. Die Lage der Gleichgewichte hängt von den Reaktionsbedingungen ab und kann durch die elektronischen und sterischen Eigenschaften von L gesteuert werden. In Abbildung 11.10 sind die unmittelbaren Vorläuferkomplexe, aus denen durch reduktive Eliminierung die Nickel(0)-

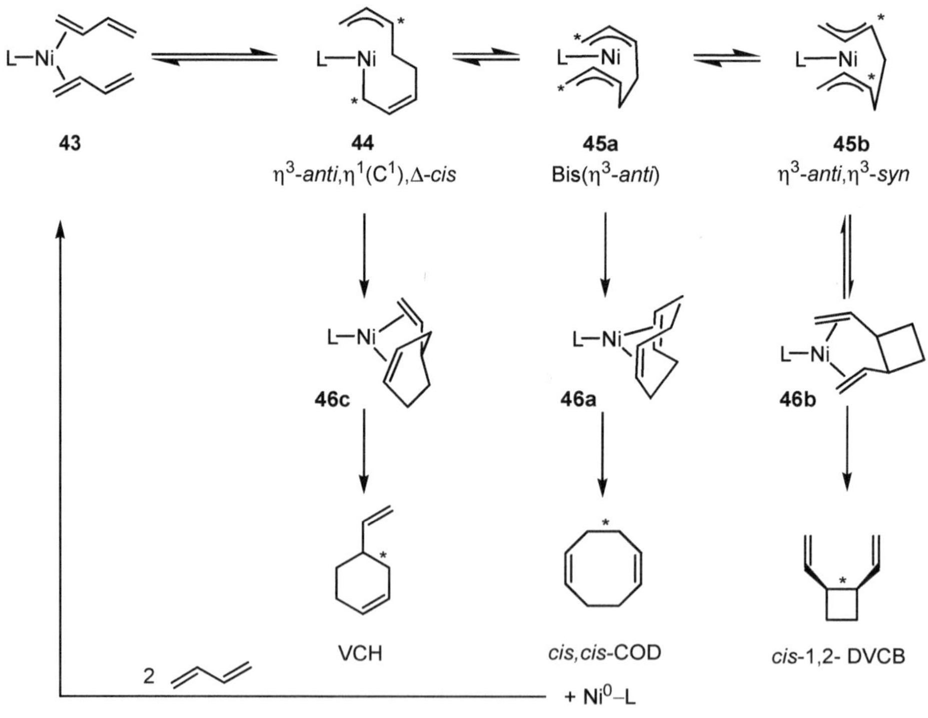

Abbildung 11.10. Vereinfachtes Reaktionsschema zum Ablauf der nickelkatalysierten Cyclodimerisation von Butadien (L = Phosphan, Phosphit). Die C-Atome, die in der reduktiven Eliminierung miteinander verknüpft werden, sowie die gebildeten C–C-Bindungen sind durch einen Stern (*) gekennzeichnet.

Komplexe mit den Cyclodimeren als Liganden gebildet werden, angegeben (**44**/**45** → **46**). Substitution durch Butadien setzt die Cyclodimere frei und bildet den Katalysatorkomplex zurück (**46** → **43**). Die reduktiven C–C-Eliminierungen, die zur Bildung von COD und VCH führen, sind irreversibel. Dagegen lässt der hochgespannte Vierring im DVCB eine oxidative C–C-Addition zu, sodass die zu DVCB führende reduktive Eliminierung reversibel ist und das Produkt nur bei kinetischer Reaktionskontrolle erhalten wird.

Zentrale Zwischenverbindungen im katalytischen Zyklus sind ligandenhaltige Octadiendiyl-nickel(II)-Komplexe **44**/**45**. Bei der Umsetzung von [Ni(CDT)(PCy_3)] mit Isopren konnte ein Komplex, der dieser Zwischenstufe entspricht, auch strukturell charakterisiert werden (Abbildung 11.11). Quantenchemische Rechnungen mit dem Modellliganden L = PH_3 zeigen, dass das stabilste Isomer der Bis(η^3-*syn*)-Octadiendiyl-Komplex (**a**) ist (Abbildung 11.12). Andere Bis(η^3)- und η^3,η^1-Komplexe sind nur unwesentlich weniger stabil. Demgegenüber sind alle Bis(η^1)-Komplexe um mehr als 100 kJ/mol (ΔG) weniger stabil, sodass sie aus thermodynamischen Gründen als Intermediate bei der nickelkatalysierten Cyclodimerisation von Butadien nicht in Betracht kommen.

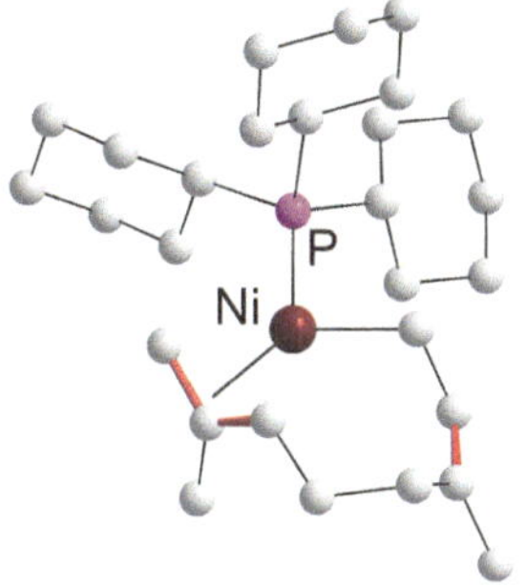

Abbildung 11.11. Struktur von [Ni(η^3,η^1-$Me_2C_8H_{10}$)(PCy_3)] (ohne Wasserstoffatome; die Doppelbindung und die Bindungen der Allylgruppe sind rot hervorgehoben).

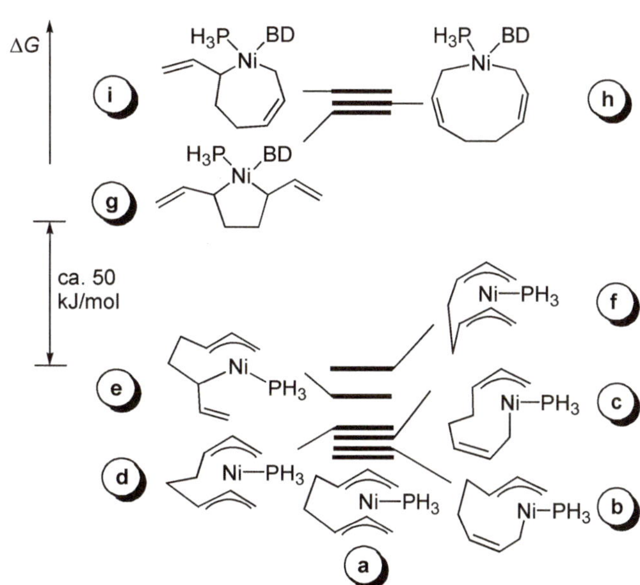

Abbildung 11.12. Zur Stabilität von Phosphan(octadiendiyl)nickel(II)-Komplexen. Die Bis(η^1)-Komplexe **g**–**i** benötigen zur Stabilisierung ein zusätzliches Butadienmolekül (BD) (nach Tobisch und Ziegler [6]).

a) Bis(η^3-*syn*)
b) η^3-*syn*,η^1(C^1),Δ-*cis*
c) η^3-*anti*,η^1(C^1),Δ-*cis*
d) η^3-*anti*,η^3-*syn*
e) η^3-*syn*,η^1(C^3)
f) Bis(η^3-*anti*)
g) Bis(η^1(C^3)) + BD
h) Bis(η^1(C^1),Δ-*cis*) + BD
i) η^1(C^1),η^1(C^3),Δ-*cis* + BD

Aufgabe 11.3

Welches Isomer (gemäß Abbildung 11.12) liegt in der strukturell charakterisierten Verbindung von Abbildung 11.11 vor? Geben Sie den Bis(isopren)-Komplex an, aus dem der Komplex in Abbildung 11.11 durch oxidative Kupplung entstanden sein könnte.

Selektivitätssteuerung

Die Produktverteilung bei der nickelkatalysierten Cyclooligomerisation von Butadien für eine Reihe von repräsentativen Phosphan-/Phosphitliganden L ist in Tabelle 11.1 zusammengestellt. Daraus wird ersichtlich, dass einerseits auch ligandenhaltige Katalysatoren erhebliche Mengen an CDT bilden können und andererseits „nacktes" Nickel zur Bildung von Cyclodimeren als Nebenprodukte führt.

Tabelle 11.1. Zur Ligandensteuerung[a)] der Cyclooligomerisation von Butadien ($[Ni(COD)_2]$: L : C_4H_6 = 1 : 1 : 170; T = 60 °C, t = 48 h) (nach Heimbach und Schenkluhn [13, 14]).

L	θ (in °)	ν (in cm^{-1})	COD+VCH (in %)[b)]	CDT (in %)[b)]
$P(t\text{-}Bu)(i\text{-}Pr)_2$	167	2058	45,8 (1,9)	49,6
$P(i\text{-}Pr)_3$	160	2059	68,8 (1,7)	23,6
PEt_3	132	2062	64,5 (1,6)	29,0
PPh_3	145	2069	85,0 (3,0)	14,8
$P(OMe)_3$	107	2080	38,0 (1,3)	59,8
$P(OPh)_3$	128	2085	87,4 (10,7)	12,2
$P(O\textit{o}\text{-}Tol)_3$	141	2084	97,6 (11,7)	1,4
–[c)]			14,3 (0,6)	81,7

a) L ist durch den sterischen (θ) und elektronischen Parameter (ν) nach Tolman charakterisiert (siehe Exkurs). b) In Klammern ist das Verhältnis von COD und VCH angegeben. Zu 100 % fehlende Werte: unbekannte und offenkettige Butadienoligomere. c) Z. Vgl. ohne Zusatz eines P-Liganden: $Ni(acac)_2$/ $AlEt_2(OEt)$, T = 20 °C.

Die Selektivität der nickelkatalysierten Cyclooligomerisation von Butadien hängt in wohlverstandenem Maße von den sterischen und elektronischen Eigenschaften des Phosphan-/Phosphitliganden L ab. Das hat – beginnend in den 1960er-Jahren – zum ersten Mal umfassend die Möglichkeit eröffnet, die Selektivität einer komplexkatalysierten Reaktion gezielt durch die Natur eines Liganden L zu steuern („*ligand tuning*").

Exkurs: Sterische und elektronische Effekte von Phosphorliganden

In einem Katalysatorkomplex ermöglicht eine gezielte Variation der elektronischen und sterischen Eigenschaften von Liganden, die nicht direkt an der Reaktion beteiligt sind („*spectator ligands*“, „Zuschauerliganden“), Aktivität, Selektivität und/oder Produktivität des Katalysators zu steuern. Um Liganden diesbezüglich zu charakterisieren, hat C. A. Tolman für die häufig benutzten (monodentaten) Phosphorliganden ein quantitatives Maß eingeführt [15]:

Sterischer Ligandenparameter. Der Raumanspruch wird durch einen Kegelwinkel θ (*cone angle*) beschrieben (**I**). Der Kegel umschließt den P-Liganden derart, dass die Kegelspitze einen Abstand von 2,28 Å vom P-Atom hat und der Kegelmantel die van-der-Waals-Sphären der Substituenten in ihrer raumsparendsten Konformation gerade berührt.

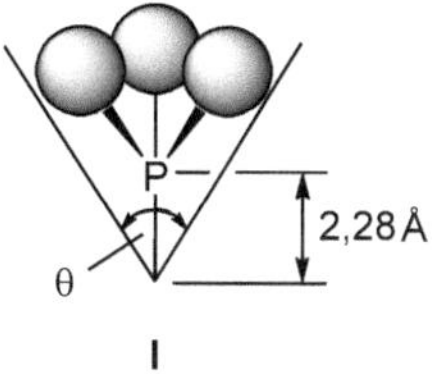

Elektronischer Ligandenparameter. Der elektronische Parameter ν eines Liganden L ist die Wellenzahl ν in cm^{-1} der CO-Streckfrequenz (A_1-Symmetrie) in Komplexen $[Ni(CO)_3L]$ in CH_2Cl_2-Lösung. Obwohl der Parameter ν nur den summarischen Einfluss von σ-Donor- und π-Akzeptorstärke beschreibt, kann von einer größeren Donorwirkung ausgegangen werden, je kleiner ν ist.

Der Graph zeigt den elektronischen und sterischen Parameter für ausgewählte Liganden. Liganden mit geringer Donorstärke und kleinem Raumanspruch stehen links oben und solche mit hoher Donorstärke und großem Raumanspruch rechts unten (Zahlenwerte aus [15]).

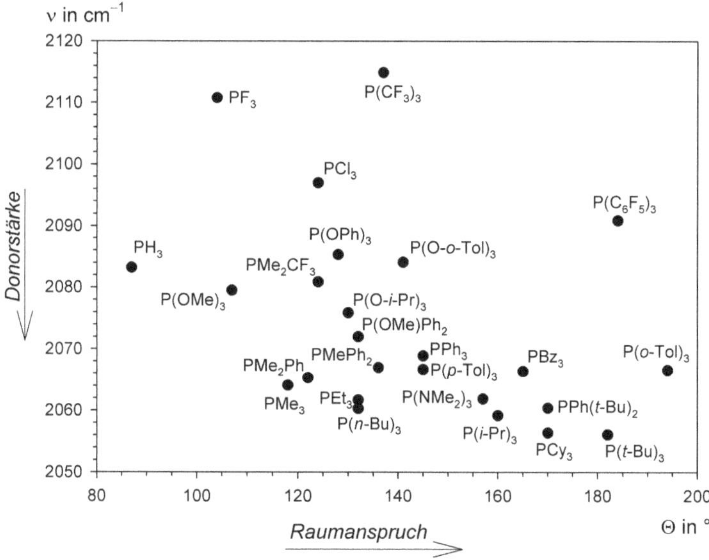

Der Tolmansche elektronische Ligandenparameter ist durch DFT-Rechnungen validiert worden, wobei auch andere Ligandentypen (insbesondere NHC-Liganden) einbezogen worden sind. Diese Rechnungen zeigen aber auch die Grenzen der Beschreibung der Donoreigenschaften von Liganden mit einem einzigen Parameter auf [16]. Weitergehende Konzepte für eine separate Analyse von σ-Donor- und π-Akzeptorwirkung sind von W. P. Giering [17] und für eine detailliertere Beschreibung des Raumanspruches von A. J. Poë [18] entwickelt worden.

Zur Erklärung der Selektivität ist von einem Gleichgewicht der primär gebildeten Octadiendiyl-Komplexe mit dem Liganden L (**44a**) bzw. mit Butadien (**33a**) auszugehen (Abbildung 11.13). Das ist wahrscheinlich der entscheidende Schnittpunkt zwischen den beiden Reaktionskanälen zu den C_8- bzw. C_{12}-Cyclooligomeren. Es kann davon ausgegangen werden, dass die Ligandensubstitution (L *versus* Butadien) keine nennenswerte kinetische Barriere aufweist, sodass beide Komplexe durch ein sich schnell einstellendes Gleichgewicht verbunden sind. Die Aktivierungsbarriere für die Weiterreaktion entweder zu CDT oder zu COD/VCH ist wesentlich größer, sodass eine typische Curtin-Hammett-Situation vorliegt (siehe Exkurs, S. 74): Die Selektivität wird durch die Differenz der freien Enthalpien der Übergangszustände der zu CDT bzw. COD/VCH führenden Reaktionen bestimmt und nicht durch die Lage des Gleichgewichtes **33a** $\rightleftharpoons$ **44a** (Abbildung 11.13, **a**).

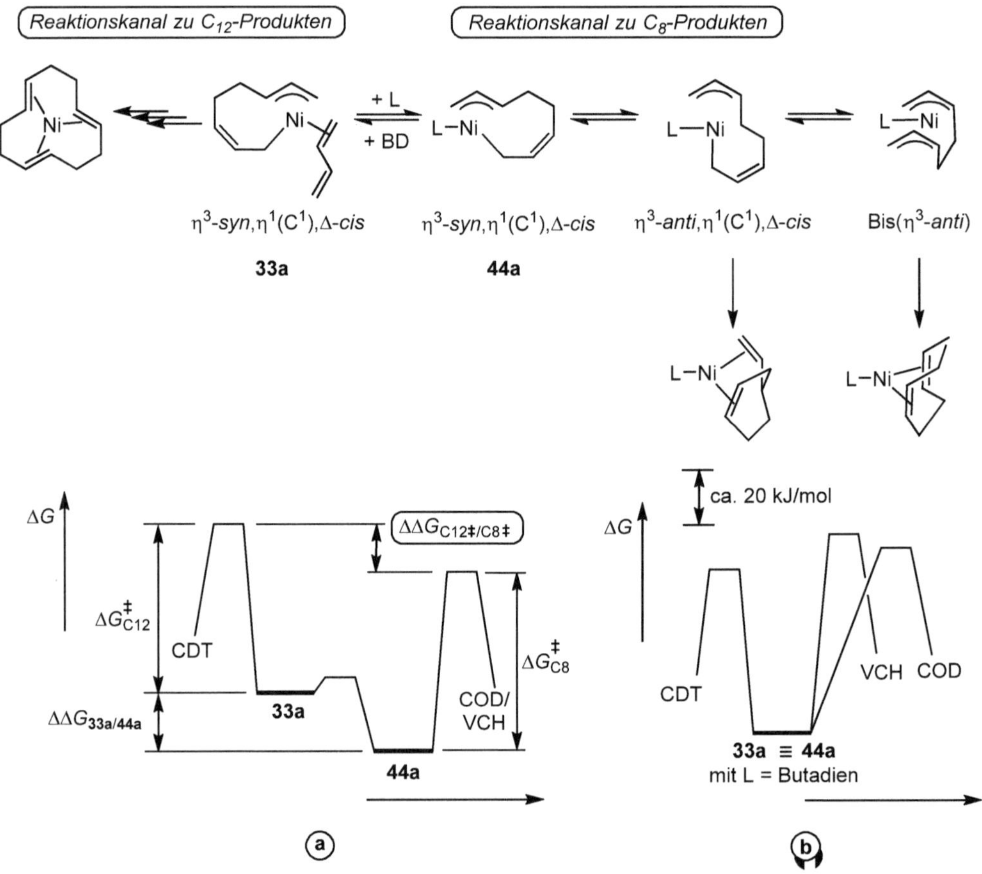

Abbildung 11.13. Zur C_8–C_{12}-Selektivität bei der nickelkatalysierten Cyclooligomerisation von Butadien. **a**) Qualitatives Reaktionsprofil. **b**) Reaktionsprofil (vereinfacht) für die Cyclooligomerisation mit „nacktem" Nickel (L = Butadien) (nach Tobisch [10]).

Die Ligandensteuerung ist für reine σ-Donorliganden und solche, die auch über π-Akzeptoreigenschaften verfügen, getrennt zu diskutieren.

σ-Donorliganden (L = PR_3). Drei Faktoren sind für den Ligandeneinfluss maßgebend: *i*) Eine hohe σ-Donorstärke von L stabilisiert **44a**. *ii*) Ein großer Raumanspruch von L erleichtert die Ligandenabspaltung, verschiebt also das Gleichgewicht **33a**/**44a** zugunsten von **33a**. *iii*) Großvolumige σ-Donorliganden L setzen die Aktivierungsbarriere für die reduktive Eliminierung zu COD/VCH herab. Somit begünstigt ein hoher sterischer Druck durch den Liganden L sowohl die CDT- (vgl. *ii*) als auch die COD/VCH-Bildung (vgl. *iii*). Der Faktor *ii*) scheint der dominierende zu sein, sodass verständlich wird, dass der CDT-Anteil für L = P(*t*-Bu)(*i*-Pr)$_2$ weitaus am größten ist (Tabelle 11.1).

π-Akzeptorliganden (L = $P(OR)_3$). π-Akzeptorliganden L stabilisieren Komplex **44a** nur moderat (relativ zu **33a**); Phosphite beeinflussen also die Lage des Gleichgewichts **33a**/**44a** weniger als Phosphane. Großvolumige π-Akzeptorliganden setzen aber die Aktivierungsbarriere für den C_8-Reaktionskanal herab, wobei insbesondere die COD-Bildung begünstigt wird.

Nunmehr bleibt bei der CDT-Synthese mit „nacktem" Nickel noch die Bildung geringer Mengen an Cyclodimeren zu erklären (vgl. Tabelle 11.1). Butadien ist ein schwach koordinierender Ligand, sodass die Startkomplexe für den C_8- (**44a**, L = Butadien) und den C_{12}-Reaktionskanal (**33a**) identisch sind. Damit vereinfacht sich das Reaktionsschema (Abbildung 11.13, **b**), weil der Reaktionskanal zu CDT und der zu den Cyclodimeren die gleiche Ausgangsverbindung haben. Quantenchemische Rechnungen weisen – in Übereinstimmung mit dem Experiment – die geringste Aktivierungsbarriere für die CDT-Bildung aus.

11.4.3 Linearoligo- und Telomerisation von Butadien

Die Nickel(0)-katalysierte Cyclodimerisation von Butadien wird in Gegenwart von nicht zu starken Protonendonoren (H–X = H–OR, H–OC(O)R, H–OH, H–NR_2, ...) in eine Lineardimerisation zu Octatrienen oder in eine Telomerisation zu funktionalisierten Octadienen umgelenkt. Der Mechanismus ist dem der Cyclodimerisation ähnlich. Ausgangspunkt ist ein Bis(butadien)nickel(0)–Ligand-Komplex **43**, der – wie bei der Cyclodimerisation – via oxidative Kupplung und Allylisomerisierung zu $\eta^3,\eta^1(C^1)$- sowie $\eta^3,\eta^1(C^3)$-Octadiendiylnickel(II)-Komplexen **44b** bzw. **44c** (*cis-trans-/syn-anti*-Isomerie bleibt hier und nachfolgend unberücksichtigt) reagieren kann. Dem folgt eine protolytische Spaltung der σ-Ni–C-Bindung (**44b** → **47a**, **44c** → **47b**), wobei η^3-Allylkomplexe gebildet werden, in denen Nickel außer L auch den anionischen Liganden X koordiniert hat.

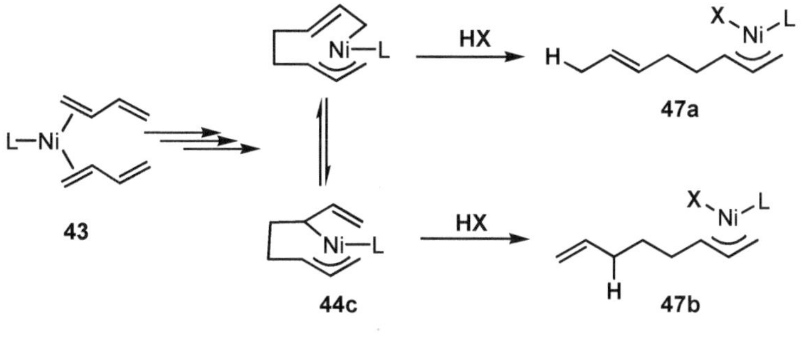

Um die Reaktion besser nachvollziehen zu können, ist HX in allen Produkten durch Fettdruck hervorgehoben. Am Beispiel des Isomers **47a** ist die Weiterreaktion gezeigt:

47a $\xrightarrow{-\,[Ni^0L]}$ **48a**

47a $\xrightarrow{-\,[Ni^0L]}$ **48b**

47a $\xrightarrow[-\,[Ni^0L]]{-\,HX}$ **48c**

Der angenommene Reaktionsmechanismus geht von einer reduktiven Eliminierung unter Bildung einer C–X-Bindung aus. Dabei werden unter Rückbildung des Katalysatorkomplexes [Ni^{0}L] endständig (**47a** → **48a**) bzw. innenständig (**47a** → **48b**) funktionalisierte Octadiene gebildet. **47a** kann aber auch unter β-Hydrideliminierung ein Octatrien bilden (**47a** → **48c**), wobei formal ein [NiH(X)L]-Komplex entsteht, der in HX und den Katalysatorkomplex [Ni^{0}L] zerfällt.

Die Bildung des Octatriens **48c** entspricht einer Lineardimerisation von Butadien. Katalytische Mengen von HX sind dafür ausreichend. HX ist Cokatalysator. Die Bildung der X-funktionalisierten Octadiene (**48a**/**48b**) entspricht einer Telomerisation von Butadien. Dabei ist HX Reaktant und daher sind stöchiometrische Mengen erforderlich. Wird mit Wasser als Telogen gearbeitet (H–X = H–OH), werden Hydroxyoctadiene erhalten. Diese Reaktion wird als „Hydrodimerisation" von Butadien bezeichnet.

Exkurs: Telomerisation

Eine Telomerisation ist eine besondere Form der Oligo- bzw. Polymerisation, bei der ein Molekül A–B (das Telogen) mit *n* Molekülen des Monomers (Mon) zu Telomeren gemäß folgender Gleichung reagiert:

$$\text{A–B} + n\,\text{Mon} \longrightarrow \text{A–(Mon)}_n\text{–B}$$

Telomere haben gewöhnlich eine relativ niedrige Molmasse und finden daher als Weichmacher, Klebstoffkomponenten oder Tenside technische Anwendung. Häufig werden Telomerisationen als radikalische Lösungspolymerisationen mit dem Telogen A–B als Lösungsmittel (Halogenkohlenwasserstoffe wie CCl_4, Mercaptane, Alkohole, Kohlenwasserstoffe) ausgeführt. So führt die radikalisch initiierte Telomerisation von Ethen in Tetrachlorkohlenstoff zu chlorfunktionalisierten Oligomeren ($n = 4–6$).

$$n\ H_2C{=}CH_2 \xrightarrow{+\ \bullet CCl_3} Cl_3C\left[CH_2{-}CH_2\right]_{n-1}CH_2{-}\dot{C}H_2 \xrightarrow[-\ \bullet CCl_3]{+\ CCl_4} Cl_3C\left[CH_2{-}CH_2\right]_{n-1}CH_2{-}CH_2{-}Cl$$

Somit nehmen Telomerisationen eine Stellung zwischen der Addition von A–B an Olefine/Diene und deren Polymerisation ein [19, 20].

Aufgabe 11.4

Welche Produkte werden aus dem η^3-Octadienylnickel(II)-Komplex **47b** gebildet. Entwerfen Sie ein analoges Reaktionsschema wie zuvor für Isomer **47a**. Lassen Sie dabei *cis*/*trans*-Isomere unberücksichtigt.

Das erhaltene Produktspektrum ist vielfältiger als zuvor dargestellt. Zum einen können *cis-trans*-Doppelbindungsisomere sowie andere Stellungsisomere gebildet werden. Die Produktverteilung kann in gewissen Grenzen gesteuert werden und hängt ausgeprägt von HX, dem Liganden L und den Reaktionsbedingungen ab. Als Nebenprodukte können Cyclooligomere, Polymere und durch Einbeziehung von Octatrienen in die Reaktion auch höhere Linearoligomere gebildet werden. Weiterhin können substituierte Butene gebildet werden. Dafür sind wahrscheinlich Hydridonickel(II)-Komplexe **49** verantwortlich, die als Zwischenprodukte bei der Reaktion auftreten und auch durch partielle Protonierung von Nickel(0)-Komplexen zugänglich sind. Insertion von Butadien in die Ni–H-Bindung liefert einen Crotylnickelkomplex **50**, der in einer reduktiven C–X-Eliminierung X-funktionalisierte Butene abspaltet.

"LNi(H)X" **49** → (Butadien) **50** (X–Ni–L) → – [Ni⁰L] → Butene mit X

Ausgehend von **50** eröffnet sich ein weiterer Weg zu C_8-Verbindungen **47a** durch Insertion von Butadien.

Aufgabe 11.5

Bei der Reaktion von Butadien mit $[Ni\{P(OEt)_3\}_4]/CF_3COOH$ in ROH (R = Et, *i*-Pr, ...) bildet sich u. a. ein neuartiges Cyclodimer, nämlich 1-Methylen-2-vinylcyclopentan (**51**). Als Reaktionsweg wird die Reaktionsfolge **43** → **44c** → **47b** → ... (L = $P(OEt)_3$; X = CF_3COO^-) diskutiert. Vervollständigen Sie die Reaktion.

51

Lineare Dimerisationen und Telomerisationen von Butadien werden auch durch Palladium katalysiert. Im Allgemeinen verlaufen diese Reaktionen selektiver als die nickelkatalysierten und es werden keine Cyclooligomere wie COD oder CDT erhalten. Das wird auf die größeren Pd-Atome sowie auf bereitwilliger ablaufende Hydrideliminierungen zurückgeführt. So katalysieren ligandenfreie Palladium(0)-Katalysatoren die lineare Trimerisation von Butadien zu verschiedenen Isomeren von Dodecatetraen **53** [21]. Bei der Umsetzung von $[Pd(dba)_2]$ (dba = Dibenzylidenaceton, PhCH=CH–CO–CH=CHPh) mit Butadien ist ein analoger Zwischenkomplex **52** wie bei Nickel nachgewiesen worden, der aber nicht unter CDT-Bildung weiterreagiert, sondern unter Wasserstoffwanderung (formal eine β-Hydrideliminierung und reduktive C–H-Eliminierung) zu **53** [22].

$[Pd(dba)_2]$ —(3 Butadien, – 2 dba)→ Pd **52** —(– "Pd")→ **53**

Ligandenhaltige Palladium(0)-Katalysatoren werden häufig aus $[Pd(PR_3)_4]$ oder $Pd(OAc)_2$/PR_3 generiert, wobei im letzteren Fall in situ[1] Reduktion zu Pd^0 erfolgt. Bei einem Pd/L-Verhältnis (L = PR_3) von 1/1 wird in aprotischen Lösungsmitteln die lineare Dimerisation zu Octa-1,3,7-trien (**54**) katalysiert. In Gegenwart von HX erfolgt Telomerisation zu (bevorzugt endständig) funktionalisierten Octadienen (**55**). PdL_x-Komplexe (x = 1, 2) katalysieren die Bildung von funktionalisierten Butenen (**56**) sowie Cocyclisierungen von Butadien mit Heteroolefinen (Aldehyde, Ketone, Imine, ...) und Heterocumulenen (CO_2, RN=C=O), die bevorzugt zu sechsgliedrigen Heterocyclen (**57**/**58**) führen.

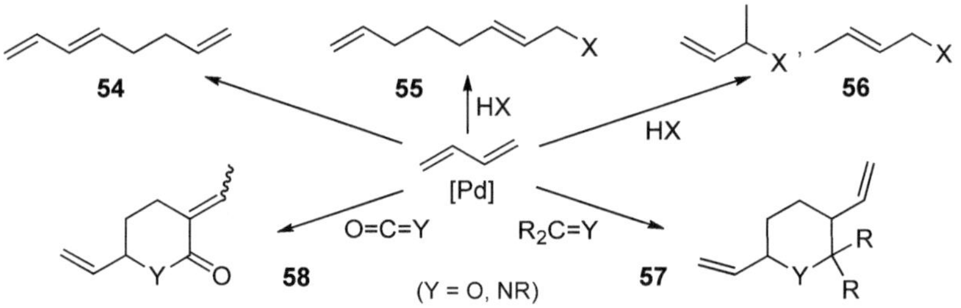

Technische Bedeutung haben Pd-katalysierte Telomerisationen wie die Hydrodimerisation von Butadien (→ **55a**) erlangt [23]. Sie kann in Wasser/Sulfolan ($(CH_2)_4SO_2$) in einer CO_2-Atmosphäre durchgeführt werden. Als Präkatalysator fungiert $Pd(OAc)_2$ in Gegenwart eines großen Überschusses an einem Phosphoniumsalz $[PPh_2(C_6H_4\text{-}m\text{-}SO_3Li)(CH_2CH{=}CHR)]$-$(HCO_3)$ und von Triethylamin. Primär wird mit einer Selektivität von >90 % Octa-2,7-dien-1-ol (**55a**) erhalten. Extraktion mit Hexan ermöglicht eine Produktabtrennung, ohne den thermisch empfindlichen Katalysator zu zerstören [24].

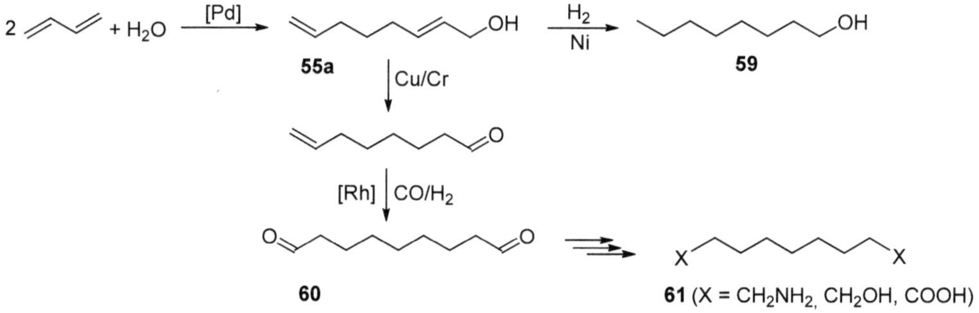

Aus **55a** wird durch Hydrierung zu Octan-1-ol (**59**) ein wichtiges Ausgangsmaterial zur Synthese von Weichmachern für PVC erhalten. Eine heterogen katalysierte Isomerisierung von **55a** und nachfolgende Hydroformylierung führt zu einem Dialdehyd (**55a** → **60**), der Ausgangsstoff zur Synthese von wichtigen 1,ω-Diaminen, -alkoholen oder -carbonsäuren ist (**60** → **61**). Des Weiteren wird industriell durch palladiumkatalysierte Telomerisation von Butadien mit Methanol 1-Methoxyoctadien **55b** hergestellt. Nachfolgende Hydrierung und Methanolabspaltung an heterogenen Katalysatoren führt zu Oct-1-en (**62**), das als Comonomer für die Herstellung von LLDPE benötigt wird. Methanol wird im Kreislauf gefahren, sodass eine

[1] $Pd(OAc)_2$ wird sehr leicht reduziert, z. B. durch CO, Alkohole, tertiäre Amine und Olefine. Mit Butadien setzt es sich zu Pd^0 und $AcOCH_2CH{=}CHCH_2OAc$ um.

Synthese von Oct-1-en aus preiswertem Butadien und Wasserstoff vorliegt. Als Coligand für Palladium bei der Synthese von **55b** können Phosphane (PPh_3, …; Dow Chemicals), aber auch NHC-Liganden eingesetzt werden [25].

2 [Pd] + MeOH → 55b (OMe) → + 2 H_2, Kat. → OMe; – MeOH, Kat. → **62**

Eine palladiumkatalysierte Telomerisation von Butadien mit Kohlendioxid ($[Pd(acac)_2]$/L, L = PCy_3, PPh_3; Pd/L = 1/3; 80 °C, 40 bar) führt zum δ-Lacton **58a**. Ausgehend von Pd^0 wird via oxidative Kupplung ein Octadiendiylpalladium-Komplex **63** gebildet. Dem schließt sich eine Insertion von CO_2 an (**63** → **64**), die wahrscheinlich in eine η^1-gebundene Allylgruppe erfolgt. Reduktive C–O-Eliminierung und Doppelbindungsverschiebung setzen dann das Lacton **58a** frei.

Pd–L **63** ⇌ Pd–L → CO_2 → Pd–L **64** → – $[Pd^0L]$ → **58a**; + 2 Butadien; L = PCy_3, PPh_3; a, b

Das Lacton **58a** mit seiner 2,3-disubstituierten Acrlyat- (**a**) und der Allylestergruppierung (**b**) besitzt ein hohes synthetisches Potential und kann durch Hydrierung, Ringöffnung und Funktionalisierung der Doppelbindungen zu einer Vielzahl auch technisch interessanter Produkte umgesetzt werden [26]. Mit Radikalinitiatoren wie AIBN oder V 40 setzt sich **58a** zu Butadien–Kohlendioxid-Copolymeren **65a** ($n \approx$ 10–125) um, die einen CO_2-Gehalt von 33 mol-% aufweisen. Das war ein Durchbruch bei der Synthese von Copolymeren aus Kohlendioxid und ungesättigten Kohlenwasserstoffen [27].

58a → AIBN/V 40, 100 °C, 24 h → **65a**; AIBN; V 40

Zunehmend an Interesse gewinnen Telomerisationen, die eine Verknüpfung von mehr als zwei Butadienmolekülen beinhalten, und multifunktionelle Telogene, die aus Biomasse erhalten werden (z. B. Glycerin, Zucker und -alkohole) [28].

Aufgabe 11.6

Schlagen Sie einen Mechanismus für die Bildung des Polymers **65a** vor. Mit Lewis-Säuren wie $ZnCl_2$ als Additiv werden in das Polymer **65a** auch die Struktureinheiten **65b** und **65c** eingebaut. Wie kann man deren Bildung erklären?

65b **65c**

11.5 Polymerisation von Butadien

11.5.1 Mechanismus

Buta-1,3-dien kann unter C1–C4- oder C1–C2-Bindungsknüpfung zu 1,4- bzw. 1,2-Polybutadien polymerisiert werden. Bei der 1,2-Polymerisation wird wie bei der Polymerisation eines terminalen Olefins ein Stereozentrum erzeugt. Verläuft die Polymerisation regio- und stereoselektiv, bildet sich entweder *cis*- (**66a**) oder *trans*-1,4-Polybutadien (**66b**) bzw. iso- (**67a**) oder syndiotaktisches 1,2-Polybutadien (**67b**). Eine Polymerisation, die unter C1–C2-Bindungsknüpfung verläuft, aber nicht stereoselektiv ist, führt zu ataktischem 1,2-Polybutadien.

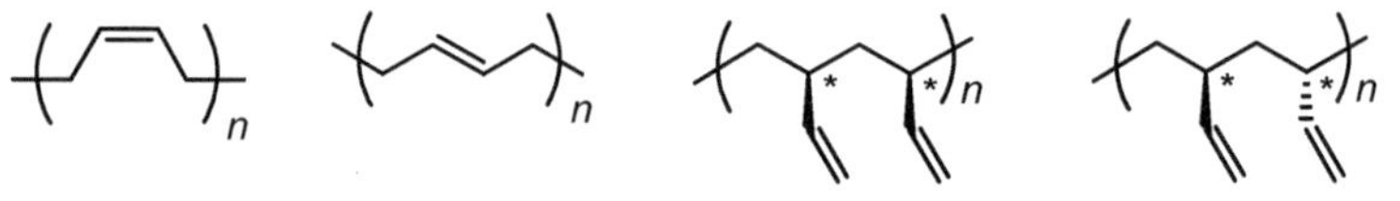

66a **66b** **67a** **67b**

Aufgabe 11.7

Schreiben Sie die Formeln von allen regio- und stereoregulären Polymeren des Isoprens auf.

Mitte der 1950er-Jahre gelang es G. Natta erstmals, alle vier Typen von stereoregulären Polybutadienen in hoher Reinheit (>98 %) mit metallorganischen Mischkatalysatoren (Ziegler-Natta-Katalysatoren) herzustellen und die Regio- und Stereoregularität der Dien-Polymerisation nachzuweisen. *cis*-1,4-Polybutadien hat ähnliche Eigenschaften wie Naturkautschuk (*cis*-1,4-Polyisopren) und findet wie dieser eine wichtige Anwendung in der Reifenindustrie.

Mechanismus

Essentiell für die Katalyse ist, dass im Katalysatorkomplex **68** die wachsende Polymerkette über eine endständige Allylgruppe und das Monomer (Butadien) koordiniert sind. Das Wachstum des Polymers vollzieht sich via π-Allylinsertion (**68** → **69**). Butadienkoordination schließt den Zyklus (**69** → **68'**).

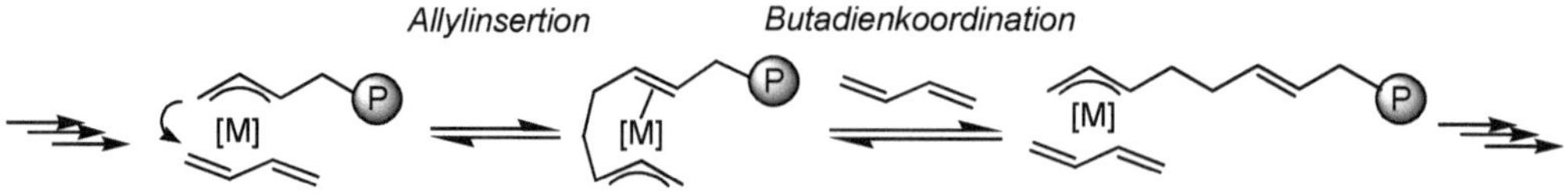

Allylinsertion *Butadienkoordination*

[M] P [M] P [M] P

68 **69** **68'**

Die π-Allylinsertion erfolgt grundsätzlich so, dass die wachsende Polymerkette mit einem endständigen C-Atom des koordinierten Butadiens (C_{1BD}) verknüpft wird. Die verbleibenden drei C-Atome des Butadiens (C_{2BD}–C_{4BD}) bilden einen neuen η^3-Allylliganden. Die Regioselektivität (1,4- *versus* 1,2-Bindungsknüpfung) der Polymerisation wird dadurch bestimmt, mit welchem C-Atom der Polymerkette (C_{1P} oder C_{3P}) die Bindung zum C1-Atom des koordinierten Butadiens (C_{1BD}) geknüpft wird: C_{1P}–C_{1BD}-Knüpfung ergibt eine 1,4-C_4-Einheit (**68** → **69**) und C_{3P}–C_{1BD}-Knüpfung eine 1,2-C_4-Einheit (**68** → **70**):

68

69 1,4-Polymerisation

70 1,2-Polymerisation

Die Stereoselektivität bei der 1,4-Polymerisation (*cis- versus trans*-1,4-Polybutadien) wird durch die Struktur der Allylgruppe in der wachsenden Polymerkette bestimmt. Es gilt die *syn*/*trans*- und *anti*/*cis*-Korrelation (Abbildung 11.14):

- Aus einer *syn*-Allylstruktur bildet sich eine *trans*-1,4-C_4-Einheit (**71a**/**68a** → **69a**) und aus einer *anti*-Allylstruktur eine *cis*-1,4-C_4-Einheit (**71b**/**68b** → **69b**).
- Insertion von *s-trans*-Butadien (**68a** → **69a**) führt zu einer *syn*-η^3-Allylgruppe und von *s-cis*-Butadien (**68b** → **69b**) zu einer *anti*-η^3-Allylgruppe.

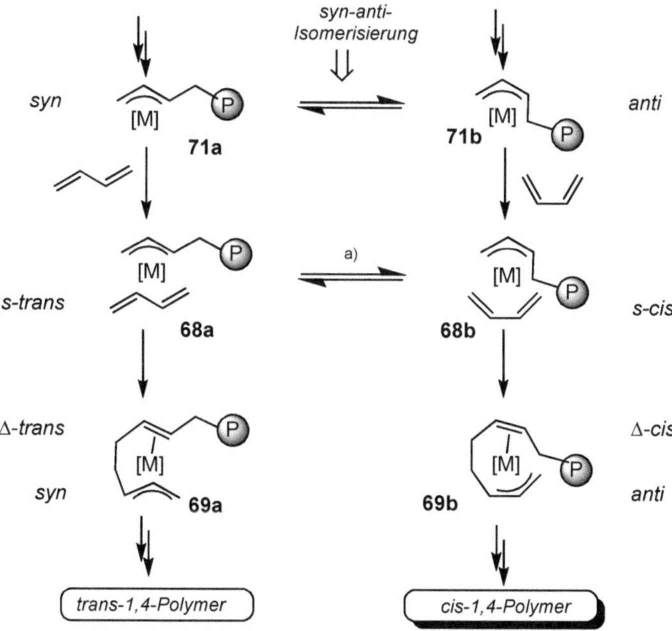

Abbildung 11.14. Allgemeines Reaktionsschema zur *cis-trans*-Selektivität bei der Butadienpolymerisation. a) Die *syn-anti*-Isomerisierung **68a**⇌**68b** schließt nicht notwendig (wie im Schema gezeichnet) eine *trans-cis*-Isomerisierung des koordinierten Butadiens ein, ebenso wie (im Schema nicht gezeigt) eine Insertion von einem *s-cis*(*s-trans*)-koordinierten Butadien in eine *syn*(*anti*)-Allylgruppe möglich ist.

Könnten sich *syn*- und *anti*-η^3-Allylgruppen nicht wechselseitig ineinander umwandeln, so würde eine Insertion von *s-trans*-Butadien zwangsläufig zu *trans*-1,4-Polybutadien (**71a** → **68a** → **69a**) und eine von *s-cis*-Butadien zu *cis*-1,4-Polybutadien (**71b** → **68b** → **69b**) führen. Das trifft aber nicht zu, denn *syn*- und *anti*-η^3-Allylgruppen können einer *syn-anti*- bzw. *anti-syn*-Isomerisierung unterliegen (**71a** ⇌ **71b**, **68a** ⇌ **68b**). Erfolgt diese *vor* dem nächsten Insertionsschritt (**68a** → **69a** bzw. **68b** → **69b**), entsteht das jeweils andere Stereoisomer. Entscheidend für die Stereoselektivität ist also nicht die Struktur der Allylgruppe zum Zeitpunkt ihrer Bildung, sondern zum Zeitpunkt, an dem sie mit dem koordinierten Butadien reagiert.

Kettenabbruchreaktionen

Ausgehend von **69a**/**69b** (im nachfolgenden Schema ist die Reaktion mit **69b** gezeigt) führt Wasserstoffübertragung vom C4-Atom der wachsenden Polymerkette **P** auf das Metall zu einem Hydridometallkomplex, an den das Polymermolekül mit einer Dien-Endgruppe koordiniert ist (**69b** → **72**; die relevanten CH_n-Gruppen sind hier und nachfolgend explizit in den Formeln angegeben). Durch Substitution des koordinierten Polymers durch Butadien (**72** → **73**) sowie Insertion von Butadien in die M–H-Bindung und erneuter Butadienkoordination (**73** → **68b'**) wird der Katalysatorkomplex zurückgebildet. Ausgehend von **68b** (Analoges gilt für **68a**) kann die Wasserstoffübertragung auch direkt auf das koordinierte Monomer erfolgen (**68b** → **74**). Substitution des koordinierten Polymers, das ebenfalls über eine Dien-Endgruppe verfügt, durch Butadien liefert den Katalysatorkomplex **68b'**. In beiden Fällen erfolgt lediglich Kettenabbruch, aber keine Katalysatordesaktivierung.

H₂C [M] P
69b
P' HC H [M]
72
+ CH₂
− CH P'
H [M] CH₂
73
+
[M] CH₃
n
68b'
[M] CH₂ P CH₂
68b
[M] CH P CH₃
74
+
− CH P

Analog zur Polymerisation von einfachen Olefinen kann im Falle von Ziegler-Systemen Kettenübertragung auf das Aluminiumalkyl stattfinden ($[M(\eta^3\text{-}CH_2\text{---}CH\text{---}CH\mathbf{P})] + AlR_3 \rightarrow [M]\text{–}R + R_2Al\text{–}CH_2\text{–}CH\text{=}CH\mathbf{P}$), ohne dass der Katalysator desaktiviert wird. Dagegen führt eine homolytische Bindungsspaltung ($[M(\eta^3\text{-}CH_2\text{---}CH\text{---}CH\mathbf{P})] \rightarrow [M]\cdot + \cdot CH_2\text{–}CH\text{=}CH\mathbf{P}$) nicht nur zum Kettenabbruch, sondern auch zur Katalysatordesaktivierung.

Aufgabe 11.8

Neben Wasserstoff werden auch Ethen und α-Olefine zur Molmassenregelung herangezogen. Geben Sie einen möglichen Mechanismus an.

11.5.2 Allylnickel(II)-komplexkatalysierte Butadienpolymerisation

Umsetzung des C_{12}-Diallylnickel(II)-Komplexes **75** mit Säuren HX (X – schwach koordinierendes Anion wie $[BF_4]^-$) ergibt unter Spaltung von einer der beiden Nickel-Allyl-Bindungen kationische Dodecatrienylnickel(II)-Komplexe **76** (Abbildung 11.15), die hochaktive Einkomponentenkatalysatoren für die 1,4-Polymerisation von Butadien sind. Damit können Komplexe vom Typ **76** als Modelle für den Katalysatorkomplex angesehen werden, wenn die endständige Methylgruppe (blau eingefärbt in Abbildung 11.15) durch die wachsende Polymerkette ersetzt wird. Die Koordination der beiden Doppelbindungen führt zu einem 16-*ve*-Komplex, der durch schwache Kation–Anion-Wechselwirkungen zusätzlich an Stabilität gewinnt. Wird ein noch schwächer koordinierendes Anion wie Tetrakis[3,5-(trifluormethyl)phenyl]borat eingesetzt (**77** → **78**), dann sind im Katalysatorkomplex **78** keine direkten Kation–Anion-Wechselwirkungen nachzuweisen, wohl aber ein schwacher Kontakt einer Doppelbindung der wachsenden Polymerkette mit dem Nickel (Abbildung 11.15).

Allylnickel(II)-Komplexe waren die ersten Einkomponentenkatalysatoren für die Butadienpolymerisation. Dazu gehören (vgl. Tabelle 11.2) neutrale, dimere Allylnickel(II)-Komplexe $[\{Ni(C_3H_5)(\mu\text{-}X')\}_2]$ (**a**; X' = Halogenid, Carboxylat), kationische Allyl–Bisligand-Nickelkomplexe $[Ni(C_3H_5)L_2][PF_6]$ (**b**; L = PR_3, $P(OR)_3$, ...), C_8-Allyl–Monoligand-Nickelkomplexe $[Ni(C_8H_{13})L][PF_6]$ (**c**) und die bereits erwähnten „ligandenfreien" C_{12}-Allylnickel(II)-Komplexe $[Ni(C_{12}H_{19})]X$ (**d**; X = schwach koordinierendes Anion). Alle diese Komplexe katalysieren die Bildung von 1,4-Polybutadien mit sehr geringen Mengen an 1,2-Polymer.

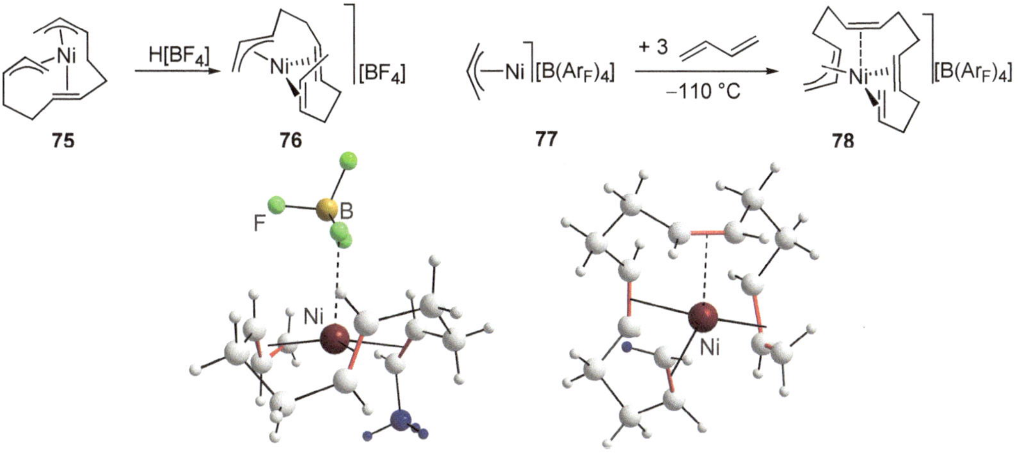

Abbildung 11.15. Bildung von $[Ni(C_{12}H_{19})][BF_4]$ (**76**, $C_{12}H_{19}$ = η^3-*syn*,η^2(Δ-*trans*),η^2(Δ-*cis*)-Dodecatrienyl) sowie von $[Ni(C_{15}H_{23})][B(Ar_F)_4]$ (**78**, $C_{15}H_{23}$ = η^3-*anti*,η^2(Δ-*cis*),η^2(Δ-*cis*),η^2-Pentadecatetraenyl, Ar_F = 3,5-$(CF_3)_2C_6H_3$) sowie Strukturen (Doppelbindungen und C–C-Bindungen von Allylgruppen sind rot gezeichnet) von **76** (links) und des Kations von **78** (rechts). Schwache Wechselwirkungen über die „axiale" fünfte Koordinationsstelle des Nickels sind durch gestrichelte Linien angedeutet. Die bei der Reaktion **75** → **76** am Nickel(II) verbleibende Allylgruppe unterliegt einer *anti*-*syn*-Isomerisierung. In den Katalysatorkomplexen der Allylnickel(II)-katalysierten Butadienpolymerisation ist die Methylgruppe bzw. ein H-Atom der endständigen Doppelbindung (blau eingefärbt in den Strukturmodellen) durch die wachsende Polymerkette zu ersetzen.

Tabelle 11.2. Zur katalytischen Selektivität und Aktivität von Allylnickel(II)-Komplexen in der stereoselektiven Butadienpolymerisation (nach Taube und Sylvester in [M7], 1st ed., VCH, Weinheim, **1996**, S. 280).

	Komplex	L bzw. X/X'	*TOF*[a)]	1,4-*cis*[b)]	1,4-*trans*[b)]
a	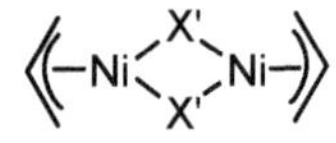	X' = Cl	0,1 (65)	92	6
		X' = Br	2,4 (65)	46	53
		X' = I	30 (65)	–	95
b	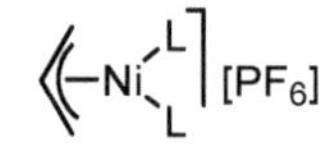 [PF6]	L = PPh_3	10	3	90
		L = $SbPh_3$	10000	85	11
		L = $P(OPh)_3$	200	4	96
c	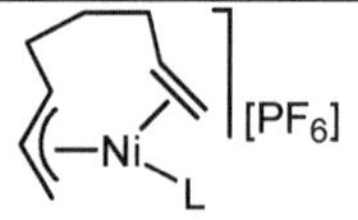 [PF6]	L = PPh_3	650 (50)	59	36
		L = PCy_3	90 (50)	52	39
		L = P(O*o*-Tol)$_3$	5400	90	8
d	 X	X = PF_6	12000	91	8
		X = BF_4[c)]	7500	75	13
		X = CF_3SO_3	10	17	80

a) In mol Butadien/(mol Ni · h); Reaktionstemperatur (in °C) in Klammern, wenn von 25 °C abweichend. b) Mikrostruktur des Polymers in %. Zu 100 % fehlende Werte geben dem Anteil an 1,2-Polymer wieder. c) Komplex **76** in Abbildung 11.15.

Das von R. Taube (Univ. Halle) Anfang der 1990er-Jahre formulierte und experimentell bewiesene Reaktionsmodell für die allylnickelkatalysierte 1,4-Polymerisation von Butadien ist in Abbildung 11.16 dargestellt. Im Einzelnen sind folgende Schritte zu diskutieren:

- *Katalysatorformierung (Ligandenabspaltung/Butadienkoordination).* Präkatalysatoren sind die kationischen Allyl–Bisligand-Komplexe **79** (R = H), aus denen durch Abspaltung von L und Koordination von Butadien die Katalysatorkomplexe erzeugt werden (**79** → **80**).[1] Erneute Abspaltung von L bildet die ligandenfreien Komplexe (**80** → **81**), die ebenfalls katalytisch aktiv sind. Zur Stabilität der Komplexe **81** trägt die Koordination einer Doppelbindung der wachsenden Polymerkette bei. Ausgehend von **80** führt Substitution von Butadien durch L zu katalytisch inaktiven Bisligand-Komplexen, nunmehr aber mit der wachsenden Polymerkette als Ligand (**80** → **79**, R = **P**). Alle diese Ligandensubstitutionsreaktionen sind – wie generell bei spin-gepaarten d^8-Nickelkomplexen – mit keiner nennenswerten Aktivierungsbarriere verbunden.
- *anti-syn-Isomerisierungen.* Die Komplexe **79**–**81** unterliegen einer *anti-syn*-Isomerisierung ($\mathbf{79}_{syn} \rightleftharpoons \mathbf{79}_{anti}$; $\mathbf{80}_{syn} \rightleftharpoons \mathbf{80}_{anti}$; $\mathbf{81}_{syn} \rightleftharpoons \mathbf{81}_{anti}$). In den Komplexen **79** und **80** ist die *syn*-Form thermodynamisch stabiler. In Komplexen **81** mit der η^3,η^2-chelatgebundenen Polymerkette ist die *anti*-Form thermodynamisch stabiler.

[1] Komplexe **80** und **81** sind in der Abbildung mit einer wachsenden Polymerkette **P** gezeigt, also nachdem der Zyklus zumindest einige Male durchlaufen wurde.

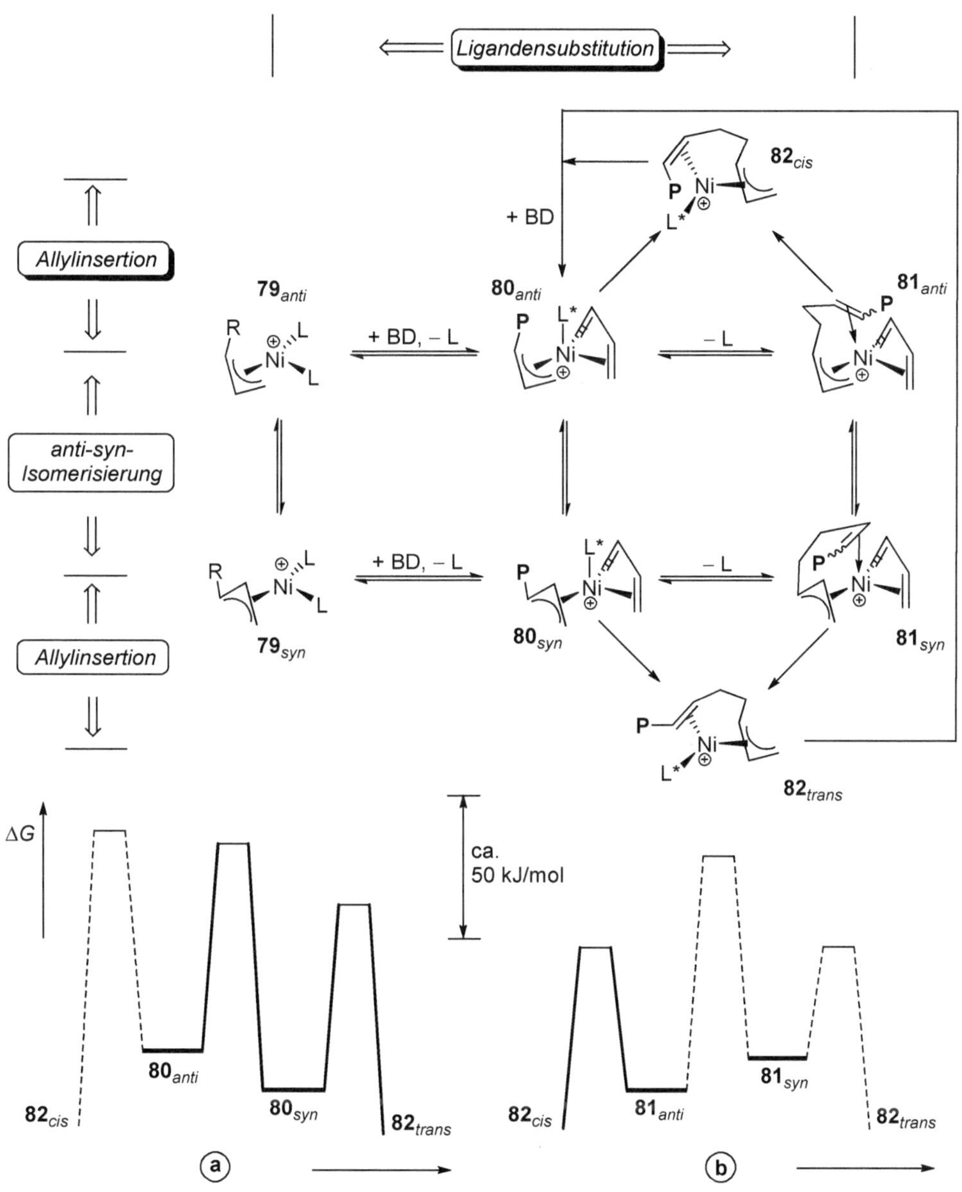

Abbildung 11.16. Reaktionsmodell für die allylnickelkatalysierte 1,4-Polymerisation von Butadien (BD = Butadien, L = Ligand, L* = Ligand oder Doppelbindung der wachsenden Polymerkette, **P** = wachsende Polymerkette, R = H bzw. **P**). (**a**) Reaktionsprofil für den kationischen Monoligand-Modellkomplex $[Ni(C_3H_4R)(C_4H_6)L]^+$ (**80**; L = $P(OMe)_3$, R = CH_3). (**b**) Reaktionsprofil für den kationischen ligandenfreien Modellkomplex $[Ni(C_3H_4R)(C_4H_6)]^+$ (**81**; R = $CH_2{-}CH_2{-}CH{=}CH_2$). Der jeweils energetisch bevorzugte Reaktionsweg ist ausgezogen gezeichnet (gekürzt nach Tobisch [29]).

- *Kettenwachstum (Allylinsertion).* Es ist experimentell und durch Rechnungen gezeigt, dass im Insertionsschritt (**80**/**81** → **82**) primär eine *anti*-Allylstruktur gebildet wird, unabhängig davon, ob *cis*- oder *trans*-1,4-Polybutadien entsteht. Damit ist klargestellt, dass in **80**/**81** Butadien in der *s-cis*-Konformation gebunden ist. Daraus folgt auch, dass die *trans*-1,4-Polymerisation zwangsläufig eine *anti-syn*-Isomerisierung einschließen muss.
- *Katalysatorrückbildung (Butadienkoordination).* In **82** ist zumindest eine Doppelbindung der wachsenden Polymerkette an Nickel koordiniert, die in einem exothermen Prozess durch Butadien substituiert werden kann (**82** → **80**).

Aus dem Reaktionsmodell ergeben sich zwei typische Reaktionskanäle für die *trans*- bzw. *cis*-1,4-Polymerisation:

- *trans*-1,4-Polymerisation (**a** in Abbildung 11.16). Für einen Monoligand-Komplex (L* = Ligand) ist folgende Reaktionsfolge zu durchlaufen: $\mathbf{80}_{anti}$ → $\mathbf{80}_{syn}$ → $\mathbf{82}_{trans}$ → ... Die Bevorzugung der *trans*-Polymerisation ist darauf zurückzuführen, dass die *syn*-Form von **80** zum einen thermodynamisch stabiler und zum anderen kinetisch reaktiver ist als die *anti*-Form. Die *anti-syn*-Isomerisierung ist der geschwindigkeitsbestimmende Schritt.
- *cis*-1,4-Polymerisation (**b** in Abbildung 11.16). Für einen ligandenfreien Komplex ist folgende Reaktionsfolge zu durchlaufen: $\mathbf{81}_{anti}$ → $\mathbf{82}_{cis}$ → $\mathbf{80}_{anti}$ ≡ $\mathbf{81}_{anti}$[1]→ ... Die Übergangszustände für die Insertion $\mathbf{81}_{anti}$ → **TS** → $\mathbf{82}_{cis}$ und $\mathbf{81}_{syn}$ → **TS** → $\mathbf{82}_{trans}$ sind sehr ähnlich und ihre freien Enthalpien sind fast gleich. Daraus folgt, dass der thermodynamisch stabilere ligandenfreie Komplex $\mathbf{81}_{anti}$ die geringere Reaktivität aufweist. Nur weil die Aktivierungsbarriere für die Isomerisierung $\mathbf{81}_{anti} \rightleftharpoons \mathbf{81}_{syn}$ relativ groß ist, wird der zu *cis*-1,4-Polybutadien führende Reaktionskanal nicht verlassen. Die Allylinsertion ist der geschwindigkeitsbestimmende Schritt.

Für die *cis-trans*-Regulierung ist nunmehr noch zu berücksichtigen, dass die Katalysatorkomplexe **80** und **81** über vorgelagerte Substitutionsgleichgewichte **79** ⇌ **80** ⇌ **81** gebildet werden. Die Konzentration von **80** und **81** wird durch die Lage dieser Gleichgewichte bestimmt und damit ist die katalytische Aktivität und die *cis-trans*-Selektivität auch thermodynamisch durch diese Gleichgewichte bestimmt. Die Lage dieser Gleichgewichte hängt nun wesentlich von den sterischen und elektronischen Eigenschaften der Liganden L ab, sodass deren steuernder Einfluss auf die Aktivität und Selektivität der Katalyse verständlich wird.

In ähnlicher Weise kann – eine hier nicht berücksichtigte – mehr oder minder starke Koordination des Anions an Nickel den Ablauf der Katalyse beeinflussen.

Aufgabe 11.9

Quantenchemische Rechnungen belegen, dass der Vorratskomplex (Resting State) bei der Polymerisation von Butadien mit **77** (Abbildung 11.15) als Katalysator Komplex **82'** ist, sofern ausschließlich 1,4-*cis*-Polymerisation erfolgt. Experimentell ist ein Komplex vom Typ **83** als Resting State nachgewiesen worden. Geben Sie eine Erklärung dafür und machen Sie sich die Reaktivität von **83** mit weiterem Butadien klar.

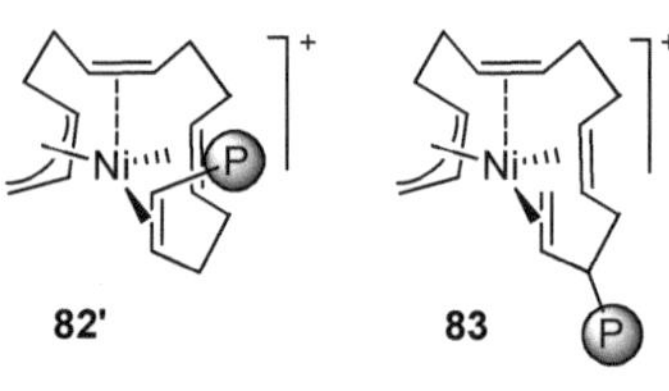

[1] Es handelt sich um ligandenfreie Komplexe. Daher ist $\mathbf{80}_{anti}$ (L* = Doppelbindung der wachsenden Polymerkette!) identisch mit $\mathbf{81}_{anti}$.

11.5.3 Synthese und Eigenschaften von Polybutadienen

Kautschuke sind Polymere mit kautschuk-elastischen Eigenschaften bei Raumtemperatur, die vulkanisierbar sind. 1909 wurden durch Wärmepolymerisation von Dienen (Isopren, Butadien, 2,3-Dimethylbutadien) im mittleren Temperaturbereich (50–150 °C) erstmals brauchbare synthetische Kautschuke erhalten (Farbenfabrik Bayer). Kurz danach wurde gefunden, dass geringe Mengen an Natrium (1–3 %) die Polymerisation von Dienen erheblich beschleunigen. Auf dieser Grundlage hat die BASF 1912 ein technisches Verfahren zur Synthese von Poly-2,3-dimethylbutadien entwickelt („Methylkautschuk B“). 1937/38 wurde im Bunawerk Schkopau (Sachsen-Anhalt) eine kontinuierlich arbeitende Produktionsanlage zur Butadienpolymerisation mittels Natrium (Buna = *Bu*tadien-*Na*trium) in Betrieb genommen, wobei die Kautschuktypen als „Zahlen-Buna“ (Buna 32, Buna 85, ...) in den Handel gebracht wurden [30, 31]. Einen wesentlichen Fortschritt in der Kautschukqualität und der Prozessführung brachte die Entwicklung der radikalischen Polymerisation von Butadien in wässriger Lösung (Emulsionspolymerisation) und von Emulsions-Copolymerisationen von Butadien mit Styrol oder Acrylnitril, die zu den Kautschuktypen Buna S bzw. Buna N („Buchstaben-Buna“[1]) führten. Alle diese Produkte weisen sehr niedrige 1,4-*cis*-Anteile (typischerweise 10–20 %) auf („*low-cis*-Polybutadien“). Erst mit Übergangsmetallkatalysatoren ist ab Mitte der 1950er-Jahre die Synthese von *high-cis*-Polybutadienen (>95 % 1,4-*cis*-Gehalt) möglich geworden.

Die Kautschukproduktion in der Welt belief sich 2016 auf 27 Mill. Tonnen, wovon 46 % auf natürlichen Kautschuk und 54 % auf synthetische Kautschuke entfielen. Etwa 1/4 des synthetischen Kautschuks waren Polybutadienkautschuke, die mengenmäßig nur noch von Styrol–Butadien-Kautschuken (SBR) übertroffen werden. *cis*-1,4-Polybutadien wird an allererster Stelle in der Reifenproduktion verarbeitet. Eine weitere wichtige Anwendung ist die Modifizierung von Plasten (insbesondere von Polystyrol: „Kautschuk-modifiziertes Polystyrol“, „*high-impact polystyrene*“).

cis-1,4-Polybutadien

Mit der Natrium-initiierten Butadienpolymerisation verwandt ist die anionische Polymerisation, die mit Lithiumalkylen (bevorzugt Lithiumbutyl) gestartet wird. Startreaktion ist die Bildung eines Lithiumallyls durch nucleophilen Angriff von LiBu auf Butadien. Insertion von Butadien führt zum Kettenwachstum unter Neubildung einer Allyllithiumgruppe am Kettenende. Bedingt durch die Stabilität von Allyllithiumverbindungen liegt bei entsprechender Reaktionsführung, bei der Kettenabbruch- (mit oder ohne Katalysatordesaktivierung) oder andere Nebenreaktionen praktisch ausgeschlossen sind, eine „lebende Polymerisation“ vor. Das lässt die Synthese von endständig funktionalisierten Polymeren zu, z. B. durch Umsetzung mit CO_2 oder Ethylenoxid zu Polymeren mit endständigen –COOH- bzw. –CH_2CH_2OH-Gruppen. Der 1,4-*cis*-Gehalt der Polymere ist relativ niedrig (<40 %), vgl. Tabelle 11.3. Ein großer Teil von Li-BR (BR = *butadiene rubber*) findet bei der Herstellung von kautschukmodifiziertem Polystyrol Verwendung.

Titanhaltige Katalysatorsysteme (TiI_4/AlR_3; R = Et, *i*-Bu) waren die ersten, die für die Herstellung von hoch 1,4-*cis*-haltigem Polybutadien (>90 %) patentiert wurden (1955, Phillips

[1] Die Bezeichnung Buna ist auf diese Produkte übertragen worden, obwohl bei ihrer Herstellung kein Natrium zur Anwendung kommt.

Petroleum, USA). Wenig später wurden cobalt- und nickelbasierte Katalysatorsysteme eingeführt und zu Beginn der 1960er-Jahre wurde auf dieser Grundlage bereits *high-cis*-Polybutadien im industriellen Maßstab hergestellt. In den 1980er-Jahren schließlich fanden neodymhaltige Systeme erstmals technische Anwendung [32]. Tabelle 11.3 gibt einen Überblick über die verschiedenen Verfahren sowie die Mikrostruktur der Polymere und deren Eigenschaften.

trans-1,4- und 1,2-Polybutadiene

Das heterogene Ziegler-System $VCl_3/AlEt_3$ vermag Butadien zu einem hochmolekularen, sehr reinen (>99 %) *trans*-1,4-Polybutadien (Fp. 145 °C) zu polymerisieren. Titanhaltige Systeme wie α-$TiCl_3/AlEt_3$ sind weniger stereoselektiv. Cobalthaltige Systeme (z. B. $Co(acac)_3/AlR_3/CS_2$) in Benzol als Lösungsmittel ergeben syndiotaktische 1,2-Polybutadiene mit einer Reinheit von >99 %, die hochschmelzend (200–216 °C) und bis zu 80 % kristallin sind. Chromhaltige Systeme wie $Cr(acac)_3$ oder $[Cr(CO)_5(py)]$ in Kombination mit Aluminiumalkylen führen je nach dem Cr:Al-Verhältnis und den Reaktionsbedingungen zu syndio- oder isotaktischem 1,2-Polybutadien oder zu Gemischen beider Polymere.

Tabelle 11.3. Katalysatoren für die technische Herstellung von Polybutadienkautschuken und typische Eigenschaften von verschiedenen Kautschuktypen[a] (zusammengestellt nach Threadingham, Obrecht, Brandt et al., „Rubber, 3–5 (Synthetic Rubbers, Emulsion Rubbers, Solution Rubbers)" in [M18] sowie Taube und Sylvester in [M7], 2nd ed., Wiley-VCH, Weinheim, **2002**, S. 285).

	Li-BR[b]	Ti-BR	Co-BR	Ni-BR	Nd-BR
Katalysator-system[c]	LiBu	$TiCl_4 + I_2 + Al(i\text{-}Bu)_3$ (1 : 1,5 : 8)	$Co(O_2CR)_2 + H_2O + AlEt_2Cl$ (1 : 10 : 200)	$Ni(O_2CR)_2 + AlEt_3 + BF_3 \cdot OEt_2$ (1 : 8 : 7,5)	$Nd(O_2CR)_3 + Al_2Et_3Cl_3 + Al(i\text{-}Bu)_2H$ (1 : 1 : 8)
Lösungsmittel	Hexan/Cyclo-hexan	Aromaten	Benzol/Cyclo-hexan	Aromaten	Aliphaten/Cy-cloaliphaten
Produktivität[d]		4–10	40–160	30–90	7–15
			Mikrostruktur der Polymere (in %)		
1,4-*cis*	36–38	93	97	97	98
1,4-*trans*	52–53	3	1	2	1
1,2 (Vinylgr.)	10–12	4	2	1	1
			Eigenschaften der Polymere		
T_g (in °C)[e]	–93	–103	–106	–107	–109
MM-Verteil.[b]	eng	moderat	moderat	breit	sehr breit
Linearität	unverzweigt	gering verzweigt	variabel	(gering) verzweigt	hochlinear

a) Infolge der Variabilität der Katalysatorsysteme und der Polymerisationsbedingungen sind die Eigenschaften in gewissen Grenzen variabel, sodass die Angaben nur zur Orientierung dienen. b) BR = *butadiene rubber*; MM-Verteil. = Molmassenverteilung. c) R kennzeichnet eine längere Alkylkette wie sie z. B. in Fettsäuren auftritt, womit eine hinreichende Löslichkeit der Katalysatorsysteme in den angegebenen Lösungsmitteln gewährleistet ist. d) In kg Polybutadien/g Metall. e) Die Glasübergangstemperatur T_g hängt vom Gehalt an Vinylgruppen ab und ist somit für alle hoch *cis*-haltigen Systeme fast gleich.

Polyisoprene

Die Initiierung der Polymerisation von Isopren mit Alkyllithium (in Kohlenwasserstoffen oder ohne Lösungsmittel) führt zu einem hoch *cis*-haltigen Produkt (96 % *cis*-1,4-, 4 % 3,4-Polyisopren). Titankatalysiert ($TiCl_4/AlEt_3$) sowie mit Neodymkatalysatoren wird ebenfalls *cis*-1,4-Polyisopren erhalten (>95 %). Ähnlich wie bei Butadien liefert α-$TiCl_3/AlEt_3$ *trans*-1,4-Polyisopren.

cis- und *trans*-1,4-Polyisopren entsprechen in ihrer Struktur dem Naturkautschuk bzw. Guttapercha und Balata. Der Marktanteil von synthetischem 1,4-*cis*-Polyisopren bei den synthetischen Kautschuken wird auf unter 10 % geschätzt. Die Synthese von *trans*-1,4-Polyisopren spielt technisch nur eine untergeordnete Rolle. Es findet – wie Guttapercha selbst – bei der Herstellung von Golfbällen Verwendung, hat aber auch Anwendungen in der Medizin.

Aufgabe 11.10

Monomer der Biosynthese von natürlichem Kautschuk ist 3-Methylbut-3-enyldiphosphat (**1**; IPP – Isopentenylpyrophosphat). Der Mechanismus der Polymerisation ist nicht vollständig geklärt, möglicherweise liegt eine lebende kationische Polymerisation vor. Danach weist die wachsende Polymerkette eine allylische Endgruppe >C=CH–CH_2X (X = Diphosphat) auf, die durch ein Enzym (im Zusammenwirken mit zweiwertigen Metallkationen) ionisiert wird (**2** → **3**). Reaktion mit dem Monomer **1** liefert ein tertiäres Carbokation (**3** → **4**). Durch Abspaltung von HX wird das allylische Kettenende regeneriert (**4** → **2'**). Warum reagiert das Enzym nicht mit dem Monomer **1**? Welcher Kettenstart kommt für die Biosynthese in Betracht, wenn als Substrat lediglich **1** zur Verfügung steht?

11.6 Lösungen der Aufgaben und Literatur

11.6.1 Lösungen der Aufgaben

Aufgabe 11.1

- Nein! In diesem Fall wird die relative Position des Referenzwasserstoffatoms und des Substituenten R nicht geändert. Lediglich die beiden H-Atome der CH_2-Gruppe tauschen ihre Plätze, was aber für die Bezeichnung *syn*/*anti* ohne Belang ist.
- Bedingt durch die *anti*-*syn*-Isomerisierung treten bei η^3-Allylliganden vier Topomere auf:

Aufgabe 11.2

- Aus retrosynthetischen Überlegungen (**35d** ⇒ **34d** ⇒ **33c**) lässt sich die im Schema angegebene Reaktionsabfolge ableiten. Die Bildung von **33c** erfordert die Kupplung zweier *s-cis*-Butadiene in einem Komplex vom Typ **32** oder ausgehend von **33b** eine Isomerisierung der η^3-*syn*- in eine η^3-*anti*-Allylgruppe. Dann wäre *s-cis*-Butadien in die η^3-*anti*-Allylgruppe zu insertieren (**33c** → **34d**). Alle diese Reaktionsschritte sind energetisch bzw. kinetisch unvorteilhaft, sodass dieser Reaktionspfad nicht beschritten wird.

Ni → Ni → [Ni(*c,c,c*-CDT)] (**35d**)

33c **34d** (Bis(η^3-*anti*),Δ-*cis*)

- Experimentell ist gezeigt, dass die Reaktion

[Ni(*t,t,t*-CDT)] + *c,c,c*-CDT —Ether→ [Ni(*c,c,c*-CDT)] + *t,t,t*-CDT

35a **38d** **35d** **38a**

in Diethylether als Lösungsmittel glatt abläuft. Die Triebkraft dieser Ligandensubstitutionsreaktion spiegelt den Unterschied in den Bildungskonstanten der beiden Komplexe **35a** und **35d** wider. Aus $\Delta G = -RT \ln K$ errechnet sich mit $\Delta\Delta G = -20$ kJ/mol, dass die Komplexbildungskonstante von [Ni(*c,c,c*-CDT)] (**35d**) ca. 3200-mal größer als die von **35a** ist (nach K. Jonas, P. Heimbach, G. Wilke, *Angew. Chem.* **1968**, *80*, 1033; [11]).

Aufgabe 11.3

Beim strukturell charakterisierten Komplex in Abbildung 11.11 handelt es sich um das η^3-*syn*,η^1(C^1),Δ-*cis*-Isomer mit 1,4-Verknüpfung der beiden Isoprenmoleküle (**2b**). Die resultierende 2,6-Dimethylsubstitution legt einen Bis(isopren)-Komplex **1b** mit zwei verschiedenartig koordinierten Isoprenmolekülen (1,2- *vs.* 3,4-Koordination) als Vorstufe nahe. NMR-Untersuchungen zeigen, dass zunächst der 3,6-dimethylsubstituierte Komplex **2a** gebildet wird. **2a** lagert sich oberhalb von +10 °C in ein 4:1-Gemisch von **2b** und **2c** um. Das erfordert zwangsläufig eine Spaltung der C4–C5-Bindung, sodass von einem Gleichgewicht der Bis(isopren)-Komplexe **1a**, **1b** und **1c** auszugehen ist (nach R. Benn, B. Büssemeier, S. Holle, P. W. Jolly, R. Mynott, I. Tkatchenko, G. Wilke, *J. Organomet. Chem.* **1985**, *279*, 63).

L–Ni ⇌ L–Ni ⇌ L–Ni

1a **1b** **1c**

⇅ ⇅ ⇅

L–Ni → L–Ni + L–Ni

2a **2b** **2c** L = PCy_3

Aufgabe 11.4

Als Produkte werden Octa-1,3,7-trien sowie zwei funktionalisierte Octadiene gebildet.

X
X-Ni-L
– [Ni⁰L]
H
X
– [Ni⁰L]
H
H
47b
– HX
– [Ni⁰L]
H

Aufgabe 11.5

Der Bildung des Octadienyl-Komplexes **47b** (L = $P(OEt)_3$; X = CF_3COO^-) auf dem üblichen Weg folgt eine Insertion der terminalen Doppelbindung in die Ni–C-Bindung und Produktabspaltung durch β-Hydrideliminierung (nach J. Furukawa, J. Kiji, H. Konishi, K. Yamamoto, *Makromol. Chem.* **1973**, *174*, 65).

X-Ni-L
Ni
X
L
L
Ni
X
– "NiH(X)L"
47b
51

Aufgabe 11.6

Das wachsende Polymerradikal **P·** greift an eine der beiden C–C-Doppelbindungen des Lactons **58a** an, wobei eines der beiden Radikale **1a** oder **1b** gebildet wird. Weiterreaktion nach Cyclisierung ergibt jeweils das Polymer **65a**. Reagiert **1a** ohne Cyclisierung weiter, bildet sich die Struktureinheit **65b**. Aus **1b** kann sich durch intramolekulare H-Abstraktion ein Allylradikal bilden, das dann zu **65c** weiterreagiert.

1a
ohne Cyclisierung
65b
P·
58a
Cyclisierung
bzw.
65a
intramolekulare H-Abstraktion
1b
65c

Zum Einfluss der Lewis-Säure auf die Bildung von **65b/65c** vgl. die angegebene Literatur. Es ist auch möglich, das Polymer direkt aus Butadien und CO_2 in einer Eintopfreaktion herzustellen, wobei im Sinne einer sequentiellen katalytischen Reaktion zunächst Pd-katalysiert das Lacton **58a** erhalten wird und daraus – also nach zeitlich verzögerter Zugabe des Radikalinitiators – das Polymer [27].

Aufgabe 11.7

Setzt man eine Kopf-Schwanz-Verknüpfung voraus, dann können *cis*-1,4- (**1**) und *trans*-1,4-Polyisopren (**2**) sowie *iso*- und *syndio*-1,2- (**3**/**4**) bzw. -3,4-Polyisopren (**5**/**6**) gebildet werden.

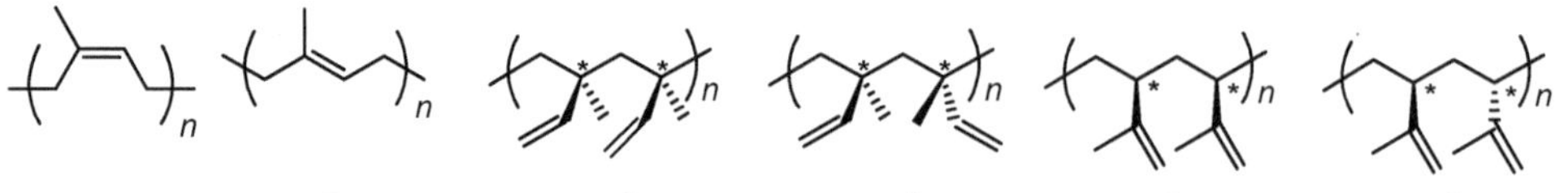

1 **2** **3** **4** **5** **6**

Aufgabe 11.8

Die Polymerkette ist über eine Allylgruppe an M gebunden. Bei der Hydrogenolyse wird diese als Olefin abgespalten. Insertion von Ethen (oder eines α-Olefins) anstelle von Butadien in die allylgebundene Polymerkette führt nicht zur Regenerierung dieser Allylgruppe. Der gebildete Alkylligand unterliegt bereitwillig einer β-H-Eliminierung, sodass ebenfalls ein Polymer mit einer olefinischen Endgruppe gebildet wird. In beiden Fällen entsteht ein Hydridometallkomplex, der durch Insertion von Butadien zum Kettenneustart befähigt ist (nach L. Porri, A. Giarrusso in [M1], *Vol. 4*, S. 53).

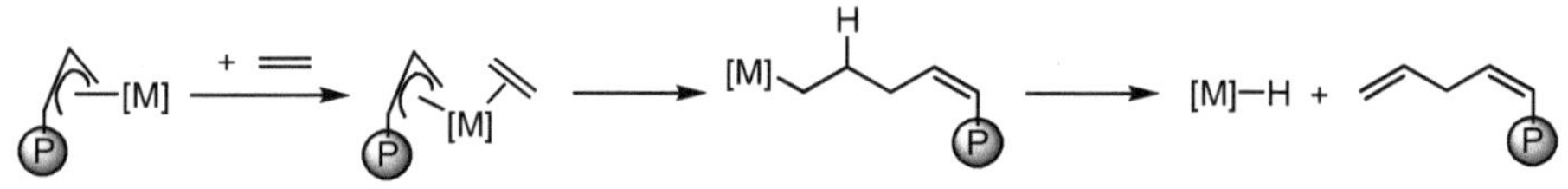

[M] + = [M] [M] H [M]–H + P

Aufgabe 11.9

Die am Nickel koordinierte Polymerkette in **83** enthält einen Vinylsubstituenten, der aus einer 1,2-Insertion resultiert. In Übereinstimmung mit dem Experiment zeigen quantenchemische Rechnungen, die auch eine gelegentliche 1,2-Insertion berücksichtigen, dass **83** stabiler als **82'**, also der „wahre“ Resting State ist. Damit in Übereinstimmung zeigt **83** im Vergleich mit **82'** eine geringere Geschwindigkeit für die nachfolgende Reaktion (Koordination von Butadien, gefolgt von einer 1,4-Insertion in die Allylgruppe). Dabei wird ein Komplex vom Typ **82'** generiert, der die „normale“ hohe Insertionsgeschwindigkeit aufweist, bis eine 1,2-Insertion wieder einen Komplex vom Typ **83** erzeugt. Experimentell wird ein Gehalt an 1,2-Polybutadien von ca. 1 % gefunden, sodass ungefähr auf 100 1,4-Insertionsschritte eine 1,2-Insertion kommt (nach A. R. O'Connor, P. S. White, M. Brookhart, *J. Am. Chem. Soc.* **2007**, *129*, 4142. S. Tobisch, R. Taube, *Organometallics* **2008**, *27*, 2159).

Aufgabe 11.10

Die Ionisierung von **1** würde ein primäres Carbokation liefern, das wesentlich energiereicher als das allylische Carbokation **3** ist. Es handelt sich bei **1** um ein „geschütztes“ Monomer, das nicht wie **2** aktiviert werden kann. Bei der Polymerisation von IPP geht jeder Wachstumsschritt mit einem Verlust des kationischen Zentrums und Freisetzung von HX einher. Dabei wird eine Doppelbindung gebildet, sodass – im Unterschied zur „abiotischen“ Synthese von Polyisopren – als Ausgangsstoff ein Monoolefin genügt und kein Dien erforderlich ist.

Startreaktion ist eine enzymatisch katalysierte Doppelbindungsisomerisierung, von denen es zahlreiche gibt. So katalysiert die IPP-Isomerase die Isomerisierung von **1** zum Dimethylallylderivat **5**. Eine enzymkatalysierte Reaktion von **5** mit **1** (vgl. mit der Reaktion **2** → **3** → **4**, S. 341) startet die Ketten-

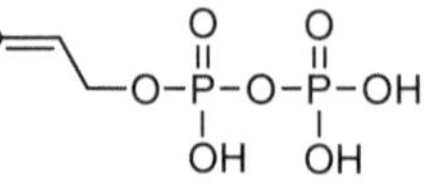

O O –O–P–O–P–OH OH OH **5**

reaktion, sodass **5** die Funktion eines Initiators hat, in der biochemischen Literatur aber als Cosubstrat bezeichnet wird (nach J. E. Puskas, E. Gautriaud, A. Deffieux, J. P. Kennedy, *Prog. Polym. Sci.* **2006**, *31*, 533; S. Ouardad, M.-E. Bakleh, S. V. Kostjuk, F. Ganachaud, J. E. Puskas, A. Deffieux, F. Peruch, *Polym. Int.* **2012**, *61*, 149).

11.6.2 Literatur

[1] J. Huheey, E. Keiter, R. Keiter (R. Steudel, Hrsg.), *Anorganische Chemie: Prinzipien von Struktur und Reaktivität*, 5. Aufl., de Gruyter, Berlin, **2014**

[2] K. Vrieze, P. W. N. M. van Leeuwen, *Prog. Inorg. Chem.* **1971**, *14*, 1: „Studies of Dynamic Organometallic Compounds of the Transition Metals by Means of Nuclear Magnetic Resonance"

[3] G. Erker, G. Kehr, R. Fröhlich, *J. Organomet. Chem.* **2004**, *689*, 4305: „Some Selected Chapters from the (Butadiene)zirconocene Story"

[4] G. Erker, G. Kehr, R. Fröhlich, *J. Organomet. Chem.* **2005**, *690*, 6254: „The (Butadiene)zirconocene Route to Active Homogeneous Olefin Polymerization Catalysts"

[5] H. Yasuda, A. Nakamura, *Angew. Chem.* **1987**, *99*, 745: „Dien-, Alkin-, Alken- und Alkyl-Komplexe früher Übergangsmetalle: Strukturen und synthetische Anwendungen in Organischer Chemie und Polymerchemie"

[6] S. Tobisch, T. Ziegler, *J. Am. Chem. Soc.* **2002**, *124*, 4881: „[Ni^0L]-Catalyzed Cyclodimerization of 1,3-Butadiene: A Comprehensive Density Functional Investigation Based on the Generic [$(C_4H_6)_2Ni^0PH_3$] Catalyst"

[7] M. Méndez, J. Cuerva, E. Gómez-Bengoa, D. J. Cárdenas, A. M. Echavarren, *Chem. Eur. J.* **2002**, *8*, 3620: „Intramolecular Coupling of Allyl Carboxylates with Allyl Stannanes and Allyl Silanes: A New Type of Reductive Elimination Reaction?"

[8] G. Wilke, *Angew. Chem.* **1963**, *75*, 10: „Cyclooligomerisation von Butadien und Übergangsmetall-π-Komplexe"

[9] G. Wilke, B. Bogdanović, P. Hardt, P. Heimbach, W. Keim, M. Kröner, W. Oberkirch, K. Tanaka, E. Steinrücke, D. Walter, H. Zimmermann, *Angew. Chem.* **1966**, *78*, 157: „Allyl-Übergangsmetall-Systeme"

[10] S. Tobisch, *Adv. Organomet. Chem.* **2003**, *49*, 167: „Structure–Reactivity Relationships in the Cyclo-Oligomerization of 1,3-Butadiene Catalyzed by Zerovalent Nickel Complexes"

[11] S. Tobisch, *Chem. Eur. J.* **2003**, *9*, 1217: „Ni^0-Catalyzed Cyclotrimerization of 1,3-Butadiene: A Comprehensive Density Functional Investigation on the Origin of the Selectivity"

[12] W. Ring, J. Gaube, *Chem. Ing. Techn.* **1966**, *10*, 1041: „Zur technischen Synthese von Cyclododecatrien-(1,5,9)"

[13] P. Heimbach, J. Kluth, H. Schenkluhn, B. Weimann, *Angew. Chem.* **1980**, *92*, 567: „Ligandeigenschafts-Steuerung im katalytischen System Nickel(0)/Butadien/P-Liganden: Dominanz 'sterischer' Faktoren bei der Steuerung der Oligomerenverteilung"

[14] P. Heimbach, J. Kluth, H. Schenkluhn, B. Weimann, *Angew. Chem.* **1980**, *92*, 569: „Ligandeigenschafts-Steuerung im katalytischen System Nickel(0)/Butadien/P-Liganden: 'Elektronische' Faktoren bei der Steuerung der Cyclodimerenverteilung"

[15] C. A. Tolman, *Chem. Rev.* **1977**, *77*, 313: „Steric Effects of Phosphorus Ligands in Organometallic Chemistry and Homogeneous Catalysis"

[16] D. G. Gusev, *Organometallics* **2009**, *28*, 763: „Donor Properties of a Series of Two-Electron Ligands“

[17] A. L. Fernandez, C. Reyes, A. Prock, W. P. Giering, *J. Chem. Soc., Perkin Trans 2* **2000**, 1033: „The Stereoelectronic Parameters of Phosphites. The Quantitative Analysis of Ligand Effects (QALE)“, siehe auch „www.bu.edu/qale“

[18] K. A. Bunten, L. Chen, A. L. Fernandez, A. J. Poë, *Coord. Chem. Rev.* **2002**, *233–234*, 41: „Cone angles: Tolman's and Plato's“

[19] H.-G. Elias, *Makromoleküle, Bd. 1–4*, Wiley-VCH, Weinheim, **1999–2003**

[20] B. Gordon III, J. E. Loftus in *Encyclopedia of Polymer Science and Engineering* (J. I. Kroschwitz, ed.), *Vol. 16*, Wiley-Interscience, New York, **1989**, S. 533: „Telomerization“

[21] J. Tsuji, *Adv. Organomet. Chem.* **1979**, *17*, 141: „Palladium-Catalyzed Reactions of Butadiene and Isoprene“

[22] P. W. Jolly, R. Mynott, B. Raspel, K.-P. Schick, *Organometallics* **1986**, *5*, 473: „Intermediates in the Palladium-Catalyzed Reactions of 1,3-Dienes. 3. The Reaction of (η^1,η^3-Octadienediyl)palladium Complexes with Acidic Substrates“

[23] A. Behr, M. Becker, T. Beckmann, L. Johnen, J. Leschinski, S. Reyer, *Angew. Chem.* **2009**, *121*, 3652: „Telomerisation – Fortschritte und Anwendungen einer vielseitigen Reaktion“

[24] A. Zapf, M. Beller, *Top. Catal.* **2002**, *19*, 101: „Fine Chemical Synthesis with Homogeneous Palladium Catalysts: Examples, Status and Trends“

[25] N. D. Clement, L. Routaboul, A. Grotevendt, R. Jackstell, M. Beller, *Chem. Eur. J.* **2008**, *14*, 7408: „Development of Palladium-Carbene Catalysts for Telomerization and Dimerization of 1,3-Dienes: From Basic Research to Industrial Applications“

[26] A. Behr, G. Henze, Green Chem. **2011**, *13*, 25: „Use of Carbon Dioxide in Chemical Syntheses via a Lactone Intermediate“

[27] R. Nakano, S. Ito, K. Nozaki, *Nat. Chem.* **2014**, *6*, 325: „Copolymerization of Carbon Dioxide and Butadiene via a Lactone Intermediate“

[28] P. W. N. M. van Leeuwen, M. J.-L. Tschan in [M7], **2018**, S. 343: „Telomerization of 1,3-Butadiene“

[29] S. Tobisch, *Acc. Chem. Res.* **2002**, *35*, 96: „Theoretical Investigation of the Mechanism of Cis–Trans Regulation for the Allylnickel(II)-Catalyzed 1,4 Polymerization of Butadiene“

[30] C. Heuck, *Chem.-Ztg.* **1970**, *94*, 147: „Ein Beitrag zur Geschichte der Kautschuk-Synthese: Buna-Kautschuk IG (1926 - 1945)“

[31] A. Requardt, *Nachr. Chem.* **2016**, *64*, 150: „Buna – Geburt einer Marke“

[32] A. Fischbach, R. Anwander, *Adv. Polym. Sci.* **2006**, *204* 155: „Rare-Earth Metals and Aluminium Getting Close in Ziegler-Type Organometallics“

Weiterführende Literatur

H. Bönnemann, *Angew. Chem.* **1973**, *85*, 1024: „Allylkobalt-Systeme“

S. Bouquillon, J. Muzart, C. Pinel, F. Rataboul, *Top. Curr. Chem.* **2010**, 295, 93: „Palladium-Catalyzed Telomerization of Butadiene with Polyols: From Mono to Polysaccharides“

P. C. A. Bruijnincx, R. Jastrzebski, P. J. C. Hausoul, R. J. M. Klein Gebbink, B. M. Weckhuysen, *Top. Organomet. Chem.* **2012**, *39*, 45: „Pd-Catalyzed Telomerization of 1,3-Dienes with Multifunctional Renewable Substrates: Versatile Routes for the Valorization of Biomass-Derived Platform Molecules“

M. L. Clarke, J. J. R. Frew, *Organomet. Chem.* **2009**, *35*, 19: „Ligand Electronic Effects in Homogeneous Catalysis Using Transition Metal Complexes of Phosphine Ligands“

G. Erker, *Chem. Commun.* **2003**, 1469: „The (Butadiene)metal Complex/$B(C_6F_5)_3$ Pathway to Homogeneous Single Component Ziegler–Natta Catalyst Systems“

G. Fiorani, A. W. Kleij, *Angew. Chem.* **2014**, *126*, 7530: „Herstellung von CO_2-Dien-Copolymeren: eine Weiterentwicklung Kohlendioxid-basierter Materialien“

P. J. C. Hausoul, P. C. A. Bruijnincx, B. M. Weckhuysen, R. J. M. Klein Gebbink, *Pure Appl. Chem.* **2012**, *84*, 1713: „Pd/TOMPP-Catalyzed Telomerization of 1,3-Butadiene: From Biomass-Based Substrates to New Mechanistic Insights“

J. Le Bras, J. Muzart, *Curr. Org. Synth.* **2011**, *8*, 330: „From Metal-Catalyzed Reactions with Hydrosoluble Ligands to Reactions in and on Water“

M. M. Schwab, D. Himmel, S. Kacprzak, D. Kratzert, V. Radtke, P. Weis, K. Ray, E. –W. Scheidt, W. Scherer, B. de Bruin, S. Weber, I. Krossing, *Angew. Chem.* **2015**, *127*, 14919: „$[Ni(cod)_2][Al(OR^F)_4]$, a Source for Naked Nickel(I) Chemistry“

S. K.-H. Thiele, D. R. Wilson, *J. Macromol. Sci.* **2003**, *C43*, 581: „Alternate Transition Metal Complex Based Diene Polymerization“

S. Tobisch, T. Ziegler, *J. Am. Chem. Soc.* **2002**, *124*, 13290: „$[Ni^0L]$-Catalyzed Cyclodimerization of 1,3-Butadiene: A Density Functional Investigation on the Influence of Electronic and Steric Factors on the Regulation of the Selectivity“

J. Tsuji, *Acc. Chem. Res.* **1973**, *6*, 8: „Addition Reactions of Butadiene Catalyzed by Palladium Complexes“

12 C–C-Kupplungsreaktionen

12.1 Palladiumkatalysierte Kreuzkupplungen

12.1.1 Einführung

Schon 1855 fand A. Wurtz, dass Alkylhalogenide R–X in Gegenwart von Natrium unter C–C-Bindungsknüpfung zu längerkettigen Alkanen reagieren:

$$2\ \mathrm{R{-}X} + 2\ \mathrm{Na} \longrightarrow \mathrm{R{-}R} + 2\ \mathrm{NaX}$$

Allerdings sind Wurtz-Reaktionen von erheblichen Nebenreaktionen (Eliminierungen, Umlagerungen) begleitet. Ca. 50 Jahre später sind analoge Kupplungen bei magnesiumorganischen Verbindungen (V. Grignard, Nobelpreis für Chemie 1912) gefunden worden. Der Reaktion von R'–X mit Mg zu Grignardverbindungen liegt eine „Umpolung" der Reaktivität von R'–X zugrunde, sodass das carbanionoide C-Atom in den Grignardreagenzien mit Alkylhalogeniden R–X unter C–C-Bindungsknüpfung zu Alkanen reagiert:

$$\mathrm{R'{-}X} \xrightarrow{+\,\mathrm{Mg}} \mathrm{R'{-}Mg{-}X} \xrightarrow[-\,\mathrm{MgX_2}]{+\,\mathrm{R{-}X}} \mathrm{R{-}R'}$$

Die Bildung von R–R' verläuft nur dann mit hinreichender Geschwindigkeit, wenn das Halogen in R–X aktiviert ist. So werden Kupplungsreaktionen mit R = R' beispielsweise bei der Synthese von Allyl- und Benzylgrignardverbindungen als störende Nebenreaktionen beobachtet. Reaktionen, bei denen *gezielt* zwei verschiedene Organylreste R und R' verknüpft werden, heißen „C–C-Kreuzkupplungen". Sie können effektiv mit Phosphannickel(0)-Komplexen katalysiert werden (M. Kumada, 1972):

$$\mathrm{R{-}X} + \mathrm{R'{-}Mg{-}X} \xrightarrow{[\mathrm{Ni^0}]} \mathrm{R{-}R'} + \mathrm{MgX_2}$$

In der Folge hat sich Palladium als das Element der Wahl zur Katalyse von Kreuzkupplungen erwiesen. Es gibt heute eine breite Palette palladiumkatalysierter Kreuzkupplungen, in denen eine Verbindung R–X (**1**; X = Hal, OTs, OTf, ...) mit einem elektrophilen C-Atom mit [M]–R' (**2**), einer Organoelementverbindung (M = Metall oder Halbmetall) mit einem nucleophilen C-Atom, zum Kupplungsprodukt **3** umgesetzt wird. Die wichtigsten sind in Tabelle 12.1 zusammengestellt [1, 2].

$$\underset{\mathbf{1}}{\mathrm{R{-}X}} + \underset{\mathbf{2}}{[\mathrm{M}]{-}\mathrm{R'}} \xrightarrow{[\mathrm{Pd}]} \underset{\mathbf{3}}{\mathrm{R{-}R'}} + [\mathrm{M}]{-}\mathrm{X}$$

D. Steinborn, *Grundlagen der metallorganischen Komplexkatalyse*, Studienbücher Chemie,
https://doi.org/10.1007/978-3-662-56604-6_12

Tabelle 12.1. Wichtige palladiumkatalysierte C–C-Kreuzkupplungen [3].

M	Jahr	Autor[a)]	[M]–R'	Bemerkungen
Mg	1972	Kumada-Tamao	XMg–R'	Ni-katalysiert (Pd-katalysiert[b)])
Li	1975	Murahashi	Li–R'	
Cu	1975	Sonogashira	Cu–C≡CR'	in situ aus HC≡CR' + CuI + Base
Zn[c)]	1976/77	Negishi	R'Zn–R'; XZn–R'	analog: AlR'_3[d)] und $[ZrCl(R')Cp_2]$[d)]
B	1979	Suzuki-Miyaura	$[(base)(OH)_2B–R']^-$	in situ aus $BR'(OH)_2$ + anionische Base
Sn	1979	Stille	$R''_3Sn–R'$	R'' = Alkyl
Si	1988	Hiyama	$[X_3FSi–R']^-$	in situ aus X_3SiR' + F^- (X = F/Me, OR)

a) Als Namensreaktion auch ohne Angabe des Zweitautors gebräuchlich. b) Murahashi (1975). c) Auch Al und Zr [4]. d) Gegebenenfalls in Gegenwart von $ZnCl_2$ oder $ZnBr_2$.

12.1.2 Mechanismus von Kreuzkupplungen

Der grundsätzliche Mechanismus von Kreuzkupplungen ist in Abbildung 12.1 dargestellt. Im Einzelnen sind folgende Reaktionsschritte zu nennen:

4 → **5**: *Ligandenabspaltung/-anlagerung.* Ausgehend von $[PdL_4]$ (L = Phosphan) bildet sich durch Ligandenabspaltung der eigentliche Katalysator, z. B. ein Bis(phosphan)-Komplex (n = 2, Pd^0, 14 ve). Wird als Präkatalysator eine Pd^{II}-Verbindung eingesetzt, erfolgt zunächst Reduktion.

5 → **6**: *Oxidative Addition/reduktive Eliminierung.* Oxidative Addition von R–X an den Pd^0-Komplex $[PdL_2]$ ergibt zunächst einen Organylpalladium(II)-Komplex *cis*-$[PdR(X)L_2]$, der zum *trans*-Komplex isomerisiert. Die Reaktion kann reversibel sein.

6 → **7**: *Transmetallierung (doppelte Umsetzung).*[1] Reaktion mit [M]–R' (M = Hauptgruppenelement) liefert einen Diorganylpalladium(II)-Komplex. Im Allgemeinen ist die Transmetallierung oder auch die oxidative Addition der geschwindigkeitsbestimmende Schritt.

7 → **5**: *Reduktive Eliminierung.* In einer schnellen irreversiblen Reaktion wird das Produkt R–R' abgespalten und der Katalysatorkomplex zurückgebildet. Die reduktive Eliminierung wird maßgeblich beschleunigt, wenn sie von einem T-förmigen Intermediat [PdR(R')L] ausgeht [5].

---

[1] Transmetallierungen im engeren Sinne sind Umsetzungen zwischen Metallorganylen und Metallen, die unter Organylgruppenübertragung verlaufen: M + M'R_n ⟶ M' + MR_n.

Im weiteren Sinne werden als Transmetallierungen Reaktionen bezeichnet, bei denen eine Organylgruppe von einem Metall auf ein anderes übertragen wird, also auch Metall–Metall-Austauschreaktionen ([M]–R + [M']–R' ⟶ [M]–R' + [M']–R) und doppelte Umsetzungen ([M]–X + [M']–R ⟶ [M]–R + [M']–X). Insbesondere im Kontext von Kreuzkupplungen werden doppelte Umsetzungen als Transmetallierungen klassifiziert. Sie werden auch als Metathesereaktionen bezeichnet, was aber die Gefahr einer Verwechslung mit den im Kapitel 8 besprochenen Metathesen in sich birgt.

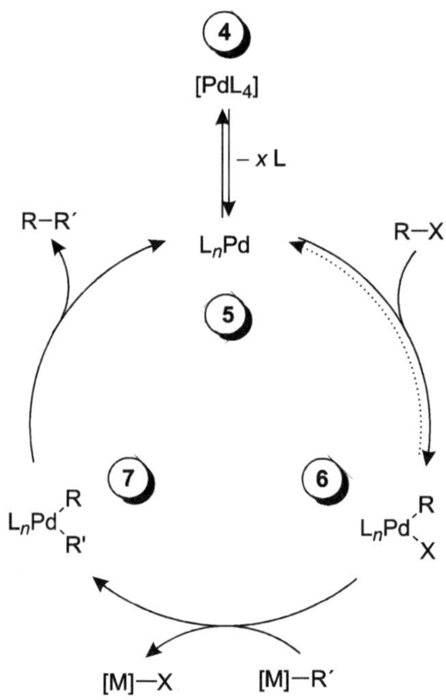

Abbildung 12.1. Grundsätzlicher Mechanismus von palladiumkatalysierten Kreuzkupplungen (L = Phosphan, n = 1 oder 2).

Als Präkatalysatoren werden Palladium(0)-Komplexe ($[PdL_4]$, $[Pd(dba)_2]/[Pd_2(dba)_3] + x$ L; dba = Dibenzylidenaceton, PhCH=CH–CO–CH=CHPh) oder Palladium(II)-Komplexe ($[PdCl_2L_2]$, $Li_2[PdCl_4] + x$ L, $Pd(OAc)_2 + x$ L, ...) mit bevorzugt L = PPh_3 eingesetzt. Letztere werden zunächst zu Palladium(0)-Komplexen reduziert. Das kann z. B. durch Organylierung des zweiwertigen Palladiums und nachfolgender reduktiver Eliminierung erfolgen. Nucleophile Nu^- können intra- (**8** → **10**) oder intermolekular (**9** → **10**) unter Reduktion von $[Pd^{II}]$ zu $[Pd^0]$ einen Phosphanliganden als Phosphoniumverbindung abspalten, das – z. B. durch Wassereinwirkung – in ein Phosphanoxid übergeht [6].

$[Pd^{II}](Nu)(PR_3)$ **8** ; $Nu|^{\ominus}$ + $[Pd^{II}]–PR_3$ **9**

$$[Pd^0] + Nu–\overset{\oplus}{P}R_3 \ (\mathbf{10}) \xrightarrow{+ H_2O,\ - H^{\oplus}} NuH + OPR_3$$

Der Precursorkomplex kann für den Ablauf von Kreuzkupplungen maßgeblich sein. Wird von $[PdL_4]$ (**4**) ausgegangen, ist – bedingt durch die Lage des Gleichgewichts $[PdL_4] \rightleftharpoons [PdL_2] + 2\,L$ – die Konzentration an der katalytisch aktiven Spezies $[PdL_2]$ (**5**) sehr klein. Andererseits stabilisiert überschüssiges L den Komplex und beugt der Bildung von inaktiven Palladiumclustern oder metallischem Palladium vor. Wird von Pd^{II}-Komplexen ausgegangen, sind Anionen X'^- wie Cl^- oder AcO^- zugegen. Kinetische Untersuchungen und quantenchemische Rechnungen zeigen, dass dann die Reduktion zu anionischen Palladium(0)-Komplexen vom Typ $[PdX'L_2]^-$ (**5'**) führt, an denen die oxidative Addition von R–X leichter als an den Neutralkomplexen $[PdL_2]$ (**5**) abläuft [7, 8].

Kreuzkupplungen haben ein breites Synthesepotential und die Reste R und R' können in weiten Grenzen variiert werden (Abbildung 12.2). Die wohl größte Einschränkung ist, dass Alkylverbindungen R–X nur begrenzt eingesetzt werden können, da für Reste R mit β-Wasserstoffatomen die Intermediate $[PdR(X)L_n]$ (**6**) einer schnellen β-H-Eliminierung unterliegen. Im Gegensatz dazu können Alkylmetallverbindungen [M]–R' als Transmetallierungsagenzien verwendet werden, da die reduktive Eliminierung von R–R' aus den Intermediaten **7** erfolgreich mit der β-H-Eliminierung konkurrieren kann.

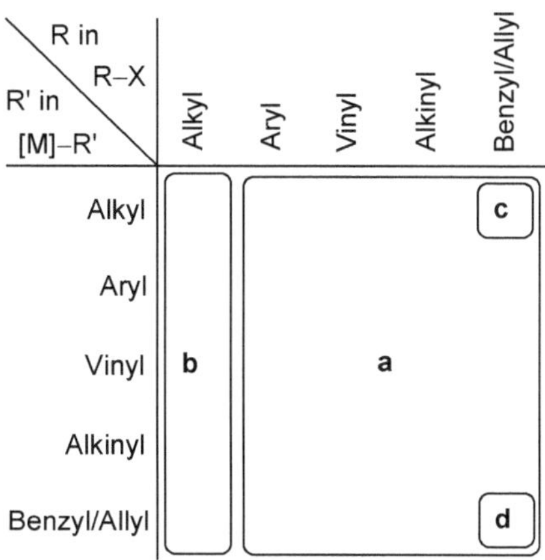

Abbildung 12.2. Zur Variationsbreite von R/R' bei palladiumkatalysierten Kreuzkupplungen. (**a**) Im Allgemeinen mit hohen Ausbeuten und hoher Selektivität (≥ 98 %; mit Einschränkungen bei Alkinyl–Alkinyl–Kupplungen) durchführbar. (**b**) Weniger bekannt. Es gibt Einschränkungen, aber vielversprechende Entwicklungen. Eine Alternative kann der Austausch von M und X sein: [M]–R + R'–X (R = Alkyl). (**c**) R = Benzyl wie **a**; R = Allyl mit Einschränkungen verbunden bzw. wenig untersucht. (**d**) Problematisch, aber alternativ durch Verschiebung der Position der C–C-Knüpfung um eine Bindung (Beispiel: R/R' = $Ar–CH_2/Ar–CH_2 \Rightarrow$ R/R' = $Ar/Ar–CH_2–CH_2$) gut zu realisieren (adaptiert von Negishi [9]).

Bei oxidativen Additionen von R–X spielt die Natur der Gruppe X eine Rolle, wobei im Allgemeinen die Abstufung I > OTf > Br >> Cl gilt. Bei den weniger reaktiveren Elektrophilen mit sp^2- und sp-hybridisiertem C-Atom werden bessere Abgangsgruppen (I, OTf, Br) benötigt, während bei den reaktiveren Benzyl- und Allylverbindungen die Chloride eingesetzt werden können.

Kreuzkupplungen sind im Allgemeinen stereospezifisch. Bei Elektrophilen R–X mit sp^3-hybridisierten C-Atomen wird sowohl Retention als auch Inversion beobachtet.

12.1.3 Ausgewählte Kreuzkupplungen

Kreuzkupplungen mit Organolithium-, -magnesium- und -zinkreagenzien

Organolithium-, -magnesium- und -zinkverbindungen sind so reaktiv, dass der Transmetallierungsschritt in Murahashi-, Kumada- und Negishi-Kupplungen keiner Aktivierung bedarf und bei milderen Reaktionsbedingungen gearbeitet werden kann als bei Suzuki- und Stille-Kupplungen.

Die Kupplungen sind auf Funktionalitäten in R/R' begrenzt, die von LiR'-, R'MgX- bzw. ZnR'_2/ZnR'X-Verbindungen toleriert werden. Organozinkverbindungen bieten Vorteile, weil sie einerseits eine sehr hohe Reaktivität aufweisen, aber auf der anderen Seite schon eine breite Palette an funktionellen Gruppen (–COR, $–CO_2R$, –CN, –Hal, –C≡CH, ...) tolerieren. Sofern die Organolithium- oder -magnesiumverbindung leicht zugänglich ist, genügt zur Synthese der entsprechenden Organozinkverbindung (in situ) eine Umsetzung mit Zinkhalogeniden ($2\ LiR' + ZnX_2 \rightarrow ZnR'_2 + 2\ LiX$).

Kreuzkupplungen mit Grignardreagenzien R'MgX (nicht aber mit LiR') haben den Vorteil, dass sie nickelkatalysiert ausgeführt werden können (Kumada-Kupplungen). Wenn dabei aber störende β-H-Eliminierungen auftreten, dann haben die palladiumkatalysierten Reaktionen mit zweizähnigen Diphosphanliganden Vorteile.

Als Präkatalysatoren werden entweder Palladium(0)- (z. B. $[PdL_n]$, L = Phosphan) oder Palladium(II)- bzw. Nickel(II)-Komplexe (z. B. $[MX_2L_2]$; M = Pd, Ni) eingesetzt. Pd^{II}- und Ni^{II}-Präkatalysatoren werden zunächst durch das Transmetallierungsagens organyliert und der eigentliche Katalysatorkomplex ($[Pd^0]$, $[Ni^0]$) wird dann durch reduktive Eliminierung gebildet.

Kreuzkupplungen mit Grignardreagenzien können auch eisenkatalysiert werden, wie bereits 1971 von J. K. Kochi bei Reaktionen von Alkylgrignardverbindungen mit Alkenylhalogeniden, die unter C_{sp^3}–C_{sp^2}-Bindungsknüpfung verlaufen, gezeigt wurde. Inzwischen ist diese Palette erheblich erweitert worden und es können als elektrophile Kupplungspartner auch Arylchloride und sogar Alkylhalogenide eingesetzt werden. Dabei spielen im Unterschied zu den palladiumkatalysierten Reaktionen – zumindest als Präkatalysatoren – auch niedervalente Eisenverbindungen eine Rolle, wie die durch Umsetzung von RMgX mit Eisen(II)-chlorid gebildeten Cluster $[\{Fe^{-II}(MgX)_2\}_n]$ (**11**). Sie werden auch als „anorganische Grignardreagenzien" bezeichnet. Die Bedeutung von hochreduzierten Eisenkomplexen bei derartigen Katalysen wird auch darin unterstrichen, dass der Eisen(–II)-Komplex $[Li(tmeda)]_2$-$[Fe(H_2C{=}CH_2)_4]$ ein sehr effizienter Präkatalysator ist. Ob aber dem Katalysezyklus selbst ein Oxidationsstufenwechsel Fe^{-II}/Fe^0 zugrunde liegt oder darin Fe^0/Fe^{II}- bzw. Fe^I/Fe^{III}-Redoxsysteme eine Rolle spielen (dann wären Eisen(–II)-Komplexe „nur" Präkatalysatoren), ist nicht abschließend geklärt [10, 11, 12].

Eisen katalysiert auch die Grignardbildungsreaktion selbst, wobei wahrscheinlich der Fe^{-II}-Cluster **11** eine wichtige Rolle spielt. Das hat zu direkten Kupplungen von zwei Elektrophilen (Ar–Br und R–Br; R = Alkyl) geführt, ohne dass eine Grignardverbindung zuvor synthetisiert werden muss. Es wird angenommen, dass zuerst durch in situ erzeugtes **11** die Bildung einer Grignardverbindung katalysiert wird (**12** → **13**) und dann vom gleichen Katalysator die Kreuzkupplung (**13** → **14**), sodass eine Auto-Tandemkatalyse (vgl. Exkurs, S. 108) vorliegt.

Aber auch in diesem Fall gibt es keinen direkten Beleg für einen Oxidationsstufenwechsel Fe^{-II}/Fe^{0} im Katalysezyklus [13].

$$\underset{\mathbf{12}}{\text{Ar–Br + R–Br + Mg}} \xrightarrow[\text{THF (0} \rightarrow \text{20 °C)}]{\text{FeCl}_3\text{ (5 mol-\%)/TMEDA (1,2 Äquiv.)}} \underset{\mathbf{13}}{\left\{\begin{matrix}\text{Ar–Mg–Br + R–Br} \\ \textit{bzw.} \\ \text{Ar–Br + R–Mg–Br}\end{matrix}\right\}} \xrightarrow[-\text{ MgBr}_2]{} \underset{\mathbf{14}}{\text{Ar–R}}$$

Suzuki-Kupplungen

In Suzuki-Kupplungen werden Organylgruppen R' (Aryl, Alkenyl, Alkyl, Alkinyl, ...) von Organoboronsäuren (**15a**), Boronsäurederivaten (**15b**, **15c**) oder Triorganylboranen wie **15d** auf Palladium übertragen. Infolge der relativ hohen Stabilität der B–C-Bindungen muss zur Erhöhung der Carbanionenaktivität eine anionische Base zugesetzt werden (NaOH, NaOMe, NaOAc, Na_2CO_3, $[N(n\text{-}Bu)_4]F$, ...), sodass letztlich tetrakoordinierte Borverbindungen (**15e**, X = OH, OMe, F, ...) als organylierende Agenzien wirken. Es kann auch von vornherein von tetrakoordinierten Borverbindungen ausgegangen werden (**15f**, **15g**; M' = Alkalimetall) [14, 15, 16. 17, 18].

15a **15b** **15c** **15d** **15e** **15f** **15g**

Arylbromide, -iodide und -triflate sind die bevorzugten elektrophilen Kupplungspartner. Häufig wird in Lösungsmitteln wie THF, Dioxan, EtOH, Benzol und mit $[Pd(PPh_3)_4]$ als Präkatalysator gearbeitet. Die Base kann als wässrige Lösung eingesetzt werden [19].

Ein Vorteil von Suzuki-Kupplungen ist die leichte Zugänglichkeit von Organoboronsäuren, z. B. über Hydroborierungen, und deren hohe Toleranz gegenüber Substituenten wie –OH, –OR, $-NR_2$, –CHO, –C(O)R, –C(O)OR, –C≡N, $-NO_2$, ... (R = Alkyl, Aryl, ...). Für die Synthese unsymmetrischer Biaryle (einschließlich von Heterobiarylen) sind Suzuki-Kupplungen die Methode der Wahl. So wird im Maßstab von ca. 700 Tonnen/Jahr 2-Nitro-4'-Chlorbiphenyl **16** mittels Suzuki-Kupplung hergestellt, das zum Fungizid **16'** (Boscalid) weiterverarbeitet wird.

Pd(OAc)$_2$/PPh$_3$, NaOH → **16** → **16'**

Aufgabe 12.1

Difunktionelle (oder auch multifunktionelle) Synthesebausteine ermöglichen den Aufbau komplexer Moleküle durch aufeinanderfolgende Suzuki-Kupplungen. Um diese Moleküle selektiv zu erhalten, also eine orthogonale Funktionalisierung[1] zu erzielen, können unter anderem difunktionelle Bausteine mit einer zeitweise inaktivierten (geschützten/maskierten) Boronsäurefunktionalität eingesetzt werden. Ein geschütztes Boronsäurederivat ist beispielsweise R–B(dan) (**2**). Worauf ist dieser Reaktivitätsabfall zurückzuführen? Bauen Sie Verbindung **3** durch vier aufeinanderfolgende (die zu knüpfenden Bindungen sind durch Fettdruck hervorgehoben) Suzuki-Kreuzkupplungen auf.

1,8-Diaminonaphthalin (H_2dan)
Toluol (111 °C)
H^+ in THF/H_2O (25 °C)

1 **2** **3**

Das sec-Alkyl-Problem. Es gibt nur wenige Beispiele für eine erfolgreiche Verwendung von *sec*-Alkylborverbindungen in C_{sp^3}–C_{sp^2}-Kupplungen. Das liegt zum einen an einer vergleichsweise langsamen Transmetallierung und zum anderen an der Möglichkeit zur Isomerisierung der gebildeten *sec*-Alkylpalladium-Zwischenstufe via β-Hydrideliminierung und Reinsertion. Abhilfe kann geschaffen werden, indem die konventionelle Transmetallierung (2*e*-Transfer) durch einen 1*e*-Transfer (SET) ersetzt wird, und zwar in einer Photoredox-Nickel-Katalyse: Oxidation eines *sec*-Alkyltrifluoroborats mit einem photoangeregten Komplex [M]* (z. B. M = Ir^{III}; zum Prinzip der Photoredoxkatalyse vgl. S. 288) führt zu einem *sec*-Alkylradikal (SET), das sich mit einem Ni^0-Komplex zu einem Organylnickel(I)-Komplex umsetzt (**17** → **18** → **19**). Damit ist die Transmetallierung vollzogen und – soweit bislang untersucht – erfolgt erst danach die oxidative Addition des Elektrophils (hier: ArX; **19** → **20**). Dem schließt sich eine reduktive Eliminierung an, wobei die C_{sp^3}–C_{sp^2}-Bindung geknüpft und ein Ni^I-Komplex gebildet wird (**20** → **21**). In einem nachfolgenden Elektronentransfer (SET; **21** → **22**) wird nicht nur der Photoredoxkatalysator regeneriert, sondern auch **22** zurückgebildet. Photoanregung von [M] startet einen neuen Reaktionszyklus.

hν; [M]*; [M]⁻; SET; – BF_3; $[Ni^0]$ **22**; Ar–X; – Ar–CH(R)R'; – $X^⊖$

17 **18** **19** **20** **21** **22**

Damit ist die Palette von C–C-Kupplungen um eine neue mechanistische Variante bereichert worden, die – obwohl die Entwicklung noch in den Anfängen steckt – großes Potential zu haben scheint [20].

[1] Der Begriff der Orthogonalität ist Ende der 1970er-Jahre in der Peptidchemie eingeführt worden und bezeichnet die Eigenschaft von Schutzgruppen oder Linkern, die das Entfernen, die Modifikation oder die Spaltung einer solchen Struktur erlaubt, ohne dass andere beeinträchtigt werden. Im weiteren Sinne liegt bei einem Molekül, das an mehreren reaktiven Stellen reagieren kann, eine *orthogonale Funktionalisierung* vor, wenn selektiv nur eine Reaktion eintritt. Bei orthogonalen Kreuzkupplungen kann man sich beispielsweise den Reaktivitätsunterschied des elektrophilen Kupplungspartners (C–I > C–Br >> C–Cl) zunutze machen oder wie im angegebenen Beispiel mit einer Maskierungs-/Demaskierungsstrategie des Borreagenzes arbeiten.

Hiyama-Kupplungen

Hiyama-C–C-Kupplungen liegt folgende palladiumkatalysierte Reaktion zugrunde (R = Aryl, Alkenyl, Allyl, Alkyl, ...; X = Cl, Br, I, OTf, ...; R' = Aryl, Alkenyl, Alkyl, Alkinyl, ...):

Si–R' **23**

+ $F^{\ominus}$

R–X + $[F\text{–}Si\text{–}R']^{\ominus}$ **24** $\xrightarrow[-X^{\ominus}]{[Pd]}$ R–R' + Si–F

Entsprechend dem allgemeinen Mechanismus für Kreuzkupplungen werden in einer Transmetallierungsreaktion (vgl. Reaktion **6** → **7** in Abbildung 12.1) Organylgruppen R' von Organosiliciumverbindungen **23** auf Palladium übertragen. Die hohe Stabilität und geringe Reaktivität von Si–C-Bindungen erfordert – wie bei B–C-Bindungen in Suzuki-Kupplungen – eine Aktivierung. Dabei macht man sich in den meisten Fällen die ausnehmend hohe Stabilität von Si–F-Bindungen ($\Delta_d H$ = 565 kJ/mol) zunutze und setzt in mindestens stöchiometrischer Menge Fluoride (z. B. $[N(n\text{-}Bu)_4]F$, KF) oder Fluoriddonoren wie $[(Et_2N)_3S][SiF_2Me_3]$ zu. Diese reagieren mit den Organosilanen **23** zu den eigentlich organylierend wirkenden Agenzien, nämlich zu pentakoordinierten Fluoro(organyl)silicaten **24**.

Als Substrate **23** werden häufig Organo(halo)- und -(alkoxy)silane wie $Me_{3-n}F_nSi$–R' (n = 0–3) und $(R_{Alkyl}O)_3Si$–R' eingesetzt. Die breiteste Anwendung finden Hiyama-Kupplungen bei C_{sp^2}–C_{sp^2}-Bindungsknüpfungen. Bei Alkylierungen (R' = Alkyl) werden Alkylsiliciumtrifluoride F_3Si–R' bevorzugt, wobei die Einschränkung besteht, dass die reduktive C–C-Eliminierung (**7** → **5**, Abbildung 12.1) mit einer unerwünschten β-Hydrideliminierung konkurrieren muss. Darüber hinaus setzt man einen Überschuss an Fluoriden zu, um das gebildete SiF_4 als $[SiF_5]^-$/$[SiF_6]^{2-}$ abzufangen.

Es gibt auch fluoridfreie Varianten der Hiyama-Kupplung wie die mit Tetraorganosilanen vom Typ $[2\text{-}(HOCH_2)C_6H_4]Me_2Si$–R' (R' = Alkenyl). Bereits mit schwachen Basen wie K_2CO_3 wird durch Deprotonierung der OH-Gruppe und intramolekulare Si–O-Koordination das eigentliche Transmetallierungsagens **25** (*K.Z.*(Si) = 5) gebildet. Ein weiteres Beispiel sind Alkalimetallsilanolate **26** (hergestellt aus dem entsprechenden Silanol und einer Base wie $KOSiMe_3$, Cs_2CO_3, NaOR, KH, …), die sich mit den Intermediaten **6** (vgl. mit Abbildung 12.1; hier am Beispiel einer Aryl–Aryl-Kupplung gezeigt) unter Abspaltung eines Alkalimetallsalzes M'X zu Arylpalladiumsilanolaten **6'** umsetzen. Dann wird intramolekular „Me_2SiO" (als $1/n$ $(Me_2SiO)_n$) freigesetzt und so die Transmetallierung vollzogen (**6'** → **7**). Reduktive Eliminierung von Ar–Ar' (**27**) und oxidative Addition von Ar–X wie in Abbildung 12.1 (**7** → **5** → **6**) schließen den Reaktionszyklus. Beim thermischen Zerfall von **6'** via **7** zum Kupplungsprodukt **27** tritt – überraschenderweise – kein Zwischenprodukt mit einem pentakoordinierten Si-Atom auf. Das wird aber mit überschüssigem **26** gebildet und die basenassistierte Reaktion **6'** + **26** → **6''** → **7** + $1/n$ $(Me_2SiO)_n$ + **26** führt wesentlich schneller zum Kupplungsprodukt **27** als die thermische [21].

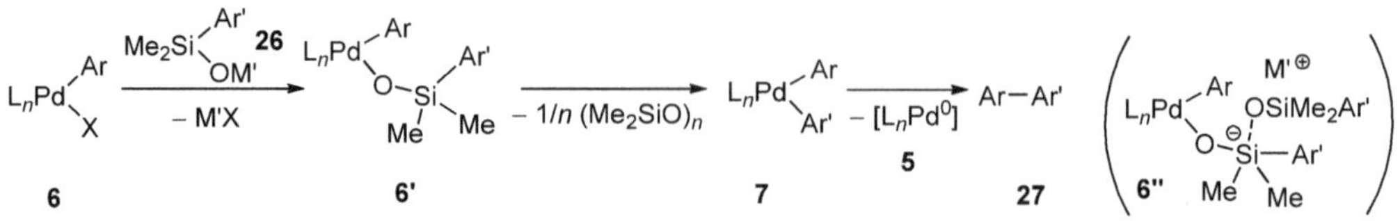

Die beiden Aktivierungsmodi (Brønsted-Basen *versus* Fluoridionen) von Organosiliciumverbindungen in Hiyama-Kreuzkupplungen sind im Allgemeinen komplementär, sodass beispielsweise ausgehend von 1,4-Bis(silyl)dienen **28** eine sequentielle Reaktionsführung (**28** → **29** → **30**) möglich ist, womit die Anwendungsbreite von Hiyama-Kupplungen erheblich erweitert worden ist.

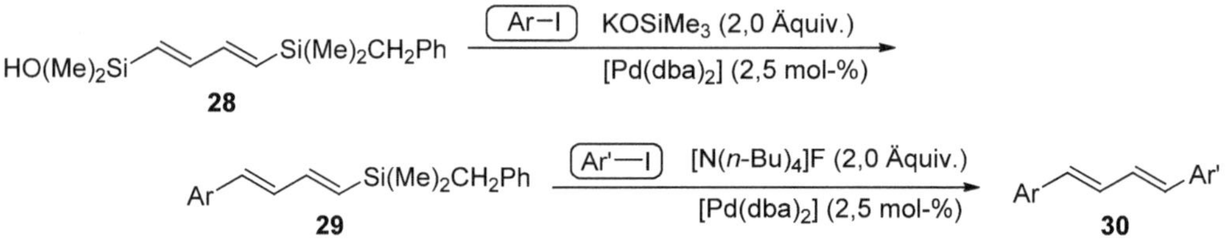

Darüber hinaus lassen sich Hiyama-Kupplungen auch mit einer Metathese oder anderen katalytischen Reaktionen sequentiell kombinieren. Das findet zunehmend Anwendung auch in Naturstoffsynthesen, da Silylgruppen nicht nur in vielfältiger Art und Weise gezielt in eine Startverbindung eingebaut werden können, sondern auch von anderen katalytischen Transformationen in hohem Maße toleriert werden [22].

Stille-Kupplungen

Die Tendenz zur Übertragung der Organylgruppe R' von Sn auf Pd steigt mit zunehmender Elektronegativität von R' in der Reihe:

$C(sp^3)$		< $C(sp^2)$		< $C(sp)$
Alkyl	<< Benzyl/Allyl	< Aryl	< Alkenyl	< Alkinyl.

Somit wird von Trialkylzinnorganylen $R''_3Sn–R'$ (R'' = Alkyl) nur R' auf Palladium übertragen, sofern dies nicht selbst eine Alkylgruppe ist. Funktionelle Gruppen werden in hohem Maße toleriert. Dem Vorteil von Stille- gegenüber Suzuki-Kupplungen, dass auch basenempfindliche Gruppen toleriert werden, steht als Nachteil eine höhere Toxizität von Organozinnverbindungen gegenüber. Bei C–C-Kupplungen von komplexeren Heterocyclen ist sie vielfach anderen Kreuzkupplungen überlegen [23].

Abgesehen von Palladium(0)-Komplexen ($[Pd(PPh_3)_4]$, $[Pd_2(dba)_3]/PPh_3$) werden als Präkatalysatoren auch Palladium(II)-Komplexe wie $Pd(OAc)_2/PPh_3$ oder $[PdCl_2(PPh_3)_2]$ eingesetzt, die zunächst zu Pd^0-Komplexen reduziert werden. Als Lösungsmittel wird DMF bevorzugt.

Die Transmetallierung kann als elektrophile Substitution S_E2 verstanden werden. Untersuchungen zum Mechanismus ($R''_3Sn–R'$ + $[PdX(R)L_2]$) zeigen, dass – sofern X^- ein zur Bildung von Pd(μ-X)Sn-Brücken befähigter Ligand wie ein Halogenid ist – nach Abspaltung von L ein cyclischer

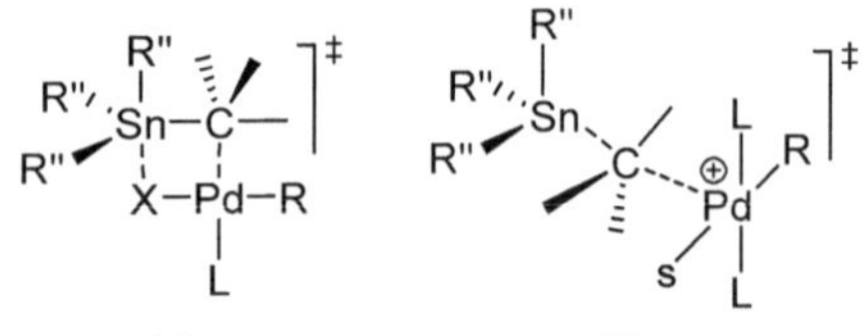

Übergangszustand **31** (R' ist durch ein C_{sp^3}-Atom symbolisiert, ohne darauf einzuschränken) ausgebildet werden kann. Daraus spaltet sich R''_3SnX ab, sodass direkt [PdR(R')L] erhalten wird, das bereitwillig einer reduktiven Eliminierung von R–R' unterliegt. Ist kein brückenbildender, aber ein leicht verdrängbarer Ligand X^- zugegen (z. B. OTf), liegt der Palladiumkomplex – insbesondere in stark solvatisierenden Lösungsmitteln s – als kationischer Komplex $[PdRL_2(s)]^+$ vor. In diesen Fällen ist die Ausbildung eines offenen Übergangszustandes **32** bevorzugt. Das Lösungsmittel kann einen Wechsel des Mechanismus herbeiführen oder ihn modifizieren: *i*) Wird ein brückenbildender Ligand X^- durch ein stark koordinierendes Lösungsmittel (z. B. HMPA) aus der Koordinationssphäre von Pd verdrängt, wird ein offener Übergangszustand **32** ausgebildet. *ii*) Bleibt ein nicht brückenbildender Ligand X^- in einem schwächer koordinierenden Lösungsmittel an Pd gebunden, wird ebenfalls ein offener Übergangszustand ausgebildet, der aber neutral ist.

Die Konfiguration eines α-C_{sp^3}-Atoms von R' (R' = CHDPh, ...) bleibt bei der Transmetallierung erhalten, wenn der Übergangszustand **31** durchlaufen wird, anderenfalls (Übergangszustand **32**) erfolgt Inversion der Konfiguration [24].

Aufgabe 12.2

Zusätze von Olefinen können auf die Aktivität und Selektivität von übergangsmetallkatalysierten Kreuzkupplungen einen erheblichen Einfluss ausüben [25]. Ein Beispiel ist die durch $[PdEt_2(bpy)]$ katalysierte Umsetzung von 1-Bromethylbenzol mit Tetramethylzinn, die als Hauptprodukt Styrol (**2**) liefert, während Zusatz von Fumaronitril (L) oder Verwendung von [Pd(bpy)L] als Katalysator Isopropylbenzol (**1**) als Hauptprodukt ergibt. Welcher Reaktionsablauf liegt der Bildung von **1** und **2** zugrunde? Interpretieren Sie das Ergebnis.

Br + $SnMe_4$ —[Pd], HMPA, 60 °C (25–110 h)→ **1**; → $-CH_4$ **2**

[Pd]	**1** (in %)	**2** (in %)
$[PdEt_2(bpy)]$	2	34
$[PdEt_2(bpy)]$ + L (1:7)	77	12
[Pd(bpy)L]	34	8

L = NC–CH=CH–CN

Sonogashira-Kupplungen

Bei Sonogashira-Kupplungen werden terminale Alkine **33** mit Aryl- oder Vinylverbindungen R–X (**34**, R = Aryl, Vinyl; X = Cl, Br, I, OTf) mit stöchiometrischen Mengen einer Base (z. B. NEt_3, $NHEt_2$, Piperidin) in Gegenwart eines Palladiumkatalysators wie $[Pd(PPh_3)_4]$ und katalytischer Mengen an CuI zu **35** umgesetzt.

$$\underset{\mathbf{33}}{R'-C\equiv C-H} + \underset{\mathbf{34}}{R-X} + NR''_3 \xrightarrow{[Pd]/CuI} \underset{\mathbf{35}}{R'-C\equiv C-R} + [NHR''_3]X$$

Die voranstehende Bruttogleichung zeigt, dass eine Substitution des Alkinwasserstoffatoms durch R erfolgt. Damit sind Sonogashira-Kupplungen die Alkin-Variante von Heck-Reaktionen, bei denen ein vinylisches H-Atom durch R substituiert wird (S. 363). Sie haben sich als eine elegante Synthesemethode zur Knüpfung von C_{sp^2}–C_{sp}-Bindungen erwiesen und sind daher für die Synthese von Eninen und Endiinen in der Naturstoffchemie von Bedeutung.

Terminale Alkine reagieren mit überschüssiger Base wie Trialkylaminen oder Piperidin in Gegenwart von Kupfer(I)-iodid zu Alkinylkupferreagenzien, die die Alkinylgruppe auf das Palladium übertragen. Dabei wird das Kupfer(I)-halogenid zurückgebildet, sodass die Reaktion nicht nur bezüglich Palladium, sondern auch bezüglich Kupfer katalytisch ist [26, 27].

Es gibt sowohl eine kupfer- als auch eine palladiumfreie Variante von Sonogashira-Kupplungen. Bei der ersteren wird das Alkin durch Koordination an Pd^{II} aktiviert (**36** → **37**) und durch basenassistierte Deprotonierung der Alkinylligand gebildet. Das kann vor der Substitution des anionischen Liganden X^- durch einen Neutralliganden L erfolgen (**37** → **38'** → **38**) oder danach (**37** → **37'** → **38**), sodass eine anionische bzw. kationische Zwischenverbindung (**38'**/**37'**) auftritt (anionischer/kationischer Reaktionsweg).

Ar–[Pd](L)–X **36** ⇌ (+ R–≡–H, – L) Ar–[Pd](X)(η²-R–≡–H) **37**
37 ⇌ (+ B, – BH⁺) [Ar–[Pd](X)–≡–R]⁻ **38'** ⇌ (+ L, – X⁻) Ar–[Pd](L)–≡–R **38**
37 ⇌ (– X⁻, + L) [Ar–[Pd](L)(η²-R–≡–H)]⁺ **37'** ⇌ (– BH⁺, + B) **38**

Bei der palladiumfreien Variante ist das zentrale Intermediat eine Alkinylkupfer(I)-Verbindung, die Ausgangspunkt für die C–C-Kupplung mit Ar–X ist (**39** → **40**). Es ist nicht sicher geklärt, ob diese im Sinne einer σ-Bindungsmetathese oder via oxidative Addition/reduktive Eliminierung über ein Cu^{III}-Intermediat erfolgt [28, 29].

$[Cu^I]$–≡–R + Ar–X (**39**) → $[Cu^I]$–X + Ar–≡–R (**40**)
(über [X- -Ar / $[Cu^I]$- - -≡–R]‡ oder $[Cu^{III}]$(Ar)(X)–≡–R)

Aufgabe 12.3

Für eine (kupferfreie) Pd-katalysierte Kupplung von ArX mit *para*-substituierten Phenylacetylenen YC_6H_4–C≡C–H ist noch ein weiterer Reaktionsweg **36** → **38** in Betracht zu ziehen, und zwar mit einem Phenylacetylidanion als Reaktionspartner. Skizzieren Sie den Reaktionsablauf und überlegen Sie, welche Substituenten Y (elektronenziehend oder -liefernd) förderlich sind. (*Hinweis:* Ausgehend von **36** erfolgt zunächst eine Substitution von X^- durch die Base B).

Der Ligandeneinfluss

Die klassischen Katalysatoren für Kreuzkupplungen nutzen als Coliganden L Phosphane, insbesondere PPh_3. Eine bedeutende Steigerung von Aktivität und Stabilität der Katalysatoren ist durch gezielte Variation der sterischen *und* elektronischen Eigenschaften von L gelungen.

Verwendet man anstelle des relativ schwach basischen PPh_3 ein stark basisches *und* sterisch anspruchsvolles Phosphan wie $P(t\text{-Bu})_3$ oder $PPh(t\text{-Bu})_2$ (vgl. dazu die Tolmanschen Parameter von PPh_3 mit denen von $P(t\text{-Bu})_3/PPh(t\text{-Bu})_2$, S. 325), dann wird die Ausbildung von Monophosphanpalladium(0)-Zwischenstufen (siehe Abbildung 12.1, $n = 1$) begünstigt. Koordination von Lösungsmittelmolekülen und/oder agostische Wechselwirkungen können zur weiteren Stabilisierung beitragen. Insgesamt scheinen alle Reaktionsschritte von Kreuzkupplungen an PdL- (12 *ve*!) leichter als an PdL_2-Komplexen (14 *ve)* abzulaufen [30, 31].

Als Beispiel sei die Suzuki-Kupplung von Chloraromaten **41** zu Biarylen **42** angeführt, die mit L = PPh_3 nicht möglich ist (Ausbeute 5 %), während mit L = $PBu(Ad)_2$ (Ad = Adamantyl) Ausbeuten >90 % (*TON* = 17400) erhalten werden. Sogar elektronenreiche Chloraromaten (R = 4-MeO, 2,6-Me_2) reagieren mit hohen Umsatzzahlen (*TON* > 10^4).

L	*TON*
PPh_3	50
$P(t\text{-Bu})_3$	8200
$PBu(Ad)_2$	17400

N-heterocyclische Carbene (vgl. Exkurs, S. 185) sind eine weitere Klasse von stark basischen (nucleophilen) Liganden, die bei Kreuzkupplungen Anwendung finden. So sind beispielsweise Präkatalysatoren vom Typ **43** (R = *i*-Pr, *i*-Bu, *i*-Pent, ...) hochaktiv, wobei die Aktivität zunimmt, je sperriger der NHC-Ligand ist. Die eigentlich katalytisch aktiven Spezies sind Monocarbenpalladium(0)-Komplexe, die beispielsweise bei Negishi-Kupplungen nach Umsetzung von **43** mit [Zn]–R' und nachfolgender reduktiver Eliminierung von R'–R' gebildet werden können. Des Weiteren sind jedoch auch mehrzähnige P-, N- und NHC-Liganden gefunden worden, die sehr produktive Katalysatorsysteme bilden. Möglicherweise verhindern diese Liganden die Aggregation von Pd^0 zu katalytisch inaktiven Clustern [32, 33].

Alkyl–Alkyl-Kupplungen

In Kreuzkupplungsreaktionen sind im Allgemeinen C_{sp^3}–C_{sp^3}-Bindungsknüpfungen zwischen zwei Alkylresten nur mit Einschränkungen zu realisieren, weil Alkylderivate R–X nur bedingt als Elektrophil eingesetzt werden können (Abbildung 12.2). Ursache dafür ist, dass die oxidative Addition von R–X an $[M'^0]$ (M' = Pd, Ni) (**44** → **45**) zum einen sehr langsam abläuft und zum anderen – sofern R ein β-ständiges H-Atom aufweist – der gebildete Alkylmetallkomplex einer raschen β-Hydrideliminierung unterliegt (**45** → **47**). Damit kann die gewöhnlich langsamer ablaufende Transmetallierung (**45** → **46**) nicht konkurrieren, sodass das Kupplungsprodukt (**46** → **48**) nicht gebildet wird [34, 35, 36].

$$\mathbf{44}\ (\text{R-X}) \xrightarrow{[M'^0]} \mathbf{45} \xrightarrow[-\,[M]\text{–}X]{+\,[M]\text{–}R'} \mathbf{46} \xrightarrow{-\,[M'^0]} \mathbf{48}$$

$$\mathbf{45} \xrightarrow{-\,R''\text{–}CH{=}CH_2} \mathbf{47}\ ([M'](H)X)$$

Inzwischen ist die Verwendung von primären Alkylhalogeniden als elektrophile Kupplungspartner in Kreuzkupplungen vielfältig möglich geworden und zunehmend können auch sekundäre Alkylhalogenide eingesetzt werden, bei denen eine sterische Hinderung die oxidative Additionsreaktion zusätzlich erschwert [37].

So gelingen nickelkatalysierte Kupplungsreaktionen von Alkyliodiden, aber auch von -bromiden R–X mit Dialkylzinkverbindungen und Alkylzinkiodiden ZnR'_2/R'ZnI in Gegenwart von π-Akzeptoren wie 4-Fluor- oder 3-Trifluormethylstyrol. Vorteilhaft ist, dass diese Kupplungsreaktionen eine hohe Toleranz gegenüber funktionellen Gruppen zeigen [38].

$$\text{R–X} + \text{R'–Zn–R'} / \text{R'–Zn–I} \xrightarrow[\pi\text{-Akzeptor}]{[Ni(acac)_2]\ ([NBu_4]I)} \text{R–R'}$$

Entscheidend für den Erfolg scheint zu sein, dass die Transmetallierung schnell abläuft und der zugesetzte π-Akzeptor die reduktive Eliminierung beschleunigt und/oder die freien Koordinationsstellen, die für eine β-H-Eliminierung in [Ni]–R erforderlich sind, blockiert.

Ein weiteres Beispiel für Alkyl–Alkyl-Kupplungen sind Suzuki-Kupplungen von Alkylderivaten R–X (X = Cl, Br, OTs) mit R'–(9-BBN$_{-H}$) (R' = Alkyl, 9-BBN = 9-Borabicyclo[3.3.1]-nonan) in Gegenwart von Basen wie $K_3PO_4 \cdot H_2O$, $CsOH \cdot H_2O$ oder NaOH [39]:

$$\text{R–X} + \text{(9-BBN)–R'} \xrightarrow[\text{(Base)}\ \text{THF/Dioxan (20–90 °C)}]{[Pd]\,/\,2\text{–}5\ L} \text{R–R'}$$

Als Präkatalysator [Pd]/L wird $Pd(OAc)_2$ oder $[Pd_2(dba)_3]$ in Gegenwart eines Überschusses (!) an einem stark basischen, aber sperrigen Phosphan L wie PCy_3 oder $PMe(t\text{-}Bu)_2$ eingesetzt. Offensichtlich gewährleistet der Überschuss an L die Ausbildung von Bis(phosphan)-Komplexen, die hinreichend stabil gegenüber einer unerwünschten β-H-Eliminierung sind. Auf der anderen Seite scheint aber auch eine hinreichend leichte Abspaltung von L zu erfolgen, damit der erwünschte Reaktionszyklus ablaufen kann. In jedem einzelnen Fall (insbesondere abgestimmt auf den Substituenten X in R–X) ist eine sorgfältige Wahl der Base, des Phosphanliganden und der Reaktionsbedingungen für den Erfolg ausschlaggebend.

Aufgabe 12.4

Alkyl–Alkyl-Kupplungen gemäß der folgenden Gleichung (R, R' = Alkyl) werden in Gegenwart von Butadien oder Isopren effektiv durch $NiCl_2$ katalysiert:

$$\text{R'–X} + \text{R–MgX} \xrightarrow[\text{THF, 25 °C, 3 h}]{NiCl_2\ (3\ \text{mol-\%})\ /\ \text{Butadien, Isopren}\ (100\ \text{mol-\%})} \text{R–R'} + MgX_2$$

Auf einen völlig anderen Mechanismus weisen die Befunde hin, dass β-H-Eliminierungen nur eine untergeordnete Rolle spielen und auch die oxidative Addition von R'–X (R' = Alkyl!) relativ schnell abläuft. Unterbreiten Sie einen Vorschlag, der zunächst die Bildung von Ni^0 (wie?) und dann die Reaktion mit Butadien in Betracht zieht.

Enantioselektive Kreuzkupplungen

Atropisomere *ortho,ortho'*-disubstituierte Biaryle sind axial-chiral. Sie sind als chirale Liganden und als Intermediate bei Naturstoffsynthesen von Interesse. So ist via Suzuki-Kupplung in Gegenwart des chiralen P,N-Liganden **49** das Biaryl **50** (R = $P(O)(OMe)_2$; *ee* = 86 %) hergestellt worden, aus dem in zwei Reaktionsschritten der axial-chirale, monodentate Phosphanligand **50** (R = PPh_2) in hoher Enantiomerenreinheit erhalten worden ist [40].

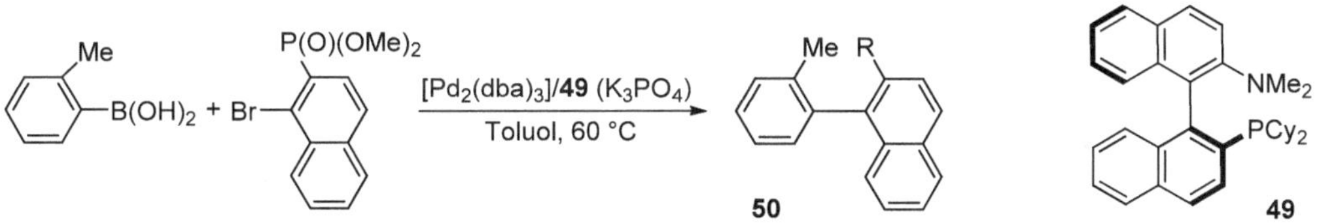

Me, $B(OH)_2$ + Br, $P(O)(OMe)_2$ —[$Pd_2(dba)_3$]/**49** (K_3PO_4), Toluol, 60 °C→ Me R **50**; NMe_2, PCy_2 **49**

In ähnlicher Weise, aber nickelkatalysiert, sind axial-chirale Biaryle in Kumada-Kupplungsreaktionen aus Arylgrignardverbindungen und 1-Bromnaphthalinen zugänglich. Ein anderes Konzept ist in der Kumada-Kupplung von **52** realisiert. In **52** sind die beiden Triflatsubstituenten enantiotop. Der Palladiumkomplex von **51** ist chiral und kann zwischen den beiden enantiotopen Positionen in **52** unterscheiden. Eine Kumada-Kupplung mit PhMgBr ergibt das axial-chirale Biphenyl **53a** (*ee* = 93 %) und die achirale diphenylierte Verbindung **53b** als Nebenprodukt.

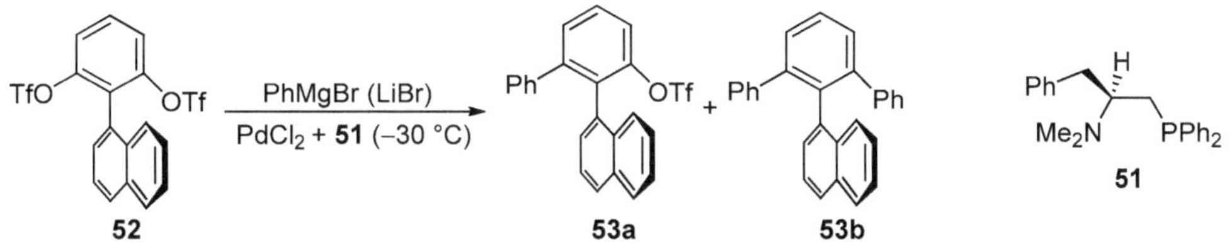

TfO, OTf **52** —PhMgBr (LiBr), $PdCl_2$ + **51** (–30 °C)→ Ph, OTf **53a** + Ph, Ph **53b**; Ph, H, Me_2N, PPh_2 **51**

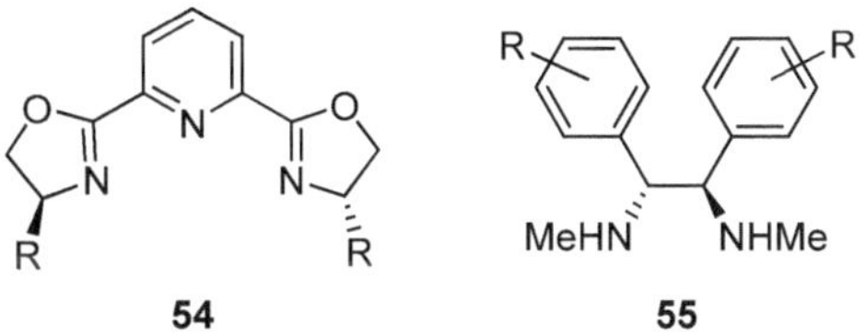

O, N, N, O, N, R, R **54**; R, R, MeHN, NHMe **55**

Trotz der zuvor angesprochenen prinzipiellen Schwierigkeiten bei der Verwendung von Alkylhalogeniden als elektrophile Kupplungspartner konnten sogar sekundäre Alkylhalogenide erfolgreich eingesetzt werden, die als Edukte zum Aufbau von Stereozentren besonders geeignet sind. So konnten nickelkatalysierte enantioselektive Negishi-, Hiyama- und Suzuki-Kreuzkupplungen unter Verwendung von chiralen mehrzähnigen N-Coliganden der Typen **54** und **55** realisiert werden. Als Beispiel seien Alkyl–Alkyl-Suzuki-Kupplungen angeführt, bei denen ausgehend von *racemischen* sekundären Alkylhalogeniden und R''–(9-BBN_{-H})-Derivaten (R', R'' = Alkyl) Alkylverbindungen **56** mit *ee*-Werten bis zu 94 % erhalten wurden [41].

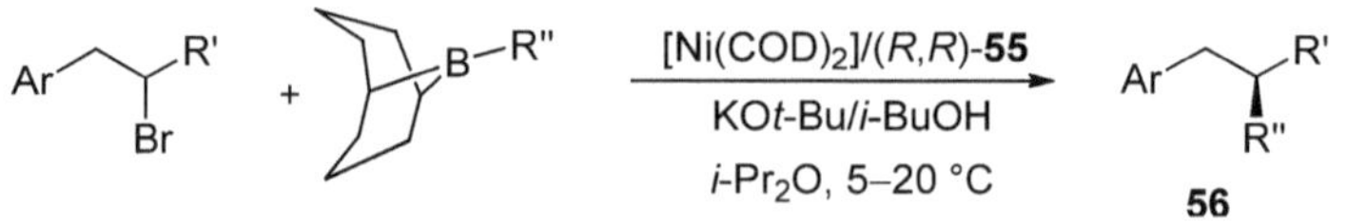

56

Carbonylierende Kreuzkupplungen

In Gegenwart von Kohlenmonoxid verlaufen Kreuzkupplungen als „carbonylierende Kupplungen“, weil CO-Insertionen in Pd–C-Bindungen schnell ablaufen. Produkte sind dann nicht Kohlenwasserstoffe R–R', sondern unsymmetrisch substituierte Ketone R–C(O)–R'. Der Mechanismus in Abbildung 12.1 ist zu modifizieren: Wie dort beschrieben erfolgt zunächst oxidative Addition von R–X and L_nPd (**5** → **6**). Daran schließt sich aber nicht die Transmetallierung (**6** → 7) an, sondern eine CO-Insertion (**6** → **6'**). Dann erfolgt Transmetallierung (**6'** → **7'**) und schließlich wird in einer reduktiven Eliminierungsreaktion das Keton abgespalten und der Katalysator zurückgebildet (**7'** → **5**).

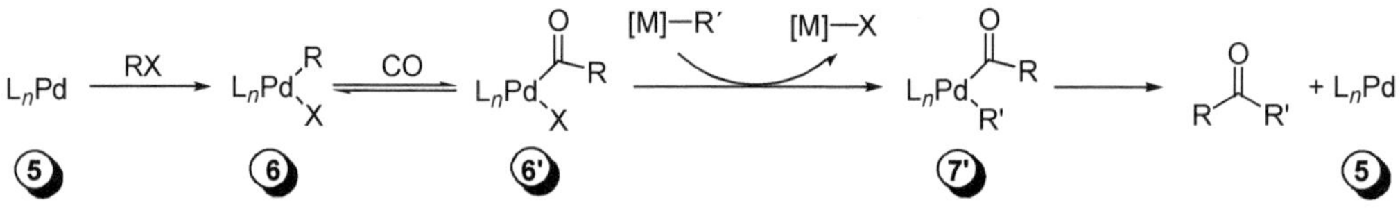

Carbonylierende Kupplungen erweitern das Synthesepotential von Kreuzkupplungen erheblich. So können beispielsweise Säurechloride als elektrophile Kupplungskomponenten zur direkten Synthese von Ketonen wegen ihrer hohen Reaktivität nur bedingt eingesetzt werden. Zum Beispiel sind dann Suzuki-Kupplungen nicht möglich, wenn in Gegenwart wässriger Basen gearbeitet wird. Vielfach sind carbonylierende Kreuzkupplungen die Methode der Wahl, um unsymmetrisch substituierte Ketone zu synthetisieren. Carbonylierende Stille-Kupplungen sind für Ketonsynthesen mit empfindlichen Substituenten von Bedeutung [42].

Aufgabe 12.5

Schlagen Sie eine Synthese von **2** (ausgehend von **1**) durch Suzuki-Kupplung und für das Keton **3** (X = OH, COOH, NH_2, …) durch Stille-Kupplung vor.

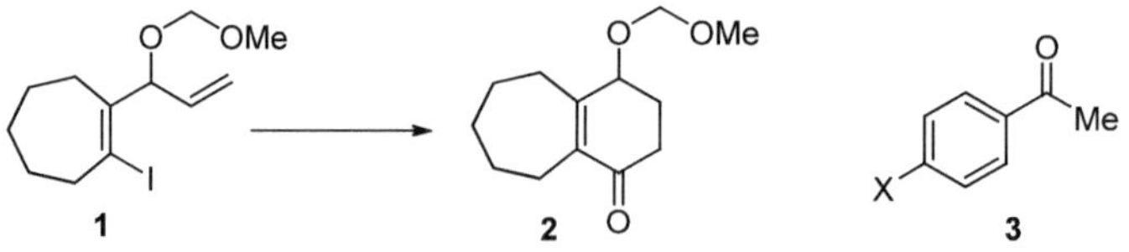

1 **2** **3**

Bimetallische katalytische Systeme

Als Transmetallierungsreagenzien [M]–R' (vgl. Tabelle 12.1, S. 349) in palladiumkatalysierten C–C-Kreuzkupplungen können auch Organylgold(I)-Verbindungen LAu–R' (L = PR_3, AsR_3, …) fungieren, wobei einer Anwendung entgegensteht, dass sie in stöchiometrischen Mengen eingesetzt werden müssten. Allerdings können diese Goldverbindungen auch als „Transmetallierungs-Shuttle“ zwischen [M]–R' und $L_nPd(R)X$ wirken, sodass katalytische Mengen ausreichen [43]:

[M]–R' LAu–X [Pd](R)(R') R–R'

(a) (b) (c) [Pd⁰]

[M]–X LAu–R' [Pd](R)(X) R–X

Als Beispiel ist eine Stille-Kupplung **57** → **58** angeführt, die in Abwesenheit der Goldverbindung bei sterisch anspruchsvollen Arylresten (Ar = *ortho*-substituierte Phenyl- und Naphthylreste) zu keinerlei Bildung der Kupplungsprodukte **58** führt.

$R''_3Sn–Ar$ + X–C_6H_4–CF_3 (**57**) → ([$PdCl_2L_2$]/[AuClL]/L (2/2/4 mol-%), MeCN, 80 °C (LiCl)) Ar–C_6H_4–CF_3 (**58**) (L = $AsPh_3$, R'' = *n*-Bu, X = I)

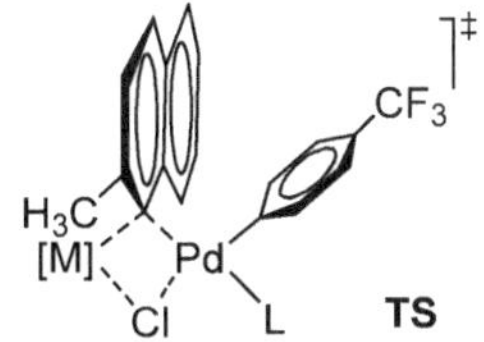

Für eine Modellreaktion **57'** → **58'** (L = $AsMe_3$, R'' = Me, Ar = 2-Methylnaphthyl, X = Cl) sind freie Aktivierungsenthalpien für die Sn/Au- und Au/Pd-Transmetallierungen (Schnittpunkt **a**/**b** bzw. **b**/**c** im Schema oben) von 107 bzw. 90 kJ/mol berechnet worden. Dagegen ist für die direkte Sn/Pd-Transmetallierung (Schnittpunkt **a**/**c** im Schema ohne Zyklus **b**) ein sehr hoher Wert von 153 kJ/mol ermittelt worden, der in Übereinstimmung mit dem Experiment eine Katalyse ausschließt. Der gravierende Unterschied in den Aktivierungsbarrieren bei der Sn/Pd- und Au/Pd-Transmetallierung hat im Wesentlichen sterische Gründe: Im ersten Fall ([M] = $SnMe_3$) ist der Übergangszustand **TS** wegen der vierfach-koordinierten Sn- und Pd-Verbindung sterisch stark überfrachtet, während die lineare Goldverbindung im zweiten Fall ([M] = AuL) sterisch weniger anspruchsvoll ist.

12.2 Die Heck-Reaktion

Unter Heck-Reaktionen (R. F. Heck, 1972) werden palladiumkatalysierte C–C-Bindungsknüpfungen zusammengefasst, bei denen ein vinylisches Wasserstoffatom gegen eine Organylgruppe R (Aryl, Vinyl, Benzyl, Allyl) unter Erhalt der Doppelbindung substituiert wird:

$$>C{=}C(H)< \; + \; R{-}X \; + \; B \xrightarrow{[Pd]} \; >C{=}C(R)< \; + \; (BH)X$$

Die Reaktion erfordert stöchiometrische Mengen einer Base B. Heck-Reaktionen haben sich zu einer der wichtigsten Synthesemethoden für Styrolderivate (R = Aryl), 1,3-Diene (R = Vinyl) und Allylbenzole (R = Benzyl) etabliert.

Üblicherweise werden Heck-Reaktionen in polaren, aprotischen Lösungsmitteln (MeCN, DMF, DMSO; mitunter auch unter Zusatz von Wasser) bei Temperaturen von 50–150 °C durchgeführt. Bevorzugte Substrate R–X sind Bromide, Iodide und Triflate. Chloride werden seltener eingesetzt, weil die oxidative Addition schwieriger oder überhaupt nicht abläuft. Als Basen werden häufig sekundäre oder tertiäre Amine, aber auch Carbonate/Hydrogencarbonate verwendet [44].

Mechanismus von Heck-Reaktionen

In Abbildung 12.3 ist der Reaktionsmechanismus von Heck-Reaktionen bei Verwendung von Phosphanpalladiumkomplexen als Katalysator angeführt. Im Einzelnen laufen folgende Reaktionen ab:

59 → **60** → **61**: Wie bei Kreuzkupplungen beginnt die Heck-Reaktion mit der Bildung des katalytisch aktiven Palladium(0)-Komplexes **60** und der sich anschließenden oxidativen Addition von RX zu einem Organylpalladium(II)-Komplex **61**.

61 → **62**: *Olefinkoordination/-insertion.* Das Olefin wird koordiniert und in die σ-Pd–C-Bindung insertiert, sodass ein Alkylpalladium(II)-Komplex gebildet wird.

62 → **63**: *β-H-Eliminierung/Insertion.* β-Wasserstoffeliminierung führt zur Produktbildung und zu einem Hydridopalladium(II)-Komplex. Dieser Reaktionsschritt ist reversibel. Ausgehend von terminalen Olefinen R'CH=CH_2 wird entweder das thermodynamisch stabilere *trans*-Olefin (*E*)-R'CH=CHR oder CH_2=CRR' erhalten. Die Reaktionen **61** → **62** und **62** → **63** verlaufen stereochemisch einheitlich als *syn*-Addition bzw. *syn*-Eliminierung. Der zuletzt genannten Reaktion geht eine Rotation um die C–C-Bindung voran, damit eine β-C–H-Bindung des Alkylliganden synperiplanar zur Pd–C-Bindung steht.

63 → **60**: *Reduktive Eliminierung.* Die Abspaltung von HX mit stöchiometrischen Mengen einer Base B führt zur Rückbildung des Katalysatorkomplexes **60**.

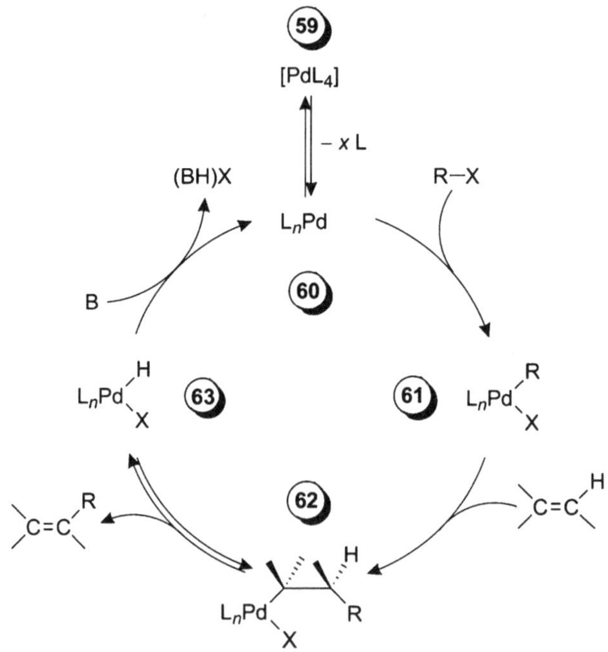

Abbildung 12.3. Zum Mechanismus der Heck-Reaktion mit Phosphanpalladiumkomplexen als Katalysatoren (L = Phosphan; n = 1, 2).

Im grundlegenden Unterschied zu den zuvor beschriebenen Kreuzkupplungen erfolgt bei der Heck-Reaktion die C–C-Bindungsbildung durch Olefininsertion in eine Pd–C-Bindung (**61** → **62**) und nicht in einer reduktiven C–C-Eliminierung. Bezüglich RX unterliegen Heck-Reaktionen den gleichen Einschränkungen wie Kreuzkupplungen: Der Rest R darf keine β-Wasserstoffatome enthalten, weil dann die nachfolgende Olefininsertion in ihrer Geschwindigkeit nicht mit einer Zersetzung von $[PdR(X)L_n]$ (**61**) via β-H-Eliminierung konkurrieren könnte.

Mechanismus – Vertiefung

Der Anioneneinfluss (X^-) auf den Reaktionsablauf wird im obigen (vereinfachten) Mechanismus nicht widergespiegelt. Von ihm hängen aber maßgeblich Aktivität, Regio- und Stereoselektivität der Reaktion ab. Wie bei Kreuzkupplungen sind in Gegenwart von Chlorid- oder Acetatanionen X^- nicht neutrale PdL_2-Komplexe, sondern anionische Komplexe $[PdXL_2]^-$ Intermediate in der Heck-Reaktion, was zu einer leichter ablaufenden oxidativen Addition führt [45].

In Abhängigkeit vom Liganden L und vom anionischen Liganden X^- sind zwei verschiedene Reaktionswege für die Olefininsertion nachgewiesen (der gestrichelte Bogen deutet an, dass L_2 auch ein Chelatligand sein kann; s = Solvensmolekül) [46, 47]:

nichtpolare Route ⟸ ⟹ polare Route

+ =, – s; + s, – L; + s, – $X^⊖$; + =, – s

65a ⇓ Insertion — **64** — **65b** ⇓ Insertion

- *Nichtpolare Route über Neutralkomplexe.* Lösungsmittelassistiert wird ein neutraler Ligand L durch das Olefin substituiert (**64** → **65a**).
- *Polare Route über kationische Komplexe.* Lösungsmittelassistiert wird der anionische Ligand X^- durch das Olefin substituiert (**64** → **65b**).

Insbesondere durch die Natur des Anions X^- kann der Mechanismus gesteuert werden: Die polare Route wird bevorzugt bei leicht abspaltbaren Anionen wie Triflat oder bei Halogeniden in Gegenwart von AgX' oder TlX' (X' = schwach koordinierendes Anion). Konkurrenzexperimente haben gezeigt, dass bei der nichtpolaren Route die Koordination von elektronenarmen Olefinen (schlechte σ-Donoren, gute π-Akzeptoren) und bei der polaren Route, die von elektronenreichen Olefinen (gute σ-Donoren, schlechte π-Akzeptoren) bevorzugt ist. Die Regioselektivität bei einer Insertion ausgehend von **65a** ist durch sterische Faktoren dominiert, während bei **65b** elektronische Faktoren von Bedeutung sind. Das führt bei der polaren Route zunehmend zur Bildung von verzweigten Produkten, wie an den nachfolgenden Beispielen illustriert wird:

	Y b)	Ph	OH	OH	OH	n-Bu
*nichtpolare Route*a)	100	100	100	90	80	80
*polare Route*a)	100	60	100	95	90	80–85

a) Die Pfeile weisen auf den bevorzugten Ort der Substitution; Angaben in Prozent (zu 100 % fehlende Werte entfallen auf das andere Regioisomer). b) Y = COOR, $CONH_2$, CN.

Die zu verzweigten Produkten führende polare Route kann auch durch das Lösungsmittel befördert werden: Wird beispielsweise mit Arylbromiden in Abwesenheit von Silber- oder Thalliumsalzen gearbeitet, muss in erster Linie das Bromidion durch Solvatation stabilisiert werden, um die Bildung von Neutralkomplexen **65a** zu unterbinden. Dazu sind Lösungsmittel mit hohen Akzeptorzahlen (vgl. Exkurs, S. 35) geeignet wie Alkohole (insbesondere Ethylenglykol), die H-Donoren in Wasserstoffbrücken sind. Auch ionische Flüssigkeiten in Gegenwart von $[R_3NH]^+$ als H-Donor sind eingesetzt worden [46, 48, 49].

Der Ligandeneinfluss

Palladiumacetat setzt sich mit $P(o\text{-Tol})_3$ oder $P(Mes)_3$ unter Metallierung eines *ortho*-Methylsubstituenten zu dinuklearen Palladacyclen **66** (R = *o*-Tol, Mes; R' = H, Me) um.

H_3C, R_2P, R', R'
$Pd(OAc)_2$ / – HOAc → 1/2
66
Katalysatorformierung →
Pd–PR_2
67

Komplexe vom Typ **66** sind luft- und feuchtigkeitsbeständig und im festen Zustand thermisch ungewöhnlich stabil (**66**, R' = H; $T_{Zers.}$ = 250 °C). Sie erwiesen sich als außerordentlich aktive Präkatalysatoren für die Heck-Reaktion, die sogar Heck-Kupplungen von Chloraromaten mit elektronenziehenden Substituenten (in Gegenwart von Bromiden wie $[N(n\text{-Bu})_4]Br$ als Promotor) gestatten. Es scheint gesichert, dass Komplexe **66** nicht direkt am katalytischen Prozess teilnehmen. Sie fungieren als Vorratskomplexe, indem sie in einer sehr langsamen Reaktion den eigentlichen Katalysator, einen Monophosphanpalladium(0)-Komplex **67**, freisetzen. Dieser reagiert dann wegen seiner hohen katalytischen Aktivität in einer sehr schnellen Reaktion mit R–X unter oxidativer Addition. In Übereinstimmung damit zeigen Komplexe $[\{PdAr(Br)\{P(o\text{-Tol})_3\}\}_2]$ eine ähnliche Aktivität und Selektivität wie die Palladacyclen **66**. Die aus **66** generierte katalytisch aktive Verbindung **67** gehört zu den PdL-Komplexen mit stark σ-basischen Phosphanliganden von hohem Raumanspruch und das zuvor für Kreuzkupplungen beschriebene Konzept der besonderen katalytischen Aktivität derartiger Komplexe ist auch auf Heck-Reaktionen zu übertragen. Stark basische (nucleophile) N-heterocyclische Carbene, die sich vom Imidazol ableiten (vgl. Exkurs, S. 185), bilden ebenfalls sehr stabile Mono- und Dicarbenpalladium(II)-Komplexe (**68**, **69**), die Präkatalysatoren von sehr hoher Aktivität sind [32, 50, 51].

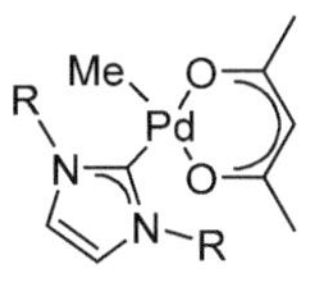

Aus dem Mechanismus der Heck-Reaktion ist ersichtlich, dass für keinen der katalytisch relevanten Reaktionsschritte ein stark σ-bindender Ligand benötigt wird. Katalysatorsysteme ohne derartige Liganden werden „ligandenfrei" genannt. So reagieren z. B. Aryliodide mit Cycloalkenen oder Methylacrylaten im Sinne einer Heck-Reaktion, wenn unter Jeffery-Larock-Bedingungen gearbeitet wird. Das beinhaltet die Verwendung von $Pd(OAc)_2$ als Präkatalysator und $NaHCO_3$ oder KOAc als Base (DMF, 25–50 °C) in Gegenwart von quartären Ammoniumsalzen wie $[N(n\text{-}Bu)_4]Cl$. Letztere fungieren unter anderem als Phasentransferkatalysatoren. Das kann eine Fest-Flüssig- oder eine Flüssig-Flüssig-Phasentransferkatalyse sein, je nachdem, ob die Base im Reaktionssystem unlöslich ist oder eine wässrige Phase vorliegt, in der sie gelöst ist. Das ermöglicht, Heck-Reaktionen in Wasser als Lösungsmittel durchzuführen [44].

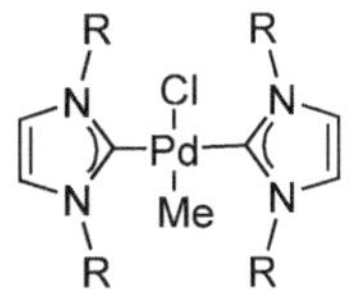

Pd^0-Nanopartikel, die direkt eingesetzt werden oder sich durch Zersetzungsreaktionen eines Katalysatorsystems bilden können, katalysieren auch die Heck-Reaktion. Sie sind bereits bei extrem kleinen Konzentrationen (0,001 mol-%) katalytisch aktiv, sodass gelegentlich von homöopathischen Pd-Nanocluster-Katalysen gesprochen wird. Es gibt Hinweise, dass bei höheren Temperaturen (>120 °C) – weitgehend unabhängig vom Precursorkomplex – durch Zersetzung gebildete lösliche Pd^0-Nanocluster entscheidend für die Katalyse sind.

Pd^0-Nanopartikel **70** kennzeichnen hier lösliche Agglomerate von Palladiumatomen im Nanometerbereich (typischerweise 1,5–7,0 nm; ein Cluster von 2 nm Durchmesser enthält etwa 250 Pd-Atome). Sie sind gewöhnlich durch Salze[1] oder polare Lösungsmittel stabilisiert, die eine Zusammenlagerung zu unlöslichen größeren Aggregaten („Palladiumschwarz") verhindern, die katalytisch wenig oder nicht aktiv sind. Die genaue Natur der katalytisch aktiven Spezies ist nicht bekannt. Die gesamte Katalyse könnte an der Oberfläche des Nanoclusters **70** stattfinden. Es kann aber auch nach oxidativer Addition von RX an einem Pd-Oberflächenatom $[Pd^{II}RX]$ abgespalten werden (**70** → **71** → **73**) oder der Nanocluster fungiert nur als Reservoir für Pd-Atome (**70** → **72** → **73**).

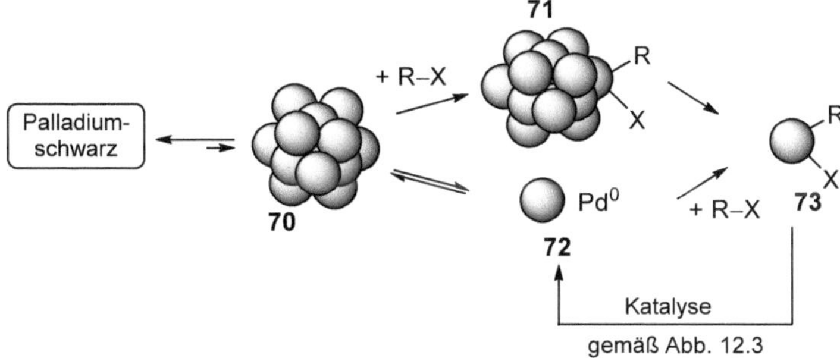

[1] Deren Anionen, insbesondere Halogenide X^-, können durch die Bildung von anionischen Spezies wie $[Pd^0X(s)_n]^-$ oder $[Pd^{II}RX_2(s)_n]^-$ (s = Lösungsmittel) als Aktivatoren wirken.

Eine vergleichbare Rolle spielen Pd-Nanocluster auch in Kreuzkupplungsreaktionen (Suzuki-Kupplungen, Sonogashira-Kupplungen, …) und in C–H-Funktionalisierungen [52, 53, 54].

Ein „ligandenfreies" Katalysatorsystem liegt einer technischen Synthese von Zimtsäurederivaten wie *p*-Methoxyzimtsäure **72** zugrunde. Die Verbindung **72'** mit R = $CH_2CH(Et)$*n*-Bu („Octinoxat") ist Bestandteil von Sonnenschutzmitteln.

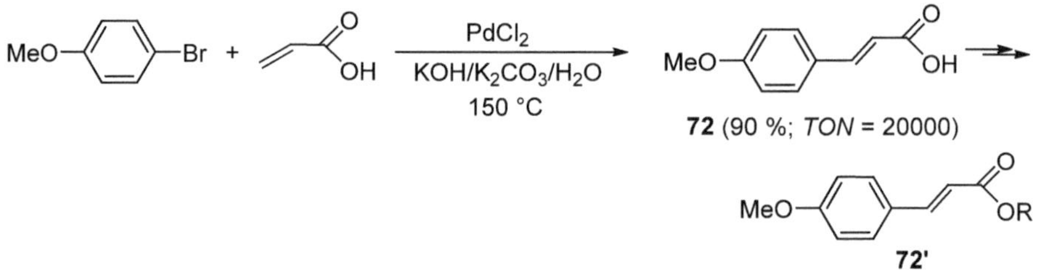

Enantioselektive Heck-Reaktionen

Im Allgemeinen wird bei der Heck-Reaktion kein Stereozentrum gebildet. Bei monosubstituierten Olefinen **73** wird zwar intermediär (**74**/**74'**) ein stereogenes C-Atom erzeugt, das aber bei der β-Hydrideliminierung wieder verloren geht (**74'** → **75**). Da Reaktion **73** → **74** eine *syn*-Addition und **74'** → **75** eine *syn*-Eliminierung ist, muss vor der β-H-Eliminierung eine Rotation um die C–C-Bindung erfolgen (**74** → **74'**), damit die Pd–C- und die C–H-Bindung synperiplanar angeordnet sind.

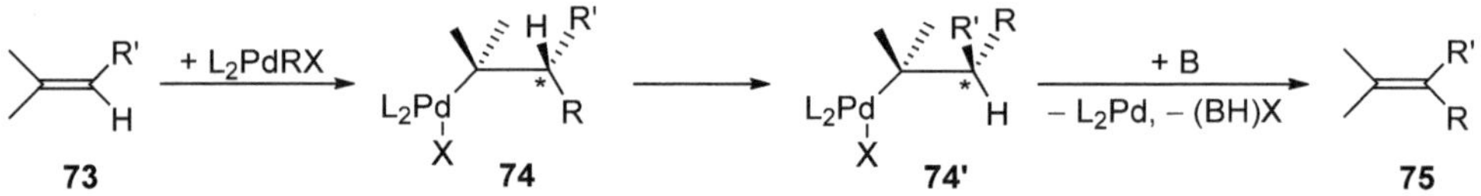

Ein intermediär erzeugtes Stereozentrum bleibt bei der Heck-Reaktion nur erhalten, wenn Olefine vom Typ **76** (R' ≠ R") als Substrate eingesetzt werden. Nach Olefininsertion (**76** → **77**) kann die β-H-Eliminierung vom Wasserstoffatom H' ausgehen (**77** → **78**; Heck-Reaktion mit Doppelbindungsisomerisierung). Mit R" = H ist ein tertiäres und mit R'/R" ≠ H ein quartäres stereogenes C-Atom erzeugt worden [40].

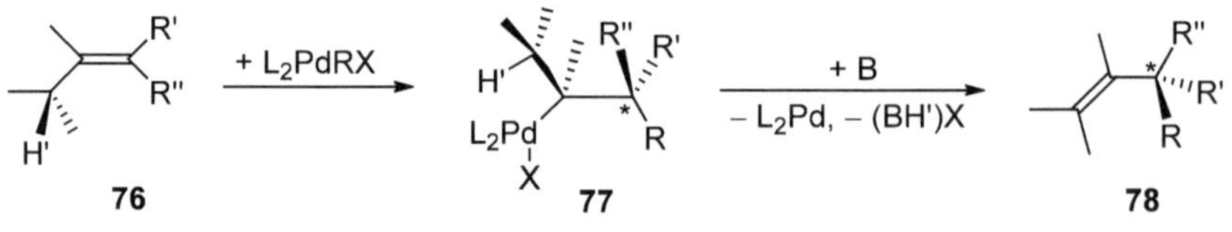

Wenn ein tertiäres stereogenes C-Atom (R" = H) gebildet werden soll, muss die β-H-Eliminierung, die zum „normalen" Heck-Produkt (R" = H wird durch R substituiert) führt, unterbunden werden. Das ist insbesondere bei intramolekularen Heck-Reaktionen von Cycloalkenen der Fall, weil dann die Rotation um die C–C-Bindung (**74** → **74'**) nicht möglich ist. So können vorteilhaft kondensierte Ringsysteme in enantioselektiven Heck-Reaktionen synthetisiert werden, wie an der Synthese von Decalinderivaten als Beispiel demonstriert ist (**79** → **80**). Mit (*R*)-BINAP (Formel siehe S. 67) als chiraler P,P-Ligand sind *ee*-Werte von bis zu 93 % erzielt worden.

Die Generierung eines quartären stereogenen C-Atoms bei einer intramolekularen Heck-Reaktion ist als Beispiel in der Synthese eines Zwischenprodukts (**81** → **82**) bei der Herstellung eines tricyclischen Diterpens **83** gezeigt (**83**: (–)-Abietinsäure, eine Harzsäure, Hauptbestandteil von Kolophonium). Mit (*R*)-BINAP als Coliganden wird eine regioselektive, asymmetrische Cyclisierung zu **82** mit *ee*-Werten von 95 % erzielt.

Aufgabe 12.6

Im Prinzip gibt es vier Möglichkeiten, wie das konjugierte Doppelbindungssystem von **81** in die Pd–C_{Ar}-Bindung insertieren kann. Diskutieren Sie diese und geben Sie Gründe an, warum ausschließlich **82** gebildet wird.

Neben BINAP haben sich zur chiralen Induktion viele andere Coliganden bewährt, darunter 2-(Phosphinophenyl)oxazoline vom Typ **84** (PHOX-Liganden), die bei intermolekularen Heck-Arylierungen und -Alkenylierungen von z. B. Dihydrofuranen zu hohen katalytischen Aktivitäten und hohen *ee*-Werten führen. Es ist offensichtlich, dass sowohl bei intra- als auch intermolekularen asymmetrischen Heck-Reaktionen eine Chelatkoordination des Coliganden gegenüber einer monodentaten eine bessere chirale Induktion erwarten lässt, sodass der polare Mechanismus für die Insertionsreaktion anzustreben ist.

Mit dem Pyridyloxazolin-Liganden **85** gelingen auch intermolekulare enantioselektive Heck-Matsuda-Reaktionen[1] von Alkenylalkoholen zu Carbonylverbindungen (**86** → **87**). Die β-Hydrideliminierung von H' (siehe Formelskizze **88**), die zu einem achiralen Heck-Produkt führen würde, kann mit der von H" nicht konkurrieren, weil dieser eine Wanderung der gebildeten Doppelbindung entlang der Alkylkette (vgl. Chain-Walking, S. 253) folgt, bis schließlich ein Enol gebildet wird, das (palladiumassistiert) zu einer thermodynamisch sehr stabilen Carbonylverbindung tautomerisiert. Die Doppelbindungsgeometrie in **86** setzt die Konfiguration des Stereozentrums in **87** fest: Es gilt (*E*) → (*S*) und (*Z*) → (*R*).

[1] Die Verwendung von Diazoniumsalzen als Kupplungspartner (Heck-Matsuda-Reaktionen) lässt relativ milde Reaktionsbedingungen zu.

R–CH=CH–(CH₂)ₙ–CH(OH)–R' + $[ArN_2][PF_6]$ $\xrightarrow[\text{DMF, 25 °C}]{[Pd(dba)_2]/\mathbf{85}}$ Ar–CH(R)–(CH₂)ₙ–C(=O)–R'

86 (n = 0–2) **87** (ee > 80 %) **85** **88**

F_3C … N … O … t-Bu; R, Ar, Pd, H', H''

In ähnlicher Weise (**89** → **90**) ist mittels intermolekularer enantioselektiver oxidativer Heck-Kupplung (vide infra) auch der Aufbau von quartären, stereogenen C-Atomen möglich:

OH + Ar–B(OH)$_2$ $\xrightarrow[\text{O}_2\text{; Molekularsieb, DMF, 25 °C}]{[Pd^{II}]/Cu^{II}/\mathbf{85}}$ Ar, R, O

89 (R = H, n = 1; R = Me, n = 3) **90**

Aufgabe 12.7

Der Alkenylalkohol **1** setzt sich in einer intermolekularen oxidativen Heck-Reaktion unter den oben angegebenen Bedingungen (**89** → **90**) zu **2** um, wobei die Konfiguration (R) des bereits im Edukt vorhandenen stereogenen C-Atoms erhalten bleibt, unabhängig davon, ob der Ligand **85** oder sein Enantiomer *ent*-**85** eingesetzt wird. Welche Schlussfolgerungen ziehen Sie daraus? Leiten Sie aus der Deuterierung des Edukts und Produkts einen Mechanismus für die Bildung der Carbonylverbindung ab.

R, CD_2OH, Me **1** $\xrightarrow{\text{Ph–B(OH)}_2}$ D, R, O, Ph, Me, D **2**

Oxidative Heck-Reaktionen

In einer oxidativen Heck-Reaktion wird eine Aryl- oder Alkenylgruppe von einer Organoboronsäure oder einem -derivat auf ein Olefin übertragen (**91** → **92**). Der wesentliche Unterschied zur klassischen Heck-Reaktion besteht darin, dass die oxidative Addition von RX an Pd^0 (**60** → **61**, Abbildung 12.3) durch eine Transmetallierung an einer Pd^{II}-Verbindung ersetzt worden ist (**93** → **61**). Die weitere Reaktion läuft dann wie bei der klassischen Heck-Reaktion ab (**61** → **62** → **63** → **60**) und eine abschließende Oxidation Pd^0 → Pd^{II} mit $Cu(OAc)_2$, O_2 oder *para*-Benzochinon schließt den Katalysezyklus.

>C=C<(H) + R–B(OH)$_2$ $\xrightarrow[\text{Base, Oxidationsmittel}]{[PdX_2L_n]}$ >C=C<(R)

91 **92**

(R = Aryl, Alkenyl; X = OAc, OTf, OTs, ...; L = P-, N-Donor; n = 0–2)

$[Pd^{II}]X_2$ (**93**) —(R–B(OH)$_2$ → X–B(OH)$_2$)→ $[Pd^{II}](R)(X)$ —(>C=C<H, B → >C=C<R, (BH)X)→ $[Pd^0]$

61 → **62** → **63** → **60**

Oxidationsmittel

Transmetallierungen **93** → **61** haben gegenüber oxidativen Additionen **60** → **61** den Vorteil, bei niedrigeren Temperaturen (häufig bei 20–50 °C) abzulaufen und eine hohe Toleranz gegenüber funktionellen Gruppen aufzuweisen. Des Weiteren wird, da kein Halogenid zugegen ist, der kationische Reaktionsweg bevorzugt, was eine enantioselektive Reaktionsführung erleichtert [55, 56].

12.3 Palladiumkatalysierte allylische Alkylierungen

Substitutionen von X (X = OAc, OC(O)OR, aber auch Cl, Br, OH, OPh, SO_2Ph, CN, ...) in Allylderivaten („allylische Elektrophile") durch Nucleophile Nu^- werden effektiv durch Palladium katalysiert (**94** → **95**; allylische Substitution, Tsuji-Trost-Reaktion). Von besonderem synthetischen Wert sind allylische Substitutionen durch stabilisierte (weiche) Carbanionen wie Malonsäurederivate **96** (Y, Y' = elektronenziehende Substituenten: C(O)OR, C(O)R, CN, ...) und durch harte Carbanionen **97** wie nicht stabilisierte Alkyl-, Aryl- und Alkenylanionen.[1] Analog wie C-Nucleophile regieren auch Heteroatom-Nucleophile, die weich (Amine, Imide, Phenole, ...) oder hart (H^-) sein können.

R γ α X + Nu⊖ —[Pd]→ R Nu + X⊖   Nu⊖ = Y Y' ⊖, R'⊖

94 **95** **96** **97**

Palladiumkatalysiert lassen sich Reaktionen mit weichen Nucleophilen leichter bewerkstelligen als mit harten. Die Substitution erfolgt im Allgemeinen in α-Position, sodass lineare Produkte **95** gebildet werden. Werden andere Metalle (Mo, Ir, Rh, Cu, …) als Katalysatoren eingesetzt, wird das Nucleophil meistens am sterisch mehr gehinderten C-Atom in γ-Position addiert, sodass verzweigte Produkte **95'** entstehen.

R Nu **95'**

Der Mechanismus von palladiumkatalysierten allylischen Alkylierungen[2] ist in der Abbildung 12.4 wiedergegeben. Als Präkatalysatoren werden Pd^0-Komplexe oder Pd^{II}-Komplexe, die zunächst reduziert werden müssen, oder auch direkt η^3-Allylpalladium(II)-Komplexe vom Typ **99** eingesetzt. Im Einzelnen laufen folgende Reaktionen ab:

98 → **99**: *Oxidative Addition.* Ausgehend von einem Pd^0-Komplex als Präkatalysator wird durch oxidative Addition des Allylderivats ein neutraler η^3-Allylpalladium(II)-Komplex generiert.

99 → **100**: *Ligandensubstitution.* Substitution des anionischen Liganden X^- durch L erzeugt einen kationischen η^3-Allylpalladium(II)-Komplex. Während die Neutralkomplexe **99** relativ inert gegenüber Nucleophilen sind, sind die kationischen Komplexe **100** – bedingt durch die höhere Elektrophilie des Palladiums – sehr reaktiv gegenüber Nucleophilen.

---

[1] Als Reaktanten werden typischerweise Organylverbindungen von Hauptgruppenelementen (einschließlich Zn) eingesetzt. C-Nucleophile werden in diesem Zusammenhang als hart bezeichnet, wenn die korrespondierenden C−H-Säuren pK_a-Were >25 aufweisen, und anderenfalls ($pK_a < 25$) als weich.

[2] Wir beschränken uns auf C-Nucleophile; diese Reaktionen werden häufig als allylische Alkylierungen bezeichnet.

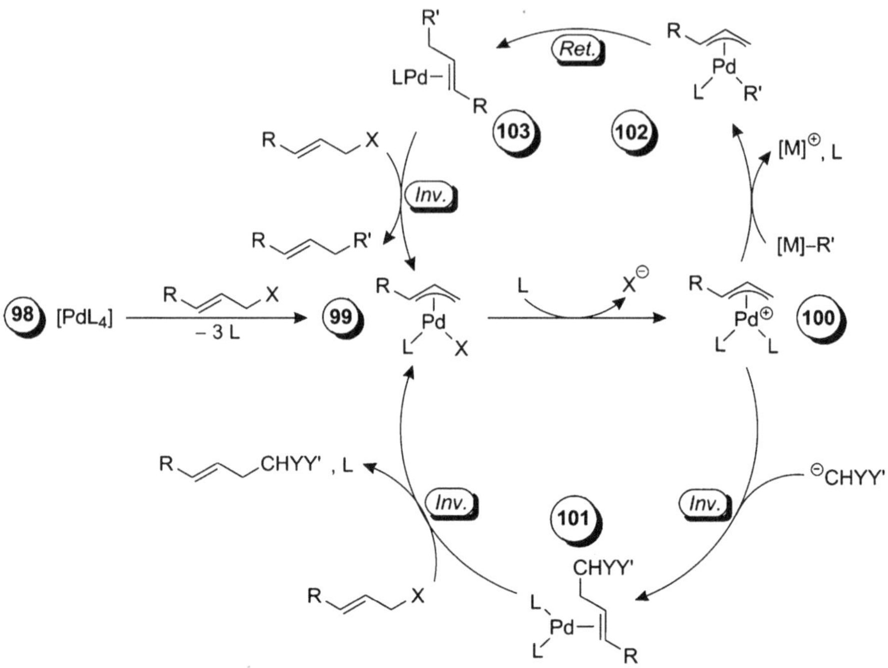

Abbildung 12.4. Zum Mechanismus von palladiumkatalysierten allylischen Alkylierungen (X = Br, Cl, OAc, ...; L = Phosphan, ...; R, R' = H, Alkyl, Aryl). Ret./Inv: Reaktion verläuft unter Retention bzw. Inversion der Konfiguration am C1-Atom der Allylgruppe.

100 → 101: *Nucleophile Addition.* Weiche C-Nucleophile reagieren in einer intermolekularen Additionsreaktion unter C–C-Bindungsbildung zu einem Olefinpalladium(0)-Komplex.[1] Die Addition erfolgt an einem der beiden terminalen C-Atome der π-Allylgruppe, bei unsymmetrisch substituierten Allylgruppen in der Regel an dem, das weniger substituiert ist. Es ist aber möglich, die Regioselektivität durch die Wahl des Substrats und der Reaktionsbedingungen zu steuern [57].

100 → 102 → 103: *Transmetallierung/reduktive Eliminierung.* Harte Nucleophile R'^{-}, generiert aus [M]–R' (M = Mg, Zn, B, Al, Sn, …; R' = Alkyl, Aryl, Alkenyl), greifen direkt am Palladium an und reagieren unter Transmetallierung. Reduktive C–C-Eliminierung liefert das Produkt, das intermediär an Pd^0 koordiniert ist.

---

[1] Es mag das Verständnis erleichtern, wenn bei der Reaktion formal (!) von einer der beiden mesomeren Grenzstrukturen (S. 307) für einen π-Allylliganden ausgegangen wird. Dann stellt sich die Reaktion als eine nucleophile Substitution am C1-Atom der Allylgruppe mit einer PdL_2(olefin)-Einheit (unter Mitnahme des Elektronenpaares, also unter Reduktion von Pd^{II} zu Pd^0!) als Abgangsgruppe dar:

101/103 → 99: *Ligandenabspaltung, oxidative Addition.* Durch Abspaltung des Produkts und oxidative Addition der Allylverbindung wird der Katalysatorkomplex zurückgebildet. Die oxidative Addition verläuft stereochemisch einheitlich unter Inversion.

Aufgabe 12.8

Bei der Umsetzung von η^3-Allylpalladiumkomplexen in Gegenwart von starken σ-Donorliganden wie tmeda mit weniger stabilisierten Nucleophilen ist auch ein Angriff am C2-Atom des Allylliganden beobachtet worden. Ein Beispiel ist die folgende Reaktion, die unter Cyclopropanierung verläuft:

NC, Me, Me (Carbanion) + Ph/Ph-Allyl-Pd⊕(NMe_2)$_2$ —CO, − tmeda→ NC, Me, Me-Cyclopropan(Ph, Ph) + Pd^0

In Abwesenheit von CO ist ein Zwischenprodukt isoliert und auch strukturell charakterisiert worden. Formulieren Sie dieses.

Der stereochemisch einheitliche Ablauf der oxidativen Addition (**101/103** → **99**) ist dadurch bedingt, dass das Palladium das Allylsystem von der dem Substituenten X abgewandten Seite attackiert. Sofern kein Stereoscrambling erfolgt (vied infra), wird der Allylligand immer mit der gleichen prostereogenen Seite (entweder *Re* oder *Si*) an Pd koordiniert („enantiofaciale Differenzierung"; engl.: *enantiofacial differentiation/selection*). Als Beispiel ist die oxidative Addition **104** → **105** angeführt. (R dient als „Marker", um die beiden Seiten des Cyclohexenylliganden unterschiedlich zu machen.)

104 [Pd] → [Pd]—X **105**

Der stereochemisch einheitliche Ablauf ist nur gewährleistet, wenn keine Racemisierung („Stereoscrambling") eintritt, was bei π-Allylsystemen mit einem Wechsel der *Re*/*Si*-Koordination einhergeht. Das kann intramolekular durch π-σ-π-Allylumlagerungen (vgl. S. 307)[1] oder intermolekular durch Pd–Pd-Austausch (**106** ⇌ **107**) erfolgen.

106 *Si-Seite* ⇌ [ ]‡ *Koordination an der ...* ⇌ *Re-Seite* **107**

Der Reaktionsweg **100** → **101** *versus* **100** → **102** → **103** (Abbildung 12.4) entscheidet über Stereochemie der Gesamtreaktion: Die intermolekulare Addition **100** → **101** ist eine *trans*-Addition, die unter Inversion der Konfiguration am C1-Atom der Allylgruppe abläuft, während bei der Transmetallierung/reduktiven Eliminierung (**100** → **102** → **103)** die Konfigura-

[1] π-σ-π-Allylumlagerungen, die mit einem Wechsel der *Re*/*Si*-Koordination verbunden sind, sind bei cyclischen Allylsystemen wie **105** ausgeschlossen, sodass sich diese besonders eignen, um stereochemische Aspekte zu untersuchen.

tion des C1-Atoms erhalten bleibt. Da die oxidative Addition der Allylverbindung (**101**/**103** → **99**) unter Inversion abläuft, resultiert bei weichen Nucleophilen insgesamt Retention und bei harten Nucleophilen Inversion der Konfiguration, vorausgesetzt, es erfolgt kein Stereoscrambling.[1]

Dieser stereochemisch einheitliche Reaktionsablauf ist Grundlage für stereo- und enantioselektive Synthesen [58, 59]. Drei Fälle für allylische Substitutionen durch weiche Nucleophile, die sowohl substrat- als auch ligandenkontrollierte stereoselektive Synthesen umfassen, sind nachfolgend besprochen:

- ***a)*** *Allylsubstitutionen an unsymmetrisch 1,3-substituierten Substraten:* Es handelt sich um substratkontrollierte stereospezifische Reaktionen, bei denen die chirale Information eines Allylsubstrats im Allgemeinen vollständig auf das Produkt übertragen wird. Wird von einem enantiomerenangereicherten Substrat ausgegangen, weist das Produkt den gleichen *ee*-Wert wie das Substrat auf.

Unsymmetrisch 1,3-disubstituierte Allylverbindungen **108** ergeben einen unsymmetrischen π-Allylkomplex **109** mit zwei verschiedenen terminalen C-Atomen. Unter der Annahme, dass die Addition des Nucleophils (Sie erfolgt im Allgemeinen an das sterisch leichter zugängliche C-Atom.) regioselektiv an C1 stattfindet, wird von **108** ausgehend **110** erhalten.

Wird das andere Enantiomer von **108** oder das Racemat eingesetzt, wird das andere Enantiomer von **110** bzw. das Racemat erhalten. Die chirale Information des Allylsubstrates wird vollständig auf das Produkt übertragen. Dabei ist vorausgesetzt, dass kein Stereoscrambling (vide supra) erfolgt, was zum teilweisen oder völligen Verlust der chiralen Information führen würde.

- ***b)*** *Allylsubstitutionen an symmetrisch 1,3-substituierten Substraten.* Die chirale Information des Allylsubstrats geht vollständig verloren. Selbst wenn von einem enantiomerenreinen Substrat ausgegangen wird, wird das Racemat erhalten.

Symmetrisch 1,3-disubstituierte Allylverbindungen **108a**/**108b** ergeben einen symmetrischen π-Allylkomplex **109'** (σ zeigt eine Symmetrieebene senkrecht zur Zeichenebene an). Die beiden terminalen C-Atome der Allylgruppe sind symmetrieäquivalent (*meso*-Komplex) und reagieren beide mit der gleichen Wahrscheinlichkeit. **110a** und **110b** (aus der Reaktion an C1 bzw. C3) entstehen in gleicher Menge, unabhängig davon, ob **108a** oder **108b** oder das Racemat **108a**/**108b** eingesetzt wird. Das Substrat hat die chirale Information verloren.

---

[1] Das ist am einfachsten bei cyclischen Allylsystemen **104** nachzuvollziehen: Verläuft die Gesamtreaktion unter Retention, befindet sich der eintretende Substituent Nu^- auf der gleichen Seite des Ringsystems wie der austretende Substituent X^-. Bei Inversion trifft das Umgekehrte zu.

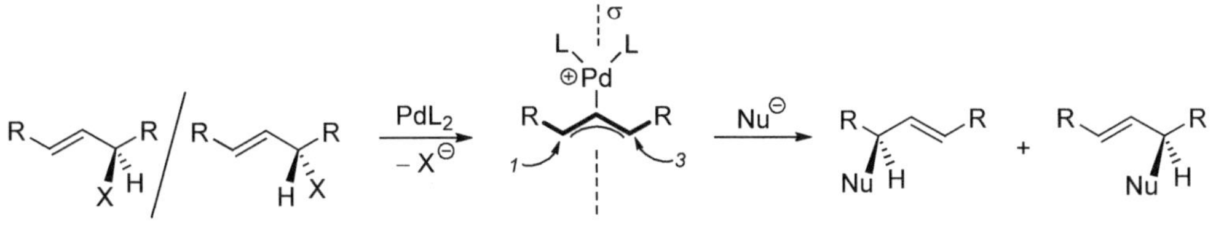

108a **108b** **109'** **110a** **110b**

Die Zwischenstufe **109'** ist ein ionisches Intermediat, das infolge Kation–Anion-Wechselwirkung nicht vollständig symmetrisch zu sein braucht. Das kann dazu führen, dass z. B. aus **108a** mehr **110a** und aus **108b** mehr **110b** gebildet wird. Der Katalysator hat dann ein „Gedächtnis“ bewiesen, ob als Edukt das eine (**108a**) oder das andere Enantiomer (**108b**) vorgelegen hat, obwohl diese Information hätte verloren gegangen sein sollen („Memory-Effekt“).

□ *c) Enantioselektive allylische Alkylierungen.* Mit chiralen Liganden L$\overset{*}{\frown}$L lassen sich allylische Alkylierungen enantioselektiv gestalten. Als Beispiele seien ein C_2-symmetrischer Bis(phosphinobenzoesäureamid)-Ligand mit einem starren chiralen C-Gerüst (**111**) sowie C_1-symmetrische 2-(Phosphinophenyl)oxazolin-Liganden (**112**, PHOX; R = *i*-Pr, *t*-Bu, ...; Ar = Ph, 2-Biphenyl) genannt [59, 60].

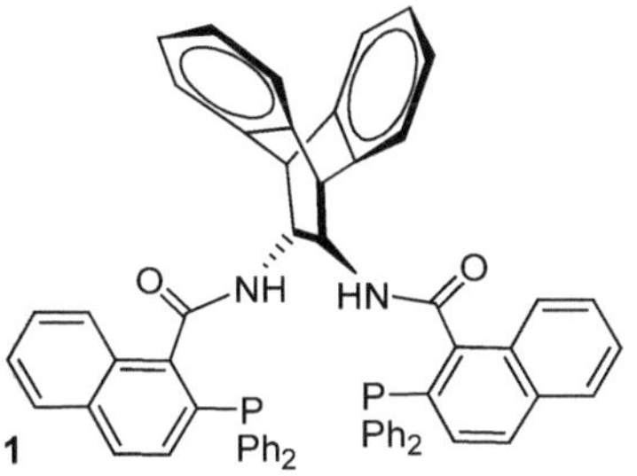

111

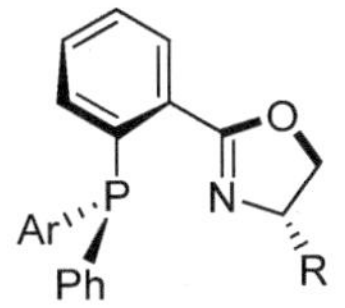

112

Von besonderem Interesse sind enantioselektive Reaktionen von symmetrisch 1,3-disubstituierten Allylderivaten, weil – ohne chiralen Liganden am Pd – die chirale Information des Substrats verloren geht (siehe b). In einer chiralen Koordinationstasche jedoch sind die beiden C-Atome (C1 und C3) nicht mehr äquivalent und der Ligand L$\overset{*}{\frown}$L kontrolliert die Stereochemie. Eine enantioselektive Alkylierung erfordert den regioselektiven Angriff auf eines der beiden C-Atome. Findet die Addition beispielsweise nur an C1 statt, bildet sich nur **110a**, unabhängig davon, ob von **108a**, **108b** oder vom Racemat **108a**/**108b** ausgegangen wird.

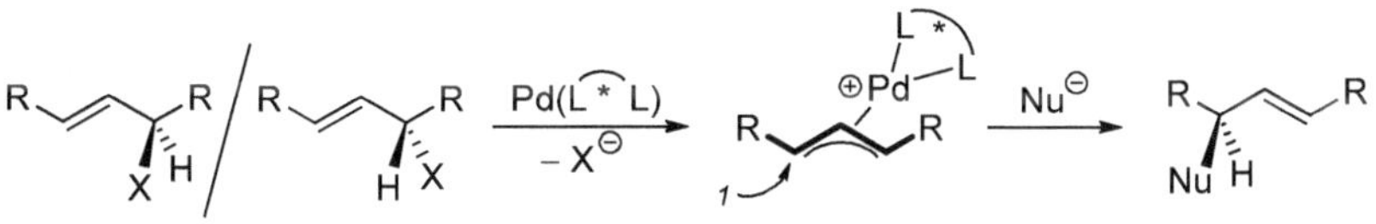

108a **108b** **109"** **110a**

Memory-Effekte können bei asymmetrischen allylischen Alkylierungen eine große Rolle spielen.

Aufgabe 12.9

☐ Aus **1** wird auf konventionellem Wege (Hydrierung, Hydrolyse der Schutzgruppe und Veresterung der OH-Gruppen) Famciclovir (**2**), ein antiviral wirkendes Chemotherapeutikum, hergestellt. Entwerfen Sie ausgehend von einem Allylderivat einen Syntheseplan für **1**. Im entscheidenden Reaktionsschritt wird eine C–N-Bindung (fett hervorgehoben) geknüpft.

☐ „Harte" Metallenolate vom Typ **6** (M = Li, MgX; R ≠ R') sind geeignete prochirale (!) Nucleophile für Tsuji-Trost-Allylierungen, bei denen nicht nur in der Allylposition, sondern auch in der Homoallylposition ein stereogenes Zentrum gebildet werden kann [61]. Entwerfen Sie ausgehend von Cyclohexanon und einem Allylderivat eine diastereo- und enantioselektive Synthese von **7**.

Cl N N H2N N N 1 O O N N H2N N N 2 AcO OAc R OM R' R'' 6 O Ph Ph 7

C–H-Aktivierungen bei allylischen Alkylierungen

Entscheidende Intermediate bei palladiumkatalysierten allylischen Substitutionen sind η^3-Allylkomplexe, die im Allgemeinen durch oxidative Addition von Allylverbindungen wie RCH=CH–CH$_2$X an Pd^0-Komplexe gebildet werden. Allylkomplexe sind aber auch durch Deprotonierung von aliphatischen Olefinen und durch Protonierung von Alkinen in der Ligandensphäre von Übergangsmetallen zugänglich (**113**/**114** → **115**; x = Oxidationsstufe von M; Gesamtladungen der Komplexe sind nicht berücksichtigt). Als Beispiele sind Synthesen von Allylrhodium(III)- und -rhenium(III)-Komplexen angeführt.

113 R [M^x] – H$^+$ R [M^x] 115 R [M^{x-2}] + H$^+$ 114

R [Rh^{III}] OTf – HOTf [Rh^{III}] R [Rh] = Rh(OTf){η^5-C$_5$(CO$_2$Et)$_2$Me$_3$}

[Re^I] + H[BF$_4$] [Re^{III}] [BF$_4$] [Re] = Re(η^5-C$_5$Me$_5$)(CO)$_2$

Derartige C–H-Aktivierungen sind Grundlage für katalytische allylische Substitutionen, bei denen die allylischen Elektrophile durch Olefine oder Alkine ersetzt sind. So sind beispielsweise terminale Alkine rhodiumkatalysiert mit β-Diketonen unter C–C-Knüpfung mit überwiegend sehr guten Ausbeuten zu **117** umgesetzt worden. Es ist gesichert, dass die Reaktion über Allylzwischenstufen verläuft. Die Arylcarbonsäure ist Cokatalysator: Sie fungiert als Protonendonor bei der Bildung des Allylrhodiumkomplexes aus dem Alkin (vgl. **114** → **115**) und das Carboxylation als Protonenakzeptor bei der Deprotonierung des Diketons. Im Unterschied zu Pd-katalysierten Reaktionen werden die verzweigten Produkte (Addition des Nucleophils an der sterisch mehr überfrachteten Seite der Allylgruppe) erhalten.

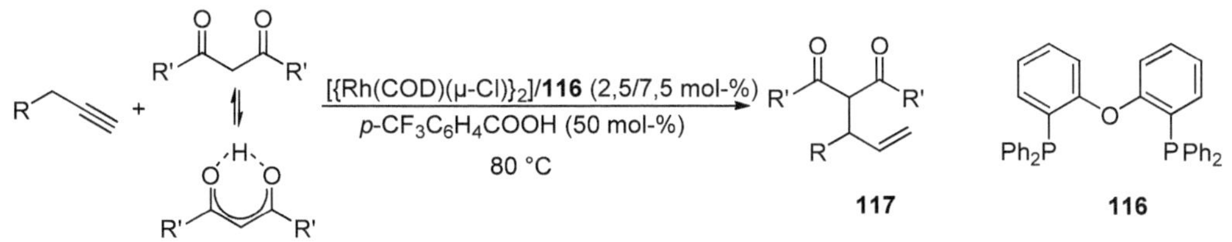

Sowohl hinsichtlich der Zugänglichkeit als auch der Atomökonomie sind Olefine und Alkine als Substrate für allylische Alkylierungen den klassischen Allylverbindungen überlegen. Allerdings steht die Katalysatorentwicklung für eine breite Palette von Synthesen (insbesondere von enantioselektiven) erst am Anfang [62].

Kupferkatalysierte allylische Substitutionen mit harten Carbanionen

Asymmetrische allylische Substitutionen mit weichen Nucleophilen sind palladiumkatalysiert einfacher zu bewerkstelligen als solche mit harten Nucleophilen. Bei den letzteren stellen nichtfunktionalisierte Alkyl-, Aryl- und Vinylanionen eine besondere Herausforderung dar. Als Katalysatoren dafür haben sich Kupferkomplexe in Kombination mit [M]–R' (M = Mg, Zn, Al, Zr, ...) als nucleophile Transmetallierungsagenzien bewährt. Da sie in stöchiometrischer Menge eigensetzt werden müssen, ist es attraktiv, sie nur in situ, beispielsweise durch Hydroaluminierung oder -zirconierung (ausgehend von $(i\text{-Bu})_2Al{-}H$ bzw. von Schwartz-Reagenz, S. 46), herzustellen. Ein Beispiel dafür ist die asymmetrische allylische Alkylierung (AAA) **118** → ... → **121**: Die beiden Enantiomere des racemischen allylischen Substrats **120** werden zu einem einzigen Enantiomer des Produkts **121** umgesetzt. Grundlage dafür ist eine dynamische kinetische Racematspaltung (vgl. S. 87); die Umwandlung der beiden Enantiomere ineinander ((*R*)-**120** ⇌ (*S*)-**120**) wird durch CuI katalysiert.

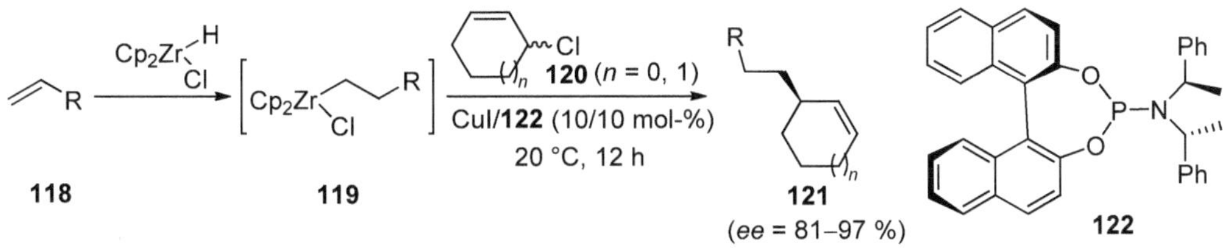

Der gängige Mechanismus bei derartigen kupferkatalysierten Reaktionen geht davon aus, dass aus dem Präkatalysator (im Beispiel oben [CuIL*], L* = Phosphoramidit **122**) und [M]–R' durch Transmetallierung ein Organylcuprat(I)-Komplex **124** (Y = anionischer Ligand; R' = Alkyl, Aryl, Vinyl, ...) gebildet wird. Reaktion mit dem allylischen Elektrophil **123** führt via **125** zu einem $\eta^1(C^3)$-Allylkupfer(III)-Komplex **126a**. Ist Y ein elektronenziehender Ligand (z. B. CN^-, Cl^-, ...), dann unterliegt **126a** einer schnellen reduktiven C–C-Eliminierung unter Bildung des verzweigten Produkts **127a** (Substitution in γ-Position). Mit elektronenliefernden Liganden Y (z. B. Alkyl) dagegen ist **126a** stabiler und es kann eine η^1–η^3–η^1-Umlagerung zu einem $\eta^1(C^1)$-Allylkomplex **126b** erfolgen. Eine reduktive Eliminierung **126b** → **127b** führt zum linearen Produkt (Substitution in α-Position) [63].

Während bei Pd-katalysierten Reaktionen bevorzugt weiche Nucleophile eingesetzt und lineare Produkte erhalten werden, lassen Cu-katalysierte Reaktionen die Verwendung von harten Nucleophilen und die Bildung von verzweigten Produkten zu.

12.4 Lösungen der Aufgaben und Literatur

12.4.1 Lösungen der Aufgaben

Aufgabe 12.1

Der Reaktivitätsabfall in **2** ist auf das wenig Lewis-acide Boratom – bedingt durch starke π-B–N-Bindungen – zurückzuführen. Eine Abfolge von Suzuki-Kupplungen (2 mol-% [Pd{P(*t*-Bu)$_3$}$_2$], 2 Äquiv. CsF; THF, 60 °C) unter Verwendung von leicht zugänglichen elektrophilen Kupplungspartnern mit maskierter Borfunktionalität (**2a**/**2b**) und nachfolgender Demaskierung liefert hochselektiv das Zielmolekül **3** in hoher Ausbeute (79 %!) (nach M. Tobisu, N. Chatani, *Angew. Chem.* **2009**, *121*, 3617; C. Wang, F. Glorius, *Angew. Chem.* **2009**, *121*, 5342).

Aufgabe 12.2

Ausgehend von [Pd^0(bpy)] wird auf dem üblichen Weg (oxidative Addition/Transmetallierung) **3** als zentrales Intermediat gebildet, das in einer reduktiven C–C-Eliminierungsreaktion zum Kupplungsprodukt **1** (Isopropylbenzol) und zum Katalysatorkomplex [Pd(bpy)] reagiert. Demgegenüber führt eine β-H-Eliminierung zu Styrol (**2**) und zu [PdMe(H)(bpy)], das unter reduktiver C–H-Eliminierung zu Methan und [Pd(bpy)] zerfällt. Zusatz von Fumaronitril blockiert nun eine Koordinationsstelle am

Pd, sodass die β-H-Eliminierung erschwert wird. Weiterhin wird angenommen, dass der elektronenarme Charakter des Olefins eine Abnahme der Elektronendichte am Metallzentrum bewirkt und die reduktive C–C-Eliminierung begünstigt (nach [25]). Die besonderen elektronischen Eigenschaften von Olefinliganden haben auch zu ersten Anwendungen von chiralen Olefinen als Steuerungsliganden in der asymmetrischen Katalyse geführt (C. Defieber, H. Grützmacher, E. M. Carreira, *Angew. Chem.* **2008**, *120*, 4558).

Aufgabe 12.3

Vorbemerkung. In kationischen Komplexen **37'** ist Pd elektrophiler und die π-Rückbindung zu den Alkinliganden geringer, sodass sich diese wesentlich leichter deprotonieren lassen (**37'** → **38**) als in neutralen Komplexen (**37** → **38'**). Trotzdem wird nach gegenwärtigem Kenntnisstand dieser Reaktionsweg nur bei Phenylacetylenen mit elektronenliefernden Substituenten Y beschritten, weil die vorgelagerte Ligandensubstitution (X^- durch L; **37** → **37'**) mit einer hohen Aktivierungsbarriere verbunden ist und die Geschwindigkeit der Gesamtreaktion bestimmt.

Ausgehend von **36** kann bei einem Überschuss einer koordinierenden Base B (z. B. R_2NH, R_3N) durch zwei Ligandensubstitutionen der Komplex [Pd(C≡CAr')Ar(L)B] (**38''**; Ar' = *p*-YC_6H_4) gebildet werden, aus dem durch reduktive C–C-Eliminierung das Produkt Ar–C≡C–Ar' freigesetzt wird. Das für die Reaktion **36'** → **38''** erforderliche Phenylacetylidanion wird durch ein vorgelagertes Säure-Base-Gleichgewicht bereitgestellt. Der kritische Punkt scheint die ungünstige Lage dieses Gleichgewichts zu sein, sodass erwartet werden kann, dass dieser Mechanismus insbesondere bei hohen Konzentrationen von B und bei Phenylacetylenen mit elektronenziehenden Substituenten Y zum Tragen kommen kann. Eine detaillierte Diskussion findet man in M. García-Melchor, M. C. Pacheco, C. Nájera, A. Lledós,G. Ujaque, *ACS Catal.* **2012**, *2*, 135; [29].

→ Ar[Pd](L)X (**36**) ⇌ (+ B / − X^-) [Ar[Pd](L)B]$^+$ (**36'**) ⇌ (Ar'–≡–H ⇌ (BH^+ / B) Ar'–≡C|$^\ominus$; − L) Ar[Pd](–≡–Ar')B (**38''**) →

Aufgabe 12.4

$NiCl_2$ reagiert mit der Grignardverbindung zu einer Alkylnickel(II)-Verbindung, die sich unter Bildung von Ni^0 zersetzt, dass mit Butadien – wie bekannt – unter oxidativer Kupplung zu einem Bis-(π-allyl)nickel(II)-Komplex **1** reagiert. Dieser setzt sich mit der Grignardverbindung zu einem anionischen Alkylnickelat(II)-Komplex **2** um, der mit R'–X zum Kupplungsprodukt **3** unter Rückbildung von **1** reagiert. Das ist für Kreuzkupplungen ungewöhnlich, denn es findet zuerst die Reaktion mit RMgX statt und dann die mit R'X! Die Reaktion **2** → **3** könnte im Sinne einer oxidativen Addition (genauer: nucleophile Substitution von X^- durch Ni), gefolgt von einer reduktiven C–C-Eliminierung, ablaufen (**2** → **4** → **3**). Möglicherweise erfolgt aber auch eine direkte nucleophile Substitution via **4'** unter Mitwirkung der Lewis-Säure XMg^+. Obwohl der Mechanismus im Einzelnen nicht bewiesen ist, erklärt er wichtige experimentelle Befunde: Die hohe Nucleophilie von Ni im anionischen Alkylkomplex **2** beschleunigt die nachfolgende Reaktion und β-H-Eliminierungen werden durch die weitgehende koordinative Sättigung in **2** unterdrückt (nach J. Terao, N. Kambe, *Acc. Chem. Res.* **2008**, *41*, 1545).

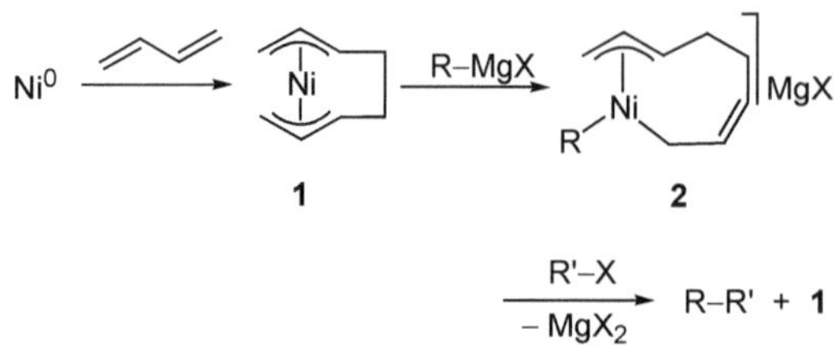

Aufgabe 12.5

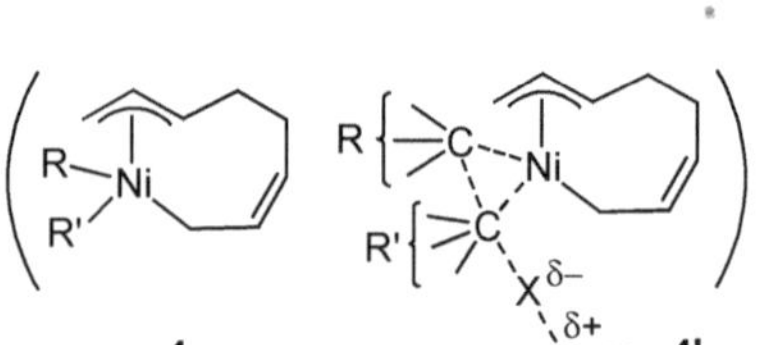

Hydroborierung von **1** mit 9-BBN (9-Borabicyclo[3.3.1]nonan) ergibt **2'**, das bei einer carbonylierenden Suzuki-Kupplung zu **2** reagiert (nach T. Ishiyama, N. Miyaura, A. Suzuki, *Bull. Chem. Jpn.* **1991**, *64*, 1999).

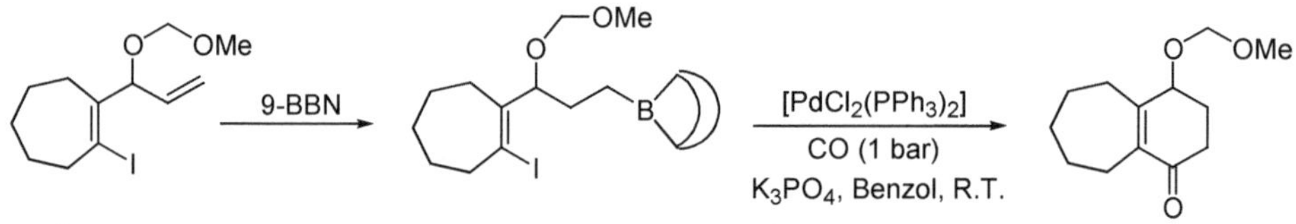

Carbonsäurechloride mit protonenaktiven Substituenten sind – sofern überhaupt zugänglich – zu wenig stabil, um als elektrophile Kupplungspartner in Kreuzkupplungen eingesetzt werden zu können. Somit ist eine Synthese von **3** durch „klassische" Stille-Kupplung ausgehend von XC_6H_4COCl (X = OH, COOH, NH_2, ...) nicht möglich, wohl aber durch carbonylierende Stille-Kupplung (nach F. Karimi, J. Barletta, B. Långstöm, *Eur. J. Org. Chem.* **2005**, 2374):

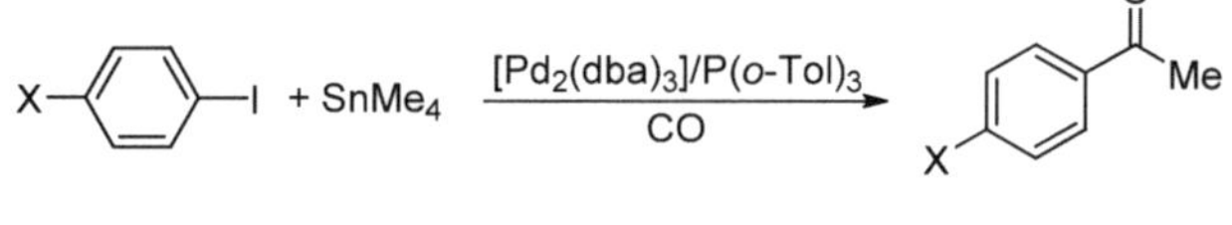

Aufgabe 12.6

81 reagiert unter oxidativer Addition mit dem Katalysatorkomplex zu **A'**. Es ist davon auszugehen, dass aus **A'** der Vorläuferkomplex **A** für die Insertion der Doppelbindung in die Pd–C_{Ar}-Bindung gebildet wird. **A** ist ein kationischer quadratisch-planarer Palladium(II)-Komplex mit einem σ-gebundenen Aryl- und einem Olefinliganden. Dieser liegt in der Komplexebene („in-plane"), womit eine Voraussetzung für eine bereitwillig ablaufende Insertion – eine komplanare M–C⌒C–C-Anordnung – erfüllt ist. C–C-Bindungsknüpfungen C1–C2' und C1–C5' scheiden wegen zu großer Spannungen bei einer in-plane-Olefinkoordination aus. Eine Bindungsknüpfung zwischen C1 und C6' führt zum Produkt **82** und die zwischen C1 und C1' würde zum Produkt **B** führen, das aber experimentell nicht gefunden worden ist. Für die Diskriminierung dieser beiden Reaktionswege ist die geometrische Struktur der Koordinationstasche, also der chirale Ligand, verantwortlich (nach K. Kondo, M. Sodeoka, M. Shibasaki, *Tetrahedron: Asymmetry* **1995**, *6*, 2453).

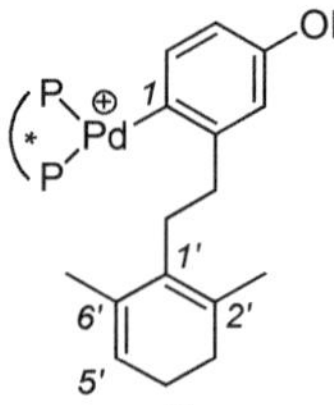

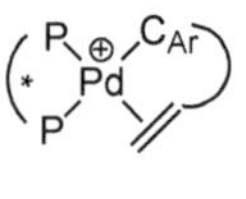

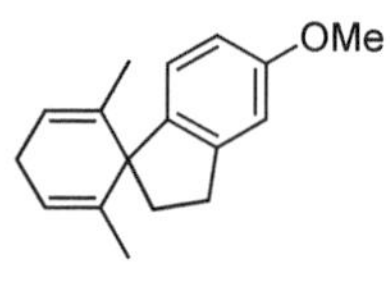

Aufgabe 12.7

Die Doppelbindungsisomerisierung bei der oxidativen Heck-Reaktion **1** → **2** verläuft in einer wiederholten Abfolge von β-H-Eliminierung und Reinsertion (Chain-Walking, S. 253). Der Erhalt der Konfiguration des chiralen C-Atoms bei Verwendung der beiden Enantiomere des chiralen Liganden **85** und *ent*-**85** belegt, dass Palladium beim Chain-Walking-Prozess *immer* am Substrat gebunden bleibt.

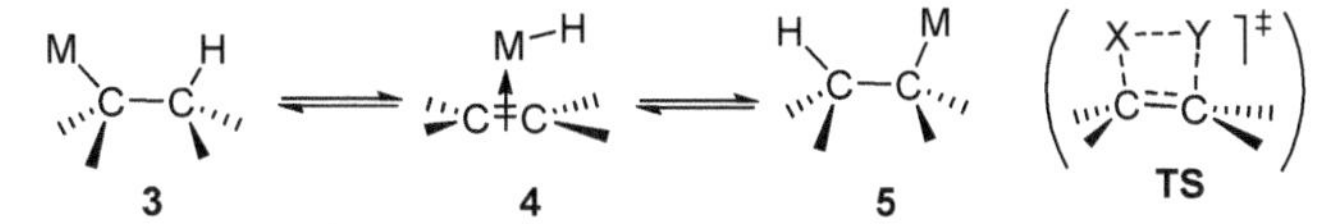

Erklärung. β-H-Eliminierung (**3** → **4**) und Reinsertion (**4** → **5**) verlaufen stereochemisch einheitlich (jeweils *cis*) über viergliedrige Übergangszustände **TS** (X/Y = M/H bzw. H/M). Solange die olefinische Doppelbindung in **4** an M koordiniert bleibt, nimmt beim Chain-Walking M die ursprüngliche Position von H ein und dann wiederum H die Position von M. Die Konfiguration eines stereogenen C-Atoms bleibt also erhalten, unabhängig davon, ob als chiraler Ligand **85** oder *ent*-**85** zugegen ist. Erst wenn das prochirale Olefin aus der Zwischenstufe **4** abgespalten wird, würde bei einer erneuten Koordination der chirale Katalysatorkomplex zwischen der *Re*- und *Si*-Seite differenzieren und nur dann würde es bei Verwendung des Pd-Katalysators mit dem chiralen Liganden **85** oder bei dem mit *ent*-**85** zu einer Änderung der Konfiguration des stereogenen C-Atoms kommen.

M H 3 ⇌ M–H 4 ⇌ H M 5 X---Y ‡ TS

Im letzten Schritt des Chain-Walking-Prozesses werden durch β-Deuterideliminierung und Reinsertion zunächst ein Vinylalkohol–Deuterido-Komplex (**3'** → **4'**) und dann ein α-Hydroxyalkyl-Komplex (**4'** → **5'**) gebildet. Bedingt durch das benachbarte kationische Pd^{II}-Zentrum ist die Hydroxylgruppe in **5'** vergleichsweise acid und unterliegt einer Deprotonierung, wobei die Carbonylverbindung **2** und $[Pd^0L^*]$ entstehen, zu Details vgl. die angegebene Literatur. Die Deuterierung in **2** steht *nicht* in Einklang mit einer Freisetzung des Enols aus **4'** und seiner nachfolgenden Tautomerisierung zu **2** (T.-S. Mei, H. H. Patel, M. S. Sigman, *Nature* **2014**, *508*, 340; L. Xu, M. J. Hilton, X. Zhang, P.-O. Norrby, Y.-D. Wu, M. S. Sigman, O. Wiest, *J. Am. Chem. Soc.* **2014**, *136*, 1960).

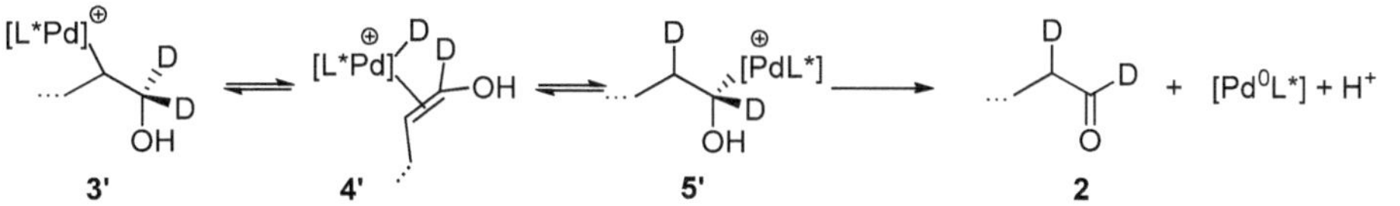

$[L^*Pd]^{\oplus}$ D D OH **3'** ⇌ $[L^*Pd]^{\oplus}$ D D OH **4'** ⇌ $[PdL^*]^{\oplus}$ D OH **5'** ⟶ D D O **2** + $[Pd^0L^*]$ + H^+

Aufgabe 12.8

Nucleophiler Angriff am C2-Atom des Allylliganden führt zu einem Palladacyclobutankomplex **1'**, der sich in Gegenwart von CO unter reduktiver Eliminierung zum entsprechenden Cyclopropan zersetzt (nach H. M. R. Hoffmann, A. R. Otte, A. Wilde, S. Menzer, D. J. Williams, *Angew. Chem.* **1995**, *107*, 73; vgl. auch [57]).

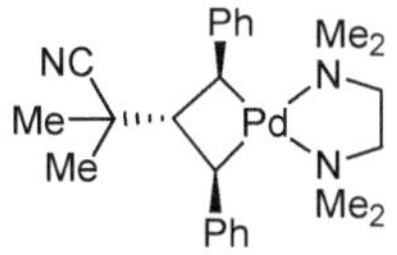

NC Me Me Ph Pd Me_2 N N Me_2 Ph **1'**

Aufgabe 12.9

□ Das auf konventionellem Wege zugängliche Allylcarbonat **3** (oder auch Allylacetat) setzt sich mit $[Pd_2(dba)_3]$/dppe zur Allylpalladiumverbindung **4** um, die in einer Tsuji-Trost-Reaktion mit 2-Amino-6-chlorpurin (**5**) zu **1** und **1'** reagiert. Glücklicherweise ist die Reaktion zu **1'** reversibel, sodass letztlich mit hoher Regioselektivität (97 %) das gewünschte Isomer **1** erhalten wird (nach R. Freer, G. R. Geen, T. W. Ramsay, A. C. Share, G. R. Slater, N. M. Smith, *Tetrahedron* **2000**, *56*, 4589).

- Umsetzung von Cyclohexanon mit ClMg{N(*i*-Pr)$_2$} ergibt das prochirale Ketonenolat **8**, das sich mit dem Allylacetat **9** in Gegenwart des chiralen Palladiumkatalysators **10** in einer Tsuji-Trost-Reaktion zu **7** umsetzt. Die Reaktion ist diastereo- (*de* = 98 %) und enantioselektiv (*ee* = 99 %) [61].

12.4.2 Literatur

[1] S. L. Buchwald (ed.), *Acc. Chem. Res.* **2008**, *41 (11)*, 1439: Special Issue on Cross Coupling

[2] M. Beller (ed.), *Chem. Soc. Rev.* **2011**, *40 (10)*, 4891: Themed Issue on Cross Coupling Reactions in Organic Synthesis in Honour of the 2010 Nobel Prize in Chemistry Winners, Professors Richard F. Heck, Ei-ichi Negishi and Akira Suzuki

[3] C. C. C. Johansson Seechurn, M. O. Kitching, T. J. Colacot, V. Snieckus, *Angew. Chem.* **2012**, *124*, 5150: „Palladiumkatalysierte Kreuzkupplungen: eine historische Perspektive im Kontext der Nobel-Preise 2010“

[4] E.-i. Negishi, *Dalton Trans.* **2005**, 827: “A Quarter of a Century of Explorations in Organozirconium Chemistry“

[5] J. P. Stambuli, C. D. Incarvito, M. Bühl, J. F. Hartwig, *J. Am. Chem. Soc.* **2004,** *126*, 1184: „Synthesis, Structure, Theoretical Studies, and Ligand Exchange Reactions of Monomeric, T-Shaped Arylpalladium(II) Halide Complexes with an Additional, Weak Agostic Interaction“

[6] P. Espinet, A. M. Echavarren, *Angew. Chem.* **2004**, *116*, 4808: „Die Mechanismen der Stille-Reaktion“

[7] S. Kozuch, S. Shaik, A. Jutand, C. Amatore, *Chem. Eur. J.* **2004**, *10*, 3072: „Active Anionic Zero-Valent Palladium Catalysts: Characterization by Density Functional Calculations“

[8] S. Kozuch, C. Amatore, A. Jutand, S. Shaik, *Organometallics* **2005**, *24*, 2319: „What Makes for a Good Catalytic Cycle? A Theoretical Study of the Role of an Anionic Palladium(0) Complex in the Cross-Coupling of an Aryl Halide with an Anionic Nucleophile“

[9] E.-i. Negishi, *Angew. Chem.* **2011**, *123*, 6870: „Die magische Kraft der Übergangsmetalle: Vergangenheit, Gegenwart und Zukunft (Nobel-Aufsatz)“

[10] B. D. Sherry, A. Fürstner, *Acc. Chem. Res.* **2008**, *41*, 1500: „The Promise and Challenge of Iron-Catalyzed Cross Coupling“

[11] J. Kleimark, A. Hedström, P.-F. Larsson, C. Johansson, P.-O. Norrby, *ChemCatChem* **2009**, *1*, 152: „Mechanistic Investigation of Iron-Catalyzed Coupling Reactions“

[12] R. B. Bedford, *Acc. Chem. Res.* **2015**, *48*, 1485: „How Low Does Iron Go? Chasing the Active Species in Fe-Catalyzed Cross-Coupling Reactions“

[13] A. Fürstner, *Angew. Chem.* **2009**, *121*, 1390: „Aus dem Schatten ins Rampenlicht: Eisen(-Domino)-Katalyse“

[14] S. Kotha, K. Lahiri, D. Kashinath, *Tetrahedron* **2002**, *58*, 9633: „Recent Applications of the Suzuki–Miyaura Cross-Coupling Reaction in Organic Synthesis“

[15] A. Suzuki, *Chem. Commun.* **2005**, 4759: „Carbon–Carbon Bonding Made Easy“

[16] G. A. Molander, B. Canturk, *Angew. Chem.* **2009**, *121*, 9404: „Organotrifluorborate und einfach koordinierte Palladiumkomplexe als Katalysatoren – die perfekte Kombination für die Suzuki-Miyaura-Kupplung“

[17] A. Suzuki, *Angew. Chem.* **2011**, *123*, 6855: „Kreuzkupplungen von Organoboranen: ein einfacher Weg zum Aufbau von C-C-Bindungen (Nobel-Aufsatz)“

[18] A. J. J. Lennox, G. C. Lloyd-Jones, *Chem. Soc. Rev.* **2014**, *43*, 412: „Selection of Boron Reagents for Suzuki–Miyaura Coupling“

[19] F. Alonso, I. P. Beletskaya, M. Yus, *Tetrahedron* **2008**, *64*, 3047: „Non-Conventional Methodologies for Transition-Metal Catalysed Carbon–Carbon Coupling: A Critical Overview. Part 2: The Suzuki Reaction“

[20] J. C. Tellis, C. B. Kelly, D. N. Primer, M. Jouffroy, N. R. Patel, G. A. Molander, *Acc. Chem. Res.* **2016**, *49*, 1429: „Single-Electron Transmetalation via Photoredox/Nickel Dual Catalysis: Unlocking a New Paradigm for sp^3–sp^2 Cross-Coupling“

[21] S. E. Denmark, C. S. Regens, *Acc. Chem. Res.* **2008**, *41*, 1486: „Palladium-Catalyzed Cross-Coupling Reactions of Organosilanols and Their Salts: Practical Alternatives to Boron- and Tin-Based Methods“; S. E. Denmark, R. C. Smith, *J. Am. Chem. Soc.* **2010**, *132*, 1243

[22] Y. Nakao, T. Hiyama, *Chem. Soc. Rev.* **2011**, *40*, 4893: „Silicon-Based Cross-Coupling Reaction: an Environmentally Benign Version“

[23] J. K. Stille, *Angew. Chem.* **1986**, *98*, 504: „Palladium-katalysierte Kupplungsreaktionen organischer Elektrophile mit Organozinn-Verbindungen“

[24] C. Cordovilla, C. Bartolomé, J. M. Martínez-Ilarduya, P. Espinet, *ACS Catal.* **2015**, *5*, 3040: „The Stille Reaction, 38 Years Later“

[25] J. B. Johnson, T. Rovis, *Angew. Chem.* **2008**, *120*, 852: „Nicht ganz unbeteiligt: der Einfluss von Olefinen auf übergangsmetallkatalysierte Kreuzkupplungen“

[26] R. Chinchilla, C. Nájera, *Chem. Rev.* **2007**, *107*, 874: „The Sonogashira Reaction: A Booming Methodology in Synthetic Organic Chemistry“

[27] H. Doucet, J.-C. Hierso, *Angew. Chem.* **2007**, *119*, 850: „Palladium-Katalysatorsysteme für die Synthese von konjugierten Eninen durch Sonogashira-Kupplungen und verwandte Alkinylierungen“

[28] A. M. Thomas, A. Sujatha, G. Anilkumar, *RSC Adv.* **2014**, *4*, 21688: „Recent Advances and Perspectives in Copper-Catalyzed Sonogashira Coupling Reactions“

[29] M. Karak, L. C. A. Barbosa, G. C. Hargaden, *RSC Adv.* **2014**, *4*, 53442: „Recent Mechanistic Developments and Next Generation Catalysts for the Sonogashira Coupling Reaction“

[30] V. Farina, *Adv. Synth. Catal.* **2004**, *346*, 1553: „High-Turnover Palladium Catalysts in Cross-Coupling and Heck Chemistry: A Critical Overview“

[31] G. C. Fu, *Acc. Chem. Res.* **2008**, *41*, 1555: „The Development of Versatile Methods for Palladium-Catalyzed Coupling Reactions of Aryl Electrophiles through the Use of $P(t\text{-}Bu)_3$ and PCy_3 as Ligands“

[32] E. A. B. Kantchev, C. J. O'Brien, M. G. Organ, *Angew. Chem.* **2007**, *119*, 2824: „Aus der Sicht des Synthetikers: Palladiumkomplexe N-heterocyclischer Carbene als Katalysatoren für Kreuzkupplungen“

[33] C. Valente, S. Çalimsiz, K. H. Hoi, D. Mallik, M. Sayah, M. G. Organ, *Angew. Chem.* **2012**, *124*, 3370: „Die Entwicklung raumerfüllender Palladium-NHCKomplexe für anspruchsvollste Kreuzkupplungsreaktionen“

[34] D. J. Cárdenas, *Angew. Chem.* **1999**, *111*, 3201: „Auf dem Weg zu wirksamen und vielseitigen Metall-katalysierten Alkyl-Alkyl-Kreuzkupplungen“

[35] D. J. Cárdenas, *Angew. Chem.* **2003**, *115*, 398: „Metall-katalysierte Alkyl-Alkyl-Kreuzkupplungen in Gegenwart funktioneller Gruppen“

[36] A. C. Frisch, M. Beller, *Angew. Chem.* **2005**, *117*, 680: „Katalysatoren machen's möglich: Selektive C-C-Kupplungen mit nichtaktivierten Alkylhalogeniden“

[37] A. Rudolph, M. Lautens, *Angew. Chem.* **2009**, *121*, 2694: „Sekundäre Alkylhalogenide in übergangsmetallkatalysierten Kreuzkupplungen“

[38] A. E. Jensen, P. Knochel, *J. Org. Chem.* **2002**, *67*, 79: „Nickel-Catalyzed Cross-Coupling between Functionalized Primary or Secondary Alkylzinc Halides and Primary Alkyl Halides“

[39] M. R. Netherton, G. C. Fu, *Adv. Synth. Catal.* **2004**, *346*, 1525: „Nickel-Catalyzed Cross-Couplings of Unactivated Alkyl Halides and Pseudohalides with Organometallic Compounds“ (und dort zit. Literatur)

[40] L. F. Tietze, H. Ila, H. P. Bell, *Chem. Rev.* **2004**, *104*, 3453: „Enantioselective Palladium-Catalyzed Transformations“

[41] F. Glorius, *Angew. Chem.* **2008**, *120*, 8474: „Asymmetrische Kreuzkupplung von nicht-aktivierten sekundären Alkylhalogeniden“

[42] A. Brennführer, H. Neumann, M. Beller, *Angew. Chem.* **2009**, *121*, 4176: „Palladiumkatalysierte Carbonylierungen von Arylhalogeniden und ähnlichen Substraten“

[43] M. H. Pérez-Temprano, J. A. Casares, P. Espinet, *Chem. Eur. J.* **2012**, *18*, 1864: „Bimetallic Catalysis using Transition and Group 11 Metals: An Emerging Tool for C–C Coupling and Other Reactions“

[44] I. P. Beletskaya, A. V. Cheprakov, *Chem. Rev.* **2000**, *100*, 3009: „The Heck Reaction as a Sharpening Stone of Palladium Catalysis“

[45] G. T. Crisp, *Chem. Soc. Rev.* **1998**, *27*, 427: „Variations on a Theme – Recent Developments on the Mechanism of the Heck Reaction and their Implications for Synthesis“

[46] W. Cabri, I. Candiani, *Acc. Chem. Res.* **1995**, *28*, 2: „Recent Developments and New Perspectives in the Heck Reaction“

[47] C. Amatore, A. Jutand, *Acc. Chem. Res.* **2000**, *33*, 314: „Anionic Pd(0) and Pd(II) Intermediates in Palladium-Catalyzed Heck and Cross-Coupling Reactions“

[48] H. v. Schenck, B. Åkermark, M. Svensson, *J. Am. Chem. Soc.* **2003**, *125*, 3503: „Electronic Control of the Regiochemistry in the Heck Reaction“

[49] J. Ruan, J. Xiao, *Acc. Chem. Res.* **2011**, *44*, 614: „From α-Arylation of Olefins to Acylation with Aldehydes: A Journey in Regiocontrol of the Heck Reaction“

[50] I. P. Beletskaya, A. V. Cheprakov, *J. Organomet. Chem.* **2004**; *689*, 4055: „Palladacycles in Catalysis – a Critical Survey“

[51] J. Dupont, C. S. Consorti, J. Spencer, *Chem. Rev.* **2005**, *105*, 2527: „The Potential of Palladcycles: More Than Just Precatalysts“

[52] J. G. de Vries, *Dalton Trans.* **2006**, 421: „A Unifying Mechanism for All High-Temperature Heck Reactions. The Role of Palladium Colloids and Anionic Species“

[53] C. Deraedt, D. Astruc, *Acc. Chem. Res.* **2014**, *47*, 594: „‘Homeopathic’ Palladium Nanoparticle Catalysis of Cross Carbon–Carbon Coupling Reactions“

[54] A. Bej, K. Ghosh, A. Sarkar, D. W. Knight, *RSC Adv.* **2016**, *6*, 11446: „Palladium Nanoparticles in the Catalysis of Coupling Reactions“

[55] B. Karimi, H. Behzadnia, D. Elhamifar, P. F. Akhavan, F. K. Esfahani, A. Zamani, *Synthesis* **2010**, 1399: „Transition-Metal-Catalyzed Oxidative Heck Reactions“

[56] A.-L. Lee, *Org. Biomol. Chem.* **2016**, *14*, 5357: „Enantioselective Oxidative Boron Heck Reactions“

[57] D. J. Cárdenas, A. M. Echavarren, *New J. Chem.* **2004**, *28*, 338: „Mechanistic Aspects of C–C Bond Formation Involving Allylpalladium Complexes: The Role of Computational Studies“

[58] G. Consiglio, R. M. Waymouth, *Chem. Rev.* **1989**, *89*, 257: „Enantioselective Homogeneous Catalysis Involving Transition-Metal–Allyl Intermediates“

[59] B. M. Trost, *Acc. Chem. Res.* **1996**, *29*, 355: „Designing a Receptor for Molecular Recognition in a Catalytic Synthetic Reaction: Allylic Alkylation“

[60] Z. Lu, S. Ma, *Angew. Chem.* **2008**, *120*, 264: „Metallkatalysierte enantioselektive Allylierungen in der asymmetrischen Synthese“

[61] M. Braun, T. Meier, *Angew. Chem.* **2006**, *118*, 7106: „Tsuji-Trost-Allylierung mit Ketonenolaten“

[62] P. Koschker, B. Breit, *Acc. Chem. Res.* **2016**, *49*, 1524: „Branching Out: Rhodium-Catalyzed Allylation with Alkynes and Allenes“

[63] R. M. Maksymowicz, A. J. Bissette, S. P. Fletcher, *Chem. Eur. J.* **2015**, *21*, 5668: „Asymmetric Conjugate Additions and Allylic Alkylations Using Nucleophiles Generated by Hydro- or Carbometallation“

Weiterführende Literatur

Wichtige Monographien: [M4], [M15]

R. B. Bedford, P. B. Brenner, *Top. Organomet. Chem.* **2015**, *50*, 19: „The Development of Iron Catalysts for Cross-Coupling Reactions“

I. P. Beletskaya, A. V. Cheprakov, *Coord. Chem. Rev.* **2004**, *248*, 2337: „Copper in Cross-Coupling Reactions. The Post-Ullmann Chemistry“

F. Bellina, A. Carpita, R.. Rossi, *Synthesis*, **2004**, 2419: „Palladium Catalysts for the Suzuki Cross-Coupling Reaction: An Overview of Recent Advances“

N. A. Butta, W. Zhang, *Chem. Soc. Rev.* **2015**, *44*, 7929: „Transition Metal-Catalyzed Allylic Substitution Reactions with Unactivated Allylic Substrates"

A. H. Cherney, N. T. Kadunce, S. E. Reisman, *Chem. Rev,* **2015**, *115*, 9587: „Enantioselective and Enantiospecific Transition-Metal-Catalyzed Cross-Coupling Reactions of Organometallic Reagents To Construct C–C Bonds"

T. J Colacot (ed.), *New Trends in Cross-Coupling: Theory and Applications* (*RSC Catalysis Series No. 21*), Cambridge UK, **2015**

A. Dedieu, *Chem. Rev.* **2000**, *100*, 543: „Theoretical Studies in Palladium and Platinum Molecular Chemistry"

F. Foubelo, C. Nájera, M. Yus, *Chem. Rec.* **2016**, *16*, 2521: „The Hiyama Cross-Coupling Reaction: New Discoveries"

M. García-Melchor, A. A. C. Braga, A. Lledós, G. Ujaque, F. Maseras, *Acc. Chem. Res.* **2013**, *46*, 2626: „Computational Perspective on Pd-Catalyzed C–C Cross-Coupling Reaction Mechanisms"

R. Jana, T. P. Pathak, M. S. Sigmanm, *Chem. Rev.* **2011**, *111*, 1417: „Cross-Coupling Reactions Using Alkyl-organometallics as Reaction Partners"

A. O. King, N. Yasuda, *Top. Organomet. Chem.* **2004**, *6*, 205: „Palladium-Catalyzed Cross-Coupling Reactions in the Synthesis of Pharmaceuticals"

J.-B. Langlois, A. Alexakis, *Top. Organomet. Chem.* **2012**, *38*, 235: „Copper-Catalyzed Enantioselective Allylic Substitution"

B.-L. Lin, L. Liu, Y. Fu, S.-W. Luo, Q. Chen., Q.-X. Guo, *Organometallics,* **2004**, *23*, 2114: „Comparing Nickel- and Palladium-Catalyzed Heck Reactions"

A. F. Littke, G. C. Fu, *Angew. Chem.* **2002**, *114*, 4350: „Palladiumkatalysierte Kupplungen von Arylchloriden"

Á. Molnár (ed.), *Palladium-Catalyzed Coupling Reactions: Practical Aspects and Future Developments*, Wiley-VCH, Weinheim, **2013**

M. Oestreich, *Angew. Chem.* **2014**, *126*, 2314: „Brandaktuelles von der enantioselektiven intermolekularen Heck-Reaktion"

A. J. Reay, I. J. S. Fairlamb, *Chem. Commun.* **2015**, *51*, 16289: „Catalytic C–H Bond Functionalisation Chemistry: The Case for Quasi-Heterogeneous Catalysis"

H. Shinokubo, K. Oshima, *Eur. J. Org. Chem.* **2004**, 2081: „Transition Metal-Catalyzed Carbon–Carbon Bond Formation with Grignard Reagents – Novel Reactions with a Classic Reagent"

B. M. Trost, *Tetrahedron* **2015**, *71*, 5708: „Metal Catalyzed Allylic Alkylation: Its Development in the Trost Laboratories"

R. R. Tykwinski, *Angew. Chem.* **2003**, *115*, 1604: „Palladium-katalysierte Kreuzkupplungen zwischen sp- und sp^2-hybridisierten Kohlenstoffatomen"

A. Zapf, M. Beller, *Top. Catal.* **2002**, *19*, 101: „Fine Chemical Synthesis with Homogeneous Palladium Catalysts: Examples, Status and Trends"

13 Hydrocyanierungen, -silylierungen und -aminierungen von Olefinen

13.1 Einführung

Die Addition von Verbindungen mit einer Element–Wasserstoff-Bindung H–X wie H–CN, H–SiR_3 oder H–NR_2 (R = Alkyl, Aryl, H) an Olefine führt zu funktionalisierten Alkanen.

$$\mathrm{>C{=}C<} \quad + \quad \mathrm{H{-}X} \xrightarrow{\text{Kat.}} \mathrm{H{-}\overset{|}{\underset{|}{C}}{-}\overset{|}{\underset{|}{C}}{-}X}$$

Sie bedarf im Allgemeinen einer Katalyse, da bei einer Synchronaddition im Übergangszustand die Überlappungsintegrale der beiden HOMO–LUMO-Wechselwirkungen nahe null sind (Abbildung 13.1).

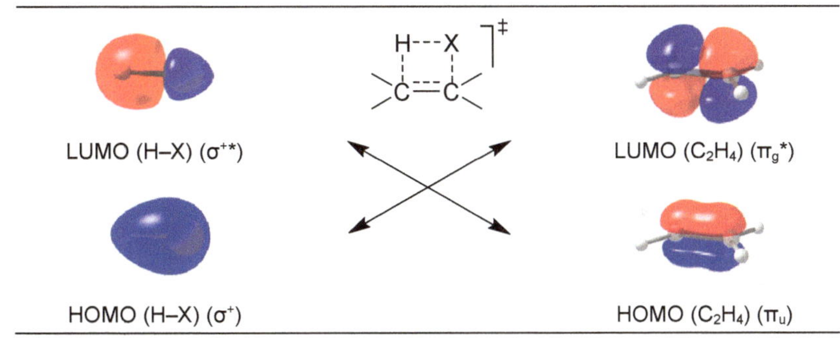

Abbildung 13.1. Übergangszustand für die Synchronaddition von H–X an Olefine und die reaktivitätsbestimmenden Orbitale von H–X (links) und Ethen (rechts). Die Doppelpfeile weisen auf die beiden möglichen HOMO–LUMO-Wechselwirkungen. (Entgegengesetzte Vorzeichen der Wellenfunktionen sind durch die Farbgebung gekennzeichnet.)

Wir werden hier metallkatalysierte Additionen von Cyanwasserstoff, Silanen und Aminen an C–C-Mehrfachbindungen (bevorzugt Olefine) besprechen. Dafür gibt es verschiedenartige Mechanismen, wobei in vielen Fällen die folgenden Reaktionsschritte involviert sind (Abbildung 13.2):

1 → **2**: *Oxidative Addition/reduktive Eliminierung.* Aktivierung von H–X durch oxidative Addition, die im Allgemeinen reversibel ist.

2 → **3**: *Substrataktivierung.* Aktivierung des Olefins durch π-Komplexbildung. Die Reaktion ist reversibel.

D. Steinborn, *Grundlagen der metallorganischen Komplexkatalyse*, Studienbücher Chemie,
https://doi.org/10.1007/978-3-662-56604-6_13

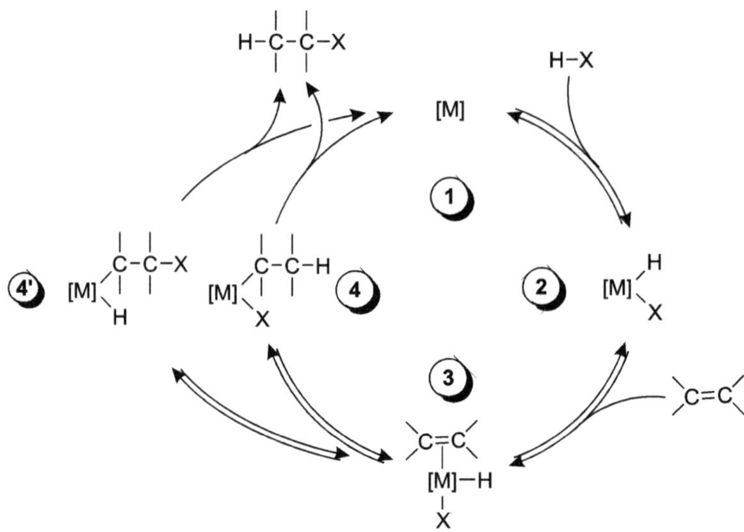

Abbildung 13.2. Möglicher Mechanismus für die Addition von H–X (H–CN, H–SiR_3, H–NR_2) an Olefine katalysiert durch Metallkomplexe.

3 → **4**: *Insertion.* Insertion des Olefins in die M–H-Bindung führt zu einem Alkylmetallkomplex, der noch den anionischen Liganden X^- koordiniert hat. Dieser Reaktionsschritt kann reversibel sein.

4 → **1**: *Reduktive Eliminierung.* Durch reduktive C–X-Eliminierung wird das Produkt – zumeist in einem irreversiblen Reaktionsschritt – abgespalten.

Alternativ kann die Olefinkoordination vor der oxidativen Addition von H–X erfolgen. Darüber hinaus kann das Olefin anstelle in die M–H- (**3** → **4**) in die M–X-Bindung (**3** → **4'**) insertieren, sodass das Produkt durch reduktive C–H-Eliminierung (**4'** → **1**) freigesetzt wird.

13.2 Hydrocyanierungen

13.2.1 Grundlagen

Die Hydrocyanierung von Olefinen führt nach folgender Gleichung zu Nitrilen **5**/**6**.

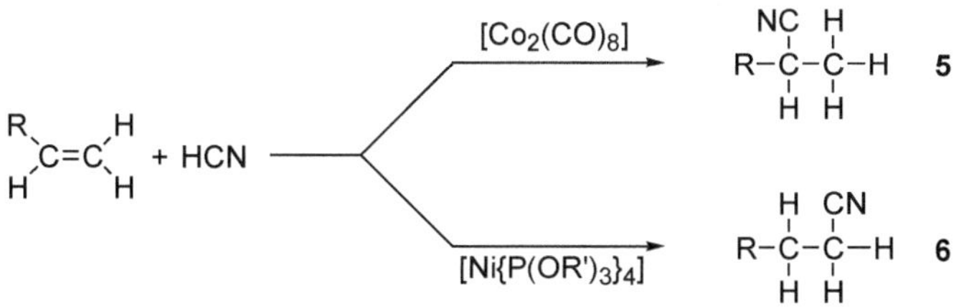

Die Regioselektivität der HCN-Addition (Markovnikov- *vs.* Anti-Markovnikov-Addition zu **5** bzw. **6**) hängt vom Katalysator ab. So liefert $[Co_2(CO)_8]$ als Präkatalysator bevorzugt verzweigte Nitrile **5**, während mit $[Ni\{P(OR')_3\}_4]$ terminale Nitrile **6** erhalten werden. Der Mechanismus entspricht in den Grundzügen dem Zyklus in Abbildung 13.2 (H–X = H–CN). Lewis-Säuren LA wie $AlCl_3$, $ZnCl_2$ und BPh_3 sind Promotoren. Ihre Wirkung ist noch nicht vollständig verstanden. Sie können die Abspaltung von Phosphitliganden aus dem Präkatalysator und so die oxidative Addition von HCN erleichtern. Zum anderen kann eine Koordination an den Cyanidoliganden [Ni]–CN···LA in **7** die reduktive Eliminierung (**7** → **6**) erleichtern.

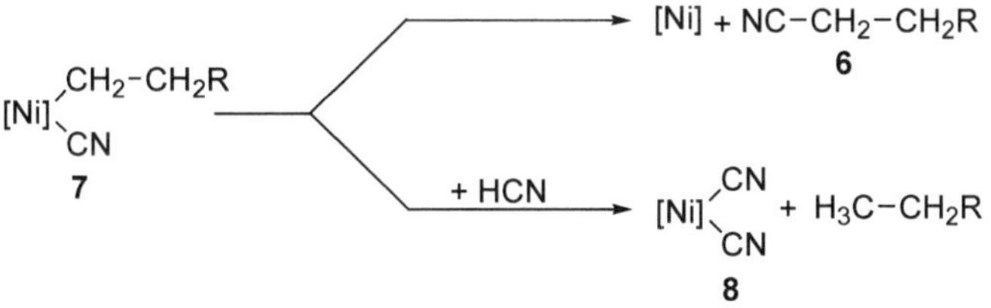

Nickelkatalysatoren werden desaktiviert, wenn keine reduktive Eliminierung des Alkylnitrils erfolgt (**7** → **6**), sondern durch erneute Reaktion mit HCN im Sinne einer Protolyse der σ-Ni–C-Bindung katalytisch inaktive Dicyanidonickel(II)-Komplexe gebildet werden (**7** → **8**). Diese Reaktion erfordert eine freie Koordinationsstelle am Nickel und wird folglich durch die Anwesenheit von Phosphit als Konkurrenzdonor zurückgedrängt.

Der Mechanismus – Vertiefung

Für die Hydrocyanierung von Ethen mit $[Ni(\eta^2\text{-}C_2H_4)L_2]$ (**10**, L = P(O*o*-Tol)$_3$) als Katalysator haben kinetische Messungen und NMR-spektroskopische Untersuchungen einen genaueren Einblick in den Mechanismus gegeben (Abbildung 13.3).

Ausgehend von **10** wird durch oxidative Addition von HCN und Abspaltung von L ein Cyanido(ethen)hydridonickel(II)-Komplex gebildet (**10** → **11** → **12**). Nunmehr wird Ethen koordiniert und in die Ni–H-Bindung insertiert (**12** → **13**). Nach Addition von L (**13** → **14**) wird Propionitril durch reduktive Eliminierung abgespalten (**14** → **10**). Wie das Reaktionsprofil (Abbildung 13.3) zeigt, ist dieser Schritt geschwindigkeitsbestimmend und irreversibel.

Die Bildung des Katalysators **10** durch Ligandensubstitution ausgehend vom Tetrakis(phosphit)nickel(0)-Komplex **9** ist gut bekannt. Reaktion von **13** mit HCN führt zur Protolyse der σ-Ni–C-Bindung, die mit einer Desaktivierung des Katalysators unter Bildung eines Dicyanidonickel(II)-Komplexes und von Ethan verbunden ist (**13** → **15**) [1].

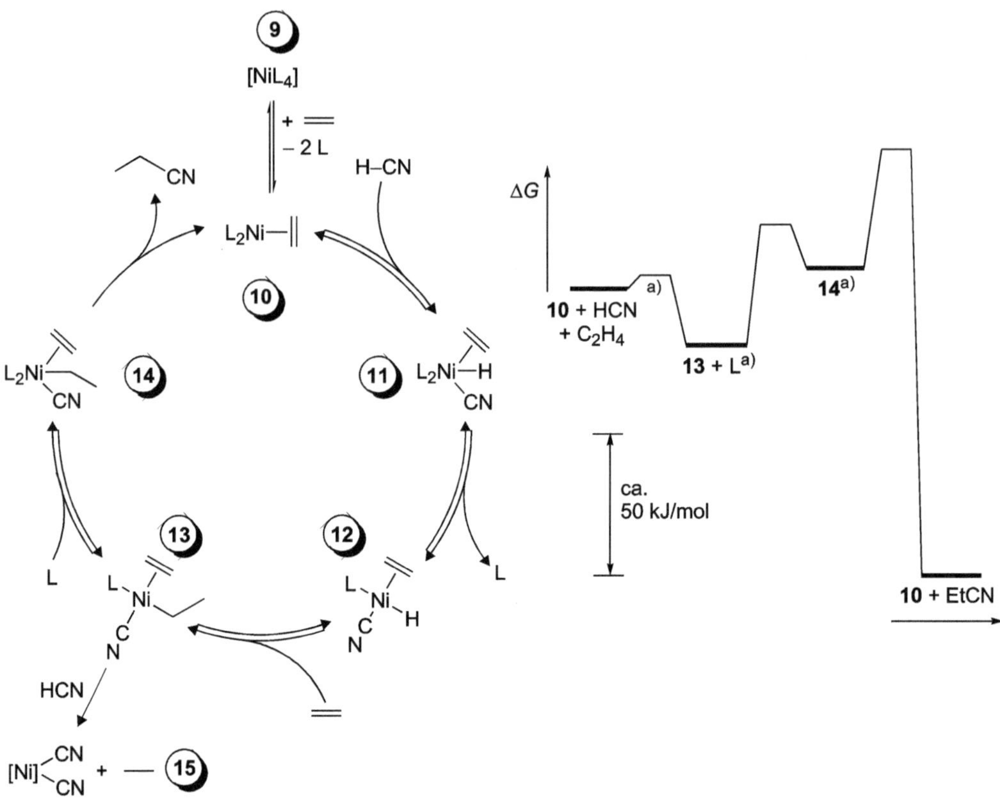

Abbildung 13.3. Mechanismus der Hydrocyanierung von Ethen mit $[Ni(\eta^2\text{-}C_2H_4)L_2]$ (**10**, L = $P(Oo\text{-}Tol)_3$) als Katalysator sowie das Reaktionsprofil bei –40 °C. a) Werte geschätzt (nach McKinney und Roe [2]).

13.2.2 Der DuPont-Adiponitril-Prozess

Die zweifache Hydrocyanierung von Butadien führt zu Adiponitril. Nach einem bei DuPont 1972 entwickelten Verfahren mit Phosphitnickel(0)-Katalysatoren wird der überwiegende Teil der Weltproduktion an Adiponitril hergestellt. Adiponitril ist ein wichtiges Zwischenprodukt bei der Synthese von Nylon-6,6:

$$\text{Butadien} + 2\,HCN \xrightarrow[\text{Lewis-Säure}]{[Ni\{P(OR)_3\}_4]} NC(CH_2)_4CN \xrightarrow[\text{Kat.}]{H_2} H_2N(CH_2)_6NH_2$$

$$\xrightarrow{HOOC(CH_2)_4COOH} \left(\overset{O}{\overset{\|}{C}}-(CH_2)_4-\overset{O}{\overset{\|}{C}}-NH-(CH_2)_6-NH \right)_n$$

Nylon-6,6

Der DuPont-Adiponitril-Prozess umfasst drei Stufen [3]:

- *Hydrocyanierung von Butadien (Synthese von ungesättigten Mononitrilen).* In Gegenwart von Tetrakis(phosphit)nickel(0)-Komplexen NiL_4 (**16**) reagiert Butadien mit HCN zu Pent-3-ennitril (**19a**) und 2-Methylbut-3-ennitril (**19b**) im ungefähren Verhältnis 2 : 1. Der Mechanismus ist analog der Hydrocyanierung von Monoolefinen, nur liefert die Insertion von Butadien in die Ni–H-Bindung eine Allylzwischenstufe (**17** → **18**). Reduktive Eliminierung unter C1–CN-Bindungsknüpfung ergibt das lineare Produkt (**18** → **19a**) und unter C3–CN-Bindungsknüpfung das verzweigte (**18** → **19b**). In diesem speziellen Fall – und zwar wegen der Bildung von Allylcyaniden **19a**/**19b** – ist die reduktive Eliminierung reversibel.

  Die Einführung von Bis(arylphosphonit)-Chelatliganden anstelle von monodentaten Phosphitliganden hat zu Katalysatoren mit höherer Aktivität und Selektivität geführt [4].

- *Isomerisierung von Pentennitrilen.* Die Isomerisierung von **19a** zu Pent-4-ennitril (**19c**) wird an kationischen Hydridonickelkomplexen **20** durchgeführt, die aus der Umsetzung von $[NiH(CN)L_3]$ (**17**) mit Lewis-Säuren LA wie $ZnCl_2$ oder BPh_3 erhalten werden. Die Isomerisierung von Pent-3- zu Pent-4-ennitril (**19a** → **19c**) ist kinetisch kontrolliert. Das wegen der Konjugation der π-Bindungen thermodynamisch stabilere Pent-2-ennitril (**19d**) wird nur sehr langsam gebildet. Wegen der Reversibilität der reduktiven Eliminierung von Pent-3-ennitril und 2-Methylbut-3-ennitril (**18** ⇌ **19a**/**19b**) erfolgt außer der Doppelbindungsisomerisierung auch eine Isomerisierung vom verzweigten zum linearen Nitril, sodass zu über 90 % lineare Pentennitrile zu erhalten sind.

- *Hydrocyanierung von Pentennitrilen (Synthese von Hexandinitril [Adiponitril]).* Der dritte Schritt beinhaltet die Hydrocyanierung des Gemisches von Pent-3- und Pent-4-ennitril (**19a**/**19c**), die zu Adiponitril (**21a**) als Hauptprodukt sowie zu 2-Methylglutarnitril (**21b**) und Ethylsuccinnitril (**21c**) als Nebenprodukte führt. Der Mechanismus entspricht dem der Hydrocyanierung von Monoolefinen. Die Selektivität bezüglich Adiponitril hängt ausgeprägt von dem Lewis-sauren Promotor ab und kann >90 % betragen.

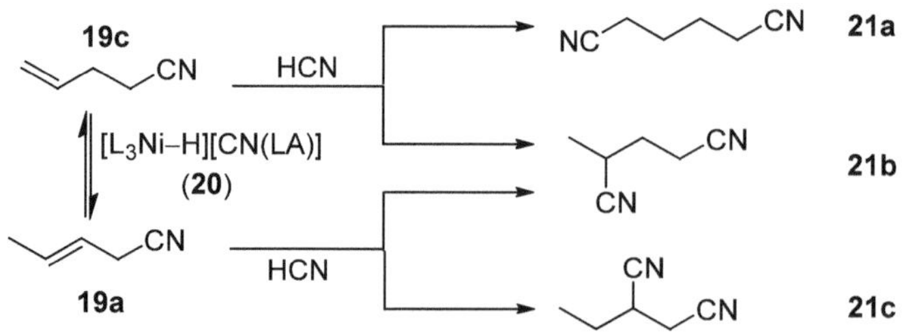

Die sehr langsame Bildung des thermodynamisch stabilsten linearen Pentennitrils **19d** (Gleichgewichtszusammensetzung **19d** : **19a** : **19c** ca. 78 : 20 : 2 bei 50 °C) und die sehr schnelle Gleichgewichtseinstellung zwischen **19a** und **19c** sind entscheidend für die Selektivität bezüglich Adiponitril **21a**. Diese „kinetisch kontrollierte Isomerisierung“ ist wahrscheinlich darauf zurückzuführen, dass **19a** an Nickel in erster Linie über die Nitrilgruppe koordiniert. Eine Doppelbindungsisomerisierung setzt aber eine zusätzliche Koordination der Doppelbindung voraus, der eine Insertion der C=C- in die Ni–H-Bindung folgt. Eine Isomerisierung **19a** → **19d** würde aber zu einer [Ni]–CH(Et)–CH_2CN-Zwischenstufe führen, die keine Nitrilkoordination mehr zulässt [5].

Obwohl das innere Olefin **19a** thermodynamisch deutlich stabiler ist als das terminale Olefin **19c** (Gleichgewichtszusammensetzung **19a** : **19c** ca. 10 : 1) und nur aus **19c** Adiponitril (**21a**) erhalten wird, kann eine Selektivität bezüglich **21a** von >90 % erreicht werden. Das ist in erster Linie sterisch bedingt, denn raumgreifende Liganden L und voluminöse Lewis-Säuren LA erschweren die Ausbildung der Cyanido(isoalkyl)nickel(II)-Komplexe, die bei der Bildung von **21b** und **21c** als Zwischenprodukte auftreten.

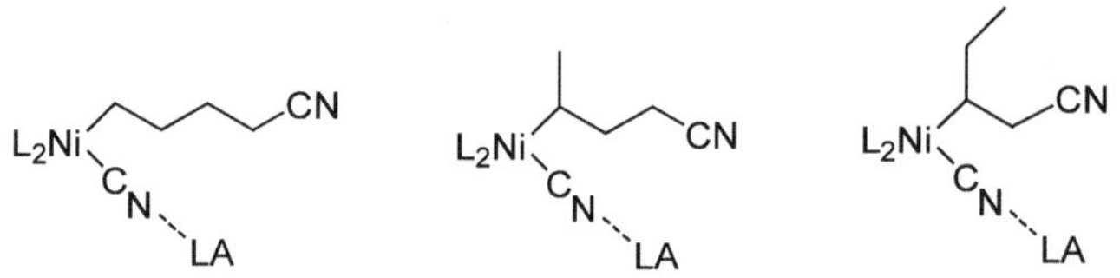

Folglich wird mit voluminösen Lewis-sauren Promotoren wie BPh_3 eine deutlich höhere Selektivität bezüglich Adiponitril erreicht (96 %) als mit $ZnCl_2$ (82 %) und $AlCl_3$ (50 %: jeweils L = P(O*p*-Tol)$_3$, T = 50 °C).

13.2.3 Ausblick

Enantioselektive Hydrocyanierungen

Hydrocyanierungen von Vinylaromaten, hier mit dem unsubstituierten Styrol **22** gezeigt, verlaufen im Allgemeinen im Sinne einer Markovnikov-Addition, sodass bevorzugt verzweigte Nitrile **23** gebildet werden. Das ist auf die besondere Stabilität der Benzylnickel-Zwischenstufe **24a** mit einer allylartigen Bindung zurückzuführen. Eine derartige Stabilisierung tritt bei der 2-Phenylethylnickelverbindung NC–[Ni]–CH_2CH_2Ph (**24b**) nicht auf. Das ist die entsprechende Zwischenverbindung einer Anti-Markovnikov-Addition, die zu linearen Produkten führen würde.

Enantioselektive Synthesen von verzweigten Nitrilen **23** sind möglich. Werden als Coliganden kohlenhydratbasierte Diphosphinite vom GLUP-Typ wie **25** eingesetzt, sind *ee*-Werte bis zu 90 % erzielt worden, vgl. als Beispiel die Hydrocyanierung von **26**. Hydrolyse der Cyanogruppe in **27** (–CN → –COOH) ergibt Naproxen, ein schmerzlinderndes Pharmakon aus der Klasse der 2-Arylpropionsäuren.

Untersuchungen zur Hydrocyanierung von Styrolderivaten zeigten, dass die *ee*-Werte ausgeprägt von den elektronischen Eigenschaften des Coliganden **25**, die durch die Arylgruppen Ar gesteuert werden können, und des Substrats abhängen. Mit [Ni^{0}L*] (L* = Phosphan–Phosphit-Ligand **28**) als Katalysator verlaufen bei Styrolderivaten die Reaktionen vollständig regioselektiv (Markovnikov-Addition) und mit *ee*-Werten von bis zu 99 %, wobei HCN in situ aus Me_3Si–CN/MeOH generiert oder auch direkt eingesetzt werden kann.

Nach mechanistischen Studien folgt der Olefinkoordination die oxidative Addition von HCN (**29** → **30**). Die umgekehrte Reihenfolge wurde jedoch auch nachgewiesen. Insertion des Olefins in die Ni–H-Bindung ergibt einen π-Allylnickel(II)-Komplex (**30** → **31**), aus dem unter reduktiver C–C-Eliminierung das Produkt abgespalten wird (**31** → **32**). Durch Koordination des Styrolderivats und oxidative Addition von HCN (oder vice versa) an den Nickel(0)-Komplex bildet sich **29**/**30** zurück.

Es wurde experimentell nachgewiesen, dass die Enantioselektivität nicht durch die Koordination des Olefins an der *Re*- oder *Si*-Seite zu (*Re*)-**29** bzw. (*Si*)-**29** bestimmt wird, sondern dass die Aktivierungsbarriere für die Styrolinsertion (**30** → **31**) und/oder die irreversible reduktive Eliminierung zu (*S*)-**32** niedriger als die zu (*R*)-**32** ist [6, 7, 8].

Hydrocyanierungen von Alkinen

Phosphitnickelkomplexe katalysieren auch die Hydrocyanierung von Alkinen, die zu α,β-ungesättigten Nitrilen **33a**/**33b** führen, die in Michael-Additionsreaktionen und als Dienophile in Cycloadditionsreaktionen ein hohes Synthesepotential besitzen.

$$R^1{-}{\equiv}{-}R^2 \xrightarrow[\text{[Ni]}]{\text{HCN}} \underset{\mathbf{33a}}{R^1(H)C{=}C(R^2)CN} + \underset{\mathbf{33b}}{R^1(NC)C{=}C(R^2)H}$$

In der Regel erfolgt *syn*-Addition. Die Regioselektivität wird durch sterische und elektronische Faktoren bestimmt. Bei terminalen Alkinen (R^1 = H) wird überwiegend im Sinne einer Markovnikov-Addition das verzweigte Produkt **33a** gebildet, es sei denn, der Substituent R^2 ist sehr voluminös [9].

Aufgabe 13.1

Begründen Sie die Stereoselektivität der Reaktion.

Die Hydrocyanierung von Acetylen mit Kupfer(I)-salzen als Katalysator (**a**) war bis in die 1960er-Jahre das wichtigste Verfahren zur Herstellung von Acrylnitril. Nach Reppe ist sie als Vinylierung von Blausäure aufzufassen.

$$\text{(a)}\ HC{\equiv}CH \xrightarrow[\text{[Cu}^{I}\text{]}]{\text{HCN}} CH_2{=}CH{-}CN$$

$$\text{(b)}\ CH_2{=}CH{-}CH_3 \xrightarrow[\text{[}Bi_2O_3/MoO_3\text{]}]{NH_3/O_2} CH_2{=}CH{-}CN$$

Heute wird Acrylnitril überwiegend in einer heterogen katalysierten Reaktion durch Ammonoxidation (Ammoxidation) von Propen (*T* ca. 450 °C) erhalten (**b**, SOHIO-Prozess: Standard Oil of Ohio) [10].

Hydrocyanierungen von polaren C=X-Bindungen

Die Addition von HCN an C=O-Doppelbindungen in Aldehyden und Ketonen zu Cyanhydrinen ist eine Gleichgewichtsreaktion, die sauer oder alkalisch katalysiert werden kann. Enantiomerenreine Cyanhydrine sind wichtige Bausteine für die Synthese von α-Hydroxysäuren und β-Aminoalkoholen. Als Katalysatoren für ihre Synthese haben sich Titankomplexe mit chiralen Liganden und als Cyanierungsagens Trimethylsilylcyanid bewährt (Cyanosilylierung, Silylcyanierung). Im nachfolgenden Beispiel sind *ee*-Werte von bis zu 97 % erreicht worden. Für den Katalysator, hergestellt durch Zugabe der chiralen Schiffschen Base L* zu partiell hydrolysiertem [Ti(O*n*-Bu)$_4$] ([Ti]/H_2O = 1/0,75–1), wird eine dinukleare oxidoverbrückte Struktur **34** angenommen:

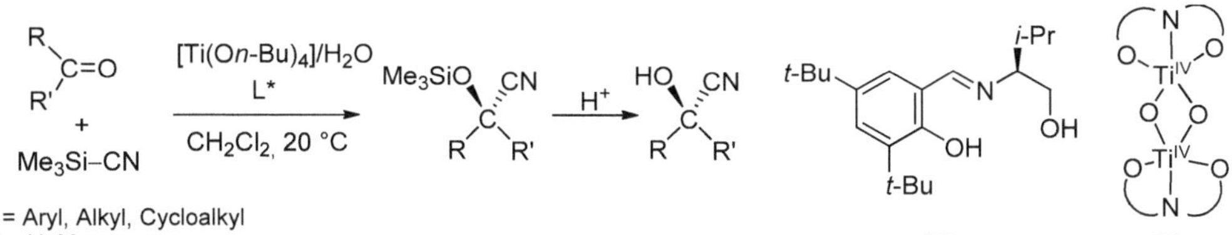

Des Weiteren finden für derartige Reaktionen chirale monometallische, aber bifunktionelle Katalysatoren Verwendung, deren Struktur in **a** schematisch dargestellt ist. Die Komplexe **35** und **36** sind Beispiele, bei denen ebenfalls *ee*-Werte >90 % erreicht wurden.

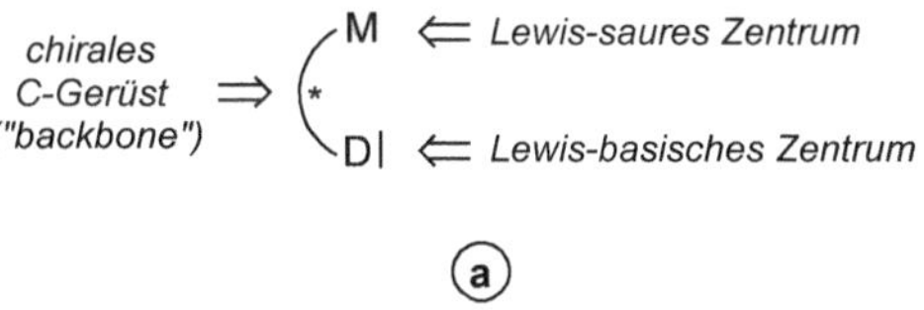

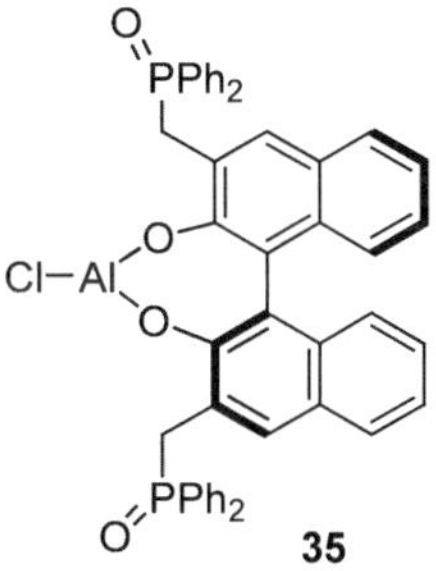

Bei Silyl- und Hydrocyanierungen erfolgt die Aktivierung der Carbonylverbindung durch Koordination der C=O-Gruppe an das Lewis-saure Metallzentrum (M = Al, Ti) *und* die Aktivierung der Cyanverbindung (HCN, Me_3SiCN) durch Wechselwirkung mit dem Lewis-basischen Katalysatorzentrum, das ist das Sauerstoffatom der Phosphanoxidgruppe (D = $O{=}PPh_2$–). Im Übergangszustand sind beide Substratmoleküle an das monometallische, aber bifunktionelle Katalysatormolekül gebunden. Strukturelle Voraussetzung für eine hohe Katalysatoreffizienz ist, dass keine Desaktivierung durch intramolekulare Donor–Akzeptor-Wechselwirkung (M←D) erfolgt. Weiterhin muss der Katalysator beide Reaktionspartner so binden, dass sie eine geeignete räumliche Orientierung zueinander einnehmen.

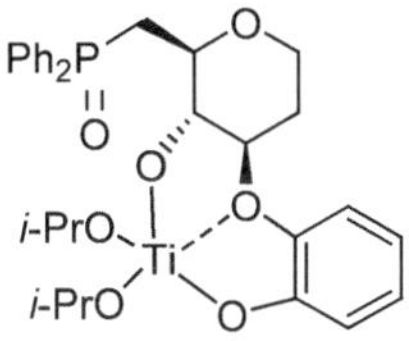

In analoger Weise sind Aldimine, aber auch Ketimine als Substrate eingesetzt worden (RR'C=NR" + HCN (bzw. Me_3SiCN) → RR'C*(NHR")–CN), was im Sinne der Strecker-Synthese einen Zugang zu chiralen α-Aminosäuren eröffnet [8, 11, 12].

Aufgabe 13.2

Mit Organokatalysatoren (also metallfrei) wie die axial-chiralen BINOL-Phosphate **1** sind Aldimine mit HCN enantioselektiv zu Aminonitrilen, also zu wichtigen Vorstufen für die Synthese von Aminosäuren, umgesetzt worden. Formulieren Sie die Reaktionsgleichung und klassifizieren Sie die Katalyse nach den Angaben in Tabelle 2.1 (S. 9). Geben Sie einen möglichen Mechanismus an, der auch die Enantioselektivität der Reaktion erklärt. Welche Lösungsmittel sollten geeignet sein?

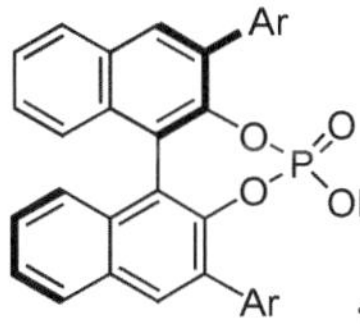

Transferhydrocyanierungen

Konventionelle Hydrocyanierungen haben den grundsätzlichen Nachteil, dass hochgiftiges HCN oder andere sehr toxische Cyanierungsreagenzien als Substrate eingesetzt werden. Mit Blick auf die gut etablierten Transferhydrierungen (vgl. S. 85) kann das in Transferhydrocyanierungen umgangen werden. Mit Alkylnitrilen **38a** als HCN-Transferreagenz unter Verwendung von $[Ni(COD)_2]$/DPEphos als Katalysator in Gegenwart einer Lewis-Säure als Cokatalysator ist dafür eine Prinziplösung gefunden worden:

[Ni(COD)$_2$]/L (5/5 mol-%), AlMe$_2$Cl (20 mol-%), Toluol

37a + **38a** ⇌ **37b** + **38b**; L = DPEphos (Ph$_2$P, PPh$_2$)

Es werden bevorzugt lineare (Anti-Markovnikov) Produkte erhalten. Die Reaktion ist reversibel. Um sie in die eine oder andere Richtung zu lenken, ist zum einen ein offenes Reaktionssystem und die Bildung eines unter den Reaktionsbedingungen gasförmigen Olefins (z. B.: **38a** = $Me_2HC–CH_2CN$ → **38b** = $Me_2C{=}CH_2$; T = 100–130 °C) notwendig. Zum anderen kann ein hochgespanntes Olefin wie Norbornadien als HCN-Akzeptor (**37a** = NBD → **37b** = 2-Cyanonorborn-5-en; T = 25 °C) eingesetzt werden, sodass der Verlust an Ringspannung Triebkraft der Reaktion ist.

Der vorgeschlagene Mechanismus beinhaltet eine oxidative Addition der C–CN-Bindung des HCN-Transferreagenzes an einen Ni^0-Komplex (**39**), dem eine β-H-Eliminierung (**40**) folgt. Via Ligandensubstitution (**41**) wird zum einen das Olefin aus dem HCN-Transferreagenz freigesetzt und zum anderen das HCN-Akzeptorolefin koordiniert. Auf dieses wird HCN in Umkehrung der beiden zuvor genannten Reaktionen (Olefininsertion in die Ni–H-Bindung **40'**; reduktive C–CN-Eliminierung **39'**) übertragen. Wie aus anderen Reaktionen bekannt, beschleunigt eine Lewis-Säure die oxidative Addition/reduktive Eliminierung **39**/**39'** [13].

$[Ni^0]$ ⇌ $[Ni^{II}]$ (**39**) ⇌ (**40**) ⇌ (**41**) ⇌ (**40'**) ⇌ $[Ni^0]$ (**39'**)

13.3 Hydrosilylierungen

13.3.1 Grundlagen

Bei der Hydrosilylierung von Olefinen werden Alkylsilane erhalten:

$$>C{=}C< \; + \; H{-}SiR_3 \xrightarrow{\text{Kat.}} H{-}\overset{|}{\underset{|}{C}}{-}\overset{|}{\underset{|}{C}}{-}SiR_3$$

Aufgabe 13.3

Schlagen Sie einen Reaktionsmechanismus für eine radikalische Addition von Hydrosilanen $R_3Si–H$ an terminale Olefine vor und geben Sie die Regioselektivität der Reaktion an. Diskutieren Sie die Enthalpien aller Teilreaktionen und führen Sie Gründe an, warum $(Me_3Si)_3Si–H$ ein für radikalische Additionen besonders geeignetes Silan ist (Si–H-Bindungsdissoziationsenthalpie in kJ/mol: $(Me_3Si)_nMe_{3-n}Si–H$ $\Delta_dH^{\ominus}$ = 397, n = 0; 378, n = 1; 351, n = 3).

Den meisten Additionsreaktionen von Silanen an Olefine liegt keine homolytische, sondern eine heterolytische Si–H-Bindungsspaltung zugrunde. Sie kann durch Lewis-Säuren wie $AlCl_3$ und insbesondere durch Übergangsmetallkomplexe katalysiert werden [14]. Das ist erstmalig durch J. L. Speier 1957 gezeigt worden.

Für übergangsmetallkatalysierte Hydrosilylierungen von Olefinen werden überwiegend Platinverbindungen eingesetzt. Als Präkatalysatoren haben sich besonders Hexachloridoplatinsäure gelöst in Isopropanol (Speier-Katalysator) bzw. umgesetzt mit einem Vinylsiloxan wie $(H_2C{=}CH)Me_2Si{-}O{-}SiMe_2(CH{=}CH_2)$ (Karstedt-Katalysatoren) bewährt. In beiden Fällen sind Pt^0-Komplexe katalytisch aktiv. In Karstedt-Lösungen wurde ein zweikerniger Platin(0)-Komplex **42** nachgewiesen (Abbildung 13.4) und auch die Bildung von Platinkolloiden, an denen sich die Katalyse vollziehen kann. Die Substitution des µ-Siloxanliganden in **42** durch N-heterocyclische Carbenliganden führt zu monomeren Komplexen **43** (Abbildung 13.4), die hinsichtlich Chemo- und Regioselektivität dem Karstedt-Katalysator überlegen sind [15, 16].

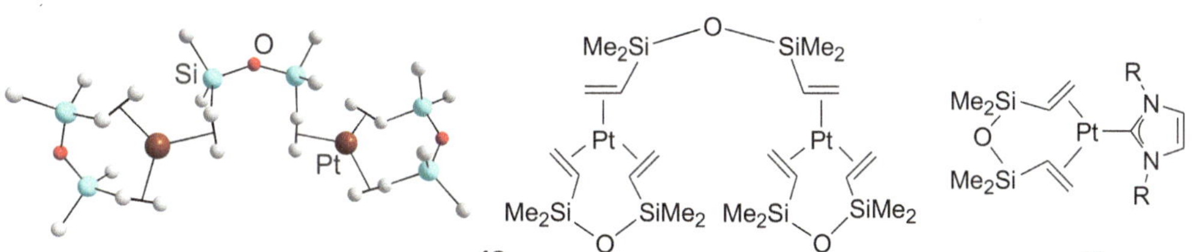

Abbildung 13.4. Dinukleare (**42**) und mononukleare (**43**) Divinyldisiloxanplatin-Komplexe als Präkatalysatoren für die Hydrosilylierung.

Platinkatalysierte Hydrosilylierungen von α-Olefinen folgen im Allgemeinen der Anti-Markovnikov-Regel,[1] sodass Produkte mit terminalen Silylgruppen gebildet werden. Sie verlaufen stereochemisch einheitlich als *syn*-Addition. Generell werden terminale Doppelbindungen leichter hydrosilyliert als innere. Neben Platin katalysieren viele andere Übergangsmetalle Hydrosilylierungen von Olefinen, insbesondere Metalle der Gruppen 8–10 (Rh, Co, Fe, Ir, Ru, ...). Im Falle von Rhodium werden als Präkatalysatoren z. B. Komplexe vom Wilkinson-Typ $[RhX(PR_3)_3]$ und $[RhX(CO)(PR_3)_2]$ eingesetzt.

---

[1] Während ursprünglich die Markovnikov-Regel für Additionen von Halogenwasserstoffen an Olefine formuliert worden war, verallgemeinert man heute – nach einer IUPAC-Empfehlung – wie folgt: Bei einer heterolytischen Addition eines polaren Moleküls E–Nu an ein Alken oder Alkin ist die Markovnikov-Regel erfüllt, wenn das/die stärker elektronegative (nucleophile) Atom/Gruppe Nu an das C-Atom mit der kleineren Zahl von H-Atomen bindet.

Demnach müsste bei Hydrosilylierungen und -borierungen (beachte: $H^{\delta-}{-}^{\delta+}SiR_3$; $H^{\delta-}{-}^{\delta+}BR_2$) von terminalen Alkenen/Alkinen dann von einer Markovnikov-Addition gesprochen werden, wenn die linearen Produkte gebildet werden. Das hat sich aber nicht durchgesetzt und wir folgen der üblichen Bezeichnungsweise.

Der Mechanismus von platinkatalysierten Hydrosilylierungen (A. J. Chalk, J. F. Harrod; 1965) entspricht in den Grundzügen dem in Abbildung 13.2 (H–X = H–SiR_3; [M] = [Pt]; S. 388) mit der Reaktionsfolge (Abbildung 13.5):

44 → **45**: *Oxidative Addition* von H–SiR_3 zu einem Hydrido(silyl)platin(II)-Komplex.

45 → **46**: *Olefinkoordination.*

46 → **47**: *Olefininsertion* in die Pt–H-Bindung, wobei ein Alkyl(silyl)platin(II)-Komplex gebildet wird.

47 → **44**: *Reduktive C–Si-Eliminierung* unter Rückbildung des Katalysatorkomplexes.

Später ist eine Modifizierung derart vorgeschlagen worden, dass das Olefin in die Pt–Si-Bindung insertiert (**46'** → **47'**) und dann der Reaktionszyklus durch reduktive C–H-Eliminierung (**47'** → **44**) geschlossen wird.

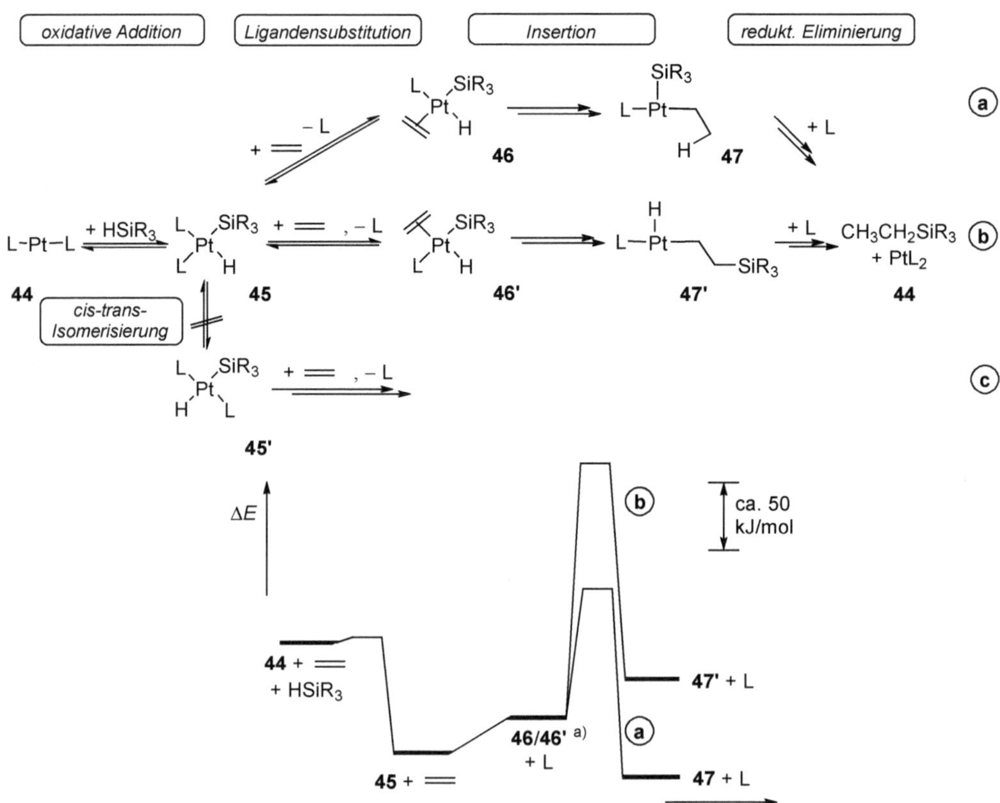

Abbildung 13.5. Zum Mechanismus der Addition von H–SiR_3 (R = H, Me, Cl) an Ethen katalysiert durch PtL_2 (L = PH_3). Die angegebenen Energien beziehen sich auf R = H; entsprechendes gilt für R = Me, Cl (adaptiert und gekürzt nach Sakaki [17]). a) Der Energieunterschied von **46** und **46'** ist marginal.

Quantenchemische Rechnungen der Addition von H–SiR$_3$ an Ethen mit [Pt(PH$_3$)$_2$] als Modellkatalysator[1] zeigen nun aber, dass der ursprünglich vorgeschlagene gegenüber dem modifizierten eine deutlich geringere Aktivierungsbarriere aufweist (Abbildung 13.5). Dieses Ergebnis ist nicht zu verallgemeinern, für Rhodiumkomplexe beispielsweise trifft das Umgekehrte zu [18].

Die oxidative Addition von H–SiR$_3$ an den Pt^0-Komplex ist nur mit einer sehr geringen Aktivierungsbarriere verbunden (**44** → **45**), ebenso wie die nachfolgende Ligandensubstitution (**45** → **46**/**46'**), die nach dem Additions-Eliminierungsmechanismus abläuft. Im Chalk-Harrod-Mechanismus **a** erfolgen Insertion von Ethen in die Pt–H-Bindung und Isomerisierung des primär gebildeten Insertionsprodukts derart, dass der Ethylligand *trans* zum PH$_3$-Liganden koordiniert ist (**46** → **47**). Diese Reaktion ist geschwindigkeitsbestimmend.

Alternativ dazu kann Ethen in die Pt–Si-Bindung insertieren (Reaktionskanal **b**: modifizierter Chalk-Harrod-Mechanismus; **46'** → **47'**). Das Reaktionsprofil (Abbildung 13.5) weist aus, dass diese Aktivierungsbarriere deutlich größer ist, sodass der Chalk-Harrod-Mechanismus bevorzugt ist. Weiterhin ist eine *cis-trans*-Isomerisierung von **45** in Betracht zu ziehen (**45** → **45'**). Dadurch wird der Reaktionskanal **c** geöffnet, bei dem wiederum alternativ eine Insertion von Ethen in die Pt–H- oder die Pt–Si-Bindung möglich ist, nur vom *trans*-Komplex **45'** ausgehend. Rechnungen zeigen aber, dass die *cis-trans*-Isomerisierung (**45** → **45'**) kinetisch gehemmt ist, sodass der Reaktionskanal **a**, d. h. der normale Chalk-Harrod-Mechanismus, im beschriebenen Fall die bevorzugte Reaktion bleibt [17].

Bis(silyl)cyclooctadienplatin(II)-Komplexe **48**, die vollständig spektroskopisch und strukturell charakterisiert werden konnten, haben sich als katalytisch aktiv für die Hydrosilylierung von Olefinen erwiesen. Dabei konnte gezeigt werden, dass diesen Reaktionen wahrscheinlich ein katalytischer Zyklus mit einem Oxidationsstufenwechsel Pt^{II} ⇌ Pt^{IV} zugrunde liegt. Die Möglichkeit, Katalysezyklen sowohl mit einem Oxidationsstufenwechsel Pt^0/Pt^{II} als auch Pt^{II}/Pt^{IV} aufzubauen, könnte eine der Ursachen für die Vielzahl der in Hydrosilylierungsreaktionen katalytisch aktiven Platinverbindungen sein [15].

Pt SiR$_3$ SiR$_3$

48

Im Unterschied zu platinkatalysierten Hydrosilylierungen von Olefinen werden bei der Katalyse mit anderen Metallen der Gruppen 8–10 häufig als weitere Reaktionen dehydrierende Silylierungen beobachtet. Sie führen zu Vinylsilanen, deren Bildung mit der von Alkanen und Diwasserstoff einhergeht:

$$\text{H–SiR}_3 \xrightarrow[\text{[M]}]{\text{R'HC=CH}_2} \text{R'HC=CHSiR}_3 + \text{R'CH}_2\text{–CH}_3 \,/\, \text{H}_2$$

Ausgangspunkt für die Bildung der Vinylsilane sind Hydrido(2-silylalkyl)-Metallkomplexe **51**, wie sie im modifizierten Chalk-Harrod-Mechanismus als Zwischenstufen (vgl. Komplexe **4'**/**47'** in Abbildung 13.2/13.5, S. 388/398) auftreten (**49** → **50** → **51**). Reduktive C–H-Eliminierung führt unter Rückbildung des Katalysatorkomplexes [M] zu den normalen Hydrosilylierungsprodukten (**51** → **49**). β-H-Eliminierung dagegen ergibt unter Abspaltung eines Vinylsilans einen Dihydridokomplex (**51** → **52**). Via Insertion des Olefins in eine der M–H-Bindungen von **52**, gefolgt von einer reduktiven C–H-Eliminierung, wird ein Alkan gebildet

[1] Phosphankomplexe wie [Pt(η^2-H$_2$C=CH$_2$)(PPh$_3$)$_2$] sind auch katalytisch aktiv, aber weniger als die Speier- und Karstedt-Katalysatoren.

und der Katalysatorkomplex [M] zurückerhalten (**52** → **49**), womit die dehydrierende Silylierung abgeschlossen ist. Eine Änderung der Reihenfolge der Reaktionsschritte führt über das Intermediat **53** zum gleichen Resultat (**51** → **53** → **49**). Durch reduktive Eliminierung von H_2 aus **52** kann [M] (**49**) zurückgebildet werden, ohne dass ein Alkan entsteht [19].

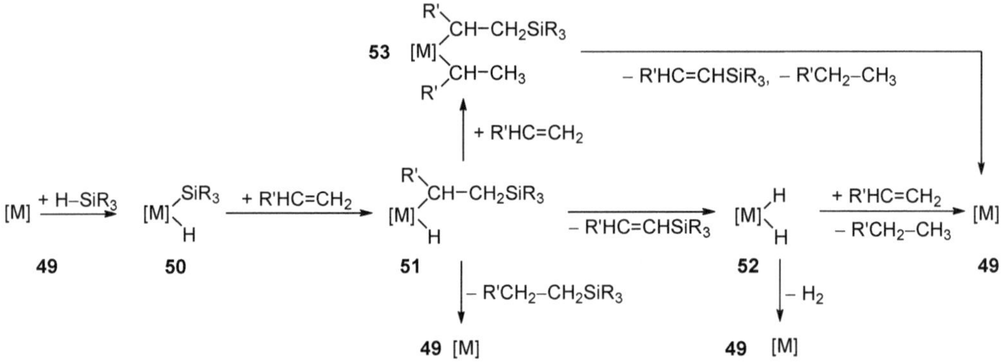

Hydrosilylierungen haben technische Bedeutung erlangt, insbesondere zur Synthese von Alkylsilanen sowie bei der Modifizierung von Siliconpolymeren und ihre Verknüpfung mit organischen Polymeren. Durch „Hydrosilylierungs-Polymerisation" werden Polymere wie **54** und **55** aus Monomeren aufgebaut, die Si–H- und Si–CH=CH_2-Gruppen enthalten [20].

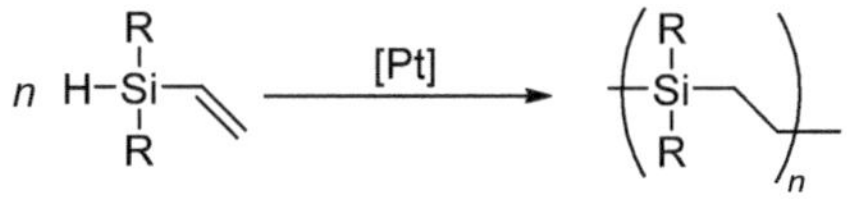

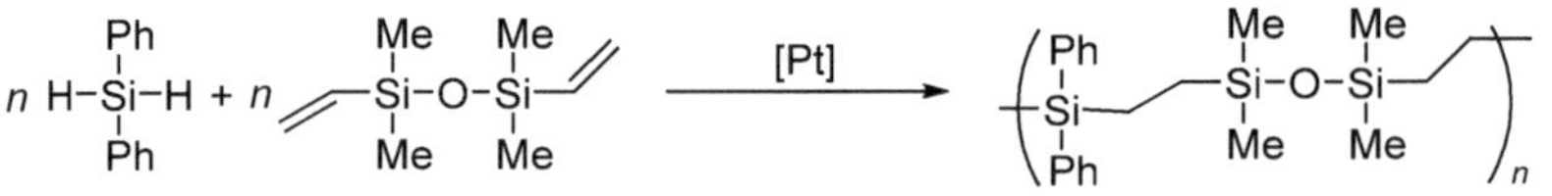

Dendrimere wie **56** (dargestellt als Graph) mit Si-Atomen als Verzweigungszentren werden durch abwechselnde Hydrosilylierung und Grignardkupplungsreaktionen aufgebaut, sodass ein kontrolliertes schrittweises Wachstum erfolgt. So kann z. B. Tetraallylsilan **57** platinkatalysiert mit H–$SiCl_2$Me zu **58** umgesetzt werden. Anschließende Reaktion mit einer Vinylgrignardverbindung ergibt die erste Generation des Dendrimers **59** mit acht Vinylgruppen in der Peripherie. Wiederholte Hydrosilylierung und Grignardkupplung führen zu den folgenden Generationen. In **56** ist die dritte Generation mit 32 terminalen Vinylgruppen (Vi) schematisch dargestellt [21].

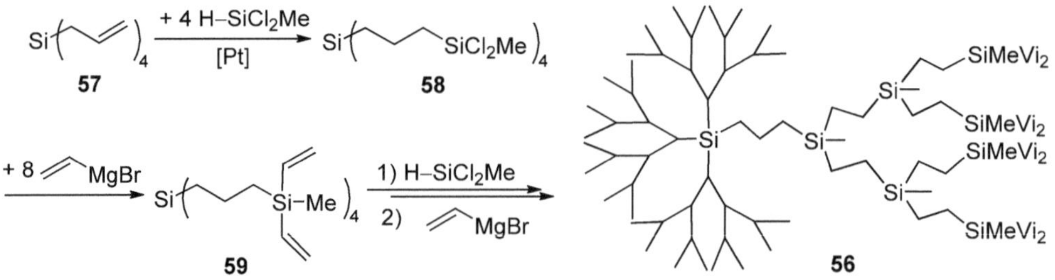

13.3.2 Ausblick

Enantioselektive Hydrosilylierungen

Voraussetzung für enantioselektive Hydrosilylierungen terminaler Olefine ist eine Markovnikov-Addition. Dafür haben sich Palladiumkomplexe bewährt, die aus $[\{PdCl(\eta^3\text{-}C_3H_5)\}_2]$ und chiralen Monophosphanliganden (X-MOPs) **60** (Ar = Ph; X = H, MeO, OR, Ar, COOR, ...) gebildet werden. Es handelt sich dabei um atropisomere 1,1'-Dinaphthylliganden, die im Unterschied zum BINAP-Liganden aber nur ein P-Ligatoratom enthalten. Die Hydrosilylierung von Olefinen (R = Alkyl) mit $H\text{–}SiCl_3$ ist erstaunlich regio- (**61a** : **61b** ca. 9 : 1) und enantioselektiv (ca. 95 % *ee*). Bei der Hydrosilylierung von Styrol werden hohe *ee*-Werte mit H-MOP (**60**, X = H, Ar = 3,5-$(CF_3)_2C_6H_3$) erzielt [22, 23, 24].

Aus den chiralen Alkylchlorsilanen **61a** erhält man mit EtOH Alkyltriethoxysilane, die dann mit H_2O_2 in Gegenwart von KF zu den chiralen Alkoholen **62** oxidiert werden.

- *Zur Aktivität.* Im Unterschied zu den hohen Aktivitäten für die Komplexe mit X-MOP-Liganden erwiesen sich Bis(phosphan)palladium-Komplexe als katalytisch nicht aktiv. Ursache dafür ist wahrscheinlich, dass sich die Katalyse der Hydrosilylierung an drei Koordinationsstellen vollzieht. Nur mit Monophosphanliganden L* können so stabile quadratisch-planare Palladium(II)-Komplexe $[Pd(SiCl_3)H(\eta^2\text{-}H_2C\text{=}CHR)L^*]$ (**63**) ausgebildet werden.

- *Zur Enantioselektivität.* Aus den Edukten **A** bilden sich zunächst die diastereomeren Komplexe (*Si*)-**63**/(*Re*)-**63**, durch Insertion daraus die diastereomeren Alkylkomplexe (*S*)-**64**/(*R*)-**64** und durch reduktive Si–C-Eliminierung schließlich die beiden Enantiomere (*S*)-**61a**/(*R*)-**61a**. Für Styrole ist nachgewiesen worden, dass die hohe Enantioselektivität weniger auf eine hohe enantiofaciale Differenzierung bei der Olefinkoordination zurückzuführen ist ((*Re*)-**63** *vs.* (*Si*)-**63**), sondern mehr auf eine schnelle β-Wasserstoffeliminierung der Alkylpalladiumintermediate ((*S*)-**64** → (*Si*)-**63** sowie (*R*)-**64** → (*Re*)-**63**), gepaart mit einer sehr selektiven reduktiven Eliminierung ((*S*)-**64** → (*S*)-**61a**, aber nicht (*R*)-**64** → (*R*)-**61a**). Es steht also (*R*)-**64** in einem mobilen Gleichgewicht mit (*S*)-**64**, das letztlich zu (*S*)-**61a** reagiert.

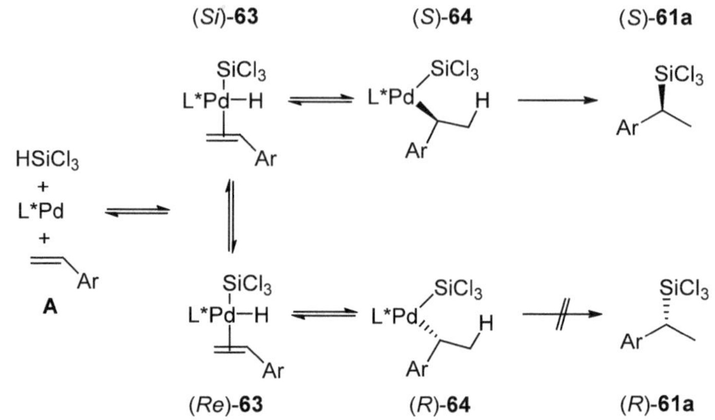

Für die Katalyse enantioselektiver Hydrosilylierungen von polaren Doppelbindungen (Ketone, Imine) zu optisch aktiven sekundären Alkoholen und Aminen haben sich unter anderem auch Rhodiumkomplexe bewährt [25, 26].

Hydrosilylierung von Alkinen

Alkine lassen sich übergangsmetallkatalysiert zu Vinylsilanen hydrosilylieren. Bei terminalen Alkinen können drei verschiedene Reaktionsprodukte gebildet werden, die einer Anti-Markovnikov- (**65**) und einer Markovnikov-Addition (**66**) entsprechen.

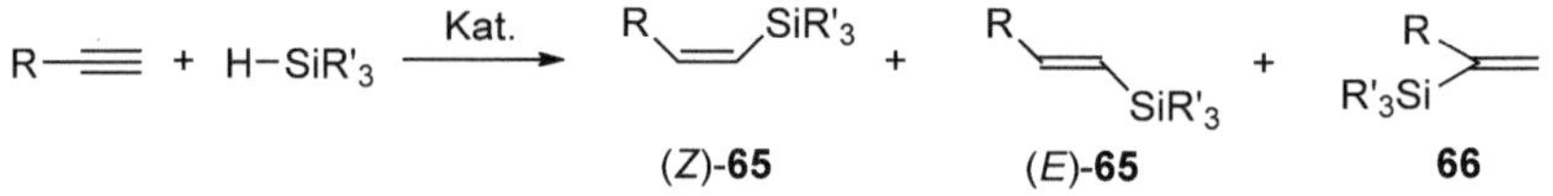

Im Allgemeinen werden keine besonders hohen Regio- und Stereoselektivitäten erzielt. Mit Platinkatalysatoren ist vielfach die Bildung von Vinylsilanen mit terminaler Silylgruppe in *trans*-Anordnung zu R (*E*)-**65** bevorzugt. Derartige Hydrosilylierungen (**67** → **68**) lassen sich in einer intermolekularen Tandemreaktion mit palladiumkatalysierten Kreuzkupplungen kombinieren (**68** → **69**), sodass z. B. in hoher Ausbeute und mit hohen Stereoselektivitäten 1,2-disubstituierte (*E*)-Alkene zugänglich werden (dvds = (H_2C=CH)Me_2Si–O–SiMe_2(CH=CH_2), Karstedt-Ligand) [27].

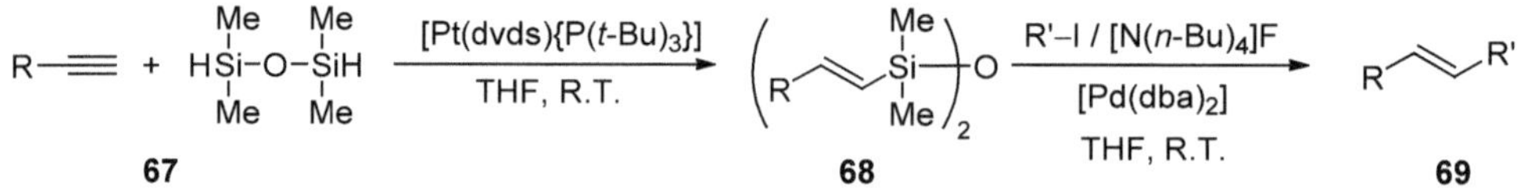

Aufgabe 13.4

Diethinylmethylsilan ist ein Monomer vom AB_2-Typ. A (Si–H) und B (Si–C≡CH) sind zwei funktionelle Gruppen, die miteinander, aber nicht mit sich selbst reagieren. Platinkatalysierte Hydrosilylierung führt zu einem hyperverzweigten (engl.: *hyperbranched*) Polycarbosilan. Formulieren Sie die Reaktion. Geben Sie die möglichen Strukturen der Si-Zentren im Polymer an.

σ-Komplexe von Silanen

Ähnlich wie Diwasserstoff können Silane mit einer Si–H-Bindung (Hydrosilane) (**70**) mit Übergangsmetallen σ-Komplexe bilden (**71**).

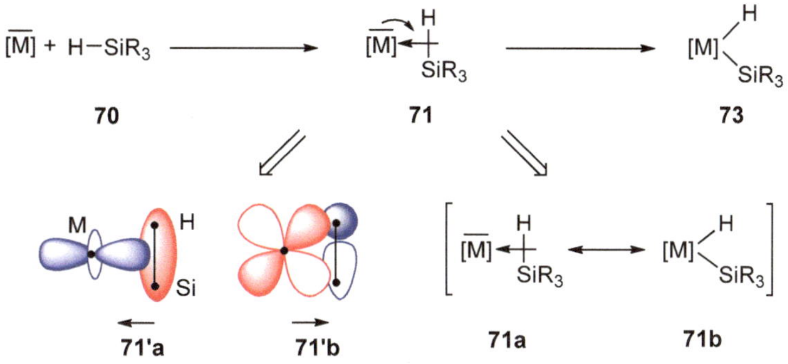

70 **71** **73**

71'a **71'b** **71a** **71b**

Da Silane nur schwache σ-Donoren sind, sind für eine stabile η^2-Si–H-Koordination an ein Metall zwei Bindungskomponenten wichtig: *i*) Durch die σ-Hinbindung (**71'a**; besetzte/unbesetzte Orbitale sind rot/blau gezeichnet) wird aus dem bindenden σ-Si–H-Orbital Elektronendichte in ein unbesetztes Metallorbital von σ-Symmetrie (dargestellt ist das d_{z^2}-Valenzorbital von M) übertragen. *ii*) Durch die π-Rückbindung (**71'b**) wird Elektronendichte aus einem besetzten *d*-Orbital von M in das σ*-Si–H-Orbital) übertragen. Im Rahmen des VB-Modells wird jeder dieser Bindungsanteile durch eine mesomere Grenzformel **71a**/**71b**[1] wiedergegeben.

Konzertierte oxidative Additionsreaktionen von Hydrosilanen **70** zu Hydrido(silyl)-Komplexen **73** verlaufen über einen σ-Si–H-Komplex **71** als Zwischenstufe (**70** → **71**). Wenn dieser stabil sein soll, muss das Ausmaß an π-Rückbindung gut ausbalanciert sein. Ist es zu gering, dann ist die Komplexbildung zu schwach, ist es zu hoch, dann erfolgt oxidative Addition (**71** → **73**) [28]. In Übereinstimmung mit dem Bindungsmodell für η^2-Si–H-Komplexe bedingt die π-Rückbindung durch die Elektronenübertragung in das σ*-Si–H-Orbital eine Schwächung der Si–H-Bindung. Das führt zu einer Bindungsverlängerung um 0,1–0,4 Å (**70** *vs.* **71**) [29].

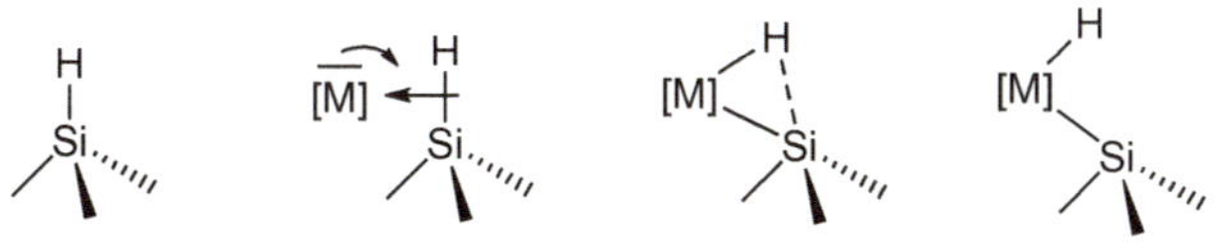

70 (ca. 1,5) **71** (1,6–1,9) **72** (1,9–2,5) **73** (>2,5) (Si–H-Abstand in Å)

In klassischen *cis*-Hydrido(silyl)-Komplexen **73** findet man Si···H-Abstände größer als 2,5 Å. Si···H-Abstände zwischen 1,9 und 2,5 Å (**72**) weisen auf (zunehmend schwächere) attraktive Si···H-Wechselwirkungen. Die Grenzen zwischen σ-Si–H- und Hydrido(silyl)-Komplexen sind fließend [30, 31]. Abbildung 13.6 zeigt als Beispiel die Molekülstruktur eines η^2-Silankomplexes und die Energetik seiner oxidativen Addition zum Hydrido(silyl)-Komplex.

---

[1] Dabei ist zu beachten, dass **71b** eine mesomere Grenzformel zur Bindungsbeschreibung von **71** ist und demzufolge nicht mit dem Hydrido(silyl)-Komplex **73** identifiziert werden darf.

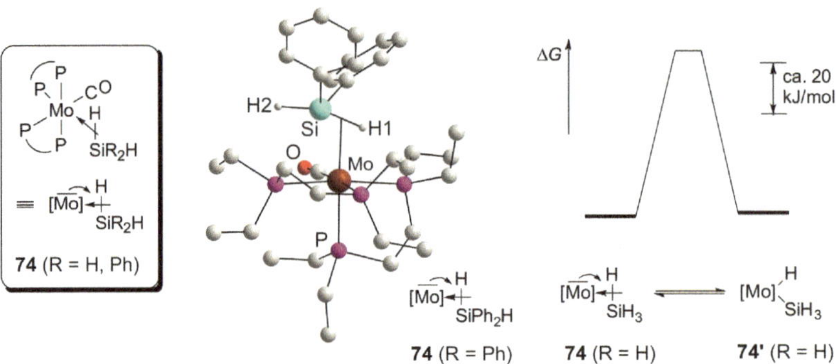

Abbildung 13.6. Molekülstruktur von $[Mo(\eta^2\text{-}SiH_2R_2)(CO)(Et_2PCH_2CH_2PEt_2)_2]$ (**74**, R = Ph; Si–H1 1,66(6) Å, Si–H2 1,54(6) Å; an C gebundene H-Atome sind nicht dargestellt) und NMR-spektroskopisch ermitteltes Reaktionsprofil für das Gleichgewicht (60 °C in Toluol) zwischen dem Silankomplex **74** (R = H) und dem Hydrido(silyl)-Komplex **74'** (R = H). Die oxidative Addition ist fast thermoneutral (nach Vincent, Kubas und Lledós [32]).

Aktivierung von Si–H-Bindungen

Neben einer η^2-Si–H-Komplexbildung, die bei hinreichend starker π-Rückbindung zu einer oxidativen Si–H-Addition führt, gibt es Möglichkeiten zur Si–H-Aktivierung ohne oxidative Si–H-Addition, nämlich durch σ-Bindungsmetathese (**a**; vgl. S. 202) und durch 1,2-Addition an M=X-Bindungen (**b**; vgl. S. 83):

(a)
$$[M]\text{–}C\lessdot \;+\; R_3Si\text{–}H \;\xrightarrow{[H\cdots SiR_3 / [M]\cdots C]^{\ddagger}}\; [M]\text{–}H \;+\; R_3Si\text{–}C\lessdot$$
$$[M]\text{–}C\lessdot \;+\; R_3Si\text{–}H \;\xrightarrow{[R_3Si\cdots H / [M]\cdots C]^{\ddagger}}\; [M]\text{–}SiR_3 \;+\; H\text{–}C\lessdot$$

(b)
$$[M]{=}X \;+\; R_3Si\text{–}H \;\xrightarrow{[H\cdots SiR_3 / [M]{=}X]^{\ddagger}}\; [M](H)\text{–}X(SiR_3)$$
(X = O, NR)

Darüber hinaus sind elektrophile Aktivierungen von Si–H-Bindungen zu nennen, die darauf beruhen, dass ein stark elektrophiles Si-Atom generiert wird. Das kann durch κ*H*-Koordination (η^1-Koordination) eines Silans an eine starke Lewis-Säure (LA) wie $B(C_6F_5)_3$ erfolgen (**75**). In **75** ist das Siliciumatom so elektrophil, dass es beispielsweise an ein nucleophiles O-Atom einer C=O-Doppelbindung binden kann und über ein ionisches Intermediat durch Hydridübertragung eine Hydrosilylierung vollzogen wird (**75** → **76** → **77**).

$$LA \;\underset{}{\overset{R_3Si\text{–}H}{\rightleftharpoons}}\; \underset{\mathbf{75}}{LA\cdots H\text{–}SiR_3} \;\xrightarrow{>C=O}\; \underset{\mathbf{76}}{\overset{\ominus}{LA}\text{–}H \;\; R_3\overset{\oplus}{Si}\text{–}O{=}C<} \;\longrightarrow\; \underset{\mathbf{77}}{R_3SiO\text{–}C(H)<} \;+\; LA$$

In Übereinstimmung damit sind starke Lewis-Säuren von Hauptgruppenelementen (B, Al, …) in der Lage, Hydrosilylierungen von polaren Doppelbindungen (vgl. die Hydrosilylierung von CO_2, S. 164), aber auch von Olefinen und

$$\mathbf{78}: [(C_6H_3(OP(t\text{-}Bu)_2)_2)Ir(H)\cdots H\text{–}SiEt_3][B(C_6F_5)_4]$$

Alkinen zu katalysieren. Ein vergleichbarer Mechanismus ist auch bei kationischen Übergangsmetallkomplexen mit hochelektrophilen Metallzentren nachgewiesen worden. Beim Iridium(III)-Pincerkomplex **78**, der die Hydrosilylierung von Ketonen und Aldehyden katalysiert, konnte die κ*H*- (η^1-) Koordination eines Silanliganden auch strukturell nachgewiesen werden (Ir–H_{Si} 1,94(3) Å, H–Si 1,48(3) Å, Ir–H–Si 157(1)°). Die Si–H→Ir-Donorbindung ist als 3*z*–2*e*-Bindung zu beschreiben. Eine Rückbindung spielt keine Rolle, **78** verhält sich wie eine starke Lewis-Säure eines Hauptgruppenelements [33].

Silylene, die als Homologe von Carbenen betrachtet werden können, bilden wie diese Metallkomplexe. Insbesondere kationische Komplexe mit terminalen Silylenliganden weisen ein sehr stark elektrophiles Siliciumatom auf, an das ein Olefin koordinieren und dann in eine Si–H-Bindung des Silylenliganden insertieren kann (**79** → **80** → **81**).

[M]=Si⁺(H)(R) —(=)→ [M]---Si⁺(olefin)(H)(R) → [M]=Si⁺(CH₂CH₂H)(R)

79 **80** **81**

Die Reaktion **79** → **81** beschreibt eine (stöchiometrische) Hydrosilylierung, bei der das Olefin *nicht* durch Koordination an ein Metall aktiviert wird. Derartige elektrophile Silanaktivierungen können auch Grundlage für katalytische Hydrosilylierungen sein, vgl. das Beispiel in Aufgabe 13.5 [34].

Aufgabe 13.5

Ein Beispiel für eine Reaktion vom Typ **79** → **81** ist die Reaktion von **1** (ohne stabilisierendes Ethermolekül gezeichnet) mit *n*-Hex-1-en zu **2**.

[Cp*Ru(H)(H)(P(*i*-Pr)₃)(=SiH(Ph))][B(C₆F₅)₄] (**1**) —(n-Hex-1-en)→ [Cp*Ru(H)(H)(P(*i*-Pr)₃)(=Si(Ph)(*n*-Hex))][B(C₆F₅)₄] (**2**)

Komplex **1** katalysiert die Hydrosilylierung von Olefinen mit primären Silanen. Experimentelle Befunde wie eine hohe Selektivität (nur primäre Silane reagieren zu ausschließlich sekundären Silanen), die Toleranz von sterisch stark abgeschirmten C=C-Bindungen und die ausschließliche Bildung von Anti-Markovnikov-Produkten weisen auf einen neuartigen Mechanismus. Formulieren Sie diesen und berücksichtigen Sie dabei, dass Silylenkomplexe aus Silylkomplexen durch α-H-Verschiebung vom Silicium- zum Metallatom gebildet werden können. Warum ist der kationische Charakter von Komplex **1** von Bedeutung?

13.4 Hydroaminierungen

13.4.1 Grundlagen

Die Synthese von Alkylaminen durch direkte Hydroaminierung von Olefinen nach folgendem Schema **a** ist eine attraktive Alternative zum Zweistufenprozess **b** mit Alkoholen als Zwischenverbindung. Thermodynamisch sind Reaktionen **a** erlaubt, Additionen von NH_3, $EtNH_2$ und Et_2NH an Ethen sind exergonisch ($\Delta G^{\ominus}$ = –15 ... –33 kJ/mol).

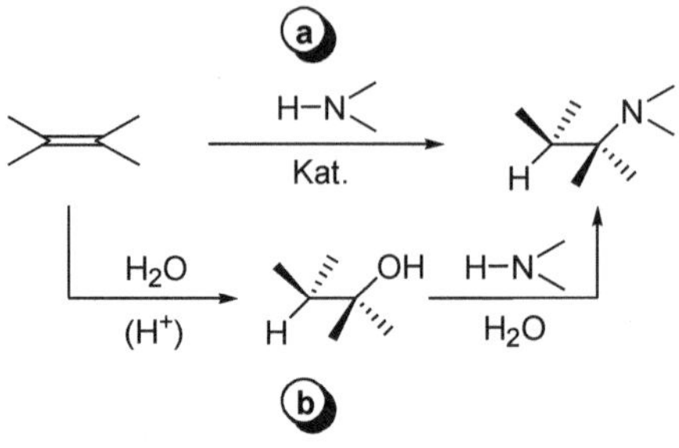

Aufgabe 13.6

Begründen Sie, warum in Alkylaminen die α-C–H-Bindungen vergleichsweise wenig stabil sind, nicht aber die N–H-Bindungen ($\Delta_d H^{\circ}$ für $MeNH_2$: C–H 393, N–H 425 kJ/mol). Schätzen Sie aus den mittleren Bindungsdissoziationsenthalpien (C–C 348, C=C 612, C–H 412, C–N 305 kJ/mol) ab, welchen Verlauf eine radikalisch initiierte Addition von $MeNH_2$ an Ethen nehmen wird.

Der entscheidende Schritt in der Katalyse der Hydroaminierung von Olefinen ist die Knüpfung einer C–N-Bindung, der eine Aktivierung des Amins und/oder des Olefins vorausgeht. Eine Aminaktivierung kann *i*) durch Deprotonierung oder *ii*) durch Bildung eines Metallamids [M]–NR_2 (via oxidative N–H-Addition oder Protolyse einer M–C-Bindung mit HNR_2) erfolgen. Das Olefin kann *i*) durch Koordination oder *ii*) durch Insertion in eine M–H-Bindung aktiviert werden. Für die anschließende Bildung von C–N-Bindungen kommt insbesondere eine der folgenden Reaktionen in Betracht:

□ **a**) Addition von R_2N^- an ein Olefin:

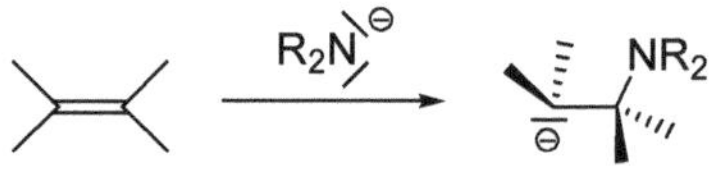

□ **b**) Insertion eines Olefins in eine M–N-Bindung:

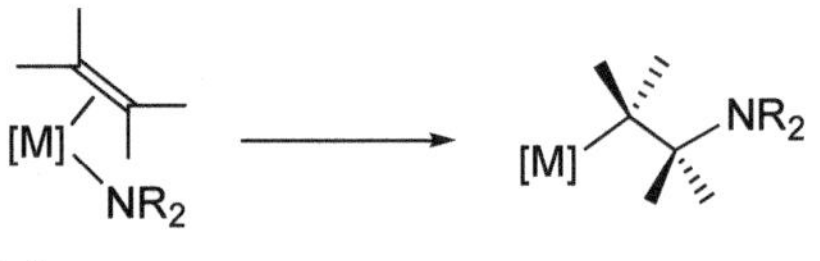

□ **c**) Reduktive C–N-Eliminierung:

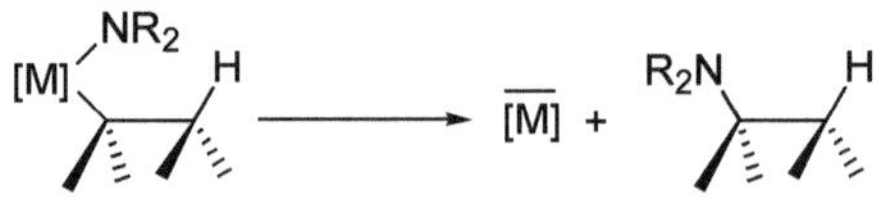

□ **d**) (Intermolekulare) Addition eines Amins an ein koordiniertes Olefin:

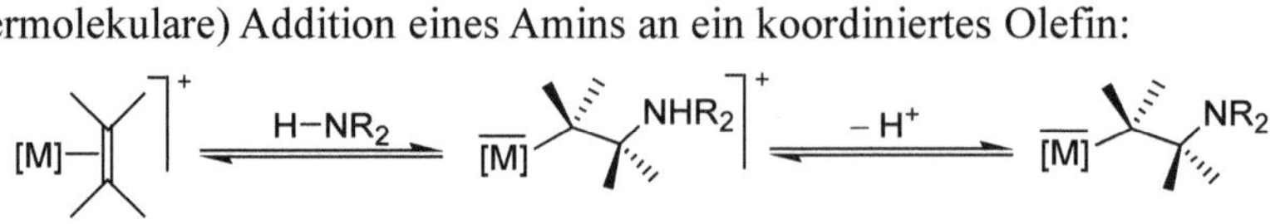

Diese mechanistische Vielfalt macht es verständlich, dass es eine breite Palette von Katalysatorsystemen für Hydroaminierungen von Olefinen gibt, die von Alkalimetallamiden über Erdalkalimetall- und Lanthanoidverbindungen bis hin zu Übergangsmetallkomplexen reicht.

Ungeachtet der bedeutenden Fortschritte, die in den letzten Jahren auf diesem Gebiet erreicht werden konnten, sind homogene Katalysatorsysteme für intermolekulare Hydroaminierungen insbesondere von nichtaktivierten Olefinen und aliphatischen Aminen, die unter milden Reaktionsbedingungen arbeiten sowie breit und auch industriell anwendbar sind, noch nicht gefunden [35, 36].

13.4.2 Katalysatortypen

Alkalimetallamide als Katalysatoren

Bereits in den 1950er-Jahren sind Alkalimetalle M und Alkalimetallhydride MH als Präkatalysatoren eingesetzt worden. Sie setzen sich mit dem Amin HNR_2 (R = Alkyl, Aryl, H) zu Alkalimetallamiden MNR_2 um. NR_2^- wird nucleophil an das Olefin addiert (Reaktion **a**, S. 406), wobei ein Alkalimetallalkyl gebildet wird (**82** → **83**). Protolyse der M–C-Bindung durch das Amin setzt das Produkt **84** unter Rückbildung von MNR_2 frei.

+ MNR_2 → M NR$_2$ + HNR_2 / − MNR_2 → H NR$_2$

82 **83** **84**

Die Addition an nichtaktivierte Olefine erfordert vergleichsweise drastische Reaktionsbedingungen (M = Na, K: 100–200 °C; bis zu 100 bar Druck), Lithiumamide reagieren unter etwas milderen Bedingungen. Darüber hinaus sind die Reaktionen nicht sehr selektiv [37].

Platingruppenmetalle als Katalysatoren

Als erstes übergangsmetallbasiertes homogenes Katalysatorsystem für die Hydroaminierung eines nichtaktivieren Olefins (Ethen) mit sekundären Aminen ist Anfang der 1970er-Jahre $RhCl_3 \cdot 3H_2O$ (180–200 °C; 5–14 MPa) beschrieben worden. Heute sind von allen Platinmetallen (abgesehen von Os) zahlreiche Katalysatorsysteme für die Olefinhydroaminierung bekannt und zunehmend werden auch Komplexe der 3*d*-Elemente der Gruppen 8–10 in Betracht gezogen. Prinzipiell gilt, dass intramolekulare Hydroaminierungen leichter ablaufen als intermolekulare und Alkine leichter hydroaminiert werden können als Olefine.

Die beiden wichtigsten Mechanismen für Hydroaminierungen katalysiert durch Platinmetalle sind nachfolgend am Beispiel von rhodium-/iridiumkatalysierten (M = Rh, Ir) Reaktionen von Ethen mit Aminen dargestellt: Grundsätzlich konkurrieren Olefin- und Aminkoordination miteinander (**85** ⇌ **86**). Bei Olefinaktivierung erfolgt gemäß Reaktion **d** (S. 406) eine intermolekulare nucleophile Addition des Amins an das Olefin unter Bildung eines β-Ammonioethylkomplexes, der in einem Protonierungs-/Deprotonierungsgleichgewicht mit dem entsprechenden β-Aminoethylkomplex steht (**85** → **87**/**87'**). Übertragung des $-NHR_2$-Protons auf das Metall in **87** bzw. Protonierung des Metalls von **87'** führt zu einem (β-Aminoethyl)-hydridometall(III)-Komplex, der durch reduktive C–H-Eliminierung das alkylierte Amin bildet, das an das Metall binden kann (**87**/**87'** → **88** → **89**). Es ist aber auch eine direkte Protolyse der M–C-Bindung in Betracht zu ziehen, sodass kein Hydridokomplex als Zwischenstufe auftritt (**87**/**87'** → **89**). Ligandensubstitution (**89** ⇌ **85**/**86**) setzt das Produkt (NR_2Et)

frei und bildet den Ausgangskomplex zurück. Definitiv irreversibel sind die reduktive Eliminierung **88** → **89** und die protolytische Spaltung der M–C-Bindung **87/87'** → **89**.

Im Falle einer Aminaktivierung wird durch oxidative N–H-Addition ein Amidohydridometall(III)-Komplex gebildet (**86** → **90**). Dann wird das Olefin koordiniert und gemäß Reaktion **b** (S. 406) in die M–N-Bindung insertiert (**90** → **91** → **88**). Der weitere Verlauf erfolgt wie voranstehend beschrieben (**88** → **89** ⇌ **85/86**).

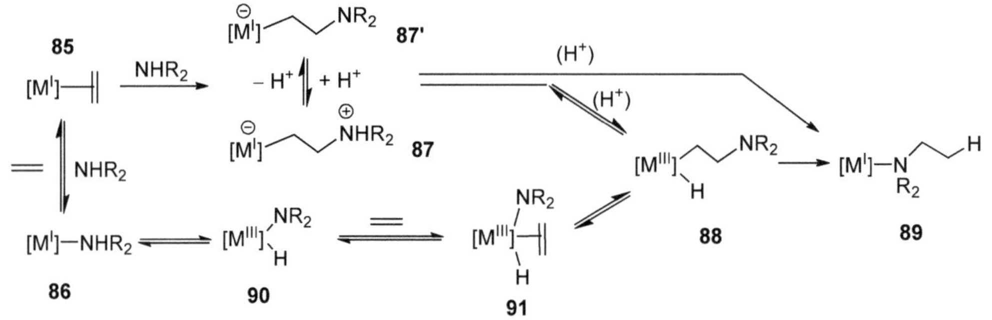

Eine Herausforderung bei Hydroaminierungen ist, wie aus dem Gleichgewicht **85** ⇌ **86** deutlich wird, dass stark koordinierende Amine eine Koordination der Olefine und damit ihre Aktivierung erschweren bzw. sogar unterbinden können. Des Weiteren können Alkylkomplexe vom Typ **87'/88** einer β-Hydrideliminierung (**92** → **93**) zu einem Enamin bzw. Imin unterliegen („oxidative Aminierung"). Der dabei gebildete Hydridokomplex [M]–H kann zu weiteren Reaktionen führen, wie beispielsweise zu einer Hydrierung von Doppelbindungen.

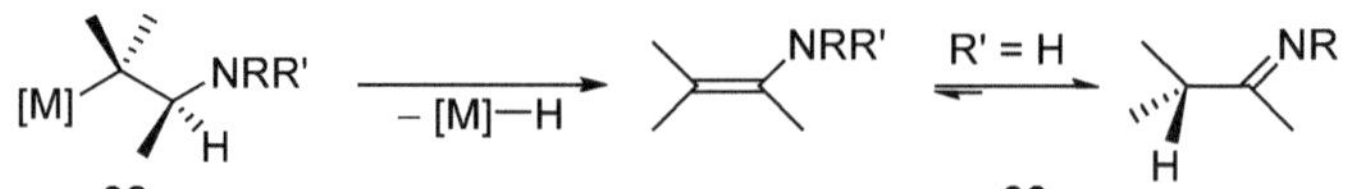

Ein Beispiel für eine Olefinaktivierung und einen Mechanismus gemäß **85** → … → **89** sind iridiumkatalysierte ([{IrCl(COD)}$_2$]; 110 °C), intramolekulare Hydroaminierungen von sekundären Alkenylaminen $H_2C{=}CH{-}CH_2{-}CPh_2{-}CH_2{-}NHR$ zu 2-Methyl-4,4-diphenylpyrrolidinen. Dagegen sind elektronenreiche Iridiumkomplexe wie [{IrClL$_2$}$_2$] (L_2 = P,P-Chelatligand) zur Aminaktivierung befähigt (**86** → … → **89**). Sie katalysieren beispielsweise in Gegenwart von katalytischen Mengen einer Base bei 70–100 °C die Addition von Anilinen an Norbornen/Norbornadien zu *exo*-2-(Arylamino)norbornan/-norborn-5-en. Mit chiralen Liganden L_2^* verlaufen die Reaktionen enantioselektiv [38].

In [P(*n*-Bu)$_4$]Br (Fp. 100–103 °C), einer ionischen Flüssigkeit, katalysiert $PtBr_2$ ohne jeden weiteren Zusatz von Liganden bei 150 °C die N–H-Addition von Anilinen an Ethen, Norbornen und Hex-1-en. Experimentelle Untersuchungen und DFT-Rechnungen (mit C_2H_4 als Olefin) belegen, dass das Anion vom Zeise-Salz-Typ $[PtBr_3(\eta^2\text{-}C_2H_4)]^-$ gebildet wird und an den Ethenliganden eine intermolekulare Aminaddition (Reaktion **d**, S. 406) erfolgt. In Gegenwart von katalytischen Mengen einer Protonenquelle wie CF_3SO_3H, die die Spaltung der Pt–C-Bindung befördert, werden *TON* > 200 erreicht [39].

Mechanistische Untersuchungen zur intramolekularen Hydroaminierung von Alkenylaminen **94** (R = Me, OCH_2Ph) zu Pyrrolidinderivaten **95** mit dem Palladiumkomplex **96** als Katalysator belegen eine Aminaddition nach Koordination des Olefins an das hochelektrophile dikationische Palladium(II)-Zentrum (**94** → **97** → **98**) gemäß Reaktion **d** (S. 406). Komplex **98** ist der Resting State, die Protolyse der Pd–C-Bindung (**98** → **95**) ist der umsatzlimitierende Schritt.

$[Pd]^{2+}$ (**96**), CH_2Cl_2, 20 °C; **94** → **95**; $[Pd]^{2+}$ = **96**

94 ⇌ (+ **96**) **97** ⇌ **98** + H^+ → (− **96**) **95**; H^+ ⇌ (+ 2 **94**) **99**

(R' = CH_2–CMe_2–CH_2–CH=CH_2) **99**

Das bei der Aminaddition **97** → **98** freigesetzte Proton steht in einem Protonierungs-Deprotonierungsgleichgewicht mit dem eingesetzten Amin (2 **94** + H^+ ⇌ **99**). In Gegenwart von stärkeren Basen wie tertiären Aminen und Pyridinen findet keine Katalyse statt. Die Reaktion stoppt bei den Komplexen **98**, kann aber durch Zusatz von Säuren wie HOTf oder $H[BF_4]$ wieder reaktiviert werden. Das erreichte Verständnis, wie die Brønsted-Acidität/Basizität aller Reaktionspartner die Reaktion beeinflusst, ermöglicht eine weitere Optimierung der Hydroaminierungsreaktion bei Verwendung von anderen Substraten [40].

Aufgabe 13.7

In vergleichbarer Weise wie **96** katalysiert der monokationische Rhodium(I)-Komplex **1** die Hydroaminierung von Alkenylaminen **2** zu **3**. In geringem Umfang wird dabei auch via β-Hydrideliminierung („oxidative Aminierung") **4** gebildet, wobei weiterhin in ungefähr gleicher Menge **5** entsteht.

2 → (**1**) **3** + (**4** / **5**); **1**

Worauf kann zurückgeführt werden, dass a) **96** nur die Hydroaminierung von schwach basischen Aminen (–NHC(O)R, –NHC(O)OR), nicht aber von primären Aminen katalysiert, währen für **1** das Umgekehrte gilt und dass b) eine β-H-Eliminierung nur bei der Katalyse mit **1**, nicht aber bei der mit **96** beobachtet wird? c) Formulieren Sie den Reaktionsweg, der zu **4**/**5** führt.

Die intermolekulare Markovnikov-Hydroaminierung von Vinylaromaten mit Arylaminen wird durch Palladiumkomplexe $[Pd(OTf)_2(P\frown P)]$ (**100**)/HOTf ($P\frown P$ = Xantphos, DPPF, ...) effektiv katalysiert.

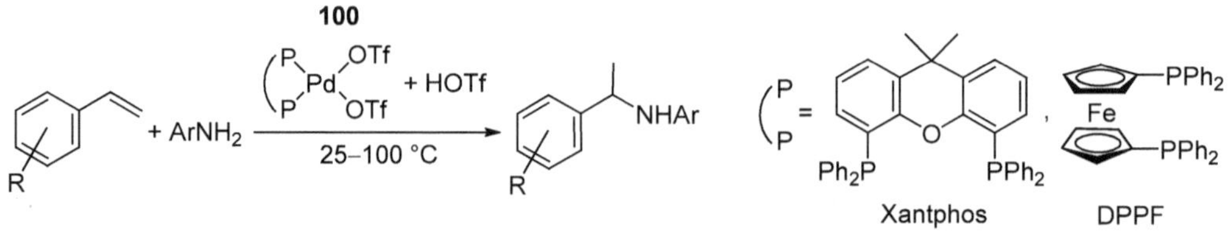

Der Reaktionsmechanismus ist in Abbildung 13.7 gezeigt. Der Präkatalysator **100** wird durch das Arylamin zu einem Diphosphanpalladium(0)-Komplex reduziert (**100** → **101**), an den Styrol koordiniert wird (**101** → **102**). Protonierung ergibt einen Palladium(II)-Komplex mit einem η^3-gebundenen Benzylliganden, der auch strukturell charakterisiert worden ist (**102** → **103**). (Alternativ könnte HOTf an **101** oxidativ addiert und dann Styrol in die Pd–H-Bindung von [PdH(OTf)(P⌒P)] insertiert werden.) Stereochemische Untersuchungen belegen, dass in der nachfolgenden Reaktion das Arylamin intermolekular das Benzylkohlenstoffatom angreift, wobei der Zyklus durch Abspaltung von PhMeCH–NHAr/HOTf geschlossen wird (**103** → (**104**) → **101**). Dieser Reaktionsschritt ist der Tsuji-Trost-Reaktion (S. 371) analog. Mit chiralen Diphosphanliganden wie (*R*)-BINAP lassen sich asymmetrische Hydroaminierungen realisieren [41].

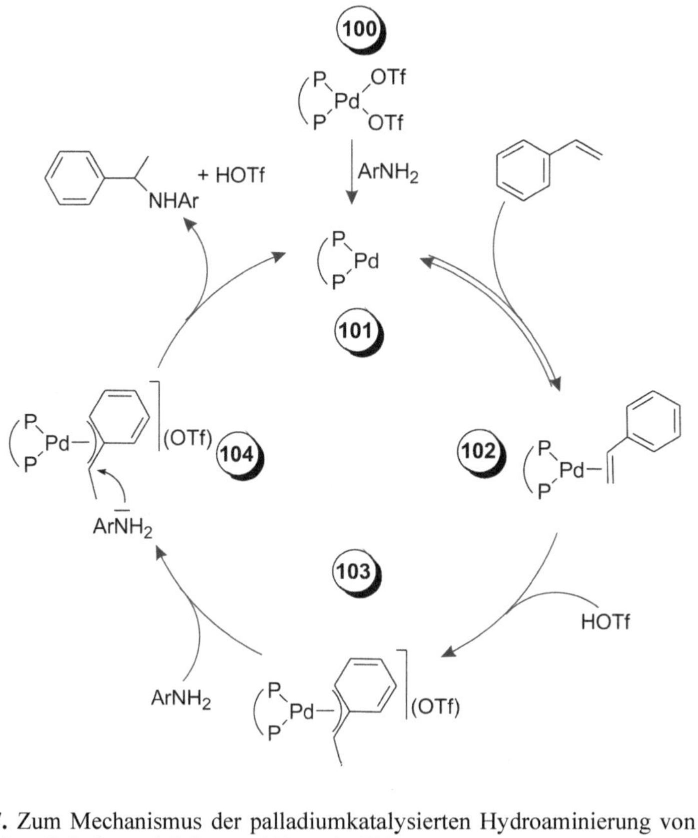

Abbildung 13.7. Zum Mechanismus der palladiumkatalysierten Hydroaminierung von Vinylaromaten mit Arylaminen (vereinfacht nach Johns und Hartwig [41]).

Goldkomplexe als Katalysatoren

Kationische Gold(I)-Komplexe sind starke Lewis-Säuren mit einer vergleichsweise geringen Befähigung zur π-Rückbindung, sodass die Elektrophilie eines Olefins bei Koordination erhöht und dieses so für einen Angriff von Nucleophilen aktiviert wird (Reaktion **d**, S. 406). Reaktion mit Aminen führt zu einem 2-Ammonioethylkomplex. Abspaltung des Protons und Protolyse der Au–C-Bindung liefert das Produkt und den Katalysatorkomplex:

L–Au⊕ ⇌ [L–Au–(Olefin)]+ —(+ HNR₂)→ [L–Au–C–C–NHR₂]+ ⟶ L–Au⊕ + H–C–C–NR₂

Der Ligand L ist gewöhnlich ein Phosphan oder Phosphit, aber auch NHC-Liganden kommen zum Einsatz. Der zwitterionische Gold(I)-Komplex **105** (gebildet durch Abspaltung von Tetrahydrothiophen THT aus [**105**]–THT), in dem die negative Ladung über das perchlorierte Carba-*closo*-dodecaboratanion stark delokalisiert ist, katalysiert die Hydroaminierung von Arylalkinen Ar–C≡CH mit Anilinen $ArNH_2$ mit hoher Aktivität und sehr hohen Umsatzzahlen (*TON* bis zu 95000). Die hohe Produktivität wird darauf zurückgeführt, dass die negative Ladung in räumlicher Nähe (erzwungen durch die Bindung des Carboratanions an P) zum positiven Reaktionszentrum dieses stabilisiert und darüber hinaus auch eine Abspaltung des Phosphanliganden mit nachfolgender Katalysatorzersetzung erschwert.

$[CB_{11}Cl_{11}]^-$ (*stilisiert*) – C–P(*i*-Pr)₂–Au⊕ **105**

Bei nichtaktivierten Olefinen verlaufen intramolekulare Hydroaminierungen von Alkenylaminen zu N-Heterocyclen (z. B. von $H_2C{=}CH{-}CH_2{-}CPh_2{-}CH_2{-}NHTs$ zum entsprechenden Pyrrolidinderivat katalysiert durch $[Au(OTf)(PPh_3)]$) bereitwilliger als intermolekulare. Letztere sind mit hohen Ausbeuten mit Sulfonamiden als N-Nucleophil realisiert (z. B. von Cyclohexen mit *p*-Toluolsulfonamid katalysiert durch $[Au(OTf)(PPh_3)]$). Des Weiteren sind mit $[AuCl\{P(t\text{-}Bu)_2(C_6H_4\text{-}o\text{-}Ph)\}]$/AgOTf als Katalysator cyclische Harnstoffderivate (z. B. Ethylen-/Propylenharnstoff) mit Ethen und terminalen Olefinen N-alkyliert worden, und das bei Verwendung von chiralen P-Liganden sogar enantioselektiv [42, 43, 44].

d^0-Komplexe der Gruppen 2, 3 (Ln) und 4 als Katalysatoren

Lanthanoidverbindungen, insbesondere Metallocenkomplexe vom Typ $[LnR(Cp^*)_2]$ (**106**, Ln = La, Nd, Sm, Y, ...; Cp* = η^5-C_5Me_5; R = H, Me, $CH(SiMe_3)_2$, $N(SiMe_3)_2$, ...), katalysieren unter Cyclisierung intramolekulare Hydroaminierungen von Aminoolefinen **107** (*n* = 1–3), wobei 5–7-gliedrige Azaheterocyclen **108** gebildet werden. In vielen Fällen werden Umsätze >95 % erzielt.

107 —([LnR(Cp*)₂] (**106**) (1–5 mol-%), Toluol, 25–60 °C)→ **108**

Der Mechanismus ist in Abbildung 13.8 dargestellt. Protolyse der Ln–C-Bindung mit dem Substrat liefert ein Lanthanoidamid als eigentlich katalytisch aktive Spezies (**106** → **109**).

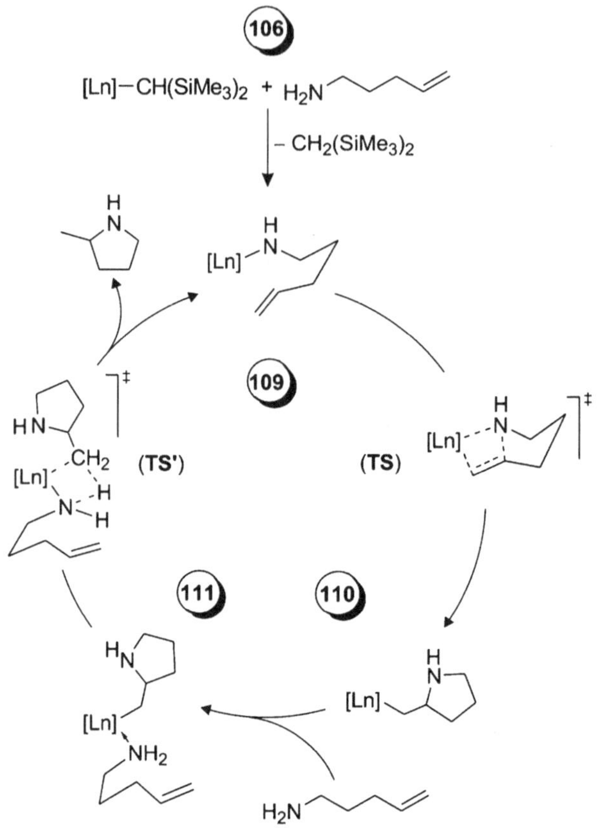

Abbildung 13.8. Vereinfachter Reaktionsmechanismus der lanthanoidkatalysierten, cyclisierenden Hydroaminierung von Aminoolefinen am Beispiel der Reaktion von $H_2C{=}CH(CH_2)_3NH_2$ ([Ln] = $Ln(Cp')_2$; Cp' = Cp, Cp*). Am Lanthanoidzentrum können weitere (hier nicht gezeichnete) Aminmoleküle koordiniert sein (nach Hong und Marks [45] sowie Hunt [46]).

Insertion der Doppelbindung in die Ln–N-Bindung (vgl. Reaktion **b**, S. 406), wahrscheinlich über einen cyclischen Übergangszustand, ergibt eine β-Aminoalkylverbindung (**109** → **TS** → **110**). κ*N*-Koordination des Substrats (**110** → **111**) und Abspaltung des Produkts durch Protolyse der Ln–C-Bindung im Sinne einer σ-Bindungsmetathese über einen viergliedrigen, cyclischen Übergangszustand schließt den Katalysezyklus (**111** → **TS'** → **109**). Schlüsselschritte sind also protolytische Spaltungen von Ln–C-Bindungen durch N–H-Funktionen (**106** → **109**, **111** → **109**) sowie eine Olefininsertion in eine Ln–N-Bindung (**109** → **110**).

Lanthanoidkatalysatoren sind auch in der Lage, intermolekulare Hydroaminierungen von Alkenen zu katalysieren, die aber um 2–3 Zehnerpotenzen langsamer verlaufen. Mit chiralen Lanthanoidpräkatalysatoren lassen sich asymmetrische Hydroaminierungen von Aminoolefinen realisieren [47, 48, 49].

Mit den zuvor beschriebenen Lanthanoidkatalysatoren können auch Aminoalkine **112** (*n* = 1–3) cyclisierend hydroaminiert werden. Als Produkte werden Enamine **113** erhalten, die mit R' = H zu Iminen **114** tautomerisieren.

Erdalkalimetallalkyle und -amide wie $[\{M\{N(SiMe_3)_2\}_2\}_2]$ (M = Mg … Sr) katalysieren auch die Hydroaminierung von Alkenen und Alkinen, wobei der Mechanismus ähnlich dem der lanthanoidkatalysierten Reaktionen ist. Bei beiden Katalysatortypen handelt es sich um redoxinerte[1] d^0-Komplexe von vergleichsweise stark elektropositiven Metallen. Da nur eine einzige Oxidationsstufe stabil ist (+2 bzw. +3), scheiden Elementarreaktionen im Katalysezyklus aus, die einen Oxidationsstufenwechsel beinhalten [50].

Darüber hinaus haben sich zahlreiche d^0-Amido- und Alkylkomplexe der Gruppe 4 als Präkatalysatoren für die Addition von primären Aminen an Alkine bewährt. Beispiele sind homoleptische Komplexe ($[M(NMe_2)_4]$, M = Ti, Zr), Cyclopentadienylkomplexe ($[TiMe_2Cp_2]$, $[ZrCp_2(NHAr)_2]$, …) sowie Komplexe mit Amidato- und ähnlichen N,O-Chelatliganden wie $[M(NMe_2)_2\{RC(O)NR'\text{-}\kappa N,\kappa O\}_2]$ (M = Ti, Zr).

In Übereinstimmung mit der Substratbeschränkung auf primäre Amine RNH_2 sind als katalytisch aktive Spezies Imidokomplexe $[M^{IV}]$=NR nachgewiesen worden, die durch protolytische Abspaltung von Amido- (**115** → **116**) oder Alkylliganden aus dem Präkatalysator gebildet werden. Reaktion von **116** mit dem Alkin führt in einer reversiblen [2+2]-Cycloaddition zu einem Azametallacyclobuten-Komplex **117**. Protolytische Spaltung der M–C-Bindung in **117** durch RNH_2 ergibt einen Enamido–Amido-Komplex **118**. α-H-Transfer vom NHR-Liganden auf das Enamido-N-Atom (vgl. auf S. 47 mit einer Carbenkomplexbildung gemäß R–[M]–CHR'$_2$ → [M]=CR'$_2$ + RH) führt zur Abspaltung des Produkts (Enamin/Imin) und zur Rückbildung des Katalysatorkomplexes **116** [51, 52, 53].

Aufgabe 13.8

In einer sequentiellen Reaktion **1** → **2** sind titankatalysiert ([Ti] = $[Ti(NR_2)_2\{PhC(O)NAr\text{-}\kappa N,\kappa O\}_2]$) in einer Eintopfreaktion Indole zugänglich. Diskutieren Sie den Mechanismus und orientieren Sie sich dabei an Fischers Indolsynthese.

[1] Der bei einigen Lanthanoiden mögliche Oxidationsstufenwechsel spielt hier keine Rolle.

Hydroaminierungen mit elektrophilen Aminquellen

$\overset{\delta-\ \delta+}{R_2N{-}H}$ (**119**) *vs.* $\overset{\delta+\ \delta-}{R_2N{-}X}$ (**120**)

Eine interessante Alternative zu konventionellen Hydroaminierungen, die Amine als nucleophile Aminierungsreagenzien **119** nutzen, sind solche mit elektrophilen Aminierungsreagenzien **120**. Sie weisen ein elektrophiles N-Atom auf, was eine elektronegative Gruppe X bedingt. Somit kommen insbesondere Derivate vom Hydroxylamin (z. B. X = OC(O)Ph) als elektrophile Aminquelle in Betracht. Bei derartigen Hydroaminierungen werden *formal* R_2N^+ und H^- auf ein Olefin übertragen; der hydridische Wasserstoff wird bei einer kupferkatalysierten Reaktion vom Katalysatorkomplex $[Cu^I]$–H bereitgestellt.

Bezüglich des Mechanismus wird vorgeschlagen, dass eine Hydrocuprierung eines Olefins (Insertion eines Olefins in eine Cu–H-Bindung) zu einem Organylkupfer(I)-Komplex führt (**121** → **122**). Spaltung der Cu–C-Bindung durch das elektrophile Aminierungsreagenz setzt das Produkt frei (**122** → **123**). Durch Transmetallierung (**124** → **121**) wird der Katalysatorkomplex zurückgebildet; das dabei eingesetzte Silan muss mindestens in stöchiometrischer Menge zugegen sein.

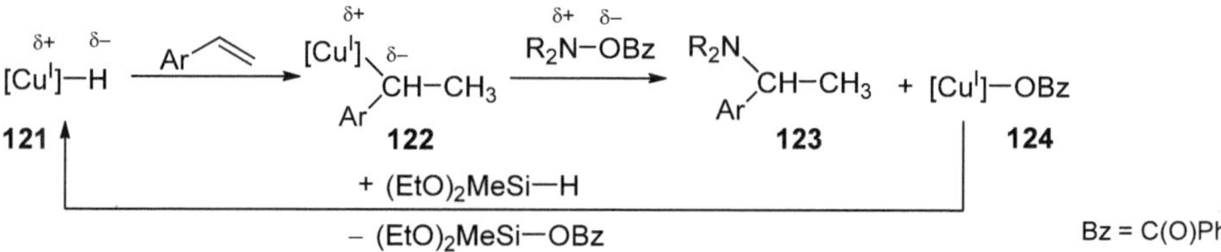

Die Regioselektivität wird in der Hydrocuprierung festgelegt (**121** → **122**) und ist bei Styrolderivaten (Markovnikov-Addition) auf die vergleichsweise hohe Stabilität von Benzyl- gegenüber Alkylkupferintermediaten, die bei einer Anti-Markovnikov-Addition gebildet würden, zurückzuführen. CuH-katalysierte Hydroaminierungen von Olefinen und Alkinen sind in breitem Umfang realisiert. Mit chiralen Katalysatorkomplexen [CuHL*] (L* = chiraler Ligand) sind enantioselektive Reaktionen mit *ee*-Werten von bis zu 99 % möglich [54].

13.5 Lösungen der Aufgaben und Literatur

13.5.1 Lösungen der Aufgaben

Aufgabe 13.1

Wird der gleiche Mechanismus wie bei der Hydrocyanierung von Olefinen zugrunde gelegt, folgt der Insertion des Alkins in eine Ni–H-Bindung die reduktive Eliminierung des Vinylcyanids. Beide Reaktionen verlaufen stereochemisch einheitlich im Sinne einer *syn*-Insertion und *syn*-Eliminierung (nach J. Podlech in *Science of Synthesis*, *Vol. 19*, Thieme, Stuttgart, **2004**; S. 325; [9]).

Aufgabe 13.2

Es handelt sich um eine Brønsted-Säure-Katalyse, es werden *ee*-Werte von bis zu 99 % (Toluol, –40 °C) erreicht. Der postulierte Katalysezyklus beinhaltet eine Protonierung des Aldimins durch das chirale (enantiomerenreine) BINOL-Phosphat **1** zu einem Iminiumkation, welches mit deprotoniertem **1** ein chirales Kontaktionenpaar **2** bildet. Die nachfolgende Addition von HCN liefert dann enantioselektiv das entsprechende Aminonitril unter Rückbildung von **1**.

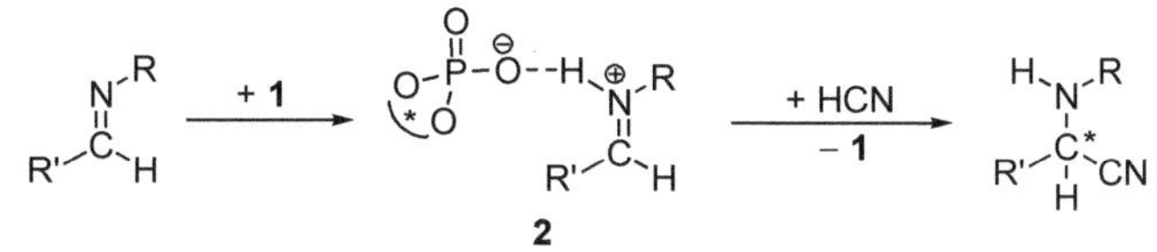

Eine der beiden Seiten (*Re versus Si*) des prochiralen Iminiumkations ist im chiralen Ionenpaar **2** durch **1** besser abgeschirmt, sodass das Cyanidnucleophil bevorzugt von der anderen Seite angreift. Das ist Voraussetzung für eine enantioselektive Reaktion, die insbesondere dann gegeben sein wird, wenn raumgreifende *ortho*-Substituenten an **1** (Ar = 9-Phenanthryl) vorliegen. Weil die stereochemische Information in einem Kontaktionenpaar übertragen wird, sind unpolar-aprotische Lösungsmittel (Toluol) geeignet. In Übereinstimmung damit werden für die oben genannte Reaktion in Acetonitril und Tetrahydrofuran nur racemische Gemische erhalten (nach M. Rueping, E. Sugiono, S. A. Moreth, *Adv. Synth. Catal.* **2007**, *349*, 759; vgl. auch P. v. Zezschwitz, *Nachr. Chem.* **2008**, *56*, 764). Kooperative Katalysen, die auf chiralen Brønsted-Säuren *und* Metallkatalysatoren beruhen und die zwei definierte, parallele Katalysezyklen umfassen, werden in P. de Armas, D. Tejedor, F. García-Tellado, *Angew. Chem.* **2010**, *122*, 1029 beschrieben.

Aufgabe 13.3

Es ist eine Radikalkettenreaktion nach folgendem Reaktionsschema zu erwarten:

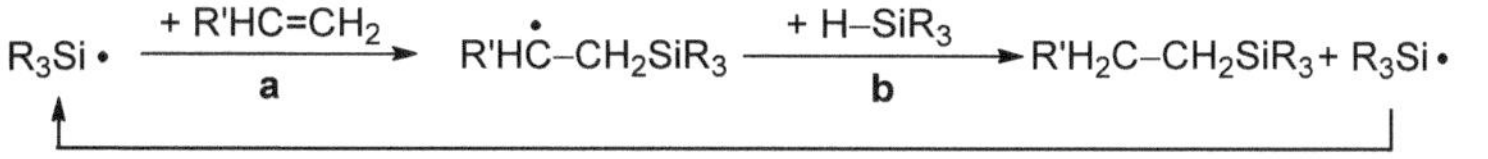

$$R_3Si\bullet \xrightarrow[\mathbf{a}]{+\,R'HC{=}CH_2} R'H\dot{C}{-}CH_2SiR_3 \xrightarrow[\mathbf{b}]{+\,H{-}SiR_3} R'H_2C{-}CH_2SiR_3 + R_3Si\bullet$$

Die Startradikale $R_3Si\cdot$ können photolytisch oder mit Initiatoren wie AIBN generiert werden. Bei terminalen Olefinen läuft die Kettenreaktion über das stabilere der beiden möglichen C-Radikale. Das ist das sekundäre Radikal, sodass im Sinne einer Anti-Markovnikov-Reaktion primäre (lineare) Silylverbindungen gebildet werden.

Teilreaktion **a** ist definitiv exotherm, weil die gebildete Si–C-Bindung stärker als die gebrochene π-C=C-Bindung ist. Teilreaktion **b** ist dann exotherm, wenn $\Delta_d H$(Si–H) < $\Delta_d H$(C–H) gilt. Das macht deutlich, dass $(Me_3Si)_3Si{-}H$ für radikalische Hydrosilylierungen besonders geeignet ist (vgl. mit Aufgabe 4.1, S. 90). Die vergleichsweise geringe Si–H-Bindungsdissoziationsenthalpie ($(Me_3Si)_3Si{-}H \rightarrow (Me_3Si)_3Si\cdot + \cdot H$) ist auf eine elektronische Stabilisierung des Silylradikals durch hyperkonjugative Effekte (Spindelokalisation über die β-ständigen Si–C-Bindungen) zurückzuführen. Darüber hinaus führt die Radikalbildung auch zu größeren Si–Si–Si-Winkeln (z. Vgl.: $(t\text{-}Bu_2MeSi)_3Si\cdot$ ist planar). Damit sind repulsive sterische Wechselwirkungen der raumgreifenden M_3Si-Gruppen im Radikal geringer als im Hydrid (B. Marciniec (ed.), *Comprehensive Handbook of Hydrosilylation*, Pergamon, Oxford, **1992**; C. Chatgilialoglu, C. Ferreri, Y. Landais, V. I. Timokhin, *Chem. Rev.* **2018**, *118*, 6516).

Aufgabe 13.4

Das Monomer **1** reagiert zu einem hyperverzweigten Polymer **2**. Bei der Hydrosilylierung werden Si–CH=CH–Si-Gruppen gebildet. Sie verläuft streng regioselektiv, $Si_2C{=}CH_2$-Gruppen wurden nicht beobachtet. Im Polymer finden sich dendritische, lineare und terminale Baueinheiten (**2a**–**2c**). **2** ist gut löslich sowie luft- und feuchtigkeitsstabil, unter Licht- und Wärmeeinwirkung findet eine weitere Vernetzung durch die Ethinylgruppen statt. Die hohe Reaktivität dieser Gruppen gestattet auch eine weitere Funktionalisierung (nach M. Häußler, B. Z. Tang, *Adv. Polym. Sci.* **2007**, *209*, 1).

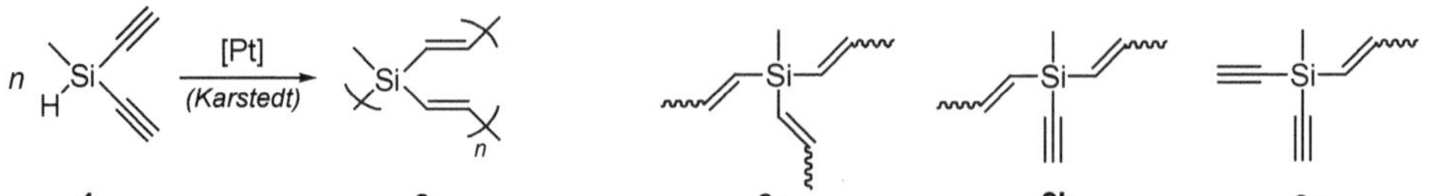

1 2 2a 2b 2c

Aufgabe 13.5

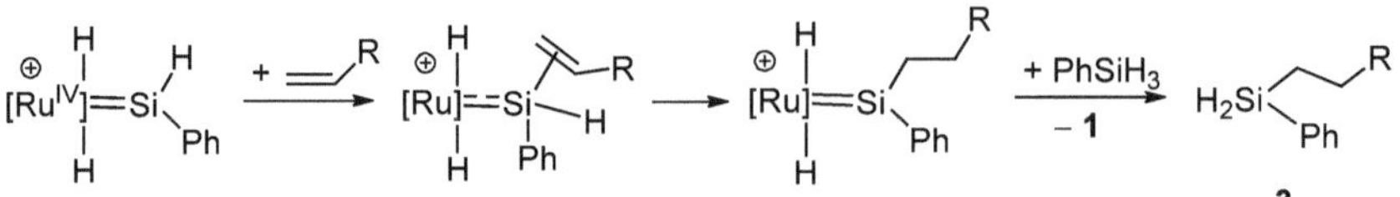

1 1' 2 3

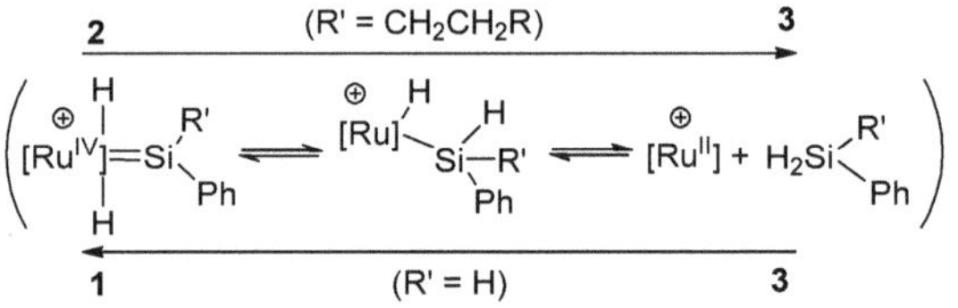

Wie zuvor besprochen (**79** → **80**) wird das Olefin am elektrophilen Si-Atom des Katalysatorkomplexes koordiniert (**1** → **1'**; [Ru] = RuCp*{P(*i*-Pr)$_3$}), um dann über einen viergliedrigen Übergangszustand in die Si–H-Bindung zu insertieren (**1'** → **2**). Schließlich wird das Produkt **3** freigesetzt und durch Reaktion mit $PhSiH_3$ wird der Katalysatorkomplex zurückgebildet (**2** + $PhSiH_3$ → **3** + **1**). Dieser Reaktion liegt *formal* ein α-H-Shift von Ru zu Si, gefolgt von einer reduktiven Si–H-Eliminierung, zugrunde (**2** → **3**, R' = CH_2CH_2R). In Umkehrung dieser Reaktionsschritte (**3** → **1**, R' = H; oxidative Si–H-Addition von $PhSiH_3$ an $[Ru^{II}]^+$ und α-H-Shift von Si zu Ru) wird **1** zurückgebildet. Hin- und Rückreaktion können miteinander verknüpft sein, sodass nicht notwendig eine Ru^{II}-Zwischenstufe auftritt.

Für die Reaktivität des Katalysatorkomplexes ist die Elektrophilie des Siliciumzentrums entscheidend, die ursächlich mit dem Bindungsmodus (Silylen- *vs.* η^3-Silanligand) zusammenhängt:

Silylenliganden. Komplexe mit terminalen Silylenliganden wie **1** und **2** sind durch die beiden mesomeren Grenzstrukturen **4a** und **4b** zu charakterisieren. In *kationischen* Komplexen gewinnt die Silyliumstruktur **4b** an Bedeutung. Sie ist – analog zu Boranen – durch ein *sp*^{2}-hybridisiertes Si-Atom mit einem unbesetzten *p*-Orbital zu beschreiben. Mit anderen Worten: Je geringer die M→Si-Rückbindung, umso höher die Elektrophilie des Si-Atoms. Stellen Sie in diesem Kontext einen Zusammenhang mit bereitwillig ablaufenden Hydroborierungen von Olefinen her.

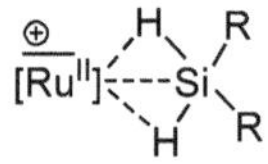

η^3-Silanliganden. Wir sind bislang davon ausgegangen, dass **1**/**2** Dihydrido–Silylen-Ruthenium(IV)-Komplexe sind. Es kann sich aber auch um Ruthenium(II)-Komplexe **5** handeln, die einen η^3-Silanliganden (R_2SiH_2) über zwei Si–H→Ru-Bindungen (*3z–2e*) an zwei Koordinationsstellen des Zentralatoms koordiniert haben (vgl. mit η^1-Silankomplexen **78** mit einer einzelnen derartigen Bindung). Diese Koordination bedingt ein hohe Elektrophilie des Si-Atoms, die umso größer ist, je schwächer eine direkte M→Si-Rückbindung ist. In Katalysezyklen unter Beteiligung von Komplexen mit η^3-Silanliganden können die beiden M···H–Si-Bindungen synchron gespalten bzw. gebildet werden, während bei Dihydrido–Silylen-Komplexen die beiden Wasserstoffe sequentiell übertragen werden (**2** → **3** bzw. **3** → **1**).

(R = H, Alkyl, Aryl, ...)
5

Die Übergänge zwischen den beiden Bindungsmodi sind fließend, ähnlich wie das bei η^2-Silankomplexen der Fall ist: $[M^n](\eta^2\text{-H–SiR}_3)$ ... $\text{H–}[M^{n+2}]\text{–SiR}_3$ (vgl. **71**...**73**). Wie spektroskopische, strukturelle und quantenchemische Untersuchungen von Komplexen des Typs **1**/**2** zeigen, liegt ihre elektronische Struktur zwischen den beiden beschriebenen Grenzfällen. Eine eindeutige Zuordnung zu einem der beiden Grenzfälle ist nicht möglich (nach R. Waterman, P. G. Hayes, T. D. Tilley, *Acc. Chem. Res.* **2007**, *40*, 712; [34]).

Aufgabe 13.6

Die hohe Stabilität von α-Aminoalkylradikalen resultiert aus einer (2-Orbital–3-Elektronen) π-Überlappung, die im Rahmen der VB-Theorie als Resonanzstabilisierung gemäß **1a** ↔ **1b** verstanden wird. Eine derartige Stabilisierung erfahren Aminylradikale nicht.

$$>\dot{C}-\bar{N}< \;\longleftrightarrow\; >\overset{\ominus}{C}-\overset{\oplus}{\dot{N}}<$$
1a **1b**

Sowohl die N–H- (Reaktion **a**) als auch die C–H-Addition (Reaktion **b**) von $MeNH_2$ an Ethen sind exotherm (–28 bzw. –103; alle Werte unter Standardbedingungen in kJ/mol). Die Addition eines Aminylradikals an Ethen (**a**) ist zwar exotherm (–41), nicht aber die nachfolgende H-Abstraktion durch das C-Radikal (+13). Demgegenüber sind bei der Hydroaminomethylierung (**b**; verkürzt oft als Aminomethylierung bezeichnet) beide Reaktionen exotherm (–84, –19). Radikalisch initiiert findet eine Hydroaminomethylierung von Ethen statt (vgl. D. Steinborn, R. Taube, *Z. Chem.* **1986**, *26*, 349).

$$H_2C{=}CH_2 \xrightarrow{+\,MeNH\cdot} \cdot CH_2{-}CH_2{-}NHMe \xrightarrow[-\,MeNH\cdot]{+\,MeNH_2} H{-}CH_2{-}CH_2{-}NHMe \quad (a)$$

$$H_2C{=}CH_2 \xrightarrow{+\,\cdot CH_2NH_2} \cdot CH_2{-}CH_2{-}CH_2NH_2 \xrightarrow[-\,\cdot CH_2NH_2]{+\,MeNH_2} H{-}CH_2{-}CH_2{-}CH_2NH_2 \quad (b)$$

Aufgabe 13.7

a) Der wesentliche Unterschied der beiden Komplexe liegt in der Ladung: $[\mathbf{96}]^{2+}$ *versus* $[\mathbf{1}]^{+}$. Es kann angenommen werden, dass im dikationischen Pd^{II}-Komplex **96** das Pd-Atom so elektrophil ist, dass *i*) ein koordiniertes Olefin ausreichend elektrophil wird (wenn überhaupt spielt eine π-Rückbindung nur eine untergeordnete Rolle), sodass ein relativ schwaches Nucleophil (–NHC(O)R, –NHC(O)OR) addiert werden kann und dass *ii*) ein starkes Nucleophil ($-NH_2$) aber so fest an Pd koordiniert wird, dass eine Olefinkoordination nicht mehr erfolgen kann. Im monokationischen Rh^{I}-Komplex **1** sind die Verhältnisse umgekehrt: Das weniger elektrophile Rh-Atom aktiviert ein koordiniertes Olefin nicht hinreichend für eine Addition von schwächeren Nucleophilen (–NHC(O)OR), ermöglicht aber andererseits eine kompetitive Koordination von Olefinen und stärker basischen Aminen ($-NH_2$).

b) Eine β-Hydrideliminierung setzt eine vakante Koordinationsstelle voraus, die in quadratisch-planaren Komplexen für eine schnelle Reaktion in der Komplexebene liegen muss. D. h., vom tridentaten Pincerliganden muss ein terminaler P-Donor abgespalten werden (κ^3-Koord. → κ^2-Koord.). Diese sind aber, bedingt durch die höhere Komplexladung, in **96** stärker koordiniert als in **1**.

c) Analog zu **96** wird aus $[Rh]^+$ und dem Alkenylamin **2** das Intermediat **6** gebildet, das durch Protolyse der Rh–C-Bindung zum Zielprodukt **3** oder durch β-Wasserstoffeliminierung und Deprotonierung der $>NH_2$-Gruppe über ein Enamin zum Imin **4** reagiert. Der dabei gebildete Hydridorhodiumkomplex kann sich mit **2** und H^+ über einem Alkylrhodiumkomplex **7** zu $[Rh]^+$ und dem Alkylamin **5** umsetzen. In Übereinstimmung mit der Erwartung werden **4** und **5** im ungefähren Verhältnis 1 : 1 gefunden. Andere mechanistische Varianten sowie die Bildung eines Doppelbindungsisomers von **2** als Nebenprodukt werden hier nicht diskutiert (nach L. D. Julian, J. F. Hartwig, *J. Am .Chem. Soc.* **2010**, 132, 13813). Zu einer weiteren Studie zum Mechanismus von rhodiumkatalysierten Hydroaminierungen, insbesondere zur Protonenübertragung vom N- auf das α-C-Atom in **87** (**87** → (**88**) → **89**) vgl. A. E. Strom, D. Balcells, J. F. Hartwig, *ACS Catal.* **2016**, *6*, 5651.

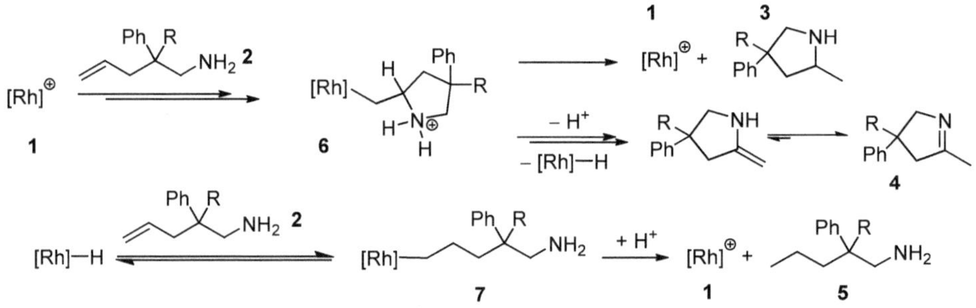

Aufgabe 13.8

Titankatalysiert wird ein Alkin mit einem Hydrazin zu einem Hydrazon umgesetzt (Hydrohydrazinierung; **1** → **3**). Der Mechanismus ist analog dem der Hydroaminierung (**115** → **116** → ...), sodass als zentrales Intermediat ein Azatitanacyclobuten-Komplex **117'** auftritt. Mit Phenylacetylen findet ausschließlich Anti-Markovnikov-Addition statt, zur Regioselektivität bei Verwendung von anderen Alkinen und Hydrazinen vgl. die angegebene Literatur. Der Mechanismus der nachfolgenden Umsetzung in Gegenwart von $ZnCl_2$ (**3** → **2**) entspricht dem der Cyclisierung in Fischers Indolsynthese (nach J. C.-H. Yim, L. L. Schafer, *Eur. J. Org. Chem.* **2014**, 6825; A. L. Odom, T. J. McDaniel, *Acc. Chem. Res.* **2015**, *48*, 2822; [53]).

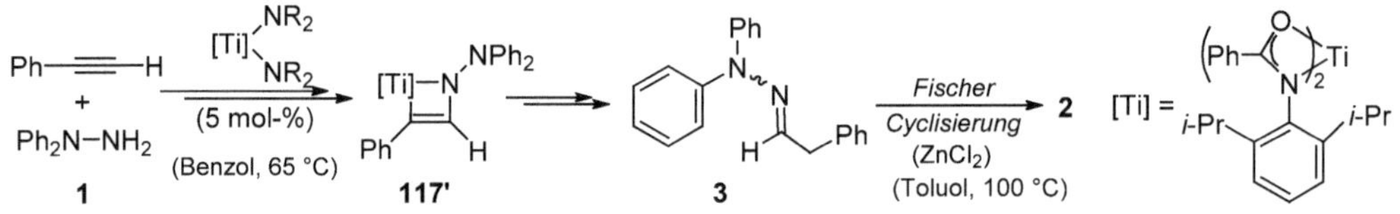

13.5.2 Literatur

[1] L. Bini, C. Müller, D. Vogt, *ChemCatChem* **2010**, *2*, 590: „Mechanistic Studies on Hydrocyanation Reactions"

[2] R. J. McKinney, D. C. Roe, *J. Am. Chem. Soc.* **1986**, *108*, 5167: „The Mechanism of Nickel-Catalyzed Ethylene Hydrocyanation. Reductive Elimination by an Associative Process"

[3] C. A. Tolman, R. J. McKinney, W. C. Seidel, J. D. Druliner, W. R. Stevens, *Adv. Catal.* **1985**, *33*, 1: „Homogeneous Nickel-Catalyzed Olefin Hydrocyanation"

[4] A. P. V. Göthlich, M. Tensfeldt, H. Rothfuss, M. E. Tauchert, D. Haap, F. Rominger, P. Hofmann, *Organometallics* **2008**, *27*, 2189: „Novel Chelating Phosphonite Ligands: Syntheses, Structures, and Nickel-Catalyzed Hydrocyanation of Olefins"

[5] R. J. McKinney, *Organometallics* **1985**, *4*, 1142: „Kinetic Control in Catalytic Olefin Isomerization. An Explanation for the Apparent Contrathermodynamic Isomerization of 3-Pentenenitrile"

[6] T. V. RajanBabu, A. L. Casalnuovo, T. A. Ayers, N. Nomura, J. Jin, H. Park, M. Nandi, *Curr. Org. Chem.* **2003**, *7*, 301: „Ligand Tuning as a Tool for the Discovery of New Catalytic Asymmetric Processes"

[7] S. P. Flanagan, P. J. Guiry, *J. Organomet. Chem.* **2006**, *691*, 2125: „Substituent Electronic Effects in Chiral Ligands for Asymmetric Catalysis"

[8] N. Kurono, T. Ohkuma, *ACS Catal.* **2016**, *6*, 989: „Catalytic Asymmetric Cyanation Reactions“

[9] T. V. RajanBabu in *Comprehensive Organic Synthesis* (P. Knochel, G. A. Molander, eds.), 2nd ed., Elsevier, Oxford UK, **2014**, S. 1772: „Hydrocyanation in Organic Synthesis“

[10] C. Limberg, *Top. Organomet. Chem.* **2007**, *22*, 79: „The SOHIO Process as an Inspiration for Molecular Organometallic Chemistry“

[11] D. H. Paull, C. J. Abraham, M. T. Scerba, E. Alden-Danforth, T. Lectka, *Acc. Chem. Res.* **2008**, *41*, 655: „Bifunctional Asymmetric Catalysis: Cooperative Lewis Acid/Base Systems“

[12] S. J. Connon, *Angew. Chem.* **2008**, *120*, 1194: „Die katalytische asymmetrische Strecker-Reaktion: Fortschritte bei Ketiminen“

[13] X. Fang, P. Yu, B. Morandi, *Science* **2016**, *351*, 832: „Catalytic Reversible Alkene-Nitrile Interconversion through Controllable Transfer Hydrocyanation“

[14] B. Marciniec, *Silicon Chem.* **2002**, *1*, 155: „Catalysis of Hydrosilylation of Carbon-Carbon Multiple Bonds: Recent Progress“

[15] A. K. Roy, *Adv. Organomet. Chem* **2008**, *55*, 1: „A Review of Recent Progress in Catalyzed Homogeneous Hydrosilation (Hydrosilylation)“

[16] Y. Nakajima, S. Shimada, *RSC Adv.* **2015**, *5*, 2060: „Hydrosilylation Reaction of Olefins: Recent Advances and Perspectives“

[17] S. Sakaki, N. Mizoe, M. Sugimoto, Y. Musashi, *Coord. Chem. Rev.* **1999**, *190–192*, 933: „Pt-Catalyzed Hydrosilylation of Ethylene. A Theoretical Study of the Reaction Mechanism“

[18] S. Sakaki, M. Sumimoto, M. Fukuhara, M. Sugimoto, H. Fujimoto, S. Matsuzaki, *Organometallics* **2002**, *21*, 3788: „Why Does the Rhodium-Catalyzed Hydrosilylation of Alkenes Take Place through a Modified Chalk–Harrod Mechanism? A Theoretical Study“

[19] B. Marciniec, *Coord. Chem. Rev.* **2005**, *249*, 2374: „Catalysis by Transition Metal Complexes of Alkene Silylation – Recent Progress and Mechanistic Implications“

[20] B. Marciniec, H. Maciejewski, C. Pietraszuk, P. Pawluć in [M7], **2018**, 569: „Hydrosilylation and Related Reactions of Silicon Compounds“

[21] A.-M. Caminade, *Chem. Soc. Rev.* **2016**, *45*, 5174: „Inorganic Dendrimers: Recent Advances for Catalysis, Nanomaterials, and Nanomedicine“

[22] T. Hayashi, *Acc. Chem. Res.* **2000,** *33*, 354: „Chiral Monodentate Phosphine Ligand MOP for Transition-Metal-Catalyzed Asymmetric Reactions“

[23] J. W. Han, T. Hayashi, *Tetrahedron: Asymmetry* **2014**, *25*, 479: „Palladium-Catalyzed Asymmetric Hydrosilylation of Styrenes with Trichlorosilane“

[24] S. E. Gibson, M. Rudd, *Adv. Synth. Catal.* **2007**, *349*, 781: „The Role of Secondary Interactions in the Asymmetric Palladium-Catalysed Hydrosilylation of Olefins with Monophosphane Ligands“

[25] O. Riant, N. Mostefaï, J. Courmarcel, *Synthesis* **2004**, 2943: „Recent Advances in the Asymmetric Hydrosilylation of Ketones, Imines and Electrophilic Double Bonds“

[26] S. Díez-González, S. P. Nolan, *Acc. Chem. Res.* **2008**, *41*, 349: „Copper, Silver, and Gold Complexes in Hydrosilylation Reactions“

[27] S. E. Denmark M. H. Ober, *Aldrichimica Acta* **2003**, *36*, 75: „Organosilicon Reagents: Synthesis and Application to Palladium-Catalyzed Cross-Coupling Reactions“

[28] G. J. Kubas, *Catal. Lett.* **2005**, *104*, 79: „Catalytic Processes Involving Dihydrogen Complexes and Other Sigma-Bond Complexes“

[29] Z. Lin, *Chem. Soc. Rev.* **2002**, *31*, 239: „Structural and Bonding Characteristics in Transition Metal–Silane Complexes“

[30] G. I. Nikonov, *Angew. Chem.* **2001**, *113*, 3457: „Die Welt jenseits der σ-Komplexierung: nichtklassische Interligand-Wechselwirkungen von Silylgruppen mit zwei und mehr Hydriden“

[31] G. I. Nikonov, *J. Organomet. Chem.* **2001**, *635*, 24: „New Types of Non-Classical Interligand Interactions Involving Silicon Based Ligands“

[32] J. L. Vincent, S. Luo, B. L. Scott, R. Butcher, C. J. Unkefer, C. J. Burns, G. J. Kubas, A. Lledós, F. Maseras, J. Tomàs, *Organometallics* **2003**, *22*, 5307: „Experimental and Theoretical Studies of Bonding and Oxidative Addition of Germanes and Silanes, $EH_{4-n}Ph_n$ (E = Si, Ge; n = 0–3), to Mo(CO)(diphosphine)$_2$. The First Structurally Characterized Germane σ Complex“

[33] T. Robert. M. Oestreich, *Angew. Chem.* **2013**, *125*, 5324: „Si-H-Bindungsaktivierung: Parallelen der Lewis-Säure-Katalyse mit Brookharts Iridium(III)-Pincerkomplex und $B(C_6F_5)_3$“

[34] M. C. Lipke, A. L. Liberman-Martin, T. Don Tilley, *Angew. Chem.* **2017**, *120*, 2298: „Elektrophile Aktivierung von Silicium-Wasserstoff-Bindungen in katalytischen Hydrosilierungen“

[35] T. E. Müller, K. C. Hultzsch, M. Yus, F. Foubelo, M. Tada, *Chem. Rev.* **2008**, *108*, 3795: „Hydroamination: Direct Addition of Amines to Alkenes and Alkynes“

[36] N. Nishina, Y. Yamamoto, *Top. Organomet. Chem.* **2013**, *43*, 115: „Late Transition Metal-Catalyzed Hydroamination“

[37] J. Seayad, A. Tillak, C. G. Hartung, M. Beller, *Adv. Synth. Catal.* **2002**, *344*, 795: „Base-Catalyzed Hydroamination of Olefins: An Environmentally Friendly Route to Amines“

[38] K. D. Hesp, M. Stradiotto, *ChemCatChem* **2010**, *2*, 1192: „Rhodium- and Iridium-Catalyzed Hydroamination of Alkenes“

[39] J.-J. Brunet, N.-C. Chu, M. Rodriguez-Zubiri, *Eur. J. Inorg. Chem.* **2007**, 4711: „Platinum-Catalyzed Intermolecular Hydroamination of Alkenes: Halide-Anion-Promoted Catalysis“

[40] B. M. Cochran, F. E. Michael, *J. Am. Chem. Soc.* **2008**, *130*, 2786: „Mechanistic Studies of a Palladium–Catalyzed Intramolecular Hydroamination of Unactivated Alkenes: Protonolysis of a Stable Palladium Alkyl Complex Is the Turnover-Limiting Step“

[41] A. M. Johns, M. Utsunomiya, C. D. Incarvito, J. F. Hartwig, *J. Am. Chem. Soc.* **2006**, *128*, 1828: „A Highly Active Palladium Catalyst for Intermolecular Hydroamination. Factors that Control Reactivity and Additions of Functionalized Anilines to Dienes and Vinylarenes“

[42] R. A. Widenhoefer, X. Han, *Eur. J. Org. Chem.* **2006**, 4555: „Gold-Catalyzed Hydroamination of C–C-Multiple Bonds“

[43] N. Marion, S. P. Nolan, *Chem. Soc. Rev.* **2008**, *37*, 1776: „N-Heterocyclic Carbenes in Gold Catalysis“

[44] L.-P. Liu, G. B. Hammond, *Chem. Soc. Rev.* **2012**, *41*, 3129: „Recent Advances in the Isolation and Reactivity of Organogold Complexes“

[45] S. Hong, T. J. Marks, *Acc. Chem. Res.* **2004**, *37*, 673: „Organolanthanide-Catalyzed Hydroamination“

[46] P. A. Hunt, *Dalton Trans.* **2007**, 1743: „Organolanthanide Mediated Catalytic Cycles: A Computational Perspective“

[47] K. C. Hultzsch, *Org. Biomol. Chem.* **2005**, *3*, 1819: „Catalytic Asymmetric Hydroamination of Non-Activated Olefins“

[48] K. C. Hultzsch, *Adv. Synth. Catal.* **2005**, *347*, 367: „Transition Metal-Catalyzed Asymmetric Hydroamination of Alkenes (AHA)“

[49] I. Aillaud, J. Collin, J. Hannedouche, E. Schulz, *Dalton Trans.* **2007**, 5105: „Asymmetric Hydroamination of Non-Activated Carbon–Carbon Multiple Bonds“

[50] M. S. Hill, D. J. Liptrot, C. Weetman, *Chem. Soc. Rev.* **2016**, *45*, 972: „Alkaline Earths as Main Group Reagents in Molecular Catalysis“

[51] N. Hazari, P. Mountford, *Acc. Chem. Res.* **2005**, *38*, 839: „Reactions and Applications of Titanium Imido Complexes“

[52] R. Severin, S. Doye, *Chem. Soc. Rev.* **2007**, *36*, 1407: „The Catalytic Hydroamination of Alkynes“

[53] S. A. Ryken, L. L. Schafer, *Acc. Chem. Res.* **2015**, *48*, 2576: „*N,O*-Chelating Four-Membered Metallacyclic Titanium(IV) Complexes for Atom-Economic Catalytic Reactions“

[54] M. T. Pirnot, Y.-M. Wang, S. L. Buchwald, *Angew. Chem.* **2016**, *128*, 48: „Kupferhydrid-katalysierte Hydroaminierung von Alkenen und Alkinen“

Weiterführende Literatur

M. Beller, J. Seayad, A. Tillak, H. Jiao, *Angew. Chem.* **2004**, *116*, 3448: „Katalytische Markownikow- und Anti-Markownikow-Funktionalisierung von Alkenen und Alkinen“

E. Bernoud, C. Lepori, M. Mellah, E. Schulz, J. Hannedouche, *Catal. Sci. Technol.* **2015**, *5*, 2017: „Recent Advances in Metal Free- and Late Transition Metal-Catalysed Hydroamination of Unactivated Alkenes“

B. N. Bhawal, B. Morandi, *ACS Catal.* **2016**, *6*, 7528: „Catalytic Transfer Functionalization through Shuttle Catalysis“

J.-M. Brunel, I. P. Holmes, *Angew. Chem.* **2004**, *116*, 2810: „Chemisch katalysierte asymmetrische Cyanhydrinsynthesen“

S. Burling, L. D. Field, B. A. Messerle, P. Turner, *Organometallics* **2004**, *23*, 1714: „Intramolecular Hydroamination Catalyzed by Cationic Rhodium and Iridium Complexes with Bidentate Nitrogen-Donor Ligands“

I. Bytschkov, S. Doye, *Eur. J. Org. Chem.* **2003**, 935: „Group-IV Metal Complexes as Hydroamination Catalysts“

S. Doye, *Synlett* **2004**, 1653: „Development of the Ti-Catalyzed Intermolecular Hydroamination of Alkynes“

J. W. Han, T. Hayashi in *Catalytic Asymmetric Synthesis* (I. Ojima, ed.), 3rd ed., Wiley, Hoboken NJ, **2010**, S. 771: „Asymmetric Hydrosilylation of Carbon-Carbon Double Bonds and Related Reactions“

K. D. Hesp, *Angew. Chem.* **2014** *126*, 2064: „Kupferkatalysierte regio- und enantioselektive Hydroaminierung von Alkenen mit Hydroxylaminen“

L. Huang, M. Arndt, K. Gooßen, H. Heydt, L. J. Gooßen, *Chem. Rev.* **2015**, *115*, 2596: „Late Transition Metal-Catalyzed Hydroamination and Hydroamidation“

V. I. Isaeva1, L. M. Kustov, *Top. Catal.* **2016**, *59*, 1196: „Catalytic Hydroamination of Unsaturated Hydrocarbons“

B.-H. Kim, M.-S. Cho, H.-G. Woo, *Synlett* **2004**, 761: „Si–Si/Si–C/Si–O/Si–N Coupling of Hydrosilanes to Useful Silicon-Containing Materials“

B. Marciniec (ed.), *Hydrosilylation. A Comprehensive Review on Recent Advances* (*Advances in Silicon Science*, *Vol. 1*), Springer, Berlin, **2009**

B. Marciniec, C. Pietraszuk, *Top. Organomet. Chem.* **2004**, *11*, 197: „Synthesis of Silicon Derivatives with Ruthenium Catalysts“

G. A. Molander, J. A. C. Romero, *Chem. Rev.* **2002**, *102*, 2161: „Lanthanocene Catalysts in Selective Organic Synthesis“

F. Ozawa, *J. Organomet. Chem.* **2000**, *611*, 332: „The Chemistry of Organo(silyl)platinum(II) Complexes Relevant to Catalysis“

F. Pohlki, S. Doye, *Chem. Soc. Rev.* **2003**, *32*, 104: „The Catalytic Hydroamination of Alkynes“

A. L. Reznichenko, K. C. Hultzsch, *Top. Organomet. Chem.* **2013**, *43*, 51: „Early Transition Metal (Group 3–5, Lanthanides and Actinides) and Main Group Metal (Group 1, 2, and 13) Catalyzed Hydroamination“

A. I. Reznichenko, A. J. Nawara-Hultzsch, K. C. Hultzsch, *Top. Curr. Chem.* **2014**, *343*, 191: „Asymmetric Hydroamination“

P. W. Roesky, T. E. Müller, *Angew. Chem.* **2003**, *115*, 2812: „Enantioselektive katalytische Hydroaminierung von Alkenen“

H. M. Senn, P. E. Blöchl, A. Togni, *J. Am. Chem. Soc.* **2000**, *122*, 4098: „Toward an Alkene Hydroamination Catalyst: Static and Dynamic ab Initio DFT Studies“

W. R. Thiel, *Angew. Chem.* **2003**, *115*, 5548: „Auf dem Weg zu neuartigen Katalysatoren: Komplexe von Übergangsmetallen in hohen Oxidationsstufen vermitteln Reduktionen“

J. C.-H. Yim, L. L. Schafer, *Eur. J. Org. Chem.* **2014**, 6825: „Efficient Anti-Markovnikov-Selective Catalysts for Intermolecular Alkyne Hydroamination: Recent Advances and Synthetic Applications“

14 Oxidation von Olefinen und Alkanen

14.1 Der Wacker-Prozess

14.1.1 Einführung

Bereits 1894 hat F. C. Phillips gefunden, dass in wässriger Lösung Palladium(II)-chlorid Ethen zu Acetaldehyd oxidiert (**a**). Das zweiwertige Palladium wird dabei zu metallischem Palladium reduziert. Es handelt sich also um eine stöchiometrische Reaktion: Acetaldehyd und Palladium werden in äquimolaren Mengen gebildet. Erst zwischen 1956 und 1959 ist in der Wacker-Chemie (Consortium für elektrochemische Industrie, München [1, 2]) eine katalytische Reaktionsführung gelungen, in der die Reoxidation des in stöchiometrischen Mengen gebildeten metallischen Palladiums mit Kupfer(II)-salzen durchgeführt wurde (**b**). Das dabei gebildete Cu^{I} wird dann mit Sauerstoff zu Cu^{II} oxidiert (**c**). Somit liegt dem Wacker-Prozess *formal* die Oxidation von Ethen durch Sauerstoff zugrunde (**d**):

$$Pd^{2+} + H_2C{=}CH_2 + H_2O \longrightarrow Me{-}C(=O)H + Pd^0 + 2\,H^+ \qquad (a)$$

$$Pd^0 + 2\,Cu^{2+} \longrightarrow Pd^{2+} + 2\,Cu^+ \qquad (b)$$

$$2\,Cu^+ + 1/2\,O_2 + 2\,H^+ \longrightarrow 2\,Cu^{2+} + H_2O \qquad (c)$$

$$H_2C{=}CH_2 + 1/2\,O_2 \xrightarrow[(H_2O)]{Pd^{2+}/Cu^{2+}} Me{-}C(=O)H \qquad (d)$$

Aus der summarischen Gleichung **d** darf aber nicht geschlossen werden, dass Quelle des Aldehydsauerstoffatoms der molekulare Sauerstoff O_2 ist: Das Aldehydsauerstoffatom stammt aus dem Lösungsmittel (Wasser). Das wird besonders deutlich, wenn die zuvor formulierten Gleichungen als gekoppelte Reaktionszyklen dargestellt werden:

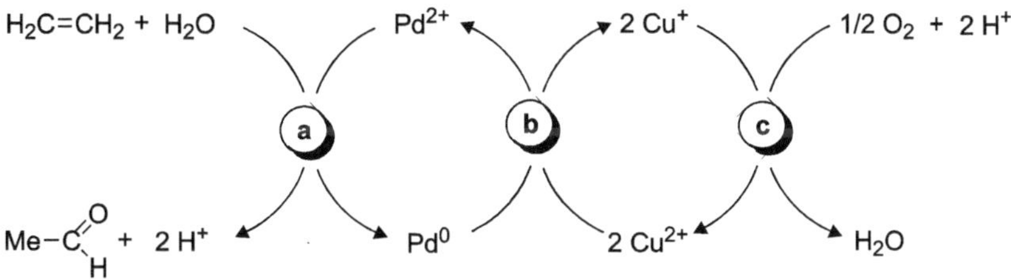

Es gibt viele metallkatalysierte Oxidationsreaktionen von organischen Substraten, bei denen die direkte Reoxidation des Metalls durch O_2 oder H_2O_2, zwei aus ökonomischer *und* ökologischer Sicht besonders geeignete Oxidationsmittel, nicht gelingt. In diesen Fällen bedient man sich – wie beim Wacker-Verfahren mit dem Redoxpaar Cu^{I}/Cu^{II} – sogenannter Elektronentransfermediatoren. Dieses Prinzip wird auch in der Natur vielfach angewendet, wie als

D. Steinborn, *Grundlagen der metallorganischen Komplexkatalyse*, Studienbücher Chemie,
https://doi.org/10.1007/978-3-662-56604-6_14

Beispiel die aerobe Atmungskette belegt, bei der Enzymkomplexe mit einer Vielzahl an Redox-Cofaktoren wie Cytochrome und Ubichinone diese Rolle übernehmen [3].

Die Ethenoxidation (Gl. **d**) ist stark exergonisch ($\Delta G^{\ominus} = -197$ kJ/mol). Beim Wacker-Prozess wird in saurer wässriger Lösung von Palladium- und Kupferchlorid bei 100–130 °C und einem Druck von 4–10 bar gearbeitet. Das Verfahren kann ein- oder zweistufig durchgeführt werden. In der einstufigen Variante finden die Acetaldehydbildung und die Reoxidation des Katalysators mit Sauerstoff in einem Reaktor statt. In der zweistufigen Variante sind diese Verfahrensschritte getrennt und zur Reoxidation des Palladiums kann Luft verwendet werden. In beiden Varianten beträgt die Ausbeute an Acetaldehyd etwa 95 %. Als Nebenprodukte werden u. a. chlorierte Aldehyde gebildet, die teilweise hochtoxisch sind und eine aufwendige Abwasserreinigung erfordern.

Technisch nur noch von sehr geringer Bedeutung ist die carbochemisch-basierte Synthese von Acetaldehyd ausgehend von CaO/C über Calciumcarbid und Acetylen:

$$\mathrm{CaO} \xrightarrow[\textit{Lichtbogen}]{\mathrm{C}} \mathrm{CaC_2} \xrightarrow{\mathrm{H_2O}} \mathrm{HC{\equiv}CH} \xrightarrow[\mathrm{Kat.}]{\mathrm{H_2O}} \mathrm{MeCHO}$$

Bis 1990 ist in den Bunawerken (Schkopau, Sachsen-Anhalt) auf dieser Basis in großem Umfang Acetaldehyd hergestellt worden. Eine geringe technische Bedeutung hat auch die heterogen katalysierte Oxidation von Alkohol mit Sauerstoff (oder Luft) in der Gasphase.

Weltweit stehen Kapazitäten zur Verfügung, um jährlich über 2 Mill. Tonnen Acetaldehyd (2009) nach dem Wacker-Verfahren herzustellen. Allerdings hat die Bedeutung von Acetaldehyd als Grundstoff abgenommen, da für wichtige Folgeprodukte Alternativen bestehen. So wird Essigsäure kaum noch durch Oxidation von Acetaldehyd produziert, sondern durch Methanolcarbonylierung. Anstelle C_4-Aldehyde via Aldolreaktion aus Acetaldehyd herzustellen, kann in einfacher Weise Propen hydroformyliert werden.

14.1.2 Mechanismus der Ethenoxidation

Das Kernstück des Wacker-Prozesses ist eine Palladium(II)-vermittelte Oxidation von Ethen zu Acetaldehyd. Zentraler Reaktionsschritt dabei ist die Knüpfung einer C–O-Bindung, die auf zweierlei Weise erfolgen kann: a) als intermolekulare Addition eines Nucleophils (Wasser) an ein durch Koordination an Pd^{II} aktiviertes Ethen (*anti*-Hydroxypalladierung) oder b) als Insertion von Ethen in eine Pd–OH-Bindung bzw. Pd–OH_2-Bindung unter Deprotonierung (*syn*-Hydroxypalladierung).

$$[\mathrm{Pd^{II}}]\!-\!\|\;(\mathrm{OH_2}) \xrightarrow[-\mathrm{H^+}]{\text{a}} [\mathrm{Pd^{II}}]\!-\!\mathrm{CH_2CH_2OH} \xleftarrow[(-\mathrm{H^+})]{\text{b}} [\mathrm{Pd^{II}}](\|)\mathrm{OH_{(2)}}$$

anti Hydroxypalladierung *syn*

Der Mechanismus des Wacker-Prozesses, der noch nicht in allen Details geklärt ist, ist in Abbildung 14.1 gezeigt, wobei von einem Tetrachloridopalladat(II)-Komplex (**1**) ausgegangen wird, der in salzsaurer Lösung von $PdCl_2$ hauptsächlich vorliegt. Im Einzelnen sind folgende Reaktionsschritte zu nennen [4, 5]:

1→ **2** → **3**: *Ligandensubstitution.* Substitution eines Chloridoliganden durch Ethen und eines weiteren Chloridoliganden durch Wasser führen über **2**, dem palladiumanalogen Anion des Zeise-Salzes, zu einem neutralen η^2-Ethenpalladium(II)-Komplex **3**.

Nunmehr gibt es zwei mögliche Reaktionswege:

(a) **3a** → **4a**: *anti-Hydroxypalladierung (Intermolekulare Addition eines Nucleophils).* Durch intermolekulare Addition von Wasser an das koordinierte Ethen und Deprotonierung wird der (2-Hydroxyethyl)palladat(II)-Komplex **4a** gebildet. Bei der Rückreaktion handelt es sich um eine heterolytische Fragmentierung.

(b) **3b** → **4b**: *syn-Hydroxypalladierung (Insertion unter Deprotonierung).* Insertion von Ethen in die Pd–O-Bindung unter Deprotonierung des Aqualiganden sowie Koordination von Wasser ergeben den (2-Hydroxyethyl)palladat(II)-Komplex **4b**. Darüber hinaus ist ausgehend von **3b** auch eine *anti*-Hydroxypalladierung analog **3a** → **4a** möglich.

4a/**4b** → **5**: *β-Hydrideliminierung.* Abspaltung des Aqualiganden (bei **4a** gefolgt von einer Wanderung eines *cis*-Chloridoliganden in die *trans*-Position) und β-Hydrideliminierung führen zu einem Hydrido(η^2-vinylalkohol)-Komplex.

5 → **6**: *Insertion.* Insertion des η^2-gebundenen Vinylalkohols in die Pd–H-Bindung und Koordination von Wasser ergeben den (1-Hydroxyethyl)palladat(II)-Komplex **6**.

6 → **7**: *Bildung von Acetaldehyd.* Die Bildung von Acetaldehyd aus **6** kann auf dreierlei Weise interpretiert werden, und zwar durch *i*) β-Hydrideliminierung ([Pd^{II}]–CHMe–O**H** → [Pd^{II}]–**H** + MeCHO), durch *ii*) Übertragung des OH-Protons auf einen Chloridoliganden oder *iii*) auf das umgebende Wasser. Die Reaktionen werden jeweils durch Zerfall des verbleibenden Pd-Fragments zu Pd^0 abgeschlossen.

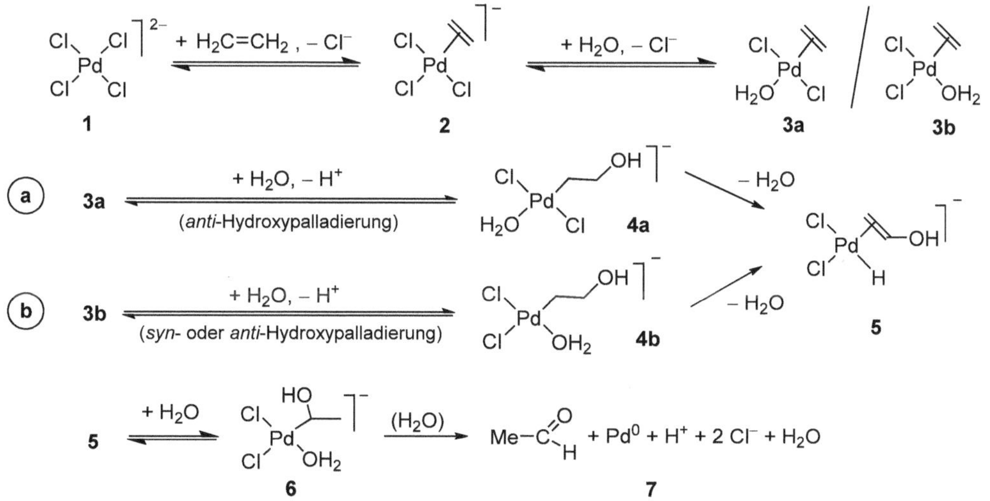

Abbildung 14.1. Mechanismus des Wacker-Prozesses.

Quantenchemische Rechnungen zum Wacker-Prozess sind eine besondere Herausforderung, weil Wasser nicht nur Lösungsmittel, sondern auch Reaktant ist. Das erfordert eine explizite Einbeziehung des Lösungsmittels in die Rechnungen, was mit rechentechnisch sehr aufwendigen *ab-initio* Moleküldynamik-Berechnungen der Wacker-Oxidation (in Abwesenheit von Cu) bei niedrigen Konzentrationen an Cl^- gelungen ist. Die Ergebnisse sind vereinfacht in Abbildung 14.2 wiedergegeben:

1 → **3**: Ausgehend von $[PdCl_4]^{2-}$ zeigt die Differenz in den Aktivierungsbarrieren für eine Ligandensubstitution Cl^-/H_2O *versus* Cl^-/C_2H_4, dass der zuerst eingeführte Ligand Ethen ist. In der nachfolgenden Ligandensubstitution ist die Bildung von **3a** kinetisch gegenüber der von **3b** bevorzugt, was auf den sehr hohen *trans*-Effekt des Ethenliganden zurückzuführen ist. Darüber hinaus ist **3a** auch thermodynamisch wesentlich stabiler als **3b**.

Eine *trans-cis*-Isomerisierung **3a** $\rightleftharpoons$ **3b** kann entweder über **2** oder über einen Diaquakomplex **3c** (**3a** + H_2O → *cis*-$[PtCl(H_2O)_2(C_2H_4)]^+$ (**3c**) + Cl^- → **3b** + H_2O) als Zwischenverbindung ablaufen. Die Rechnungen zeigen, dass der Reaktionsweg über **2** als Intermediat kinetisch begünstigt ist.

3a → **4a** *versus* **3b** → **4b**: Reaktionsweg **a** (*anti*-Hydroxypalladierung) ist gegenüber dem Reaktionsweg **b** (*syn*- oder *anti*-Hydroxypalladierung) deutlich bevorzugt. Aus der Stabilitätsdifferenz **3a**/**3b** errechnet sich bei Raumtemperatur eine Gleichgewichtskonstante $K = c_{3a}/c_{3b} = 3 \cdot 10^{10}$, sodass das *cis*-Isomer **3b** nur in verschwindend geringer Menge vorhanden ist. Ausgehend von **3b** kann eine Hydroxypalladierung nur dann eine Rolle spielen, wenn sie eine so niedrige Aktivierungsbarriere aufweist, dass die extrem kleine Konzentration von **3b** kompensiert wird. Das ist den Rechnungen zufolge nicht der Fall. Sie zeigen, dass ausgehend von **3b** eine *anti*-Hydroxypalladierung der bevorzugte Reaktionsweg ist, aber die effektive Aktivierungsbarriere dafür um 45 kJ/mol höher als für den Reaktionsweg **a** liegt (vgl. den Eintrag b) in Abbildung 14.2). Der energetisch höchste Übergangszustand für eine *syn*-Hydroxypalladierung von **3b** liegt noch deutlich höher.

4a → **5**: Dieser Reaktionsschritt umfasst die Abspaltung des *trans*-ständigen Aqualiganden, die Wanderung eines Chloridoliganden in die *trans*-Position sowie eine β-Hydrideliminierung und beinhaltet den energetisch höchsten (geschwindigkeitsbestimmenden) Übergangszustand.

5 → **7**: Der Insertion und Koordination von Wasser (**5** → **6**) folgt – wie die Rechnungen zeigen – eine Übertragung des Protons der OH-Gruppe vom 1-Hydroxyethylliganden in **6** auf das Lösungsmittel H_2O (Weg *iii*, vide supra), die nach Abspaltung von Cl^- zum Palladat(0)-Komplex **7'** mit einem η^2-gebundenen Acetaldehydliganden führt. Dekoordination von MeCHO und Koordination von Cl^- schließen mit der Bildung von $[Pd^0Cl_2]^{2-}$ die Reaktion ab.

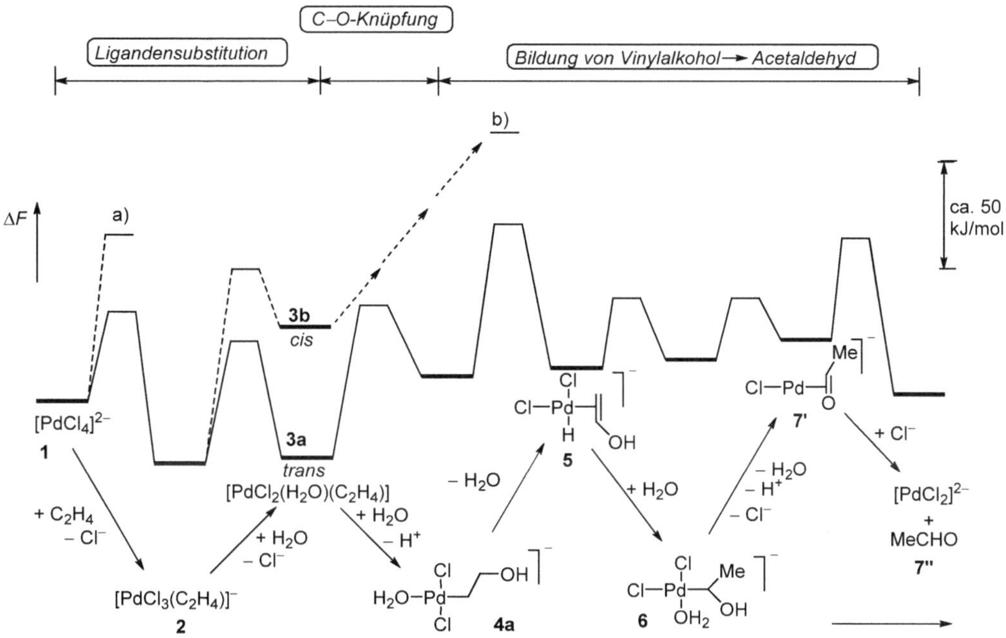

Abbildung 14.2. Profil der freien Energie ΔF für die Wacker-Oxidation von Ethen nach *ab-initio* Moleküldynamik-Berechnungen (T = 300 K). a) Übergangszustand für die Ligandensubstitution Cl^- gegen H_2O. b) Energetisch höchster Übergangszustand für den Reaktionsweg **b** (*anti*-Hydroxypalladierung von **3b**), siehe Text und Abbildung 14.1 (gekürzt und adaptiert von Stirling, Nair, Lledós und Ujaque [5]).

Aus den Rechnungen ist folgendes Geschwindigkeitsgesetz für die Reaktion **1** → **7''** abgeleitet worden: $-dc_{C_2H_4}/dt = k_{eff.}\, c_{[PdCl_4]^{2-}}\, c_{C_2H_4} / (c_{H^+} c^2_{Cl^-})$. Es stimmt mit dem experimentell ermittelten überein. Trotzdem gibt es noch offene Fragen, z. B. bezüglich eines möglichen Einflusses von $CuCl_2$ und der Konzentration von Cl^- auf den Mechanismus, insbesondere auf die Stereochemie des Hydroxypalladierungsschritts.

So wird z. B. bei sehr hohen Konzentrationen an Chloridionen[1] mit dem Wacker-Katalysator 2-Chlorethanol (Ethylenchlorhydrin) bzw. Ethylenoxid als Reaktionsprodukt gemäß folgendem Schema gebildet:

$$H_2C{=}CH_2 \xrightarrow[+ [Pd^{II}]]{+ H_2O,\ - H^+} [Pd^{II}]{-}CH_2{-}CH_2{-}OH]^- \xrightarrow[- [Pd^0]]{+ Cl^-} Cl{-}CH_2{-}CH_2{-}OH \xrightarrow[- HCl]{} H_2C{-}CH_2 \text{ (Epoxid)}$$

S_N2 S_N2 (*intramolekular*)

[1] Schon bei Konzentrationen von $c(Cl^-)$ > 2,5 mol/l (z. B. als LiCl zugesetzt) und $c(CuCl_2)$ > 3 mol/l wird die Bildung von 2-Chlorethanol eine bedeutsame Nebenreaktion.

Die Stereochemie der Bildung von 2-Chlorethanol (S_N2-Reaktion mit Inversion der Konfiguration) und von Ethylenoxid (intramolekulare S_N2-Reaktion mit Inversion der Konfiguration) ist bekannt. Da es sich beim ersten Reaktionsschritt entweder um eine intramolekulare *syn*-Addition oder um eine intermolekulare *anti*-Addition handelt, kann bei Verwendung eines geeigneten Edukts auf die Stereochemie des Reaktionsschrittes geschlossen werden. Unter Verwendung von (*E*)-1,2-Dideuteroethen (**8**) ist als Reaktionsprodukt *threo*-1,2-Dideutero-2-chlorethanol (**9**) bzw. *cis*-1,2-Dideuteroethylenoxid (**10**) erhalten worden.

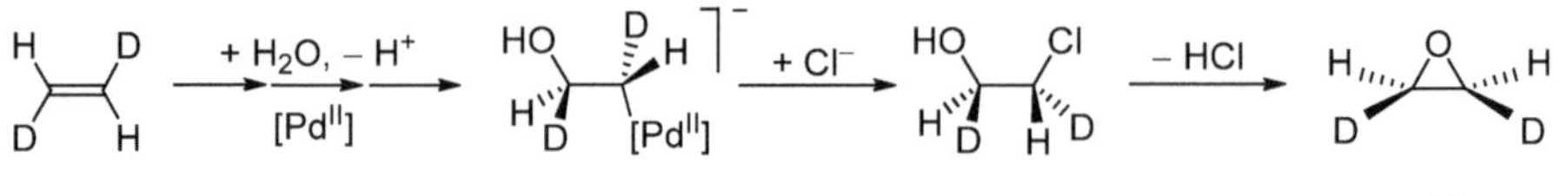

+ H_2O, – H^+ [Pd^{II}] + Cl^- – HCl

8 **9** (*threo*) **10**

Der Reaktionsablauf für eine intermolekulare *anti*-Addition (**a**) und eine intramolekulare *syn*-Addition (*cis*-Insertion) (**b**) ist nachfolgend gegenübergestellt.[1]

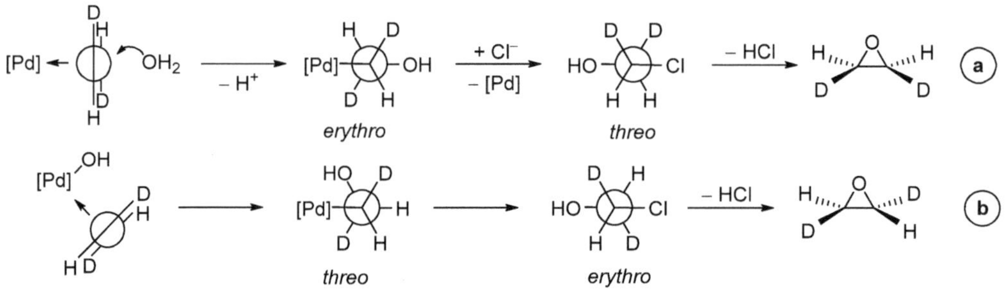

– H^+ + Cl^- – [Pd] – HCl (a)

erythro *threo*

– HCl (b)

threo *erythro*

Die Bildung von *threo*-1,2-Dideutero-2-chlorethanol bzw. *cis*-1,2-Dideuteroethylenoxid belegt eine intermolekulare *trans*-Addition von Wasser an den Ethenpalladiumkomplex, allerdings unter den für die Reaktion notwendigen hohen Konzentrationen an Cl^-.

Es kann Unterschiede im Reaktionsmechanismus bei hohen und niedrigen Cl^--Konzentrationen geben, wie beispielsweise bei palladiumkatalysierten Additionen von MeO^- an chirale Allylalkohole gezeigt worden ist (vgl. Aufgabe 14.1). Aus diesen und anderen Untersuchungen geht hervor, dass die Stereochemie des Hydroxypalladierungsschritts ausgeprägt vom Substrat, vom Katalysator und den Reaktionsbedingungen abhängt, sodass daraus nur eingeschränkt Rückschlüsse auf das technische Wacker-Verfahren gezogen werden können [4, 5].

[1] In Verbindungen mit zwei benachbarten asymmetrischen C-Atomen der allgemeinen Konstitution C(Xab)–C(Yab) werden Stereoisomere als „*erythro*-Form" bezeichnet, wenn in der Newman-Projektion die Substituenten a und b gleichzeitig paarweise (a ↔ a; b ↔ b) zur Deckung gebracht werden können. In der Fischer-Projektion liegen dann gleichartige Substituenten auf der gleichen Seite. Ist das nicht der Fall, spricht man von der „*threo*-Form". Die Bezeichnung hat ihren Ursprung in der Kohlenhydratchemie der beiden Tetrosen Erythrose und Threose.

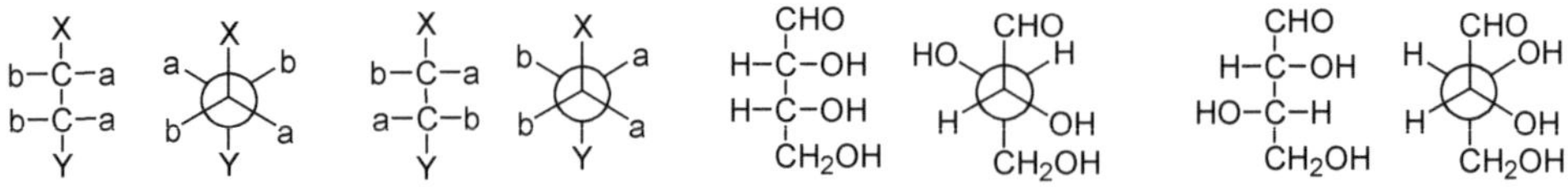

erythro *threo* D-Erythrose (*2R,3R*) L-Threose (*2R,3S*)

Aufgabe 14.1

Bei der palladiumkatalysierten Addition von MeO^- an den chiralen Allylalkohol **1** wird dieser bei niedrigen Konzentrationen an Cl^- zur entsprechenden Carbonylverbindung oxidiert (**1** → **1'** → **2** → **3**; Komplexladungen sind nicht berücksichtigt), während bei hohen Konzentrationen an Cl^- eine (nichtoxidative) Doppelbindungsverschiebung erfolgt und **4** gebildet wird.

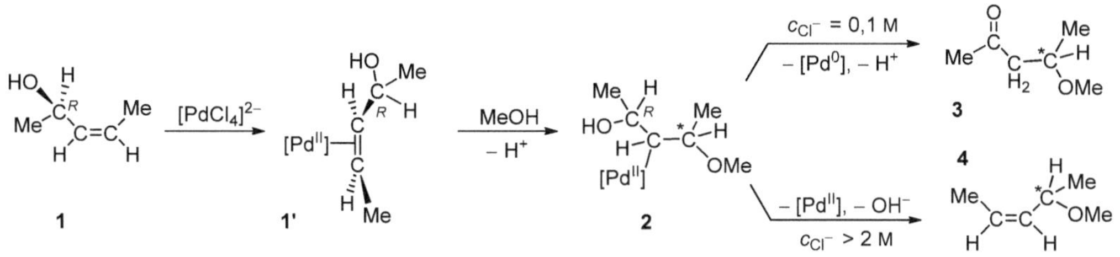

Veranschaulichen Sie sich beide Reaktionswege. Führen Sie Gründe an, warum bei hohen Konzentrationen an Cl^- zum einen eine *anti*-Methoxypalladierung (**1'** → **2**) und dann die Reaktion **2** → **4** (Reaktionstyp?) abläuft. Warum sind Allylalkohole vom Typ **1** geeignet, um aus der Produktanalyse zwischen *anti*- und *syn*-Reaktionen zu unterscheiden?

14.1.3 Oxypalladierungen von Olefinen

Durch den Wacker-Prozess initiiert sind weitere palladiumkatalysierte oxidative Funktionalisierungen von Olefinen entwickelt worden. Ihnen liegen Additionen von Nucleophilen Nu an Olefine (hier der Einfachheit halber auf terminale Olefine eingeschränkt) zugrunde, die bezüglich ihrer Regioselektivität als Markovnikov- oder Anti-Markovnikov-Addition (**a**) und bezüglich ihrer Stereoselektivität als *syn*- oder *anti*-Addition ablaufen können, je nachdem ob eine (intramolekulare) Insertion (**b**) oder eine intermolekulare Addition von Nu (**c**) vorliegt.[1]

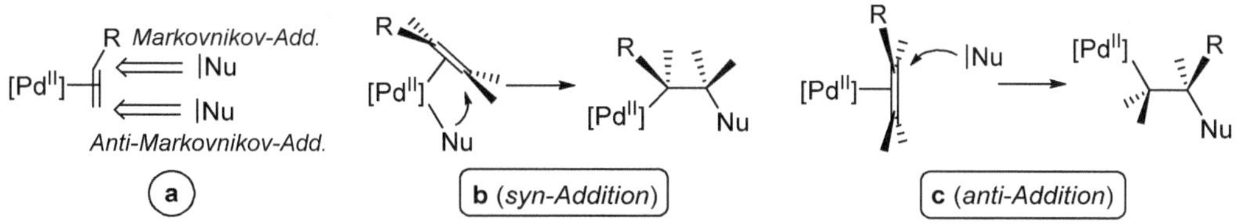

Bei Oxypalladierungen – also bei Additionen von O-Nucleophilen an Olefine – sind mit Einschränkungen generelle Aussagen zur Regioselektivität möglich: Bevorzugt treten *anti*-Additionen[2] auf, die ladungskontrolliert sind, sodass das Nucleophil an dasjenige C-Atom des

---

[1] Schemata ohne Berücksichtigung der Ladung. Anionische Nucleophile Nu^- (RO^-, R_2N^-, ...) werden im Allgemeinen durch Deprotonierung von Nu–H gebildet. Zur Definition der Markovnikov-Regel vgl. S. 397.

[2] Bei intramolekularen Cyclisierungen von beispielsweise RCH=CH⁀CH_2OH sind *syn*-Additionen bevorzugt, wenn das O-Nucleophil zusätzlich an Pd^{II} koordiniert ist. In diesen Fällen ist kein (freies) Nucleophil für einen *anti*-Angriff verfügbar, wohl aber liegen die Voraussetzungen für eine Insertionsreaktion vor. Die Stereochemie lässt sich in gewissen Grenzen durch die Reaktionsbedingungen steuern. Z. B. kann das Anion Konkurrenzdonor für Nu (NuH) sein, sodass in Abhängigkeit von seiner Koordinationstendenz (z. B. Cl^- *vs.* $[BF_4]^-$) eine *anti*- bzw. *syn*-Addition bevorzugt sein kann.

Olefins addiert wird, das eine positive Partialladung besser stabilisieren kann. Es resultiert also im Allgemeinen eine Markovnikov-Addition. Bei sterisch anspruchsvollen Nucleophilen wie *tert*-Butanol kann eine Anti-Markovnikov-Addition an das sterisch weniger gehinderte terminale C-Atom bevorzugt sein. C-Nucleophile wie Alkylanionen und H^- favorisieren dagegen *syn*-Additionen, die orbitalkontrolliert sind und im Allgemeinen zu Anti-Markovnikov-Additionen führen. Ein Faktor, der diese Regioselektivität befördert, sind Olefine mit einem LUMO (π^*), das einen großen Orbitalkoeffizienten am terminalen C-Atom aufweist, das durch das (metallkoordinierte) Nucleophil angegriffen wird. Die Regioselektivität bei Carbopalladierungen ist aber – wie bei der Heck-Reaktion gezeigt worden ist (vgl. S. 365) – von weiteren Faktoren abhängig [6, 7].

Der prinzipielle Reaktionsablauf von Oxypalladierungen entspricht der Wacker-Reaktion und ist nachfolgend schematisch dargestellt:

Olefinkoordination *C–O-Bindungsknüpfung* *β-H-Eliminierung*

$[Pd^{II}]$ **11** → $[Pd^{II}]$ **12** → (XOH, $-H^+$) $[Pd^{II}]$ **13** (OX) → $Pd^0 + H^+ +$ "OX" **14**

O_2 ($CuCl/CuCl_2$)

Reoxidation von Pd

Er umfasst die Olefinaktivierung durch Komplexbildung an Pd^{II} (**11** → **12**), die *syn*- oder *anti*-Addition eines Nucleophils XOH, das dabei deprotoniert wird (**12** → **13**) sowie eine β-H-Eliminierung, die unter Bildung von Pd^0 zur Abspaltung der Produkte führt (**13** → **14**). Schließlich wird Pd^0 durch Sauerstoff kupferkatalysiert zu Pd^{II} oxidiert (**14** → **11**) [8, 9, 10].

XOH = HOH

Mit Ethen als Substrat und einem Pd/Cu-Katalysator liegt die prototypische Wacker-Reaktion vor. Bei hohen Chlorid- und $CuCl_2$-Konzentrationen kann gezielt 2-Chlorethanol hergestellt werden. Im Vergleich mit Ethen verläuft die Wacker-Reaktion mit terminalen Olefinen langsamer. Innere Olefine reagieren noch langsamer, sodass chemoselektive Oxidationen von Diolefinen RHC=CH⁀CH=CH_2 unter Erhalt der inneren Doppelbindung möglich sind.

In Übereinstimmung mit den oben getroffenen Aussagen zur Regioselektivität reagieren terminale Olefine in der Regel unter Markovnikov-Addition zu Methylketonen (Tsuji-Wacker-Reaktion). Als Katalysatoren kommen außer dem klassischen Wacker-System viele Variationen desselben zum Einsatz, z. B. die Verwendung von DMF als Lösungsmittel und/oder von Benzochinon oder O_2 bzw. H_2O_2 (in Abwesenheit von Cu^{II}) als Oxidationsmittel. Zunehmend gelingt es auch, gezielt Anti-Markovnikov-Additionen zu Aldehyden durchzuführen. Ein Beispiel dafür sind (Nitrito-κ*N*)palladium/Kupfer-Systeme, bei denen die Sauerstoffübertragung intramolekular erfolgt (**15**). Der Zerfall des Palladacyclus führt zum Aldehyd und zu einem NO-Komplex, der mit O_2 zum Nitrito-κ*N*-Komplex zurückoxidiert wird. Möglicherweise spielen auch

$[Pd^{II}]$ (R, N=O, O) → $[Pd^{II}]$ (R, O, N=O) **15**

radikalische Zwischenstufen [Pd]–$NO_2\cdot$ eine Rolle, die aber auch zur Addition von O an das terminale C-Atom des Olefins führen.

Interessanterweise vermag $PdCl_2$ in *N,N*-Dimethylacetamid die Oxidation von inneren Olefinen zu Ketonen (z. B. (*E*)-Oct-4-en + $H_2O \rightarrow$ Octan-4-on) in Abwesenheit von Cu zu katalysieren. Unter den Reaktionsbedingungen (80 °C, 3 bar O_2) wird Pd^0 direkt durch O_2 oxidiert. Untersuchungen zum Verlauf der Katalyse haben gezeigt, dass $CuCl_2$ zwar – wie erwartet – die Reoxidation von Pd^0 beschleunigt, aber die Oxidation von inneren Olefinen inhibiert.

XOH = ROH

Ungesättigte Alkohole **16** unterliegen einer intramolekularen, oxidativen Cyclisierung, die – bedingt durch die Bevorzugung von H vor H' bei der β-H-Eliminierungsreaktion im Zwischenkomplex **17** – zu Allylethern **18** führt. Das wird zur Synthese von vinylsubstituierten Tetrahydrofuranen und -pyranen genutzt.

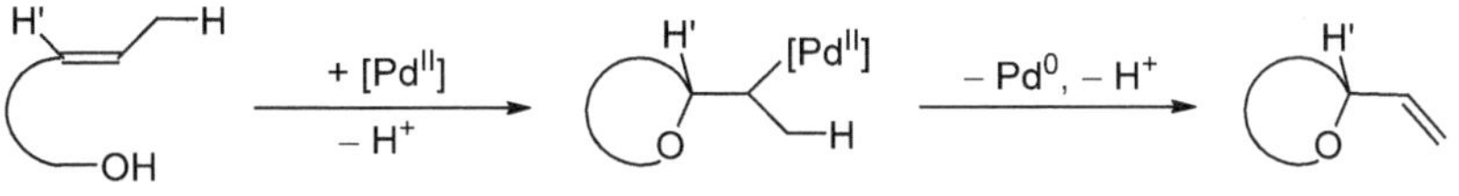

16 $\xrightarrow[-\,H^+]{+\,[Pd^{II}]}$ **17** $\xrightarrow{-\,Pd^0,\ -\,H^+}$ **18**

Bei intramolekularen Cyclisierungen können Regio- und Stereoselektivität in gewissem Umfang durch das Anion (Cl^-, AcO^-, $[BF_4]^-$, ...) gesteuert werden, sodass auf diese Weise auf die gebildete Ringgröße und den Mechanismus (*syn*/*anti*) Einfluss genommen werden kann.

XOH = AcOH

Die palladiumkatalysierte Addition von Essigsäure an Ethen ergibt Vinylacetat. Da bei der Reaktion Wasser entsteht, wird ein Teil des Vinylacetats zu Acetaldehyd und Essigsäure hydrolysiert. Dieser Prozess wurde auch technisch betrieben, kann aber mit einer heterogen katalysierten (Palladium und Alkalimetallsalze auf oxidischen Trägern) Gasphasenreaktion nicht konkurrieren:

$$H_2C{=}CH_2 + MeCOOH + 1/2\ O_2 \xrightarrow[140\ °C,\ 0{,}5\text{–}1{,}2\ MPa]{Kat.} Me{-}C({=}O)OCH{=}CH_2 + H_2O$$

Die Reaktion von Butadien mit Essigsäure führt zu 1,4-Diacetoxybut-2-en (**19**), das nachfolgend mit Wasserstoff und Wasser zu Butan-1,4-diol (**20**) umgesetzt wird. Dieses Verfahren wird technisch betrieben (mit einem heterogenen Pd/C-Katalysator) und ist eine Alternative zur acetylenbasierten Synthese von Butindiol (HC≡CH + 2 HCHO → $HOCH_2C{\equiv}CCH_2OH$) und dessen Hydrierung zu **20**.

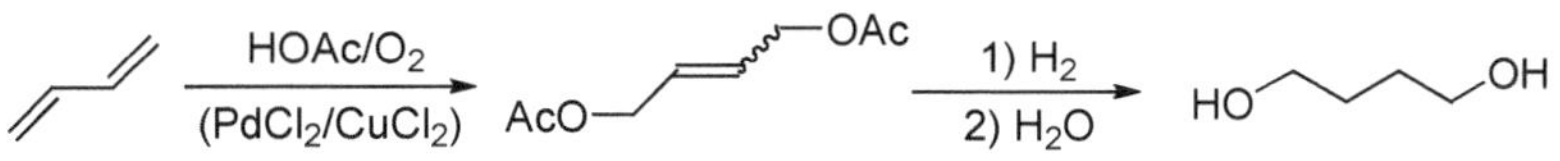

$\xrightarrow[(PdCl_2/CuCl_2)]{HOAc/O_2}$ AcO–$CH_2CH{=}CHCH_2$–OAc (**19**) $\xrightarrow[2)\ H_2O]{1)\ H_2}$ HO–$(CH_2)_4$–OH (**20**)

Aufgabe 14.2

N-Heterocyclen, vgl. das aufgeführte Beispiel, können durch eine Aza-Wacker-Cyclisierung aufgebaut werden. Formulieren Sie einen möglichen Mechanismus.

NHTs → [Pd(OAc)$_2$], O_2, (NaOAc) (DMSO, 25 °C) → Ts N (>90 %)

Enantioselektive Oxypalladierungen

Wenn die Oxidation von Ethen mit $[PdCl_3(py)]^-$ (anstelle mit $[PdCl_4]^{2-}$) durchgeführt wird, dann erhält man bereits bei niedrigen Chloridionenkonzentrationen 2-Chlorethanol (Ethylenchlorhydin). Das eröffnet eine Möglichkeit zur enantioselektiven Synthese von Chlorhydrinen **21**/**21'** aus terminalen Olefinen, wenn Palladiumkomplexe mit chiralen Liganden als Präkatalysatoren eingesetzt werden. Das können neutrale mononukleare Komplexe **22** mit chiralen Diphosphanliganden sein. Aus Löslichkeitsgründen fanden dabei u. a. BINAP-Liganden mit sulfonierten Arylgruppen (**23**) Verwendung. Höhere *ee*-Werte, teilweise >90 %, sind mit kationischen binuklearen Präkatalysatoren vom Typ **24** (s = Solvens; R, R' = Me, Ph, CF_3) erzielt worden, die chirale μ-L⁀*⁀L-Liganden wie BINAP, DIOP oder DACH enthalten [11, 12].

R → [Pd]/$CuCl_2$/LiCl, (1 bar O_2) H_2O/THF → Cl–CH$_2$–C*H(OH)–R (**21**) + HO–CH$_2$–C*H(Cl)–R (**21'**)

$[PdCl_2(\overset{*}{P\frown P})]$ (**22**) P⁀*⁀P ≡ BINAP mit PAr_2 (**23**) [Pd$_2$(L⁀*⁀L)(s)$_2$(O,O,O-Ligand, R, R')][BF$_4$]$_2$ (**24**)

Palladiumoxidasekatalyse

Bei der Wacker-Reaktion und anderen zuvor beschriebenen Reaktionen handelt es sich um Pd^{II}-katalysierte aerobe Oxidationen. Die Katalyse zerfällt in zwei Teilreaktionen, der Oxidation des Substrats durch Pd^{II} und der kupferkatalysierten Reoxidation von Pd^0 durch Disauerstoff. Damit liegt ein Reaktionsprinzip vor, wie es bei Oxidasen anzutreffen ist. Oxidasen sind Metalloenzyme, die aerobe Oxidationen katalysieren, wobei Disauerstoff als Zweielektronen-Zweiprotonenakzeptor fungiert, ohne dass ein Sauerstoffatomtransfer zum Substrat stattfindet:[1] Die Oxidase entzieht dem Substrat Elektronen (**25** → **26**; SuH_2 = reduziertes

[1] Oxidase-Enzyme bewirken also eine Oxidation eines Substrats, ohne dass dabei ein Sauerstoffatom von O_2 übertragen wird. Das ist ein bedeutender Unterschied zu Oxygenasen, bei denen entweder genau ein oder beide Sauerstoffatome von O_2 (Mono- bzw. Dioxygenasen) auf das Substrat übertragen werden.

Substrat), die bei der Rückoxidation des Enzyms auf O_2 übertragen werden, wobei H_2O oder H_2O_2 gebildet wird (**26** → **25**). Oxidasen können Metalle wie Kupfer, Eisen und/oder Molybdän enthalten.

$$\underset{\mathbf{25}}{\text{Oxidase }(ox)} \;\rightleftharpoons\; \underset{\mathbf{26}}{\text{Oxidase }(red)}$$

SuH_2 → $Su + 2\,H^+$ ($2\,e^-$); $1/2\,O_2 + 2\,H^+$ → H_2O; $O_2 + 2\,H^+$ → H_2O_2

Damit die beschriebenen palladiumkatalysierten Reaktionen im Sinne einer „Palladiumoxidasekatalyse" ablaufen, müsste die Reoxidation von Pd^0 nicht kupferkatalysiert, sondern direkt durch Disauerstoff erfolgen. Das ist prinzipiell möglich, wie die Bildung von η^2-Peroxidopalladium(II)-Komplexen durch Umsetzung von Pd^0-Komplexen mit O_2 belegt (**27** → **28**). Es sind aber auch Mechanismen denkbar, bei denen überhaupt keine Pd^0-Zwischenstufen durchlaufen werden, sondern die O_2-Aktivierung durch Insertion in eine Pd–H-Bindung erfolgt (**29** → **30**) [13, 14].

$$\underset{\mathbf{27}}{[Pd^0]} \xrightarrow{O_2} \underset{\mathbf{28}}{[Pd^{II}](O_2)} \Longrightarrow \qquad \underset{\mathbf{29}}{[Pd^{II}]\text{—H}} \xrightarrow{O_2} \underset{\mathbf{30}}{[Pd^{II}]\text{—OOH}} \Longrightarrow$$

14.2 Epoxidierungen von Olefinen

14.2.1 Einführung

Die bevorzugten Reaktionen von Disauerstoff mit Kohlenwasserstoffen sind radikalische Oxidationsreaktionen, die – sofern keine besonderen Vorkehrungen getroffen werden – zur vollständigen Verbrennung zu CO_2 und H_2O führen. Diese Reaktionen sind stark exergonisch, aber mit einer relativ hohen Aktivierungsbarriere behaftet. Wesentliche Ursache dafür ist die Triplettstruktur von O_2 im Grundzustand ($^3O_2$), sodass zur Reaktion mit Singulett-Molekülen eine Spinumkehr erfolgen muss, die bei nicht zu hohen Temperaturen eine geringe Wahrscheinlichkeit aufweist („Spinerhaltungssatz"). Das erschwert zwar selektive Oxidationen von organischen Verbindungen mit molekularem Sauerstoff, gewährleistet aber ihre Stabilität in Gegenwart von O_2 und ermöglicht damit die Lebensformen, wie wir sie auf der Erde vorfinden.

Die Oxidation von Olefinen mit Disauerstoff zu Epoxiden ist exergonisch, aber deren vollständige Verbrennung zu CO_2 und H_2O ebenfalls, wie in der folgenden Reaktionssequenz für Ethen gezeigt ist:

$$\text{Ethen} \xrightarrow[\Delta G^{\ominus} = -80\ \text{kJ/mol}]{+\,1/2\,O_2} \text{Epoxid} \xrightarrow[\Delta G^{\ominus} = -1251\ \text{kJ/mol}]{+\,5/2\,O_2} 2\,CO_2 + 2\,H_2O$$

Die Addition eines Sauerstoffatoms („Oxen") an ein Olefin zu einem Epoxid (**33**) ist formal der eines Carbens und Nitrens zu einem Cyclopropan (**31**) bzw. Aziridin (**32**) analog.

Oxido- (**a**) und Peroxidometallkomplexe (**b**/**b'**, R = H, Alkyl, ...) können Sauerstoff auf Olefine übertragen. Reaktionen **a** können konzertiert ablaufen, sodass sich die beiden C–O-Bindungen gleichzeitig ausbilden ($\mathbf{a}_1$). Das erfordert eine hohe Elektrophilie des Oxidoliganden, die durch eine hohe Oxidationsstufe des Metalls – gegebenenfalls unterstützt durch eine positive Komplexladung – erreicht werden kann. Treten bei der Reaktion radikalische Zwischenstufen auf ($\mathbf{a}_2$), werden die beiden C–O-Bindungen nacheinander ausgebildet. Peroxidokomplexe in Reaktionen **b**/**b'** reagieren wie „Oxenoide“.[1]

Während die Oxidationsstufe von M bei Epoxidierungen mit Peroxidometallkomplexen (**b**/**b'**) unverändert bleibt, wird sie bei Epoxidierungen mit Oxidometallkomplexen (**a**) um zwei Einheiten erniedrigt. Somit können nach **a** nur solche Metallkomplexe katalytisch aktiv sein, bei denen ein leichter Wechsel der Oxidationsstufe um zwei Einheiten möglich ist.

Die Übertragung eines Sauerstoffatoms von einem Sauerstoffdonor X'O auf einen Sauerstoffakzeptor X verläuft gemäß Gleichung **a**. Mit H_2O_2 als Referenzdonor ist die freie Reaktionsenthalpie Δ_rG von Gleichung **b** ein Maß für das thermodynamische Sauerstofftransferpotential für das Paar XO/X (*thermodynamic oxygen-transfer potential*, TOP).

$$X + X'O \longrightarrow XO + X' \quad (a) \qquad X + H_2O_2 \longrightarrow XO + H_2O \quad (b)$$

In Tabelle 14.1 sind quantenchemisch berechnete Werte von Δ_rG für einige Sauerstoffatomdonoren XO bzw. -akzeptoren X zusammengestellt. Reaktionen **a** verlaufen (aus thermodynamischer Sicht, eine eventuelle kinetische Hemmung der Reaktion bleibt unberücksichtigt!) freiwillig, wenn gilt $\Delta_rG(XO/X) < \Delta_rG(X'O/X')$. Der Pfeil in Tabelle 14.1 zeigt also die Richtung des Sauerstofftransfers an (die Paare XO/X sind nach den Werten Δ_rG in der Gasphase geordnet): Das in der Tabelle weiter oben stehende Paar wird reduziert (X'O → X' + O) und das weiter unten stehende Paar oxidiert (X + O → XO).

[1] In Analogie zu Carbenoiden $[M]–CR_2X$, die wie ein Carben reagieren, sind „Oxenoide“ Metallkomplexe [M]–O–X (X = Abgangsgruppe), die ein Oxen übertragen können ([M]–O–X → [M]–X + „O“). Eine typische Eigenschaft von Oxenoiden ist der elektrophile Charakter des Sauerstoffatoms.

Tabelle 14.1. Quantenchemisch nach der DFT-Methode berechnete thermodynamische Sauerstofftransferpotentiale (TOP) für die gekoppelten Paare XO/O in der Gasphase und in wässriger Lösung (Δ_rG in kJ/mol bei 298 K) (nach Deubel [15]).

XO	X	Δ_rG (Gasphase)	Δ_rG (Wasser)
Me_2COO [a)]	Me_2CO	42	49
$[ReO(O_2)_2Me]$	$[ReO_2(O_2)Me]$	21	
PhIO	PhI	18	–8
$[ReO(O_2)_2Me(H_2O)]$	$[ReO_2(O_2)Me(H_2O)]$	5	8
H_2O_2	H_2O	0	0
MeC(O)OOH	MeC(O)OH	–8	–3
MeOOH	MeOH	–28	–26
HSO_5^-	HSO_4^-	–30	–10
$[MoO(O_2)_2(OPH_3)]$	$[MoO_2(O_2)(OPH_3)]$	–44	–47
$[MoO_2(O_2)(OPH_3)]$	$[MoO_3(OPH_3)]$	–53	–49
Me_3NO	Me_3N	–72	–100
ClO_4^-	ClO_3^-	–99	–73
C_5H_5NO [b)]	C_5H_5N (py)	–114	–116
$[OsO_3(OCH_2CH_2O)]$ [c)]	$[OsO_2(OCH_2CH_2O)]$	–149	–144
Me_2SO (DMSO)	Me_2S	–184	–198
C_2H_4O [d)]	$H_2C{=}CH_2$	–192	–205
MeOH	CH_4	–224	–249
Me_2SO_2	Me_2SO (DMSO)	–273	–284
Me_3PO	Me_3P	–382	–407

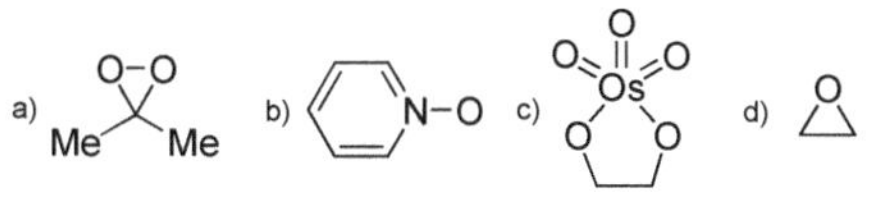

a) b) c) d)

Eines der stärksten Sauerstofftransferagenzien ist HOF·MeCN (**34**), in dem HOF[1] über eine starke O–H···N-Wasserstoffbrückenbindung an MeCN gebunden ist. In Übereinstimmung mit der Polarität der O–F-Bindung ($HO^{\delta+}$–$^{\delta-}F$) liegt in **34** ein stark elektrophiles Sauerstoffatom vor. Mit **34** gelingen Epoxidationen von Olefinen, die mit anderen Oxidationsmitteln zuvor überhaupt nicht möglich waren oder wesentlich langsamer verliefen [16].

[1] Wegen der Elektronegativität $\chi(F) > \chi(O)$ sind die Oxidationsstufen wie folgt anzugeben: $H^{(+I)}O^{(0)}F^{(-I)}$. Demzufolge sollte HOF als Hydroxylfluorid bezeichnet werden und nicht als hypofluorige Säure, da dieser Name – wie bei den anderen hypohalogenigen Säuren HOX (X = Cl, Br, I) – eine Oxidationsstufe +I von F impliziert.

14.2.2 Epoxidierung von Ethen und Propen

O_2 als Sauerstofftransferagens

Bislang ist die katalytische Oxidation von Olefinen mit Disauerstoff zu Epoxiden im industriellen Maßstab nur für Ethen realisiert: Dabei wird in einer heterogen katalysierten Reaktion Ethen zu Ethylenoxid an einem Silberkontakt (Ag auf Al_2O_3) bei 200–300 °C (1–3 bar) mit Luft oder Sauerstoff oxidiert, wobei eine Selektivität von 80–90 % erreicht wird. Die Produktionskapazitäten für Ethylenoxid belaufen sich weltweit auf ca. 26 Mill. Tonnen.

ROOH als Sauerstofftransferagens

Für die technische Synthese von Propylenoxid steht neben dem Chlorhydrinverfahren (Propen → Propylenchlorhydrin → Propylenoxid) die katalytische Oxidation von Propen mit Hydroperoxiden (**35**/**36** → **37**/**38**) zur Verfügung, die ihrerseits durch Sauerstoffoxidation von Kohlenwasserstoffen (**39** → **36**) erhalten werden. Damit ist die Produktion von Propylenoxid an eine Coproduktion von Alkoholen (**38**) gekoppelt (Halcon-ARCO-Prozess).

+ ROOH —Kat.→ + ROH

35 **36** **37** **38**

R–H + O_2

39

Als organische Hydroperoxide haben sich in der Technik *tert*-Butylhydroperoxid (**36a**, R = *t*-Bu) und 1-Phenylethylhydroperoxid (**36b**, R = CH(Ph)Me) durchgesetzt. **36a** wird aus Isobutan und Sauerstoff (120–140 °C, 25–35 bar) erhalten. Das gebildete *tert*-Butanol **38a** wird zu Isobuten dehydratisiert und mit Methanol zu Methyl-*tert*-butylether (MTBE) umgesetzt, der als Additiv für Kraftstoffe Verwendung findet. **36b** wird aus Ethylbenzol und Luft erhalten (130–145 °C, 2 bar); das im Prozess erzeugte 1-Hydroxyethylbenzol **38b** wird zu Styrol dehydratisiert. Obwohl beide Alkohole nutzbringend weiterverarbeitet werden können, ist ihre Coproduktion (theoretisches Massenverhältnis C_3H_6O : MTBE circa 1 : 1,5 und C_3H_6O : Styrol circa 1 : 1,8; verfahrensbedingt fällt etwa die 3-fache Menge an MTBE bzw. 2,5-fache Menge an Styrol an) ein Verfahrensnachteil: Die zwangsläufig mitproduzierten Mengen an MTBE bzw. Styrol entsprechen nicht notwendigerweise dem Marktbedarf und stellen darüber hinaus auch besondere Anforderungen bezüglich der Infra- und Vertriebsstruktur an den Hersteller von Propylenoxid.

Die Reaktion von Propen mit *t*-BuOOH wird in Toluol (100–120 °C, 40 bar) und die mit PhCH(OOH)Me ohne Lösungsmittel (100 °C, 35 bar) durchgeführt. Als Präkatalysatoren werden Molybdänsalze wie Molybdännaphthenate eingesetzt. Unter den Reaktionsbedingungen erfolgt Oxidation zu Peroxido- bzw. Hydrogenperoxidokomplexen des sechswertigen Molybdäns, die die eigentlich katalytisch aktiven Verbindungen darstellen. Alternativ zu diesen homogenen katalytischen Systemen (ARCO) wird für den ethylbenzolbasierten Prozess auch ein heterogener Titankatalysator (Ti^{IV} auf SiO_2) verwendet (Shell).

Weltweit stehen Kapazitäten (2016) zur Herstellung von ca. 10 Mill. Tonnen Propylenoxid pro Jahr zur Verfügung. Obwohl von abnehmender Bedeutung, wird der Anteil des Chlorhydrinverfahrens an der Produktion noch auf ca. 40 % geschätzt. Ein etwas größerer Teil entfällt auf die Propenoxidation mit Hydroperoxiden, die an die Produktion von MTBE bzw. Styrol gekoppelt ist. Propylenoxid wird hauptsächlich zur Synthese von Polyethern mit terminalen Hydroxygruppen umgesetzt, die zu Polyurethanen weiterverarbeitet werden. Die Hydrolyse von Propylenoxid ergibt Propan-1,2-diol, das als Ausgangsstoff für die Synthese von Polyesterharzen sowie in der Lebensmittel-, Pharma- und Kosmetikindustrie Verwendung findet.

Mechanismus

Um einen Einblick in den Mechanismus des molybdänkatalysierten Sauerstofftransfers von Hydroperoxiden auf Olefine zu erlangen, sind stöchiometrische Reaktionen von Olefinen mit Peroxidomolybdän(VI)-Modellkomplexen $[MoO(O_2)_2L]$ (**40**, L = HMPA, ...) untersucht worden. Daraus sind zwei sich einander widersprechende Vorschläge für den Mechanismus abgeleitet worden [17]:

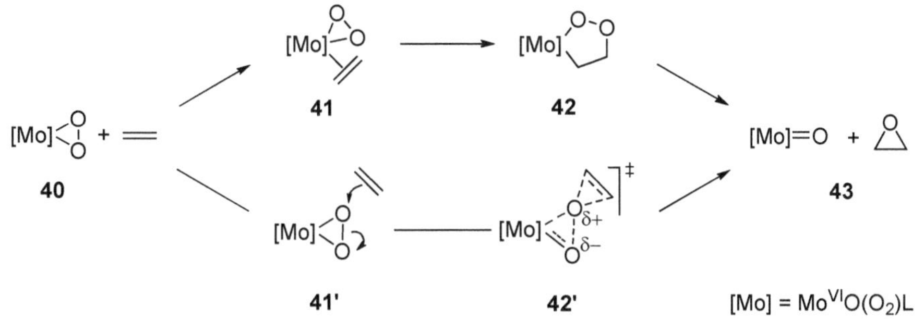

40 **41** **42** **43** **41'** **42'**

[Mo] = $Mo^{VI}O(O_2)L$

- *Schrittweiser Mechanismus (Mimoun, 1970)*. Nach Komplexbildung des Olefins (**40** → **41**) erfolgt eine Insertion in eine Mo–O-Bindung (**41** → **42**; Cycloinsertion, die einer [2+2]-Cycloaddition ähnelt). Aus dem Dioxamolybdacyclopentan-Komplex wird das Epoxid durch Cycloreversion abgespalten (**42** → **43**).
- *Konzertierter Mechanismus (Sharpless, 1972)*. Nucleophiler Angriff des Olefins an eines der beiden Peroxidosauerstoffatome (**40** → **41'**) ergibt über einen Übergangszustand **42'** (ursprünglich mit gebrochener O–O-Bindung formuliert) das Epoxid **43**.

Der Sharpless-Mechanismus hat sich als zutreffend erwiesen. So haben DFT-Rechnungen gezeigt (Abbildung 14.3), dass aus $[MoO(O_2)_2L]$ (**40**; L = OPH_3) und $H_2C{=}CH_2$ in einer exothermen Reaktion direkt $[MoO_2(O_2)L]$ und C_2H_4O erhalten werden (**40** → **42'**(TS) → **43**). In der Gasphase ist die Addition von Ethen an **40** schwach endotherm (**40** → **41**). Sie ist nur mit einer geringen Aktivierungsbarriere verbunden, sodass von einem Gleichgewicht zwischen **40** + $H_2C{=}CH_2$ und **41** auszugehen ist. Es ist aber kein Weg von **41** nach **42** gefunden worden, wohl aber direkt von **40** + $H_2C{=}CH_2$ nach **42**. Die Aktivierungsbarriere ist aber deutlich höher als die für die Reaktion von **40** nach **41** und die Aktivierungsbarriere der konzertierten Reaktion direkt von **40** nach **43**. Weiterhin ist gezeigt worden, dass die Cycloreversion von **42** nicht das Epoxid liefern würde, sondern das „falsche“ Produkt, nämlich Acetaldehyd (**42** → **44**).

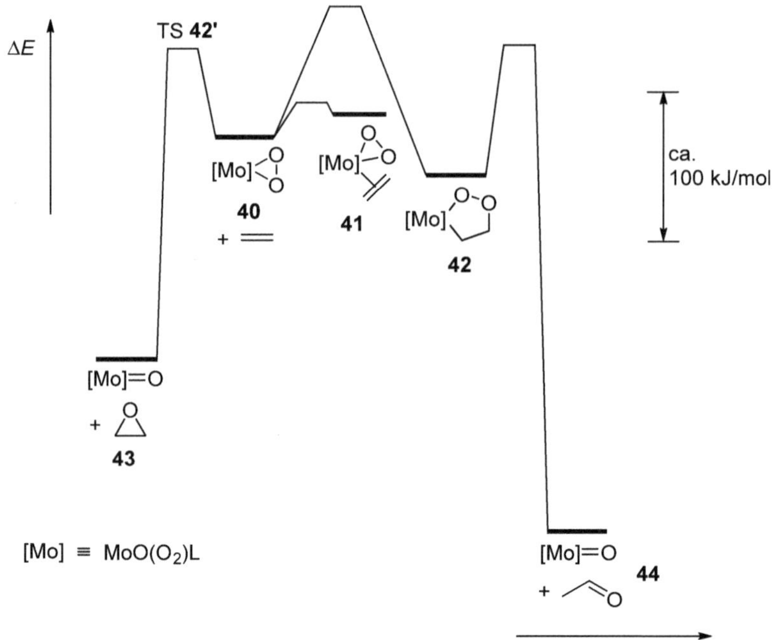

Abbildung 14.3. Zum Sauerstofftransfer von $[MoO(O_2)_2L]$ (**40**, L = OPH_3) auf Ethen: schrittweiser *versus* konzertierter Mechanismus. Es ist jeweils nur der energiegünstigste Reaktionsweg dargestellt (nach Deubel und Frenking [18]).

Die entscheidende Orbitalwechselwirkung im Übergangszustand TS **42'** führt zu einer Übertragung von Elektronendichte aus dem π-C=C-Orbital des Olefins (Nucleophil) in das antibindende σ*-O–O-Orbital vom Peroxidoliganden (Elektrophil) (**I**). In Übereinstimmung damit führt eine höhere Elektrophilie des Peroxidoliganden zu einer höheren Reaktivität. Dementsprechend wird der Peroxidoligand durch Protonierung aktiviert (**45**/**45'**), die intra- (durch H-Übertragung von einem benachbarten Aqualiganden) oder intermolekular erfolgen kann. Der Hydrogenperoxidokomplex **45**/**45'** wird am α-O-Atom vom Olefin angegriffen.

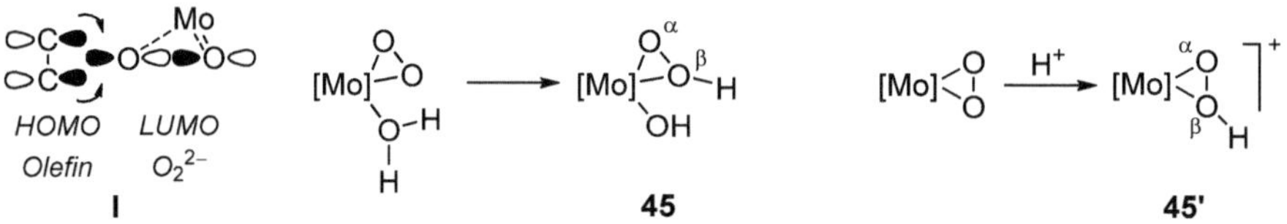

HOMO Olefin — LUMO O_2^{2-} **I** **45** **45'**

Bei der molybdänkatalysierten Synthese von Propylenoxid aus Propen und Alkylhydroperoxiden als Sauerstoffüberträger ist von einem analogen Mechanismus auszugehen: Die Epoxidbildung erfolgt durch nucleophilen Angriff von Propen an einen Alkylperoxidokomplex des sechswertigen Molybdäns (**46** → **TS** (**47**) → **48**, R = *t*-Bu, CH(Ph)Me). Protolytische Spaltung der Mo–OR-Bindung durch das Alkylhydroperoxid schließt den Katalysezyklus (**48** → **46**) [19].

$$[Mo^{VI}] \text{-peroxo } (\mathbf{46}) \xrightarrow{\text{Olefin}} [\mathbf{47}]^{\ddagger} \longrightarrow [Mo^{VI}]\text{–O–R} + \text{Epoxid } (\mathbf{48}); \quad \mathbf{48} \xrightarrow{+ ROOH,\ - ROH} \mathbf{46}$$

An der Epoxidbildung sind somit keine Zwischenstufen mit M–C-Bindungen beteiligt. Das Olefin wird *nicht* durch Komplexbildung aktiviert. Andere Metalle mit niedrigem Oxidationspotential und hoher Lewis-Acidität in ihren höchsten Oxidationsstufen wie W, V und Ti sind auch katalytisch aktiv.

Eine Einelektronenübertragung (Single Electron Transfer, SET) von einem Metall auf ein Alkylhydroperoxid führt zur O–O-Bindungsspaltung ($RO–OH + e^- \rightarrow RO\cdot + {}^-OH$) und gibt zur Bildung von Nebenprodukten Veranlassung. Metalle wie Co, Mn und Fe, die dazu neigen, sind als Katalysatoren ungeeignet.

H_2O_2 als Sauerstofftransferagens

Wasserstoffperoxid ist ein preiswertes und umweltfreundliches Oxidationsmittel [20]. Seine Verwendung bei der Epoxidierung von Propen ist wünschenswert, weil damit nur Wasser „coproduziert“ (Gl. S. 436: **36**/**38**, R = H) wird und die zuvor genannten Verfahrensnachteile, die mit der Coproduktion von MTBE bzw. Styrol (R = *t*-Bu, CH(Ph)Me) verbunden sind, entfallen.

Heterogenkatalytisch. Mit einem Ti^{IV}-substituierten Silicalit (ein aluminiumfreier Zeolith von MFI-Struktur, die der von ZSM-5 ähnlich ist) als Katalysator, der im Unterschied zum Shell-Katalysator (Ti^{IV} auf SiO_2) eine hydrophobe (innere) Oberfläche aufweist, ist die Oxidation von Propen mit H_2O_2 gelungen. Nach diesem Prinzip (Evonik-Uhde HPPO-Technologie; HPPO – *H*ydrogen *P*eroxide to *P*ropylene *O*xide) wird in mehreren großtechnischen Anlagen Propylenoxid produziert. Das Verfahren gewinnt zunehmend an Bedeutung.

Homogenkatalytisch. Ein Beispiel für einen effektiven homogenen Katalysator für Epoxidierungen von Alkenen mit H_2O_2 (**49** → **50**) ist Methyltrioxidorhenium(VII) (**51**). Komplex **51** reagiert mit H_2O_2 zu einem Diperoxidokomplex (**51** → **52**), der bei hohen H_2O_2-Konzentrationen den eigentlichen Epoxidierungskatalysator darstellt. Wie bei den Mo^{VI}-Katalysatoren erfolgt die Sauerstoffübertragung auf das Olefin durch elektrophilen Angriff eines O-Atoms vom Peroxidoliganden von **52** in einer konzertierten Reaktion.

$$\underset{\mathbf{49}}{R\text{–CH=CH}_2} \underset{+ PPh_3,\ - Ph_3P=O}{\overset{+ H_2O_2,\ - H_2O}{\rightleftarrows}} \underset{\mathbf{50}}{\text{Epoxid}} \quad (\mathbf{51}) \qquad \underset{\mathbf{51}}{MeReO_3} \xrightarrow[- H_2O]{+ 2\,H_2O_2} \underset{\mathbf{52}}{MeRe(O)(O_2)_2(OH_2)}$$

Als Nebenprodukte treten Diole auf, deren Bildung durch Zugabe von Lewis-Basen wie Pyridin oder Pyrazol zurückgedrängt wird, sodass Selektivitäten bezüglich der Epoxidbildung von >95 % zu erreichen sind. In Gegenwart eines Sauerstoffatomakzeptors (z. B. PPh_3) vermag **51** die Reaktion vom Epoxid zum Olefin (**50** → **49**) zu katalysieren [21, 22].

Reaktionskontrollierte Phasentransferkatalyse. Als Präkatalysator wird ein Heteropolywolframat mit einem *N*-Alkylpyridiniumkation, $(C_5H_5NC_{16}H_{33})_3[PW_4O_{16}]$ (**53**) eingesetzt. Das Anion in **53** leitet sich vom Tetrawolframat $[W_4O_{16}]^{8-}$ ab. In der Tetrawolframatstruktur sind vier kantenverknüpfte WO_6-Oktaeder derart zusammengestellt, dass sich eine Heterocubanstruktur ergibt, in der die Ecken eines Würfels alternierend mit W- und μ_3-O-Atomen besetzt sind. Damit besteht der Würfel aus zwei ineinander gestellten W_4- bzw. O_4-Tetraedern. In **53** befindet sich im Zentrum des Würfels ein P-Atom, sodass für **53** auch $(C_5H_5NC_{16}H_{33})_3[PO_4(WO_3)_4]$ geschrieben werden kann, womit hervorgehoben wird, dass jedes W-Atom drei terminale Oxidoliganden gebunden hat.

In einem Wasser–Toluol–Tributylphosphat-Gemisch löst sich **53** nicht, wohl aber unter der Einwirkung von H_2O_2 (52 %ig). Dabei wird der katalytisch aktive Komplex $(C_5H_5NC_{16}H_{33})_3[PO_4\{WO_2(O_2)\}_4]$ (**53** → **54**) gebildet, in dem an jedem W-Atom ein Oxido- durch einen Peroxidoliganden substituiert ist. Der Peroxidokomplex **54** oxidiert Propen zu Propylenoxid (**54** → **53**; 65 °C, Ausbeute und Selektivität >90 %). Wenn im Reaktionsansatz das H_2O_2 aufgebraucht ist, fällt **53** aus und kann durch Abfiltrieren abgetrennt und erneut genutzt werden [23, 24].

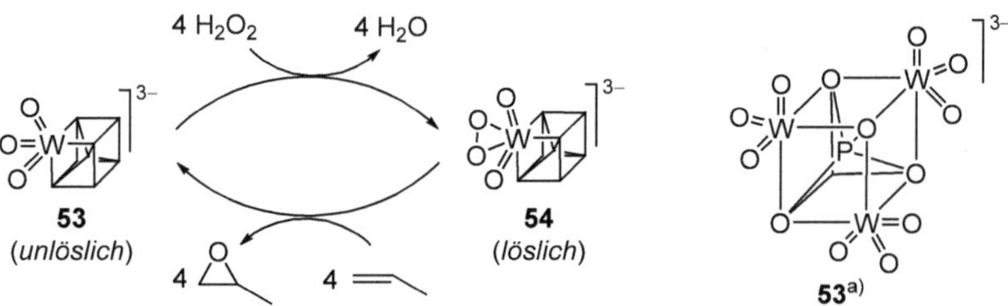

a) Struktur des Anions von **53**; eine WO_3-Gruppe ist nicht gezeichnet.

Dieses Reaktionsprinzip ist als reaktionskontrollierte Phasentransferkatalyse bezeichnet worden. Darunter wird verstanden, dass der Präkatalysator im Reaktionsgemisch unlöslich ist (hier: **53**), aber unter der Einwirkung eines Reaktanten in eine lösliche katalytisch aktive Form (hier: **54**) übergeht. Wenn ein Reaktant aufgebraucht ist (hier: H_2O_2), geht der Katalysator wieder in die unlösliche Form über und kann durch Filtration vom Produkt abgetrennt werden. Das ist ein neuartiges Prinzip, wie die mitunter schwierige Abtrennung des Katalysators vom Produkt bei einem homogen katalysierten Verfahren bewerkstelligt werden kann.

14.2.3 Enantioselektive Oxidationen von Olefinen

Epoxidierung von Allylalkoholen

Der Katalysator der Wahl für asymmetrische Epoxidierungen von Allylalkoholen mit *tert*-Butylhydroperoxid ist Tetrakis(isopropoxo)titan in Gegenwart von Dialkyltartraten (DAT) als chiralen Liganden (K. B. Sharpless, 1980; Nobelpreis für Chemie 2001) [25]. Epoxidation mit (*S*,*S*)-DAT ergibt (2*R*)-Epoxide (**55** → **56a**). Mit dem natürlich vorkommenden Enantiomer (*R*,*R*)-DAT werden (2*S*)-Epoxide erhalten (**55** → **56b**). Das entspricht einem Angriff eines Peroxidosauerstoffatoms an der *Si*- bzw. *Re*-Seite des prochiralen Allylalkohols.

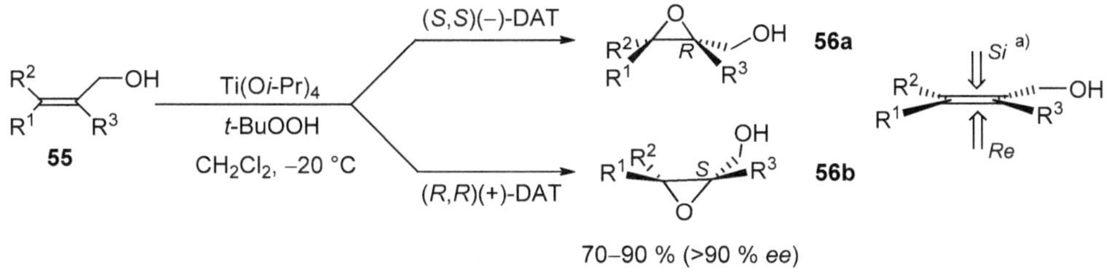

a) Die Zuordnung bezieht sich auf das mittlere C-Atom des Allylsystems und gilt für R = H, Me, ...

Zur katalytischen Reaktionsführung ist ein streng wasserfreies Reaktionsmedium erforderlich, das durch die Gegenwart eines Molekularsiebes erreicht wird. Zunächst wird aus DAT und [Ti(O*i*-Pr)$_4$] ein Bis(isopropoxo)tartratotitan(IV)-Komplex **57** gebildet, der mit dem Allylalkohol und *t*-BuOOH zu **58** reagiert. Nunmehr erfolgt durch nucleophilen Angriff der allylischen Doppelbindung an den Peroxidoliganden die Sauerstoffübertragung (**58** → **59**). Umsetzung mit den Substraten führt zur Produktabspaltung und Rückbildung des Katalysatorkomplexes (**59** → **58**).

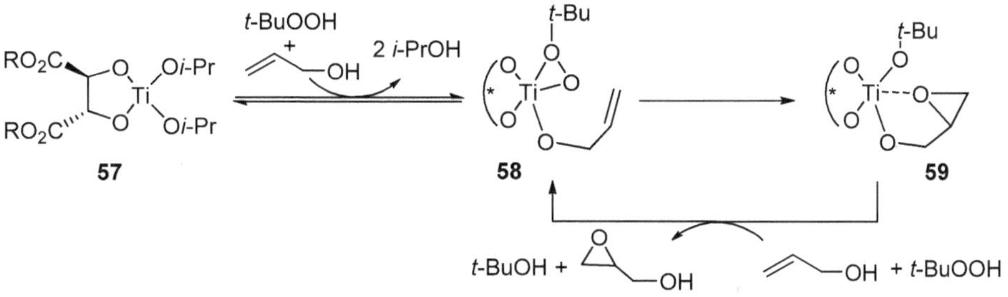

Die Komplexe **57**–**59** sind dimer; die wahrscheinliche Struktur vom Katalysatorkomplex **58** ist in **58'** (X = COOR) skizziert. Es liegen zwei (verzerrt) oktaedrisch-koordinierte Titanatome mit einem tri- und einem bidentat koordinierten Tartratoliganden vor. Das Titanatom rechts in **58'** hat weiterhin den *t*-BuOO- und den Allylalkoholatliganden in meridionaler Anordnung gebunden.

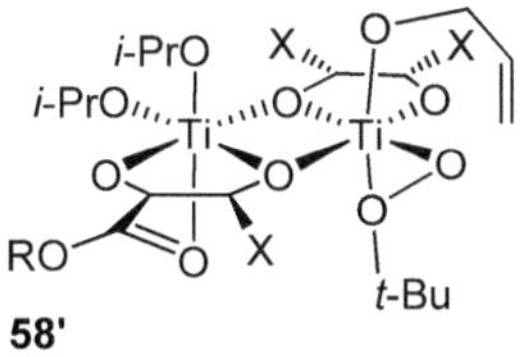

Die Sharpless-Epoxidierung von Allylalkoholen wird in der organischen Synthesechemie breit angewendet, auch im technischen Maßstab beispielsweise zur Synthese von enantiomerenreinem (*R*)- und (*S*)-Glycidol (2,3-Epoxypropan-1-ol), das als Ausgangsstoff bei verschiedenen Synthesen von Pharmaka benötigt wird. Nichtfunktionalisierte Olefine lassen sich mit Sharpless-Katalysatoren nicht asymmetrisch epoxidieren.

Epoxidierung von nichtaktivierten Olefinen

Salenkomplexe[1] vom dreiwertigen Mangan. [Mn(salen)X] (**60'**) (X: schwach koordinierendes Anion wie [PF$_6$]$^-$ oder koordinierendes Anion wie Cl$^-$, das dann als axialer Ligand gebunden

[1] Die Kondensation von Salicylaldehyd mit Ethylendiamin im Molverhältnis 2 : 1 liefert *N,N'*-Bis(salicyliden)ethylendiamin (H$_2$salen), das unter Deprotonierung der beiden Hydroxygruppen *N,N'*-Bis(salicyliden)ethylendiaminato(2–)-Komplexe („Salenkomplexe") bildet.

ist), vermögen nichtfunktionalisierte Olefine zu epoxidieren: Oxidationsmittel [O] überführen **60** in einen Oxido(salen)mangan(V)-Komplex **61**, der mit Olefinen unter Epxodierung und Rückbildung von **60** reagiert:

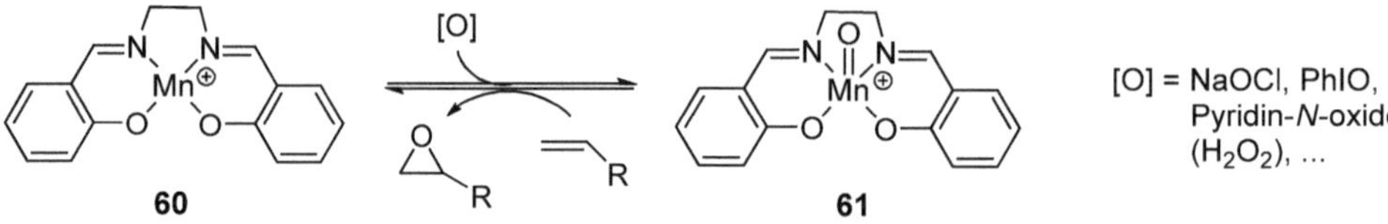

[O] = NaOCl, PhIO, Pyridin-*N*-oxide, (H_2O_2), ...

Mit chiralen Salenmangankomplexen **62** sind enantioselektive Epoxidierungen möglich, wobei als Substrate cyclische und acyclische, disubstituierte (*Z*)-Olefine mit einem konjugierten π-System $R^1HC{=}CHR^2$ (R^1 = Aryl, Alkenyl, Alkinyl; R^2 = Alkyl) am besten geeignet sind (E. N. Jacobsen, T. Katsuki, 1990). Bei acyclischen Verbindungen braucht die Reaktion nicht stereoselektiv zu sein. Es kann sich ein Gemisch von *cis*- (**63a**) und *trans*-Epoxid (**63b**) bilden, was auf einen radikalischen Mechanismus (S. 434: Route **a** via $\mathbf{a}_2$) weist. Die C–O-Bindungen werden sequentiell geknüpft, sodass eine radikalische Zwischenstufe auftritt. Wird unmittelbar die zweite C–O-Bindung gebildet, entsteht aus einem (*Z*)-Olefin das *cis*-Epoxid (**63a**). Erfolgt vor der Bindungsbildung Rotation um die C–C-Bindung, dann wird das *trans*-Epoxid (**63b**) erhalten [26, 27].

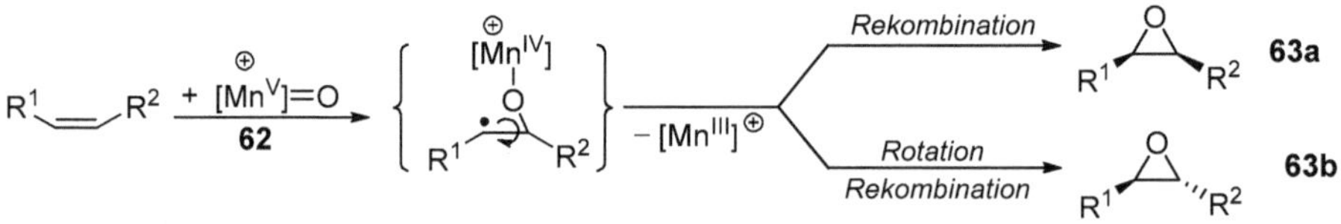

Für enantioselektive Epoxidierungen eignen sich insbesondere Komplexe **62**, die neben stereogenen $C_8/C_{8'}$-Zentren großvolumige (chirale oder achirale) Substituenten $R_3/R_{3'}$ aufweisen. Voraussetzung für eine enantioselektive Reaktion ist eine enantiofaciale Differenzierung beim Angriff des Olefins an den Oxidoliganden in **62**, die durch sterische und elektronische Faktoren hervorgerufen werden kann.

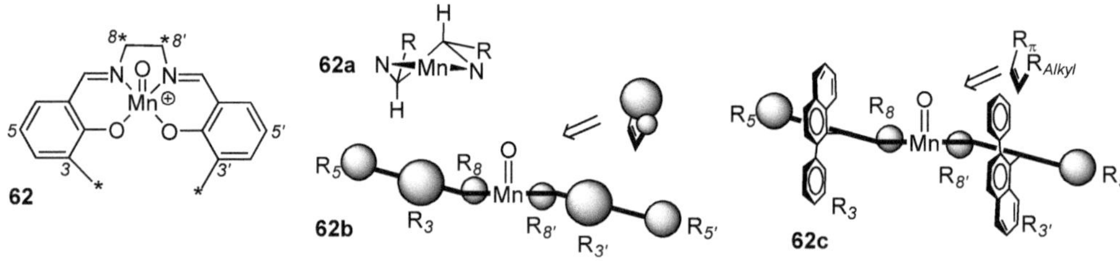

Zunächst einmal gibt es eine Vorzugsrichtung, aus der sich das Olefin dem Oxidoliganden nähert: Bedingt durch die Halbsesselkonformation des fünfgliedrigen Rings in **62** (vgl. Skizze **62a**) im Zusammenspiel mit den $C(sp^2){=}N(sp^2)$-Gruppen sind die meisten Salenliganden nicht planar, sondern stufenförmig (C_2-symmetrisch; vgl. **62b**, Ansicht von vorn). Dadurch ist der Oxidoligand von rechts für das Olefin leichter zugänglich als von links (siehe Pfeil in **62b**). Substituenten $R_5/R_{5'}$ können diesen Effekt verstärken und/oder die elektronischen Eigenschaften des Katalysatorkomplexes steuern. Die raumgreifenden Substituenten $R_3/R_{3'}$ am Salenliganden gewährleisten nun, dass sich das Olefin so nähert, dass seine sterisch weniger überfrachtete Seite in die Richtung von $R_{3'}$ zeigt. Damit ist eine enantiofaciale Differenzierung gegeben. In **62c** mit $R_3/R_{3'}$ = 2-Phenylnaphthyl spielen auch elektronische Wechselwirkungen eine wichtige Rolle: Der Phenylrest von $R_{3'}$ (in **62c** rechts oben) stößt R_π-Substituenten (Aryl, Alkenyl, Alkinyl) vom Olefin elektronisch ab, sodass sich das Olefin wie gezeigt (siehe Pfeil) dem Oxidoliganden nähert.

Im Allgemeinen werden mit Komplexen vom Typ **62** bei (*Z*)-Olefinen höhere Enantioselektivitäten als bei (*E*)-Olefinen erreicht. Asymmetrische Epoxidationen sind auch mit chiralen Salen- und Porphyrinatokomplexen anderer Metalle wie Fe und Ru realisiert worden [28, 29].

N_2O_2- oder N_4-Ligandensysteme, die im Unterschied zu Salenliganden zwei *cis*-ständige Koordinationsstellen für die Katalyse zur Verfügung stellen können, sind beispielhaft in **64** und **65** gezeigt. Die Reaktion von [Ti(O*i*-Pr)$_4$] mit partiell hydrierten Salenliganden **64** erzeugt hochaktive Katalysatoren für asymmetrische Epoxidationen von terminalen (nicht-konjugierten) Olefinen mit H_2O_2, wobei *ee*-Werte von bis zu 99 % (R = C_6F_5) erreicht werden. Bei Mangankomplexen mit Aminopyridinliganden ist belegt (Katalysatorformierung: **65** → **65'**), dass eine Aktivierung des Oxidationsmittels (H_2O_2; analog mit ROOH) durch Carbonsäuren assistiert wird: Ein Carboxylatoligand, der *cis*-ständig zu einem Hydrogenperoxidoliganden koordiniert ist, erleichtert die Protonierung des terminalen O-Atoms durch Ausbildung einer O–H···O-Wasserstoffbrücke und damit die Abspaltung von Wasser (**65'** → **66**). Der dikationische Oxidomangan(V)-Komplex **66** epoxidiert dann schließlich das Olefin, wobei **65'** zurückgebildet wird.

All diese Entwicklungen haben dazu geführt, dass chirale (enantiomerenreine) Epoxide zunehmend leichter zugänglich geworden sind, auch unter Verwendung von H_2O_2 und O_2 als Oxidationsmittel, die aus ökonomischen und ökologischen Gesichtspunkten besonders attraktiv sind. Chirale Epoxide sind wichtige Bausteine in der organischen Synthese, insbesondere weil regio- und stereoselektive Ringöffnungen einen breiten Zugang zu Naturstoffen und bioaktiven Verbindungen ermöglichen [30, 31, 32, 33].

14.2.4 Monooxygenasen

In lebenden Organismen wird die Übertragung eines der beiden Sauerstoffatome von O_2 auf organische Substrate Su von Monooxygenasen katalysiert, wobei neben Wasser das oxidierte Substrat SuO gebildet wird (**67** → **68**) [34]. Die Reduktionsäquivalente werden durch ein biogenes Reduktionsmittel, in vielen Fällen Nicotinamid-adenin-dinucleotid (NADH) bzw. -phosphat (NADPH), zur Verfügung gestellt. Monooxygenasen vermögen insbesondere C–H-Bindungen zu Alkoholen und Doppelbindungen zu Epoxiden zu oxidieren. Sie spielen eine wichtige Rolle beim oxidativen Abbau von körpereigenen und körperfremden Substanzen.

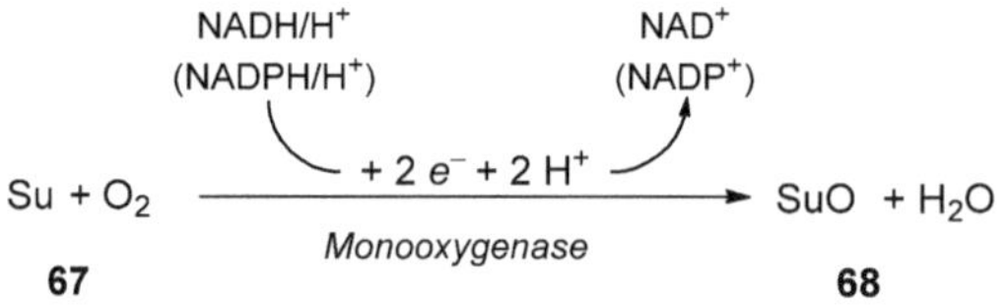

$$\underset{\mathbf{67}}{\text{Su} + O_2} \xrightarrow[\text{Monooxygenase}]{\text{NADH/H}^+ \text{ (NADPH/H}^+\text{)} \;\; +2\,e^- + 2\,H^+ \;\; \text{NAD}^+ \text{ (NADP}^+\text{)}} \underset{\mathbf{68}}{\text{SuO} + H_2O}$$

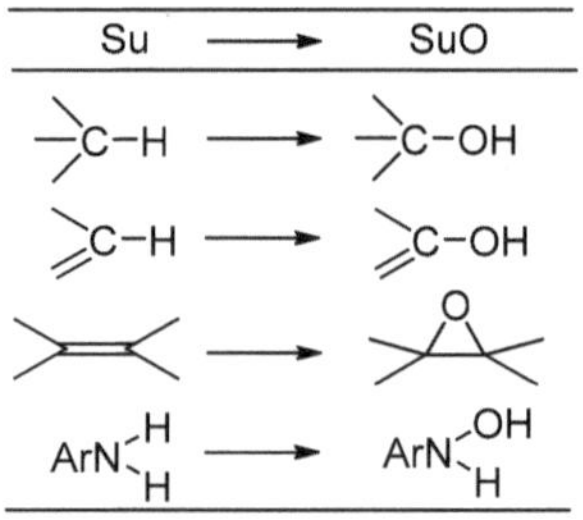

Ein Beispiel für Monooxygenasen sind Cytochrome P-450, die zur großen Klasse der Hämproteine gehören. Das Protein kann aus circa 400 Aminosäuren aufgebaut sein, die Hämgruppe ist über eine axiale Fe–S-Bindung an ein Cysteinat des Proteins gebunden. Im Ruhezustand des Enzyms liegt ein low-spin Eisen(III)-Komplex vor, an den Wasser als sechster Ligand an der anderen axialen Bindungsstelle koordiniert ist (**69**, in der schematischen Abbildung rechts ist der Porphyrinatoligand durch einen dicken Strich symbolisiert, das Protein ist durch die beiden Kreisbögen angedeutet).

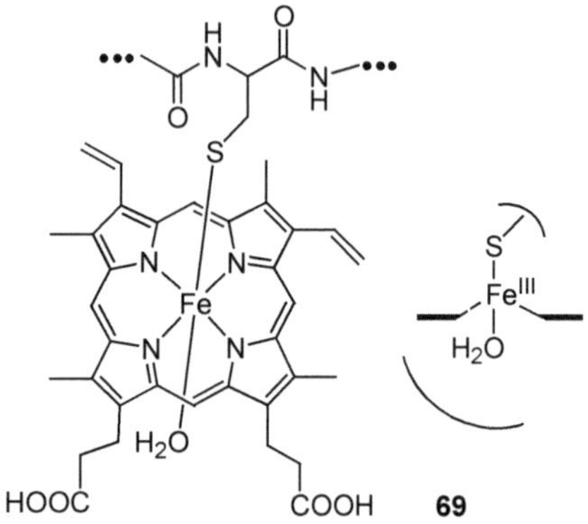

Abspaltung des Aqualiganden und Bindung des Substrats (Su) an das Protein nahe der sechsten Koordinationsstelle führt zu einem high-spin Fe^{III}-Komplex (**69** → **70**), der durch ein biogenes Reduktionsmittel zum Fe^{II}-Komplex (high-spin) reduziert wird (**70** → **71**), vgl. Abbildung 14.4. Nunmehr wird O_2 koordiniert (**71** → **72**) und es erfolgt erneute Reduktion (**72** → **73**). Wahrscheinlich handelt es sich bei **72** um einen Fe^{II}-Komplex (low-spin) mit einem Disauerstoffliganden und bei **73** um einen Fe^{III}-Komplex mit einem Peroxidoliganden (O_2^{2-}). Zweifache Protonierung führt über einen Hydrogenperoxidoeisen(III)-Komplex als Intermediat (**73** → **74**) zur Abspaltung des terminalen Sauerstoffatoms als Wasser (**74** → **75**). Um einen Einblick in die elektronische Struktur von **75** zu erhalten, können zunächst folgende Resonanzformeln in Betracht gezogen werden (HCys = Cystein, H_2por = Porphyrin):

$$(\text{Cys}^-)(\text{por}^{2-})\text{Fe}^{V}{=}\text{O} \leftrightarrow (\text{Cys}^-)(\text{por}^{2-})\text{Fe}^{IV}{-}\text{O}\bullet \leftrightarrow \underset{\mathbf{75'}}{(\text{Cys}^-)(\text{por}^{\bullet-})\text{Fe}^{IV}{=}\text{O}} \leftrightarrow \underset{\mathbf{75''}}{(\text{Cys}\bullet)(\text{por}^{2-})\text{Fe}^{IV}{=}\text{O}}$$

Aus spektroskopischen und strukturellen Untersuchungen sowie quantenchemischen Rechnungen geht hervor, dass ein Fe^{IV}-Komplex vorliegt, dessen Grundzustand im Rahmen der VB-Theorie am zutreffendsten als Resonanz **75'** ↔ **75''** zu beschreiben ist [35]. Intermediat **75** überträgt den Sauerstoff auf das Substrat und ist damit das eigentlich oxidierende Agens. Bei der Epoxidierung von Olefinen treten Radikalzwischenstufen auf, der erste Schritt könnte eine Elektronenübertragung vom Alken zu **75** sein. Die reaktive Zwischenstufe **75** kann auch durch direkte Oxidation von **70** mit externen Sauerstoffdonoren wie PhIO, IO_4^- oder RC(O)OOH (**70** → **75**) erzeugt werden. Untersuchungen zur Reaktivität von Oxido(porphyrinato)eisen(IV)-Modellkomplexen in Abhängigkeit von der Elektronendichte im Porphyrin-

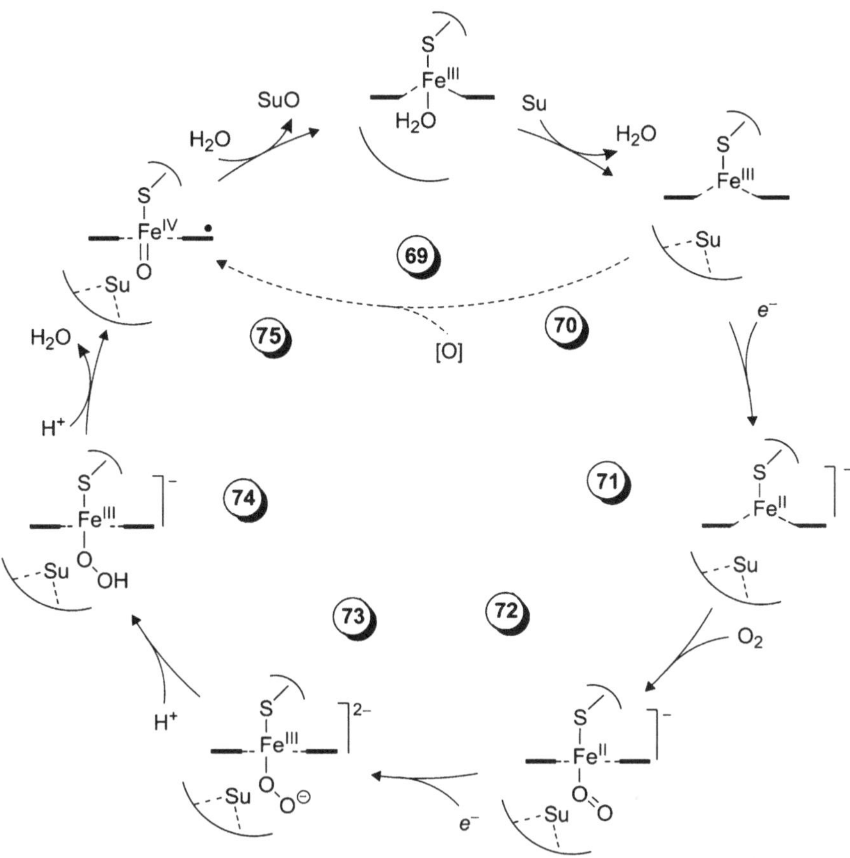

Abbildung 14.4. Katalytischer Zyklus von Cytochrom P-450 (adaptiert nach Shaik, de Visser und Thiel [36]).

ring (gesteuert durch periphere *meso*-Substituenten) und von der Natur des axialen Liganden, der in den Modellkomplexen an die Stelle von Cys^- tritt, haben zu einem vertieften Verständnis von Funktion und Wirkungsweise von Cytochrom P-450-Enzymen geführt [37, 38].

Aufgabe 14.3

Verbindung **75** ist ein Eisen(IV)-Komplex mit einem terminalen Oxidoliganden. Was wissen Sie über die Stabilität elektronenreicher Übergangsmetallkomplexe mit terminalen Oxidoliganden?

Die Entwicklung von Oxygenierungskatalysatoren ist maßgeblich durch die Natur inspiriert worden, die dazu in vielen Fällen Metalloenzyme (Fe, Cu, Mn) nutzt, wobei in den meisten Fällen durch Aktivierung von Disauerstoff oder H_2O_2 das eigentliche Oxidationsmittel – ein hochvalenter Oxidometallkomplex – gebildet wird. Sie werden in Häm- und Nicht-Häm-Systeme unterteilt. Zu den ersteren gehören beispielsweise die voranstehend beschriebenen

Cytochrom P-450-Enzyme. Eisen in Nicht-Häm-Oxygenasen ist an Proteine koordiniert, beispielhaft ist in **76** eine Koordinationssphäre von Fe mit Imidazol- (Histidin) und Carboxylatoliganden (Glutamat, Aspartat) skizziert. Entsprechend gibt es inzwischen zahlreiche synthetische Eisenkatalysatoren für Epoxidierungen – auch für asymmetrische – mit Porphyrinatoliganden sowie auch mit einfachen Amin- und Carboxylatoliganden [39, 40].

OH_2, H_2O, OH_2, Fe^{II}, ${}_{His}N$, N_{His}, $O_{Glu/Asp}$

76

Exkurs: Zur Oxidationsstufe von Metallen in Komplexen

Siehe „Exkurs: Zur Oxidationsstufe des Metalls in Olefin- und Alkinkomplexen" (S. 41). Zur Ermittlung der Oxidationsstufe von M in Metallkomplexen ist davon auszugehen, dass im Regelfall die Liganden elektronegativer als M sind. Somit sind die Elektronen der M–L-Bindungen den Liganden zuzuordnen. Folgende Fälle sollen analysiert werden:

- *Komplexe L_xMO (1).* In Komplexen **1** kann die Elektronenstruktur durch die mesomeren Grenzstrukturen **1a**–**1d** zum Ausdruck gebracht werden. Normalerweise ist eine zutreffende Beschreibung durch **1a**/**1b** mit einem Oxidion als Liganden gegeben. Liegt M in einer sehr hohen Oxidationsstufe vor, dann können zunehmend die anderen beiden Grenzstrukturen **1c**/**1d** mit einem Radikalanion $O^{\bullet-}$ bzw. einem Oxen O als Liganden an Bedeutung gewinnen. Dementsprechend erniedrigt sich die Oxidationszahl *ON* von M um eine bzw. um zwei Einheiten.

	1a	1b	1c	1d
ON(M)/Ligand:	$+n/O^{2-}$	$+n/O^{2-}$	$+(n-1)/O^{\bullet-}$	$+(n-2)/O$

- *Komplexe $L_xM(O_2)$ (2).* Für Komplexe **2** sind die mesomeren Grenzformeln **2a**–**2e** zu schreiben, die einen Disauerstoffkomplex **2a** (Ligand: O_2), einen Hyperoxidokomplex (Superoxidokomplex) **2b**/**2c** (Ligand: $O_2^{\bullet-}$) bzw. einen Peroxidokomplex **2d**/**2e** (Ligand: O_2^{2-}) repräsentieren. Entsprechend erhöht sich die Oxidationszahl *ON* von M um eine bzw. um zwei Einheiten.

	2a	2b	2c	2d	2e
ON(M)/Ligand:	$+n/O_2$	$+(n+1)/O_2^{\bullet-}$	$+(n+1)/O_2^{\bullet-}$	$+(n+2)/O_2^{2-}$	$+(n+2)/O_2^{2-}$

- *Elektronenvariable Komplexe.* Siehe Beispiel auf S. 53.

Aus dem Gesagten folgt, dass eine zutreffende Zuordnung der Oxidationsstufe von M in einem Metallkomplex nur vorgenommen werden kann, wenn die Elektronenstruktur bekannt ist. Diesbezügliche Kenntnisse sind aus magnetischen Messungen, spektroskopischen (z. B. ESR-, Mößbauerspektroskopie) und strukturellen Untersuchungen sowie aus quantenchemischen Rechnungen zu erhalten [41, 42].

14.3 C–H-Funktionalisierungen von Alkanen

14.3.1 Einführung

Alkane sind die am wenigsten reaktiven Kohlenwasserstoffe. Die niederen Homologen, insbesondere Methan, sind Hauptbestandteile von Erdgas, das reichhaltig als Rohstoff vorhanden ist. Seine direkte stoffliche Verwertung durch C–H-Funktionalisierung,

$$\text{R–H} \longrightarrow \text{R–X},$$

selektiv zu höher veredelten Produkten (X: Funktionalität wie OR', NR'$_2$, Cl, ...; R = Alkyl; R' = H, Alkyl, ...) ist von grundlegendem wissenschaftlichen und industriellen Interesse. Eine effektive katalytische Reaktionsführung ist eine der großen Herausforderungen der Metallkomplexkatalyse.

Grundsätzlich beinhalten derartige Reaktionen Spaltungen von sehr stabilen C–H-Bindungen. Das wird als C–H-Aktivierung bezeichnet, die nur sehr schwer zu erreichen ist. C_{sp^3}–H-Bindungen sind fast unpolar (Methan: pK_a ca. 48) und gehören zu den stärksten Einfachbindungen überhaupt. Die homolytischen Bindungsdissoziationsenthalpien $\Delta_d H^{\ominus}$ von C_{sp^3}–H-Bindungen liegen zwischen 400 und 440 kJ/mol. Die Stabilitätsabfolge H_3C–H > RH_2C–H > R_2HC–H > R_3C–H lässt erwarten, dass in radikalischen Reaktionen bevorzugt verzweigte Produkte gebildet werden, die häufig unerwünscht sind. Probleme hinsichtlich der Regioselektivität ergeben sich bei höheren Alkanen durch eine Vielzahl gleichartiger C–H-Bindungen. Darüber hinaus werden bei Einführung eines Substituenten X in den meisten Fällen die C–H-Bindungen am gleichen C-Atom geschwächt (Beispiel: $\Delta_d H^{\ominus}$ in CH_3X in kJ/mol: 439, X = H; 419, X = Cl; 402, X = OH; 393, X = NH_2), sodass Mehrfachfunktionalisierungen dominieren können.

Metallkatalysierte radikalische oxidative Funktionalisierungen von Kohlenwasserstoffen mit Sauerstoff wie die Oxidation von *p*-Xylol zur Terephthalsäure (Co/Mn), von Cyclohexan zu Cyclohexanon (Co) oder von Butan zur Essigsäure (S. 131) haben eine große industrielle Bedeutung. Die redoxaktiven Metallionen bzw. -komplexe (Co^{II}/Co^{III}, Mn^{II}/Mn^{III}) sind zwar primär durch Elektronenübertragungen an der Bildung von Radikalen wie ROO·, RO· und R· beteiligt, C–H-Aktivierungen unter Ausbildung von Organometallverbindungen finden aber nicht statt.

14.3.2 C–H-Aktivierungen von Alkanen

Cyclo- und Orthometallierungen

C–H-Aktivierungen sind inhärente Bestandteile von C–H-Funktionalisierungsreaktionen. Stöchiometrisch verlaufende Reaktionen unter intramolekularer C–H-Aktivierung sind leichter zu realisieren als solche, denen eine intermolekulare C–H-Aktivierung zugrunde liegt. C–H-Aktivierungen können unter oxidativer Addition der C–H-Bindung, der oft eine agostische C–H···M-Wechselwirkung vorausgeht, zu Hydridoorganylkomplexen führen (**77** → **78**). Es können aber auch unter Abspaltung eines anionischen Liganden X^- (Cl^-, AcO^-, ...) Metallacyclen und HX gebildet werden (**77'** → **78'**).

77 **78** **77'** **78'**

C–H-Aktivierungen **77** → **78**/**77'** → **78'**, bei denen Y ein beliebiges kovalent gebundenes Atom ist, werden als Cyclometallierungen bezeichnet. Ist YR_n eine neutrale Donorgruppe, (NR_2, PR_2, ...) bilden sich metallorganische Innerkomplexe **78**/**78'**. Besonders leicht verlaufen Cyclometallierungen, wenn ihnen eine Aktivierung einer aromatischen *ortho*-C–H-Bindung, also eine Orthometallierung, zugrunde liegt. Als Beispiel ist eine bereits bei Raumtemperatur ablaufende Orthopalladierung von Benzylaminen zu **79** angeführt.

Pd(OAc)₂ / – HOAc → 1/2 **79**

Konventionelle Pd-katalysierte C–C-Kreuzkupplungen (vgl. Abbildung 12.1, S. 350) können durch C–H-Aktivierungen – insbesondere von Aryl-C–H-Bindungen – modifiziert werden:

*Oxidative direkte Arylierung (Reaktionsprinzip **a**).* Das Intermediat **6** (Abbildung 12.1) wird nicht durch oxidative Addition von RX an [Pd^0] erzeugt (**5** → **6**), sondern durch C–H-Aktivierung, z. B. ausgehend von $Pd(OAc)_2$ (**80** → **81**). Da der Reaktionszyklus mit [Pd^0] endet (**81** → **7** → **5**), ist abschließend eine Oxidation $Pd^0 \rightarrow Pd^{II}$ (**5** → **80**) erforderlich (vgl. Aufgabe 14.4).

*Nichtoxidative direkte Arylierung (Reaktionsprinzip **b**).* An die Stelle der Transmetallierung (**6** → **7**) tritt eine C–H-Aktivierung, wobei es notwendig sein kann, vorangehend einen geeigneten anionischen Liganden (z. B. RCO_2^-) einzuführen (**6** → **82** → **83**).

(a) Ar–H + [M]–Ar' ⟹ Ar–Ar'

(b) Ar–X + H–Ar' ⟹ Ar–Ar'

[Pd^0] —Oxid.→ [Pd](OAc)(OAc) —+ Ar–H / – HOAc→ [Pd](Ar)(OAc) →

5 **80** **81 ≡ 6**

[Pd](Ar)(X) —+ RCO_2^- / – X^-→ [Pd](Ar)(O_2CR) —+ Ar'–H / – RCO_2H→ [Pd](Ar)(Ar') →

6 **82** **83 ≡ 7**

Im Vergleich mit klassischen Kreuzkupplungen entfällt bei **a** der Einsatz von Organylhalogeniden, während bei **b** keine Transmetallierungsagenzien [M]–R' bereitgestellt werden müssen. Auch dehydrierende Kreuzkupplungen, die beide Methoden kombinieren (*Reaktionsprinzip*: Ar–H + H–Ar' => Ar–Ar'), sind beschrieben (vgl. Aufgabe 14.4). Die hier skizzierten Verfahren sind zukunftsträchtig und sind in ausgewählten Bereichen bereits jetzt eine Alternative für konventionelle Kreuzkupplungen [43, 44, 45].

Aufgabe 14.4

□ Formulieren Sie die durch $Pd(OAc)_2$ katalysierte Reaktion von 3-Methylbenzoesäure mit Kaliumtrifluorophenylborat in Gegenwart von Luft oder Sauerstoff. Begründen Sie die Selektivität und geben Sie einen möglichen Mechanismus an.

- In speziellen Fällen können C–H-Aktivierungen (insbesondere Orthometallierungen) Grundlage für eine palladiumkatalysierte Biarylsynthese im Sinne einer dehydrierenden Kreuzkupplung sein. Als Beispiel ist die Reaktion eines Acetanilids **1** mit *o*-Xylol **2** zum Biaryl **3** angeführt:

$$\mathbf{1} + \mathbf{2} \xrightarrow[\text{(120 °C, 7 h)}]{Pd(OAc)_2/Cu(OTf)_2,\ O_2\ (1\ bar),\ EtCOOH} \mathbf{3}$$

Damit liegt eine Biarylsynthese vor, bei der als Substrate weder Organohalogen- noch Organometallverbindungen zum Einsatz kommen, wie das bei konventionellen Kreuzkupplungen der Fall ist. Formulieren Sie einen möglichen Mechanismus, der eine Orthometallierung von **1** gefolgt von einer C–H-Aktivierung von **2** via Protonenübertragung auf einen Carboxylatoliganden beinhaltet.

Cyclometallierungen unter Aktivierung von C_{sp^3}–H-Bindungen sind schwieriger zu realisieren als die von C_{sp^2}–H-Bindungen und sind erstmals von J. Chatt 1965 nachgewiesen worden: Die Reduktion von Übergangsmetallhalogeniden mit Natriumnaphthalid in Gegenwart von dmpe ($Me_2PCH_2CH_2PMe_2$) führt zu dmpe-Komplexen der nullwertigen Metalle (M = V, Cr, Mo, Fe, Co, ...). Im Unterschied dazu wird bei der Reaktion von $[RuCl_2(dmpe)_2]$ unter intermolekularer C_{sp^2}–H-Aktivierung ein Hydrido(naphthyl)ruthenium(II)-Komplex (**84**) gebildet. Komplex **84** unterliegt bei 150 °C einer reduktiven Eliminierung von Naphthalin und unter Aktivierung einer C_{sp^3}–H-Bindung wird ein dimerer Hydridokomplex erhalten (**84** → **85**).

$$[RuCl_2(dmpe)_2] \xrightarrow[-\,2\,NaCl,\ -\,C_{10}H_8]{+\,2\,Na[C_{10}H_8]} \mathbf{84} \xrightarrow[-\,C_{10}H_8]{T} \tfrac{1}{2}\ \mathbf{85}$$

Intermolekulare C–H-Aktivierungen von Alkanen

Zentrale Intermediate bei C–H-Aktivierungen sind σ-Alkankomplexe, die inzwischen auch in Substanz isoliert und sogar strukturell (**86**)[1] charakterisiert werden konnten. Im Hinblick auf katalytische Funktionalisierungen sind die wichtigsten C–H-Aktivierungsreaktionen von Alkanen [46, 47]:

86

- *Oxidative Additionen* (**87** → **88**) unter Bildung von Alkylhydridometallkomplexen bei Erhöhung der Oxidationsstufe von M um zwei Einheiten. Ein σ-Alkankomplex **87'** als Zwischenstufe gewährleistet die Substrataktivierung.

[1] Komplex **86**, der einen Pentanliganden über zwei C–H···Rh-Wechselwirkungen (η^2-HC^2; η^2-HC^4) koordiniert hat, ist durch Hydrierung (2 bar H_2, 298 K, 2 min) von Einkristallen des entsprechenden Penta-1,3-dien-Komplexes hergestellt worden (Einkristall-zu-Einkristall-Umwandlung im Feststoff-Gas-System).

$[M^n] + R{-}H \longrightarrow [M^n]{\leftarrow}(R{-}H) \longrightarrow [M^{n+2}](R)(H)$

87 **87'** **88**

Oxidative C–H-Additionen sind typisch für späte Übergangsmetalle in tiefen Oxidationsstufen. Der unmittelbare Precursorkomplex (**87** bzw. **89** im folgenden Beispiel) wird meistens in situ erzeugt, z. B. durch thermisch oder photochemisch induzierte reduktive Eliminierung, wie es nachfolgend an einem Beispiel gezeigt ist (R–H = Cyclohexan, Neopentan, ...):

hv, $- H_2$; R–H

Me$_3$P, Ir, H, H — Me$_3$P, Ir — Me$_3$P, Ir, H, R

(Ir^{III}, 18 *ve*) **89** (Ir^{I}, 16 *ve*) (Ir^{III}, 18 *ve*)

Weitere Beispiele für Komplexfragmente, an denen oxidative Additionen von Alkanen realisiert wurden, sind d^{10}-Pt^0L_2- und T-förmige d^8-$Pt^{II}L_3$-Fragmente [48]. Detailliert untersucht ist die Umsetzung des kationischen Komplexes $[Pt(CH_3)(s)(N^\frown N)]^+$ (**90**, $N^\frown N$ = ArN=CMe–CMe=NAr, Ar = 3,5-Di-*tert*-butylphenyl; Anion: $[B(C_6F_5)_3(OCH_2CF_3)]^-$) in CF_3CH_2OH (s) als Lösungsmittel mit Cyclohexan. Der oxidativen Addition von Cyclohexan (**90** → **91**) und der reduktiven Eliminierung von Methan (**91** → **91'**) geht jeweils die Bildung eines σ-Komplexes voraus. Die abschließende β-H-Eliminierung führt dann zu einem kationischen Cyclohexen(hydrido)-Komplex **92** ([Pt] = $Pt(N^\frown N)$) [49].

⊕ [Pt] CH$_3$, s + Cyclohexan $\xrightarrow{-\,s}$ ⊕ [Pt] CH$_3$, H ⇌ ⊕ [Pt]–CH$_3$, H ⇌ ⊕ [Pt] H, CH$_3$ $\xrightarrow[-\,CH_4]{+\,s}$ ⊕ [Pt] s $\xrightarrow{-\,s}$ ⊕ [Pt] H

90 **91** **91'** **92**

- *Elektrophile Substitutionen* (**93**/**93'** → **95**) von C–H-Bindungen sind Substitutionen von H^+ durch einen Metallkomplex: $[M]^+ + R–H \rightarrow [M]–R + H^+$. Die Oxidationsstufe von M bleibt dabei unverändert. Das Alkan kann durch σ-Komplexbildung (**94**/**94'**) aktiviert werden. Das Proton wird entweder von einer externen Base X^- aufgenommen (**94** → **95**) oder direkt auf einen zu R–H benachbarten Liganden übertragen (**94'** → **94''** → **95**). Die zuletzt genannte Reaktion ist somit als σ-Bindungsmetathese zu klassifizieren.

Bei elektrophilen Substitutionen handelt es sich um heterolytische Spaltungen von C–H-Bindungen, die durch σ-Komplexbildung aktiviert sind, ganz analog der gut bekannten heterolytischen Spaltung von H–H-Bindungen in η^2-H_2-Komplexen (vgl. S. 78). Elektrophile Substitutionen von C–H-Bindungen sind typisch für kationische, stark elektrophile Metallkomplexe mit Zentralatomen in normalen und hohen Oxidationsstufen. Sie werden bei typischen Übergangsmetallen (Pd^{II}, Pt^{II}, Pt^{IV}, ...), aber auch bei anderen Neben- (Hg^{II}) und Hauptgruppenmetallen (Tl^{III}) gefunden (siehe S. 452 ff.).

Hinweis: Vorausgesetzt [M^n] lässt eine Erhöhung der Oxidationsstufe von M um zwei Einheiten zu, können Komplexe [M^n]–R (**95'**; Komplexladungen sind nicht berücksichtigt) sowohl über die nicht-oxidative Route **a** (analog **93**/**93'** → …) als auch über die oxidative Route **b** (analog **87** → …) erhalten werden. Es gibt Übergänge zwischen beiden Mechanismen, wenn beispielsweise bei einer elektrophilen Substitution **a** ein – mehr oder minder schwacher – [M^n]···H-Kontakt zu verzeichnen ist, ohne dass ein Hydridokomplex **88** vollständig ausgebildet wird.

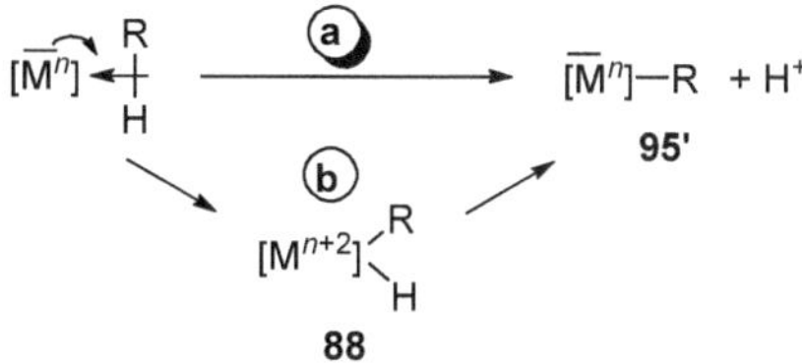

- *σ-Bindungsmetathesen* unter C–H-Aktivierung von Alkanen sind bei d^0-Komplexen der frühen Übergangsmetalle nachgewiesen und auf S. 202 im Zusammenhang mit Alkanmetathesen besprochen worden.

- *C–H-Aktivierungen durch Carbenkomplexe.* Ein Beispiel für eine C–H-Aktivierung, die als 1,2-Addition einer C–H-Bindung von $SiMe_4$ an eine Mo=C-Doppelbindung abläuft, ist die Reaktion vom Bis(neopentyl)-Komplex **96** über den Neopentyliden-Zwischenkomplex **96'** zum gemischten Trimethylsilylmethyl(neopentyl)-Komplex **97**. Die Umsetzung ist bereits bei Raumtemperatur quantitativ.

Metallgebundene Carbene (X = CRR') können in C–H-Bindungen insertieren,

$$[M]{=}X + {>}C{-}H \longrightarrow [M] + {>}C{-}X{-}H\,,$$

ohne dass das Metall direkt in Kontakt mit der C–H-Bindung kommt. Mit Diazoverbindungen als Carbenquelle, können diese Reaktionen katalytisch geführt werden. Analoge Reaktionen von metallgebundenen Nitrenen (X = NR) sind auch beschrieben [50].

□ *C–H-Aktivierungen durch Metalloradikale*

Bis(porphyrinato)rhodium(II)-Komplexe **98** ([Rh] = Rh(por); H_2por = Tetraxylyl-, Tetramesitylporphyrin) verfügen nur über eine sehr schwache Rh–Rh-Bindung[1] und liegen im Gleichgewicht mit den monomeren Rh^{II}-Komplexen (d^7) vor. Sie reagieren in einer reversiblen Reaktion mit Methan zu einem Gemisch (1 : 1) des Methyl- und Hydridorhodium(III)-Komplexes **99a/99b**. Die Reaktion verläuft sehr wahrscheinlich über einen linearen Vierzentren-Übergangszustand **TS**.

[Rh]–[Rh] ⇌ 2 [Rh]• (**98**) + CH_4 ⇌ {[Rh]•---CH_3(H)--H--•[Rh]}‡ (**TS**) ⇌ [Rh]–CH_3 (**99a**) + H–[Rh] (**99b**)

14.3.3 C–H-Funktionalisierungen

Funktionalisierungen von Alkanen R–H (**100**) → R–X (**101**) entsprechen einer Oxidation des Alkans, sofern $\chi(X) > \chi(C)$ (χ = Elektronegativität) gilt. Reaktionen, die nach der allgemeinen Gleichung

$$\underset{\mathbf{100}}{\text{R–H}} + X^- \xrightarrow{\text{Kat.}} \underset{\mathbf{101}}{\text{R–X}} + H^+ + 2\,e^-$$

ablaufen, liegen als Teilreaktionen eine C–H-Aktivierung (Spaltung einer C–H-Bindung) und eine Funktionalisierung (Knüpfung einer C–X-Bindung) zugrunde. Darüber hinaus macht die Elektronenbilanz klar, dass eine Redoxreaktion notwendiger Bestandteil der Reaktionsführung ist: Es wird in stöchiometrischer Menge ein Oxidationsmittel benötigt.

Die hier zu besprechenden homogen metallkatalysierten Reaktionen beinhalten Chlorierungen von Alkanen ($X^- = Cl^-$) sowie Oxidationen von Alkanen zu Alkoholen ($X^- = OH^-$) bzw. Alkylestern ($X^- = HO_3SO^-$) [51, 52].

Das Shilov-Katalysatorsystem

Anfang der 1970er-Jahre hat A. E. Shilov (Akademie der Wissenschaften, Chernogolovka b. Moskau) über Platin(II)-katalysierte ($[PtCl_4]^{2-}$) Alkanfunktionalisierungen (**100** → **101**) in wässrig saurem Medium berichtet, bei denen Hexachloridoplatinsäure als primäres Oxidationsmittel fungiert [53].

$$\underset{\mathbf{100}}{\text{R–H}} + Cl^- \xrightarrow[\text{[PtCl}_4]^{2-},\ 120\,°\text{C}]{[PtCl_6]^{2-} \to [PtCl_4]^{2-} + 2\,Cl^-} \underset{\mathbf{101}}{\text{R–Cl}} + H^+$$

Als weitere Produkte werden Alkohole gebildet. Im Unterschied zu radikalischen Chlorierungen ergibt sich für Pt-katalysierte Reaktionen die Selektivität C–H (primär) > C–H (sekundär) > C–H (tertiär).

---

[1] $\Delta_d H$ ca. 70 kJ/mol für den Octaethylporphyrinato-Komplex [Rh]–[Rh].

Der katalytisch aktive Komplex **102** ist wahrscheinlich ein Aqua–Chlorido-Platin(II)-Komplex $[PtCl_3(H_2O)]^-/[PtCl_2(H_2O)_2]$, der aus $[PtCl_4]^{2-}$ durch Ligandensubstitution gebildet wird. Nach σ-Komplexbildung mit R–H wird ein Proton abgespalten, was maßgeblich durch seine Hydratation (Lösungsmittel: H_2O) begünstigt wird (**102** → **103** → **104**; ohne Kennzeichnung der Komplexladungen). Der Reaktionstyp ist nicht sicher geklärt, möglicherweise liegt eine elektrophile Substitution vor, die durch einen schwachen Pt···H-Kontakt unterstützt wird.

$$\underset{\mathbf{102}}{[Pt^{II}]{-}OH_2} \xrightleftharpoons[-\,H_2O]{+\,H{-}C\leqslant} \underset{\mathbf{103}}{[Pt^{II}]{-}H{-}C} \xrightleftharpoons[-\,H_3O^+]{+\,H_2O} \underset{\mathbf{104}}{[Pt^{II}]{-}C\leqslant} \xrightarrow[-\,[PtCl_4]^{2-}]{+\,[PtCl_6]^{2-}} \underset{\mathbf{105}}{Cl{-}[Pt^{IV}]{-}C\leqslant} \longrightarrow \underset{\mathbf{106}}{[Pt^{IV}]{-}C \cdots Cl^-}$$

$$\mathbf{106} \xrightarrow[-\,\geqslant C{-}Cl]{-\,Cl^-,\ +\,H_2O} \mathbf{102}$$

Oxidation des Alkylplatin(II)-Komplexes mit Hexachloridoplatinat ergibt via Elektronenübertragung (und *nicht* durch Alkylgruppenaustausch!) einen Alkylplatin(IV)-Komplex (**104** → **105**). Chloridabspaltung und nucleophiler Angriff von Cl^- auf das α-C-Atom des Alkylliganden führen zur Bildung von RCl und (nach Abspaltung von Cl^- und Anlagerung von H_2O) zur Rückbildung des Katalysatorkomplexes (**105** → **106** → **102**). Bei dieser Reaktion handelt es sich um eine reduktive Eliminierung, die im Sinne einer S_N2-Reaktion abläuft (vgl. mit oxid. S_N2-Additionen, S. 37); sie wird in diesem Zusammenhang oft als reduktive Funktionalisierung bezeichnet. Andere mechanistische Alternativen sind nicht auszuschließen [54, 55].

Das Catalytica-System – Hg^II als Katalysator

R. A. Periana von der Catalytica Inc. (jetzt: Scripps Research Institute, USA) hat ein selektives quecksilberkatalysiertes System für die Methanoxidation zu Methanol gefunden. Ausgangspunkt war eine stöchiometrische, fast quantitativ verlaufende Umsetzung von Methan mit Quecksilber(II)-triflat zu Methyltriflat unter Reduktion von Hg^{II} zu Hg^{I} (**107** → **108**).

$$\underset{\mathbf{107}}{CH_4} + 2\,Hg(CF_3SO_3)_2 \xrightarrow[180\,°C]{} \underset{\mathbf{108}}{CF_3SO_3CH_3} + Hg_2(CF_3SO_3)_2 + CF_3SO_3H$$

In wasserfreier Schwefelsäure wird der entsprechende Methylester gebildet (**107** → **109**) und Schwefelsäure übernimmt die Rolle als Oxidationsmittel, sodass die Reaktion bezüglich Hg^{II} katalytisch ist.

$$\underset{\mathbf{107}}{CH_4} + 2\,H_2SO_4 \xrightarrow[180\,°C]{[Hg^{II}]} \underset{\mathbf{109}}{CH_3OSO_3H} + 2\,H_2O + SO_2$$

Hydrolyse von **109** (**109** + H_2O → MeOH + H_2SO_4) und Reoxidation von SO_2 (SO_2 + 1/2 O_2 → SO_3) ergibt als Bruttoreaktion eine Oxidation von Methan mit Sauerstoff zu Methanol (**107** + 1/2 O_2 → MeOH), womit im Prinzip gezeigt ist, dass Kohlenwasserstoffe in einem homogen katalysierten Prozess selektiv oxidiert werden können.

Wahrscheinlich ist der Mechanismus der Oxidation von Methan (**107** → **109**) analog dem Shilov-Prozess: Elektrophile Substitution von Methan führt zur Bildung einer Methylquecksilber(II)-Verbindung (C–H-Aktivierung: **110** → **111**). Die Zwischenstufe **111** ist direkt

NMR-spektroskopisch nachgewiesen worden. Dann wird der Methylligand in **111** unter Reduktion von Hg^{II} und H_2SO_4 nucleophil substituiert (Alkanfunktionalisierung: **111** → **112**). Reoxidation von Hg^{I} durch Schwefelsäure schließt den Katalysezyklus (**112** → **110**).

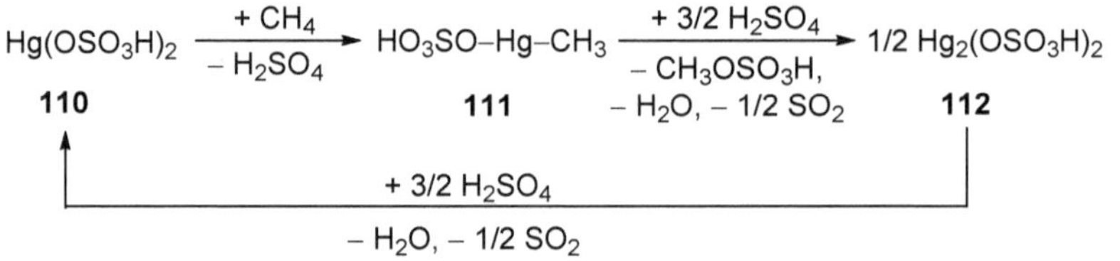

$$\underset{\mathbf{110}}{Hg(OSO_3H)_2} \xrightarrow[-\,H_2SO_4]{+\,CH_4} \underset{\mathbf{111}}{HO_3SO\text{–}Hg\text{–}CH_3} \xrightarrow[-\,CH_3OSO_3H,\ -\,H_2O,\ -\,1/2\,SO_2]{+\,3/2\,H_2SO_4} \underset{\mathbf{112}}{1/2\,Hg_2(OSO_3H)_2}$$

$$\mathbf{112} \xrightarrow[-\,H_2O,\ -\,1/2\,SO_2]{+\,3/2\,H_2SO_4} \mathbf{110}$$

Die Verwendung von starken Säuren als Lösungsmittel hat zumindest zwei Vorteile: Die konjugierten Basen (hier: Hydrogensulfat) sind nur schwach koordinierend, sodass das Zentralatom (hier: Hg^{II}) hochelektrophil ist. Darüber hinaus wird der Alkohol durch die Veresterung zuverlässig vor weiterer Oxidation geschützt.

Das Catalytica-System – Pt^{II} als Katalysator

Ein analoges Verfahren ist mit einem 2,2'-Bipyrimidinplatin(II)-Komplex [PtX_2(bpym)] (**113**; X = Cl, CF_3CO_2) als Präkatalysator entwickelt worden:

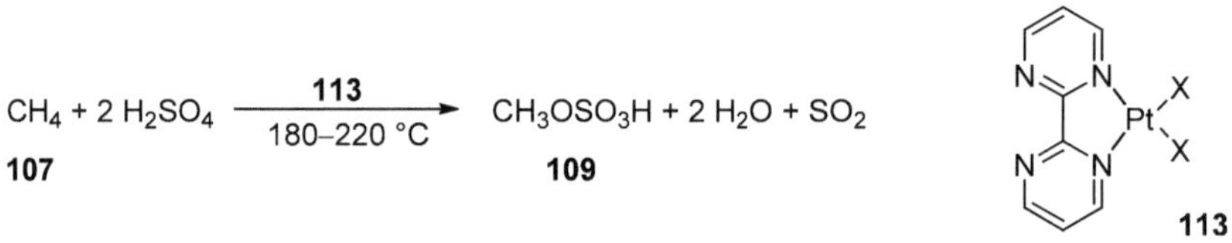

$$\underset{\mathbf{107}}{CH_4 + 2\,H_2SO_4} \xrightarrow[180\text{–}220\,°C]{\mathbf{113}} \underset{\mathbf{109}}{CH_3OSO_3H} + 2\,H_2O + SO_2$$

113

Wasser, eines der Reaktionsprodukte, und Methanol wirken als Inhibitoren, sodass in rauchender H_2SO_4 gearbeitet wird. Das Katalysatorsystem zeigt eine bemerkenswert hohe Aktivität (*TOF* ca. $10^{-3}\ s^{-1}$; 220 °C, 3 h, 34 bar CH_4) und Stabilität (*TON* ca. 300 ohne Verlust an Aktivität) sowie eine hohe Selektivität (ca. 81 %) bei einem Methanumsatz von 90 %.

Durch Reaktion von **113** mit H_2SO_4 wird unter Abspaltung von HCl bzw. CF_3COOH die katalytisch aktive Spezies **113'** gebildet. Soweit bislang bekannt, liegt der bpym-Ligand monoprotoniert vor und ist mindestens einer der beiden anionischen Liganden ein Hydrogensulfat. Methanaktivierung führt unter Abspaltung von HX zu einem Methylplatin(II)-Komplex (**113'** → **114**), der mit Schwefelsäure zu einem Pt^{IV}-Komplex oxidiert wird (**114** → **115**). Reduktive Eliminierung von CH_3X = CH_3OSO_3H schließt den Katalysezyklus (**115** → **113'**).

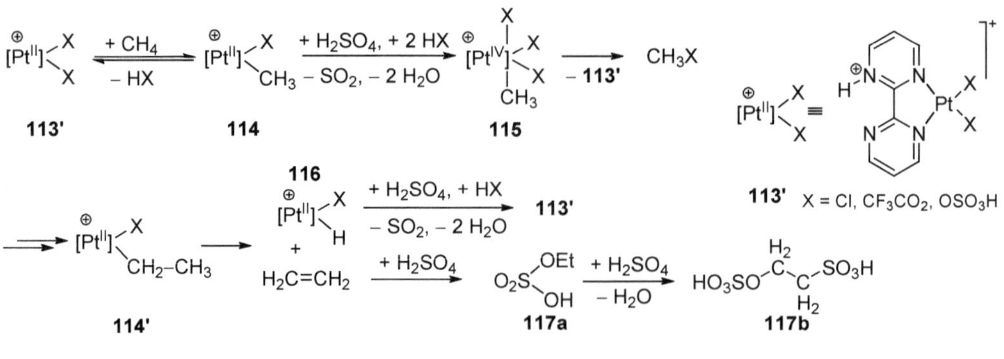

$$\underset{\mathbf{113'}}{[Pt^{II}]^{\oplus}X_2} \underset{-\,HX}{\overset{+\,CH_4}{\rightleftharpoons}} \underset{\mathbf{114}}{[Pt^{II}]^{\oplus}(X)CH_3} \xrightarrow[-\,SO_2,\ -\,2\,H_2O]{+\,H_2SO_4,\ +\,2\,HX} \underset{\mathbf{115}}{[Pt^{IV}]^{\oplus}X_3CH_3} \xrightarrow[-\,\mathbf{113'}]{} CH_3X$$

113' X = Cl, CF_3CO_2, OSO_3H

$$\rightleftharpoons \underset{\mathbf{114'}}{[Pt^{II}]^{\oplus}(X)CH_2\text{–}CH_3} \longrightarrow \underset{\mathbf{116}}{[Pt^{II}]^{\oplus}(X)H} + H_2C{=}CH_2$$

$$\mathbf{116} \xrightarrow[-\,SO_2,\ -\,2\,H_2O]{+\,H_2SO_4,\ +\,HX} \mathbf{113'}$$

$$H_2C{=}CH_2 \xrightarrow{+\,H_2SO_4} \underset{\mathbf{117a}}{O_2S(OEt)(OH)} \xrightarrow[-\,H_2O]{+\,H_2SO_4} \underset{\mathbf{117b}}{HO_3SO\text{–}CH_2\text{–}CH_2\text{–}SO_3H}$$

Überraschenderweise verläuft die C–H-Funktionalisierung von Ethan zu **117a/117b** um zwei Zehnerpotenzen schneller als die von Methan (**113**, X = CF_3CO_2; 98 % H_2SO_4; 160 °C). Das ist auf einen anderen Mechanismus zurückzuführen: Wahrscheinlich wird zunächst analog **114** der Ethylkomplex **114'** gebildet, aus dem durch β-Hydrideliminierung Ethen freigesetzt wird (**114** → **116**), welches mit Schwefelsäure – ohne dass es einer Pt-Katalyse bedarf – unter den Reaktionsbedingungen zu den Produkten **117a/117b** reagiert. Oxidation von $[Pt^{II}]$–H mit Schwefelsäure schließt den Katalysezyklus (**116** → **113'**).

Eine Protonierung des bpym-Liganden ist für die Katalyse von Bedeutung: Zum einen wird dadurch die Elektrophilie des Platinatoms erhöht, was die C–H-Aktivierung erleichtert. Des Weiteren wird aber auch die Elektronendichte im aromatischen System verringert, wodurch elektrophile aromatische Substitutionen und ein oxidativer Abbau erschwert werden, sodass das Ligandensystem unter den Reaktionsbedingungen ausnehmend stabil ist.[1] Es erfolgt aber Oxidation zu einem (katalytisch inaktiven) Pt^{IV}-Komplex $[PtX_4(Hbpym)]^+$ (X = OSO_3H, Cl). Dieser kann aber – anstelle von H_2SO_4 – die Oxidation **114** → **115** bewerkstelligen und so in einen katalytisch aktiven Pt^{II}-Komplex zurückgeführt werden. Dieser „Selbst-Reparaturmechanismus" scheint wesentlich für die Aktivität und Produktivität des Katalysators zu sein. Ein derartiger Reparaturmechanismus wird für das Shilov-System nicht benötigt, da dort durch das Oxidationsmittel ($[PtCl_6]^{2-}$) stetig Pt^{II} generiert wird.

Im Unterschied zu dem platinhaltigen System katalysiert $PdSO_4/H_2SO_4$ (180 °C, *TON* = 18 in 7 h) die Oxidation von Methan zur Essigsäure als Hauptprodukt [56, 57].

Cytochrom P-450

Cytochrom P-450-Enzyme können zahlreiche organische Substrate oxidieren, darunter aliphatische Kohlenwasserstoffe R–H zu Alkoholen:

C–H —[O], *Cytochrom P-450*→ C–OH

75 (Su = R–H) → **75a** → **75b** —+ H_2O, – ROH→ **69**

Der eigentliche Oxidationsschritt (**75** → **69**; vgl. Abbildung 14.4, S. 445) ist radikalischer Natur: **75** abstrahiert vom Substrat ein H-Atom und nachfolgend wird das *C*-zentrierte Radikal an O gebunden (**75** → **75a** → **75b**). Ligandensubstitution setzt das Produkt frei (**75b** → **69**).

75 ist als ein Fe^{IV}-Komplex mit einem oxidierten Ligandensystem ($[(Cys^-)(por^{\bullet-})Fe^{IV}{=}O] \leftrightarrow [(Cys^\bullet)(por^{2-})Fe^{IV}{=}O]$) und **69** als ein Fe^{III}-Komplex mit nicht-oxidiertem Ligandensystem ($[(Cys^-)(por^{2-})Fe^{III}{-}OH_2]$) zu beschreiben. Somit schließt die Reaktion **75** → **69** neben dem Sauerstofftransfer zum Substrat (R–H) eine Zweielektronenreduktion des Häm-Fe-Komplexes ein [35, 36, 38].

[1] Selbst in Oleum mit 20 % SO_3 (200 °C, 50 h) ist keine Zersetzung des Liganden beobachtet worden.

Aufgabe 14.5

Entscheidend für den Reaktionsweg **75** → ...→ **69** ist, dass beim Oxidoeisen(IV)-Komplex **75** die produktive C–H-Spaltung (**75** → **75a**) mit einer unproduktiven Oxidation der Proteinumgebung,

$$[Fe^{IV}]{=}O\ (\mathbf{75}) + AS \longrightarrow [Fe^{IV}]{-}O^{-} + AS^{+} \longrightarrow \ldots \quad (AS = \text{Aminosäure}),$$

erfolgreich konkurrieren kann. Warum ist das der Fall? Beziehen Sie in Ihre Überlegungen die elektronischen Eigenschaften des *trans*-ständigen Cys^{-}-Liganden ein.

14.4 Lösungen der Aufgaben und Literatur

14.4.1 Lösungen der Aufgaben

Aufgabe 14.1

Bei niedrigen Konzentrationen an Cl^{-} wird der Allylalkohol **1** zur entsprechenden Carbonylverbindung oxidiert (**1** → **1 '** → **2** → **3**). Dieser Reaktionsablauf entspricht der Wacker-Reaktion, vgl. mit den Reaktionen **3** → ... → **7** in Abbildung 14.1. Der letzte Schritt bei der (nicht-oxidativen) Doppelbindungsverschiebung bei hohen Konzentrationen an Cl^{-} (**1** → **1'** → **2** → **4**) ist die Umkehrung einer Hydroxypalladierung (*syn-* bzw. *anti*-Eliminierung). Bei der *anti*-Eliminierung handelt es sich um eine heterolytische Fragmentierung.

Hohe Konzentrationen an Cl^{-} erschweren Ligandensubstitutionen Cl^{-} *vs.* H_2O und damit die Bildung von Aqua–Chlorido- bzw. Hydroxido–Chlorido-Komplexen. Entsprechendes gilt für Ligandensubstitutionen Cl^{-} *vs.* MeOH und die Bildung von Methanol–Chlorido- bzw. Methoxy–Chlorido-Komplexen. Ein derartiges Intermediat **1'** (für diesen Fall gilt: **1'** = *cis*-$[PdCl_2(MeOH)(\mathbf{1})]$, vgl. mit **3b** in Abbildung 14.1) ist aber Voraussetzung für eine *syn*-Methoxypalladierung, sodass eine *anti*-Methoxypalladierung erfolgt (**1'** → (*R*,*S*)-**2**). Darüber hinaus erfordert eine schnell ablaufende β-H-Eliminierung (vgl. **4** → **5** in Abbildung 14.1) aber auch einen leicht abspaltbaren Liganden (MeOH) in (*R*,*S*)-**2**, sodass anstelle dessen eine *anti*-Eliminierung (heterolytische Fragmentierung) zur nicht-oxidativen Doppelbindungsverschiebung führt: (*R*,*S*)-**2** → (*S*)-(*Z*)-**4**.

Die Doppelbindung des chiralen Allylalkohols **1** ist prochiral. Der stabilere von den beiden diastereomeren Pd^{II}-Komplexen ist gezeichnet (**1'**). Dieser wird gebildet; es handelt sich um eine diastereofaciale Differenzierung, für die die allylische OH-Gruppe verantwortlich zeichnet. Damit kann aus der Konfiguration des neu gebildeten Stereozentrums in **2** (*S* *vs.* *R*) abgeleitet werden, ob der Bildung der Produkte **3**/**4** eine *anti*- oder eine *syn*-Methoxypalladierung zugrunde liegt.

Vertiefung: Bei einer *anti*-Methoxypalladierung ist das neu gebildete Stereozentrum *S*-konfiguriert (**1'** → (*R*,*S*)-**2**) und bei einer *syn*-Methoxypalladierung *R*-konfiguriert (**1'** → (*R*,*R*)-**2**). Die Konfiguration dieses Stereozentrums bleibt erhalten, unabhängig davon, ob eine Wacker-Oxidation zu **3** oder eine Doppelbindungsverschiebung zu **4** erfolgt. Bildet sich **4**, führt eine *syn*-Eliminierung zum (*E*)-Isomer des Olefins und eine *anti*-Eliminierung zum (*Z*)-Isomer. Das ist anhand von Newman-Projektionen veranschaulicht, gegebenenfalls fertigen Sie sich ein virtuelles 3D-Modell von **2** an, um das Verständnis zu erleichtern. *Fazit:* Die Stereochemie der Methoxypalladierung **1'** → **2** bestimmt sowohl bei der Wacker-Oxidation als auch bei der Doppelbindungsverschiebung die Konfiguration der Produkte. Es gilt: *anti:* (*S*)-**3**/(*S*)-(*Z*)-**4**; *syn:* (*R*)-**3**/(*R*)-(*E*)-**4**.

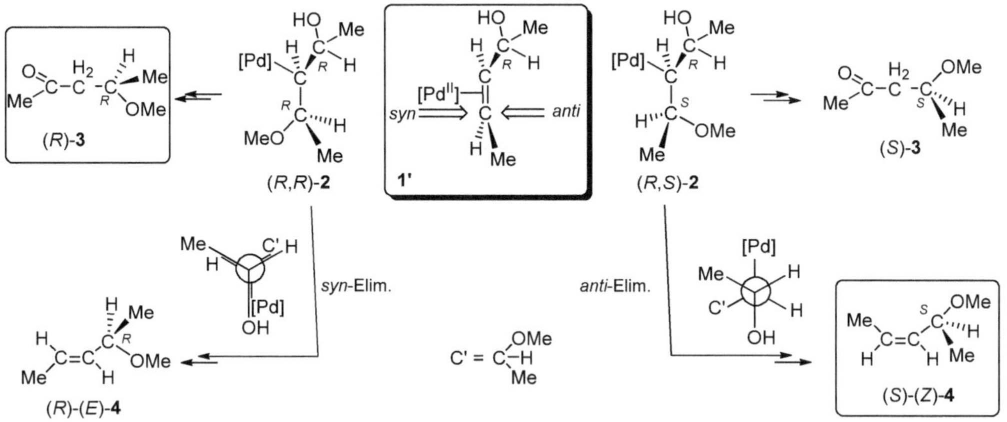

Experimentell führt die Reaktion bei niedrigen Cl^--Konzentrationen über eine *syn*-Methoxypalladierung zum Wacker-Produkt (*R*)-**3** und bei hohen Cl^--Konzentrationen findet über eine *anti*-Methoxypalladierung und *anti*-Eliminierung (heterolytische Fragmentierung) eine Doppelbindungsverschiebung zu (*S*)-(*Z*)-**4** statt. Eine umfassende Diskussion findet sich in O. Hamed, P. M. Henry, C. Thompson, *J. Org. Chem.* **1999**, *64*, 7745; [4].

Aufgabe 14.2

Nach Koordination des Olefins an Pd^{II} erfolgt eine Aminopalladierung (**1** → **2**) durch Addition des Nucleophils an die aktivierte Doppelbindung mit nachfolgender Deprotonierung. Alternativ kann ein Amidopalladiumkomplex gebildet werden, dem eine Insertion der Doppelbindung in die Pd–N-Bindung folgt. Dem schließt sich eine β-Hydrideliminierung an, die zu einem Enamid oder einem Allylamid der Toluolsulfonsäure führen kann. Letzteres wird gebildet (**2** → **3**). Deprotonierung der Palladiumhydridspezies ergibt Pd^0, das – bemerkenswerterweise – durch O_2 (1 bar) in DMSO ohne zusätzliches Reoxidans zu Pd^{II} oxidiert wird (nach A. Minatti, K. Muñiz, *Chem. Soc. Rev.* **2007**, *36*, 1142).

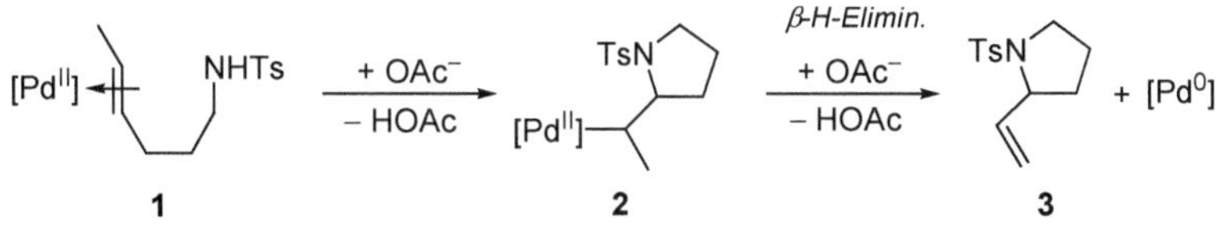

Aufgabe 14.3

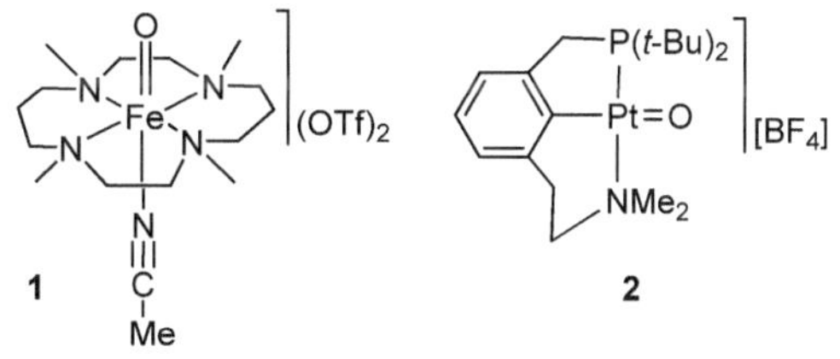

Terminale Oxidoliganden O^{2-} sind zum einen vergleichsweise harte Lewis-Basen und zum anderen starke π-Donoren; sie bilden daher besonders stabile Bindungen zu hochvalenten frühen (harten) Übergangsmetallionen, in deren Komplexen dann eine Delokalisation der Elektronen vom Sauerstoff in die leeren *d*-Orbitale von M erfolgen kann. Je weiter man im Periodensystem von den frühen zu den späten Übergangsmetallen geht, desto mehr sind deren *d*-Orbitale mit Valenzelektronen gefüllt, die auf die Oxidoliganden abstoßend wirken. So sind Oxidoliganden in Komplexen mit mehr als zwei *d*-Elektronen (wie auch bei Oxidationsstufen < +IV) üblicherweise in verbrückenden Positionen zwischen zwei oder mehreren Metallzentren zu finden. Folglich existieren auch nur wenige stabile (isolierbare) d^4-M=O-Komplexe. Der erste strukturell charakterisierte Fe^{IV}=O-Komplex – eine Oxidationsstufe, die beim Eisen bereits als stark oxidierend gilt – ist *trans*-[Fe(O)(TMC)(MeCN)]$(OTf)_2$ (**1**; TMC = 1,4,8,11-Tetramethyl-1,4,8,11-tetraazacyclotetradecan). Inzwischen ist auch ein d^6-Pt^{IV}=O-Komplex isoliert worden (**2**), der nicht einmal Coliganden mit ausgeprägten Akzeptoreigenschaften enthält, die bislang als unabdingbar zur Stabilisierung derartiger Komplexe gehalten wurden (nach C. Limberg, *Angew. Chem.* **2009**, *121*, 2305, z. T. zitiert). Wie die *d*-Elektronenkonfiguration von M in Übergangsmetallkomplexen von tetragonaler Symmetrie die Ausbildung von M=O-Mehrfachbindungen erschweren oder gänzlich unterbinden kann, was die Stabilität entsprechender Oxidokomplexe herabsetzt, wird mit dem Konzept der „Oxo-Hürde" (engl.: *oxo-wall*) beschrieben, vgl. Aufgabe 15.6, S. 489/504 (J. R. Winkler, H. B. Gray, *Struct. Bond.* **2012**, *142*, 17).

Hochvalente Oxidoeisen(V)/(VI)-Komplexe. Die Oxidation von $[Fe^{III}Cl(TAML)]^{2-}$ (**3**; TAML ist ein makrocyclischer, vierfach negativ geladener Tetraamido-κ^4N,N',N'',N'''-Ligand) mit *m*-Chlorperbenzoesäure führt zum Oxidoferrat(V)-Komplex $[Fe^{V}O(TAML)]^-$ (**4**; d^3, S = 1/2), der gelöst in MeCN erhalten und charakterisiert wurde. Bemerkenswerterweise sind Lösungen von **4** in MeCN bei Raumtemperatur stabil und **4** reagiert mit Cyclohexan unter C–H-Aktivierung zu Cyclohexanol/Cyclohexanon, wobei **3** zurückerhalten wird. Des Weiteren sind Tetraoxidoferrat(VI)-Komplexe wie $K_2[Fe^{VI}O_4]$ (d^2, S = 1) bekannt (B. Mondal, L. Roy, F. Neese, S. Ye, *Isr. J. Chem.* **2016**, *56*, 763).

Aufgabe 14.4

- Es wird in Gegenwart einer Base (K_2HPO_4) und von Benzochinon gearbeitet, um die Transmetallierung/reduktive Eliminierung zu beschleunigen. Von den beiden *ortho*-C–H-Bindungen wird die sterisch weniger abgeschirmte metalliert. Für die C–H-Aktivierung scheint eine κ^1-Koordination des Carboxylats an zweiwertiges Palladium wesentlich zu sein, denn nur diese bringt das Pd^{II} in die räumliche Nähe der *ortho*-C–H-Bindung. Eine Co-Koordination von K^+ verhindert die Ausbildung einer stabileren κ^2-Koordination des Carboxylats an Pd^{II}.

  COOH + K[BF_3Ph] —Pd$(OAc)_2$ (10 mol-%), Luft/O_2, *t*-BuOH, 100 °C→ COOH

  52 % (Luft, 1 bar, 72 h)
  65 % (O_2, 1 bar, 72 h)
  83 % (Luft, 20 bar, 24 h)

  Der Mechanismus entspricht dem zuvor diskutierten, dem ein Oxidationsstufenwechsel Pd^0/Pd^{II} zugrunde liegt mit O_2 als Oxidationsmittel. Es kann nicht strikt ausgeschlossen werden, dass zuerst die Transmetallierung zwischen Pd^{II} und K[BF_3Ph] und dann die C–H-Aktivierung stattfindet (nach D.-H. Wang, T.-S. Mei, J.-Q. Yu, *J. Am. Chem. Soc.* **2008**, *130*, 17676; [43]).

- Ein möglicher Mechanismus geht von einer Orthometallierung des Acetanilids **1** aus (**1** → **4**, R = Me, Et), dem eine *meta*-C–H-Aktivierung von **2** folgt. Weiterführende Untersuchungen belegen, dass für die ausgesprochen hohe Regioselektivität bei der C–H-Aktivierung von **2** in erster Linie sterische Ursachen maßgebend sind und dass ein Protonenabstraktionsmechanismus wie in **5** angedeutet zutreffend sein könnte (**4** → **5** → **6**). Reduktive C–C-Eliminierung (**6** → **3**) und kupferkatalysierte Reoxidation des gebildeten Pd^0 schließen den Katalysezyklus (nach B.-J. Li, S.-L. Tian, Z. Fang, Z.-J. Shi, *Angew. Chem.* **2008**, *120*, 1131; [45]).

Aufgabe 14.5

Bedingt durch die hohe Oxidationsstufe von Eisen wird in **75** ein ausnehmend elektrophiler Oxidoligand erwartet, der die Reaktion **75** → **75a** erschweren oder sogar unmöglich machen könnte. Die Triebkraft für diese Reaktion leitet sich aus der Differenz der Bindungsdissoziationsenthalpien C–H *versus* O–H ab. Letztere wiederum ([Fe] ⩵ O–H → [Fe] ⩵ O· + ·H) hängt vom Einelektronen-Reduktionspotential von **75** ([Fe]=O + e^- → [Fe] ⩵ O^-) und vom pK_a-Wert von **75a** ([Fe] ⩵ O–H → [Fe] ⩵ O^- + H^+) ab. *Hinweis:* Veranschaulichen Sie sich die Zusammenhänge anhand eines Born-Haber-Kreisprozesses, sodass Folgendes klar wird: je schwächer die Säure **75a**, umso stärker die O–H-Bindung.

Ein Thiolatoligand RS^- (hier: Cys^-) ist nicht nur *n*-, sondern auch π-Donor (S. 36). Das reduziert deutlich die Elektrophilie des *trans*-ständigen Oxidoliganden, wie am pK_a-Wert von **75a** sichtbar wird: **75a** ist eine um mindestens 8 pK_a-Einheiten schwächere Säure als vergleichbare Komplexe mit *trans*-ständigen Histidinliganden. *Zum Vergleich:* Acht pK_a-Einheiten entsprechen etwa dem Unterschied in den Säurestärken von HCO_3^- und H_3PO_4! Darüber hinaus bedingt der Thiolatoligand auch, dass **75** vergleichsweise schwer zu reduzieren ist, was eine Oxidation der Proteinumgebung erschwert bzw. sogar verhindert. Substituiert man Cys^- in **75** durch einen Histidinliganden, lässt sich ein Anstieg des Reduktionspotentials um ca. 400 mV abschätzen: „Man könnte sagen, dass der Thiolatligand die oxidative Kraft von Compound I (*Anm.:* hier **75**) ‚zähmt', ohne dabei die Triebkraft für die C–H-Aktivierung zu beeinträchtigen" (zitiert nach [38]). Eine ausführliche Diskussion findet sich in der angegebenen Literatur (vereinfacht nach T. H. Yosca, J. Rittle, C. M. Krest, E. L. Onderko, A. Silakov, J. C. Calixto, R. K. Behan, M. T. Green, *Science* **2013**, *342*, 825) [38].

14.4.2 Literatur

[1] J. Smidt, W. Hafner, R. Jira, R. Sieber, J. Sedlmeier, A. Sabel, *Angew. Chem.* **1962**, *74*, 93: „Olefinoxydation mit Palladiumchlorid-Katalysatoren"

[2] R. Jira, *Angew. Chem.* **2009**, *121*, 9196: „Acetaldehyd aus Ethylen – ein Rückblick auf die Entdeckung des Wacker-Verfahrens"

[3] J. Piera, J.-E. Bäckvall, *Angew. Chem.* **2008**, *120*, 3558: „Katalytische Oxidation von organischen Substraten durch molekularen Sauerstoff und Wasserstoffperoxid über einen mehrstufigen Elektronentransfer – ein biomimetischer Ansatz"

[4] J. A. Keit, P. M. Henry, *Angew. Chem.* **2009**, *121*, 9200: „Zum Mechanismus der Wacker-Reaktion: zwei Hydroxypalladierungen!“

[5] A. Stirling, N. N. Nair, A. Lledós, G. Ujaque, *Chem. Soc. Rev.* **2014**, *43*, 4940: „Challenges in Modelling Homogeneous Catalysis: New Answers from *Ab Initio* Molecular Dynamics to the Controversy over the Wacker Process“

[6] M. S. Sigman, E. W. Werner, *Acc. Chem. Res.* **2012**, *45*, 874: „Imparting Catalyst Control upon Classical Palladium-Catalyzed Alkenyl C–H Bond Functionalization Reactions“

[7] P. Kočovský, J.-E. Bäckvall, *Chem. Eur. J.* **2015**, *21*, 36: „The *syn/anti*-Dichotomy in the Palladium-Catalyzed Addition of Nucleophiles to Alkenes“

[8] J. M. Takacs, X.-t. Jiang, *Curr. Org. Chem.* **2003**, *7*, 369: „The Wacker Reaction and Related Alkene Oxidation Reactions“

[9] J. J. Dong, W. R. Browne, B. L. Feringa, *Angew. Chem.* **2015**, *127*, 744: „Palladium-katalysierte Anti-Markownikoff-Oxidation endständiger Alkene“

[10] T. V. Baiju, E. Gravel, E. Doris, I. N. N. Namboothiri, *Tetrahedron Lett.* **2016**, *57*, 3993: „Recent Developments in Tsuji-Wacker Oxidation“

[11] A. K. El-Qisairi, H. A. Qaseer, P. M. Henry, *J. Organomet. Chem.* **2002**, *656*, 168: „Oxidation of Olefins by Palladium(II). 18. Effect of Reaction Conditions, Substrate Structure and Chiral Ligand on the Bimetallic Palladium(II) Catalyzed Asymmetric Chlorohydrin Synthesis“

[12] L. F. Tietze, H. Ila, H. P. Bell, *Chem. Rev.* **2004**, *104*, 3453: „Enantioselective Palladium-Catalyzed Transformations“

[13] S. S. Stahl, *Angew. Chem.* **2004**, *116*, 3480: „Palladiumoxidasekatalyse: selektive Oxidation durch direkte disauerstoffgekoppelte Umsetzung“

[14] K. M. Gligorich, M. S. Sigman, *Angew. Chem.* **2006**, *118*, 6764: „Zum Mechanismus der Reaktion von molekularem Sauerstoff mit Palladium in der Oxidase-Katalyse“

[15] D. V. Deubel, *J. Am. Chem. Soc.* **2004**, *126*, 996: „From Evolution to Green Chemistry: Rationalization of Biomimetic Oxygen-Transfer Cascades“

[16] S. Rozen, *Acc. Chem. Res.* **2014**, *47*, 2378: „HOF·CH_3CN: Probably the Best Oxygen Transfer Agent Organic Chemistry Has To Offer“

[17] S. Huber, M. Cokoja, F. E. Kühn, *J. Organomet. Chem.* **2014**, *751*, 25: „Historical Landmarks of the Application of Molecular Transition Metal Catalysts for Olefin Epoxidation“

[18] D. V. Deubel, J. Sundermeyer, G. Frenking, *J. Am. Chem. Soc.* **2000**, *122*, 10101: „Mechanism of the Olefin Epoxidation Catalyzed by Molybdenum Diperoxo Complexes: Quantum-Chemical Calculations Give an Answer to a Long-Standing Question“

[19] D. V. Deubel, G. Frenking, P. Gisdakis, W. A. Herrmann, N. Rösch, J. Sundermeyer, *Acc. Chem. Res.* **2004**, *37*, 645: „Olefin Epoxidation with Inorganic Peroxides. Solutions to Four Long-Standing Controversies on the Mechanism of Oxygen Transfer“

[20] R. Noyori, M. Aoki, K. Sato, *Chem. Commun.* **2003**, 1977: „Green Oxidation with Aqueous Hydrogen Peroxide“

[21] F. E. Kühn, A. Scherbaum, W. A. Herrmann, *J. Organomet. Chem.* **2004**, *689*, 4149: „Methyltrioxorhenium and its Applications in Olefin Oxidation, Metathesis and Aldehyde Olefination“

[22] R. G. Harms, W. A. Herrmann, F. E. Kühn, *Coord. Chem. Rev.* **2015**, *296*, 1: „Organorhenium Dioxides as Oxygen Transfer Systems: Synthesis, Reactivity, and Applications“

[23] X. Zuwei, Z. Ning, S. Yu, L. Kunlan, *Science* **2001**, *292*, 1139: „Reaction-Controlled Phase-Transfer Catalysis for Propylene Epoxidation to Propylene Oxide“

[24] S. Gao, M. Li, Y. Lv, N. Zhou, Z. Xi, *Org. Process Res. Dev.* **2004**, *8*, 131: „Epoxidation of Propylene with Aqueous Hydrogen Peroxide on a Reaction-Controlled Phase-Transfer Catalyst“

[25] K. B. Sharpless, *Angew. Chem.* **2002**, *114*, 2126: „Auf der Suche nach neuer Reaktivität“ (Nobel-Vortrag)

[26] R. Irie, T. Uchida, K. Matsumoto, *Chem. Lett.* **2015**, *44*, 1268: „Katsuki Catalysts for Asymmetric Oxidation: Design Concepts, Serendipities for Breakthroughs, and Applications“

[27] J. F. Larrow, E. N. Jacobsen, *Top. Organomet. Chem.* **2004**, *6*, 123: „Asymmetric Processes Catalyzed by Chiral (Salen)Metal Complexes“

[28] W. Al Zoubi, Y. G. Ko, *J. Organomet. Chem.* **2016**, *822*, 173: „Organometallic Complexes of Schiff Bases: Recent Progress in Oxidation Catalysis“

[29] J. C. Barona-Castaño, C. C. Carmona-Vargas, T. J. Brocksom, K. T. de Oliveira, *Molecules* **2016**, *21*, 310: „Porphyrins as Catalysts in Scalable Organic Reactions“

[30] C. Wang, H. Yamamoto, Hisashi. *Chem. Asian J.* **2015**, *10*, 2056: „Asymmetric Epoxidation Using Hydrogen Peroxide as Oxidant“

[31] K. P. Bryliakov, *Chem. Rev.* **2017**, *117*, 11406: „Catalytic Asymmetric Oxygenations with the Environmentally Benign Oxidants H_2O_2 and O_2“

[32] M. M. Heravi, T. B. Lashaki, N. Poorahmad, *Tetrahedron: Asymmetry* **2015**, *26*, 405: „Applications of Sharpless Asymmetric Epoxidation in Total Synthesis“

[33] C. Wang, L. Luo, H. Yamamoto, *Acc. Chem. Res.* **2016**, *49*, 193: „Metal-Catalyzed Directed Regio- and Enantioselective Ring-Opening of Epoxides“

[34] L. Que, *J. Biol. Inorg. Chem.* **2017**, *22*, 171: „60 Years of Dioxygen Activation“ (und dort zit. Literatur)

[35] B. Meunier, S. P. de Visser, S. Shaik, *Chem. Rev.* **2004**, *104*, 3947: „Mechanism of Oxidation Reactions Catalyzed by Cyctochrome P450 Enzymes“

[36] S. Shaik, D. Kumar, S. P. de Visser, A. Altun, W. Thiel, *Chem. Rev.* **2005**, *105*, 2279: „Theoretical Perspective on the Structure and Mechanism of Cytochrome P450 Enzymes“

[37] W. Nam, *Acc. Chem. Res.* **2007**, *40*, 522: „High-Valent Iron(IV)-Oxo Complexes of Heme and Non-Heme Ligands in Oxygenation Reactions“

[38] A. B. McQuarters, M. W. Wolf, A. P. Hunt, N. Lehnert, *Angew. Chem.* **2014**, *126*, 4846: „1958–2014: nach 56 Jahren Forschung endlich eine Erklärung für die Reaktivität von Cytochrom P450“

[39] C. M. Chapman, G. B. Jones, *Curr. Catal.* **2015**, *4*, 77: „Biomimetic Oxidations of Xenobiotics by Metalloporphyrin and Salen Catalysts: Recent Applications“

[40] C. M. Chapman, G. B. Jones, *Curr. Catal.* **2015**, *4*, 166: „Biomimetic Oxidations of Xenobiotics by Metalloporphyrin Catalysts: Design Considerations“

[41] D. Steinborn, *J. Chem. Educ.* **2004**, *81*, 1148: „The Concept of Oxidation States in Metal Complexes“

[42] W. Kaim, *Eur. J. Inorg. Chem.* **2012**, 343: „The Shrinking World of Innocent Ligands: Conventional and Non-Conventional Redox-Active Ligands“

[43] X. Chen, K. M. Engle, D.-H. Wang, J.-Q. Yu, *Angew. Chem.* **2009**, *121*, 5196: „Palladium(II)-katalysierte C-H-Aktivierung/C-C-Kreuzkupplung: Vielseitigkeit und Anwendbarkeit“

[44] L. Ackermann, R. Vicente, A. R. Kapdi, *Angew. Chem.* **2009**, *121*, 9976: „Übergangsmetallkatalysierte direkte Arylierungen von (Hetero)Arenen durch C-H-Bindungsbruch"

[45] T. Gensch, M. N. Hopkinson, F. Glorius, J. Wencel-Delord, *Chem. Soc. Rev.* **2016**, *45*, 2900: „Mild Metal-Catalyzed C–H Activation: Examples and Concepts"

[46] R. H. Crabtree, *J. Organomet. Chem.* **2004**, *689*, 4083: „Organometallic Alkane CH Activation"

[47] R. D. Young, *Chem. Eur. J.* **2014**, *20*, 12704: „Characterisation of Alkane σ-Complexes"

[48] U. Fekl, K. I. Goldberg, *Adv. Organomet. Chem.* **2003**, *54*, 259: „Homogeneous Hydrocarbon C–H Bond Activation and Functionalization with Platinum"

[49] G. S. Chen, J. A. Labinger, J. E. Bercaw, *Proc. Natl. Acad. Sci. USA* **2007**, *104*, 6915: „The Role of Alkane Coordination in C–H Bond Cleavage at a Pt(II) Center"

[50] J. C. K. Chu, T. Rovis, *Angew. Chem.* **2018**, *130*, 64: „Komplementäre Strategien für die dirigierte C(sp^3)-H-Funktionalisierung: ein Vergleich von übergangsmetallkatalysierter Aktivierung, Wasserstoffatomtransfer und Carben- oder Nitrentransfer"

[51] R. H. Crabtree, *J. Chem. Soc., Dalton Trans.* **2001**, 2437: „Alkane C–H Activation and Functionalization with Homogeneous Transition Metal Catalysts: A Century of Progress – a New Millennium in Prospect"

[52] J. A. Labinger, *Chem. Rev.* **2017**, *117*, 8483: „Platinum-Catalyzed C−H Functionalization"

[53] A. E. Shilov, G. B. Shul'pin, *Chem. Rev.* **1997**, *97*, 2879: „Activation of C–H Bonds by Metal Complexes"

[54] M. Lersch, M. Tilset, *Chem. Rev.* **2005**, *105*, 2471: „Mechanistic Aspects of C–H Activation by Pt Complexes"

[55] A. A. Shteinman, *Mol. Catal. A* **2017**, *426*, 305: „Activation and Selective Oxy-Functionalization of Alkanes with Metal Complexes: Shilov Reaction and Some New Aspects"

[56] B. G. Hashiguchi, S. M. Bischof, M. M. Konnick, R. A. Periana, *Acc. Chem. Res.* **2012**, *45*, 885: „Designing Catalysts for Functionalization of Unactivated C–H Bonds Based on the CH Activation Reaction"

[57] N. J. Gunsalus, A. Koppaka, S. H. Park, S. M. Bischof, B. G. Hashiguchi, R. A. Periana, *Chem. Rev.* **2017**, *117*, 8521: „Homogeneous Functionalization of Methane"

Weiterführende Literatur

W. Adam, T. Wirth, *Acc. Chem. Res.* **1999**, *32*, 703: „Hydroxy Group Directivity in the Epoxidation of Chiral Allylic Alcohols: Control of Diastereoselectivity through Allylic Strain and Hydrogen Bonding"

W. Al Zoubi, Y. G. Ko, *Appl. Organomet. Chem.* **2017**, *31*, e3574: „Schiff Base Complexes and Their Versatile Applications as Catalysts in Oxidation of Organic Compounds: Part I"

J. A. Bodkin, M. D. McLeod, *J. Chem. Soc., Perkin Trans. 1* **2002**, *1*, 2733: „The Sharpless Asymmetric Aminohydroxylation"

O. Cussó, X. Ribas, M. Costas, *Chem. Commun.* **2015**, *51*, 14285: „Biologically Inspired Non-Heme Iron-Catalysts for Asymmetric Epoxidation; Design Principles and Perspectives"

H. M. L. Davies, A. R. Dick, *Top. Curr. Chem.* **2010**, *292*, 303: „Functionalization of Carbon–Hydrogen Bonds Through Transition Metal Carbenoid Insertion"

H. M. L. Davies, D, Morton, *Chem. Soc. Rev.* **2011**, *40*, 1857: „Guiding Principles for Site Selective and Stereoselective Intermolecular C–H Functionalization by Donor/Acceptor Rhodium Carbenes"

G. De Faveri, G. Ilyashenko, M, Watkinson, *Chem. Soc. Rev.* **2011**, *40*, 1722: „Recent Advances in Catalytic Asymmetric Epoxidation Using the Environmentally Benign Oxidant Hydrogen Peroxide and its Derivatives"

D. V. Deubel, G. Frenking, *Acc. Chem. Res.* **2003**, *36*, 645: „[3+2] versus [2+2] Addition of Metal Oxides Across C=C Bonds. Reconciliation of Experiment and Theory"

A. S. Goldman, K. I. Goldberg, *ACS Symp. Ser.* **2004**, *885*, 1: „Organometallic C–H Bond Activation: An Introduction"

C. Jia, T. Kitamura, Y. Fujiwara, *Acc. Chem. Res.* **2001**, *34*, 633: „Catalytic Functionalization of Arenes and Alkanes via C–H Bond Activation"

N. Kuhl, M. N. Hopkinson, J. Wencel-Delord, F. Glorius, *Angew. Chem.* **2012**, *124*, 10382: „Ohne dirigierende Gruppen: übergangsmetallkatalysierte C-H-Aktivierung einfacher Arene"

J. A. Labinger, J. E. Bercaw, *Nature* **2002**, *417*, 507: „Understanding and Exploiting C–H Bond Activation"

R. I. McDonald, G. Liu, S. S. Stahl, *Chem. Rev.* **2011**, *111*, 2981: „Nucleopalladation: Stereochemical Pathways and Enantioselective Catalytic Applications"

W. Nam (ed.), *Acc. Chem. Res.* **2007**, *40 (7)*, 465: Special Issue on Dioxygen Activation by Metalloenzymes and Models

Z.-J. Shi (ed.), *Homogeneous Catalysis for Unreactive Bond Activation*, Wiley, Hoboken NJ, **2015**

15 Stickstofffixierung

15.1 Grundlagen

Stickstoff ist ein für die gesamte belebte Natur essentielles Element. Es ist Bestandteil von Aminosäuren und Nucleobasen, aus denen Proteine und Nucleinsäuren aufgebaut sind. Das sind zwei grundlegende Klassen von Biopolymeren, ohne die das Leben auf der Erde in der vorliegenden Form nicht möglich wäre. In vielen Fällen ist ein zu geringer Stickstoffgehalt im Boden für Nutzpflanzen wachstumslimitierend. Daher kommt der Stickstoffdüngung zur Sicherstellung der Nahrungsmittelproduktion eine herausragende Bedeutung zu. Mehr als 99 % des „mobilen" Stickstoffs (N in der Atmosphäre, Hydrosphäre und Biomasse) findet sich als Distickstoff in der Atmosphäre und ist in dieser Form nur sehr eingeschränkt bioverfügbar. Daraus wird die Bedeutung der „Stickstofffixierung" ersichtlich, worunter die Reduktion von N_2 zu Ammoniak, der wichtigsten bioverfügbaren anorganischen Stickstoffverbindung, verstanden wird. Die biologische Stickstofffixierung – der einzige biologische Prozess, in dem N_2 in eine für Organismen verwertbare Form umgewandelt wird – ist auf Mikroorganismen beschränkt. Sie läuft gemäß der folgenden schematischen Gleichung unter Einwirkung eines Enzyms (Nitrogenase) unter physiologischen Bedingungen bei Raumtemperatur und Normaldruck ab:

$$N_2 + 8\,H^+ + 8\,e^- \xrightarrow[\textit{Nitrogenase}]{\text{1 bar, 20 °C}} 2\,NH_3 + H_2$$

Die notwendige Energie wird durch Adenosintriphosphat (ATP) bereitgestellt, Diwasserstoff wird coproduziert. Die abiogene Stickstofffixierung wird seit mehr als 100 Jahren nach dem Haber-Bosch-Verfahren durchgeführt:

$$N_2 + 3\,H_2 \xrightarrow[\text{Fe-Katalysator}]{\text{150–250 bar, 400–500 °C}} 2\,NH_3$$

Die erste Anlage ist 1913 in Ludwigshafen-Oppau von der BASF in Betrieb genommen worden. Wenig später (1916) wurde das Ammoniakwerk Merseburg (die späteren Leuna-Werke) gegründet. Für die Entwicklung der Ammoniaksynthese aus den Elementen ist Fritz Haber (KWI für Physikalische Chemie und Elektrochemie, Berlin-Dahlem, heute Fritz-Haber-Institut der Max-Planck-Gesellschaft) der Nobelpreis für Chemie 1918 zuerkannt worden. Die Ammoniaksynthese aus den Elementen hat die technische Herstellung von Ammoniak durch Hydrolyse von Calciumcyanamid (Kalkstickstoff) mit überhitztem Wasserdampf praktisch vollständig abgelöst:

$$CaO \xrightarrow[\textit{Lichtbogen}]{+\,3\,C,\,-\,CO} CaC_2 \xrightarrow[\text{1000 °C}]{+\,N_2} CaCN_2 + C \xrightarrow[-\,C]{+\,3\,H_2O} CaCO_3 + 2\,NH_3$$

Kalkstickstoff ist aus Calciumcarbid und Stickstoff nach dem Frank-Caro-Verfahren seit 1898 zugänglich und wird heute direkt als Stickstoffdünger eingesetzt, der auch herbizide und fungizide Wirkung besitzt.

D. Steinborn, *Grundlagen der metallorganischen Komplexkatalyse*, Studienbücher Chemie,
https://doi.org/10.1007/978-3-662-56604-6_15

Die Produktion von Ammoniak, nach Schwefelsäure die meistproduzierte anorganische Grundchemikalie, belief sich 2015 auf ca. $175 \cdot 10^6$ t. Dazu müssen etwa 2 % der weltweiten Erdgas- und ca. 1 % der Energieproduktion aufgewendet werden. Nach Schätzungen verursacht der Haber-Bosch-Prozess 1–3 % der weltweiten CO_2-Emissionen, die hauptsächlich bei die Herstellung von H_2 anfallen. Mehr als 80 % des erzeugten Ammoniaks werden zu Düngemitteln verarbeitet. Die Stickstofffixierung ist einer der Hauptprozesse im biogeochemischen Stickstoffzyklus [1]. Die anthropogene N_2-Fixierung liegt in der gleichen Größenordnung wie die natürliche [2].[1] Andere natürliche Aktivierungen von N_2 wie eine Oxidation zu NO_x durch atmosphärische Ereignisse (Blitze) haben eine geringere Bedeutung (<5 %).

Distickstoff ist außerordentlich reaktionsträge. Das einzige Element, mit dem er bereits bei Raumtemperatur – wenn auch nur langsam – reagiert, ist Lithium, wobei Li_3N gebildet wird. Sehr viele weitere Elemente, darunter viele Übergangsmetalle, reagieren ebenfalls mit N_2 unter Spaltung der N–N-Bindung zu Nitriden, aber erst bei höheren Temperaturen.

Aufgabe 15.1

Kristallines Ti reagiert mit N_2 erst oberhalb von 1000 °C zu TiN (**1**). Auf der anderen Seite ist in Matrixisolationsexperimenten gezeigt worden, dass bei 10 K dimeres Ti_2 (nicht aber atomares Ti) und N_2 sich ohne signifikante Aktivierungsbarriere in einer exothermen Reaktion ($\Delta H^{\ominus}$ = –396 kJ/mol) zu Ti_2N_2 (**2**) umsetzen.

$$2\,Ti_{(s)} + N_2 \xrightarrow{>1000\,°C} 2\,TiN_{(s)} \quad (\mathbf{1}) \qquad Ti_2 + N_2 \xrightarrow{10\,K} Ti(\mu\text{-}N)_2Ti \quad (\mathbf{2})$$

2 ist D_{2h}-symmetrisch, der N···N-Abstand (2,47 Å) belegt, dass die N–N-Bindung vollständig gespalten ist. Geben Sie die Thermodynamik der Reaktionen, die zu **1** und **2** führen, in einem Diagramm wieder und berechnen Sie die Enthalpie der Reaktion **2** → 2 **1**. Überlegen Sie, worin die Aktivierungsbarriere für die Bildung von **1** aus den Elementen begründet ist (Standardbildungsenthalpie von monoatomarem $Ti_{(g)}$ aus dem Element $\Delta_{at}H^{\ominus}$ = 473 kJ/mol; Standardbildungsenthalpie von 2 TiN $\Delta_f H^{\ominus}$ = –675 kJ/mol; Standardbindungsdissoziationsenthalpie von Ti_2 $\Delta_d H^{\ominus}$ = 114 kJ/mol).

Die hohe thermodynamische Stabilität von N_2 wird durch die Stärke der Dreifachbindung belegt (Tabelle 15.1), die zu den stärksten bekannten Bindungen gehört. Das kann aber nicht die alleinige Ursache für die Reaktionsträgheit sein, denn das isoelektronische CO besitzt bekanntermaßen eine hohe Reaktivität, obwohl die CO-Bindung stärker ist. Die Oxidation von CO zu CO_2 ist exergonisch ($\Delta G^{\ominus}$ = –257 kJ/mol), während die von N_2 zu 2 NO_2 endergonisch ist ($\Delta G^{\ominus}$ = 103 kJ/mol). Aus der Gegenüberstellung in der Tabelle 15.1 geht hervor, dass N_2 schwieriger elektronisch anzuregen und zu oxidieren ist als CO. Die HOMO- und LUMO-Energien belegen, dass N_2 ein schwächerer Elektronenpaardonor- und auch -akzeptor

---

[1] In diesem Zusammenhang umfasst sogenannter „reaktiver Stickstoff" alle Stickstoffverbindungen, die aus „nichtreaktivem" (atmosphärischen) N_2 gebildet werden. Die anthropogene Erzeugung beläuft sich auf ca. 210 Mt N/a (2005), darunter 124 Mt/a vom Haber-Bosch-Verfahren und 60 Mt/a von der biologischen Stickstofffixierung aus Kulturpflanzen. Die natürliche Erzeugung beträgt ca. 220 Mt N/a, davon 160 und 58 Mt/a von der biologischen Stickstofffixierung in marinen bzw. terrestrischen Ökosystemen.

Tabelle 15.1. Bindungsdissoziationsenthalpien und elektronische Parameter von N_2 und CO.

	N_2	CO
Bindungsdissoziationsenthalpie $\Delta_d H^{\ominus}$ in kJ/mol[a]	945	1077
Ionisierungsenergie E_i in eV (kJ/mol)[a]	15,58 (1503)	14,10 (1361)
erste elektronische Anregungsenergie τ in eV (kJ/mol)[a]	7,8 (753)	6,3 (608)
Orbitalenergie ε(HOMO) in eV (kJ/mol)[b]	–11,95 (–1153)	–10,53 (–1016)
Orbitalenergie ε(LUMO) in eV (kJ/mol)[b]	–1,13 (–109)	–1,20 (–115)

a) Experimentelle Werte. b) Berechnete Werte [3].

ist als CO. Gerade diese Eigenschaften sind aber für eine Komplexbildung an Übergangsmetalle von Bedeutung, die eine Aktivierung von N_2 beinhaltet und eine maßgebliche Voraussetzung für einen homogenkatalytischen Prozess ist.

So konnte der erste in Substanz isolierte Distickstoffkomplex, $[Ru(NH_3)_5(N_2)]X_2$ (X = Br, I, BF_4), auch erst 1965 von A. D. Allen und C. V. Senoff durch Umsetzung von Ruthenium(III)-chlorid mit Hydrazin in wässriger Lösung erhalten werden. Wichtige Synthesemethoden für N_2-Komplexe sind:

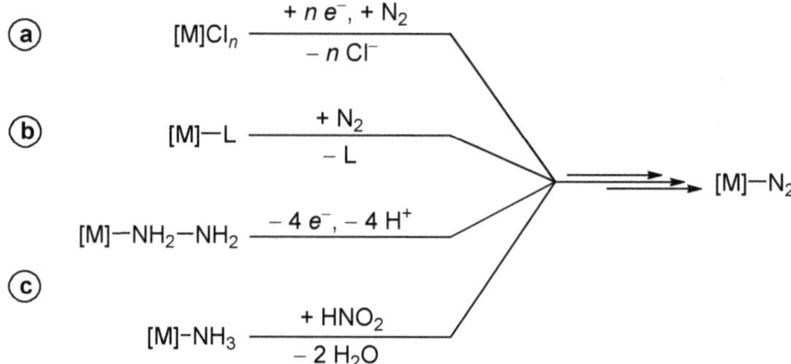

- **a)** *Addition von N_2.* Koordinativ ungesättigte Komplexe niederwertiger Übergangsmetalle, die durch Reduktion in situ erzeugt werden, können mit N_2 zu Distickstoffkomplexen reagieren. So sind z. B. Komplexe des Typs $[Mo(N_2)_2(PR_3)_4]$ (R = Alkyl, Aryl) durch Umsetzung von $[MoCl_2(PR_3)_4]$ oder von $[MoCl_4(PR_3)_2]$ + 2 PR_3 mit Natrium oder Natrium-Amalgam unter N_2 zugänglich. $[\{Zr(Cp^*)_2(\eta^1\text{-}N_2)\}_2(\mu\text{-}\eta^1{:}\eta^1\text{-}N_2)]$ ist aus $[ZrCl_2(Cp^*)_2]$ und N_2 mit Na/Hg als Reduktionsmittel erhalten worden.

- **b)** *Ligandensubstitutionsreaktionen.* Schwächer gebundene Liganden können durch N_2 substituiert werden. Beispielsweise ist der Allen/Senoff-Komplex auf diesem Wege aus $[Ru(NH_3)_5(H_2O)]^{2+}$ zugänglich. Der Bis(diwasserstoff)-Komplex $[RuH_2(\eta^2\text{-}H_2)_2(PCy_3)_2]$ reagiert mit N_2 zum Bis(distickstoff)-Komplex $[RuH_2(\eta^1\text{-}N_2)_2(PCy_3)_2]$. Die Reaktion ist in einer Wasserstoffatmosphäre reversibel.

- **c)** *Ligandenumwandlungen.* Hydrazin- und in speziellen Fällen auch Amminliganden können unter Erhalt bzw. unter Knüpfung einer N–N-Bindung zu N_2-Liganden oxidiert werden. So liefert die Oxidation von $[MnCp(CO)_2(N_2H_4)]$ mit H_2O_2 in Gegenwart von Kupfer(II)-salzen $[MnCp(CO)_2(\eta^1\text{-}N_2)]$. In einer komplexen Reaktion, die in summa der

Diazotierung eines Amminliganden entspricht, reagiert $[Os(NH_3)_5(N_2)]^{2+}$ mit salpetriger Säure zu $[Os(NH_3)_4(N_2)_2]^{2+}$.

Inzwischen sind von fast allen Übergangsmetallen Distickstoffkomplexe bekannt, in denen der N_2-Ligand verschiedene Koordinationsmodi aufweist. Die wichtigsten sind mononukleare Komplexe mit end-on-gebundenem N_2-Liganden (**1**) sowie dinukleare Komplexe mit einem μ-N_2-Liganden, der end-on- (**2**) oder side-on-gebunden (**3**, **4**) sein kann. Die M_2N_2-Einheit kann planar (**3**) oder gefaltet („dachartig") (**4**; ggf. mit einer zusätzlichen M–M-Bindung) sein.[1]

[M]—N—N [M]—N—N—[M] [M]<(N|N)>[M] [M](N,N)[M]

1 (η^1) **2** (μ-η^1:η^1) **3** (μ-η^2:η^2) **4**

In Komplexen mit end-on-koordiniertem N_2 (**1**/**2**) fungiert Distickstoff als *n*-EPD (vgl. S. 9) und in solchen mit side-on-koordiniertem N_2 (**3**/**4**) als π-EPD über die nichtbindenden bzw. π-Elektronenpaare. In beiden Fällen ist eine effiziente Rückbindung in die π^*-Orbitale von N_2 Voraussetzung, um eine stabile Koordination von N_2 an M zu realisieren. Die durch die Koordination bedingte Verlängerung der N–N-Bindung kann als Maß für die N_2-Aktivierung angesehen werden. Eine Komplexbildung vom Typ **1** ist im Allgemeinen mit nur einer geringen Aktivierung der N–N-Bindung verbunden (typische N–N-Bindungslängen: 1.10–1.15 Å; z. Vgl. 1.0975 Å in $N_{2\,(g)}$). Im Unterschied dazu können in Komplexen der Typen **2**–**4** die N–N-Bindungen bedeutend länger sein, insbesondere in denen vom Typ **3**, wo N–N-Bindungen länger als 1.50 Å beobachtet wurden. Das weist auf eine erhebliche Aktivierung des N_2-Liganden hin. Legt man die Bindungslängen im Diimin (Diazen) *trans*-HN=NH (1.252 Å) und im Hydrazin H_2N–NH_2 (1.449 Å) zugrunde, belegt eine deutlich verlängerte N–N-Bindung in N_2-Komplexen eine (formale) Reduktion des Liganden zu N_2^{2-} bzw. N_2^{4-}. Im Bild der Valenzbindungstheorie sind beispielsweise Komplexe vom Typ **2** durch die drei mesomeren Grenzstrukturen **2a**–**2c** darzustellen, wobei solche mit sehr langer N–N-Bindung am besten durch **2c** repräsentiert werden.

	2a	**2b**	**2c**
	[M]—N≡N—[M] ⟷	[M]=N=N=[M] / [M]=N=N=[M] ⟷	[M]≡N—N≡[M]
Ligand:	|N≡N|	$(N{=}N)^{2\ominus}$	$(\|N{-}N\|)^{4\ominus}$
ON(M):	*n*	*n*+1	*n*+2

Damit ist zwangsläufig eine andere Zuordnung der Oxidationsstufe *ON* des Metalls (Erhöhung um eine bzw. zwei Einheiten im Vergleich zum neutralen N_2-Liganden) verbunden. Bei der Beurteilung dieses Sachverhalts müssen aber außer der M–N-Bindungslänge auch andere Aspekte wie die N–N-Streckschwingungsfrequenz, der Magnetismus und die Koordinationsgeometrie des Komplexes einbezogen werden (vgl. die Exkurse zur Oxidationsstufe, S. 41 und 446). Beispiele für Distickstoffkomplexe sind in der Abbildung 15.1 gezeigt. Es gibt auch elektronenvariable N_2-Komplexe wie den dinuklearen Komplex **5** (n = 2+). Er kann jeweils zweistufig oxidiert und reduziert werden, sodass er in insgesamt fünf verschiedenen

[1] Dargestellt sind topologische Formeln, die die Konnektivität widerspiegeln, also nur angeben, welche Atome miteinander verbunden sind.

Oxidationszuständen auftritt. Strukturelle und spektroskopische Untersuchungen zeigen, dass **5** (n = 2+) am zutreffendsten als Mo^{II}-Komplex (S = 0) mit einem μ-η^1:η^1-N_2^{2-}-Liganden (N–N 1,203(2) Å, ν_{NN} = 1563 cm^{-1}) zu beschreiben ist und die Oxidation zu **5** (n = 3+, 4+) „metallzentriert", die Reduktion zu **5** (n = 1+, 0) aber „ligandenzentriert" ist [4].

5

Aufgabe 15.2

Beschreiben Sie mit Hilfe eines qualitativen Molekülorbitaldiagramms das π-Bindungssystem in einem linearen Komplex $[(ML_5)_2(\mu\text{-}\eta^1\text{:}\eta^1\text{-}N_2)]$. Legen Sie eine annähernd vierzählige Symmetrie zugrunde. Überlegen Sie, wie die Aktivierung der N–N-Bindung von der d-Elektronenkonfiguration der beiden Zentralatome abhängt.

$$L_5M—N{\equiv}N—ML_5$$

Anleitung: Wenn Sie das Koordinatensystem in der angegebenen Weise positionieren, dann brauchen Sie von den beiden ML_5-Einheiten nur die d_{xy}-, d_{xz}- und d_{yz}-Orbitale zu berücksichtigen (warum?). Seitens des N_2-Liganden sind die p_x/p_y-Orbitale der N-Atome oder die beiden π-Orbitale, die sich in der yz- und der xz-Ebene erstrecken, sowie die entsprechenden π*-Orbitale relevant.

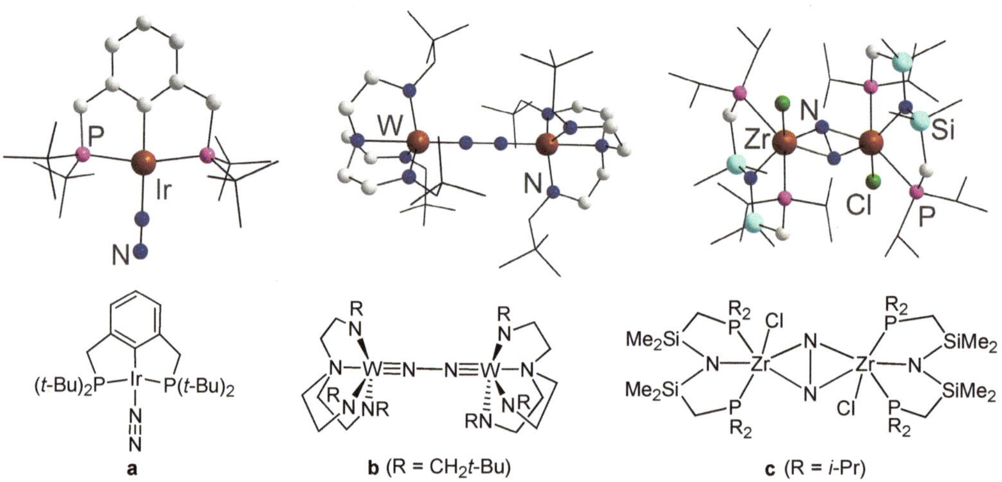

Abbildung 15.1. Strukturen von Distickstoffkomplexen mit terminalen (**a**, N–N 1.107(2)–1.109(2) Å) und verbrückenden μ-η^1:η^1- (**b**, N–N 1.39(2) Å) bzw. μ-η^2:η^2-Liganden mit einer planaren Zr_2N_2-Einheit (**c**, N–N 1.548(7) Å). Wasserstoffatome sind nicht und periphere Alkylgruppen der Coliganden nur als Stabmodell gezeichnet. In **b** und **c** liegen ausnehmend lange N–N-Bindungen vor, sodass sie als Hydrazido(4–)-Komplexe vom W^V bzw. Zr^{IV} anzusehen sind.

15.2 Die heterogen katalysierte Stickstofffixierung

Die Ammoniaksynthese aus den Elementen ist unter Standardbedingungen exotherm und auch schwach exergonisch:

$$^{1}/_{2}\, N_2 + {}^{3}/_{2}\, H_2 \longrightarrow NH_3 \qquad \Delta_f H^{\circ} = -46\ \text{kJ/mol},\ \Delta_f G^{\circ} = -16\ \text{kJ/mol}$$

Daraus und aus dem Prinzip von Le Chatelier folgt, dass niedrige Temperaturen und hohe Drücke hohe Gleichgewichtskonzentrationen von Ammoniak zur Folge haben (Abbildung 15.2). Unter physiologischen Bedingungen, bei denen die biologische Stickstofffixierung abläuft, liegt das Gleichgewicht vollständig auf der Seite des Ammoniaks. Die Katalysatoren, die im Haber-Bosch-Synthese Verwendung finden, erfordern nun aber Temperaturen zwischen 400 und 500 °C, sodass bei Normaldruck die Gleichgewichtskonzentration an NH_3 <1 mol-% beträgt. Bei den üblicherweise angewendeten Drücken von 150–250 bar werden Umsätze von ca. 15–20 mol-% erreicht. Das macht eine Kreislauffahrweise der Reaktionsgase notwendig.

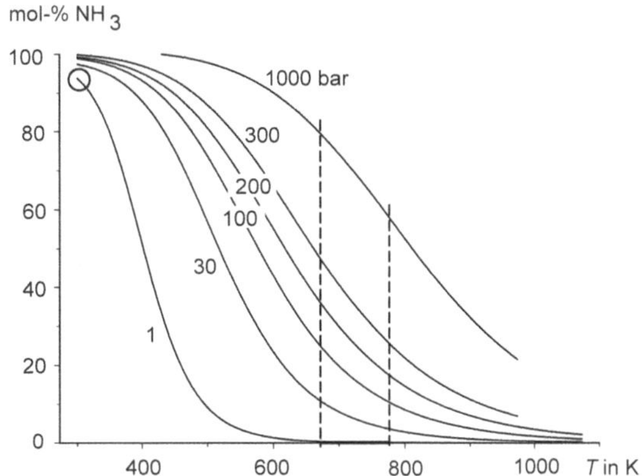

Abbildung 15.2. Konzentrationen von Ammoniak im Gleichgewicht mit N_2 und H_2 ($p(N_2)/p(H_2)$ = 1/3) in Abhängigkeit von Druck und Temperatur (Zahlenwerte – z. T. extrapoliert – aus [5]). Das durch einen Kreis markierte *p*/*T*-Paar entspricht den Bedingungen, unter denen Nitrogenasen arbeiten. Der typische Temperaturbereich, in dem sich die Haber-Bosch-Synthese vollzieht, ist durch gestrichelte Linien markiert.

Die in Versuchsapparaturen zunächst als Reaktormaterial verwendeten Stahlrohre waren gegen Wasserstoff unter den Reaktionsbedingungen nicht beständig und sind durch Entkohlung und Versprödung schnell unbrauchbar geworden und geborsten. Carl Bosch von der BASF hat einen Reaktor konstruiert, dessen innerer Mantel aus Weicheisen, also aus weitgehend kohlenstofffreiem Eisen, bestand. Dieses ist indifferent gegenüber Wasserstoff, nicht aber diffusionsfest und auch nicht druckfest. Deshalb wurde er mit einem Stahlrohr ummantelt, das mit kleinen Bohrungen versehen war, durch die H_2 entweichen konnte, sodass keine Entkohlung eintrat. Für seinen Beitrag zur Entwicklung von chemischen Hochdruckverfahren hat Bosch 1931 (zusammen mit Friedrich Bergius) den Nobelpreis für Chemie zuerkannt bekommen [6, 7, 8].

Das zur Ammoniaksynthese eingesetzte N_2/H_2-Gemisch wird überwiegend aus Erdgas (Methan), Luft und Wasser hergestellt. Davon ausgehend wird Wasserstoff durch katalytische Dampfreformierung (Steam-Reforming) unter Verwendung von Nickelkatalysatoren (NiO auf Al_2O_3) erhalten:

$$CH_4 + H_2O_{(g)} \longrightarrow 3\, H_2 + CO \qquad \Delta H^{\circ} = 206\ \text{kJ/mol}$$

2/3 des erzeugten Wasserstoffs stammen aus dem Methan, 1/3 aus Wasser. Parallel zu dieser Reaktion läuft die Kohlenmonoxid-Konvertierung ab (S. 143):

$$CO + H_2O \rightleftharpoons H_2 + CO_2$$

Zunächst wird in einem Primärreformer bei 700–900 °C und 20–40 bar nur ein Teil des Methans umgesetzt. Dann wird in einem nachgeschalteten Sekundärreformer, in dem die gleichen Nickelkatalysatoren wie im Primärreformer Anwendung finden, ein Teil des Gasgemisches bei kontrollierter Luftzufuhr verbrannt. Die Reaktion ist exotherm und die Temperatur steigt auf ca. 1200 °C. Durch die endotherme Dampfreformierungsreaktion kühlt sich das Gasgemisch auf ca. 1000 °C ab. Unter diesen Bedingungen wird ein Restmethangehalt von <0,5 % erreicht. Die dem Sekundärreformer zugeführte Luftmenge wird so bemessen, dass das für die Ammoniaksynthese erforderliche Verhältnis von Wasserstoff und Stickstoff erreicht wird. CO, CO_2 und Schwefelverbindungen sind Kontaktgifte für den Haber-Bosch-Katalysator und müssen vollständig entfernt werden.

Katalysemechanismus

Maßgebliche Beiträge zur detaillierten Klärung des Mechanismus stammen von G. Ertl, der 2007 mit der Verleihung des Nobelpreises für Chemie geehrt wurde. Der geschwindigkeitsbestimmende Schritt der Ammoniaksynthese ist die dissoziative Chemisorption von Distickstoff an der Katalysatoroberfläche (Eisen) (**a**). Das schließt eine Adsorption von N_2, die Spaltung der N–N-Bindung sowie die Bindung der zwei N-Atome an die Eisenoberfläche ein. H_2 wird ebenfalls dissoziativ auf der Oberfläche chemisorbiert (**b**). Die Hydrierung erfolgt durch sukzessive Reaktion von oberflächengebundenen Stickstoffatomen mit je drei oberflächengebundenen Wasserstoffatomen (**c**). Die Reaktion wird durch Desorption von NH_3 abgeschlossen (**d**) [8].

(a) $N{\equiv}N_{(g)}$ + Oberfläche ⇌ $N{\equiv}N$ (adsorbiert) ⇌ N N (an Oberfläche gebunden)

(b) $H_{2\,(g)}$ + Oberfläche ⇌ H H (an Oberfläche gebunden)

(c) N + H ⇌ NH + H ⇌ NH_2 + H ⇌ NH_3 (jeweils an Oberfläche gebunden)

(d) NH_3 (gebunden) ⇌ $NH_{3\,(g)}$ + Oberfläche

Das Energieprofildiagramm für die Ammoniakbildung an Eisen ist in Abbildung 15.3 gezeigt. Der energetisch höchste Zustand ist der Übergangszustand der Reaktion 1/2 $N_{2(ad)}$ + 3/2 H_2 → $N_{(ad)}$ + 3 $H_{(ad)}$. Der energetisch stabilste Zustand ist der, in dem vier Atome oberflächengebunden sind ($N_{(ad)}$ + 3 $H_{(ad)}$). Von da an geht es energetisch „bergauf", die Gesamtreaktion ist aber mit –46 kJ/mol exotherm. Völlig anders ist das Energieprofil der unkatalysierten (!) homogenen Reaktion. Wenn vier Atome (N + 3 H) vorliegen, ist der energetisch höchste Zustand erreicht und von da an geht es energetisch „bergab". Diese Reaktion kann unter chemisch vernünftigen Bedingungen nicht realisiert werden. Selbst bei 1000 K (1 bar) würden die Dissoziationsgrade von N_2 und H_2 nur ca. 10^{-22} bzw. 10^{-9} betragen, sodass eine unkatalysierte Gasphasenreaktion kein praktikabler Weg ist.

Der schematische Verlauf der potentiellen Energie *V* bei einer dissoziativen Chemisorption eines zweiatomigen Moleküls A_2 ist in der Abbildung 15.4 gezeigt. Zunächst wird A_2 relativ

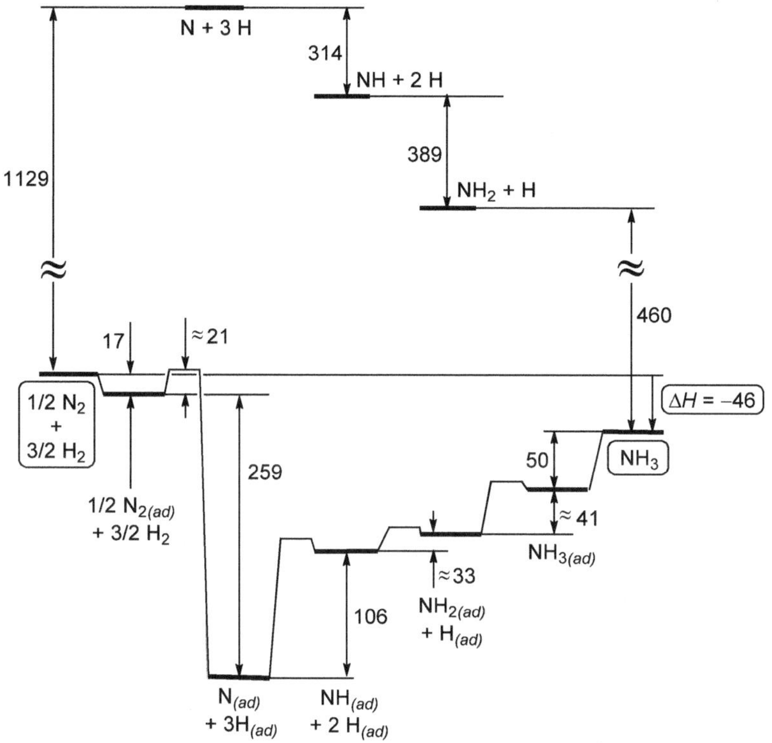

Abbildung 15.3. Energieprofildiagramm für die Ammoniakbildung aus den Elementen an Eisen (unten) sowie für die unkatalysierte homogene Reaktion in der Gasphase (oben). Energien sind in kJ/mol angegeben (nach Ertl [9]).[1]

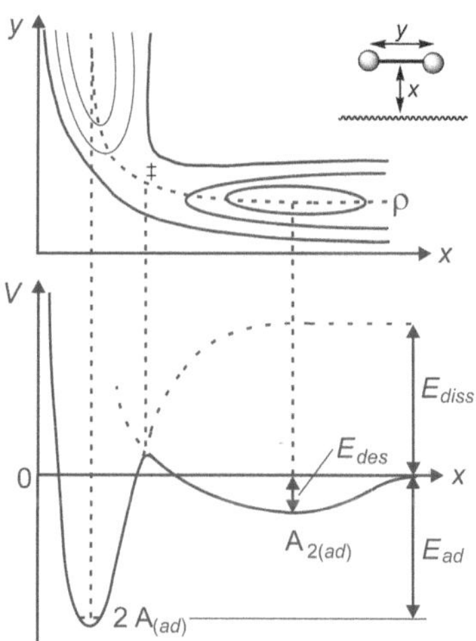

Abbildung 15.4. Potentialkurve (unten; schematisch) und Höhenliniendarstellung (*comtour plot*) der potentiellen Energie V (oben) für eine dissoziative Chemisorption eines zweiatomigen Moleküls A_2 an einer Oberfläche. Der Einfachheit halber ist bei der Adsorption eine η^2-Koordination angenommen, sodass zur Beschreibung zwei Koordinaten, nämlich der Abstand A···A (y) sowie der Abstand von A_2 von der Oberfläche (x) hinreichend sind (ρ = Reaktionskoordinate, E_{diss} = Bindungsdissoziationsenergie von A_2, E_{ad} = Adsorptionsenergie von 2 A, E_{des} = Desorptionsenergie von A_2; nach Ertl [9]).[1]

[1] Mit freundlicher Genehmigung des Autors und von Springer Science and Business Media adaptiert nach G. Ertl in Catalytic Ammonia Synthesis (J. R. Jennings, ed.), Plenum Press, New York 1991, Abbildung 3.13 (S. 128) bzw. Abbildung 3.3 (S. 114).

schwach an die Oberfläche gebunden ($A_{2(ad)}$) und dann werden nach Überwindung einer Aktivierungsbarriere unter Spaltung der A–A-Bindung zwei Atome A an die Oberfläche gebunden. Der Verlauf der potentiellen Energie entspricht zwei sich überlagernden Kurven. Die eine beschreibt den Vorgang $A_{2(g)} \rightarrow A_{2(ad)}$ und die andere $2\ A_{(g)} \rightarrow 2\ A_{(ad)}$.

Bei Untersuchungen der N_2-Chemisorption an der (111)-Fläche von kristallinem α-Eisen ohne jegliche Promotoren sind experimentell zwei Oberflächen-N_2-Komplexe nachgewiesen worden:

- γ-N_2: η^1-Koordination (end-on-Koordination), die nur zu einer geringen N–N-Aktivierung führt ($\nu_{N\equiv N} = 2100\ cm^{-1}$, z. Vgl. N_2 (*g*): $\nu_{N\equiv N} = 2194\ cm^{-1}$, für $(^{15}N)_2$)
- α-N_2: η^2-Koordination (side-on-Koordination), mit der eine stärkere Bindungsaktivierung verbunden ist ($\nu_{N\equiv N} = 1490\ cm^{-1}$, für $(^{15}N)_2$).

Durch theoretische und kinetische Studien sind weitere Oberflächenkomplexe identifiziert worden.

Eisen kommt in drei Modifikationen vor, die sich enantiotrop (also reversibel) ineinander umwandeln:

$$\alpha\text{-Fe} \xrightleftharpoons{906\ °C} \gamma\text{-Fe} \xrightleftharpoons{1401\ °C} \delta\text{-Fe} \xrightleftharpoons{1535\ °C} Fe_{(l)}$$

α- und δ-Eisen haben eine kubisch innenzentrierte Struktur, γ-Eisen ist kubisch dichtest gepackt (kubisch flächenzentriert). Die (111)-Fläche von α-Eisen ist für die NH_3-Synthese von besonderer Bedeutung. Experimente an Eiseneinkristallen haben folgende Aktivitätsabstufung für die Ammoniaksynthese gezeigt:

$$(111) > (211) > (100) \approx (210) > (110)$$

Die Aktivität der weniger aktiven (100)- und (110)-Flächen (nicht aber der (111)-Fläche) ließ sich durch Vorbehandlung mit NH_3 bei erhöhten Temperaturen erheblich steigern. Das belegt eine Restrukturierung der Oberfläche vermutlich durch Bildung von Oberflächennitriden.

Aufgabe 15.3

Zeichnen Sie die kubisch innenzentrierte Struktur von α-Eisen und geben Sie die Lagen der zuvor genannten Flächen an. Welches ist die dichtest gepackte Fläche? Geben Sie den Grad der Bedeckung einer (111)- und einer (110)-Oberfläche durch die jeweiligen Fe-Atome der obersten Schicht an.

Die (111)-Fläche von α-Eisen hat eine hohe Rauigkeit und ist mit „Bergen" und „Tälern" versehen (Abbildung 15.5). So sind nicht nur Eisenatome zugänglich, die direkt an der Oberfläche liegen (nachfolgend als *n*-te Schicht bezeichnet), sondern auch von den beiden darunterliegenden Schichten *n*–1 und *n*–2. Im Unterschied dazu sind in der dichtest gepackten Kristallfläche (110) nur die Oberflächenatome (Schicht *n*) völlig frei zugänglich.

In den „Tälern" der (111)-Fläche sind Eisenatome zugänglich, die hochkoordiniert (*K.Z.* = 7) sind (Abbildung 15.5). Diese C7-Lagen (engl.: *C7 sites*) haben sich in Modellstudien als besonders aktiv für die Ammoniaksynthese erwiesen. Diese Fe-Atome weisen eine hohe Elektronendichte auf, die sie besonders zur π-Rückbindung auf chemisorbiertes N_2 befähigen, was die N–N-Bindungsspaltung erleichtert.

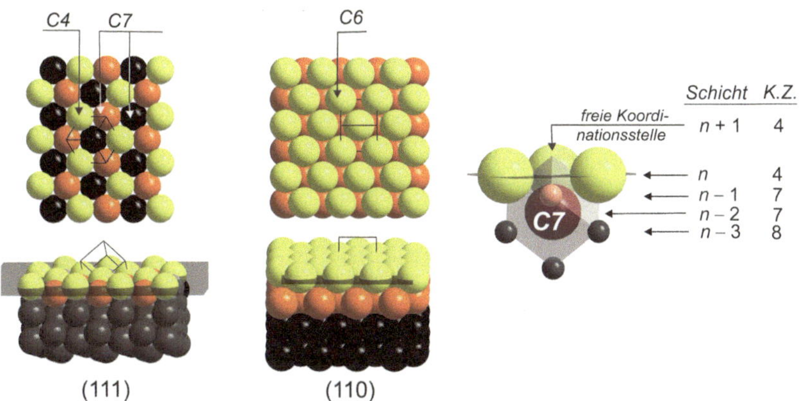

Abbildung 15.5. Zur Oberflächenstruktur der (111)-Fläche von α-Eisen in der Draufsicht (oben) und in der Seitenansicht (unten). Zum Vergleich ist die Oberflächenstruktur der dichtest gepackten (110)-Fläche gezeigt. Die Eisenatome der obersten Schicht (*n*-te Schicht) sind gelb, die der darunterliegenden Schicht *n*–1 hellbraun und die aller tieferen Schichten (*n*–2, *n*–3, ...) schwarz gezeichnet. Die Koordinationszahl der Eisenatome ist durch C*x* (*x* = 4, 6, 7) angegeben. Rechts ist die Koordination von Fe einer C7-Lage in der Schicht *n*–2 einer (111)-Oberfläche schematisch dargestellt. Aus Gründen der Übersichtlichkeit sind alle Atome mit kleinerem Radius gezeichnet, außer das betrachtete Eisenatom selbst (*K.Z.* = 7; braun eingefärbt) und die drei nächsten Oberflächenatome (gelb eingefärbt).

Der technische Katalysator

Ursprünglich hat Haber mit Osmium und Uran als Katalysatoren gearbeitet, die sich zunächst aktiver als Eisen erwiesen. In weiterführenden Untersuchungen hat Alwin Mittasch (BASF) 1909 gefunden, dass die Aktivität von Eisen erheblich gesteigert werden kann, wenn es Zusätze von Alkali- und Erdalkalimetallverbindungen erhält. Der gewöhnlich industriell verwendete Präkatalysator enthält als Hauptkomponente Magnetit (Fe_3O_4) und Zusätze von Aluminium-, Kalium- und Calciumoxid. Reduktion mit H_2 oder N_2/H_2 führt zu sogenanntem „Ammoniakeisen“. Das Aluminiumoxid (ca. 2 %) ist ein struktureller Promotor, der das Sintern zu einem Material mit geringer Oberfläche verhindert. K_2O (<1 %) hingegen fungiert als elektronischer Promotor, übt also direkten Einfluss auf zumindest einen Elementarschritt der Reaktion aus und erhöht so die spezifische Aktivität des Katalysators. Kalium reichert sich insbesondere an der Oberfläche an. Es überführt elektrische Ladung auf Eisenoberflächenatome, die dadurch zu einer höheren π-Rückbindung im chemisorbierten N_2 befähigt werden, was die N–N-Bindungsspaltung erleichtert. Dieser Effekt wird partiell durch das coadsorbierte O vermindert. Ein weiterer aktivitätserhöhender Effekt ist die geringere Adsorptionsenergie von NH_3 an der (elektronenreicheren) Kalium-modifizierten Eisenoberfläche im Vergleich mit der an reinem Eisen.

Somit ist der technische Katalysator ein polykristallines Material mit einer komplexen Struktur und einer hohen spezifischen Oberfläche. Ein Katalysatorkorn besteht aus aggregierten Nanopartikeln mit oxidischen Spacern als Stabilisatoren. Die Nanopartikel enthalten einen

Eisenkern, der von kleinen einkristallinen Eisenplättchen umhüllt ist. Unter Synthesebedingungen ist das Eisen partiell nitridiert.

Es ist sehr wahrscheinlich, dass neben den (111)-Flächen die aktiven Zentren im polykristallinen technischen Katalysator Stufenkanten sind. Insbesondere Oberflächen von Metallkristallen bestehen aus größeren ebenen „Terrassen“ und monoatomaren Stufen, wie in Abbildung 15.6 für eine dichtest gepackte Fläche von α-Eisen gezeigt ist. Derartige Stufenkanten weisen elektronische und strukturelle Besonderheiten auf, z. B. sind dort Atome mit der Koordinationszahl *K.Z.* = 7 zugänglich, während die Oberflächenatome der flachen Terrassen die Koordinationszahl *K.Z.* = 6 betätigen (Abbildung 15.5). Weiterhin haben die Stufenkanten anscheinend eine optimale Geometrie für den dissoziierenden Distickstoff und die Stabilisierung des Übergangszustandes der dissoziativen Chemisorption. Nach vollzogener Spaltung der N–N-Bindung an einer Stufenkante verbleibt auf der unteren und der oberen Terrasse, die die Stufe bilden, je ein N-Atom, das unter den Reaktionsbedingungen der Haber-Bosch-Synthese auf der Oberfläche beweglich ist. Berechnungen zeigen, dass die Aktivierungsbarrieren für die dissoziative Chemisorption von N_2 an einer Stufenkante einer (110)-Fläche und an einer „offenen“ (111)-Fläche von α-Eisen sehr ähnlich sind. Da das der geschwindigkeitsbestimmende Schritt der NH_3-Synthese ist, sind Oberflächenirregularitäten des polykristallinen Eisens entscheidend für die Aktivität des technischen Katalysators [6, 8].

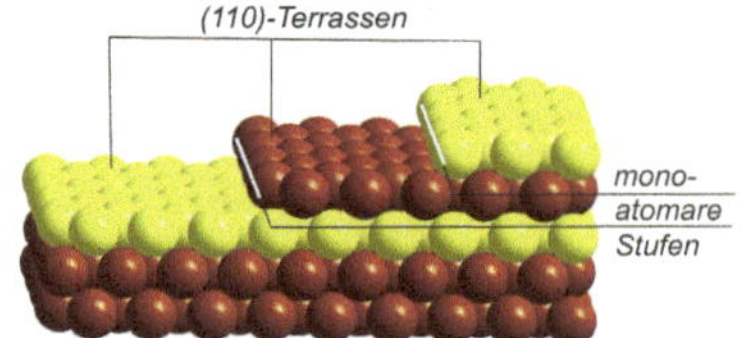

Abbildung 15.6. Stufenförmiger Aufbau einer dichtest gepackten (110)-Fläche von α-Eisen (schematisch). Aus Gründen der Übersichtlichkeit sind die dichtest gepackten Schichten von Eisenatomen unterschiedlich eingefärbt.

Rutheniumkatalysatoren

Eine hohe Katalysatoraktivität setzt einerseits eine hinreichend starke Wechselwirkung von N_2 mit der Metalloberfläche voraus, damit eine N–N-Bindungsspaltung eintreten kann. Andererseits darf aber diese Wechselwirkung nicht zu stark sein, damit das Adsorbat hinreichend reaktiv ist und weiter zum Produkt reagieren kann, das dann schließlich desorbiert wird [10]. Das führt gemäß Sabatiers Prinzip zu einer typischen „Vulkankurve“, wenn die Aktivität verschiedener Metalle gegen die Adsorptionsenergie von Stickstoff aufgetragen wird (Abbildung 15.7). Das links stehende Molybdän wie auch andere *d*-elektronenärmere Metalle spalten N_2 bereitwillig, binden aber die N-Atome zu stark, sodass nur eine geringe katalytische Aktivität resultiert. Dagegen sind die rechts stehenden *d*-elektronenreicheren Metalle nicht zur dissoziativen Chemisorption von N_2 befähigt. Dieser Zusammenhang zwischen der Bildungsgeschwindigkeit von NH_3 und der Bindungsenergie von N ist eine Konsequenz einer (linearen) Brønsted-Evans-Polanyi-Beziehung. Das Maximum der katalytischen Aktivität ist bei den Metallen der Gruppe 8 des Periodensystems zu finden. Noch aktivere Katalysatoren als Ru müssten eine geringere N-Bindungsenergie (entsprechendes gilt für $E(M\text{–}NH_x)$) aufweisen, ohne dass die Aktivierungsbarriere für die N_2-Dissoziation steigt. Da beide Größen aber nicht unabhängig voneinander variiert werden können, sind der Aktivität von konventionellen Übergangsmetallkatalysatoren Grenzen gesetzt und ein Niederdruck-Niedertemperatur-Prozess ist mit diesem Katalysatortyp nicht möglich [11].

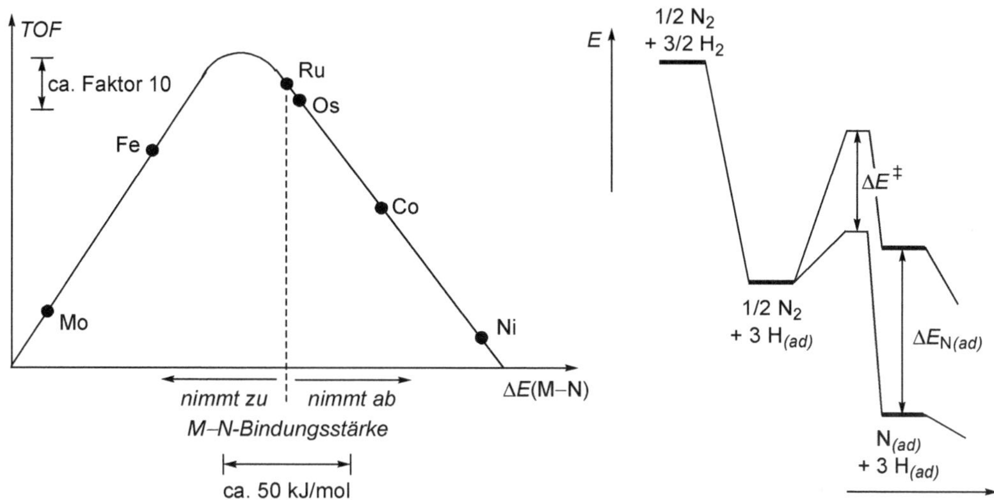

Abbildung 15.7. Berechnete Umsatzfrequenzen (*TOF*) für die NH_3-Synthese (400 °C, 50 bar) als Funktion der Adsorptionsenergie von Stickstoff für verschiedene Metalle unter Berücksichtigung des Effekts von Promotoren (links). Energieprofildiagramm für die dissoziative Chemisorption von N_2 (rechts) an einem Metall mit hoher und einem mit niedriger M–N-Bindungsenergie ($\Delta E^{\ddagger}$ – Differenz der Aktivierungsenergien der N–N-Bindungsspaltung; $\Delta E_{N(ad)}$ – Differenz der Adsorptionsenergien von Stickstoff) (adaptiert und gekürzt nach Jacobsen [12]).

Rutheniumbasierte Katalysatoren werden bereits seit Mitte der 1990er-Jahre industriell angewendet, wofür das Kürzel „KAAP“ (*K*ellogg bzw. *K*ellogg Brown & Root *A*dvanced *A*mmonia *P*rocess; KBR Inc., Houston, Texas USA) steht. Es kommen Kohlenstoff-geträgerte Rutheniumkatalysatoren mit Alkali- und Erdalkalimetallen als Promotoren zum Einsatz. Die aktiven Zentren sind die Kanten von monoatomaren Stufen auf Ru(0001)-Terrassen. Ein sehr aktives Katalysatorsystem ist mit einem Barium-promotierten Rutheniumkatalysator auf einem oxidischen Träger (MgO) gefunden worden. Dieser ist bei 300–350 °C fast 10-mal aktiver als die industriellen Eisenkatalysatoren. Um mit den konventionellen Eisenkatalysatoren die gleiche Ammoniakausbeute zu erzielen, sind doppelt so hohe Drücke und höhere Temperaturen erforderlich, was wesentlich den hohen Energiebedarf der Haber-Bosch-Synthese bedingt [13].

Die Ammoniaksynthese ist ein herausragendes Beispiel für eine heterogen katalysierte Reaktion, die auf atomarer und molekularer Ebene detailliert verstanden wird, sodass eine quantitative Korrelation der Elementarschritte mit der Makrokinetik besteht. Dabei haben die Untersuchungen an Einkristallen mit definierter Oberfläche eine bedeutende Rolle gespielt. Einkristalle als Modellkatalysatoren besitzen in der heterogenen Katalyse einen vergleichbaren Stellenwert wie Studien an (definierten) Modellkomplexen in der homogenen Katalyse.

Exkurs: Sabatiers Prinzip und Brønsted–Evans–Polanyi-Beziehung

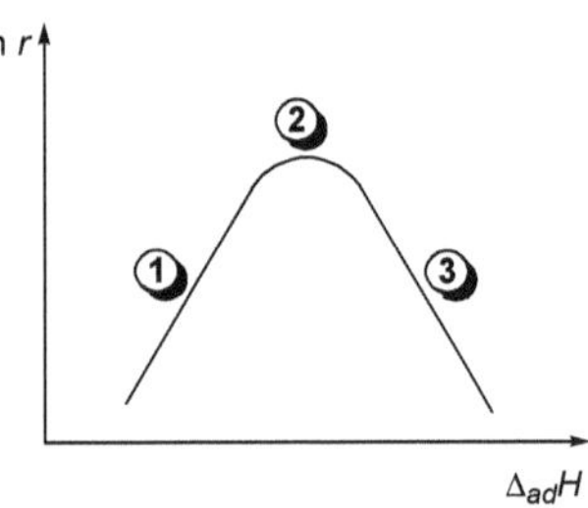

Die Elementarschritte einer heterogen katalysierten Reaktion umfassen typischerweise Chemisorption, Dissoziation und Aktivierung der Substrate sowie Oberflächendiffusionsprozesse, Rekombinationsreaktionen und Desorption der Produkte. Im Verlauf der Reaktion werden Bindungen geknüpft und gespalten, an denen Oberflächenatome des Katalysators beteiligt sind. *Sabatiers Prinzip* (P. Sabatier, Nobelpreis 1912) sagt aus, dass der beste Katalysator Zwischenverbindungen ausbildet, die an der Katalysatoroberfläche weder zu stark noch zu schwach adsorbiert sind. Es manifestiert sich in einer „Vulkankurve“ (engl.: *volcano plot*), wenn für verschiedene Katalysatoren die Reaktionsgeschwindigkeiten einer Reaktion (ln r) gegen eine Größe abgetragen werden, die ein Maß für die Reaktant–Katalysatoroberfläche-Wechselwirkung ist, wie z. B. die Adsorptionswärme $\Delta_{ad}H$. Im Bereich schwacher Wechselwirkungen (im Diagramm Bereich **1**) vermögen die Katalysatoren das Substrat nicht hinreichend zu aktivieren. Die Aktivierung der Reaktanten (z. B. die dissoziative Adsorption) ist geschwindigkeitsbestimmend. Die Oberflächenbedeckung ist gering. Der Abfall der katalytischen Aktivität bei starker Wechselwirkung (hier: Bereich **3**) geht auf eine zunehmende Bedeckung der Oberfläche zurück. Die Desorption, also die Regenerierung der Oberfläche wird geschwindigkeitsbestimmend. Im Bereich maximaler Reaktionsgeschwindigkeit (Bereich **2**) liegen mittlere Werte der Oberflächenbedeckung vor.

Brønsted–Evans–Polanyi-Beziehungen sind empirisch. Sie stellen bei einer heterogen katalysierten Reaktion für verschiedene Katalysatoren einen linearen Zusammenhang zwischen einer Nicht-Gleichgewichtseigenschaft (z. B. einer Aktivierungsenergie) und einer Gleichgewichtseigenschaft (z. B. einer Reaktions- oder Adsorptionsenergie) her. Eine Proportionalitätskonstante nahe eins spricht für einen späten und nahe null für einen frühen Übergangszustand. Die Struktur des Übergangszustandes ist also „produkt-“ bzw. „eduktähnlich“ [14, 15, 16, L3].

15.3 Die enzymkatalysierte Stickstofffixierung

Nitrogenasen sind Metalloenzyme, die N_2 zu NH_3 zu reduzieren vermögen. Bezüglich der in ihnen enthaltenen Übergangsmetalle werden drei Typen unterschieden, nämlich Mo/Fe-, V/Fe- sowie nur Fe-enthaltende Nitrogenasen. Am weitesten verbreitet sind die Mo-abhängigen Nitrogenasen.[1] Sie bestehen aus zwei Einheiten [17]:

[1] Knöllchenbakterien, die zu den wichtigsten stickstofffixierenden Mikroorganismen zählen, synthetisieren nur die „konventionelle“ (Mo/Fe) Nitrogenase. Ihre Nitrogenaseaktivität vollzieht sich in einer engen Symbiose (Wirt–Gast-Beziehung) mit Leguminosen (Hülsenfrüchten). Sie spiegelt sich beispielsweise darin wider, dass Leghämoglobin synthetisiert wird, wobei die Proteinkomponente von den Pflanzen und der Häm-Anteil von den Bakterien stammen. Dieses Leghämoglobin versorgt einerseits die aeroben Knöllchenbakterien mit dem notwendigen Sauerstoff, sorgt aber andererseits auch für die Bindung von O_2 und schützt so den sehr sauerstoffempfindlichen Nitrogenasekomplex vor oxidativer Zerstörung. Die Symbiose ist so effektiv, dass nicht nur die Pflanze mit Stickstoff versorgt wird, sondern NH_3 auch noch an den Boden abgegeben wird.

- *Fe-Protein.* Das Fe-Protein wird als Dinitrogenase-Reduktase bezeichnet. Es ist ein Homodimer und hat zwischen seinen beiden Untereinheiten einen Fe_4S_4-Cluster gebunden. Darüber hinaus besitzt es zwei Bindungsstellen für MgATP. Die Aufgabe des Fe-Proteins ist es, das MoFe-Protein zu reduzieren. Es stellt also die Elektronen bereit, die für die Substratreduktion erforderlich sind. Der Fe_4S_4-Cluster weist eine Heterocubanstruktur auf wie sie in Abbildung 6.9 (S. 146) dargestellt ist; anstelle der dort angegebenen terminalen Benzylthiolatoliganden ist jedes Fe-Atom unter Deprotonierung der SH-Gruppe an Cysteine des Proteins gebunden.
- *MoFe-Protein.* Das MoFe-Protein ist die eigentliche Dinitrogenase. Es handelt sich um ein Dimer eines αβ-Protein-Dimers. Jedes der beiden αβ-Dimere enthält in der α-Einheit einen FeMo-Cofaktor (M-Cluster, $MoFe_7S_9C$-Cluster) und zwischen der α- und β-Einheit einen Fe_8S_7-Cluster, der als P-Cluster bezeichnet wird. Die Struktur eines P-Clusters ist in Abbildung 15.8 gezeigt. Es handelt sich um zwei Fe_4S_4-Cluster mit Heterocubanstruktur, die eine gemeinsame „Schwefelecke" haben. Dieses Schwefelatom hat Kontakt zu 6 Eisenatomen (μ_6-S). Die Eisenatome betätigen die Koordinationszahl *K.Z.* = 4. Freie Valenzen sind durch insgesamt sechs S-gebundene Cysteine (4 × terminal, 2 × μ-*S*) abgesättigt, von denen je drei zum α- und β-Protein gehören.

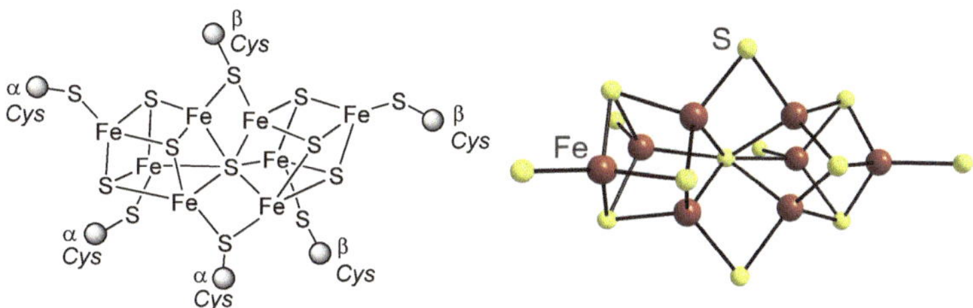

Abbildung 15.8. Struktur des P-Clusters $[Fe_8S_7(Cys)_6]$ im reduzierten (nativen) Zustand eines MoFe-Proteins einer bakteriellen Nitrogenase. Von den Cysteinmolekülen sind im Strukturmodell (rechts) nur die Schwefelatome dargestellt. Bindungsstellen an das α- bzw. β-Protein via Cystein sind in der links stehenden Formel durch grau unterlegte Kugeln gekennzeichnet.

Die Nitrogenase-katalysierte Reduktion von N_2 beinhaltet die sequentielle Übertragung von Elektronen vom Fe-Protein auf das MoFe-Protein und dann auf das Substrat (N_2). Demzufolge können zwei Zyklen unterschieden werden, der Fe- und der MoFe-Protein-Zyklus, deren Zusammenspiel schematisch in Abbildung 15.9 dargestellt ist [18].

Der Fe-Protein-Zyklus

Im Fe-Protein-Zyklus werden folgende Reaktionsschritte durchlaufen (Abbildung 15.9):

6 → **7**: Das Eisenprotein in seiner oxidierten Form mit zwei gebundenen MgADP wird durch ein biogenes Reduktionsmittel wie Ferredoxin oder Flavodoxin reduziert und ADP durch ATP ersetzt.

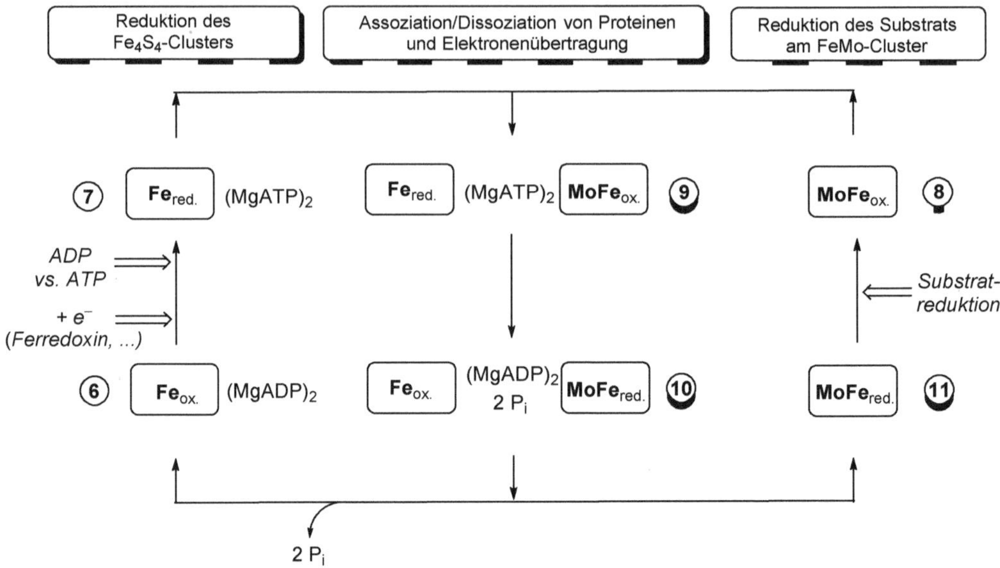

Abbildung 15.9. Fe-Protein-Zyklus der Nitrogenase-Katalyse im Zusammenspiel mit dem MoFe-Protein-Zyklus (Fe und MoFe bezeichnen das Fe- bzw. MoFe-Protein; P_i = anorganisches Phosphat HPO_4^{2-}) (adaptiert nach Newton in [M13], Vol. 1, S. 300).

7/8 → 9: Das reduzierte Fe-Protein und das MoFe-Protein in einer seiner oxidierten Formen assoziieren und bilden einen Protein–Protein-Komplex. Da das MoFe-Protein zwei FeMo-Cofaktoren enthält, bilden sich 2:1-Komplexe (Fe-Protein : MoFe-Protein).

9 → 10: Via P-Cluster findet die Elektronenübertragung vom Fe_4S_4- auf den FeMo-Cluster statt:

$$[Fe_4S_4] \xrightarrow{e^-} [Fe_8S_7] \text{ (P-Cluster)} \xrightarrow{e^-} [MoFe_7S_9C] \text{ (FeMo-Cluster)}$$

In dem Proteinkomplex sind Fe_4S_4- und Fe_8S_7-Cluster sowie Fe_8S_7- und $MoFe_7S_9C$-Cluster jeweils ca. 14 Å entfernt, die das Elektron zu überbrücken hat. Der Vorgang ist von einer Hydrolyse von ATP zu ADP unter Abspaltung von HPO_4^{2-} (P_i) begleitet.

10 → 6/11: Der Protein–Protein-Komplex dissoziiert unter Bildung von oxidiertem Fe-Protein mit gebundenem MgADP sowie dem MoFe-Protein in einer seiner reduzierten Formen. Diese Dissoziation des Protein–Protein-Komplexes ist der geschwindigkeitsbestimmende Schritt und verhindert eine Rückübertragung des Elektrons vom FeMo- auf den Fe_4S_4-Cluster (**10 → 9**). Das ist essentiell für eine mehrfache Reduktion des FeMo-Clusters.

Die Reduktion des FeMo-Clusters erfolgt schrittweise. Es wird jeweils ein Elektron übertragen, sodass der Fe-Protein-Zyklus (**6 → 7 → 9 → 10 → 6**) achtmal durchlaufen werden muss, damit ein Distickstoffmolekül und zwei Protonen reduziert werden können. Damit ergibt sich für die Nitrogenase-katalysierte Reduktion von Distickstoff folgende Gesamtgleichung:

$$N_2 + 8\,H^+ + 8\,e^- + 16\,ATP \longrightarrow 2\,NH_3 + H_2 + 16\,ADP + 16\,P_i$$

Der MoFe-Protein-Zyklus

Die Struktur des FeMo-Cofaktors, wie sie aus einer Röntgenkristallstrukturanalyse eines bakteriellen Nitrogenasekomplexes erhalten wurde, ist in Abbildung 15.10 gezeigt. Zwei Heterocubane $[Fe_4S_3C]$ und $[MoFe_3S_3C]$, die das Kohlenstoffatom gemeinsam haben, sind über drei Fe–S–Fe-Brücken verknüpft. So werden in der Mitte des Clusters drei gewellte Fe_4S_4-Achtringe („Kronenform") gebildet. Das interstitielle C-Atom (Carbid) ist in einer trigonal-prismatischen Koordination von sechs Eisenatomen (μ_6-C) umgeben.[1] Diese sind verzerrt tetraedrisch koordiniert ($Fe(\mu_2\text{-}S)(\mu_3\text{-}S)_2(\mu_6\text{-}C)$). Sie sind in Richtung der Ebenen verschoben, die die drei S^{2-}-Liganden aufspannen, sodass der Carbidoligand eine mehr axiale Position einnimmt. Insgesamt weist der Clusterkern die Zusammensetzung $[MoFe_7S_9C]$ auf [19].[2] Die oktaedrische Koordination von Mo wird durch einen zweizähnig gebundenen Homocitratliganden und ein Histidin vervollständigt, das zur Proteinmatrix gehört. Das terminale Fe-Atom der $[Fe_4S_3C]$-Baueinheit, welches nicht an das interstitielle Kohlenstoffatom gebunden ist, ist mit einem Cystein des Proteins verbunden.

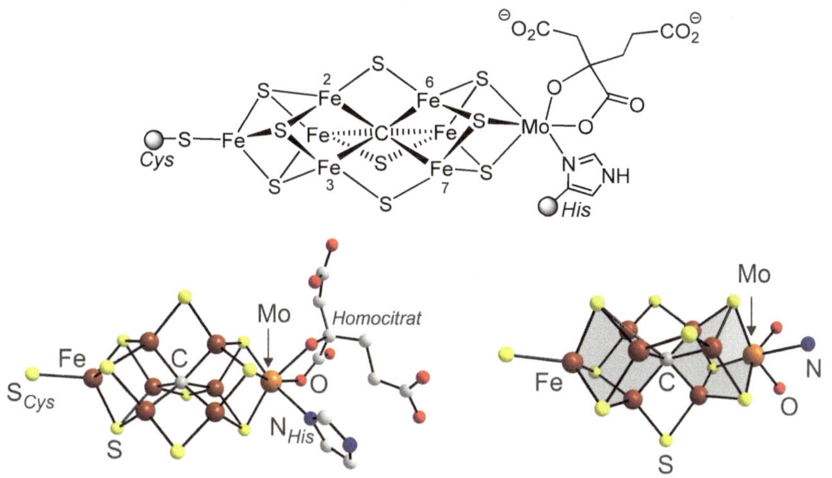

Abbildung 15.10. Struktur des FeMo-Cofaktors $[MoFe_7S_9C(Cys)(His)(Hcit)]$ (Hcit – Homocitrat) in einer bakteriellen Nitrogenase. Bindungsstellen an das Protein sind in der oben stehenden Formel durch grau unterlegte Kugeln gekennzeichnet, im Strukturmodell (links) sind von den Aminosäuren nur das Schwefelatom (Cys) bzw. der Imidazolring (His) dargestellt. Die Polyederdarstellung (rechts) verdeutlicht den Clusterkern [19].

---

[1] Das interstitielle Atom aufzufinden und zu identifizieren, war eine Herausforderung: Zunächst (1992) ist man davon ausgegangen, dass der FeMo-Cofaktor im Innern einen Hohlraum hat. 2002 ist ein interstitielles Atom X nachgewiesen worden, aber die Natur (X = N, O oder C) blieb unklar. Die experimentellen Ergebnisse waren am besten mit X = N in Einklang zu bringen. Schließlich ist 2011 X = C nachgewiesen worden.

[2] In komplexen Metallclustern ist es generell problematisch, jedem Atom eine ganzzahlige (*formale*!) Oxidationsstufe zuzuweisen. Mit dieser Einschränkung sind für den Ruhezustand des Cofaktors mehrere Zuordnungen von Oxidationsstufen vorgenommen worden. Am plausibelsten ist die folgende: $[(Mo^{III})(Fe^{III})_4(Fe^{II})_3(S^{-II})_9(C^{-IV})]^-$.

Der Mechanismus der Reduktion von N_2 am FeMo-Cofaktor ist in vielerlei Hinsicht noch nicht geklärt. Eine schematische Darstellung der acht konsekutiven Elektronen-/Protonenübertragungen findet sich in Abbildung 15.11. Es handelt sich dabei um protonengekoppelte Elektronentransferreaktionen.[1] Ausgehend von E_0 erfolgt zunächst die Übertragung von drei oder auch vier Elektronen und der entsprechenden Zahl an Protonen auf den FeMo-Cluster ($E_0 \rightarrow ... \rightarrow E_3H_3/E_4H_4$). Nunmehr erfolgt Koordination von N_2 und Abspaltung von copro-

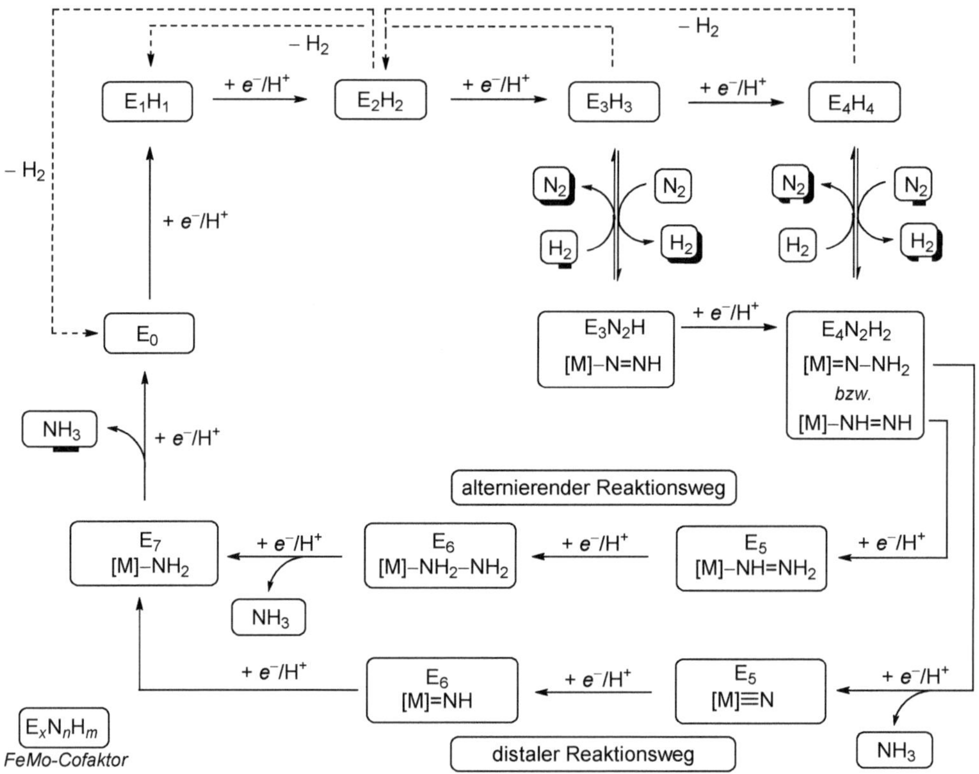

Abbildung 15.11. Mögliche Intermediate bei der Reduktion von Distickstoff zu Ammoniak und Wasserstoff (modifizierter Thorneley-Lowe-Zyklus). Eine nicht-obligate H_2-Entwicklung ist gestrichelt gezeichnet. Der FeMo-Cofaktor ist für die ersten Reaktionsschritte schematisch durch $E_xN_nH_m$ dargestellt, x gibt die Zahl der übertragenen Elektronen an. Für die späteren Reaktionsschritte sind – getrennt für den distalen und den alternierenden Weg – die vermuteten Strukturen der Intermediate angegeben, wobei vereinfachend η^1-Koordination vorausgesetzt ist (adaptiert aus Barney und Seefeldt [20] sowie Dance [21] und Hoffman [22]).

[1] Mit dem Terminus *proton-coupled electron transfer* (PCET) werden Reaktionen beschrieben, bei denen eine sequentielle oder simultane Elektronen- *und* Protonenübertragung stattfindet. Letztere werden auch als *concerted proton–electron transfers* (CPET) bezeichnet; sie können insbesondere bei Mehrelektronenübertragungen Reaktionswege ermöglichen, bei denen hochenergetische und/oder radikalische Zwischenstufen vermieden werden.

duziertem H_2 ($E_3H_3 \rightarrow E_3N_2H$ bzw. $E_4H_4 \rightarrow E_3N_2H_2$). Die Intermediate bei weiterer Reduktion und Protonierung sind aus der Abbildung 15.11 ersichtlich. In welchem Reaktionsschritt die N–N-Bindungsspaltung und Freisetzung des ersten Ammoniakmoleküls erfolgt, ist Gegenstand von Diskussionen. Möglicherweise tritt sie ein, nachdem drei Protonen und die entsprechende Anzahl von Reduktionsäquivalenten auf den N_2-Komplex übertragen wurden. Das entspricht dem „distalen Reaktionsweg“: Zuerst wird das terminale Stickstoffatom dreifach protoniert und dann das erste NH_3-Molekül abgespalten. Dem folgt die stufenweise Protonierung und Reduktion des gebildeten Nitridokomplexes und schließlich wird im letzten Reaktionsschritt das zweite NH_3-Molekül abgespalten und der Ausgangszustand (E_0) zurückgebildet. Im „alternierenden Reaktionsweg“ erfolgt die Protonierung der beiden N-Atome abwechselnd, sodass die Abspaltung des ersten NH_3-Moleküls erst im vorletzten Reaktionsschritt erfolgt [22].

Die Coproduktion von Diwasserstoff ($E_3H_3 + N_2 \rightleftharpoons E_3N_2H + H_2$ bzw. $E_4H_4 + N_2 \rightleftharpoons E_4N_2H_2 + H_2$) ist intrinsisch mit der Reduktion von N_2 verbunden. Die reduktive Eliminierung von H_2 generiert ein Metallzentrum in einer niedrigen Oxidationsstufe, was eine N_2-Koordination erleichtert. Die Reaktion ist reversibel. „Abiotische“ Beispiele wie **12** $\rightleftharpoons$ **13** sind lange bekannt. Durch die H_2-Produktion gehen im Minimum zwei Reduktionsäquivalente (25 %!) verloren. Eine größere Menge an H_2 kann gebildet werden, wenn aus den Zwischenstufen E_xH_m ($x = m = 2$–4) Diwasserstoff abgespalten wird. Diese nicht-obligate (unproduktive) H_2-Entwicklung ist in der Abbildung 15.11 gestrichelt gezeichnet. In vielen Fällen besitzen stickstofffixierende Organismen Hydrogenasen, die unter Energiegewinn H_2 zu H^+ oxidieren, und so einen Teil der verlorengegangenen Energie zurückgewinnen.

$(R_3P)_3Co(H)_3 \underset{H_2}{\overset{N_2}{\rightleftharpoons}} (R_3P)_3Co(H)(N_2)$

12 (Co^{III}) **13** (Co^{I})

Übertragung von H^+/e^- auf den FeMo-Cofaktor führt zu Hydrido- und Hydrogensulfidoeisenkomplexen. An welchen Positionen H gebunden wird, ist nicht sicher geklärt. Beim vierfach reduzierten Komplex E_4H_4 ist nachgewiesen, dass zwei μ-Hydridoliganden sowie je ein μ_2- und μ_3-Hydrogensulfidoligand gebildet werden; eine von mehreren möglichen Strukturen ist in **14** (Clustergerüst stilisiert; der achtgliedrige $Fe^{2,3,6,7}{}_4S_4$-Ring ist rot hervorgehoben) gezeigt. Damit sind in E_4H_4 Reduktionsäquivalente in zwei μ-Hydridoeisen-Einheiten an der Clusteroberfläche „gespeichert“, sodass bei reduktiver Eliminierung von H_2 ein hochreaktiver reduzierter Cluster zurückbleibt.

Die Koordination von N_2 ist an eine reduktive Eliminierung von H_2 (2 [Fe]–H–[Fe] $\rightarrow$ 4 $[Fe]_{red}$ + H_2) gekoppelt. Wahrscheinlich wird N_2 an Fe^6 η^1-koordiniert (end-on), entweder in *exo-* (**15a**; ohne Berücksichtigung der verbleibenden Protonen und Elektronen) oder in *endo*-Position (**15b**). In **15a** (*exo*) ist N_2 *trans*-ständig zum Carbidoliganden koordiniert. Das geht mit einer maßgeblichen Schwächung der Fe^6–C-Bindung einher, sodass der C-Ligand in gewisser Weise als hemilabiler Ligand fungiert (vgl. S. 231). In **15b** (*endo*) ist der N_2-Ligand *cis*-ständig zum Carbidoliganden angeordnet und kommt über eine Clusterfläche zu liegen. Dadurch könnte er mit SH-Protonen in Kontakt kommen, was die Wasserstoffübertragung auf den N_2-Liganden erleichtern sollte. Protonierung von $\mu_{2/3}$-Sulfidoliganden schwächt die zugrundeliegenden Fe–S-Bindungen und kann eine Koordination von N_2 unter Spaltung der Fe–S–Fe-Brücke ermöglichen, sodass auch die Bildung von **15c** in Betracht zu ziehen ist. Andere Koordinationsstellen und -modi von N_2 können nicht ausgeschlossen werden.

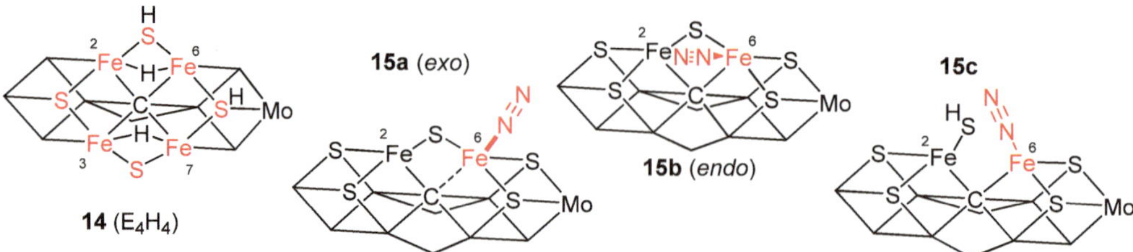

Das interstitielle C-Atom ist für die konformative Stabilität des Clusters von Bedeutung. Darüber hinaus vermittelt er durch allosterische Wechselwirkungen eine gegenseitige Beeinflussung der Bindungsstärke von Liganden, die an unterschiedlichen Fe-Atomen koordiniert sind.[1] Zum Beispiel führt in der Struktureinheit N_2–Fe^6–C–Fe^2–L die Koordination von N_2 an Fe^6 zu einer Schwächung der Fe^6–C- und einer Stärkung der Fe^2–C-Bindung, sodass ein Ligand L an Fe^2 schwächer koordiniert wird.

Molybdän hat im FeMo-Cofaktor eine wichtige strukturgebende Funktion. Der [$MoFe_7S_9C$]-Cluster ist über den Histidinliganden (Mo–N_{His}) an das Protein gebunden, das auch über Wasserstoffbrücken mit dem Homocitratliganden verknüpft ist. Der μ_3-S-Ligand, der an Mo, Fe^6 und Fe^7 koordiniert ist, ist die Eintrittsstelle für Protonen. Der Homocitratligand ermöglicht – via Wasserstoffbrücken – die Ausbildung einer Kette von Wassermolekülen, über die die Protonen zum Sulfidoliganden transportiert werden.[2] Auf der dieser Kette gegenüberliegenden Seite begünstigt der hydrophile Homocitratligand die Anlage eines „Wasserpools", der für den Abtransport des gebildeten NH_3 wesentlich ist. Damit trennt der Homocitratligand die beiden gegenläufigen Transportwege des Substrats (H^+) und des Produkts (NH_3), was erforderlich ist, da ansonsten die Bildung von NH_4^+ den Protonentransport blockieren würde.

Ein bioelektrochemischer Haber-Bosch-Prozess

Methylviologen (MV; *N*,*N'*-Dimethyl-4,4'-bipyridinium), $MV^{2+} + e^- \rightleftharpoons MV^{\bullet+}$, kann als (abiotischer) Elektronenakzeptor (MV^{2+}) und -donor ($MV^{\bullet+}$) für Enzyme eingesetzt werden. So vermag $MV^{\bullet+}$ – anstelle eines biogenen Reduktionsmittels – als Elektronendonor für Nitrogenasen zu fungieren und so die Reduktion von N_2 zu NH_3 zu bewerkstelligen. Hydrogenasen sind in der Lage H_2 zu H^+ zu oxidieren, wobei MV^{2+} als Elektronenakzeptor wirken kann. Werden beide Enzyme mit

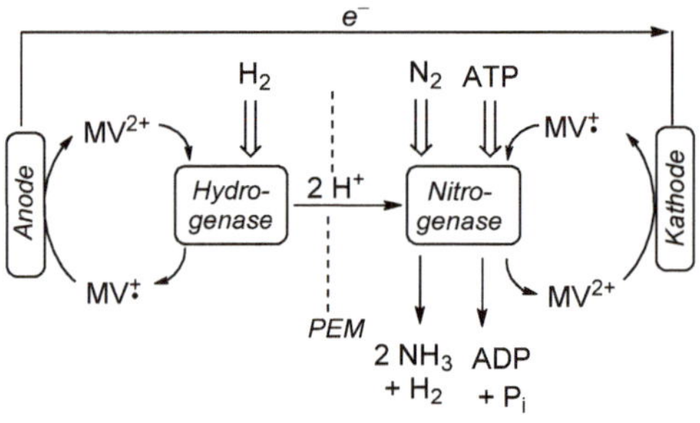

[1] Eine derartige „koordinative Allosterie" ist dem *trans*-Einfluss von Liganden ähnlich, nur dass es sich dabei um eine gegenseitige Beeinflussung der Bindungsstärke von zwei Liganden handelt, die *trans*-ständig am *gleichen* Zentralatom M gebunden sind.

[2] Der Protonentransport erfolgt nach dem Grotthus-Mechanismus, also durch Umlagerung (Lösen und Neuknüpfung) von Wasserstoffbrückenbindungen und nicht durch Wanderung von stark solvatisierten Protonen durch die Lösung. Das hat für Protonen – im Vergleich mit allen anderen Ionen (außer OH^-) – eine um bis zu zwei Zehnerpotenzen höhere Wanderungsgeschwindigkeit zur Folge.

Elektroden gekoppelt, resultiert eine enzymatische H_2/N_2-Brennstoffzelle[1] (siehe Prinzipskizze): Im Anodenraum werden mit H_2 als Brennstoff (Hydrogenase-katalysiert) Elektronen und Protonen erzeugt und im Kathodenraum wird (Nitrogenase-katalysiert) N_2 mit Protonen und Elektronen zu NH_3 reduziert. MV fungiert jeweils als Elektronenshuttle. Der Protonentransport wird durch eine Protonenaustauschmembran (PEM) gewährleistet. Energielieferant ist ATP, das in der Zelle durch eine Kinase regeneriert wird. Mit einer derartigen H_2/N_2-Brennstoffzelle ist eine Zellspannung im Leerlauf von 228 mV und eine Faraday-Effizienz von 26 % erreicht worden. Das ist ein Hinweis darauf, dass die Nitrogenase mehr als nur ein H_2 pro N_2 produziert und damit mehr Elektronen und ATP verbraucht als notwendig. Wenn bislang auch nur im Mikromaßstab (ca. 290 nmol NH_3/mg MoFe-Protein) realisiert, liegt eine Prinziplösung für einen bioelektrochemischen Haber-Bosch-Prozess bei Raumtemperatur und Normaldruck vor, bei dem aus N_2 und H_2 neben NH_3 auch elektrische Energie produziert wird [23].

Neuere Untersuchungen zeigen, dass auch eine direkte kathodische Reduktion von N_2 zu NH_3 bei Raumtemperatur und Normaldruck möglich ist, z. B. an Kathoden, die aus Pd/C-Nanopartikeln oder aus Nano-Spikes aus N-dotiertem Kohlenstoff bestehen. Im letztgenannten Fall (Elektrolyt und Protonenquelle: wässrige Lsg. von $LiClO_4$) ist eine Faraday-Effizienz von 12 % und eine Produktionsrate an NH_3 von knapp 100 µg/(h · cm^2) erreicht worden [24].

Ein präbiotisches stickstofffixierendes System?

Ammoniak ist die wichtigste bioverfügbare Stickstoffverbindung. Neben Wasserdampf, Wasserstoff und Methan war Ammoniak eine Komponente des Gasgemisches, das S. L. Miller (1953) als Modell für die Uratmosphäre diente. Bei hochenergetischer Funkenentladung war die Bildung kleiner organischer Moleküle, darunter von Aminosäuren nachzuweisen. Die Frage, wie Ammoniak unter präbiotischen Bedingungen in die Atmosphäre emittiert worden ist, konnte noch nicht mit Sicherheit beantwortet werden. Möglicherweise haben dabei vulkanische Prozesse und Ammonium-Mineralien eine Rolle gespielt. Nach einer Theorie von G. Wächtershäuser ist die reduzierende Wirkung von Eisensulfidoberflächen von entscheidender Bedeutung: Die Umsetzung von FeS mit H_2S und N_2 unter Oxidation zu Pyrit und Bildung von Ammoniak ist exergonisch:

$$N_2 + 3\,FeS_{(s)} + 3\,H_2S_{aq} \longrightarrow 2\,NH_{3\,(g)} + 3\,FeS_{2\,(s)} \qquad \Delta G^{\circ} < 0$$

Der experimentelle Nachweis, dass eine derartige Reaktion ablaufen kann, ist gelungen: Frisch gefälltes FeS setzt sich in wässriger Lösung in Gegenwart von H_2S mit N_2 (1 bar) bei 70–80 °C zu Ammoniak in einer Ausbeute von 0,1 % (bezogen auf 3 mol FeS) um. Damit könnte ein Modell für ein präbiotisches stickstofffixierendes System gefunden sein. Das ist ein wichtiger Baustein für einen chemoautotrophen Ursprung[2] des Lebens [25] und ein weiterer Beleg für die Bedeutung von Eisen–Schwefel-Verbindungen für die Entwicklung von Leben auf der Erde [26].

---

[1] Enzymatische Brennstoffzellen nutzen isolierte Redoxenzyme als Elektrokatalysatoren. Zu Brennstoffzellen vgl. S. 85.

[2] Zellen/Organismen, die Redoxreaktionen als Energiequelle nutzen, heißen chemotroph und solche, die CO_2 als einzige Kohlenstoffquelle nutzen, autotroph.

15.4 Die homogen katalysierte Stickstofffixierung

15.4.1 Stöchiometrische Reduktion von N_2-Komplexen

Mit Untersuchungen zur Reaktivität von Distickstoffübergangsmetallkomplexen seit 1965 ist klar geworden, dass mit der Komplexbildung eine Aktivierung der N–N-Dreifachbindung einhergeht. Das hat neue Möglichkeiten eröffnet, N_2 unter milden Bedingungen zu Ammoniak zu reduzieren. Dabei stellen Untersuchungen zur stöchiometrischen Reduktion einen notwendigen ersten Schritt dar, um gezielt eine katalytische Reaktionsführung entwickeln zu können. Metallassistierte stöchiometrische Reduktionen von N_2 zu NH_3 können prinzipiell nach einem der folgenden (vereinfachten) Reaktionswege ablaufen:

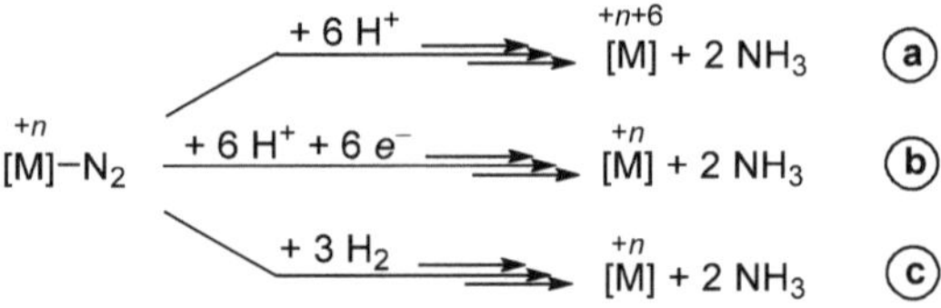

- **a**) Protonen dienen als Wasserstoffquelle. Wenn kein Reduktionsmittel zugegen ist, erhöht sich die Oxidationsstufe von M um 6 Einheiten. Sofern eine derartige Reaktion Grundlage für eine katalytische Reaktionsführung sein soll, muss in einem nachfolgenden Schritt der oxidierte Komplex $[M^{+n+6}]$ zu $[M^{+n}]$ reduziert und dann zu $[M^{+n}]–N_2$ umgesetzt werden.
- **b**) Protonen dienen als Wasserstoffquelle und es wird in Gegenwart eines Reduktionsmittels gearbeitet. Nach diesem Prinzip arbeiten Nitrogenasen.
- **c**) H_2 dient als Wasserstoffquelle und als Reduktionsmittel. Das entspricht dem Haber-Bosch-Prozess. Im Prinzip ist auf dieser Grundlage auch eine homogenkatalytische Reaktionsführung möglich, die aber praktisch noch nicht realisiert werden konnte.

Für die Bildung von Hydrazin, ein häufiges Nebenprodukt oder gar das Hauptprodukt bei der Reduktion von N_2, gilt Entsprechendes: Es werden 4 Wasserstoffe (4 H^+ bzw. 2 H_2) und bei **b** zusätzlich 4 Reduktionsäquivalente benötigt.

1964 haben M. E. Vol'pin und V. B. Shur gefunden, dass bei Umsetzungen von Übergangsmetallhalogeniden wie $CrCl_3$, $MoCl_5$, $FeCl_3$, $TiCl_4$ mit stark reduzierenden Agenzien wie $LiAlH_4$, EtMgBr oder Al(*i*-Bu)$_3$ in aprotischen Lösungsmitteln unter Druck in einer N_2-Atmosphäre (100–150 bar) nach hydrolytischer Aufarbeitung Ammoniak in Ausbeuten von bis zu 25 % (bezogen auf eingesetztes MCl_x) gebildet wird. Im System $[TiCl_2Cp_2]$/EtMgBr sind bereits bei Normaldruck nach Hydrolyse 67 % Ammoniak gefunden worden. In weiterführenden Untersuchungen konnte eine Reihe von dinuklearen Distickstoffkomplexen wie $[(TiCp_2)_2(\mu\text{-}N_2)]$ und $[(TiRCp_2)_2(\mu\text{-}N_2)]$ (R = Alkyl, Aryl) erhalten und auch teilweise strukturell charakterisiert werden, die als Intermediate in Betracht kommen. Sie liefern je nach Protolysebedingungen neben N_2 Ammoniak und/oder Hydrazin [27].

Ein Beispiel für eine stöchiometrische Reduktion von N_2 zu NH_3 ist die Umsetzung der gut zugänglichen Distickstoffkomplexe des nullwertigen Molybdäns und Wolframs $[M(N_2)_2L_4]$ (**16**, M = Mo, W; L/L_2 = mono-/bidentater Phosphanligand) mit Protonensäuren HX. Dabei wird einer der beiden N_2-Liganden als N_2 abgespalten und der andere wird zu Ammoniak und

Hydrazin in wechselnden Mengen reduziert. Ein Beispiel ist im folgenden Reaktionsschema ($L = PMe_2Ph$) gezeigt (J. Chatt, 1975):

$$\textbf{16a}\ \ trans\text{-}L_4W(N\equiv N)_2 \xrightarrow[\text{MeOH}]{H_2SO_4} \underset{(90\,\%)}{2\,NH_3}\ \ \underset{(2\,\%)}{(N_2H_4)} + \underset{(94\,\%)}{N_2} + \{W^{VI}\} + \ldots$$

Komplexe mit monodentaten Phosphanliganden L und *cis*-ständigen N_2-Liganden tendieren dazu mehr Ammoniak zu bilden, während bei Komplexen mit bidentaten Liganden L_2 die Menge an gebildetem Hydrazin steigt. Die Reduktion des N_2-Liganden wird durch Protonierung seines β-N-Atoms eingeleitet, also durch einen elektrophilen Angriff eines Protons an einen N_2-Liganden. Eine derartige Reaktion wird durch eine hohe negative Partialladung am β-N-Atom, also durch eine niedrige Oxidationsstufe von M und eine starke Rückbindung in die π*-Orbitale vom N_2-Liganden begünstigt (*d*→π*, Metall-zu-Ligand-Ladungstransfer, MLCT). Als Zwischenprodukte sind Diazenido(1–)- (**17**), Hydrazido(2–)-κ*N*- (**18**) und Hydrazidium-Komplexe (**19**) nachgewiesen worden. Die monoprotonierte Spezies **17** steht mit dem Hydridokomplex $[MX(H)(N_2)L_4]$ im Gleichgewicht. Zunehmende Protonierung des β-N-Atoms führt zu einer Verminderung der N–N-Bindungsordnung, die mit einer Erhöhung der M–N-Bindungsordnung verbunden ist.

$$\underset{\textbf{16}}{N\equiv N{-}[M^0]{-}N\equiv N} \xrightarrow[-N_2]{+HX} \underset{\textbf{17}}{X{-}[M^{II}]{-}N{=}NH} \xrightarrow{+H^+} \underset{\textbf{18}}{[X{-}[M^{IV}]{=}N{-}NH_2]^+} \xrightarrow{+H^+} \underset{\textbf{19}}{[X{-}[M^{IV}]{=}N{-}NH_3]^{2+}}$$

$[M] = ML_4$; M = Mo, W

Auf Grundlage dieser und weiterer Untersuchungen ist ein Modell entworfen worden, wie ausgehend von Distickstoffmolybdän/wolfram(0)-Komplexen **16'** ($[M] = ML_4$, M = Mo, W; 2 L = dppe, ...) durch sukzessive Protonierung und Reduktion eine katalytische Reduktion von N_2 zu NH_3 ablaufen könnte (Chatt-Zyklus):

$$\underset{\textbf{16'}}{N\equiv N{-}[M^0]{-}N\equiv N} \xrightarrow[-N_2]{+HX,\ +H^+} \underset{\textbf{18'}}{[X{-}[M^{IV}]{=}N{-}NH_2]^+} \xrightarrow[-NH_3]{+H^+,\ +2e^-} \underset{\textbf{20'}}{X{-}[M^{IV}]\equiv N}$$

$$\underset{\textbf{20'}}{X{-}[M^{IV}]\equiv N} \xrightarrow{+H^+} \underset{\textbf{21'}}{[X{-}[M^{IV}]{=}NH]^+} \xrightarrow{+H^+,\ +2e^-} \underset{\textbf{22'}}{X{-}[M^{II}]{=}NH_2} \xrightarrow{+H^+} \underset{\textbf{23'}}{[X{-}[M^{II}]{-}NH_3]^+}$$

$$\textbf{23'} \xrightarrow[-X^-,\ -NH_3]{+2\,N_2,\ +2e^-} \textbf{16'}$$

Zweifache Protonierung von **16'** ergibt unter Abspaltung von N_2 über einen Diazenidokomplex einen Hydazidokomplex **18'**. Protonierung und Reduktion von **18'** führen über einen Hydrazidiumkomplex zur Spaltung der N–N-Bindung, wobei ein Nitridokomplex und NH_3 gebildet werden (**18'** → **20'**). Sukzessive Protonierung und Reduktion von **20'** liefern über Imido- und Amidokomplexe einen Amminkomplex (**20'** → ... → **23'**), aus dem durch Reduktion und Ligandensubstitution unter Abspaltung von Ammoniak der Ausgangskomplex **16'** zurückgebildet wird. Der experimentelle Nachweis einer katalytischen Reduktion von N_2 zu NH_3 mit Komplexen vom Typ **16'** als Katalysator steht allerdings noch aus [28].

Experimentell nachgewiesen ist, dass Komplexe des Typs **16** eine zyklische, aber *keine* katalytische Ammoniaksynthese aus Stickstoff ermöglichen, wenn die Protonierung dieser Komplexe mit einer kathodischen Reduktion der gebildeten Hydrazido(2–)-Komplexe gekoppelt wird. So reagiert der *trans*-Komplex **16b** ([W] = $W(dppe)_2$) mit *p*-Toluolsulfonsäure (HOTs) zum Hydrazido(2–)-Komplex **18b**. Bei der sich anschließenden elektrochemischen Reduktion in Gegenwart von N_2 (1 bar) wird Ammoniak freigesetzt und der Ausgangskomplex **16b** gebildet. Während **16b** fast vollständig zurückerhalten wird, beträgt die Ausbeute an NH_3 0,2–0,3 mol pro **18b**.

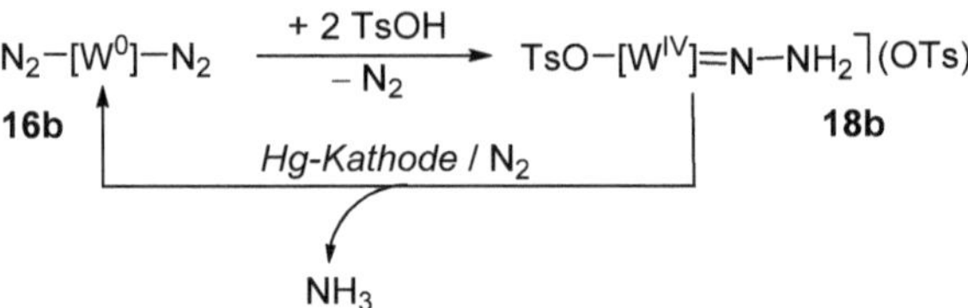

Aufgabe 15.4

Welchen Einfluss auf die Aktivierung von N_2 hat es, wenn in Distickstoff–Phosphan-Komplexen wie *trans*-[$Mo(\eta^1\text{-}N_2)_2L_4$] (L = PR_3) die Phosphan- durch NHC-Liganden (L = NHC) ersetzt werden?

Die Abfolge der Protonierungsschritte beim Chatt-Zyklus ist dem distalen Reaktionsweg bei Nitrogenasen analog (vgl. S. 480). Bei Distickstoffeisenkomplexen kann dagegen die Protonierung der beiden Stickstoffatome alternierend erfolgen, sodass Diazen- und Hydrazinkomplexe **25a**/**25'a** bzw. **25b**/**25'b** als Intermediate auftreten. Als Beispiel ist der 18-*ve*-Komplex **24** angeführt, der eine Metallbase ist und mit Säuren protoniert werden kann (**24** → **24'**). Sowohl **24** als auch **24'** können Ausgangspunkt für eine Protonierung und Reduktion des N_2-Liganden sein [29].

(R = $CH_2CH_2CH_2OMe$)

24 [Fe^0]–N≡N $\xrightarrow{2\,H^+}$ [Fe^{II}]–N(H)=NH]$^{2+}$ (**25a**) $\xrightarrow[2\,e^-]{2\,H^+}$ [Fe^{II}](NH_2–NH_2)]$^{2+}$ (**25b**) ⟶

H⁺ / Base

24' H–[Fe^{II}]–N≡N]$^+$ $\xrightarrow[2\,e^-]{2\,H^+}$ H–[Fe^{II}]–N(H)=NH]$^+$ (**25'a**) $\xrightarrow[2\,e^-]{2\,H^+}$ H–[Fe^{II}]–N(H_2)–NH_2]$^+$ (**25'b**) ⟶

Bei den bisher angeführten Beispielen lag der Ammoniakbildung eine Reaktion von N_2 mit H^+/e^- zugrunde. Nunmehr erwiesen sich aber kationische Diwasserstoffruthenium(II)-Komplexe *trans*-[$RuCl(\eta^2\text{-}H_2)(dppp)_2$]X (**26**, X = schwach koordinierendes Anion wie PF_6, BF_4, ...; dppp = $Ph_2P(CH_2)_3PPh_2$) als acid genug, um den Distickstoffkomplex **16a** zu protonieren. In einer Wasserstoffatmosphäre setzt sich **26** mit **16a** zu Ammoniak um, das in Ausbeuten von bis zu 55 % erhalten wurde. Da Komplex **26** unter Wasserstoff aus [$RuCl(dppp)_2$]X gebildet wird, ist unter sehr milden Bedingungen (55 °C, 1 bar) eine stöchiometrische Reduktion von Distickstoff mit Diwasserstoff zu Ammoniak gelungen.

$$\mathbf{16a} + 6\,[\mathrm{RuCl}(\eta^2\text{-}\mathrm{H_2})(\mathrm{dppp})_2]\mathrm{X}\ (\mathbf{26}) \xrightarrow[\{-\mathrm{N_2}\}]{55\ °\mathrm{C}} 2\,\mathrm{NH_3} + 6\,[\mathrm{RuCl(H)(dppp)_2}] + \{\mathrm{W^{VI}}\}$$

$6\,[\mathrm{RuCl(dppp)_2}]\mathrm{X} \rightleftarrows \mathbf{26}$ (+ H_2, 1 bar)

16a (L = PMe_2Ph)

Ein weiteres Beispiel dafür geht von N_2-Komplexen elektronenarmer Übergangsmetalle aus: In dinuklearen Komplexen kann eine μ-η^2:η^2-Koordination von N_2 mit einer erheblichen Aktivierung der N–N-Bindung verbunden sein. So ist im Komplex **27**, der durch Reduktion von $[ZrCl_2(\eta^5\text{-}C_5Me_4H)_2]$ mit Na/Hg in einer Stickstoffatmosphäre entsteht, die N–N-Bindung erheblich aufgeweitet (1.377(3) Å). Bei Raumtemperatur reagiert **27** mit H_2 unter Hydrogenierung von N_2 zu einem Hydrido-Diazenido-Komplex **28** (N–N 1.457(3) Å).

27 $\xrightarrow[22\ °\mathrm{C}]{\mathrm{H_2}}$ **28** $\xrightarrow[85\ °\mathrm{C}]{-\mathrm{H_2}}$ **29**

28 $\xrightarrow[85\ °\mathrm{C}]{\mathrm{H_2}}$ 2 **29'** + NH_3 (10–15 %)

Beim Erwärmen einer Lösung von **28** in Heptan erfolgt vollständige Spaltung der N–N-Bindung und es bildet sich Komplex **29** mit einem μ-NH_2- und einem μ-N-Liganden, der mit wasserfreier HCl quantitativ zu $[ZrCl_2(\eta^5\text{-}C_5Me_4H)_2]$ und NH_3 reagiert. Wird die Thermolyse in einer Wasserstoffatmosphäre durchgeführt, dann entsteht ebenfalls Ammoniak (**28** → **29'**). Die Ausbeute an NH_3 beträgt zwar nur 10–15 %, aber es ist unter sehr milden Bedingungen aus N_2 und H_2 erhalten worden. Wird bei der Synthese von **27** anstelle des η^5-C_5Me_4H-Liganden der η^5-C_5Me_5-Ligand verwendet, bildet sich ein Komplex mit einem end-on-gebundenen μ-η^1:η^1-N_2-Liganden, der nicht so stark wie in **27** aktiviert ist und keine entsprechende Reaktion zeigt [30, 31].

Auf mesoporösem Silicagel fixierte Hydridotantalkomplexe **30a**/**b** (zur Struktur und Reaktivität derartiger Komplexe vgl. S. 205) vermögen bei 250 °C in Gegenwart von H_2 Distickstoff unter Bildung eines Amido-imidotantal(V)-Komplexes **31a** zu spalten. Interessanterweise wird der gleiche Komplex – und zwar bereits bei Raumtemperatur – bei der Umsetzung von **30a**/**b** mit NH_3 gebildet. Das zeigt eindrucksvoll die einzigartige Reaktivität des hochelektrophilen Tantalzentrums in **30a**/**b** (formal 8/10 *ve*), die sich auch in einem schnellen und vollständigen H/D-Austausch **31a** ⇌ **31b** unter milden Reaktionsbedingungen (60 °C) in einer D_2-Atmosphäre widerspiegelt [32].

30a $\rightleftharpoons$ (H_2) **30b** —— (25 °C) + NH_3 *oder* + N_2, + H_2 (250 °C) ——→ **31a** $\underset{H_2}{\overset{(60\ °C)\ D_2}{\rightleftharpoons}}$ **31b**

Aufgabe 15.5

a) Wie könnte der H/D-Austausch **31a** $\rightleftharpoons$ **31b** ablaufen? Schlagen Sie einen Mechanismus der Bildung b) von **31a** aus **30a** und NH_3 sowie c) von **31a** aus **30a** und N_2/H_2 vor.

$\overset{\oplus\oplus}{[M]\equiv N|}$ *vs.* $\overset{\ominus\ominus}{[M]-\overline{N}|}$

32a **32b**

Darüber hinaus lässt sich die N≡N-Bindung in N_2 – trotz ihrer hohen thermodynamischen Stabilität – durch Komplexbildung mit Übergangsmetallen soweit aktivieren, dass sie unter milden Reaktionsbedingungen gespalten werden kann, sodass direkt (d. h. *nicht* über Zwischenstufen $[M]–N_2H_x$) Nitridokomplexe gebildet werden. Reaktionen zu Komplexen mit terminalen Nitridoliganden [M]≡N sind bei *d*-elektronenärmeren Zentralatomen M leichter zu bewerkstelligen, weil zu viele *d*-Elektronen die Ausbildung von M–N-Mehrfachbindungen (vgl. **32a**) erschweren (vgl. dazu die Aufgabe 15.6). Können keine Mehrfachbindungen ausgebildet werden, erhält man stärker basische Nitridoliganden (vgl. **32b**), die bereitwilliger mit Elektrophilen reagieren. Als Beispiel für die N≡N-Spaltung ist die Umsetzung des Tris(amido)molybdän(III)-Komplexes **33** mit N_2 zum Nitridomolybdän(VI)-Komplex **34** angeführt, die bereits bei Raumtemperatur abläuft, ohne dass ein weiteres Reagenz zugegeben werden muss [33].

$$\underset{\mathbf{33}}{2\,[\mathrm{Mo}]} \xrightarrow[-35\ °C]{N_2\ (1\ bar)} [\mathrm{Mo}]{=}N{=}N{=}[\mathrm{Mo}] \xrightarrow[28\ °C]{} \underset{\mathbf{34}}{2\,[\mathrm{Mo}]\equiv N}$$

Mo[N(*t*-Bu)Ar]$_3$ ≡ [Mo]

33 (Ar = 3,5-$Me_2C_6H_3$)

Der Bis(β-diketiminato)eisen(II)-Komplex[1] **35** reagiert mit Kaliumgraphit/N_2 (T = –110 → +20 °C!) unter vollständiger Spaltung der N≡N-Bindung zu einem tetranuklearen gemischtvalenten Bis(μ-nitrido)-Komplex **36** (N···N 2,799(2) Å), in dem beide Nitridoliganden unterschiedlich koordiniert sind (μ_3-/μ_4-N^{3-}). Umsetzung von **36** mit Säuren führt zu Ammoniak in Ausbeuten bis zu >90 % (**a**), wobei bei geeigneter Wahl der Säure eine Abfolge von Proto-

[1] β-Diketimine leiten sich von β-Diketonen durch Substitution von O durch NR ab.

nenübertragungen und von protonengekoppelten Elektronenübertragungen nachzuweisen ist (**b**). Damit liegt ein Beispiel für eine Spaltung von N_2 bei einem späten Übergangsmetall unter sehr milden Reaktionsbedingungen vor [34].

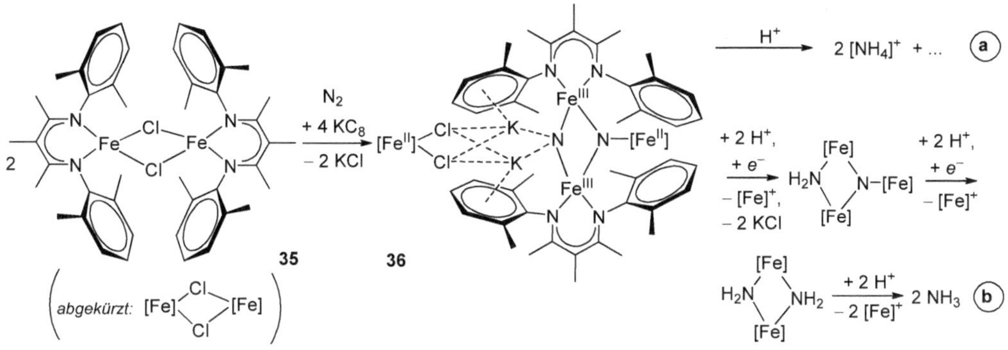

Aufgabe 15.6

Es liege ein Nitridoübergangsmetallkomplex **1** (*K.Z.*(M) = 6, C_{4v}-Symmetrie) vor. Zeichnen Sie ein qualitatives Molekülorbitaldiagramm, welches lediglich die *d*-Valenzorbitale von M und die p_π-Orbitale von N^{3-} berücksichtigt. Skizzieren Sie die Orbitalüberlappungen, die zu π-M–N-Bindungen führen. Die Besetzung welcher Orbitale hat eine Schwächung der π-M–N-Bindungen zur Folge?

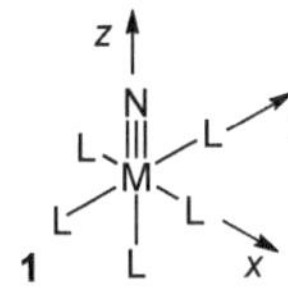

15.4.2 Katalytische Reduktion von Distickstoff

Eine katalytische Reduktion von Distickstoff zu Ammoniak unter physiologischen Bedingungen mit einem definierten mononuklearen Metallkomplex ist erstmals[1] D. V. Yandulov und R. R. Schrock 2003 gelungen. Als Katalysator ist ein Distickstoffmolybdän(III)-Komplex **37** verwendet worden. Als Protonen- und Elektronenquelle diente ein 2,6-Lutidiniumsalz [LutH][B(Ar)$_4$] bzw. permethyliertes Chromocen [Cr(Cp*)$_2$]. Die Reaktion ist katalytisch bezüglich Mo. Mit einer Menge an Reduktionsäquivalenten, die ausreichend ist, um den Zyklus sechsmal zu durchlaufen, werden Ausbeuten an NH_3 von ca. 64 % erreicht (8 Äquiv. NH_3/Mo). Als Nebenprodukt ist H_2 erhalten worden, typischerweise zu 33 %. Hydrazin ist nur in Spuren gebildet worden. Die Katalyse wird in Heptan als Lösungsmittel durchgeführt. Das hat den Vorteil, dass darin das als Protonenquelle dienende Lutidiniumsalz nur wenig löslich ist und so eine direkte Reduktion der Protonen zu H_2 durch [Cr(Cp*)$_2$] minimiert wird [35, 36].

---

[1] Zuvor war unter physiologischen Bedingungen nur eine katalytische Reduktion von N_2 zu Hydrazin als Hauptprodukt ($N_2H_4/NH_3 \approx 10/1$) in Methanol beschrieben. Als Reduktionsmittel fand Natriumamalgam und als Katalysator $Mo^{III}/Mg(OH)_2$ Verwendung. Details zum Mechanismus sind nicht bekannt [27].

$$N_2 + 6\,H^+ + 6\,e^- \xrightarrow[\text{Heptan (24 °C, 1 bar)}]{[Mo]{-}N{\equiv}N\ (\mathbf{37})} 2\,NH_3$$

6 [LutH][B(Ar)$_4$] + 6 [Cr(Cp*)$_2$] → 6 Lut + 6 [Cr(Cp*)$_2$][B(Ar)$_4$]

[LutH][B(Ar)$_4$] [Cr(Cp*)$_2$] **37**

Die Struktur des Katalysators [Mo{(hiptNCH$_2$CH$_2$)$_3$N}(η^1-N$_2$)] (**37**) ist in Abbildung 15.12 wiedergegeben. Als Coligand fand ein Triamidoamin, [(hiptNCH$_2$CH$_2$)$_3$N]$^{3-}$ (hipt = Hexaisopropylterphenyl), Anwendung. Molybdän ist trigonal-bipyramidal koordiniert mit einem end-on-gebundenen N$_2$-Liganden auf einer apicalen Position. Die sperrigen hipt-Substituenten schirmen die trigonale Koordinationstasche für den N$_2$-Liganden perfekt ab. Das verhindert zum einen die Bildung von relativ stabilen (und damit wahrscheinlich katalytisch nicht aktiven) dinuklearen Komplexen mit einem μ-η^1:η^1-N$_2$-Liganden und trägt auch zur Stabilisierung der Intermediate bei, die im katalytischen Zyklus durchlaufen werden. [Mo]–N$_2$ (**37**, [Mo] = Mo{(hiptNCH$_2$CH$_2$)$_3$N}) kann sowohl oxidiert als auch reduziert werden:

$$[Mo]{-}N_2^{\oplus} \xleftarrow{-e^-} [Mo]{-}N_2\ (\mathbf{37}) \xrightarrow{+e^-} [Mo]{-}N_2^{\ominus}$$

ν_{NN} (in cm^{-1}):	2255	1990	1855

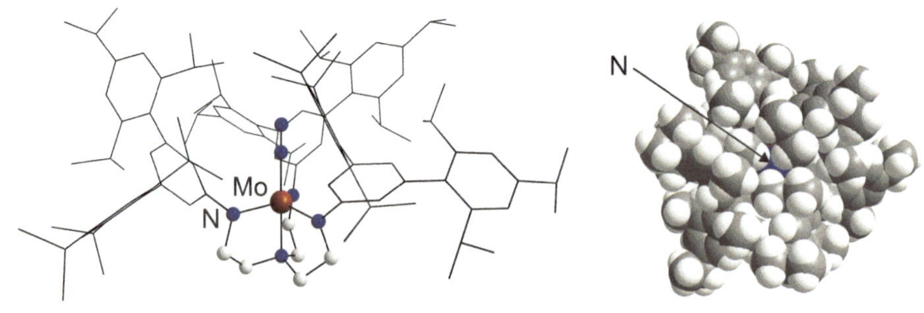

Abbildung 15.12. Molekülstruktur von [Mo{(hiptNCH$_2$CH$_2$)$_3$N}(η^1-N$_2$)] (**37**). Die hipt-Substituenten (hipt = Hexaisopropylterphenyl) sind nur als Stabmodell gezeichnet. Der Katalysatorkomplex in der raumfüllenden Darstellung (rechts, Blickrichtung von oben auf den N$_2$-Liganden) zeigt, dass die drei sterisch anspruchsvollen hipt-Substituenten den N$_2$-Liganden perfekt einhüllen.

Die N≡N-Streckschwingungsfrequenzen zeigen den erwarteten Gang und bringen eine zunehmende π-Rückbindung von links nach rechts zum Ausdruck. Der Vergleich mit freiem N_2 (2331 cm^{-1}) belegt im kationischen Komplex eine nur noch sehr schwache Rückbindung und in Übereinstimmung damit erfolgt auch besonders leicht eine Ligandensubstitution. Damit liegt ein instruktives Beispiel vor, wie sich Änderungen der Oxidationsstufe des Zentralatoms und der Ladung eines Komplexes auf die Elektronendichteverteilung und seine Reaktivität auswirken [36].

Der vorgeschlagene Reaktionsmechanismus der katalytischen Reduktion von N_2 zu NH_3 an einem monomolekularen Molybdänkomplex ist in der Abbildung 15.13 dargestellt. Im Einzelnen werden folgende Reaktionsschritte durchlaufen [35, 37]:

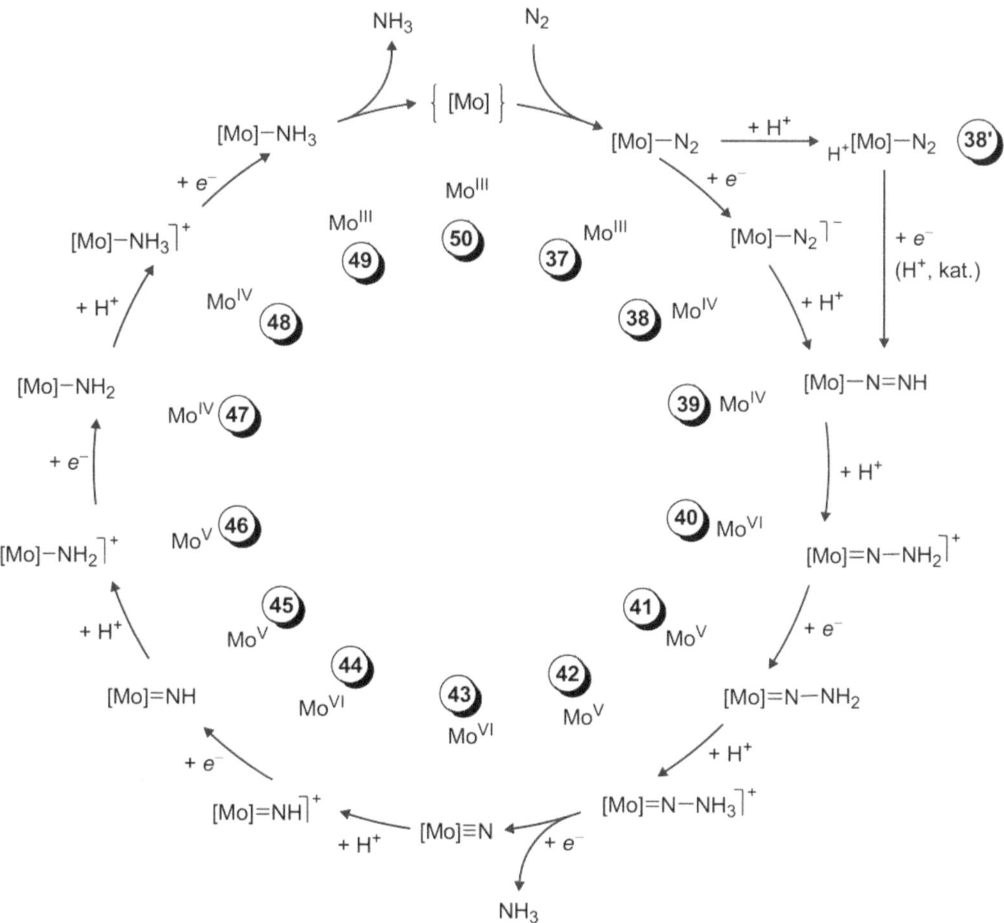

Abbildung 15.13. Reaktionsmechanismus der molybdänkatalysierten Reduktion von Distickstoff zu Ammoniak durch schrittweise Addition von Protonen und Elektronen ([Mo] = Mo{(hiptNCH$_2$CH$_2$)$_3$N}, hipt = Hexaisopropylterphenyl) nach Yandulov und Schrock (adaptiert nach [35, 36]).

37 → **38/38'** → **39**: Reduktion des Distickstoffkomplexes **37** und Protonierung würde über einen anionischen Komplex **38**, der als Molybdän(IV)-Komplex mit einem deprotonierten Diazenidoliganden aufgefasst werden kann, zu einem neutralen Diazenidokomplex **39** führen. Wahrscheinlich verläuft die Reaktion aber im Sinne einer protonenkatalysierten reduktiven Protonierung, wobei im ersten Schritt der hipt-Ligand an einem seiner Amido-Stickstoffatome protoniert wird (**37** → **38'** → **39**).

39 → **40** → **41**: Protonierung des endständigen N-Atoms und Reduktion führt über einen kationischen zu einem neutralen Hydrazido(2–)-κ*N*-Komplex.

41 → **42** → **43**: Protonierung des endständigen N-Atoms ergibt einen kationischen Hydrazidium-Komplex, der bei Reduktion unter Abspaltung von NH_3 in einen Nitridomolybdän(VI)-Komplex zerfällt.

43 → **44** → **45**: Protonierung des Nitridoliganden und Reduktion ergibt einen Imidomolybdän(V)-Komplex.

45 → **46** → **47**: Protonierung des Imidoliganden und Reduktion ergibt einen Amidomolybdän(IV)-Komplex.

47 → **48** → **49**: Protonierung des Amidoliganden und Reduktion ergibt einen Amminmolybdän(III)-Komplex.

49 → **50** → **37**: Ligandensubstitution (NH_3 *versus* N_2) schließt den katalytischen Zyklus. Zur Existenz der Zwischenstufe **50** mit einer „leeren“ Koordinationstasche vergleiche die Aufgabe 15.7.

Aufgabe 15.7

- Kinetische Untersuchungen belegen, dass die Ligandensubstitution

$$[Mo]{-}^{15}N_2 + {}^{14}N_2 \longrightarrow [Mo]{-}^{14}N_2 + {}^{15}N_2$$

([Mo] = Mo{(hiptNCH$_2$CH$_2$)$_3$N}) erster Ordnung bezogen auf [Mo] ist und bis ca. 4 bar nicht vom N_2-Druck abhängt ($t_{1/2}$ ca. 30–35 h bei 22 °C). Daraus kann geschlossen werden, dass [Mo] (**50**) ein Intermediat ist. Wird ein noch sterisch anspruchsvollerer Coligand eingesetzt (anstelle von Hexaisopropylterphenyl-Substituenten (hipt) werden Hexa-*tert*-butylterphenyl-Substituenten (htbt) eingeführt), ist die Reaktion auch druckunabhängig, aber ungefähr 20-mal langsamer ($t_{1/2}$ ca. 750 h), obwohl die Stärke der Mo–N-Bindung vergleichbar ist (ν_{NN} = 1990 cm^{-1} in beiden Komplexen). Was kann die Ursache für den sehr großen Unterschied in der Reaktionsgeschwindigkeit sein?

- Im Unterschied zur zuvor angeführten Reaktion gibt es Belege, dass die Ligandensubstitution

$$[Mo]{-}NH_3 + N_2 \rightleftharpoons [Mo]{-}N_2 + NH_3$$

eine bimolekulare Reaktion ist, bei der ein Intermediat bzw. Übergangszustand [Mo](N_2)(NH_3) auftritt. Überlegen Sie, was Ursache für den unterschiedlichen Mechanismus sein kann.

Eine beeindruckende Anzahl der in Abbildung 15.13 aufgeführten Intermediate konnte in Substanz isoliert und strukturell charakterisiert werden (Tabelle 15.2, Abbildung 15.14). Neben Komplex **37** werden insbesondere auch die Komplexe **39**, **43** und **48** als Katalysatoren eingesetzt. Geeignete Präkatalysatoren sind aber auch der Hydridokomplex [Mo]–H und Alkylkomplexe [Mo]–R (R = *n*-Hexyl, *n*-Octyl), die im Reaktionssystem wahrscheinlich unter Abspaltung von H_2 bzw. RH zum katalytisch aktiven Distickstoffkomplex **37** reagieren. Im Unterschied zum Chatt-Zyklus durchläuft das Molybdänzentrum im Schrock-Zyklus physiologisch relevante Oxidationsstufen.

Aufgabe 15.8

Diskutieren Sie anhand der relevanten mesomeren Grenzformeln die elektronische Struktur der Intermediate $[Mo]–N_2^-$ (**38**), $[Mo]=N–NH_2^+$ (**40**) und $[Mo]=NH^+$ (**44**).

Tabelle 15.2. Ausgewählte strukturelle Parameter (Bindungslängen in Å, -winkel in °) für Komplexe $[Mo\{(hiptNCH_2CH_2)_3N\}L]$ und $[Mo\{(hiptNCH_2CH_2)_3N\}L][B\{3,5\text{-}(CF_3)_2C_6H_3\}_4]$ (nach [38]).

[Mo]	–N≡N (**37**)	–N=N⁻ (**38**)[b)]	–N=NH (**39**)	$=N\text{-}NH_2^+$ (**40**)	≡N (**43**)	$=NH^+$ (**44**)	$–NH_3^+$ (**48**)	$–NH_3$ (**49**)
ON(Mo)[a)]	+3 (17 *ve*)	+4 (18 *ve*)	+4 (18 *ve*)	+6 (18 *ve*)	+6 (18 *ve*)	+6 (18 *ve*)	+4 (16 *ve*)	+3 (17 *ve*)
Magnetismus	param.	diam.	diam.	diam.	diam.	diam.	param.	param.
Mo–N	1,963(5)	1.863(7)	1.780(9)	1.743(4)	1.652(5)	1.631(7)	2.24(1)	2.170(6)
N–N	1.061(7)	1.156(8)	1.30(1)	1.304(6)				
Mo–N–N	179.2(7)	178.7(7)	180(1)	175.4(4)		169[c)]		

a) In Klammern: Gesamtvalenzelektronenzahl von Mo. Dabei geht der $(hiptNCH_2CH_2)_3N^{3-}$-Ligand als 12-Elektronendonor ($8\sigma + 4\pi$) in die Bilanz ein. 2 der 6 π-Elektronen der Amidstickstoffatome besetzen ein nichtbindendes Molekülorbital an den N-Atomen und werden nicht mitgezählt. b) Als Kation fungiert $[MgBr(THF)_3]^+$ mit Kontakt zum β-N-Atom ($Mg–N_\beta$ 2.073(8) Å). c) Mo–N–H.

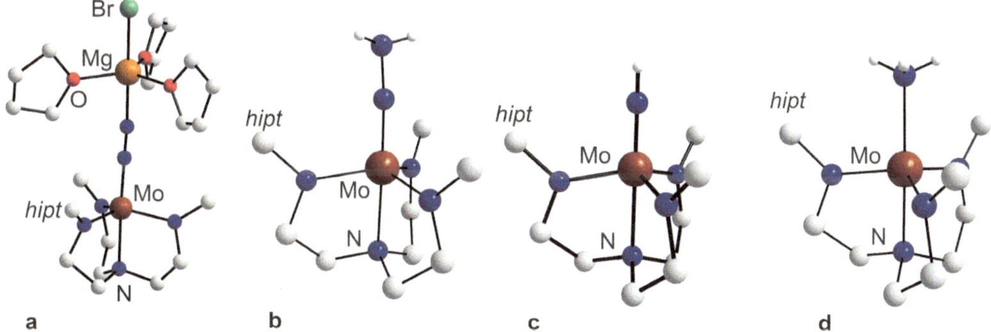

Abbildung 15.14. Strukturen von Intermediaten bei der molybdänkatalysierten Reduktion von Distickstoff: a) $[Mo]–N=N–MgBr(THF)_3$ (Komplextyp **38**), b) $[Mo]=N–NH_2^+$ (**40**), c) $[Mo]=NH^+$ (**44**), d) $[Mo]–NH_3^+$ (**48**). Vom $(hiptNCH_2CH_2)_3N^{3-}$-Liganden ist nur das $(NCH_2CH_2)_3N$-Gerüst gezeigt, die drei hipt-Substituenten sind jeweils nur durch die an N gebundenen C-Atome angedeutet.

Quantenchemische Rechnungen zum Reaktionsverlauf bestätigen in den wesentlichen Aspekten die experimentellen Befunde. Den Rechnungen liegt die folgende Reaktion **a** (R = hipt) zugrunde [39]:

$$N_2 + 6\,[Cr(Cp^*)_2] + 6\,LutH^+ \xrightarrow[\text{a}]{[Mo]-N\equiv N} 2\,NH_3 + 6\,[Cr(Cp^*)_2]^+ + 6\,Lut$$

[Mo]–N≡N = (R = hipt, H)

Wie Abbildung 15.15 zeigt, ist jeder der sechs aufeinanderfolgenden Protonierungs-/Reduktionsschritte exotherm, sodass die Reaktion energetisch „bergab“ führt. Die detaillierten Rechnungen belegen, dass in allen Fällen zuerst die Protonierung und dann die Reduktion erfolgt. Den Rechnungen zufolge ist es am wahrscheinlichsten, dass zunächst bei der Startverbindung [Mo]–N_2 (**37**) eines der drei Amido-N-Atome des $(hiptNCH_2CH_2)_3N^{3-}$-Liganden protoniert wird (**37** → **38'**), der eine Reduktion und Protonenwanderung N_{Amido}–H → NNH unter Bildung von **39** folgt. Das steht im Einklang mit einer „protonenkatalysierten reduktiven Protonierung“. Der energetisch am wenigsten begünstigte Schritt, die Übertragung des zweiten Protons und Elektrons (**39** → **41**), ist thermoneutral, während die Bildung des ersten Ammoniakmoleküls (**41** → **43**) der am stärksten exotherme Schritt ist. Die Gesamtreaktion **37** → ... → **37'** ist stark exotherm (–490 kJ/mol).

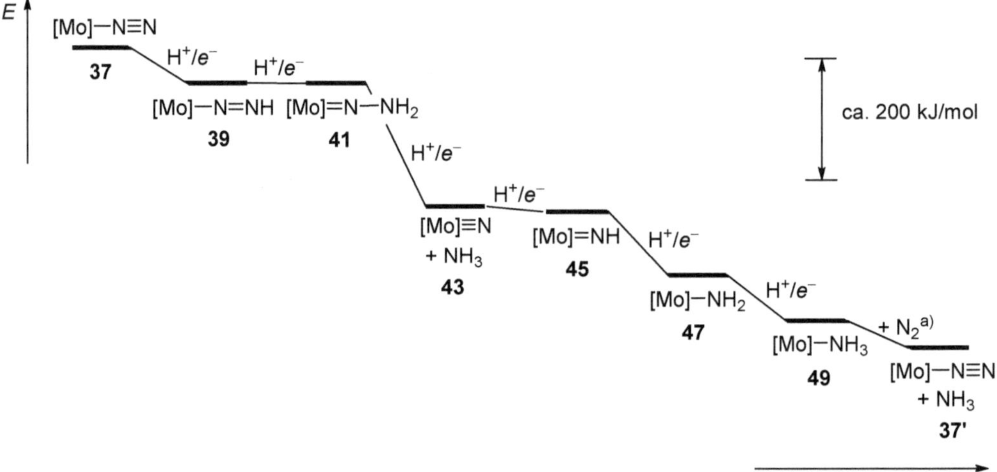

Abbildung 15.15. Energieprofildiagramm für die molybdänkatalysierte Reduktion von N_2 zu NH_3 durch sukzessive Protonierung und Reduktion vermittels $LutH^+$ bzw. $[Cr(Cp^*)_2]$. Die Nummerierung folgt der in Abbildung 15.13 ([Mo] = $Mo\{(hiptNCH_2CH_2)_3N\}$). a) Die Energien sind so angegeben (insbesondere ist bei **37**–**49** die Energie von N_2 addiert), dass die Reaktion **37** → … → **37'** einem Umsatz von N_2 zu 2 NH_3 mit $LutH^+$/$[Cr(Cp^*)_2]$ als Protonierungs- bzw. Reduktionsmittel entspricht (vereinfacht nach Schenk und Reiher [39]).

Die Reaktion **37** → ... → **37'** (Reaktion **a**, R = H) ist exergonisch: $\Delta G^{\circ} = -831$ kJ/mol. Dabei ist aber der Triamidoamin-Ligand dahingehend vereinfacht worden, dass die drei hipt-Substituenten durch Wasserstoffatome ersetzt wurden (R = H); Lösungsmitteleinflüsse (Heptan) sind im Rahmen einer PCM-Rechnung berücksichtigt worden. Nunmehr können wir zwei weitere Reaktionen in das Diagramm eintragen:

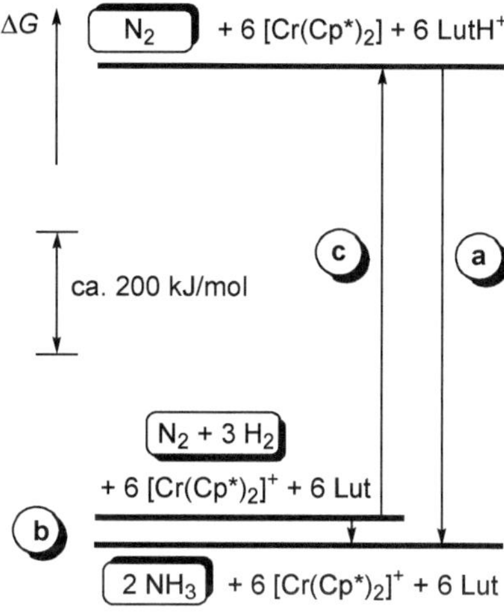

- *Reaktion* **b**: Die Bildung von 2 NH_3 aus den Elementen ist in Heptan mit $\Delta G^{\circ} = -51$ kJ/mol exergonisch. Diese Reaktion ist Grundlage des Haber-Bosch-Verfahrens.
- *Reaktion* **c**: Die *formale* Bildung von 6 [Cr(Cp*)$_2$] (reduzierte Form) und 6 LutH$^+$ (protonierte Form) aus 3 H_2 und 6 [Cr(Cp*)$_2$]$^+$ + 6 Lut ist mit ΔG° = 780 kJ/mol stark endergonisch.

Reaktion **c** spiegelt den Aufwand an freier Standardenthalpie wider, würde NH_3 molybdänkomplexkatalysiert aus den Elementen hergestellt werden. Einen ähnlich hohen Input an freier Enthalpie zur Synthese von reduziertem Ferredoxin und ATP benötigt die Nitrogenase [40, 41].

Es sind weitere Homogenkatalysatoren für die Reduktion von N_2 gefunden worden. So sind mit dinuklearen und mononuklearen *PNP*- und *PPP*-Pincer-Molybdänkomplexen (vgl. als Beispiele **51**/**52**) bis zu 63 Äquivalente NH_3 (pro Mo) erhalten worden (**52** als Katalysator; [Co(Cp*)$_2$]/2,4,6-Trimethylpyridiniumtriflat als Elektronen-/Protonenquelle; Toluol, 20 °C). Darüber hinaus gibt es – analog der Nitrogenase – auch eisenkatalysierte Systeme: Präkatalysator kann beispielsweise Komplex **53** mit einem tripodalen Tris(phosphan)boran-Liganden sein, wobei mit [Co(Cp*)$_2$]/[Ph$_2$NH$_2$](OTf) als Elektronen-/Protonenquelle (Ether, –78 °C) bis zu 84 Äquivalente NH_3 (pro Fe) erhalten wurden. Der Ligand in **53** ist ambiphil (vgl. S. 83), wobei die Fe–B-Bindung in *trans*-Position zum N_2-Liganden (ähnlich wie die Fe–C-Bindungen in Nitrogenasen) eine hohe Flexibilität besitzt. Der Osmium(0)-Komplex [K(THF)$_2$][Os(N$_2$)(*SiP$_3$*-L)] mit einem tripodalen SiP$_3$-Liganden (analog dem in **53**, aber mit Si als Brückenatom anstelle B) ergab bei der N_2-Reduktion 120 Äquiv. NH_3 (pro Os), allerdings nur bei einem sehr hohen Überschuss an Reduktionsmittel und Protonendonor [42, 43].

N_2-Koordination

[B(Ar^F)$_4$] [B(Ar^F)$_4$]

51 **52** **53**

P = P(*t*-Bu)$_2$ *P* = P(*i*-Pr)$_2$ Ar^F = 3,5-(CF$_3$)$_2$C$_6$H$_3$

Mit dem Triamidoaminmolybdän-System von Schrock ist die erste (abiotische) katalytische Ammoniaksynthese aus Stickstoff bei Raumtemperatur und Normaldruck gelungen. Insbesondere die Eisenkatalysatoren vom Typ **53** können als funktionelle Modelle von Nitrogenasen betrachtet werden, obwohl beide Reduktionsmechanismen erheblich voneinander abweichen.

Zur photokatalytischen Reduktion von N_2 an Halbleitern

Wenn an einem Halbleiter lichtinduzierte Ladungsträger (e^- und h^+) N_2 reduzieren (**a**) und Wasser oxidieren (**b**), dann weist die summarische Gleichung für die Stickstofffixierung (**c**) einen aus ökologischer Sicht sehr attraktiven Prozess aus.

	Reaktion	E° (in V)
(a)	$N_2 + 6\,H^+ + 6\,e^- \rightleftharpoons 2\,NH_{3\,(g)}$	−0,15[a)]
	$N_2 + 8\,H^+ + 6\,e^- \rightleftharpoons 2\,NH_4^+$	0,27[b)]
(b)	$H_2O \rightleftharpoons 1/2\,O_2 + 2\,H^+ + 2\,e^-$	0,81[c)]

$$N_2 + 3\,H_2O \xrightarrow[\text{Halbleiter}]{h\nu} 2\,NH_3 + 3/2\,O_2 \quad \text{(c)}$$

a) Alkal. Med. *vs.* RHE. b) pH = 0 *vs.* NHE. c) pH = 7 *vs.* NHE.

Allerdings ist das (günstig liegende) Standardpotential (siehe Exkurs „Halbleiterphotokatalyse", S. 161) für den Ablauf der 6*e*-Reduktion von N_2 nicht sehr aussagekräftig, da der Prozess in sechs protonengekoppelte Einelektronen-Reduktionsschritte zerfällt und damit ähnlich wie die homogenkatalytischen und enzymatischen Prozesse verläuft.

Aus dem energetisch hochliegenden LUMO von N_2 (Tabelle 15.1) geht hervor, dass die erste Reduktion ($N_2 + e^- \rightarrow N_2^{\bullet-}$) kritisch ist: Sie hat ein Standardpotential von –4,2 V und selbst bei einer protonengekoppelten Reduktion ($N_2 + H^+ + e^- \rightarrow N_2H$) beläuft es sich noch auf –3,2 V, sodass eine direkte Reduktion von N_2 mit keinem konventionellen Halbleiter (TiO_2, CdS, ...) durchgeführt werden kann. Eingeleitet wird die Reaktion durch Adsorption von N_2 an der Oberfläche des Photokatalysators. Das eröffnet die Möglichkeit, dass eine damit einhergehende Aktivierung von N_2 so stark ist, dass sein Reduktionspotential soweit abgesenkt wird, dass eine Reduktion möglich wird.

Als aussichtsreiche Halbleiter haben sich Bismutoxyhalogenide (BiOX; X = Cl, Br) erwiesen, die in nicht modifizierter Form auch nicht zur Reduktion von N_2 befähigt sind. Liegen jedoch Sauerstoff-Fehlstellen (OV = *oxygen vacancy*) vor, führt eine Anregung mit sichtbarem Licht (λ > 420 nm; X = Br) zu photoangeregten Elektronen im Leitungsband (**54**, **a**), die auf das Niveau der OVs „herunterfallen" (**b**). An den OVs η^1-koordinierter Distickstoff erfährt durch die hohe Elektronendichte eine so starke Aktivierung via Rückbindung, dass er schrittweise protonengekoppelt reduziert werden kann. Wenn auch die Nutzung von Sonnenenergie zur Reduktion von N_2 bislang nur im Mikromaßstab mit Quantenausbeuten von wenigen Prozent gelungen ist, sind diese Ergebnisse Ausgangspunkt für weitere Untersuchungen [44, 45].

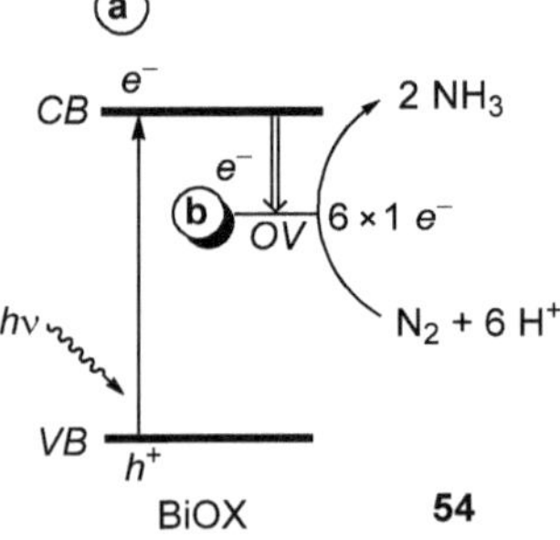

15.4.3 Funktionalisierung von Distickstoff

Im Zusammenhang mit ihren Versuchen zur Reduktion von N_2 zu NH_3 (S. 484) haben M. E. Vol'pin und V. B. Shur gefunden, dass bei der Umsetzung von N_2 mit $[TiCl_2Cp_2]$/LiPh (nach Hydrolyse) neben Ammoniak auch geringe Mengen an Anilin gebildet werden, also eine C–N-Bindung geknüpft worden ist. Somit kann die Aktivierung von N_2 durch Komplexbildung nicht nur zur Protonierung von N_2, sondern auch zur Knüpfung anderer E–N-Bindungen (E = C, B, Si, ...) ausgenutzt werden. Wie bei Protonierungen liegt derartigen Reaktionen der Angriff eines Elektrophils E^+ auf das nucleophile N-Atom eines N_2-Liganden zugrunde [46]:

[M]−N≡N| ⌒ E⊕ [M]<N|N>[M] E⊕ E⊕

Beispiele für Knüpfungen von C–N-Bindungen sind Umsetzungen von $[M(N_2)_2(dppe)_2]$ (**16'**; M = Mo, W) mit Säurechloriden zu Acyldiazenidokomplexen **55a**. Alkylhalogenide setzen sich in einer radikalischen Reaktion unter Lichteinwirkung zu Alkyldiazenidokomplexen **55b** um. Protonierung von **55a**/**55b** führt zu Organylhydrazidokomplexen **56a**/**56b**. α,ω-Dihalogenide reagieren direkt zu Hydrazidokomplexen **57**, bei denen das terminale N-Atom in einen Heterocyclus eingebunden ist [28].

N_2−[M]−N_2 (**16'**) + R'C(O)Cl, − N_2 → Cl−[M]−N=N-C(O)R' (**55a**) + H^+ → $[Cl−[M]=N−N(C(O)R')(H)]^+$ (**56a**)

N_2−[M]−N_2 (**16'**) + RBr (hν), − N_2 → Br−[M]−N=N−R (**55b**) + H^+ → $[Br−[M]=N−N(R)(H)]^+$ (**56b**)

N_2−[M]−N_2 (**16'**) + Br-$(CH_2)_5$-Br (hν), − N_2 → $[Br−[M]=N−NC_5H_{10}]Br$ (**57**)

[M] = $M(dppe)_2$; M = Mo, W

Die Reaktion von N_2 mit Me_3SiCl und einem Reduktionsmittel wie Na zu $N(SiMe_3)_3$ (**58** → **59**) wird als reduktive Silylierung von Distickstoff bezeichnet. Sie kann durch Übergangsmetalle katalysiert werden, wobei sich insbesondere Mo-, Fe- und Co-Komplexe bewährt haben. So werden mit dem Bis(distickstoff)-Komplex **60** Umsatzzahlen *TON* > 200 erreicht. Als Nebenreaktion wird unter anderem die Kupplung von Me_3SiCl zu $Me_3Si–SiMe_3$ im Sinne einer Wurtz-Reaktion beobachtet.

$$N_2 + 6\ Me_3SiCl + 6\ Na \xrightarrow[\text{THF, 20 °C}]{\textbf{60}\ (0{,}015\ \text{mol-\%})} 2\ N(SiMe_3)_3 + 6\ NaCl$$

(1 bar) **58** → **59**

60: Mo mit zwei trans-N_2-Liganden und zwei Ferrocenyl-Diphosphanliganden (PEt_2, Fe)

Silylierendes Agens ist das Trimethylsilylradikal (**61** → **62**). Für **60** wird auf Basis von DFT-Rechnungen folgender Reaktionsmechanismus vorgeschlagen: Abspaltung eines N_2-Liganden aus dem Präkatalysator **60** ergibt den Katalysatorkomplex **63**, der sukzessive mit drei Trimethylsilylradikalen zum Hydrazido(1−)-Komplex **64** umgesetzt wird. Reduktion mit Na führt zur Abspaltung des Hydrazidoliganden (**64** → **65** + **66**). **66** setzt sich mit Me_3SiCl und $Me_3Si·$ zum Produkt $N(SiMe_3)_3$ um. Koordination von N_2 an **65** schließt den Katalysezyklus [47].

$$Me_3SiCl \xrightarrow[-\ NaCl]{+\ Na} Me_3Si^\bullet$$
61 → 62

$$N{\equiv}N{-}[Mo]{-}N{\equiv}N \xrightarrow{-\ N_2} [Mo]{-}N{\equiv}N \xrightarrow{+\ 3\ Me_3Si^\bullet} [Mo]{-}N(SiMe_3){-}N(SiMe_3)_2 \xrightarrow{+\ Na} [Mo] + (Me_3Si)(Na)N{-}N(SiMe_3)_2$$
60 → 63 → 64 → 65 + 66; 65 $\xrightarrow{+\ N_2}$ 63; 66 $\xrightarrow[-\ NaCl]{+\ Me_3SiCl,\ +\ 2\ Me_3Si^\bullet}$ 2 $N(SiMe_3)_3$

Nucleophile können am α-N-Atom eines N_2-Liganden angreifen: So führt der konsekutive nucleophile und elektrophile Angriff an **67** zu einem Azomethankomplex **68**, der mit N_2 unter Abspaltung von Azomethan den Distickstoffkomplex **67** zurückbildet, auch wenn der gesamte Zyklus wegen Nebenreaktionen nicht mehrfach durchlaufen werden kann.

$$[Mn]{-}N{\equiv}N| \xrightarrow{LiMe} [Mn]{-}N(Me){=}\overline{N}|^{\ominus}\ Li^{\oplus} \xrightarrow[-\ Li[BF_4],\ -\ Me_2O]{[Me_3O][BF_4]} [Mn]{-}N(Me){=}\overline{N}{-}Me$$
67 → → 68; 68 $\xrightarrow{-\ MeN{=}NMe\ \ (N_2,\ 100\ bar)}$ 67

$[Mn] = MnCp(CO)_2$

Darüber hinaus ist eine Knüpfung von E–N-Bindungen nach Protonierung eines N_2-Liganden möglich. So reagieren beispielsweise in Gegenwart von katalytischen Mengen einer Protonensäure Hydrazido(2–)-Komplexe **69** ($[M] = MX_2(PMe_2Ph)_3$; M = Mo, W; X = Cl, Br) als Nucleophil mit Ketonen und Aldehyden im Sinne einer Kondensationsreaktion zu Diazoalkankomplexen **70**. Im Falle des Isopropyliden-Substituenten (R = R' = Me; M = W) liefert die anschließende reduktive oder protolytische Spaltung $Me_2HC{-}NH_2$ und NH_3 bzw. Acetonazin ($Me_2C{=}N{-}N{=}CMe_2$) und N_2H_4.

$$[M]{=}N{-}NH_2 + O{=}C(R)(R') \xrightarrow[-\ H_2O]{(H^+)} [M]{=}N{-}N{=}C(R)(R')$$
69 → 70

In analoger Weise wird ausgehend von **16'**/H[BF_4] mit 2,5-Dimethoxytetrahydrofuran, ein cyclisches Acetal als Syntheseäquivalent für einen Dialdehyd, das terminale N-Atom eines Hydrazidokomplexes in einen Heterocyclus eingebaut (**71** → **72**). Umsetzung von **72** mit $LiAlH_4$ ergibt Pyrrol und NH_3 (ca. 1 : 1) sowie *N*-Aminopyrrol. Der Metallkomplex wird als Tetrahydridokomplex **73** erhalten, der bei photochemischer Anregung mit N_2 den Distickstoffkomplex **16'** zurückbildet. Damit liegt zwar keine katalytische Bildung von Stickstoffheterocyclen aus N_2 vor, wohl aber ein geschlossener Synthesezyklus.

$$N_2{-}[M]{-}N_2 \xrightarrow[-\ N_2]{+\ H[BF_4]} [F{-}[M]{=}N{-}NH_2]^+ \xrightarrow[(H^+)]{+\ \text{2,5-(MeO)}_2\text{-THF}} [F{-}[M]{=}N{-}NC_4H_4]^+$$
16' → 71 → 72; 72 $\xrightarrow{+\ LiAlH_4\ (MeOH)}$ $[M](H)_4$ **73** − Pyrrol / NH_3 ; N-Aminopyrrol; 73 $\xrightarrow{N_2\ (h\nu)}$ 16'

$[M] = M(dppe)_2$; M = Mo, W

Funktionalisierungen von Distickstoff sind auch möglich, wenn zunächst die N≡N-Dreifachbindung gespalten (vgl. S. 488) und dann der gebildete Nitridoligand mit Elektrophilen zur Umsetzung gebracht wird. Ein Beispiel ist die Reaktion **74** → **76**, wobei wahrscheinlich ein μ-η^1:η^1-N_2-Komplex **75** als Zwischenverbindung auftritt. Mit starken Elektrophilen wie Ethyltriflat wird der Nitridoligand alkyliert (**76** → **77**). Nachfolgende Deprotonierung ergibt Komplex **78** mit einer heterocumulenartigen linearen Re=N=C-Einheit. Schließlich führt die Umsetzung mit *N*-Chlorsuccinimid (NCS) zur Bildung von Acetonitril. Gleichzeitig wird die Ausgangsverbindung **74** zurückerhalten, sodass ein geschlossener Zyklus für die Synthese von Acetonitril (Gesamtausbeute 52 %) aus Luftstickstoff vorliegt. Die beiden Deprotonierungen im Zyklus sind mit einem intramolekularen Ladungstransfer (LMCT) verbunden (*formal:* **77** → **78** → **79**). NCS wirkt bei der zweiten Deprotonierung als Base und bei der Reaktion **78** → **74** auch als Oxidationsmittel und Cl-Quelle [48].

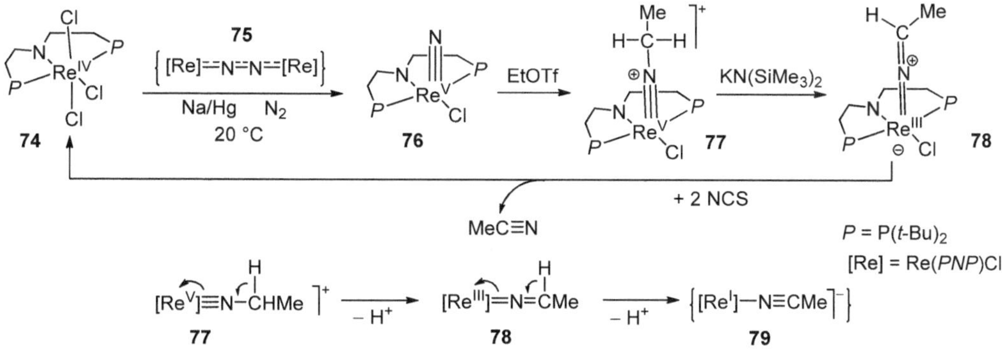

P = P(*t*-Bu)$_2$

[Re] = Re(*PNP*)Cl

Funktionalisierung von μ-N_2-Komplexen

μ-η^2:η^2-N_2-Komplexe elektronenarmer Übergangsmetalle mit hochaktivierten N–N-Bindungen (Ligand: N_2^{4-}), also mit nucleophiler N_2-Einheit, können mit geeigneten Substraten via Cycloadditions- oder Insertionsreaktionen unter Bildung von C–N- und Si–N-Bindungen reagieren. So setzen sich der Bis(η^5-C_5Me_4H)-Hafnocenkomplex **80a** sowie der *ansa*-Zirconocenkomplex **80b** mit Kohlendioxid unter C–N-Bindungsknüpfung zu den Komplexen **81a**/**81b** um,[1] die mit überschüssigem Me_3SiI unter Si–N-Bindungsknüpfung zu $[M]I_2$ (M = Hf, Zr) und den isomeren Hydrazinderivaten **82a** und **82b** reagieren. Da die Distickstoffkomplexe **80** ausgehend von N_2 erhalten werden, wenn auch dabei Na/Hg als starkes Reduktionsmittel verwendet wird, handelt es sich letztendlich um die Synthese von Hydrazinderivaten aus N_2 und CO_2, also aus zwei sehr einfachen Molekülen von sehr geringer Reaktivität [31, 49].

[1] Quantenchemische Rechnungen an den Zirconiumkomplexen belegen einen π-Bindungsanteil in den M–N-Bindungen im Sinne eines „Imido-Charakters" (vgl. im Bild der VB-Theorie den Beitrag der Grenzformeln **IIa**/**b**), wodurch 1,2-Additionen entlang der M–N-Bindungen erleichtert werden.

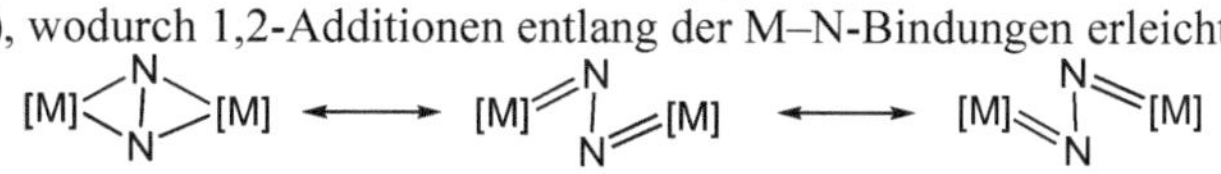

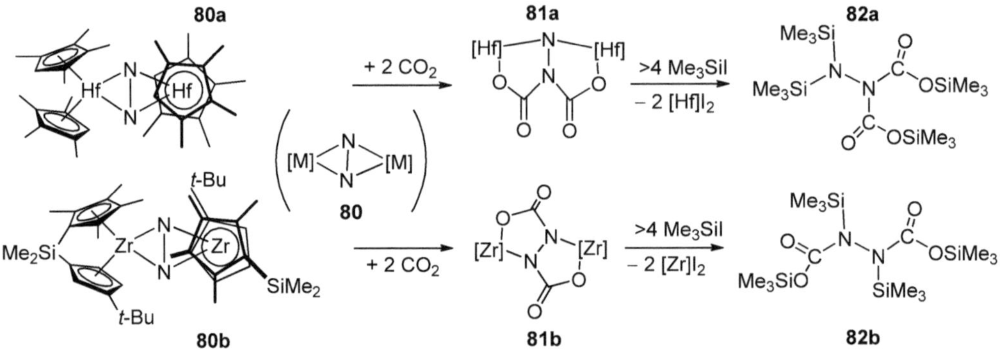

N_2 und CO_2 sowie Me_3SiCl können auch Edukte für eine metallassistierte Synthese von Trimethylsilylisocyanat sein: Die Reduktion von **83** mit Natriumamalgam in Gegenwart von N_2 ergibt den dinuklearen μ-η^1:η^1-Distickstoffkomplex **84**. UV-Bestrahlung von **84** führt bereits unter milden Bedingungen (25–40 °C in Benzol) unter Spaltung der N–N-Bindung zum isomeren Bis(μ-nitrido)molybdän(V)-Komplex **85**. Bestrahlung in Gegenwart von Me_3SiCl ergibt den Imidokomplex **86**. Der dinukleare N_2-Komplex **84** wirkt dabei als Cl-Fänger, sodass als Coprodukt der Dichloridokomplex **83** gebildet wird. **86** setzt sich mit CO_2 zum Isocyanat Me_3Si–N=C=O und zum Oxidokomplex **87** um. Letzterer reagiert mit Me_3SiCl unter Rückbildung des Ausgangskomplexes **83**, womit der Synthesezyklus geschlossen ist [50].

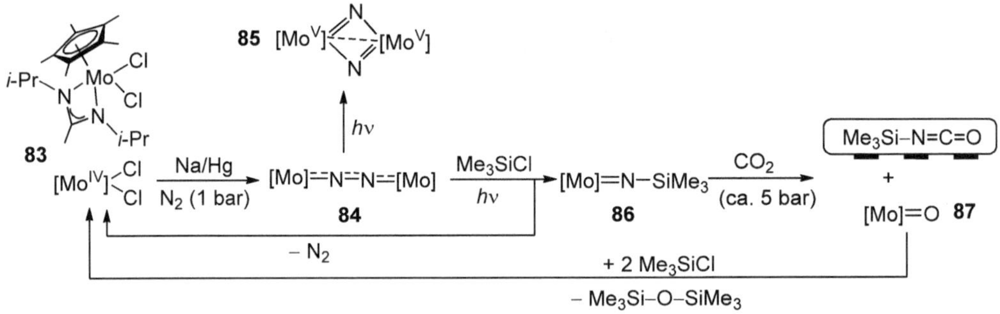

Im Unterschied zu den Distickstoffkomplexen **80** und **84** wird zur Synthese des Distickstofftantalkomplexes **89** kein starkes Reduktionsmittel benötigt. Er wird durch Reaktion des dinuklearen Tetrahydridokomplexes [{Ta(NPN)}$_2$(μ-H)$_4$] (**88**, NPN = $(PhNSiMe_2CH_2)_2PPh$) mit N_2 erhalten (**88** → **89**). Die damit verknüpfte reduktive Eliminierung von H_2 und Spaltung der Ta–Ta-Bindung in **88** liefern vier Elektronen, die zu einer starken N_2-Aktivierung in **89** führen (N–N 1,319(4) Å). Damit kann **89** als Ta^V-Komplex mit einem N_2^{4-}-Liganden in einer ungewöhnlichen μ-η^1:η^2-Koordination beschrieben werden. Komplex **89** reagiert mit einer Anzahl von Hydridobor-, -aluminium- und -siliciumverbindungen E–H (E = BR_2, AlR_2, $SiRH_2$) unter Knüpfung einer E–N- und einer Ta–H-Bindung im Sinne einer E–H-Addition an der terminalen Ta–N-Bindung (**89** → **90**). Dem folgt eine reduktive Eliminierung von H_2, die die restlichen zwei Elektronen liefert, die zur Spaltung der N–N-Bindung erforderlich sind (**90** → **91**). Die als Zwischenverbindungen angenommenen μ-Nitrido-μ-Imido-Komplexe **91** reagieren – zumeist unter Abbau bzw. Umlagerung der NPN-Liganden – weiter [51].

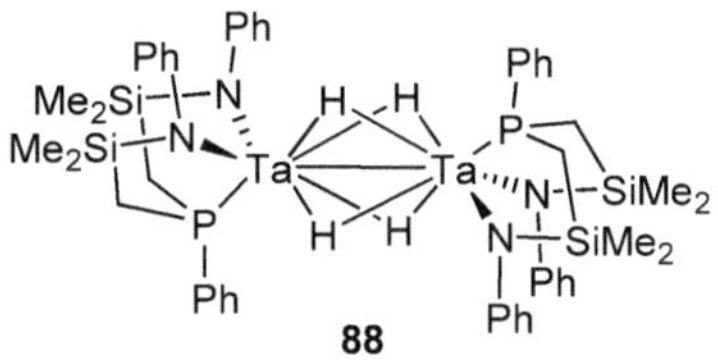

15.5 Lösungen der Aufgaben und Literatur

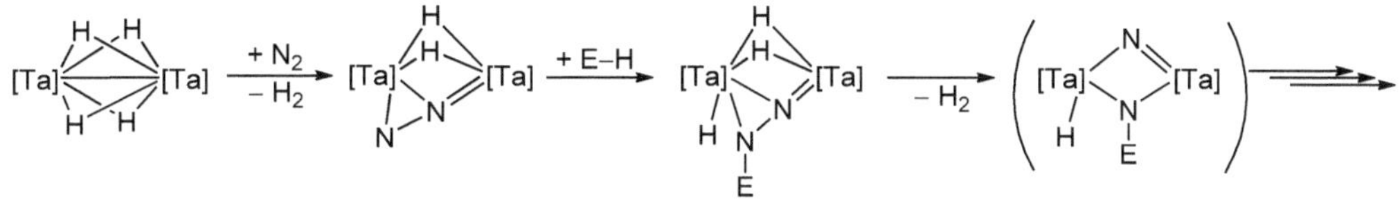

15.5.1 Lösungen der Aufgaben

Aufgabe 15.1

Aus den in der Aufgabe gegebenen Enthalpien ergibt sich das nebenstehende Energieschema (alle Werte in kJ/mol). Die Bildung von 2 TiN aus Ti_2N_2 ist mit –1112 kJ/mol exotherm. Aus den dargelegten experimentellen Befunden lässt sich schlussfolgern, dass die Aktivierungsbarriere für die Bildung von $TiN_{(s)}$ aus kristallinem Titan und N_2 ihren Ursprung in der thermischen Energie hat, die zur Bildung von Ti_2 oder anderen kleinen Titanclustern erforderlich ist. Danach ist eine thermische Spaltung der N–N-Bindung in N_2 ($\Delta_d H^{\circ}$ = 945 kJ/mol), die ziemlich genau doppelt so viel Energie erfordert wie die von atomarem Ti aus $Ti_{(s)}$ ($\Delta_{at}H^{\circ}$ = 473 kJ/mol), keine Voraussetzung für die Bildung von TiN. Die hohe Reaktivität des matrixisolierten Ti_2N_2 (**2**) wird auch darin deutlich, dass es unter Erhalt der Ti_2N_2-Einheit mit N_2 zu $[\{Ti(\eta^1\text{-}N_2)_4\}_2(\mu\text{-}N)_2(\mu\text{-}\eta^2{:}\eta^2\text{-}N_2)]$ reagiert (*T* ca. 9 K). Die N–N-Schwingungsfrequenz (ν_{NN} = 1407 cm^{-1}) weist den μ-η^2:η^2-N_2-Liganden als einen N_2^{2-}-Liganden aus, sodass formal ein Ti^{IV}-Komplex vorliegt (nach H.-J. Himmel, M. Reiher, *Angew. Chem.* **2006**, *118*, 6412; L. Manceron, O. Hübner, H.-J. Himmel, *Eur. J. Inorg. Chem.* **2009**, 595).

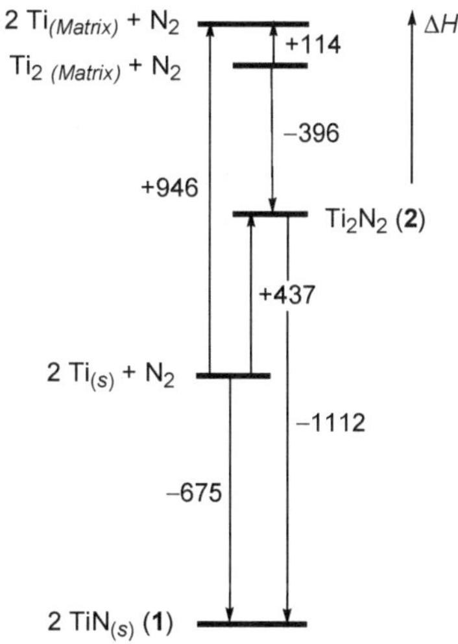

Aufgabe 15.2

Wenn die M···M-Achse mit der *z*-Achse identifiziert wird, sind die d_{z^2}- und $d_{x^2-y^2}$-Orbitale in die σ-M–N- bzw. σ-M–L-Bindungen involviert. Es bleiben also die d_{xy}-, d_{xz}- und d_{yz}-Orbitale zu berücksichtigen.

Durch lineare Kombination der beiden d_{yz}-Orbitale von M mit den beiden p_y-Orbitalen vom Stickstoff (bzw. den π_{yz}-/π^*_{yz}-Orbitalen vom N_2) erhält man die in der Skizze angedeuteten Vierzentren-Molekülorbitale. Da zu den abgebildeten Orbitalen ein äquivalenter Satz von π-Molekülorbitalen existiert, die aus den d_{xz}-Orbitalen von M und den p_x-Orbitalen vom Stickstoff (bzw. den π_{xz}-/π^*_{xz}-Orbitalen vom N_2) gebildet werden, sind die Energieniveaus entartet (1*e*–4*e*). Darüber hinaus bilden die d_{xy}-Orbitale von M δ-Bindungen (1*b*/2*b*), die aber kaum zur Bindung beitragen. Aus energetischen Gründen entsprechen die 1*e*- und 4*e*-Niveaus weitgehend der Energie der bindenden bzw. antibindenden π-MOs vom N_2. Die 2*e*- und 3*e*-Niveaus besitzen vorzugsweise Metallcharakter, ebenso wie die 1*b*- und 2*b*-Niveaus.

Die Stärke der M–N- und der N–N-Bindungen hängt nun hauptsächlich von der Besetzung der Elektronenniveaus ab. Die vier π-Elektronen vom N_2 besetzen das 1*e*-Niveau, das bindend sowohl bezüglich der N–N- als auch der M–N-Bindungen ist; wegen seines partiellen Metallcharakters resultiert jedoch eine schwächere N–N-Bindung als im freien N_2-Molekül.

a) Bindungsanalyse in $[\{Ru(NH_3)_5\}_2(\mu\text{-}N_2)]^{4+}$: Es handelt sich um einen Ruthenium(II)-Komplex, sodass in das Diagramm 12 *d*-Elektronen einzutragen sind. Somit sind die 2*e*- und 3*e*-Niveaus, die antibindend bzw. bindend bezüglich der N–N-Bindung sind, besetzt. Die Besetzung der 1*b*/2*b*-Niveaus hat kaum einen Einfluss auf die N–N-Bindungsstärke und bleibt hier unberücksichtigt. Damit sind bezüglich der N–N-Bindung fünf der besetzten MOs bindend (1*e*, 3*e* und das σ-M–N–N–M-Orbital) und zwei antibindend (2*e*). Im Vergleich mit dem mononuklearen Komplex $[Ru(NH_3)_5(N_2)]^{2+}$ verändert sich die Stärke der N–N-Bindung kaum (ν_{NN} 2100 *vs.* 2130 cm^{-1}).

b) Bindungsanalyse in $[\{ReCl(PMe_2Ph)_4\}\{CrCl_3(THF)_2\}(\mu\text{-}N_2)]$ (ν_{NN} = 1875 cm^{-1}) sowie in $[\{ReCl(PMe_2Ph)_4\}(TaCl_5)(\mu\text{-}N_2)]$ (ν_{NN} = 1695 cm^{-1}): Es stehen nur 9 bzw. 6 *d*-Elektronen der Metalle zur Verfügung, sodass das 3*e*-Niveau mit nur einem Elektron besetzt ist bzw. völlig unbesetzt bleibt. Das gibt im Vergleich mit dem mononuklearen Komplex $[ReCl(PMe_2Ph)_4(N_2)]$ (ν_{NN} = 1925 cm^{-1}) zu einer starken Schwächung der N–N-Bindung Veranlassung (gekürzt nach D. Sellmann, *Angew. Chem.* **1974**, *86*, 692; teilweise zitiert).

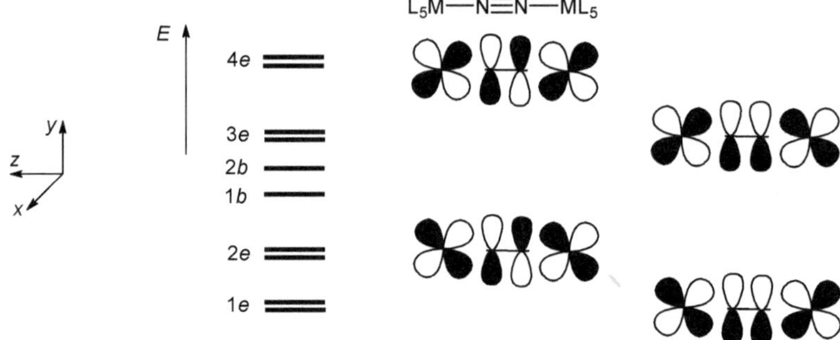

Aufgabe 15.3

Symbole (*hkl*) bezeichnen die Millerschen Indizes von Kristallflächen oder Gitterebenen (Netzebenen). Die reziproken Werte von *h*, *k* und *l* geben die Koordinaten der Punkte (Achsenabschnitte) an, in denen die jeweilige Fläche/Ebene die kristallographischen Achsen *a*, *b* bzw. *c* schneidet. Die Fläche (111) beispielsweise schneidet die Achsen bei 1 *a*, 1 *b*, 1 *c*. Für die Flächen (211) und (100) gilt 1/2 *a*, 1 *b*, 1 *c* bzw. 1 *a*, ∞ *b*, ∞ *c* usw. Die zuletzt genannte Fläche schneidet also die *b*- und *c*-Achse im Unendlichen. Da Millersche Indizes nicht zwischen parallelen Flächen/Ebenen unterscheiden, sondern nur die Richtung der Flächennormalen angeben, sind die unten skizzierten Flächen/Ebenen als Repräsentanten für eine unendliche Schar paralleler Flächen/Ebenen zu betrachten.

Die dichtest gepackte Fläche im kubischen α-Fe ist die (110)-Fläche, die auf einer Fläche von $\sqrt{2}a^2$ mit der Gitterkonstanten (Kantenlänge des Würfels) *a* = 2,8662 Å zwei Gitterpunkte (Atome) enthält. Das entspricht einer Flächenbedeckung von ca. 83 %. Einfache geometrische Überlegungen zeigen, dass demgegenüber die Fe-Atome der obersten Schicht einer (111)-Fläche die Oberfläche nur zu 34 % bedecken.

Hinweis: Fertigen Sie sich ein virtuelles 3D-Modell der Struktur von α-Eisen mittels eines üblichen Kristallstrukturvisualisierungsprogramms wie DIAMOND an: Kristallsystem: kubisch, Raumgruppe: $Im\bar{3}m$ (Nr. 229), a = 2,8662 Å, Atomparameter: (0, 0, 0) [Multiplizität/Wyckoff-Buchstabe: 2*a*].

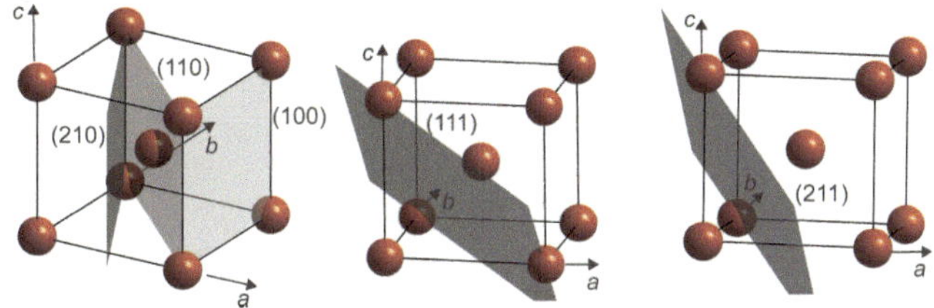

Aufgabe 15.4

Die höhere Basizität von NHC-Liganden im Vergleich mit Phosphanliganden führt zu einer höheren Elektronendichte am Metall. Damit steigt die π-Rückbindung vom Metall zu den N_2-Liganden, sodass diese stärker aktiviert werden. Bei Komplexen *trans*-[Mo(η^1-N_2)$_2$$L_4$] wird dieser Sachverhalt aus strukturellen und spektroskopischen Daten deutlich: N–N 1,07–1,15 Å, ν_{NN} 1906–2004 cm^{-1} (L = PR_3) *versus* N–N 1,11–1,19 Å, ν_{NN} 1836–1838 cm^{-1} (L = NHC). N_2-Komplexe mit NHC- und mit cyclischen Alkyl(amino)carben-Liganden (cAACs; vgl. S. 185) haben auch Bedeutung in der Katalyse erlangt (nach Y. Ohki, H. Seino, *Dalton Trans.* **2016**, *45*, 874).

Aufgabe 15.5

a) Nach quantenchemischen Rechnungen an Tantalkomplexen mit einem Bis(siloxy)-Liganden, der die bidentate Koordination an der SiO_2-Oberfläche modelliert, führt eine Synchronaddition von D_2 über viergliedrige, cyclische Übergangszustände **31ts** bzw. **31ts'** zum H/D-Austausch, wobei zunächst die Komplexe $[Ta]_sD(NH)(NH_2D)$ bzw. $[Ta]_sD(NHD)(NH_2)$ erhalten werden. Es findet also eine heterolytische Spaltung der D–D-Bindung derart statt, dass D^+ am Stickstoffatom und D^- am Tantalzentrum addiert wird, vgl. dazu den Exkurs „Kooperierende Liganden – kooperative Katalyse“, S. 83.

31ts **31ts'**

b) Nach Präkoordination von NH_3 an den Tantal(III)-Komplex **30a** könnte eine oxidative N–H-Addition erfolgen (**30a** → **1**). Der gebildete Amidotantal(V)-Komplex unterliegt einer 1,2-H_2-Eliminierung (**1** → **2**; zur Nomenklatur von Eliminierungen vgl. S. 44), wobei ein Übergangszustand durchlaufen wird, der dem in **31ts'** ähnelt. Formal (!) ist diese Reaktion als gekoppelte α-N–H- und reduktive H–H-Eliminierung aufzufassen, vgl. dazu eine analoge Reaktion, die unter α-C–H-Eliminierung abläuft (S. 47). In der Molekülchemie gibt es dafür eine Modellreaktion: $[Ta(H)(NH_2)(t\text{-}Bu_3SiO)_3] \rightarrow [Ta(NH)(t\text{-}Bu_3SiO)_3] + H_2$. NH_3-Koordination und erneute 1,2-H_2-Eliminierung (vgl. mit dem Übergangszustand **31ts**) liefert **31a**. Mit überschüssigem Ammoniak reagiert der sowohl koordinativ als auch elektronisch (10 *ve*) ungesättigte Komplex **31a** zu einem NH_3-Addukt **3**.

$$[Ta]_s{-}H \xrightarrow{+NH_3} [Ta]_s(NH_2)(H)_2 \xrightarrow{-H_2} [Ta]_s(=NH)(H) \xrightarrow[-H_2]{+NH_3} [Ta]_s(=NH)(NH_2) \xrightarrow{+NH_3} [Ta]_s(=NH)(NH_3)(NH_2)$$

30a **1** **2** **31a** **3**

c) Nach quantenchemischen Rechnungen findet eine side-on-Koordination von N_2 statt, der durch H-Transfer die Bildung eines Diazenidokomplexes folgt (**30a** → **4** → **5**). Via H_2-Komplexbildung erfolgt eine oxidative Addition von H_2 (**5** → **6**) und erneute H-Transfers führen über **7** zu **8**. Für den stark exergonischen N–N-Bindungsbruch **8** → **31a** (ΔG = –351 kJ/mol) ist nur eine vergleichsweise niedrige Aktivierungsbarriere ($\Delta G^{\ddagger}$ = 68 kJ/mol) berechnet worden.

$[Ta]_s$–H $\xrightarrow{+N_2}$ $[Ta]_s(\eta^2\text{-}N_2)(H)$ → $[Ta]_s(N{=}NH)$ $\xrightarrow{+H_2}$ $[Ta]_s(H)_2(N{=}NH)$ → $[Ta]_s(H)(NH{-}NH_2)$ → $[Ta]_s(NH{-}NH_2)$ → $[Ta]_s(=NH)(NH_2)$

30a **4** **5** **6** **7** **8** **31a**

Bemerkenswert ist die relativ seltene (side-on) η^2-Koordination von N_2 an einem *einzigen* Metallzentrum in **4**. Sie ist essentiell für den nachfolgenden Wasserstofftransfer, weil sie durch eine effektive *d*→π*-Rückbindung mit einer erheblichen Aktivierung der N–N-Bindung verbunden ist (N–N 1.216 Å; z. Vgl. 1.166 Å in $[Ta]_s(\eta^1\text{-}N_2)(H)$). Die η^2-Koordination führt auch dazu, dass im Unterschied zum Chatt- und Schrock-Zyklus (S. 485/491) ein $\kappa^2 N,N'$-gebundenes NH–NH_2-Intermediat **8** auftritt (P. Avenier, A. Lesage, M. Taoufik, A. Baudouin, A. De Mallmann, S. Fiddy, M. Vautier, L. Veyre, J.-M. Basset, L. Emsley, E. A. Quadrelli, *J. Am. Chem. Soc.* **2007**, *129*, 176; J. Li, S. Li, *Angew. Chem.* **2008**, *120*, 8160; [32]).

Aufgabe 15.6

a) Die Energieniveaus der *d*-Valenzorbitale von M in einem Komplex **1** von C_{4v}-Symmetrie mit gestauchter C_4-Achse sind in **a** gezeichnet (Energieabstände willkürlich). Die Mulliken-Symbole (in Klammern), die der Charaktertafel von C_{4v} zu entnehmen sind, spiegeln die Orbitalsymmetrie wider. **b**) Der Nitridoligand N^{3-} verfügt über zwei energetisch tiefliegende doppelt besetzte Orbitale ($2p_x$, $2p_y$) von π-Symmetrie (*e*, vgl. Charaktertafel). **c**) Niveaus der gleichen Symmetrie (hier: *e*) treten in Wechselwirkung, sodass aus **a** und **b** das qualitative Molekülorbitaldiagramm **c** erhalten wird. Die energetische Lage der anderen *d*-Orbitale bleibt unverändert.

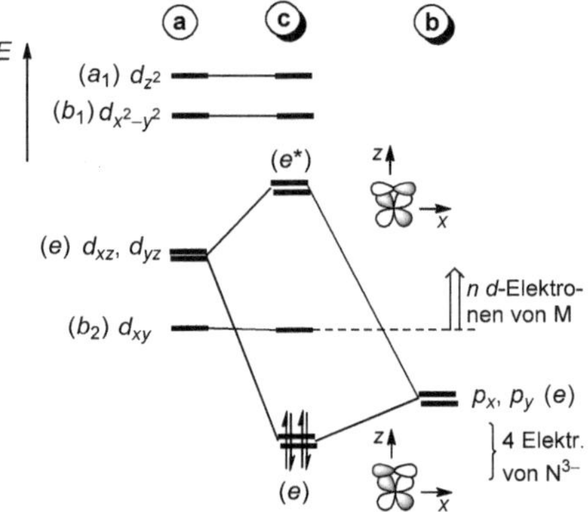

Das *e*- und *e**-Niveau in **c** ergibt sich aus der bindenden bzw. antibindenden Überlappung von d_{xz} mit p_x (siehe Skizze) und von d_{yz} mit p_y. *Formal* nimmt das *e*-Niveau die vier π-Elektronen des Nitridoliganden auf, während die *n* *d*-Elektronen von M (*n* = 0…10) in die energetisch höher liegenden Niveaus eingeordnet werden. Wenn dabei das *e**-Niveau mit Elektronen besetzt wird, werden die zugrundeliegenden π-M–N-Bindungen geschwächt oder gar gänzlich aufgehoben. Das führt zu schwächeren M–N-Bindungen, deren Bindungsgrad *p* von *p* = 3 (1σ + 2π; *e** unbesetzt) bis *p* = 1 (1σ; *e** mit vier Elektronen besetzt) variieren kann. Entsprechendes gilt für Bildung und Stabilität von π-M–O-Bindungen in tetragonalen Oxidoübergangsmetallkomplexen und findet im Konzept der "Oxo-Hürde" (engl.: *oxo-wall*) seine theoretische Grundlage.

Die voranstehende Betrachtung ist qualitativ und vereinfacht. Sie umfasst nur das π-System und erhebt keinen Anspruch auf umfassende Gültigkeit. Eine ausführliche Diskussion findet man in der angegebenen Literatur (nach J. R. Winkler, H. B. Gray, *Struct. Bond.* **2012**, *142*, 17; [33]).

Aufgabe 15.7

- Es erscheint plausibel, dass aufgrund des größeren sterischen Anspruches des htbt-substituierten Liganden, das freizusetzende $^{15}N_2$ die Koordinationstasche nicht so leicht verlassen kann wie in dem anderen Komplex und dass die Koordinationstasche für das freigesetzte $^{15}N_2$ *und* das eintretende $^{14}N_2$ nicht groß genug ist.
- Bei einer bimolekularen Ligandensubstitution ($^{15}N_2$ *vs.* $^{14}N_2$ bzw. NH_3 *vs.* N_2) tritt ein Intermediat bzw. ein Übergangszustand $[Mo](N_2)L$ (L = N_2 bzw. NH_3) auf. In der trigonalen Koordinationstasche vom Mo stehen drei Orbitale zur Bindung von Liganden zur Verfügung, nämlich d_{z^2} und d_{xz}/d_{yz} (a_1 bzw. e in C_{3v}; z-Achse entspricht der 3-zähligen Symmetrieachse). Damit können 3σ-, 2σ+1π- oder 1σ+2π-Bindungen ausgebildet werden. Ein Intermediat bzw. Übergangszustand mit zwei π-aciden Liganden wie $[Mo](N_2)_2$ erfordert aber vier Bindungen (2σ+2π). Ist aber ein σ-bindender Ligand wie in $[Mo](N_2)(NH_3)$ involviert, sind diese drei Orbitale hinreichend zur Bindung der beiden Liganden.

Die Diskussionen sind vereinfacht geführt, andere Erklärungen sind auch möglich ([36, 37], R. R. Schrock, *Acc. Chem. Res.* **1997**, *30*, 9).

Aufgabe 15.8

In allen aufgeführten Komplexen liegt ein ausgeprägt delokalisiertes π-Elektronensystem vor, sodass die Wiedergabe von nur einer einzigen Valenzstrichformel die Elektronenverteilung nur unzureichend widerspiegeln kann.

Komplex **38**: Es liegt eine lineare M–N–N-Anordnung vor, demzufolge ist das α-N-Atom als *sp*-hybridisiert anzusehen. Grenzformel **38a** spiegelt die erhebliche π-Rückbindung (Back-Donation) überhaupt nicht wider, die aber in **38b**/**38c** überbetont wird. In **38c** (häufig wird kurz $[Mo]\text{–}N{=}N^-$ geschrieben) muss klargestellt werden, dass das nichtbindende Elektronenpaar am α-N-Atom π-Symmetrie aufweist, also (im Bild der VB-Theorie) in einem *p*-Orbital lokalisiert ist. Das darf nicht mit einem Elektronenpaar von σ-Symmetrie verwechselt werden, vgl. die Diskussion zu den linearen und gewinkelten Imidokomplexen (vide infra).

$$\left[\overset{\ominus\ominus}{[Mo]}\text{–}\overset{\oplus}{N}{\equiv}N| \longleftrightarrow \overset{\ominus}{[Mo]}{=}\overset{\oplus}{N}{=}\overset{\ominus}{N} \longleftrightarrow [Mo]\text{–}\overline{N}{=}\overset{\ominus}{N} \right]^-$$

38a **38b** **38c**

Würde die Grenzformel **38a** dominieren, läge ein anionischer N_2-Komplex vom Mo^{II} vor, während **38b** und **38c** einen Mo^{IV}-Komplex mit einem deprotonierten Diazenidoliganden repräsentieren. Eine nützliche Diskussion über Oxidationsstufen von Metallen in Komplexen mit N_2^{n-}-Liganden (insbesondere n = 3) findet man in W. Kaim, B. Sarkar, *Angew. Chem.* **2009**, *121*, 9573.

Komplex **40**: Wie bei **38** liegt eine lineare M–N–N-Anordnung vor und demzufolge ist das nichtbindende Elektronenpaar am α-N-Atom in **40c** (häufig kurz als $[Mo]{=}N\text{–}NH_2^+$ geschrieben) von π-Symmetrie. Die Grenzformel **40b** impliziert, dass das β-N-Atom (annähernd) als sp^2-hybridisiert zu betrachten ist.

$$\left[[Mo]{\equiv}\overset{\oplus}{N}\text{–}\overline{N}H_2 \longleftrightarrow \overset{\ominus}{[Mo]}{=}\overset{\oplus}{N}{=}\overset{\oplus}{N}H_2 \longleftrightarrow \overset{\oplus}{[Mo]}{=}\overline{N}\text{–}\overline{N}H_2 \right]^+ \qquad [Mo]{=}N\text{–}\overline{N}H_2$$

40a **40b** **40c** **40**$_{gew}$

Die entsprechenden Neutralkomplexe sind dagegen gewinkelt (Mo–N–N ca. 144°, berechnet) und durch eine Valenzstrichformel **40**$_{gew}$ zu beschreiben. Das α-N-Atom, dem eine sp^2-Hybridisation zuzuordnen ist, weist also ein nichtbindendes Elektronenpaar von σ-Symmetrie auf und ist demzufolge auch Protonierungen zugänglich. Eine nützliche Diskussion, die auch ein Verständnis für den strukturellen Unterschied zwischen dem hochelektrophilen kationischen Mo^{VI}- (**40a–c**) und dem neutralen Mo^{V}-Komplex

($\mathbf{40}_{gew}$) bringt, findet sich in K. Mersmann, K. H. Horn, N. Böres, N. Lehnert, F. Studt, F. Paulat, G. Peters, I. Ivanovic-Burmazovic, R. van Eldik, F. Tuczek, *Inorg. Chem.* **2005**, *44*, 3031.

Komplex **44**: Es liegt eine fast lineare Mo–N–H-Anordnung vor, sodass von einem *sp*-hybridisierten N-Atom mit einem nichtbindenden π-Elektronenpaar in **44b** auszugehen ist. Obwohl die Mo–N-Bindung in **44** sogar noch kürzer als in **43** ist (vgl. die Angaben in Tabelle 15.2), wird häufig kurz [Mo]=NH$^+$ geschrieben, womit der allgemeinen Konvention gefolgt wird, dass in Imidokomplexen eine Metall–Stickstoff-Doppelbindung geschrieben wird.

$$\left[[Mo]\equiv\overset{\oplus}{N}-H \longleftrightarrow [Mo]=\overset{\oplus}{\overline{N}}-H \right]^+ \qquad M=N\!\diagdown\!R$$

44a **44b** $\mathbf{44}_{gew}$

Die meisten Imidokomplexe M=NR weisen eine lineare bzw. nur schwach gewinkelte M–N–C-Einheit auf (160–180°), entsprechen also dem Komplex **44**. Für die weniger häufig anzutreffenden gewinkelten Imidokomplexe (M–N–C ca. 120–140°) sind Valenzstrichformeln gemäß $\mathbf{44}_{gew}$ anzugeben, in denen die Stickstoffatome als *sp*^{2}-hybridisiert mit einem nichtbindenden σ-Elektronenpaar zu beschreiben sind. Die Grenzformel **44b** darf keinesfalls mit der Valenzstrichformel $\mathbf{44}_{gew}$ verwechselt werden (vgl. R. A. Eikey, M. M. Abu-Omar, *Coord. Chem. Rev.* **2003**, *243*, 83; Y. Li, W.-T. Wong, *Coord. Chem. Rev.* **2003**, *243*, 191).

15.5.2 Literatur

[1] L. Y. Steinl, M. G. Klotz, *Curr. Biol.* **2016**, *26*, R94: „The Nitrogen Cycle"

[2] T. F. Stocker, D. Qin et al. (eds.), *Climate Change 2013: The Physical Science Basis*, siehe Ref. [2], Kapitel 7

[3] C.-G. Zhan, J. A. Nichols, D. A. Dixon, *J. Phys. Chem. A* **2003**, *107*, 4184: „Ionization Potential, Electron Affinity, Electronegativity, Hardness, and Electron Excitation Energy: Molecular Properties from Density Functional Theory Orbital Energies"

[4] M. J. Bezdek, S. Guo, P. J. Chirik, *Inorg. Chem.* **2016**, *55*, 3117: „Terpyridine Molybdenum Dinitrogen Chemistry: Synthesis of Dinitrogen Complexes That Vary by Five Oxidation States"

[5] H. Zeise, *Thermodynamik, Bd. 3/1*, Hirzel Verlag, Leipzig, **1954**

[6] G. Ertl in [M13], *Vol. 1*, **2003**, S. 329: „Ammonia Synthesis – Heterogeneous"

[7] R. Schlögl, *Angew. Chem.* **2003**, *115*, 2050: „Katalytische Ammoniaksynthese – eine ‚unendliche Geschichte'?"

[8] R. Schlögl in *Handbook of Heterogeneous Catalysis* (G. Ertl, H. Knözinger, F. Schüth, J. Weitkamp, eds.), 2nd ed., Wiley-VCH, Weinheim, **2008**, S. 2501: „Ammonia Synthesis"

[9] G. Ertl in Chemistry for the 21st Century (E. Keinan, I. Schechter, eds.), Wiley-VCH, Weinheim 2001, S. 54: „Heterogeneous Catalysis: from ‚Black Art' to Atomic Understanding"

[10] K. Honkala, A. Hellman, I. N. Remediakis, A. Logadottir, A. Carlsson, S. Dahl. C. H. Christensen, J. K. Nørskov, *Science* **2005**, *307*, 555: „Ammonia Synthesis from First-Principles Calculations"

[11] A. Vojvodic, A. J. Medford, F. Studt, F. Abild-Pedersen, T. S. Khan, T. Bligaard, J. K. Nørskov, *Chem. Phys. Lett.* **2014**, *598*, 108: „Exploring the Limits: A Low-Pressure, Low-Temperature Haber–Bosch Process"

[12] C. J. H. Jacobsen, S. Dahl, A. Boisen, B. S. Clausen, H. Topsøe, A. Logadottir, J. K. Nørskov, *J. Catal.* **2002**, *205*, 382: „Optimal Catalyst Curves: Connecting Density Functional Theory Calculations with Industrial Reactor Design and Catalyst Selection" (und dort zit. Literatur)

[13] H. Bielawa, O. Hinrichsen, A. Birkner, M. Muhler, *Angew. Chem.* **2001**, *113*, 1093: „Der Ammoniakkatalysator der nächsten Generation: Barium-promotiertes Ruthenium auf oxidischen Trägern"

[14] R. A. van Santen, *Modern Heterogeneous Catalysis: An Introduction*, Wiley-VCH, Weinheim, **2017**

[15] I. Chorkendorff, J. W. Niemantsverdriet, *Concepts of Modern Catalysis and Kinetics*, 3rd ed., Wiley-VCH, Weinheim, **2017**

[16] J. K. Nørskov, T. Bligaard, B. Hvolbæk, F. Abild-Pedersen, I. Chorkendorff, C. H. Christensen, *Chem. Soc. Rev.* **2008**, *37*, 2163: „The Nature of the Active Site in Heterogeneous Metal Catalysis"

[17] S. C. Lee, R. H. Holm, *Chem. Rev.* **2004**, *104*, 1135: „The Clusters of Nitrogenase: Synthetic Methodology in the Construction of Weak-Field Clusters"

[18] B. Hinnemann, J. K. Nørskov, *Top. Catal.* **2006**, *37*, 55: „Catalysis by Enzymes: The Biological Ammonia Synthesis"

[19] O. Einsle, F. A. Tezcan, S. L. A. Andrade, B. Schmid, M. Yoshida, J. B. Howard, D. C. Rees, *Science* **2002**, *297*, 1696: „Nitrogenase MoFe-Protein at 1.16 Å Resolution: A Central Ligand in the FeMo-Cofactor"; T. Spatzal, M. Aksoyoglu, L. Zhang, S. L. A. Andrade, E. Schleicher, S. Weber, D. C. Rees, O. Einsle. *Science* **2011**, *334*, 940: „Evidence for Interstitial Carbon in Nitrogenase FeMo Cofactor"

[20] B. M. Barney, H.-I. Lee, P. C. Dos Santos, B. M. Hoffman, D. R. Dean, L. C. Seefeldt, *Dalton Trans.* **2006**, 2277: „Breaking the N_2 Triple Bond: Insights into the Nitrogenase Mechanism"

[21] I. Dance, *J. Am. Chem. Soc.* **2007**, *129*, 1076: „The Mechanistically Significant Coordination Chemistry of Dinitrogen at FeMo-co, the Catalytic Site of Nitrogenase"

[22] B. M. Hoffman, D. R. Dean, L. C. Seefeldt, *Acc. Chem. Res.* **2009**, *42*, 609: „Climbing Nitrogenase: Toward a Mechanism of Enzymatic Nitrogen Fixation"

[23] R. D. Milton, R. Cai, S. Abdellaoui,D. Leech, A. L. De Lacey, M. Pita, S. D. Minteer, *Angew. Chem.* **2017**, *129*, 2724: „Bioelectrochemical Haber–Bosch Process: An Ammonia-Producing H_2/N_2 Fuel Cell"; V. Fourmond, C. Léger, *Angew. Chem.* **2017**, *129*, 4454: „N_2-Reduktion: Verschaltung von Nitrogenase mit Elektroden"

[24] M. A. Shipman, M. D. Symes, *Catal. Today* **2017**, *286*, 57: „Recent Progress Towards the Electrosynthesis of Ammonia from Sustainable Resources"; Y. Song et al., *Sci. Adv.* **2018**, *4*, e1700336: „A Physical Catalyst for the Electrolysis of Nitrogen to Ammonia"

[25] M. Dörr, J. Käßbohrer, R. Grunert, G. Kreisel, W. A. Brand, R. A. Werner, H. Geilmann, C. Apfel, C. Robl, W. Weigand, *Angew. Chem.* **2003**, *115*, 1579: „Eine mögliche präbiotische Bildung von Ammoniak aus molekularem Stickstoff auf Eisensulfidoberflächen"

[26] D. C. Rees, J. B. Howard, *Science* **2003**, *300*, 929: „The Interface Between the Biological and Inorganic World: Iron-Sulfur Metalloclusters"

[27] A. E. Shilov, *Russ. Chem. Bull., Int. Ed.* **2003**, *52*, 2555: „Catalytic Reduction of Molecular Nitrogen in Solutions"

[28] A. Dreher, G. Stephan, F. Tuczek, *Adv. Inorg. Chem.* **2009**, *61*, 367: „New Developments in Synthetic Nitrogen Fixation with Molybdenum and Tungsten Phosphine Complexes"

[29] D. R. Tyler, *Z. Anorg. Allg. Chem.* **2015**, *641*, 31: „Mechanisms for the Formation of NH_3, N_2H_4, and N_2H_2 in the Protonation Reaction of $Fe(DMeOPrPE)_2N_2$ {DMeOPrPE = 1,2-bis[bis(methoxypropyl)-phosphino]ethane}"

[30] J. A. Pool, E. Lobkovsky, P. J. Chirik, *Nature* **2004**, *427*, 527: „Hydrogenation and Cleavage of Dinitrogen to Ammonia with a Zirconium Complex“

[31] Y. Ohki, M. D. Fryzuk, *Angew. Chem.* **2007**, *119*, 3242: „Aktivierung von Distickstoff durch Komplexe von Metallen der Gruppe 4“

[32] C. Chow, M. Taoufik, E. A. Quadrelli, *Eur. J. Inorg. Chem.* **2011**, 1349: „Ammonia and Dinitrogen Activation by Surface Organometallic Chemistry on Silica-Grafted Tantalum Hydrides“

[33] M. J. Bezdek, P. J. Chirik, *Angew. Chem.* **2016**, *128*, 8022: „Grenzen erweitern: Spaltung und Funktionalisierung von N_2 jenseits von frühen Übergangsmetallen“

[34] M. M. Rodriguez, E. Bill, W. W. Brennessel, P. L. Holland, *Science* **2011**, *334*, 780: „N_2 Reduction and Hydrogenation to Ammonia by a Molecular Iron-Potassium Complex“; K. C. MacLeod, S. F. McWilliams, B. Q. Mercado, P. L. Holand, *Chem. Sci.* **2016**, *7*, 5736: „Stepwise N–H Bond Formation from N_2-Derived Iron Nitride, Imide and Amide Intermediates to Ammonia“

[35] R. R. Schrock, *Acc. Chem. Res.* **2005**, *38*, 955: „Catalytic Reduction of Dinitrogen to Ammonia at a Single Molybdenum Center“

[36] W. W. Weare, X. Dai, M. J. Byrnes, J. Min Chin, R. R. Schrock, P. Müller, *Proc. Natl. Acad. Sci. USA* **2006**, *103*, 17099: "Catalytic Reduction of Dinitrogen to Ammonia at a Single Molybdenum Center“

[37] R. R. Schrock, *Angew. Chem.* **2008**, *120,* 5594: „Die katalytische Reduktion von Distickstoff zu Ammoniak mit Molybdän: Theorie und Experiment“

[38] D. V. Yandulov, R. R. Schrock, *Inorg. Chem.* **2005**, *44*, 1103: „Studies Relevant to Catalytic Reduction of Dinitrogen to Ammonia by Molybdenum Triamidoamine Complexes“

[39] S. Schenk, B. Le Guennic, B. Kirchner, M. Reiher, *Inorg. Chem.* **2008**, *47*, 3634: „First-Principles Investigation of the Schrock Mechanism of Dinitrogen Reduction Employing the Full $HIPTN_3N$ Ligand“

[40] F. Studt, F. Tuczek, *Angew. Chem.* **2005**, *117*, 5783: „Energetik und Mechanismus einer katalytischen Ammoniaksynthese bei Raumtemperatur (Schrock-Zyklus): Vergleich mit der biologischen Stickstoff-Fixierung“

[41] F. Neese, *Angew. Chem.* **2006**, *118*, 202: „Der Yandulov-Schrock-Zyklus und die Nitrogenase-Reaktion: dichtefunktionaltheoretische Untersuchung der Stickstoff-Fixierung“

[42] Y. Nishibayashi, *Inorg. Chem.* **2015**, *54*, 9234: „Recent Progress in Transition-Metal-Catalyzed Reduction of Molecular Dinitrogen under Ambient Reaction Conditions“

[43] M. J. Chalkley, T. J. Del Castillo, B. D. Matson, J. P. Roddy, J. C. Peters, *ACS Cent. Sci.* **2017**, *3*, 217: „Catalytic N_2-to-NH_3 Conversion by Fe at Lower Driving Force: A Proposed Role for Metallocene-Mediated PCET“

[44] X. Chen, N. Li, Z. Kong, W.-J. Ong, X. Zhao, *Mater. Horiz.* **2018**, *5*, 9: „Photocatalytic Fixation of Nitrogen to Ammonia: State-of-the-Art Advancements and Future Prospects“

[45] H. Li, J. Li, Z. Ai, F. Jia, L. Zhang, *Angew. Chem.* **2018**, *130*, 128: „Durch Sauerstoff-Leerstellen vermittelte Photokatalyse mit BiOCl: Reaktivität, Selektivität und Ausblick“

[46] M. D. Fryzuk, S. A. Johnson, *Coord. Chem. Rev.* **2000**, *200–202*, 379: „The Continuing Story of Dinitrogen Activation“

[47] Y. Tanabe, Y, Nishibayashi, *Coord. Chem. Rev.* **2013**, *257*, 2551: „Developing More Sustainable Processes for Ammonia Synthesis“

[48] I. Klopsch, E. Y. Yuzik-Klimova, S. Schneider, *Top. Organomet. Chem.* **2017**, *60*, 71: „Functionalization of N_2 by Mid to Late Transition Metals via N–N Bond Cleavage"

[49] D. J. Knobloch, H. E. Toomey, P. J. Chirik, *J. Am. Chem. Soc.* **2008**, *130*, 4248: „Carboxylation of an *ansa*-Zirconocene Dinitrogen Complex: Regiospecific Hydrazine Synthesis from N_2 and CO_2"

[50] A. J. Keane, W. S. Farrell, B. L. Yonke, P. Y. Zavalij, L. R. Sita, *Angew. Chem.* **2015**, *127*, 10358: „Metal-Mediated Production of Isocyanates, $R_3EN{=}C{=}O$ from Dinitrogen, Carbon Dioxide, and R_3ECl"

[51] R. J. Burford, A. Yeo, M. D. Fryzuk, *Coord. Chem. Rev.* **2017**, *334*, 84: „Dinitrogen Activation by Group 4 and Group 5 Metal Complexes Supported by Phosphine-Amido Containing Ligand Manifolds"

Weiterführende Literatur

J. G. Andino, S. Mazumder, K. Pal, K. G. Caulton, *Angew. Chem.* **2013**, *125*, 4824: „Neue Ansätze zur Funktionalisierung von metallkoordiniertem N_2"

H. Broda, F. Tuczek, *Angew. Chem.* **2014**, *126*, 644: „Katalytische Ammoniaksynthese in homogener Lösung – endlich biomimetisch?"

N. Cherkasov, A. O. Ibhadon, P. Fitzpatrick, *Chem. Eng. Process.* **2015**, *90*, 24: „A Review of the Existing and Alternative Methods for Greener Nitrogen Fixation"

I. Čorićand, P. L. Holland, *J. Am. Chem. Soc.* **2016**, *138*, 7200: „Insight into the Iron−Molybdenum Cofactor of Nitrogenase from Synthetic Iron Complexes with Sulfur, Carbon, and Hydride Ligands"

I. Dance, *Chem. Asian J.* **2007**, *2*, 936: „Elucidating the Coordination Chemistry and Mechanism of Biological Nitrogen Fixation"

I. Dance, *Chem. Commun.* **2013**, *49*, 10893: „Nitrogenase: A General Hydrogenator of Small Molecules"

I. Djurdjevic, O. Einsle, L. Decamps, *Chem. Asian J.* **2017**, *12*, 1447: „Nitrogenase Cofactor: Inspiration for Model Chemistry"

P. C. Dos Santos, D. R. Dean, Y. Hu, M. W. Ribbe, *Chem. Rev.* **2004**, *104*, 1159: „Formation and Insertion of the Nitrogenase Iron–Molybdenum Cofactor"

G. Ertl, *Angew. Chem.* **2008**, *120*, 3578: „Reaktionen an Oberflächen: vom Atomaren zum Komplexen" (Nobel-Vortrag)

G. Ertl, J. Soentgen (Hrsg.), *N: Stickstoff – ein Element schreibt Weltgeschichte*, oekom verlag, München, **2015**

B. M. Hoffman, D. Lukoyanov, D. R. Dean, L. C. Seefeldt, *Acc. Chem. Res.* **2013**, *46*, 587: „Nitrogenase: A Draft Mechanism"

B. M. Hoffman, D. Lukoyanov, Z.-Y. Yang, D. R. Dean, L. C. Seefeldt, *Chem. Rev.* **2014**, *114*, 4041: „Mechanism of Nitrogen Fixation by Nitrogenase: The Next Stage"

P. L. Holland in [M14], *Vol. 8*, **2004**, S. 569: „Nitrogen Fixation"

M. Hölscher, W. Leitner, *Chem. Eur. J.* **2017**, *23*, 11992: „Catalytic NH_3 Synthesis using N_2/H_2 at Molecular Transition Metal Complexes: Concepts for Lead Structure Determination using Computational Chemistry"

J. B. Howard, D. C. Rees, *Proc. Natl. Acad. Sci. USA* **2006**, *103*, 17088: „How Many Metals Does it Take to Fix N_2? A Mechanistic Overview of Biological Nitrogen Fixation"

Y. Hu, M. W. Ribbe, *Angew. Chem.* **2016**, *128*, 8356: „Nitrogenase – eine Geschichte von Kohlenstoffatomen"

C. J. H. Jacobsen, S. Dahl, B. S. Clausen, S. Bahn, A. Logadottir, J. K. Nørskov, *J. Am. Chem. Soc.* **2001**, *123*, 8404: „Catalyst Design by Interpolation in the Periodic Table: Bimetallic Ammonia Synthesis Catalysts“

H.-P. Jia, E. A. Quadrelli, *Chem. Soc. Rev.*, **2014**, *43*, 547: „Mechanistic Aspects of Dinitrogen Cleavage and Hydrogenation to Produce Ammonia in Catalysis and Organometallic Chemistry: Relevance of Metal Hydride Bonds and Dihydrogen“

G. Kreisel, C. Wolf, W. Weigand, M. Dörr, *Chem. Uns. Zeit* **2003**, *37*, 306: „Wie entstand das Leben auf der Erde?“

G. J. Leigh, *J. Organomet. Chem.* **2004**, *689*, 3999: „A Personal Account of Some Dinitrogen and Organometallic Chemistry Research at the University of Sussex“

B. A. MacKay, M. D. Fryzuk, *Chem. Rev.* **2004**, *104*, 385: „Dinitrogen Coordination Chemistry: On the Biomimetic Borderlands“

Y. Nishibayashi (ed.), Nitrogen Fixation (*Top. Organomet. Chem.* **2017**, *60*)

M. G. Scheibel, S. Schneider, *Angew. Chem.* **2012**, *124*, 4605: „Neues von der biologischen und synthetischen Stickstofffixierung“

D. Sellmann, J. Utz, N. Blum, F. W. Heinemann, *Coord. Chem. Rev.* **1999**, *190–192*, 607: „On the Function of Nitrogenase FeMo Cofactors and Competitive Catalysts: Chemical Principles, Structural Blue-Prints, and the Relevance of Iron Sulfur Complexes for N_2 Fixation“

N. S. Sickerman, K. Tanifuji, Y. Hu, M. W. Ribbe, *Chem. Eur. J.* **2017**, *23*, 12425: „Synthetic Analogues of Nitrogenase Metallocofactors: Challenges and Developments“

C. Sivasankar, S. Baskaran, M. Tamizmani, K. Ramakrishna, *J. Organomet. Chem.* **2014**, *752*, 44: „Lessons Learned and Lessons to be Learned for Developing Homogeneous Transition Metal Complexes Catalyzed Reduction of N_2 to Ammonia“

H. Tanaka, Y. Nishibayashi, K. Yoshizawa, *Acc. Chem. Res.* **2016**, *49*, 987: „Interplay between Theory and Experiment for Ammonia Synthesis Catalyzed by Transition Metal Complexes“

M. D. Walter, *Adv. Organomet. Chem.* **2016**, *65*, 261: „Recent Advances in Transition Metal-Catalyzed Dinitrogen Activation“

Anhang

A.1 Literatur (Lehrbücher/Monographien) und Quellennachweis

Am Ende eines jeden Kapitels sind bevorzugt Übersichtsartikel und neuere Arbeiten zitiert. Die Titel der Arbeiten sind angegeben, sodass der Leser die ihn interessierenden Aspekte leichter ausfindig machen kann. Nachfolgend ist eine Auswahl von relevanten Lehrbüchern und Monographien zusammengestellt.

Bei den Quellen zu den abgebildeten Strukturen sind zusätzlich die CSD-Referenzcodes (Cambridge Crystallographic Data Centre: www.ccdc.cam.ac.uk) angegeben.

Lehrbücher zur metallorganischen Komplexkatalyse und zur metallorganischen Chemie

[L1] D. Astruc, *Organometallic Chemistry and Catalysis*, Springer, Berlin, **2007**

[L2] A. Behr, *Angewandte homogene Katalyse*, Wiley-VCH, Weinheim, **2008**; A. Behr, P. Neubert, *Applied Homogeneous Catalysis*, Wiley-VCH, Weinheim, **2012**

[L3] M. Beller, A. Renken, R. van Santen (eds.), *Catalysis: From Principles to Applications*, Wiley-VCH, Weinheim, **2012**

[L4] S. Bhaduri, D. Mukesh, *Homogeneous Catalysis: Mechanisms and Industrial Applications*, 2nd ed., Wiley, Hoboken NJ, **2014**

[L5] M. Bochmann, *Organometallics and Catalysis: An Introduction*, Oxford Univ. Press, Oxford, **2014**

[L6] R. H. Crabtree, *The Organometallic Chemistry of the Transition Metals*, 6th ed., Wiley, Hoboken NJ, **2014**

[L7] C. Elschenbroich, *Organometallchemie*, 6. Aufl., Teubner, Wiesbaden, **2008**

[L8] J. Hagen, *Industrial Catalysis: A Practical Approach*, 3rd ed., Wiley-VCH, Weinheim, **2015**

[L9] U. Hanefeld, L. Lefferts (eds.), *Catalysis: An Integrated Textbook for Students*, Wiley-VCH, Weinheim, **2017**

[L10] J. Hartwig, *Organotransition Metal Chemistry: From Bonding to Catalysis*, University Science Books, Sausalito CA, **2010**

[L11] P. W. N. M. van Leeuwen, *Homogeneous Catalysis: Understanding the Art*, Kluwer, Dordrecht, **2004**

[L12] P. W. N. M. van Leeuwen, J. C. Chadwick, *Homogeneous Catalysts: Activation – Stability – Deactivation*, Wiley-VCH, Weinheim, **2011**

[L13] G. Rothenberg, *Catalysis: Concepts and Green Applications*, 2nd ed., Wiley-VCH, Weinheim, **2017**

[L14] R. A. Sheldon, I. Arends, U. Hanefeld, *Green Chemistry and Catalysis*, Wiley-VCH, Weinheim, **2007**

D. Steinborn, *Grundlagen der metallorganischen Komplexkatalyse*, Studienbücher Chemie,
https://doi.org/10.1007/978-3-662-56604-6

Monographien zur metallorganischen Komplexkatalyse und zur metallorganischen Chemie

[M1] G. Allen, J. C. Bevington (eds.), *Comprehensive Polymer Science, Vol. 3–4 (Chain Polymerization)*, Pergamon, Oxford, **1989**

[M2] V. P. Ananikov (ed.), *Understanding Organometallic Reaction Mechanisms and Catalysis: Computational and Experimental Tools*, Wiley-VCH, Weinheim, **2015**

[M3] P. T. Anastas, R. H. Crabtree (eds.), *Handbook of Green Chemistry - Green Catalysis, Vol. 1 – Homogeneous Catalysis*, Wiley-VCH, Weinheim, **2013**

[M4] M. Beller, C. Bolm (eds.), *Transition Metals for Organic Synthesis, Vol. 1–2*, 2nd ed., Wiley-VCH, Weinheim, **2004**

[M5] H. U. Blaser, H.-J. Federsel (eds.), *Asymmetric Catalysis on Industrial Scale: Challenges, Approaches and Solutions*, 2nd ed., Wiley-VCH, Weinheim, **2010**

[M6] B. Cornils, W. A. Herrmann (eds.), *Aqueous-Phase Organometallic Catalysis: Concepts and Applications*, 2nd ed., Wiley-VCH, Weinheim, **2004**

[M7] B. Cornils, W. A. Herrmann, M. Beller, R. Paciello (eds.), *Applied Homogeneous Catalysis with Organometallic Compounds: A Comprehensive Handbook in Four Volumes*, 3rd ed., Wiley-VCH, Weinheim, **2018**

[M8] B. Cornils, W. A. Herrmann, I. T. Horváth, W. Leitner, S. Mecking, H. Olvier-Bourbigou, D. Vogt (eds.), *Multiphase Homogeneous Catalysis, Vol. 1–2*, Wiley-VCH, Weinheim, **2005**

[M9] B. Cornils, W. A. Herrmann, R. Schlögl, C.-H. Wong, H.-W. Zanthoff (eds.), *Catalysis from A to Z: A Concise Encyclopedia*, 4th ed., Wiley-VCH, Weinheim, **2013**

[M10] P. H. Dixneuf, V. Cadierno (eds.), *Metal-Catalyzed Reactions in Water*, Wiley-VCH, Weinheim, **2013**

[M11] L. H. Gade, P. Hofmann (eds.), *Molecular Catalysts: Structure and Functional Design*, Wiley-VCH, Weinheim, **2014**

[M12] B. Heaton (ed.), *Mechanisms in Homogeneous Catalysis*, Wiley-VCH, Weinheim, **2005**

[M13] I. T. Horvath (ed.), *Encyclopedia of Catalysis, Vol. 1–6*, Wiley-Interscience, Hoboken NJ, **2003** (auch via Wiley Online Library, Wiley Inc. 1999–2014)

[M14] J. A. McCleverty, T. J. Meyer (eds.), *Comprehensive Coordination Chemistry II, Vol. 8 (Biocoordination Chemistry), Vol. 9 (Applications of Coordination Chemistry)*, Elsevier, Oxford, **2004**

[M15] A. de Meijere, S. Bräse, M. Oestreich (eds.), *Metal-Catalyzed Cross-Coupling Reactions and More, Vol. 1–3*, Wiley-VCH, Weinheim, **2014**

[M16] K. Morokuma, D. G. Musaev (eds.), *Computational Modeling for Homogeneous and Enzymatic Catalysis: A Knowledge-Base for Designing Efficient Catalysis*, Wiley-VCH, Weinheim, **2008**

[M17] R. Peters (ed.), *Cooperative Catalysis: Designing Efficient Catalysts for Synthesis*, Wiley-VCH, Weinheim, **2015**

[M18] *Ullmann's Encyclopedia of Industrial Chemistry, 40 Volume Set*, 7th ed., Wiley-VCH, Weinheim, **2011** (auch via Wiley Online Library, Wiley Inc. 1999–2014)

[M19] a) G. Wilkinson, F. G. A. Stone, E. W. Abel (eds.), *Comprehensive Organometallic Chemistry, Vol. 1–9*, Pergamon, Oxford, **1982**. b) E. W. Abel, F. G. A. Stone, G. Wilkinson (eds.), *Comprehensive Organometallic Chemistry II, Vol. 1–14*, Pergamon/Elsevier, Oxford, **1995**. c) R. H. Crabtree, D. M. P. Mingos (eds.), *Comprehensive Organometallic Chemistry III, Vol. 1–13*, Elsevier, Oxford, **2007**.

Quellennachweis von Strukturen

Abb. 4.10: H. J. Wasserman, G. J. Kubas, R. R. Ryan, *J. Am. Chem. Soc.* **1986**, *108*, 2294 (*CSD*: CEJDEA). L. Brammer, J. A. K. Howard, O. Johnson, T. F. Koetzle, J. L. Spencer, A. M. Stringer, *Chem. Commun.* **1991**, 241 (*CSD*: KILPEA)

Abb. 5.6: W. A. Herrmann, C. Bauer, J. M. Huggins, H. Pfisterer, M. L. Ziegler, *J. Organomet. Chem.* **1983**, *258*, 81 (*CSD*: BELKOS10). P. Leung, P. Coppens, R. K. McMullan, T. F. Koetzle, *Acta Crystallogr.* **1981**, *37B*, 1347 (*CSD*: MEDYCO01), R. F. Boehme, P. Coppens, *Acta Crystallogr.* **1981**, *37B*, 1914 (*CSD*: BAHDIX)

Abb. 6.9: J. Gloux, P. Gloux, J. Laugier, *J. Am. Chem. Soc.* **1996**, *118*, 11644 (*CSD*: RAPSEG)

Abb. 8.1: R. R. Schrock, R. T. DePue, J. Feldman, K. B. Yap, D. C. Yang, W. M. Davis, L. Park, M. DiMare, M. Schofield, J. Anhaus, E. Walborsky, E. Evitt, C. Krüger, P. Betz, *Organometallics* **1990**, *9*, 2262 (*CSD*: TACGAF). P. Schwab, R. H. Grubbs, J. W. Ziller, *J. Am. Chem. Soc.* **1996**, *118*, 100 (*CSD*: ZETLOZ10). J. A. Love, M. S. Sanford, M. W. Day, R. H. Grubbs, *J. Am. Chem. Soc.* **2003**, *125*, 10103 (*CSD*: VOMQUJ)

Abb. 9.1: W. Kaschube, K.-R. Pörschke, K. Angermund, C. Krüger, G. Wilke, *Chem. Ber.* **1988**, *121*, 1921 (*CSD*: GAYTOP01)

Abb. 10.4: X. Yang, C. L. Stern, T. J. Marks, *J. Am. Chem. Soc.* **1994**, *116*, 10015 (*CSD*: YEKKII)

Abb. 10.6: C. S. Bajgur, W. R. Tikkanen, J. L. Petersen, *Inorg. Chem.* **1985**, *24*, 2539 (*CSD*: DEBZUF). W. A. Herrmann, J. Rohrmann, E. Herdtweck, W. Spaleck, A. Winter, *Angew. Chem.* **1989**, *101*, 1536 (*CSD*: KEDMEL). A. Razavi, J. Ferrara, *J. Organomet. Chem.* **1992**, *435*, 299 (*CSD*: JUDFUJ)

Abb. 10.7: W. Kaminsky, O. Rabe, A.-M. Schauwienold, G. U. Schupfner, J. Hanss, J. Kopf, *J. Organomet. Chem.* **1995**, *497*, 181 (*CSD*: ZEHKIT)

Abb. 10.9: T. Schleis, T. P. Spaniol, J. Okuda, J. Heinemann, R. Mülhaupt, *J. Organomet. Chem.* **1998**, *569*, 159 (*CSD*: HIWCOF)

Abb. 11.2: J. C. Huffman, M. P. Laurent, J. K. Kochi, *Inorg. Chem.* **1977**, *16*, 2639 (*CSD*: ALBPPT). B. Henc, P. W. Jolly, R. Salz, S. Stobbe, G. Wilke, R. Benn, R. Mynott, K. Seevogel, R. Goddard, C. Krüger, *J. Organomet. Chem.* **1980**, *191*, 449 (*CSD*: ALPHNI)

Abb. 11.4: W. Mayer, G. Wilke, R. Benn, R. Goddard, C. Krüger, *Monatsh. Chem.* **1985**, *116*, 879 (CSD: DUDYOQ). G. Huttner, D. Neugebauer, A. Razavi, *Angew. Chem.* **1975**, *87*, 353 (*CSD*: BUTMNC). J. A. King Jr., K. P. C. Vollhardt, *Organometallics* **1983**, *2*, 684 (*CSD*: CAGHOH)

Abb. 11.11: B. Barnett, B. Büssemeier. P. Heimbach, P. W. Jolly, C. Krüger, I. Tkatchenko, G. Wilke, *Tetrahedron Lett.* **1972**, 1457 (*CSD*: IPRNIP)

Abb. 11.15: R. Taube, J. Langlotz, J. Sieler, T. Gelbrich, K. Tittes, *J. Organomet. Chem.* **2000**, *597*, 92 (*CSD*: KODZOS). A. R. O'Connor, P. S. White, M. Brookhart, *J. Am. Chem. Soc.* **2007**, *129*, 4142.

Abb. 12.4: P. B. Hitchcock, M. F. Lappert, N. J. W. Warhurst, *Angew. Chem.* **1991**, *103*, 439 (*CSD*: TALDOZ)

Abb. 13.6: Ref. [32], Kap. 13 (*CSD*: ESOTEL)

Abb. 15.1: R. Ghosh, M. Kanzelberger, T. J. Emge, G. S. Hall, A. S. Goldman, *Organometallics* **2006**, *25*, 5668 (*CSD*: KEVJEB). M. Scheer, J. Müller, M. Schiffer, G. Baum, R. Winter, *Chem. Eur. J.* **2000**, *6*, 1252 (*CSD*: MAZRIO). M. D. Fryzuk, T. S. Haddad, M. Mylvaganam, D. H. McConville, S. J. Rettig, *J. Am. Chem. Soc.* **1993**, *115*, 2782 (*CSD*: SIMMEG10).

Abb. 15.8/Abb. 15.10: Ref. [19], Kap. 15 (PDB: 1M1N)

Abb. 1512: D. V. Yandulov, R. R. Schrock, A. L. Rheingold, C. Ceccarelli, W. M. Davies, *Inorg. Chem.* **2003**, *42*, 796 (CSD: HUTQOC).

Abb. 15.14: wie Abbildung 15.12 (CSD: HUTQIW, HUTRAB); Ref. [38], Kap. 15 (CSD: FIVDIY, FIWLED).

Quellennachweis von Produktionsmengen und -kapazitäten

Kap. 5 (Oxo-Aldehyde): G. D. Frey, *J. Organomet. Chem.* **2014**, *754*, 5 (weiterführ. Lit.); [M7], S. 26; OXEA GmbH, Monheim am Rhein.

Kap. 6 (Essigsäure): A. Vidra, Á. Németh, *Period. Polytech. Chem. Eng.* **2018**, *62*, 245; X. Christodoulou, S. B. Velasquez-Orta, *Environ. Sci. Technol.* **2016**, *50*, 11234; F. Emde in *Ullmann's Food and Feed, Vol. 2*, Wiley-VCH, Weinheim, **2017**, S. 989; Acetic Acid – Chemical Economics Handbook (CEH), Dec. 2016 (https://ihsmarkit.com).

Kap. 7 (Acrylsäure): R. Beerthuis, G. Rothenberg, N. R. Shiju, *Green Chem.* **2015**, *17*, 1341; Grand View Research, San Francisco CA (www.grandviewresearch.com).

Kap. 8 (Lineare Olefine): Ref. [19]; P.-A. R. Breuil, L. Magna, H. Olivier-Bourbigou, *Catal. Lett.* **2015**, *145*. 173 (weiterführ. Lit.).

Kap. 9 (Polyolefine): PlasticsEurope Deutschland e.V., Frankfurt am Main (www.plasticseurope.org/de); [M7], S. 203.

Kap. 10 (Synthesekautschuk, Polybutadiene): International Rubber Study Group, Singapur (www.rubberstudy.com); V. K. Srivastava, M. Maiti, G. C. Basak, R. V. Jasra, *J. Chem. Sci.* **2014**, *126*, 415; [M18], *Vol. 31*, S. 597.

Kap. 14 (Acetaldehyd, Ethylen-/Propylenoxid): Ref. [2]; [M7], S. 465; M. Chong, Asia Petrochemical Industry Conference, May 2017, Sapporo, Japan (www.icis.com); ICIS Chemical Business, 13–19 Jan. 2017 (www.icis.com).

Kap. 15 (Ammoniak): U.S. Geological Survey, 2015 Minerals Yearbook (Nitrogen, Advance Release), Nov. 2017 (https://minerals.usgs.gov/minerals).

Der Autor dankt der OXEA GmbH, der PlasticsEurope Deutschland und der International Rubber Study Group für die freundlichen Auskünfte.

A.2 Sachverzeichnis

Im Fettdruck hervorgehobene Seitenzahlen verweisen auf Haupteinträge, die sich meistens auch auf die folgenden Seiten beziehen.

A

absolute Konfiguration v. Polymeren 259
Acetanhydridsynthese **137**
Acrylnitril 195, 339, 394
Acrylsäure, -derivate .. 155, **169**, 172, 288, 367
  Synthese aus CO_2 .... 169, 171
acyclische Dienmetathese (ADMET) . 194, 195
acyclische Diinmetathese (ADIMET) 198
Addition von Nucleophilen ... **49**, 55, 372, 406, 407, 424, 425, 429
Adiponitril 390, 391
ae-Koordination 110, 115
agostische Wechselwirkung 37, **40**, 44, 47, 175, 231, 252, 271, 284, 359, 447
Aktivator 21
Aktivität von Katalysatoren/Enzymen .. 12, 232
π-Akzeptor, -stärke 36, 41, 125, 153, 186, 325, 327, 360, 365
Akzeptoreigenschaften von Lösungsmitteln . **35**
Akzeptorzahl (*AN*) 35
Aldolkondensation, -reaktion 104, 113, 424
ALFOL-Prozess 226
Alkandehydrierung 109, 211, 212
Alkanfunktionalisierung .... *Siehe* C–H-Funktionalisierung von Alkanen
σ-Alkankomplex .. 449; *Siehe auch* σ-Komplex
Alkanmetathese . *Siehe* Metathese von Alkanen
Alkinkomplexe, Oxidationsstufe v. M in ~ ... 41
Alkinmetathese ... *Siehe* Metathese von Alkinen
Alkin–RC≡N/ArN≡N⁺-Metathese 200, 219
Alkyl–Alkyl-Kupplung 359, 361
β-Alkyleliminierung 45, 205, 220, 296
Alkylidengruppenumverteilung .. 180, 181, 244
Alkylidenkomplex 48, 122, 181, 184, 189, 194, 201, 208, 210, 220, 242
  Siehe auch Carbenligand, -komplex
Alkylidinkomplex 122, 196, 198, 200, 217
alkylierende Funktion 230, 250, 266, 280
β-Alkyltransfer .... *Siehe* β-Alkyleliminierung
allosterische Wechselwirkung 482
Allylinsertion 313, 332, 338, 344
allylische Alkylierung/Substitution **371**, 377
  enantioselektive 375, 377
  kupferkatalysiert 377
Allylisomerisierung 327
Allylkomplex 306, 307, 308
Alphabutol-Prozess 233, 235
Alpha-Sablin-Verfahren 241
Aluminiumalkyl . 182, 226, 227, 228, 230, 249, 251, 262, 265, 334, 340
Aluminiumhydrid 204, 226
ambiphiler Ligand 36, 84, 495
Amidokomplex, -ligand 84, 197, 280, 406, 408, 411, 413, 485, 488, 492, 493
α-Aminoalkylradikal 417
Aminomethylierung 417
Ammoniaksynthese 464, 469
Amm(on)oxidation von Propen 394
anionische Polymerisation 248, 305, 339
anorganische Grignardreagenzien 352
ansa-Metallocene 27, 268
anti-Addition/Eliminierung ..... *Siehe syn-*, *anti-*Addition/Eliminierung
anti-cis-Korrelation 315, 319, 333
Anti-Markovnikov-Addition .... *Siehe* Markovnikov-Addition, Anti-~
Anti-Schlüssel-Schloss-Beziehung 67
anti-syn-Isomerisierung ... *Siehe syn-anti*-Isom.
Arestas Komplex 153
Arylpropionsäuren 113, 393
asymmetrisch .... *Siehe auch* enantioselektiv
Atropisomerie 67, 361, 401
ATRP (radikalische Atomtransferpolymerisation) 287, 298
Aufbaureaktion .... *Siehe* Zieglersche Aufbaureaktion
Autokatalyse, asymmetrische ~ 21
Auto-Tandemkatalyse 109, 352
Aza-, Diazametallacyclen 219, 220, 413
Aza-Wacker-Cyclisierung 432, 457

B

back-biting 191, 193, 216, 218
π back-donation .... *Siehe* π-Rückbindung
back-skip 254, 275
Balata 341

Bandlücke von Halbleitern 162
Bartons Base 64
Beckmann-Umlagerung 321
Berry-Pseudorotation 308
bevorzugte asymmetrische Induktion 112
bifunktioneller Katalysator 87, 395
bifunktionelles Monomer 279
bimetallische katalyt. System 137, 237, 362
BINAP 67, 115, 432
BINAPHOS 110
BINAP-Rutheniumkomplex 69
π-Bindungsmetathese 208, 210, 212
σ-Bindungsmetathese **202**, 208, 220, 450
 von Alkanen 202, 207, 451
 von E–H-Bindungen 204
 von H_2 .... 82, 202
BINOL-Derivate 92, 395
biogeochemischer Kohlenstoffkreislauf 151
Biokatalyse .... *Siehe* Enzymkatalyse
Bis(imino)pyridin-Ligand/Komplex ... 281, 286
BISBI 115
Biss von Chelatliganden 112, **115**
Bleikammerprozess 1
Blockcopolymer 192, 199, 285, 287, 288
Boronsäurederivate 353, 370, 378
Borrowing-Hydrogen-Strategie 89
Boscalid 353
Brennstoffzelle , ... 85, 483
Brønsted-Evans-Polanyi-Beziehung ... 474, **476**
Brønsted-Säure-Base-Katalyse 9
BtL-Kraftstoffe (biomass-to-liquid) 121
Buchstaben-Buna 339
Buna 305, 339
Butadien 24, 25, **305**, 339, 360, 379
 Cyclooligomerisation **317**, 319, **322**, 324, 326, 327, 342
 Hydrocyanierung 390
 Hydrodimerisation 330
 Konformationen 309
 Linearoligomerisation **327**, 329
 Oligomerisation 305, 316
 Telomerisation **327**, 329, 331
Butadien–Kohlendioxid-Copolymere. 331, 343
Butadienkomplex **309**, 310, 311, 317
Butadienpolymerisation 305, **332**
 Allylnickel-komplexkatalysiert **335**
 Mechanismus 332, 334, 336, 337
 Regio-/Stereoselektivität 332, 333, 336
Butandiol, Butindiol 239, 431

C

C_1-Chemie 26, 131, 139, 167, 168
Cahn-Ingold-Prelog-Regeln (CIP) 65, 91
σ-CAM 203
Carbeninsertion **47**, 208, 451
Carbenkonformationen, aktive/nichtaktive . 187
Carbenligand, -komplex 43, 47, 107, 126, 182, 183, **185**, 187, 192, 201, 252, 451
 Siehe auch Alkylidenkomplex
Carben-Mechanismus 181
Carbenübertragung 181
Carbidoligand 122, 479, 482
Carbochemie 25, 424
Carbometallierung, -aluminierung, -palladierung 45, 46, 430
Carbon Capture and Utilization (CCU) 152
Carbon Dioxide Capture and Storage (CCS). 152
Carbon Dioxide Removal (CDR) 152
Carbonate, cyclisch/acyclisch 165
carbonylierende Kreuzkupplung 362, 380
Carbonylierung
 oxidative 139, 148
 radikalische 137, 147
 von Methylacetat 137
 von MeOH ... *Siehe* Methanolcarbonylierung
Carboxylierung **165**
 übergangsmetallkatalysiert 165
 von M–C-/C–H-Bindungen 165, 166, 167
Catalytica-System 453, 454
Cativa-Prozess 132, **139**
 .... *Siehe* Methanolcarbonylierung
C–C-Aktivierung 37, 38, 40, 202, 213, 323
C–C-Kreuzkupplung ...... *Siehe* Kreuzkupplung
Celluloseacetat 131
chain end control 261
chain shuttling polymerization 287
chain-running/walking 253, 282, 369, 381
C–H-Aktivierung 37, 38, 212, 230, 255, 376
 von Alkanen .. 202, 205, 209, 213, 220, **447**, 449, 451, 452, 453, 455, 458, 459
 von Aromaten 448, 449, 458
Chalk-Harrod-Mechanismus 398, 399
Chatt-Zyklus 485, 504
Chauvin-Mechanismus 25, 181, 215
chemische Verwandtschaft 5
Chemisorption, dissoziative ~ 7, 121, 470, 471, 472, 474, 476

chemoenzymatische dynamische kinetische Racematspaltung (chemoenzym. DKR) ... 88
chemoselektive Reaktion 14, 108, 197, 430
C–H-Funktionalisierung 368, **447**
von Alkanen 447, **452**, 454, 455
chiraler Katalysator 20
Chlorhydrinverfahren 436
CIP-Regeln 65, 91
cis-Insertion 44, 94, 270, 428
cis-trans-Selektivität 319, 333, 338
CO_2-Konvertierung .... *Siehe* Kohlendioxid, Konvertierung, Red. zu CO
Cocarbonylierung 139, 148
CODH.. *Siehe* Kohlenmonoxiddehydrogenasen
Cokatalysator 21, 228, 230, 233, 251, 265, 266, 328
Comonomer 234, 236, 241, 256, 278, 282, 285
constrained geometry catalyst (CGC) 280
control ligand 10
Copolymerisation 256, 264, 278, 293
von Olefinen und CO **289**, 299
Cossee-Arlman-Mechanismus 250
Curtin-Hammett-Prinzip .. **74**, 77, 88, 291, 321, 326
Cyanosilylierung 394, 395
cyclischer Alkyl(amino)carben-Ligand (cAAC) 186, 503
Cycloaddition 42, 168, 181, 186, 202, 210, 214, 220, 394, 413, 437, 499
Cyclododecatrien (CDT) ... 317, 319, 321, 324, 326, 329, 342
Cyclometallierung 188, 287, 447, 448, 449
Cyclooctadien (COD). 317, 322, 324, 326, 329
Cyclooligomerisation von Butadien .... *Siehe* Butadien, Cyclooligomerisation
Cyclopolymerisation 279, 297
Cycloreversion 42, 187, 202, 211, 220, 437
Cytochrome 424, 444, 445, 455

D

DBD-DIOP 112
DBFphos 115
Decarbonylierung von Aldehyden 109, 125
dehydriernde Silylierung 399
Dehydrokupplung von Silanen 204
Deinsertion von CO 52
Dendrimere 400
Depolymerisation 195, 204
Detergenzien, Tenside 241, 328
Dewar-Chatt-Duncanson-Modell 41
Diacetoxybuten 118, 431
Diade 259, 278, 296, 297
Dialkyltartrate (DAT) 27, 440
Diastereomerenüberschuss (diastereomeric excess) 14
diastereoselektive Reaktion 14, 198
Diastereotopie 110, 269, 274, 276, 277
Dibenzylidenaceton (dba) .. 329, 350, 356, 360, 381
Dichtefunktionaltheorie (DFT) 17. 27
Dielektrizitätskonstante von Lösungsmitteln 35
Difasol-Prozess 233
Diiminligand, -komplex 282, 283, 284, 286
β-Diketiminato-Komplex, -Ligand 46, 488
Dimersol-Prozess 233
Dimethylcarbonat 139, 148
Dinitrogenase, -Reduktase 477
DIOP 67, 115
DIPAMP 67
Diphosphit-Ligand 114
Distickstoff, -komplex **466**, 493, 505
.... *Siehe auch* Stickstofffixierung
elektronische Eigenschaften 466
Funktionalisierung 496, 497, 499
Koordinationsmodi von N_2 ..... 467, 468, 501
Reduktion 478, 480, 484, 489
reduktive Silylierung von N_2 497
Divinylcyclobutan (DVCB) 322, 323
Diwasserstoff
Aktivierung/~ in Hydrogenasen **78**, 81, 84
σ-Bindungsmetathese 82
Coproduktion 464, 480, 481
homo-/heterolytische Spaltung . 82, 156, 158
oxidative Addition .. 37, 62, 78, 81, 203, 481
Diwasserstoffkomplex 36, **78**
Döbereiner-Feuerzeug 4
Dominokatalyse, -reaktion **108**, 201
π-Donor 36, 41, 153, 185, 231, 457, 459
σ-Donor, -stärke ... 36, 125, 186, 197, 231, 325, 327, 365, 403
Donoreigenschaften von Lösungsmitteln **35**
Donorzahl (*DN*) 35
DOPA, -Synthese 26, 65, 66, 73, 91, 93
Doppelbindungsisomerisierung 63, 185, 212, 221, 230, 238, 240, 368, 392
Doppelbindungsverschiebung, nicht-oxidative 456
doppelte Umsetzung 230, 280, 349
DPEphos 115

dppb, dppe, dppm, dppp 115
DPPF 115, 409
Dreizentrenbindung 41
DuPHOS 67, 115
DuPont-Adiponitril-Prozess **390**
Durham-Polyacetylen 216
dynamische kinetische Racematspaltung
(DKR) 87, 377

E

edge-face-Anordnung 67
ee-Koordination 110, 112
Einelektronenaddition, oxidative 39, 298
Einelektronenoxidation, -reduktion **53**
Einkomponentenkatalysator 158, 183, 197, 255, 267, 335
Eisen, Oberflächenstruktur/Modifikationen
.... 472, 473, 474, 502
Elastomer 192, 278, 281
Elektrofug, elektrofuge Gruppe 51
Elektrokatalyse, -katalysator 85, 483
Elektronegativität ... 35, 41, 154, 397, 414, 452
Elektronentransfer, -übertragung ... 9, 147, 154, 160, 288, 403, 423, 438, 447, 453, 478, 480
Siehe auch Single Electron Transfer (SET)
elektronenvariabler Komplex ...... .53, 146, 446, 467
elektronische Effekte von Phosphorlig. **325**
elektronischer Ligandenparameter **325**
Elektron–Loch-Paar 162
elektrophile Abstraktion 33, 49, 56
elektrophile Aminierungsreagenzien 414
elektrophile Halogenierung 40
elektrophile Katalyse 9
elektrophile Substitution 356, 450, 453
Eliminierung von CO 52
Emulsions-(Co-)polymerisation 339
enantiofaciale Differenzierung ... 373, 401, 442
Enantiomerenüberschuss (enantiomeric
excess) 14, 71
enantiomorphic site control 261
enantioselektiv....... *Siehe auch* asymmetrisch
enantioselekt. Reaktion/Katalysator 13, 20
Enantiotopie ..65, 269, 271, 272, 273, 277, 361
Endgruppen von Polymeren/Oligomeren .. 192, 250, 259, 273, 285, 291, 297, 334, 341, 344
Energetic-Span-Modell 17
Enin-Metathese 201
enzymatische Brennstoffzelle 483
enzymatische kinetische Racemattrennung ..87
Enzymkatalyse..... 9, 14, 67, 87, 119, 145, 232, 341, 344, 424, 432, 443, 455, 476, 483
EPDM-Elastomere 278, 281
Epoxidierung 27, **433**
enantioselektive **440**, 442
Mechanismus 437, 441, 443
mit O_2, ROOH, H_2O_2 .... 436, 439
mit Oxido-/Peroxidometallkomplexen ... 434
von Allylalkoholen 440
von Olefinen 433, **436**, 441, 444
EPR (ethylene propylene rubber) 265, 286
erythro, Definition; *erythro*-Polymer .. 297, 428
Essigsäuresynthese 131, 137
.... *Siehe* Methanolcarbonylierung
Ethen
Copolymerisation 256, 265, 278, 286
Copolymerisation mit CO **289**
Dimerisation **228**, 233, 234, 242, 243
direkte Umwandlung in Propen 233, 242
Epoxidierung ... *Siehe* Epoxydierung v. Olef.
Hydrierung 60, 61
Hydroaminierung ... 405, 407, 408, 411, 417
Hydrocyanierung 389
Hydroformylierung 99
Hydrosilylierung 399
Metathese 187, 189, 191, 195
Oligomerisation **226**, **238**, 239, 241
Oxidation .... *Siehe* Wacker-Prozess
Polymerisation .... *Siehe* Polym. von Ethen
Tri-, Tetramerisation **234**, 237, 243
Ethen–Propen-Copolymere/Kautschuk (EPR)
.... 265, 286
Ethylenoxid 427, 436
Ethyl-Prozess 227
Extrusion von CO 52
Eyring-Gleichung 12, 19, 29

F

Famciclovir 376
FeMo-Cofaktor 477, 479, 480, 482
Fe-Protein, -Zyklus 477
Fe–S-Cluster 84, 146, 477, 478
Festphasensynthese 71
Fettalkohol 226
FI-Katalysator 236, 281
Fischer-Carbenkomplex 52, 185
Fischer-Projektion 91, 259, 428
Fischer-Tropsch-Synthese 99, **120**, 143

fluktuierendes Molekül 307, **308**, 310
Frank-Caro-Verfahren 464
freie Aktivierungsenthalpie 12, 29, 74, 75
freie Koordinationsstelle 31
frustriertes Lewis-Paar 83, 84, 164

G

geschwindigkeitsbestimmender(s)
  Intermediat, Übergangszustand 18, 22
  Reaktionsschritt 22, 102
Gesetz d. konstanten/multiplen Proportionen . 1
Glasübergangstemperatur ... 192, 264, 279, 340
GLUP 67, 393
Green-Rooney-Mechanismus 252
Grobsche Fragmentierung **51**
Grotthus-Mechanismus 482
Grubbs-Hoveyda-Katalysator 184
Grubbs-Katalysator 183, 186, 188, 193, 201
Gulf-Prozess, Gulftene 227
Guttapercha 341

H

Haber-Bosch-Verfahren/Prozess 7, 464, **469**
  bioelektrochemisch 482
  Modellkatalysator 472
  technischer Katalysator 473
Halbleitermaterialien 162, 496
Halbleiterphotokatalyse **161**, 496
Halbsandwich-Komplex 185, 280, 298
Halcon-ARCO-Prozess 436
Hämgruppe 444, 445, 455, 476
Hammond-Postulat/Prinzip 77, 94
Harnstoff-Synthese 165
Hastelloy 132
HDPE 249, 256, 257, 264
Heck-Reaktion 358, **363**
  Anionen-, Ligandeneinfluss 365, 366
  enantioselektive 368
  Mechanismus 364
  oxidative 370
  polare/nichtpolare Route 365
Heck-Matsuda-Reaktion 369
helicale Chiralität/Struktur 67, 271
hemilabiler Ligand 32, 33, **231**, 235, 481
Heterocubanstruktur 146, 440, 477, 479
heterogene Katalyse 9, 60, 99, 121, 143, 180, 240, 251, 254, 340, 394, 436, 439, 469, 476
heterolytische Fragmentierung **49**, 51
Hiebersche Basenreakt. . 52, 144, 146, 154, 160
high-impact polystyrene 339
high-spin-Komplex 46
σ-Hinbindung (σ donation) 36, 41, 78, 403
Hiyama-Kupplung **355**, 361
Hochdurchsatz-Screening 71
Hoechst-Celanese-Prozess 136
homogene Katalyse 9
homoleptische Methylmetallverbindung 206
Homologisierung 133
HOMO–LUMO-Wechselwirkung/Energie . 60, 153, 214, 288, 387, 466
Homometathese 180, 214
homöopathischer Pd-Katalysator 367
Homotopie 268, 269, 273
Hoveyda-Schrock-Katalysator 195
Hybridpolymer 199
Hydrazidokomplex, -ligand 468, 485, 492, 493, 497, 505
α-, β-Hydrideliminierung .... *Siehe* α-, β-Wasserstoffeliminierung
Hydridmechanismus 62, 63, 64, 69, 86
Hydridometallkomplex 32, 44, 47, 79, 91, 154, 160, 206, 210, 244, 252, 403, 416, 449, 481
Hydrierung **60**, 192
  Hydrid-, Olefinmechanismus 62, 64, 67
  enantioselektive **65**, 69, 92
  heterogene 60
  Mechanismus **62**, 64, 69, 73, 82
  von Aldehyden 85, 103, 113
  von Alkinen 62, 87, 198, 431
  von Aromaten 62
  von Dienen 62, 330
  von Enamiden 65, 73, 75
  von Iminen, Ketonen 70, 83, 85, 89
  von Olefinen 60, 90
Hydrizität 81
Hydro-, Carboaluminierung 46, 377,
Hydroaminierung 387, **405**
  Alkali-/Erdalkalimetallkat. 407, 413
  C–N-Bindungsknüpfung, Prinzipien 406
  enantioselektive 408, 410, 411, 412, 414
  Gold-/Lanthanoidkatalysatoren 411
  mit elektrophilen Aminquellen 414
  Übergangsmetallkatalysatoren 407, 413
  von Alkinen 407, 411, 413, 414
  von Olefinen ... 405, 407, 409, 411, 414, 417
Hydroaminomethylierung 417
Hydroborierung 353, 380, 397, 416

Hydrocarbonylierung ... 107
Hydrocarboxylierung ... 143, 166, 167, 175
Hydrocyanierung ... 387, **388**, 414
  enantioselektive ... 392
  Mechanismus ... 387, 389
  von Acetylen/Alkinen ... 394
  von Butadien/Pentennitrilen ... 390, 391
  von Olefinen ... 388
  von polaren C=X-Bindungen ... 394, 414
Hydroformylierung ... **99**, 113, 238, 330
  Cobaltkatalysatoren ... 99, 102, 103
  enantioselektive ... **109**
  Mechanismus ... 100, 101, 104, 106
  mit Kohlendioxid ... 118
  n/iso-Verhältnis ... 102, 105
  Platinkatalysatoren ... 112
  Rhodiumkatalysatoren ... 103, 118
  Selektivität, Nebenreaktionen ... 103
  und Doppelbindungsisomerisierung ... 114, 240
  und Hydrierung ... 103, 108, 109, 118, 120
  von Alkinen ... 120
  von Olefinen ... 103, 114
  von Propen ... 103, 113
  Zweiphasenkatalyse ... 116, 127
Hydrogen Peroxide to Propylene Oxide (HPPO-Technologie) ... 439
Hydrogenasen ... 80, **84**, 481, 482
hydrogenolytischer Polymerabbau ... 204, 220
Hydrogenperoxidokomplex, -ligand .. 436, 438, 443, 444
Hydrohydrazinierung ... 418
Hydrohydroxymethylierung ... 107, 108
Hydrometallierung ... 45, 46
Hydrometathese ... 212
Hydrosilan ... *Siehe* Silan
Hydrosilylierung ... 198, 387, **396**, 400
  enantisoselektive ... 401
  Mechanismus ... 398
  radikalische ... 396, 415
  übergangsmetallkatalysiert ... 397, 399
  von Alkinen ... 402
  von Kohlendioxid ... 163, 164
  von Olefinen ... 396
Hydrosilylierungs-Polymerisation ... 400
Hydroxycarbonylierung ... 143, 168, 175
Hydroxycarbonylkomplex ... 52, 144, 145, 154
Hydroxylfluorid–Acetonitril ... 435
Hydroxypalladierung, *syn*/*anti* ... 424, 427, 456
Hydrozirconierung ... 46, 377
hyperverzweigtes Polymer ... 402, 415
Hyperoxidokomplex ... 446
hypofluorige Säure ... 435

I

Ibuprofen ... 113
Imidokomplex, -ligand ... 84, 184, 195, 200, 217, 280, 413, 485, 492, 493, 500, 506
Indolsynthese ... 413, 418
Induktionsperiode ... 13, 21, 138
Inhibitor ... 21, 142, 158, 431, 454
Initiator ... 21, 191, 248, 285, 305, 331, 345
Insertion ... **44**, 273, 284
  1,2-/2,1-Insertion ... 260, 293, 344
  Bezeichnung, Nomenklatur ... 44
  primäre/sekundäre ... 260, 261, 270, 293, 297
  von Alkinen ... 45, 414
  von Butadien .. **313**, 316, 329, 333, 344, 391
  von CO ... **52**, 134, 141, 289, 291, 362
  von Ethen ... 226, 228, 229, 250, 252, 273, 282, 289, 291, 299, 364, 365, 368
  von Heteroolefinen ... 45
  von Olefinen ... **44**, 49, 62, 229, 242, 250, 252, 294, 344, 388, 399, 406, 412, 416
  von Propen ... 260, 270, 275
  von Sauerstoff ... 433
insertionslose Migration ... 254, 275, 277
Insertionsmechanismus ... 229, 235, 242
Insertionsschema ... 275
In-situ-Funktionalisierung/Polym. ... 193, 279
interstitielles Atom ... 122, 479, 482
Ionenpaar, chirales ... 415
ionische Flüssigkeit ... 116, **117**, 118, 233, 408
Ipatasertib ... 69
Intersystem Crossing ... 299
Isopren ... 305, 323, 332, 339, 341, 342
isotaktischer Index ... 262

K

Karstedt-Katalysator ... 397, 399, 416
Kaskadenkatalyse ... 108
Katalysator, -komplex ... 20
Katalysatorbibliothek ... 71
Katalysatordesaktivierung ... 11, 13
Katalysatoren nach Maß ... 10
Katalysatorformierung/-generierung ... 20, 21, 34, 138, 182, 230, 250, 280, 336, 366, 443

Katalysatoroptimierung 10
Katalysator–Substrat/Intermediat/Produkt-Komplex 11, 68
Katalyse, kinetische Definition 6
Reaktionsbeschleunigung durch ~........ 6, 29
Katalysebegriff von Berzelius 4
Katalysedefinition von Ostwald 5
Katalysekonstante 12
Katalysezyklus 11
katalytische Kraft 5
kationische Polymerisation 248, 286, 298, 341
Kautschuk 192, 195, 305, 339
......................*Siehe auch* Naturkautschuk
Kautschuk-modifiziertes Polystyrol 339
Kettenabbruch ... 122, 191, 229, 250, 251, 253, 279, 285, 291, 295, 334, 344
Kettenendkontrolle, stereochemische 261, 275, 294
Kettenstart, -neustart 122, 252, 254, 291, 344
Kettenübertragung 191, 193, 218, 250, 252, 253, 273, 279, 282, 285, 287, 297, 334
Kettenverzweigung 251, 253, 256, 257, 282, 285, 340
Kettenwachstum 122, 191, 218, 229, 248, 252, 284, 286, 297, 332, 338, 344
kinetisch kontrollierte Enantioselekt. 67, 73
kinetisch kontrollierte Isomerisierung 392
kinetische Hemmung 7
Klassifizierung von
homogen katalysierten Reaktionen 9
Liganden **36**
Polymerisationsreaktionen 248
Knöllchenbakterien 476
Kohlendioxid **151**
Aktivierung **151**, 152
anthropogene Emissionen/Emittenten 151
Hydrierung/Reduktion zu MeOH/HCOOH 155, 157, 158
Hydrosilylierung 163, 164
in C–C-Bindungsknüpfungsreaktionen .. **165**
in Cycloadditionsreaktionen 168
Komplexe, Koordinationsmodi **152**, 153
Konvertierung, Red. zu CO... 118, 159, 161, 168, 173
Methanisierung, Red. zu CH_4. 162, 163, 164
stoffliche Nutzung 152
Synthese von Acrylsäure aus ~....... 169, 171
Walsh-Diagramm 153, 172
Kohlenmonoxid..... 52, 103, 121, 289, 362, 466
Kohlenmonoxiddehydrogenasen (CODH). 145
in der Halbleiterphotokatalyse 161, 173
Komplexbildung von CO_2 an ~ 147
Kohlenmonoxid-Konvertierung 132, 135, **143**, 470
Mechanismus 144
Rückreaktion, Umkehrung 118, 159
Kohleverflüssigung 121
Kolbe–Schmitt-Synthese 165
kombinatorische Katalyse 70, 71, 119
π-Komplex 9, 32, **36**, 38, 41, 42
σ-Komplex 9, 32, 36, 37, 41, 78, 203, 403, 449, 451
Komplexkatalyse, metallorganische ~ 9
σ-Komplex-vermittelte Metathese 203
konstitutionell heterotop 269
Kontakt, Kontaktreaktion 2, 3, 10
kooperative Katalyse, kooperierender Ligand 32, **83**, 87, 157, 160, 214, 415, 503
σ-π-Koordination 310
Koordinationsstelle, Selektivität/Symmetrie von ~....... 268, 270, 272, 273, 275, 276, 277
Koordinationstasche 67, 68, 73, 77, 110, 213, 261, 272, 274, 276, 283, 375, 490, 505
koordinative Kettentransfer-Polym. 286
koordinative Polymerisation 249
koordinativer Effekt von Lösungsmitteln..... 35
Kopf-Kopf/Schwanz-Verknüpfung 232, 258
Kreuzkupplung **348**
Alkyl–Alkyl 359, 361
bimetallische katalytische Systeme 362
carbonylierende 362, 380
dehydrierende 448,449, 458
eisenkatalysiert 352
enantioselektive 361
Ligandeneinfluss 359
Mechanismus **349**
mit C–H-Aktivierung 449, 458
mit Organo-Li/Mg/Zn-Reagenzien 352
nach Hiyama, Kumada, … ...*Siehe* Hiyama-Kupplung, Kumada-Kupplung usw.
nickelkatalysiert...... 348, 352, 354, 360, 361
palladiumkatalysiert **348**, 448
Übersicht, Synthesepotential 349, 351
Kreuzmetathese.. 180, **188**, 191, 200, 201, 214, 215, 219
Kumada-Kupplung **352**, 361
Kutscheroff-Prozess 24, 25

L

LAO 241
LDPE.. 256, 257
lebende Polymerisation 191, 199, 285, 287, 288, 298, 339, 341
Lebenszyklusanalyse................................. 152
Leitungsband (CB).................................... 162
Lewis-acide Funktion......... 230, 251, 266, 280
Lewis-acider Ligand (LA).............. 36, 84, **154**
Lewis-Säure-Base-Wechselwirkung.. 9, 34, 36, 83, 164, 167, 230
Life Cycle Assessment (LCA).................... 152
ligand tuning.. 10, 324
Ligandenabspaltung, -anlagerung......... **31**, 231
Ligandenbibliothek......................... 70, 71, 119
Ligandeneinfluss, -steuerung.. 10,17, 115, 232, 322, 324, 325, 327, 338, 359, 366
Ligandensubstitution, Mechanismus 31, 505
ligandenzentriertes Molekülorbital....... 53, 468
ligandenfreies Katalysatorsystem...... 329, 335, 337, 367
Lindlar-Katalysator 198
lineare Olefine/α-Olefine 116, 227, **238**, 241
Linearoligomerisation von Butadien .... *Siehe* Butadien, Linearoligomerisation
LLDPE 234, 236, 241, 256, 278, 282, 330

M

Magnesiumchlorid, Kristall- und
  Oberflächenstruktur 262, 263, 295
MAO ....*Siehe* Methylaluminoxane
Markovnikov-Addition, Anti-~ . 109, 389, 392, 396, 397, 401, 402, 414, 429
Markovnikov-Regel, Definition 397
maßgeschneiderte
  Polymerisationskatalysatoren 265, 278
Meerwein-Ponndorf-Verley-Reduktion 86
Memory-Effekt.. 375
Mesomeriekonzept 42, 307, 372, 403, 416, 446, 467, 505
Metallacyclo-
  butadienkomplex...................... 43, 196, 219
  butan-/butenkomplex 42. 181, 189, 201, 210, 252
  heptankomplex....................... 234, 236, 244
  nonankomplex................................ 237, 244
  pentan-/pentadien-/pentenkomplex ... 42, 43, 168, 232, 234, 238, 243, 310
  propan-/propenkomplex 38, 42
Metallacycloalkanmechanismus 232, 234, 237, 242, 243
Metalla-β-diketon 39
Metallbase............................32, 144, 154, 486
metallkomplexkatalysierte Polymerisation .249
Metallocarboxylat 153
Metallocenkatalysator.........229, 251, **265**, 278
  C_2-, C_s-symmetrischer **268**
  mit diastereotopen Koordinationstaschen **274**, 276
  Stereoregulierung ... 268, 270, 272, 273, 279
  Symmetriebeziehungen 273
  und Polymerstruktur 276
Metalloradikal...452
metallorganische Elementarschritte
  von Allylliganden **311**
  von Organoliganden **31**
metallorganische Komplexkatalyse 9
metallorganischer Innerkomplex.........213, 448
metallorganischer Mischkatalysator 24, 249, 258, 306, 332
metallorganischer Pincerligand..................213
metallzentriertes Molekülorbital...........53, 468
Metathese..**180**
  enantioselektive **195**
  entropiegetrieben............................180, 244
  Gleichgewichtszusammensetzung .. 181, 244
  mit heterogenen Katalysatoren 184
  paarweiser/nicht-paarweiser Mechanismus 182, 215
  produktive/nichtproduktive 180, 187, 214
  stereoretentive 189
  von acyclischen Dienen..........................**194**
  von Alkanen **205**, 207, 451
    Mechanismus 207
    via Tandemreaktionen 211
  von Alkinen **196**, 217
    Mechanismus 196
  von Alkinen und RC≡N/ArN≡N$^+$ ...200, 219
  von Cycloalkenen...................................**190**
  von Eninen 201
  von Olefinen... **180**, 189, 211, 238, 240, 242
    Mechanismus **181**, 186, 187
  von Pflanzenölen 190, 215
Metathese, doppelte Umsetzung 349
Methanisierung von Kohlendioxid 162
Methanolcarbonylierung.....................**131**, 424
  cobaltkatalysiert 132
  Iodid-, Rhodiumkreislauf 133, 136

iridiumkatalysiert ... 132, 139
Mechanismus ... 133, 141
oxidative ... 139, 148
Prozessparameter ... 132
rhodiumkatalysiert ... 132, 133
Selektivität, Nebenprodukte ... 132, 135, 136
Methanolsynthese aus CO_2 ... 155
Methanolwirtschaft ... 155
Methylaluminoxane ... 229, 235, 255, **265**, 280
Methylbutennitrile ... 391
Methyliden-, Methylidinkomplex ... *Siehe* Alkyliden-, Alkylidinkomplex
Methylkautschuk ... 339
Methyltrioxidorhenium(VII) ... 439
Methylviologen (MV) ... 482
Metolachlor ... 70
Michael-Addition ... 394
migratorische Insertion ... 52, 91, 250, 254, 272
... *Siehe auch* Insertion von CO
Mikrostruktur von Polymeren ... **259**, 265, 273, 276, 278, 282, 294, 296, 340
Millersche Indizes ... 263, 502
Miyaura-Kupplung ... 349
MoFe-Protein, -Zyklus ... 477, 478, 479, 483
Molmassensteuerung/-regelung. 252, 281, 334,
Monooxygenasen ... 432, **443**
Monophosphanligand, chiraler (MOP) ... 401
Monsanto-Verfahren ... 132, **133**, 143
... *Siehe* Methanolcarbonylierung
Mortreux-Katalysator ... 197
MTO (methanol-to-olefin) ... 125
Mülheimer Katalysator ... 249
Multiskalenmodell/-modellierung ... 17, 28
Murahashi-Kupplung ... 352

N

n/iso-Verhältnis ... 103
Nanopartikel ... 161, 167, 212, 279, 367, 473, 483
Naproxen ... 69, 113, 393
Naturkautschuk ... 305, 332, 339
Biosynthese ... 341, 344
n-Donor, -ligand ... 36, 231
Negishi-Kupplung ... **352**, 359, 361
NHC-Ligand ... 167, 184, **185**, 187, 189, 325, 359, 367, 397, 411
N-heterocyclisches Carben *Siehe* NHC-Ligand
N-heterocyclisches Silylen ... 186
nichtkoordinierendes Anion ... 34
nichtlineare Effekte (NLE) ... 71
nichtoxidative Arylierung ... 448
Nickelalacton ... 168, 169, 171, 172, 175
Nickeleffekt ... **228,** 249
Nitridokomplex, -ligand ... 200, 219, 465, 485, 488, 492, 493, 499, 500, 504
Nitrogenasen ... 464, **476**, 479, 483, 495
n-Komplex ... 36
NLE ... 71
2-(*N*-Morpholino)ethansulfonsäure (MES) 161
non-innocent ligand ... 32, 54
non-NHC-Ligand ... 186
Norsorex ... 192
Noyori-Katalysator ... 69
Nucleofug, nucleofuge Gruppe ... 51, 55
Nucleophil, weich/hart ... 371, 374, 377, 457
nucleophile Addition/Substitution ... 38, 140, 174, 219, 311, 379
Siehe auch Addition von Nucleophilen *und* allylische Alkylierung/Substitution
nucleophile Katalyse ... 9
Nylon ... 321, 390

O

oberflächengebundene(r,s)
C-Spezies ... 121, 123, 124, 205
H-Atom ... 121, 470
N-Spezies ... 470, 472, 487, 503, 504
Metallkomplex ... 204, 206, 211, 233, 242, 254 487, 503
Octadienyl-/-diyl-Komplex ... 312, 318, 319, 323, 326, 329, 331, 342, 343
Octanol, Octadienol ... 330
Octanzahl ... 125, 233
Octatriene ... 327, 328, 330, 343
Octinoxat ... 368
Off-Cycle-Intermediat, -Prdoukt ... 11, 19, 29, 64, 101, 102
Olefin Conversion Technology (OCT) ... 184
Olefinkomplexe, Oxidationsstufe v. M in ~. 41
Olefinmetathese *Siehe* Metathese von Olefinen
Oligomerisation
von Butadien/Ethen/Propen ... *Siehe* Butadien/Ethen/Propen, Oligomerisation
von Olefinen ... **226**, 260, 293
OMRP (radikalische metallorganische Polymerisation) ... 287, 298
Opferreagenz, -donor ... 161, 163, 171, 174
Orbitalkorrelationsdiagramm ... 214

Organoboronsäuren ..*Siehe* Boronsäurederivate
Organokatalyse 9, 167, 395, 414
Organozinnverbindung 26, 51, 356, 357
orthogonale Reaktionen/Katalyse 109, 354
Orthometallierung 447, 448, 449, 458
Ostwald-Verfahren 7
oszillierende(r) Katalysator/Reaktion ... 21, 277
Oxazolinligand 369, 375
Oxen, Oxenoid 433, 434, 446
Oxidasen 432
Oxidation 53, 89, 131, 145, 155, 172, 226, 288, 299, **423**, 433, 447, 452, 455, 459, 483
Oxidationsstufe/-zahl **41**, 53, 185, 197, **446**, 467, 479, 505
oxidative Addition 37, 220
  an Goldkomplexe 54
  bimolekulare 39, 287, 298
  von Allylverbindungen.. **314**, 371, 373, 376, 381
  von C–C 37, 38, 40, 55, 323
  von C–CN/H–CN 387, 389, 393. 396
  von C–H 62, 126, 221, 447, 449, 450
  von C–X/H–X 134, 139, 141, 147, 298, 349, 351, 354, 359, 361, 363, 367, 387
  von H_2 .... 37, 62, 78, 81, 203, 481
  von N–H 387, 406, 408, 503
  von Si–H ...37, 203, 387, 398, 403, 404, 416
oxidative Aminierung 408, 409
oxidative Arylierung 448
oxidative Cyclisierung 431
oxidative Einelektronenaddition 39, 298
oxidative Heck-Reaktion 370
oxidative Kupplung **42**, 168, 172, 232, 234, 243, **311**, 318, 320, 322, 327, 342, 379
Oxo-Hürde 458, 504
Oxo-Synthese 24, 99
Oxygenasen 432, **443**
Oxygenate 121, 124
Oxypalladierung 429, 430
  enantioselektive 432

P

Parallelsynthese 70
Parkinsonsche Krankheit 65
P-Cluster 477, 478
Pentade 260, 261, 294
Pentennitrile 391
Peroxidokomplex, -ligand . 433, 434, 438, 440, 444, 446
Petrochemie 25, 121
Phasentransferkatalyse 367, 440
Phenoxyimin- (FI-) Katalysator 236, 281
Phillips-Katalysator (Ethentrimerisation) 236
Phillips-Katalysator **254**, 257
Phillips-Triolefin-Prozess 180, 184
Phosphoramidit-Ligand 120
Phosphorliganden, Ligandeneinfluss 115, 325
Photoanregung v. Metallkomplexen ... 288, 299
Photokatalyse, -katalysator . 161, 162, 288, 496
Photokorrosion 162
Photoredoxkatalyse, -katalysator 288, 354
PHOX 369, 375
Phthalate 113, 264
Phthalocyaninmetallkomplex 50, 53
Pincerkomplex, -ligand 84, 156, 160, 163, 211, **213**, 405, 495
Pinzettenkomplex, -ligand .... *Siehe* Pincerkomplex, -ligand
Platina-β-diketon 39
Platinschwamm, katalytische Wirkung 3
polarisiertes Kontinuum-Modell (PCM) 17
Poly(arylen-ethinylen) (PAE) 199
Poly(ethylenterephthalat) (PET) 131
Poly(1-oxotrimethylen) 289
Poly(*p*-phenylen-vinylen) (PPV) 199
Polyacetylen 192, 216
Polyalkenamer/-alkinamer 190, 198
Polybutadien . 24, 195, 305, 306, 332, **339**, 344
  1,2-Polybutadien 332, 344
  cis/*trans*-1,4-Polybutadien 25,332, 339
  Eigenschaften 339, 340
  Mikrostruktur 332
Polybutadienkautschuk 339, 340
Polycarbonate 165
Polyethen 227, 231, **249**, 281, 282
  Hydrogenolyse 204
  Polymertypen **256**
  Verfahrensparameter, -typen 257, 258
Polyisopren .... 305, 332, 341, 341, 344 .. *Siehe auch* Kautschuk, Naturkautschuk
Polymerisation
  Insertionsschema 275
  Kettenabbruch, - start usw. .... *Siehe* Kettenabbruch, -start usw.
  Mechanismus 248, 250, 252
  Molmassensteuerung 252, 281
  von Cycloolefinen 279

von Ethen...... 204, **249**, 262, 265, 281, 297, 321 .... *Siehe auch* Polyethen
Mechanismus 249, 252, 255, 257, 267, 283
von Butadien .... *Siehe* Butadienpolym.
von Isobuten 279
von Isopren 305
von Olefinen 229, **248**
von Propen **258**, 262
.... *Siehe auch* Polypropen
Mechanismus 260, 270
poly-NHC-Ligand 167
Polypropen **258**
ataktisches 258, 265, 273
Baufehler 261
Eigenschaften, Polymertypen 264, 265
head-to-head 259, 293
hemi-, biheterotaktisches 276, 296
isotaktisches, syndiotaktisches 258, 259, 261, 265, 269, 270, 272, 276, 285
Konfiguration, Mikrostruktur **259**
Verfahrensspezifikation 264
Polystyrol 279, 339
Polyurethane , ... 165
Polyvinylacetat 131
Pool/Split-Prozedur 71
Porphyrinatokomplex/-ligand 122, 163, 443, 444, 446, 452
Post-Metallocen-Katalysator **279**
der frühen Übergangsmetalle 280
der späten Übergangsmetalle 281
Katalysatorgenerierung 279
Präkatalysator ... 11, 20, 32, 254, 262, 359, 366
Prinzip der kleinsten strukturellen Variation 316
prochiraler(s)
Allylalkohol, -ligand 311, 440
Butadien 312, 313
Imin, Keton 87
Keton-, Metallenolat 376, 382
Olefin 65, 66, 109, 258, 260, 269
Produktivität von Katalysatoren 12
Promotor 21, 138, 142, 391, 473, 475
prone/*supine*-Orientierung 311
Propen
Dimerisation, nicht-regioselektive 233
Hydroformylierung 113
Oligomerisation 271, 273, 295
Polymerisation ..... *Siehe* Polym. von Propen
Propylenoxid 436, 439, 440
Prostereogenität, prostereogene Seite ...65, 260
Protonenakzeptor, -donor ... 9, 35, 82, 119, 157, 174, 327, 366, 376, 432, 495
protonengekoppelter Elektronentransfer ... 162, 480, 488, 496
Pseudochiralität 271, 295

Q

QM/MM-Methode 17
quantenchemische Rechnungen 17, 27, 75, 101, 106, 123, 139, 187, 209, 267, 283, 312, 314, 319, 398, 426, 435, 437, 494

R

Racemisierung, -skatalysator 88, 373
radikal. Polymerisation 248, 258, 339, 343
ATRP, OMRP 287, 298
Radikalkettenreaktion 90, 415
reaktionskontrollierte Phasentransferkat. ... 440
Reaktionsmechanismus 15
Reaktionsprofildiagramm 17, 18, 21
redoxaktiver Ligand 32, 54
Redoxkatalyse 9
Reduktionspotential 162, 288, 299, 459, 496
reduktive Eliminierung **37**, 321
bimolekulare 149
von Allylderivaten **314**
von C–C ... 38, 181, 232, 314, 318, 323, 349, 351, 354, 372, 377
von C–CN 388, 389, 391, 393, 396, 414
von C–H 38, 47, 62, 203, 221, 329, 388, 408, 449, 450
von C–N 388, 406
von C–X 134, 141, 328, 329, 349, 388
von H_2 .... 62, 481
von H–X 364, 387
von Si–C/Si–H 388, 398, 401, 416
reduktive Fragmentierung 42
reduktive Funktionalisierung 453
reduktive Spaltung **42**, 234, **311**, 318
regioselektive Polymerisation 15, 258, 332
regioselektive Reaktion 13
Reinsertion 230, 253, 282, 283, 285, 381
relative Konfiguration v. Polymeren ... 259, 300
relay RCM 194
Reoxidation 423, 430, 432, 433, 453, 458
Reppe-Chemie/Synthese 24, 107, 143, 168, 289, 394

Re-Seite 65, 93
Resting State 19, 22, 141, 283, 338, 344, 366
Retro-Diels-Alder-Reaktion 216
Retro-Hydroformylierung 109
RIM-Technologie 193
Ringöffnungsmetathese (ROM) 191, 194
  asymmetrische (AROM) 196
  -Coplymerisation, alternierende 193
  -Polymerisation (ROMP) 190, 216
  -Polymerisation von Alkinen (ROAMP) 198
Ringschlussmetathese (RCM) 191, 194, 201
  asymmetrische (ARCM) 196
  von acyclischen Diinen (RCAM) 198
  von Eninen (RCEYM) 201
π-Rückbindung 36, 41, 78, 125, 403, 411, 416, 417, 467, 472, 491, 496, 505
Ruhezustand *Siehe* Resting State
Ruhrchemie/Rhône-Poulenc-Verfahren 116

S

Sabatier-Reaktion 162
Sabatiers Prinzip 474, **476**
Salenkomplex, -ligand 441, 442, 443
Salzzyklus 138
Sauerstoffübertragung, -transfer 430, 432, 434, 435, 436, 437, 438, 439, 441, 443, 444, 455
Säure-Base-Katalyse 9
Säurezyklus 138
schaltbarer Katalysator 287
Schlüssel-Schloss-Beziehung 67, 92
Schmiermittel 241
Schrock-Carbenkomplex 122, 182, 185
Schrock-Katalysator 183, 191, 197, 211
schwach koordinierendes Anion **32,** 266, 280, 335, 441, 454
Schwanz-Schwanz-Verknüpfung 232, 258
s-cis-/*s-trans*-Butadien 309
sec-Alkyl-Problem 354
selektive(r) Katalysator/Reaktion 13, 14
Semihydrierung von Alkinen 87, 94
sequentielle katalytische Reaktion 108
Sharpless-Epoxidierung 27, 440
Shell Higher Olefin Process (SHOP) 26, 114, 184, **238**, 281
Shilov-Katalysatorsystem 452
Si–H-Aktivierung 37, 83, 164, **404**, 416
Silan 163, 164, 203, 264, 297, 355, 387, 396, 399, 401, 403, 414
Silankomplex, -ligand 164, **403**, 405, 416
Silicalit 439
Siliciumcarbidfasern 204
Siliconpolymere 400
SILP catalysis 116
Silylcyanierung 394, 395
Silylenkomplex, -ligand 405, 416
Single Electron Transfer (SET) 39, 147, 160, 220, 354, 439
Single-Site-Katalysator 27, 233, 265, 278, 279
Si-Seite 65, 93
SOHIO-Prozess 394
Sonnenschutzmittel 368
Sonogashira-Kupplung **357**, 368
spectator ligand *Siehe* Zuschauerligand
Speier-Katalysator 397, 399
spezifische(r) Katalysator/Reaktion 13, 14
Spin Crossover 46
Spinerhaltungssatz 433
Spinfänger 287, 298
Spinumkehr 46, 299, 433
Spritzguss-Verfahren 193
stabiles Carben **185**
Staffel-Ringschlussmetathese 194
Stereoblockpolymer 261, 276, **277**
Stereoscrambling 373
stereoselektive Polymerisation 15, 24, 27, 249, 258, 292, 332
stereoselektive/-spezifische Reaktion 13, 14
sterische Effekte von Phosphorliganden **325**
sterischer Ligandenparameter 115, **325**
Steuerligand 213, 379
Stickstofffixierung **464**
  alternierender/distaler Reaktionsweg 480, 481, 486
  enzymkatalysiert 476
  heterogen katalysiert *Siehe* Haber-Bosch-Verfahren/Prozess
  homogen katalysiert 484
  Mechanismus 470, 480, 491, 495
  photokatalytisch 496
  präbiotisch 483
Stille-Kupplung **356**, 362, 363
Strecker-Synthese 113, 395, 414
Styrol–Butadien-Kautschuk 339
Substrataktivierung 9, 11, 32
Superabsorber 172
Superoxidokomplex 446
supine/*prone*-Orientierung 311
supported ionic liquid-phase catalysis 116
supramolekulare Katalyse 119

Suzuki-Kupplung......**353**, 359, 361, 362, 368, 378
π-, σ-Symmetrie.... 78, 153, 172, 403, 504, 505
Symmetrieäquivalenz......... 269, 273, 274, 374
Symmetriebeziehungen...................... 268, 273
symmetrieverbotene Reaktion............. 60, 214
syn/*anti*-Notation bei Allylkomplexen........ 307
syn-, *anti*-Addition....... 44, 45, 49, 65, 99, 250, 260, 364, 368, 394, 397, 414, 428, **429**, 430
syn-, *anti*-Eliminierung 44, 364, 368, 414, 456
syn-*anti*-, *anti*-*syn*-Isomerisierung..... 221, **307**, 308, 318, 321, 333, 335, 336, 338, 341
synchrone asymmetrische Induktion.......... 112
Synthesegas.... 24, 99, 120, 125, 131, 132, 155
Synthesekautschuk............ 248, 305, 339, 340
syn-*trans*-Korrelation................. 315, 319, 333

T

Tamao-Kupplung.. 340
Tandemkatalyse, -reaktion. **108**, 158, 164, 211, 402
TDI/TDTS – turnover determining
intermediate/transition state..................... 18
Tebbe-Reagenz.................................... 43, 182
Telogen... 328, 331
Telomerisation.... 316, 327, **328**, 329, 330, 331
Tenside, Detergenzien....................... 241, 328
Terephthalsäure... 131
terminaler Nitrido-/Oxidoligand........ 445, 446, 457, 488, 504
Terpene... 305, 369
Tetrawolframatstruktur.............................. 440
Theorie des Übergangszustandes.................... 7
thermodynam. Sauerstofftransferpotential.. 434
thermoplatisches Elastomer (TPE)............ 278
Thorneley-Lowe-Zyklus............................ 480
threo, Definition; *threo*-Polymer........ 297, 428
Titan(III)-chlorid............................... 251, 262
Kristall-/Oberflächenstruktur
.... 262, 263, 295
TOF, *TON*.. 12
TOF-Kontrolle... 19
TOF-limitierender(s)
Übergangszustand/Intermediat... 18, 22, 102
Tolman-Parameter............... 16, 324, **325**, 359
topische Beziehungen................................ **269**
Topomere, Topomerisierung.............. 308, 341
Trägerfixierung...... 10, 71, 116, 121, 162, 184, 205, 236, 254, 257, 262, 264
Transalkylierung....................................... 253
Transalkylierungsreaktor........................... 227
trans-Anordnung von σ-Liganden............. 209
trans-Einfluss/Effekt... 149, 186, 209, 426, 482
Transferhydrierung........................**85**, 211, 221
Transferhydrocyanierung.......................... 395
Transmetallierung......**349**, 351, 356, 363, 370, 372, 377, 448, 458
TRANSPHOS.. 115
Triade..259, 261, 294
Tsuji-Trost-Reaktion... 371, 376, 381, 410, 430
turnover frequency/number (*TOF*/*TON*)...... 12
Turnstile-Mechanismus.............................. 211

U

Übergangszustand.... 17, 21, 27, 68, 75, 86, 87, 119, 182, 187, 189, 270, 272, 284, 356, 395
viergliedriger (Vierzentren-~).... 60, 82, 164, 165, 202, 250, 381, 412, 452
Überlappungsintegral.................... 60, 214, 387
Umalkylierung.. 228
η^1–η^3-/η^3–η^1- (σ–π/π–σ-) Umlagerung
..........................49, 221, 307, 341, 373, 377
Umpolung der Reaktivität.......................... 348
Umsatzfrequenz/Umsatzzahl................. 12, 232
Umsatz-Zeit-Kurve....................................... 12
Uratmosphäre.. 483
Ursprung des Lebens................................. 483

V

Valenzband (VB)................................ 162, 173
Vaska-Komplex.. 38
Verdrängungsreaktion................................ 226
Vestamid... 321
Vinylcyclohexen (VCH)..... 322, 323, 324, 326
Vinylhalogenide, -acetat...... 37, 131, 248, 351, 357, 431
Vitamin A.. 118, 305
Vorratskomplex................. *Siehe* Resting State
Vulkankurve...................................... 474, 476

W

Wacker-Prozess............................ 25, **423**, 429
Mechanismus.. 424
Wacker-Reaktion........................ 430, 432, 456
Walsh-Diagramm.............................. 153, 172
Wärmepolymerisation............................... 339

Wassergas-Shift-Reaktion (WGSR) ... 135, 143
Wasserstoff .... *Siehe* Diwasserstoff
Wasserstoffakzeptor, -donor ... 85, 89, 211, 221
Wasserstoff-Autotransfer 89
Wasserstoffbrücke 35, 39, 41, 84, 108, 119, 147, 149, 155, 157, 366, 435, 443, 482
α-Wasserstoffeliminierung **47**, 182, 208
 gekoppelt mit C–H-Eliminierung...... 47, 48, 182, 233
 gekoppelt mit H–H-Eliminierung .. 207, 503
β-Wasserstoffeliminierung..... **44**, 48, 208, 226, 229, 241, 243, 251, 283, 313, 328, 351, 354, 359, 381, 417, 455
 bei high-spin-Komplexen......................... 46
 gekoppelt mit C–H-Eliminierung 47, 48, 55, 232, 234, 235, 237, 242, 243, 244, 329
Wasserstoffspeicher...................................... 81
Wasserstoffübertragung, -transfer.... 55, 85, 89, 124, 250, 253, 334, 438, 481, 504
water-gas shift reaction (WGSR) 135, 143
 reverse (rWGSR)~ 118, 159
Watson-Crick-Basenpaarung...................... 119
WCA (weakly coordinating anion)............... 32
Wechselzahl....................................... 232, 273
Weichmacher...............113, 192, 241, 328, 330
Wilke-Katalysator 230
Wilkinson-Komplex/Katalysator 61, 64, 82, 397
Woodward-Hoffmann-Regeln.....................214
Wurtz-Reaktion...................................348, 497

X

Xantphos..................................... 115, 116, 409

Z

Zahlen-Buna 339
Zeises Salz und verw. Komplexe..42, 408, 425
Zeonex 192
Ziegler-Katalysator.... 192, 241, **249**, 257, 262, 278, 321, 340
Ziegler-Natta-Katalysator..249, 257, **262**, 265, 278, 306, 332
Zieglersche Aufbaureaktion..46, **226**, 228, 286
Zimtsäure, -derivate................65, 73, 170, 368
Zuschauerligand..............................10, 32, 325
zweifache Ethen-/CO-Insertion 290, 299
Zweiphasenkatalyse....... 10, 26, 116, 117, 127, 233, 239
Zweizustandsreaktivität 46
Zwischenkomplex...................................11, 16